2021年5月8日，中央农办主任，农业农村部党组书记、部长唐仁健一行到中国农业科学院作物科学研究所三亚南繁基地调研，考察野生稻种质资源圃

2021年11月，中国农业科学院召开干部大会，宣布吴孔明同志任中国农业科学院院长

2021年9月4日，科技部部长王志刚一行到国家南繁研究院调研

2021年4月26日，由农业农村部主办、中国农业科学院承办的“国家粮食安全与可持续发展对话会”在北京召开。农业农村部副部长张桃林出席会议并讲话

2021年4月14日，全国人大农业与农村委员会主任委员陈锡文一行到中国农业科学院调研种业和耕地保护科技创新工作

2021年1月15日，全国政协常委、农业和农村委员会主任罗志军一行到中国农业科学院调研种子和耕地科技创新工作

2021年7月16日，全国人大农业农村委员会副主任委员刘振伟一行到中国农业科学院调研《中华人民共和国种子法》修订工作

2021年4月22日，吉林省政协主席江泽林一行到中国农业科学院调研玉米和水稻种业科研发展情况

2021年1月13—14日，中国农业科学院党组书记张合成一行赴海南省考察国家南繁硅谷建设情况

2021年1月16日，中国农业科学院与苏州市人民政府签署共建中国农业科学院华东农业科技中心（苏州）合作协议

2021年2月3日，中央第九巡视组向中国农业科学院党组反馈巡视情况

2021年2月5日，中国农业科学院与中国海洋石油集团有限公司召开科企融合发展座谈会

2021年3月31日，中国农业科学院与海南省农业科学院会商南繁硅谷合作共建新举措

2021年3月31日，中国农业科学院与北京大学第三医院海淀院区正式签署共建合作协议书

2021年5月26日，中国农业科学院院领导集体参观贯彻落实贺信精神重大科技成就展

2021年6月16日，兰州大学与中国农业科学院兰州兽医研究所合作共建的动物医学与生物安全学院揭牌成立

2021年6月18日，农业农村部原党组书记、部长韩长赋为中国农业科学院农经观察大讲堂作首场报告

2021年6月18日，中国农业科学院院长唐华俊调研草地贪夜蛾防控科研攻关标志性成果

2021年6月18日，中国农业科学院乡村振兴学院揭牌仪式在北京举行，标志着乡村振兴学院正式成立

2021年9月16日，中国农业科学院使命任务清单发布会在北京举行

2021年9月26日，中国农业科学院“强种科技行动”发布会在海南省三亚市“南繁硅谷”举行

2021年9月26日，中国农业科学院与三亚市人民政府签署种业创新实验室共建协议

2021年10月13日，中国农业科学院与杭州市人民政府举行“高质量推进乡村振兴　促进城乡共富”全面战略合作签约仪式

2021年11月19日，“2021全国农业大数据与监测预警学术研讨会”在北京召开

2021年11月27日，中国农业科学院、农业农村部科技发展中心和山东省农业科学院共同组织召开第二届“给农业插上科技的翅膀”理论研讨会

2021年12月1日，中国农业科学院与北京市昌平区人民政府举行共建国家未来农业中心战略合作框架协议签约仪式

中国农业科学院贯彻贺信精神，加快实施小麦“藏粮于技”重大任务

2021年4月18日，中国农业科学院和山东省潍坊市人民政府在北京联合发布《潍坊市创新提升“三个模式” 打造乡村振兴齐鲁样板先行区实践报告》

2021年4月20日，2021中国农业展望大会在中国农业科学院召开，发布未来十年农产品供给变化预测

2021年5月25日，中国农业科学院发布《中国农业产业发展报告2021》

2021年7月，中国农业科学院依托作物科学研究所成立中国科学仪器自主创新应用示范基地

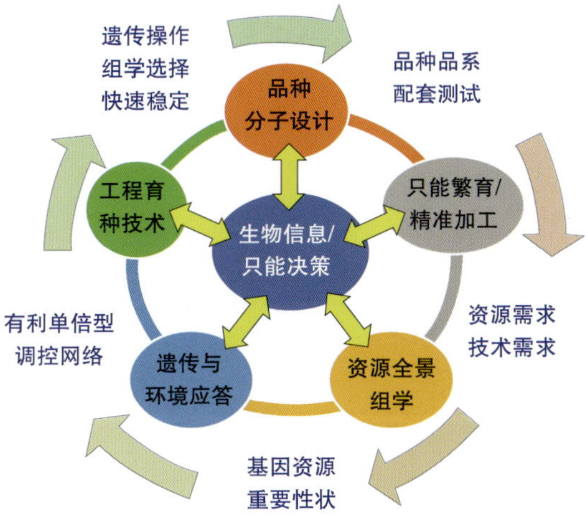

2021年6月，国家种业创新实验室重大建设项目获得立项

2021年8月25日，农业农村部环境保护科研监测所作为主要承担单位，在湖南省衡阳市组织了农村改厕产品和技术模式展示活动

2021年9月20日，在国际原子能机构第六十五届大会上，联合国粮食及农业组织（FAO）和国际原子能机构（IAEA）联合授予中国农业科学院作物科学研究所小麦诱变育种团队“卓越成就奖”，授予该团队成员郭会君副研究员“植物诱变育种女性成就奖”

2021年9月29日，中国农业科学院农业农村碳达峰碳中和研究中心正式揭牌成立

2021年12月8日，广明2号白羽肉鸡新品种正式发布

2021年5月13日，中国农业科学院党组首次召开所局级干部试用期满正式任职集体谈话会议

2021年9月23日，中国农业科学院举办首期所局级干部任职培训班

2021年，中国农业科学院蔬菜花卉研究所第二党支部被评选为中央和国家机关先进基层党组织

2021年2月25日，中国农业科学院蔬菜花卉研究所金黎平研究员率领的马铃薯产业技术扶贫团队被评选为全国脱贫攻坚先进集体

中国农业科学院蔬菜花卉研究所方智远同志荣获“全国优秀共产党员”称号

中国农业科学院北京畜牧兽医研究所侯水生研究员当选2021年中国工程院院士

中国农业科学院农业资源与农业区划研究所周卫研究员当选2021年中国工程院院士

中国农业科学院农业资源与农业区划研究所吴文斌同志荣获“中央和国家机关优秀党务工作者”称号

中国农业科学院深圳农业基因组研究所黄三文研究员荣获2020年度深圳市长奖

Prof. Lirong Wang

Scientist at Zhengzhou Fruit Research Institute, Chinese Academy of Agricultural Sciences

Professor Lirong Wang has been working at Zhengzhou Fruit Research Institute for more than 30 years. She devoted herself to the research on peach germplasm resources and breeding.

A saying in Chinese goes: If one takes a bite of a flat peach from the orchard of "Wangmuniangniang" (a goddess in Chinese mythology), one can live forever. Although it is just a saying, love for the flat peach is very real for Chinese people.

However, the original flat peach varieties were not good enough due to the fruit cracking, stone cracking and small fruit size. These shortcomings significantly affected the commercial fruit quality of flat peach, which subsequently limited the development of flat peach industry. Prof. Wang was determined to change this situation thoroughly through breeding for better varieties and she succeeded - the new flat peach/nectarine varieties are preferred by farmers because these varieties have brought them higher profits.

Prof. Wang attached great importance to the protection of new peach varieties and 26 varieties released by her group have gained plant variety protection. Thanks to the protection, the released varieties have been widely cultivated in China.

The new flat/nectarine varieties released by Wang's group have been planted widely in the north area of China. 'Zhong pantao 11' quickly became a leading cultivar. Millions of people have benefited from these varieties, which play an important role in promoting rural revitalization in China.

Source: Lirong Wang

UPOV celebrates International Day of Women and Girls in Science

2021年3月，国际植物新品种保护联盟发布中国农业科学院郑州果树研究所王力荣研究员的育种事迹

2021年1月19日，中国农业科学院与北京大北农科技集团股份有限公司战略合作框架协议签约仪式在北京举行

2021年3月26日，中国农业科学院与内蒙古自治区政府会商科技兴蒙新举措

2021年4月9日，中国农业科学院与陕西省共建耕地保护与质量提升创新中心

2021年4月25日，中国农业科学院华东农业科技中心（苏州）建设推进会暨项目签约仪式在北京举行

2021年5月28日，中国农业科学院油料作物研究所选育的大豆新品种中豆63以1 500万元的价格竞拍转让

2021年9月6日，中国农业科学院与中国融通农发集团有限公司在北京举行科企融合发展研讨会，助推科研单位与企业融合发展

中国农业科学院助力云南省曲靖市会泽县脱贫攻坚与乡村振兴，把小燕麦变成大产业

中国农业科学院积极投身河南省新乡市新乡县乡村振兴示范县建设

中国农业科学院作物科学研究所派出20名专家赴黑龙江省佳木斯市桦川县开展“田间课堂”，传授新技术和新模式

中国农业科学院专家支援河南受灾县，受到当地政府和群众一致好评

2021年3月10日，国际农业科学计划任务推进研讨会在中国农业科学院召开

2021年3月30日，中国农业科学院与欧盟驻华代表团联合举办了“中国农业科学院与欧盟农业科技创新研讨会”

2021年4月9日，中国—阿根廷沼气发展与合作中心揭牌成立

2021年4月12日，联合国粮食及农业组织新任驻华代表访问中国农业科学院

2021年9月15日，由中国农业科学院与先正达集团中国共同主办的联合国粮食系统峰会独立对话会在北京召开

2021年9月23日，中国农业科学院与阿联酋举行农业科技合作研讨会，建立农业科技合作机制

2021年10月14日，由中国农业科学院与丹麦驻华大使馆、哥本哈根大学共同举办的“中国—丹麦‘同一健康’学术研讨会”在北京召开

2021年10月19日，由中国农业科学院与韩国农村振兴厅共同主办，日本东京大学协办的“首届中韩日智慧农业研讨会”在南京采用线下线上相结合的方式同步召开

中国农业科学院研究生院2020—2021学年春季第一课开讲，中国农业科学院党组书记张合成讲授“乡村振兴战略概论”

2021年9月26日，中国农业科学院研究生院南繁学院揭牌仪式在海南省三亚市崖州湾科技城举行，这标志着中国农业科学院研究生教育事业服务国家战略进入新的历史阶段

2021年7月6日，中国农业科学院2021届研究生毕业典礼暨学位授予仪式在北京举行

2021年9月10日，中国农业科学院2021级研究生开学典礼在北京举行

2021年，中国农业科学院研究生院召开核心课程建设工作启动会

2021年1月13日，第四届中国农业科学院妇女工作委员会经选举产生

2021年3月5日，中国农业科学院召开党史学习教育动员部署大会

2021年4月30日，中国农业科学院举办“忆百年史　励复兴志　铸农科魂”主题活动

2021年5月20日，中国农业科学院“学党史　忆农科　弘扬科学家精神”主题活动在新乡综合试验基地举办

2021年6月17日，中国农业科学院召开“学好百年党史　勇担农科重任”主题座谈会

2021年6月25日，中国农业科学院参加农业农村部庆祝建党百年歌咏大会，获得部领导和现场观众的高度评价

2021年6月28日，中国农业科学院隆重召开庆祝中国共产党成立100周年大会

2021年7月1日，中国农业科学院举行丁颖、金善宝铜像和老一辈杰出科学家画像揭幕仪式

2021年7月8日，中国农业科学院党组理论学习中心组参观中国共产党历史展

2021年9月16日，中国农业科学院召开2021年度全面从严治党暨深化中央巡视整改工作推进会

2021年9月29日，中国农业科学院举行纪念邱式邦院士诞辰110周年暨铜像揭幕仪式和学术报告会，深切缅怀邱式邦院士的学术贡献，继承和发扬他的崇高精神和科学事业

2021年10月18日，中国农业科学院邀请农业部原副部长、中华人民共和国常驻联合国粮食及农业组织原代表牛盾作“新时期农业国际合作交流的形势与展望”专题报告

2021年10月19日，中国农业科学院邀请全国政协常委、经济委员会副主任，北京大学新结构经济学研究院院长林毅夫教授作“百年未有之大变局下中国未来的发展和民族的伟大复兴”专题报告

2021年11月11日，中国农业科学院党组赴北京大学红楼集体参观“光辉伟业　主题序章”主题展览

2021年春节前院领导慰问一线职工

荣誉证书

中国农业科学院：

你单位被评为2020年度农业农村部绩效管理优秀单位，特发此证。

农业农村部

二〇二一年四月

中国农业科学院荣获“2018—2020年度农业农村部绩效管理先进单位”称号

中国农业科学院植物保护研究所土壤有害生物防控创新团队被授予“全国巾帼文明岗”称号

中国农业科学院饲料研究所李秀波研究员被授予“全国巾帼建功标兵”称号

中国农业科学院年鉴

2021

中国农业科学院办公室　编

中国农业科学技术出版社

图书在版编目(CIP)数据

中国农业科学院年鉴.2021 / 中国农业科学院办公室编.--北京：中国农业科学技术出版社，2023.10

ISBN 978-7-5116-6460-0

Ⅰ.①中… Ⅱ.①中… Ⅲ.①中国农业科学院-2021-年鉴 Ⅳ.①S-242

中国国家版本馆 CIP 数据核字(2023)第 193289 号

责任编辑 史咏竹
责任校对 马广洋
责任印制 姜义伟 王思文

出 版 者 中国农业科学技术出版社
北京市中关村南大街 12 号 邮编:100081
电　　话 (010) 82105169 (编辑室) (010) 82109702 (发行部)
(010) 82109709 (读者服务部)
网　　址 https://castp.caas.cn
经 销 者 各地新华书店
印 刷 者 北京地大彩印有限公司
开　　本 185 mm×260 mm 1/16
印　　张 62.25 彩插 18 面
字　　数 1 440 千字
版　　次 2023 年 10 月第 1 版 2023 年 10 月第 1 次印刷
定　　价 268.00 元

《中国农业科学院年鉴 2021》
编 辑 委 员 会

目　录

一、总　类

二、科研创新与创新工程

三、科技支撑乡村振兴

四、国际合作与交流

五、人事管理与人才建设

六、计划财务管理与条件建设

七、研究生教育与管理

八、综合政务管理

九、党的建设、思想政治和党风廉政工作

十、人物介绍

十一、大事记

十二、附　录

一、总　　类

中国农业科学院召开干部大会宣布中共中央关于中国农业科学院院长调整的决定

2021 年 11 月，中国农业科学院召开干部大会，中央组织部干部四局主要负责同志出席会议并宣布中央决定，吴孔明同志任农业农村部①党组成员、中国农业科学院院长（副部长级）；唐华俊同志不再担任农业农村部党组成员、中国农业科学院院长。

中央农办②主任，农业农村部党组书记、部长唐仁健出席会议并讲话，吴孔明、唐华俊作表态讲话。会议由中国农业科学院党组书记张合成主持。

吴孔明同志简介：吴孔明，男，汉族，1964 年 7 月生，河南固始人，中共党员，1987 年 9 月参加工作，农业昆虫学专家，第二十届中央委员会候补委员。2003 年任中国农业科学院植物保护研究所副所长、党委副书记（主持工作），2006 年任植物保护研究所所长、党委副书记（其间，2011 年当选中国工程院院士），2012 年任中国农业科学院副院长、党组成员，2019 年任中国农业科学院党组副书记、副院长、直属机关党委书记，2021 年至今任农业农村部党组成员、中国农业科学院院长。

① 中华人民共和国农业农村部，简称农业农村部。

② 中国共产党中央农村工作领导小组办公室，简称中央农办。

强化国家战略科技力量
支撑引领乡村振兴　加快农业农村现代化

——中国农业科学院2021年工作会议报告

农业农村部党组成员、中国农业科学院院长　唐华俊

2021年1月19日

同志们：

2020年是不平凡的一年，是脱贫攻坚取得决定性胜利、全面建成小康社会的收官之年。这一年，我们努力克服新冠疫情影响，坚持科研防疫两不误、两手抓、两手硬，坚决打赢了新冠疫情防控阻击战，如期完成了年初确定的各项任务。今天，我们这次会议的主要任务是，贯彻落实党的十九届五中全会、中央经济工作会议、中央农村工作会议和全国农业农村厅局长会议精神，以习近平总书记贺信指示精神为引领，坚持“四个面向”，全面总结2020年工作，系统盘点“十三五”发展成效，分析当前主要形势与任务，谋划“十四五”农业科技创新发展思路，部署2021年重点任务，加快建设一流学科、一流院所，强化国家战略科技力量，支撑引领乡村振兴，加快农业农村现代化。

胡春华副总理高度重视农业科技工作，继2018年来我院视察指导、2020年赴哈尔滨兽医研究所深入调研后，近日再次亲临我院，对农业科技创新特别是开展畜牧种业“卡脖子”技术攻关作出重要指示。唐仁健部长高度重视中国农业科学院工作，就任后第一时间来院调研考察，今天又出席院工作会议并讲话，充分肯定了我院科研攻关取得的大成果、建设打造的大平台、培育引进的大队伍、服务“三农”作出的大贡献，并要求中国农业科学院致力成为农业科技自主创新的主阵地、关键核心技术供给的主渠道、现代农业科技的主力军，推动农业科技创新取得更大突破。我们一定要认真学习领会胡春华副总理重要指示精神，按照唐仁健部长对我院工作要求，全面抓好贯彻落实。

下面，我讲三点意见。

一、2020年工作回顾与“十三五”发展成就

刚过去的2020年，全体科技人员和广大干部职工，以高度政治责任感，认真贯彻落实中共中央、国务院和农业农村部的各项工作部署，积极配合中央巡视组开展政治巡

视，加快推进农业科技创新和院所改革发展，如期地高质量完成了各项任务。

（一）瞄准国家重大战略需求，有力支撑国家粮食安全和农业高质量发展

提高政治站位，履行农业科研国家队职责使命，瞄准国家重大战略需求，主动服务农业农村主战场。一是“藏粮于技”科研攻关取得新突破。集高产、优质、多抗、广适性于一身的水稻品种华浙优 261，获第三届黑龙江国际大米节籼米组金奖第一名。中麦 895 累计推广约 4 500万亩①，年最大推广面积 1 062万亩。优质强筋小麦新品种中麦 578 平均亩产达到 841. 5 千克，创下黄淮麦区高产纪录。玉米丰产绿色高效全程机械化技术再创亩产 1 663. 25千克新纪录。创制耐草甘膦除草剂大豆新品种中黄 6106。二是非洲猪瘟和草地贪夜蛾防控攻关取得重大进展。顺利完成非洲猪瘟弱毒疫苗实验室创制、中间试制、生物安全环境释放试验及第一阶段临床试验，生物安全生产性试验和第二阶段临床试验顺利推进，进一步证明了疫苗的安全性和有效性，突破了大规模生产工艺的关键瓶颈，向产业化应用迈出坚实一步。进一步明确草地贪夜蛾危害规律，研发高效精准的监测预警技术，实现异地预测预报和就地治理。自主研发国内首款鸡全基因组选育芯片“京芯一号”。创制新兽药沙咪珠利，改变了我国球虫耐药无药可用的局面。突破环境光背景干扰技术瓶颈，实现智能手机拍照 5 分钟快速检测农药残留。三是农业技术集成示范与推广成效明显。组织实施油菜、马铃薯、棉花等种植业以及奶牛、肉羊、生猪等养殖业共 14 个产业高产高效技术集成示范，种植业平均增产 28%，节水 35%，节肥 25%，节药 30%，亩均节本增效 400 元，养殖业节本增效达 30%，技术集成示范有效缩小了科研和生产实践的差距。

（二）聚焦基础研究和卡脖子技术攻关，科技创新取得新突破

面向国际前沿和“卡脖子”技术，实施系列联合攻关，创新水平再上新台阶。一是科研立项与财政经费保障延续好势头。新增主持各类课题 2 312项，合同总经费 15. 2 亿元，留所经费 8. 2 亿元。国家自然科学基金 315 项、重大类项目 15 项，其中 2 项杰青项目②、5 项优青项目③，人才类重大项目立项获得新突破。新增国家重点研发计划项目 3 项。在中央部门财政拨款预算压减 25%的情况下，全年预算收入 84. 88 亿元，有力保障了我院科技创新工作。二是基础研究取得重要理论突破。全年发表论文 7 202篇，其中 SCI/EI 收录 4 179篇，影响因子 10 以上的高水平论文 49 篇。“研究揭示雪貂、猫、犬及其他家畜禽对 SARS-Cov-2 易感性”“合理设计胞嘧啶碱基编辑器可在保持高靶向

① 1 亩≈667 平方米，全书同。

② 国家杰出青年科学基金项目，简称杰青项目或杰青。

③ 优秀青年科学基金项目，简称优青项目或优青。

活性同时降低DNA和RNA的非靶向效应”“成功设计出快速、准确的长片段组装专门程序”等8项基础研究获得重大科学发现。三是重大科技成果产出再创佳绩。“玉米优异种质资源规模化挖掘与创新利用”“北方旱地农田抗旱适水种植技术及应用”“畜禽饲料质量安全控制关键技术创建与应用”等7项成果获国家科技进步奖二等奖，占当年农业领域授奖总数的28%，在国家科技奖励总数越来越少的情况下，我院能保持每年6~8项的水平，实属不易。牵头获得省部级奖励25项，其中一等奖5项。获得新兽药证书9项，其中一类新兽药3项。审定（登记）品种359个，其中国审233个。制定各类标准487项。

（三）强化产学研用结合，支撑脱贫攻坚和乡村振兴取得新进展

加强顶层设计，强化成果转化工作统筹，加快实现“研学产”向“产学研用”转变，实现“三创一体”布局。一是成果转化能力和成效稳步提升。实施专项奖励激励，评出8个成果转化优秀团队和3项知识产权转化奖。实施收益预期目标管理，推行科企、科产融合。前几天，我院与中国农业发展集团、中国林业集团签署了科企融合的合作协议，今天下午又将与大北团集团签署合作协议，在“十四五”期间大北农集团将投入不少于5亿元，“十四五”期间企业将有大量投入，把中国农业科学院的优势技术成果转化为生产力，为农业农村经济发展服务。2020年，全院成果转化收入达12.2亿元，克服了新冠疫情影响，再创历史新高。二是科技支撑脱贫攻坚取得决定性胜利。聚焦21个未摘帽国家挂牌督战贫困县、5个农业农村部定点扶贫县、8个我院科技扶贫和乡村振兴示范县，派出科研人员2 200余人次，培训35万人次，帮扶经营主体1 650个，助力帮扶贫困县全部摘帽。三是支撑宏观决策取得突破性成绩。主办“2020中国农业农村科技发展高峰论坛暨中国现代农业发展论坛”，接续发布2020年度农业展望报告、农业产业发展报告、绿色发展报告、农业科技前沿热点与竞争力报告，全院各类调研报告和政策建议获党和国家领导人重要批示58份，较2020年翻了一番，影响力和决策支撑能力明显提升。四是院地合作务实展开。与4个省级、12个地市级政府新建全面战略科技合作关系。加大与安庆等地合作，年度到位地方经费2 000多万元。与苏州签订共建新型研发机构协议，“十四五”地方计划投入10亿元。五是创新联盟建设深入推进。新布局联盟7个，打造15个标杆样板，组织全国近千家单位，开展集成创新526项，形成一批综合技术解决方案，支撑区域农业可持续发展。

（四）打造人才高地，人才引育呈现新气象

坚持“推年轻、强领军、补短板、优环境”，强化人才干部队伍建设。一是梯次人才队伍建设稳步推进。聚焦“抓落实、谋发展、促改革”成功召开第四次人才工作会。强领军进展良好，34人次入选国家人才计划，引进高层次人才28人，遴选首批支撑、

转化英才各5人，农科英才达到342人。大力选拔青年人才，新晋正高职称人员平均42岁，40岁以下占48%，新晋副高职称人员平均37岁，35岁以下占46%，推年轻成效显现。实行博士后奖助制度，进站人数较2019年增长近40%。二是打造高素质专业化干部队伍进展明显。坚持新时期好干部标准，选优配强领导班子，全年任免部、院党组管理干部64人次，其中提拔50岁左右正所级干部5名、45岁左右副所级干部7名，班子结构持续优化。开展党的民主集中制学习活动，不断提升各级领导班子党的民主集中制建设质量和水平。强化培养锻炼，选派75名新任职所局级干部、处级年轻干部参加中组部①、中央党校等上级调训。选派20名专家组团赴西藏②开展技术服务，受到农业农村部党组充分肯定和部长亲自批示。三是研究生教育管理不断加强。克服疫情影响，顺利完成在线教学任务。高度重视意识形态教育，积极推进书记、院长进思政课堂。积极争取招生指标，新增全日制硕士指标200个，博士35个，创历史新高。扩大博士生招生“申请—考核制”试点范围。率先将“乡村振兴理论与实践”列入课程目录。推动深圳研究生院首届新生顺利入学。全年招生1 668人，毕业1 341人，为农业农村发展培养了大批高层次创新人才。

（五）创新交流方式，国际合作稳步推进

坚持开放合作，主动作为，巩固和拓展国际“朋友圈”，国际合作取得良好成效。一是开创性启动国际农业科学计划。首批实施作物分子设计育种、跨境作物重大病虫害监控和智慧农业3个国际农业科学计划项目，国际合作进入以我为主、为我所用的新阶段。二是竞争性国际合作项目大幅增长。全年新增国际合作项目101项，合同经费1.66亿元，同比增长52.3%。三是多渠道强化国际人才队伍建设。全院获批国家公派出国项目5类112项，同比增长7%。首次获批乡村振兴人才培养专项，获批8项外国专家引进项目。四是云上交流巩固和发展伙伴关系。新冠疫情期间向59个国际合作伙伴致信慰问，与联合国粮农组织共同举办世界蜜蜂日活动，主办22场多双边会议。在线参加115场国际会议，合作发表130余篇高水平论文，183人次在国际机构兼职，263人次在国际期刊兼职，有效提升我院的国际影响力。

（六）强化平台条件建设，科技创新能力持续增强

着眼学科调整和区域布局，强力推进综合性研究中心和重大科研设施建设。一是成都中心即将投入使用。一期科研楼、综合服务设施等全部完工，为都市所落地、沼科所转型、智慧农业等学科拓展奠定基础，成为我院推进西南地区科研布局、助力区域乡村

① 中国共产党中央委员会组织部，简称中组部。

② 西藏自治区，全书简称西藏。

振兴的重大实践。二是在建重大工程加快推进。国家作物种质库为代表的一批“国之重器”加快建设。北方水稻研究中心、南繁研究院作物表型研究设施等开工建设，为保障粮食安全铸就“南北”两个创新高地。三是一批新谋划项目即将上马。农业基因组学研究中心获得国家发改委立项批复，国家农业高等级实验动物创制重大科学工程项目、国家种业创新实验室等完成可行性研究，山西寿阳、云南大理 2 个野外台站晋级国家野外台站序列，我院平台条件建设步入快车道。

（七）强化机制创新，现代院所发展提速

坚定不移深化改革，持续推进机制创新，充分激发院所活力。一是深化院所改革。对标世界一流科研院所，初步构建“两个一流”评价标准。坚决破除“四唯”，探索建立科研导向改革任务体系。研究制定全员聘用制改革方案，试点探索全成本核算改革。实现项目支出预算绩效管理全覆盖。建设基因组所改革“试验田”，打造新型研发机构。启动编制院“十四五”发展总规划以及科技创新、成果转化、基本建设等 9 个专题规划。扎实推进院所章程制定，明确院所内部法人治理权限与职责。二是提升院所运行效率。组织开展机关效率建设行动，上线“数字农科院 2.0”系统，15 家研究所已试点接入，实现“全院一张网”布局。三是着眼全局筑牢安全底线。成立院疫情防控指挥中心，建立联防联控机制，突出生产科研一线重要岗位和离退休职工等重点人员，全力以赴做好疫情防控工作，实现在职职工、学生、京内单位和武汉以外地区四个“零感染”。四是提升院区综合治理水平。深入推进“绿化、亮化、净化”三大工程，完成 1.2 万平方米绿化补植工作，新建视频监控点 115 个、垃圾分类驿站 14 个。农科院社区被评为海淀区“常态化疫情防控示范小区”“安全生产应急管理先进单位”和北京市首批“生活垃圾分类示范小区”。

（八）强化政治建设引领，为科技创新提供坚强政治保证

以政治建设为统领，积极配合中央巡视组工作，全面加强党的建设。一是以高度的政治责任感积极配合中央巡视工作。认真贯彻落实中央巡视工作部署，把接受中央巡视作为加强全院党员干部党性锤炼、促进农业科技改革发展、加快“两个一流”建设的重要契机，深入查找自身存在的问题和不足。以过硬作风，压实领导责任，严明纪律规矩，确保巡视工作顺利完成。二是把党的政治建设摆在首位。各级党组织扎实开展政治机关意识教育和模范机关创建活动，确保将“两个维护”体现在行动上、落实到工作中。持续推进支部建在团队，全面推广“桦川模式”“田间课堂”，要求“一所一样板，一团队一课堂”，有效促进党建和科研深度融合。成立中国农业科学院科学技术协会，凝聚全院科技工作者。开展院所办企业、研究生党员管理等 6 个领域和“党委、党支部、党员的作用发挥情况”专项调研，研究解决党建弱化、虚化、边缘化和党建业务

“两张皮”问题，确保中心工作开展到哪里，党建工作就跟进到哪里。大力宣传“2020年度全国重大先进典型”，弘扬新时代农科精神。三是切实压实全面从严治党政治责任。对8个单位开展内部巡视，加强巡视整改监督，做实“后半篇文章”。组织“李宁案”研讨，召开院所两级“加强企业监管专题生活会”，完善并严格执行风险防控指南。

2020年取得的成绩，是上级部门大力支持的结果，是全院广大干部职工齐心协力工作、攻坚克难拼搏的结果。借此机会，我代表院领导班子，向大家表示衷心感谢，并向全院干部职工致以崇高敬意！

刚刚过去的“十三五”，我院科技创新事业取得历史性成就，院所改革取得历史性进展，综合创新能力大幅提升。一是科技成果为粮食安全和脱贫攻坚提供了新动能。推广新品种300余个、新产品700余个、新技术200余项，20余项技术被农业农村部纳入农业主推技术，为国家粮食安全做出重大贡献。派出700多个专家团队，1.2万人次科技人员奋斗在脱贫攻坚主战场，辐射带动9.7万户贫困户增收，为如期打赢脱贫攻坚战提供有力支撑。二是农业科技创新水平跨入新行列。在《科学》《自然》《细胞》三大国际顶尖刊物发表高水平论文27篇，取得一系列重大理论突破。在全国第四轮学科评估中，我院作物、畜牧、植保、兽医四个学科获得A+，在全国所有大学中排第十二名。中国科学院发展战略研究院对我院“十三五”规划实施情况的评估显示，SCI论文总量和高被引论文数在10家国际顶尖同类机构中排名第四，研究前沿核心度指数排名第五，科研产出和影响力已经处于国际农业科技创新第一梯队。三是科技成果转化被确立为新基石。树立“三创一体”新理念，强化成果转化体系建设，全资和控股院所办企业87家，资产总规模达43亿元。累计获得发明专利2 964件，植物新品种权338个，新兽药、新农药46项。全院成果转化收入连续两年突破10亿元。四是科研实力迈上新台阶。全院预算收入总额连续两年登上80亿元大关。牵头立项国家重点研发计划项目99项，占农口立项数的1/5。建成全球最大的大动物P4实验室单体设施，国家种质资源库结构封顶。形成西部中心、成都中心、南繁研究院、深圳食品谷、北方水稻中心等区域布局网络。获国家自然科学基金1 572项，较“十二五”同比增长12%。获国家科技奖36项，约占全国农业领域授奖成果的1/4，较“十二五”增加5项。获得中国专利奖30项。五是人才队伍建设取得新进展。持续深化人才发展体制机制改革，连续4年召开全院人才工作会议，实施以“农科英才特殊支持政策”为核心的一系列人才新政，人才优先发展理念深入人心。引进海外优秀人才240余人，培养自有人才580余人。新增国家级人才252人，新增两院院士6名，再创历史新高。“十三五”期间共招收各类研究生8 126人，较“十二五”增长24%，博士留学生规模位居全国农林高校第一位。我院4名校友被评为两院院士。六是国际合作构建新格局。合作网络覆盖100多个国家科研机构、近50个国际组织和私营部门，建有127个国际合作平台，6位外国元首来访我院，成功举办两届国际农科院院长高层研讨会，发起“国际农业科学计划”，得到国际伙伴广泛支持。七是科研创新形成新生态。构建科研任务形成、团队组织、稳定支持、绩效考评、联合攻关、党支部建在科研团队等机制。强化公益性科研定位，科研放管服、破“四唯”取得新进展，为国家科技创新体系建设积累了宝贵经验。八是党对科研工作的领导得到新加强。建立“两个第一”学习贯彻落实机制，坚持党组带头、院所同步，确保部署工作见人见事见效。制定院党组工作规则、院工作规则和院所章程，全面落实院长、所长负责制，完善“三重一大”决策制度。突出“两个责任”，探索建立了农科特色监督体系，推动全面从严治党走向严紧硬。以上成绩的取得，标志着我院“十三五”改革创新事业的胜利收官。

二、准确把握新发展阶段农业科技创新使命与任务

习近平总书记强调，“进入新发展阶段明确了我国发展的历史方位，贯彻新发展理念明确了我国现代化建设的指导原则，构建新发展格局明确了我国经济现代化的路径选择。”站在新的历史起点上，农业科技肩负新使命、需要新变革，我们要认清形势、明确方向，抢占世界农业科技创新制高点，突破农业科技创新关键点，把握农业科技创新落脚点，加快农业科技现代化，充分发挥科技对农业产业转型升级的关键性、根本性和决定性作用。

（一）深入贯彻落实中共中央关于新发展阶段“三农”工作重要部署，迫切需要把创新摆在核心位置

党的十九届五中全会、中央经济工作会议和中央农村工作会议对“十四五”以及2021年的科技创新和“三农”工作做了系列部署。一是要深刻领会中共中央对科技创新的战略定位。党的十九届五中全会提出坚持创新在我国现代化建设全局中的核心地位，把科技自立自强作为国家发展的战略支撑，将科技创新摆在各项规划任务首位，进行专章部署，这在中共中央编制五年规划的历史上是第一次。中央经济工作会议对2021年经济工作作出总体部署，在八大重点工作任务中，“强化国家战略科技力量”处于首位，充分表明在当前国内外环境发生深刻复杂变化的形势下，我国经济发展对科技创新提出更为迫切的要求。二是要深刻领会中共中央对“三农”工作的总体部署。十九届五中全会提出优先发展农业农村，全面推进乡村振兴，坚持把解决好“三农”问题作为全党工作重中之重，走中国特色社会主义乡村振兴道路。部署了提高农业质量效益和竞争力、实施乡村建设行动、深化农村改革、实现巩固拓展脱贫攻坚成果同乡村振兴有效衔接等任务。中央经济工作会议提出要解决好种子和耕地问题。中央农村工作会议强调牢牢把住粮食安全主动权，围绕巩固和拓展脱贫攻坚成果，全面推进乡村振兴，加快农业农村现代化，对做好2021年及“十四五”时期“三农”工作做出系统部署。三是要深刻领会中共中央对农业科技创新的新要求。习近平总书记强调，农业出路在现代化，农业现代化的关键是农业科技现代化。为牢牢把住粮食安全主动权，中央农村工

作会议提出要坚持农业科技自立自强，加快推进农业关键核心技术攻关。要严防死守18亿亩耕地红线，要把黑土地保护作为一件大事来抓，把黑土地用好养好，要开展种源“卡脖子”技术攻关，打一场种业翻身仗。我院作为农业科研国家队，要努力提高政治判断力、政治领悟力和政治执行力，深刻领会和把握总书记关于“三农”工作的重要论述，从讲政治的高度支撑服务“三农”。以服务国家战略需求为导向，把自己的研究与国家战略需求联系起来，布大局做大事，为确保国家粮食安全、实现乡村振兴事业新开局提供有力支撑。

（二）顺应农业农村发展新形势，迫切需要农业科技自立自强

“十四五”时期是全面开启建设社会主义现代化国家新征程的第一个五年，也是全面推进乡村振兴、建设创新型国家的关键五年，农业科技创新任务艰巨。从国际上看，新冠疫情的全球大流行，推动新科技革命和产业革命加速演进。生命科技、信息科技、纳米科技等发展迅速，人工智能、大数据、移动互联网等新兴信息技术加速向各产业领域渗透，将对世界经济发展产生巨大影响。我们必须迅速抢占制高点，在世界科技舞台占有一席之地。从国内看，全面开启建设社会主义现代化国家新征程，全面实施乡村振兴战略，加快推进农业农村现代化，我们必须牢牢把握主动权，确保关键核心技术自主可控。必须完善农业科技体系，努力提高科技支撑和引领乡村振兴的供给能力和保障水平。必须优化布局、调整方向，努力提高科技供给结构和质量。从我院发展来看，仍然存在学科布局不完全适应产业发展需要，研究所发展能力不平衡，科研自主权还未完全落实到位等问题。我们要深入贯彻总书记贺信重要指示精神，主动适应外部形势与环境的急剧变化，抢抓新科技革命所带来的良好机遇，加快机制创新，释放要素活力，扛稳粮食安全、食品安全和生态安全的历史重任，加快建设“两个一流”。

（三）支撑乡村全面振兴，迫切需要强化国家农业战略科技力量

“十四五”期间，是我院坚持“四个面向”，努力打造国家战略科技力量的战略机遇期。要进一步聚焦国家队使命，大力推进科技创新和体制机制创新，努力成为具有重要国际影响的农业科学中心、技术创新中心、成果转化中心、国际合作中心、高层次人才培养基地和国家高端智库，成为农业领域国家倚重、社会信任、国际知名的战略科技力量。

针对“十四五”农业农村工作，唐仁健部长提出“保供固安全，振兴畅循环”的思路，以及“保供、衔接、禁渔、建设、要害、改革”6个关键词。中国农业科学院一定要紧紧围绕这些要求，努力抢占农业科技制高点、牢牢把握农业发展主动权，引领支撑农业农村现代化，重点抓好以下五方面工作。

第一，把支撑农业稳产保供作为首要任务。确保粮食安全和农产品有效供给是

“三农”工作头等大事，既要保总量，又要保质量、保多样，要围绕粮食安全、产业安全、生物安全等重大需求，积极承担国家和地方科技计划任务，重点聚焦粮食和畜禽种质资源、黑土地保护、动植物疫病防控、绿色发展、农机装备、农产品加工、基础前沿、人工智能、宏观战略等，完善“重大科技使命清单”，强化科技资源统筹配置，加大联合攻关力度，加快产出一批标志性、引领性重大科研成果。

第二，把解决好种子和耕地问题作为创新重点。做好农作物和畜禽良种培育重大项目部署安排。上游要布局好种业创新的基础设施，要抓紧推进作物种质资源库建设完成、畜禽种质库立项和农业微生物库规划工作，深入推进种质资源的保存鉴定和挖掘利用工作。中游要做好“卡脖子”技术突破，如作物高光效、育种工具、基因编辑、合成生物学、表型组学等重大基础理论或育种方法研究。下游要牵头推动优质品种的推广和配套技术的集成示范，努力填补科学试验和生产实践的单产鸿沟。统筹衔接东北黑土地保护利用、农作物秸秆综合利用、畜禽粪污资源化利用、高标准农田建设以及现代农机装备等方面的研究力量和项目，为大力提升耕地质量，落实“藏粮于地”战略，提供一体化解决方案。

第三，把打造国家战略科技力量作为重大使命。强化农业基础前沿与共性关键技术攻关，持续开展合成生物学、作物高光效、农业生物固氮、固定杂种优势等基础前沿研究，努力抢占前沿竞争制高点。围绕现代种养殖业、智慧农业、都市农业、太空农业、未来农业等新业态、新模式，强化新兴交叉学科建设。以促进乡村振兴和农业农村高质量发展为目标，拓展农村科技和高端智库影响力。根据畜禽和作物产业变动趋势和区域发展需求，优化区域中心布局和科研团队布局。围绕现代农业发展和学科基础前沿创新需求，谋划国家实验室、国家重点实验室、野外科学观测台站、试验基地等重大科技基础设施，完善创新平台布局。加强与外国农业科研机构、国际组织、共建“一带一路”国家等合作与交流，构建国际合作与交流新格局。强化“高精尖缺”人才的引进和培育，构建更加符合现代农业科技创新规律的团队运行模式，着力打造一批国际知名团队、一批国内领先团队、一批行业特色团队，成为一流学科和一流院所的核心支撑。

第四，把机制创新作为根本动力。深化科技管理体制改革，创新科研运行机制，完善科技评价制度，扩大研究所自主权，构建高效协同的创新生态系统和院所治理体系。健全稳定支持与竞争性经费相协调、社会多渠道投入的创新投入机制，加大对基础前沿研究支持。切实落实科研“放管服”政策，构建网格化管理、精细化服务、信息化支撑、开放共享的现代院所管理服务平台。持续深入推进“支部建在团队上”，促进党建与业务深度融合，彰显基层党组织的战斗堡垒作用和党员的先锋模范作用。

第五，把支撑引领乡村振兴作为主要目标。以“三创一体”团队建设为依托，发挥创新团队在科技创新与成果转化中的基础地位和核心作用，全面服务乡村振兴。扶持和培育院办、所办企业，鼓励和支持开展技术创新和成果转化，增强所办企业技术研发和成果孵化能力。有效发挥全国农业科技成果转移服务中心、国家种业科技成果产权交易中心等平台作用，加快促进科技成果转化。强化知识产权价值评估，提高知识产权转让、许可等转移收益，鼓励以技术入股、技术许可等为主要形式参与和推动科企融合发展。

三、扎实做好2021年重点工作

2021年既是“十四五”的开局年，也是创新工程跨越发展的启动年，一定要开好局、起好步。2021年我院发展指导思想：坚持以习近平新时代中国特色社会主义思想为指导，全面贯彻党的十九届二中、三中、四中、五中全会精神，持续贯彻落实总书记贺信精神，认真贯彻落实中央经济工作会议、中央农村工作会议和全国农业农村厅局长会议精神，坚持“四个面向”，坚持创新核心地位和自立自强，紧紧围绕“两个确保、两个要害、两个开好局、起好步”的部署，以科技创新工程为抓手，打造国家战略科技力量，进一步增强科技创新能力、综合发展实力和国际影响力，支撑引领乡村振兴，加快农业农村现代化。

在工作重心上，要充分发挥科技“保供给、破要害、开新局”的支撑作用，大力强化创新和转化“两大基石”，人才和条件“两大支撑”、改革和党建“两大保障”，抓住重点、难点和关节点，在抓实、抓细、抓深上下功夫，力争抓出成效，抓出实效，抓出亮点，有突破，上台阶。

（一）深入贯彻中共中央重大决策部署，充分发挥科技“保供给、破要害、开新局”战略作用

立足国家队使命，发挥科技优势，解决好种子和耕地问题，为确保粮食产量稳定在1.3万亿斤①以上、不出现规模性返贫、推进乡村振兴和加快农业农村现代化开好局提供科技支撑。一是加大粮食等主要农产品关键核心技术攻关力度。统筹实施创新工程院级重大任务、所级重点任务和团队学科任务，强化资源配置和力量统筹，重点突破粮食作物高产优质与自主可控、主要畜禽种源国产化与养殖健康化、主要经济作物优质高产高效等领域的“卡脖子”技术，加快突破不同类型土壤可持续高效利用和高标准农田建设等科技瓶颈，加快非洲猪瘟疫苗研发进度，加大草地贪夜蛾等病虫害监测防控，切实维护国家粮食安全。二是推动绿色技术集成与示范应用提档升级。从全产业链角度，在主产区统筹部署粮食作物、经济作物、园艺作物、畜禽等主要产业的全产业链关键核心技术集成示范与推广应用，共同探索和系统解决主要产业及区域性农业发展问题。三是抓住种子和耕地两个要害强基础。将国家作物种质库新库打造成优质工程和精品工程，适时向习近平总书记汇报建设成效。加快国家畜禽种质资源库批复立项，全力谋划建设国家种业实验室，积极新建作物基因资源、蔬菜生物学、油料作物生物学等国家重

① 1斤=0.5千克，全书同。

点实验室，建设农作物基因改良、农业生物安全等国家研究中心。推进国家耕地质量科学研究中心重大设施谋划、农业资源高效利用国家重点实验室建设，为“藏粮于地”战略实施提供硬核支撑。四是做好脱贫攻坚成果同乡村振兴有效衔接。持续帮扶 5 个农业农村部定点扶贫县，持续联系 89 个“三区三州”深度贫困县，巩固拓展脱贫攻坚成果。做好 4 个科技扶贫示范县向乡村振兴示范县转段工作，做好祁阳、新乡、婺源、邛崃、兰考、东海等 10 个乡村振兴示范县（市）建设工作。五是强化农村环境治理技术攻关。加大农村人居环境治理科技攻关力度，努力破解农村厕所、生活垃圾、污水治理等关键核心技术，为不同地域、不同类型的乡村提供系统解决方案，支撑引领乡村建设行动。

（二）以国家战略需求为导向，扎实推进科技自立自强

以创新工程为抓手，不断加强原始创新和关键技术攻关。一是推行科研任务清单制。以国家战略需求为导向，以卡脖子技术为重点，聚焦粮食安全与重要农产品有效供给、农产品优质化高值化品牌化、耕地保护与质量提升、重大动植物疫病防控、农业绿色发展、农业装备国产化与智能化、农业生物技术、农业大数据与人工智能、农业基础性长期性工作、乡村振兴与区域发展十大使命，凝练提出重点科研任务清单，加强学科团队建设，强化科技资源统筹配置，尽快实现科技突破。二是抓好国家重大项目立项与实施管理。今年的研究所评价结果显示，有些所放松了国家竞争性项目的申报，排名下滑，必须认真研究，切实提高政治站位，进一步强化国家队职责使命。积极参与国家各类规划编制和项目实施方案编写工作，力争在新启动的重点专项中有新的增量突破。突出做好国家自然科学基金重点、重大、创新研究群体、杰青、优青等重大类项目的培育与冲击工作。三是进一步强化重大科技成果培育。国家级成果是衡量我院作为国家战略科技力量重要的指标，要全力以赴谋划好国家成果的申报，扎实做好科技成果的熟化完善、协同整合、申报组织和精细化服务，提高成果竞争力，冲击高等级国家科技奖励。关注前沿交叉领域科技突破，形成支持合力，为我院中长期重大成果培育工作打下基础。四是扎实推进国家农业创新联盟建设。进一步完善产学研用融合机制，加强区域农业发展、农业绿色生态、提质增效技术研发应用，为乡村振兴提供有力支撑。加大农业科学观测站点与数据保存利用的支持力度，为推进农业领域“数字中国”建设做出积极贡献。凝聚多方力量开展院地协同，加强我院技术成果落地应用。五是加快推进农业高端智库建设。建设智库联盟，完善中国农业发展战略研究院（战略研究中心）组织制度和运行机制，提升战略咨询报告和政策建议的质量、水平和竞争力。六是持续提升农业科技国际合作水平。科技的自立自强不是关起门来自己搞，而是要在更高水平上开放合作。实施好国际农业科学计划，在前沿创新领域推动理论研究和关键技术双突破。积极争取合作资源，深化与重点区域、重点国家、重点机构的务实合作。落实“一带一路”倡议，积极推动农业科技“走出去”。积极参与 2021 年联合国粮食系统峰会等

重要国际会议的技术磋商，加强与联合国粮食及农业组织（FAO）、国际农业研究磋商组织（CGIAR）等国际组织行动对接，积极参与国际科技治理。

（三）加强科技成果转化，破解科研经济两张皮难题

牢牢把握成果转化的基石定位，加大激励政策的引导和支持。一是完善成果转化机制。继续实施成果转化收入目标管理，制定预期目标值，设置关键指标进行月度监测。继续开展成果转化奖励评审。实施知识产权转化率提升行动。制定动植物命名规则，建设相应的登记系统，加强我院品牌宣传推广。二是加强成果转化平台建设。积极推进中试熟化平台建设，继续加强全国中心建设，探索市场化成果转化新模式，重点办好第二届全国农业科技成果转化大会。积极筹备国有资产运营公司，稳妥推进全院企业统一监管，加强企业法人治理，强化现代企业制度建设。三是推进科企科产融合发展。开展全产业链高产高效技术集成研究与示范应用，围绕重点地区产业发展需求，强化协同攻关、关键技术集成研究，建立示范基地。全力推进苏州等地新型研发机构建设。重点落实与中国农业发展集团、大北农集团合作协议，谋划与中海石油化学股份有限公司科技合作。

（四）深入推进人才强院战略，发挥好第一资源作用

坚持人才第一资源定位，创新人才发展机制，接续召开院第五次人才工作会议，促进“人才强院”战略取得实效，再上新台阶。一是持续提高人才队伍质量。高度重视院士增选工作，力争更多科学家进入院士行列。创新人才引育思路，坚持精准引进和自主培养并重。优化农科英才支持政策，健全院所两级培养体系。加大支撑、转化人才队伍建设力度，健全以能力、质量、实效、贡献为导向的人才评价体系建设。持续推进人才年轻化，加大对无“帽子”、有贡献人员的支持力度。进一步加强博士后工作，实现量质双升。利用好国家留学基金管理委员会、科技部[①]和院人才工程等各种渠道，培养一批具有国际视野、适应全球创新竞争新形势的高水平人才。二是着力打造高素质领导班子和干部队伍。强化顶层设计，重点推动干部任期制、聘期制、交流制落实落地，进一步树立能者上、优者奖、庸者下、劣者汰的鲜明用人导向。选优配强院属单位领导班子，重点抓好50岁以下党政正职和45岁以下班子副职选配。切实抓好党的民主集中制学习活动。加快补齐教育培训短板，建立分层、分级、分类培训机制，精准开展干部人才专业化能力培训。三是逐步健全薪酬激励和保障体系。加大高层次人才激励力度，积极推进高层次人才绩效工资总量单列实施。建立绩效工资总量统筹使用机制。完善编外人员绩效考核及工资分配制度体系，强化编内外人员“同工同酬”。深化院所办企业薪

---

① 中华人民共和国科学技术部，简称科技部。

酬分配制度改革，加强对国有企业工资总额的宏观调控与指导。四是加快推进高质量研究生教育体系建设。积极拓宽招生渠道，努力扩大博士生招生规模。全面开展博士生招生“申请—考核制”。加强服务乡村振兴的新兴交叉学科建设。深化研究生教育体制机制改革，加快推进研究所研学合一步伐。积极谋划新校区建设，拓展办学空间。五是持续提升离退休服务管理水平。大力加强离退休职工政治、思想和组织建设。积极借助信息化手段，充分利用社会资源，不断提升离退休服务管理质量，凝聚广大离退休职工为院所发展和乡村振兴增添正能量。

（五）提升条件平台支撑能力，打造国家战略科技力量

抢抓机遇、全力推动国家实验室、国家重点实验室、重大科技基础设施建设。一是加强战略研究与资源统筹。研究中央预算内基本建设投资、修购专项资金等有效整合方式，研究推进土地、项目、存量资源等优化配置的联动机制。二是抓实重点工程。积极指导成都中心、南繁研究院、西部中心等重大区域布局建设。抓好成都中心收尾和交付使用，启动二期土地征用、重大建设项目申报等工作。确保国家农业科技创新园、马连洼研究生宿舍年内投入使用，海外农业研究中心、农业科技国际交流中心等按期建成，农业基因组学研究中心开工建设。三是大力抓好院所区综合治理。落实安全生产责任和管理制度，完善应急管理机制。突出农科特色，升级基础设施、优化物业服务，持续打造平安美丽智慧院区，提升科技创新支撑保障能力。

（六）深化院所体制机制改革，全面激发创新活力

进一步深化科技体制改革，完善院所治理方式，激发院所发展活力。一是创新科研管理体制机制。逐步深化以重大任务为聚焦点、以分类改革为突破口的科研导向改革，探索新型举院体制，注重原始创新，研究实施“揭榜挂帅”、科研进展报告等制度，强化产学研用一体化，提高创新链整体效能。深化人才发展体制机制改革，深入推进职称制度改革，打破身份管理，试点实施全员聘用制，健全职务发明成果权益分享机制等。持续推进落实科研“放管服”，深化学术委员会改革，加强院部发展战略研究，提升管理效率和服务水平。加快基因组所改革“试验田”建设，强化改革举措集成创新，总结推广经验，释放改革创新活力。二是进一步强化绩效管理。2021 年财政形势依然严峻，全院上下要持续强化过“紧日子”“苦日子”的思想，降低管理成本，提高资金使用效率，精打细算过日子。要统筹用好创新工程和基本科研业务费，任务要聚焦、经费使用要高效。继续做好成本核算改革试点工作，及时总结改革试点经验。三是深化内控机制建设和监督。要坚持问题导向完善内部制度，优化工作流程，真正建立一套权力制衡、岗位制约、运行有效的内控体系。统筹内部监督力量，科研管理、监察审计和财务部门要相互配合，做实做细做好日常监管，推动单位规范管理和防范风险。四是聚焦重

点领域加强风险防控。健全在落实风险防控工作中院、所、团队三级责任机制。以《三大重点领域十七个方面风险防控指南》为基本遵循，推动院属单位完善防控管理制度，形成长效机制。五是全力打造“数字农科院系统 3.0”，全面覆盖科研、人事、财务、办公、出国、基建、资产、成果转化、档案、党务、教育、出版等科研活动管理过程，实现开放式一体化智能管理。

（七）以落实中央巡视整改要求为契机，全面加强党的建设

以政治建设统领党建高质量发展，健全党对农业科研工作的全面领导机制。一是突出抓好中央巡视整改。切实扛起整改主体责任，坚持立行立改与举一反三、建章立制相结合，把巡视整改融入落实贺信精神的各项行动，融入院所改革发展，融入全面从严治党，融入班子队伍建设，建立整改长效机制。成立院党组巡视整改工作领导小组，制定整改方案，细化责任清单，建立整改台账，明确时间表、路线图，实现院所联动，层层压实责任，做到整改一项，销账一项，确保整改工作有序推进和落实。二是系统研究构建符合科研院所特点的党建工作体系。探索适合农业科研工作实际的创新理论学习宣传贯彻模式，不断提高党员干部运用党的创新理论指导实践、推动工作的能力。实施“五星红旗党支部”评星定级，深入推进党支部标准化规范化建设，促进支部工作提质增效。进一步弘扬新时代农科精神，建成院展览室和新乡科学家精神展览馆，多途径大力宣传、展示中国农业科学院科学家的工作、故事和贡献。围绕建党 100 周年开展系列活动，将爱党爱国的巨大热情转化成干事创业的强大动力。三是持续推进农业科研特色监督体系建设。立足服务保障科技创新，强化院、所、团队三级主体责任、监督责任，保障中共中央决策部署和部、院党组重大工作任务落实落地。做实做细日常监督，抓早抓小、防微杜渐。宣贯“红八条”，加强经常性纪律教育，增强不想腐的自觉。改进和完善内部审计机制，提高内部监督实效。落实“风险防控指南”，扎牢不能腐的笼子。抓实执纪问责，强化不敢腐的震慑。坚持“三个区分开来”，落实“四严四宽”，激励干部干事创业、改革创新。

同志们，2021 年是开启全面建设社会主义现代化国家新征程、“三农”工作重心全面转向乡村振兴之年。中国农业科学院一定要努力打造并充分发挥国家战略科技力量作用，切实做好科技创新本职工作，支撑引领乡村振兴，加快农业农村现代化。让我们紧密团结在以习近平同志为核心的党中央周围，继承和发扬老一辈农科院人勇攀高峰、爱岗敬业、无私奉献的优良传统，扎实做好今年和“十四五”科技创新工作，以优异成绩迎接建党 100 周年！

中国农业科学院党组书记张合成在 2021 年中国农业科学院工作会议上的总结讲话

2021 年 1 月 19 日

同志们：

今年的院工作会议十分重要，是全院“十三五”收官、“十四五”开局，对 2021 年工作进行部署的重要会议，是我院贯彻落实五中全会精神、中央经济工作会议精神、中央农村工作会议精神，特别是贯彻落实习近平总书记在中央农村工作会议上关于“稳产增产根本出路在科技”论述精神的一次非常重要的会议。我们已经顺利完成了工作会议的各项任务。京内外各单位、机关各部门同步参加了会议，全院副处级以上干部、创新团队首席专家共同聆听了唐仁健部长的重要讲话，认真听取了唐华俊院长的工作报告，还听取了 6 个所的先进经验和两个局的研究报告。会议隆重通报表彰了 2020 年各项工作取得优异成绩的先进单位、先进个人和优秀成果，还举行了我院与企业签订战略合作框架协议的仪式，对科企融合又推进了一步。会议组织非常有序，效率很高。

上午，唐仁健部长出席我们工作会议并发表重要讲话，充分肯定了我院科技创新取得的不凡成绩，深入分析了农业科技的形势和要求，系统部署了新发展阶段农业科技创新的重点任务，明确要求我院在科技支撑服务乡村全面振兴、农业农村现代化上发挥更大的作用。唐仁健部长对我院工作的高度重视、充分肯定和殷切期望，让我们倍感振奋、备受鼓舞，也深感使命光荣、责任重大、任务艰巨。下面从三个方面对会议做简要的小结。

一、会议圆满完成了各项任务，取得了显著的成效

这次会议的会期虽然只有一天，但是议程安排很紧凑、主题很突出，达到了预期效果，主要有四个方面的成效。

第一，提高了认识。这次会议是深入学习贯彻十九届五中全会、中央经济工作会议、中央农村工作会议精神以及农业农村部党组关于“十四五”和今年工作决策部署的一次重要安排。唐仁健部长发表的重要讲话，深入分析了新阶段农业科技创新形势要求、机遇挑战的重大发展变化。大家更加充分地认识到，中共中央以及农业农村部党组对农业科技寄予厚望，农业科技自立自强位置突出、作用关键；更加充分认识到，在经济双循环新格局中，尽快实现农业关键核心技术自主可控，是从根本上摆脱国际竞争被

动局面的重要基础；更加充分认识到，加快补上农业科技的短板和弱项，是在危机中育先机、于变局中开新局的重要“先手棋”；更加充分认识到，全面推进乡村振兴、加快农业农村现代化，哪一项哪一环也离不开科技支撑和服务；更加充分认识到，农业科技发展面临前所未有的重大机遇，我们要主动作为、勇挑重担，营造更加有利的环境和条件。

会议印发了3份报告。第一份报告，是院改革办牵头组织，全院相关力量一起参加撰写的《党的十九届五中全会精神学习与思考》，包括10个专题16篇报告，各部门各单位要在贯彻落实五中全会精神中参考。第二份报告，是机关党委牵头组织，相关力量一起研究撰写的《中央经济工作会议和中央农村工作会议精神专题研究报告》，也是10个专题16篇报告，各部门各单位要在贯彻落实中央经济工作会议和中央农村工作会议精神过程中借鉴。第三份报告，是《中国农业科学院“十四五”规划汇编》讨论稿，各部门各单位要对全院“十四五”总规划和9个专题规划进行讨论，按照院办的要求反馈意见，这也是我们这次院工作会议的一项重要任务。

第二，表彰了先进。会议通报了研究所的评价结果，重大科技成果、重大科学发现、重大品种产品，发布了十大科技进展、通报了成果转化奖，还通报了全国先进工作者、三八红旗手、文明单位、平安建设优秀单位以及院基金奖助学金获奖者。这些奖励和成果是我院2020年科学研究、技术研发、品种创制、成果转化、人才培养、文化建设等各个方面重大成绩的集中表现，构成了我院全方位的评价奖励体系，我们在院工作会议上予以通报表扬，就是要鼓舞先进、表彰优秀，营造浓厚的创新创造、建功立业的氛围，激励全院广大干部职工、科研人员学习先进、争当先进，为中国农业科学院增光添彩，为农业科技进步添砖加瓦，为农业农村现代化贡献智慧。

第三，明确了任务。唐华俊院长的工作报告全面总结肯定了我院去年工作的成效和“十三五”期间的发展成就，系统阐述了新发展阶段农业科技创新的使命和任务，明确提出了我院“十四五”发展的思路和目标任务，就是要紧紧围绕农业农村工作“保供固安全、振兴畅循环”的基本定位，和“保供、衔接、禁渔、建设、要害、改革”6个关键词的工作思路。全力以赴抢占世界农业科技制高点、把握农业科技进步的主动权、引领农业农村现代化，重点抓好支撑稳产保供、解决种子和耕地的科技问题、服务乡村振兴、深化体制机制改革、夯实国家战略科技力量5项重点任务。对于2021年的工作，报告明确了指导思想，提出了充分发挥科技“保供给、破要害、开新局”的战略定位，大力强化创新和转化“两大基石”、人才和条件“两大支撑”、改革和党建“两大保障”的工作思路，部署了7个方面的重点工作：一是围绕重大决策部署发挥战略作用；二是对准重大需求推进自立自强；三是聚焦科技经济两张皮难题促进成果转化；四是继续推进人才强院战略；五是夯实条件平台基础能力；六是深化改革激发活力；七是落实中央巡视整改、全面加强党的建设。院长的工作报告充分体现了党的十九大和十九届二中、三中、四中、五中全会，以及中央经济工作会议、中央农村工作会议和全国农业农村厅（局）长会议精神，充分体现了对农业农村重点工作的贯彻落实和部署安排，明确了“十四五”期间农业科技创新重点任务和 2021 年重点工作，是我院新阶段做好科技创新和改革发展工作的指导方针和行动指南，我们一定要抓好落实。

第四，交流了经验。今天下午，会议专门安排水稻所、郑果所、基因组所、哈兽研、资划所、作科所做了典型交流。水稻所强化自主创新能力的提升，在无融合生殖研究等方面取得很好的成绩。华浙优 261 在黑龙江国际大米节上获得第一名。郑果所的经验是在成果转化中技术服务占比很高，而且成果转化总收入同比上涨了 44%。基因组所搭建了聚集人才的重要平台，打造了一支 600 多人的研究队伍，发展势头很好。哈兽研重点介绍了重大科研设施的建设与管理，P4 实验室不仅建得好而且管得很好，在国内同类同级别实验室中成为佼佼者；SPF 猪群在非洲猪瘟疫苗研发中发挥了关键作用；国家重点实验室每年都有重要的学术活动，长期保持高水平的管理。资划所从国外引进在职人员 30 人，占职工人数的 11%，力度非常大。作科所长期支持鼓励科学家到一线服务，为农户服务，张卫建研究员在一线基层和老百姓创造了“牵牛理论”，科学家团队在一线创造了由农民命名的“田间课堂”，成为了我院服务一线的战略品牌，还出现了“全国先进工作者”何中虎研究员这样的先进代表，是我院全面加强党的领导、党建业务深度融合、促进科研发展的先进典型，值得全院各个研究所学习借鉴。此外，会议还安排科技局、国合局做了学习五中全会精神的专题研究汇报，研究内容和现场汇报都很精彩；安排了我院与大北农集团、和泓集团签署战略合作协议，这也是我院在科企融合上迈出的新步伐。这些是紧紧围绕贯彻落实五中全会精神，综合考虑“十三五”期间院工作重点的落实成效，以及在新发展阶段全面推进创新和改革重点任务的基础上，统筹作出的专门安排。在会期压缩的情况下，专门安排研究所典型交流、专项研究汇报和科企签约仪式，充分体现了院里对这些工作的重视，相关部门和单位要进一步深入推进，抓好落实。

二、认真贯彻落实唐仁健部长讲话精神和唐华俊院长的工作报告

唐仁健部长在讲话中强调，农业科技创新要在“自立自强”上下功夫、求突破，做到基础前沿“立得住”、关键技术“站得稳”、深度融合“用得好”、科研条件“砸得实”，这是新阶段农业科技创新的总要求；要求中国农业科学院致力打造“主阵地”“主渠道”“主力军”，这是我们建设国家战略科技力量的总方向和总任务。我们要认真学习领会，抓好贯彻落实。唐华俊院长的工作报告明确了“十四五”期间农业科技坚持抢占制高点、把握主动权、引领现代化的总要求，以及“十四五”期间五个方面的重点任务，明确了今年保供给、破要害、开新局的基本思路和七项工作重点。院属各单位、机关各部门要抓紧传达贯彻，一是月底前要传达到全体干部职工；二是在春节前要研究形成本单位 2021 年工作行动计划，上报院办；三是对会上印发讨论的“十四五”全院“1+9”规划要尽快反馈意见，本单位的“十四五”规划也要尽快研究落地。院里的“十四五”规划在上级部门“十四五”规划发布之后要尽快印发实施，各所规划也

要在4月底前全部印发实施。在推进落实中要重点围绕“保供给、破要害、开新局”来谋划和安排重点工作，这也是唐仁健部长讲的“紧紧围绕国之大者抓住抓重，紧紧围绕中央决策部署落细落小”工作方法。这里提三点要求。

第一，要全力以赴保供给。保供给是农业极其重要的任务，今年是建党100周年，也是宣布脱贫攻坚历史性地转到全面实施乡村振兴的第一年，部党组明确提出要确保今年的粮食产量保持在1.3万亿斤以上。今年全院广大科研人员和全体干部职工都要紧紧围绕“保供给”出力发力，做出中国农业科学院应有的贡献。一是保总量方面，重点任务是进一步提高科研单产，支撑实际单产进一步提升。二是保多样方面，要根据市场供需变化和区域比较优势，统筹安排棉油糖、肉蛋奶、果菜茶等重要农副产品的科研攻关任务和目标，发挥科技优势，作出科技贡献，例如，2020年在生猪保供上，除了全面推进疫苗研发之外，我院加强了生物安全措施和生猪复养技术服务，在全国产生了非常好的影响。三是保质量方面，要下大力气在质量安全、营养品质、生物安全、动植物重大疫病防控等科研领域做好布局。

第二，要集中优势破要害。科技局已经谋划制定了种子和耕地的科研任务清单，正在向农业农村部、科技部汇报，进一步争取支持，这个清单要作为我院“破要害”的基础性文件，按照今天上午唐仁健部长强调要“集中精力、集中资源、集中力量，开展联合攻关”的要求，抓好推进落实。这个清单的重点就是五件事。一是建设种质资源库。今年的目标是作物种质资源新库完工投入使用，争取能够在7月之前完工；畜禽种质资源库要争取今年开工；农业微生物库要争取规划立项。此外，还要重点开展种质资源精准鉴定与创新利用研究，努力把资源优势转变为产业优势。二是加强育种攻关。要加快突破基础前沿，明确基础理论和前沿领域的目标任务，鼓励探索重大科学发现，予以长期稳定支持。要聚力攻关“卡脖子”关键技术，尽快摆脱对外依赖的问题。要全力争取我院专家更多承担国家育种重大专项任务，提高争取竞争性科技项目的积极性，不能过度依赖创新工程的经费支持。三是统一思想、步调一致推进生物育种产业化。长期以来，我院积累了大量的生物育种科研成果，一定要接上、跟上、踩上中央推进生物育种产业化的步调，不仅要支撑全国的任务，还要推进自有知识产权科研成果的产业化工作。四是加强耕地相关的科研攻关。加强国家耕地质量科学研究中心重大设施谋划、农业资源高效利用国家重点实验室建设，统筹安排东北黑土地保护利用、农作物秸秆综合利用、畜禽粪污资源化利用、高标准农田建设以及现代农机装备等方面的研究力量和任务，提供综合一体化技术解决方案。五是做好耕地和种子攻关的基础性工作。要加大力度申请和建设长期定位观测站点，大力构建基础性长期性观测体系，建设长期稳定试验用地、自主产权大动物种群、具有气候模拟功能的品种实验室，布局建设农业大数据平台，各个所都要重视做好基础性工作。

第三，要乘势而上开新局。首要任务是要制定出台“十四五”规划。要按照十九届五中全会、中央经济工作会、中央农村工作会以及唐仁健部长和唐华俊院长的讲话要求，尽快推动全院“十四五”规划体系正式落地。各个研究所要高度重视做好“十四五”规划，明确“两个一流”建设的发展目标和路线图，确保在全国“两会”之后尽快发布本所“十四五”规划。同时，各个所要乘势而上制定使命清单。科技局在种子和耕地任务清单之外还研究制定了全院的使命清单，包括 10 个方面 50 多条，院党组已经进行了专门研究，各所也要有本所的使命清单，明确任务，明确方向，明确目标。“开新局”还要研究三件事。一是成果转化如何开新局。成果转化工作会上，院里提出了“十四五”翻两番的目标。从 2020 年的统计来看，有些所知识产权的转化现在还是“零”，这些所要认真研究，推动做好知识产权培育。此外，2020 年成果转化附加分排名倒数的研究所、名次快速下降的研究所，要想办法做好成果转化工作，下功夫促进成果转移转化，确保不掉队。二是竞争性项目如何开新局。从 2020 年竞争性项目附加考核看，全院项目数增加了 18.7%，经费增长 15.2%，这是个平均数，各研究所都要确保今年不低于这个增速。三是人才方面如何开新局。从人才附加考核看，总体发展实力排名靠前和靠后的研究所其人才奖附加排名也一样。排名靠后的研究所要想方设法加强人才队伍建设，排名靠前的研究所要有危机感，不断提升人才质量和水平。此外，要做好第五次院人才工作会议的筹备，确保开出高质量会议。

三、加强党的建设，提升管理水平，为做好新发展阶段农业科技创新工作提供强有力的政治保障

第一，要以政治建设为统领，切实做到“两个维护”。中共中央关于农业科技创新的决策部署能否落地见效，科研院所是关键的“最后一公里”。我们要强化理论武装，组织开展习近平总书记“三农”重要论述和科技创新论述，特别是总书记致我院贺信精神的持续学习。要努力形成全院广大党员干部和科研人员原原本本学习习近平新时代中国特色社会主义思想的良好氛围，持续贯彻总书记贺信精神的良好氛围。要强化政治监督、切实做到真抓真管，努力形成各单位各部门以及各级党员干部真落实、干实事的良好氛围。

第二，以八项规定为重点，狠抓党风廉政建设。前段时间院里对 8 个单位巡视，发现个别单位在执行八项规定精神方面仍有差距，还查出了不少问题，纪检组和监察局将对这些问题严肃重处。近期，部系统仍有个别干部顶风违纪出现“酒驾”等问题，要警钟长鸣、引以为戒。春节期间，一定要严格落实好八项规定精神，包括企业在终端营销过程中一定要注意严格按照八项规定要求，严格纪律要求，杜绝假日腐败，要把“严”的主基调长期坚持下去。

第三，以巡视整改为契机，推动各项工作再上新台阶。中央巡视反馈可能在春节之前就安排。这次巡视既是对我院的一次全面“政治体检”，也是我们进一步提高认识、完善机制、改进工作的重要机遇。要以巡视整改为契机，大力加强全院党的领导、党的建设和全面从严治党工作，不断提高院党组和党员干部理论素养和工作水平。对于巡视明确提出的问题，院党组和各级党组织要主动对照检查，认真抓好整改。今年是我们巡

视整改的重要一年，不仅对上一次巡视整改我们要继续落实，持续建好长效机制，对这次巡视发现的问题我们更要扎扎实实地整改。

第四，以增强本领为基础，加强管理队伍的建设。最近8个单位的巡视，一个突出问题就是研究所的管理团队，包括领导班子、中层干部队伍建设存在严重的问题，老化、弱化，履职尽责能力不强，主要领导的指示传达不下去、执行不下去，重要情况不报告所长。目前，我们科研、转化、支撑、管理四支队伍中，前三支队伍建设总体上已经破题，特别是转化队伍今年有所破题，现在亟待加强建设的重点是管理队伍。下一步要持续改进院所两级机关的作风，坚持标准不降、力度不减，同时促进高效规范运行，持续减轻基层研究所的负担，减轻科研人员的负担，为科研人员提供服务。有些研究所的科研人员认为所里的管理团队指望不上，涉及的研究所一定要加强整改。要加强培训教育，全面提升包括领导班子在内人员的政治素质、专业素质和综合素质，加快补齐管理知识和领导艺术的短板。要建立“能进能出、能上能下”的用人机制，坚决推行任期管理制，把干部管理的短板补上。要把管理队伍的激励机制短板尽快补上，打造一支“敢打硬仗、能打胜仗”的专业化管理队伍。

最后再强调几件事。一是切实严抓疫情防控。最近新冠疫情形势变化很快、十分严峻，“疫情就是命令、防控就是责任”，大家要绷紧弦、不放松，严格落实防控措施，非必要不出差，按照中央和各级政府的要求，号召大家春节少走动、就地过年。二是做好春节前的各项工作。后面几天紧接着还要召开好几个重要的会议，大家要认真参与，后面还有民主生活会、组织生活会、全面从严治党会以及巡视反馈与整改的会议，这些都要统筹安排好。三是做好春节前的走访慰问工作。要安排走访慰问老同志和一线职工，特别是在疫情防控一线和春节值班值守的职工，要关心他们、慰问他们。

同志们，新春佳节将至，我代表院党组，代表唐华俊院长，代表院领导班子，向大家致以新春的问候，向全院干部职工和离退休老同志拜个早年，祝大家新春快乐、万事如意。新的征程已经开启，“征途漫漫，惟有奋斗”，让我们一起努力，再接再厉、创新攻关，2021年再创新佳绩，“十四五”再上新台阶，为全面推进乡村振兴和加快农业农村现代化不断作出中国农业科学院的更大贡献！谢谢大家！

中国农业科学院关于印发《中国农业科学院章程》（试行）的通知

农科院办〔2021〕158 号

院机关各部门、院属各单位：

根据国家有关法律法规，我院制定了《中国农业科学院章程》（试行），已经农业农村部 2021 年第 11 次常务会议审议通过，现印发给你们，请遵照执行。

中国农业科学院

2021 年 12 月 27 日

中国农业科学院章程（试行）

第一章　总　则

第一条　为确立中国农业科学院制度基础，根据国家有关法律法规，制定本章程。

第二条　中国农业科学院是国家设立的中央级农业科研机构，是全国综合性农业科学研究的最高学术机构，是农业及农业科学技术战略咨询机构，是“三农”领域国家战略科技力量。中国农业科学院主办单位是农业农村部。

第三条　中国农业科学院以习近平新时代中国特色社会主义思想为指导，认真贯彻党的基本理论、基本路线、基本方略，增强“四个意识”、坚定“四个自信”、做到“两个维护”，坚持和加强党的全面领导，严格遵守宪法和法律，立足农业科研国家队职责使命与定位，发挥国家战略科技力量作用，深入贯彻落实创新驱动发展战略，乡村振兴战略，中共中央、国务院重大决策部署，以及农业农村部中心工作，合法开展科学研究和转化应用活动，推动高水平农业科技自立自强，引领支撑农业农村现代化。

第四条　新时代中国农业科学院的办院方针是，面向世界农业科技前沿、面向国家重大需求、面向现代农业建设主战场、面向人民生命健康，加快建设世界一流学科和一流科研院所，勇攀高峰，率先跨越，推动我国农业科技整体跃升，为实现第二个百年奋斗目标、实现中华民族伟大复兴的中国梦作出新的更大的贡献。

第五条　中国农业科学院的主要职责是：

（一）从事农业基础与应用基础研究、应用研究和高新技术研究，致力于解决我国农业及农村经济发展中公益性、基础性、全局性、战略性、前瞻性重大科学与技术问题，推动科技创新和成果转化应用，引领支撑农业农村现代化；

（二）坚持人才优先发展战略，不断吸引、聚集优秀农业科技人才，加强研究生培养教育，逐步调整、完善人才培养政策措施，强化人才培养机制，建设国家农业高层次科研人才的培养基地和创新创业基地；

（三）开展农业农村经济发展、农业科学技术发展、现代科研院所建设发展等宏观战略研究，建设国家高端智库，为国家宏观决策提供咨询建议和科学依据；

（四）组织全国农业科技力量协同攻关，开展国家重大农业科技创新活动，发挥农业科研国家队的骨干带动作用，开展科普工作，促进全国农业科技整体跃升；

（五）坚持开放办院，广泛开展国内外科技合作与交流，积极融入全球创新网络，不断提升院所国际化水平；

（六）履行农业农村部直属事业单位的职责，承办农业农村部和相关部委交办的有关工作。

第六条 中国农业科学院以“求真笃行，敬农致用”为院训，秉承潜心钻研、甘于寂寞、艰苦奋斗、乐于奉献的“农科精神”，坚持学风优良、宽容失败、环境和谐的创新文化，尊重科研规律，弘扬科学精神，坚持科学民主，提倡学术争鸣，信守学术道德。

第二章 党的领导

第七条 中国共产党中国农业科学院党组（以下简称“院党组”）发挥把方向、管大局、保落实的领导作用，加强对本单位党的建设和业务工作的领导，确保党的理论和路线方针政策的贯彻落实。全院各级党组织在院党组领导下，根据《中国共产党章程》等党内法规，开展各项工作。

第八条 坚持把党的政治建设摆在首位，坚持和加强党的全面领导，加强思想政治教育，锻造新时代“农科精神”，严格落实党建工作责任制，推进党建与科研工作深入融合、相互促进。

第九条 落实全面从严治党“两个责任”。院党组、各所党委落实全面从严治党主体责任，院党组纪检组、各所纪委履行党内监督专责。设立纪检工作机构，建立健全纪检工作制度，统筹监督资源，形成监督合力，发挥监督保障作用。

第十条 院部、院属各单位根据党员人数和工作需要，分别设立党的基层委员会、总支部委员会或支部委员会。院部和京内单位党组织隶属院直属机关党委管理，京外单位党组织隶属地方上级党组织管理，接受院直属机关党委的统筹指导。院属各单位下设的职能处室、科研团队以及挂靠研究所的学会协会、所办企业、期刊等，根据党员人数和工作需要设立党的基层组织，担负起直接教育、管理、监督党员，以及组织、宣传、凝聚、服务群众职责。

第十一条 加强党建工作保障。根据职工人数和党建工作要求设置党务工作机构，配备专兼职党务人员。党建工作经费列入年度经费预算，保障党组织工作和活动正常开展。强化党建活动阵地建设。

第三章 领导体制

第十二条 实行院长负责制。院长为中国农业科学院法定代表人，主持院全面工作。副院长协助院长工作。

第十三条 实行院务会议、院常务会议、院党组会议、院领导工作例会和院长办公会议制度。

第十四条 院务会议由院长、院党组书记、党组副书记、副院长、院党组成员和院部主要负责人组成。根据工作需要，可以安排院属有关单位负责人列席。院务会议由院长召集和主持。院务会议的主要任务是：

（一）传达贯彻上级的重大部署，通报重大事项；

（二）讨论决定中国农业科学院重大事项；

（三）讨论审议院改革发展有关综合规划和专项规划、院年度计划、年度经费预决算、院重要规章制度等；

（四）研究中国农业科学院机构设置、职能、人员编制等事项；

（五）部署中国农业科学院的重要工作；

（六）讨论决定其他重要事项。

第十五条　院常务会议由院长、院党组书记、党组副书记、副院长、院党组成员组成，院办公室主任列席。院常务会议由院长召集和主持，一般每两周召开一次。院常务会议实行末位表态制，须有半数以上常务会议组成人员出席方可召开，可以安排议题有关人员列席。院常务会议的主要任务是：

（一）传达贯彻上级重要指示、决定；

（二）研究向上级部门请示的重要事项和重要决策建议；

（三）听取重要专项工作汇报，研究布置阶段性工作；

（四）研究决定重大事项决策、重要项目安排和大额资金的使用等事项；

（五）讨论决定其他重要事项。

第十六条　院党组会议由院党组成员组成，可以请非党组成员的副院长列席，可以安排议题有关人员列席。院办公室主任列席会议。院党组会议由院党组书记召集和主持，一般每两周召开一次。院党组会议须有半数以上院党组成员出席方可召开，讨论决定干部任免事项必须有 2/3 以上院党组成员出席。院党组会议的主要任务是：

（一）学习、宣传、贯彻党的路线方针政策，贯彻落实党中央、国务院决策、部署、指示、决定等事项；

（二）研究需要向中共中央、农业农村部党组请示报告的重要事项；

（三）讨论决定直属机关党委和院属各单位党委请示报告的重要事项；

（四）研究院部、院属各单位机构设置、职责、人员编制等事项；

（五）研究决定重要人事任免，参与涉及院改革发展稳定和事关职工群众切身利益的重大决策、重大项目安排、大额资金使用等事项决策；

（六）讨论审议院部、院属各单位领导班子建设、干部队伍建设和人才队伍建设、干部考核奖惩等事项；

（七）研究院部、院属各单位党组织建设、党员教育和党员队伍建设方面的重要事项；

（八）研究决定意识形态工作、思想政治工作、精神文明建设和创新文化建设方面的重要事项；

（九）研究决定全面从严治党、党风廉政建设、反腐败和巡视工作方面的重要事项；

（十）研究决定统战工作、群团工作、离退休人员管理服务工作等方面需要经院党组讨论决定的重要事项；

（十一）研究加强院党组自身建设有关事项；

（十二）讨论决定其他应当由院党组讨论决定的重要事项。

第十七条　院领导工作例会是院领导通报情况、推进工作、研究重要事项的例行会议，由院领导班子成员组成，院办公室主任列席。会议由院长召集，一般每两周召开一次，院领导班子成员汇报近期工作进展及下一阶段工作安排。

第十八条　院长办公会议是处理院日常业务工作的会议，可以以现场办公等形式召开，由院领导召集和主持。按院领导分管的业务范围，研究处理有关具体工作，院部有关部门（单位）负责人参加。

第十九条　设立院学术委员会，作为全院最高学术评议、评审、裁定和咨询机构。

第二十条　根据工作需要，设立院专门领导小组，以及院高级职称评审委员会、院学位评定委员会、院安全生产委员会等专门委员会，开展相关工作。

第四章　学术委员会

第二十一条　中国农业科学院实施以学术委员会为核心的学术治理体系，中国农业科学院重要学术相关事项决策前，须经过学术委员会研究审议。

第二十二条　院学术委员会的主要职责是：

（一）对国家农业科技发展规划制定、农业科技计划项目设计及组织实施、农业高质量发展和乡村振兴等提出意见和建议；

（二）组织国内外大型学术交流活动，倡导和组织全国农业科研大协作；

（三）审议中国农业科学院科技发展规划，论证重大科技项目，讨论学科建设、科研机构设置与调整等重大问题；

（四）对人才引进培养和创新团队建设等进行评价、建议与推荐；

（五）评审中国农业科学院科技成果奖；

（六）负责科研诚信、科研伦理监管，评议和裁定相关的学术道德问题；

（七）对各研究所学术委员会工作进行指导和管理。

第二十三条　学术委员会委员由两院院士、不同学科专业正高级专业技术职称等院内专家，以及聘请的科研院校和有关业务主管部门等院外专家组成。院外专家比例不低于委员总数的1/3。学术委员会委员每届任期5年，可连选连任。原则上连任不超过两届，连任人数不超过上届委员总数的2/3。

第二十四条　学术委员会下设若干学部，由学部主任、副主任、相关委员及学部秘书组成，履行院内相关学科集群的学术评议、评审、咨询职权。学部的主要职责是：

（一）对学部相关领域国家重大农业科学技术问题、发展规划和重大决策提供咨询；

（二）对学部相关领域申报的重大科技项目、重大科技平台项目等进行学术评议；

（三）对相关学科方向设置与调整、科研团队设立与调整、平台建设与机构布局等进行学术评议；

（四）对相关学科的科技成果奖、科技人才奖等进行评审推荐，评审相关学科领域研究所、科研团队的科研进展；

（五）组织学部学科发展战略研究，提出重大项目建议；

（六）筹备和组织学术活动，推进农业科研协作；

（七）总结报告学部科研进展和年度工作情况；

（八）组织调查本学部学术道德问题。

第二十五条　学术委员会设常务委员会，由主任委员、副主任委员、秘书长、副秘书长、学部主任、副主任，以及部分院内学科代表组成，负责学术委员会全体会议休会期间的日常工作。常务委员会的职责是：

（一）主持学术委员会全体会议休会期间的日常工作；

（二）对学术委员会全体委员负责并报告工作；

（三）组织学部开展战略研究和学术交流等活动，提出重大咨询建议；

（四）对重要学术决策事项进行评议把关；

（五）制定和修订学术委员会章程；

（六）评议和裁定科研诚信、科研伦理问题；

（七）研究和决定其他重要事项。

第二十六条　学术委员会可以就学术道德、学术评估、科技战略等事项，设立若干专门委员会，具体承担相关职责和学术管理事务。

第二十七条　学术委员会一般每年召开一次全体会议；全体会议休会期间，由常务委员会代行其职责，由主任委员根据需要召开常务委员会议；各学部原则上每年召开一次会议，由各学部根据需要组织召开。

第二十八条　学术委员会会议在决议重要事项时，均采取民主集中制原则进行决议。学术委员会需要表决议案时，应出席委员达 2/3 以上方能举行，以无记名投票方式作出决定，须达到投票人数的 2/3 通过方为有效。学术评议事宜可根据情况采用记名或无记名投票方式表决。在学术上，坚持“百花齐放、百家争鸣”的学术方针，注意听取和保留少数委员的意见。

第二十九条　院属各研究所设立所级学术委员会，是研究所实施学术管理的审议、评议和咨询机构，由所内外具有较高学术造诣的专家组成。研究所重要学术事项决策前，需经过所学术委员会研究审议。

第五章　组织管理

第三十条　中国农业科学院依照国家有关法律法规，设立或在地方登记具有事业单位法人资格的研究机构、教育机构、支撑机构及其他机构，须按程序报有关部门批准。

根据科技创新和成果转化活动需要，积极推进组织创新，设立新型科研机构及非法人单元，投资设立企业法人，依照有关规定进行管理。

第三十一条　设立院部，在院长领导下履行全院组织管理职能。院部设立若干部门。院部主要职责是：

（一）贯彻落实院重大战略决策和工作部署；

（二）组织研究国家农业科技创新发展需求和世界科技发展态势，制定全院发展战略和发展规划并组织实施；

（三）统筹协调和组织实施跨所的重大科技创新活动；

（四）统筹协调和组织开展科技成果转化和服务乡村振兴活动，加强知识产权运用、保护和管理；

（五）按照干部管理权限管理和监督院属单位领导人员；

（六）研究制定符合中国国情和农业科技创新规律的政策制度体系，核准研究所章程；

（七）对院属单位进行评价考核、资源调配、政策引导和指导服务；

（八）对中国农业科学院占用的国有资产进行管理和监督，对全院财务活动进行管理和监督；

（九）规划和组织开展重大国际和国内合作交流；

（十）履行作为农业农村部直属事业单位应承担的日常管理职能。

第三十二条　研究所是国家科研机构，是中国农业科学院专门从事特定领域农业科技创新活动的关键创新单元，具有事业单位独立法人资格，具有科技创新自主权和管理自主权。研究所的主要职责是：

（一）依据研究所发展定位，围绕作物、园艺、畜牧、兽医、植保、资源与环境、机械与工程、质量与加工、信息科学、农业经济等学科，开展公益性、基础性、长期性、战略性农业科技创新活动，提高我国农业科技自主创新能力，产出重大突破性农业科技成果，在国家农业科技创新体系中发挥骨干、引领作用；

（二）建议、承担并高质量完成国家、地方和企业委托的各类农业科技任务和项目；

（三）结合农业科技创新活动，培养并向社会输送高级农业科技人才；

（四）加强技术服务和成果转化，推动农业高科技企业发展，支撑农业高质量发展和乡村振兴；

（五）加强农业科学传播，弘扬科学精神，倡导创新文化，守护科技伦理和科研诚信；

（六）开展国内国际科技合作与交流，倡导和组织农业科技大协作，积极融入全球创新网络，建设一流研究机构；

（七）履行事业单位法人相应的职责，并承担相应的法律责任。

第三十三条　研究所实行所长负责制，主持所全面工作，对院长负责。

根据改革发展需要，部分研究所可实行理事会管理制度，理事会为研究所的决策机构，其组成原则、议事规则、运行机制和监督机制等遵照其章程执行。

第三十四条　研究生院实行党委领导下的院长负责制。秉承“明德格物、博学笃行”的院训，坚持创新办学、开放办学、特色办学，致力于“创新型、复合型、应用型、国际型”高层次农业科技人才培养。

第三十五条　院部、院属单位下设工作机构。内设机构设置按照优化协同高效原则，以职责任务为核心，综合单位性质、规格、人员编制规模等因素确定。内设机构在单位（部门）设立时确定，并保持相对稳定。

第三十六条　院所法定代表人的变更，由相关组织（人事）部门准备申请变更登记有关材料，提交农业农村部人事司审核后，报送国家事业单位登记管理局，履行变更登记手续。

第三十七条　中国农业科学院工作人员依法公平享有以下权利：

（一）按工作职责使用院所公共资源，享受福利待遇；

（二）获得自身发展所需的相应工作机会和条件；

（三）在品德、能力和业绩等方面获得公正评价；

（四）获得各种奖励及荣誉称号；

（五）知悉院所改革、建设和发展等涉及切身利益的重大事项；

（六）参与民主管理，对院所工作提出意见和建议；

（七）就职称职务、福利待遇、评优评奖、纪律处分等事项表达异议和提出申诉；

（八）合同约定的权利；

（九）法律、法规、规章规定的其他权利。

第三十八条　中国农业科学院工作人员应履行下列义务：

（一）遵守院所的规章制度；

（二）履行岗位职责，恪尽职守，勤勉工作；

（三）尊重和爱护学生，提高科研业务和服务管理水平；

（四）遵守学术规范，恪守学术道德；

（五）珍惜和维护院所名誉，维护院所利益；

（六）履行合同约定的义务；

（七）履行法律、法规、规章规定的其他义务。

第三十九条　坚持民主办院，实行党务公开、政务公开，保障干部职工的知情权、表决权、选择权和监督权。

职工代表大会是干部职工依法参与全院民主管理的基本形式。中国农业科学院具有法人资格的单位应建立健全职代会制度。

设置院科学技术协会、工会、共青团、青年工作委员会、妇女工作委员会等群众组织，在院党组的领导下依法履行各自的职责。

院内各民主党派、人民团体和无党派人士依据法律、法规、规章和各自章程开展活动，在院党组的领导下参与全院民主管理和监督。

第六章　科技管理

第四十条　持续开展农业科技发展战略研究，不断凝练农业科技创新方向目标，研究制定农业科技发展战略和规划，调整优化科技创新布局、区域中心布局、院地合作布局。综合考虑学科建设及区域布局，在相关省（区、市）设立研究生院分校区。

第四十一条　健全“学科集群—学科领域—重点方向”的三级学科体系，强化学科体系对科技资源配置、科研团队建设、研究任务实施的指导作用。

第四十二条　根据院发展战略和规划，统筹部署和组织实施院级科技创新任务、所级重点任务、团队科研任务，支持农业科技前沿探索和重大科技问题联合攻关。组织建议、承担和完成国家重大科技计划项目。

第四十三条　建议、承担国家各类科技基础设施、科技平台和试验基地建设任务。依托各类重大科技基础设施、科技平台、试验基地，建设高效率、高质量服务创新的农业科技平台体系，推动科技资源开放共享。

第四十四条　建立以科技创新质量、贡献和影响为导向的科技评价制度，对研究所、科研团队、科研人员、重大科研任务等进行分类分级评价。

第四十五条　实施中国农业科学院科技创新和成果转化奖励制度，对做出重大科技创新和转化成就的科研团队和个人实行奖励，并积极推荐申报国家科技奖和其他奖项。

第四十六条　促进成果转化，依法加强知识产权的运用与保护，开展技术开发、成果转让、咨询培训、科技推广、技术服务、科学普及等活动，建设成果转化平台，服务“三农”发展，促进科技与经济结合，加速支撑经济高质量发展、社会进步和文化繁荣。

第四十七条　促进科企科产融合发展，以科企融合推进科产融合发展。创新科技成果转化模式，建设科企融合发展联合体、加速农业科技成果转化，支撑乡村振兴和农业农村优先发展。

第四十八条　依法依规制定促进科技成果转化的考核评价及收益分配制度，落实科技人员成果转化收益政策，实现研究所和科研人员自身价值，促进创新、创造、创业一体化布局、一体化支持、一体化考评，实现一体化发展。

第四十九条　推进科技产业发展，构建现代农业科技产业发展新体系。强化院所办企业成果转化平台功能，加快现代企业制度建设，提升技术服务的能力和水平。加大孵化研究所科技成果的力度，支撑中国农业科学院成果转化和现代院所发展。加强经营性国有资产监督管理，促进科企科产融合发展。

第五十条　积极与国内科研机构、教育机构、企业、地方政府及社会团体开展广泛合作，通过构建战略合作伙伴关系、共同承担科研任务、联合培养人才、共建研发机构等多种形式，实现优势互补、资源共享、共同发展。

第五十一条　积极与世界各国的科研机构、教育机构以及相关国际组织、区域组织、跨国企业等开展农业科技交流合作。广泛聚集全球农业创新资源，培育合作和竞争优势，推进技术产品海外转化，以开放合作推动自主创新和促进共同发展。加强国际化人才培养，加大国外杰出人才引进力度。参与国际农业科技协作，提升国际影响力。

第七章　人事人才管理

第五十二条　坚持党管干部、党管人才原则，在选人用人中发挥党组织主导作用。按照干部管理权限选拔任用干部，坚持德才兼备、以德为先、任人唯贤的方针，落实从严管理监督干部要求，把提高创新能力、治理能力和支撑保障能力作为新时代干部队伍建设的重大任务，统筹推进科研、管理、支撑和转化四支队伍建设，不断优化队伍结构，提升人才队伍整体水平。

第五十三条　大力实施人才强院和人才优先发展战略。持续深化人才发展体制机制改革，形成具有吸引力和竞争力的人才制度体系，大力培养和引进国际一流人才和科研团队，最大限度调动各类人员积极性。

第五十四条　坚持立德树人，大力发展研究生教育，深化研究生教育管理体制机制改革与创新，培养高层次农业科技人才，为我国农业科技创新和农业农村现代化提供人才支撑。

第五十五条　实施岗位聘用制度。按照管理岗位、专业技术和工勤岗位实行分类管理，建立按需设岗、按岗聘任、竞争上岗、动态调整、合同管理的模式。面向国内外公开招聘人才并择优录用。

第五十六条　严格执行国家收入分配制度和社会保障政策，依法保障职工合法权益。实行激励与约束相结合的分配制度。坚持体现岗位职责，突出业绩贡献，兼顾公平和效率，实行与社会经济发展水平、院创新发展和人才队伍建设要求相适应的薪酬分配政策，建立健全增加知识价值导向的科技成果转化奖励分配机制。依法参加社会保险，落实国家规定的各项福利待遇。

第五十七条　建立健全离退休服务管理制度。依法保障离退休职工的合法权益，落实离退休职工政治待遇和生活待遇，引导支持离退休职工发挥作用，为党的事业和院所发展增添正能量。

第八章　计划财务与资产管理

第五十八条　依据国家财政制度，按照创新驱动发展战略，遵循农业科研活动规律，建立有利于科技创新和成果转化的财务资产管理制度与运行管理机制。

第五十九条　实行统一指导、分级负责的院所两级财务管理体制，确保经济活动规范，资金使用安全。各单位法定代表人对本单位会计工作和会计资料的真实性、完整性以及经济活动的合法性、合规性负责，保证会计机构、会计人员依法履行职责。

第六十条 严格预算管理，依据国家法规建立全面规范、公开透明的预算制度，院所两级收支全部纳入预算管理。收入来源包括上年结转、财政拨款收入、上级补助收入、事业收入、事业单位经营收入、下级单位上缴收入、其他收入、用事业基金弥补收支差额等。按照量入为出、收支平衡的原则安排支出预算。全面落实预算绩效管理的要求，优化资源配置。

第六十一条 依据院发展战略和规划，加强全院条件建设战略研究和基础性工作，统筹谋划全院条件建设布局和推动实施，研究提出重大建设项目建议、年度投资安排建议等。科学编制全院条件建设中长期建设规划和重要院区（基地）总体规划，指导研究所落实中长期建设规划和总体规划任务，不断提升农业科技创新和现代院所基础保障能力。

第六十二条 依据基本建设管理及相关制度规范，科学指导建设项目实施，开展业务培训，加强专业队伍建设，强化项目建设全过程监督检查，防范工程建设领域各类风险，确保项目依法依规高效建设，发挥效益。

第六十三条 依据事业单位国有资产管理制度，院所按照分类分级原则，对本单位占有、使用的国有资产实施具体管理。建立健全国有资产配置、使用和处置等管理制度，按照授权分级负责，保证国有资产安全完整、合理配置，提高国有资产使用效益。院、所投资的企业中有关国有资产，依法行使出资人权利，并承担相应的保值增值责任。

第六十四条 依法接受税务、审计等部门监督检查。建立健全内部审计制度和内部控制体系，依法依规对政策落实、财务收支、资产管理、内控建设等开展审计监督，防范化解各类风险，规范内部管理，保障资金安全高效运转。

第九章 附 则

第六十五条 中国农业科学院中文简称为中国农业科学院；英文名称 Chinese Academy of Agricultural Sciences，缩写为 CAAS。中国农业科学院院部设在北京市，位于海淀区中关村南大街 12 号，网址为 http：//www. caas. cn/。

第六十六条 中国农业科学院院徽为圆形图案，由外圆环、环形中文院名与英文院名简称、梅花形内环、双螺旋与水滴组成，标准色为绿色。中国农业科学院印章为圆形，中心置五角星，外周标“中国农业科学院”名称，自左向右环行，由农业农村部制发。

第六十七条 本章程如有与国家法律法规相抵触之处，按国家有关法律法规执行并按程序及时修改。中国农业科学院及院属单位制定的各项规定和管理制度与本章程相抵触的，以本章程为准，并根据本章程修订。

第六十八条 本章程报农业农村部审核后发布实施，解释权属中国农业科学院常务会议。

中国农业科学院关于印发《中国农业科学院“十四五”发展总体规划》的通知

院机关各部门、院属各单位：

《中国农业科学院“十四五”发展总体规划》已经 2021 年第 18 次院常务会议审定，现印发给你们，请认真贯彻执行。

各部门各单位要切实提高思想认识，坚持以习近平新时代中国特色社会主义思想为指导，深入贯彻党的十九大和十九届历次全会精神，全面落实中共中央关于农业科技重大决策部署和习近平总书记致我院贺信重要指示精神，根据“十四五”发展思路、总体目标和重点任务等，结合实际细化措施，确保任务落实落地、目标如期完成。各研究所要根据院“十四五”总体规划和 9 项专题规划，进一步修改完善研究所有关规划，形成实施合力，不断强化国家战略科技力量，努力实现高水平农业科技自立自强。

中国农业科学院

2022 年 1 月 4 日

中国农业科学院“十四五”发展总体规划

为深入贯彻落实中共中央“三农”工作重大决策部署和习近平总书记致中国农业科学院建院60周年贺信精神，履行农业科研国家队职责使命，统筹推进各项工作，强化国家农业战略科技力量，根据《中华人民共和国国民经济和社会发展第十四个五年规划和2035年远景目标纲要》《“十四五”推进农业农村现代化规划》，以及相关部委科技发展规划，制定本规划。

一、发展形势与任务

（一）整体实力跻身世界前列

党的十八大以来，中国农业科学院始终坚守农业科研国家队使命，坚持面向世界农业科技前沿、面向国家重大需求、面向现代农业建设主战场、面向人民生命健康，启动实施了科技创新工程，持续推进科技创新和体制机制创新，各项工作取得显著进展，整体实力跻身世界前列。发展布局不断完善，建立了316个院级创新团队，初步形成了符合农业科研规律和中国农业科学院特点的学科、团队、任务、平台等一体化布局和创新组织体系，区域性创新中心不断发展和完善。发展基础更加稳固，拥有两院院士17人，高层次人才342人，从业人员近2万人；建成国家动物疫病防控高级别生物安全实验室、国家作物种质库、国家畜禽改良研究中心、农作物基因资源与基因改良国家重大科学工程、国家农业生物安全科学中心等一批重大科技基础设施，形成较为完善的科研条件平台体系。创新水平整体跃升，获国家奖成果占全国农口的1/4，主要学科领域重大科学发现、论文专利等科技产出位居世界前列，作物、植保、兽医、资环等学科集群进入世界第一方阵。支撑发展更加有力，大批新品种、新技术、新产品成为国家主推技术、主导品种和重点推广产品，系列重大宏观战略发展智库报告成为政府决策的重要参考，成果转化、示范和推广为打赢脱贫攻坚战和全面建成小康做出重大科技贡献，为国家粮食安全、生物安全、生态安全提供了强有力科技支撑。引领能力明显增强，牵头成立国家农业科技创新联盟和27个专业性、产业性创新联盟，建立了广泛的国际合作网络体系，国际合作主导力和影响力全面提升。发展动力更加强劲，党的领导不断加强，党的建设和全面从严治党不断推进，构建了良好的政治生态和创新生态，积淀了深厚的文化底蕴，成为农科人奋斗不息的精神动力。

（二）进入实现高水平科技自立自强新阶段

我国进入新发展阶段，开启了全面建设社会主义现代化国家新征程，必须坚持创新在现代化建设全局中的核心地位，坚持农业农村优先发展，依靠科技创新引领支撑乡村振兴和农业农村现代化。“十四五”及今后一个时期，中国农业科学院要着眼于中华民族伟大复兴战略全局和世界百年未有之大变局，直面新一轮科技革命和产业变革带来的重大机遇和诸多挑战，把加快实现高水平农业科技自立自强作为农业科研国家队重大使命，充分发挥国家农业战略科技力量作用，加快建设农业科技强国。要抢占制高点，加强基础研究，挑战最前沿农业科学问题，积极抢占世界农业科技竞争制高点，在战略必争的农业基础科学和前沿技术领域占有一席之地。要掌握主动权，强化原始创新，打好农业关键核心技术攻坚战，牢牢掌握我国农业科技发展主动权，确保关键核心技术自主可控。要引领现代化，强化集成创新和产学研用协同创新，勇闯科技“无人区”，创新技术综合解决方案和一体化应用场景，扛稳粮食安全和农业高质量发展重任，创新驱动乡村振兴和引领农业农村现代化。

面对新形势和新任务，对标对表“四个面向”“两个一流”要求，中国农业科学院发展还存在四个不适应：学科、科研力量等发展布局不适应，创新、转化、人才、平台等发展能力不适应，科技评价、绩效管理等发展机制不适应，院所协同、现代院所制度等治理体系不适应。同时，发展不平衡、不充分的矛盾突出。中国农业科学院作为农业科研国家队，勇于面对挑战，主动破解难题，持续深化改革，在改革、创新、发展中突显国家战略科技力量作用，为乡村振兴和农业农村现代化提供源源不断的核心动能，为推动我国农业科技走向世界舞台中央作出积极贡献。

二、发展思路与目标

（一）战略定位

中国农业科学院是农业科研国家队和国家农业战略科技力量，担负着抢占农业科技竞争制高点、掌握农业科技发展主动权、引领农业农村现代化的国家使命，肩负着农业科技自主创新主阵地、关键核心技术主渠道、现代农业科技主力军的历史重任，必须按照《中国农业科学院章程（试行）》确定的职责，坚持“四中心一智库”发展定位，为我国从农业大国走向农业强国提供坚实的科技支撑。

国家农业科技创新中心。致力于解决我国农业及农村经济发展中公益性、基础性、全局性、战略性、前瞻性重大科学与技术问题，强化原始创新和关键核心技术攻关，开拓新兴前沿交叉领域，取得一批具有世界影响的前瞻性基础研究、引领性原创前沿技术和关键核心技术成果重大突破，夯实农业强国和科技强国的根基。

国家农业技术转移中心。致力于农业科技成果转移、转化、熟化、迭代升级和系统集成，形成一批创新创造创业协同的团队和研究所、科企科产科教融合的创新联合体和区域性现代农业工程与技术科学集成示范基地，提升科技成果转移和知识产权交易服务能力，促进科技成果转化应用和示范推广，支撑乡村全面振兴和农业农村现代化。

国家农业科技创新人才中心。坚持人才第一资源和人才优先发展战略，汇聚战略、领军、青年、后备四类人才，建设科研、管理、支撑、转化四支队伍，打造卓越创新团队，营造识才、爱才、敬才、用才的环境和创新生态，形成“四纵四横”雁阵式人才发展体系，成为国家农业战略人才力量和世界重要农业科技人才中心。

国家农业科技合作交流中心。坚持开放办院，强化国内外科技合作与交流，建设国际一流科研院所，积极参与国际农业科技治理，融入全球农业科技创新网络，牵头国家农业科技创新联盟建设，组织全国农业科技力量开展重大任务协同攻关，成为国内外农业科技合作与交流的战略中坚力量。

国家农业高端智库。汇聚一批高水平战略研究人才队伍，牵头建设国家农业智库联盟，引领和带动全国农业农村战略研究，形成具有重要影响力的智库平台和系列智库报告，成为国家倚重、国际知名的农业高端智库，为农业农村经济发展、政策创设和科技进步提供科学咨询和决策参考。

（二）指导思想

以习近平新时代中国特色社会主义思想为指导，深入贯彻党的十九大和十九届历次全会精神，全面落实中共中央重大决策部署和习近平致中国农业科学院建院60周年的贺信重要指示，立足新发展阶段，完整、准确、全面贯彻新发展理念，主动融入新发展格局，坚定不移落实科教兴国战略、人才强国战略、创新驱动发展战略以及乡村振兴战略，坚持“四个面向”，以科技体制改革和机制创新为动力，以实现高水平农业科技自立自强为目标，按照“顶天立地、率先跨越、引领发展、追求卓越”的指导方针，胸怀国之大者，紧扣“两个要害”，优化创新布局，强化自主创新，优化创新生态，建设“两个一流”，进一步增强科技创新能力、综合发展实力和国际影响力，推动我国农业科技整体跃升，支撑国家粮食安全、生物安全、生态安全，引领乡村振兴和农业农村现代化。

顶天立地。既要登高望远勇攀世界农业科学高峰，挑战最前沿农业科学问题，又要脚踏实地突破农业农村发展关键核心技术，强化集成创新。既要为国家农业农村和农业科技发展决策提供科学依据，也要为农业生产和区域发展提供技术支撑。

率先跨越。深入实施创新驱动发展战略，强化“从0到1”的原始创新和突破，积极抢占农业科技竞争制高点，打好关键核心技术攻坚战，努力实现关键核心技术自主可控，推动我国农业科技整体跃升。

引领发展。强化科技创新催生新发展动能，努力在科技体制机制改革创新中走在前，在高水平农业科技自立自强中走在前，在科技引领支撑农业农村现代化发展中走在前，在支撑国家重大决策与智库建设中走在前，成为创新驱动发展的重要引擎。

追求卓越。强化科技创新和制度创新“双轮驱动”，加快一流学科、卓越团队、重大平台和重大任务一体化推进，加速一流现代科研院所建设，进一步强化国家倚重、社会信任、国际知名的国家战略科技力量作用。

（三）发展原则

坚持党的领导。用习近平新时代中国特色社会主义思想武装头脑、指导实践、推动工作，增强“四个意识”、坚定“四个自信”、做到“两个维护”，切实把党的领导落实到全院发展的各领域、各方面、各环节。

坚持四个面向。面向世界农业科技前沿、面向国家重大需求、面向现代农业建设主战场、面向人民生命健康，强化国家队使命担当，统筹全院科技创新，组织开展重大任务联合攻关，加快建设“两个一流”，推动科技整体跃升。

坚持人才优先。牢固树立“人才是第一资源”理念，持续深化人才发展体制机制改革，激发人才创新活力，实行更加积极、更加开放、更加有效的人才政策，形成具有吸引力和国际竞争力的人才制度体系，聚天下英才而用之。

坚持遵循规律。坚持农业科研公共性、基础性、社会性定位，突出农业科研长周期性、区域性和不确定性影响大的特点，按照使命任务组织开展长期稳定的科学研究，提高创新体系的整体效能和应急应变能力。

坚持深化改革。深化院所科技体制改革和机制创新，优化科技创新布局，探索重大使命任务联合攻关机制，完善创新评价体系，营造潜心研究的创新生态，激发创新活力，推进院所治理体系和治理能力现代化。

（四）发展目标

到 2025 年，基本建成中国农业科学院现代农业科技创新体系，创新布局更加科学、创新能力更加突出、创新供给更加精准、创新生态更加优化，1/3 以上学科和研究所达到世界一流水准，成为引领支撑乡村振兴、农业强国、科技强国的战略科技力量。

创新布局更加科学。基本建成相对完善的“三农”学科体系，形成一支引领支撑农业农村现代化的战略科学家、科技领军人才、青年科技人才、后备人才队伍。学科科学中心和区域技术中心建设取得明显进展，科技平台体系和试验基地网络更加完善，一批重点学科、重点研究所跻身世界一流。研究生院—学院—研究所“三位一体”的研究生教育体系日趋完善，在校研究生数量进一步扩大，研究生教育国际化水平不断提高。

创新能力更加突出。牵头承担的国家级重大科技计划任务站位显著，产出一批具有重大国际影响的科学发现，在若干战略必争的基础前沿领域形成独特优势，为农业强国和科技强国建设提供战略储备、拓展战略空间。突破一批制约农业农村发展的重大瓶颈科技问题，在关键核心技术领域努力实现自主可控。创新形成一批有效支撑和引领农业农村现代化的科技综合解决方案和有影响力的智库报告，有效提升农业产业和农村发展的科技支撑能力。

创新供给更加有效。创新创造创业“三创”协同的创新团队具有一定规模，产业链、创新链、价值链有机衔接的技术创新与转化应用体系基本形成。科企科产深度融合，科技成果转化能力、高价值发明专利数量、创新转化效率明显提升，新品种、新技术、新产品在农业农村现代化主战场影响力显著提升。技术集成与示范应用不断加强，国家农业区域技术中心建设与布局趋于完善，乡村振兴科技示范作用更加凸显。

创新生态更加优化。现代科研院所制度体系相对完善，汇聚人才、激励创新、强化应用的政策体系基本健全，开放创新、紧密合作、高效协同的国内外合作网络基本建成，科技治理体系和治理能力现代化水平有效提升。铸造新时代农科精神，不断营造鼓励大胆创新、勇于创新、包容创新的良好氛围，创新生态更加宽松、更加自主、更加活跃。

中国农业科学院“十四五”发展目标

发展重点	核心指标	预期目标
国家农业科技创新中心	学科科学中心	≥10 个
	重大科学发现	增长 40%
	重大技术突破	增长 20%
	国家重点实验室	新增 1~2 个
	重大科研设施装备	新增 5~7 个
国家农业技术转移中心	区域技术中心	≥7 个
	重大科技产品	增长 20%
	科技成果转化率	达到 50%
	乡村振兴科技支撑示范县	15 个
国家农业科技创新人才中心	顶端人才	25 人
	领军人才	275 人
	青年英才	300 人
	在站博士后	1 000 人
	在校研究生	7 500 人

（续表）

发展重点	核心指标	预期目标
国家农业科技合作交流中心	多双边重点合作平台	新增5~8个
	“走出去”技术产品	5~10项
国家农业高端智库	整体实力	力争入选国家高端智库建设试点单位
	高水平智库报告	翻一番
综合性指标	世界一流学科	1/3学科
	世界一流研究所	1/3研究所

展望2035年，基本实现建设世界一流学科和世界一流科研院所的战略目标，初步成为世界主要农业科学中心、重要人才中心和创新高地，真正成为国家倚重、国际一流、社会信任的农业领域国家战略科技力量，为跻身世界农业科技强国和基本实现农业农村现代化发挥领军作用。

三、发展布局和重点

（一）优化学科布局

强化新兴前沿。以引领现代农业新生长点为目标，准确把握现代生物技术、现代信息技术、现代工程技术、新材料技术、新能源技术等前沿趋势，重点围绕现代种养殖业、智慧农业、都市农业、太空农业、未来农业等新业态、新模式，加快催生和培育一批新兴学科和前沿学科方向。

拓展“三农”学科。以促进乡村全面振兴和实现农业农村现代化为目标，推动学科布局向“三农”拓展，重点布局和建设一批农村资源高效利用、乡村规划、农村生态建设、数字乡村、乡村治理、农村经营制度与集体经济、农民收入与消费等学科团队，支撑乡村建设行动。

促进交叉融合。深刻把握科技发展态势，以解决重大农业科学和技术问题为导向，推动创立一批交叉学科研究中心，促进多学科交叉融合创新，构建基础研究—技术研发—产品创制—应用推广的完整创新链，带动学科整体发展。

（二）调整力量布局

打造学科科学中心。紧盯世界农业科学前沿领域发展和国家战略需求，聚焦“种子和耕地”两个要害、主要畜禽良种国产化、生物安全和重大疫病防控、绿色低碳、数字农业、前沿交叉、农业农村发展战略和高水平开放合作等重大任务，优化科研机构布局，推动形成十大领域学科科学中心，努力实现基础研究和前沿技术重大突破。

建设区域技术中心。立足自身优势，系统整合全院创新资源，联合协同重点区域地方政府、研究机构及高校、科技创新型企业，围绕东北粮食生产、京津冀主要农产品有效供给、长江经济带农业高质量发展、西部地区农业战略储备、西南丘陵山地特色农业与都市农业发展、长三角高科技与数字农业发展、大湾区国际食品谷建设等农业农村高质量发展重点，推进形成七个区域技术创新中心。紧盯影响国计民生的粮棉油、肉蛋奶、菜篮子等重点品种，充分发挥产业研究中心全链条、一体化的技术支撑作用，瞄准推动区域农业农村高质量发展的新兴产业技术，充分发挥区域技术中心组织开展联合攻关，形成综合解决方案，更加精准有效支撑各地全面推进乡村振兴和加快农业农村现代化。

创建农业高端智库。构建战略研究举院体制，推动建设农业产业、区域发展、乡村治理等宏观战略研究团队，形成全院农业农村宏观战略研究专业队伍。加强战略研究中心、海外农业研究中心等院级联合研究中心的条件和能力建设，稳定一支高水平、精干高效的战略研究骨干队伍。完善中国农业发展战略研究院体制机制，建设农业农村智库联盟，形成农业农村宏观战略开放研究平台，力争入选国家高端智库建设试点单位。

（三）统筹任务布局

突破基础前沿。围绕农业动植物和微生物重大新品种创制、耕地地力提升、农业生物安全防控等重大需求，瞄准农业生物组学、光合作用机理、植物逆境响应和动物免疫调控机制、农业人工智能等基础和前沿科学问题，突出理论和方法创新，提出原创思想、做出原创发现、突破原创技术，抢占农业科技竞争制高点。

攻克核心关键。重点攻关基因编辑技术、合成生物技术、智能设计育种技术、农业可再生资源高效利用技术、新型农业投入品创制、农业智能化关键装备技术，加大投入力度，实现重大突破和自主可控，牢牢掌握农业发展主动权。

集成综合方案。开展全产业链技术集成，建立科研成果中试熟化平台，加速技术迭代升级，提高科技成果的成熟性、配套性，为破解区域性农业复杂问题提供综合技术解决方案。健全成果转移转化体系，深化市场分析、成果评估、技术交易等专业增值服务，推动农业现代化示范区和乡村振兴科技支撑示范县建设。

强化营养健康。瞄准生命健康、生物育种等前沿领域，集中资源优势加强种质资源、育种技术、现代栽培等技术创新，培育优质高产经济作物，加快农产品贮运保鲜、精深加工、质量安全等技术研发，提升农产品营养品质，保障人民生命健康。

加强战略研究。聚焦保障国家粮食安全、农业高质量发展、乡村全面振兴、农业农村科技自立自强、农业农村绿色发展等方面的战略性、应急性和热点难点重点问题，组织开展全院性宏观战略研究，产出具有广泛社会影响力的重大智库研究成果，支撑政府决策，引导公众舆论。

（四）优化平台布局

谋划建设重大科技设施。围绕现代农业发展和学科基础前沿创新需求，整合院内外资源，积极参与生物种业、生物安全等国家实验室谋划，推动作物基因资源、蔬菜生物学、油料作物生物学、农业资源高效利用等国家重点实验室立项建设。系统布局种质资源鉴定、高效育种、耕地保育、绿色生产、智能农业装备等领域学科群重点实验室，重点在粮食安全、生物安全、生命健康等领域谋划国家重大科技基础设施，持续强化现有国家重大科技基础设施的能力提升。

完善三级三类平台体系。巩固国家级、部级及院级平台在功能上的相互补充作用，链式布局科学研究类平台、技术创新类平台、基础支撑类平台。发挥院所两级协同治理机制优势，推进重大科研设施和学科平台的系统化、实体化、集约化建设布局，完善研究类平台体系化建设。统筹布局创新条件能力平台的建设，打造全院设施实验室一张图、基地台站一张网、基建修购一张表，构建全院创新条件能力平台一盘棋。推进资源库圃、监测网络、实验室等基础支撑类平台标准化、专业化、开放化运行发展，提高平台管理能力和服务水平。

构建“三农”基础观测网络。完善国家农业科学观测试验站、国家野外科学观测研究站布局，满足农业科技长期性基础性工作需求。构建作物种质资源、农业土壤、水资源、环境、农业病虫害、天敌昆虫、畜禽核心种质、畜禽疫情、农用微生物、农产品安全品质等国家农业科学观测网络体系。拓展乡村振兴基础数据观察基点网络，构建乡村振兴基础数据库。夯实科学研究、产业发展和科学决策基础网络支撑。

深化国际合作平台建设。立足中国农业科学院农业科技创新和“走出去”需求，建设一批资源共享、优势互补的国际创新合作平台，持续完善国际农业联合研究中心、海内外联合实验室、国际组织参考实验室、海外联络办公室等合作平台体系布局，形成长效合作机制，实现合作网络提档升级。

四、主要任务和重大举措

（一）提升自主创新能力，培育重大科技成果

全面推行使命任务清单制度。围绕保障国家粮食安全与重要农产品有效供给、支撑优质安全与营养健康的农产品供给、强化耕地保护与质量提升、保障农业生物安全、推动农业绿色发展、加快农业机械装备高质化与智能化、加强原创性农业基础研究、孕育农业新兴前沿交叉技术、夯实农业基础性科研、推动乡村全面振兴十大使命，落实78项重点任务，促进重大突破性科研成果产出。

启动创新工程跃升计划。在稳定支持创新团队的基础上，组织开展重大任务联合攻关，打造学科科学中心和区域技术中心，探索建立团队稳定支持基础上的重大任务联合攻关机制，实施基础科研强化、前沿技术赶超、长期因子观测、重大品种培育、粮食单产跃升、耕地质量提升、生物安全保障、农业农村减碳、乡村学科振兴、国际科技合作等重大行动，以革命性、颠覆性、原创性重大科技成果推动农业农村科技整体跃升。

积极承担国家重大科技任务。围绕国家重点研发计划项目、农业生物育种重大项目，农业关键核心技术攻关，现代农业产业技术体系，国家自然科学基金基础科学中心、创新研究群体、杰青、优青、重点等重大类项目，国家社会科学基金重大项目等国家重大科技任务，积极谋划重大选题，组织院内外相关科技力量，牵头申报实施。

着力强化重大成果培育。聚焦农业高质量发展和乡村全面振兴关键环节，强化实施重大成果培育，取得原创性基础理论发现和突破性技术成果，构建整体性解决方案。建立以职责使命和重大任务为核心内容的评价机制，构建分类多层多维评价体系，形成多部门联动多举措并行评价方式。谋划国家重大奖励成果，提高成果竞争力。

（二）提高成果转化能力，支撑乡村全面振兴

推进“三创”协同发展。建立政策支撑体系，培育一批创新、创造、创业协同发展的“三创”团队，打造“三创”研究所。筹措成果转化专项资金，支持“三创”团队开展中试熟化、集成示范、孵化企业。打造“三创”基地，建立“三创”团队与农业高科技企业联合实验室，提高科技成果转化能力。发展壮大所办企业，强化所办企业成果转化功能，推进“三创”研究所发展。

加强绿色高产高效技术集成示范与推广应用。设立多区域多地点示范基地，开展符合区域特点的品种、技术、产品的集成示范和迭代升级。构建覆盖全国的集研究、示范、推广于一体的合作体系，形成“集团式”高效协同攻关网络。汇聚“政产学研金服用”创新资源，打造科技与产业深度融合的产学研一体化平台。

共建乡村振兴科技支撑示范县。在全国粮食生产功能区、重要农产品生产保护区、特色农产品优势区等地，建设乡村振兴科技支撑示范县，围绕保障粮食安全和主要农产品有效供给、生态宜居、有效衔接脱贫攻坚与乡村振兴，开展“派专家、送技术、出主意、做示范”农科式帮扶，创办“田间课堂”，打造中国农业科学院科技支撑乡村振兴战略的农科品牌。

（三）加强人才队伍建设，打造创新人才中心

构建“四纵四横”人才体系。抓好后继有人这个根本大计，建立以战略科学家为核心、领军人才为中坚、青年人才为支撑、博士后/研究生为后备的“四纵”体系。优化内设机构设置与编制管理，发现培养和选拔优秀年轻干部。构建支撑人才队伍发展体

系，打造技术精湛、服务高效的支撑人才队伍。吸引培养一批具有较高技术成果转移转化能力的复合型、专业化转化人才。协同推进科研、管理、支撑、转化四支队伍建设“四横”布局。

打造卓越创新团队。改进团队首席遴选机制，落实团队岗位聘用制，统筹实施三级任务制，探索实行科研进展报告制，完善符合现代农业科技创新规律的团队运行模式。统筹配置科技资源，分学科、分梯次推进团队建设，打造一批国际知名团队、一批国内领先团队、一批行业特色团队。

建设高质量研究生教育体系。统筹优质科教资源，优化学科专业，转变培养模式，提升研究生教育质量。推进“中国农业科学院大学”建设，扩大研究生招生规模，有序推进学院建设，完善研究生教育校区布局，打造农科特色的校园文化。增强研究生创新能力、实践能力，培养一大批德才兼备、“一懂两爱”的青年后备人才。

优化人才发展环境。实施“高层次人才精准引进行动”，构筑集聚国内外优秀人才的创新高地。推行多元化、多渠道人才评价模式，优化薪酬待遇分配机制。建立团队首席科学家和干部队伍的定期研修制度，强化干部人才能力素质培养。完善试错容错纠错机制，倡导敬业、精益、专注、宽容失败的创新生态。

（四）建设一流设施条件，夯实跨越发展基础

建设一批重大科研设施。立项建设国家畜禽种质资源库、国家农业微生物资源库、植物生物安全资源保藏利用、小麦设计、大豆等油料种质定向创制、农作物表型与基因型鉴定等一批重大科研设施，巩固强化作物、植保、畜牧学科平台优势，打造“国之重器”。

完善实验试验基础条件。统筹多方投资渠道，支持国家、省部、院三级平台建设，推动实验室建设有序升级。完善试验示范基地（观测实验站、资源圃、保种场）布局和条件建设，夯实长期性基础性工作基础。

提升院所科研保障能力。改造建设科研用房、研究生教育用房、人才保障房和院所区基础设施，解决业务用房不足、人才居住及研究生教育保障水平不够、信息化设备与基础设施升级等突出问题。拓展京区发展空间，整体提高公共保障和基础支撑能力。

推进信息化提档升级。建设连接重大科技基础设施集群、野外观测台站、基地、实验室和存储中心等科研单元的高速网络设施。构建农业科研大数据中心，研制新一代数字农业协同创新平台，推动农业科研大数据持续积累、资产化管理、长期保存和开放共享。建成“数字农科院 3.0”，研发科学家一站式服务门户，提升数智化科研管理与决策水平。

（五）统筹国内国际合作，汇聚创新发展合力

推进科企科产科教融合发展。加强与农业龙头企业合作共建研发中心、中试基地、示范园区，开展技术创新、成果孵化、产业支撑，加快“研学产”向“产学研”转变。

强化与地方政府合作，辐射带动地方产业发展。深化与国内顶尖高校及科研单位合作，构建人才、学科、平台等创新要素融合的协同创新中心。探索建立具有独立法人资格的新型研发机构，打造多方协同、科技创新与成果转化联动的一体化平台。

做强国家农业科技创新联盟。做大做强 50 个产业性、专业性和区域性联盟，构建一批全国相关领域优势单位协同的创新集团军，提供科学“一体化”解决方案。构建实体型创新联合体，提供技术“一揽子”服务方案。集聚全院创新资源，完善农业科技信息、农作物种质资源、农业基因组大数据等领域共享平台和共享机制，提供“一站式”共享服务。

推动高水平开放合作。深度融入全球创新网络，提升重点领域的国际协同创新能力，推进优势农业科技“走出去”。推进牵头实施的国际科学计划，积极参与他国发起的科学计划。培育一批国际化的科研与科研管理、国际合作和成果转化人才，引进国内紧缺的海外一流人才。积极参与国际农业科技治理，提升农业科技国际影响力和话语权。

（六）深化体制机制改革，推动一流院所建设

完善科技创新体制机制。进一步明确研究所改革发展定位，完善以质量、绩效、贡献为核心的科技创新分类评价体系。深化学术委员会改革，提升地位，发挥作用，强化学术民主。健全重大任务联合攻关的举院体制，探索建立以创新团队为组织单元的重大任务联合攻关机制和揭榜挂帅、赛马打擂的任务承担机制。强化科企科产融合发展，加大成果转化激励力度，激发科技创新活力。

优化人才发展体制机制。破除体制障碍，探索构建以岗位聘用、绩效管理为核心的新型用人机制。破除“四唯”，建立以创新价值、能力、贡献为导向的人才评价体系。加快机制创新，形成有利于人才成长的培养机制、有利于人尽其才的使用机制、有利于竞相成长各展其能的激励机制、有利于人才脱颖而出的竞争机制。

深化科研“放管服”改革。向研究所授权，建立权力、责任和服务事项清单制度，构建放管服一体化推进体系。为人才松绑，赋予科学家更大技术路线决定权、更大经费支配权、更大资源调度权，完善责任制和军令状制度。深化科研经费管理改革，健全科研绩效管理机制。加强科研诚信与伦理道德建设，营造良好的科技创新生态。

（七）打造农业高端智库，提升决策支持水平

优化智库体系建设。构建以中国农业发展战略研究院、战略研究中心、海外研究中心、农业经济与政策顾问、乡村振兴学院为骨干，软科学创新团队为支撑，专业研究所为补充的组织体系。强化中国农业发展战略联盟建设，构建开放式、大网络的协同研究体系。建立长期与应急相结合的数据收集体系，搭建数据共享平台，构筑战略研究的方法体系和模型系统。

强化智库制度建设。完善以解决“三农”及农业农村科技重大战略问题为导向，领导小组、学术委员会和研究团队互动的动态选题机制。构建院—所—团队任务统领、适合智库科技创新的考核评价指标体系和评价方法。加强研究所考核、创新工程绩效考核与战略研究考核的有机有效融合。加大战略研究专项经费稳定支持力度，强化跨所、跨学科协同创新研究，整合全院科研力量，形成兼容并蓄、开放创新的运行机制。

加强智库品牌建设。建设和发展好农经观察、农科讲坛等高端学术交流平台，提高学术影响力。组织好中国农业农村科技发展高峰论坛、中国和全球农业政策论坛、中国农业展望大会、农业绿色发展论坛等年度智库报告发布会，扩大社会影响力。持续积累数据和开发分析模型，提高《咨询报告》《判断与思考》及年度智库报告质量和时效性，提升政策影响力。完善智库报告审查制度，拓展智库报告推送渠道，稳步提高智库品牌影响力。

（八）坚持党的全面领导，引领保障改革发展

加强党对农业科研工作的领导。认真学习习近平总书记最新指示批示精神和贯彻落实中共中央重大决策部署，持续落实习近平总书记对中国农业科学院重要指示精神，把政治标准和政治要求贯穿改革发展全过程，确保农业科研国家队正确的政治方向。坚持以政治建设为统领，各级党组织落实政治把关责任，不断提高政治判断力、政治领悟力、政治执行力，深刻把握“国之大者”，团结带领广大党员干部群众，大力推动高水平科技自立自强，有力支撑乡村振兴和农业农村现代化。

推动党建和科研工作深度融合。以支部建在创新团队为抓手，在科研工作中充分发挥基层党组织战斗堡垒作用和党员先锋模范作用，完善党建和科研工作深度融合工作机制。扎实推进“红旗党支部”创建，加强企业、社团（学/协会）等领域党组织建设，实现党的组织和党的工作全覆盖。大力弘扬科学家精神，锻造新时代农科精神，发挥中国农业科学院科学技术协会的团结汇聚作用、群团组织的桥梁纽带作用，引领激励广大科研人员聚焦核心使命、承担重大任务，持续推进农业科技创新出理论、出人才、出成果。

一以贯之全面从严治党。以永远在路上的清醒和坚定，坚持严的主基调，突出抓住“关键少数”，落实主体责任、监督责任、“第一责任人”和“一岗双责”，把全面从严治党贯穿于党的建设各方面。着力构建农业科研特色监督体系，聚焦“国之大者”强化政治监督，突出重点领域做实日常监督，严肃执纪问责，持之以恒纠治“四风”，一体推进不敢腐、不能腐、不想腐，以全面从严治党引领保障“十四五”目标任务的顺利完成。

五、保障措施

（一）强化组织领导

加强规划的统一领导和组织实施，切实提高政治站位，强化对规划落实工作的指导。编制规划实施方案，构建规划实施的统筹协同机制和任务落实责任，将规划提出的目标任务细化落实到院所各项具体工作中。加强规划实施督导，确保规划任务的顺利实施。

（二）争取多方支持

积极争取中央财政支持，加大对科技创新工程、基本科研业务费、改善科研条件专项等稳定支持经费的投入强度。积极争取国家科技计划、地方科技计划等项目支持，大力增加各类竞争性项目经费投入力度。创设激励政策，支持各研究所加大成果转化力度，提高转化收入水平，增强自有资金统筹能力。积极创造条件，争取产业资本、社会资本和金融资本投入农业科研。

（三）加强宣传推介

充分发挥规划的引领指导作用，组织干部职工学习领会规划提出的战略定位、发展思路和目标任务，提升规划实施的自觉性和协调性。积极向上级部门推送规划，争取纳入国家、行业、部门的规划和实施计划。建立规划宣传考核与激励机制，加大规划实施中的成效宣传力度，提高规划及规划实施结果的显示度和影响力。

（四）做好监测评估

构建规划实施动态监测机制，重点对规划目标任务的工作进程、实现进度及成效等进行监测，结合国内外发展形势，提出规划内容调整建议。引入第三方评估机制，重点做好规划实施中期（第三年）和实施期结束后的规划总结和评估工作，总结规划成效和取得经验，提出今后发展建议，为下一轮发展规划编制提供重要依据。

附件：重大工程、重大使命和重大行动目录

附件

重大工程、重大使命和重大行动目录

一、重大工程

（1）中国农业科学院科技创新工程
（2）中国农业科学院“三创”协同推进工程
（3）中国农业科学院“农科英才”工程
（4）中国农业科学院研究生教育提质工程
（5）中国农业科学院重大科技设施建设工程
（6）中国农业科学院农业科研大数据工程

二、重大使命

（1）保障国家粮食安全与重要农产品有效供给
（2）支撑优质安全与营养健康的农产品供给
（3）强化耕地保护与质量提升
（4）保障农业生物安全
（5）推动农业绿色发展
（6）加快农业机械装备高质化与智能化
（7）加强原创性农业基础研究
（8）孕育农业新兴前沿交叉技术
（9）夯实农业基础性科研
（10）推动乡村全面振兴

三、重大行动

（1）中国农业科学院基础科研强化行动
（2）中国农业科学院前沿技术赶超行动
（3）中国农业科学院长期因子观测行动
（4）中国农业科学院重大品种培育行动
（5）中国农业科学院粮食单产跃升行动
（6）中国农业科学院耕地质量提升行动

（7）中国农业科学院生物安全保障行动
（8）中国农业科学院农业农村减碳行动
（9）中国农业科学院乡村学科振兴行动
（10）中国农业科学院国际科技合作行动
（11）中国农业科学院大豆油料保障行动
（12）中国农业科学院农机装备升级行动

中国农业科学院关于发布 2021 年研究所评价结果的通知

农科院办〔2022〕6 号

院机关各部门、院属各单位：

2021 年研究所评价结果已经中国农业科学院 2022 年第 1 次常务会议审议通过。2021 年全院发展实力进一步增强，总分比上一年度增长 14.94%；发展速度进一步加快，研究所平均发展速度从 37.83%提高到 52.49%；人均实力进一步提升，研究所人均实力平均得分从 3.57 分增长至 4.33 分。

各部门要强化评价结果运用，进一步提升科技资源配置效能。各研究所要踔厉奋发、笃行不怠，自觉履行好国家战略科技力量职责使命，努力为实现高水平农业科技自立自强、全面推进乡村振兴和加快农业农村现代化作出更大贡献。

附件：1. 中国农业科学院 2021 年研究所评价结果

2. 中国农业科学院 2021 年研究所评价奖扣附加排名

中国农业科学院

2022 年 1 月 10 日

附件 1

中国农业科学院 2021 年研究所评价结果

发展实力排名		得分	发展速度排名		比前三年增长率	人均实力排名		得分	总体排名		总体得分
1	作科所	2 721.63	1	都市所	356.39%	1	植保所	10.06	1	作科所	2 811.63
2	植保所	2 566.72	2	营养所	178.65%	2	营养所	8.79	2	植保所	2 671.72
3	资划所	1 853.35	3	果树所	141.68%	3	作科所	7.26	3	资划所	1 898.35
4	牧医所	1 617.49	4	信息所	109.64%	4	都市所	6.78	4	牧医所	1 697.49
5	水稻所	1 450.06	5	基因组所	102.42%	5	牧医所	6.60	5	蔬菜所	1 494.18
6	蔬菜所	1 439.18	6	环保所	81.62%	6	农经所	6.48	6	水稻所	1 475.06
7	油料所	1 285.31	7	农经所	76.41%	7	蔬菜所	6.35	7	油料所	1 340.31
8	哈兽研	1 264.93	8	草原所	72.62%	8	资划所	6.05	8	哈兽研	1 304.93
9	基因组所	1 192.09	9	灌溉所	68.53%	9	环发所	5.49	9	基因组所	1 252.09
10	环发所	1 128.98	10	茶叶所	52.31%	10	质标所	5.27	10	环发所	1 133.98
11	棉花所	1 117.78	11	水稻所	50.55%	11	油料所	4.76	11	棉花所	1 087.78
12	加工所	929.89	12	哈兽研	45.53%	12	环保所	4.76	12	加工所	979.89
13	茶叶所	908.61	13	牧医所	44.62%	13	加工所	4.68	13	茶叶所	953.61
14	农经所	900.42	14	环发所	42.63%	14	茶叶所	4.34	14	农经所	870.42
15	信息所	840.43	15	烟草所	41.71%	15	水稻所	4.31	15	信息所	830.43
16	兰兽研	790.35	16	油料所	39.66%	16	基因组所	4.17	16	兰兽研	800.35
17	环保所	725.64	17	植保所	37.12%	17	饲料所	4.03	17	郑果所	693.29
18	郑果所	713.28	18	蔬菜所	32.97%	18	生物所	3.91	18	生物所	692.81
19	果树所	705.79	19	加工所	30.67%	19	兰兽研	3.89	19	环保所	690.64
20	生物所	687.81	20	农机化所	27.25%	20	蜜蜂所	3.81	20	烟草所	686.37
21	烟草所	656.37	21	蜜蜂所	25.09%	21	果树所	3.68	21	果树所	625.79

（续表）

发展实力排名		得分	发展速度排名		比前三年增长率	人均实力排名		得分	总体排名		总体得分
22	农机化所	606.44	22	生物所	24.56%	22	哈兽研	3.63	22	质标所	600.85
23	麻类所	590.84	23	兰牧药	23.77%	23	麻类所	3.39	23	蜜蜂所	547.54
24	质标所	555.85	24	兰兽研	23.17%	24	信息所	3.22	24	麻类所	545.84
25	蜜蜂所	552.54	25	资划所	21.68%	25	郑果所	3.12	25	饲料所	536.33
26	饲料所	536.33	26	作科所	21.45%	26	烟草所	2.86	26	农机化所	531.44
27	都市所	535.86	27	质标所	19.80%	27	上兽研	2.81	27	都市所	525.86
28	草原所	423.45	28	麻类所	18.54%	28	棉花所	2.63	28	草原所	443.45
29	营养所	419.59	29	棉花所	17.53%	29	沼科所	2.22	29	上兽研	394.17
30	兰牧药	382.04	30	饲料所	13.62%	30	草原所	2.17	30	营养所	359.59
31	上兽研	369.17	31	上兽研	-1.12%	31	农机化所	1.97	31	兰牧药	312.04
32	沼科所	349.14	32	沼科所	-9.62%	32	兰牧药	1.73	32	沼科所	264.14
33	特产所	303.97	33	特产所	-21.15%	33	灌溉所	1.20	33	特产所	198.97
34	灌溉所	283.24	34	郑果所	-25.72%	34	特产所	0.74	34	灌溉所	168.24

附件 2

中国农业科学院 2021 年研究所评价奖扣附加排名

人才工作附加排名		成果转化附加排名		竞争性项目附加排名	
1	基因组所	1	加工所	1	植保所
2	作科所	2	茶叶所	2	作科所
3	植保所	3	哈兽研	2	质标所
4	资划所	4	牧医所	4	上兽研
5	牧医所	5	烟草所	5	蔬菜所
6	蔬菜所	6	水稻所	6	油料所
7	草原所	7	油料所	6	基因组所
8	棉花所	8	植保所	8	牧医所
9	油料所	9	兰兽研	9	资划所
10	生物所	10	环发所	10	都市所
11	环发所	11	饲料所	11	生物所
12	茶叶所	12	资划所	12	烟草所
13	哈兽研	13	果树所	13	加工所
14	水稻所	14	郑果所	14	农经所
15	兰兽研	15	信息所	15	水稻所
16	加工所	16	蔬菜所	16	哈兽研
17	饲料所	17	作科所	17	环发所
18	麻类所	18	环保所	18	蜜蜂所
19	上兽研	19	都市所	19	草原所
20	质标所	20	生物所	20	麻类所
21	蜜蜂所	21	营养所	21	环保所
22	信息所	22	草原所	22	饲料所

（续表）

人才工作附加排名		成果转化附加排名		竞争性项目附加排名	
23	沼科所	23	农机化所	22	兰兽研
24	烟草所	24	质标所	22	茶叶所
25	农经所	25	蜜蜂所	22	郑果所
26	兰牧药	26	上兽研	26	信息所
27	都市所	27	基因组所	27	棉花所
28	郑果所	28	特产所	28	营养所
29	灌溉所	29	农经所	29	兰牧药
30	农机化所	30	棉花所	30	果树所
31	环保所	31	兰牧药	31	沼科所
32	营养所	32	灌溉所	32	特产所
33	特产所	33	麻类所	33	农机化所
34	果树所	34	沼科所	34	灌溉所

驻农业农村部纪检监察组组长、部党组成员吴清海在中国农业科学院全面从严治党工作会议上的讲话

2021 年 3 月 5 日

连续 4 年来，在农业农村部召开全面从严治党工作会议后，我每年都参加院里的会议，主要因为这里是农业科研国家队，摊子大、单位多、党组织和党员力量壮大，做好全面从严治党工作尤为重要。既然参加，就要结合中国农业科学院的实际和特点，力图把问题讲准，更有针对性，以期提醒全院各级党组织和党员干部格外引起注意。

2020 年，中国农业科学院党组认真贯彻落实中共中央全面从严治党战略部署和十九届中央纪委四次全会精神，扎实履行管党治党政治责任，院系统全面从严治党各项工作取得了新成效。同时，必须清醒地认识到全面从严治党工作还存在一些问题，反腐败斗争形势依然严峻复杂，问题存量还没有清底，增量仍有发生，思想不纯、政治不纯、组织不纯、作风不纯的问题还有不少，全面从严治党工作必须坚持严的主基调，一以贯之、放松不得。各级党组织和党员干部都要认清形势、高度警觉，切实把自己、把职责、把工作摆进去，切实担当责任，坚守初心使命。

结合驻部组去年监督执纪工作，我就中国农业科学院扎实推进中央巡视反馈意见整改工作，贯彻落实十九届中央纪委五次全会精神，做好 2021 年全面从严治党工作讲四点意见。

一、进一步提高政治站位，坚决扛起政治责任

中国农业科学院作为农业科研国家队，承担着为实施乡村振兴战略、推动农业农村发展、加快农业农村现代化建设步伐，提供科技支撑和智力支持的重要职能，肩负着光荣使命。对标习近平总书记贺信精神和“四个面向”“两个一流”的要求，能不能坚持讲政治，用政治的眼光观察、分析、发现和解决发展中遇到的新情况新问题，能不能坚持把党的政治建设摆在首位，不断提高政治判断力、政治领悟力、政治执行力，能不能坚持以更高标准、更严要求、更实举措围绕中共中央“三农”工作决策部署，把科技支撑和智力支持做得更好，加快农业科技自立自强，是对全院各级党组织和党员干部的重大政治考验，关键少数尤为重要。

2 月 4 日，中央第九巡视组已就 2020 年 10—12 月对中国农业科学院党组为期 2 个月的常规巡视反馈了意见，中央巡视工作领导小组提出了明确要求。中央巡视反馈意见严肃指出了中国农业科学院四个方面 17 类 48 个问题。全面彻底整改这些问题，首先是院党组的政治责任，同时需要全院党组织和党员领导干部共同努力。院党组已经形成了比较全面

完整的整改方案，明确了48项任务160条整改措施，中央要求的三个清单，即问题清单、任务清单、责任清单都已经明确。接下来，院党组及院系统就要确保把每一项任务落实落地。巡视整改是树牢“四个意识”的试金石，是践行“两个维护”的具体体现。巡视发现问题不解决比不巡视的影响还坏，做好中央巡视“后半篇文章”关键要在整改上发力。中国农业科学院各级党组织、广大党员干部要把巡视整改作为最严肃最紧迫的任务，作为履行职责、推动全面从严治党、推动高质量发展的重要抓手，切实增强政治自觉、思想自觉和行动自觉，优化政治生态、改进工作作风、提高工作效果。

中央巡视反馈意见指出的问题，有一些是驻部组自2016年3月以来已经发现并在着力纠正的。因此，全院应该更加重视，把这些方面的工作做得更细更扎实。从驻部组去年监督情况看，中国农业科学院一些党组织党的领导弱化、党的建设缺失、党员观念淡漠等问题仍然存在。从具体问题看，有的单位党组织在政治站位、发挥政治领导作用、落实主体责任方面还有落差、偏差，没有正确处理好政治和科研业务深度融合关系；有的担当“国家队”使命感、责任感不够，对贯彻总书记重要指示精神和中共中央部署停留在简单传达部署的层次甚至是空喊口号，没有结合自身实际落细落地；有的研究方向聚焦不够，项目支持倾斜力度不够，与当前农业农村发展重大需求结合不紧密，围绕乡村振兴战略、脱贫攻坚等顶层设计和推进措施不够；有的主动围绕党的工作大局谋划开展科研活动不够，立项不是关注国家需求，而是总想着“搭车”过好自己的小日子；有的基层组织力薄弱，只记得科研人员身份，忘记了党员身份，“重业务、轻党建”的思想还有留存。

全面从严治党首先要从政治上看。侯向阳案暴露的问题从政治上看是十分严重和恶劣的，其他问题也不能单纯看违纪数量和违纪程度，而要着重从党的性质宗旨上看，任何违纪行为在政治上都是不允许的，因为它最终都会侵蚀党的执政基础，从这个意义上说，都是违反政治纪律的大问题。思想上的偏差是根本偏差，是行动偏差的根源，思想上偏差一寸，行动上必然偏差一尺①，纠正行动偏差的根本办法在于校正思想偏差。

中国农业科学院各级党组织和党员领导干部要坚决贯彻执行党中央决策部署，加强党对科研工作的领导，落实政治把关责任，以实际行动践行农业科研国家队的使命担当；坚持以习近平总书记贺信精神为指导，将“藏粮于地、藏粮于技”落实到科研成果中，加快农业科技自立自强，尤其在种子和耕地两大要害上取得突破；加强党对意识形态的领导，落实对网站、期刊、学会协会、研究生教育等阵地的监管责任。驻部组将进一步加强对这些重点工作的政治监督，督促把中共中央决策部署贯彻落实到位。

二、聚焦重点领域和薄弱环节，全面加强党的纪律建设，一体推进不敢腐、不能腐、不想腐

2020年，驻部组查实涉及中国农业科学院的问题11个，其中，因为失责被追究问

① 1寸≈3.33厘米，1尺≈33.33厘米，全书同。

题 6 个，违反廉洁纪律问题 4 个（包括公款报销费用应由个人支付，3 名党员领导干部利用担任下属公司董事会成员、股东代表身份以劳务费名义违规取酬），违反组织纪律 1 个，主要是违反职工代表会议规程的问题。结合 2020 年日常监督和审查调查情况，我重点强调三个问题。

一是房屋出租出借管理问题。院本级和部分研究所存在对外房屋出租出借的情况，有的数量还比较大。房屋出租出借对补充事业经费不足、改善科研人员工作生活条件发挥了重要作用，同时也是群众高度关注、反映集中、廉政风险高的领域。问题主要是招租不公开、不透明，出租方式搞变通，群众怀疑个别领导和管理人员收受好处、搞个人利益输送等。我在前几次院工作会上讲过一些案例，有的管理不规范，合同一签 10 年、20 年，群众有意见。2020 年发现，有的单位在对外出租房屋时搞变通，用的是技术合作等名义，实际上使房屋出租出借游离于监督管理之外，这就是廉政风险。这类问题不是个别的，中央巡视组已经严肃指出，院里应当开展专项检查整治，健全完善制度，确保制度执行。

二是兼职取酬问题。2016 年中央巡视就指出了这方面的问题，农业农村部系统包括中国农业科学院专门进行了检查和整改，出台了相关管理制度，但问题仍屡有发生。现在在协会兼职领取工资、奖金等薪酬的情况很少发生，但还有以工作经费的名义变相取酬、在下属企业取酬的情况发生。还有的超标准、变相向党员领导干部发放劳务费、咨询费。对于这类问题要紧盯不放，盯住新的表现，防止老问题复发、禁而不止。

三是选人用人问题。从中央巡视反馈情况看，选人用人工作还有差距和薄弱环节。例如，对院属单位“一把手”监管乏力，对京外单位领导干部存在“看不见、管不住”的问题；有的单位主要领导之间不团结，领军人才数量偏少、队伍老化、个别单位中层干部作风拖沓等。无论是干部选拔，还是人才工作，干部职工都高度关注，也都事关群众和科研人员切身利益，必须坚持公平公正原则。能否公道正派选人用人，是对院党组、所党委和党员领导干部政策水平、领导能力的考验，要严格执行组织人事制度和相关规定。组织人事部门要把好推荐、考察和监督关，纪检组织要把好选人用人政治关、廉洁关、作风关、形象关。

中央巡视反馈指出的有关问题和以上这些问题，总体上看，需要保持定力，长期监督管理，综合运用一体推进“三不”的理念，持续跟进抓好。要严查科研经费管理方面的腐败和作风问题，严惩贪污、挪用、挤占科研经费等破坏科研生态的行为，构建长效监管机制；加强对所属单位“一把手”监管，精准研判薄弱环节，推动形成从严监督管理常态化；对院属单位党政“一把手”之间不团结、群众意见大的要坚决调整；进一步统筹院级纪检、巡视、干部监督、财务审计等各类监督力量和手段，形成监督合力。

三、驰而不息纠“四风”，巩固拓展落实中央八项规定精神成果

“四风”问题带有很强的顽固性、复发性，改进作风是一个长期艰巨的过程，只有进行时、没有完成时。中央八项规定精神是党的十八大以来中共中央立的第一个政治规

矩，必须站在政治高度上认识这个问题。坚持把执行中央八项规定精神作为反腐倡廉建设的重要着力点，作为夯实党执政群众基础的切入点，在这样的政治高度长久坚持，持续用力、久久为功，防止老问题复燃、新问题萌发、小问题坐大。

2020年驻部组查实中国农业科学院违反中央八项规定精神问题只有1个，是带有官僚主义特点的问题，已经给予当事人批评教育的组织处理。2020年没有“四风”问题立案审查的情况，这并不是说院系统“四风”问题得到了根本好转，更不是可以高枕无忧。实际上，任何问题从发生、发展到被发现查处都有一定时间差，现阶段发生“四风”问题隐蔽性更强，查处难度更大，对此必须保持清醒，绝不能掉以轻心。

与享乐主义、奢靡之风相比，形式主义、官僚主义更为顽固，整治难度更大。中共中央一直把形式主义、官僚主义作为我们党的大敌、人民的大敌给予坚决反对，就因为它们同我党的性质宗旨和优良作风格格不入。驻部组在监督执纪中发现，院系统一些领导干部在落实日常工作中带有这类问题色彩的倾向、情形还是时有发生的。前面讲的2020年查处的带有官僚主义特点的问题，发生在院里某研究所研究解决涉及职工利益的事项上，主要负责同志在没有保证职工充分知情的情况下，就匆忙决定召开职工代表会议，会上还“代替”工会主席当了“主持人”，取消了不可缺少的讨论、投票环节，从形式上看，违反了职代会章程，在本质上看，影响了职工的民主权利，根本上源于主要负责同志的官僚主义。还有一件事，发生在院机关职能部门落实驻部组致部党组的一个发函工作的过程中，驻部组建议修订相关制度，改进管理工作，问题就源于中国农业科学院重大工程项目和资金管理，院里负有直接落实的责任，但院里仅仅从自己一个单位的角度办理这个函件，不主动向部机关职能部门汇报工作寻求指导，单纯按照自己的意愿上报结果，报上来的文件与政策不符。当然，这里还有部机关有关司局组织协调上存在的问题。这两个例子，具体事情都已向当事同志面对面谈话要求加以纠正，我也在部党组有关会议上做过提醒，今天专门向全院党员领导干部做个提醒。发生这些问题，从表现上看，就是几个具体事项，从本质上看，都是一些党员领导干部工作作风不实、责任心缺失、民主意识淡薄，这是党性不强、脱离群众、脱离实际的大问题。

全院党员领导干部一定要防止和克服形式主义、官僚主义，各级领导班子特别是院党组要带头。“关键少数”都要自觉执行中央八项规定精神，坚决纠治“四风”，自觉把自己摆进去找差距，形成“头雁效应”，坚决防止反弹回潮。要大力弘扬科学家精神，加强科研作风学风建设，结合院所情况，落实科技部关于科技活动违规处理暂行规定，营造风清气正的科研环境。

四、压紧压实“两个责任”，落实全面从严治党各项要求

有权必有责、有责要担当、失责必追究。作为党员领导干部，做到洁身自好是远远不够的，必须担当起抓班子、带队伍的责任，守好自己的阵地。各级党组织、党员领导干部都要在责任链条、责任网络中找准位置，传导压力、层层压实，担负起应有的责任。

从驻部组掌握的情况看，院系统履行主体责任、监督责任还有盲区和薄弱环节。一是主体责任履行还不到位。有的单位、领域“四风”和腐败多发、频发，党委主动入位担责不够，不敢、不会、不愿做思想工作；中央巡视发现，有的单位制定两套“三重一大”清单，分别由党委会、所务会决策，以党政联席会议代替党委会研究干部工作；有的对重点领域廉政风险防控重视不够、办法不多，流于形式；有的单位党委“挂帅不出征”，整改只停留在表面，没有达到应有效果。主体责任不是院党组、所党委书记一个人的责任，所有党组成员、党委委员都要履行好“一岗双责”，履行好分管领域的主体责任。二是监督责任履行不力。有的所纪委书记角色意识不强，当“隐形人”，不敢较真碰硬，主动监督意识不足；有的所纪委缺兵少将，工作能力和经验不足，不会监督。对于院所履行监督责任的问题，这次中央巡视指出了一些问题，要抓好整改。三是院机关职能部门履行监管职责有差距。院党组的主体责任是具体的，首先需要院机关各职能部门履行好自身职责，其中自然包括监管责任。从驻部组掌握的情况看，院系统在一些方面制度缺失以及有制度不执行、执行不到位的问题还有不少，其中很重要的一个原因就是院机关各个职能部门没有把自己摆进去，下气力不够，中农威特公司案件就很能说明问题。这次中央巡视指出，对院所办企业问题至今仍未建立起相应的监管机制。院机关职能部门应该深刻反思，院党组应当首先加强对院机关职能部门的监督，督促各部门切实履行职责。四是法治教育存在短板。“党员要模范遵守国家法律”，这是纪在法前、纪比法严的具体体现。我在部工作会议上专门讲了这个问题，今天再次强调一下。比较典型就是酒驾、醉驾问题，中国农业科学院在这方面是有前车之鉴的，一而再、再而三地发生，反映出有的基层党组织教育提醒不够、利用身边案例开展警示教育不够，教训深刻，务必引起警醒。

驻部组坚持“一案双查”，坚持“失责必问、问责必严”。2020 年，针对草原所原出纳挪用公款跳楼自杀案，对草原所先后多任党政主要负责同志、现任纪委书记及财务部门负责人等 6 人进行问责，作出党纪、政务处分和组织处理。就是要传导一个强烈信号，在落实主体责任和监督责任上，教育千遍不如问责一次，通过强有力的问责，倒逼“两个责任”落实。院系统各级党组织和党员领导干部要切实扛起管党治党政治责任，抓好制度规定执行和落实，一级一级传导下去，层层抓细抓好。主要负责人切实把教育、管理和监督党员的责任担负起来，带好班子、管好队伍。

驻部组履行监督职责，自身必须接受监督。在新的一年里，驻部组将按照中共中央和中央纪委国家监委的要求，忠诚履行派驻监督职责，带头旗帜鲜明讲政治，带头提高政治判断力、政治领悟力、政治执行力，严格执行监督执纪工作规则、监督执法工作规定，接受最严格的约束和监督，进一步严管严治、自我净化，坚决防止“灯下黑”。热诚欢迎中国农业科学院广大党员干部职工对驻部组以及我本人进行监督。

二、科研创新与创新工程

中国农业科学院“十四五”科学技术发展规划

“十四五”时期是我国开启全面建设社会主义现代化国家新征程、向第二个百年奋斗目标进军的第一个五年，是加快向高水平科技自立自强奋进的关键五年，也是中国农业科学院深入实施国家农业科技创新工程，加快建设“两个一流”的关键五年。为深入贯彻落实习近平总书记贺信精神和中共中央决策部署，明确中国农业科学院“十四五”发展目标和重点任务，依据《中华人民共和国国民经济和社会发展第十四个五年规划和2035年远景目标纲要》及相关规划，按照中国农业科学院总体部署，编制本规划。

一、形势与需求

当今世界百年未有之大变局加速演进，新一轮科技革命和产业变革突飞猛进，全球创新格局深度重构，科技创新成为国际战略博弈的主要战场。党的十九届五中全会强调“坚持创新在我国现代化建设全局中的核心地位，把科技自立自强作为国家发展的战略支撑”，把科技创新提升到前所未有的战略高度。2021年两院院士大会上，习近平总书记强调要加快实现高水平科技自立自强。我国已进入新发展阶段，应对国际环境复杂变化，保障国家粮食安全和农产品有效供给，提高农业质量效益和竞争力，全面实施乡村振兴战略，加快农业农村现代化，必须更加强化科技创新的引领支撑作用。

（一）机遇与挑战

实现高水平科技自立自强，抢占世界科技和产业发展制高点，迫切需要强化农业基础与前沿研究，提升原始创新能力。当前，生物、信息、新材料和新能源等领域的颠覆性技术正加速向农业领域渗透，带动了农业产业技术的深刻变革、生产方式的转型升级和产业格局的深度调整。全基因组选择、基因编辑、合成生物等现代生物技术，驱动动植物新品种选育更精准高效。农业物联网、大数据、区块链和机器人等智慧农业技术，加速了农业生产管理精准化智能化发展进程。纳米材料、生物材料等新材料，助力新型农业投入品、传感器等研发取得突破。新能源技术推动农业绿色低碳经济蓬勃兴起。为实现农业科技高水平自立自强，中国农业科学院必须持之以恒加强基础研究，加大新兴交叉学科培育力度，努力实现“从 0 到 1”的引领性原创成果突破，开辟新领域、提出新理论、发展新方法，在农业战略必争领域抢占一席之地。

保障国家粮食安全和重要农产品有效供给，提高农业质量效益和竞争力，迫切需要强化重大关键核心技术攻关，提升产业自主可控水平。越是面对风险挑战，越要稳住农业基本盘。受人口增长、城镇化发展、消费水平提升、粮食多用途拓展等因素影响，我国粮食供求将长期处于紧平衡状态，肉蛋奶、蔬菜水果、深加工产品的消费量将保持快速增长。近年来我国四大粮食作物单产水平进入徘徊期，部分畜禽与高端果蔬核心种源、大型高性能农机装备及核心元器件等受制于人，农产品深加工技术相对落后，全面保障国家粮食安全和农业产业安全的科技基础尚不稳固。为强化国家战略科技力量，攻克农业生产薄弱环节中的技术卡点难点，中国农业科学院必须加快推动“藏粮于地、藏粮于技”战略实施，强化生物种业、生物安全、农机装备、农产品精深加工等领域的联合攻关，实现关键核心技术自主可控，提高农业产业链供应链稳定性、安全性和竞争力。

破解资源环境瓶颈约束，促进农业绿色可持续发展，迫切需要健全农业绿色技术创新体系，全面提高资源利用效率。推进农业绿色发展是农业发展观的一场深刻革命。总体上看，我国水、肥、药等资源利用率偏低，三大粮食作物化肥利用率为 40. 2%、农药利用率为 40. 6%，农田灌溉水有效利用系数为 0. 559，均与发达国家有较大差距。我国耕地质量平均等级为 4. 76，中低等级占 2/3 以上，部分地区农业面源污染、耕地重金属污染、生态系统退化严重。为加快推动农业绿色发展，中国农业科学院必须坚持绿水青山就是金山银山理念，突破耕地质量提升、农业绿色投入品、农业节水控水、农业废弃物循环利用、农业面源污染治理等领域关键技术，着力构建农业绿色发展的技术体系，推动农业绿色高质量发展。

推动乡村全面振兴和第二个百年奋斗目标实现，迫切需要强化乡村产业技术创新和集成转化，推动一二三产融合发展。实施乡村振兴战略，是党的十九大作出的重大决策部署。目前，创新资源向乡村集聚困难，三产融合、三生融合不足，乡村环境、卫生厕所、公共服务等短板明显。为全面推进乡村振兴，加快补上乡村发展技术短板，中国农业科学院必须加大乡村产业技术创新与集成力度，强化人居环境治理、数字乡村、乡村规划及景观设计等技术研发，加快城乡融合、农村财政与金融、乡村治理、乡村规划等政策制度研究，推动产业增值增效、乡村宜居宜业、农民富裕富足。

（二）现状与基础

“十三五”期间，中国农业科学院持续强化科技创新工程的引领和撬动作用，院所改革发展取得新突破，全院自主创新能力迈上新台阶，为“十四五”发展奠定了坚实基础。

科研实力迈上新台阶。取得多项领跑国际的原创性科学发现，农作物基因组学研究、农作物强杂交优势利用与新品种创制、绿色超级稻培育、动物重大疫病流行机制研究与疫苗研制等方向已达到世界前列甚至领先地位。牵头立项国家重点研发计划项目 99 项，经费 33.7 亿元，占农口立项数的 18%。获国家自然科学基金 1 572 项，直接费用 7.7 亿元，立项数同比增长 12%。获国家科技奖 36 项，占全国农业领域授奖成果的 26%。获得省部级奖励 257 项。发表论文 28 883篇，其中 SCI 论文 14 805篇，同比分别增长 18%和 82%，在《自然》《科学》《细胞》等国际顶尖刊物发表高水平论文 34 篇。

科技创新形成新生态。科技创新工程进入全面推进期，通过创新学科布局、任务组织、团队建设、稳定支持、联合攻关、绩效考评等机制，形成了以三级任务为统领、以科研团队为创新主体、以绩效管理为核心、以稳定支持为特征、以支部党建为保障的科研组织新模式，全院创新环境进一步优化。

领军人才与青年拔尖人才队伍不断壮大。“人才强院”战略加速推进，农科英才特殊支持政策效果显著，引进海内外高层次人才 200 余人，新当选两院院士 6 人，新增杰青 4 人、优青 11 人，18 人任现代农业产业技术体系首席，具有国家级人才称号的高层次人才 250 余人，农科英才规模 330 余人，人才支撑保障能力显著提升。

平台基地体系支撑能力不断提升。新增平台 79 个，总数达 567 个。国家级平台、部级平台、院级平台在功能作用上相互补充，科学研究类平台、技术创新类平台、基础支撑类平台围绕创新链相互衔接。科技平台在农业领域保持优势主导地位，其中，国家重点实验室 6 个，占农口总数的 26%；国家重大基础设施 2 个，占农口总数的 100%；现代农业产业技术体系技术研发中心 18 个，占建设总数的 36%；农业农村部综合性重点实验室 22 个，占建设总数的 51%。新挂牌成立西部农业研究中心、国家成都农业科技中心、北方水稻中心、国家南繁研究院等区域综合性研究机构。

联盟牵引产学研深度融合。创建专业、产业和区域等联盟 90 个，基本覆盖我国农业重要产业、主要区域和重点问题。创建 16 个新型研发机构，联盟实体化运行不断加快。创立“CCIA”系列联盟标准与品牌，打造产业链上中下游协同攻关的新模式。面向区域农业可持续发展，探索多学科集成综合解决区域重大问题的新途径。

（三）问题与不足

我国农业科技进步贡献率突破 60%，科技已成为促进农业农村发展的主要动力。但与世界先进水平和我国高质量发展的需求相比，还存在基础研究与原始创新薄弱、部分前沿技术缺乏自主知识产权、部分动植物种源与农机装备依赖进口、玉米大豆单产水平低、资源高效利用瓶颈技术亟待突破等突出问题。

对标习近平总书记贺信精神和中共中央决策部署，中国农业科学院科研工作仍存在诸多差距不足。一是科研力量布局调整滞后。部分研究机构布局、科研力量配备、研究方向调整缓慢，不能及时随产业发展转移而变化调整。新兴交叉学科力量薄弱，跟不上前沿科技迅猛发展的态势。二是基础研究与原始创新不足。基础科学理论和方法研究能力不强；基因编辑技术、大动物核心种源、高端农机及核心部件等领域的原创性研究成果少，重点领域联合科研攻关的效果尚未完全显现；基础性长期性科学观测、科学数据采集、交汇与共享急需加强。三是直接面向乡村发展的技术创新与集成不足。乡村振兴理论研究和技术创新力量薄弱、布局分散，区域特色产业发展技术与产品不足，技术集成应用与示范仍需强化。四是平台体系支撑效能有待提升。比肩世界一流水平的顶级平台数量明显不足，国家实验室和国重实验室等国家级平台布局不够，开放共享的公共实验室和功能实验室体系尚未形成，新兴交叉学科科技平台布局薄弱，良种繁育、实验动物等综合性基地布局不够，平台基地资源共享共用机制不完善。五是科研体制机制改革仍需深化。创新工程制度创新仍在路上，使命清单制、科研团队制、首席接续制、绩效评估与动态调整制等基础性制度还没有完全执行到位；高效协同的重大任务联合攻关机制尚未完全形成，“放管服”“破四唯”等改革措施需要进一步落地，科研诚信与良好科研环境建设有待进一步加强，科研人员创新创造活力有待进一步激发。六是产学研融合创新与引领带动作用不足。产学研导向还需强化，科技创新与市场、企业的对接不够紧密，牵头组织全国农业科技创新联盟抓手不够、力度有限，推动全国科研“一盘棋”任重道远。

二、思路与目标

（一）使命责任

强化国家战略科技力量，聚焦我国农业农村现代化进程中的基础性、全局性、战略性、公益性重大科技问题，持续加强基础研究与原始创新，努力抢占世界农业科技竞争制高点，加大关键核心技术攻关力度，牢牢把握我国农业科技发展主动权，加强科技成果转化应用，以高水平科技自立自强支撑引领农业高质量发展和乡村全面振兴。

抢占世界农业科技竞争制高点。面向世界农业科技前沿，重点开展农业基因组学、合成生物学、人工智能、基因编辑等农业基础科学研究和原始创新，力争取得一批原创性理论规律、机理机制和工具方法的重大突破，成为引领世界农业科技前沿创新的主阵地。

把握农业科技发展主动权。面向国家重大需求，瞄准农业关键核心技术短板，加快实施“藏粮于地、藏粮于技”战略，解决好种子和耕地两个要害问题。面向人民生命健康，强化重大动植物疫病防控、农产品质量安全、食物营养健康等领域科技攻关，维护农业产业安全、生物安全和人类健康，成为农业关键核心技术供给的主渠道。

引领农业农村现代化。面向现代农业农村建设主战场，深化产学研融合创新，加快科技成果转化应用，培养“一懂两爱”高层次农业科技创新人才，成为支撑农业农村高质量发展的主力军。

建设世界一流科研院所。健全完善现代科研院所治理体系与治理机制，不断释放院所发展活力，激发科研人员创新活力，加快建设世界一流学科和一流科研院所，成为带动高水平科技自立自强的主引擎。

（二）发展思路

以习近平新时代中国特色社会主义思想为指导，全面贯彻党的十九大和十九届二中、三中、四中、五中、六中全会精神，持续落实习近平总书记贺信精神，以科技创新工程为依托，紧紧围绕创新驱动高质量发展、高水平科技自立自强、乡村全面振兴等重大战略需求，强化基础研究、关键核心技术创新和科技成果转化应用，加快取得一批原创性科学发现，突破一批关键技术制约，创制一批重大科技产品，努力抢占世界农业科技竞争制高点，牢牢掌握我国农业科技发展主动权，加快建设世界一流学科和一流科研院所，推动我国农业科技整体跃升，高效支撑农业高质量发展和乡村全面振兴。

前瞻布局。加强基因编辑、合成生物、人工智能等战略必争领域前瞻布局，加快农业基础研究和新兴交叉学科发展，提升农业科技原始创新能力和对世界科技前沿态势的把握能力。

重点突破。坚持需求导向、问题导向，聚焦种子与耕地两大要害，加快创制一批具有自主知识产权的重大科技产品，保障国家粮食安全和重要农产品有效供给，彰显国家队的不可替代作用。

协同融合。加强多学科融合创新和多主体协同创新，推进学科交叉融合、产学研深度融合和以我为主的国际交流合作，在协同与融合中推动科技攻关突破，精准服务产业发展、区域发展和乡村振兴。

追求卓越。对标国家重大需求、对标国际领先科研机构，加快补齐发展短板，夯实发展基础，深化科研导向改革，激发创新活力和创新潜力，加快建设世界一流学科和一流科研院所。

（三）发展目标

到 2025 年，全院科技竞争力和国际影响力显著增强，现代院所建设取得新进展，1/3 左右的学科领域达到世界一流水准，取得一批突破性科技成果，更好支撑保障国家粮食安全、人民生命健康和乡村全面振兴。

“十四五”主要科技创新指标

目标方向	核心指标	预期值
科研产出	重大科学发现	比“十三五”增长 40%
	重大技术突破	比“十三五”增长 20%
	重大科技产品	比“十三五”增长 20%
	重大咨询报告	比“十三五”增长 20%
	有效发明专利数量	比“十三五”增长 10%
科研项目	国家竞争性科研经费	比“十三五”增长 15%
	科企联合科研攻关项目经费	比“十三五”翻一番
	国家自然科学基金立项数量	比“十三五”增长 8%
科技平台	国家重点实验室等重大平台	新增 3~4 个
	大型仪器开放共享优秀类研究所	新增 2~3 个
	国际联合实验室	新增 3~5 个
科技人才	国家级高层次人才规模	300 人
	新引进海外人才	100 人
	在校研究生规模	7 500 人
	在站博士后规模	1 500 人

科研活动更加聚焦使命定位。全院研究活动更加聚焦“四个面向”，院、所、团队三级自主性任务体系实现架构完善、层次清晰、实施有序，国家竞争性重大科技任务牵头承担和策划建议能力显著提高，形成职责定位统一、创新目标递进、架构设计合理、资源协同高效的科研任务实施体系。

学科体系更加健全完备。学科设置更加符合农业科研特点和乡村振兴重大需求，新兴前沿学科布局和学科交叉融合不断加速，学科体系对创新方向和科研力量布局的引领作用显著增强，形成与国家战略科技力量相称的农业科研学科体系。

科研团队更加凝聚融合。创新、创造、创业“三创一体”科研团队建设全面开展，首席科学家负责制有效落实，功能定位清晰、研究方向明确、科研任务聚焦、人才结构合理的科研团队体系健全完善，培育形成一批拥有重要影响力、富有凝聚力、充满活力的卓越科研团队。

科技平台更加支撑有力。谋划推动国家实验室、国家重点实验室等顶尖科技平台建设工作取得突破，科学平台、技术平台、服务平台、数据平台、试验基地等平台体系不断完善，科技平台支撑创新效能明显提升。

创新机制更加成熟健全。创新工程机制创新的撬动作用日益凸显，使命清单制、科研团队制、绩效评价制等基础性制度体系更加健全完善、执行到位，创新能力、效率和活力充分释放的农科特色科研治理模式基本成熟。

成果供给更加精准高效。在农业高质量发展和乡村全面振兴的重要领域和关键环节实现重大科技突破，取得一批原创性基础理论发现、突破性技术成果、整体性解决方案。科技成果转化体系更加畅通高效，形成创新链、产业链、价值链有机衔接的产学研深度融合创新体系。

到 2035 年，2/3 左右的学科领域达到世界一流水准，引领全国农业科技整体跃升。到 2050 年，全面建成世界一流学科。

三、明确科技创新重点

坚持“四个面向”创新导向，明确全院十大使命和 78 项科技创新重点，加快基础研究、前沿技术创新、关键核心技术攻关，切实履行好科技支撑发展的职责任务。

(一) 保障粮食安全与重要农产品有效供给

深入实施“藏粮于技”战略和“强种科技行动”，持续开展种质资源、生物育种、栽培饲养等关键技术创新，培育重大自主新品种，突破关键核心技术短板制约，助力打赢“种业翻身仗”，支撑保障国家粮食安全和重要农产品有效供给。

作物种质资源高通量精准鉴定与新种质创制。加快建设集低温种质库、离体保存库、超低温库和 DNA 库为一体的大容量现代化种质库。突破表型与基因型高通量精准鉴定、重要性状关键基因等位变异挖掘、分子染色体与细胞工程技术，创制优异种质资源。

作物功能基因挖掘与育种。定位和克隆农作物重要性状基因，发掘有育种利用价值的优异等位基因和基因组区段，开发分子标记。创新转基因、全基因组选择、基因组编辑、育种芯片等关键技术，建立高效的基因组设计育种技术体系。解析重要性状调控网络，开展杂交与智能设计育种，聚合优异基因和基因组片段，创制育种材料，培育小麦、水稻、玉米、大豆、油菜、棉花重大新品种。

作物绿色丰产增效。开展作物绿色丰产增效理论研究和关键技术创新，挖掘资源高效利用和作物高产潜力，优化多元多熟复合种植技术，研发产量与品质协同提升以及抗逆减灾技术，构建精简化、模式化、标准化、机械化栽培技术体系，实现高产、优质、高效、生态、安全的作物生产目标。

畜禽资源挖掘与核心种质育种。开展种质资源收集保存、鉴定评价、挖掘利用，研发主要畜禽品种表型组测定技术、全基因组选择技术，建立新品种性能测试标准化技术体系，构建现代育种技术共享平台，开发基因编辑、超数排卵、性别控制等前沿技术，建立育繁一体化的综合育种技术体系，培育肉牛、白羽肉鸡等畜禽重大新品种。

畜禽高效繁殖精准调控。建立高效体外受精、体细胞克隆、精液高效利用和胚胎性别鉴定技术体系。开发畜禽、特产动物胚胎干细胞及诱导干细胞系，开发高效的定向诱导体系。开展蜂授粉生物学、品种培育和现代养蜂技术研究。

畜禽高效健康养殖。建立畜禽精准饲喂养技术、绿色健康生产模式、饲料营养策略及饲养管理技术体系。开发微生物、藻类等新型饲用蛋白，完善杂粕等资源提质及豆粕蛋白替代技术。研发饲料饲草加工智能化关键技术与装备，创新饲料高效绿色清洁化生产工艺和技术，开发功能性添加剂保真加工技术。研发畜禽养殖智能环境调控与减排技术。研发优质肉蛋奶产品调控生产技术。

（二）推进农产品优质安全与营养健康

加强种质资源、育种技术、现代栽培等技术创新，培育优质、高产、抗病、抗逆、适宜轻简化生产和资源高效利用的经济作物和饲草新品种；加快农产品贮运保鲜、精深加工、质量安全等技术研发，提升商品品质、风味品质、营养品质和功能组分，推进农产品优质化高值化品牌化。

优质高值经济作物新品种培育。开展产量、品质和抗性相关重要性状的遗传基础、基因功能、遗传调控网络解析研究，建立高效定向育种技术体系，培育优质、高产、抗病、抗逆、适宜轻简化栽培和资源高效利用的特色谷物、蔬菜、瓜果、茶叶、花卉、烟草、麻类、特种植物等经济作物以及苜蓿、羊草、青贮玉米等饲草新品种。

农产品精深加工与营养健康食品制造。研究加工过程对营养成分、功能物质、营养组分以及危害物产生等的作用机制。突破农产品梯次加工技术、工程化技术、发酵与酶催化技术、高值化利用技术、功能成分高效制备等重大关键技术。研发特色农产品加工关键技术，开发新食品原料和营养健康食品。开展未来蛋白食品、健康脂质智能制造、功能成分绿色生物制造、果蔬减菌加工、中式食品工业化生产等技术创新与装备研究。

农产品采后保鲜与储运技术。开展果蔬茶采后衰老生物学基础研究，贮运过程对农产品营养成分、功能物质、营养组分以及危害物产生等的作用机制研究，高效节能冷链与采后品质控制技术与装备研发，真菌毒素精准防控与绿色减损关键技术研究，主要农产品产地初加工技术研究，生鲜农产品流通全程跟踪与追溯体系研发。

农产品质量安全智能快速检测。研制覆盖主要危害因子的抗体识别库。研发复杂基质样品前处理技术，建立农产品主要危害因子免疫快速检测技术。搭建高通量多目标物同时检测体系。创建农产品特异品质便携式智能化快速检测技术。研发高灵敏高通量农产品质量安全智能化便民化快速检测产品。

农产品质量安全主动保障。研究污染来源、迁移转化、蓄积代谢规律以及危害形成和毒性作用机制。开展风险评估关键技术研究，发展敏感生物标志物高效甄别识别技术。创制农产品污染物原位长期性动态检测设备与产品。研究危害因子多过程协同作用机制，研发生物毒素、重金属、持久性有机污染物等脱毒减毒技术。构建全时空溯源信息数据库和全方位质量安全防控技术。

农产品营养品质评价与精准调控。开展新纲要指标动态监测评估、重点人群食物营养及膳食模式研究，食物消费监测、损耗浪费及产业政策研究，营养导向型农业关键技术研究与产品开发，主要农产品营养品质评价、分等分级、新“三品一标”全程质量控制、标准体系、智能化监测技术和设备研发。

（三）强化耕地保护与质量提升

深入实施“藏粮于地”战略，强化健康土壤培育、农田控水提效、农田污染修复、秸秆高质高效还田培肥、耕地质量监测评价等关键技术创新，集中突破东北黑土地、华北潮土、南方旱地、南方水田、盐碱地、后备耕地及设施农地的保护利用与质量提升关键技术，推动我国耕地地力的整体提升，为国家粮食安全夯实基础支撑。

健康土壤培育理论与技术创新。开展不同类型土壤肥力要素演变规律及其互作机理研究，解析土壤有机质驱动的养分转化过程与作用机制。加强轮作休耕、秸秆还田、保护性耕作、水肥管理、生物多样性等健康土壤保育机制研究。完善高精度数字土壤，建立耕地质量评价方法与指标体系。研发土壤障碍因子消减及耕地地力提升关键技术，研制土壤结构调理剂、盐碱改良剂、酸化土壤改良剂等产品，构建退化土壤综合治理和地力提升技术体系。

农田控水增效关键技术创新。研究天然降水—作物耗水平衡关系、农田土壤—作物系统水动力学机制、作物耗水—产量—品质的定量关系及干旱—复水提质增效机理，重点突破抗旱适水品种与种植制度、多水源优化配置、土壤增渗抑蒸、作物适度亏水提质、智慧水肥一体化等深度节水与极限节水关键技术、产品和装备，构建典型区域农业节水提质增效技术模式。

耕地资源环境监测与精准管理。开展耕地资源、耕地环境、农田参数与农情信息遥感精准监测。完善耕地资源环境监测体系，长期系统监测耕地资源利用状态、土壤环境质量及其承载力动态变化，实现资源环境数据精准管理。建立耕地资源数量和质量核算制度、耕地承载力预警报告制度和公报制度。

秸秆高质高效还田与土壤快速培肥。开展秸秆就地适量适位精细高质高效覆盖还田机播一体化装备、高效秸秆收集与就近轻简堆肥装备，秸秆颗粒机械改造、颗粒深埋机械设计、秸秆颗粒肥、秸秆颗粒饲料、秸秆颗粒燃料等研究与示范，为东北黑土地保护与培肥、华北潮土地地力提升等提供综合性解决方案。

盐碱地综合治理与利用。阐明不同区域盐碱土壤质量时空变化规律、耕层土壤主导障碍因子变化特征及产生机制，建立盐碱土耕层质量评价方法与指标体系，重点开展具有共性的盐碱地分类治理关键技术的改进与新技术研发。

农田污染修复与安全利用。研发可高效阻控中轻度重金属污染的钝化材料、叶面剂及其生产工艺、施用技术。研究低累积品种吸收累积机制，选育适合广泛种植的低积累品种，研发配套耕作栽培技术。研究农田重金属污染源头消减和修复成效评估技术，建立稻米安全加工、富含重金属秸秆资源化利用等末端治理技术。研制土壤有机物污染强化修复剂及其产品、农田生物协同降解与生物电化学原位修复技术和装置，构建动物—微生物联合修复技术与模式。

（四）推进动植物疫病防控与生物安全

研究作物有害生物为害机制、重大动物疫病致病传播和肠道健康机制、动植物的天然免疫机制，研发新型疫苗、诊断试剂、微生物农药、理化诱控制剂等关键技术与产品，构建监测预警、快速检测与综合防控技术体系，维护农业产业安全、生物安全、公共卫生安全与人类健康。

作物有害生物为害机制。研究有害生物种群演变、发生动态、成灾机理，复合天敌功能团的控制效应、功能作用及功能团内的非协调干扰作用，主要作物有害生物发生和灾变的趋势，提出区域性治理对策和绿色防控新理论、新理念、新方法。

重大动物疫病致病和传播机制。研究病毒病、细菌病等畜禽疫病的发生演变规律及其影响因素，揭示重要病原微生物跨种感染和传播机制、致病分子机制、病原体免疫逃逸、持续感染形成和维持机制，解析动物重要疫病病原感染及宿主抵抗感染的调控机制。

农业生物天然免疫机制。研究农作物有害生物突破寄主免疫系统的机理，动物天然免疫系统清除病原体免疫应答的启动和调控机制，解析寄主先天免疫系统调控的分子信号传导网络和表达调控机制。

农业生物安全防控技术体系。建立原生性有害生物和草地贪夜蛾、烟粉虱等外来入侵生物监测预警和综合防控技术体系，加强重要外来入侵物种早期预警、应急控制、阻断与扑灭（狙击）、可持续防御与控制技术研究。研究非洲猪瘟、禽流感、口蹄疫等重大动物疫病的流行及分布规律，已知烈性传染病、外来病的病原学及流行发生规律，构建疫病监测预警、综合防控与净化根除技术体系。建立针对未知病原的侦测技术体系，评估我国发生农业生物恐怖的风险，提出有效预防控制措施。

新型动物疫苗与诊断制剂创制。建立新型疫苗开发体系与研发平台，创制适于疫病防控与净化的标记疫苗等新型动物疫苗和防控产品，加快动物疫苗产业化关键技术研发与创新。开发动物重要疫病快速监测技术和方法，研发敏感特异的、高通量和全自动化新型检测技术及其试剂。创制动物疫病新型诊断试剂与智能装备。

天敌与生物农药创制。发掘天敌昆虫资源，开发新型人工饲料或替代猎物，研发滞育调控与货架期延长新技术，工厂化繁育关键技术，自动化扩繁新工艺、新设备。突破高效低风险生物农药创制核心技术，开展真菌、细菌、病毒、线虫等生防资源筛选、机制研究与定向改造，优化绿色生产工艺，研制新型微生物农药新剂型、新产品。

农业生物技术风险防控。突破多组学解析分子特征、生物技术产品快速精准检测等关键技术。研制新型生物传感器、生物安全标准物质等重大产品。建立农业生物技术安全评价与风险防控创新平台，实现高通量农业生物技术产品的定量分析和精准评价。

动植物疫病与人类健康。开展农村地区害虫种群分布、季节动态监测和风险评估，研发绿色环保型害虫驱避剂和杀虫剂等防控新产品，制定不同区域害虫综合解决方案。开展人兽共患病风险预警与人类高危性风险评估，探明高危人兽共患病跨物种传播机制，研究植物遭病虫为害后的毒素产生机理，研制高效环保的生物安全阻断技术与防控产品，管控动植物疫情的发生、蔓延和暴发，切断人兽共患病的传播通路，有效控制植物出现致害毒素，为动植物生物安全和公共卫生安全提供有力保障。

（五）推动农业绿色与可持续发展

构建多学科、多界面和全产业链协同创新体系，突破作物水肥资源高效利用、农业绿色投入品研发、农业废弃物高效利用、农业面源污染防控、气候智慧型农业等领域的技术瓶颈，推动实现资源利用高效化、生产过程清洁化、农业产出绿色化。

作物水肥资源高效利用。研究区域不同作物的水肥吸收规律、不同肥料和养分的移动转化规律及其耦合特征、农田栽培措施和管理要素对水—肥—根时空耦合的驱动影响及其对水肥高效利用的影响，在作物高产和水肥高效协同利用技术上取得突破，构建我国不同区域和不同作物的水—肥—根时空高效耦合理论模型。

种植业绿色投入品创制。突破包衣控释肥料规模化连续生产技术、智能化施肥装备与高效施肥技术，加快增值肥料、缓释肥料等新型高效肥料新品种的开发与产业化。研发新型绿色化学农药、纳米农药和高效助剂。优化害虫物理诱杀与其他防治技术协调应用技术。创制全机械化生产的设施作物育苗与栽培专用基质。

畜牧业绿色投入品创新。开展新型功能型饲用生物活性物质的分子设计和高效生产研究。研发新型畜禽用制剂高通量挖掘技术，创制兽用原料药及新剂型、预防和治疗药物。开展兽药药学、药理毒理学和临床药效、安全性评价和微生物耐药性研究，建立兽药减量化和合理用药技术。建立传统兽药活性成分及其衍生物库。突破活性肽、益生菌、植物提取物等畜禽抗生素减替关键产品瓶颈，构建畜禽用抗生素减量替代技术体系。创制新型中兽药、中草药饲料添加剂，研发饲用中草药及其功能组分绿色生产关键技术。

农业废弃物高效利用。研究再生水灌溉、秸秆还田、有机肥、残膜、重金属等对作物生长及品质、土壤理化特性及微生态环境的影响机理。突破地膜、畜禽粪污、农村废水、农产品加工废弃物处理关键技术。加快推进养殖业废弃物资源化利用、农业再生水利用、农田残膜回收等机械化技术与设备研发。

农业面源污染防控。创新流域农业面源污染溯源追因技术体系，揭示农业系统特征污染物迁移转化规律、污染物环境行为过程及源—汇效应，建立清洁种植、生态养殖等一二三产业融合的系列清洁高效技术，构建流域面源污染综合治理技术模式和系统解决方案。

农田生物多样性与生态强化。研究生物多样性与农田生态系统结构、过程与功能关系，揭示生物多样性对农田生态系统功能的影响与调控机制，创建集约化农田生态系统构建技术体系与技术模式。

气候智慧型农业。开展气候热量资源潜力挖掘利用技术研究，制定气候智慧型农业的品种布局、种植结构、种植制度、技术措施与政策制度。集成创新空—天—地一体化立体监测预警体系，构建多维度的农业气象灾害损失精准评估技术与模型，研发农业灾害风险“防、抗、避、减、救”技术措施。

农业碳中和路径与技术。开展农业减排增汇路径与关键技术研究，评估农业碳减排和增汇途径的成本效益，确定农业碳达峰时间节点，制定农业碳中和路线图。研发减排固碳关键技术，开发固碳减排碳交易方法学，打造中国农业碳达峰碳中和示范基地。支撑国家气候变化农业相关议题谈判，服务国家绿色低碳循环发展。

（六）加快农业机械装备高质化与智能化

构建农机农艺农信融合和全程全面高质高效的机械化技术体系，突破大田作物、设施农业、丘陵山地等关键装备技术，加快新能源新材料在农业装备中的应用，推动我国农业机械化、智能化进程。

农业全程全面机械化。研发水稻育插秧与同步侧深施肥、作物免耕精量播种、油菜花生机械化、玉米籽粒机收等技术装备。创制耕地保育改良装备、种业专用装备、棉花化控与打顶、特经作物高效机采、农产品产地分选预冷包装贮运、农作物秸秆综合利用等装备。研发大中型及无人机等现代植保机械。研制农村环境整治机械化技术装备。

现代农业装备智能化。研发智能农机装备专用传感器及敏感材料、关键芯片，加强多传感器信息融合技术研究。开展农机导航、自动作业和精准灌溉、精准施肥、精准施药、精准收获的调控机理和关键技术研究。开展畜禽养殖精准环控、精准饲喂养、精准防疫技术与装备研究，研发个体电子芯片。

丘陵山地轻便型农业装备。开展丘陵山区轻量化智能通用动力底盘与驱动技术装备、复式精量播种施肥关键技术装备、轻量化兼用型移栽装备、智能高效联合收获技术装备、连续清洁自动化加工生产关键技术装备等研发，构建丘陵山地“宜机化”改造标准及机械化技术体系模式。

现代设施农业装备。开发适用于不同气候区不同作物的现代化设施结构，研制节能环境调控技术及智能控制系统。研发设施农业育苗、移栽、嫁接、采摘、废弃物循环利用等轻便绿色多功能农业装备。建立有机碳肥与无机碳肥结合的增碳补碳技术。建立现代化设施温室的设计和建设规程。

（七）加强农业前沿科学探索

强化农业生物组学、光合作用机理、生物固氮机理、植物逆境响应和动物免疫调控机制、营养代谢调控机制等前沿科学问题研究，取得科学发现，提出科学理论，解决一批国家战略性前瞻性重大科学问题。

农业生物重要性状形成的分子基础。重点研究农业生物种质资源形成和演变机理、重要性状形成的遗传基础和分子调控网络、农业生物环境响应机制等，阐明表型—基因型与环境的互作效应，增进对遗传变异、表达调控网络、基因互作以及基因型与环境互作、环境适应性调控机制等的认识，为全基因组设计育种奠定基础。

作物高光效的生物学基础。重点开展作物群体光合能力提升的理想株型改造、个体植株对光能的吸收、传递和转化效率优化、碳同化效率提升以及 C_4光合途径的 C_3作物遗传改良等研究，阐明作物光合作用高效运行生理与分子机制，为作物高光效育种提供理论依据和技术支撑。

农业固氮微生物与宿主互作研究。开展模式微生物固氮基因表达调控及信号响应机制、固氮微生物与宿主植物互作及适配性机制研究，开发和建立新型高效植物—微生物固氮体系，阐明微生物自身及与作物互作过程中高效生物固氮的分子机制，研发适合于水稻、玉米等大宗农作物的新一代固氮微生物肥料制剂。

农业遥感机理与智慧农业研究。运用遥感定量反演、过程模型模拟、时空信息耦合、大数据管理与高效信息提取等理论技术方法，开展农业与草原生态系统水土热资源遥感机理、时空连续的关键参数高精度遥感反演方法、农业智能感知与控制、生产系统实时监测与诊断等研究。发展农业资源遥感理论与方法，构建智慧农业理论。

作物杂种优势研究。剖析作物杂种优势和配合力形成的遗传和分子机理，研究杂种优势生物学机制。规模化鉴定杂种优势形成和提高无融合生殖诱导率的基因、杂种育性生殖障碍与杂种优势形成相关的基因组区段。拓展杂种优势利用和无融合生殖研究，创造突破性水稻、玉米、高粱等作物新种质。

土壤—植物—微生物相互作用的机理研究。探秘“土壤—植物—微生物”的生态系统，发展其功能调控技术，探索微生物介导下土壤—植物的互作关系，重点开展土壤—植物互作系统养分高效转化过程及其微生物学机理，基于土壤—植物耦合的重金属形态—有效性、重金属毒性与控制原理，根际微生物调控根系免疫反应的分子机制等研究。

养殖动物微生物组研究。揭示消化道微生物参与养殖动物免疫及病害防治、营养代谢及产品品质调控、繁殖及发育维护、养殖减排等科学规律，肠道微生物稳态与营养素利用的关系及机制，肠道微生态发育与协同调控动物免疫、抗氧化机能的机制。挖掘中国养殖动物消化道微生物益生菌、益生元、益生元件，构建养殖动物微生物组益生资源库，实现关键产品产业化。

（八）加快农业新兴与交叉技术创新

加强基因编辑、合成生物、人工智能、区块链、大数据、纳米技术、3D 打印、生物质能高效转化等新兴与交叉技术研发与农业应用，抢占世界科技竞争制高点，推动农业生产方式深刻变革。

农业生物基因编辑技术。突破主要农作物与畜禽基因组编辑关键技术，建立高效基因组编辑操作体系，开展关键基因筛选和功能评价，建立精准基因敲除和基因敲入载体系统，大幅提升农业动植物定向遗传改良效率，获得一批性状优异的基因组修饰农业生物新材料。

农业合成生物技术。集成多组学方法与大数据挖掘、人工智能、基因组编辑等技术，建立人工固氮、纤维素酶分子机器、极端抗逆、污染物降解、重要代谢产物合成等功能元件、装置及系统的合成与调控体系，通过“智能型”转化系统在底盘生物中进行模块装配和系统优化，提高生物育种效率与靶向性。

农业大数据与人工智能技术。开发农业认知计算、知识服务等主要算法和平台软件。研发农业机器人关键技术及核心零部件，开发田间信息自动获取机器人和病虫害专家决策支持平台。研发农业资源与农情智能监测、农田环境污染信息智能监管、农业大数据可信存储与服务、农业农村信息智能服务、农产品质量安全智能监管、农业产业大数据社会化服务等管理与服务系统。创建大数据支撑和智能算法驱动的中国农产品监测预警模型系统。

农业先进智能材料与纳米制造技术。挖掘新材料在农业领域的新应用。发展纳米固相酶与生物催化、纳滤生化分离等新型纳米生物制造技术。创制靶向药物与生物制剂、智能肥料、功能饲料、保健食品与天然药物等纳米生物制品。开发农业节水产品的新型材料。

农业 3D 打印技术。研发 3D 生物打印和分层实体制造技术，开发具有特殊功能、特殊用途或特殊结构的生物组织。研发能够打印生物组织、农业设施、农业装备、农业材料的 3D 生物打印系统。

生物质能源高效转化技术。定向培育高产、优质、抗逆、环境修复型和可高效转化的能源植物，改造和优化能源微生物菌种（菌群）。突破微生物代谢与生物质能源转化过程关键障碍因子。研发适用于不同发酵原料的生物质能源多元利用途径、高效低成本生产工艺、配套装置与装备。

农业生物组学数据存储挖掘技术。加快收集我国及全球农作物、农业动物及农业微生物组学数据，将我国特有的农业生物资源高效低成本地转换成生物组学数据；建立我国农业生物组学数据库并开展数据存储、信息分析、数据挖掘和共享利用。

（九）夯实农业基础性长期性工作

加强农作物、畜禽、微生物种质资源收集保存、鉴定评价与创新利用，加强实验动物材料与核心种群培育，抢占世界资源竞争的制高点。持续开展农业重要因子长期定位观测与数据样本共享利用，为农业科技创新、农业生产、政府科学决策等提供基础支撑。

作物种质资源收集引进与共享服务。开展农作物种质资源及其野生近缘植物资源的收集、引进、鉴定、保存与共享利用。开展主要作物栽培品种和野生近缘种长期性科学监测，作物种质资源安全保存监测、遗传稳定性长期监测、生态适应性监测和全球气候变化影响长期监测等工作。完善共享服务体系和平台，深入开展作物种质资源的共享服务。

动物种质资源安全保护与高效利用。开展畜禽种质资源超低温保存、体外繁殖更新复原、大规模表型基因型鉴定评价、信息管理与共享等技术研究。推进种质资源调查收集、超低温长期有效保存、精准鉴定评价和开放共享体系建设。加快国家畜禽种质资源库和区域性保种场区库、畜禽改良研究中心、核心育种场等平台体系建设。

农业微生物资源收集保藏与共享服务。加快建立涵盖功能微生物、食用菌、厌氧微生物、模式微生物、微生物功能基因等菌株和实物的资源保藏库，加强菌种资源的收集、整理、保藏和共享。研发微生物资源菌株的高通量挖掘、评价及应用等关键共性技术。制定微生物菌种资源评价和应用相关标准体系。

实验动物种群培育与共享服务。加快实验动物资源净化培育、收集、繁育、保存及利用，创制实验动物新品种品系及重大动物疫病、疫苗评价用模型，完善实验动物质量评价体系，丰富实验动物资源种类，壮大实验动物种群，提供实验动物材料共享、数据共享、技术共享等服务，建设农业实验动物资源创新平台和共享服务体系。

农业科学长期定位观测工作。依托国家农业科学观测网络，获得海量农业科学原始数据及其衍生数据、样本，并开展数据上报、资源收集、样本样品保藏等任务，实现土壤质量、农业环境、植物保护、种质资源等十大领域的科学观测数据汇交、保存、出版和共享，探索区域性、产业性协同观测机制。

农业科学数据长期保存与开放共享。以农业科学数据资源集聚为核心，构建一批具有战略意义的农业科学数据库，建设农业科学数据采集、加工、存储、分析、服务以及应用的技术平台和信息化环境，建成数据权威规范、运行服务高效的国家级科学数据中心。

食物资源与消费信息共享服务。开展大食物资源种类、数量、区域分布、营养成分及功能特征研究。开展居民食物消费动态跟踪监测研究。建立大农业、大食物资源与消费信息共享服务体系。

国家农业科技文献资源战略保障与共享利用。开展国内外农业科技文献大数据汇聚治理、知识挖掘、语义搜索、深度分析、精准服务等关键技术研究，推进印本文献遴选购置收藏、数字化文献采集加工保存、农业古籍保护与开发、文献资源共建共享，打造国家农业知识资源中心与大数据智能知识服务平台。

（十）推动乡村振兴与区域发展

立足不同区域农业差异和产业发展布局，加强科技创新、产品创制、技术集成、模式推广，精准高效推进区域农业现代化。立足乡村振兴重大科技需求，开展农村人居环境治理、数字乡村治理、乡村规划、产业经济、农村改革等研究，促进乡村全面发展。

东北黑土粮仓绿色增效。集成黑土地优良品种、全程机械化生产、水肥高效利用、病虫害综合防治、土壤耕层调控与培肥、有机废弃物资源化利用、精准生产与信息化管理等技术，建立东北粮仓绿色增效技术系统，提升水肥利用和生产效率，提高东北粮仓的持续生产能力，有效遏制黑土地退化。

华北地区适水农业提质增效。开展华北地区农业水土资源承载力评估、控水种植结构调整与制度优化、土肥水协同提效技术与盐碱控制、灾害风险管理、绿色防控技术、生态种养循环模式等研究，提出华北地区小麦主产区适水高效种植业布局，创建区域节水新型种植模式，研发控水提质增效关键技术与装备，建立节水技术示范区，推动区域节水农业高效发展。

长江流域农业绿色高质量发展。开展江汉及两湖平原高效生态农业生产结构优化和功能提升研究，苏皖沿江及三角洲平原农业绿色多功能技术研发和模式推广，成都平原保护性水旱轮作及粮经饲高效复合农作技术研究和模式推广，构建适用于长江流域平原不同产区的农业高质量发展模式。

黄河流域生态农业高质量发展。开展黄河流域农业主产区适水农作制度和灌溉制度研究，研发水肥一体化技术和设备、新型覆盖材料和技术、土壤盐渍化控制技术，集成适应黄河流域农业主产区特点的规模化、机械化、轻简化的生产技术体系，推动流域水土资源高效利用、农业产出高效、农区生态环境协同改善。

西北深度节水控水农业可持续发展。定向培育耐旱节水、高光合利用效率的农作物优良品种。研发生物节水、农艺节水和非常规水安全高效利用等关键技术，创制新型滴灌、微咸水灌溉等多功能、智能化设备与产品。突破戈壁沙漠地区蓄水保墒与水肥一体化调控技术，研发戈壁沙漠地区设施环境控制技术，集成无土栽培、水肥一体化技术并进行应用示范。

西南山地立体农业高效发展。开展河谷山地高效立体农业、坝（盆）周山地城郊立体农业、山原（中山）山地农林复合立体农业、石漠山地特色立体农业和高原山地特经作物与畜牧型生态农业等相关技术研发，提出西南山地主要类型区立体农业的集成化技术统筹方案，提高资源利用效率和机械化率，提升作物生产能力，发展特色、优质、高端农产品。

北方农牧交错带和牧区草畜生态循环发展。开展农牧交错带水分资源高效利用农业结构布局研究，突破绿色集雨技术和设备、环境友好型覆盖材料和技术。开展粮经饲三元种植结构优化及复合粮草轮作制研究，构建杂粮特色农业和草牧业结合的绿色生态循环体系。开展牧区水—土—草—畜协同耦合机理和优化技术研发与应用研究。研究草原土—草—畜系统生态循环机理，建立退化草原恢复改良及合理利用关键技术体系。

都市农业与休闲农业高效发展。开展设施农业、油料多功能开发利用、果树茶树种植、家畜和特种动物养殖等绿色有机农业生产和加工关键技术创新、技术集成与模式示范，发展设施化、绿色化、数字化、园区化、融合化的都市现代农业新业态。构建城郊生态休闲农作系统，促进生产、生活、生态、服务多功能协调统一。

主要城市群鲜活农产品可持续生产。研究提出京津冀地区、长三角地区、粤港澳大湾区、成渝城市群等鲜活农产品布局规划。研究面向都市消费者的作物与畜禽新品种，研发无土栽培、越夏生产、病虫害防治、设施养殖等配套技术和标准化无公害规模化生产技术，集成主要农产品种养、贮运、销售、质量控制为一体的快捷供应网络和服务链，提升大城市日常鲜活农产品周年安全稳定供应技术水平。

农村人居环境治理。研发寒冷、干旱和南方水网等地区农村适配性改厕技术，创制节水循环水冲式厕所、无水防冻卫生旱厕、小型一体化污水处理装备等产品，研发多组分农村有机废弃物的高效处理及就地利用技术。研发推广适宜农村地区的生活垃圾与生活污水处理技术与装备。集成农村生活污水垃圾无害化处理、农村生活有机废弃物资源化利用、农村害虫综合防治、乡村生态景观结构优化等技术，创建适合不同类型农村的人居环境整治技术模式并示范推广。

数字乡村治理技术研究。研发数字乡村时—空—谱数据融合产品，构建乡村基础数据及分主题时空数据仓库，实现乡村人口、政务、住宅、土地等相关数据融合治理与关联分析，开发农村基础数据多维度关联的动态分析决策系列产品。研发去中心化的乡村供应链资源整合与服务、乡村服务业供需对接、乡村数字金融服务等平台产品。建设覆盖各省典型农户的乡村振兴基础数据观察基点和微观数据库。

乡村规划研究。深入研究乡村美丽价值评价理论与方法，发展乡村规划“多维空间信息论”，开发农村多维信息空间规划触摸演示系统与乡村规划应用平台。研究乡村环境规划设计理论与景观设计方法，发掘乡村生态景观的多功能性，构建具备污染消纳和产业发展双重功能的农业农村景观系统。

乡村振兴理论与政策研究。构建中国特色乡村发展学科体系，研究乡村治理现代化的经济基础与社会基础，加强定点监测、定量分析和政策模拟，探索中国特色乡村治理现代化发展路径与模式。推进乡村振兴学院建设，发展乡村振兴学科，培育乡村振兴人才。开展农业绿色发展路径与评估方法研究，提出中国农业绿色发展路线图与策略机制。

乡村产业经济发展研究。强化重要农畜产品供求格局、竞争力提升、保供能力提升、产业转型升级、支持政策体系完善以及国际市场有效利用等研究。开展新业态对农业产业的赋能评价研究与应用。研究重要农畜产品供应链、物流链、产业链、价值链运行与传导机制，推动农业增产与农民增收有机结合。

国际农业经贸合作与政策研究。加强农产品国际贸易、国际农业合作、海外农业发展研究，跟踪研判全球农业政策和科技动态，长远谋划重点国别品种海外贸易布局，建立海量数据支撑的海外农业研究体系和监测预警机制。开展全球主要农产品供需分析、“一带一路”国际农业合作和农业科技“走出去”模式研究。主动参与国际经贸规则制定与全球粮食安全治理。

科技创新与技术经济政策研究。加强农业科技创新主体能力提升与创新机制研究、新兴技术农业应用影响与扩散机制研究、农业绿色技术推广问题研究。创新农业科研成果评价方法，强化农业科技进步贡献率、农业绿色全要素生产率评价研究。开展农业农村现代化和农业农村建设项目投资效果评价研究。

新阶段农村改革与要素保障研究。开展农村基本经营制度、新型农业经营主体培育、农村“三块地”改革与治理机制创新研究，探索农村改革的新路径与新模式。开展农村财政金融研究，研发基于多源异构数据的农牧业生产风险评估技术和风险评估信度检验方法，创新农牧业保险新技术、新产品和新服务。

脱贫攻坚成果同乡村振兴有效衔接研究。坚持脱贫不脱科技、摘帽不摘帮扶，持续实施派专家、送技术、出主意、做示范的农科帮扶方式，切实做好产业科技帮扶工作，培育和发展优势产业及主导产业。探索整县制全方位支撑乡村振兴的有效途径和方式，办好乡村振兴示范县。打造农科特色田间课堂。

四、优化科研力量布局

完善学科集群—学科领域—重点方向三级学科体系，推动优势资源向重点学科和新兴交叉学科集聚。加快科学中心、区域中心布局和“三创一体”团队建设，打造一流学科体系和一流科研团队。

（一）推动科学中心布局

紧盯国计民生重点产业，围绕重点科学问题和技术难题，加大院内创新链条上各环节研发主体的深度融合，通过组织实施重大科技行动，完善协同攻关机制，加强资源统筹和优化配置，推进作物育种、动物育种、耕地科学、生物安全、农业前沿、绿色低碳、智慧农业、高端智库等十个科学中心布局，加快基础研究和关键核心技术重大突破。

（二）优化区域中心布局

系统优化整合全院科技力量，协同区域内科研院校和科技企业，建设“西北、东北、西南、华南、华东、中原”等若干区域综合创新中心，高效服务区域经济发展和乡村全面振兴。加强西部农业研究中心、成都农业科技创新中心、北方水稻中心、国际农业食品科学中心、南繁研究院、华东农业科技中心等已有区域中心建设，加快完善各中心学科和科研力量部署。通过调整、拓展、联合共建等方式，谋划雄安新区、环渤海、中原等新区域中心布局，逐步实现我院在全国农业生态区域、农业学科领域的机构与力量全覆盖。

（三）打造“三创一体”科研团队

建立创新、创造、创业“三创一体”发展的创新格局，从理论创新、技术和产品创造、成果转化与产业化等进行全创新链布局，形成配套的人才结构和知识结构，建设“三创一体”协同发展的科研团队，并强化立项、研发、验收、评价等环节的产业需求导向，促进理论成果技术化、技术成果产品化、产品成果产业化，实现科技创新与成果转化良性循环、一体发展。

（四）建设世界一流学科方向与科研团队

重点建设作物种质资源挖掘、作物遗传育种、作物基因组学、园艺作物种质资源挖掘、园艺作物遗传育种、园艺作物基因组学、动物资源与育种、动物营养、饲料酶工程、重大畜禽传染病防控、农作物病害、农作物虫害、植保生物技术、农业土壤与肥料、农业遥感、旱作农业、农业环境工程、农业气象与气候变化、农业质量标准与检测、食品加工与营养、纳米科技与新材料、智慧农业、收获机械、植保机械、食物营养战略与政策、产业经济与政策等世界一流学科方向。

按照世界一流学科建设目标，对标各学科领域世界一流科研机构及团队，立足中国农业科学院团队发展基础和国际一流学科发展重点，着重培育 80 个左右具有全球影响力和学科引领能力的国际知名科研团队。

（五）培育国内一流学科方向与科研团队

重点建设作物种质资源收集与保护、作物栽培、果树资源与育种、茶资源与育种、转基因安全性监测与评价、化学防治、生物防治、农业生物安全、农业微生物资源与利用、重要人兽共患病和烈性外来病防控、家畜寄生虫病、动物细菌病、动物兽用药物、土壤培肥与改良、农业水资源、农业环境控制与修复、多功能纳米材料及农业应用、草原生态、生物质能源、农产品质量安全风险评估、加工过程危害防控、种植机械、主要作物智能化农机装备、农业监测预警、农业信息技术、产业经济与政策、食物营养监测评价、乡村规划学、农业农村现代化理论与政策、国际农业经济与贸易等国内一流学科方向。

按照国内一流学科建设目标，对标各学科领域国内一流机构及团队，立足中国农业科学院团队发展基础和国内一流学科发展重点，着重培育 140 个左右在国内具有绝对优势、引领关键核心技术攻关、强力支撑农业农村高质量发展的国内领先科研团队。

（六）发展新兴交叉学科方向与科研团队

围绕现代生物技术的主要交叉融合点，重点发展基因编辑、合成生物学等学科方向。围绕现代信息技术的主要交叉融合点，重点发展作物人工智能设计育种技术、农业组学算法、农业区块链技术、农业智能机器人等学科方向。围绕新兴材料技术的主要交叉融合点，重点发展纳米智能控释肥料、饲用酶工程、环保型纳米农药、可降解材料与农膜新产品、生命信息传感器等学科方向。围绕新能源技术的主要交叉融合点，重点发展生物基材料、能源微生物改良等学科方向。

按照新兴交叉学科建设目标，通过委托组建科研团队、优先倾斜支持等方式，新建 20 个左右前沿交叉学科团队，建设具有良好学术交流环境、体现学科前沿性与学科交叉性、实体与虚体相结合的交叉学科研究平台，加快新兴学科和前沿交叉学科发展。

五、夯实科技平台支撑

立足世界一流学科建设和重大科技任务实施需求，以国家实验室、国家重点实验室为引领，推动建设一批代表国际先进水平、引领未来发展的重大条件平台。着重推动若干学科国家级平台“零”的突破和传统优势学科国家级平台的系统布局，大力提升基因种质、信息数据、设施装备等科技创新资源供给质量和效率，全面提高科技平台体系的条件保障能力。

（一）谋划一批重大科学研究平台

以提升原始创新与支撑学科发展为目标，围绕作物、园艺、农业资源与环境等学科领域，战略性部署国家实验室和国家重点实验室建设工作。

国家实验室。积极参与国家实验室谋划建设。协同国内主要科研力量，推动生物种业国家实验室建设，聚焦突破种质资源深度发掘与规模化鉴定、重要新基因高通量挖掘、农作物品种分子设计等基础性、前沿性重大科学问题。积极参与生物安全国家实验室建设，聚焦新发、突发、烈性动植物疫情防控，人畜共患病、外来入侵生物和外来动物疫病防范，生物技术研发与应用等，打造支撑国家生物安全的战略科技力量。

国家重点实验室。强化国家重点实验室布局，力争主导作物基因资源、蔬菜生物学、油料作物生物学等国家重点实验室建设，强化对国家粮食安全和重要农产品有效供给的科技支撑。力争主导农业资源高效利用等国家重点实验室建设，聚焦突破土壤、水、肥料、微生物等资源高效利用关键科学问题，支撑农业绿色高质量发展。

（二）构建一批专业技术创新平台

以支撑产业技术与学科技术方法创新为目标，强化工程化、应用性学科领域的国家技术创新中心建设，完善学科发展和重大科研任务实施急需领域的院专业公共实验室建设布局。

国家技术创新中心。以突破共性关键技术、支撑产业科技创新能力提升为目标，谋划推进超级稻、中兽药、农村沼气、收获机械、农产品加工、食物营养与健康等国家技术创新中心建设，推动科学到技术的转化，实现科技成果转移转化与产业化，发挥科技进步对农业高质量发展的战略引领作用。

中国农业科学院专业公共实验室。以提供科学研究和技术创新多维度实验技术服务为目标，在园艺、兽医、农业资源、农业环境、农业信息、生物合成、营养健康等领域，推进中国农业科学院专业公共实验室建设，实现由科学需求带动技术发展、向科学与技术同频发展的创新生态转变，支撑保障世界一流学科建设。

（三）强化一批基础支撑服务平台

以提升科技基础条件保障能力为目标，推进国际农业科学前沿领域的重大科研基础设施建设，完善具有长期野外定位观测研究需求学科的国家野外科学观测研究站布局，推进我国特色种质资源保护利用领域国家科技资源共享服务平台建设。

重大科学设施装备。定位于提升原始创新能力和支撑重大科技突破，在作物、畜牧、兽医、农业资源与环境等学科领域，谋划建设多学科支撑、具有较大国际影响力、具有自主知识产权的作物表型研究设施、小麦设计育种设施、油料种质定向创制设施、高等级生物安全实验室、厌氧微生物系统科学与工程装置、国家畜禽种质资源库、国家农业微生物资源库、国家农产品产地样品库等重大科学设施装备，提升探索未知世界、发现自然规律、实现科技变革的能力，占据农业领域重大科学设施装备水平的顶峰，为中国农业科学院优势学科进入世界一流学科行列夯实基础。

国家野外科学观测研究站。定位于发现自然规律、获取长期野外定位观测研究数据，在农业资源环境、园艺、植保等学科，推动山西寿阳旱地农业生态系统、云南大理农田生态系统、山东德州农业资源高效利用、河北廊坊农作物有害生物监控等国家野外科学观测研究站立项建设，为科学研究、技术进步和产业发展提供长期、系统的支撑服务。

国家科技资源共享服务平台。定位于学科发展的基础性数据资源等支撑需求，在园艺、畜牧等学科，谋划推动茶树种质资源库、蜜蜂种质资源库、中兽药种质资源库等国家科技资源共享服务平台建设，为科学研究、技术进步和产业发展提供科技资源保障。

（四）建设一批科学数据平台

根据国际大型科学观测计划组织运维经验和中国农业科学院发展基础，加快建设一批农业科学数据平台，构建具有广泛国际影响力和国内代表性的农业科学观测网络体系。

科学观测数据总中心。围绕农业科学观测数据的汇交、融合、挖掘以及共享等功能需求，重点建设运行农业基础性长期性科技工作数据汇交系统，建成有效处理具有多学科领域、多监测要素、多时空维度与分辨率、多数据格式类型等技术特征的海量动态永续性观测数据的综合性共享应用平台。

科学观测数据中心。加强科技创新数据的战略储备和积累，在优异作物种质资源演化、土壤质量要素演变、农业环境污染动态、农作物主要病虫害发生动态、畜禽核心种群特征、畜禽疫情病原分布流行动态、农用微生物优良菌株收集、天敌昆虫资源动态、农产品安全品质影响因素九大方向开展持续观测监测。完善秸秆还田衍生的农田环境变化与病虫害发生机制、重大病虫害迁飞传播动态规律、重大畜禽疫情分布与流行规律、畜禽粪污资源化利用与土壤承载力等方面的主题数据库、关联数据库建设，支撑国家农业科技创新与政策制定重大需求。

科学数据观测基站。加强中国农业科学院 24 个国家农业科学观测实验站的数据采集能力建设，打造农业科学观测网络的数据采集枢纽。建设覆盖全国的乡村振兴基础数据观察基点和涵盖 13 个省份 8 000农户的乡村振兴基础微观数据库，为国家农业农村政策分析与决策提供数据支持。强化中国农业科学院国家农业科学观测实验站与毗邻院外观测站协同开展区域重大科学观测任务，引领我国农业科学观测工作水平整体跃升。

（五）布局一批科研试验基地

加快构建布局科学、结构合理、支撑有力、开放共享的全院试验基地网络，为农业科学研究、成果展示、科技培训等提供支撑服务。

院级综合试验基地。在全国农业主产区和重要生态区，重点建设院级综合试验基地 10 个左右，满足重大科技创新试验需求。重点提质河南新乡、北京南口、河北廊坊 3 个现有综合基地；重点建设新疆昌吉①综合基地，打造绿洲农业综合性公共田间试验平台；重点建设山东庆云综合基地，优化黄淮海主产区院级综合基地布局；积极推进南繁研究院配套综合基地建设，满足蔬菜、油料、麻类、烟草、瓜果等学科新增需求。

研究所专业试验基地。作物学科集群，重点建设黑龙江宝清、北京昌平、河南安阳、安徽宣城、湖北阳逻、新疆阿拉尔、青海海东等专业基地。园艺学科集群，重点建

① 新疆维吾尔自治区，全书简称新疆；昌吉回族自治州，全书简称昌吉。

设山东寿光、河北张北、浙江嵊州等专业基地。畜牧、兽医等学科集群，重点建设黑龙江哈尔滨、吉林左家、甘肃平凉、内蒙古①乌拉盖等专业基地。植物保护、资源环境等学科集群，重点建设河北廊坊、湖南祁阳、云南大理等专业基地，重点打造云南普洱基地。工程与机械、加工与质量安全等学科集群，重点建设山东潍坊、江苏溧水等试验基地。

试验示范基地。在做好科学试验的基础上，积极开展试验示范工作。重点拓展内蒙古呼和浩特、河南新乡、浙江富阳、湖北阳逻、广东深圳、甘肃张掖、新疆昌吉等基地试验示范功能，建设完善科研车间厂房、科技培训及科普等设施，开展科研成果中试熟化、技术集成示范以及科技培训和咨询服务等。

（六）建设一批国际创新合作平台

以提升农业科技开放合作能力为目标，建设一批资源共享、优势互补的国际创新合作平台，推动国际优势创新要素的集聚。

国际参考中心/实验室。充分发挥国际认证参考中心/实验室的示范作用，在动物流感病毒基础与防控技术、生物质资源转化、畜禽养殖粪污综合治理利用、农村人居环境治理等领域开展技术研发、人员培训等合作，为相关行业提供技术支撑，为促进相关领域国际治理发挥积极作用。

国家级科技合作平台。积极争取和强化国家级科技合作平台，与重点合作伙伴开展深入合作，努力建成汇集和利用全球农业科技资源、提升中国农业科学院影响力的重要平台，在扩大科技对外开放合作中发挥示范引领作用；推动与乌拉圭、罗马尼亚、哈萨克斯坦等国家建设“一带一路”联合实验室，在作物育种、设施农业和动物疫病防控等领域开展合作研究与技术示范，提高共建“一带一路”国家农业技术水平；充分发挥“国家引才引智示范基地”作用，突出“高精尖缺”导向，加强高层次外国人才的集聚、引进和高水平科技成果的培育、示范、推广。

院级国际联合实验室/中心。在种质资源引进与创新利用、疫病防控、畜禽养殖、智慧农业、资源环境、信息数据创新应用等领域，通过新建或提质升级联合研究平台，与重点国际合作伙伴建立稳固的学术交流与合作机制，共同推进高水平基础研究和应用研究，促进国际化人才队伍建设。

六、完善科研任务组织实施体系

构建充分承接服务国家科技计划、积极拓展社会科技项目、大力实施院级自主科研任务的多层次、一体化科研任务实施体系，将优势科技资源集中到中国农业科学院核心

① 内蒙古自治区，全书简称内蒙古。

使命和重点任务上来，强化自主创新和关键核心技术攻关，牢牢掌握发展主动权。

（一）积极争取国家科技计划项目

充分发挥国家科技计划对培育重大科技成果、培养领军人才、提升院所影响力等方面的重要作用。持续开展农业科技前沿态势分析和科技发展战略研究，及时开展重大科学问题凝练和重大项目选题策划，积极向国家有关部门提交重大科技项目建议，力争院级联合攻关任务上升为国家科技专项。培育一批有战略眼光、紧跟国际前沿、熟悉国情农情科情的战略型、复合型人才，多层次参与国家重点科技专项的顶层设计和实施谋划工作，力争中国农业科学院重点创新任务和基础设施平台建设需求纳入国家科技工作布局。切实加强国家科技计划项目的实施管理，高质量完成国家科技计划项目任务。

（二）持续加强国家自然科学基金立项

充分认识科学基金在我院创新体系中的重要作用，持续抓好国家自然科学基金项目申报立项。突出做好重点、重大、创新研究群体、杰青、优青等项目的培育与冲击工作。将科学基金立项水平作为衡量研究所和科研团队的关键指标，提高科学基金指标在评价和激励中的权重，提高研究所和科研团队对科学基金的重视程度，推动科研团队的基础研究水平持续提升。

（三）组织实施院级联合攻关重大任务

聚焦基础与前沿、关键核心技术、重大产业科技问题，按照“顶层设计，精心组织，成熟一项启动一项”的基本原则，部署推进 30 项左右重大创新任务，组织开展跨研究所、跨团队长期科研攻关，着力突破一批基础前沿和关键核心技术，取得一批原创性、颠覆性成果，显著提升科技创新与产业支撑能力。通过重大任务谋划与实施，实现统领战略研究、指南科技问题、规划科研任务、优先应急攻关、储备国家专项等功能。

（四）大力拓展院地院企科技合作项目

落实国家重大区域发展战略，加大院地科技合作力度，充分发挥我院科技、人才、基地等体系化优势，强化创新任务的统筹和科技产品的精准供给，推动区域农业高质量发展和乡村全面振兴。积极拓展与农业领域高科技企业的合作渠道，通过联合设立科技项目、共建新型研发机构、设立联合实验室、搭建人才合作平台等方式，联合研发新技术、新产品、新工艺，实现科技成果与转化应用的无缝衔接，加快“研学产”向“产学研”转变。

七、深化体制机制创新

强化科技创新工程的引领带动作用，持续推进体制机制创新，探索完善中国特色现代农业科研机构发展新模式，进一步激发创新活力、提升创新效率。

（一）优化科研团队制

落实以团队为基本单元的科研运行模式，理顺以团队为基础的科研工作和行政管理流程，构建符合农业科技创新要求的团队运行管理机制。一是完善团队首席负责制。落实“资深首席—首席—执行首席”接续机制，加快团队首席年轻化进程，优化团队人才结构。明确团队首席在团队学科建设、方向确定、任务凝练、科研选题等学术管理方面，以及队伍建设、人员调整、绩效考评、创新文化、财务管理等团队管理方面的职责权利。建立首席履职监督机制，研究改进首席遴选机制，选任具备突出学术水平和管理能力的优秀人才担任团队首席。二是强化岗位聘用制。根据团队学科方向和科研任务需要设置科研岗位，明确岗位职责和任务目标，设立岗位目标和考核指标，根据岗位任务需求聘用岗位人员，逐步形成按岗定责、以岗聘人的团队岗位管理体系，避免因人设岗。三是完善团队动态调整机制。建立团队组建、评估、调整、撤销机制，规范管理程序，形成以国家需求为导向的科研团队增设机制，以创新业绩贡献和绩效评估为依据的科研团队动态调整机制。四是改革团队经费分配模式。探索以任务为牵引的团队经费核定方式，稳定团队基本经费额度，实施“兜底式”经费支持，确保团队研究工作长期稳定开展。五是推进落实团队党建机制。把党支部建在科研团队，选优配强党支部书记，强化支部议事决策功能，切实把党的领导落实到科研团队，把“四个面向”指示要求落实到创新方向和创新任务上，充分发挥党支部战斗堡垒作用和党员先锋模范作用。

（二）实施使命清单制

立足各学科在国际前沿、国家需求、农业主战场的创新方向和重点任务，梳理形成院、所、团队三级“使命清单”，打造创新目标与职责定位相统一的院、所、团队“三级任务”体系。构建“战略研究—使命清单—科研任务—动态实施”各环节密切联系、相互衔接的任务形成与实施机制。一是完善院级联合攻关重大任务实施机制，坚持“顶层设计，强化统筹，成熟一项启动一项”的思路和原则，试行“揭榜挂帅”“赛马”等制度，依托全院优势科研力量，实施跨所、跨团队长期联合攻关，加快关键核心技术创新突破。二是形成研究所重点任务管理机制，落实研究所法人主体责任和科研自主权，组织凝练实施所级重点任务，促进研究所内部团队间的科研协作与资源共享，为谋划院级任务提供储备。三是建立团队任务牵引机制，坚持“打基础、定目标、抓过程、配资源”的思路和原则，发挥院学科体系的定位与导向作用，解决团队任务交叉重复和资源投入分散问题。引导团队将承担的院级、所级任务确立为团队主要任务，形成一体化谋划、部署、实施、评价的“三级任务”发展格局。

（三）强化成果培育制

进一步明确院、所、团队重点任务，推动创新任务与产业链密切衔接，在学科领域内相互配合，持续完善以重大成果产出为目标的成果培育体系。院级注重高水平引领，以国家战略需求和重大科技问题为导向，锁定有望取得突破的科学问题、重大技术、重要产品，明确培育目标和工作进度，进行倾斜性支持。协调各单位新兴领域创新工作，推动已有较大影响成果的整合集成，培育高等级奖项。所级强化主体责任，根据学科优势、职责定位、行业需求等，明确所级重点成果培育目标，制订成果培育方案。充分利用院奖、省部级奖励等培育手段，帮助研究所加快挖掘、凝练和总结，提高成果培育水平。

（四）健全绩效评价制

创新科技评价制度，坚持质量、绩效、贡献为核心的评价导向，根据不同评价对象和评价内容，分类建立绩效考核制。一是优化绩效评价导向。以创新活动科研进展对科学、社会、经济、环境等产生的影响、价值和贡献为绩效评价重点。对研究所、科研团队和科研人员的评价将以承担的院、所、团队三级任务为基础，重点评价各主体任务进展情况、创新水平、创新贡献。二是调整绩效评价方法。采用定性与定量相结合的综合评价方式，对创新工程组织实施情况进行定性评价，对重要论文、重大奖励等重大产出和奖励附加进行量化评价，共同构成对研究所、科研团队和科研人员的综合评价结果。三是强化绩效评价结果应用。将科研进展与贡献的评价结果与研究所评价、团队评价和个人职称评审统筹运用，推动科研进展与贡献成为评价科学家、科研团队、研究所的重要指标，作为遴选院重大科研进展、重大转化成果及院所资源配置的重要指标和依据。

（五）完善联盟协同制

把创新联盟作为推动协同创新和产学研深度融合的重要抓手，集聚创新资源，激活创新要素，构建高效协同创新机制，形成协同创新合力，突破关键技术瓶颈。一是完善联盟布局。高标准建设 50 个左右产业特色明显、发展方式绿色、各类要素集聚、机制创新鲜明、示范带动有力的专业、产业和区域联盟，实现联盟建设在各研究所和各学科领域全覆盖。二是探索院校合作新机制。加强与北京大学、浙江大学等高校的创新合作，面向农业基础学科、前沿学科和交叉学科，创新院校合作机制与方式，组建高水平联合攻关队伍，推进基础性科技问题协同创新。三是打造院地协同新模式。加强与山东、广西[①]、福建、广东、海南等省级农科院的联合攻关，面向区域农业高质量发展需求，组建联合创新团队，整合和调动各自创新要素，实现重大技术突破和成果集成示范落地。

八、加强规划实施保障

（一）加强党的领导

加强党对科研工作的全面领导，完善上下贯通、执行有力的组织体系，把党的领导贯穿到规划实施全过程，确保中共中央重大决策部署的贯彻落实。严格落实“十四五”科技发展规划实施主体责任，构建分工负责、协作有力的工作格局。加强对研究所“十四五”科技发展的战略规划、顶层设计的统筹指导，确保院所规划有机衔接，保障规划目标与任务落实落地，形成分工明晰、权责一致、协同有力的科技创新发展新格局。

（二）加强统筹协调

牢固树立全院“一盘棋”思维，统筹人财物各类资源，推动学科、团队、任务、平台一体化发展。发挥集中力量办大事的制度优势，以科技创新工程为依托，盘活存量、争取增量，协同基本建设投资、改善科研条件专项、基本科研业务费专项等，集中支持“十四五”科技发展规划确定的重点创新任务，避免资源配置碎片化，避免按人头分钱。探索全成本核算模式，不断提高科技资金投入效率。大力推进科研领域“放管服”改革，完善科研管理信息系统，实现数据在线填报、共享共用，切实减轻科研人员事务性负担。

（三）加强人才队伍建设

坚持引育并举，精准引进高端领军人才，系统培育自有人才，注重培养青年后备人才，打造高水平、创新型科技人才队伍。加强新兴交叉学科人才引进，培育学科增长点，促进多学科交叉融合。全力打造并深入实施“农科英才 2.0 版”，进一步加强领军人才队伍建设。改进人才考核评价方式，强化激励保障措施，增强科技人才获得感。强化博士后队伍建设，促进规模和质量双增长。加强研究生教育，推动科教融合，培育

① 广西壮族自治区，全书简称广西。

“一懂两爱”高层次人才。加强人才国际化培养，壮大国际化科研人才和管理人才队伍。

（四）营造良好创新生态

大力弘扬新时代科学家精神，引导科研人员践行“求真笃行，敬农致用”的院训精神，耐得住寂寞、守得住清贫，扎根科研一线。加强科研诚信与伦理道德建设，落实研究所、团队首席主体责任，加强日常监管和警示教育，对学术不端问题零容忍，发现一起，坚决查处一起。深化学术委员会改革，推动院、所两级学术委员会切实发挥战略研究、战略咨询、学术评价、学风建设作用，健全完善现代院所学术治理体系与治理机制。提升知识产权创造能力、管理服务水平、保护力度和运用成效，完善科技成果转化激励机制，激发创新驱动发展效能。深化农业科技国际交流合作，积极融入全球创新网络。

（五）加强规划实施评估

建立规划实施督促检查机制，加强规划实施情况动态监测，适时开展总结评估，对规划实施效果作出综合评价，为规划调整和制定新一轮规划提供依据。

中国农业科学院重大使命与“十四五”重点任务清单

党的十九大提出实施乡村振兴战略，并庄严地写入党章。党的十九届五中全会把科技自立自强作为国家发展的战略支撑，两院院士大会提出加快实现高水平科技自立自强。新发展阶段推进农业农村现代化，比任何时候都更加需要科技创新解决方案，更加需要创新驱动。为深入贯彻落实习近平总书记贺信精神和中共中央决策部署，中国农业科学院聚焦粮食安全与重要农产品供给、农产品优质安全与营养健康、耕地保护与质量提升、动植物疫病防控与生物安全、农业绿色发展、农业机械化智能化、农业前沿科学、新兴交叉技术、农业基础性长期性工作、乡村振兴与区域发展十大使命，凝练提出重点任务清单，组织实施院所团队三级任务，加强人才团队建设，加快科技攻关突破，更好发挥国家战略科技力量作用，以高水平科技自立自强支撑乡村全面振兴。

使命一：保障粮食安全与重要农产品有效供给

习近平总书记强调，中国人的饭碗任何时候都要牢牢端在自己手中，我们的饭碗应该主要装中国粮。我国粮食供求将长期处于紧平衡状态，确保国家粮食安全必须依靠科技。围绕粮食作物单产水平提升和资源趋紧限制产能提升等问题，持续开展种质资源精准鉴定与新种质创制、功能基因挖掘与分子设计育种、绿色丰产增效等科技创新，培育高产优质、节本增效、高抗广适的重大作物新品种，保障我国水稻、小麦口粮绝对安全，玉米基本自给，大豆自给率逐步提升，其中食用大豆完全自给。围绕畜禽产品消费快速增长与生产水平有待提升等问题，以生猪、肉牛、肉羊、肉鸡、肉鸭、奶牛等主要畜禽为对象，开展畜禽核心种质构建与高效健康养殖创新，加快培育一批性能优良、产品优质、有市场竞争力的主导品种，研发高效繁殖精准调控、营养代谢及调控、资源利用与饲养管理等关键技术与装备，降低畜禽种源对外依存度，提升畜禽产业竞争力。

任务清单

（1）作物种质资源高通量精准鉴定与新种质创制

（2）作物功能基因挖掘与育种

（3）作物绿色丰产增效
（4）畜禽资源挖掘与核心种质育种
（5）畜禽高效繁殖精准调控
（6）畜禽高效健康养殖

使命二：推进农产品优质安全与营养健康

习近平总书记指出，人民对美好生活的向往就是我们的奋斗目标。围绕我国现代农业由“增产导向”向“提质导向”转变的要求，加强特色谷物、油料、棉花、蔬菜、瓜果、茶叶、花卉、烟草、麻类及食药同源类农作物种质资源收集保存和评价利用，建立高效定向育种技术体系，培育一批优质、高产、抗病、抗逆、适宜轻简化生产的经济作物新品种。加强农产品标准化生产、采后保鲜减损与贮运、农产品精深加工与营养健康食品制造、农产品营养品质评价与精准调控、农产品质量安全智能快速检测等技术研发，提升农产品的商品品质、风味品质、营养品质和功能组分，推进农产品优质化高值化品牌化。

任务清单

（1）优质多抗新品种培育
（2）农产品精深加工与营养健康食品制造
（3）农产品采后保鲜与贮运技术
（4）农产品质量安全智能快速检测
（5）农产品质量安全主动保障
（6）农产品营养品质评价与精准调控

使命三：强化耕地保护与质量提升

耕地是粮食生产的命根子。我国用占全球9%的耕地养活了全球近20%的人口，但也使耕地长期高强度利用、退化加剧，我国耕地质量普遍低于世界其他粮食主产区，东北黑土有机质下降、华北潮土耕层变浅、南方红黄壤酸化、西北土壤干旱盐渍化，给国家粮食安全造成重大隐患。落实习近平总书记“像保护大熊猫一样保护耕地”重要指示，强化土壤保育与地力提升、农田控水提效、秸秆还田培肥、耕地修复治理等科技创新，突破东北黑土地保护利用、西北盐碱地综合治理、南方红黄壤酸化改良、华北农田土壤培肥与水分养分管理、高标准农田建设与监控管理等科技瓶颈，推动我国耕地地力的整体提升，为国家粮食安全夯实基础支撑。

任务清单

（1）健康土壤培育理论与技术创新
（2）农田控水增效关键技术创新

（3）耕地资源监测与精准管理
（4）秸秆高质高效还田与土壤快速培肥
（5）盐碱地综合治理与利用
（6）农田污染修复与安全利用

使命四：推进动植物疫病防控与生物安全

我国是农业有害生物发生最严重的国家之一。植物病虫害和外来生物入侵，动物疫病、人兽共患病、突发和新发传染病等，给农业产业安全和公共卫生安全带来重大威胁。特别是非洲猪瘟病毒和草地贪夜蛾等外来有害生物传入，对我国畜牧业和种植业发展带来严重冲击。聚焦我国农业动植物疫病防控的重大基础科学问题和关键技术难题，解析作物有害生物为害机制，重大动物疫病致病、传播和肠道健康机制，动植物的天然免疫机制，构建监测预警技术体系和快速检测技术体系，研发新型疫苗、新型诊断试剂、新型农药、天敌昆虫与微生物农药、理化诱控制剂等关键核心技术与产品，建立综合防控技术体系，维护农业产业安全和国家生物安全。

任务清单

（1）作物有害生物为害机制
（2）重大动物疫病致病和传播机制
（3）农业生物天然免疫机制
（4）农业生物安全防控技术体系
（5）新型动物疫苗与诊断制剂创制
（6）天敌与生物农药创制
（7）农业生物技术风险防控
（8）动植物疫病与人类健康

使命五：推动农业绿色与可持续发展

推进农业绿色发展是农业发展观的一场深刻革命，也是农业供给侧结构性改革的主攻方向。针对化肥、农药、抗生素投入过量，水土资源利用效率低下，秸秆、畜禽粪污、农膜循环利用率低等制约农业绿色发展的重大问题，构建多学科、多界面和全产业链协同创新体系，突破作物水肥资源高效利用、农业绿色投入品研发、农业废弃物高效利用、农业面源污染防控、气候智慧型农业、农业碳中和路径等领域的技术瓶颈，推动实现资源利用高效化、生产过程清洁化、农业产出绿色化。

任务清单

（1）作物水肥资源高效利用
（2）种植业绿色投入品创制

（3）畜牧业绿色投入品创新
（4）农业废弃物高效利用
（5）农业面源污染防控
（6）农田生物多样性与生态强化
（7）气候智慧型农业
（8）农业碳中和路径与技术

使命六：加快农业机械装备高质化与智能化

农业机械装备智能化是现代农业发展的特征和趋势。围绕提升农机装备供给能力、缩小与国外主流产品差距等瓶颈问题，重点突破大田作物、设施农业、产后加工、现代养殖等关键技术，加快新能源新材料新工艺在农业装备中的应用，构建农机农艺农信融合和全程全面高质高效的机械化技术体系。重点开展高速精量播种、旱地高效移栽和智能化绿色种植技术与装备研发；开展稻麦油高效低损智能收获、玉米籽粒智能收获、花生高质低损联合收获、饲用作物青贮收获、经济林果高效精准采收、叶类蔬菜有序收获、茶叶选择性采摘与智能化加工、花卉高效精准采收、智能化棉花打顶与收获等关键技术与装备研发；开展农业航空精准施药技术与装备研发；开展智慧植物工厂、智能化果蔬分选分级装备和敏感材料、关键芯片、专用传感器等元器件研发，显著提升国产农业装备先进性和适应性。

任务清单

（1）农业全程全面机械化
（2）现代农业装备智能化
（3）丘陵山地轻便型农业装备
（4）现代设施农业装备

使命七：加强农业前沿科学探索

农业前沿科学探索是农业科技创新的上游源头，是推动农业科技进步的动力源泉。强化农业生物组学、光合作用机理、生物固氮机理、植物逆境响应和动物免疫调控机制、营养代谢调控机制等基础问题研究；解析高产、耐密、抗逆、优质、根系构型、理想株型、群体光合、种子发育、生物固氮、资源高效利用等农艺性状形成的分子基础，揭示杂种优势形成的遗传和表观遗传机理；明确作物宿主与微生物、动物肠道与微生物间互作的主要调控机制和信息分子，揭示信息识别及解码的分子机制。通过加强农业前沿科学探索，提出原创科学理论，作出原创科学发现，解决一批面向国家战略需求的前瞻性重大科学问题，推动我国农业基础研究跃居世界先进水平。

任务清单

（1）农业生物重要性状形成的分子基础研究
（2）作物高光效的生物学基础
（3）农业固氮微生物与宿主互作研究
（4）农业遥感机理与方法研究
（5）作物杂种优势研究
（6）土壤—植物—微生物互作机理研究
（7）养殖动物微生物组研究

使命八：加快农业新兴与交叉技术创新

生物、信息、新材料和新能源等领域的颠覆性技术正加速向农业领域渗透，带动农业产业发展深刻变革。加强基因编辑技术创新，开发具有自主知识产权的基因组编辑新工具，引领定向精准育种技术变革。加强农业合成生物技术创新，建立适用于主要动植物标准化、智能化、工程化的合成生物技术体系，实现重要性状可预测、可调控、可重构的设计和合成。加强人工智能、区块链、大数据认知分析等前沿技术创新，突破数据获取、数据处理分析、数据应用服务等方面的关键技术、装备和集成系统，构建农业大数据智能处理与分析技术体系。加强纳米技术、生物技术与新材料技术在农业领域的交汇融合与集成应用，推进农业高效、绿色与可持续发展。利用3D打印技术开发新型农业材料，推动农业生产方式变革。开展生物质高效转化利用的物质资源基础、高效生物降解及转化、微生物细胞工厂及生物炼制、多元利用途径等研究，提升我国农业生物质资源的利用水平与技术经济性。

任务清单

（1）农业生物基因编辑技术
（2）农业合成生物技术
（3）农业大数据与人工智能技术
（4）农业先进智能材料与纳米制造技术
（5）农业3D打印技术
（6）生物质能源高效转化技术
（7）农业生物组学数据存储挖掘技术

使命九：夯实农业基础性长期性工作

农业生物种质资源、农业科学观测数据、实验动物材料等是农业科技创新的战略性资源和重要基础。加强农作物、畜禽、微生物等种质资源收集保存、鉴定评价与创新利用，加强实验动物材料与核心种群培育，抢占世界资源竞争的制高点，为我国由资源大国迈向资源强国提供技术支撑。持续开展农业重要因子长期定位观测，加强农业科学数据汇交、资源收集、样本保藏、共享利用，提升国家农业科学观测网络体系服务应用水平，为促进农业科技创新、指导农业生产、服务政府科学决策等提供基础支撑。

任务清单

（1）作物种质资源收集引进与共享服务
（2）动物种质资源安全保护与高效利用
（3）农业微生物资源收集保藏与共享服务
（4）实验动物材料种群培育与共享服务
（5）农业科学长期定位观测工作
（6）农业科学数据长期保存与开放共享
（7）食物资源与消费信息共享服务
（8）国家农业科技文献资源战略保障与共享利用

使命十：推动乡村振兴与区域发展

乡村振兴和区域协调发展是我国重大发展战略，是构建新发展格局的核心任务。立足不同区域农业差异和产业发展布局，针对东北粮仓、黄淮麦区、长江三角洲地区、粤港澳大湾区、成渝地区、黄河流域、西部地区、西南地区、北方农牧交错区等区域农业发展重大科学问题，加强科技创新、产品创制、技术集成、模式推广，精准、高效推进区域农业现代化。立足乡村振兴重大科技需求，重点开展农村人居环境治理、数字乡村治理、乡村规划研究等技术研发和乡村振兴基础理论、深化农村改革、乡村产业经济等研究，促进乡村全面发展。

任务清单

（1）东北黑土粮仓绿色增效
（2）华北地区适水农业提质增效
（3）长江流域农业绿色高质量发展
（4）黄河流域生态农业高质量发展
（5）西北深度节水控水农业可持续发展
（6）西南山地立体农业高效发展
（7）北方农牧交错带和牧区草畜生态循环发展
（8）都市农业与休闲农业高效发展
（9）主要城市群鲜活农产品可持续生产
（10）农村人居环境治理
（11）数字乡村治理技术研究
（12）乡村规划研究
（13）乡村振兴理论与政策研究

（14）国际农业经贸合作与政策研究
（15）乡村产业经济发展研究
（16）科技创新与技术经济政策研究
（17）新阶段农村改革与要素保障研究
（18）脱贫攻坚成果同乡村振兴有效衔接研究

中国农业科学院2021年科研进展情况报告

2021年中国农业科学院继续乘势而上，开启了“十四五”的新征程。在农业农村部党组和院党组的坚强领导下，在财政部①、科技部、国家自然科学基金委员会等部委的大力支持下，中国农业科学院全体科技人员以习近平总书记贺信指示精神为引领，坚持“四个面向”，围绕“国之大者”，以发挥国家战略科技力量为主要定位，以高度政治责任感坚决贯彻落实中共中央、国务院和农业农村部的各项决策部署，求实奋进、勤勉工作，加快推进农业科技创新，高质量完成了承担的各级各类科技计划任务，在科技创新方面取得重要进展，科研立项与重大成果产出再获丰收，对于农业产业发展的支撑能力进一步凸显。

2021年，全院共主持各级各类科技计划项目（课题）5 563项，年度合同经费达58.1亿元，留所经费16.8亿元。国家科技计划立项势头良好。其中，牵头承担国家重点研发计划项目32项，农业领域立项数占指南发布总数的1/3；新增国家自然科学基金项目353项，直接费用2.65亿元，其中包含1项基础科学中心项目、5项优青项目、6项重点项目、1项原创探索计划项目等共28个项目获重大类项目资助，特别是“农作物种质创新与创制”基础科学中心项目是中国农业科学院首次获得立项的综合类重大项目；新增国家社会科学基金项目7项；新增各类国际合作项目经费超过6 500万元。全院共获省部级及以上科技奖励65项。其中，获得2020年度国家科学技术进步奖二等奖的7项成果在2021年度完成授奖；获得2020—2021年度神农中华农业科技奖共29项（一等奖15项、二等奖4项、三等奖4项、优秀创新团队奖4项、科普奖2项）；获2020年度北京市科学技术奖3项（一等奖1项、二等奖2项）；评选出中国农业科学院科技成果奖15项。全年共发表科技论文6 701篇，其中，SCI/EI收录4 072篇，影响因子10以上的论文69篇，发表在*Nature*、*Science*、*Cell*三大期刊上的论文6篇。获新兽药证书11项，其中一类新兽药4项。审定（登记）品种381个，其中，国审品种207个。制定各类标准126项。获中央常委级批示的战略咨询报告28篇。

一、基础研究与基础性工作

围绕主要农作物产量、品质、抗逆等重要功能性状基因挖掘和调控机理，重要畜禽基因图谱及遗传机制，农业重要动植物病虫害致病机制，重要畜禽营养代谢和重要性状

① 中华人民共和国财政部，简称财政部。

形成调控规律等开展基础研究、前沿探索和科技基础性工作，取得了一些重要突破，为实现种源自主可控、农业高质量发展以及农业科技高水平自立自强提供理论支撑和源头创新能力。

（一）作物学科

围绕水稻、小麦、大豆、棉花、油菜等主要农作物，持续开展作物种质资源普查收集与安全保存、精准鉴定与创新利用，以及高产、抗病、耐逆等相关性状的遗传机理解析、分子设计和功能基因组研究等工作，为后续作物生长发育、产量和抗逆相关性状的遗传改良，以及种质资源的高效利用提供重要支撑。

持续开展作物种质资源普查收集与安全保存。完成河北、内蒙古等 9 省（区）及新疆生产建设兵团的 707 个农业县（市、区）农作物种质资源全面普查与征集，完成黑龙江、内蒙古、河北、山西等 17 个省（区）和新疆生产建设兵团的 200 个县（市、区、旗）农作物种质资源系统调查和抢救性收集。开展了耐盐植物资源收集评价，查明了山东滨海滩涂植物种类与分布情况，搜集、鉴定并保存了耐盐碱植物种质材料 366 份。建立滩涂农用微生物菌种资源库，收集微生物3 250株，可有效用于滩涂盐碱地土壤的改良。

持续发力作物种质资源精准鉴定与创新利用。获得 70 余万条水稻种质资源表型精准鉴定数据，发掘综合性状优良的水稻新种质 312 份。筛选出玉米穗腐病中抗新种质 30 份。筛选出 206 份作物耐盐资源。精准鉴定出2 003份代表性大豆种质资源，创新优异大豆种质 129 份。利用神舟 12 号航天育种搭载平台，通过航天诱变育种储备耐盐碱植物突变体库和种质资源。

解析水稻与白叶枯病菌相互适应的遗传机制。发现 Xoo 小种间的强烈分化与水稻的亚种分化相对应，水稻数量抗性位点与 Xoo 毒力基因在全基因组呈现多对多的遗传互作，为作物与病原菌共适应模式和相关机制提供了新线索。

建立水稻籽粒精准分子设计系统。鉴定到 CK 信号新组分 PPKL1，发现 PPKL1 可与 AHP2 蛋白直接互作，其 D364 位点通过引诱 AHP2 蛋白上的磷酸基团，降低从 AHP2 向 RR21 蛋白的磷酸中继效率，抑制水稻籽粒发育，揭示了 CK 信号受非传统组分调控的全新机制。

揭示水稻表观遗传调控细胞分裂和产量的机制。在水稻中鉴定了酵母 CTF4 同源蛋白 DRW1，其通过与 DNA 解旋酶复合体成员 GINS 和 DNA 聚合酶 DNAP 互作来调控细胞周期 S 期 DNA 复制和损伤修复，为后续水稻生长发育、产量和抗逆相关性状的遗传改良提供了应用前景。

解析 miR172/IDS1 调节谷类作物耐盐性新机制。分析了水稻耐盐性正调节模块 miR172/IDS1，建立了 miRNAs 与谷类作物解毒反应之间的直接分子联系，为提高谷物耐盐性提供了新见解。

揭示水稻耐热性的分子机制。图位克隆到水稻高温敏感突变体，该基因的表达能够被高温诱导，为设计培育耐高温水稻品种提供了理论依据。

阐明低温逆境下水稻叶绿体发育的分子新机制。筛选到低温白化水稻突变体 *cde*4，20℃低温下突变体中叶绿体基因 *rpl*2、*ndhA* 和 *ndhB* 的转录本均不能够被正常剪切，叶绿体发育异常，呈现白化表型，为低温逆境下水稻正常发育提供新机制。

揭示小麦小穗及籽粒发育的分子机理。发现 AGL6 以剂量效应的方式影响穗粒数，与 G 蛋白信号路径上的亚基互作，可能以蛋白复合体的形式参与小穗发育，通过调控 AGL6 表达能够实现增加小穗数和穗粒数，为小麦高产育种提供了参考。

解析蓝光受体隐花色素介导弱蓝光信号调控大豆避阴反应的机制。明确了低红光/远红光信号和弱蓝光信号调控大豆避阴反应的不同效应，解析了大豆隐花色素介导弱蓝光信号调控赤霉素代谢和大豆茎秆快速伸长的分子机制。为培育适合间套作和耐密植的高产大豆新品种提供了重要育种材料和参考依据。

解析棉花矮化基因遗传机制。发现棉花天然矮化突变体 *AS*98 中 D12 染色体的一个位点发生了串联重复，引起棉花矮化、果枝变短和夹角变小。为培育适宜于密植的棉花育种提供了重要基因资源和理论指导。

揭示油菜裂角抗性新机制。克隆了油菜裂角抗性 *BnSHP*1. *A*9 基因，揭示了该基因调节油菜角果内皮层细胞的抗性分子遗传机制，获得高抗裂角品系并基因定位。为后续培育抗裂角油菜品种精确鉴定和筛选提供了方法。

提出通过精准调控分生组织提高作物产量的新策略。阐述了经典信号通路 CLV-WUS 反馈路径调控分生组织大小的机理，指出对 CLV-WUS 路径基因进行敲除通常会导致负面效应，深化了对植物分生组织调控的认知。

发现联结植物碳/氮代谢的中枢分子。实现了拟南芥中叶酸互作蛋白的系统分离，鉴定到 51 个叶酸互作蛋白。为深入解析叶酸调控植物生长发育功能机制奠定基础。

揭示植物叶片衰老及耐盐胁迫分子调控新机理。发现植物多肽 CLE14 参与调控植物衰老进程，信号模块通过抑制年龄依赖及胁迫诱导的衰老进程，延缓衰老；揭示黄酮类物质在罗布麻耐盐过程中的重要作用；揭示了转录因子在烟草响应盐胁迫的过程中起到分子开关的作用，为叶片衰老研究提供了新思路。

揭示亚洲栽培稻全基因组功能单倍型自然变异特征。构建了水稻全基因组基因功能单倍型数据集；揭示了亚洲栽培稻基因功能单倍型自然变异特征，提出亚洲栽培稻多起源（驯化）假说；开发了适用于 gcHap 数据全基因组关联分析和预测的软件包，全面助力水稻分子设计育种。

组装玉米重要自交系 *A*188 基因组。构建了高质量的 *A*188 玉米自交系基因组，发现了多个大片段的拷贝数变化和倒序，*A*188 基因组的组装将推动其应用于其他农艺性状的遗传研究。

克隆大豆雄性不育基因 *GmMS*1。以引进的 *ms*1 雄性不育纯合材料克隆大豆雄性不育基因 *GmMS*1，并通过 *CRISPR/Cas*9 技术，创制该基因编辑突变体，再现了 *ms*1 材料的雄性不育表型，为后续研究大豆雄性不育提供了新策略。

探析栽培陆地棉地理分化和纤维品质改良的基因组学基础。剖析和评估陆地棉资源中纤维品质相关的优异位点，鉴定到源自亚洲棉的优异等位变异对纤维长度和纤维强度的提升接近15%，拥有显著的纤维品质改良潜力，将有效推动陆地棉分子育种进程。

组装黄籽油菜基因组，揭示芥菜起源、驯化和传播路径。组装了芥菜型油菜“四川黄籽”基因组，提出芥菜是单一起源。芥菜自起源地由西向东沿3条独立路径传播扩张，通过基因突变和杂交渐渗演化出不同的类型。为基于基因组学的芥菜育种提供了坚实基础。

解析烟草及特种作物功能基因组。完成中烟300基因组组装和注释以及2 944份烟草种质资源的简化基因组测序，在群体水平上揭示个体遗传变异，为构建烟草基因组育种平台提供大数据支撑，同时获得了中国菰米全长基因组。

研究苎麻纤维性状驯化形成和遗传调控。组装了高质量野生和栽培苎麻基因组，揭示苎麻遗传多样性变异特征，克隆了纤维发育基因15个；创建了苎麻分子改良体系，选育低纤维、青叶型饲用苎麻品种2个，为我国苎麻分子改良体系提供新方法。

（二）园艺学科

围绕白菜、萝卜、中国李、桃、茶树、南方红豆杉等园艺作物开展基础研究，完成了相关园艺作物的泛基因组构建、基因组测序组装，解析了相关基因起源进化和功能，阐明了西甜瓜、猕猴桃、甜樱桃等相关性状的遗传机理，为园艺作物分子育种提供重要基础。

构建并升级补充了白菜泛基因组。构建了白菜泛基因组，鉴定到与大白菜叶球驯化相关的重要候选基因。对数据库进行了基本架构升级，补充了11个新基因组。提供了更为全面的十字花科植物基因组信息。

构建了第一个萝卜属级的泛基因组。构建了第一个萝卜属级的泛基因组，揭示了栽培萝卜、野生萝卜和杂草萝卜之间的演化历史、全基因组遗传变异和基因交流。为十字花科植物的起源演化研究等提供了重要的参考基因组。

基因组测序揭示中国李起源与驯化特征。完成中国李染色体水平参考基因组组装；分析其群体遗传特性，推测我国长江流域为中国李原始驯化中心；初步揭示重要性状驯化分子基础。为后续发掘与中国李品质及适应性相关优异基因提供参考。

解析苹果叶片不定芽再生分子机理。发现*AIL*基因家族在叶片不定芽再生过程中显著上调表达，该基因家族大量参与了胚胎发育和种子萌发过程。为提高苹果遗传转化效率提供新思路。

阐明*MYB*基因调控蓝莓花青素合成分子机理。转录组测序挖掘出多个*MYB*基因，解析了*VcMYB*1正向调控表达促进花青素的合成，为研究*MYB*基因家族功能提供了新依据。

开展桃功能基因组研究。构建“早上海水蜜”高质量基因组；阐明桃环境适应性的基因组基础和果实香气进化、驯化、分化的分子机制；挖掘桃树桃蚜抗性关键基因 *PpRm*3，为我国桃产业开展分子机制研究提供新途径。

研究猕猴桃提高抗寒性机理。通过对 *BAM* 基因的本种猕猴桃转基因，发现 *CBF* 能够与 *BAM* 启动子互作降解淀粉为可溶性糖，提高抗寒性。为猕猴桃抗寒分子育种提供基础。

阐明短波紫外线处理甜樱桃促进类黄酮和花色苷积累的分子机制。发现甜樱桃短波紫外线处理采后果实有助于延缓果实衰老软化，保护果实品质，在促进果实采后生物活性物质富集方面具有重要应用价值。

解析西瓜甜瓜品质性状形成遗传基础。建成了世界上最大的西瓜甜瓜代谢物谱库，明确了西瓜甜瓜风味物质形成的遗传位点，挖掘出分子标记及关键候选基因。为西瓜甜瓜品质育种奠定了理论基础。

自主开发算法解析“铁观音”茶树演化和驯化历史。利用独立开发的新算法拼接了单倍体参考基因组和单倍体分型基因组两套铁观音基因组。揭示了该物种的演化和人工驯化历史。为开展基于大数据驱动的基因组智能设计育种奠定了理论基础和科学依据。

解析茶树非挥发性代谢物及其调控网络。绘制了茶树主要非挥发性代谢物的网络关系图。发现了 2 个调控类黄酮和咖啡碱代谢途径的关键基因。为茶叶风味品质的调控提供了新见解。

阐明可变剪接体在茶树分枝发育调控中的作用机制。克隆了茶树中 5 个可变剪接体，表明 CsA-IPT5 可变剪接体能够通过不稳定基序 ATTTA 调控茶树枝条分枝。为改良茶树株型和轻简化树冠培养提供了基因资源和理论依据。

揭示紫杉醇生物合成遗传基础。对南方红豆杉单倍型胚乳材料全基因组测序，组装了染色体级别的高质量参考基因组。绘制了多个相关基因家族的基因组位置图谱，为研究紫杉醇提供分子图谱，便于后续开展分子机理研究。

西南特色功能植物资源创新利用取得进展。对木姜叶柯甜茶、柑橘、猕猴桃、石榴（皮）、藏茶等西南特色植物的挥发油、多酚、多糖等活性成分进行了精细化梯次提取，建立了异槲皮苷、根皮苷、三叶苷、安石榴苷、柑橘精油、茶褐素等活性物质的微波超声辅助提取与分离纯化新工艺，筛选出了 3 个主要抗氧化剂，极大地丰富了西南特色功能植物资源的应用前景。

（三）畜牧学科

围绕猪、马、牛、羊、鸭、蜂等主要畜禽开展基础研究，在基因组图谱绘制，马体型、鸭蛋绿壳等性状的遗传机制和犊牛生长发育的作用机制解析，以及动物肠道微生物起源、微生态特征、代谢机制与生产发育特性揭示等方面取得重要进展，为培育重要畜禽品种、实现健康高效养殖、突破我国在畜牧领域的卡脖子关键问题提供理论支撑。

解析猪早期胚胎染色质三维构象。发现猪早期胚胎的染色质构象重编程表现出一定程度的进化保守性，同时也呈现出诸多物种独有的特征，结果表明染色质三维构象的建立在猪早期胚胎发育中起关键作用。为进一步提高猪的胚胎工程效率奠定了理论基础。

绘制了梅山猪高质量基因组图谱。绘制了我国地方品种梅山猪的高质量基因组图谱，注释到22 074个编码基因，是目前完整度最高、连续性最强的亚洲猪基因组图谱，将有助于猪的新品种培育改良。

研究中国家马体型变异遗传机制。收集了我国 5 个矮马品种和 16 个高马品种。发现选择压力的方向主要作用于普通马中，发现矮马携带古老的突变类型，为矮马资源的科学保种提供了理论支持。

揭示鸭绿壳蛋形成的分子机制。研究确定 *ABCG*2 基因启动子区的一个 SNP 为致因变异，该基因编码的一个跨膜转运蛋白参与体内胆绿素的转运。为鸭蛋壳颜色选育提供了精准的分子标记。

自主创新算法解析非洲肺鱼基因组。使用自主开发的三代测序组装算法 wtdbg，3 天内得到了 39. 1Gb 的基因组序列（Contigs），基于脊椎动物核心基因的 BUSCO 评估显示其完整度高达 95%，高质量解析了迄今为止组装难度最大的非洲肺鱼基因组。

揭示了西方蜜蜂起源。研究了各地理种群遗传多样性、种群结构和种群历史，揭示西方蜜蜂的起源，并为其保护提供理论依据。

研究西方蜜蜂和兰州熊蜂响应番茄花香气味的行为差异。通过系统观察西方蜜蜂和兰州熊蜂在番茄日光温室内的进出巢活动规律、访花密度及采粉行为，发现熊蜂对番茄花的采集积极性及采粉能力显著优于蜜蜂，该结果揭示了西方蜜蜂与兰州熊蜂在番茄花香气味上的行为差异。

研究赖氨酸调控犊牛生长发育的作用机制。发现添加赖氨酸可减少肝脏中氨基酸的分解代谢，提高饲料氮沉积和氮利用率，赖氨酸也可增加肝脏中载脂蛋白前体的数量，并缓解脂质堆积，为通过营养调控培育优质泌乳牛提供了理论依据。

揭示性成熟前后牦牛睾丸中 N6-甲基腺苷的特征。KEGG 通路分析表明，同源重组、Notch 信号通路、生长激素合成等信号通路参与了牦牛睾丸的发育和成熟，明确了牦牛睾丸发育成熟的全过程。

揭示我国荷斯坦奶牛瘤胃甲烷排放规律。研究中国荷斯坦奶牛在泌乳前期、泌乳中期及泌乳后期的瘤胃甲烷排放规律，为系统评估规模化奶牛场碳排放和研发减排调控措施提供数据和科学支撑。

研究甜高粱青贮对泌乳奶牛瘤胃微生物区系的影响。发现甜高粱青贮对瘤胃微生物种群有影响，但替代 50%的玉米青贮对奶牛生产性能没有影响，表明甜高粱可以替代玉米青贮应用于奶牛生产中。

研究绵羊胎儿肠道微生物的起源与组成。检测足月即将分娩的羔羊胎儿微生物及其代谢产物，证实羔羊在出生前肠道中已经定植活性微生物组。为胎儿肠道微生物定植始于子宫提供了依据。

揭示动物性食物摄入与肠道微生态特征。发现不同膳食结构的人群体内肠道菌的组成模式大致分为 3 种类型。长期以动物性食物为主的人群其肠道内以拟杆菌属为主要菌株，以更好地消化利用脂肪，为肠道微生物研究提供了新方法。

解析鱼类肠道土著菌及其调控鱼体糖代谢的机制。发现斑马鱼体糖利用能力的差异由肠道菌群介导，与肠道中索氏鲸杆菌的丰度呈极显著正相关。确认了索氏鲸杆菌能够促进斑马鱼胰岛素表达，从而降低血糖。研究促进了基于鲸杆菌及其相关益生元的功能饲用添加物的开发。

阐明鲸杆菌的功能和潜在作用机制。发现鲸杆菌作为饲用添加物可促进斑马鱼和鲤鱼的肠道屏障功能，改善肠道健康；降低肝脏脂肪积累，降低肝脏炎症因子表达水平，促进肝脏健康，研究促进了对鲸杆菌的认识和了解。

（四）兽医学科

围绕禽流感、新城疫、非洲猪瘟、猪流行性腹泻、口蹄疫等主要畜禽疫病，以及蠕虫、中国棘球蚴、螨虫等寄生虫开展基础研究，在病毒致病性分子机制、与宿主互作机制、免疫调节机制、寄生虫种群遗传多态性和杀螨作用机理等方面取得重要进展，为主要畜禽病毒的防治以及寄生虫特效药物的研发奠定基础，极大促进了我国兽医学科发展。

溯源解析 H5N8 禽流感病毒。发现 H5N8 禽流感病毒分为两种基因类型。发现我国家禽养殖场中常规免疫的鸡和鸭可完全抵御 H5N8 病毒攻击，解释了 H5N8 病毒传入我国境内野鸟却未引起家禽禽流感疫情暴发的原因。

揭示 H7N9 流感病毒对人高度致死的分子机制。发现 H7N9 病毒在哺乳动物肺部高效复制后会活化 Caspase-3，使细胞渗透压改变而焦亡，从而诱发感染者肺部的细胞因子风暴。研究为 H7N9 特效药物的研发打开了新大门。

揭示不同亚型流感病毒感染后激活不同细胞反应引发致病性差异的分子机制。揭示 H1N1 流感病毒感染后通过破坏肺脏细胞之间连接，从而促进炎性细胞浸润与继发感染，而 H9N2 流感病毒感染后诱发机体免疫反应使相关基因上调，减弱 H9N2 病毒的致病性，该研究明确了不同亚型流感病毒作用机制。

揭示新城疫病毒操控宿主能量代谢、出芽和拮抗天然免疫应答新机制。发现 NDV 感染细胞后通过引起线粒体功能障碍和应激性损伤，启动选择性自噬，从而调控感染细胞从氧化磷酸化到糖酵解的能量代谢转换，解决病毒复制过程中的能量供应问题。

非洲猪瘟研究取得系列重要进展。监测到我国出现基因Ⅰ型非洲猪瘟病毒，具有高效传播能力，低致病力；基因Ⅱ型强毒田间自然变异产生中等毒力流行株；证实非洲猪瘟多基因家族蛋白 pMGF505-7R 与非洲猪瘟病毒的致病力密切相关，发现病毒编码的 pI215L 蛋白能够抑制Ⅰ型干扰素的产生，阐明了该蛋白抑制Ⅰ型干扰素产生的分子机制。研究为减毒疫苗研发提供重要科学依据。

阐明 ASFV E120R 蛋白抑制 cGAS-STING 通路活化的机制。证实 E120R 蛋白通过靶向与宿主 IRF3 相互作用抑制 IRF3 的磷酸化，进而抑制宿主天然免疫应答，鉴定了 E120R 抑制天然免疫应答的关键位点，构建了重组病毒，为 ASFV 减毒疫苗研制提供重要靶点。

揭示猪流行性腹泻病毒与宿主互作新机制。发现 PEDV 感染后机体可通过 IRAV 及 MARCH8 结合并降解 PEDV N 蛋白，抑制 PEDV 复制；宿主蛋白 PABPC4 可通过募集 PEDV N 蛋白并进行泛素化的方式，导致 N 蛋白被递送至自噬溶酶体降解，揭示了猪流行性腹泻病毒防治的新方法。

阐明 STING 在口蹄疫病毒感染中的作用及分子机制。阐明 STING 在 FMDV 感染中的作用及其分子机制，丰富了 STING 调控 RNA 病毒感染的作用机制，并揭示了 STING 在天然免疫应答和细胞适应性应激反应间的连接作用。

解析 O 型口蹄疫病毒交叉保护性抗原位点结构。解析 O 型口蹄疫病毒衣壳表面两个交叉保护性抗原位点结构。位于 VP3 蛋白的抗原位点是 O 型 FMDV 的一个结构稳定性敏感区域，抗体结合以后可以迅速裂解病毒，产生中和病毒效应，从而验证了 O 型口蹄疫病毒交叉保护性抗原位点结构。

解析 XRE 型调控因子 BioX 调控鸭疫里默氏杆菌生物素的合成新机制。发现 BirA 属于Ⅰ型生物素连接酶蛋白，能够将生物素连接至受体蛋白，正向调节生物素的合成。发现 XRE 家族蛋白 BioX，在体内生物素含量过高的情况下，可通过与 ATP、生物素结合形成复合物后与生物素合成启动子结合，抑制生物素合成，进一步明确鸭疫里默氏杆菌生物素的合成机制。

揭示 JMJD6 蛋白负调控 RNA 病毒诱导动物抗病毒应答的分子机制。发现了宿主蛋白 JMJD6 具有抑制 IFN-I 产生的功能，阐明其通过降解活化的 IRF3，负调控由 IFN-I 介导的抗病毒应答，进而促进 RNA 病毒复制，该研究揭示了动物的抗病毒应答分子机制。

解析茶氨酸多肽铜团簇清除多重耐药菌感染机制。构建了具有精确分子组成的茶氨酸多肽铜团簇，能够高效地杀伤多重耐药菌 MRSA，并对 MRSA 引起的小鼠皮肤感染和败血症感染有良好的治疗作用。

明确 AEE 对高脂血症大鼠脂质代谢的调控机理。发现 AEE 可以促进体内胆固醇转化为胆汁酸，经粪便排出体外；AEE 可以抑制体内胆固醇的合成，及肠内胆汁酸的肝肠循环，从而发挥其调节脂质代谢的作用。

发现蠕虫外泌体及 miRNA 免疫调节机制。发现 Evs 可能诱导细胞自噬和 DNA 损伤及修复过程，在宿主与寄生虫相互作用中参与宿主细胞的反应调控过程，为防治寄生虫发挥作用。

研究中国细粒棘球蚴种群遗传多态性。完成了中国棘球蚴病主要流行区细粒棘球蚴（G1/G3）全基因组测序，从线粒体基因组和核基因组水平上分析各分离株之间的遗传变异，线粒体基因组能够有效地区分 G1 和 G3 基因型，而核基因组无法区分它们，出现进化上的线粒体—核不一致的情况，该研究极大丰富了中国细粒棘球蚴种群遗传的多样性。

揭示杀螨天然产物的作用机理。阐明了丁香酚全新的杀螨作用靶点，揭示了其通过与虫体线粒体复合酶Ⅰ亚基 2（MTND2）结合，进而抑制复合酶Ⅰ活性导致螨虫死亡；阐明了丁香酚的种属选择性机制。

解析传染性支气管炎病毒编码核酸内切酶 nsp15 拮抗天然免疫应答机制。发现 IBV 编码的核酸内切酶 nsp15 通过剪切病毒复制过程中产生的负链和双链 RNA，减少双链 RNA 的累积，逃逸宿主的识别，并拮抗应激颗粒的形成。

（五）植物保护学科

围绕小菜蛾、二化螟、褐飞虱、烟粉虱、根结线虫以及多种病原菌开展基础研究。在害虫抗药性、双生病毒致病新蛋白，病原细菌操控植物不同激素抑制植物免疫，烟粉虱、二化螟、褐飞虱、蔬菜根结线虫等寄主抗性的研究中取得重要进展，为植物保护工作提供了更加多样化的防治新方法。

发现气候变化可通过扩大越冬区范围加剧害虫抗药性。发现制约小菜蛾越冬的关键气候因子，构建低温日度积温模型，发现气候变化可通过扩大害虫的越冬分布范围促进害虫抗药性发展，为研究害虫抗病性提供基础数据。

揭示病原细菌操控植物不同激素抑制植物免疫的分子机制。发现了串联茉莉酸和水杨酸的核心转录因子 ZAT18，明确了病原菌抑制植物免疫的新途径，证明 ZAT18 功能缺失突变体抗病性增强，为分子设计抗病育种提供了新途径。

研究手性杀菌剂噁唑菌酮对映体生物活性和环境毒性的影响。以葡萄霜霉病、苹果轮纹病、番茄晚疫病等 5 种病原菌作为靶标微生物进行生物活性差异研究，发现了噁唑菌酮对映体活性和映体及原药的急性毒性顺序，为解决病原菌提供了一种新途径。

发现双生病毒致病新蛋白。发现来自不同属的双生病毒的基因组上普遍存在功能未知的小开放阅读框。病毒的新蛋白 V3 是首个鉴定到定位于高尔基体的 RNA 沉默抑制子，在病毒侵染中发挥了 RNA 沉默抑制和致病因子的功能。

解析蔬菜根结线虫分泌的效应子 MiCTL1 作用机理。揭示了南方根结线虫凝集素效应子MiCTL1与宿主过氧化氢酶互作，通过微调宿主与南方根结线虫互作细胞部位的氧化还原状态，使线虫与其宿主植物之间建立寄生关系，为防治蔬菜根结线虫提供帮助。

揭示二化螟和褐飞虱协力应对水稻防御的生存策略及机制。发现褐飞虱与二化螟共同为害水稻可显著抑制二化螟为害诱导的水稻防御反应，明确了在同一植株为害的两种昆虫可因“生态位分异”实现种间互利。

揭示烟粉虱广泛寄主适应性分子机制。揭示烟粉虱对不同寄主植物的广泛适应性与其通过水平基因转移方式“窃取”获得植物源解毒基因 *BtPMaT1* 有关，创新了害虫种群暴发危害理论。

（六）农业资源与环境学科

围绕耕地、水资源、农业微生物、农业污染防治等农业资源与环境问题开展基础研究，在土壤修复和有机质转运、农业水资源高效利用、气候变化与玉米减产、微生物群落演替、草原土壤碳氮转化、地膜和抗生素等农业面源污染与防治、农田重金属污染控制与修复机理等研究中取得重要突破，为我国耕地、水资源的高效利用，及农业生态环境保护提供重要支撑。

阐明土壤有机质周转及其调控途径。研究黑土典型剖面输入可溶性有机碳的数量对土壤有机质形成和分解调控作用，揭示矿物质和微生物对土壤有机质周转的调控机制，构建了团聚体—有机碳—激发效应模型用模型方法，揭示了土壤有机质周转及其调控途径。

揭示非常规水利用的环境效应及调控机理。揭示了养殖废水灌溉对土壤温室气体排放的影响大于再生水，硝化抑制剂与脲酶抑制剂配施可以抑制温室气体排放，证明了低矿化度微咸水与再生水以合适的比例混灌可以实现微咸水的安全利用。

揭示气候变暖导致玉米产量损失的关键因素。明确了昼夜温差和累积光合有效辐射是造成产量差异的主要原因，为我国玉米“藏粮于技”和提质增效生产提供理论依据。

建立灌区生态环境风险模型。建立了灌区地下水埋深、灌水、降水与蒸发因子的二维和三维联合风险评估模型，估算出发生风险概率；明确了维持典型井渠结合灌区生态环境健康的适宜地下水与地表水用水比。

揭示农田生态生物修复机制。揭示土壤微生物可定向控制手性除草剂污染；明确蚯蚓通过促进原有功能微生物种群的生长，并向土壤中引入新的功能微生物种群，加速高毒对映体降解的作用机制，揭示了农田生态生物修复机制。

研究贝加尔针茅草原土壤碳氮转化特征及其与微生物群落演替耦合关系。通过连续12年氮添加野外控制试验，表明随氮添加水平的提高，草原土壤pH值显著下降，土壤碳氮比呈先升高后降低的趋势。表明长期氮添加显著降低植物多样性，提高地上生物量。

发现紫花苜蓿人工草地在黄土高原最佳利用时期。基于各类参数综合表明种植第四年的初花期是紫花苜蓿人工草地的最佳利用时期。已超过最佳利用期的草地，可通过非充分灌溉、施肥、划破草地及翻耕等人工干预手段，延长紫花苜蓿草地的使用寿命。

研究地膜源微塑料释放动力学过程与污染危害机理。明确了我国农田土壤地膜源微塑料污染分布特点，揭示了地膜源微塑料降解释放的动力学过程，明确了地膜源微塑料释放过程的影响因素及作用机理。完善了地膜源微塑料生物毒性评价指标体系与技术方法，阐明了地膜源微塑料的生物毒性效应及危害阈值。

研究棉田塑料地膜残留对土壤微生物及代谢响应机制。发现地膜暴露改变了土壤细菌的整体群落结构，干扰了细菌共生网络的复杂性。证明了塑料地膜残留会干扰微生物次生代谢物的生物合成，以及微塑料等异生物质的生物降解和代谢过程。

揭示多孔有机聚合物的农业化学污染物吸附去除机理。提出非共价键吸附引导界面定向修饰理念，利用多组分基元杂化和多尺度自组装技术，解析了复合材料结构特性，阐述了其分子识别互作机制。

明确抗生素耐药基因的污染特征及消长规律。研究蚯蚓转化牛粪过程中 ARGs 的消长特征及归趋，发现 ARGs 在整个转化过程中广泛存在，且 tet-ARGs 污染最为严重，发现蚯蚓转化可以降低不同牛场粪污中 ARGs 的污染差异性，但蚯蚓转化产物中 ARGs 赋存谱图非常相似，进一步明确了抗生素耐药基因的消长规律。

研究不同导电性铁氧化物对土壤生物电流传导性和系统产电、降解性能及微生物演替的调控过程与规律。发现在生物发电和烃类降解中水铁矿的作用更强，而添加铁效果较差。表明水铁矿比磁铁矿、赤铁矿和 Fe（Ⅲ）更能提高石油污染土壤的微生物电化学修复性能，该研究可为提高石油污染土壤修复能力提供帮助。

揭示生物炭老化的结构特征及其对 Cd 吸附机制。揭示了基于生物炭材料老化对生物炭钝化重金属 Cd 的影响，探讨生物炭应用长期环境效应，为生物炭的应用评估提供参考意见。

（七）农业机械与工程学科

围绕农业机械、新型材料开展系列研究，并在植保无人飞机雾滴沉积特性、全量秸秆地免耕机播碎秸均匀抛撒、温室屋顶分光结构、太空农场精英作物设计以及纳米结构的调控作用等方面的机制理论研究中取得一系列重要成果，为农业机械与工程学科的发展奠定理论基础，也为作物高效生产与技术集成示范提供支撑。

研究基于植保无人飞机和作物冠层结构的雾滴沉积特性影响因素互作效应和评价方法。开展植保无人飞机棉田作业参数优化研究和不同喷洒方式防治棉花蚜虫试验研究，完成了棉花不同冠层雾滴沉积分布特性和药液流失规律分析，比较了植株垂直高度雾滴沉积分布特性和防治效果，为植保无人机技术更新提供基础数据。

研究全量秸秆地免耕机播碎秸均匀抛撒机理。构建了杆状碎秸、团状碎秸柔性体模型以及与机械结构的刚柔耦合模型；构建碎秸秆—均匀抛撒试验台。探明了作业质量与抛撒机构特征参数的内在关系，揭示作业质量影响机理和控制策略；实现碎秸均匀抛撒机构结构组配、结构参数和作业参数的最佳组合。

研究被动式温室屋顶分光结构的光伏/光谱性能。提出了新型温室覆盖结构，进行了结构优化与性能分析。该覆盖结构能够在透过光合有效辐射的同时，将近红外光转化为电能储存，可提高温室光能利用效率。

提出太空农场精英作物设计与创制理论。提出了面向太空农业科技前沿的全株可食精英植物创制WBEEP技术途径，基于环境完全可控的植物工厂技术手段，为人类探索太空提供可食用部分更多、营养成分更丰富、产量更高、养分利用更有效的精英作物产品。

研究纳米结构对模拟氧化石墨烯产品环境释放与生物效应的调控作用及分子机制。研究发现光诱导的电子、空穴和自由基促进的金属核和有机配体溶解，导致框架结构倒塌。ZIF-8 的光降解缓解了植物的发育抑制、氧化应激、质壁分离和光合毒性，而 ZIF-67 的光降解加重了纳米毒性，可为研究纳米结构的调控作用与分子机制提供帮助。

（八）农产品质量与加工学科

围绕农产品质量安全、农产品加工相关领域开展基础研究，在食品加工中组分结构变化及品质调控机制、功能食品原料品质评价以及农产品中二噁英和短链氯化石蜡的迁移转化规律等研究中取得重要进展，为我国农产品加工与质量安全提供基础保障。

明晰食品加工中组分结构变化及品质调控新机制。明晰了食品加工中四大类特征组分多尺度结构变化及品质功能调控等相关新理论新原理 28 项，构建了基于组分结构的品质功能调控新技术新工艺新方法 46 项，为食品产业个性化定制与智能制造奠定了基础。

构建功能食品原料品质评价体系与数据库。提出农产品“时空”品质评价理论，解析品质数据与品种及制品的相关性，研建了青稞、大豆等农产品品质评价模型，构建了品质数据库及品质评价与保持技术标准体系，开展快速评价与检测技术装备研究。

探明动物性食品中二噁英和短链氯化石蜡的迁移转化规律。研究了蛋鸡二噁英类物质暴露后的代谢动力学，及其在蛋鸡体内的分布和蓄积规律；探明了大闸蟹及其养殖环境和饲料中氯化石蜡的主要同类物，发现沉积物和饲料是大闸蟹中氯化石蜡的重要污染来源。

（九）农业信息与经济学科

围绕农业布局、智慧农业等研究内容，在中国水稻种植北界迁移规律及其驱动机制和耕地利用强度评价指标的复杂性特征研究中取得重要突破，为我国农业信息与经济学科发展创造新动能。

揭示中国水稻种植北界迁移规律及其驱动机制。基于中高空间分辨率遥感影像反演的长时间序列水稻时空分布数据集，利用核密度估计算法提取并定量分析了水稻种植北界的分布及演变规律。应用空间面板模型，解析了水稻空间格局演变的驱动机制。

揭示耕地利用强度评价指标的复杂性特征。聚焦鄱阳湖主要产粮区江西省进贤县，融合高时间分辨率 MODIS 与高空间分辨率 GF 遥感影像，准确获取研究区 2015 年度地块尺度耕地复种频率与耕地生育期天数信息，并针对二者开展多维度关联分析，该研究为合理利用耕地提供数据支撑。

二、关键核心技术研发

围绕基因编辑、主要作物精准育种与性状改良、重大农业害虫防治、重要畜禽疾病防控、耕地质量提升、信息识别、装备研发等，突破一批关键核心技术，为确保国家粮食安全、农产品有效供给和农业绿色发展提供了重要技术支撑。

（一）作物学科

围绕水稻、小麦、玉米、大豆、油菜、棉花、烟草等主要作物的育种技术开展研究，推动作物单碱基替代等基因精准编辑技术、多基因编辑技术、高通量快速突变鉴定技术等取得重要突破，成功构建作物表观遗传修饰智能预测模型，为高效、精准育种提供技术支撑，加速作物育种进程。

建立了基因编辑精准打靶技术。建立了通过基因编辑技术将 EBEAvrXa23 基序定点整合到感病水稻品种 xa23 启动子区技术，可以在 1~2 年内使丰产优质但感白叶枯病的水稻品种变成丰产优质且抗白叶枯病的品种。

构建了小麦多基因编辑体系。利用 CRISPR/Cas9 介导的多基因编辑技术，在郑麦 7698 中实现了同时靶向 2 个、3 个、4 个和 5 个基因的定点敲除编辑，获得了无转基因、聚合多个优异等位基因的小麦新种质。

建立玉米种子荧光报告系统辅助的 CRISPR/Cas 基因编辑技术。采用胚乳糊粉层特异性启动子和胚特异性启动子驱动红色荧光蛋白 DsRED 的特异表达，构建了胚、胚乳及两者混合构库荧光报告系统辅助 CRISPR/Cas9。进行了农杆菌遗传转化，可通过种子胚乳和胚中荧光特征，准确鉴别转基因或非转基因，该研究可大幅度提高效率。

建立了高通量快速突变鉴定技术。开发了只需两步普通 PCR 即可完成多样本混合高通量测序文库构建，利用编写的算法可以自动解析每个样品每个位点的详细突变序列以及对应的基因型信息。可将基因编辑突变鉴定的周期缩短至 5~7 天。

研发高效率、高保真的 C-G 碱基编辑器。在胞嘧啶碱基编辑器基础上，研发了能够将胞嘧啶转换为鸟嘌呤的碱基编辑器。研究为科研人员提供更高效、脱靶率低的基因编辑工具。

建立豆科植物单倍体诱导技术体系。通过基因编辑技术对蒺藜苜蓿中 *ZmDMP* 同源基因 *MtDMP*8 和 *MtDMP*9 同时敲除可以诱导产生单倍体。证明 *ZmDMP* 同源基因在豆科植物中具有母本单倍体诱导功能。

建立了不依赖遗传转化的油菜和甘蓝基因编辑技术。建立了不依赖遗传转化的油菜和甘蓝基因编辑技术，获得了成功转化基因编辑载体的双单倍体诱导系材料，可直接通过授粉的方式对油菜和甘蓝的基因进行基因编辑，获得不含转基因元件的突变材料。

油菜绿色高质高效生产模式示范成效显著。建立了油菜“三全高效”模式，集成秸秆还田种肥同播轻简高效技术、越冬期化控强根健株抗倒伏技术等绿色高产高效生产技术的“全区域布局、全价值链发掘、全产业链开发”油菜绿色高质高效生产模式。推动油菜亩综合收入达到村域级 1 万元、乡域级5 000元以上。

研发了“宽早优”绿色高质高效植棉技术。通过“扩行、降密、壮株、拓高”，创建了高光效群体结构，更有利棉花早发早熟集中成熟，具有增温增光、减药减工减种、增产增效、绿色提质的优势。至 2021 年已推广2 300万亩。

构建了基于烟草突变体库的特色新品种培育技术。搭建了烟草突变体材料保存库和中国烟草突变资源生物信息库和利用平台。打通了从突变体到特色品种培育、再到卷烟产品开发的烟草生物育种产业链条，开发了烟草香气材料筛选鉴定技术，首次创立了以感官质量和工业可用性评价为第一选育标准的特色育种技术体系。

研发了烟草化肥农药减施增效技术。研发了熟化高效种植模式、烟草精准推荐施肥技术等 5 项技术；优化烟草水肥一体化技术、新型增效肥料施用技术等 9 项区域技术；创制烟草专用二阶段水溶肥、烟草专用微生物有机肥等 5 种微生物菌剂。

创制了植物分子医药生物合成技术。培育出产 Betanin 的基因工程烟草材料；创制了微生物底盘材料，实现了高值活性成分的酵母生物合成；构建烟草瞬时蛋白表达体系，构建了利用烟草生产外源蛋白技术平台。

构建作物表观遗传修饰智能预测模型 SMEP。构建具有高准确度的智能预测模型SMEP，并应用于籼稻品种 93-11 及玉米品系 B73 中表观修饰位点的预测。

（二）园艺学科

开展蔬菜、果树等园艺作物新品种培育、高质高效种植、农药减施增效关键技术研究，建立不依赖遗传转化的基因编辑技术、蔬菜高效嫁接育苗技术、研发棉花高效种植技术，创制茶叶、烟草减时增效技术等，为园艺作物高质量发展提供技术支撑。

创制了蔬菜轻简高效嫁接育苗技术。阐明了嫁接愈合进程激素互作机制，创制了套管贴接法、嫁接流水线作业平台、底部潮汐式灌溉等核心技术，与砧穗壮苗培育技术、全程病虫害绿色防控技术等相配套，显著提高嫁接工效。

研发了鲜食葡萄“一改二精三高”优质高效栽培技术。集成了改良土壤、精准肥水管理、精细化花果管理等 6 项关键技术，构建出鲜食葡萄“一改二精三高”优质高效栽培技术体系，为葡萄产业高质量发展提供了技术支撑。

集成了茶园化肥减施增效技术。研制出高效的化肥农药产品和施用装备 10 个、建立茶园化肥农药减施增效技术 20 项、集成我国茶叶主产区化肥农药减施技术模式 13 套，各项综合技术模式示范推广面积达 296 万亩，亩均节本增效达 700 多元。

研制出果树“制出果树”测土配方推荐施肥技术。开展氮、磷、钾、钙和镁 5 因素，全年施肥量 4 水平的“平的”年施肥完全实施正交田间试验，制定出果树植株及土壤的营养诊断标准和施肥建议。基于果树完全实施正测土配方推荐施肥技术已经研发出果树同步全营养配方肥并进入了批量生产。

研发了水果功能性成分高效提取技术体系。研发了水果多酚/类黄酮与多糖、西瓜瓜氨酸与番茄红素等的同步分离提取技术，创制了高纯度、高活性根皮苷黄色素的生产方法及新用途，构建了基于多种功能性成分联合提取与高效利用的水果功能性成分高效提取技术体系，大幅提高了水果功能性成分的利用率和利用效果。

（三）畜牧学科

围绕畜禽优质品种选育、饲料高效利用与研发、智能养殖等开展研究，在关键基因挖掘与基因组育种技术、精液冷冻核心技术、高效低排饲料配制技术、新型饲料蛋白生物合成技术、集成示范智能喷淋降温控制技术等方面取得重要进展，为畜禽高效育种与现代化养殖提供技术支撑。

开发了机器学习算法进行基因组预测技术。开发基于 Cosine kernel 的 KRR（KCRR）并应用于基因组预测，KCRR 在多个物种的预测性能表现稳定，具有广泛的遗传结构适应性，预测准确性平均提高 4. 82%，在肉牛高密度基因分型芯片数据中表现最为突出。

构建了肉羊关键基因挖掘与基因组育种技术。发现 Juno 基因点突变影响产羔数性状。建立了国内首个含有5 413只跨品种的肉羊基因组选择参考群体，初步建立了表型精准测定系统，研制了 50k 肉羊芯片，构建了产羔数、初生重、断奶重等单性状 gEBV 估计模型。

研发了家禽精液冷冻关键核心技术。建立了稳定、高效的鸡冻精技术。所有品种冷冻精液的受精蛋孵化率和健雏率分别超过 90%，最高达到 99%，与鲜精水平相当。2021 年应用本方法已入库保存冻精1 500余份。

创新了鸡蛋蛋壳品质营养调控关键技术。揭示了乳突层超微结构导致蛋壳强度下降的机理，建立了超微结构评价新方法；创建了改善蛋壳力学特性的微量元素调控和电解质平衡技术，挖掘了植物活性成分和微生态制剂的生物矿化调控新功能，显著改善蛋壳颜色。

应用与示范了肉鸭高效低排饲料配制技术。提出了用于测定鸭饲料养分利用率的体外仿生消化酶法；提出了饲料添加植酸酶替代无机磷的当量值；研究了不同来源与配比的微量元素组合对肉鸭生长性能和鸭粪矿物元素排泄量的影响，提出了肉鸭微量元素高效利用技术参数。

研发了畜禽智能养殖关键技术。研发了智能喷淋降温控制技术，并开展了集成应用。通过应用智能喷淋降温设备，自动控制风机和喷淋，实现节约用水 30%左右，为实现奶牛健康状况智能诊断预警提供支撑。

研发了基于机器视觉的生猪智能识别及防疫关键技术。实现了生猪脸部的实时检测和生猪身份的智能识别；研发出生猪身份认证与管理系统；研发出生猪疫苗自动注射机器人，可实现从识别、注射定位，到疫苗注射的全过程自主作业。

开发了一氧化碳气体生物合成新型饲料蛋白技术。以钢厂尾气中的一氧化碳为碳源、氨水为氮源，经优化的厌氧发酵工艺实现快速转化，高效产出乙醇和乙醇梭菌蛋白，实现了无机物向有机物的一步转化。新产品乙醇梭菌蛋白氨基酸平衡，品质优于豆粕，蛋白消化率大于94%，具有良好的营养及加工特性。

形成针对玉米浆及麸皮饲用高效生物转化的关键技术。通过微生物对工农业副产物发酵生产获得优质发酵饲料蛋白原料。该饲料能替代一定比例的全价料形成优质的低蛋白日粮。形成针对玉米浆及麸皮饲用高效生物转化的关键技术。

（四）兽医学科

围绕动物疫病、兽用药物、病原学与免疫学等研究内容，开展畜禽疫病快速检测与应急防控技术攻关，在禽白血病、牛结节性皮肤病、奶牛乳房炎、猪繁殖与呼吸综合征等疫病检测与诊断方面取得一定进展，取得一系列具有自主知识产权的检测技术与产品，为我国畜禽疫病防控提供技术支撑。

攻克禽白血病种源性疫病净化技术难题。创制了禽白血病病毒群特异抗原 ELISA 检测试剂盒、快速检测胶体金试纸条等一系列自主知识产权的禽白血病检测技术与产品。

建立传染性支气管炎病毒细胞适应技术平台。获得了能够在原代细胞以及传代细胞系上增殖的 IBV 毒株。研发了细胞适应技术，为鸡传染性支气管炎细胞源疫苗的研制奠定基础。

研发了畜禽用抗菌肽绿色制造技术。突破关键产品生泰素创制技术瓶颈，创建第一条 30 立方米规模抗菌肽高产制备体系，填补了减禁抗后绿色产品和技术空白。

开发简便、精准、快速、低成本猪繁殖呼吸综合征检测新技术。创建了“一管式”快速检测猪繁殖与呼吸综合征病毒（PRRSV）的荧光检测技术，可快速精准检测出 PRRSV。

研发了牛结节性皮肤病应急防控关键技术。开展了 LSD 的间接/竞争 ELISA 血清学诊断试剂盒和荧光实时定量 PCR 核酸检测试剂盒的工艺优化和中试生产；确定灭活疫苗组合安全有效，持续期达 6 个月以上，解决了防控牛结节性皮肤病的关键技术。

研发了奶牛乳房炎主要病原菌多重 PCR 诊断技术。建立一种快速诊断奶牛乳房炎主要病原菌的诊断技术。建立并组装出能同时快速检测奶牛乳房炎金黄色葡萄球菌、大肠杆菌、化脓隐秘杆菌、副乳房链球菌和无乳链球菌 5 种病原菌的多重 PCR 检测试剂盒，极大提高了检测的效率。

建立了球虫基因组编辑方法。获得了基因敲入的荧光标记球虫和球虫基因组编辑方法，并建立了基于基因编辑方法的球虫分子诊断方法，为动物球虫病防控奠定基础。

（五）植物保护学科

围绕农作物病害、虫害、生物防治等研究内容，开展农药施用限量标准、植物病虫害预测与防控、农药研发与残留检测等技术攻关。首创 57 项农药施用限量标准，研制草地贪夜蛾精准飞防技术，建立马铃薯晚疫病生物防控技术体系等，为植物重大病虫害的高效防治提供技术支撑。

首创农药施用限量标准。揭示我国大量使用的吡虫啉、啶虫脒等 45 种农药在我国不同种植体系 27 种作物中的沉积、迁移、消解、代谢规律，绘制了相应的沉积谱、消解谱、代谢谱。创建了 57 项农药施用限量标准，为我国农药减量施用提供了技术标准和工具方法将施药剂量细化到区域需求。

研制了防控草地贪夜蛾的飞防颗粒剂及其精准飞防技术。研制出微米级农药颗粒。阐明了微米级农药颗粒在玉米喇叭口的运动规律，明确了植保无人飞机撒施颗粒剂的飞行参数、施药时期等技术参数，实现“农药—农机—农艺”有效融合，显著提升了草地贪夜蛾防治效果。

研发了“优良品种+智能预警系统+生物农药防控”的马铃薯晚疫病防控技术体系。解析生防菌的活性代谢产物及其合成调控通路，构建更高效的生防工程菌，建立晚疫病生物防控技术体系并制定应用标准，将马铃薯晚疫病发病率控制在 10%以内，年均增收总额达 788. 25 万元。

研发了农药水基化固体纳米制剂及其量产化制备技术。创立了熔融乳化法固体纳米分散体制备技术和中试生产线，便于低成本与量产化生产，实现零排放；发明了自乳化—载体吸附法固体纳米分散体制备技术；制订《农药纳米制剂产品质量标准》。

构建实际场景中二元抗菌药物作用耐药菌的管控评估模型。发现“百里酚+新霉素”“芳樟醇+强力霉素”及“强力霉素+土霉素”3 种组合在广域剂量范围对气单胞菌呈现更高的窄谱协同性，其保守程度为 53%~76%，为抗菌药物耐药性基因管控提供技术支撑。

（六）农业资源与环境学科

围绕土壤修复与治理、生态环境综合治理等开展相关研究，构建了滨海盐碱地综合利用和水肥盐调控技术，研发了土壤熏蒸消毒技术和微生物基因编辑技术，集成了系列水源保护、生态保育和生态轮作技术，突破面源污染、重金属污染农田综合防治与修复技术，创建了北方退化草甸草地治理技术，集成了秸秆、畜禽粪便等废弃资源化利用技术等，为高标准农田建设、土壤修复与利用、农业生态环境保护等提供重要技术支撑。

构建了滨海盐碱地综合利用技术。开发了适用于滨海盐碱地特性的土壤调理剂产品，建立了在黄河三角洲盐碱地推广的耐盐作物+土壤调理剂的滨海盐碱地综合利用模式。

构建了盐碱地膜下滴灌棉花水肥盐联合调控技术模式。阐明了适宜灌溉定额可促进棉田微生物群落 α-多样性。建立了基于 Jensen 模型的水盐生产函数，提出了不同产量目标下棉花各生育期的水盐阈值；构建了膜下滴灌棉花生育期水肥盐联合调控技术模式。

研发了土壤熏蒸消毒技术。筛选出高活性且环境友好的熏蒸剂，并针对熏蒸剂特性研发高效安全施药技术及配套机械，建立了以病原物源头控制为重点、土壤熏蒸消毒技术为核心、田间规范管理及生长期应急防控为补充的土传病害防控体系。推动该技术在生姜、三七、草莓、山药等高附加值作物上累计应用 173.2 万亩。

建立了微生物基因组编辑技术。建立了丁酸梭菌基于 CRISPR-Cas9 及内源 CRISPR-Cas 系统的基因编辑工具。实现了丁酸梭菌基因组精准编辑，最高编辑效率可达 100%。

集成了低山丘陵农业区水源涵养和生态保育技术。构建了低山丘陵农业区水源涵养和生态保育模式；形成了从上游水源涵养区—中游污染控制区—下游径流调蓄区的技术模式，为派河清洁小流域建设提供支撑。

集成“稻—菇—肥”生态轮作模式。集成水稻—羊肚菌轮作和种植废弃物堆肥技术，打造“稻—菇”生态轮作模式，推动化肥减施 30%，显著减少病害，改善作物品质。

创建了北方退化草甸草地治理技术。创建了退化草地系统性恢复理论与评价技术体系；提出草地综合治理模式；开展了北方草甸和草甸草原资源制图、评价及生态区划，开展了后修复阶段生态产业技术创新和产业化示范。

构建黄淮海蔬菜产区农业面源污染综合防治技术模式。构建了“两减一控三料化”“五位一体”的蔬菜主产区面源污染综合防治技术模式，建成尾菜堆肥生产线 2 条、技术示范区 21 000余亩，辐射推广面积 25.7 万亩。

建立了砷超标农田低累积作物种植区划。构建了中轻度砷超标农田安全利用最佳技术选择的科学路径，针对典型砷超标农区提出了低累积作物替代种植实现可食部位—人体砷暴露的最佳技术方法；建立了适宜典型砷超标农区石门雄黄矿区（位于湖南省常德市石门县）农业生产特点的作物种植区划，量化评估了低累积作物种植区划对降低周边居民砷饮食暴露的贡献。

研制出系列用于降低作物重金属吸收的土壤高效钝化剂。基于土壤化学的重金属形态优化技术及活性控制等，以不同类型岩基矿物等为原料，经表面修饰等功能化处理，研制出一系列钝化剂。形成农田土壤修复技术库，建立了结合化学、物理、农艺措施的组合型修复技术。

突破了重金属污染耕地安全利用技术。研发的叶面调理剂使水稻和小麦籽粒中的镉含量下降 40%~50%。完善了重金属污染耕地分类技术标准，引入根茎镉含量、土壤有机质等指标建立的宜产区和限产区划分方法。创建了利用富镉作物秸秆加工板材和纤维乙醇生产线。

评价了化肥农药减施增效的环境效应。建成了化肥农药减施增效环境效应监测评价基础数据库，建成了由区域尺度+田块尺度+水稻+茶园+苹果+设施蔬菜四种作物的化肥农药减施增效环境效应监测指标体系；建成了化肥农药减施增效环境效应监测网络和云管理平台，实现化肥农药减施增效环境效应调查和监测。

构建了中南镉砷污染农田综合防治与修复技术。形成适合中南地区绿色、高效、低成本的镉砷污染农田植物萃取、间作、耕地安全利用和镉砷协同钝化等修复技术模式 5 套，研制出秸秆等废弃物转化为高附加值产品的资源化利用技术 1 套。

秸秆综合利用技术助力农业绿色可持续发展。研发了秸秆快速腐熟剂，并构建了秸秆快速腐解技术。以腐熟后的秸秆为主原料，开发了复合型控释肥，制成水稻无土育秧基质系列产品，制备具有低 pH 值、高缓冲性能和高吸附能力的改性生物炭。

研创了秸秆颗粒还田土壤快速培肥技术。研创出将秸秆粉碎细化、并制作成颗粒还田新技术。研发出田间秸秆捡拾—颗粒制作一体机具，使秸秆颗粒还田变得经济可行，对黑土地保护具有重要应用价值。

研发了秸秆高效捆烧清洁供暖关键技术。研发秸秆打捆一体化关键技术装备，使秸秆含土量降低 75%以上；发明秸秆高效低氮三室分级捆烧技术；研发颗粒物减控脱除关键技术，研制序批式、连续式秸秆捆烧供暖锅炉，热效率达 82.51%，颗粒物脱除率提高 41.2%。

开发了植物源废弃物基质化利用关键技术。通过自主研发过热蒸汽低温快速烘焙技术，将香樟、香菇菌渣等园林废弃物快速转化为热值高的生物炭产品；研发腐植酸复合有机基质配方，实现番茄、小白菜、生菜等作物提质增产。

研发了集约化养殖粪污污染综合防治技术与装备。构建了区域畜禽养殖资源环境承载力评价与预测模型，研发了猪场粪污移动地板式粪尿分离实时收运技术设备、集约化养殖场内粪污收储运智能化控制系统等技术及装备。

研发了畜禽废弃物无害化处理与资源化利用新技术及新产品。建成了南方规模化猪场粪污有机肥与灌溉综合农用模式优化技术整体示范等 6 个工程以及家庭农场粪污处理示范工程 2 个，示范规模合计 62.02 万头猪当量，示范场畜禽废弃物资源化利用率超过 90%。

研制出高浓度畜禽粪便沼气发酵工艺。研发了高浓度畜禽粪便氨抑制解除技术；设计加工了高浓度畜禽粪便沼气发酵成套装置，通过中试运行效果评估及改进完善，建立高浓度畜禽粪便沼气发酵工艺。

构建了运动发酵单胞菌细胞工厂。初步建立了从秸秆到乙烯合成的工艺技术路线，为秸秆资源的高值化利用奠定了基础。建立了基于运动发酵单胞菌内源性 I-F 型 CRISPR-Cas 系统。

（七）农业机械与工程学科

围绕作物收获技术与装备、农用航空作业、智能精细化栽培等开展研究。集成油料作物收获技术与装备、农用航空作业技术与装备、设施蔬菜无土栽培、蔬菜精细化生产技术与装备等，构建棉花水肥盐联合调控技术模式、植物工厂快速繁殖关键技术等，为作物高效生产与技术集成示范提供技术支撑。

研发了智能化油料作物收获技术与装备。花生智能化联合收获突破了多项关键技术，花生智能化分段收获突破多垄多行花生条铺收获适应性调节等关键技术8项；油葵智能化联合收获突破了油葵低损高效切割等多项关键技术；油茶籽收获突破了多机制组合采摘等多项关键技术。

研发了农用航空作业关键技术与装备。开发了农用无人机精准施药装置、高效辅助授粉装置等智能化附属作业部件和农业专用飞行控制系统。集成创制了适合我国不同农业生产区经营模式和地貌特点的系列化农用无人机产品。

研发设施高品质生食果蔬生态基质无土栽培稳产技术。技术选用两种模式，采用农作物秸秆等农产废弃物作为无土栽培基质；使用基于有机肥的高品质品种专用简易营养液配方。在北京、河北、甘肃、山东等地应用，亩均节约增效27 399.75元。

研发了蔬菜智能化精细生产技术与装备。突破了蔬菜精细耕整作畦、精量点（穴）播、育苗及高速定植、水肥精量施用、叶类及根茎类蔬菜收获等关键核心技术，研制了具备主要参数实时采集、故障诊断与自动监控功能的17台（套）智能装备，并通过第三方检测机构认证。

植物工厂水稻快速繁育关键技术实现突破。突破了环境—养分高效协同调控技术；通过环境—营养精准耦合调控，实现植物工厂中矮秆水稻生长周期减半、63天左右收获的重大突破，单层栽培产量每平方米0.98千克，相当于亩产652千克。

（八）农产品质量与加工学科

围绕农产品质量安全、农产品营养与健康、农产品绿色加工关键技术开展研究。研发蔬菜农残快速筛查、青稞等功能食品产业化、创制肉品精准保鲜与绿色制造、植脂奶油的个性化3D打印、茶叶初制精制智能化加工、农产品营养品质评价与调控技术，以及冷鲜肉精准保鲜数字物流等农残检测、食品加工和储运关键技术，为保障农产品质量安全、推动农产品加工产业发展提供技术支撑。

构建我国蔬菜中农药残留非靶向筛查技术。构建了可用于蔬菜中625种农药和代谢物的气相色谱—串联质谱筛查技术，以及423种农药及代谢物的液相色谱—串联质谱筛查技术，为保障我国蔬菜质量安全提供了重要支撑。

研发了农药残留快检用新型酶制剂替代技术。研发了来源于微生物的热稳定性酯酶

（AfEST）替代技术，探明了 AfEST 的晶体结构及其与有机磷农药结合的机制，并优化配套试剂，实现对多种有机磷农药的快速检测。

建立了 2 个果品质量安全检测技术方法体系。建立了螺虫乙酯等同类杀虫剂及代谢物在食用菌上的快速检测方法。建立了植物非靶向代谢组学监测技术体系，配套建立了包含类黄酮、多酚、糖酸等在内的 80 余种果实品质相关的高分辨特征数据库。

构建基于斑马鱼生物测定污染物联合毒性效应与功能评价技术。开发了基于图像识别结合统计算法的“数字斑马鱼”评价模型，初步构建结合多组学和高分辨质谱实现毒性与功能总体的定性识别与化学物定量确诊的技术体系，并应用到乳品安全与功能分等分级。

创新了青稞功能食品产业化关键技术。突破了青稞适度碾磨、粉体过热蒸汽杀菌等关键核心技术和装备，实现青稞营养健康产业从小、散、乱向标准化、产业化转型升级。

创新了传统熏烧烤肉制品绿色工业化加工关键技术。绘制了熏烧烤肉制品风味地图；研发了熏鸡、烤鸭、烤羊腿色泽品质等级识别标准化色板，判别准确率 92%；研发了精准控温发烟的定量快速熏制技术，产品特征风味保持 95%以上。

创制了中式菜肴工业化加工关键技术与产品。研发了冰温—亚冻结保鲜贮藏、低压高湿变温解冻等技术；明确了不同加热方式对肉类菜肴品质的影响；精准量化了辣椒、花椒等 15 种香辛料香气等组分，解析了香辛料赋香/赋味效应；开发了工业化菜肴风味丢失控制技术。

研发了基于新型植脂奶油的个性化 3D 打印新技术。开发了新型植脂奶油，并通过揭示新型植脂奶油流变特性与 3D 打印关联机制，开发了配套 3D 打印设备及工艺，实现了多种形状和造型的奶油自动裱花，满足个性化需求。

开发了一种基于物理场的油料细胞破壁膨化制油的方法。创建了以清理精选、微波破壁提质生香、低温压榨和物理精炼为核心的新型制油技术，实现了油脂轻简、绿色等智能产地化加工制备。开发出高品质菜籽油、芝麻油等产品，社会经济效益显著。

创建花生黄曲霉毒素预警控制与绿色生产技术。研制出黄曲霉阻控与根瘤诱发耦合生物菌剂 ARC-BBBE；分离鉴定并构建了我国首个黄曲霉毒素生物防控微生物资源库；发掘出黄曲霉毒素发生前的生物标志物，创建了模型。

研发了系列工夫红茶提质增效关键技术。创新出控光萎凋、变温发酵、滚烘干燥等新技术 4 套，研发 2 套中小叶种和 3 套大叶种工夫红茶标准化加工新技术；集成创新建立了日产工夫红茶 400 千克、1 000 千克等不同规模的标准化加工装配体系，建成示范生产线 6 条。整套成果已在 14 家企业进行推广应用，综合产值提升 25%以上。

研发出茶叶初制精制智能化加工技术。首次将水分、压力智能感知和信息控制等新技术应用于茶叶初制精制成套装备，创建了模块化生产线结构和生产智能管理系统，建成了我国首套代表性绿茶的智能化加工生产线，累计推广成套设备 15 台套，新增产值 1 亿多元。

研制了蜂花粉太阳能干燥设备和低温速冻装置。开展了自然晾晒、热风、中短波红外等5种干燥方式对油菜蜂花粉干燥特性、色泽、酚酸含量及抗氧化活性影响的研究。研制了蜂花粉太阳能干燥设备和低温速冻装置。

建立了基于二羰基化合物的成熟蜂蜜和浓缩蜂蜜/掺假蜂蜜鉴别新方法。探明蜂蜜体系中二羰基化合物形成和降解分子机制及分布特征，建立基于二羰基化合物的成熟蜂蜜和浓缩蜂蜜/掺假蜂蜜鉴别新方法。

研制出麻类循环生物脱胶技术。筛选出酶系齐全、繁殖速度快的高效脱胶菌株，配套循环脱胶、自动清洗和废水循环设备，对全套工序的工艺与参数进行优化，开发了麻类循环生物脱胶技术。

研发并产业化应用了冷鲜肉精准保鲜数字物流关键技术。首创“能量代谢酶控僵直保质”新理论；发明了超快速冷却和低压静电场辅助冰温控僵直保质、高阻隔包装靶向抑菌保鲜新技术；研制了CO_2数字立体冷库、“云智冷”物联网监控平台和冷鲜肉多品质近红外监测仪等仓储物流技术与装备。技术推广到全国30个省（区、市）、51个国家和地区。

研发了主要农产品营养品质评价与调控技术。构建了我国农产品营养标准体系框架，探索建立了涵盖营养指标的品种选育指标体系，建立了若干农产品营养品质调控的新技术、新模式，研发了多不饱和脂肪酸鸡蛋等多种营养强化产品。

（九）农业信息与经济学科

围绕农业科技精准服务、农业气象灾害监测等关键技术开展研究。建立农业科技数据管理平台和农业气象灾害预警服务平台等，为高质量服务农业科技提供技术与平台支撑。

农业科技知识精准服务关键技术研发与应用取得进展。制定了24类农业科技知识元数据规范，研建了农业科技大数据治理平台，建立了有50多个数据库、10亿余条农业科技知识资源的农业领域规模最大的语义知识库；研制出实现农业科技资源一站式搜索和便捷获取的农业专业领域智能搜索引擎。

研发出高分数据处理与作物制图等关键技术。利用Sentinel-2密集时间序列数据搭建5种深度学习网络模型提高了作物识别的效率；利用深度学习“端到端”的优势，避免了对专家知识的依赖和传统作物分类系统的复杂性；为我国新型智能化农业遥感监测提供技术支持。

研发了农业气象灾害预警监测评估综合服务平台。研发了集大数据采集存储、气象灾害监测—预警—评估、减灾保产技术服务为一体的业务化运行平台，实现了三大作物对主要气象灾害的灾变过程监测、预警、评估和防灾应对，为三大作物减灾保产提供了技术支撑。

三、重大产品创制

选育了小麦、水稻、大豆、马铃薯、油菜、棉花、烟草、猕猴桃、西瓜、烟草等一批主要粮食作物和经济作物新品种，培育了白羽肉鸡、肉牛等多个畜禽新品种，创制了一批畜禽疫苗、新型生物农药与天敌昆虫、新型化肥、营养功能食品、农业机械装备等重大新产品，对于加快实现种源自主可控、农业高水平自立自强和绿色可持续发展具有重要意义。

（一）作物新品种

围绕水稻、小麦、玉米、油菜、大豆、棉花、烟草、燕麦等主要农作物，甘蓝、月季、牡丹、螺丝椒、马铃薯、猕猴桃、葡萄、茶树等园艺作物，选育华浙优 210 优质稻，中麦 578 强筋小麦，多个抗逆宜机收、抗虫耐除草剂玉米新品种，中黄 306 大豆、中油杂 501 芝麻，早熟、优质、抗枯萎病的甘蓝新品种，优薯 1 号杂交马铃薯，优质、多抗螺丝椒，红皮梨、无核葡萄、中茶 501 机采茶叶等作物新品种，极大地保障了我国粮食安全，缓解了我国高端果蔬种子依赖进口的局面，逐步解决农业领域的卡脖子问题。

1. 粮食经济作物

选育了优质高产绿色单季稻品种华浙优 210。该品种是利用中恢 210 与华浙 2A 杂交选育的中晚籼三系优质杂交稻新品种，米质达到农业行业标准一级。

育成了优质强筋小麦新品种中麦 578。采用阶梯式杂交成功改造澳大利亚优质源，育成了优质强筋小麦新品种中麦 578。已通过黄淮南片和黄淮北片国家审定，品种使用权已转让安徽隆平高科等种业企业。

优质抗逆宜机收玉米新品种培育进展明显。抗倒、早熟、耐密宜机收品种中单 153 和中单 176 通过国家审定。中甜 401 和中糯 336 通过国家北方鲜食甜玉米组与糯玉米审定。40 个优良玉米组合参加国家或省级的生产或区域试验，利用国外宜机收种质创制 DH 系4 000余份，并进行关键宜机收性状的评价，全面提升玉米机械化水平。

培育了抗虫耐除草剂玉米。创制了系列抗虫和耐除草剂玉米产品，转 *GR*79 和 *GAT* 基因耐草甘膦玉米 GG2 已完成环境释放，进入生产性试验，田间草甘膦耐受性可达田间使用中剂量的 10 倍，研究为培育玉米抗虫耐除草剂玉米打下基础。

创制了耐旱节水玉米产品。创制了转 *ABP*9 基因抗逆玉米 NAZ-4，在新疆开展生产性试验。

创制了高虾青素玉米种质材料。采用合成生物学的“源—库—流”策略设计了虾青素代谢途径，使用 RNAi 技术引导番茄红素向 β-胡萝卜素的转化，创制的高虾青素玉米种质，虾青素含量达到 47. 76~111. 82 毫克/千克（干重），选育出多样化可供选择的玉米新品种。

培育出中黄306等高产优质多抗大豆新品种。选育适宜东北北部核心产区种植的极早熟春大豆品种和适宜黄淮海地区种植的高产优质多抗夏大豆新品种，获得了14项植物新品种权，国审及省审12个品种，极大丰富了我国大豆新品种。

耐草甘膦转基因大豆产业化应用示范。耐草甘膦转基因大豆中黄6106获批黄淮海夏大豆区生产应用安全证书，转育的新品种中联豆1505等达到国家审定标准的要求，在大豆主产区开展大面积展示和产业化应用示范。

选育出高产高油优质多抗适机收油料作物新品种。中油杂501含油量达50.38%，产油量连续两年排名第一。育成高产高油白芝麻新品种中芝53（含油量达58%），育成产量突破105千克/亩的白芝麻新品种中芝49。超早熟高油酸新品种中花28、中花34在襄阳市示范推广，创造产量和品质双高。

新疆棉花主战场育成一批新品种。中棉所96A、新石H12棉花新品种2021年获批审定证书，中1619完成西北内陆国家区试初审，优质高产同步改良棉花新品系中棉所703完成生产试验，产量比当地棉田平均增产20%以上，培育出适合新疆生长的棉花新品种。

选育出系列烟草新品种。烤烟新品种CF235通过农业评审；抗赤星病中烟300通过田间鉴评；选育的国内首个具有自主知识产权的雪茄烟叶茄衣常规纯系品种中雪1号和首个雪茄烟茄衣雄性不育杂交种中雪3号通过田间鉴评。

获得了基因编辑植株以及具有卡那霉素抗性工业大麻转基因植株。通过优化外植体、选取品种、优化基因编辑工具等方法，在工业大麻中成功获得了基因编辑植株以及具有卡那霉素抗性的稳定转基因植株，解决了工业大麻基因编辑方法不成熟的问题。

2. 园艺作物

选育出甘蓝抗枯萎病新品种。建立了高效分子抗病育种技术体系，育成的YR中甘21等重大新品种支撑蔬菜产业和民族种业的发展。新品种在枯萎病危害地区大面积推广150万亩以上。

选育优质、多抗螺丝椒新品种中椒409号。该品种抗TMV、PMMoV，兼抗CMV和疫病，产量高，适应性强。累计销售种子775千克，栽培面积达12.5万亩以上，2021年合同转化金额800万元。

选育出中甘系列早熟、优质、抗枯萎病甘蓝新品种。育成系列早熟、优质、抗枯萎病春、秋甘蓝新品种。中甘21和中甘628田间表现早熟、球色亮绿、耐裂球、高抗枯萎病、耐抽薹；中甘602和中甘607田间表现早熟、球型圆正、丰产、耐热、高抗枯萎病。

第一代全基因组设计的杂交马铃薯问世。利用基因组大数据进行育种决策，建立了杂交马铃薯基因组设计育种流程，获得杂种优势显著的杂交种。利用该流程培育出了第一代高纯合度（>99%）二倍体马铃薯自交系和杂交马铃薯品系优薯1号，确立了我国在杂交马铃薯领域的领先地位。

创新出以远缘杂交为核心的月季、牡丹育种新途径。建成了月季种质资源圃，收集保存种质资源2 100余份，挖掘和创制了一大批优良抗寒种质；建立了基于远缘杂交、抗性改良为主体的育种技术体系和育种新途径。

选育了系列抗寒浆果新品种。选育出了适宜我国寒带地区的软枣猕猴桃新品种“翠玉”“香玉”等丰产型品种，丰富了我国抗寒浆果品种类型，对推动东北地区浆果产业发展具有重要意义。

育成“丹霞红”等系列优质特色红皮梨新品种 7 个。创建了“优良性状多品系聚合+分子标记辅助选择+低冠育种树形塑造”高效育种技术体系，选育出树势中庸、腋芽易成花、丰产稳产、适于轻简化栽培、果形美观、色泽艳丽、肉质细嫩、甘甜多汁、品质极上的红皮梨新品种 7 个，市场反应热烈。

育成河南省首个通过国审的葡萄新品种“红艳无核”。该品种果实可溶性固形物含量为 20. 4%以上，发芽分化好，丰产性强，稳产，外观漂亮，大粒无核，管理省工，填补了我国鲜食葡萄品种 8 月中旬熟期的空白。

培育了适宜机采茶树新品种中茶 501。中茶 501 是选育出的适宜机采的绿茶新品种，新梢长度较长，机采鲜叶新梢完整度高，具有抗寒性较强、高抗茶炭疽病、抗茶小绿叶蝉特性，提高了机械采茶树的水平。

（二）畜禽新品种和兽药

围绕鸡、鸭、猪、牛等重要畜禽动物，开展新品种培育、主要疫病检测试剂盒和疫苗研究等工作。培育出广明 2 号、金陵麻乌鸡、华西牛等畜禽新品种以及系列优质抗逆牧草、生态草品种；研发鸭坦布苏病毒、非洲猪瘟、猪圆环病毒、口蹄疫、水貂阿留申病等畜禽疫病检测试剂盒（试纸条），以及重组禽流感病毒三价灭活疫苗、猪重要病毒病基因工程疫苗、口蹄疫高效疫苗等。为实现重要畜禽种源自主可控、防治动物疫病提供了基础保障。

自主培育出白羽肉鸡新品种广明 2 号。广明 2 号白羽肉鸡配套系通过国家畜禽遗传资源委员会新品种审定并获得新品种证书，该配套系肉鸡生长速度快、料重比低，同时料重比和肉品质方面相比较国际品种具有优势，是我国首批自主培育的白羽肉鸡品种。

自主培育地方乌骨鸡金陵麻乌鸡。培育金陵麻乌鸡新品种，弥补了地方乌骨鸡种鸡繁殖性能差、商品肉鸡产肉量低、生长速度慢等缺点。

肉牛新品种华西牛通过审定。华西牛正式通过了国家畜禽遗传资源委员会审定，成为我国首个具有完全自主知识产权的专门化肉牛新品种，60%的种牛将参与国际市场竞争，打破了国外长期的垄断地位。

创制了超级葡萄糖氧化酶。创制了在高温 90℃和 pH 值 2. 0 条件下能保持稳定的超级葡萄糖氧化酶，提高了应用的有效性，其发酵水平提高到 25 000 单位/毫升发酵液，生产应用成本进一步降低，全面满足了饲料工业对性能和成本的要求。

育成系列优质抗逆牧草、生态草品种。共审定（登记）草品种 4 个，其中国家级育成品种 2 个，省级野生栽培品种 2 个。新品种在产量、品质和增强抗性方面具有明显优势。

研制了鸭坦布苏病毒 ELISA 抗体检测试剂盒。研制的鸭坦布苏病毒 ELISA 抗体检测试剂盒获批一类新兽药注册证书。该试剂盒特异性、敏感性，重复性良好，为鸭坦布苏病毒病的疫苗评价、临床诊断、疫病监测及净化提供了重要的技术支撑。

非洲猪瘟病毒荧光 PCR 检测试剂盒获兽药产品注册。研制的非洲猪瘟荧光 PCR 检测试剂盒获得国家兽药产品注册批准。该试剂盒敏感、特异、快速、稳定，是开展非洲猪瘟早期诊断和日常监测的有效工具，已在全国广泛应用。

猪圆环病毒 2 型 cELISA 抗体检测试剂盒获新兽药证书。猪圆环病毒 2 型 cELISA 抗体检测试剂盒可用于猪圆环病毒 2 型抗体的快速定性和定量检测，为猪圆环病毒 2 型的疫苗评价、临床诊断和疫病监测提供了重要支撑。

开发了口蹄疫病毒非结构蛋白 3ABC 阻断 ELISA 抗体检测试剂盒。标记灭活疫苗及其配套检测技术的联合应用，可实现感染与免疫动物精准区分，为全面建设我国口蹄疫免疫无疫区提供有力支撑。

研制了水貂阿留申病检测试纸条。研制了水貂阿留申病毒抗体胶体金检测试纸条，为主要水貂养殖国家提供了一种新型的简便、快速、使用灵活的检测手段。

重组禽流感病毒三价灭活疫苗获三类新兽药证书。研制出重组禽流感病毒三价灭活疫苗，具有良好的安全性和有效性，于 2021 年获得国家三类新兽药证书，已在我国 2 个生物制品企业进行转化和生产销售。

创制了新型鸡马立克氏病基因缺失活疫苗。运用基因敲除技术，成功构建出新型、高效的鸡马立克氏病基因缺失活疫苗。该疫苗安全、高效，对强毒、超强毒和特超强毒以及新致病特征的流行毒株均具有高保护效力。

二氧化氯溶液获批国家二类新兽药证书。完成二氧化氯消毒剂的小试和中试生产研究，并对二氧化氯消毒剂稳定性、安全性、药理、药效学、临床效果等进行考察，制定了二氧化氯消毒剂的质量标准。

研制出猪重要病毒病基因工程疫苗。新发猪伪狂犬病基因缺失灭活疫苗通过复核检验；获批高致病性猪蓝耳病基因工程活疫苗和猪伪狂犬病基因缺失活疫苗的转基因生物安全证书；表达猪瘟病毒 E2 蛋白重组猪蓝耳病病毒活载体疫苗完成了临床前实验研究。

研制Ⅰ型乙脑病毒活疫苗。建立了猪乙脑病毒库及动物感染模型，研发 GI 型乙脑病毒活疫苗，填补了我国无猪Ⅰ型 JEV 疫苗可用的空白。

创制了口蹄疫高效疫苗。创制了口蹄疫反向遗传疫苗“猪口蹄疫 O 型、A 型二价灭活疫苗（Re-O/MYA98/JSCZ/2013 株+Re-A/WH/09 株）”，并继续推广应用。疫苗制备方法获美国发明专利授权 1 项。

（三）农药与化肥产品

围绕根结线虫、草地贪夜蛾、棉花黄萎病等植物病虫害防治，以及土壤肥料和养分高效利用等内容开展相关研究。研发 G033A、捕食螨和“中棉菌乐土”等新型生物农药，创制控镉型肥料、微米级固氮微囊产品、抗旱抗冷海藻多糖、系列绿色增值肥料产品等重要农业投入品，在实现农田病虫害防治、农业生产力水平提升的同时，保护了农业生态环境安全，为农业绿色高效发展提供了重要保障。

防治根结线虫病生防制剂获准生物农药登记。研发了 5 亿个孢子/克淡紫拟青霉颗粒剂，并获批生物农药登记。可有效防治蔬菜、果树、大田作物、中药材等多种作物的根结线虫病。

创制了新型高效生物农药苏云金芽孢杆菌工程菌 G033A。利用基因工程技术研发了 *Bt* 工程菌 G033A，其可湿性粉剂对草地贪夜蛾、棉铃虫等鳞翅目害虫以及黄曲条跳甲等鞘翅目害虫的田间防效达到 85%以上。

创制了防控重大害虫的天敌昆虫及捕食螨新产品。研发天敌昆虫及捕食螨的人工饲料、滞育调控、替代寄主、定殖提升等关键技术，累计创制天敌昆虫 10 余种、天敌捕食螨 10 余种，为重大害虫生物防治和可持续治理提供了产品保障。

研制棉花黄萎病防治新产品。创新棉花黄萎病防控技术——微生态调控技术，研制棉花黄萎病防治新产品“中棉菌乐土”，防病效果较市场同类产品提高 76.9%～236.9%，棉花增产 11.7%，同时可显著改善纤维品质。

研发了基于土壤养分动态平衡的水稻安全生产产品。采用有机—无机肥与土壤关键养分相结合的水稻安全生产技术，研发了控镉型肥料，发展了从耕地质量与土壤肥力改良出发控制镉污染的新理论、新技术和新产品，提出了水稻安全生产的“常态化、肥料化”管理模式。

创制适于机械化播种、水肥一体化滴灌和无土栽培等固氮概念产品。采用可降解生物材料、人工亲水蛋白和人工血红蛋白，创制适用于机械化播种、水肥一体化滴灌和无土栽培等固氮概念产品，其中微米级固氮微囊产品能与作物根表多糖特异结合，具有类似根瘤的生物学特性。

研发了滩涂盐碱地生物资源农用新产品。研发了基于海藻多糖的绿色农业投入品，建立了羊栖菜等不同海藻多糖的提取方法，研制了具有特定硫酸基、乙酰基结构和抗旱、抗冷功效的海藻多糖。

专用肥产品技术助力油料作物提质增效。研发了以科学精准营养配比为核心的油菜、花生专用复合肥产品 4 项。三宁“金钛能”油菜专用肥在化肥减量的同时可提高油菜产量。

制出系列绿色增值肥料产品。创制出锌腐酸、海藻酸、聚合氨基酸等系列载体增效尿素、磷铵、复合肥新产品 25 个，形成大宗化肥绿色增效产品体系，并建立标准体系。

（四）质量安全与加工产品

围绕农产品质量安全、农产品加工开展产品研究，研发了手机拍照快检系统、有毒蘑菇快速鉴定试剂盒、系列农产品质量安全风险监测急需标准物质等；创制了纳米纤维素、系列功能脂质、肠道免疫调节甘薯粉、玫瑰花精深加工产品和零添加燕麦乳等系列加工产品，对于保障我国农产品质量安全、推动农产品加工产业发展，支撑实现农业现代化具有重要意义。

研制完善手机拍照快检系列产品。通过优化改进 6 通道光源平衡阵列托盘和多通道样品池的材质，实现工业化生产，单套成本降低到原来的 1/100。通过改善免疫层析图像识别算法系统，对条形码识别准确率提高到 99.5%。研制单克隆抗体 4 种，制备胶体金试纸条 9 种，试剂盒 8 种，拓宽了该系统的应用范围。

开发我国有毒蘑菇 DNA 条形码快速鉴定技术与产品。开发有毒蘑菇鉴定试剂盒 30 余种。建立了以内转录间隔区为靶标的环介导等温扩增技术，通过实时荧光和可视化两种检测方法，实现 40 分钟内特异性精准检测有毒蘑菇。

研制出系列农产品质量安全风险监测急需标准物质。研制了塞克硝唑、氟甲喹等 4 种兽药纯度标准物质，氯吡脲、2,4-二氯苯乙酸两种农药纯度标准物质，醛固酮纯度标准物质；研制了羊肉粉中克伦特罗残留分析基体标准物质。

研制出呕吐毒素的高效吸附去除材料。研制了具有一维通道，氮原子修饰孔表面的金属有机框架材料。材料在水溶液体系中对呕吐毒素的吸附去除效率达到 75%以上，在模拟胃液中也能有效吸附呕吐毒素。

研制了基于金属陶瓷电热蒸发—介质阻挡放电的固体进样系统。利用石英阱实现了镉元素的定量捕获，再利用稀酸溶液将石英管捕获的镉洗脱。优化了土壤、粮食、鱼肉等样品的电热蒸发程序，首次尝试固体进样系统和显色系统联用，固体样品中镉检出限可达 0.02 毫克/千克。

绿色制备了浅色/白色纳米纤维素。以剑麻纤维为原料，采用马来酸进行预处理，利用球磨法制备纤维素纳米纤维。马来酸能溶解细胞壁中的非纤维素成分和纤维素的非结晶区，促进纤维素的后续纳米化。

创制了系列功能脂质产品。建立了亚麻籽植物乳的微波提质增香、定量脱胶、适度碾磨、非热灭菌、酶法促溶等高效处理技术。构建了无需任何外源乳化稳定剂的自稳定亚麻籽植物乳。制备了富硒油菜薹粉、代餐粉等含粉末油脂产品。

创制了具有肠道免疫调节作用的功能性甘薯粉。开展不同菌种复配比例、接种量、固液比、发酵温度、发酵时间对甘薯渣发酵产物有机酸及活菌数的影响研究，优化了益生菌发酵甘薯渣制备功能性甘薯粉的工艺参数。

创制了玫瑰花精深加工产品。研发了玫瑰花梯次利用加工关键技术，开发了玫瑰康养红糖锅盔等 3 类 6 种玫瑰食品新产品，并进行推广应用。

创制了“零添加”燕麦乳系列产品。开发成分天然、体系稳定且营养美味的“零添加”燕麦乳，突破了系列核心关键技术装备，打破了国外对“零添加”燕麦乳加工的技术垄断。

（五）农业机械装备

围绕农业播种、灌溉、培育、加工过程中所需的农业机械装备开展研究，研发了智能巡田机器人与智能采摘机器人、无人智慧化种苗工厂装备、刷辊式采棉及智能打顶技术及装备、灌溉用多级复合网式过滤装置、智能测控一体化闸门等，为提高我国农业机械化水平、提升农业生产效率提供重要支撑。

研发第二代智能巡田机器人与智能采摘机器人。巡田机器人拥有无人驾驶技术、超远距离通信技术、多传感器融合技术、远程控制技术、深度学习识别等技术。能够在果园茶园等标准农园环境下，自主沿着内部道路，实现自动驾驶、自动调头和自动避让等功能。

创制了无人智慧化种苗工厂装备。研发新型气力式精密播种流水线产品，播种合格率达到95%以上，作业效率高达300盘/小时。研发智能种苗移栽机，在非结构化环境下能准确实现苗盘孔穴分割、定位等功能，每小时无损移栽15 000株种苗，极大提高了种苗的效率。

研发了适宜水稻机插育秧的麻育秧膜。麻育秧膜育秧能够促进秧苗根系生长，增强盘结力，提早进入适插期，有效提高水稻产量，试验增产达到8.9%。

研制了新型转红光功能薄膜。采用一步水热合成法，制备了红光碳量子点（RCDs）。红光碳量子点作为转光剂形成的抗氧化农用膜在温室蔬菜栽培中具有明显增产潜力，可实现大棚内光质的优化。

研发了刷辊式采棉及智能打顶技术及装备。突破了棉花顶尖智能检测、棉花顶尖切割术、棉花打顶速度自适应控制、棉花打顶智能控制等关键技术。自主研发了刷辊式采棉技术及装备，技术性能指标达同类产品国际先进水平。

研制了直喂式苎麻剥麻机。研制BM-450型直喂式苎麻剥麻机，实现了苎麻鲜茎的碎骨—刮青—去叶—去屑等功能，一次性从苎麻鲜茎获得粗制纤维，实现苎麻剥麻的机械化。

研发了灌溉用多级复合网式过滤装置。利用筛网的筛分截留原理，在一个过滤壳体内设有多层网式滤筒，滤筒为同轴嵌套设置，替代现有的多个过滤器串联使用模式。装置可根据水源和灌溉系统需要灵活配置不同规格的滤网组合。

研制了智能测控一体化闸门。主要包括现地闸门主体设备、无线通信系统、物联网控制终端和远程监控中心。现地测控一体化闸门主体设备由矩形平板闸门、测控系统、启闭机构、传感器等部件组成，无线通信系统采用GPRS/3G/4G无线网络模式，远程监控中心配置了服务器、移动终端、远程监控系统软件等。

四、软科学研究

围绕农业产业、农村社会发展和农业资源、生态保护等开展相关研究，取得了系列重要成果。在农业减排固碳潜力、农业粮食产量增产潜力等系列调研报告获中央和部门领导批示，在乡村治理、农业绿色高质量发展、疫情对农业影响等方面开展持续研究并发布系列报告，为国家农业农村政策制定提供了决策参考。

（一）农业经济研究

围绕农业经济研究内容，开展全球农业热点前沿与科技竞争力分析模型和关键技术、中国涉农企业创新能力评价、智库研究服务、农业农村基础设施建设、我国农业减排固碳潜力等研究，完成并出版了《中国乡村治理发展评价报告》，发布了《2021 中国涉农企业创新报告》，形成了《面向 2035 年我国粮食增产能力的战略研判》报告，为完善乡村治理体系等提供实践指导。

研究了全球农业热点前沿与科技竞争力分析模型和关键技术。研究提出并优化了面向农业领域的研究热点前沿探测与分析方法；提出并优化了农业科技竞争力分析方法及指标体系，实现了农业科技竞争力的全面系统分析与客观揭示。

研究了中国涉农企业创新能力评价。构建了中国涉农企业创新能力评价指标体系。发布了《2021 中国涉农企业创新报告》，引起了社会大众和媒体的广泛关注。

出版《中国果树科学与实践——猕猴桃》学术专著。组织全国 7 家猕猴桃优势科研单位的 17 名专家共同编写了《中国果树科学与实践——猕猴桃》，对我国猕猴桃产业发展进行了全面、系统地总结。

战略研判了面向 2035 年我国粮食增产能力。形成了《面向 2035 年我国粮食增产能力的战略研判》报告，预估了粮食产量能达到 1.4 万亿斤和 1.5 万亿斤的时间点。重点研判了粮食增产的品种、区域、路径。研究获得农业农村部唐仁健部长批示。

开展智库研究服务地方农业农村发展。发布《潍坊市创新提升“三个模式”打造乡村振兴齐鲁样板先行区实践报告》，总结了新时代创新提升“诸城模式”“潍坊模式”“寿光模式”三个模式的实践探索。

研究了乡村治理评价指标体系。完成并出版了《中国乡村治理发展评价报告》，评价结果及研究发现进一步验证了指标体系的科学性和有效性，同时为完善乡村治理体系等提供实践指导。

研究了农业农村基础设施建设中长期信贷。分析了乡村基建中长期信贷的发展现状、典型模式、有效需求和面临问题，从方向区域、支持范围、产品创新和体制机制等方面，提出了乡村基建中长期信贷的政策建议。

建设了黄河流域农业水资源智库平台。开展了黄河流域九省区和西北地区五省区的农业水资源战略研究。探明了黄河流域灌排研究热点和发展趋势，验证了九省区水资源禀赋及生态环境用水量是影响其农业水资源利用效率的主要因素。

研究了农业减排固碳潜力。核算我国旱作农业系统减排增产合理氮素投入范围。构建秸秆综合利用评价方法，预测到 2030 年秸秆综合利用温室气体减排固碳贡献潜力为 1.52 亿~1.72 亿吨 CO_2e，到 2060 年贡献潜力可达 2.20 亿~2.73 亿吨 CO_2e，为我国农业碳减排提供数据支撑。

研究了四川省畜禽粪污无害化高值利用模式。运用 DEA 模型实证分析了四川省 12 个规模畜禽养殖场粪污无害化高值利用的综合效率、纯技术效率和规模效率，研究发现基于规模报酬不变的 DEA 实证分析有 5 个 DMU “技术无效”，且各 DMU 投入调整方向存在明显差异。

构建都市圈食物系统。与 FAO 建立协同关系，开展都市农业与都市圈食物系统（CRFS）研究，提出我国新时期城市区域食物系统高质量发展逻辑框架，建立成都都市圈 CRFS 评估框架、成都市都市农业评估工具箱并初步应用。

编制了《中国食物营养发展纲要（2021—2035 年）》。编制完成《中国食物营养发展纲要（2021—2035 年）》，并建议尽快上报，以国务院名义发布实施。

（二）战略报告及政策建议

围绕粮食安全、重要农产品供给、农业产业发展和农村生态环境保护等开展战略政策研究，形成《中国粮食安全评估报告（2021）》《中国茶产业杭州指数报告（2021）》《中国农村人居环境发展报告 2021》等战略报告，针对中小规模生猪养殖产能恢复现状问题和猪价反弹原因等进行分析并形成政策建议。研究内容先后获农业农村部于康震副部长和马有祥副部长批示，把握了我国农业发展的趋势，对我国农业产业发展和农村环境优化提供了指导性建议。

发布《中国粮食安全评估报告（2021）》。构建了粮食安全指数评估模型，对过去十年稻谷、小麦、玉米、大豆等主要粮食品种的安全状况进行客观量化评估，形成了《中国粮食安全评估报告（2021）》。

中小规模生猪养殖场户产能恢复现状、问题及政策建议获重要批示。完成非洲猪瘟后中小规模生猪养殖户生猪产能恢复状况和面临困难的调研报告，获于康震副部长批示。

多地猪价反弹的原因分析及后期走势判断获重要批示。对生猪养殖企业等产业主体进行了会商研判以及市场调研，完成 7 月多地猪价反弹原因分析以及后期走势判断的调研报告，获马有祥副部长批示。

提出“六区十一带”农业生产空间格局。构建与水土资源格局相匹配、供需协调、确保农产品高质量有效供给的“六区十一带”农业生产空间战略格局，建设国家重要农产品供给优势区。

编制并发布《中国茶产业杭州指数报告（2021）》。中国茶产业杭州指数是我国首个全国性茶产业综合指数，包含价格指数、成本收益指数、消费指数、行业景气综合指数等指数体系。该指数报告为茶产业的生产、销售、上下游企业提供科学、量化的市场信息服务。

发布《中国农村人居环境发展报告2021》。报告立足中国农村人居环境发展新阶段，从自然、人类、社会、居住和支撑五个系统切入，对全国69个地级行政区的农村人居环境发展水平进行综合评价。采取的测评方法和主要内容具有连续性，使农村人居环境发展动态可比。

草原生态补奖政策优化建议获中办专报采纳。实地核查补奖资金发放的真实性与合理性，形成的《进一步完善草原生态保护补助奖励政策的建议》被中办专报采纳。

中国农业科学院 2021 年获奖成果与重大科技产出成果统计表

一、获省部级奖成果

序号	项目名称	第一完成人	第一完成单位	奖励类别	奖励等级
1	北京鸭育种技术创建与新品种培育	侯水生	牧医所	北京市科技进步奖	一等奖
2	油高产优质多抗油菜新品种中油杂 19 的选育与应用	王新发	油料所	湖北省科技进步奖	一等奖
3	蟠桃育种技术创新、新品种培育与应用	王力荣	郑果所	河南省技术发明奖	一等奖
4	夏秋茶高值化利用关键技术创新与应用	尹军峰	茶叶所	浙江省科技进步奖	一等奖
5	重组禽流感病毒（H5+H7）灭活疫苗的创制及应用	陈化兰	哈兽研	黑龙江省科技进步奖	一等奖
6	山羊支原体肺炎二联灭活疫苗及其制备方法	逯忠新	兰兽研	甘肃省专利奖	一等奖
7	阿什旦牦牛新品种及配套技术集成与示范	阎萍	兰牧药	青海省科技进步奖	一等奖
8	北方农牧交错区草地主要害虫绿色防控技术集成创新	刘爱萍	草原所	内蒙古自治区科技进步奖	一等奖
9	水稻广谱抗白叶枯病基因 Xa23 的发掘与应用	赵开军	作科所	神农中华农业科技奖	一等奖
10	大豆光温适应性改良技术体系创建与育种应用	韩天富	作科所	神农中华农业科技奖	一等奖

（续表）

序号	项目名称	第一完成人	第一完成单位	奖励类别	奖励等级
11	作物种质资源安全保存技术体系创建与应用	卢新雄	作科所	神农中华农业科技奖	一等奖
12	果蔬类农产品农药残留风险控制技术体系创建与应用	郑永权	植保所	神农中华农业科技奖	一等奖
13	多抗、优质甜椒优异种质资源的创制及新品种选育	王立浩	蔬菜所	神农中华农业科技奖	一等奖
14	月季种质资源鉴定评价与优质高抗新品种选育	葛红	蔬菜所	神农中华农业科技奖	一等奖
15	肉鸡绿色养殖提质技术研发与集成应用	张宏福	牧医所	神农中华农业科技奖	一等奖
16	优质鸡蛋生产的营养调控技术体系创新与应用	齐广海	饲料所	神农中华农业科技奖	一等奖
17	生鲜肉精准保鲜数字物流关键技术及产业化	张德权	加工所	神农中华农业科技奖	一等奖
18	我国典型旱地土壤磷素演变与高效利用技术创建及应用	徐明岗	资划所	神农中华农业科技奖	一等奖
19	南方典型区域农业面源污染防控关键技术与应用	刘宏斌	资划所	神农中华农业科技奖	一等奖
20	主要农产品全产业链智能监测预警关键技术与应用	许世卫	信息所	神农中华农业科技奖	一等奖
21	农产品中主要危害因子高效识别与风险评估关键技术与应用	钱永忠	质标所	神农中华农业科技奖	一等奖
22	白茶提质增效关键技术创新与产业化应用	林智	茶叶所	神农中华农业科技奖	一等奖
23	猪用重组口蹄疫O型、A型二价灭活疫苗的创制与应用	郑海学	兰兽医	神农中华农业科技奖	一等奖

（续表）

序号	项目名称	第一完成人	第一完成单位	奖励类别	奖励等级
24	中国农业科学院蔬菜虫害防控创新团队	张友军	蔬菜所	神农中华农业科技奖	创新团队奖
25	中国农业科学院畜牧环境科学与工程创新团队	董红敏	环发所	神农中华农业科技奖	创新团队奖
26	中国农业科学院养分资源高效利用创新团队	周卫	资划所	神农中华农业科技奖	创新团队奖
27	中国农业科学院智慧畜牧业创新团队	熊本海	牧医所	神农中华农业科技奖	创新团队奖
28	中国食用豆类生产技术丛书	程须珍	作科所	神农中华农业科技奖	科学普及奖
29	蔬菜病害诊断手记	李宝聚	蔬菜所	神农中华农业科技奖	科学普及奖
30	全生物降解地膜产品研发与应用	严昌荣	环发所	北京市科技进步奖	二等奖
31	西藏优势农产品产业化加工关键技术及新产品创制	王凤忠	加工所	西藏自治区科学技术奖	二等奖
32	畜禽养殖物联网关键技术和智能装备创制与应用	孔繁涛	信息所	北京市科技进步奖	二等奖
33	黄淮海主要农作物需水及高效用水关键技术创新与集成应用	段爱旺	灌溉所	河南省科技进步奖	二等奖
34	麻类副产品梯次利用及灵芝化妆品新原料技术研究和应用	彭源德	麻类所	湖南省科技发明奖	二等奖
35	软籽石榴系列特色新品种选育及产业化应用	曹尚银	郑果所	河南省科技进步奖	二等奖
36	铝骨毒性机制和皂苷解毒作用的研究	朱言柱	特产所	吉林省自然科学奖	二等奖
37	牛呼吸道疾病综合征综合防控技术开发与应用	郭利	特产所	吉林省科技进步奖	二等奖

（续表）

序号	项目名称	第一完成人	第一完成单位	奖励类别	奖励等级
38	烤烟 8 点式精准烘烤技术创新与应用	徐秀红	烟草所	国家烟草专卖局科技进步奖	二等奖
39	黄淮海夏玉米机械粒收关键技术研究与应用	李少昆	作科所	神农中华农业科技奖	二等奖
40	抗寒旱、耐盐碱、耐瘠薄牧草新品种选育技术与应用	徐丽君	资划所	神农中华农业科技奖	二等奖
41	花生高含油量种质发掘创制与新品种培育及应用	雷永	油料所	神农中华农业科技奖	二等奖
42	优质特色梨新品种选育及配套高效栽培技术创建与应用	姜淑苓	果树所	神农中华农业科技奖	二等奖
43	微喷灌高效水肥调控关键产品研发与应用	温季	灌溉所	大禹水利科学技术奖	三等奖
44	华北平原冬小麦—夏玉米节水减氮增效关键技术及应用	高阳	灌溉所	大禹水利科学技术奖	三等奖
45	玫瑰产业化关键技术研究与示范	苗保河	都市所	贵州省科学技术进步奖，梁希林业科技进步奖	三等奖
46	水稻高低温灾害预警及防控技术创新与应用	张玉屏	水稻所	神农中华农业科技奖	三等奖
47	猕猴桃全红即食型种质资源创新与产业化关键技术及应用	齐秀娟	郑果所	神农中华农业科技奖	三等奖
48	貂、狐精准营养调控关键技术研究与示范推广	李光玉	特产所	神农中华农业科技奖	三等奖
49	毛皮动物重要传染病疫苗新产品创制及综合防控技术应用	白雪	特产所	神农中华农业科技奖	三等奖

二、获中国农业科学院科学技术成果奖成果

序号	成果名称	第一完成单位	第一完成人
杰出科技创新奖（10 项）			
1	蔬菜斑潜蝇和蓟马类害虫绿色防控关键技术创新与产品研发	植保所	雷仲仁
2	牡丹优异资源高效繁育与新品种创制	蔬菜所	张秀新
3	农田地膜残留污染综合防控技术研发与应用	环发所	何文清
4	犬瘟热和细小病毒病的病原学与防控技术研究	牧医研	崔尚金
5	红壤双季稻田地力提升机制与关键技术	资划所	张会民
6	发酵主食品质改良剂精准设计及其系列产品创制	加工所	木泰华
7	苹果品质综合评价与提质增效加工关键技术创新及应用	加工所	毕金峰
8	特色优质畜产品精准鉴别与溯源关键技术创建与应用	质标所	陈爱亮
9	高油高产优质宜机收油菜新品种中油杂 19 的选育与应用	油料所	王新发
10	植保无人飞机智能化作业关键技术集成与应用	农机化所	薛新宇
青年科技创新奖（5 项）			
11	黄瓜重要产量性状形成的遗传基础和分子机制	蔬菜所	杨学勇
12	本土特有蜜蜂资源的挖掘、评价和进化模型创建	蜜蜂所	陈超
13	米粉绿色高效加工关键技术及应用	加工所	佟立涛
14	农产品中重金属直接进样检测技术研发及应用	质标所	毛雪飞
15	花生青枯病特异抗性种质发掘与创新利用	油料所	罗怀勇

三、中国农业科学院重大科技产出成果

序号	项目名称	完成单位	申报人	类别
1	中麦895助力黄淮海小麦稳产高产	作科所	何中虎	重大产品创制
2	草地贪夜蛾防控实现技术升级，引领国际技术进步	植保所	张杰	重大产品创制
3	创制新型高效生物农药，引领国内农药发展新方向	植保所	王振营	重大技术突破
4	中甘21打造高原夏菜重大品牌	蔬菜所	方智远	重大产品创制
5	广明2号育成标志我国白羽肉鸡实现自主育种	牧医所	文杰	重大产品创制
6	“反刍动物肠道甲烷减排技术”促进畜牧业减碳增效	饲料所	刁其玉	重大技术突破
7	把脉生猪产业形势助力国家宏观决策	农经所	王祖力	重大智库报告
8	中油杂19标志我国油菜含油量育种迈入世界领先行列	油料所	王新发	重大产品创制
9	口蹄疫病毒样颗粒疫苗迈出产业化关键一步	兰兽研	郭慧琛	重大产品创制
10	植物工厂水稻快速繁育关键技术实现作物育种方法重大突破	都市所	杨其长	重大技术突破
11	烟粉虱劫持植物解毒基因代谢植物毒素	蔬菜所	夏吉星，张友军	重大科学发现
12	非互营降解石油烃产甲烷的古菌	沼科所	周卓，承磊	重大科学发现
13	杂交马铃薯基因组设计	基因所	张春芝，黄三文	重大科学发现
14	栽培陆地棉地理分化和纤维品质改良的基因组学基础	棉花所	何守朴，杜雄明	重大科学发现

（续表）

序号	项目名称	完成单位	申报人	类别
15	氯法齐明广谱性抗冠状病毒（包括 SARS-CoV-2）的机制研究	哈兽研	尹鑫（共同第一作者第二位）	重大科学发现
16	非洲肺鱼基因组揭示脊椎动物水陆过渡	基因所	阮珏（共同第一作者第六位）	重大科学发现
17	木质纤维素生物质预处理/纤维素酶吸附和酶解的实验和模型耦合研究	环发所	张海燕，董红敏	重大科学发现
18	面向生物燃料生产的乙酸菌工程改造：从细胞生物学到过程工艺提升	饲料所	董利锋（第一通讯作者）	重大科学发现
19	中国燃料乙醇产业发展现状及未来路径	沼科所	吴波，何明雄	重大科学发现
20	基于 WOFOST 模型和 VW-4DEnSRF 同化算法的区域冬小麦模拟	资划所	吴尚荣，陈仲新	重大科学发现

中国农业科学院 2021 年获奖科技成果简介

一、省部级一等奖

1. 北京鸭育种技术创建与新品种培育

主要完成单位 中国农业科学院北京畜牧兽医研究所

主要完成人员 侯水生，郭占宝，张云生，侯卓成，周正奎，徐铁山，胡健，谢明，唐静，邢光楠，李旭，程好良，刘振林，杨庆磊，黄苇

起 止 时 间 2013 年 1 月—2020 年 12 月

获 奖 情 况 2020 年北京市科技进步奖一等奖

内 容 提 要 本项目针对我国北京鸭遗传育种理论研究与育种技术落后，瘦肉型北京鸭的种源被引进品种垄断，且单一品种不能满足市场需求等问题，系统开展研究，取得以下突破性成果。北京鸭分子育种取得重要突破，构建了北京鸭第二代参考基因组（GCA-002743455.1），完成了染色体水平的组装；构建了北京鸭×绿头鸭 F_2 资源群体，解决了肉鸭分子育种成本高的难题；首次发现了 *IGF2BP1* 基因是决定鸭体重和饲料利用效率的主效基因。创建了北京鸭高效选育技术体系，提高了表型测定效率和准确性。创制了 39 个各具特色的肉鸭遗传资源，创建了肉鸭遗传资源库。2018—2020 年新增销售额 504.51 亿元，对北京鸭种质资源保护和利用、提升北京鸭的市场竞争力、推动首都畜牧业的高质量发展发挥了重要作用。

2. 油高产优质多抗油菜新品种中油杂 19 的选育与应用

主要完成单位 中国农业科学院油料作物研究所

主要完成人员 王新发，王汉中，华玮，刘静，师家勤，刘贵华，白桂萍，顿小玲，杨庆，孙明珠，刘道敏，谢国强，刘晟，金莉，王辉

起 止 时 间 2011 年 1 月—2021 年 12 月

获 奖 情 况 2021 年湖北省科技进步奖一等奖

内 容 提 要 针对我国油菜优异种质匮乏、遗传机理解析及分子改良技术研发滞后、高油与高产多抗的协同改良难度大等是限制高油高产多抗油菜新品种培育的关键科技问题，发掘出与油菜高油、高产等性状相关的新 QTL 位点 37 个；鉴定和整合了油菜全基因组通用 SNP 位点，构建了全基因组位点高通量基因分型及遗传距离预测技术；揭示了含油量、产量等主要农艺性状杂种优势与亲本遗传距离之间的关系，优化了高油、高产、优质、多抗杂交种亲本选配方案；选育出集高油、高产、优质、抗病、抗倒伏、抗裂角于一体的宜机收油菜新品种中油杂 19，建立了中油杂 19 的规模化、机械

化、标准化的化学诱导雄性不育杂交种制种技术，生产的杂交种子通过了国内首个油菜种子质量认证。项目 2013 年以来累计推广 2 015万亩，创经济效益 55. 70 亿元，为推动油菜遗传改良科技进步和促进油菜产业高质量发展作出了重要贡献。

3. 蟠桃育种技术创新、新品种培育与应用

主要完成单位 中国农业科学院郑州果树研究所

主要完成人员 王力荣，曹珂，朱更瑞，方伟超，陈昌文，王新卫，李勇，吴金龙，郭健，王玲玲

起 止 时 间 1985 年 1 月—2020 年 12 月

获 奖 情 况 2021 年河南省技术发明奖一等奖

内 容 提 要 针对蟠桃裂果重、果实小、产量低、不耐运输等制约其规模化发展的问题，经 30 多年努力，取得以下重要进展。明确了蟠桃、油桃种质进化地位，解析了蟠桃的遗传机制，创新蟠桃遗传育种理论。构建了世界最大的桃变异组图谱，发掘重要性状关键基因 10 个，创建了蟠桃高效分子育种新技术，大幅度提高育种效率。培育蟠桃、油蟠桃新品种 8 个，研制了配套栽培技术，引领蟠桃高质量发展。育成品种 2020 年栽培面积 69. 69 万亩，经济效益 78. 52 亿元，在主产区占蟠桃栽培面积 70%，其中中蟠桃 11 号和中油蟠 9 号分别为我国同类第一大栽培品种。

4. 夏秋茶高值化利用关键技术创新与应用

主要完成单位 中国农业科学院茶叶研究所、浙江大学、湖南农业大学、浙江农林大学、浙江茗皇天然食品开发股份有限公司、杭州茗宝生物科技有限公司、易晓食品（衢州）有限公司

主要完成人员 尹军峰，许勇泉，张盛，王岳飞，杜琪珍，傅秀花，李勤，陈建新，袁海波，徐平，龚雨顺，陈根生，汪芳

起 止 时 间 2001 年 1 月—2016 年 12 月

获 奖 情 况 2021 年浙江省科学技术进步奖一等奖

内 容 提 要 项目针对夏秋茶叶苦涩味重、口感差，缺乏专用技术、利用途径少导致效益低下的长期难题，研究探明了夏秋茶苦涩味的物质基础及转变机制，发明了夏秋茶叶苦涩味转化为回甘味的新方法、可显著提升茶汁风味品质的定向提取新工艺及装备、食品级儿茶素绿色提质增效新技术，创制出饮料专用原料茶、高品质专用速溶茶、高活性茶叶功能成分等三大类茶制品，构建了夏秋茶高值化梯次利用技术体系，显著提高了我国夏秋茶高值化利用水平。项目整体技术居国际领先水平，相关技术已在浙江等茶叶主产省的 15 家规模企业推广应用，2018—2020 年新增产值 47. 15 亿元，经济、社会和生态效益显著。该项目对提高我国夏秋茶附加值和利用率，拓展茶叶多元化利用途径，促进茶业增效和茶农增收等都具有重要作用。

5. 重组禽流感病毒（H5+H7）灭活疫苗的创制及应用

主要完成单位 中国农业科学院哈尔滨兽医研究所

主要完成人员 陈化兰，田国彬，曾显营，施建忠，邓国华，李呈军，姜永萍，李雁冰，陈普成，柳金雄，包红梅，王秀荣，刘丽玲，杨焕良，陈艳

起 止 时 间 2013 年 3 月—2020 年 12 月

获 奖 情 况 2021 年黑龙江省科技进步奖一等奖

内 容 提 要 本项目组围绕 H7N9 防控的国家重大需求，在科学认知和有效防控 H7N9 病毒中，取得了重大创新成果。揭示了 H7N9 病毒的遗传变异规律及其公共卫生风险，为我国 H7N9 病毒防控政策的制定提供重要科学依据，直接推动疫苗的创制和应用。创制出全球首个“一次免疫”可同时防控 H5 和 H7 亚型禽流感的反向遗传学灭活疫苗，并在我国家禽中大规模推广应用，并及时进行疫苗种毒更新，保障疫苗的免疫防控效果。2018—2020 年，相关产品在我国 8 家生物制品企业转化，累计实现销售额 37. 85 亿元。疫苗的应用有效控制 H5 和 H7 亚型禽流感，保障了我国养禽业健康发展，有力维护了公共卫生安全，产生巨大的社会效益和经济效益。本成果入选国家“十三五”十大农业科技标志性成果。

6. 山羊支原体肺炎二联灭活疫苗及其制备方法

主要完成单位 中国农业科学院兰州兽医研究所

主要完成人员 逯忠新，储岳峰，赵萍，高鹏程，贺英

起 止 时 间 2009 年 1 月—2019 年 12 月

获 奖 情 况 2021 年甘肃省专利奖一等奖

内 容 提 要 羊支原体肺炎是严重危害养羊业生产的重要疫病之一，为保障我国养羊业健康持续发展，亟须研制一种安全、有效、符合我国羊支原体肺炎防控实际的新型疫苗产品。本发明专利公开了一种山羊支原体肺炎二联灭活疫苗及其制备方法，首次将优势病原丝状支原体山羊亚种和绵羊肺炎支原体联合，研制成二联灭活疫苗，实现了羊支原体肺炎疫苗从传统组织灭活苗到菌体细胞疫苗的升级换代，具有安全、有效、质量可控和一针两防等突出特征，是目前我国防控羊支原体肺炎的优势产品。该疫苗已在 20 多个省（市、区）推广使用，直接经济效益 1. 16 亿元，为我国羊产业健康发展提供了技术和产品支撑，在保障畜牧业健康发展、降低动物抗生素使用等方面发挥重要作用，经济效益、社会效益和生态效益显著。

7. 阿什旦牦牛新品种及配套技术集成与示范

主要完成单位 中国农业科学院兰州畜牧与兽药研究所，青海省大通种牛场，青海省畜牧总站，青海省家畜改良中心

主要完成人员 阎萍，梁春年，马进寿，王宏博，拉环，郭宪，张润生，丁学智，张国模，吴晓云

起 止 时 间 1995 年 6 月—2018 年 12 月

获 奖 情 况 2021 年青海省科技进步奖一等奖

内 容 提 要 阿什旦牦牛新品种是以青海高原牦牛为育种素材，经过 20 多年系统选育而成的生长发育快、产肉性能高、抗逆性强、遗传稳定，适应青藏高原地区牧养及规模化集约化饲养的牦牛品种。新品种及配套技术集成与示范突破了利用无角性状标记辅助选择技术鉴定无角变异位点的技术瓶颈，缩短了育种周期，加速了育种进程。建立牦牛高效繁殖技术体系，繁殖成活率提高 5%～10%。建立了开放式核心群育种体系，以及以种公牛站、育种核心群、育种群及其周边推广示范地区组成的阿什旦牦牛四级繁育体系，加强了种牛遗传评估和遗传交换。新品种年改良家牦牛约 10 万头，完善青藏高原多元化饲养模式及不同牦牛产业发展结构、提高养殖效率、加快周转，具有显著的经济效益、社会效益和生态效益。

8. 北方农牧交错区草地主要害虫绿色防控技术集成创新

主要完成单位 中国农业科学院草原研究所、中国农业科学院植物保护研究所

主要完成人员 刘爱萍，徐林波，张礼生，林克剑，韩海斌，高书晶，王宁，黄海广，狄彩霞

起 止 时 间 2011 年 1 月—2019 年 12 月

获 奖 情 况 2021 年获内蒙古自治区科技进步奖一等奖

内 容 提 要 本技术成果针对北方农牧交错区主要害虫蝗虫、草地螟等为害造成损失严重、绿色防控技术和产品缺乏等重大问题，系统开展基础研究和绿色防控核心技术与产品研发等应用研究。集成创新与推广应用了人工繁殖寄生性天敌结合性诱剂替代化学防治，性诱剂、白僵菌、天敌防控草地螟技术，虫生真菌灭蝗，生态治蝗，寄生蜂保护利用技术等绿色防治关键技术，集成蝗虫、草地螟、苜蓿蚜虫等草地重大害虫可持续治理体系和技术模式，解决了产业发展中 4 个控虫关键问题，研发了 3 类生防产品。推广应用 397 万公顷，实现年经济效益9 325.04万元，经济效益、生态效益和社会效益显著，有效破解了草地虫害绿色防控的卡脖子技术难题。

二、神农中华农业科技奖一等奖、创新团队奖及科学普及奖

1. 水稻广谱抗白叶枯病基因 Xa23 的发掘与应用

主要完成单位 中国农业科学院作物科学研究所，广西大学，安徽省农业科学院水稻研究所，湖北省农业科学院粮食作物研究所，广西壮族自治区农业科学院水稻研究所

主要完成人员 赵开军，王春连，刘丕庆，倪大虎，李进波，章琦，杨培忠，李道远，宋丰顺，樊颖伦，陈达庆，张晓平，高英，纪志远，秦腾飞，戚华雄，杨剑波，郑崇珂，梁云涛，姜建初

起 止 时 间 1987 年 1 月—2015 年 6 月

获 奖 情 况 2020—2021 年度神农中华农业科技奖一等奖

内 容 提 要 针对白叶枯病严重威胁水稻的安全生产这一育种瓶颈问题，从1987 年开始，创建了野生稻抗白叶枯病资源的“抗谱全覆盖”筛选技术，挖掘出广谱高抗白叶枯病种质 RBB16，并将其抗病性导入栽培稻，创制出广谱高抗白叶枯病新种质 CBB23。克隆了广谱高抗白叶枯病抗性基因 *Xa*23 及病原菌中对应的互作基因 *avrXa*23，阐明了 *Xa*23 广谱抗病的分子机理；开发了分子标记辅助选择 *Xa*23 的高效育种技术，有效突破了野生稻抗病基因难以直接用于栽培稻育种实践的困局。该成果整体达国际先进、部分达国际领先水平，全国已育成含 *Xa*23 的抗病水稻品种 70 多个，实现经济社会效益近 150 亿元，驱动了我国抗病水稻品种升级换代，促进了水稻产业绿色发展。

2. 大豆光温适应性改良技术体系创建与育种应用

主要完成单位 中国农业科学院作物科学研究所

主要完成人员 韩天富，盖钧镒，吴存祥，侯文胜，年海，郭泰，孙石，闫淑荣，蒋炳军，武婷婷，鹿文成，姜世波，马启彬，孙宾成，宋雯雯，陈莉，孙洪波，袁珊，韩粉霞，王金陵

起 止 时 间 1988 年 1 月—2018 年 12 月

获 奖 情 况 2020—2021 年度神农中华农业科技奖一等奖

内 容 提 要 聚焦我国大豆品种光温适应性新需求，深入开展大豆光温生理和遗传机制研究、大豆光温适应性改良技术创新和广适大豆新品种选育，在以下三方面取得重要进展：系统揭示大豆光温反应生理和遗传机制，克隆 *GmFT*（后称 *GmFT*2*a*）、*GmFT*1*a*、*GmFT*2*b*、*J*（*GmELF*3）、*GmPRR*37 等大豆开花途径关键基因，明确了我国不同地区大豆光温适应性设计育种的目标性状和分子靶点；提出改良大豆光温适应性和生育期性状的技术路线，创制适应不同光温条件的特异新材料；选育具有广适应性和特殊光温适应性的系列化大豆新品种，并大面积推广应用，累计推广 1.24 亿亩，新增效益 52.19 亿元，为我国大豆生产的发展和食用大豆的安全供给作出了突出贡献。

3. 作物种质资源安全保存技术体系创建与应用

主要完成单位 中国农业科学院作物科学研究所，中国农业科学院郑州果树研究所，山东省农作物种质资源中心，江苏徐淮地区徐州农业科学研究所，中国农业科学院果树研究所，广东省农业科学院果树研究所，中国水稻研究所，中国农业科学院棉花研究所，黑龙江省农业科学院克山分院

主要完成人员 卢新雄，刘旭，陈晓玲，辛霞，张金梅，尹广鹍，王力荣，方沩，丁汉凤，周志林，王昆，黄秉智，王述民，魏兴华，贾银华，何娟娟，宋继玲，胡小荣，刘运霞

起 止 时 间 2001 年 1 月—2018 年 12 月

获 奖 情 况　2020—2021 年度神农中华农业科技奖一等奖

内 容 提 要　本成果主要针对确保库圃资源高生活力与遗传完整性，以及珍稀资源抢救入库圃保存的重大需求。首次探明了种质衰老存在生活力骤降的拐点，揭示了拐点是种质遗传完整性的生活力底限及其生物学机制。创新了库存种质高效监测预警系统；构建了基于拐点发芽率、繁殖群体量等关键指标以维持遗传原真的繁殖更新技术，确保资源“保得住”。构建了多方式、高存活的入库圃技术，抢救了珍稀资源 1. 9 万余份入库圃保存。创建了“四位一体”的安全保存技术体系，确保了国家库圃 50 万份战略资源的安全。国家库圃向社会共享资源 8. 4 万份，其中直接生产利用品种 823 个，支撑培育品种 765 个，2018—2020 年创造经济效益 600 余亿元，为支撑我国种业振兴、传承农耕文明、保护农业生物多样性与生态安全作出了重要贡献。

4. 果蔬类农产品农药残留风险控制技术体系创建与应用

主要完成单位　中国农业科学院植物保护研究所，农业农村部农药检定所，中国农业大学，山西省农业科学院农产品质量安全与检测研究所，浙江大学

主要完成人员　郑永权，李富根，董丰收，季颖，朴秀英，刘丰茂，简秋，秦冬梅，叶庆富，徐军，廖先骏，朱光艳，秦曙，刘新刚，郑尊涛，吴小虎，张海鹏，穆兰

起 止 时 间　2009 年 1 月—2017 年 12 月

获 奖 情 况　2020—2021 年度神农中华农业科技奖一等奖

内 容 提 要　针对我国农药残留风险因子不清、残留试验技术缺乏、风险管控依据不足等问题系统开展研究，取得了系列创新与突破。准确地定义了我国农药残留风险因子，创建了残留物数据库，全部覆盖了目前使用和禁用的 494 种农药。创新了室内检测、区域划分、田间试验、储藏加工等残留试验技术，构建了我国农药残留试验技术体系，实现了果蔬类残留风险因子规范检测。创新了我国农药残留风险评估方法，系统研制了果蔬类农产品农药残留限量标准，为我国果蔬质量安全监管和进出口检验提供了法定依据。成果在山东、江苏等 8 个省（区、市）累计推广应用 9 977万亩次，新增经济效益 74. 5 亿元。

5. 多抗、优质甜椒优异种质资源的创制及新品种选育

主要完成单位　中国农业科学院蔬菜花卉研究所

主要完成人员　王立浩，张宝玺，张正海，曹亚从，谢丙炎，于海龙，冯锡刚，褚刚，郭家珍，杨桂梅，堵玫珍，毛胜利，杨宇红，王东旭，裴卓强

起 止 时 间　2001 年 1 月—2018 年 12 月

获 奖 情 况　2020—2021 年度神农中华农业科技奖一等奖

内 容 提 要　率先挖掘出抗辣椒轻斑驳病毒（PMMoV）等 6 种病害的抗源种质和高抗番茄斑萎病毒（TSWV）等 4 种病害的“中国辣椒”抗源种质。创建了甜（辣）椒多抗性鉴定筛选和抗新型流行病害分子标记辅助育种相结合的聚合技术。首次

创制出抗 PMMoV 和抗 TSWV，且优质、多抗的优异甜（辣）椒自交系 7 份；育成 6 个国内首批不同类型抗新型流行病害 PMMoV 和 TSWV，且兼抗黄瓜花叶病毒（CMV）和疫病、品质优异的新一代甜（辣）椒新品种中椒 105 号、中椒 115 号、中椒 106 号、中椒 107 号、中椒 108 号、中椒 1615 号。育成品种大面积推广，新品种新增经济效益 73.6 亿元，成果突破了卡脖子问题，实现甜（辣）椒抗病和品质育种亲本材料的重大突破，提升了我国甜辣椒育种水平，产生了巨大效益。

6. 月季种质资源鉴定评价与优质高抗新品种选育

主要完成单位 中国农业科学院蔬菜花卉研究所

主要完成人员 葛红，杨树华，贾瑞冬，赵鑫，赵磊，朱应雄，李秋香，赵庆柱

起 止 时 间 1987 年 1 月—2018 年 12 月

获 奖 情 况 2020—2021 年度神农中华农业科技奖一等奖

内 容 提 要 建成我国种类和类型最全的月季种质资源圃，挖掘和创制了一批抗寒性强、兼具新颖花色和馥郁花香的优异种质。系统阐明了新疆野生蔷薇遗传多样性及引种驯化机制，率先在国内完成了蔷薇属植物遗传图谱构建和叶色性状精细定位。选育了一批优异切花和庭院月季品种，研发出配套的繁育生产技术，以及起苗装置和起垄机设备。成果已在全国 30 地推广应用，产生经济效益 28.5 亿元，种苗远销欧美实现出口创汇，经济效益与社会效益显著。

7. 肉鸡绿色养殖提质技术研发与集成应用

主要完成单位 中国农业科学院北京畜牧兽医研究所，天津农学院，青岛大牧人机械股份有限公司，北京生泰尔科技股份有限公司

主要完成人员 张宏福，江厚生，陈长喜，萨仁娜，陈亮，冷建卫，吕慧源，刘国，范晓鹏，马腾，钟儒清，周洪彬

起 止 时 间 2001 年 1 月—2018 年 12 月

获 奖 情 况 2020—2021 年度神农中华农业科技奖一等奖

内 容 提 要 成果针对我国白羽肉鸡产业起步晚、养殖工艺设施差、过分依赖药物造成食品安全事件时有发生从而严重影响产业健康发展等问题，开展攻关并集成“立体高效养殖模式”在全行业推广应用，取得重大经济和社会效益。创制了以中草药功能成分、益生菌和酶制剂为核心的绿色替抗技术，率先实现了肉鸡全程无抗饲料。创新了肉鸡高效节能立体养殖工艺，实现立体养殖成套设备低成本国产化。成功研制了肉鸡立体养殖数智化管控系统，集成创新的立体养殖新模式，推动了肉鸡养殖全方位的技术升级。目前我国白羽肉鸡立体养殖普及率已达 80% 以上，成果可累计推广肉鸡生产 212.6 亿只，节支增收 186.5 亿元，为世界白羽肉鸡健康高效养殖生产贡献了“中国模式”“中国方案”。

8. 优质鸡蛋生产的营养调控技术体系创新与应用

主要完成单位 中国农业科学院饲料研究所

主要完成人员 齐广海，武书庚，王晶，张海军，陈余，马秋刚，刘爱巧，岳洪源，刘旭明，齐晓龙，张亚男，王晓翠，齐莎日娜，董平天，邱凯

起 止 时 间 2010 年 1 月—2020 年 12 月

获 奖 情 况 2020—2021 年度神农中华农业科技奖一等奖

内 容 提 要 深入研究蛋鸡消化吸收及生殖生理等机理，首先创新了蛋壳超微结构研究思路，创建蛋壳品质精准调控技术，改善产蛋后期蛋壳颜色、延长产蛋周期；探索蛋清细化的分子机理及饲粮营养素的量效规律，建立改善蛋清品质的营养调控技术，提高蛋清浓稠度并延长鸡蛋货架期；研究蛋黄脂质富集机理和规律，形成有益于蛋黄脂质富集的营养调控技术，改善鸡蛋风味并提高养殖场效益；探索了鸡蛋不饱和脂肪酸与风味的关系，明确香味产生的特征前体物质。通过营养调控从外在、内在和潜在三部分提升了鸡蛋的营养健康价值，满足人们差异化膳食需求，促进蛋鸡产业绿色发展。技术推广已应用于8 000多万只产蛋鸡，促进了蛋鸡产业绿色发展以及企业、农户增产增收。

9. 生鲜肉精准保鲜数字物流关键技术及产业化

主要完成单位 中国农业科学院农产品加工研究所，北京市京科伦冷冻设备有限公司，江阴升辉包装材料有限公司，天津商业大学，河南农业大学，河南双汇投资发展股份有限公司，中国动物疫病预防控制中心（农业农村部屠宰技术中心），南京农业大学

主要完成人员 张德权，杨建国，李苗云，李欣，杨伟马，相杰，高胜普，申江，章建浩，郑晓春，陈丽，侯成立，赵改名，惠腾，孟少华，周成君，关文强，刘欢，许君尉，方菲

起 止 时 间 2006 年 1 月—2018 年 6 月

获 奖 情 况 2020—2021 年度神农中华农业科技奖一等奖

内 容 提 要 首创了能量代谢酶控僵直保质新理论，为生鲜肉精准保鲜技术奠定基础；发明了超快速冷却和低压静电场辅助冰温控僵直保质、高阻隔包装靶向抑菌保鲜新技术，解决了生鲜肉损耗大、货架期短的难题；研制了 CO_2数字立体冷库、“云智冷”物联网监控平台和冷鲜肉多品质近红外监测仪等仓储物流技术与装备，补齐冷鲜肉仓储物流过程能耗高的短板。项目技术在行业领军企业应用，推广到我国 30 个省（区、市）、51 个国家和地区，2019—2020 年新增销售额 65. 44 亿元，成果整体技术处国际领先水平。

10. 我国典型旱地土壤磷素演变与高效利用技术创建及应用

主要完成单位 中国农业科学院农业资源与农业区划研究所，河南省农业科学院植物营养与资源环境研究所，西北农林科技大学等

主要完成人员 徐明岗，张淑香，黄绍敏，杨学云，沈浦，钟永红，柳开楼，蔡泽

江，黄涛，马星竹等

起止时间 1991年1月—2018年12月

获奖情况 2020—2021年度神农中华农业科技奖一等奖

内容提要 项目针对磷肥利用率降低、土壤磷素大量累积的科学问题，依托我国土壤肥料长期试验网络21个典型定位试验30年的观测结果，系统阐明了我国旱地土壤磷素演变特征及高效利用技术，主要创新如下：揭示了旱地土壤磷素演变特征，探明了土壤性质、施肥等因素对土壤有效磷（Olsen-P）变化的作用，创建了土壤有效磷预测模型。明确了小麦、玉米种植系统下土壤有效磷的农学阈值和环境阈值，实现了不同区域土壤磷素高效利用的分区分类。创建了“依磷施肥、以碳增效、生物活化、调酸增效”4套磷高效利用关键技术，大面积应用效益显著。成果为《国家化肥减施及2020年化肥零增长行动》等国家级规划和行动的实施提供了科学依据与技术支撑。

11. 南方典型区域农业面源污染防控关键技术与应用

主要完成单位 中国农业科学院农业资源与农业区划研究所，上海交通大学，云南省农业科学院农业环境资源研究所等

主要完成人员 刘宏斌，翟丽梅，李旭东，付斌，夏颖，王洪媛，雷宝坤，李文超，瞿广飞，刁斌，倪喜云等

起止时间 1999年1月—2018年1月

获奖情况 2020—2021年度神农中华农业科技奖一等奖

内容提要 项目以富营养化湖泊集中、农业面源污染突出的云贵高原、南方丘陵山区和南方平原水网区为研究区域，取得如下创新：创建了流域农业面源污染防控方法和理论，明确了流域农业面源污染的贡献和来源；突破了污染治理与资源利用相结合的关键技术，解决了过度治理带来的资源浪费问题；创新了农业面源污染综合防控技术模式，建成了示范样板，制定了系列农业行业标准。成果已列入农业农村部印发的《重点流域农业面源污染综合治理示范工程建设规划（2016—2020年）》。2018—2019年推广应用9 740万亩，综合效益88亿元。

12. 主要农产品全产业链智能监测预警关键技术与应用

主要完成单位 中国农业科学院农业信息研究所，河南省农业科学院农业经济与信息研究所，农业农村部信息中心，北京农信通科技有限责任公司

主要完成人员 许世卫，郑国清，诸叶平，王小兵，李勇，张永恩，李干琼，王来刚，唐文凤，郭志杰，庄家煜，李灯华，李志强，张峭，王盛威，王东杰，刘佳佳，邸佳颖，王禹，熊露

起止时间 2002年1月—2018年12月

获奖情况 2020—2021年度神农中华农业科技奖一等奖

内容提要 针对我国水稻、生猪、蔬菜等18类主要农产品全产业链智能监

测预警关键问题，取得以下重要创新成果：首次提出了以农业信息流动态监测、全息获取、定量预警为核心的农业监测预警理论，提出了农业信息流监测和农业全息信息获取方法；突破了农产品信息动态监测和智能预警关键技术，实现了农产品跨区流向、流量的信息动态追踪；建立了主要农产品生产、消费、价格预警阈值表，首创了中国农产品监测预警系统 CAMES。团队提供的决策咨询分析报告获中央领导肯定性批示 17 份。

13. 农产品中主要危害因子高效识别与风险评估关键技术与应用

主要完成单位　中国农业科学院农业质量标准与检测技术研究所，浙江省农业科学院，杭州环特生物科技有限公司

主要完成人员　钱永忠，邱静，李耘，王新全，陈志军，胡秀卿，陈晨，张星联，许彦阳，齐沛沛，翁瑞，李楠，朱晓宇，夏伊宁，王彦华，贾琪，张勇，杨桂玲，李春启

起止时间　2009 年 1 月—2018 年 12 月

获奖情况　2020—2021 年度神农中华农业科技奖一等奖

内容提要　创建了高分辨质谱及单分子传感等多模式高效识别技术，解决危害因子测得少、测不准、测得慢的问题；创建了特征毒性斑马鱼模型及“时—量—效”三维联合毒性评价技术，探明典型二元及多元复合污染物联合毒性效应规律与分子代谢调控机制；创新研发了基准剂量反应及大数据在线应用评估模型方法，通过风险排序锁定重点危害因子并评估制订最大残留限量标准。成果在全国推广应用，有力保障和提升了全国农产品质量安全水平，例行监测合格率有效提升到 97.4%，累计新增社会经济效益 75.05 亿元，为国家及地方各级主管部门开展针对性风险监管和预警防控提供了重要技术手段和科学依据。

14. 白茶提质增效关键技术创新与产业化应用

主要完成单位　中国农业科学院茶叶研究所，福建农林大学，福建品品香茶业有限公司，六妙白茶股份有限公司，福建省裕荣香茶业有限公司，福建政和瑞茗茶业有限公司，福鼎泉简机械有限公司

主要完成人员　林智，孙威江，戴伟东，黄艳，朱荫，商虎，谭俊峰，郭丽，林振传，庄长强，蔡良绥，岳文杰，余步贵，黄家泉

起止时间　2009 年 6 月—2018 年 12 月

获奖情况　2020—2021 年度神农中华农业科技奖一等奖

内容提要　项目针对制约我国白茶产业发展的风味品质基础理论研究薄弱、加工技术和装备落后、产品种类单一、生产技术规范与标准缺乏等长期技术瓶颈，取得了以下科技成果：首次阐明白茶加工关键品质成分及其形成机理，探明在加工过程中的动态变化规律，为白茶品质调控与提升奠定了理论基础；突破了白茶香气滋味品质提升关

键新技术和新产品4项，创制了白茶加工专用新装备3套，显著提高白茶产品质量和经济效益；构建了白茶产业技术标准体系，实现白茶标准的全产业链、立体化覆盖，为白茶产业的高质量发展提供了强劲的技术支撑。项目技术在福建推广应用，累计新增销售额20.91亿元，促进当地经济发展、茶农增收和乡村振兴，推动了我国白茶产业技术进步。

15. 猪用重组口蹄疫O型、A型二价灭活疫苗的创制与应用

主要完成单位 中国农业科学院兰州兽医研究所

主要完成人员 郑海学，杨帆，何继军，朱紫祥，杨亚民，曹伟军，张克山，靳野，李丹，范秀丽，田宏，刘国英，刘学荣，刘永杰，马维民，赵丽霞，秦建，杨文龙，李荣，马贵军

起止时间 2008年12月—2018年12月

获奖情况 2020—2021年度神农中华农业科技奖一等奖

内容提要 项目以国家口蹄疫防疫重大需求为导向，在发明了口蹄疫疫苗种毒构建方法的基础上，设计构建了2株疫苗种毒，并创制了国际首例口蹄疫反向遗传疫苗“猪口蹄疫O型、A型二价灭活疫苗”，获国家一类新兽药证书，实现了产业化生产和应用。该疫苗彻底解决了无猪用A型口蹄疫疫苗的问题，对稳定国内O型口蹄疫疫情、有效控制猪A型口蹄疫疫情和逐步推进口蹄疫免疫无疫等方面具有重要意义。成果2018—2020年销售疫苗收入累计23.86亿元，经济效益与社会效益显著。

16. 中国农业科学院蔬菜虫害防控创新团队

主要完成单位 中国农业科学院蔬菜花卉研究所

主要完成人员 张友军，吴青君，王少丽，罗晨，谢文，郭兆将，王然，杨鑫，褚栋，朱晓丹，贺敏，徐宝云，史彩华，苏奇，田丽霞

起止时间 1996年1月至今

获奖情况 2021年度神农中华农业科技奖优秀创新团队奖

内容提要 团队首次发现Q型烟粉虱和西花蓟马入侵我国，研发出系列分子鉴定技术及抗药性诊断技术；阐明了烟粉虱的入侵、扩散及生物型演替规律；阐明我国小菜蛾种群的迁飞特性，揭示高温是抑制韭蛆种群增长的关键制约因子；发现TYLCV主动“操控”寄主植物和昆虫；发现西花蓟马极强的适应性及TSWV能够弥补抗药性适合度代价是其种群迅速扩张的根本原因；阐明了丝裂原活化蛋白激酶（MAPK）信号途径介导的小菜蛾对Bt杀虫蛋白抗性的新机制；构建了粉虱类害虫可持续控制技术体系和以“日晒高温覆膜法”为核心的韭蛆防控技术体系，大面积推广应用成效极为显著。团队主持和参加国家级和省部级课题50余项，获得发明专利39项；获得国家科技进步奖二等奖5项，参与制定国家行业标准7项，累计培养研究生102人。

17. 中国农业科学院畜牧环境科学与工程创新团队

主要完成单位　中国农业科学院农业环境与可持续发展研究所

主要完成人员　董红敏，陶秀萍，朱志平，陈永杏，尚斌，尹福斌，王顺利，张万钦，魏莎，郑云昊，曾剑飞，张海燕，马瑞强，张羽

起 止 时 间　1996 年 1 月至今

获 奖 情 况　2020—2021 年度神农中华农业科技奖优秀创新团队奖

内 容 提 要　围绕我国畜禽养殖废弃物资源化利用和农业面源污染防治的重大需求和国际研究前沿，组织实施多项重大国家和国际项目，在畜禽养殖粪便污染监测与减排增效、畜禽粪便沼气利用和清洁发展机制关键技术、畜牧业温室气体排放核算、畜禽废弃物增值利用等方面取得多项原始创新与突破，制定国家标准 10 项，获得授权专利 28 项，以第一完成单位获得神农中华农业科技奖一等奖 2 项、国家科技进步奖二等奖 2 项。成果被《国务院办公厅关于加快推进畜禽养殖废弃物资源化利用的意见》等国家政策制定和重大行动采用，为农业绿色发展提供了强有力的科学和技术支撑，社会效益、经济效益和环境效益十分显著。

18. 中国农业科学院养分资源高效利用创新团队

主要完成单位　中国农业科学院农业资源与农业区划研究所

主要完成人员　周卫，何萍，艾超等

起 止 时 间　1996 年 1 月至今

获 奖 情 况　2020—2021 年度神农中华农业科技奖优秀创新团队奖

内 容 提 要　团队长期从事养分资源高效利用研究，取得了系统性重大创新性成果，为植物营养学科发展作出了贡献。创建低产水稻土改良与地力提升理论与技术体系，破解了低产稻田土壤培肥重大难题；突破障碍型低产水稻土及旱地土壤硫素转化与植物有效性机理，创立钙素非维管束吸收及果面营养理论与技术，研发含硫作物专用肥和高效钙肥，攻克了中低产田硫钙缺乏的关键瓶颈；创新有机肥资源高效利用理论及其替代化肥关键技术，创建基于产量反应和农学效率的作物推荐施肥新方法，为实现中低产田养分高效与农田可持续利用作出了重要贡献；团队主持荣获国家科技进步奖二等奖 3 项，省部级一等奖 2 项；获授权发明专利 21 项，发表论文 229 篇（含 SCI 收录 126 篇）。团队研发技术得到了广泛应用，年均推广 1 亿亩，增收节支 160 亿元。

19. 中国农业科学院智慧畜牧业创新团队

主要完成单位　中国农业科学院北京畜牧兽医研究所，北京农学院，江苏省农业科学院，河南南商农牧科技股份有限公司，无锡市富华科技有限责任公司

主要完成人员　熊本海，蒋林树，杨亮，唐湘方，胡肄农，曹沛，裴孟侠，罗远明，罗清尧，吕健强，白云峰等

起 止 时 间 1990 年 1 月—2020 年 12 月

获 奖 情 况 2020—2021 年度神农中华农业科技奖优秀创新团队奖

内 容 提 要 团队现有研究人员近 30 人。30 余年来，团队结合畜禽养殖信息化的动态要求，代表行业独家发布了共 31 个版本《中国饲料成分及营养价值表》，并研究推广4 000套畜禽饲料配方系统，长期支撑我国畜禽养殖业对饲料基础数据的需求；突破卡脖子技术，采用 0. 18 微米芯片制造工艺技术，实现了畜禽电子标签的自主创新，产品出口到世界近 100 个国家；创制了 47 种代次主要家畜精准饲喂设备，引领并促进饲喂设备的国产化应用。团队先后获国家科技进步奖二等奖 2 项（参加 1 项），省部级奖励 13 项。

20. 中国食用豆类生产技术丛书

主要完成单位 中国农业科学院作物科学研究所，河北省农林科学院粮油作物研究所，江苏省农业科学院，山西省农业科学院作物科学研究所，吉林省白城市农业科学院，湖北省农业科学院粮食作物研究所，中国农业科学院农业信息研究所，重庆市农业科学院，安徽省农业科学院作物研究所，甘肃省农业科学院作物研究所

主要完成人员 程须珍，王丽侠，田静，陈新，张耀文，段灿星，尹凤祥，王素华，张晓艳，万正煌，张蕙杰，徐东旭，张继君，崔秀辉，张丽亚，杨晓明，王梅春，陈国琛，李芸，康玉凡

起 止 时 间 2007 年 1 月—2018 年 12 月

获 奖 情 况 2020—2021 年度神农中华农业科技奖科学普及奖

内 容 提 要 针对食用豆种类多、范围广且区域性强，主要分布在经济和生态条件较差的偏远地区，新技术新成果普及难度大等问题，创作了“中国食用豆类生产技术丛书”一套 7 册。丛书选题准确、内容真实，科研科普有机结合，具有科学性、权威性和准确性，以基层农技人员、企业/合作社、种植大户等为受众群体。内容覆盖面宽、形式多样、满足差异性需求，面向全国食用豆主要产区，涵盖品种、栽培技术、病虫害防控、机械化生产、产后加工、产业经济等各个领域。丛书创新科普渠道、方式灵活，社会效益与经济效益显著。截至 2020 年 12 月，共出版、印刷本丛书及其衍生的挂图、光盘、培训手册、彩页、明白纸等 30 余万册（份），推动了我国食用豆现代生产理念与新成果、新技术的普及应用，社会效益、生态效益和经济效益显著。

21. 蔬菜病害诊断手记

主要完成单位 中国农业科学院蔬菜花卉研究所

主要完成人员 李宝聚，谢学文，柴阿丽，石延霞，刘天英，李磊，王惟萍，柴立平，孟令洋，赵倩，赍海燕，赵志伟，宋燕，帕提古丽·艾斯木托拉，郑华美，陈利达，范腾飞，王一杰，董瑞利，武军

起 止 时 间 2008 年 6 月—2018 年 12 月

获 奖 情 况　2020—2021 年度神农中华农业科技奖科学普及奖

内 容 提 要　团队历经 20 年创作完成《蔬菜病害诊断手记》，系统、全面、翔实地记录了我国 86 个地区 38 种蔬菜 181 种病害的症状、病原和防控方法。作品创作目标明确，内容丰富实用，以满足蔬菜产业快速发展和种植者对科技的需求为出发点，以图文并茂的表达方式增强作品的通俗性、直观性，有效提升了我国蔬菜生产水平。作品普及的知识新颖、通俗易懂，在选题内容、创作手法、表现形式、传播方法等方面均有重要创新，覆盖我国 580 个蔬菜主产县，具有很强的实用性和可操作性，受到农民和基层农技推广人员的广泛好评，显著提高了蔬菜产业从业者的科技水平和科学素养，助力了我国蔬菜产品质量的提升。

三、省部级二等奖

1. 全生物降解地膜产品研发与应用

主要完成单位　中国农业科学院农业环境与可持续发展研究所，农业农村部农业生态与资源保护总站，金发科技股份有限公司，全国农业技术推广服务中心，北京市农业环境监测站，北京市农业技术推广站，云南省农业技术推广总站，内蒙古自治区农村生态能源环保站，青岛市农业机械服务中心

主要完成人员　严昌荣，何文清，焦建，靳拓，薛颖昊，刘晓霞，周继华，麦开锦，张赓，刘勤，道金荣，刘宏金，王兰先，习斌，刘琪

起 止 时 间　2006 年 1 月—2018 年 12 月

获 奖 情 况　2020 年北京市科技进步奖二等奖

内 容 提 要　成果围绕生物降解地膜树脂（PBAT）合成、全生物降解地膜产品研发、生产、评价和应用开展了长期系统研究。优化完善了生物降解材料 PBAT 的结构设计与合成工艺，突破了全生物降解地膜专用料改性关键性技术环节，研制出 6 种全生物降解地膜产品配方；制定了全生物降解地膜评价技术规范，建立了覆盖全国 19 个省（区、市）12 种作物的试验评价网，明确了全生物降解地膜应用条件和适宜作物；制定了不同区域作物全生物降解地膜应用技术规程，创新了“三链一环多点”产学研推工作机制。研究成果支撑了国家和地方政策的制定，推动了全生物降解地膜的研究和应用，为农田地膜残留污染提供了产品和技术支撑。

2. 西藏优势农产品产业化加工关键技术及新产品创制

主要完成单位　中国农业科学院农产品加工研究所，西藏自治区农牧科学院农产品开发与食品科学研究所，西藏自治区农牧科学院农业质量标准与检测研究所，西南大学，西藏农牧学院，中国农业科学院北京畜牧兽医研究所，西藏沃野藏猪开发有限公司，西藏德琴阳光庄园有限公司

主要完成人员　王凤忠，张春晖，张玉红，次顿，侯成立，阚建全，范蓓，罗章，

谢鹏，郭波莉，周素梅，李欣，李侠，池福敏，黄德琼

起止时间 2004年1月—2017年12月

获奖情况 2021年西藏自治区科学技术奖二等奖

内容提要 系统解析并表征了西藏地区优势农产品特征品质与名特优新农产品品质指纹，摸清了西藏优势农产品特征品质“家底”，建立了西藏青稞、牦牛、藏羊、藏猪四大类优势原料基础品质数据库4个，研建了加工适宜性评价方法；创制了西藏优势农产品产业化加工关键技术与装备，构建了全组分利用加工技术体系；开发了系列高值化新产品100余种，研发了西藏优势农产品稳定同位素产地溯源、原产地判别及关键控制技术。项目技术在西藏8家企事业单位推广应用，2018—2020年累计新增销售额1.31亿元，建立了西藏优势农产品工业化加工技术体系，实现了工程化流程再造，对促进西藏农产品加工业转型升级起到了重要的推动作用。

3. 畜禽养殖物联网关键技术和智能装备创制与应用

主要完成单位 中国农业科学院农业信息研究所，中国农业科学院北京畜牧兽医研究所，中国农业大学，北京农业信息技术研究中心，北京市畜牧总站，北京农信互联科技集团有限公司，新希望六和股份有限公司

主要完成人员 孔繁涛，刘继芳，吴建寨，熊本海，段青玲，张建华，李奇峰，韩书庆，于莹，孙伟

起止时间 2007年1月—2018年12月

获奖情况 2020年度北京市科技进步奖二等奖

内容提要 为促进畜禽养殖和信息技术深度融合、转变畜牧业生产方式、推进畜牧业信息化发展。首创“物联牧场”理论方法，搭建国家农业物联网创新综合平台，克服现代信息技术和畜牧业深度融合难题，为推进畜牧业信息化创新发展提供了方法论。研制畜禽“生态—生理—生长”多通量专用传感技术，创新畜禽多维立体感知方法，突破复杂环境下多特征联动感知难题，为智慧养殖海量数据获取提供了技术保障。构建基于大数据的畜禽养殖分析预测模型库，研制智能化调控设备，解决畜禽养殖监测预警难题，实现了畜禽高效健康养殖的智慧管理与科学决策。成果在31个省（区、市）推广应用，实现综合经济效益36.68亿元，整体达到国际先进水平、部分技术创新居国际领先水平，取得了显著的经济效益、社会效益和生态效益，具有广阔的应用前景。

4. 黄淮海主要农作物需水及高效用水关键技术创新与集成应用

主要完成单位 中国农业科学院农田灌溉研究所

主要完成人员 段爱旺，张寄阳，张喜英，周新国，齐学斌，王景雷，王素芬，曹彩云，韩伟锋，王志强

起止时间 2012年1月—2021年5月

获 奖 情 况　2021 年河南省科技进步奖二等奖

内 容 提 要　针对黄淮海地区农业高产、稳产、可持续发展对作物高效用水技术的迫切需求，构建了“主要作物需水用水电子数据库”，创制了“区域农业水资源承载能力评价预测系统”，为区域农业水资源的合理开发和优化调控提供了丰富的基础数据和实用的分析工具；创新了“基于天气预报信息的灌溉预报技术”及“灌区水资源优化配置技术”，为灌区用水科学管理提供了可靠、实用的技术支持；集成创建了不同典型区域作物高效用水技术模式，开发了远程技术服务平台，为区域农业高效用水提供了系统解决方案。研究成果在河北省中部和南部平原区，河南省中北部沿黄地区和南部沿淮地区累计推广应用5 792万亩，节水、增产效果明显，经济效益、社会效益和生态效益显著。

5. 麻类副产品梯次利用及灵芝化妆品新原料技术研究和应用

主要完成单位　中国农业科学院麻类研究所

主要完成人员　彭源德，谢纯良

起 止 时 间　2016 年 1 月—2020 年 12 月

获 奖 情 况　2021 年湖南省科学技术发明奖二等奖

内 容 提 要　针对麻类副产品利用率低、食用菌栽培原料短缺和灵芝子实体化妆品原料成本高等问题，历经 5 年攻关，明确了麻类副产品栽培珍稀食用菌及其梯次利用的技术参数，为珍稀食用菌的栽培提供了一种新的原料来源；率先探明了麻类副产品栽培食用菌高产的分子机理；创新了灵芝菌丝体液体深层发酵生产化妆品原料新工艺，并证实灵芝菌丝体液体深层发酵液具有良好的抗氧化和美白功效，可替代子实体提取物在化妆品中应用；首次实现菌渣再次栽培同种食用菌及脱色剂开发梯次利用，对废弃杏鲍菇进行了酵素饮料开发。成果先后在湖南和云南等地进行推广应用，新增利润总额为23 103. 85万元，对促进麻类、食用菌和化妆品产业的高质量发展，助力乡村振兴意义重大，前景广阔。

6. 软籽石榴系列特色新品种选育及产业化应用

主要完成单位　中国农业科学院郑州果树研究所

主要完成人员　曹尚银，李好先，高福玲，姚方，骆翔，陈利娜，黄云，陆丽娟，郭晓成，周桃龙

起 止 时 间　2000 年 6 月—2019 年 12 月

获 奖 情 况　2021 年河南省科技进步奖二等奖

内 容 提 要　项目在育种理论创新、新品种培育及绿色提质增效技术集成研究等方面取得突破进展。绘制了世界上首个染色体水平的软籽石榴基因组变异图谱、建立了石榴重要农艺性状的分子辅助选种体系，为功能基因的挖掘和现代育种技术体系的建立奠定了基础；培育出更新古老石榴产业的系列软籽石榴新品种，填补了我国自育软籽石

榴的空白，实现了软籽石榴栽培品种的跨代升级；创建了软籽石榴 Y 型架式高效栽培技术模式，集成创新了软籽石榴的提质增效技术体系，促进了软籽石榴生产标准化、省力化和优质化。成果在河南、四川等省推广应用 16.89 万亩，年新增销售额 21.72 亿元。

7. 铝骨毒性机制和皂苷解毒作用的研究

主要完成单位 中国农业科学院特产研究所，东北农业大学

主要完成人员 朱言柱，李艳飞，宋淼，曹峥，廉士珍，郑斯文，邵冰

起止时间 2013 年 1 月—2017 年 12 月

获奖情况 2021 年吉林省自然科学奖二等奖

内容提要 项目探明了铝抑制 Wnt/β-catenin 和 TGF-β1/Smad 信号通路调节骨形成过程，阐明了上述信号通路与铝骨病发生的相关性，获得铝骨病诊断的早期预警指标，为揭示铝骨病的发病机理提供理论依据及实验基础。发现了人参皂苷 Rb1 可调节成骨细胞生长，增强其抗氧化功能，修复其组织结构损伤，揭示 Rb1 减轻铝诱导的 OB 毒性损伤机制，探明铝致 OB 损伤治疗的关键靶点，为铝毒危害的解除提供新思路。

8. 牛呼吸道疾病综合征综合防控技术开发与应用

主要完成单位 中国农业科学院特产研究所，吉林省动物疫病预防控制中心

主要完成人员 郭利，孙亮，王喜伟，王炜，罗国良，孙娜，刘林娜，程世鹏，武华，计越，王楠，张加力，李家伟

起止时间 2013 年 1 月—2020 年 12 月

获奖情况 2021 年吉林省科技进步奖二等奖

内容提要 在国内外首次建立牛呼吸道疾病综合征纳米 PCR 技术、多重 PCR 和可视化检测方法。利用核酸绝对定量数字 PCR 检测方法等技术，研制了“BVDV 和 IBRV 核酸标准物质”，并获得国家标准物质定级证书，填补了牛呼吸道疾病综合征主要病毒核酸标准物质的空白。以蔗糖和明胶作为耐热冻干保护剂研制了 IBR 活疫苗（LNM 株），建立了规模化生产工艺，制定了质量标准和标准操作规程。利用建立的纳米 PCR 技术和可视化检测方法，构建了集免疫、流行病学调查、生物安全控制、快速诊断于一体的综合防控与净化体系，填补了国内空白。项目在 9 省（区、市）推广应用，应用疫苗 5.3 万余份，有效免疫率提高到 95%，创收 1.58 亿元。

9. 烤烟 8 点式精准烘烤技术创新与应用

主要完成单位 中国农业科学院烟草研究所

主要完成人员 徐秀红，任杰，王传义，苏建东，蔡宪杰，杜兴华，李富强，薛琳，张汉千，黄择祥，孙福山，谭效磊，曹亚凡，云龙，朱启发

起 止 时 间　2008 年 1 月—2019 年 12 月

获 奖 情 况　2021 年国家烟草专卖局科技进步奖二等奖

内 容 提 要　按照“工艺创制、机理研究、技术支撑、产区优化、品种配套、推广应用”5 个专题研究+应用推广的思路，开展相关专题研究。创制了 8 点式精准烘烤工艺；阐明了烟叶烘烤过程香气物质变化的“五香”规律；明确了鲜烟成熟和耐熟性量化指标及范围；优化配套了典型生态烟区及品种烘烤工艺。成果在山东、陕西、安徽、湖北、福建等我国主要烟叶产区累计推广 804. 87 万亩，使烟农增收 34. 36 亿元，企业利润增加 4. 12 亿元。在产区开展烘烤技术培训 200 余期、培训人数 30 000余人次。该成果的研究和应用产生了良好的经济效益和社会效益。

四、神农中华农业科技奖二等奖

1. 黄淮海夏玉米机械粒收关键技术研究与应用

主要完成单位　中国农业科学院作物科学研究所，河南省农业机械技术服务中心，河南省种子管理站，河南农业大学，河南省农业科学粮食作物研究所，新乡市花溪科技股份有限公司，郑州万谷机械股份有限公司

主要完成人员　李少昆，王克如，郭栋，谢瑞芝，邓士政，张吉旺，唐保军，明博，慕兰，鲁镇胜，孟凡伟，申瀛，刘泽，张德榜，孔令杰

起 止 时 间　2010 年 1 月—2018 年 12 月

获 奖 情 况　2020—2021 年度神农中华农业科技奖二等奖

内 容 提 要　率先开展黄淮海夏玉米机械粒收理论与关键技术创新、技术体系集成和推广模式构建，取得如下创新性成果：明确了品种遗传特性以及环境因素对脱水性能、籽粒耐破碎性、抗倒伏能力的影响，累计对 1 314个玉米品种（系）进行了评价、筛选和推广应用；提出了“以早熟降水分，以密植增产量”的栽培技术途径；研制兼用型玉米割台、脱粒滚筒及配套装置；探索了玉米用户+农机合作社模式、农资企业+农机合作社模式、玉米联合收获机生产企业+农机合作社模式，以及政府农事服务+全程机械化模式等不同方式的技术推广模式。相关成果连续 3 年被列为全国十大引领性农业技术，被评选为 2020 中国农业农村九大重大新技术之一和“十三五”期间我国农业科技标志性成果。2018—2019 年累计推广 2 385. 77万亩，新增经济效益 25. 93 亿元，经济效益、社会效益和生态效益显著。

2. 抗寒旱、耐盐碱、耐瘠薄牧草新品种选育技术与应用

主要完成单位　中国农业科学院农业资源与农业区划研究所，中国农业大学，中国农业科学院草原研究所，全国畜牧总站等

主要完成人员　徐丽君，张蕴薇，孙启忠，王加亭，陶雅，曹致中，杨桂霞，冯毓琴，李峰，闫瑞瑞，柳茜，徐大伟，乌恩旗，郝林凤，陈季贵，李达，郭明英，李金霞

起 止 时 间 2002 年 1 月—2018 年 1 月

获 奖 情 况 2020—2021 年度神农中华农业科技奖二等奖

内 容 提 要 项目以创建抗性育种技术体系、创制抗性品种、建立配套高效栽培技术为主线，破解了制约寒旱区草业高质量发展技术瓶颈，创建了抗寒旱、耐盐碱、耐瘠薄品种选育技术体系；丰富了抗性育种技术，创制出抗寒旱、耐盐碱、耐瘠薄牧草新品种 8 个，解决了品种资源匮乏与制种难的技术瓶颈；构建配套的牧草新品种高质量标准化栽培技术体系，建立了育繁推一体化生产技术新模式，显著提高了寒旱区牧草品质与产量；品种与技术在黑龙江、内蒙古、甘肃、青海、四川等省（区）大面积推广应用，取得了显著的经济效益、社会效益和生态效益，显著提升了我国寒旱区草牧业绿色发展和生态环境建设的科技进步。

3. 花生高含油量种质发掘创制与新品种培育及应用

主要完成单位 中国农业科学院油料作物研究所，河北省农林科学院粮油作物研究所，漯河市农业科学院，广西壮族自治区农业科学院经济作物研究所

主要完成人员 雷永，姜慧芳，李玉荣，廖伯寿，程增书，陈玉宁，刘念，淮东欣，李飞，涂勇，贺梁琼，罗怀勇，陈四龙，蒋相国，刘永惠

起 止 时 间 2001 年 1 月—2019 年 12 月

获 奖 情 况 2020—2021 年度神农中华农业科技奖二等奖

内 容 提 要 针对花生高油育种中存在的优异高油种质缺乏、含油量遗传基础研究薄弱、分子育种技术研发滞后、高油与高产协同改良难度大等理论和技术难题，全面系统评价了国内外花生种质资源含油量的遗传差异，揭示了花生含油量的遗传特性，首次鉴定出花生野生种含油量特异位点，发掘出了育种急需的高油优异种质，创制出了含油量最高的特异花生材料，创建了含油量分子标记辅助选择技术和高油高产多抗聚合育种技术体系，培育出了含油量最高、产油量最高、产油增幅最大的中花 16 等 4 个花生新品种，累计推广 4 017万亩，新增社会经济效益 64 亿元，为推动花生生产发展和增加油脂供给提供了重要支撑，并具有广阔应用前景。

4. 优质特色梨新品种选育及配套高效栽培技术创建与应用

主要完成单位 中国农业科学院果树研究所

主要完成人员 姜淑苓，李红旭，欧春青，王斐，赵明新，方成泉，王玮，曹素芳，贾敬贤，蒲富慎，马力，曹刚，刘小勇，张艳杰

起 止 时 间 1978 年 1 月—2018 年 12 月

获 奖 情 况 2020—2021 年度神农中华农业科技奖二等奖

内 容 提 要 针对我国梨优质特色种质资源缺乏、早中熟品种占比小、果色较单一、缺乏高效育种及新品种配套栽培技术等突出问题，开展了优质特色梨新品种选育及配套高效栽培技术研究，提出了梨高效亲本选配方法，创建了梨种间远缘杂交育种技术

体系，突破了香气与脆肉、红色与脆肉基因聚合的技术瓶颈，创制优质特色新种质 174 份；培育出早酥、锦丰、五九香等熟期配套的优质特色梨新品种 14 个；创建了梨新品种配套高效栽培关键技术，实现了新品种的大面积推广应用。新品种和新技术在全国累计推广面积 300 余万亩，其中早熟品种占我国北方早熟梨面积的 50%以上，经济效益 45 亿元。

五、省部级三等奖

1. 微喷灌高效水肥调控关键产品研发与应用

主要完成单位　中国农业科学院农田灌溉研究所

主要完成人员　温季，蔡九茂，郭树龙，李东伟

起 止 时 间　2010 年 1 月—2021 年 5 月

获 奖 情 况　2021 年大禹水利科学技术奖三等奖

内 容 提 要　微灌灌水器、过滤装置、水肥一体机是高效水肥利用技术中的关键设备，装置性能直接影响水肥调控精度。随着微喷灌技术的发展，基于微喷灌模式实现水肥同施是大田、果树和蔬菜水肥管理的重要途径，其中，喷头是微喷水肥一体化技术中关键设备之一。项目组研发出具有自主知识产权的系列微灌灌水器产品，并进行了市场推广，系列化微喷灌灌水器产品具有优异的灌水均匀度性能指标；复合型多功能过滤装置通过滤料和滤网配置模式改进，解决了砂石和网式两种过滤器参数匹配问题，进而实现了一体化过滤，即“一罐双滤”；设计开发了外刷式自清洗装置、多孔膜均匀布气反冲洗装置和旋转滤帽反冲洗装置，优化了压差、水量和时间 3 种反冲洗触发策略，在反冲洗用水和反冲洗效率方面取得了显著提升；智能施肥机采用多源灌溉信息决策算法作为依据，进行灌溉施肥时间和总量调节，并通过在线浓度监测技术，采用 PWM 算法进行变量控制施肥，配套自主开发的无线解码器和二线制有线解码器实现田间阀门智能轮灌，满足作物生长的水肥精量配比、精准控制和精细管理；自主开发了手机端、中控端和施肥机操控台端控制系统，设计了人性化操控界面，优化了界面功能和控制逻辑，操作简单便捷；通过集成配置，创新构建了农业生产种植的水肥管理整体解决方案，包括中控供水、精细滤水和精准配水三个系统，形成了百亩方、千亩方、万亩方三种不同规模的智能水肥管控操作规程，提高了种植水平和管理效率，省水 25%，省肥 30%，劳力成本投入降低 80%以上。成果得到了广泛推广应用，实现了最大限度节水、节肥、增产、增效，取得了较好的经济效益、生态效益和社会效益，对保障粮食安全、发展现代节水型农业、转变农业发展方式、促进农业可持续发展具有重大意义。

2. 华北平原冬小麦—夏玉米节水减氮增效关键技术及应用

主要完成单位　中国农业科学院农田灌溉研究所

主要完成人员　高阳，刘战东，申孝军，韩启彪，张寄阳，陈智芳，赵犇，宁东

峰，司转运

起 止 时 间 2008 年 1 月—2020 年 12 月

获 奖 情 况 2021 年大禹水利科学技术奖三等奖

内 容 提 要 针对华北平原农田高产、稳产及水肥高效利用的重大技术需求，研制了农田墒情精准、快速监测设备，构建了冬小麦、夏玉米水氮状况监测与诊断技术，实现了作物水氮盈亏的精准、高效、实时监测和快速诊断；研发了精准、实用的灌溉预警装置，提出了融合土壤、作物和气象信息的灌溉预报技术，创建了灌溉预警与智能灌溉决策技术，提升了灌溉决策的可靠性；研制了灌溉施肥设备与控制系统，提出了水肥一体化条件下，冬小麦、夏玉米水肥精准施用技术参数与控制指标，集成了冬小麦—夏玉米一年两熟种植系统的水肥一体化精准灌溉施肥模式，实现了冬小麦—夏玉米稳产、节水、减氮、增效的目标。成果已在河南、河北等地推广应用，经济效益、社会效益和生态效益显著，推广应用前景广阔。

3. 玫瑰产业化关键技术研究与示范

主要完成单位 中国农业科学院都市农业研究所，北京市门头沟区科技开发实验基地，济南天卉玫瑰生物科技有限公司，小金县夹金山清多香野生资源开发有限责任公司，西昌昌泰香料有限责任公司

主要完成人员 苗保河，赵欣欣，刘蓉，程浩，曹炎生

起 止 时 间 2012 年 1 月—2019 年 10 月

获 奖 情 况 2021 年贵州省科学技术进步奖三等奖；2021 年梁希林业科学技术进步三等奖

内 容 提 要 针对我国玫瑰产业发展存在的共性问题，开展了玫瑰生产种植、梯次利用加工、新产品开发、特色农业生态旅游产业构建等产业化关键技术研发与推广应用。筛选出优良品种 6 个、系统培育出昌泰 1 号玫瑰新品种 1 个，研发了其配套栽培技术体系 9 套。研发了玫瑰梯次利用加工技术体系 27 套，建立了试验示范基地 21 个，开发了玫瑰系列食品、洗化、功能性新产品 27 种，填补了国内同专业领域系统研发的空白。发明了玫瑰提早、延迟开花精准调控技术，创建了特色农业生态旅游产业体系，实现了“花开随人意”的目标，开辟了农游合一、文旅合一的新路径，构建了特色农业生态旅游线路 4 条，促进了一二三产业的深度融合，助力了脱贫攻坚和乡村振兴的有机衔接。成果已在我国玫瑰主产区推广应用，产业新增产值14 562.66万元，经济效益、社会效益和生态效益显著。

六、神农中华农业科技奖三等奖

1. 水稻高低温灾害预警及防控技术创新与应用

主要完成单位 中国水稻研究所，吉林省农业科学院，四川省农业科学院水稻高粱

研究所，全国农业技术推广服务中心，江西农业大学

主要完成人员 张玉屏，朱德峰，侯立刚，郭晓艺，王爱珺，曾研华，王亚梁，王磊，陈应志，马巍，张林，陈惠哲，鄂志国，蒋鹏，刘亮，周建霞，向镜，张义凯，王志刚，汪玉军

起止时间 2012 年 1 月—2018 年 12 月

获奖情况 2020—2021 年度神农中华农业科技奖三等奖

内容提要 针对气候变化及水稻种植季节与方式转变引起水稻关键生长期高温热害与低温冷害频发，导致产量不高不稳，制约水稻增产和稻农增收的问题，对水稻高低温致灾机理、耐高低温品种评价、高低温灾害预警方法、灾害监测预警平台建设、高低温防控关键栽培技术及产品进行了系统研究，取得重大突破。获国家发明专利 12 项，软件著作权 4 项，制定标准 5 项，出版专著 3 本，在 *Agronomy Journal*、*Rice Science* 和《作物学报》等期刊上发表论文 60 余篇。提出的水稻高温灾害防控技术，连续 6 年列为农业部①水稻主推技术，是逆境防控技术一项重大创新和技术突破。

2. 猕猴桃全红即食型种质资源创新与产业化关键技术及应用

主要完成单位 中国农业科学院郑州果树研究所

主要完成人员 齐秀娟，方金豹，林苗苗，陈锦永，雷玉山，丁素明，苏建五，顾红，张洋，袁云凌

起止时间 1994 年 1 月—2018 年 12 月

获奖情况 2020—2021 年度神农中华农业科技奖三等奖

内容提要 针对产业中全红即食型良种缺乏及经济效益较低等突出问题，在猕猴桃全红即食型种质创新及产业化关键技术方面取得突破进展，研究成果带动了即食型猕猴桃育种技术变革、品种更新换代和产业转型升级。成果通过品种审定 2 个，获植物新品种权 3 个；获得发明专利 6 件、实用新型专利 4 件；制定国家标准 2 项、农业行业标准 4 项；出版著作 5 部，发表论文 45 篇；获省部级二等奖 2 项。2018—2019 年累计推广约 20 万亩，新增销售额 23 324. 20万元，培训基层技术骨干和果农 10 余万人次。有力推动了猕猴桃产业结构调整和高质量发展，开启了全红即食型猕猴桃发展新时代。

3. 貂、狐精准营养调控关键技术研究与示范推广

主要完成单位 中国农业科学院特产研究所

主要完成人员 李光玉，钟伟，孙伟丽，刘晗璐，张海华，马泽芳，张婷，王卓，刘可园，郭肖兰

起止时间 2015 年 1 月—2020 年 12 月

① 中华人民共和国农业部，简称农业部。2018 年，国务院机构改革，将农业部职能整合，组建中华人民共和国农业农村部，简称农业农村部。

获 奖 情 况 2020—2021 年度神农中华农业科技奖三等奖

内 容 提 要 揭示了水貂毛囊发育调节机制，从分子水平阐明了毛皮发育的营养机制和途径；研究了净能需求与能量代谢规律；集成了精准营养调控技术和饲料高效配制技术；研究了蓝狐的肠道微生物优势菌群组成；研究了人参多糖对水貂和黄芪多糖对北极狐生产性能的影响；研制了肠道益生的功能性产品并规模化生产应用。成果达到了国内外领先水平，在吉林、黑龙江、辽宁、山东、河北等地示范推广，取得了明显的经济效益和社会效益，累计新增经济效益 7.80 亿元，对提升产业科技水平，增加农民收入等方面发挥了重要作用。

4. 毛皮动物重要传染病疫苗新产品创制及综合防控技术应用

主要完成单位 中国农业科学院特产研究所，黑龙江八一农垦大学，吉林特研生物技术有限责任公司

主要完成人员 白雪，赵建军，胡博，闫喜军，张海玲，鲁荣光，刘昊，程悦宁，赵传芳，吕爽，张蕾，王凤雪，廉士珍，邓效禹，薛向红，史宁，邵西群，王贵升，郭蕊，于一伟

起 止 时 间 2018 年 1 月—2020 年 12 月

获 奖 情 况 2020—2021 年度神农中华农业科技奖三等奖

内 容 提 要 确诊北方貂场大规模暴发出血性肺炎传染病的病原为铜绿假单胞菌，首次确定我国优势血清型为 G 型和 B 型，创制水貂出血性肺炎二价灭活疫苗（G 型 DL15 株+B 型 JL08 株）。揭示我国毛皮动物犬瘟热病毒遗传变异规律和致病分子机制，选育出与流行毒株抗原性一致的弱毒克隆株，创制了安全高效的水貂犬瘟热活疫苗。建立了水貂铜绿假单胞菌性肺炎分子诊断技术和犬瘟热病毒强弱毒株鉴别检测方法，建立了以疫苗预防为核心的毛皮动物重要传染病综合防控技术体系，并在全国养殖区域推广应用。2018—2019 年销售额 1.37 亿元，创造产值 77 亿元，社会效益、经济效益和生态效益显著。

七、中国农业科学院科学技术成果奖

1. 蔬菜斑潜蝇和蓟马类害虫绿色防控关键技术创新与产品研发

主要完成单位 中国农业科学院植物保护研究所，扬州大学，北京市植物保护站，中捷四方生物科技股份有限公司，浙江省农业科学院，江苏省植物保护植物检疫站，河北中保绿农作物科技有限公司，首伯农（北京）生物技术有限公司，青岛中益农生物科技有限公司

主要完成人员 雷仲仁，吴圣勇，杜予州，王海鸿，李云龙，王琳，王恩东，高玉林，吕要斌，徐学农，赵宜君，龚伟荣，王伯明，王兆勇

起 止 时 间 2004 年 9 月—2020 年 12 月

获 奖 情 况　2021 年中国农业科学院杰出科技创新奖

内 容 提 要　以外来入侵斑潜蝇和蓟马等害虫为研究对象，在对其生物学和生态学系统研究的基础上，创新研发出一系列针对斑潜蝇和蓟马类害虫的关键防治技术和绿色防控产品。主要成果：明确了斑潜蝇、蓟马的触角感器超微结构和嗅觉相关蛋白功能；提取、分离、鉴定出聚集信息素、引诱和驱避化合物；筛选和合成出对斑潜蝇、蓟马高效的诱剂和驱避剂；研发出针对斑潜蝇和蓟马特定波长的专用诱虫色板。明确了白僵菌对蓟马的致病机理及蓟马的免疫响应；建立了捕食螨与白僵菌协同增效的蓟马立体防控技术，利用潜蝇姬小蜂防治斑潜蝇，在国内率先实现了大规模释放捕食螨防治蔬菜蓟马的目标。完成对外来入侵斑潜蝇的首次鉴定和确认；揭示了 3 种斑潜蝇的种间竞争和取代机理；建立了斑潜蝇、蓟马近缘种的分子鉴别技术；研制出防治斑潜蝇的复配特效药剂，提出绿色防控技术 5 套。项目总体达到国内外同类研究领先水平，技术和产品应用取得了显著的经济效益、社会效益和生态效益。

2. 牡丹优异资源高效繁育与新品种创制

主要完成单位　中国农业科学院蔬菜花卉研究所

主要完成人员　张秀新，王顺利，薛璟祺，任秀霞，薛玉前，石颜通，薛文栋，范俊峰，石丰瑞，慈惠婷

起 止 时 间　2004 年 9 月—2020 年 12 月

获 奖 情 况　2021 年中国农业科学院杰出科技创新奖

内 容 提 要　成果针对我国牡丹种质资源保存不完善，种苗、盆花等产品市场持续供应能力差，传统品种市场竞争力不强等瓶颈问题，开展系统研究。解析野生牡丹濒危机制，建成世界野生资源数量最多、优异品种种类最全的牡丹基因库，保存活体植株 10 万株，有效保护国家牡丹种质资源；编制牡丹国际 DUS 测试指南，建立牡丹表型数据库，实现资源和数据库全国共享。建立牡丹食用、油用、花期、抗性等综合评价体系 5 套，挖掘出抗性强、高亚麻酸、多花期等优异牡丹资源 168 份，为牡丹育种提供了重要亲本材料。建立牡丹种苗高效繁育技术体系和牡丹叶片离体再生技术。创建基于早成花的牡丹远缘杂交高效育种体系；培育出“秾苑金科”等 20 个观赏性状优良、抗性强、兼具药用和油用的突破性牡丹品种。相关品种和技术在全国推广应用，综合产值超过 15 亿元，经济效益、社会效益和生态效益显著。

3. 农田地膜残留污染综合防控技术研发与应用

主要完成单位　中国农业科学院农业环境与可持续发展研究所，农业农村部农业生态与资源保护总站，金发科技股份有限公司，辽宁省农业科学院，石河子农业科学研究院，新疆农垦科学院，甘肃省农业机械管理总站，新疆农业大学，内蒙古自治区农村生态能源环保站，新疆生产建设兵团农业技术推广总站

主要完成人员　何文清，刘勤，严昌荣，焦健，曹肆林，杨宁，居学海，吕军，刘

宏金，潘卫云，汤秋香，李真，刘琪，张新国，崔吉晓

起止时间 2007 年 1 月—2019 年 12 月

获奖情况 2021 年中国农业科学院杰出科技创新奖

内容提要 针对地膜污染总量不清、区域分布与危害机理不明、防控技术与产品缺失等突出问题，取得了重大创新和突破。首次明确了我国地膜残留污染强度及危害风险，建立了农田地膜残留污染划分等级。创新提出了作物地膜覆盖技术适宜性和安全期概念，建立了计算方法和评价模型，提出了我国典型区域主要作物地膜覆盖安全期。研制了系列联合作业机具，使残膜回收率不低于 85%；研发了黏度控制合成工艺、高活性复合催化剂和分子结构改性剂，筛选出 6 种量产的全生物降解地膜新产品。创建了主要覆膜类型区地膜残留污染综合防控模式，并进行了规模化示范应用。2018—2020 年，项目形成的关键技术和产品推广应用2 338万亩，新增经济效益突破 10 亿元，为我国地膜残留污染防控和农业绿色发展提供了重要科技支撑。

4. 犬瘟热和细小病毒病的病原学与防控技术研究

主要完成单位 中国农业科学院北京畜牧兽医研究所

主要完成人员 崔尚金，秦彤，刘维全，王宏伟，梁琳，王敏，梁瑞英，王吉贵，史利军，杨卫芳

起止时间 2006 年 1 月—2020 年 1 月

获奖情况 2021 年中国农业科学院杰出科技创新奖

内容提要 犬瘟热和细小病毒病是危害我国宠物和毛皮动物最严重的两种疫病，但我国宠物和毛皮动物生物安全防控相对滞后，本项目针对相关研究领域存在的突出问题开展系统研究，取得突破性成果。创建了犬瘟热和细小病毒的反向遗传操作平台，发现了犬瘟热病毒和细小病毒的遗传演化特征。揭示了犬瘟热和细小病毒的复制和致病机制，确定了水貂肠炎细小病毒（MEV）VP2 蛋白的毒力决定位点，阐明了 MEV 与宿主细胞的相互作用机制。成功构建了犬瘟热重组活病毒载体疫苗；创制了犬血白蛋白注射液和犬瘟热、细小病毒病二联活疫苗（BJ/120 株+FJ/58 株）。项目获国家新兽药注册证书 3 个，关键技术及产品在全国 20 多个省（区、市）推广应用，经济效益和社会效益显著。

5. 红壤双季稻田地力提升机制与关键技术

主要完成单位 中国农业科学院农业资源与农业区划研究所，中国农业大学，中国农业科学院草原研究所，全国畜牧总站等

主要完成人员 张会民，高菊生，曾希柏，黄晶，柳开楼，孙耿，孙楠，李冬初，张洋，张璐，刘淑军，刘立生，邵华，孙梅等

起止时间 1981 年 1 月—2019 年 12 月

获奖情况 2021 年中国农业科学院杰出科技创新奖

内容提要 针对集约化、高强度种植下的红壤丘陵区双季稻田，取得以下创新

性成果：阐明了红壤丘陵区双季稻田土壤肥力时间和空间演变规律，量化了不同类型肥料对水稻产量的贡献率；完善了红壤丘陵区双季稻田的基础地力研究理论，揭示了土壤基础地力的演变规律及其与稻田产能的“水涨船高”效应，比较了不同施肥处理下土壤基础地力贡献率差异和关键驱动因子，量化了秸秆还田对土壤有机碳组分的贡献能力和关键机制；创建了“高产田保育高产田保育”和“中低产田培肥改良中低产田培肥改良”两项关键技术；创新集成了红壤丘陵区双季稻田产能提升综合技术模式，并分类建成了可操作可复制的示范区。成果大面积推广应用，取得了较好的经济效益、生态效益和社会效益，为区域高标准粮田建设、化肥减施增效行动和耕地资源保护提供了技术支撑。

6. 发酵主食品质改良剂精准设计及其系列产品创制

主要完成单位　中国农业科学院农产品加工研究所，北京市海乐达食品有限公司，三全食品股份有限公司，中原粮食集团多福多食品有限公司，内蒙古娃妞食品有限公司，河北海达龙方食品有限公司，北京运河人家食品科技发展有限责任公司，郑州轻工业大学

主要完成人员　木泰华，孙红男，马梦梅，何海龙，韩红军，刘兴丽，张苗，陈井旺，冯志强，季蕾蕾，高娃，过军，张倩冰

起止时间　2015 年 1 月 1 日—2020 年 12 月 31 日

获奖情况　2021 年中国农业科学院杰出科技创新奖

内容提要　针对我国发酵主食产品口感与风味单一，抗老化保鲜技术落后、货架期短等问题，系统开展发酵主食品质改良剂精准设计及其系列产品创制，取得以下重大发明：研发了适宜馒头等发酵主食生产的多菌种复合发酵剂，改善了发酵主食产品的口感与风味，实现了发酵主食的标准化生产；发明了适用于发酵主食的抗老化复合酶制剂及“芽孢萌发剂+表面抑菌”新型保鲜技术，延长了产品货架期；发明了基于物理改性或添加高直链淀粉改善无麸质面团发酵性能的新技术，创制高品质发酵主食系列产品，丰富了无麸质产品种类。核心技术在多家龙头企业进行推广应用，创造了良好的经济效益，成果整体技术处于国际领先水平。

7. 苹果品质综合评价与提质增效加工关键技术创新及应用

主要完成单位　中国农业科学院农产品加工研究所，陕西师范大学，中国农业科学院果树研究所，北京汇源食品饮料有限公司，北京牵手果蔬饮品股份有限公司，国投中鲁果汁股份有限公司，齐鲁泉源供应链有限公司正宁县金牛实业有限责任公司

主要完成人员　毕金峰，刘璇，聂继云，吴昕烨，郭玉蓉，李旋，刘文慧，易建勇，张秋荣，冷传祝，金鑫，陈芹芹，申寒，姜延泉，路芳民

起止时间　2007 年 6 月—2020 年 12 月

获奖情况　2021 年中国农业科学院杰出科技创新奖

内 容 提 要 针对我国苹果品质综合评价技术与标准落后、缺乏加工专用品种和加工产品附加值低等产业问题，取得如下科技创新：构建了苹果加工品质综合评价技术体系与标准，建立了苹果综合品质特性基础数据库和苹果适宜性评价模型；创建了苹果酚类特征物质一次分离、定量检测标准方法及品种与产地区分技术；揭示了苹果鲜食及加工品质形成的物质基础，构建了分类评价及等级标准；创建了苹果制汁原料标准化体系，创新了非浓缩还原（NFC）苹果汁加工关键技术，创建了苹果复合果蔬汁功能组分稳定复配关键技术；明确了苹果干制过程中褐变因子和反应机理及质构形成与果胶等物质基础的关联特性；发明了瞬时压差闪蒸节能提质联合干燥及微生物控制技术。有关技术实现产业化应用，推动了我国苹果一二三产业融合、全产业链加工增值和高质量健康发展。

8. 特色优质畜产品精准鉴别与溯源关键技术创建与应用

主要完成单位 中国农业科学院农业质量标准与检测技术研究所，中国肉类食品综合研究中心

主要完成人员 陈爱亮，赵燕，杨曙明，李家鹏，徐贞贞，李金春，李会，韦忆萱，陈刚，田河山

起 止 时 间 2011 年 1 月—2019 年 12 月

获 奖 情 况 2021 年中国农业科学院杰出科技创新奖

内 容 提 要 针对特色优质畜产品鉴别中存在的突出问题，创制了免抗体重组酶聚合酶核酸侧流层析技术和 All-in-One 混合肉制品多重鉴定技术；开发了标称物种定量分析技术；探明了“产地环境—饲料—饮水—畜产品”元素分布规律，构建了我国特色畜产品产地溯源数据库及模型，研发了首个畜产品 DNA 全链条溯源认证系统；开发了基于代谢标志物的特色畜产品鉴别技术，构建了我国特色优质畜产品多维数据库及溯源鉴别平台。成果支撑了政府部门畜产品质量安全监管工作，推进了企业特色优质畜产品品牌发展，助力了产业扶贫，累计经济效益 1.32 亿元。

9. 高油高产优质宜机收油菜新品种中油杂 19 的选育与应用

主要完成单位 中国农业科学院油料作物研究所

主要完成人员 王新发，师家勤，华玮，刘静，王汉中，刘贵华，顿小玲，杨庆，刘晟，金莉，詹杰鹏

起 止 时 间 2005 年 1 月—2020 年 12 月

获 奖 情 况 2021 年中国农业科学院杰出科技创新奖

内 容 提 要 系统开展了油菜高油高产种质发掘、标记开发利用、新品种培育、机械化制种技术研发及以品种为核心技术的绿色高效生产模式建立。揭示了调控油菜角果数、每角粒数和粒重的决定性因素，创制具备各种优异性状的育种亲本 25 个。创制出高油高产优质宜机收杂交种中油杂 19，是目前我国冬油菜产区含油量最高的国家审定品种。建立了中油杂 19 的规模化全程机械化制种技术，成功打造了以中油杂 19 为技

术核心的多套油菜全产业链绿色高效生产模式，油菜生产效益显著提升，为推动油菜产业增效、农民增收和增加食用油有效供给提供了重要技术支撑，成果具有广阔应用前景。

10. 植保无人飞机智能化作业关键技术集成与应用

主要完成单位 农业农村部南京农业机械化研究所，华南农业大学，中国农业科学院植物保护研究所，全国农业技术推广服务中心，山东理工大学，安阳全丰航空植保科技股份有限公司，广州极飞科技有限公司，深圳市大疆创新科技有限公司

主要完成人员 薛新宇，兰玉彬，袁会珠，张帅，孙竹，顾伟，徐阳，常春，王国宾，王志国，彭斌，于云，张宋超，秦维彩，周立新

起 止 时 间 2011 年 1 月—2017 年 12 月

获 奖 情 况 2021 年中国农业科学院青年科技创新奖

内 容 提 要 针对传统植保机械作业效率低、成本高，特殊农田条件行走难等问题，围绕植保无人飞机智能化作业关键技术集成与应用，取得如下创新性突破：发明了植保无人飞机智能化飞行控制技术与装备，实现机具在田间的智能、高效、集群作业；发明了植保无人飞机智能化施药决策与控制技术，明确了精量化施药参数；创建了精准测试平台，研制出系列喷洒关键部件，创制了系列化智能型植保无人飞机；研发了远程监管和作业质量评价系统，制定了以安全为目标的规范与标准，构建了社会化推广新模式，推动了植保无人飞机大规模应用。2018—2020 年累计作业超过 10 亿亩次，总经济效益超过 70 亿元，成果总体水平达到国际领先。

11. 黄瓜重要产量性状形成的遗传基础和分子机制

主要完成单位 中国农业科学院蔬菜花卉研究所

主要完成人员 杨学勇，黄三文，蒋卫杰，王深浩，林涛，张震，辛同旭，王博文，许愿超，王燕

起 止 时 间 2011 年 1 月—2019 年 12 月

获 奖 情 况 2021 年中国农业科学院青年科技创新奖

内 容 提 要 尽管当前我国黄瓜总产基本满足需求，但平均单产仍不足发达国家的 1/4，品种培育上还有较大差距。针对生产需求，项目围绕黄瓜果形和株形的遗传调控机制这个科学问题，进行了系统的研究，取得了一系列重要的科学发现：发现了黄瓜等瓜类果实伸长发育的生理和细胞学基础及遗传变异规律；揭示了表观遗传和乙烯剂量调控黄瓜果实细胞分裂的遗传和分子机制；解析了黄瓜卷须和侧枝等重要产量相关株型性状调控的新机制，创制了新型果形和株形的种质。在国际知名刊物上发表了 10 篇重要论文，成果显著提升了我国蔬菜学科基础研究水平，也为育种实践提供了材料和方法基础，获得国际同行专家的认可。

12. 本土特有蜜蜂资源的挖掘、评价和进化模型创建

主要完成单位 中国农业科学院蜜蜂研究所

主要完成人员 陈超，石巍，刘之光，王慧华

起止时间 2016 年 1 月—2018 年 12 月

获奖情况 2021 年中国农业科学院青年科技创新奖

内容提要 蜜蜂种质资源研究中存在对我国蜜蜂种质资源多样性和演化规律不清楚的问题，对此开展了系统性研究。首次在我国发现了西方蜜蜂新亚种，命名为西域黑蜂并通过了国家鉴定，提出了西方蜜蜂的天山起源模型；发现中华蜜蜂新资源，解析了遗传多样性的空间分布模式，提出了蜜蜂种群分化的分级驱动模型；解析了蜂群抗寒关键机制，为抗寒蜂种培育提供了基础。相关成果得到联合国粮食及农业组织、国际蜜蜂研究联合会、国家畜禽遗传资源委员会等认可，国际同行评论该成果“为蜜蜂的进化和适应提供了宝贵的见解”“证明了中华蜜蜂是一个合适的模型系统，用于解决有关适应和进化分化的分子系统发育问题”。

13. 米粉绿色高效加工关键技术及应用

主要完成单位 中国农业科学院农产品加工研究所，广西螺霸王食品有限公司

主要完成人员 佟立涛，姚汉霖，易翠平，王丽丽，刘丽娅，周闲容

起止时间 2013 年 1 月—2017 年 12 月

获奖情况 2021 年中国农业科学院青年科技创新奖

内容提要 针对传统加工技术瓶颈，围绕加工专用原料、大米绿色制粉、专用菌种发酵三个重大科技问题，取得了理论与技术创新。构建了米粉绿色高效加工关键技术体系并进行产业化应用。创建了加工专用原料筛选、制品品质评价指标体系；提出应用质构仪快速评价产品品质的新方法。揭示了热风干燥与过热蒸汽预处理促进米粒裂缝的快速着水机制有效提升了制粉加工的效率；集成创新了大米粉绿色高效节能制粉关键技术与装备。明确了传统米粉自然发酵优势菌为乳酸菌和酵母，创制了米粉发酵专用菌快速高效发酵技术。成果整体达到国际先进水平，2018—2020 年推广应用累计新增产值超 20 亿元。

14. 农产品中重金属直接进样检测技术研发及应用

主要完成单位 中国农业科学院农业质量标准与检测技术研究所，北京吉天仪器有限公司，北京本立科技有限公司

主要完成人员 毛雪飞，刘霁欣，王敏，齐悦涵，那星

起止时间 2010 年 1 月—2020 年 12 月

获奖情况 2021 年中国农业科学院青年科技创新奖

内容提要 聚焦农产品重金属快速检测需求，直面“测得慢、测不准、制样难”三大瓶颈问题，在关键核心技术上取得重要突破，实现了农产品/土壤直接进样检

测，推动了技术方法的标准化，并在仪器硬件研制和应用推广方面取得了显著成效。突破了农产品/土壤样品消解耗时费力、无法直接进样实现重金属快速检测的关键技术瓶颈，固体直接进样和基体干扰消除两大核心技术达到国际领先水平，转化制定的重金属速测方法标准填补了行业空白。成果在全国 20 家科研、检测和生产单位应用，提升了监测效率、减轻了环保负担，推广应用取得经济效益 1.064 亿元，连续多年应用于政府监管工作，社会效益和生态效益十分显著。

15. 花生青枯病特异抗性种质发掘与创新利用

主要完成单位 中国农业科学院油料作物研究所，南充市农业科学院等

主要完成人员 罗怀勇，刘 念，淮东欣，晏立英，陈玉宁，周小静，康彦平，游宇，黄莉，熊舜柏，陈伟刚，王明辉，任小平，雷永，姜慧芳

起止时间 2010—2019 年

获奖情况 2021 年中国农业科学院青年科技创新奖

内容提要 针对对抗性遗传分化不明、抗性分子育种技术研发滞后、抗性与高产优质协同改良难度大等长期制约抗青枯病育种的关键科技难题，开展了系统研究，取得如下突破性进展：系统评价解析了花生青枯病抗性的遗传分化，明确了亚种间抗性遗传基础的差异及互补潜力，发掘出特异抗病种质 9 份；定位到贡献率最高且最稳定的花生青枯病抗性位点，首次发掘出青枯病抗性分子诊断标记和其他重要性状分子标记，创制出兼备多种优异特性的抗病种质 11 份；建立了抗青枯病、大果、高出仁率、高油酸聚合育种技术体系，培育出高抗青枯病、高产、高油酸的新品种 3 个。新品种已累计推广 209 万亩，产生了显著的经济效益和社会效益，进一步提升了我国在花生青枯病抗性遗传改良领域的国际领先优势。

中国农业科学院2021年重大科技产出成果

1. 中麦895助力黄淮海小麦稳产高产

研究团队 中国农业科学院作物科学研究所何中虎研究团队

内容提要 牵头育成耐热性突出、高产稳产、优质抗病新品种中麦895，累计推广5 100万亩，创造亩均实收782千克的高产纪录，灌浆速率和耐热性居黄淮麦区主栽品种首位，高产稳产矮秆抗倒，综合抗病性好，节本增效优势明显，制作的面条和馒头品质优良，适合大面积推广应用。该品种成为黄淮麦区耐热高产育种骨干亲本，助力黄淮海地区小麦稳产增产高产，为保障国家粮食安全做出重要贡献。

2. 草地贪夜蛾防控实现技术升级，引领国际技术进步

研究团队 中国农业科学院植物保护研究所王振营研究团队

内容提要 草地贪夜蛾2019年1月入侵我国后，现已扩散蔓延到27省（区、市），发生面积2 000万亩以上。针对草地贪夜蛾灾变规律不明确，防控手段缺乏的现状，在研究阐明草地贪夜蛾生物学和发生规律的基础上，研发新型生物农药、种衣剂、造粒工艺和施用技术，实现“从0到1”的突破，草地贪夜蛾防治效果提升显著。该技术体系被全国农技中心大力推广，联合国粮食及农业组织向全球推荐，并荣获农业农村部“2021年农业农村部重大引领性技术”。

3. 创制新型高效生物农药，引领国内农药发展新方向

研究团队 中国农业科学院植物保护研究所张杰研究团队

内容提要 针对黄曲条跳甲以及重要入侵害虫草地贪夜蛾、马铃薯甲虫和番茄潜叶蛾等无高效绿色农药可用的问题，成功自主研发生物农药苏云金芽孢杆菌工程菌G033A。这是我国第一例具有自主知识产权的基因工程微生物农药，打破了国外垄断，对鞘翅目和鳞翅目等重要害虫具有高活性，田间防效达到85%以上，在广东、广西等16个省（区）累计推广示范20万亩。该成果能有效节约施药的人力、时间和药剂成本，引领了我国微生物农药新的发展方向，获第十四届中国农药工业协会技术创新奖一等奖。

4. 中甘21打造高原夏菜重大品牌

研究团队 中国农业科学院蔬菜花卉研究所方智远研究团队

内容提要　中甘 21 是利用国内外首次发现的显性雄性不育系配制的早熟春甘蓝品种，连续两年被农业农村部评为主推品种，具有球形好、颜色绿、整齐度好、耐裂球、产量高等突出特点，在全国已累计推广 1 000多万亩，已是河北各地春露地及高原夏菜甘蓝的主栽品种，种植比例占北方露地春甘蓝和高原夏菜的 70%以上，为脱贫攻坚和乡村振兴作出重大贡献。

5. 广明 2 号育成标志我国白羽肉鸡实现自主育种

研究团队　中国农业科学院北京畜牧兽医研究所文杰研究团队

内容提要　采用基因组选择等新技术育成的白羽肉鸡广明 2 号通过审定，主要生产性能与国际主流品种持平。标志着我国白羽肉鸡自主育种实现“从 0 到 1”的突破，打破了国外垄断。在山东和广东等地完成商品代肉鸡 234 万只中试，市场反映该配套系生长速度快、料重比低，已可以替代国际同类品种，具有良好的推广应用前景。

6. “反刍动物肠道甲烷减排技术”促进畜牧业减碳增效

研究团队　中国农业科学院饲料研究所刁其玉研究团队

内容提要　反刍动物肠道排放的甲烷占农业活动温室气体排放量的 25%。通过调控日粮营养结构，改变日粮中粗饲料比例，优化日粮饲料品种，提高营养物质消化率，在饲料中添加益生菌酶制剂、硝酸盐等添加剂，改善动物胃肠道微生物生态平衡，降低反刍动物瘤胃甲烷排放量同时，每头牛每年可增加产奶量 784 千克，减少 681 千克 CO_2 的温室气体排放，取得良好的社会效益和环境效益。

7. 把脉生猪产业形势助力国家宏观决策

研究团队　中国农业科学院农业经济与发展研究所王祖力研究团队

内容提要　密切跟踪全国及各地生猪产能变化形势及重大动物疫病发展态势，基于大数据分析结合监测预警技术，准确研判生猪市场供需形势及行业发展趋势，为生猪生产及疫病防控形势提供重要政策建议，有力支撑国家产业政策的制定和决策。

8. 中油杂 19 标志我国油菜含油量育种迈入世界领先行列

研究团队　中国农业科学院油料作物研究所王新发团队

内容提要　高油、高产、优质、抗病宜机收油菜新品种中油杂 19 突破了油菜高油高产多抗协同改良的难题，平均含油量 50. 09%，是迄今我国冬油菜产区含油量最高、第一个达 50%的品种。2020 年度在长江流域累计示范推广超 300 万亩，在我国冬油菜推广面积中排名第三。亩均产油量增幅达 100. 6%，收入增加 243. 32 元/亩。成功打造多套绿色高效生产模式并在长江流域广泛应用，有力支撑了油菜产业总体效益提高，保障了用油自给率。

9. 口蹄疫病毒样颗粒疫苗迈出产业化关键一步

研究团队 中国农业科学院兰州兽医研究所郭慧琛研究团队

内容提要 实现了衣壳蛋白在体外液体环境中组装 VLPs 的突破。改变了口蹄疫传统灭活疫苗需要完整病毒的抗原制备方式，开启了安全、高效的口蹄疫基因工程疫苗新时代。研发的猪口蹄疫 O 型病毒样颗粒疫苗、牛口蹄疫 O 型病毒样颗粒疫苗均获得国家一类新兽药证书，转化收益已超过3 000万元，为重大动物疫病防控产品的研发开辟了新的方向。

10. 植物工厂水稻快速繁育关键技术实现作物育种方法重大突破

研究团队 中国农业科学院都市农业研究所杨其长研究团队

内容提要 针对水稻等作物育种周期长的重大难题，研发了水稻全生育期光配方及其动态 LED 光环境调控和环境—养分高效协同调控技术，在植物工厂中，实现了矮秆水稻生长周期减半、63 天左右收获的重大突破。显著提升了育种效率，一年可实现水稻育种加代 5~6 代，大大加快了育种速度，为打赢种业翻身仗和保障国家粮食安全提供了全新的技术途径。

11. 烟粉虱劫持植物解毒基因代谢植物毒素

文章题目 Whitefly hijacks a plant detoxification gene that neutralizes plant toxins

发表期刊 *Cell*

学术影响 影响因子：41.584 学科排名：2/295

主要作者 中国农业科学院蔬菜花卉研究所 夏吉星（第一作者），张友军（通讯作者）

内容提要 烟粉虱是一种世界性重大农业害虫，它能为害 600 余种寄主植物。本研究首次发现，烟粉虱通过独特的水平基因转移事件获得了一个植物源的酚糖丙二酰基转移酶基因——*BtPMaT*1，该基因能够使烟粉虱解毒番茄等寄主植物中广泛存在的次生代谢产物酚糖。而且，利用转基因番茄沉默 *BtPMaT*1 基因能破坏烟粉虱对酚糖的解毒能力。本研究揭示了昆虫如何利用水平转移基因来克服宿主的防御，为探索昆虫适应性进化规律开辟新视角，为新一代烟粉虱田间精准绿色防控技术研发提供新思路。

12. 非互营降解石油烃产甲烷的古菌

文章题目 Non-syntrophic methanogenic hydrocarbon degradation by an archaeal species

发表期刊 *Nature*

学术影响 影响因子：49.962 学科排名：1/72

主要作者 农业农村部沼气科学研究所 周卓（第一作者），承磊（通讯作者）

内容提要　长期以来认为石油烃降解产甲烷需要通过细菌和古菌的互营代谢作用完成。本研究从地下油藏富集培养出一种古菌 *Ca*Methanoliparum，经宏组学分析表明其具有烷基辅酶 M 还原酶、甲基辅酶 M 还原酶，并且这些编码基因都是高丰度表达的。实验进一步证实 *Ca*Methanoliparum 不仅可以降解长链烷烃，还可以降解带苯环、环己烷的长链烷基烃（$n \geqslant 12$）。本研究发现了直接降解原油产甲烷的古菌，提出了第五条产甲烷途径，拓展了碳素生物地球化学循环的认知，为开发“地下沼气工程”提供了理论依据。

13. 杂交马铃薯基因组设计

文章题目　Genome design of hybrid potato

发表期刊　*Cell*

学术影响　影响因子：41.584　学科排名：2/295

主要作者　中国农业科学院基因组研究所　张春芝（第一作者），黄三文（通讯作者）

内容提要　将马铃薯从无性繁殖的四倍体改造成种子繁殖的二倍体杂交马铃薯，是农业上的一项重要创新。由于有害的突变，开发高纯合子自交系仍然是一个挑战。该研究选择起始材料中基因组纯合性的百分比和有害突变的数量，S_1 种群中分离扭曲的数量等基因组设计指标，用来推断打破有益和有害等位基因之间紧密连锁的单倍型信息，以及亲本品系的基因组互补性。设计开发了一代纯可育的马铃薯系，从而获得了均匀、有活力的 F_1 代。该研究将马铃薯育种从缓慢、非累积模式转变为快速迭代模式，从而增强了对农民和消费者的广泛利益。

14. 栽培陆地棉地理分化和纤维品质改良的基因组学基础

文章题目　The genomic basis of geographic differentiation and fiber improvement in cultivated cotton

发表期刊　*Nature Genetics*

学术影响　影响因子：38.331　学科排名：2/325

主要作者　中国农业科学院棉花研究所　何守朴（第一作者），杜雄明（通讯作者）

内容提要　大规模调查种质资源的基因组变异对理解作物有利性状的形成和演化至关重要。当前对栽培陆地棉的地理分化和纤维改良的基因组学基础还知之甚少。该研究分析了 3 248个四倍体棉基因组，证实 A06 和 A08 染色体上广泛倒位是栽培陆地棉地理分化的根本原因。研究揭示了这两条染色体上单倍型的多样性可能源自半野生棉，对深入理解栽培陆地棉的适应性进化有重要意义。同时，发现其他棉种的渐渗片段是改良陆地棉纤维品质的关键，为进一步研究陆地棉适应性演化和突破纤维品质改良瓶颈提供了理论依据。

15. 氯法齐明广谱性抗冠状病毒（包括 SARS-CoV-2）的机制研究

文章题目 Clofazimine broadly inhibits coronaviruses including SARS-CoV-2

发表期刊 *Nature*

学术影响 影响因子：49.96 学科排名：1/64

主要作者 中国农业科学院哈尔滨兽医研究所 尹鑫（共同第一作者第二位）

内容提要 本研究发现氯法齐明具有广谱性限制包括新型冠状病毒在内的多种冠状病毒感染的功效，揭示了氯法齐明通过特异性干扰病毒纤突蛋白介导的膜融合，抑制病毒编码解旋酶的活性等抵抗病毒感染的作用机制。证明氯法齐明与瑞德西韦联用有显著协同抗病毒效应，具有临床治疗新型冠状病毒感染的应用价值，为氯法齐明Ⅱ期临床试验的开展提供了数据及理论支撑。

16. 非洲肺鱼基因组揭示脊椎动物水陆过渡

文章题目 African lungfish genome sheds light on the vertebrate water-to-land transition

发表期刊 *Cell*

学术影响 影响因子：41.584 学科排名：2/295

主要作者 中国农业科学院基因组研究所 阮珏（共同第一作者第六位）

内容提要 肺鱼是四足动物现存最近的亲戚，保存了与水陆过渡有关的祖先特征，但它巨大的基因组阻碍了对这一关键转变的深入理解。该研究使用自主开发的三代测序组装算法用很短时间就完成了 1.5TB 的三代校正数据分析，得到迄今为止数据量最大，高达 39.1Gb 的基因组序列，完整度高达 95%，高质量解析了迄今组装难度最大的非洲肺鱼基因组。超长长度的基因与其他基因的表达水平相似，表明肺鱼已经进化出了较高的转录效率来保持基因表达的平衡。该基因组是目前已知最大的脊椎动物基因组，这一成果标志着我国在超大基因组解析方面已经达到国际顶尖水平。

17. 木质纤维素生物质预处理/纤维素酶吸附和酶解的实验和模型耦合研究

文章题目 An insight to pretreatment, enzyme adsorption and enzymatic hydrolysis of lignocellulosic biomass: Experimental and modeling studies

发表期刊 *Renewable & Sustainable Energy Reviews*

学术影响 影响因子：14.982 学科排名：1/44

主要作者 中国农业科学院农业环境与可持续发展研究所 张海燕（第一作者），董红敏（通讯作者）

内容提要 木质纤维素生物质有复杂的木网络结构，酶解过程是一个受多种因素影响复杂多相催化过程。该研究采用试验和模型耦合方法对生物质酶解过程进行综合分析。通过实验研究，比较分析了纤维素酶和底物结构组成特性等不同参数对酶解过程的影响，进一步揭示反应过程机制和关键限速步骤。阐明纤维素可接触比表面积和孔体积是限制酶解的关键因素。该研究深入分析了实验与模型研究间的联系，为优化工艺参数，指导工艺过程提供参考价值。

18. 面向生物燃料生产的乙酸菌工程改造：从细胞生物学到过程工艺提升

文章题目　Engineering acetogens for biofuel production：From cellular biology to process improvement

发表期刊　*Renewable & Sustainable Energy Reviews*

学术影响　影响因子：14.982　学科排名：1/44

主要作者　中国农业科学院饲料研究所　董利锋（通讯作者）

内容提要　乙酸菌是能用于生产乙醇的重要工业用菌。该研究在总结分析乙酸菌代谢过程中的关键机制、影响因素和主要产物的基础上，研究提出了基于细胞生物学的代谢工程技术来扩大乙酸菌代谢产物的思路，阐明了利用发酵过程中合成气体生产生物燃料的过程工艺提升方法，为生物燃料的大规模和工业化生产提供了重要路径。

19. 中国燃料乙醇产业发展现状及未来路径

文章题目　Current status and future prospective of bio-ethanol industry in China

发表期刊　*Renewable & Sustainable Energy Reviews*

学术影响　影响因子：14.982　学科排名：1/44

主要作者　中国农业科学院沼科所　吴波（第一作者），何明雄（通讯作者）

内容提要　当前我国燃料乙醇工业正处于 1 代燃料乙醇向 2 代燃料乙醇转变的关键时期。在对中国燃料乙醇产业政策体系、财政补贴、产业布局及历史产量等进行了全面总结和系统比较分析基础上，该研究建立了一种快速估算我国秸秆资源量的方法，从秸秆原料均衡供应、秸秆预处理、酶解糖化、菌种选育及发酵工艺等方面提出中国未来加快推进秸秆高值利用产业化进程的路径，对秸秆资源化利用、燃料乙醇工业转型升级和“碳中和”目标实现均有较好的指导意义。

20. 基于 WOFOST 模型和 VW-4DEnSRF 同化算法的区域冬小麦产量模拟

文章题目　Regional winter wheat yield estimation based on the WOFOST model and a novel VW-4DEnSRF assimilation algorithm

发表期刊　*Remote Sensing of Environment*

学术影响　影响因子：10.164　学科排名：1/32

主要作者　中国农业科学院农业资源与农业区划研究所　吴尚蓉（第一作者），陈仲新（通讯作者）

内容提要 针对进一步提高基于数据同化的区域作物估产精度的行业需求，该研究提出了新的数据同化算法，并基于作物生长模型和同化算法构建了新的作物估产系统，提升了区域作物产量模拟预测精度。完成了对区域冬小麦产量的定量模拟和估算，证明了该算法在大面积作物产量模拟中的可行性和有效性。为开展大面积作物产量预测提供了新的可行方法，对于保障国家粮食安全具有重要意义。

中国农业科学院 2021 年科技平台建设运行工作进展

2021 年，围绕科技创新中心工作，对照工作矩阵，按照“定位清晰、布局合理、管理科学、运行高效、开放共享”的整体原则，着力推进重大平台谋划、平台体系运行、工作效能提升等工作，服务一流学科与一流院所建设，打造科技创新体系的坚实“底盘”。

一、重大平台建设谋划

有序组织国家重点实验室重组准备工作。一是及时跟踪科技部《重组国家重点实验室体系工作方案》等工作动态，分别于 2021 年 4 月和 12 月两次提交院内签报，汇报科技部的思路要求、相关部门重组动态及推进中国农业科学院国家重点实验室重组的建议。二是按照院领导“抓住机遇，就我院 6 个国家重点实验室重组和新建国家重点实验室提出方案，推进落实”的批示，组织已建及拟建国家重点实验室依托单位完善重组新建方案，并进一步以国家战略需求为导向编制全院重组总体方案。

参与崖州湾国家实验室筹建。一是院主要领导向科技部黄卫副部长等同志汇报生物种业国家实验室建设的必要性及组建思路。二是受海南省科学技术厅委托，会同中国科学院共同修改《崖州湾国家实验室组建方案》。三是按照海南省科学技术厅和农业农村部《关于征求〈崖州湾国家实验室组建方案（征求意见稿）〉意见的函》的安排，作出中国农业科学院支持崖州湾实验室建设的表态，提出推进国家实验室与中国农业科学院等创新主体互为促进发展的建议。

2 个国家野外台站正式获批。寿阳、大理 2 个新建的国家野外台站经建设方案咨询论证、主管部门审核，正式获得科技部批复建设。

组织国家工程实验室、工程中心开展优化整合。组织中国农业科学院 5 个国家工程实验室和 1 个工程中心参加发改委工作推进会，制定优化整合工作方案，召开优化整合工作研讨、初步评价等会议，完成评估材料准备，报送发改委。

院创新条件能力规划编制。统筹中长期科技创新条件能力总体建设发展，进一步组织九大学科集群系统梳理全院创新条件能力基础，谋划未来创新条件体系构架和重点建设任务，完善形成全院设施实验室一张图、基地台站一张网、基建修购一张表，为全院基本建设项目、改善科研条件专项投资提供参考。

二、整体科技平台运行管理

科研设施和仪器开放共享工作顺利完成。通过组织专家到研究所现场辅导、自评报告评议、指导研究所完善自评报告，推动全院科研设施和仪器开放共享考核取得优良成绩。31 个研究所（不包括农经所、信息所、都市所）在 2021 年中央级高校和科研院所重大科研基础设施和大型科研仪器开放共享评价考核中，获得 3 个优秀、23 个良好、5 个合格的成绩。

组织推动国家南繁研究院建设工作。一是在海南省三亚市组织召开“加快南繁硅谷建设推动种业创新发展研讨会”，与海南省农业科学院签署战略合作协议，揭牌成立中国农业科学院—海南农业科学院联合创新中心。二是牵头研究制定国家南繁研究院暨南繁育种研究中心实体化建设工作方案，从体制机制、创新团队、人员聘用等方面明确了工作框架。三是与三亚市人民政府签署共建种业创新实验室建设项目协议书，总建筑面积达 5 万平方米，配套试验用地2 000亩，总投资 6. 98 亿元。

三、生物安全工作及实验室、质检中心安全生产管理推进

谋划生物安全科技创新。一是印发《中国农业科学院关于成立中国农业科学院生物安全研究中心的通知》，组建“1+4”生物安全研究机构。二是印发《中国农业科学院科研活动生物安全管理办法（试行）》，规范生物安全研究活动全链条管控。三是推进中国农业科学院生物安全研究中心建设，编制《中国农业科学院生物安全研究中心“十四五”建设规划》，谋划生物安全科技创新工作。

推进院安全生产检查。落实院党组安排，以实验室安全、生物安全和科研废弃物管理等为重点，制定安全生产检查方案。

附件：中国农业科学院平台目录

附件

中国农业科学院平台目录

一、科学研究平台

国家重大科技基础设施

序号	设施名称	依托单位
1	农作物基因资源与基因改良国家重大科学工程	作科所、生物所
2	国家农业生物安全科学中心	植保所

国家重点实验室

序号	实验室名称	依托单位
1	植物病虫害生物学国家重点实验室	植保所
2	动物营养学国家重点实验室	牧医所、中国农业大学
3	水稻生物学国家重点实验室	水稻所、浙江大学
4	兽医生物技术国家重点实验室	哈兽研
5	家畜疫病病原生物学国家重点实验室	兰兽研
6	棉花生物学国家重点实验室	棉花所、河南大学

省部共建国家重点实验室

序号	实验室名称	依托单位
1	特种经济动物分子生物学省部共建国家重点实验室	特产所

农业农村部综合性重点实验室

序号	实验室名称	依托单位
1	农业农村部作物基因资源与种质创制重点实验室	作科所

（续表）

序号	实验室名称	依托单位
2	农业农村部麦类生物学与遗传育种重点实验室	作科所
3	农业农村部作物有害生物综合治理重点实验室	植保所
4	农业农村部园艺作物生物学与种质创制（蔬菜）重点实验室	蔬菜所
5	农业农村部薯类作物生物学与遗传育种重点实验室	蔬菜所
6	农业农村部农业环境重点实验室	环发所
7	农业农村部动物营养与饲料学重点实验室	牧医所
8	农业农村部农产品加工重点实验室	加工所
9	农业农村部农业基因组学重点实验室（北京）	生物所
10	农业农村部植物营养与肥料重点实验室	资划所
11	农业农村部农产品质量安全重点实验室	质标所
12	农业农村部水稻生物学与遗传育种重点实验室	水稻所
13	农业农村部棉花生物学与遗传育种重点实验室	棉花所
14	农业农村部油料作物生物学与遗传育种重点实验室	油料所
15	农业农村部兽用药物与诊断技术重点实验室	哈兽研
16	农业农村部动物病原生物学重点实验室	兰兽研
17	农业农村部农村可再生能源开发利用重点实验室	沼科所
18	农业农村部现代农业装备重点实验室	农机化所
19	农业农村部动物遗传育种与繁殖（家禽）重点实验室	牧医所
20	农业农村部特种经济动植物生物学与遗传育种重点实验室	茶叶所
21	农业农村部产地环境污染防控重点实验室	环保所
22	农业农村部农业遥感重点实验室	资划所

农业农村部专业性（区域性）重点实验室

序号	实验室名称	依托单位
1	农业农村部作物生理生态重点实验室	作科所

（续表）

序号	实验室名称	依托单位
2	农业农村部北京大豆生物学重点实验室	作科所
3	农业农村部旱作节水农业重点实验室	环发所
4	农业农村部设施农业节能与废弃物处理重点实验室	环发所
5	农业农村部授粉昆虫生物学重点实验室	蜜蜂所
6	农业农村部饲料生物技术重点实验室	饲料所
7	农业农村部农业微生物资源收集与保藏重点实验室	资划所
8	农业农村部面源污染控制重点实验室	资划所
9	农业农村部农业信息服务技术重点实验室	信息所
10	农业农村部作物需水与调控重点实验室	灌溉所
11	农业农村部生物毒素检测重点实验室	油料所
12	农业农村部麻类生物学与加工重点实验室	麻类所
13	农业农村部园艺作物种质资源利用重点实验室	果树所
14	农业农村部果树育种技术重点实验室	郑果所
15	农业农村部兽用药物创制重点实验室	兰牧药
16	农业农村部动物寄生虫学重点实验室	上兽研
17	农业农村部牧草资源与利用重点实验室	草原所
18	农业农村部特种经济动物遗传育种与繁殖重点实验室	特产所
19	农业农村部烟草生物学与加工重点实验室	烟草所
20	农业农村部蚕桑遗传改良重点实验室	蚕业所
21	农业农村部农产品质量安全生物性危害因子（植物源）控制重点实验室	植保所
22	农业农村部蔬菜质量安全控制重点实验室	蔬菜所
23	农业农村部农膜污染防控重点实验室	环发所
24	农业农村部休闲农业重点实验室	环发所
25	农业农村部牧草种质资源与育种重点实验室	牧医所

（续表）

序号	实验室名称	依托单位
26	农业农村部奶及奶制品质量安全控制重点实验室	牧医所
27	农业农村部蜂产品质量安全控制重点实验室	蜜蜂所
28	农业农村部农产品质量安全收贮运管控重点实验室	加工所
29	农业农村部农业转基因生物安全评价（分子）重点实验室	生物所
30	农业农村部草地资源监测评价与创新利用重点实验室	资划所
31	农业农村部农业大数据重点实验室	信息所
32	农业农村部节水灌溉工程重点实验室	灌溉所
33	农业农村部油料加工重点实验室	油料所
34	农业农村部茶叶质量安全控制重点实验室	茶叶所
35	农业农村部兽用化学药物及制剂学重点实验室	上兽研
36	农业农村部草地与农业生态遥感重点实验室	草原所
37	农业农村部草地生态与修复治理重点实验室	草原所
38	农业农村部经济动物疫病重点实验室	特产所
39	农业农村部农产品质量安全环境因子控制重点实验室	环保所
40	农业农村部农业基因数据分析重点实验室	基因组所

农业农村部科学观测实验站

序号	实验站名称	依托单位
1	农业农村部新乡小麦高效育种技术科学观测实验站	作科所
2	农业农村部核辐射农业生物科学观测实验站	作科所
3	农业农村部锡林郭勒草原有害生物科学观测实验站	植保所
4	农业农村部桂林有害生物科学观测实验站	植保所
5	农业农村部廊坊农作物有害生物科学观测实验站	廊坊基地
6	农业农村部蔬菜作物基因资源与种质创制北京科学观测实验站	蔬菜所
7	农业农村部寿阳农业环境与作物高效用水科学观测实验站	环发所

（续表）

序号	实验站名称	依托单位
8	农业农村部兽用药物与兽医生物技术北京科学观测实验站	牧医所
9	农业农村部华北动物遗传资源与营养科学观测实验站	牧医所
10	农业农村部祁阳农业环境科学观测实验站	资划所
11	农业农村部呼伦贝尔农业环境科学观测实验站	资划所
12	农业农村部华北设施栽培与施肥科学观测实验站	德州实验站
13	农业农村部商丘农业环境科学观测实验站	灌溉所
14	农业农村部作物基因资源与种质创制浙江科学观测实验站	水稻所
15	农业农村部作物基因资源与种质创制辽宁科学观测实验站	果树所
16	农业农村部作物基因资源与种质创制河南科学观测实验站	郑果所
17	农业农村部草原畜牧业装备科学观测实验站	草原所
18	农业农村部大理农业环境科学观测实验站	环保所
19	农业农村部西南地区果树科学观测实验站	柑桔所

中国农业科学院重点开放实验室

序号	实验室名称	依托单位
1	中国农业科学院作物种质资源与生物技术重点开放实验室	作科所
2	中国农业科学院作物遗传改良与生物技术重点开放实验室	作科所
3	中国农业科学院粮棉油料作物生理与栽培重点开放实验室	作科所
4	中国农业科学院植物病虫害生物学重点开放实验室	植保所
5	中国农业科学院农药化学与应用技术重点开放实验室	植保所
6	中国农业科学院生物入侵与生物防治重点开放实验室	植保所
7	中国农业科学院杂草鼠害生物学与治理重点开放实验室	植保所
8	中国农业科学院园艺作物遗传与生理重点开放实验室	蔬菜所
9	中国农业科学院农业环境与气候变化重点开放实验室	环发所
10	中国农业科学院旱作节水农业重点开放实验室	环发所

（续表）

序号	实验室名称	依托单位
11	中国农业科学院动物营养学重点开放实验室	牧医所
12	中国农业科学院家养动物遗传资源与种质创新重点开放实验室	牧医所
13	中国农业科学院牧草遗传改良与利用重点开放实验室	牧医所
14	中国农业科学院授粉昆虫生物学重点开放实验室	蜜蜂所
15	中国农业科学院饲料生物技术重点开放实验室	饲料所
16	中国农业科学院农产品加工与质量控制重点开放实验室	加工所
17	中国农业科学院农作物分子生物学与生物技术重点开放实验室	生物所
18	中国农业科学院国家农业政策分析与决策支持系统重点开放实验室	农经所
19	中国农业科学院植物营养与养分循环重点开放实验室	资划所
20	中国农业科学院资源遥感与数字农业重点开放实验室	资划所
21	中国农业科学院土壤质量重点开放实验室	资划所
22	中国农业科学院智能化农业预警技术与系统重点开放实验室	信息所
23	中国农业科学院农产品质量与食物安全重点开放实验室	质标所
24	中国农业科学院农业水资源高效安全利用重点开放实验室	灌溉所
25	中国农业科学院水稻生物学重点开放实验室	水稻所
26	中国农业科学院棉花遗传改良重点开放实验室	棉花所
27	中国农业科学院油料作物生物学重点开放实验室	油料所
28	中国农业科学院茎纤维生物质与工程微生物重点开放实验室	麻类所
29	中国农业科学院麻类遗传育种与生物加工重点开放实验室	麻类所
30	中国农业科学院果树种质资源与育种技术重点开放实验室	果树所
31	中国农业科学院果树生长发育与品质控制重点开放实验室	郑果所
32	中国农业科学院茶及饮料植物产品加工与质量控制重点开放实验室	茶叶所
33	中国农业科学院兽医生物技术重点开放实验室	哈兽研

（续表）

序号	实验室名称	依托单位
34	中国农业科学院动物流感重点开放实验室	哈兽研
35	中国农业科学院人兽共患病重点开放实验室	哈兽研、兰兽研
36	中国农业科学院家畜疫病病原生物学重点开放实验室	兰兽研
37	中国农业科学院草食动物疫病重点开放实验室	兰兽研
38	中国农业科学院新兽药工程重点开放实验室	兰牧药
39	中国农业科学院动物寄生虫学重点开放实验室	上兽研
40	中国农业科学院兽药安全评价与兽药残留研究重点开放实验室	上兽研
41	中国农业科学院草地资源生态重点开放实验室	草原所
42	中国农业科学院特种经济动物种质资源遗传改良重点开放实验室	特产所
43	中国农业科学院农业环境与农产品安全重点开放实验室	环保所
44	中国农业科学院能源微生物重点开放实验室	沼科所
45	中国农业科学院农业机械重点开放实验室	农机化所
46	中国农业科学院烟草遗传改良与生物技术重点开放实验室	烟草所
47	中国农业科学院柑桔学重点开放实验室	柑桔所
48	中国农业科学院北方糖料作物资源与利用重点开放实验室	甜菜所
49	中国农业科学院蚕桑遗传改良与生物技术重点开放实验室	蚕业所
50	中国农业科学院草地农业系统学重点开放实验室	草原生态所
51	中国农业科学院家禽遗传资源评价与繁育重点开放实验室	家禽所
52	中国农业科学院甘薯遗传改良重点开放实验室	甘薯所

农业农村部农产品质量安全风险评估实验室

序号	实验室名称	依托单位
1	农业农村部稻米产品质量安全风险评估实验室（杭州）	水稻所

（续表）

序号	实验室名称	依托单位
2	农业农村部谷物产品质量安全风险评估实验室（北京）	作科所
3	农业农村部油料产品质量安全风险评估实验室（武汉）	油料所
4	农业农村部奶产品质量安全风险评估实验室（北京）	牧医所
5	农业农村部蔬菜产品质量安全风险评估实验室（北京）	蔬菜所
6	农业农村部果品质量安全风险评估实验室（郑州）	郑果所
7	农业农村部果品质量安全风险评估实验室（兴城）	果树所
8	农业农村部柑桔产品质量安全风险评估实验室（重庆）	柑桔所
9	农业农村部茶叶产品质量安全风险评估实验室（杭州）	茶叶所
10	农业农村部蜂产品质量安全风险评估实验室（北京）	蜜蜂所
11	农业农村部农产品质量安全生物性危害因子风险评估实验室（北京）	植保所
12	农业农村部农产品质量安全环境因子风险评估实验室（天津）	环保所
13	农业农村部农产品加工质量安全风险评估实验室（北京）	加工所
14	农业农村部棉花产品质量安全风险评估实验室（安阳）	棉花所
15	农业农村部烟草质量安全风险评估实验室（青岛）	烟草所
16	农业农村部畜产品质量安全风险评估实验室（兰州）	兰牧药
17	农业农村部微生物产品质量安全风险评估实验室（北京）	资划所
18	农业农村部蚕桑产品及食用昆虫质量安全风险评估实验室（镇江）	蚕业所
19	农业农村部糖料产品质量安全风险评估实验室（哈尔滨）	甜菜所
20	农业农村部禽类产品质量安全风险评估实验室（扬州）	家禽所
21	农业农村部动物产品质量安全生物性危害因子风险评估实验室（上海）	上兽医
22	农业农村部动物产品质量安全环境因子风险评估实验室（北京）	环发所
23	农业农村部植物纤维产品质量安全风险评估实验室（长沙）	麻类所

（续表）

序号	实验室名称	依托单位
24	农业农村部特种动植物产品质量风险评估实验室（长春）	特产所
25	农业农村部农产品质量与营养功能风险评估实验室（北京）	营养所
26	农业农村部农产品质量安全肥料源性因子风险评估实验室（北京）	资划所
27	农业农村部动物产品质量安全饲料源性因子风险评估实验室（北京）	饲料所
28	农业农村部农产品质量安全水环境因子风险评估实验室（新乡）	灌溉所
29	农业农村部草产品质量安全风险评估实验室（呼和浩特）	草原所
30	农业农村部生物质发酵产品质量安全风险评估实验室	沼科所

中国农业科学院农产品质量安全风险评估研究中心

序号	研究中心名称	依托单位
1	中国农业科学院谷物产品质量安全风险评估研究中心	作科所
2	中国农业科学院农产品农药残留与生物危害风险评估研究中心	植保所
3	中国农业科学院蔬菜产品质量安全风险评估研究中心	蔬菜所
4	中国农业科学院奶产品质量安全风险评估研究中心	牧医所
5	中国农业科学院蜂产品质量安全风险评估研究中心	蜜蜂所
6	中国农业科学院农产品加工质量安全风险评估研究中心	加工所
7	中国农业科学院食用菌质量安全风险评估研究中心	资划所
8	中国农业科学院稻米产品质量安全风险评估研究中心	水稻所
9	中国农业科学院棉花质量安全风险评估研究中心	棉花所
10	中国农业科学院油料产品质量安全风险评估研究中心	油料所
11	中国农业科学院麻类产品质量安全风险评估研究中心	麻类所
12	中国农业科学院兴城果品质量安全风险评估研究中心	果树所
13	中国农业科学院郑州果品质量安全风险评估研究中心	郑果所

（续表）

序号	研究中心名称	依托单位
14	中国农业科学院茶叶质量安全风险评估研究中心	茶叶所
15	中国农业科学院兰州畜产品质量安全风险评估研究中心	兰牧药
16	中国农业科学院特种经济动植物产品质量安全风险评估研究中心	特产所
17	中国农业科学院农产品产地环境风险评估研究中心	环保所
18	中国农业科学院烟草产品质量安全风险评估研究中心	烟草所
19	中国农业科学院柑桔质量安全风险评估研究中心	柑桔所
20	中国农业科学院蚕业产品质量安全风险评估研究中心	蚕业所
21	中国农业科学院农用水质量安全风险评估研究中心	灌溉所
22	中国农业科学院沼气及发酵产品质量安全风险评估研究中心	沼科所
23	中国农业科学院动物产品质量安全饲料源性因子风险评估研究中心	饲料所
24	中国农业科学院农产品质量安全肥料源性因子风险评估研究中心	资划所
25	中国农业科学院草业产品质量安全风险评估研究中心	草原所

二、技术创新平台

国家工程实验室与国家工程研究中心

序号	研究中心名称	依托单位
1	作物分子育种国家工程研究中心	作科所
2	棉花生物育种及产业技术国家工程研究中心	棉花所
3	耕地保护国家工程研究中心	资划所
4	动物用生物制品国家工程研究中心	哈兽研
5	作物细胞育种国家工程实验室	蔬菜所
6	作物高效用水与抗灾减损国家工程实验室	环发所

（续表）

序号	研究中心名称	依托单位
7	油料油脂加工技术国家地方联合工程实验室（湖北）	油料所

国家工程技术研究中心

序号	研究中心名称	依托单位
1	国家昌平综合农业工程技术研究中心	中国农业科学院
2	国家饲料工程技术研究中心	中国农业大学、饲料所
3	国家油菜工程技术研究中心	华中农业大学、油料所
4	国家茶产业工程技术研究中心	茶叶所
5	国家柑桔工程技术研究中心	柑桔所

中国农业科学院工程技术研究中心

序号	研究中心名称	依托单位
1	中国农业科学院粮食作物育种工程技术研究中心	作科所
2	中国农业科学院生物防治工程技术研究中心	植保所
3	中国农业科学院花卉工程技术研究中心	蔬菜所
4	中国农业科学院农业环境工程技术研究中心	环发所
5	中国农业科学院家畜品种改良与繁育工程技术研究中心	牧医所
6	中国农业科学院蜂产品工程技术研究中心	蜜蜂所
7	中国农业科学院饲料安全工程技术研究中心	饲料所
8	中国农业科学院农产品加工工程技术研究中心	加工所
9	中国农业科学院作物生物技术工程技术研究中心	生物所
10	中国农业科学院新型肥料工程技术研究中心	资划所
11	中国农业科学院农业监测预警与大数据工程技术研究中心	信息所
12	中国农业科学院农产品质量安全工程技术研究中心	质标所

（续表）

序号	研究中心名称	依托单位
13	中国农业科学院双蛋白工程技术研究中心	营养所
14	中国农业科学院节水灌溉工程技术研究中心	灌溉所
15	中国农业科学院超级稻工程技术研究中心	水稻所
16	中国农业科学院棉花工程技术研究中心	棉花所
17	中国农业科学院油料作物分子育种工程技术研究中心	油料所
18	中国农业科学院麻类工程技术研究中心	麻类所
19	中国农业科学院落叶果树工程技术研究中心	果树所
20	中国农业科学院果树瓜类种苗工程技术研究中心	郑果所
21	中国农业科学院茶叶加工工程技术研究中心	茶叶所
22	中国农业科学院动物疫病诊断技术工程技术研究中心	哈兽研
23	中国农业科学院草食动物疫病防控工程技术研究中心	兰兽研
24	中国农业科学院羊育种工程技术研究中心	兰牧药
25	中国农业科学院动物热带疫病防控技术研究中心	上兽研
26	中国农业科学院草原生产力保育工程技术研究中心	草原所
27	中国农业科学院特种动物饲养与饲料工程技术研究中心	特产所
28	中国农业科学院农产品产地环境保护与修复工程技术研究中心	环保所
29	中国农业科学院沼气工程技术研究中心	沼科所
30	中国农业科学院农作物收获装备工程技术研究中心	农机化所
31	中国农业科学院烟草工程技术研究中心	烟草所
32	中国农业科学院全基因组育种设计工程技术研究中心	基因所

国家农作物、畜禽改良中心（分中心）

序号	改良中心（分中心）名称	依托单位
1	国家小麦改良中心	作科所
2	国家大豆改良北京分中心	作科所

（续表）

序号	改良中心（分中心）名称	依托单位
3	国家蔬菜改良中心	蔬菜所
4	国家花卉改良中心	蔬菜所
5	国家马铃薯改良中心华北分中心	蔬菜所
6	国家畜禽分子育种中心	牧医所
7	国家牛奶质量改良中心	牧医所
8	国家水稻改良中心	水稻所
9	国家棉花改良中心	棉花所
10	国家油料作物改良中心	油料所
11	国家麻类作物育种中心	麻类所
12	国家苹果育种中心	果树所
13	国家桃、葡萄改良中心	郑果所
14	国家茶树改良中心	茶叶所
15	国家烟草改良中心	烟草所
16	国家柑桔品种改良中心	柑桔所
17	国家糖料改良中心	甜菜所
18	国家蚕桑育种中心	蚕业所
19	国家禽类实验动物种子中心	哈兽研
20	国家牧草改良中心	草原所
21	国家食用菌改良中心	资划所
22	国家瓜果改良中心	郑果所

现代农业产业技术体系技术研发中心

序号	产业	研发中心名称	依托单位
1	水稻	国家水稻产业技术研发中心	水稻所
2	玉米	国家玉米产业技术研发中心	作科所

（续表）

序号	产业	研发中心名称	依托单位
3	小麦	国家小麦产业技术研发中心	作科所
4	大豆	国家大豆产业技术研发中心	作科所
5	大麦青稞	国家大麦青稞产业技术研发中心	作科所
6	谷子糜子	国家谷子糜子产业技术研发中心	作科所
7	马铃薯	国家马铃薯产业技术研发中心	蔬菜所
8	油菜	国家油菜产业技术研发中心	油料所
9	棉花	国际棉花产业技术研发中心	棉花所
10	麻类	国家麻类产业技术研发中心	麻类所
11	茶叶	国家茶叶产业技术研发中心	茶叶所
12	大宗蔬菜	国家大宗蔬菜产业技术研发中心	蔬菜所
13	肉鸡	国家肉鸡产业技术研发中心	牧医所
14	水禽	国家水禽产业技术研发中心	牧医所
15	蜂	国家蜂产品技术研发中心	蜜蜂所
16	绿肥	国家绿肥技术研发中心	资划所

现代农业产业技术体系综合试验站

序号	产业	试验站名称	依托单位
1	水稻	祁阳综合试验站	资划所
2	小麦	德州综合试验站	资划所
3	棉花	皖南综合试验站	棉花所
4	麻类	沅江苎麻试验站	麻类所
5	绿肥	祁阳综合试验站	资划所
6	苹果	葫芦岛综合试验站	果树所
7	葡萄	豫西与黄土高原综合试验站	郑果所
8	桃	郑州综合试验站	郑果所
9	牧草	鄂尔多斯综合试验站	草原所
10	奶牛	大理综合试验站	环保所

国家农产品加工技术研发中心、分中心

序号	中心名称	依托单位
1	国家农产品加工技术研发中心	加工所
2	国家油菜籽加工技术研发专业分中心	油料所
3	国家杂粮加工技术研发专业分中心	作科所
4	国家饲料加工技术研发专业分中心	饲料所
5	国家柑橘加工技术研发专业分中心	柑桔所
6	国家茶叶加工技术研发专业分中心	茶叶所
7	国家蜂产品加工技术研发专业分中心	蜜蜂所
8	国家人参鹿茸加工技术研发专业分中心	特产所

三、基础支撑平台

国家科技资源共享服务平台

序号	平台名称	依托单位
1	国家作物种质资源库	作科所
2	国家菌种资源库	资划所
3	国家家养动物种质资源库	牧医所
4	国家农业科学数据中心	信息所
5	国家园艺种质资源库	郑果所
6	国家禽类实验动物资源库	哈兽研

国家级野外台站

序号	野外台站名称	依托单位
1	国家农作物种质资源野外观测研究圃网	作科所
2	国家土壤肥力与肥料效益监测站网	资划所

（续表）

序号	野外台站名称	依托单位
3	南方红黄壤地区农业生态环境监测试验站	资划所
4	内蒙古呼伦贝尔草原生态系统国家野外科学观测研究站	资划所
5	河南商丘农田生态系统国家野外科学观测研究站	灌溉所
6	山西寿阳旱地农田生态系统野外科学观测研究站	环发所
7	云南大理农田生态系统野外科学观测研究站	环保所

农业农村部野外科学观测试验站

序号	观测试验站名称	依托单位
1	农业农村部迁西燕山生态环境重点野外科学观测试验站	资划所
2	农业农村部洛阳旱地农业重点野外科学观测试验站	资划所
3	农业农村部呼伦贝尔草甸草原生态环境重点野外科学观测试验站	资划所
4	农业农村部祁阳红壤生态环境重点野外科学观测试验站	资划所
5	农业农村部昌平潮褐土生态环境重点野外科学观测试验站	资划所
6	农业农村部德州农业资源与生态环境重点野外科学观测试验站	资划所
7	农业农村部长白山野生生物资源重点野外科学观测试验站	特产所
8	农业农村部杭州茶树资源重点野外科学观测试验站	茶叶所
9	农业农村部寿阳旱地农业重点野外科学观测试验站	环发所
10	农业农村部鄂尔多斯沙地草原生态环境重点野外科学观测试验站	草原所
11	农业农村部沙尔沁牧草资源重点野外科学观测试验站	草原所
12	农业农村部玉树高寒草原资源与生态环境重点野外科学观测试验站	草原所
13	农业农村部沅江麻类资源重点野外科学观测试验站	麻类所
14	农业农村部廊坊有害生物防治重点野外科学观测试验站	植保所

（续表）

序号	观测试验站名称	依托单位
15	农业农村部锡林浩特草原有害生物防治重点野外科学观测试验站	植保所
16	农业农村部兴城北方落叶果树资源重点野外科学观测试验站	果树所
17	农业农村部武昌花生资源重点野外科学观测试验站	油料所
18	农业农村部商丘农业资源与生态环境重点野外科学观测试验站	灌溉所
19	农业农村部兰州黄土高原生态环境重点野外科学观测试验站	兰牧药
20	农业农村部昌平畜禽资源重点野外科学观测试验站	牧医所
21	农业农村部新乡矮败小麦重点野外科学观测试验站	作科所
22	农业农村部大理农业生态环境重点野外科学观测试验站	环保所
23	农业农村部镇江桑树资源重点野外科学观测试验站	蚕业所
24	农业农村部徐州甘薯资源重点野外科学观测试验站	甘薯所

中国农业科学院野外科学观测试验站

序号	观测试验站名称	依托单位
1	中国农业科学院祁阳红壤生态环境野外科学观测试验站	资划所
2	中国农业科学院呼伦贝尔草甸草原生态环境野外科学观测试验站	资划所
3	中国农业科学院洛阳旱地农业野外科学观测试验站	资划所
4	中国农业科学院迁西燕山生态环境野外科学观测试验站	资划所
5	中国农业科学院昌平潮褐土生态环境野外科学观测试验站	资划所
6	中国农业科学院德州农业资源与生态环境野外科学观测试验站	资划所
7	中国农业科学院长白山野生生物资源野外科学观测试验站	特产所
8	中国农业科学院杭州茶树资源野外科学观测试验站	茶叶所
9	中国农业科学院寿阳旱地农业野外科学观测试验站	环发所
10	中国农业科学院鄂尔多斯沙地草原生态环境野外科学观测试验站	草原所

（续表）

序号	观测试验站名称	依托单位
11	中国农业科学院沙尔沁牧草资源野外科学观测试验站	草原所
12	中国农业科学院玉树高寒草原资源与生态环境野外科学观测试验站	草原所
13	中国农业科学院沅江麻类资源野外科学观测试验站	麻类所
14	中国农业科学院廊坊有害生物防治野外科学观测试验站	植保所
15	中国农业科学院锡林浩特草原有害生物防治野外科学观测试验站	植保所
16	中国农业科学院兴城北方落叶果树资源野外科学观测试验站	果树所
17	中国农业科学院武昌花生资源野外科学观测试验站	油料所
18	中国农业科学院商丘农业资源与生态环境野外科学观测试验站	灌溉所
19	中国农业科学院兰州黄土高原生态环境野外科学观测试验站	兰牧药
20	中国农业科学院昌平畜禽资源野外科学观测试验站	牧医所
21	中国农业科学院新乡矮败小麦野外科学观测试验站	作科所
22	中国农业科学院大理农业生态环境野外科学观测试验站	环保所
23	中国农业科学院镇江桑树资源野外科学观测试验站	蚕业所
24	中国农业科学院徐州甘薯资源野外科学观测试验站	甘薯所
25	中国农业科学院新乡有害生物防治野外科学观测试验站	植保所
26	中国农业科学院天水有害生物防治野外科学观测试验站	植保所
27	中国农业科学院桂林有害生物防治野外科学观测试验站	植保所
28	中国农业科学院廊坊数字水肥野外科学观测试验站	资划所
29	中国农业科学院密云生态农业野外科学观测试验站	资划所
30	中国农业科学院鄂托克旗牧草资源与育种野外科学观测试验站	牧医所
31	中国农业科学院杭州水稻种质资源野外科学观测试验站	水稻所
32	中国农业科学院长江中下游棉花野外科学观测试验站	棉花所
33	中国农业科学院平安油菜育种野外科学观测试验站	油料所

（续表）

序号	观测试验站名称	依托单位
34	中国农业科学院进贤红壤地区油料作物野外科学观测试验站	油料所
35	中国农业科学院汉川转基因油料作物环境安全野外科学观测试验站	油料所
36	中国农业科学院武清转基因生物农田生态系统影响野外科学观测试验站	环保所
37	中国农业科学院藁城农业生态环境野外科学观测试验站	环保所
38	中国农业科学院彭州农产品产地环境野外科学观测试验站	环保所
39	中国农业科学院南京农业机械野外科学观测试验站	农机化所
40	中国农业科学院郑州果树瓜类野外科学观测试验站	郑果所
41	中国农业科学院阿克苏果树瓜类野外科学观测试验站	郑果所
42	中国农业科学院青岛烟草资源与环境野外科学观测试验站	烟草所
43	中国农业科学院张掖牧草及生态农业野外科学观测试验站	兰牧药
44	中国农业科学院苏尼特温带荒漠草原资源与生态环境野外科学观测试验站	草原所
45	中国农业科学院太仆寺旗草地资源生态监测与评价野外科学观测试验站	草原所
46	中国农业科学院葫芦岛落叶果树生理生态及有害生物野外科学观测试验站	果树所
47	中国农业科学院新乡农业水土环境野外科学观测试验站	灌溉所
48	中国农业科学院廊坊蔬菜资源野外科学观测试验站	蔬菜所
49	中国农业科学院信息农业野外科学观测试验站	信息所
50	中国农业科学院数字化文献信息服务系统野外科学观测试验站	信息所
51	中国农业科学院岳阳农业环境野外科学观测试验站	环发所
52	中国农业科学院那曲高寒草原生态与气候变化野外科学观测试验站	环发所
53	中国农业科学院密云农业环境野外科学观测试验站	环发所
54	中国农业科学院共和农业环境野外科学观测试验站	环发所

（续表）

序号	观测试验站名称	依托单位
55	中国农业科学院兰州农业环境野外科学观测试验站	环发所、兰牧药
56	中国农业科学院永宁农业环境野外科学观测试验站	环发所
57	中国农业科学院大荔农业环境野外科学观测试验站	环发所
58	中国农业科学院崇明农业环境野外科学观测试验站	环发所
59	中国农业科学院东营农业环境野外科学观测试验站	环发所
60	中国农业科学院西昌烟草资源与环境野外科学观测试验站	烟草所

国家农业科学观测实验站

序号	观测实验站名称	依托单位
1	国家农业科学土壤质量德州观测实验站	资划所
2	国家农业科学土壤质量祁阳观测实验站	资划所
3	国家农业科学土壤质量昌平观测实验站	资划所
4	国家农业科学土壤质量洛龙观测实验站	资划所
5	国家农业科学植物保护甘谷观测实验站	植保所
6	国家农业科学种质资源管城观测实验站	郑果所
7	国家农业科学农业环境寿阳观测实验站	环发所
8	国家农业科学土壤质量西湖观测实验站	茶叶所
9	国家土壤质量呼伦贝尔观测实验站	资划所
10	国家农业环境商丘观测实验站	灌溉所
11	国家农业环境顺义观测实验站	环发所
12	国家农业环境那曲观测实验站	环发所
13	国家农业环境岳阳观测实验站	环发所
14	国家农业环境玉树观测实验站	草原所
15	国家土壤质量呼和浩特观测实验站	草原所

（续表）

序号	观测实验站名称	依托单位
16	国家农业微生物鄂尔多斯观测实验站	草原所
17	国家植物保护廊坊观测实验站	植保所
18	国家植物保护锡林郭勒观测实验站	植保所
19	国家植物保护桂林观测实验站	植保所
20	国家植物保护临汾观测实验站	蔬菜所
21	国家植物保护西宁观测实验站	油料所
22	国家植物保护兴城观测实验站	果树所
23	国家农业环境大理观测实验站	环保所
24	国家农业微生物双流观测实验站	沼科所

国家农作物种质库

序号	种质库名称	依托单位
1	国家作物种质长期库	作科所
2	国家农作物种质保存中心	作科所
3	农业农村部植物新品种保护办公室植物新品种保藏中心	作科所
4	国家蔬菜中期库	蔬菜所
5	国家水稻中期库	水稻所
6	国家棉花中期库	棉花所
7	国家油料作物中期库	油料所
8	国家麻类作物中期库	麻类所
9	国家西甜瓜中期库	郑果所
10	国家牧草中期库	草原所
11	国家烟草中期库	烟草所
12	国家甜菜中期库	甜菜所

国家农作物种质圃

序号	种质圃名称	依托单位
1	国家种质北京多年生小麦野生近缘植物圃	作科所
2	国家无性繁殖多年生蔬菜种质圃（北京）	蔬菜所
3	国家种质海南野生棉圃	棉花所
4	国家种质武昌野生花生圃	油料所
5	国家种质沅江苎麻圃	麻类所
6	国家果树种质兴城梨、苹果圃	果树所
7	国家果树种质郑州桃、葡萄圃	郑果所
8	国家种质杭州茶树圃	茶叶所
9	国家种质多年生牧草圃	草原所
10	国家种质左家山葡萄圃	特产所
11	国家果树种质重庆柑桔圃	柑桔所
12	国家种质镇江桑树圃	蚕业所
13	国家种质徐州甘薯试管苗库	甘薯所

国家农业检测基准实验室

序号	实验室名称	依托单位
1	国家农业检测基准实验室（农药残留）	环保所
2	国家农业检测基准实验室（生物毒素）	油料所
3	国家农业检测基准实验室（饲料非法添加物）	质标所
4	国家农业检测基准实验室（奶及奶制品污染物）	牧医所
5	国家农业检测基准实验室（重金属）	水稻所

国家质量监督检验中心

序号	质检中心名称	依托单位
1	国家饲料质量监督检验中心（北京）	质标所

（续表）

序号	质检中心名称	依托单位
2	国家化肥质量监督检验中心（北京）	资划所
3	国家植保机械质量监督检验中心	农机化所

部级产品质量监督检验测试中心

序号	质检中心名称	依托单位
1	农业农村部谷物品质监督检验测试中心	作科所
2	农业农村部农药应用评价监督检验测试中心（北京）	植保所
3	农业农村部植物生态环境安全监督检验测试中心（北京）	植保所
4	农业农村部蔬菜品质监督检验测试中心（北京）	蔬菜所
5	农业农村部畜牧环境设施设备质量监督检验测试中心（北京）	环发所
6	农业农村部奶及奶制品质量监督检验测试中心（北京）	牧医所
7	农业农村部蜂产品质量监督检验测试中心（北京）	蜜蜂所
8	农业农村部农产加工品质量监督检验测试中心	加工所
9	农业农村部微生物肥料和食用菌菌种质量监督检验测试中心	资划所
10	农业农村部农产品质量安全监督检验测试中心	质标所
11	水利部节水灌溉设备质量检测中心	灌溉所
12	农业农村部稻米及制品质量监督检验测试中心	水稻所
13	农业农村部转基因植物环境安全监督检验测试中心（杭州）	水稻所
14	农业农村部棉花品质监督检验测试中心	棉花所
15	农业农村部转基因植物环境安全监督检验测试中心（安阳）	棉花所
16	农业农村部油料及制品质量监督检验测试中心	油料所
17	农业农村部转基因植物环境安全监督检验测试中心（武汉）	油料所
18	农业农村部麻类产品质量监督检验测试中心	麻类所
19	农业农村部果品及苗木质量监督检验测试中心（兴城）	果树所
20	农业农村部果品及苗木质量监督检验测试中心（郑州）	郑果所

（续表）

序号	质检中心名称	依托单位
21	农业农村部茶叶质量监督检验测试中心	茶叶所
22	农业农村部实验动物质量监督检验测试中心（哈尔滨）	哈兽研
23	农业农村部动物毛皮及制品质量监督检验测试中心（兰州）	兰牧药
24	农业农村部特种经济动植物及产品质量监督检验测试中心	特产所
25	农业农村部环境质量监督检验测试中心	环保所
26	农业农村部植物生态环境监督检验测试中心（天津）	环保所
27	农业农村部沼气产品及设备质量监督检验测试中心	沼科所
28	农业农村部烟草产业产品质量监督检验测试中心	烟草所
29	农业农村部植物及植物用微生物生态环境安全监督检验测试中心（北京）	生物所
30	农业农村部柑桔及苗木质量监督检验测试中心	柑桔所
31	农业农村部甜菜品质监督检验测试中心	甜菜所
32	农业农村部蚕桑产业产品质量监督检验测试中心（镇江）	蚕业所

国家参考实验室

序号	实验室名称	依托单位
1	国家牛传染性胸膜肺炎参考实验室	哈兽研
2	国家禽流感参考实验室	哈兽研
3	国家口蹄疫参考实验室	兰兽研
4	国家动物血吸虫病参考实验室	上兽研
5	国家马鼻疽参考实验室	哈兽研
6	国家马传染性贫血参考实验室	哈兽研
7	国家动物包虫病专业实验室	兰兽研
8	国家非洲猪瘟专业实验室	哈兽研
9	国家非洲猪瘟区域实验室	兰兽研

获 OIE、FAO 认可的参考实验室、中心

序号	实验室名称	依托单位
1	OIE 禽流感参考实验室	哈兽研
2	OIE 马传染性贫血参考实验室	哈兽研
3	OIE 马流感 Twinning 实验室	哈兽研
4	OIE 口蹄疫参考实验室	兰兽研
5	OIE 禽传染性法氏囊病 Twinning 实验室	哈兽研
6	OIE 人兽共患病亚太区协作中心	哈兽研
7	OIE 羊泰勒虫病参考实验室	兰兽研
8	FAO 动物流感参考中心	哈兽研
9	FAO 沼气技术研究培训参考中心	沼科所

强化国家战略科技力量
推进农业科技高水平自立自强

——唐华俊院长在中国农业科学院使命清单发布会上的讲话

2021年9月16日

各位新闻媒体的朋友们、同志们：

今年是“十四五”开局之年，是向第二个百年奋斗目标进军的起步之年。今天我们召开会议，正式发布中国农业科学院重大使命与“十四五”重点任务清单，启动实施使命清单制度，意义重大而深远。借此机会，我讲三点意见。

一、使命清单是我院创新工程的重大制度创新实践

党的十八大以来，特别是习近平总书记致我院建院60周年贺信以来，中国农业科学院深入贯彻中共中央决策部署，落实乡村振兴战略和创新驱动发展战略，依托国家农业科技创新工程，大力强化创新和转化“两大基石”、人才和条件“两大支撑”、改革和党建“两大保障”，聚焦“四个面向”开展长周期稳定研究和重大任务联合攻关，科技创新和院所建设取得长足进步，为实施使命清单制度奠定了基础。

一是探索建立了国家科研机构科研组织新模式，为实施使命清单制度积累了制度保障。以创新工程为重要抓手，构建了三级学科体系，建立了以三级任务为统领、以科研团队为创新主体、以绩效管理为核心、以稳定支持为特征的农业科研创新模式；通过创新学科布局、任务形成、团队组织、稳定支持、联合攻关、绩效考评等机制，形成科研创新的新生态，解决了农业科研过度竞争，学科方向不稳，创新力量分散、重复等一系列问题，为实施使命清单制度积累了经验。

二是聚焦“四个面向”，全方位提升科技创新能力，为实施使命清单制度提供了条件保障。围绕学科方向，构建316个科研团队，聚焦“四个面向”持续开展科研攻关，努力突破科学前沿和关键核心技术，增强科技创新储备能力。实施人才强院战略，出台以“农科英才特殊支持政策”为核心的一系列人才新政，8年间，引进海外优秀人才283余人，为我院科技创新注入了新鲜血液，培养自有人才600多人，新增国家级人才386人，新增两院院士8人，人才支撑能力显著增强。完善平台体系，构建起三级三类

科研平台体系和四大类基地体系，物质装备水平大幅提升，条件支撑能力显著增强。构建国际合作新格局，合作网络覆盖 100 多个国家科研机构、近 50 个国际组织和私营部门，建有一大批国际合作平台，国际学术影响力持续增强。

三是大幅提升了基础研究与原始创新水平，为实施使命清单提供了源头保障。在创新工程支持下，我院科研产出和国际影响力大幅提升，8 年间共获国家奖 55 项，发明专利获中国专利奖 48 项，在 *Science*、*Nature* 和 *Cell* 三大主刊发表论文 27 篇，取得一系列重大理论突破。农作物基因组学、农作物强杂交优势利用与新品种创制、绿色超级稻培育、动物重大疫病流行机制与疫苗研制等学科方向研究水平已走到世界前列，为中国农业科学院未来发展奠定了雄厚基础。

四是显著提升了科技支撑产业发展的技术水平，为实施使命清单提供了技术保障。瞄准国家重大战略需求，主动服务农业农村主战场，突破一批制约农业发展的关键核心技术，研发了一批带动新兴产业发展的重大产品，全面支撑乡村振兴和农业高质量发展。例如，华浙优 261 水稻大幅度提高了超级稻食味优质化率；中麦 578 小麦首次突破了高产和优质相结合的难关；玉米丰产绿色高效全程机械化技术连续 7 次刷新高产纪录；创制了耐草甘膦大豆新品种中黄 6106；中豆 63 实现了大豆高产优质多抗的协同改良；自主研发出国内首款鸡全基因组选育芯片“京芯一号”；培育出高瘦肉率和高饲料转化率的“中新白羽肉鸭”等新品种；研发的高效 H5/H7 二价禽流感灭活疫苗成功阻断了 H7N9 病毒对人的感染；草地贪夜蛾、非洲猪瘟等动植物疫病综合防治技术也取得了重大进展。8 年来，我院推广了一大批新品种、新产品、新技术，20 多项技术被农业农村部纳入农业主推技术，为保障国家粮食安全作出了重大贡献。

总之，经过创新工程 8 年的实践探索，我院创新能力全面增强，创新效率大幅提升，改革排头兵、创新国家队、决策智囊团地位与作用愈发凸显，为支撑我国农业科技现代化作出了重要贡献。

二、实施“使命清单制度”对中国农业科学院履行农业科研国家队职责使命具有重大意义

中国农业科学院经过 64 年发展，已经形成较为完备的学科、平台、人才体系，特别是创新工程助推我院加快“两个一流”建设，进入新的历史阶段。但也存在基础研究与原始创新薄弱，部分研究所与科研团队使命不清、定位不准、任务分散、产出不优等问题。实施“使命清单制度”，就是为了更加强化国家战略科技力量的使命担当，破解“四唯”倾向，建立需求导向、目标导向、贡献导向的资源配置机制，引导全院进一步聚焦主责主业，做强优势长板，补齐短板弱项，高水平实施农业科技创新工程，推进长周期持续攻关，集中力量解决重大科技问题。

一是筑牢粮食安全压舱石。习近平总书记强调，中国人的饭碗任何时候都要牢牢端在自己手中，我们的饭碗应该主要装中国粮。我院要自觉强化保障粮食安全的使命担

当，深入实施“藏粮于地、藏粮于技”战略，尽快补上基因编辑、合成生物学等技术短板，破解玉米、大豆、生猪、白羽肉鸡等核心种源受制于人的现状，坚决打好种业翻身仗和农业关键核心技术攻坚战，实现重要农产品的种源自主可控，为保障国家粮食安全提供强有力支撑。

二是积极抢占科技竞争制高点。基础研究是整个科学体系的源头，是所有技术问题的总机关。生物、信息、新材料等领域新技术日益涌现，基因编辑、合成生物、人工智能、传感器、大数据等共性技术创新与交叉融合进一步深刻影响农业科技，不断拓展农业属性和功能，正在催生新业态、新产业、新模式。我院要主动应对农业基础研究进展快速、原创技术竞争加剧的严峻挑战，聚焦作物高光效、生物固氮、基因组学等基础科学问题开展研究，努力实现更多“从 0 到 1”的引领性原创突破，支撑农业科技高水平自立自强。

三是加快推动农业绿色发展。推进农业绿色发展是农业发展观的一场深刻革命，是农业供给侧结构性改革的主攻方向。这就要求我院加强农业绿色投入品、化肥农药减施增效、农业节水控水、农业废弃物循环利用、农业污染治理、生态修复与保护等领域的科技创新，系统研究包括土、水、气、种、肥、药、废弃物和生物多样性等农业绿色发展诸要素的内在规律，提高绿色全要素生产率，着力构建支撑农业绿色发展的技术体系，培育推动农业绿色发展的新动能。

四是引领乡村全面振兴。脱贫攻坚取得胜利后，要全面推进乡村振兴，这是“三农”工作重心的历史性转移。作为农业科研国家队，我院必须加快从“一农”向“三农”转变，加大乡村产业技术创新与集成力度，依靠科技支撑乡村产业兴旺，通过创新引领乡村振兴，实现巩固拓展脱贫攻坚同乡村振兴有效衔接。

基于以上重大问题，形成了粮食安全、优质营养、耕地保护、疫病防控、绿色发展、智慧农机、基础研究、前沿技术、资源数据、区域发展十大使命以及“十四五”期间 78 项重点任务，是中国农业科学院新发展阶段的历史使命和责任担当。

三、以使命清单为引领，统筹部署中国农业科学院未来科技创新

中国农业科学院使命清单制度是一项基础性、根本性制度创设，是对科研活动的目标方向和技术路线的系统设计。下一步，要以使命清单为统领，积极争取多方投入，长周期持续攻关，大力强化国家战略科技力量，推动农业科技高水平自立自强，为乡村振兴战略实施提供有力科技支撑。

一是加强原创性、引领性科技攻关，打赢关键核心技术攻坚战。紧紧围绕基础研究与前沿交叉创新领域的重大使命，实施基础与前沿创新行动，重点开展农业生物重要性状形成机制、作物高光效、农业固氮、无融合生殖、养殖动物微生物组、土壤—植物—微生物互作机理、作物有害生物为害机制、动物疫病致病与传播机制、农业面源污染迁移转化等基础科学问题研究，以及基因编辑、合成生物、全基因组选择、农业生物组学

数据算法、先进智能材料、农业遥感与智慧农业、害虫监测预警等前沿技术攻关，力争在世界科技舞台抢占“一席之地”，创制一批自主可控的关键技术。

二是聚焦种子与耕地“两个要害”，推进“藏粮于地、藏粮于技”战略实施。紧紧围绕粮食安全、耕地质量、疫病防控等重大使命，部署推进“强种”“沃田”“增粮”三项重大科技行动，将统筹调度全院优势科技资源，跨所组织学科团队，实施若干项联合攻关重大任务，重点突破粮食作物高产优质和主要畜禽、高端园艺产品种源国产化，从源头保障国家粮食安全；集中突破东北黑土、华北潮土、南方旱地、南方水田、北方盐碱地、后备耕地及设施农地的土壤保育科技瓶颈，推动我国耕地地力的整体提升，为国家粮食安全夯实基础支撑。

三是强化产学研融合，科技支撑乡村全面振兴。紧紧围绕乡村振兴与区域发展等重大使命，加大“科企”“科产”融合创新。大力发展企业“出题、出资”、科研院所“答题”的合作模式，将中国农业科学院创新研发能力同企业的市场能力有机结合，共建一体化研发平台，构建“上中下游”紧密衔接、“政产学研用”深度融合的联合攻关体系。立足不同区域农业差异和产业发展布局，针对东北、华北、长江中下游、华南、西部、西南、北方农牧交错区、青藏区等区域农业发展重大科学问题，加强科技创新、产品创制、技术集成、模式推广，精准、高效推进区域农业现代化。

四是加强学科力量布局，高水平实施农业科技创新工程。围绕我院十大使命，进一步优化升级创新工程，争取国家加大支持力度，在团队稳定支持基础上，加大学科力量布局调整力度，形成纵向创新链条与横向集成网络相互连接的创新体系。强化基础前沿、新兴交叉学科、乡村发展等领域的重点方向布局。构建研究所+中心的学科布局新机制，探索建设若干基础前沿及交叉学科研究中心。紧盯国计民生必保的重点产业，打造若干产业科学中心。围绕区域发展，构建特色鲜明、各有侧重、融合发展的区域中心体系，支撑地方乡村振兴和区域农业农村高质量发展。

五是实施人才强院战略，激发创新活力。要围绕使命清单实施，完善体制机制，营造良好创新生态，构建全力支持创新、全面释放活力的现代科研院所治理体系。实施“高层次人才精准引进行动”，面向海内外精准引进具有国际影响力的急需紧缺型领军人才。构建高质量人才供给体系，按需精准引才、育才。完善农科英才特殊支持政策，不简单“以帽选人”。实施人才分类评价，避免“一把尺子量到底”，健全完善符合人才发展规律，以质量、绩效、贡献为核心的人才评价体系。建立让科研人员把主要精力放在科研上的保障机制，让科研人员从烦琐、不必要的体制机制束缚中解放出来。

谢谢大家！

张合成书记在中国农业科学院“强种科技行动”发布会上的发布词

2021 年 9 月 26 日

尊敬的周红波书记、同志们，新闻媒体的朋友们：

中共中央、国务院高度重视种业振兴。习近平总书记多次强调，农业现代化，种子是基础，必须把民族种业搞上去。2021 年 7 月 9 日，总书记亲自主持会议，审议通过《种业振兴行动方案》，强调必须把种源安全提升到关系国家安全的战略高度，集中力量破难题、补短板、强优势、控风险，实现种业科技自立自强、种源自主可控。为深入贯彻落实十九届五中全会精神，贯彻落实中共中央关于科技创新和“三农”工作、特别是种业振兴的决策部署，贯彻落实习近平总书记致中国农业科学院贺信精神，我院从农业科研国家队的职责使命出发，决定开展“强种科技行动”。这是我院实施“使命清单制度”后，开展的第一项具体行动。在海南省三亚市发布第一项行动，体现了我院全面投入南繁硅谷建设的信心和决心。中国农业科学院“强种科技行动”的核心内容就是实施三大行动，实现“六强”目标，创新五项机制。

一、实施三大行动

一是实施“种业自主创新攻关行动”。重点是集中力量攻关种业关键核心技术，自主培育突破性品种，研发良种良法配套技术和强化种质资源保护利用。目标是到 2030 年，力争实现粮食作物试验单产大幅提升、种源自主可控，推动平均单产稳步提升：水稻从 470 千克/亩提高到 500 千克/亩；小麦从 383 千克/亩提高到 430 千克/亩；玉米从 421 千克/亩提高到 500 千克/亩；大豆从 132.4 千克/亩提高到 170 千克/亩；实现主要经济和园艺作物品种优质高产高效，力争将对外依存度高的西兰花、胡萝卜等品种自主率由 10%提高至 50%以上；推动实现主要畜禽品种国产化，助力肉牛、白羽肉鸡等畜禽种源自给率大幅提升。

二是实施“种业企业创新能力提升行动”。重点是以科企联合研发、构建共享平台支持企业建立研发体系、建立新型研发机构、科企联合转化科技成果、布局种业海外研发中心和繁育基地等为抓手，部署科企融合创新链，为企业提供源头技术供给，提升企业研发能力和种业国际竞争力。

三是实施“种业科技平台建设行动”。重点是推动建设生物种业国家实验室，加强国家种质资源库建设，争取新增建设种业国家重点实验室，打造四大粮食作物科学中心，推动建设分子设计育种中心，形成“基础研究—技术创新—品种创制—大数据智能决策—产业孵化”创新全链条平台支撑。

二、实现“六强”目标

一是强基础理论。要通过开展行动，构筑农业生物精准设计育种的理论基础，大幅提升精准设计育种原始创新能力，努力实现更多引领性原创成果突破，迈入种业科技强国前列。

二是强核心技术。要通过开展行动，尽快补上高效基因编辑、全基因组选择、合成生物、人工智能设计、新一代杂种优势利用等关键核心技术突出短板，抢占育种技术创新制高点，为保障种业安全提供强有力支撑。

三是强种质保护。要通过开展行动，推动种质资源保存数量稳步提升、多样性日益丰富；加快种质资源精准鉴定，推动种质资源高效利用；实现种质资源和遗传育种相互衔接，发挥优异种质品牌效应，向种质资源保护利用强国转变。

四是强重大品种。我国粮食生产连续 17 年丰收，近 6 年年产量都在 1.3 万亿斤以上，年人均占有量超 470 千克，小麦、稻谷等库存处于历史最高水平，粮食安全基础牢固。但是，大豆机械化水平低、品种综合抗性弱、供需缺口很大，玉米自给率与需求的快速增长相比还有差距。要集中力量优先发展主粮作物育种技术，努力创制突破性新品种。

五是强粮食单产。目前四大作物单产与高水平国家都还有不小差距，水稻单产比最高的澳大利亚低 110 多千克/亩；小麦单产最高的新西兰平均单产 657 千克/亩，高出我国近 300 千克/亩；美国玉米平均单产 702.2 千克/亩，我国只有其 60%；大豆单产还不到美国、巴西的 60%。要通过开展行动，选育高产优质新品种、研发绿色高效技术，加大集成示范推广力度，提升粮食作物单产水平。

六是强种源自给。我国白羽肉鸡、肉牛种源自给率、育种效率以及种畜禽生产性能都低于高水平国家，西兰花、胡萝卜、菠菜等蔬菜种子对外依存度高达 90%以上。要通过开展行动，大力培育高产优质多抗、资源高效、功能专用、宜机化和轻简化作物新品种，优质、高产、抗病、高繁等畜禽新品种，打破重要品种供种依赖进口的局面。

三、创新五项机制

今天，我们正式启动“强种科技行动”，打响了实施使命清单制度的“第一枪”。接下来，要高度重视、积极推进、强化保障，确保行动顺利开展、取得实效。

一是任务牵引机制。夯实目标导向的任务组织模式。按照生物类别，设置从基础研究到产品研发的全链条任务，以重大新品种创制和应用为目标，通过新品种培育评价关键基因研究成效，驱动基础研究落地产业应用。按照前沿技术类型，设置共性技术支持类任务，提供共性关键技术研究成果。

二是团队作战机制。以成建制团队为任务承担单元，打破小而散的育种研发模式。按照种业创新链配置人才，组织优势团队围绕有重大价值基因克隆、高效生物育种技术、新品种培育等领域开展一体化攻关，培养智能设计、合成生物等前沿科技人才以及科普、推广等产业化人才。

三是协同共享机制。围绕创新链，将团队建设与资源配置联动考虑，通过“择优委托”等方式实现团队联合作战，形成优势团队创新集群。以产业应用为导向，与企业创新单元互融互促，构建纵向全产业链系统布局和横向关键共性技术集成支撑的创新联合体。

四是多元投入机制。充分发挥创新工程资金自主配置优势，切实加强基础性、战略性和公益性研究的稳定支持。整合全院力量争取种业振兴相关科技项目支持，开展联合攻关。吸引社会资本和金融资本，建立多元投入机制。

五是考评保障机制。根据产业需求导向，科学制定任务考评制度。创新绩效考评方法，以品种考评技术的支撑性，以技术考评基础研究的驱动性。分类设置不同任务考评指标，探索试行问责制，实现能者上、庸者下。

推进种业振兴，是长期任务和系统工程。让我们共同努力，以强烈的政治责任感和历史使命感开展好“强种科技行动”，强化国家战略科技力量，助力打赢种业翻身仗，为全面推进乡村振兴和加快农业农村现代化做出国家队贡献。

农业农村部党组成员、中国农业科学院院长吴孔明在中国农业科学院“沃田科技行动”发布会上的发布词

2021 年 12 月 15 日

同志们，朋友们：

大家好！

今年是中国共产党百年华诞，也是“十四五”和第二个百年奋斗目标的开局之年。今天我们在此召开会议，正式启动实施中国农业科学院“沃田科技行动”，统筹全院科技资源和创新力量，全面强化耕地科研的协同攻关，更好履行国家战略科技力量职责使命，服务国家“藏粮于地”战略实施。首先，我谨代表中国农业科学院，对出席本次会议的领导、专家和新闻界的朋友们表示热烈的欢迎，对大家长期以来给予中国农业科学院的关心支持表示衷心的感谢！

耕地是粮食生产的物质基础，是国家粮食安全的基石。早在 1954 年，毛泽东主席就提出了农业八字宪法“土、肥、水、种、密、保、管、工”，可见耕地在农业生产中占核心地位。党的十八大以来，习近平总书记多次强调，“耕地是粮食生产的命根子”“要像保护大熊猫一样保护耕地”。国家“十四五”规划明确指出，要深入实施“藏粮于地”战略。农业农村部唐仁健部长将确保耕地数量和提升耕地质量作为解决好耕地问题的两大抓手。可以说，中共中央、国务院对耕地问题的重视程度达到前所未有的高度。

我国用占世界 9%的耕地养活了占世界近 20%的人口，得益于土地释放的生产潜力。但总体看，我国耕地资源“三少”特征凸显，即人均耕地少，高质量耕地少，可挖潜耕地资源少。从数量上看，根据“第三次全国国土调查主要数据公报”，我国现有耕地总面积 19. 18 亿亩，人均耕地约 1. 33 亩，人均水平较 1996 年下降 0. 26 亩，人地矛盾日益尖锐。从质量上看，据农业农村部“2019 年全国耕地质量等级情况公报”显示，全国耕地由高到低依次划分为十个质量等级，其中，一等到三等耕地仅占 31%，中低产田占比高达 2/3 以上，优质耕地资源十分紧缺。从生态上看，长期以来的高投入、高产出导致耕地长期处于超负荷利用状态，化肥、农药、灌溉、地膜、秸秆、畜禽粪污以及机械等耕作活动对土壤频繁扰动，带来土壤质量退化、环境污染、生态破坏等问题突出。因此，加强耕地科技创新，加快实现耕地科学保护和利用，迫在眉睫、刻不容缓。

作为国家战略科技力量，中国农业科学院始终致力于解决“三农”发展中公益性、基础性、全局性、战略性、前瞻性的重大科技问题。特别是2017年习近平总书记致我院建院60周年贺信以来，全院上下牢记嘱托，坚守农业科研“国家队”的初心使命，加快农业农村科技创新步伐，为保障国家粮食安全、生物安全、生态安全作出了积极贡献。围绕耕地科技创新，院属10多个研究所组建了30多个创新团队，针对我国东北黑土地、北方干旱半干旱、南方红黄壤和低产水稻土的突出问题，开展了耕地退化、酸化、盐渍化、土壤污染防控等科技攻关，研发并推广应用了一大批土壤改良、地力提升、养分利用、施肥管理、污染修复、遥感监测等关键技术和重大产品，为稳住我国农业基本盘、守好“三农”基础面、实现农业农村高质量发展提供了坚实的科技支撑。先后荣获国家级科技奖励20余项，培养造就了以刘更另院士为代表的一大批耕地和土壤领军人才，铸就了农业农村部三大精神之一的“祁阳站精神”。

当前，“三农”工作重点历史性转向全面推进乡村振兴。站在新时代、新起点、新征程，中国农业科学院深入贯彻落实中共中央关于新发展阶段“三农”工作部署，主动扛起“国之大者”、破解“耕地要害问题”的使命，聚焦“稳产保供”、高标准农田建设、黑土地保护、盐碱地治理、第三次全国土壤普查等国家重大需求，启动实施“沃田科技行动”。

“沃田科技行动”是我院继“使命清单制度”“强种科技行动”后，开展的又一项重要行动，旨在统筹全院优势科技资源与力量，在耕地科技创新、科技平台建设、长期性基础性工作等方面进行顶层设计、战略布局，进行体系化的任务部署，促进耕地科技创新跨越发展。其核心内容有三个方面。一是聚焦耕地突出问题，分区分类消减障碍提升地力。聚焦东北黑土地、北方旱地、南方水田、南方旱地、盐碱地、设施农地及后备耕地“七块地”的关键问题，在“护黑土、肥旱地、阻酸化、保水田、改盐碱、强设施、挖潜力”上下功夫，进行“基础研究—技术研发—产品创制—模式构建”全链条科技创新，突破“土壤组学、生物固氮、养分管理、秸秆还田、有机培肥、污染防控、酸化阻控、盐碱改良、旱作节水、智能装备”十大关键核心技术，着力解决耕地重大科技瓶颈问题。二是强化科技长期性基础性工作，定时定位发现问题摸清规律。优化完善耕地质量联网观测、国家土壤肥力与肥料效益监测、数字土壤与智能监测等，构建全国高效协同的观测监测体系，开展长期固定观测监测和多学科定位试验，查清不同生态类型耕地质量及其要素的演变过程与规律，着力为耕地基础研究、技术研发、产品研制与模式构建等提供客观真实基础数据支撑。三是建设耕地科学重大平台，聚才聚力打造创新高地。强化科技资源整合与机制创新，建设国家耕地科学中心、耕地培育技术国家工程实验室等重大平台，促进学科深度交叉融合和跨院跨所协同攻关，着力打造耕地国家战略科技力量和建设耕地国家战略人才力量。

为确保“沃田科技行动”的顺利实施，我院聘任了周卫院士为耕地科技创新总首席，成立了中国农业科学院国家耕地科学中心，构建起以国家使命为牵引、以卓越创新团队和科学中心为实施主体、以绩效为导向的重大任务联合攻关机制。在工作重心上，大家要始终牢记使命担当，聚焦主责主业，坚持问题和需求导向，着力解决耕地重大科技瓶颈，着力打造耕地国家战略科技力量，建设耕地国家战略人才力量。在工作导向上，大家要注重统筹协调，形成“战略布局、任务牵引、团队作战、协同共享、多元投入、以评促研”的新的工作机制。坚持战略布局，就是要在耕地科技前沿、交叉学科、基础性工作、平台建设等方面进行超前谋划布局；坚持任务牵引，就是要夯实目标导向和效果导向的任务组织形式，设置从基础研究到成套技术产品体系的全链条任务；坚持团队作战，就是要以成建制的团队为任务攻关单元，打破小而散的传统研发模式；坚持协同共享，就是要将团队建设与资源配置联动考虑，构建纵向核心产业系统布局和横向关键共性技术集成支撑的创新联合体；坚持多元投入，就是要实现自主经费稳定支持基础性、战略性和公益性研究，积极争取国家耕地相关科技项目支持，并吸引社会资本和金融资本；坚持以评促研，就是要创新考核评价机制，以示范推广成效考评技术的支撑性，以技术产品认可度考评研究工作的驱动性。

最后，衷心感谢新闻媒体朋友们支持中国农业科学院，也衷心希望大家继续关注农业农村科技发展，用更多样的视角、更丰富的手段讲好“耕地科技创新故事”。希望全院上下锐意进取、开拓创新，凝心聚力，扎实推进“沃田科技行动”，为实现耕地科技高水平自立自强、保障国家粮食安全、促进乡村振兴作出重要贡献。

谢谢大家！

张合成书记在种业创新实验室签约仪式上的讲话

2021 年 9 月 26 日

尊敬的武维华副委员长、周红波书记、王路副省长、肖杰副主任，各位领导、同志们：

首先，十分感谢全国人大武维华副委员长一行，海南省委省政府、省人大，三亚市委、市政府以及相关院士专家、新闻机构对中国农业科学院南繁研究院发展建设的高度重视和关怀支持！我们将认真落实好武维华副委员长和周红波书记的讲话要求。

2018 年 4 月，习近平总书记在考察南繁工作时强调，“国家南繁科研育种基地是国家宝贵的农业科研平台，一定要建成集科研、生产、销售、科技交流、成果转化为一体的服务全国的南繁硅谷。”2019 年 1 月，我和唐华俊院长专题向时任海南省省长的沈晓明同志汇报了中国农业科学院参与建设南繁硅谷的计划。我们的计划得到农业农村部党组、海南省委省政府的高度重视和全力支持。今天，种业创新实验室的正式签约落地，标志着中国农业科学院实施南繁硅谷建设计划的重大项目全面开工。

第一，种业实验室是我院投身南繁硅谷的标志性工程。2019 年 9 月，我院与海南省共同启动建设南繁研究院。2020 年 11 月，南繁作物表型设施项目开工建设；2020 年 12 月，南繁研究院领导班子和工作专班正式入驻海南；2021 年 3 月，教育部①批准招收海南专项研究生，2021 年 9 月 1 日正式入学，今天我们揭牌成立了中国农业科学院研究生院南繁学院；2021 年 5 月，中央编办②批准我院设立的南繁育种研究中心正式挂牌。2021 年 9 月 22 日，中国农业科学院党组决定，全面推进南繁研究院实体化运行，设立南繁硅谷建设稳定支持计划，在当前年均财政和自有资金投入2 000多万元的基础上，提升到每年4 000万元；在目前 7 个创新团队近百名科研人员的基础上，推动进驻南繁硅谷的专家人数力争达到200 名以上。这一系列的安排，充分体现了我院以实际行动贯彻落实习近平总书记重要指示，建设南繁硅谷、聚焦解决种子要害问题、强化国家战略科技力量的责任担当。

中国农业科学院南繁工作已经有近百年的历史，拥有近3 000亩固定的南繁基地，有 11 个研究所、20 多个团队、超过1 000名专家在海南省开展南繁工作，培育了一大

---

① 中华人民共和国教育部，简称教育部。

② 中央机构编制委员会办公室，简称中央编办。

批新品种，获得了一系列国家级重大奖项。这次启动建设种业实验室，标志着我院南繁育种工作开始由田间向“田间+实验室”研究转变、由季节性研究向全天候全年时段研究转变、由单打独斗向协同创新转变、由科研服务工作碎片化向系统化转变、由国内向国际国内转变，必将助力南繁硅谷建设迈出实质性步伐。

第二，构筑育种理论与技术创新的战略高地。种业创新实验室将以主要作物、畜禽和农业微生物为对象，深度融合种质与信息两大资源要素，建立 BT（生物技术）加 IT（信息技术）交叉驱动种业科技创新模式，承接种质资源、理论基础和表型研究等上游重大平台的成果，聚焦育种技术创新、品种精准创制、生物信息等，与作物表型设施等平台有机衔接，形成“基础理论—表型分析—育种技术—品种创制—繁育加工—智能决策—产业孵化”一体化、全链条布局，构筑生物育种理论与技术创新的战略高地。

实验室建设要实现三大目标。一要成为种业理论创新、抢占世界种业科技制高点的重要引擎。要面向世界种业科技前沿，重点解析农业生物重要育种性状协同改良、光能高效利用的遗传基础及信号调控网络等重要农艺性状分子基础，争取每年发掘有重要育种价值的基因和元件 200 个以上，应用育种的基因模块 40~60 个，为重大品种培育提供理论基础和基因资源，在更多学科领域抢占世界科技制高点。二要成为现代生物技术创新、育种关键核心技术突破的前沿阵地。要面向国家重大需求，努力实现基因组编辑、全基因组选择、合成生物学、智能育种等关键技术重大突破，打造现代农业生物育种核心技术体系，支撑突破性新品种设计改良，为培育高产优质、多抗高抗、养分高效利用的水稻、玉米、大豆等作物新品种提供多种方案选择，把握种业创新主动权。三要成为重大品种选育、产学研深度融合的孵化中心。要面向现代农业建设主战场，以粮食、蔬菜、畜禽等关系国计民生的重要农产品种源自主可控、品种高产高效为目标，创新集成配套技术，力争每年培育优异作物种质资源、突破性育种亲本，联合企业深度孵化、系统提升新品种新技术商业化应用水平，引领农业农村现代化发展。

第三，打造国际一流的种业科研重大设施。2021 年 9 月 16 日，我院发布了 10 项重大使命和“十四五”期间 78 项重点任务清单，今天又启动了“强种科技行动”，系统部署了三大行动、“六强”目标和五项运行机制。建设种业创新实验室是我们实施强种行动的关键举措。我们将充分利用海南省的区位优势、气候优势和政策优势，在农业农村部党组、海南省委省政府的领导下，扎实落实习近平总书记对我院“两个一流”建设的重要指示，按照骨干设施、国之重器、标志性工程的标准，由万建民、王汉中、胡培松、钱前等院士团队领衔，打造国际一流的种业实验室。

一要建设现代化设施。建成自动化、高精度、高通量的育种基因挖掘、前沿技术创新、重大品种培育等种业创新全链条、智能化分析平台，打造国际一流的现代化科研设施。

二要实现数字化管理。通过多组学信息高效采集与数字化处理，建立主要粮食作物、经济作物和畜禽种质标准化组学整合数据库，实现人工智能技术支撑、决策支撑，大幅提升基因挖掘、鉴定利用、技术创新和品种培育效率。

三要实行开放式运行。面向全国、面向全球，开放共享种业创新平台，鼓励国内外科研团队、科研院校、企业在种业实验室开展交叉融合研究和大兵团联合攻关，形成生物联合育种的公共平台，提升我国种业创新的国际影响力。

让我们共同努力，早日把南繁硅谷建成全球种业科技创新中心。

谢谢大家！

中国农业科学院关于印发《中国农业科学院青年创新专项实施办法》的通知

农科院科〔2021〕138 号

院机关各部门、院属各单位：

为进一步激发全院青年科研人员创新活力，持之以恒加强基础研究和应用基础研究，推动青年人员勇闯“无人区”，在“前沿性、原创性、颠覆性、非共识性”基础理论与关键技术方面深入研究，经中国农业科学院 2021 年第 15 次常务会议审议通过，现将《中国农业科学院青年创新专项实施办法》印发给你们，请遵照执行。

中国农业科学院

2021 年 11 月 26 日

中国农业科学院青年创新专项实施办法

第一章 总 则

第一条 为加强青年人才队伍建设，激发青年科研人员创新活力，特设立青年创新专项资助（以下简称青创专项），推动中国农业科学院青年人才快速成长，培养造就一批有望进入世界农业科技前沿的优秀青年科学家。

第二条 青创专项坚持面向世界农业科技前沿、面向国家重大需求、面向现代农业建设主战场和面向人民生命健康，聚焦“突出原创、鼓励探索、聚焦前沿、交叉融合”，支持一批具有前沿性、原创性、颠覆性、非共识性的科研任务，引导和激励青年科研人员开展基础前沿理论与关键技术创新，在发展新理论、新方法、新技术方面取得原始创新成果，为农业科技创新提供重要理论和技术支撑。

第三条 青创专项实行任务制管理方式，由中国农业科学院科技管理局负责组织实施和日常管理。

第四条 科技管理局在专项管理过程中履行以下职责：

（一）制定并发布年度申报通知；

（二）受理任务申请；

（三）组织专家进行评审；

（四）批准资助任务；

（五）管理和监督资助任务实施。

第五条 任务经费的管理和使用必须符合国家、中国农业科学院、研究所有关经费管理和财务制度。

第六条 任务的立项、遴选和管理工作遵循“公开评选、不拘一格、大胆放手”原则和“平等竞争、科学民主、激励创新”的运行机制，破除“唯论文、唯帽子、唯职称、唯学历、唯奖项”的“五唯”标准，执行回避和保密的有关规定。

第二章 申 请

第七条 科技管理局在广泛听取意见和专家评审组论证的基础上制定年度专项申报方案，每年 10 月发布申报通知，11 月接收申请。

第八条 申请人应当具备以下条件：

（一）中国农业科学院正式在编职工，拥护中国共产党的领导，政治立场坚定；

（二）申请当年 1 月 1 日（含）未满 35 周岁；

（三）具有博士学位；

（四）至少主持 1 项国家自然科学基金项目；

（五）以第一（含共同第一）作者发表 JCR 一区论文至少 3 篇，或第一（含共同第一）作者发表单篇论文当年影响因子不小于 10；

（六）具备良好科学道德，自觉践行新时代科学家精神。

第九条 为避免重复支持，以下人员不得申请：

（一）中国农业科学院农科英才支持计划经费支持期内的；

（二）作为负责人正在承担青创专项的。

第十条 申请人按照年度申报通知要求提出书面申请，并对其提交申请材料的真实性负责。

第三章 遴选与立项

第十一条 遴选机制。任务立项采用院所两级遴选，研究所根据本单位实际情况进行遴选推荐，院级采用通讯评审和会议汇报咨询评议相结合的方式进行遴选。

第十二条 推荐名额。各研究所推荐名额根据上年度中国农业科学院研究所评价结果实行限额推荐。综合实力排名前十位的研究所推荐不超过 3 项，排名后十位的研究所推荐不超过 1 项，其他研究所推荐不超过 2 项。

第十三条 科技管理局负责牵头组建专项评审专家库并开展院级遴选。

第十四条 任务遴选重点考虑以下内容：

（一）近 5 年取得的科研业绩；

（二）提出创新思路和开展创新研究的潜力；

（三）对本学科领域或者相关学科领域发展的推动作用；

（四）拟开展研究工作的创新性构思、研究方向、研究内容和研究方案等。

第十五条 同行专家库原则上由院外专家构成，重点选择 45 周岁以下，近 5 年在前沿热点领域有突出贡献的科学家。

第十六条 通讯评审。科技管理局根据上报的任务申请书，从同行专家库中随机抽取 5 位专家进行通讯评审，对研究内容相近的任务选择同一组专家评审。每项任务有效评审意见不得少于 5 份。原则上通讯评审结果排名前 2/3 的任务进入会议汇报咨询评议环节。

第十七条 会议评议。科技管理局统一组织，按照“作物园艺”“畜牧兽医”及“其他”三类进行分组，每组 7~9 位评议专家，评议专家根据任务负责人答辩情况进行现场打分。

第十八条 遴选结果与公示。任务综合评分由通讯评审和会议评议组成，按照综合评分择优立项，原则上每年资助 30 项。评审结果在全院范围内公示，科技管理局负责受理公示期质疑，并进行调查和复议。

第十九条 审议发文发布。经公示无异议的拟资助任务，报院常务会议审议通过，最终由科技管理局发文公布。

第四章 实施与管理

第二十条 每个任务资助经费为150万元，资助期限为3年，每年50万元。任务负责人在资助期内若获得农科英才经费支持的，科技管理局会同人事局商议后续支持事宜。

第二十一条 科技管理局与任务承担单位、负责人正式签订任务书，明确研究内容、实施方案、总体目标、绩效考核指标、参加人员和年度经费预算数（含科目预算），按财政年度管理，建立长期稳定支持与动态调整相结合的管理机制。

第二十二条 任务执行期内研究所给予任务负责人以下支持：

（一）优先保障研究生招生指标；

（二）配备科研助理；

（三）独立的签字权；

（四）给予开展研究的工作条件；

（五）配备合作指导导师；

（六）符合高级职称评审条件的，参加职称评审时可优先考虑。

第二十三条 任务负责人应切实履行责任，在任务书中明确工作方案，确定具体实施方式，全面把握实施进展情况。

第二十四条 任务执行过程中负责人可在研究方向不变、不降低考核指标的前提下，自主调整研究方案和技术路线，鼓励任务负责人赴国际一流科研院所等开展学术访问交流。

第二十五条 任务实施过程中，负责人不得变更。有下列情形之一的，研究所应当及时提出终止任务实施的申请，报科技管理局批准；科技管理局也可以直接作出终止任务实施的决定：

（一）不再是中国农业科学院在编职工的；

（二）不能继续开展研究工作的；

（三）有剽窃他人科学研究成果或者在科学研究中有弄虚作假等行为的；

（四）无正当理由不按照要求开展相关考核的；

（五）支持期内未按时报送年度报告的。

第二十六条 任务实施期间，按照院统一部署，实行“年度报告和期满考核”绩效管理。

第二十七条 任务年度报告以简报的形式对任务研究进展和阶段性成果进行总结梳理，包括成果产出情况和社会影响方面等内容，每年1月底前提交科技管理局。对未按时提交和进展较差的，视情节进行动态调整。

第二十八条　任务期满考核采用通讯评审和会议评审的形式进行，任务负责人按要求填写期满考核报告，科技管理局组织同行专家进行评审。

第二十九条　任务执行期满，根据评审专家的意见，对取得创新突破、较大应用前景、考核为优秀的任务实行滚动支持，滚动支持期限不超过 1 期（3 年）。

第三十条　专项经费纳入院所财务统一管理，单独核算，专款专用。经费使用须严格执行安排青创专项资金的相应专项管理办法规定，用于开展青年创新任务相关工作开支，任何团队、个人不得克扣或挪用。

第五章　附　则

第三十一条　任务形成的科研成果必须以任务负责人为第一完成人，承担单位为第一完成单位。

第三十二条　每年资助任务数量可依据经费情况进行调整。

第三十三条　本实施办法由科技管理局负责解释。

第三十四条　本实施办法自印发之日起施行。

中国农业科学院关于农产品加工研究所等3个研究所变更科技创新工程科研团队首席科学家的批复

农科院科〔2021〕38号

农产品加工研究所、食物与营养发展研究所、哈尔滨兽医研究所：

你们关于调整科技创新工程科研团队首席科学家的请示收悉。经研究，现批复如下：

一、同意农产品加工研究所“农产品真菌毒素防控”团队首席由刘阳调整为邢福国。

二、同意食物与营养发展研究所“食物营养与安全”团队首席由秦玉昌调整为王靖。

三、同意哈尔滨兽医研究所“禽免疫抑制病”团队首席由王笑梅调整为高玉龙。

请按照管理办法等相关文件要求，签订首席科学家聘用合同，督促做好工作交接，明确任务目标，加强团队管理，按要求对设置两年试用期的首席做好期满考核工作，确保科技创新工程各项任务顺利实施。

特此批复。

中国农业科学院

2021年4月28日

中国农业科学院关于同意成立“中国农业科学院农业农村碳达峰碳中和研究中心”的批复

农科院科〔2021〕64 号

中国农业科学院农业环境与可持续发展研究所：

《中国农业科学院农业环境与可持续发展研究所关于组建中国农业科学院农业农村碳达峰碳中和研究中心的请示》（农科环发科〔2021〕17 号）收悉。为加快落实国家碳达峰碳中和重大战略部署，切实履行我院作为国家战略科技力量和农业科研国家队的职责使命，经 2021 年 6 月 21 日第 7 次院常务会议研究，同意成立“中国农业科学院农业农村碳达峰碳中和研究中心”。该中心为院级非法人研究类中心，不设人员编制，所需办公场所、人员、经费均由环发所内部调剂解决。你所作为中心依托单位，应切实履行法人责任，加强对中心的支持、监督和管理，制定管理办法，规范运行机制，着力发挥好中心作用，聚合相关研究所科研力量，尽快建成一流的农业农村碳达峰碳中和决策咨询平台、研究体系和服务体系，为国家碳达峰碳中和提供重要科技支撑。

特此批复。

中国农业科学院

2021 年 6 月 30 日

中国农业科学院关于印发《中国农业科学院重大科技产出奖励办法（试行）》的通知

农科院科〔2021〕20 号

院属各单位、院机关各部门：

为进一步优化我院科技产出评价导向，规范产出奖励工作，科技管理局组织制定了《中国农业科学院重大科技产出奖励办法（试行）》。

该办法已经中国农业科学院 2021 年第 3 次院常务会审议通过，自 2021 年 2 月 1 日起施行。

中国农业科学院

2021 年 2 月 24 日

中国农业科学院重大科技产出奖励办法（试行）

第一章　总　则

第一条　为奖励我院在科研工作中取得突出业绩的单位和个人，鼓励全院科研人员围绕“四个面向”积极投身原创性、高水平科技创新活动，取得重大成果产出，支撑农业农村高质量发展，推动我院实现“两个一流”和“跨越发展”，特制订本办法。

第二条　重大科技产出奖励范围包括：获得国家科技奖励的成果、重大科学发现、重大产品创制、重大技术突破和重大智库报告。

第三条　对重大科技产出实行物质奖励与精神奖励相结合的奖励方式。

第四条　奖励原则：

（一）符合“面向世界农业科技前沿、面向国家重大需求、面向现代农业建设主战场、面向人民生命健康”要求，与国家重大战略实施和鼓励发展的产业密切相关。

（二）符合农业供给侧结构性改革和绿色发展要求，重大科学突破能够为关键核心技术的解决提供理论支撑，对农业农村科技进步具有较大影响；重大产品创制应具备广泛的应用前景，潜在的经济效益、社会效益或生态效益明显，对未来农业产业发展能发挥较强助推作用。

（三）紧扣中国农业科学院核心使命，能够突出体现科技创新水平和成效，符合中国农业科学院“两个一流”和“跨越发展”的要求。

（四）综合考虑科技产出的创新水平、产业影响和创新贡献，坚持实事求是、优中选优、宁缺毋滥。

第五条　院科技管理局牵头负责院重大科技产出奖励有关工作。

第二章　对获得国家科技奖励成果的奖励

第六条　获得国家科技奖励的成果是指以院属各研究所为第一完成单位获得的国家科学技术奖，包括国家最高科学技术奖、国家自然科学奖、国家技术发明奖、国家科学技术进步奖。

第七条　对获得国家科技奖励的成果按照国家科学技术奖奖金标准进行 1 : 1 配套奖励，并在院年度工作会上予以表彰。

第三章 对重大科学发现的奖励

第八条 重大科学发现是指围绕农业领域自然科学现象、科学理论、研究方法及手段有重要发现、突破性创见或原始性创新，具有重大科学价值，为国内外首次提出或首次阐明、得到国内外学界公认的基础研究成果。

第九条 入选重大科学发现须有标志性论文作为支撑。标志性论文要求第一作者（含并列）第一机构或通讯作者（含并列）第一机构须为院属单位，且为当年1月1日至12月31日以纸质或电子版形式正式发表。

第十条 对于标志性论文有不同单位的第一作者同等贡献，或第一作者与通讯作者标注多个所属单位的，按作者单位实际排序先后判定，我院排在最先的视为第一作者与通讯作者单位。

第十一条 重大科学突破标志性论文的标准根据每年院属单位整体论文情况提出，原则上应为发表在 *Cell*、*Nature*、*Science* 主刊及相近水平学术刊物的重大科学突破。

第十二条 对重大科学发现每项奖励10万元，每年度奖励的重大科学发现不超过10项。对于满足第一作者单位和通讯作者单位条件，但有不同单位的多名通讯作者时，给予50%奖励。

第四章 对重大产品创制、重大技术突破和重大智库报告的奖励

第十三条 重大产品创制是指国家审定通过或登记的主要农作物和畜禽新品种（品系）、新农药、兽药、肥料、饲料添加剂和农机新产品等的创制工作。

第十四条 主要农作物品种的入选要求。对以院属各研究所为第一培育单位（以品种审定证书为依据），上一年度推广面积排名全国前五位且推广面积超过100万亩的水稻、小麦、玉米、棉花、大豆、油菜、马铃薯品种进行表彰奖励；上一年度推广面积排名全国前五位且推广面积超过20万亩的蔬菜、杂粮及其他经济与园艺农作物品种进行表彰奖励。推广面积以全国农技推广中心年度统计数据为准，单个品种不重复奖励。

第十五条 其他重大产品的入选要求。畜禽新品种（配套系）、国家一类新兽药、新农药、饲料和饲料添加剂、肥料和肥料增效剂等产品的第一完成单位须为院属单位，且在当年获得国家有关主管部门的审核批准，取得相关证书。

第十六条 重大技术突破是指被农业农村部认定为年度重大新技术的创新工作。

第十七条 重大智库报告是指获得党和国家主要领导人批示的咨询报告。

第十八条 对重大产品创制、重大技术突破和重大智库报告每项奖励10万元，每年度表彰奖励的总数不超过10项。

第五章　附　则

第十九条　本办法由院科技管理局负责解释。

第二十条　本办法自发布之日起试行。

中国农业科学院关于成立中国农业科学院生物安全研究中心的决定

农科院科〔2021〕24号

院属相关研究所：

贯彻落实习近平总书记关于科技事业发展要坚持“面向人民生命健康”的重要指示，全面落实《中华人民共和国生物安全法》关于强化生物安全能力建设的要求，中国农业科学院主动入位、积极部署，强化使命指引与任务落实，完善全院生物安全创新体系布局，制定《中国农业科学院落实生物安全法加强生物安全创新工作方案》（以下简称方案），并经2021年第3次院常务会议审议通过。

落实方案的工作部署，现决定成立全院“1+4”的生物安全研究机构，委托上海兽医研究所成立中国农业科学院生物安全研究中心，分别委托哈尔滨兽医研究所、植物保护研究所、生物技术研究所和上海兽医研究所成立中国农业科学院动物生物安全研究分中心、植物生物安全研究分中心、生物技术与生物安全研究分中心和生物安全共性技术与政策研究分中心。生物安全研究中心负责为院生物安全科学委员会办公室提供技术支撑，对接上级部门生物安全管理工作安排，落实院生物安全科学委员会日常工作部署。四个分中心负责组织领域内研究所推进国家生物安全监管、决策的支撑工作和生物安全创新任务谋划实施的协调会商。

“1+4”的生物安全研究中心均为非法人机构的学术型科研协作组织，不设人员编制，所需办公场所、人员、经费均由依托单位内部调剂解决。中心依托单位应履行法人责任，加强对中心的支持、监督和管理。

中国农业科学院

2021年3月4日

中国农业科学院办公室关于印发《中国农业科学院科研活动生物安全管理办法（试行）》的通知

农科办科〔2021〕25 号

院机关各部门、院属各单位：

为进一步规范和加强科研活动生物安全管理，根据国家有关法律法规和标准，我院研究制定了《中国农业科学院科研活动生物安全管理办法（试行）》，并经 2021 年第 3 次院常务会议审议通过，现印发给你们，请遵照执行。

中国农业科学院办公室

2021 年 3 月 18 日

中国农业科学院
科研活动生物安全管理办法（试行）

第一章　总　则

第一条　为贯彻落实总体国家安全观，加强我院科研活动生物安全管理，根据《中华人民共和国生物安全法》《病原微生物实验室生物安全管理条例》《农业转基因生物安全管理条例》《植物检疫条例》《实验室生物安全通用要求》等国家法律、法规、标准，结合我院实际，制定本办法。

第二条　科研活动生物安全是在涉及动植物疫病和外来生物入侵等的农业科学研究，以及转基因等生物技术研发、应用中，有效防范危险生物因子及相关因素对人员健康和生态环境所造成的威胁和伤害。从事动植物疫病、转基因、外来生物入侵、实验动物相关实验活动的单位，均参照本管理办法执行。

第三条　维护科研活动生物安全应当坚持以人为本、风险预防、分类管理、协同配合的原则，切实防范重大生物安全事故发生，切实保障我院科技创新工作的安全、平稳、高效开展。

第四条　以科研链条为主线，统筹布局防控体系，建立健全科研过程生物安全风险防控机制，完善事前的单位风险评估、项目申报审查机制，完善事中的标准化管理、跟踪检查、成果发布审查机制，完善事后的存档与可追溯管理机制。

第二章　组织及职责

第五条　科研活动生物安全工作落实分级责任制。院级负责全院生物安全管理工作的指导和监督。研究所负责本单位生物安全相关活动的监督、管理。生物安全相关创新团队和部门负责在科研前期准备、科研全过程以及后续工作中落实生物安全管理具体责任。实际操作人员按照职责分工，承担生物安全管理直接责任。研究所全面落实本单位生物安全管理主体责任，研究所法定代表人是本单位生物安全第一责任人。

第六条　院级设立院生物安全科学委员会，牵头生物安全指导、监督工作。院生物安全科学委员会设立办公室，挂靠科技管理局，负责对接上级部门生物安全管理工作安排，落实院生物安全科学委员会日常工作部署。研究所设立所生物安全委员会，负责本所生物安全相关事宜的咨询、评估、监督等工作。研究所设所生物安全管理办公室，全面负责本单位生物安全管理工作。

第三章　科研活动全流程管理

第七条　研究所依据国家相关法律、法规、标准，对照本所学科布局和科研工作特点，围绕各级各类生物安全管理对象，建立相应的管理细则、规程、手册等生物安全管理制度体系。生物安全相关创新团队和部门按照国家标准、研究所制度，结合科研实际情况，编制标准操作规程等安全内控体系文件，明确使用权限及资格要求、潜在风险、技术规范、操作规程、防护措施等。

第八条　建立生物安全风险评估规程。研究所组织生物安全相关创新团队和部门，在开展高致病性病原微生物相关研究，以及高风险、中风险（根据国家生物安全目录）生物安全相关研究活动前，进行生物安全风险评估，并制定风险控制计划与措施，防止危害生物因子扩散，降低研究、开发活动的实施风险。

第九条　建立生物安全活动和项目审查规程。生物安全相关创新团队和部门，在高致病性病原微生物、高风险和中风险（根据国家生物安全目录）生物安全相关研究的项目申报和活动实施前，在生物安全相关国际合作交流活动、境外资金经费支持的生物安全相关科研活动开展前，应向研究所提交生物安全审查申请。所生物安全管理办公室应根据国家相关规定，进行生物安全审核和备案。

第十条　建立标准化管理规程。生物安全相关创新团队和部门在开展生物安全活动时，应该按照安全内控体系文件，应用标准化技术规范、操作规程，采取标准化安全防范措施。

第十一条　建立跟踪检查规程。研究所应建立本单位高致病性病原微生物、高风险和中风险（根据国家生物安全目录）生物安全相关研究任务开展、科研项目实施等情况的清单，开展中期考察和日常监督，完善生物安全相关活动的全过程管理。

第十二条　建立成果发布审查规程。生物安全相关创新团队和部门，在高致病性病原微生物、高风险和中风险（根据国家生物安全目录）生物安全相关研究成果发布前，应经过研究所审批。研究所建立本单位高致病性病原微生物、高风险和中风险（根据国家生物安全目录）生物安全相关研究成果发表情况的清单。

第十三条　建立追溯管理规程。研究所建立涉及生物安全相关活动的档案，记录实验活动全过程和安全检查情况，分级分类确定档案保存期限并做好保存工作。

第十四条　建立人员健康监护规程。研究所对涉及病原微生物、实验动物等研究活动的相关工作人员进行健康监护，每年组织对其进行体检，并在上岗前、离岗时或者根据职业暴露情况，针对其所从事实验活动涉及的病原微生物进行体检、采集留存血清等适宜生物材料样本，建立健康档案。必要时，应对实验室工作人员进行预防接种并评估免疫效果。

第四章 病原微生物安全管理

第十五条 病原微生物安全管理应严格执行《中华人民共和国生物安全法》《病原微生物实验室生物安全管理条例》《动物病原微生物分类名录》《高致病性动物病原微生物实验室生物安全管理审批办法》等国家相关法律、法规、标准。

第十六条 研究所开展高致病性病原微生物实验活动时，应符合国家相关规定，经相应管理机构批准后方可实施。

第十七条 高等级病原微生物实验室应在获得国家相关机构颁发的资格证书，并根据国家法律法规要求获得相应部门的实验活动批复文件后，方可在批准时间内从事允许范围内的高致病性病原微生物相关实验活动。

第十八条 生物安全相关创新团队和部门从事病原微生物相关实验活动，应当严格按照有关国家标准和实验室技术规范、操作规程，采取安全防范措施。生物安全相关创新团队和部门在采集病原微生物或者疑似病原微生物样本时应当采取相应措施防止病原微生物扩散和感染，并对样本的来源、采集过程和方法等作详细记录。

第十九条 研究所要严格病原微生物菌（毒）种和样本的保管，制定严格的管理制度，指定专人负责，做好病原微生物菌（毒）种和样本接收、使用、流向、销毁记录。对高致病性病原微生物菌（毒）种和样本管理应建立保卫制度，设专库或者专柜单独储存，双人双锁，实时监控，严防泄漏、丢失或被盗、被抢。

第二十条 研究所从境外引进动物病原微生物菌（毒）种或者样本的，应当报农业农村部批准。其中，因科学研究等特殊需要，引进禁止进境物的，应依法取得批准。

第二十一条 研究所在高致病性病原微生物菌（毒）种或者样本运输时，应按照国家相关规定进行包装，并提前上报农业农村部进行病原运输审批。

第二十二条 研究所要依法处置病原微生物实验废弃物，确保废水、废气以及其他废弃物达到生物安全要求和无害化标准，保存废弃物处理和病原微生物灭活效果验证记录。

第五章 实验动物安全管理

第二十三条 实验动物安全管理应严格执行《中华人民共和国生物安全法》《实验动物管理条例》《实验室动物环境及设施》（GB 14925—2010）等国家相关法律、法规、标准。

第二十四条 开展实验动物相关实验必须取得相关部门颁发的许可证书，并按照证书许可范围从事动物实验。开展实验动物相关实验应当采取措施加强对实验动物的管理，防止实验动物逃逸。

第二十五条 生物安全相关创新团队和部门所使用的标准化实验动物必须具有动物

供应部门或单位提供的《实验动物质量合格证明》，非标准化实验动物在使用或入场前要完成再次检疫。生物安全相关创新团队和部门从国外引进实验动物必须按照国家相关规定进行。

第二十六条 研究所应当根据实验要求或国家相关规定，组织生物安全相关创新团队和部门，对必须预防接种的实验动物进行接种。

第二十七条 研究所应组织将实验动物尸体、含（或可能含）病原微生物的动物垫料等动物实验废弃物，按照国家相关规定进行无害化处理，并保存废弃物处理和效果验证记录。禁止将使用后的实验动物流入市场。

第二十八条 研究所组织保存所有实验动物的购入记录、全套合格性证明资料（包括检疫合格证明），饲养、使用、处置记录，实现实验动物可追溯。

第六章 农业转基因安全管理

第二十九条 农业转基因安全管理应严格执行《中华人民共和国生物安全法》《农业转基因生物安全管理条例》《农业转基因生物安全评价管理办法》等国家相关法律、法规、标准。

第三十条 生物安全相关创新团队和部门禁止从事危及公众健康、损害生物资源、破坏生态系统和生物多样性等危害生物安全的转基因等生物技术研究、开发与应用活动。从事转基因及生物技术相关研究要符合科研伦理。

第三十一条 生物安全相关创新团队和部门从事安全等级为Ⅰ级和Ⅱ级的农业转基因生物实验研究，要经过研究所农业转基因生物安全小组批准；开展安全等级为Ⅲ、Ⅳ级的农业转基因生物实验研究前，要向国家农业转基因生物安全管理办公室报告。生物安全相关创新团队和部门开展农业转基因生物中间试验、环境释放和生产性试验前，应按照相关管理办法向国家农业转基因生物安全管理办公室报告或申请。

第三十二条 生物安全相关创新团队和部门从境外进口或引进农业转基因生物，须按照相关规定，获得国家农业转基因生物安全管理办公室的批准。

第三十三条 研究所应组织专人管理转基因生物材料，建立贮存目录，记录来源、存放、使用权限、时间和数量等内容，并建立接收、使用、流向和销毁记录。

第三十四条 研究所开展农业转基因生物贮存、转移、实验、运输、销毁和灭活等活动时，应当采取相应的安全管理和防范措施，严防转基因生物及其产物扩散或者造成危害。

第三十五条 研究所应组织将安全等级Ⅱ、Ⅲ、Ⅳ的转基因生物，在废弃物处理和排放之前采取可靠措施将其销毁、灭活。

第七章 植物有害生物管理

第三十六条 植物有害生物管理应严格执行《中华人民共和国生物安全法》《植物检疫条例》《农作物病虫害防治条例》等国家相关法律、法规、标准。

第三十七条 从事农作物病虫害、外来入侵生物等研究活动应当采取措施防止其逃逸、扩散。

第三十八条 研究所应组织专人管理植物检疫性有害生物、一类农作物病虫害等涉及生物安全的重要生物因子，建立贮存目录，记录来源、存放、使用权限、时间和数量等内容，并建立接收、使用、流向和销毁记录。

第三十九条 生物安全相关创新团队和部门因科学研究等特殊需要，引进禁止进境物的，应依法取得批准。生物安全相关创新团队、部门、个人未经批准，不得擅自引进、释放或者丢弃外来物种。

第八章 实验室和设施管理

第四十条 实验室和设施管理应严格执行《中华人民共和国生物安全法》《病原微生物实验室生物安全管理条例》《高致病性动物病原微生物实验室生物安全管理审批办法》《实验室生物安全通用要求》（GB 19489—2008）等国家相关法律、法规、标准。

第四十一条 病原微生物实验室应当符合生物安全国家标准和要求。设立病原微生物实验室，应当依法取得批准或者进行备案。涉及生物毒素、植物有害生物及其他生物因子操作的生物安全实验室的建设和管理，参照有关病原微生物实验室的规定执行。

第四十二条 生物安全相关创新团队和部门，开展动植物疫病、转基因、实验动物、外来生物入侵等相关实验活动必须对应其生物安全分级，使用符合国家相关标准和要求的生物安全防护设施、设备和材料（含防护屏障）。

第四十三条 研究所应组织对生物安全相关设施、设备、材料等进行定时检查、维护和更新，确保其符合国家标准；制定设施、设备、材料使用过程的安全控制措施和预防事故的紧急措施。

第四十四条 生物安全设施设备要由获得授权、生物安全考核合格的人员操作和维护。

第四十五条 研究所应根据生物安全实验室级别、设施设备配置状况、风险源以及风险管理的要求设置适宜的标识。

第四十六条 从事高致病性病原微生物相关实验活动的实验室的设立单位，应当建立健全安全保卫制度，采取安全保卫措施，保障实验室的安全。

第九章　应急处置

第四十七条　研究所应根据自身涉及生物安全的科研领域，开展生物安全风险评估，对风险因素进行分级分类管理，制定相应的预警和风险防控措施，对可能发生的生物安全事件，分级分类制定相应的应急处理与上报程序，明确应急工作参与人员及职责，储备应急处置所需物资，制定全面、具体的应急预案。

第四十八条　研究所应每年定期组织相关人员进行生物安全事件应急演练，提高应对突发事件的主动性和综合能力。

第四十九条　研究所发生病原微生物、植物有害生物或转基因生物意外扩散、丢失或被盗，实验动物逃逸等方面的重大生物安全事故时，必须及时向院安全生产委员会报告事故情况，并依据相关规定向相关部门报告，根据情况启动生物安全事故应急处理预案，封锁事故现场，采取必要的控制措施防止继续扩散、清除污染。研究所发生人兽共患病病原扩散的生物安全事故时，还应核实密切接触者名单，配合有关部门做好感染者救治及现场调查和处置工作。事故责任单位应提交书面报告，详细记录事故的发生经过和处理情况，报院安全生产委员会存档备案。

第五十条　研究所工作人员出现与本单位从事的高致病性病原微生物实验活动有关的感染临床症状或者体征时，相关创新团队和部门应及时主动上报研究所，研究所应派专人陪同及时就诊，并同时向院安全生产委员会报告。在此过程中，研究所需要组织相关人员做好个人隔离和防护措施，防止感染的进一步扩散。

第五十一条　实验动物患病死亡的，应当及时查明原因，妥善处理，并记录在案。实验动物患有传染性疾病的，必须立即视情况予以销毁或者隔离治疗。对可能被传染的实验动物进行紧急预防接种，对饲育室内外可能被污染的区域采取严格消毒措施，并报告上级实验动物管理部门以及当地动物检疫、卫生防疫单位，采取紧急预防措施，防止疫病蔓延。

第十章　保障机制

第五十二条　建立生物安全监督检查机制，院级负责定期组织研究所开展生物安全自查，对研究所生物安全情况进行专项督查。研究所设置所生物安全监督组，由生物安全分管所领导任监督组组长，负责监督研究所及团队执行院生物安全科学委员会和所生物安全委员会下达的工作任务，监督本所日常生物安全工作，定期开展本单位生物安全自查。

第五十三条　建立人员培训准入机制。研究所制定生物安全培训和考核方案，每年定期对所有相关人员进行培训，并进行考核。工作人员经考核合格的，方可上岗。研究所建立并保存实验室工作人员培训、考核记录。

第五十四条 建立生物安全经费保障机制。生物安全相关创新团队和部门可在科研经费中协调列支生物安全保障工作、应急物资购置、生物安全废弃物处置等费用。

第五十五条 建立生物安全问责机制。院级对发生重大生物安全事故，或者生物安全隐患整改不到位的单位，视情节对主要领导责任者、重要领导责任者、具体负责的主管人员和直接责任者进行问责。

第十一章 罚 则

第五十六条 违反生物安全相关法律、法规的人员按照相关规定由有关部门依法处理，主要罚则引用如下。

（一）按照《中华人民共和国生物安全法》第七十四条规定，从事国家禁止的生物技术研究、开发与应用活动的，由县级以上人民政府卫生健康、科学技术、农业农村主管部门根据职责分工，责令停止违法行为，没收违法所得、技术资料和用于违法行为的工具、设备、原材料等物品，处 100 万元以上 1 000万元以下的罚款，违法所得在 100 万元以上的，处违法所得 10 倍以上 20 倍以下的罚款，并可以依法禁止一定期限内从事相应的生物技术研究、开发与应用活动，吊销相关许可证件；对法定代表人、主要负责人、直接负责的主管人员和其他直接责任人员，依法给予处分，处 10 万元以上 20 万元以下的罚款，10 年直至终身禁止从事相应的生物技术研究、开发与应用活动，依法吊销相关执业证书。

（二）按照《中华人民共和国生物安全法》第七十五条规定，从事生物技术研究、开发活动未遵守国家生物技术研究开发安全管理规范的，由县级以上人民政府有关部门根据职责分工，责令改正，给予警告，可以并处 2 万元以上 20 万元以下的罚款；拒不改正或者造成严重后果的，责令停止研究、开发活动，并处 20 万元以上 200 万元以下的罚款。

（三）按照《中华人民共和国生物安全法》第七十六条规定，从事病原微生物实验活动未在相应等级的实验室进行，或者高等级病原微生物实验室未经批准从事高致病性、疑似高致病性病原微生物实验活动的，由县级以上地方人民政府卫生健康、农业农村主管部门根据职责分工，责令停止违法行为，监督其将用于实验活动的病原微生物销毁或者送交保藏机构，给予警告；造成传染病传播、流行或者其他严重后果的，对法定代表人、主要负责人、直接负责的主管人员和其他直接责任人员依法给予撤职、开除处分。

（四）按照《中华人民共和国生物安全法》第七十七条规定，将使用后的实验动物流入市场的，由县级以上人民政府科学技术主管部门责令改正，没收违法所得，并处 20 万元以上 100 万元以下的罚款，违法所得在 20 万元以上的，并处违法所得 5 倍以上 10 倍以下的罚款；情节严重的，由发证部门吊销相关许可证件。

（五）按照《中华人民共和国生物安全法》第七十八条规定，有下列行为之一的，由县级以上人民政府有关部门根据职责分工，责令改正，没收违法所得，给予警告，可以并处 10 万元以上 100 万元以下的罚款。一是购买或者引进列入管控清单的重要设备、特殊生物因子未进行登记，或者未报国务院有关部门备案；二是个人购买或者持有列入管控清单的重要设备或者特殊生物因子；三是个人设立病原微生物实验室或者从事病原微生物实验活动；四是未经实验室负责人批准进入高等级病原微生物实验室。

（六）按照《中华人民共和国生物安全法》第八十一条规定，未经批准，擅自引进外来物种的，由县级以上人民政府有关部门根据职责分工，没收引进的外来物种，并处 5 万元以上 25 万元以下的罚款。未经批准，擅自释放或者丢弃外来物种的，由县级以上人民政府有关部门根据职责分工，责令限期捕回、找回释放或者丢弃的外来物种，处 1 万元以上 5 万元以下的罚款。

（七）按照《病原微生物实验室生物安全管理条例》第六十条规定，实验室有下列行为之一的，由县级以上地方人民政府卫生主管部门、兽医主管部门依照各自职责，责令限期改正，给予警告；逾期不改正的，由实验室的设立单位对主要负责人、直接负责的主管人员和其他直接责任人员，依法给予撤职、开除的处分；有许可证件的，并由原发证部门吊销有关许可证件。一是未依照规定在明显位置标示国务院卫生主管部门和兽医主管部门规定的生物危险标识和生物安全实验室级别标志的；二是未向原批准部门报告实验活动结果以及工作情况的；三是未依照规定采集病原微生物样本，或者对所采集样本的来源、采集过程和方法等未作详细记录的；四是新建、改建或者扩建一级、二级实验室未向设区的市级人民政府卫生主管部门或者兽医主管部门备案的；五是未依照规定定期对工作人员进行培训，或者工作人员考核不合格允许其上岗，或者批准未采取防护措施的人员进入实验室的；六是实验室工作人员未遵守实验室生物安全技术规范和操作规程的；七是未依照规定建立或者保存实验档案的；八是未依照规定制定实验室感染应急处置预案并备案的。

（八）按照《病原微生物实验室生物安全管理条例》第六十一条规定，经依法批准从事高致病性病原微生物相关实验活动的实验室的设立单位未建立健全安全保卫制度，或者未采取安全保卫措施的，由县级以上地方人民政府卫生主管部门、兽医主管部门依照各自职责，责令限期改正；逾期不改正，导致高致病性病原微生物菌（毒）种、样本被盗、被抢或者造成其他严重后果的，责令停止该项实验活动，该实验室 2 年内不得申请从事高致病性病原微生物实验活动；造成传染病传播、流行的，该实验室设立单位的主管部门还应当对该实验室的设立单位的直接负责的主管人员和其他直接责任人员，依法给予降级、撤职、开除的处分；构成犯罪的，依法追究刑事责任。

（九）按照《病原微生物实验室生物安全管理条例》第六十五条规定，实验室工作人员出现该实验室从事的病原微生物相关实验活动有关的感染临床症状或者体征，以及实验室发生高致病性病原微生物泄漏时，实验室负责人、实验室工作人员、负责实验室感染控制的专门机构或者人员未依照规定报告，或者未依照规定采取控制措施的，由县级以上地方人民政府卫生主管部门、兽医主管部门依照各自职责，责令限期改正，给予警告；造成传染病传播、流行或者其他严重后果的，由其设立单位对实验室主要负责人、直接负责的主管人员和其他直接责任人员，依法给予撤职、开除的处分；有许可证件的，并由原发证部门吊销有关许可证件；构成犯罪的，依法追究刑事责任。

（十）按照《农业转基因生物安全管理条例》第四十二条规定，从事Ⅲ、Ⅳ级农业转基因生物研究或者进行中间试验，未向国务院农业行政主管部门报告的，由国务院农业行政主管部门责令暂停研究或者中间试验，限期改正。

（十一）按照《农业转基因生物安全管理条例》第四十三条规定，未经批准擅自从事环境释放、生产性试验的，已获批准但未按照规定采取安全管理、防范措施的，或者超过批准范围进行试验的，由国务院农业行政主管部门或者省、自治区、直辖市人民政府农业行政主管部门依据职权，责令停止试验，并处1万元以上5万元以下的罚款。

（十二）按照《农作物病虫害防治条例》第四十一条规定，有下列行为之一的，由县级以上人民政府农业农村主管部门处5 000元以上5万元以下罚款；情节严重的，处5万元以上10万元以下罚款；造成损失的，依法承担赔偿责任；构成犯罪的，依法追究刑事责任。一是擅自向社会发布农作物病虫害预报或者灾情信息；二是从事农作物病虫害研究、饲养、繁殖、运输、展览等活动未采取有效措施，造成农作物病虫害逃逸、扩散；三是开展农作物病虫害预防控制航空作业未按照国家有关规定进行公告。

第十二章　附　则

第五十七条　本办法自公布之日起施行。

第五十八条　当上行法与本办法发生冲突时以上行法规定为准。

第五十九条　本办法由科技管理局负责解释。

国家农业科技创新联盟建设运行管理办法

第一章　总　则

第一条　为了深入贯彻《中共中央　国务院关于实施乡村振兴战略的意见》和有关科技体制机制改革创新的部署要求，进一步深化落实《农业农村部办公厅关于国家农业科技创新联盟建设的指导意见》，充分发挥农业科技创新联盟机制创新优势，着力规范国家农业科技创新联盟框架下各专业、产业和区域联盟的运行管理，特制定本办法。

第二条　国家农业科技创新联盟是指由农业农村部主导，中国农业科学院牵头成立，由农业科研机构、涉农高校和相关企业共同参与，以实现农业产学研深度融合为目标，面向农业全局性重大战略问题、区域性农业发展重大关键问题和现代农业产业重大瓶颈开展协同创新的合作组织。

第三条　国家农业科技创新联盟实行分类建设与管理制度，国家农业科技创新联盟框架下设三类联盟，包括专业性联盟、产业性联盟和区域性联盟。

（一）专业性联盟是指围绕农业科技资源共建共享、解决农业专业领域重大共性问题的创新联盟。

（二）产业性联盟是指解决农业农村重大产业发展问题、实现产业链上中下游紧密衔接的创新联盟。

（三）区域性联盟是指通过协同解决农业农村区域重大关键问题，促进区域农业农村高质量、可持续发展的创新联盟，以及各省（自治区、直辖市）政府组织本省（自治区、直辖市）各级各类农业科技创新机构开展协同攻关而成立的省级农业科技创新联盟。

第二章　联盟创建

第四条　建设原则：

（一）问题导向。瞄准专业领域的共性问题、产业发展的瓶颈问题和区域发展的关键问题，凝练核心科学命题，集中优势科技资源，搭建科技创新平台载体，为现代农业发展提供重大问题综合解决方案。

（二）产业驱动。以产业需求为导向，围绕产业链布局联盟创新链，充分发挥市场配置创新要素的主导作用，整合科研院校、企业等各类创新力量，打通全产业链创新要素的双向流通，推动现代农业产业发展。

（三）任务牵引。聚焦创新目标，凝练重点任务，以任务的组织实施为抓手，集中力量，重点突破，以点带面，纲举目张，全面提升科技供给的效率和水平，带动产业转型升级和区域可持续发展。

（四）机制创新。以联盟实体化、一体化等创新方式激发科技创新活力，充分发挥企业的产业主导作用、科研院校的科技引领作用以及新型农业经营主体的应用主体作用，构建多方参与的协同创新体系，形成多学科、各方位、全链条联合攻关的协同创新机制。

第五条 建设条件：

（一）专业性联盟一般由中央或地方科研单位、涉农高校，新型研发机构等牵头组建。牵头单位应在基础前沿领域具有显著优势，或在产业关键共性技术研究领域具有显著优势，或在基础性长期性科技工作方面具有深厚积累。

（二）产业性联盟一般由省级以上农业产业化龙头企业，中央或地方科研单位、涉农高校，新型研发机构等牵头组建。牵头单位在研发投入、研发团队、条件平台及发明专利等方面，在全国具有显著优势，或在本产业领域具有领先的市场竞争优势、显著的品牌影响力或国际竞争力。

（三）区域性联盟一般由中央或地方科研单位、涉农高校牵头组建。牵头单位应在我国主要农业生态或生产区域重大问题研究方面具有显著优势。省级联盟以省（自治区、直辖市）级农业（农牧、农林）科学院、涉农高校牵头组建，重点解决本省（自治区、直辖市）农业农村发展重大科技问题。

第六条 申请程序：

（一）联盟发起。牵头单位严格对照建设原则和条件，发起并征求相关单位意愿，围绕联盟创新目标达成初步意向。

（二）联盟筹备。牵头单位组织成立筹备委员会，拟定联盟章程、明确联盟创新目标，凝练联盟重点任务，制定联盟运行管理办法。

（三）联盟命名。各类联盟原则上须按照“国家×××科技创新联盟”的形式命名。

（四）联盟申请。牵头单位向国家农业科技创新联盟办公室（以下简称联盟办公室）提交创建申请书，通过联盟办公室形式审查后提交国家农业科技创新联盟秘书处审核。

（五）联盟备案。通过审核的联盟与联盟办公室签订联盟创建协议后开展试运行。创建协议应有明确的创新任务、创新目标、创新团队、创新资金和考核机制，并提出核心任务评估指标。创建协议及相关材料须报农业农村部相关司局备案。

（六）联盟成立。筹建的联盟通过召开联盟成立大会，选举产生联盟理事长单位、理事长、副理事长、秘书长等，设立决策、咨询和执行等组织机构，明确其对外承担责任的主体，审议并确定联盟章程，签署组建缔约书。

第三章　联盟运行

第七条　各类联盟须在国家农业科技创新联盟框架下统一管理。

第八条　各联盟须实行理事会制度，理事会是联盟的最高决策机构，联盟一切重大事项须通过联盟理事会共同商讨形成决议。联盟须每年召开理事会，并有 2/3 以上的理事出席。理事会的职权是：

（一）制定和修改联盟章程；

（二）选举和罢免理事长、副理事长和理事；

（三）审议理事会的各类工作报告；

（四）决定终止事宜；

（五）决定其他重大事宜。

第九条　联盟理事长单位是联盟对外承担责任的主体。联盟对外责任包括但不限于：组织联盟活动；吸纳联盟新成员；以联盟名义进行宣传；提供相关技术咨询、服务；发布相关团体标准等。

第十条　理事长单位原则上由筹建的牵头单位担任。如联盟理事长单位提出变更需求，联盟须召开全体理事会议，选举产生新的理事长单位，并报国家农业科技创新联盟办公室备案。

第十一条　理事长原则上由理事长单位的相关人员担任。理事长如因工作变更离开原单位，联盟须召开全体理事会议，确认是否重新选举理事长，并报国家农业科技创新联盟办公室备案。

第十二条　联盟秘书处为联盟的执行机构，各联盟应配备专职人员负责秘书处日常事务。

第十三条　各联盟须制定年度工作计划，总结年度建设运行进展，并报送国家农业科技创新联盟办公室。

第十四条　各联盟须发挥智库作用，通过深度调研分析形成专业、产业或区域发展报告，报送国家农业科技创新联盟办公室并适时向社会公开。

第十五条　联盟一切对外重大活动（会议、培训等）的通知和文件须由联盟理事长单位代章签发，并事先报国家农业科技创新联盟办公室备案。

第十六条　各联盟须积极开展宣传活动，完善网站、公众号等联盟信息化建设，并且每年至少向国家农业科技创新联盟办公室报送联盟简报两期。

第四章　联盟评估与认定

第十七条　国家农业科技创新联盟秘书处委托第三方评估机构，依据联盟章程和创建协议等，对各联盟建设运行和重点任务完成情况进行评估。

第十八条 试运行联盟组建两年内须参加评估。评估结果分为认定、整改和退出三类，并报国家农业科技创新联盟理事会审议。无故不参加评估的联盟将视为自动退出。

第十九条 通过评估的联盟，将由农业农村部发文予以认定，纳入国家农业科技创新联盟序列正式运行，可使用“国家×××科技创新联盟”的名称和标识开展相关活动。认定有效期三年，三年后须重新参加评估。

第二十条 经评估需整改的联盟，一年后须重新参加评估，根据评估结果予以认定或退出。

第二十一条 经评估退出的联盟，不得以国家农业科技创新联盟名义开展任何活动，不得使用国家农业科技创新联盟相关名称和标识。对于关系农业农村现代化发展的重点领域，可通过联盟申请程序重组相关领域联盟。

第二十二条 对存在以下情形之一的，取消联盟认定资格。

（一）违反国家法律法规的；

（二）联盟管理和运行不规范，造成严重不良影响的；

（三）成员单位间发生重大法律纠纷，影响联盟正常运行的；

（四）拒绝报送相关信息，影响联盟工作正常开展的；

（五）自行宣布解散的；

（六）联盟理事长单位因撤销、解散、破产或者其他原因而终止的。

第五章 附 则

第二十三条 本办法由国家农业科技创新联盟秘书处负责解释。

第二十四条 各联盟章程或管理办法如与本办法有原则上的冲突，则以本办法为准。

第二十五条 本办法自发布之日起生效。

附件：1. 国家农业科技创新联盟创建申请书（略）
2. 国家农业科技创新联盟专业（产业、区域）联盟创建协议编写提纲（略）
3. 国家×××科技创新联盟组建缔约书编写参考（略）
4. 国家农业科技创新联盟重大事项变更备案表（略）
5. 国家农业科技创新联盟活动备案表（略）

中国农业科学院　海南省农业科学院
战略合作框架协议

为深入贯彻落实习近平总书记视察海南重要讲话精神，全面落实《中共中央　国务院关于支持海南全面深化改革开放的指导意见》和《海南自贸港建设总体方案》的工作部署，经中国农业科学院与海南省农业科学院友好协商，决定以创建联合创新中心为抓手，促进双方融合发展、协同发展，全面提升海南省农业科技创新、成果转化和科技服务能力，共同推动海南省农业农村科技创新实现重大跨越。具体合作内容如下。

一、合作重点

（一）共建联合创新中心

双方发挥各自科技优势，统筹各类资源，在三亚崖州湾科技城共建“中国农业科学院海南省农业科学院联合创新中心”（以下简称联合创新中心）。以联合创新中心为平台，双方积极参与全球动植物种质资源引进中转基地、国家热带农业科学中心和国家热带现代化农业基地建设。

（二）加强科技协同创新

（1）优化学科建设。中国农业科学院围绕海南省农业发展方向，协助海南省农业科学院梳理学科体系、凝练学科方向、明确发展重点、优化团队结构，助力构建更加符合自贸港建设背景下海南农业农村科技发展的科研团队体系。

（2）开展联合攻关。鼓励两院在海南农业发展特色领域共同设立联合研发项目，开展联合攻关；支持两院相关研究所联合组建合作团队，共同申报国家级及海南省各类科技计划，共同参与科技计划的执行，构建新型科学合作关系。

（3）组织学术交流。依托联合创新中心，双方联合举办相关领域国际国内论坛和专业性会议，可定期或不定期举办两院学术交流活动，促进在学术思想、学科方向和试验方法等方面的互学互鉴。

（三）加强人才交流培养

（1）开展人才交流。中国农业科学院充分发挥农业人才高地优势，可通过专家互聘、合作研究、组织派遣等多种渠道，依托海南省农业科学院人员编制建立创新团队；委派优秀管理人员担任海南省农业科学院下属研究所的正职管理人员，并对岗位设置、人员配备、团队组建提出方案。海南省农业科学院按照相关政策全力支持配合。

（2）加强人才培养。海南省农业科学院根据需要选派科研人员赴中国农业科学院相关研究所进行培训，定期选派管理人员到中国农业科学院机关各局办挂职；中国农业科学院推荐和鼓励其培养的优秀研究生、出站博士后到海南省农业科学院从事科技工作；充分利用海南相关人才政策，双方联合培养博士后。

二、合作机制

（1）建立资源共享机制。中国农业科学院为双方合作提供科技文献检索体系、国际联机检索终端等平台优惠服务。除涉及保密要求的资料、设施、场馆外，其他科研基地、示范园区、实验室、图书馆等资源，向海南省农业科学院科技人员开放。

（2）建立成果共享机制。双方视实际情况协商界清知识产权归属与共享办法，共享成果转让产生的收益按照协商意见分配，促进双方共同发展。

（3）建立激励机制。双方充分发挥中国农业科学院科技创新工程流动岗位和海南省及崖州湾科技城人才政策优势，激发双方科研人员创新创业活力。

三、组织保障

（1）建立协调小组。由双方单位领导牵头、相关职能部门组建合作协调小组，负责沟通协调合作中存在的问题，推动合作落实落细。

（2）构建创新机制。建立更灵活的机制，采取更务实的措施，在人才团队、项目成果、平台基地等方面，双方给予全力支持，保障合作顺利开展。

（3）形成制度文件。海南省农业科学院就中国农业科学院人才援助的相应支持政策形成指导性文件，明确相关工作范畴、流程、绩效和保障措施等方面内容，确保相关工作有章可循。

四、其他事项

（1）本合作协议未尽事宜，由双方另行协商确定。

（2）本协议一式四份，双方各持两份，具有同等效力。

（3）本协议有效期五年，自双方签订之日起生效。合作协议期满前，双方经协商可延长或终止合作协议。

（4）本框架协议为双方合作的指导性及原则性意见，不构成法律约束力的义务或承诺。在本框架下的具体合作项目可另外签署详细协议或合同，约定各方责权利等。

中国农业科学院（盖章）

有权代表（签字）：

2021 年 5 月 19 日

海南省农业科学院（盖章）

有权代表（签字）：

2021 年 5 月 19 日

福建省人民政府　中国农业科学院
实施农业高质量发展超越协同创新工程
战略合作协议书

2021 年 7 月

为深入学习贯彻习近平新时代中国特色社会主义思想，认真贯彻习近平总书记关于“三农”工作、科技创新的重要论述和来闽考察重要讲话精神，全方位推进农业高质量发展超越，奋力谱写全面建设社会主义现代化国家福建篇章，经福建省人民政府和中国农业科学院协商，就实施农业高质量发展超越协同创新工程达成如下协议。

一、合作开展五个方面农业科技重大任务联合攻关

围绕福建省特色现代农业产业发展需求，中国农业科学院充分利用科技成果、科技人才及创新平台等资源，加强与福建省深度合作，联合开展五方面农业科技重大任务联合攻关，提升福建省农业科技自主创新能力，推动福建省特色现代农业高质量发展。

（1）开展重要农作物育种技术创新与新种质创制。重点开展水稻、蔬菜、薯类、果树、食用菌等特色农作物种质资源的精准鉴定、分子育种技术、优异性状的关键基因和功能基因鉴定，发掘优异种质资源，攻克一批育种前沿技术，提升福建省农作物育种技术原始创新能力，助力福建省打好“种业翻身仗”。

（2）开展特色农业产业绿色发展关键技术研发与应用。重点开展地方畜禽优异性状基因、土壤物质循环、农作物重大有害生物灾变机理等应用基础研究，研发一批家畜疫病的快速诊断、耕地地力提升、农作物重大病虫绿色防控等关键技术，提供一批农业绿色发展典型技术模式，提升福建省农产品质量安全水平，推动福建省生态文明试验区建设。

（3）开展特色农产品加工关键技术研发与应用。重点开展食用菌等特色农产品贮运保鲜及高效加工等关键技术创新应用，解决福建省部分农产品季节性过剩、加工增值和资源综合利用程度偏低等问题，提升福建省农产品加工水平，推动福建省农村一二三产业融合发展。

（4）开展特色农业产业数字化关键技术研发与应用。重点开展“天空地一体化”

农作物生长及环境数据的动态协同采集技术、多源信息智能分析与服务等关键技术研发，推进人工智能、大数据、遥感技术、物联网等现代信息技术在农作物数字化生产、病虫监测预警、精准施肥等环节的集成应用，提高福建省特色现代农业生产数字化与智能化水平，提升现代农业生产效率。

（5）开展闽台特色园艺作物新品种测试关键技术研发与应用。重点开展蔬菜、花卉、果树等闽台特色园艺作物新品种测试与品质提升关键技术研发与应用，建立新品种“三性”测试技术体系，为闽台农业企业知识产权保护和应用提供技术支撑，促进我国台湾农民创业园和闽台农业融合发展产业园等平台持续发展。

二、合作建设五个农业科技创新平台

（1）共建国家农业生物安全科学中心华东分中心。重点推进入侵生物快速识别、检测诊断和早期预警技术体系建设，建成国家级潜在和新发入侵生物风险预警平台，提升福建省入侵有害生物监测与预警能力、灾变规律研究能力和高危入侵有害生物除害处理能力。

（2）共建兽医生物技术国家重点实验室—福建省农业科学院水禽疫病协同创新联合实验室。重点开展水禽病原与宿主的相互作用、病原的致病机理及免疫机理、抗病毒新型宿主因子的挖掘等前沿性应用基础研究，研制反向遗传病毒疫苗、亚单位疫苗、病毒样颗粒疫苗及基因编辑疫苗等新一代疫苗，提升福建省水禽新发疫病疫苗和诊断试剂研发能力。

（3）共建农业种质资源库（圃）。重点建设可保存 25 万份种质资源的农作物种质资源保护中期库和资源圃，开展农作物、畜禽、水产、农业微生物等种质资源收集与保存，推进福建省农业种质资源的安全保护和高效利用。

（4）共建福建省农产品质量安全与营养健康协同创新中心。重点开展福建省特色农产品营养品质检测、主要农产品种植区域有毒有害未知污染物筛查与检测、地理标志农产品产地溯源与真伪鉴别、农产品功能成分挖掘利用等关键技术研发，为福建省农产品质量安全生产提供技术支持与信息共享服务。

（5）共建福建省数字农业协同创新中心。重点开展人工智能、农业大数据、农业遥感应用等关键技术研发，针对福建省特色农业数字化的“应用场景”，推进农业信息系统开发、设施装备研发与集成应用，建立符合福建省农业农村现代化发展需求的数字农业技术模式与标准体系，提升福建省农业生产智能化水平。

三、合作建设一支农业科技人才队伍

中国农业科学院支持福建省农业科技人才队伍建设。根据福建省农业科技发展需要，中国农业科学院选派一批专业技术人员来福建开展科研服务、合作研究。充分利用中国农业科学院研究生院等平台，支持福建省农业科研人员前往中国农业科学院攻读博士学位。建立人员进修培训和互访机制，加强福建省农业科研机构同中国农业科学院相关研究所人才合作，遴选优秀青年科技人员前往中国农业科学院进修培训、开展合作研究。

四、合作建设一个乡村振兴高端智库

双方合作成立福建乡村振兴高端智库，充分借助中国农业科学院中国农业政策与科技发展战略研究中心、农业大数据重点实验室、农业信息监测预警等平台，重点围绕巩固拓展脱贫攻坚成果同乡村振兴有效衔接、农业供给侧结构性改革、农业科技发展、闽台农业产业融合等方面开展政策研究和发展战略研究，为福建省全面推进乡村振兴提供决策咨询服务。

五、条件保障

（1）中国农业科学院支持福建省农业科教机构加入有关国家重大科学工程、国家重点实验室、国家农作物改良中心等科研基地和技术平台；支持福建省农业科研机构联合组织申报和实施国家级农业科技创新与示范推广项目，共同组织农业重大科技成果的研发、示范、推广和产业化开发。

（2）福建省人民政府每年安排4 000万元，支持双方合作开展科技攻关与成果应用，配套申报国家级项目和平台，培养人才。

（3）中国农业科学院每年投入相应的人力、财力和技术等支持福建省开展特色现代农业领域相关的协同创新工作。

（4）双方为协同创新、联合推广科技成果、开展对外及对我国台湾的农业科技合作、从事产业化开发等提供便利条件。

（5）福建省为中国农业科学院科研人员来闽进行科学实验、科学考察、调查研究等提供便利条件。

六、附　则

（1）本协议未尽事宜，由福建省和中国农业科学院在合作过程中协商决定。

（2）本协议合作周期为五年，自 2021 年至 2025 年止。

（3）本协议一式两份，双方各执一份，经双方签署后生效。

福建省人民政府（盖章）

代表：

2021 年 7 月 7 日

中国农业科学院（盖章）

代表：

2021 年 7 月 7 日

三、科技支撑乡村振兴

中国农业科学院2021年产业发展工作总结

2021年，中国农业科学院深入贯彻“四个面向”重要指示，全面落实“两大基石”战略布局，紧紧围绕农业农村部党组和中国农业科学院党组中心工作，按照中央工作部署全面推进所办企业改革工作，持续加强所办企业管理，促进全院所办企业稳步发展。

一、持续推进所办企业改革工作

按照中共中央和农业农村部企业改革有关文件要求，根据中国农业科学院企业改革工作任务，院属有关单位进一步夯实工作责任，明确工作分工，加强工作沟通联系，扎实推进中国农业科学院有关所办企业三项改革工作。截至2021年年底，中国农业科学院共完成14家所办企业市场化处置工作，完成了1家所办企业全民所有制改制工作。

二、持续加强所办企业管理

按照中共中央和上级部门有关工作要求，加强梳理排查，稳妥推进中国农业科学院所办企业改革工作。

（一）举办所办企业管理培训班

根据当前国企改革主要形势，结合中国农业科学院所办企业发展实际，举办中国农业科学院企业管理高级研修班。就国有企业改革趋势和政策、公司法人治理、企业内部控制等方面实施专题教学。切实提升了所办企业管理水平和企业管理人员履职能力。

（二）加强所办企业调研，研究服务企业工作方案

以激发所办企业内生动力、培优做强院所办企业为总体目标，加强对所办企业调研工作，包括所办企业发展现状、研究所管理模式、企业制度建设、风险防控等方面，进一步摸清所办企业有关情况。根据调研情况，研究制定院服务所办企业工作方案，包括政策创设、企业人才队伍建设、开展法务服务与金融服务等多项举措。

（三）开展所办企业运营监测

根据中国农业科学院所办企业实际，研究制定了企业运行监测指标，通过统计监测所办企业资产负债率，有效分析了所办企业资产结构，监测排查了所办企业可能存在的经营风险。截至 2021 年年底，中国农业科学院 75%的所办企业资产负债率属于低风险范围，总体资产结构较为合理。就个别所办企业和研究所存在的问题，查找原因，排除风险，加快清理整顿，提高所办企业风险防控能力。

三、2021 年所办企业主要经营情况

全院所办企业持续稳步推进企业各项生产经营。按照财政部企业会计决算数据统计，2021 年中国农业科学院全资和控股所办企业资产总额为 46 亿元。2021 年全年营业总收入总计 17. 5 亿元，净利润 1. 7 亿元，缴纳税费总计9 980万元。其中，中农威特生物科技股份有限公司营业总收入 3. 9 亿元，较 2020 年同期的 3. 2 亿元，同比增长 21. 88%；北京中保绿农科技集团有限公司营业总收入 3. 2 亿元，较 2020 年同期的 2. 9 亿元，同比增长 10. 34%；哈尔滨国生生物科技股份有限公司营业总收入9 600万，较 2020 年同期的5 200万元，同比增长 84. 62%；北京特品降脂燕麦开发有限责任公司营业总收入4 800万元，较 2020 年同期的2 000万元，同比增长 140%；青岛农特生物科技有限公司营业总收入4 053万元，较 2020 年同期的1 274万元，同比增长 218. 13%；哈尔滨维科生物技术有限公司营业总收入 3 亿元，较 2020 年同期的 3 亿元，同比增长持平。

中国农业科学院办公室关于印发《中国农业科学院知识产权转化能力提升工作方案》的通知

农科办转化〔2021〕132 号

院机关各部门、院属各单位：

为深入贯彻习近平总书记“四个面向”重要指示精神，贯彻落实中共中央、国务院决策部署，大力实施创新驱动发展战略，加强知识产权创造、运用、保护、管理和服务，充分发挥知识产权激励创新的作用，推动科技创新更好服务乡村振兴和现代农业发展，我院研究制定了《中国农业科学院知识产权转化能力提升工作方案》，并经 2021 年第 14 次院常务会议审议通过，现印发给你们，请认真贯彻执行。

中国农业科学院办公室

2021 年 12 月 6 日

中国农业科学院知识产权转化能力提升工作方案

创新是引领发展的第一动力。进入新发展阶段，推动高质量发展是保持经济持续健康发展的必然要求。作为国家发展战略性资源和国际竞争力核心要素，知识产权激励创新的作用更加凸显。加强知识产权保护，推动科技成果向现实生产力转化，是提高中国农业科学院科技创新水平的关键，也是实现“四个面向”“两个一流”和“整体跃升”的重要途径和举措。为打通中国农业科学院知识产权创造、运用、保护、管理和服务全链条，推动农业科技创新支撑乡村振兴和现代农业发展，制定本工作方案。

一、工作思路

认真贯彻习近平总书记关于知识产权保护的系列重要讲话精神，深入落实《知识产权强国建设纲要（2021—2035 年）》等中共中央、国务院决策部署，以“四个面向”为指引，全面加强中国农业科学院知识产权创造保护管理，提升知识产权转化能力，最大限度激发创新活力，加快推进农业科技成果向现实生产力转化。

二、总体目标

到“十四五”末，全院高质量高价值知识产权供给数量增加 30%以上；建成院知识产权服务平台，为全院知识产权密集型创新团队提供面对面服务；培养 300 人左右的知识产权专员队伍；全院知识产权转化率比“十三五”末提高 20 个百分点，知识产权转化收入占成果转化总收入的比例提升至 50%。

三、主要任务

（一）提升知识产权创造水平

加强高价值知识产权培育。按照“四个面向”要求，以推动高质量发展为目标，在基因编辑、全基因组选择、农业传感器等关键核心技术领域和农业合成药物、关键农机装备等专利密集型产业，开展专利查新、专利导航、专利分析，引导优化研发方向。在重大项目的立项、中期考核和验收等环节，明确要求提供知识产权分析报告，由科技管理部门和知识产权管理部门共同审核。加强创新成果的价值评估和申请布局，推动产生更多高价值核心专利和优质粮食作物及高品质蔬菜等优良植物新品种权。通过中国农业科学院创新工程等渠道，安排专门经费支持关键核心技术的知识产权创造，推动形成与中国农业科学院创新能力、技术市场前景相匹配的知识产权战略布局。

积极与企业开展协同创新。以知识产权为纽带，按照“企业出题出资，院所答题攻关，企业评析判卷，专家终身服务”“企业牵头、院企联合”“院所牵头、企业加入”等多种模式，加速推动院、所与企业的深度合作，通过项目、平台、人才、资金、渠道等互融互通，带动合作企业增加科研投入，提高知识产权创造和运用水平。通过专利信息深度挖掘和有效运用，明晰产业发展走向、技术创新方向和研发路径，做好专利精准布局，实现知识产权价值。

不断提高知识产权质量。建立科研人员职务科技成果披露制度，制定中国农业科学院职务科技成果专利申请前评估工作机制和流程，减少不必要的申请与保护，不断增加高质量知识产权的数量。加强对专利代理机构的遴选和工作成效评估，引导创新团队注重并掌控专利申请质量。在符合条件的专业领域积极利用预审加快审查政策、高价值专利优先审查机制等，提高专利申请质量和效率。

（二）提高知识产权运用成效

完善知识产权转化体系建设。完善知识产权转化管理的整体战略规划及规章制度，强化知识产权全程管理的理念和做法。在院层面建立专业化知识产权服务机构。有条件的研究所建立服务本所或本行业的知识产权转化服务机构，暂无条件的，遴选并委托工作质量好、收费合理的第三方服务机构开展专利挖掘布局、专利导航、知识产权资产管理、价值评估、风险防控等工作。

建立知识产权市场化运营机制。建立知识产权交易价格内部统计发布机制。对有市场发展潜力的知识产权开展价值评估和市场分析，借助线上线下渠道和平台，加强专利技术与成果的推介、宣传和营销。引导规范谈判，谈判要点中增加知识产权质量以及市场容量分析等。研究制定农业领域知识产权拍卖流程和规则，开展线上竞价和线下拍卖服务，推动知识产权高效转化。

主动对接社会企业。建立科企融合发展联合体，以此为基础，建立企业数据库，为中国农业科学院知识产权转化匹配具有合作意愿、生产能力、市场渠道和资金支持等条件的受让方。引导企业等市场主体综合采用专利、商标、版权等多种类型知识产权保护形式，推动战略合作企业成为知识产权竞争力强的世界一流企业。

推进知名商标品牌建设。深入挖掘我院专利、植物新品种权、版权、商标等知识产权，以科技创新支撑农业知名品牌打造。注册体现中国农业科学院特点、具有市场吸引力的商标，结合中国农业科学院质量安全、品质控制等检验检测能力以及各类联盟等社会团体标准制修订等，打造具有社会公信力和行业影响力的集体商标和证明商标。加强动植物品种命名工作规范管理，制定命名规则，建设登记管理系统。通过农业知名商标品牌建设，提高中国农业科学院产业知名度和行业影响力，提升农业质量效益及竞争力。

（三）丰富知识产权保护举措

加强知识产权全球布局。根据市场前景和研发实力，针对涉及粮食安全的重点研发领域、农业“走出去”主导产业，以及新兴与交叉技术领域等，强化专利布局，提高专利同族规模；强化水稻、玉米、蔬菜等植物新品种权在国外的申请，提高重要品种的全球化战略布局。加强国别知识产权环境和需求研究，设立专项资金支持重点关键核心技术通过世界知识产权组织《专利合作条约》（PCT）途径提交等方式加强知识产权海外布局。

维护知识产权合法权益。院所两级积极通过行政保护和司法保护等手段依法制止侵害中国农业科学院知识产权的行为并获取赔偿。配合工商管理部门进行侵权打假维权，与社会相关专业打假机构合作，主动出击。从调解、仲裁、诉讼中获得的侵权赔偿或者补偿费，扣除调解、仲裁、诉讼等相应成本后的剩余部分，可作为许可他人实施知识产权的收益，按相关规定或协议奖励发明人以及为维权做出重要贡献的人员。加强遗传资源、传统知识等获取和惠益分享制度的研究与建设。

建立风险防控机制。建立知识产权管理部门与法务部门协作保护机制，严格知识产权转移转化合同的管理、备案和审查，规范知识产权相关条款，明确风险防控点。加强对合作协议中知识产权条款的审查，明确知识产权归属和处置方式，提高制定及履行合同的专业化水平和法律风险防控能力。建立技术秘密和商业秘密保护机制，建立知识产权纠纷处理机制，提升科研人员风险防范意识。

（四）夯实知识产权管理基础

强化知识产权人才队伍建设。建立知识产权人才培养机制和专业人员队伍。在院层面，引进或聘用具有专利代理人、审查员水平的高层次专业人才，培养具有扎实理论水平和研究能力的高级管理人才，形成战略性人才团队，打造国家知识产权农业特色智库。在研究所层面，针对专利密集型产业，引进知识产权专业人员，或培养并支持一批具有专利布局分析和引导研发方向能力的知识产权管理人员。在研发团队层面，配备知识产权专员，负责知识产权申请、维护和转化运用。在实践中培育、选拔一批知识产权转化骨干及领军人才，并在职称评审、奖励评定、专业培养等方面给予有针对性的支持。

开展知识产权贯标试点。将实施《科研组织知识产权管理规范》（GB/T 33250—2016）作为规范研究所知识产权管理工作的重要手段，遴选研究所开展贯标试点，逐步扩大试点范围。推动研究所建立规范的知识产权管理体系，统筹协调科研管理、人事、财务、成果转化等各个部门，共同策划、实施、检查、改进知识产权管理，推动知识产权管理深度嵌入创新活动全过程，为提高知识产权质量、增加具有商业化应用前景的高价值专利供给、提升全院知识产权运营及科技成果转化成效夯实管理基础。

落实成果转化激励措施。进一步完善知识产权权益分配机制，健全以增加知识价值为导向的分配制度。积极探索赋予科研人员科技成果所有权和长期使用权的路径及条件。鼓励研究所奖励为知识产权转化作出重要贡献的科研、管理与运营人员等。充分发挥院农科英才计划对转化人才的激励作用。继续开展中国专利奖和院成果转化奖励（成果转化优秀团队奖、知识产权转化奖）评选和宣传工作。坚持以知识产权创造的经济价值为主要评价指标，真正发挥破“四唯”、强激励的作用。

（五）健全知识产权服务能力

建设专业服务平台。院级谋划建设知识产权服务平台，成果转化局加强对平台的业务指导。坚持“服务为本、高效转化、立足院内、面向社会”的原则，重点为全院34个研究所及各创新团队提供专利申请质量把关、已有专利评价、重点专利转化等全链条服务。开展高质量高价值专利培育、知识产权交易拍卖、政策理论研究及知识产权人才培养等工作，并为中国农业科学院科企融合联合体的战略合作企业提供优质特色服务。

优化知识产权转化信息服务。院级知识产权服务平台应为创新团队设立单独台账，建立定期沟通机制，及时提供跟踪服务，定期汇总相关信息。不断加强和提升线上平台功能建设，广泛征集、登记和展示我院知识产权成果，加强数字化信息资源建设，征集企业技术需求，为企业定向推荐经过筛选的知识产权成果，推动知识产权信息开放共享。

打造农业知识产权培训体系。院所两级协力建设知识产权培训体系，协调院内院外资源，打造定制化课程，丰富培训方式。继续开展“知识产权服务科研一线”研究所巡回培训、中国专利奖申报、专利信息检索等知识产权专项培训，并为研究生开设“农业知识产权概论与实务”选修课。翻译出版经典教材《农业和健康领域创新知识产权管理最佳实践手册》，并以此类培训教材为基础，研究编制适合国内法律法规和实际情况的知识产权培训教程。鼓励院培训中心继续承办知识产权与成果转化相关培训。

四、组织保障

（一）加强组织领导

全面加强党对知识产权工作的领导，重大事项报院常务会议审议，建立统一领导、部门协同、上下联动的院知识产权工作体系，制定并实施落实本方案的年度推进计划。院机关各部门、院属各单位要高度重视，加强组织领导，明确任务分工，建立健全相关工作机制，统筹部署相关任务措施，结合实际逐项抓好落实。

（二）加强条件保障

建立院所两级多元化、多渠道投入机制，加大对知识产权工作的支持力度。发挥财政资金的杠杆作用，带动社会资本投入，鼓励利用企业基金和单位科技成果转化收益等，筹资设立知识产权管理和运营专项，用于开展专利挖掘、专利布局、专利导航、高价值专利培育、风险防控、诉讼维权、知识产权人才培养和创新创业等，提高知识产权运营水平。

（三）加强考核评价

加快建立以知识产权转化绩效为重要指标的科技创新考评体系，在项目申报、岗位竞聘、职务晋升、职称评聘和人才评定中增加知识产权权重，主要考评知识产权质量、高价值专利数量及转化运用成效。在院所运行监测工作中，纳入专利转化率和高价值专利数量等监测指标。在研究所领导班子考核和年度研究所评价中，注重考核知识产权相关人员配备、制度建设、激励措施及知识产权转化运用成效。

中国农业科学院　河南省人民政府战略合作框架协议

为深入贯彻习近平新时代中国特色社会主义思想和习近平总书记视察河南重要讲话精神，扎实推进落实党的十九届五中全会提出的“坚持创新在我国现代化建设全局中的核心地位，把科技自立自强作为国家发展的战略支撑”重大决策，大力实施乡村振兴和创新驱动发展战略，打造全国重要粮食生产核心区和中原农业科技硅谷，河南省人民政府与中国农业科学院决定建立战略合作关系，框架协议如下。

一、合作目标

坚持“优势互补、互利共赢、共建共享、持续发展”的基本原则，深入落实“藏粮于地、藏粮于技”战略，紧紧围绕河南省打造全国重要粮食生产核心区目标的科技需求，加强科技创新资源、科研人才和科技成果在河南集聚，重点开展前沿理论研究与高新技术创新与成果转化应用，助力粮食生产核心区建成一流的科技创新高地、人才聚焦高地、平台支撑高地、科教融合高地，为助推河南农业农村高质量发展、打造现代农业强省提供强有力的科技支撑。

二、合作内容

（一）开展农业农村现代化战略研究与规划

双方围绕农业供给侧结构性改革、粮食安全、乡村振兴、城乡共同富裕、科技支撑现代农业发展等重大战略问题，共同组织相关专家，不定期开展政策研讨和咨询活动。中国农业科学院组织战略规划专家，积极参与河南省农业产业政策研究及农业科技规划、乡村振兴规划等编制，为河南中原农业科技硅谷建设提供智力支撑。

（二）建设中国农业科学院中原研究中心

河南省人民政府支持中国农业科学院建设中国农业科学院中原研究中心（以下简

称研究中心），按照非营利性事业单位的新型研发机构管理运行，河南省人民政府对研究中心建设在土地、资金、人才引育等方面给予政策支持，具体建设方案双方另行协商；研究中心聚焦河南粮食生产高水平创新、高质量发展的科技需求，开展前沿理论研究与高新技术创新，重点在高产强筋小麦、高蛋白玉米、通用型生猪、高端果蔬、优质棉花等方面开展科技创新、成果孵化、示范推广、人才培养等工作，引领河南粮食生产核心区建设走在全国前列；研究中心继续推进棉花所与郑州大学共建的农学院高水平高质量发展，推动科教融合，为河南农业农村现代化建设持续培养高水平人才；河南省人民政府支持国家特色果树种质资源圃项目建设工作。

（三）共建共享神农种业实验室等平台

中国农业科学院支持国家生物育种产业创新中心和神农种业实验室建设，在学术交流、团队建设、人才培养等方面强化协同创新和共建共享，共同将中心和实验室打造成我国种业领域重要的战略科技力量；河南省政府支持中国农业科学院新乡综合试验基地和安阳综合试验示范基地建设，在科技项目、建设资金、土地等方面提供政策支持，提升基地平台功能，充分发挥基地辐射带动作用，促进区域经济发展。

（四）推进中国农业科学院科技成果转移转化

围绕河南乡村振兴和建设现代农业强省科技需求，积极推动中国农业科学院优先向河南省转移转化农业科技成果，探索构建具有中原农业区域特色的农业科技成果转移转化机制。紧密结合河南优势特色产业集群发展、现代农业产业园区建设、新型农业经营主体培育等，充分发挥双方优势，高水平建设河南省高标准农田样板、国家智慧灌溉产业基地、豫北地区职业农民培训学校等农业科技成果展示示范应用基地，加速科技成果转移转化，率先打造乡村振兴、“三产融合”农业科技现代化样板。

（五）推进乡村振兴示范县建设

实施科技支撑乡村振兴示范县建设行动，共同支持中国农业科学院兰考县、新乡县示范县建设，以产业兴旺为重点，整合科技资源，建立示范基地，集成应用现代高新科技，加快农业科技成果转化与应用，通过乡村绿色发展、高质量发展和模式创建，共同打造河南省乡村振兴的示范县样板，辐射带动全省乡村振兴和产业兴旺。

（六）开展农业科技人才培育交流

进一步加强人才交流与合作，选派科技人员、管理人员、博士硕士等中高级人才到中国农业科学院相关单位开展合作研究，中国农业科学院推荐优秀科技和管理干部到河南省相关地区挂职，将最新的科研成果转化落地，帮助解决当地农业产业发展的热点难点问题。

（七）支持中国农业科学院在豫单位发展

充分发挥河南省政府属地优势，对中国农业科学院郑州果树研究所、棉花研究所、农田灌溉研究所以及新乡综合试验基地在学科团队建设、平台基地建设、人才引进培养、联合申报重大项目、科技成果转化等方面与中国农业科学院共同给予支持。

三、保障措施

（一）建立合作领导机制

中国农业科学院与河南省政府建立由双方主要领导和有关部门负责人组成的领导小组，领导小组下设办公室，分别设在中国农业科学院成果转化局和河南省农业农村厅，具体负责双方合作的组织、协调、跟踪和督办等工作。成员单位有中国农业科学院郑州果树研究所、棉花研究所、农田灌溉研究所等，河南省农业农村厅、科学技术厅、自然资源厅、人力资源社会保障厅、财政厅，以及河南省农业科学院、郑州大学、河南农业大学等。

（二）建立联络机制

中国农业科学院明确一名副院长，河南省人民政府明确一名副秘书长作为双方联络员。各成员单位分别明确一名分管领导负责推进合作内容各项任务落实。

（三）健全推进机制

定期报告合作内容推进情况，遇重大问题及时报告合作双方，由联络员召集相关单位共同协商解决，确保合作内容早日落地见效。

（四）落实合作保障条件

围绕具体合作内容，双方在人才团队、平台基地、经费投入、土地投入等方面给予优先保障和支持，完善资金配套和相关支持政策，加大科技资源投入，建立固定和行之有效的保障机制，共同推进实施合作任务。

四、附　则

本协议是指导双方合作的战略框架协议，本协议未尽事宜，双方可共同协商，签订补充协议。

本协议有效期五年，经双方法定代表人或授权代表签字盖章之日起生效，期满后双方协商续签。

本协议一式六份，双方各执三份。

河南省人民政府（盖章）

法定代表人或授权代理人签字：

日期：2021 年 10 月 23 日

中国农业科学院（盖章）

法定代表人或授权代理人签字：

日期：2021 年 10 月 23 日

中国农业科学院　佛山市人民政府
南海区人民政府全面战略合作框架协议

为深入贯彻落实党的十九届五中全会关于“坚持把解决好‘三农’问题作为全党工作重中之重，走中国特色社会主义乡村振兴道路，全面实施乡村振兴战略，强化以工补农、以城带乡，推动形成工农互促、城乡互补、协调发展、共同繁荣的新型工农城乡关系，加快农业农村现代化”“坚持创新在我国现代化建设全局中的核心地位，把科技自立自强作为国家发展的战略支撑，面向世界科技前沿、面向经济主战场、面向国家重大需求、面向人民生命健康，深入实施科教兴国战略、人才强国战略、创新驱动发展战略，完善国家创新体系，加快建设科技强国”的精神，促进佛山市农业农村现代化建设，中国农业科学院与佛山市人民政府、南海区人民政府决定建立战略合作关系，充分发挥中国农业科学院深圳农业基因组研究所、植物保护研究所等平台优势，助力佛山乡村实现全面振兴，支撑农业高质量发展。经友好协商，达成如下协议。

一、合作目标

坚持以习近平新时代中国特色社会主义思想为指导，本着“院地共建、真诚合作、相互支持、共赢共享”的原则，充分发挥中国农业科学院人才、科技、成果、平台优势和佛山市资源、特色产业体系优势，通过合作共建佛山南华现代农业研究院（暂定名），重点在畜禽育种等现代农业、中医药等方面开展研发，培养相关领域前沿科技人才，积极推动科技成果转移转化，力争将其打造成国家级科技研究平台，吸引聚集一批企业应用技术研发中心和成果转化中心集群，形成区域性的现代农业科学中心及产学研创新体系，为佛山本地院校科研水平提质赋能，推动佛山现代农业高质量发展走在全国前列，助力佛山率先实现乡村振兴。

二、合作内容

（一）共建佛山南华现代农业研究院（暂定名）

中国农业科学院依托中国农业科学院深圳农业基因组研究所在佛山以新型研发机构形式，与佛山合作共建佛山南华现代农业研究院（暂定名）（以下简称研究院）。研究院实行法人治理，为不定编制、不定级别、不纳入机构编制核定范围的非营利性事业单位，由佛山市农业农村局、佛山科学技术学院作为举办单位。研究院前期重点在畜禽育种和中药组学等方面开展研发，培育前沿科技人才，开展现代农业教育培训和食品安全检测等工作，为现代农业、食品产业和中药产业发展提供重要的科技支撑。研究院计划于2021年正式启动建设，启动建设一年内组建一支至少50人的科研队伍，其中博士、博士后人才25人，各级高层次人才5人；初步完成代谢组检测平台的实验室和绿色健康养殖研究平台基础建设；申请专利和发表国际学术论文10项（篇）以上；成果服务企事业单位10家以上。研究院5年内建设一支200~300人以博士和博士后为主的科研队伍，包含各级高层次人才30人以上；申请专利和发表国际学术论文不少于100项（篇）；获得2个以上国家级、省部级科研产业平台或分中心，孵化、培育以及引进高新企业不少于10家以上，科研成果服务企业50家以上，为社会带动就业超过1万人。

（1）实施“良猪计划”，助力都市健康食品产业发展。围绕我国生猪养殖中“种猪”这一卡脖子问题，实施“良猪计划”，以基因组等多组学技术为手段，抢占特色猪种“基因资源”战略高地，开展生猪种质创新和“国产化”良种猪新品种/配套系选育；强化产研合作，建设猪育种中心、繁育试验场所和现代化养猪场，开展生猪绿色健康科学研究；配合佛山市都市农业与健康食品产业级高端食品园区等发展需要，建设食品安全检测中心，引进和孵化农业食品高新企业，开展都市食品营养品质相关研究，为佛山市乃至广东省的绿色健康食品产业提供有力的技术支撑。

（2）开展“中药组学”研究。利用基因组学和代谢组学等技术对产地的主要品种进行优选和品质鉴定，建立中药材基源的甄选和鉴别技术体系；牵头建设集科研、资源保存、科普和旅游于一体的综合性药用神农百草园和中药材基因资源数据库。开展中草药的组学区块链溯源技术研究，建设省部级或国家级中药材检验检测认证中心、药食同源中药材品质及安全检测中心，助力道地中药材的新一代全流程检测与溯源体系建设。与佛山中医药企事业单位开展深入合作，突破中药质量瓶颈，促进以临床价值为导向的高品质中药制剂研发和代表性中药方剂人体作用机制研究等，为中医药产业供给侧结构性改革提供新动能，助力佛山“南药之都”建设。

（二）建设佛山农产品质量安全风险控制中心（暂定名）

依托中国农业科学院植物保护研究所以引进院士带头的创新创业团队形式，与佛山本地龙头企业合作共建佛山农产品质量安全风险控制中心，重点开展农作物病虫害发生规律研究、植物有害生物防控新技术新产品研发、农产品质量安全监测与风险控制。

三、合作分工

（一）佛山市人民政府、南海区人民政府

（1）市财政为研究院启动建设提供运行经费支持，按照5 000万元/年稳定支持5年。

（2）南海区政府按照相关科研要求，为研究院提供3万平方米科研办公用房，第一年提供2 000平方米科研办公过渡用房。研究院科研办公场地不得改变用途或转租。

（3）支持“良猪计划”和“中药组学”研究，协助对接佛山现有大型生猪养殖企业、中药材生产加工企业，院企共建现代化猪育种中心、中药材种植试验基地等科研场所。

（4）为研究院的注册、立项、环评、建设等工作提供指导与帮助，协助解决该项目落地执行中的其他问题。

（5）鼓励研究院开展科学研究和技术攻关，按有关政策在科技项目、创新平台、科技人才等方面给予择优支持，推动研究院与佛山市本土企业进行产业深度合作。

（6）支持中国农业科学院植物保护研究所在佛山建设“佛山农产品质量安全风险控制中心”，可按佛山市现有的科技创新团队政策予以扶持，也可以按一事一议方式确定，另行安排。

（二）中国农业科学院

（1）负责选派研究院法人代表和管理运行团队，负责研究院相关组建工作。

（2）集合全院力量，整合中国农业科学院深圳农业基因组研究所、植物保护研究所等院属各科研机构，以研究院为基础，快速提升研究院成果转化的市场能力。院属各科研单位，面向佛山花卉、水产、农产品加工与物流、创意农业等优势主导产业，以研究院为抓手搭建产业发展平台，开展院市深度合作，促进中国农业科学院科研成果在佛山落地转化。

（3）支持并推荐研究院争取国家级、省部级的科技项目、平台建设、人才经费等方面科技资源，相关科技成果优先在佛山开展转化，大力推动一流科研院所建设。

（4）支持研究院在基础研究、科研组织方式、管理模式、产学研结合、前沿核心技术发明和应用结合模式等方面开展现代科研院所的改革与探索。

（5）支持佛山科学技术学院相关学科建设。

四、保障措施

（一）加强组织领导

研究院实行理事会管理制，理事会是研究院的最高决策机构。理事会由中国农业科学院、佛山市人民政府、南海区人民政府及研究院参与建设单位推选的理事组成。

（二）建立会商机制

定期（每年一次）或一方提议不定期召开理事会，研究解决合作中相关问题。

（三）出台扶持政策

中国农业科学院和佛山市人民政府分别出台支持研究院的相关扶持政策，从科研立项、人才引进、人才培养、财政支持、项目用地、科研基础设施建设、企业孵化和产业培育等方面依法给予大力支持。

五、附　则

（一）三方原则同意《佛山南华现代农业研究院建设方案》。

（二）本协议未尽事宜由双方另行协商决定。本项目涉及合作事宜的具体权利、义务及责任由双方或双方指定机构另行签署合作协议具体约定。当具体合作协议与本协议约定不一致时，以具体合作协议为准。

（三）本协议自各方法定代表人或授权代表签字盖章之日起生效，有效期为五年，协议到期后可协商签订新的协议。

（四）本协议一式六份，各方各执两份，具有同等法律效力。

中国农业科学院（盖章）

法定代表人或授权代表（签字）：

日期：2021 年 3 月 12 日

佛山市人民政府（盖章）

法定代表人或授权代表（签字）：

2021.3.12

日期：2021 年 3 月 12 日

南海区人民政府（盖章）

法定代表人或授权代表（签字）：

日期：2021 年 3 月 12 日

中国农业科学院　呼和浩特市人民政府
农牧业科技战略合作框架协议

为认真贯彻党的十九大和十九届二中、三中、四中、五中全会精神，全面落实习近平总书记对内蒙古重要讲话重要指示批示精神，扎实推进“科技兴蒙”行动，中国农业科学院与呼和浩特市人民政府经过友好协商，双方决定开展农牧业科技战略合作，达成如下合作协议。

一、合作宗旨

双方本着“优势互补、深度融合、真诚合作、成果共享、互惠共赢”的原则，强化科技支撑互融共促共享，充分发挥科技创新、科技成果、科技人才、科技平台的示范引领作用，实现以科技创新为核心的全面创新，培育壮大新型农牧业创新主体和经营主体，延长农牧业产业链条，打造现代农牧业科技产业园和现代农牧业技术创新高地，助力呼和浩特市农牧业绿色高质量发展和乡村全面振兴。

二、合作内容

（一）实施农牧业产业兴旺科技支撑行动，擦亮“乳都”品牌

一是联合实施优质草牧业科技攻关项目。聚焦呼和浩特市优质牧草技术攻关项目的实施目标，围绕蒙牛、伊利、蒙特利尔、蒙草等企业和草原研究所沙尔沁基地苜蓿全产业链技术攻关的科技需求和瓶颈问题，加快科技创新步伐和先进技术集成应用，共同研究探索出新形势下适应呼和浩特地区的高产优质苜蓿草的种植技术模式和规范，解决国产苜蓿草产量低、质量差的产业瓶颈，增强乳企消费国产苜蓿的信心。

二是联合推动国家牧草良种繁育基地落地。以内蒙古自治区级牧草产业龙头企业为项目实施主体，充分利用呼和浩特市的区位及产业集群优势和中国农业科学院草原所的技术优势，吸引中央资金在呼和浩特市打造国家级牧草良种繁育基地，做到补链、强链、延链。草原所负责组织做好全程技术支撑。

（二）实施农牧业科技产业园区创建示范行动，打造农牧业硅谷

一是联合共建呼和浩特市农牧科技产业园区。依托中国农业科学院草原所沙尔沁基地，统筹已有的国家多年生牧草种质资源库、国家种质多年生牧草圃、国家牧草改良中心、国家土壤质量监测站等平台资源，联合打造呼和浩特市农牧业科技产业园区，双方积极争取各类资金项目，加大投入力度，承担各类科技示范攻关任务，大力促进科技与企业、产业、人才、金融等要素结合，搭建科学家与企业家同台唱戏、创新要素与产业发展深度融合的平台，建成现代农牧业产业科技创新中心，打造区域经济增长极。

二是联合打造农牧科教文旅融合发展试验示范基地。依托中国农业科学院草原所沙尔沁基地，加快实施奶业振兴行动，建设高产优质苜蓿示范基地，强化试验示范辐射带动。加快推进规模化高标准农田建设和盐碱地改良工程，改造和提升园区耕地基础设施水平，打造粮食、牧草等农产品种子和产品的生产、科研、智能化管理等全产业链科技创新展示平台和农牧科教文旅融合发展示范基地。

（三）实施科技扶贫扶智人才支撑行动，构建青城智库

一是联合打造草牧业科技建言智库。聚焦呼和浩特市重大发展需求，充分发挥中国农业科学院草原所及相关研究所科技人才优势，共同建设草牧业科技智库。共同策划，精心调研，形成建设性的、务实的高质量决策建议，助力呼和浩特市高质量发展。鼓励草原所积极参政议政，推动草原所的创新目标、发展定位和战略规划与呼和浩特市科技发展和经济社会发展规划形成有效对接，推动草原所人才到相关部门和旗县挂职交流，推进政府的科学决策和创新发展。

二是联合做强农牧业科技培训服务。围绕农牧业科技服务生产、促进发展为目标，整合人才队伍，联合创建专业化的农牧业科技培训中心，充分发挥双方人才与专业技术组织体系优势，发挥科技增牧、科技增收职责作用，提高呼和浩特市农牧业专业推广人员、企业和农牧民科技文化素质，普及科技兴草兴牧绿色发展理念，加大区域实用科技培训力度，造就一批新型职业农民和创新主体。

三是联合组织实施农业高层次人才引进交流。根据呼和浩特市乡村振兴和农牧业科技人才需求，建立研究生等高端人才引进与吸收机制。发挥呼和浩特市政策优势和中国农业科学院人才优势，支持呼和浩特市有关高校与中国农业科学院有关研究所联合招收博士后研究人员或联合培养研究生。中国农业科学院向呼和浩特市推荐优秀毕业生，呼和浩特市在公务员招考（含选调范围）和事业单位招聘范围内为中国农业科学院毕业生提供更多就业机会。

三、合作机制

（一）建立组织机构

呼和浩特市人民政府与中国农业科学院成立由双方领导和有关部门负责人组成的领导小组，领导小组下设办公室，分别设在呼和浩特市农牧局和中国农业科学院成果转化局，具体负责双方农业科技合作的组织、协调、跟踪和督办等工作。

（二）建立工作制度

根据框架协议，聚焦目标，突出重点，明确任务，建立科技创新、科技示范、科技培训、科技平台等任务优先承接机制。双方坚持信息互通互融，找准定位，及时定期或不定期召开工作会议，研究磋商承接科技活动中的重大事项和问题，提出合作方案及实施计划，优化调整和推动重点任务落实落地。

四、附　则

本协议书经甲乙双方代表签字并加盖公章后生效。

本协议书一式四份，甲乙双方各执两份，同等有效。

本协议书未尽事宜，由甲乙双方根据实际需要协商解决，另行签订补充协议。

甲方：中国农业科学院（盖章）	乙方：呼和浩特市人民政府（盖章）
授权代表（签字）：	授权代表（签字）：
日期：2021 年 3 月 26 日	日期：2021 年 3 月 26 日

中国农业科学院
杨凌农业高新技术产业示范区管委会
西北农林科技大学
陕西省土地工程建设集团有限责任公司
战略合作协议

甲方：中国农业科学院
乙方：杨凌农业高新技术产业示范区管委会
丙方：西北农林科技大学
丁方：陕西省土地工程建设集团有限责任公司

2020年中央经济、农村工作会议明确关于“三农”工作部署，提出聚焦提高粮食和重要农副产品供给保障能力目标，抓住种子和耕地两个要害，紧盯巩固拓展脱贫攻坚成果同乡村振兴有效衔接、建设国家粮食安全产业带等重点任务，迫切需要加强耕地保护和质量提升，强化农业关键核心技术创新。在此背景下，甲、乙、丙、丁四方同意在平等互利、合作共赢的基础上，充分发挥各方优势，围绕高标准农田建设深化发展。达成如下合作协议。

第一条　合作目标

围绕提升国家粮食安全保障能力，推动“藏粮于地、藏粮于技”战略和乡村振兴战略实施，以提高农业科技创新与人才培养能力为中心，重点在平台建设、科技创新、人才培养、成果转化等方面开展全面合作，探索建立农业国家队与地方队协同创新机制，满足陕西省范围内以粮食生产功能区、重要农产品生产保护区等不同区域的高标准农田建设、土壤环境质量监测、土壤改良修复等关键性技术需求。由四方共同组建中国杨凌耕地保护与质量提升创新中心（暂定名，以下简称创新中心），为独立法人机构，实行法人治理，不定编制、不定级别、不纳入机构编制核定范围的新型研发机构。创新中心依托中国杨凌高标准农田建设集团有限公司(暂定名，由杨凌农业高新技术产业示范区管委会和陕西省土地工程建设集团有限责任公司共同出资组建，以下简称中农建集团）进行日常运营。

第二条　合作内容

甲、乙、丙、丁四方主体共同设立创新中心，创新中心依托于中农建集团，由中农建集团对创新中心科技成果进行转化应用，收益反哺创新中心良性可持续的运转。以需求为导向推动高标准农田技术创新和工程化研究，围绕土地工程、高标准农田建设、涉农装置装备与农业科技推广应用等方面工作需求，开展以下工作。

（1）开展陕西省粮食作物及经济林果作物分区适宜土壤环境质量监测，建立全省作物适生区土壤数据资料库及大数据中心。

（2）设计和承担我国、陕西省、示范区及企业有关土壤改良提升、污损土地修复、面源污染治理、灌溉及排水、智能化系统技术研究项目和技术研究课题，攻克共性关键技术难题。

（3）积极开展对外交流与技术培训，筛选和引进国外先进技术及装备，并进行消化、吸收和创新，促进技术信息共享，推动行业发展水平快速提升。

（4）完善高标准农田建设内容，统一规范工程建设，健全耕地质量监测评价标准，构建农田建设标准体系。

（5）主动与杨凌农业高新技术示范区设立的上海合作组织农业技术交流培训示范基地开展紧密合作，提升相关国家乡村建设水平，拓展高标准农田建设国际影响力。

（6）建设成为高标准农田综合技术研发、工程技术服务、标准执行监测与评估服务中心。

第三条　合作机制

坚持“政府推动、项目牵引、市场运营、共建共享”的原则，由乙方牵头，甲方、丙方、丁方联合组建管理制度现代化、运行机制市场化、用人机制灵活的独立法人的新型研发机构。创新中心以需求为导向推动高标准农田技术创新和工程化研究，提出改善耕地土壤环境、提高耕地质量水平、农业面源污染治理、农田整治建设的质量标准体系，提供不同地域、不同作物的高标准农田建设解决方案。创新中心同时作为开放平台，采取会员制、协议制、创投基金等方式，吸引企业、社会资本、高校院所等共同投入建设，形成市场化运行机制，推动产业链企业在杨凌加速聚集。

创新中心在知识产权等成果权益划分上，按照“谁投入、谁分享”原则，采取“一事一议”方式另行签署各方一致认可的协议书具体约定。创新中心依托中农建集团对成果进行转化推广，鼓励创新中心技术创新团队以技术、成果入股的方式分享合作企业收益，以支撑创新中心良性可持续的运转。

第四条　各方权利和义务

（一）甲方的权利和义务

（1）负责参与创新中心组建，为创新中心运营提供政策支持。
（2）负责委派专家团队承担项目课题基础研究工作，提供技术支持。
（3）负责利用自身优势，积极开展成果转化推广。
（4）具有在创新中心决策的表决权，派员参与日常管理的权利。
（5）依据法律规定和协议约定享有知识产权等的成果权益。

（二）乙方的权利和义务

（1）负责协调各方资源，牵头组建创新中心，完成设立创新中心的立项等手续。
（2）通过中农建集团支持创新中心建设，给予创新中心 5 年期项目经费支持，协议签订后前三年每年 1 000万元，后两年每年 500 万元。
（3）具有在创新中心决策的表决权，派员参与日常管理的权力。
（4）积极为创新中心引进国内外优秀技术人才，落实示范区人才招引政策。

（三）丙方的权利和义务

（1）负责参与创新中心组建，为中心运营提供政策支持。
（2）负责委派专家团队承担项目课题基础研究工作，提供技术支持。
（3）负责利用自身优势，积极开展成果转化推广。
（4）具有在创新中心决策的表决权，派员参与日常管理的权力。

（四）丁方责任

（1）负责参与创新中心组建。
（2）建设陕西省分作物分区域适宜土壤环境数据库和大数据中心，以及土壤改良修复、灌溉及排水、林网工程、智能化系统等技术研发平台等设施。
（3）对创新中心科技成果进行转化，组织实施具体项目。
（4）具有在创新中心决策的表决权，派员参与日常管理的权力。
（5）负责比照杨凌农业高新技术示范区管委会给予创新中心相同的项目支持金额。

第五条　保密责任

四方均有义务为其他方保守商业秘密。任何一方均应妥善保管从他方获得的文件材料等相关商业信息，除非得到相关方书面认可，任何一方都不应向第三方泄露该类信息，违反约定的，应按有关法律规定向守约方承担责任。

第六条　合作期限

本协议合作期限为五年，自签订合同之日起生效。协议一式八份，甲、乙、丙、丁四方各执两份，经四方单位盖章和法定代表人/授权代表签字后生效，协议到期后，如需继续合作，由四方另行议定合作条件。

第七条　其　他

（1）为了推进创新中心筹备和建设发展工作，甲方指定成果转化局为对口接洽职能部门，乙方指定杨凌农业高新技术产业示范区管委会自然资源和规划局为对口接洽职能部门，丙方指定西北农林科技大学科技推广处为对口接洽职能部门，丁方指定陕西省土地工程建设集团有限责任公司对外合作与科技部为对口接洽职能部门。四方指定以下联系人负责双方合作期间具体事宜的对接工作。

甲方联系人

姓名：张银定　联系电话：13661160257

电子邮箱：zhangyinding@ caas. cn

地址：北京海淀区中关村南大街 12 号

乙方联系人

姓名：薛建军　联系电话：17391663015

电子邮箱：3633152207@ qq. com

地址：陕西省咸阳市杨陵农业高新技术产业示范区新桥北路政务大厦

丙方联系人

姓名：张正新　联系电话：13772071895

电子邮箱：254834393@ qq. com

地址：陕西省咸阳市杨凌区部城路 3 号

丁方联系人

姓名：张扬　联系电话：13484609864

电子邮箱：104071897@ qq. com

地址：陕西省西安市光泰路 7 号

与本合同有关的函件，四方均向上述地址或电子邮箱送达。以快递方式送达的，快递实际签收之日或快递寄出后两日（以先到时间为准）视为送达；以电子邮件方式送达的，电子邮件发出即视为送达。

（2）本协议为四方之间战略合作的初步合作安排和原则要求，各方应根据本协议确定的原则和相关约定，就创新中心的成立、投资、建设及运营管理等事项签署具体合同，享有权利承担义务。

（3）本协议自四方签字盖章之日起生效。

（4）未尽事宜，另行协商解决或签订补充协议。

（5）因本协议发生争议，各方应友好协商解决。

甲方（盖章）：

法定代表人/授权代表（签字）：

日期：2021 年 4 月 9 日

乙方（盖章）：

法定代表人/授权代表（签字）：

日期：2021 年 4 月 9 日

丙方（盖章）：

法定代表人/授权代表（签字）：

日期：2021 年 4 月 9 日

丁方（盖章）：

法定代表人/授权代表（签字）：

日期：2021 年 4 月 9 日

中国农业科学院　沧州市人民政府 共建中国农业科学院农产品加工与营养健康研究院（沧州）（暂定名）合作备忘录

甲方：沧州市人民政府

乙方：中国农业科学院

为贯彻落实沧州市人民政府《关于持续深化“四个农业”促进农业高质量发展行动方案（2021—2025年）》相关要求，充分发挥农产品加工业在农业现代化中的支撑和促进作用，推进农产品多元化开发、多层次利用、多环节增值，推动科技创新、农业农村发展，服务沧州高质量跨越式发展，沧州市人民政府与中国农业科学院双方就合作共建中国农业科学院农产品加工与营养健康研究院（沧州）［暂定名，以下简称研究院（沧州）］相关事宜达成一致。

一、双方同意在河北省沧州市共建研究院（沧州），甲方指定沧州市农林科学院具体实施，乙方指定中国农业科学院农产品加工研究所具体实施。

二、研究院（沧州）为独立法人新型研发机构。研究院（沧州）实行理事会制度，理事会成员单位由沧州市农林科学院、中国农业科学院农产品加工研究所组成。甲方委托沧州市农林科学院选派院长一名，统筹协调研究所建设；乙方委托中国农业科学院农产品加工研究所选派执行副院长一名，负责研究院建设、运行中的具体执行工作。

三、研究院（沧州）立足沧州以及河北省优势特色农业产业基础，以“粮头食尾”“农头工尾”为抓手，着力打造农产品初加工、精深加工和综合利用的综合服务平台，形成河北省农产品加工科技创新研发平台和人才聚集高地。重点围绕沧州果蔬贮藏保鲜及精深加工、旱碱麦精深加工、枣贮藏保鲜及精深加工、梨贮藏保鲜及精深加工、水产品精深加工等领域急需解决的产业瓶颈问题，开展关键核心技术研发，打造知名沧州农产品品牌，助推沧州市乃至河北省农产品加工产业转型升级，助力沧州市农产品加工产值翻一番，将沧州市农产品加工学科建设成河北省一流学科。

四、甲方先期为研究院（沧州）提供2万~3万平方米科研、办公用房，负责协调环保、消防等部门以及房屋产权方、物业等单位，出资并完成实验室和中试车间的物理空间改造。在五年合作期内，甲方每年拨付沧州市农林科学院3 000万元的研究院（沧州）专项支持资金［其中，研究院（沧州）农产品科研专项资金800万元，研究院（沧州）农产品产业转化资金400万元，研究院（沧州）运行经费400万元，中国农业科学院农产品加工研究所技术服务费600万元；每年度单独列支仪器设备购置费，由沧州市农林科学院根据研究院（沧州）发展需求，按照中国农业科学院农产品加工研究所提供的年度需求清单，通过政府采购完成]。在研究院（沧州）运行期间购买的仪器、装备等固定资产产权归研究院（沧州）所有。

五、乙方同意指派中国农业科学院农产品加工研究所协助研究院（沧州）每年柔性引进不少于 2 名省级以上高层次人才在研究院（沧州）开展工作；每年派驻不少于 3 个研发团队，累计工作 2 000人天以上；新招聘研究人员 10 人以上，实现研发人员达到 30 人以上。甲方同意指派沧州市农林科学院每年选派 5 人以上相关科研人员入驻研究院（沧州）开展工作。双方共同落实研究院（沧州）建设、人才引进、科研项目执行、科研成果转化落地等工作。双方积极争取河北省、沧州市相关科研项目落户研究院（沧州）。

六、乙方同意指定中国农业科学院农产品加工研究所在五年合作期限内形成技术、产品、装备研发成果 30 项以上，发明专利申请 20 项以上，在沧州转移转化成果不少于 20 项；每年为沧州 30 家以上企业提供技术服务，培育国家级农产品加工产业化龙头企业 1~2 家；累计培养硕士、博士达 20 人以上，为沧州培养农产品加工专业高端人才 25 名以上。研究院（沧州）每年至少举办 1 次行业全国性或国际性会议，推进对外合作，协助沧州市农产品加工规模企业招商引资，形成具有一定产业效应的孵化器、众创空间。

七、依托研究院（沧州），双方同意在沧州市建立农产品加工综合性重点实验室（沧州）基地、特质农品沧州技术分中心、名特优新农产品评价鉴定（沧州）分中心、国家食药同源产业科技创新联盟枣专业委会分会等。

八、研究院（沧州）建成后，乙方承诺以此为重要支撑，将农产品加工各领域先进技术优先支持研究院（沧州）发展。双方同意在平台搭建、产业提升、技术成果产业孵化、科技助力沧州招商引资、产业人才培养、专家引进与人才队伍建设和农产品加工学科构建等方面开展深度合作。

九、甲方按照《沧州市“狮城精英”高层次人才引进若干政策措施（试行）》文件精神，给予研究院（沧州）引进的院士、专家团队相关人才政策待遇，解决住房、用餐等配套保障；同等条件下优先给予研究院（沧州）科研、管理人才海外培训机会。

十、甲乙双方同意有关研究院（沧州）内部机构设置以及运营管理问题将在项目执行期间具体讨论。

十一、本备忘录一式六份，双方各执三份，具有同等法律效力。

十二、附则。

（1）本备忘录未尽事宜，由双方另行协商。

（2）具体合作项目，由甲方和中国农业科学院有关研究所另行协商签署协议。

（3）本备忘录有效期五年，自签字、盖章之日起生效，期满后双方协商续签。

甲方：沧州市人民政府（盖章）　　乙方：中国农业科学院（盖章）

法定（授权）代表人：　　法定（授权）代表人（签字）：

日期：2021年9月27日　　日期：2021年9月27日

中国农业科学院　葫芦岛市人民政府 辽宁省农业农村厅　辽宁省科学技术厅 合作建设“中国农业科学院环渤海湾研究院”战略合作协议

甲方：中国农业科学院

乙方：葫芦岛市人民政府

丙方：辽宁省农业农村厅

丁方：辽宁省科学技术厅

为深入贯彻习近平总书记“四个面向”指示精神，推动落实乡村振兴战略和创新驱动发展战略，推进农业供给侧结构性改革，加强科研机构与地方政府科技合作，支撑地方农业高质量发展，中国农业科学院、葫芦岛市人民政府、辽宁省农业农村厅和辽宁省科学技术厅决定在葫芦岛市建设“中国农业科学院环渤海湾研究院”（以下简称研究院）。经友好协商，达成如下协议。

一、合作目标

围绕区域果树、设施农业、畜禽、花生等农业主导产业发展需求，以提升产业科技含量和品牌价值为出发点，开展规划咨询、科技攻关、试验示范、品牌建设等全方位合作，在葫芦岛市打造农业科技创新中心、成果转化基地、国际合作基地和人才培养基地，将研究院建设成为葫芦岛市乃至环渤海湾地区农业高质量发展“智囊团、技术源、成果库”，推动葫芦岛市建设“中国（环渤海湾）农业高质量发展技术示范中心”“中国花生产业高质量发展示范中心”“有机农业示范市”和“乡村振兴辽宁样板”。研究院立足葫芦岛，服务辽宁，辐射带动环渤海地区农业高质量发展。

二、合作内容

（一）规划咨询

将研究院建设成为支持地方农业农村经济发展的“智囊团”。根据葫芦岛市及辽宁省农业产业发展现状和趋势，研究制定果业、设施农业、畜禽、花生、农产品加工业、数字农业、智慧农业等产业发展规划，提出咨询建议，为政府科学决策提供智力支撑。

（二）技术研发

将研究院建设成为引领农业科技创新的“技术源”。针对葫芦岛和辽宁果业、设施农业、畜禽、花生等产业发展存在的短板和问题，在新品种培育与引进、绿色生产技术研发、新产品创制、农产品加工业、数字农业、智慧农业等方面开展科技创新，为产业健康发展提供科技支撑。

（三）成果转化

将研究院建设成为推动地方农业经济发展和产业转型升级“成果库”。甲方及所属单位通过研究院与相关企业、地方政府等签订合作协议，推进品种、技术、专利等科技成果在辽宁省及葫芦岛市转化和推广应用。

（四）示范培训

建设现代农业科技试验示范区，示范和推广国内外领先的农业产业发展新模式、新品种、新技术和新产品，打造产业样板，推动相关产业转型升级和提质增效。建设现代农业人才培育基地，培养高水平农业科技人才和新型职业农民。

（五）品牌建设

组织召开国际国内农业产业发展大会、学术研讨会、论坛等，提升葫芦岛市和辽宁省在相关领域的影响力、知名度和区域品牌价值。为企业提供发展规划、技术咨询、品牌策划等服务，助力企业品牌建设，提升品牌价值和市场美誉度。

三、组织架构

成立理事会，是运行管理的最高决策机构，实行理事会领导下的院长负责制。负责审批章程；制定发展战略；审定机构设置；聘任研究院院长及副院长；审议年度工作计划和财务预决算等；审议其他需要理事会决定的重大事项。理事会理事由中国农业科学院、中国农业科学院果树研究所和辽宁省科技厅、辽宁省农业农村厅、葫芦岛市委派。

研究院实行院长负责制，设院长1人，由中国农业科学院选派；设副院长3人，由葫芦岛市人民政府、辽宁省农业农村厅、辽宁省科学技术厅选派。

四、四方职责

（一）甲方职责

（1）负责研究院组织和管理。负责研究院基地规划、使用和重要事项决策，选派能力强、知名度高的专家和团队参加各项工作。指定中国农业科学院果树研究所先期参与研究院规划建设工作，其他单位根据葫芦岛市产业发展情况随时跟进。

（2）支持研究院开展技术研发。支持研究院技术研发工作，在新品种、新技术、新产品等方面实行信息共享。支持开展新品种选育、引进和试验示范，研发并示范新模式、新技术、新产品。推动“中国（辽宁）农业高质量发展技术示范中心”“中国花生产业高质量发展示范中心”“有机农业示范市”建设。

（3）支持院属单位与地方单位联合申报项目。依托研究院，支持中国农业科学院所属单位联合地方有关部门、企业共同申报和实施国家、部委、省市级科研项目和其他项目。

（4）支持打造乡村振兴样板。积极参与地方政府乡村振兴工作，组织专家开展政策咨询、产业规划、技术指导等服务，支持地方政府开展农业技术员、企业（合作社、种植大户等）技术负责人培训，助推葫芦岛市打造“乡村振兴辽宁样板”。

（5）协助推动品牌建设。通过举办全国性、国际性会议等形式，提升葫芦岛区域品牌价值、知名度和美誉度。加强与相关企业的合作，在品牌宣传、品牌策划等方面提供咨询与服务，助推企业品牌化、名牌化。

（二）乙方职责

（1）负责研究院运行协调和保障。负责提供必要的支撑条件，创造良好的发展环境，协调解决协议执行中遇到的相关问题，保障研究院顺利运行。

（2）提供试验条件及相关设施。每个主导产业选择1～2家有一定经济实力、信誉良好的企业，由企业根据甲方需要提供一定数量的试验用地和试验设施，用于开展相关研究工作，日常管理由企业负责，地上物收益归企业所有。

（3）支持甲方单位与地方联合申请各级各类项目。充分利用国家、省、市科技创新政策，支持甲方各单位联合葫芦岛市有关事业单位和企业共同申报国家、省部级和市级项目。

（4）协调推动县（市、区）政府围绕乡村振兴、科技兴农、主导产业、品牌建设与甲方进行深度合作，推进科技成果转化和应用。

（5）设立产业发展基金。基金用于葫芦岛市果树、设施农业、畜禽和花生等农业主导产业发展方面，保障葫芦岛农业发展的稳定性和长期性。

（三）丙方职责

（1）支持甲、乙双方联合申请国家和辽宁省农业项目。
（2）支持葫芦岛市相关企业承担国家、省部级项目。
（3）支持葫芦岛市在提升区域品牌方面开展工作。

（四）丁方职责

（1）支持甲、乙双方联合申请辽宁省科技项目。
（2）支持葫芦岛市相关企业承担辽宁省各级各类科技项目。
（3）通过多种途径，支持葫芦岛市政府在提升区域品牌方面开展工作。

五、附　则

（1）本协议未尽事宜由四方另行协商决定。
（2）本协议有效期五年，自签字盖章之日起生效。合同到期后，双方可协商续约。
（3）本协议一式八份，四方各执两份。

甲方：中国农业科学院（盖章）

代表（签字）：

日期：2021 年 9 月 17 日

乙方：葫芦岛市人民政府（盖章）

代表（签字）：

日期：2021 年 9 月 17 日

丙方：辽宁省农业农村厅（盖章）

代表（签字）：

日期：2021 年 9 月 17 日

丁方：辽宁省科学技术厅（盖章）

代表（签字）：

日期：2021 年 9 月 17 日

唐山市人民政府　中国农业科学院
战略合作框架协议

甲方：唐山市人民政府

乙方：中国农业科学院

唐山市北依燕山，南临渤海，毗邻京津，总面积 13 472 平方千米，常住人口 771.8 万人。唐山“山、海、平原”三类地形并存，农业资源丰富，产业特点突出，区位优势明显，是河北省唯一国家农产品质量安全市，牛奶、肉类、蔬菜、稻米、花生、板栗、水产品等重要农产品产量、产值均位居河北省第一；习近平总书记先后两次亲临唐山视察，作出了“三个努力建成”“三个走在前列”的重要指示，要求唐山在对接京津、融入京津、服务京津中加快发展自己。

中国农业科学院是国家综合性农业科研机构，始终牢记农业科研国家队使命，坚持习近平总书记“四个面向”重要批示精神，在推动我国农业科技创新、服务地方经济发展、培养高层次科研人才等方面作出了重要贡献。唐山市人民政府与中国农业科学院开展全面合作，对推动中国农业科学院科技成果转化，加快唐山市现代农业高质量发展，全面推进乡村振兴战略具有重要战略意义。

为深入推进乡村振兴和京津冀协同发展等重大国家战略实施，充分发挥现代科技对加快农业农村现代化的支撑作用，唐山市人民政府与中国农业科学院决定建立全面、长期、稳定的战略合作关系，共同推动唐山打造农业高质高效、乡村宜居宜业、农民富足富裕的乡村全面振兴“国家样板”。经双方充分友好协商，达成如下合作协议。

一、合作宗旨

本着“优势互补、互利共赢、共同发展”的原则，充分发挥中国农业科学院科技、人才、成果优势，以及唐山市区位、资源、政策等优势，通过在规划编制、平台搭建、产业转型、人才培养等方面推进农业科技创新和成果转化，将中国农业科学院的科技优势转化为唐山市农业农村的发展优势，为唐山市农业农村现代化建设提供强有力科技支撑，共同推动唐山这座英雄城市再创辉煌。

二、合作内容

(一) 共同研究编制发展规划

按照国际一流、国内领先的目标，唐山市人民政府与中国农业科学院合作，共同研究编制规划体系，确定重大任务，部署重大项目、重大工程、重大行动，明确政策措施和实施路径，同时，围绕农业生产现代化、农民生活现代化、乡村生态现代化、乡村文化现代化、乡村治理现代化和城乡融合发展现代化六个方面设置评价体系指标，科学评价唐山市农业农村现代化建设水平，引领唐山市农业农村现代化发展。

(二) 助力唐山打造乡村振兴全国样板

中国农业科学院选择乡村振兴工作基础好、特色强的丰南区和迁安市，作为全国乡村振兴示范县培育对象，开展区域农业农村现代化发展规划编制，指导两地统筹部署城乡空间布局，科学安排目标任务，细化功能分区，谋划重大工程，强化政策保障，确保全面推进乡村振兴，打造全国乡村振兴的县级样板。同时，指导唐山乡村振兴示范片区，科学合理利用各种资源，科学安排战略性和战术性目标任务，带动唐山全域乡村振兴战略实施，助力唐山打造全国乡村振兴示范市。

(三) 共建农业科技成果示范转化基地

中国农业科学院的科技成果优先在唐山市示范转化，根据唐山农业优势特色产业特点，在唐山建设一批成果示范转化基地，唐山市为中国农业科学院创造良好的科研环境。中国农业科学院充分发挥资源优势，选派专家来唐山市调研，在蔬菜、花卉、粮食、耕地、智慧农业、节水、绿色发展等方面给予唐山市技术支持。

(四) 开展农业科技协同创新

中国农业科学院根据唐山市农业产业发展需要，按照“一个主体、一个项目、一个团队”的合作模式，与唐山市相关农业生产经营主体开展科技协同创新，打造科技创新平台，组成创新联合体，探索“揭榜挂帅”，形成产、学、研、用一体化，破解生产经营中的技术难题，形成一批引领和支撑产业发展的项目、技术和典型模式，提升主体的技术创新能力和市场竞争力，推动唐山市农业产业发展。

（五）重点支持申报农业项目

中国农业科学院组织直属研究所，分行业产业与唐山市签订具体合作协议，支持唐山市申报国家级现代农业产业园、农业科技园区、农业产业集群、农业产业强镇、田园综合体等农业项目，加快数字乡村战略实施步伐，为唐山市打造农业高质高效、乡村宜居宜业、农民富足富裕的乡村全面振兴“国家样板”提供长期智力和科技支持。

（六）培育乡村振兴人才队伍

中国农业科学院对唐山农业农村发展进行技术指导，帮助定向培养人才。唐山市每年确定专题，邀请中国农业科学院专家来唐山市开展讲座和技术培训；面向全市遴选青年技术骨干，赴中国农业科学院跟班学习。中国农业科学院选派科技特派员来唐山市开展技术指导；开放科技教育平台，为唐山市定向培养农业技术硕士、博士人才。

三、合作机制

（一）成立合作工作领导小组

领导小组组长由唐山市人民政府和中国农业科学院主管领导担任。领导小组办公室分别设在唐山市农业农村局和中国农业科学院成果转化局，负责合作的日常事务管理与工作协调。唐山市按照一项任务、一名领导、一个专班、一个方案、一抓到底的“五个一”机制，为双方合作提供服务。

（二）建立运行机制

（1）联席会议。由双方领导共同组成，每年至少召开一次领导小组工作会议，总结当前的工作，研究部署下一阶段工作，协调解决合作过程中的重大问题。

（2）交流机制。中国农业科学院根据唐山市需要，不定期组织专家到唐山市考察调研，指导农业农村发展工作；唐山市分期分批组织有关人员到中国农业科学院学习交流。

（3）共建共享。中国农业科学院发挥科技、人才、成果等资源优势，将最先进科技成果、最高端的人才，通过合作转化为唐山市农业农村发展动力和优势，为唐山市现代农业和农村经济发展提供强有力的科技支撑。

（4）经费保障。唐山市政府每年安排财政专项资金，为双方合作提供资金保障。

四、附　则

（1）本协议未尽事宜由双方另行协商决定。
（2）本协议有效期五年，自签字之日起生效，期满后双方可协商续签。
（3）本协议一式四份，双方各执两份。

甲方：唐山市人民政府（盖章）　　　　乙方：中国农业科学院（盖章）

代表（签字）：　　　　代表（签字）：

日期：2021 年 9 月 29 日　　　　日期：2021 年 9 月 29 日

杭州市人民政府　中国农业科学院 高质量推进乡村振兴促进城乡共富 战略合作协议

甲方：杭州市人民政府

乙方：中国农业科学院

为深入贯彻习近平新时代中国特色社会主义思想，按照中央和省、市有关决策部署，围绕高质量推进乡村振兴促进城乡共富主题，杭州市人民政府与中国农业科学院开展战略合作，并签订本协议。

一、合作宗旨

本着“合作共赢、共同发展”原则，集聚中国农业科学院的科技优势、人才优势和杭州市的创新创业优势以及资本和市场优势，共同推进杭州乡村振兴、城乡共富，为杭州市率先基本实现农业农村现代化，争当浙江省高质量发展建设共同富裕示范区头雁和窗口贡献力量。

二、合作领域

（1）开展战略研究合作。围绕杭州农业农村发展短板和瓶颈问题，中国农业科学院在粮食、蔬菜、动物疫病防控、耕地保护等市场保供项目，乡村特色产业、水果、茶叶等增收项目，种子种苗、优良新品种研发、数字农业、生物农业、功能食品研发等前沿项目，以及城乡共富、乡村振兴、农业碳达峰等重大项目方面为杭州市提供有针对性的战略咨询，确保杭州农业农村高质量发展。

（2）合建“城乡共富研究院”。开展城乡共富和乡村振兴理论以及推进城乡共富体制机制创新等方面的研究；开展农业现代化技术攻关、新技术新品种推广、城乡共富人才培养；开展数字乡村建设和数字农业应用技术研究，确保杭州市数字乡村建设水平领先全国；研究制定杭州市率先实现农业农村现代化指标体系、农民农村共同富裕指标体系和现代乡村产业发展体系等。

（3）共建科创平台。共建农业科技成果转化平台。加快推进农业高科技成果应用和种苗繁育，形成持续高效的科技成果产出，孵化一批优质高效的科技型农业企业。共建种业创新和种业会展平台。通过政府引导、企业主体、平台支撑、民间力量参与的运作模式，联办国际性、全国性种业博览会、种子种苗交流会、成果展示和成果发布等活动，打造全国种业集散高地。发挥杭州市创新活力优势和民营经济发达优势，开展以基因编辑、分子育种等现代育种技术为核心的联合创新攻关，加快杭州市生物育种、种苗繁育和种质资源保护水平的提升。共建在杭科研院所合作平台。加强与在杭州市的中国农业科学院茶叶研究所、中国水稻研究所的紧密合作，共同支持并开展农业科技创新、成果转化工作。共建重大项目招引平台。共同争取并引导世界农业科技前沿项目、国家重大项目、科研联合攻关项目落户杭州，推荐引进优质现代农业企业总部、研发中心落户杭州。

（4）打造示范基地。合作推进数字技术、智能装备、生物技术与农业全产业链的深度融合，开展数字技术集成应用示范。支持中国农业科学院开展图像识别、区块链、北斗定位、遥感等数字技术在杭州耕地保护、动植物防疫和病虫害防治、“肥药两制”、育苗育种、质量安全监管等领域的应用研究。加强先进适用农机研发、制造、引进与数字化管理，加快“机械强农”工程建设。开发涵盖农产品生产、加工、贮运、冷链、销售等环节的智能技术和装备，帮助培育建设数字农业工厂、数字农业园区、数字牧场等，推动形成“产业大脑+产业地图+未来农业工厂”数字农业发展格局。

（5）加强人才培养交流。建立定向人才培养交流机制。甲方每年选派一定数量的农业科技人才到中国农业科学院进修，提高杭州市农业中高级人才的业务能力。乙方在杭州市涉农区（县、市）各建设一个专家工作站，为杭州市培养更多的农业技术攻坚人才。建立双向干部挂职机制。根据需要双方定期选派干部挂职锻炼，提高干部队伍素质。

（6）加强技术指导服务。中国农业科学院与杭州市各类省级以上农业产业园区、农业特色强镇、农业基地开展紧密的技术指导和联系，全面提升杭州市农业农村科技应用水平。杭州市聘请中国农业科学院专家团队对杭州农业生产、加工、机械化冷链和农业品牌运营提升、推介、宣传等方面提供全方位指导支持。

三、合作机制

（1）协调机制。依托城乡共富研究院，双方建立协同推进工作机制，形成联络员制度和会商制度，定期召开联席会议、现场办公会等，研究解决合作相关问题。

（2）保障机制。甲方对合作项目给予必要的资金、政策等保障，乙方给予必要的科技、人才等支持。

四、其他事宜

（1）双方将就本协议提及的合作事宜作进一步研究和协商，具体合作项目协议要依据本合作框架协议，采取“一事一议一签”的原则，由双方指定部门和单位另行签署，并作为本协议的有效附件。

（2）未尽事宜双方可协商解决或签订补充协议，补充协议具有同等法律效力。

（3）本协议一式四份，双方各执两份，自签字盖章之日起生效，有效期五年。

甲方：杭州市人民政府（盖章）　　　　乙方：中国农业科学院（盖章）

代表（签字）：　　　　代表（签字）：

日期：2021 年 10 月 13 日　　　　日期：2021 年 10 月 13 日

中国农业科学院关于2021年中国农业科学院成果转化奖励的决定

农科院转化〔2022〕8号

院机关各部门、院属各单位：

为认真贯彻落实习近平总书记“四个面向”重要指示精神，加快推进农业科技创新与成果转化，表彰我院创新创造创业一体化发展并为社会和产业进步作出突出贡献的团队及个人，树立科技成果和知识产权转移转化及产业化的先进典型，根据《中国农业科学院成果转化奖励办法（试行）》《中国农业科学院成果转化奖励评审细则（试行）》，我院组织开展了2021年中国农业科学院成果转化奖励评审工作。

经过研究所推荐、院成果转化局组织评审和拟授奖结果公示，并经2021年第18次院常务会议审议，决定授予农业资源与农业区划研究所智慧农业创新团队等11个团队2021年中国农业科学院成果转化优秀团队奖，授予哈尔滨兽医研究所商业秘密“猪繁殖与呼吸综合征系列疫苗”等4件知识产权2021年中国农业科学院知识产权转化奖（授奖名单见附件）。

全院广大科技工作者要以受表彰的创新团队、知识产权所有人和发明人为榜样，不忘初心、牢记使命，锐意进取、开拓创新，为科技支撑农业高质量发展作出新的更大贡献。

附件：2021年中国农业科学院成果转化奖励授奖名单

中国农业科学院

2022年1月10日

附件

2021 年中国农业科学院成果转化奖励授奖名单

成果转化优秀团队奖

农业资源与农业区划研究所　智慧农业创新团队

农业农村部环境保护科研监测所　环境危害因子风险评估创新团队

烟草研究所　烟草病虫害防控团队

蔬菜花卉研究所　番茄遗传育种团队

兰州兽医研究所　宿主抗病毒感染与免疫生物学团队

郑州果树研究所　桃种质资源与遗传育种创新团队

北京畜牧兽医研究所　鸡遗传育种团队

蔬菜花卉研究所　茄科团队

农产品加工研究所　食品营养功能因子利用创新团队

油料作物研究所　油菜遗传育种创新团队

农业经济与发展研究所　技术经济与科技政策创新团队

知识产权转化奖

哈尔滨兽医研究所　商业秘密：猪繁殖与呼吸综合征系列疫苗

农业质量标准与检测技术研究所　发明专利：三唑类农药分子印迹聚合物微球，固相萃取柱及其应用（ZL201610825339. 4）

北京畜牧兽医研究所　发明专利：抗 3 型鸭甲肝病毒的鸭专门化品系的选育方法（ZL201710916881. 5）

农业环境与可持续发展研究所　发明专利：一种反硝化细菌培养及测定水体硝态氮同位素组成的方法（ZL201210228975. 0）

四、国际合作与交流

中国农业科学院2021年
国际合作与交流工作概况

2021年是中国共产党成立100周年，是“十四五”规划开局之年，也是开启全面建设社会主义现代化国家新征程的关键之年。在农业农村部党组和中国农业科学院党组的坚强领导下，中国农业科学院全面贯彻落实党的十九大和十九届历次全会精神，以习近平总书记贺信精神为指导，努力克服疫情影响，积极开拓创新，全院国际合作工作取得新进展。

一、2021年国际合作工作进展

（一）切实提高政治站位，认真落实巡视整改任务

一是积极推进国外种质资源引进工作。牵头完成《关于加强作物种质资源引进的研究报告》，编制《加快国外种质资源引进的工作方案》，已由院常务会审议通过；在对外合作谋划和合作协议谈判中将种质资源引进与交换列为重点，2021年全院共从俄罗斯、乌拉圭、澳大利亚等地引进35种动植物种质资源共计7 700多份。

二是牵头制订“两个一流”指标体系方案。组织专班对国内外“两个一流”相关情况进一步梳理分析，并结合中国农业科学院学科结构和发展特征，广泛征求意见和组织咨询论证，提出中国农业科学院建设“一流机构”和“一流学科”的评价指标体系方案。

三是务实推动合作协议落实落地。全面梳理2016年以来全院合作协议落实情况，查摆问题、总结经验，形成自查报告。制订印发《中国农业科学院关于加强国际合作协议管理的指导意见》，进一步完善管理制度，建立长效机制。

（二）狠抓研究谋划，强化顶层设计

一是发布院国际合作规划，强化工作指导。在广泛咨询论证基础上，进一步修改完善《中国农业科学院“十四五”国际合作发展规划》，并于2021年11月正式发布，为指导全院国际合作高质量发展明确工作目标、重点任务和主要措施。

二是加强战略研究，为上级主管部门提供决策参考。组织撰写《美国粮食和农业系统面临的挑战及其对我国的启示》和《关于英国〈国家粮食战略〉独立报告的研究与启示》等专报，获农业农村部领导肯定性批示。积极参与农业农村部“十四五”国际合作

规划科技合作章节的编写工作。组织完成全国重点农业科研机构“十四五”农业科技国际合作需求的专题研究报告，为科技部“十四五”国际合作规划编制提供了有力支撑。组织编写了《CGIAR 驻华机构运行现状及改革发展》等研究报告，及时向农业农村部国际司就国际农业研究磋商组织（CGIAR）一体化改革提出了具体工作建议。向上级主管部门提交了与联合国粮食及农业组织（FAO）等国际组织以及俄罗斯、以色列、马来西亚、东盟以及拉丁美洲地区的合作建议，助力政府间合作议题创设。定期编译《国际农科》简报，跟踪研究国际农业科技前沿动态，提供有价值的参考信息。

（三）服务国家外交工作，深度参与国际农业治理

一是践行国家队使命，积极落实国家领导人对外承诺。积极参与落实习近平主席在中非合作论坛宣布的对非洲农业援助承诺，推动沼科所成为农业农村部和外交部联合授牌的首批“中非现代农业技术交流示范与培训联合中心”之一，为中国农业科学院进一步拓展援非农业技术研发和培训示范合作打下坚实基础。组织海外中心持续推进“中非农业现代化合作规划”的前期准备工作，获农业农村部、国家国际发展合作署和非洲联盟认可。积极推动资划所与埃及共建“中埃（及）农业绿色发展联合实验室”，促进双方在绿色农业科技创新领域的交流合作。

二是支撑重大外事活动，服务国家农业外交。组建专班参加由农业农村部牵头负责的联合国粮食系统峰会的中方组织工作，选派专家承担峰会咨询委员会和峰会 3 个行动领域的技术磋商任务，有关工作获联合国秘书长古特雷斯的感谢信。高质量承办“国家粮食安全与可持续发展对话会”，会议取得圆满成功，得到农业农村部领导充分肯定。组织专家编写《中国粮食系统可持续发展路径报告》，作为中国政府官方文件提交联合国粮食峰会秘书处对外公布，为峰会贡献中国智慧和中国方案。积极参与农业农村部落实习近平主席在 G20 宣布的关于召开国际粮食减损大会的举措，成功承办大会第一阶段“粮食生产过程减损”主题论坛，有效宣传了我国节粮减损和农业绿色发展的理念、政策和技术。

三是积极参与国际农业科技治理，行业影响力持续提升。中国农业科学院 310 名专家在 FAO 全球草地贪夜蛾防控指导委员会、FAO 世界粮食安全委员会高级别专家组、FAO 全球重要农业文化遗产科学委员会委员等国际农业组织、机制及知名期刊兼职，持续提升中国农业科学院在相关领域的影响力和引领作用，促进我国农业技术和农业发展政策主张获更广泛的认同。中国农业科学院推荐的小麦诱变育种团队荣获“国际原子能机构（IAEA）-FAO 植物诱变育种杰出成就奖”，团队成员郭会君副研究员荣获“IAEA-FAO 植物诱变育种杰出女性奖”。推荐兰兽研承担由 IAEA 和 FAO 联合发起的人兽共患病联合行动国家实验室任务并担任人兽共患病联合行动国家协调员，成为国家原子能机构在该领域的国际合作和国内协调的主要支撑单位。

（四）加强协调服务，推动国际合作项目提质增效

一是深耕“国际农业科学计划”，推进高水平合作。“分子设计育种”“跨境病虫害防控”“智慧农业”“畜禽废弃物利用”4个“国际农业科学计划”项目不断拓展高层次合作伙伴，在原有24家国际合作伙伴基础上，拓展了与美国哈佛大学、英国牛津大学、英国剑桥大学、德国海德堡大学等多所世界一流大学的合作关系，并通过签订战略合作协议，联合申请国际合作项目。项目的实施推动理论研究和关键技术取得显著进展，合作发表高水平论文47篇，获得授权发明专利21项，植物新品种权10项，并创建了一批新技术新方法，如开发和优化基因组精准编辑和全基因组选择技术，建立基因定向表达智能设计体系，农田地物目标识别算法，畜禽废弃物利用与协同技术等。进一步促进了人员交流和资源交换，引进境外种质资源267份，通过多种形式聘用包括院士在内的3位高端外国专家参与研究工作。

二是主动作为，积极争取各类国际合作项目。克服多重挑战，申报竞争性国合项目取得较好成效，全院新增各类国际合作项目80余项，经费额度超过6 500万元人民币。深度参与农业领域国际合作项目顶层设计。积极推荐中国农业科学院领导和专家参与科技部重点研发计划科技创新合作专项“十四五”实施方案的制订，推动中国农业科学院国合重点领域纳入科技部“十四五”项目优先支持方向；将中国农业科学院与CGIAR下属研究中心重点合作领域纳入国家自然基金委项目征集范围。着力提升全院竞争性国合项目申报工作的质量和水平。举办多场竞争性项目申报宣讲会，加强政策解读和申报动员，组织开展预答辩，有效提升了中国农业科学院在申报国家重点研发计划、国家自然科学基金委合作研究项目等国家级项目中的竞争力，获批经费2 750余万元。加强与农业农村部的工作对接，通过政府购买服务等渠道获得资助830余万元。为立项项目做好服务和跟踪管理，承办科技部项目管理培训会，提升院属单位科研项目实施和管理能力。积极拓展国际机构、企业和基金会等项目渠道。与先正达集团签署协议，联合设立“创新基金”，并启动首批3个科研项目的实施；共同举办学术研讨会，结合中国农业科学院“十四五”发展需求，确定支持3个新项目。协助院属单位与IAEA、FAO、韩国农村振兴厅等机构加强研发合作，获得项目经费资助超过2 000万元。协助作科所成功获得盖茨基金会155万美元资助，实施“在非洲建立水稻育种体系项目”。

（五）优化双多边合作模式，强化协同创新网络构建

一是建设高质量合作平台，发挥资源聚合作用。与FAO就建立区域创新中心的协议达成共识，即将签约实施。推动中国农业科学院作科所“中国—乌拉圭大豆联合实验室”成功列入科技部第三批“一带一路”联合实验室建设清单，为推动中国农业科学院大豆转基因技术“走出去”、打破西方大豆品种垄断搭建起重要合作平台。借助线

上合作手段在海外新建两个联合实验室，推动与巴基斯坦、葡萄牙开展营养健康等方面的交流合作。9 家院属单位被中国科学技术协会授予“科创中国”“一带一路”国际农业科技创新院。

二是充分利用现有机制，不断深化务实合作。发挥中国农业科学院作为中欧农业技术工作组中方牵头单位的作用，在北京、杭州分别举办“中国农业科学院与欧盟农业科技创新研讨会”“第十次中欧农业技术工作组年度会议”，推动将工作组磋商形成的病虫害综合防治、粮食营养管理、农业废弃物再利用等重点领域纳入欧盟新一轮科学计划“地平线欧洲”2021—2022 阶段计划的首轮项目征集清单。成功举办第 26 届全国农科院系统外事协作网会议暨全国农业科技“走出去”联盟会议，提交了农业科技“走出去”情况的专题调研报告，助力科企协同“走出去”。依托中国农业科技国际交流协会，以“知识产权”为主题，通过在线形式举办联盟能力建设培训班，强化成员的知识产权保护意识。

三是优化合作布局，持续推进交流合作。2021 年，全院共签署国际合作协议、谅解备忘录 57 份，覆盖各大洲主要合作伙伴，包括：与 FAO 续签第二次延期及修订协议，确保双方在工作框架下开展更广泛的合作；与阿联酋大学签署首份合作谅解备忘录，拓展了中国农业科学院在中东地区的合作布局。通过线上线下相结合的交流合作，稳固了农业科技交流互动的良好态势。2021 年，全院共主办 64 场线上国际会议和培训班，在线参加了 230 余场国际会议，较 2020 年相比翻了一番，与国际合作伙伴联合发表高水平论文 180 余篇，同比增长近四成。

四是创新合作思路，建立互利共赢关系。遴选重点国别和领域创设合作机制，发起“首届中国—韩国—日本智慧农业研讨会”“中国农业科学院—澳大利亚联邦科工组织合作研讨会”“中国—法国农业科技合作研讨会”“中国—丹麦同一健康研讨会”“中国—阿联酋农业科技合作研讨会”等活动，法国、丹麦、阿联酋驻华大使来院参会，全院 17 个研究所 50 余位专家做主题发言，围绕智慧农业、作物育种、动植物疫病防控等领域，聚焦院属研究所需求，结合共同关切，策划合作项目建议，并推动纳入政府间专项支持。统筹中国—德国农业科技合作平台和韩国农村振兴厅驻华代表处的协调作用，推动 8 家院属单位针对性地对接德国、韩国优势合作资源，谋划合作项目。牵头筹划“中国—以色列现代农业创新合作中心”“中国—非洲农业科技创新联盟”建设，促进资源整合，推动产学融合发展。

（六）加强人才引育，着力打造国际化人才队伍

一是整合资源渠道，大力推动公派访学交流。先后举办 3 场项目宣讲会，有效提高项目申报成功率和项目管理规范化水平。2021 年获批各类国家留学基金项目 88 项，包括在职科研人员和研究生。组织开展国家留学基金管理委员会“创新型人才国际合作培养项目”申报，以畜牧学科可持续发展为集成方向，整合全院学科需求与合作资源

进行申报，并于2021年12月中旬完成项目答辩，为进一步提升专业型国际化人才队伍建设创造条件。建立“中国—丹麦农业食品科技合作与人才培养网络”，促成中国农业科学院12名青年研究人员参加丹麦全额资助的培训项目。

二是努力克服条件限制，强化国际引才引智。组织成功申报科技部外国专家人才类项目18项，获批经费443万元；共通过科技部高端外专项目、柔性引进、劳务合同签订的方式引进海外高水平人才为中国农业科学院提供中长期服务共26人，充分利用国外的智力资源为中国农业科学院发展提供服务。

三是积极推荐驻外干部，服务国家农业外交。通过选拔考试，本年度成功派出3位农业外交官，中国农业科学院目前共有6位农业外交官驻外，占部系统总数约1/10，为国家农业外交官队伍建设提供人才保障。

（七）系统展示合作成效，开创对外宣传新局面

一是牵头筹办重点活动，树立开放合作理念。成功举办2021年第二期农科讲坛，邀请农业部原副部长、常驻联合国粮农机构原代表牛盾作“新时期农业国际合作交流的形势与展望”专题报告，拓展国际化视野。积极筹备“一品农科”品鉴活动，面向国际宣传推介中国农业科学院科技创新成果。

二是全方位打造外宣平台，提升我院国际形象。院英文网站发布科研成果、重要国际交流活动等英文新闻60余篇，编制2020年度中英文年报，引导院属单位加强英文网站建设，院展厅采用中英双语展示，建设新主楼国际合作展厅，突出国际特色，为有效提升中国农业科学院对外形象打造新格局。

三是表彰国合先进，推动国合系统建设。评选院级国际合作先进集体和先进个人，鼓励创先争优，推动提升全院国合工作水平。

二、2022年国际合作重点任务

“百年未有之大变局”带来了挑战，也孕育着机遇。2022年，国合局将紧紧围绕农业农村部党组和中国农业科学院党组的决策部署和中国农业科学院“十四五”国际合作发展规划，积极谋划和推动农业科技创新合作，大力推进中国农业科学院“两个一流”建设，为实施创新驱动发展战略、乡村振兴战略和落实“一带一路”倡议提供有力支撑。

（一）以机制平台建设为抓手，持续优化合作布局

围绕“十四五”国际合作规划目标，积极整合全院国际合作资源，强化平台机制功能，优化合作布局。深化多边农业科技合作，加强协调服务，用好FAO创新中心、CGIAR驻华机构、CABI驻京办等平台，充分发挥其服务乡村振兴和参与国际农业科技

治理的平台作用；巩固和加强与战略合作伙伴的创新资源对接，推动与法国蒙彼利埃大学卓越联盟（MUSE）、韩国农村振兴厅互设代表处，加强合作资源的协调对接和现有合作平台的提质增效；加强与重点国家的联合研发，利用好“中国—以色列现代农业创新合作中心”“中国—韩国—日本智慧农业合作研讨会”“中国—德国农业科技合作平台”等合作机制，加强精准合作，撬动政府和产业资源支持，深化产学研融合发展；强化“一带一路”农业科技合作，积极参与落实中国—非洲合作论坛第八届部长级会议成果，着力巩固和扩大援非农业培训任务，推动中国—埃及农业绿色发展等联合实验室落地运行，探索筹备“中国—非洲农业科技创新联盟”。积极拓展与东盟和中亚的合作，力争在跨境动植物疫病联防联控和旱作农业科研和技术推广合作方面取得突破。积极推动申报农业农村部国际农业联合研究中心，强化条件建设，提升合作水平。

（二）以人才培养为根本，打造国际人才高地

推动实施国际化人才培养计划。充分利用现有国家留学基金委项目及自有资金，选派优秀人才前往国外交流学习，加强国际化后备力量培养。抓好“创新型人才国际合作培养项目”的组织申报工作，推动相关学科领域人才梯队建设。鼓励和支持我院专家担任国际机构、机制、期刊的成员，深入参与多边科技创新议题的创设。推动实施国际人才引进计划，利用科技部外专人才项目、中国农业科学院人才专项和国际农业科学计划等项目渠道，分层次有重点地引进国外著名科研机构、大学或企业高水平外国专家来华参与重点科技创新任务，在前沿领域和关键核心技术方面开展联合攻关。

（三）以合作项目为支撑，大力提升联合攻关水平

做好国际农业科学计划在研项目的组织实施和成果宣传工作，吸引更多一流国际合作伙伴的参与，拓展国际合作创新协作网，同时为下一阶段的项目任务做好谋划和布局。围绕中国农业科学院重点合作任务做好合作项目的部署和统筹，有针对性地做好资源统筹谋划，促进中国农业科学院项目申报数量和质量提升。推动实施国际伙伴创新计划，争取利用“种子基金”撬动“旗舰项目合作”，加快推进农业关键种质资源引进，提升动植物疫病防控、生物技术等领域的合作研发水平。

（四）以重要机制性会议和活动为平台，提升中国农业科学院国际影响力

组织召开系列高端国际会议，包括第七届国际农科院院长高层研讨会、第二届国际小麦大会等品牌会议，强化中国农业科学院在全球农业创新合作中的引领作用。举办“舌尖上的中国农业科学院”品鉴活动，提高中国农业科学院科研成果的国际知名度，为农业“走出去”搭建国际化平台。

中国农业科学院2021年合作谅解备忘录、协议签署清单

序号	中方签署机构	合作谅解备忘录/协议名称	外方签署机构	外方单位所在国家	签署时间
1	中国农业科学院	中国农业科学院和联合国粮食及农业组织谅解备忘录第二次延期及修订协议 Second Extension and Amendment to the Memorandum of Understanding between the Food and Agriculture Organization of the United Nations（FAO）and the Chinese Academy of Agricultural Sciences（CAAS）	联合国粮食及农业组织 Food and Agriculture Organization of the United Nations（FAO）	意大利	2021年11月
2	中国农业科学院	国际水稻研究所（IRRI）与中国农业科学院（CAAS）水稻基因组学、种质改良和农艺学研究协议备忘录 Memorandum of Agreement between the International Rice Research Institute（IRRI）and Chinese Academy of Agricultural Sciences（CAAS）on Rice Genomics, Germplasm Enhancement and Agronomic Package Development	国际水稻研究所 International Rice Research Institute（IRRI）	菲律宾	2021年12月

（续表）

序号	中方签署机构	合作谅解备忘录/协议名称	外方签署机构	外方单位所在国家	签署时间
3	中国农业科学院	中国农业科学院和阿拉伯联合酋长国大学关于深化科技与教育合作的谅解备忘录 Memorandum of Understanding between Chinese Academy of Agricultural Sciences（CAAS）and United Arab Emirates University（UAEU），for Furthering Scientific and Educational Cooperation	阿拉伯联合酋长国大学 United Arab Emirates University（UAEU）	阿联酋	2021 年 9 月
4	中国农业科学院	中国—丹麦校友协会农业与食品分会章程 Board Mandate of the Agriculture & Food Community Under the Denmark－China Alumni Association	丹麦王国驻华大使馆 Embassy of the Kingdom of Denmark	丹麦	2021 年 4 月
5	中国农业科学院	中国农业科学院与法国国家农业、食品与环境研究院的框架性合作协议 Framework Cooperation Agreement between Institute National de Recherche Pour L'Agriculture，L'Alimentation Et L'Environnement and Chinese Academy of Agricultural Sciences	法国国家农业、食品与环境研究院 Institute National de Recherche Pour L'Agriculture，L'Alimentation Et L'Environnement	法国	2021 年 6 月

（续表）

序号	中方签署机构	合作谅解备忘录/协议名称	外方签署机构	外方单位所在国家	签署时间
6	中国农业科学院	中国农业科学院与丹麦哥本哈根兽医和动物科学学院的合作意向书 Letter of Intent between Department of Veterinary and Animal Sciences, University of Copenhagen and Department of International Cooperation, Chinese Academy of Agricultural Sciences	丹麦哥本哈根大学兽医和动物科学学院 Department of Veterinary And Animal Sciences, University of Copenhagen	丹麦	2021 年 11 月
7	中国农业科学院作物科学研究所	“草本植物茎尖超低温保存生物学机制研究及其应用”联合研究合作协议 Joint Research Agreement on “Stuy of the Biological Mechanisms of Survival and Regrowth of Cryopreserved Shoot Tips from Herbaceous Plants and Application Towards Crop Genebank”	国际生物多样性中心比利时鲁汶分中心 Bioversity International C/O ku Leuven	比利时	2021 年 4 月
8	中国农业科学院作物科学研究所	合作研究协议 Joint Research Agreement	国际生物多样性中心 Bioversity International	意大利	2021 年 1 月
9	中国农业科学院作物科学研究所	合作研究协议 Joint Research Agreement	韩国忠北大学 Chungbuk National University	韩国	2021 年 2 月

（续表）

序号	中方签署机构	合作谅解备忘录/协议名称	外方签署机构	外方单位所在国家	签署时间
10	中国农业科学院作物科学研究所	合作研究协议 Expression of Interest（EOI）for 2021—2022 Round CAAS-CSIRO crop Sciences Theme Joint Project Application	澳大利亚联邦科学与工业研究组织 Agriculture and Food, Csiro	澳大利亚	2021 年 5 月
11	中国农业科学院作物科学研究所	合作研究和许可协议 Research Collaboration and License Agreement	先锋海外公司 Pioneer Overseas Corporation	美国	2021 年 5 月
12	中国农业科学院植物保护研究所	中国农业科学院植物保护研究所与韩国农业振兴厅之间合作项目计划书 Arrangment on the Cooperative Project between the（Institute of Plant Protection, Chinese Academy of Agricultural Sciences, China）and the Rural Development Administration（RDA）of the Republic of Korea	韩国农业振兴厅 The Rural Development Administration（RDA）of the Republic of Korea	韩国	2021 年 1 月
13	中国农业科学院植物保护研究所	中国农业科学院植物保护研究所和澳大利亚联邦科学与工业研究组织之间的技术服务合同 Contract Research Services to Csiro	澳大利亚联邦科学与工业研究组织 CSIRO	澳大利亚	2021 年 3 月

（续表）

序号	中方签署机构	合作谅解备忘录/协议名称	外方签署机构	外方单位所在国家	签署时间
14	中国农业科学院植物保护研究所	中国农业科学院植物保护研究所与国际应用生物科学中心之间的合作研究协议书 Collaborative Research Agreement between IPPCAAS and CABI	国际应用生物科学中心 CABI	瑞士	2021 年 6 月
15	中国农业科学院植物保护研究所	中国农业科学院植物保护研究所与先锋公司之间的研究合作协议 A Research Collaboration Agreement between Ippcaas and Pioneer	先锋公司（美国） Pioneer Hi－bred International，Inc.	美国	2021 年 3 月
16	中国农业科学院植物保护研究所	中国农业科学院与圭尔夫大学合作申请 NFRF 的协议书 A Collaboration Agreement for Nfrf between IPPCAAS and University of Guelph	圭尔夫大学 University of Guelph	加拿大	2021 年 3 月
17	中国农业科学院蔬菜花卉研究所	用于番茄参考品种库管理的 SNP 标记的国际统一和验证 International Harmonisation and Validation of a SNP Set for the Management of Tomato Reference Collection	荷兰园艺检测总署等 Naktuinbouw 等	荷兰	2021 年 1 月

（续表）

序号	中方签署机构	合作谅解备忘录/协议名称	外方签署机构	外方单位所在国家	签署时间
18	中国农业科学院蔬菜花卉研究所	中国农业科学院蔬菜花卉研究所—塔比阿特莫达勒斯大学学术合作协议 Memoradum of Understanding of Cooperation between Institute of Vegetables and Flowers Chinese Academy of Agricultural Sciences and Tarbiat Modares University，I. R. of Iran	塔比阿特莫达勒斯大学 Tarbiat Modares University，I. R. of Iran	伊朗	2021 年 9 月
19	中国农业科学院农业环境与可持续发展研究所	中国农业科学院农业环境与可持续发展研究所与日本鸟取大学学术交流协议书	日本鸟取大学 Tottori University	日本	2021 年 11 月
20	中国农业科学院饲料研究所	丹麦奥胡斯大学动物科学系与中国农业科学院饲料研究联合研究备忘录 Memorandum of Understanding between Department of Animal Science，Aarhus University（DSS，AU），Denmark and Institute of Feed Research，Chinese Academy of Agricultural Sciences（IFR，CAAS），China on Collaborative Research	奥胡斯大学动物科学系 Department of Animal Science，Aarhus University	丹麦	2021 年 5 月

（续表）

序号	中方签署机构	合作谅解备忘录/协议名称	外方签署机构	外方单位所在国家	签署时间
21	中国农业科学院饲料研究所	伊朗动物科学研究所与中国农业科学院饲料研究所联合研究备忘录 Agreement of Cooperation between Animal Science Research Insitute of Iran（Asri）and Chinese Academy of Agricultural Sciences（IFR，CAAS），China on Collaborative Research	伊朗动物科学研究所 Animal Science Research Insitute of Iran	伊朗	2021 年 1 月
22	中国农业科学院饲料研究所	美国大豆出口协会水产养殖试验讲解备忘录 Memorandum of Understanding Aquaculture Feeding Demonstration	美国大豆出口协会 US Soybean Export Council	美国	2021 年 5 月
23	中国农业科学院饲料研究所	单细胞蛋白材料转移研究协议 Single Cell Protein Material Transfer Study Agreement	凯乐斯公司 Calysta INC.	美国	2021 年 7 月
24	中国农业科学院饲料研究所	研究和咨询协议 Research and Consulting Agreement	加拿大拉曼公司北京办事处、瑞士丹斯达公司 Canada Lallemand Inc. Beijing Office；Danstar Ferment A. G.	加拿大、瑞士	2020 年 12 月

（续表）

序号	中方签署机构	合作谅解备忘录/协议名称	外方签署机构	外方单位所在国家	签署时间
25	中国农业科学院农产品加工研究所	中国农业科学院农产品加工研究所—巴基斯坦卡拉奇大学科技合作备忘录 Memorandum of Understanding on Co-operation of Science & Technology	巴基斯坦卡拉奇大学 International Center for Chemical and Biological Sciences，University of Karachi Pakistan	巴基斯坦	2021 年 6 月
26	中国农业科学院农产品加工研究所	基于机器学习策略的农药残留预测研究 Pesticide Residues Processing Factors Prediction for Plant - based Oil With Chemical Analysis and Machine Learning	比利时列日大学 Universite de Liege	比利时	2021 年 5 月
27	中国农业科学院农产品加工研究所	功能食品研发、人才培养和联合教育合作备忘录 Memorandum on Function Food R&D，Joint Education and Training Collaboration	葡萄牙米尼奥大学分子与环境生物学中心 Envionmental and Molecular Biology Centre In University of Minho	葡萄牙	2021 年 7 月
28	中国农业科学院农产品加工研究所	联合建立中国—葡萄牙远程医学和健康中心合作备忘录 Memorandum on Joint Establishment of China - Portugal Telemedicine & Health Center	葡萄牙医道针灸和中医中心、中康中医诊所 Yi Dao - Acupuncture & Tcm Center，Portugal；ZK. China Health，Portugal	葡萄牙	2021 年 7 月

（续表）

序号	中方签署机构	合作谅解备忘录/协议名称	外方签署机构	外方单位所在国家	签署时间
29	中国农业科学院农产品加工研究所	中国农业科学院农产品加工研究所（IFST-CAAS）埃尔朗根—纽伦堡弗里德里希亚历山大大学（FAU）科技合作协议 Framework Agreement for Cooperation In Food Science and Technology Between IFST-CAAS and FAU	埃尔朗根—纽伦堡弗里德里希亚历山大大学 Department of Chemistry and Pharmacy，Friedrich-Alexandeer-University Erlangen-Nürnberg	德国	2021 年 10 月
30	中国农业科学院农产品加工研究所	中国农业科学院农产品加工研究所与阿联酋大学农业与兽医学院合作研究协议 Research Collaboration Agreement between College of Agriculture and Veterinary Medicine，United Arab Emirates University and Institute of Food Science and Technology，Chinese Academy of Agricultural Sciences（CAAS）	阿联酋大学农业与兽医学院 College of Agriculture and Veterinary Medicine，United Arab Emirates University	阿联酋	2021 年 10 月

（续表）

序号	中方签署机构	合作谅解备忘录/协议名称	外方签署机构	外方单位所在国家	签署时间
31	中国农业科学院农业资源与农业区划研究所	中国农业科学院农业资源与农业区划研究所与比利时根特大学环境系关于建设全球变化与粮食安全联合实验室的协议 Agreement for the Development of the Joint Laboratory Ofglobal Change and Food Security between Department of Environment, Ghent University（BELGIUM）and Institute of Agricultural Resources and Regional Planning, CAAS（China）	比利时根特大学 Ghent University, Belgium	比利时	2021 年 11 月
32	中国农业科学院农业资源与农业区划研究所	中国农业科学院农业资源与农业区划研究所与埃及国家遥感和空间科学局关于成立农业绿色发展联合实验室的谅解备忘录 Memorandum of Understanding for Establishment of the Agricultural Green Development Joint Research Laboratory between IARRP and NARSS	埃及国家遥感和空间科学局 National Authority for Remote Sensing and Space Sciences（NARSS）	埃及	2021 年 11 月

（续表）

序号	中方签署机构	合作谅解备忘录/协议名称	外方签署机构	外方单位所在国家	签署时间
33	中国农业科学院农业资源与农业区划研究所	中国农业科学院农业资源与农业区划研究所与日本鸟取大学学术交流与合作协议 Agreement of Academic Exchange and Cooperation between Institute of Agricultural Resources and Regional Planning, Chinese Academy of Agricultural Sciences, China and Tottori University, Japan	日本鸟取大学 Tottori University, Japan	日本	2021 年 11 月
34	中国农业科学院农业信息研究所	中国农业科学院农业信息研究所与希腊色萨利大学合作谅解备忘录 Memorandum of Understanding between Agricultural Information Institute of Chinese Academy of Agricultural Sciences (AII–CAAS) and University of Thessaly	希腊色萨利大学 University of Thessaly	希腊	2021 年 3 月
35	农业农村部食物与营养发展研究所	农业农村部食物与营养发展研究所与丹麦食品和兽医管理局合作协议 Agreement of Cooperation between Institute of Food and Nutrition Developement, Ministry of Agriculture and Rural Affairs and Danish Veterinary and Food Administration	丹麦食品和兽医管理局 Danish Veterinary and Food Administration (DVFA)	丹麦	2021 年 11 月

（续表）

序号	中方签署机构	合作谅解备忘录/协议名称	外方签署机构	外方单位所在国家	签署时间
36	中国农业科学院农田灌溉研究所	中国农业科学院农田灌溉研究所与信德农业大学合作备忘录 Memorandum of Agreement between Farmland Irrigation Research Institute, Chinese Academy of Agricultural Sciences and Sindh Agriculture University	信德农业大学 Sindh Agriculture University	巴基斯坦	2021 年 7 月
37	中国水稻研究所	马来西亚农业发展研究所、中国水稻研究所关于开展水稻研究和培训科技合作的谅解备忘录 Memorandom of Understanding between Malaysia Agricultural Research and Development Institute and China National Rice Research Institute on Scientific and Technical Cooperation in Rice Research and Training	马来西亚农业发展研究所 Malaysia Agricultural Research and Development Institute	马来西亚	2021 年 4 月
38	中国水稻研究所	田间测试协议 Field Trials Agreement	Primary Bioag Innovations	韩国	2021 年 7 月
39	中国水稻研究所	中国水稻研究所、埃及科学研究和技术院谅解备忘录 Memorandom of Understanding between China National Rice Research Institute and Academy of Scientific Research and Technology	埃及科学研究和技术院 Academy of Scientific Research and Technology	埃及	2021 年 6 月

（续表）

序号	中方签署机构	合作谅解备忘录/协议名称	外方签署机构	外方单位所在国家	签署时间
40	中国农业科学院郑州果树研究所	聘用协议 Talent Employment Agreement	新西兰皇家植物与食品研究院 New Zealand Institute for Plant and Food Research Limited	新西兰	2021 年 7 月
41	中国农业科学院郑州果树研究所	聘用协议 Talent Employment Agreement	康奈尔大学博伊斯汤普森研究所 Boyce Thompson Institute, Cornell University	美国	2021 年 7 月
42	中国农业科学院哈尔滨兽医研究所	美国密歇根州立大学与中国农业科学院哈尔滨兽医研究所学术国际合作协议 General International Agreement for Academic Cooperation between Michigan State University East Lansing, Michigan, U. S. A. and Harbin Veterinary Research Institute Chinese Academy of Agricultural Sciences Harbin, Heilongjiang, China	美国密歇根州立大学 Michigan State University	美国	2021 年 8 月
43	中国农业科学院哈尔滨兽医研究所	哈尔滨兽医研究所与日本东京大学医学科学研究所签署学术合作备忘录 Memoradum of Understanding between Harbin Veterinary Research Institute, CAAS and the Institute of Medical Sciencde, The University of Tokyo	日本东京大学医学科学研究所 The Institute of Medical Sciencde, the University of Tokyo	日本	2021 年 8 月

（续表）

序号	中方签署机构	合作谅解备忘录/协议名称	外方签署机构	外方单位所在国家	签署时间
44	中国农业科学院哈尔滨兽医研究所	国际科研合作协议书	俄罗斯农业科学院研究院全俄生物产业科研工艺研究所	俄罗斯	2021 年 3 月
45	中国农业科学院兰州畜牧与兽药研究所	与哈萨克斯坦国立农业大学合作谅解备忘录 Memorandum of Understanding and Academic Collaboration Between Non-Profit Corporation "Kazakh National Agrarian University" And "Lanzhou Institute of Husbandry and Pharmaeceutical Sciences, CAAS"	哈萨克斯坦国立农业大学 Kazakh National Agrarian University	哈萨克斯坦	2020 年 12 月
46	中国农业科学院上海兽医研究所	中国农业科学院上海兽医研究所与孟加拉国朗布尔应用科学与技术国际研究所合作协议 Cooperation Agreement Between Shanghai Veterinary Research Institute, Chinese Academy of Agricultural Sciences, China and the International Institute of Applied Science and Technology, Rangpur-Iiast, Bangladesh	孟加拉国朗布尔应用科学与技术国际研究所 International Institute of Applied Science and Technology, Rangpur-Iiast, Bangladesh	孟加拉国	2021 年 5 月
47	中国农业科学院上海兽医研究所	谅解备忘录 Memorandum of Understanding	尼日利亚 ONDO 医科大学 The University of Medical Sciences, ONDO	尼日利亚	2021 年 6 月

（续表）

序号	中方签署机构	合作谅解备忘录/协议名称	外方签署机构	外方单位所在国家	签署时间
48	中国农业科学院草原研究所、鲁东大学	中蒙退化草原碳水通量多尺度观测与模拟及其气候智能型牧业管理策略 Multiscale Monitoring and Modeling In Carbon-Water Exchanging Flux of Degraded Grasslands Across Inner Mongolia and Mongolia and Its Responding Mechanism to Different Managing Strategies	蒙古国生命科学大学 Mongolian University of Life Sciences	蒙古国	2021 年 1 月
49	中国农业科学院草原研究所	中蒙边境地区草地螟发生监测与虫源溯源研究 Occurrence Monitoring and Insect Source Tracing of *Loxostege Sticticalis* In China-Mongolia Border Region	蒙古国科学院 Mongolian Academy of Sciences	蒙古国	2021 年 9 月
50	农业农村部环境保护科研监测所	柔性引进高层次人才管理协议 Agreement for Flexibly Introduced High-Level Talents	比利时列日大学 University of Liege	比利时	2021 年 9 月
51	农业农村部沼气科学研究所	科技合作协议 Scientific Cooperation Agreement	阿根廷国家农业技术研究院 Instituto Nacional de Tecnología Agropecuaria	阿根廷	2021 年 5 月
52	农业农村部沼气科学研究所	谅解备忘录 Memorandum of Understanding	隆德大学 Lund University	瑞典	2021 年 8 月
53	农业农村部沼气科学研究所	科研合作协议 Letter of Intent for Scientific Cooperation	莫纳什大学 Monash University	马来西亚	2021 年 7 月

（续表）

序号	中方签署机构	合作谅解备忘录/协议名称	外方签署机构	外方单位所在国家	签署时间
54	农业农村部沼气科学研究所	科研合作协议 Letter of Intent for Sichuan International Scientific and Technological Innovation and Cooperation	阿根廷国家农业技术研究院 Instituto Nacional de Tecnología Agropecuaria	阿根廷	2021 年 8 月
55	中国农业科学院都市农业研究所、成都农业科技中心、四川中以远乡农业开发有限公司	环境友好型室内垂直农场果粮周年生产系统研制及示范应用 Development of Year-Round Production of Fruit and Staple Crops in Environment-Friendly Vertical Farms	丹麦奥胡斯大学、丹麦Nabo Farm Aps 公司 Aarhus University；Nabo Farm Aps	丹麦	2021 年 5 月
56	中国农业科学院都市农业研究所	食用菌菌种与高效栽培技术指导协议 Edible Fungi and Efficient Cultivation Technical Guidance Agreement	罗马尼亚塞拉莫瑞有限责任公司 Romania C'est La Morille S. R. L.	罗马尼亚	2020 年 9 月

中国农业科学院 2021 年新建国际合作平台清单

一、海外平台

序号	国际合作平台	中方承担单位	外方承担单位	所在地点	建立时间	合作领域
1	中国—巴基斯坦中医药中心 Sino-Pakistan Cooperation Center on Traditional Chinese Medicine	中国农业科学院农产品加工研究所、湖南医药学院	巴基斯坦卡拉奇大学国际化学与生命科学院 International Center for Chemical and Biological Sciences, University of Karachi Pakistan	巴基斯坦卡拉奇	2021 年 6 月	食药同源中药营养健康
2	中国—葡萄牙远程医学和健康中心 China-Portugal Telemedicine & Health Center	中国农业科学院农产品加工研究所、西南医科大学附属中医医院	葡萄牙医道针灸和中医中心、中康中医诊所 Yi Dao - Acupuncture & TCM Center, Portugal; ZK. China Health, Portugal	葡萄牙里斯本、布拉加	2021 年 7 月	食药同源中药营养健康

二、国内平台

序号	国际合作平台	中方承担单位	外方承担单位	所在地点	建立时间	合作领域
1	天然植物饲料资源分析实验室 Analysis Laboratory of Natural Plant Feed Resources	中国农业科学院饲料研究所	日立科学仪器（北京）有限公司 Hitachi High-Tech Scientific Solutions（Beijing）Co.，Ltd.	北京	2021年1月	天然植物饲料资源功效物质和活性成分分析
2	中国—巴基斯坦中医药中心 Sino-Pakistan Cooperation Center on Traditional Chinese Medicine	中国农业科学院农产品加工研究所、湖南医药学院	巴基斯坦卡拉奇大学国际化学与生命科学院 International Center for Chemical and Biological Sciences，University of Karachi Pakistan	北京	2021年6月	食药同源中药营养健康
3	中国—葡萄牙远程医学&健康中心 China-Portugal Telemedicine & Health Center	中国农业科学院农产品加工研究所、西南医科大学附属中医医院	葡萄牙医道针灸和中医中心、中康中医诊所 Yi Dao - Acupuncture & TCM Center，Portugal；ZK. China Health，Portugal	北京	2021年7月	食药同源中药营养健康
4	中国—丹麦奶业中心 China-Denmark Dairy Center	农业农村部食物与营养发展研究所	丹麦食品与兽医管理局 Danish Veterinary and Food Administration	北京	2021年11月	食物资源高效利用及食物减损
5	中国—阿根廷沼气发展与合作中心 China - Argentina Biogas Development and Cooperation Center	农业农村部沼气科学研究所	阿根廷国家农业技术研究院 Instituto Nacional de Tecnología Agropecuaria	成都	2021年4月	沼气

中国农业科学院2021年在国内举办国际会议、双边会议、国际培训班清单

序号	主办单位	活动类型	活动名称	主要参与国家、国际组织和机构	参会人数（人）		会议方式	举办地点	时间
					中宾	外宾			
1	中国农业科学院	国际会议	国家粮食安全与可持续发展对话研讨会	中国、联合国粮食及农业组织、世界粮食计划署、国际农业发展基金、联合国环境规划署、联合国可持续农机化中心等	90	11	线下主会场+线上分会场	北京+线上	2021年4月26日
2	中国农业科学院	国际会议	旱地农业与粮食安全国际研讨会	中国、联合国粮食及农业组织、国际半干旱地区热带作物研究所、国际干旱农业研究所、国际盐碱农业研究中心、国际原子能机构等	30	50	线下主会场+线上分会场	北京+线上	2021年11月23—24日
3	中国农业科学院	国际会议	中国农业科学院—联合国粮食及农业组织（FAO）—比利时列日大学三方合作研讨会	中国、联合国粮食及农业组织、比利时列日大学等	6	23	线下主会场+线上分会场	北京+线上	2021年6月21—22日

（续表）

序号	主办单位	活动类型	活动名称	主要参与国家、国际组织和机构	参会人数（人）		会议方式	举办地点	时间
					中宾	外宾			
4	中国农业科学院	国际会议	第十次中欧食品、农业和生物技术工作组会议	中国农业科学院、科技部国际合作司、国家科技评估中心、中国驻欧盟使团、欧盟委员会农业与农村发展总司、欧盟驻华使团等	15	28	线下主会场+线上分会场	杭州+线上	2021年10月20日
5	中国农业科学院	国际会议	首届中国—韩国—日本智慧农业研讨会	中国、韩国、日本	40	20	线下主会场+线上分会场	南京+线上	2021年10月18—19日
6	中国农业科学院	双边会议	中国—阿联酋农业科技合作研讨会	中国、阿联酋	40	10	线下主会场+线上分会场	北京+线上	2021年9月23日
7	中国农业科学院	双边会议	中国—法国农业科技合作研讨会	中国、法国	35	20	线下主会场+线上分会场	北京+线上	2021年6月1日
8	作物科学研究所	培训班	“一带一路”豆类遗传育种与综合利用科技创新培训会	中国、泰国、缅甸	152	46	线下主会场+线上分会场	南京、句容、赤峰，泰国、缅甸+线上	2021年9月17日
9	作物科学研究所	培训班	数字育种管理系统与田间试验数据分析	孟加拉国、印度、巴基斯坦、越南、马来西亚	4	20	线上视频会	线上，北京	2021年11月22日至12月3日

（续表）

序号	主办单位	活动类型	活动名称	主要参与国家、国际组织和机构	参会人数（人）		会议方式	举办地点	时间
					中宾	外宾			
10	作物科学研究所	国际会议	国际小麦研究联盟（Wheat Initiative）会议	中国、德国、英国、法国、澳大利亚等	2	50	线下主会场+线上分会场	线上，北京	2021年4月14—15日；2021年10月26—27日
11	作物科学研究所	国际会议	喜马拉雅地区苦荞资源研究与利用研讨会	中国、印度、尼泊尔、意大利	5	5	线下主会场+线上分会场	线上，北京	2021年7月10日
12	作物科学研究所	国际会议	小麦族基因组与育种国际会议	中国、德国、法国、英国、美国、瑞士等	10	8	线上视频会	线上，北京	2021年1月10日
13	作物科学研究所	双边会议	CAAS - CSIRO Crop Sciences Theme Workshop	中国、澳大利亚	25	36	线下主会场+线上分会场	线上，北京	2021年5月28日
14	作物科学研究所	双边会议	中国—法国小麦联合实验室工作进展线上讨论会	中国、法国	4	1	线下主会场+线上分会场	线上，北京	2021年3月11日；2021年4月21日；2021年5月5日
15	作物科学研究所	双边会议	中国—法国农业合作研讨会	中国、法国	30	10	线下主会场+线上分会场	线上，北京	2021年5月28日

（续表）

序号	主办单位	活动类型	活动名称	主要参与国家、国际组织和机构	参会人数（人）		会议方式	举办地点	时间
					中宾	外宾			
16	植物保护研究所	国际会议	第十三届“中国农业农村部—CABI 生物安全联合实验室”指导委员会年会暨农业农村部—CABI 高层礼节性交流会	中国、英国、瑞士、肯尼亚、德国	20	6	线下主会场+线上分会场	北京+线上	2021 年 4 月 8 日
17	植物保护研究所	国际会议	草地贪夜蛾综合治理技术国际交流视频会议	中国、马拉维、南非、津巴布韦、肯尼亚、苏丹	10	40	线下主会场+线上分会场	北京+线上	2021 年 3 月 3—24 日
18	植物保护研究所	国际会议	沙漠蝗综合防控技术国际培训会	中国、联合国农业及粮食组织、巴基斯坦	12	45	线下主会场+线上分会场	北京+线上	2021 年 5 月 21 日
19	植物保护研究所	培训班	主要农作物病虫害绿色防控技术国际培训班	中国、越南、缅甸、柬埔寨、孟加拉国、马来西亚	18	44	线上视频会	北京+线上	2021 年 7 月 14—28 日
20	植物保护研究所	培训班	澜湄流域有害生物综合防控技术培训	中国、老挝	10	200	线下	老挝万象	2021 年 11 月 21—22 日
21	蔬菜花卉研究所	国际会议	中欧城市农业项目进展交流会	中国、挪威、德国、瑞士、土耳其	14	26	线上视频会	北京+线上	2021 年 4 月 15 日

（续表）

序号	主办单位	活动类型	活动名称	主要参与国家、国际组织和机构	参会人数（人）		会议方式	举办地点	时间
					中宾	外宾			
22	农业环境与可持续发展研究所	国际会议	第六届中国·寿光国际设施园艺学术研讨会	中国、美国、荷兰、日本、英国、加拿大	271	10	线下主会场+线上分会场	寿光+线上	2021年4月20—22日
23	北京畜牧兽医研究所	国际会议	第七届奶牛营养与牛奶质量国际研讨会	中国、加拿大、新西兰、美国、英国、丹麦	400	25	线下主会场+线上分会场	北京+线上	2021年11月11—14日
24	农产品加工研究所	国际会议	2021年谷物科学与技术国际研讨会	中国、澳大利亚、美国、加拿大、荷兰	49	5	线下主会场+线上分会场	北京+线上	2021年7月14—16日
25	农产品加工研究所	国际会议	国家食药同源产业科技创新联盟天麻委员会成立大会暨食药同源产业国际论坛	中国、巴基斯坦、加拿大、意大利	50	10	线下主会场+线上分会场	成都+线上	2021年5月15—16日
26	农产品加工研究所	国际会议	中医药—尤纳尼传统医药国际研讨会暨中国—巴基斯坦中医药中心揭牌仪式	中国、巴基斯坦	200	100	线下主会场+线上分会场	怀化+线上	2021年6月8—10日

（续表）

序号	主办单位	活动类型	活动名称	主要参与国家、国际组织和机构	参会人数（人）		会议方式	举办地点	时间
					中宾	外宾			
27	农产品加工研究所	国际会议	中葡中心成立三周年庆典暨中医药健康应用培训会	中国、葡萄牙	150	15	线下主会场+线上分会场	泸州+线上	2021年7月12—14日
28	农产品加工研究所	国际会议	2021中国国际豌豆大会暨植物基食品高峰论坛	中国、美国、荷兰、澳大利亚	300	700	线下主会场+线上分会场	青岛+线上	2021年9月23—24日
29	农业资源与农业区划研究所	国际会议	疫中疫后APEC农业生产合作和技术提高研讨会	中国、澳大利亚、日本、巴布亚新几内亚、秘鲁、菲律宾	106	15	线下主会场+线上分会场	北京	2021年9月23—24日
30	农业资源与农业区划研究所	国际会议	第十七届中美碳联盟（USCCC）年会	中国、美国、日本、澳大利亚	80	18	线下主会场+线上分会场	重庆	2021年7月30日至8月1日
31	农业信息研究所	国际会议	联合国粮食系统峰会独立对话会	中国、德国、瑞士、意大利、肯尼亚、英国	145	11	线下主会场+线上分会场	北京+线上	2021年9月15日
32	农业信息研究所	国际会议	亚信产业扶贫模式交流与培训研讨会	中国、伊朗、哈萨克斯坦、阿塞拜疆、约旦、泰国	80	29	线上视频会	北京+线上	2021年10月25—26日
33	农业信息研究所	国际会议	第五届海外农业研究大会	中国、联合国粮食及农业组织、国际农业发展基金会、世界粮食计划署、伊朗、韩国	40	7	线下主会场+线上分会场	北京+线上	2021年10月26日

（续表）

序号	主办单位	活动类型	活动名称	主要参与国家、国际组织和机构	参会人数（人）		会议方式	举办地点	时间
					中宾	外宾			
34	农业信息研究所	国际会议	亚太地区疫情冲击下信息化助力乡村振兴与人的发展培训研讨会	中国、泰国、马来西亚、菲律宾、新加坡、印度尼西亚、俄罗斯、秘鲁、越南	60	20	线下主会场+线上分会场	北京+线上	2021年12月2—3日
35	农业农村部食物与营养发展研究所	国际会议	食物高效利用及减损合作研究国际研讨会	中国、丹麦	60	14	线下主会场+线上分会场	北京+线上	2021年3月23—24日
36	农业农村部食物与营养发展研究所	国际会议	“反食物浪费——迈向零浪费”主题研讨会	中国、丹麦	60	16	线下主会场+线上分会场	北京+线上	2021年6月1日
37	农业农村部食物与营养发展研究所	国际会议	中国—丹麦奶业资源高效利用及减少损失浪费国际研讨会	中国、丹麦	50	12	线下主会场+线上分会场	南京	2021年6月17日
38	农业农村部食物与营养发展研究所	国际会议	乳品营养健康与消费新趋势论坛	中国、美国、爱尔兰	150	2	线下主会场+线上分会场	合肥	2021年7月17日

（续表）

序号	主办单位	活动类型	活动名称	主要参与国家、国际组织和机构	参会人数（人）		会议方式	举办地点	时间
					中宾	外宾			
39	农业农村部食物与营养发展研究所	国际会议	中国—丹麦“ARLA—蒙牛”奶业科技论坛研讨会	中国、丹麦	70	16	线下主会场+线上分会场	北京	2021年9月13日
40	农业农村部食物与营养发展研究所	国际会议	中国青少年粮食系统主题对话咨询会	中国、联合国儿童基金会	60	20	线下主会场+线上分会场	成都	2021年6月20日
41	农业农村部食物与营养发展研究所	培训班	中国—丹麦资源高效利用及减少食物损失浪费国际培训班	中国、丹麦	80	15	线下主会场+线上分会场	北京	2021年5月17—28日
42	麻类研究所	国际会议	国际麻类多用途利用产业大会	中国、联合国粮食及农业组织、国际天然纤维组织、乌克兰、加拿大	352	5	线下主会场+线上分会场	昆明+线上	2021年7月31日
43	麻类研究所	双边会议	可生物降解地膜国际研讨会	中国、意大利	9	8	线下主会场+线上分会场	长沙+线上	2020年12月21日

（续表）

序号	主办单位	活动类型	活动名称	主要参与国家、国际组织和机构	参会人数（人）		会议方式	举办地点	时间
					中宾	外宾			
44	果树研究所	培训班	“一带一路”发展中国家果业绿色发展和生态建设培训班	中国、巴基斯坦、孟加拉国、尼泊尔	9	83	线上视频会	辽宁省兴城市中国农业科学院果树研究所	2021年11月18—19日
45	果树研究所	国际会议	耐热梨新品种及矮化砧木联合育种研讨会	中国、埃及、缅甸	5	5	线上视频会	辽宁省兴城市中国农业科学院果树研究所	2021年11月27日
46	郑州果树研究所	国际会议	国际植物新品种保护联盟第52届果树技术工作组会议	中国、美国、意大利、新西兰、法国等37个国家	29	101	线下主会场+线上分会场	郑州+线上	2021年7月12—16日
47	茶叶研究所	国际会议	第三届国际茶学院所长会议	中国、斯里兰卡、泰国、巴基斯坦、印度尼西亚、肯尼亚等	175	25	线下主会场+线上分会场	杭州+线上	2020年11月24—26日
48	哈尔滨兽医研究所	双边会议	中国—哈萨克斯坦马传染病防控技术交流与培训会	中国、哈萨克斯坦	待定	待定	线下主会场+线上分会场	乌鲁木齐、哈尔滨+线上	2021年11月18日

（续表）

序号	主办单位	活动类型	活动名称	主要参与国家、国际组织和机构	参会人数（人）		会议方式	举办地点	时间
					中宾	外宾			
49	兰州兽医研究所	培训班	中国重大跨境动物疫病监测技术国际培训班	中国、巴基斯坦、孟加拉国、尼泊尔、埃塞俄比亚、哈萨克斯坦	20	27	线下主会场+线上分会场	兰州+线上	2021年10月11—22日
50	特产研究所	双边会议	筹建“中俄生物技术科技中心”会议	中国、俄罗斯	7	3	线上视频会	长春+线上	2021年8月17日
51	特产研究所	双边会议	筹建“中俄生物技术科技中心”会议	中国、俄罗斯	6	2	线上视频会	长春+线上	2021年8月24日
52	特产研究所	双边会议	筹建“中俄生物技术科技中心”会议	中国、俄罗斯	8	2	线上视频会	长春+线上	2021年10月15日
53	特产研究所	国际会议	第三届中国毛皮动物产业大会	中国、丹麦	80	3	线下主会场+线上分会场	唐山+线下	2021年10月22日
54	农业农村部沼气科学研究所	培训班	发展中国家沼气推广管理研修班	中国、巴基斯坦、菲律宾、蒙古国、印度尼西亚、肯尼亚	20	41	线上视频会	成都+线上	2021年4月13—30日
55	农业农村部沼气科学研究所	培训班	发展中国家固体废物处置技术与管理官员研修班	中国、马来西亚、埃及、加纳、肯尼亚、摩洛哥	20	55	线上视频会	成都+线上	2021年5月11—28日

（续表）

序号	主办单位	活动类型	活动名称	主要参与国家、国际组织和机构	参会人数（人）		会议方式	举办地点	时间
					中宾	外宾			
56	农业农村部沼气科学研究所	培训班	发展中国家农村新能源官员研修班	中国、加纳、肯尼亚、尼日利亚、乌克兰	20	29	线上视频会	成都+线上	2021年6月22日至7月9日
57	农业农村部沼气科学研究所	培训班	“一带一路”国家生态治理与生态旅游开发官员研修班	中国、蒙古国、肯尼亚、摩洛哥、尼日利亚、苏丹	20	55	线上视频会	成都+线上	2021年7月20日至8月6日
58	农业农村部沼气科学研究所	培训班	发展中国家污水处理施工研修班	中国、马来西亚、蒙古国、斯里兰卡、乌兹别克斯坦、肯尼亚	20	81	线上视频会	成都+线上	2021年8月13日至9月1日
59	农业农村部沼气科学研究所	培训班	巴勒斯坦农业及农村发展官员研修班	中国、巴勒斯坦	20	35	线上视频会	成都+线上	2021年8月23日至9月7日
60	农业农村部沼气科学研究所	培训班	发展中国家生物质能源改良与利用官员研修班	中国、赞比亚、加纳、乌兹别克斯坦、津巴布韦	20	32	线上视频会	成都+线上	2021年9月13—30日
61	农业农村部沼气科学研究所	培训班	发展中国家新能源开发利用机制建设部长研讨班	中国、赞比亚、肯尼亚、阿塞拜疆、斯里兰卡、乌兹别克斯坦	20	39	线上视频会	成都+线上	2021年10月12—18日

（续表）

序号	主办单位	活动类型	活动名称	主要参与国家、国际组织和机构	参会人数（人）		会议方式	举办地点	时间
					中宾	外宾			
62	农业农村部沼气科学研究所	培训班	发展中国家农村能源与环境卫生官员研修班	中国、尼日利亚、赞比亚、伊拉克、柬埔寨、毛里求斯	20	35	线上视频会	成都+线上	2021 年 10 月 26 日至 11 月 12 日
63	农业农村部沼气科学研究所	培训班	发展中国家环境污染防治官员研修班	中国、尼日利亚、赞比亚、卢旺达	20	25	线上视频会	成都+线上	2021 年 11 月 23 日至 12 月 10 日
64	农业农村部沼气科学研究所	国际会议	“中国—阿根廷沼气发展与合作中心”建设项目启动会	中国、阿根廷、比利时	50	14	线下主会场+线上分会场	成都+线上	2021 年 4 月 19 日
65	农业农村部沼气科学研究所	国际会议	“中国—菲律宾沼气可持续发展”项目启动会	中国、菲律宾、比利时、越南	20	14	线下主会场+线上分会场	成都+线上	2021 年 9 月 2 日
66	农业农村部南京农业机械化研究所	国际会议	第九届国际精准农业航空会议、第十二届精准农业与航空施药技术国际研讨会	中国、美国、英国、韩国、荷兰、澳大利亚	84	6	线下主会场+线上分会场	深圳	2021 年 5 月 22 日

（续表）

序号	主办单位	活动类型	活动名称	主要参与国家、国际组织和机构	参会人数（人）		会议方式	举办地点	时间
					中宾	外宾			
67	农业农村部南京农业机械化研究所	国际会议	国际花生高效安全生产技术研讨会	中国、美国、越南、澳大利亚、印度、法国	65	14	线下主会场+线上分会场	南京	2021年11月22—24日
68	都市农业研究所	国际会议	校园农场国际论坛	中国、联合国、意大利、日本、澳大利亚	230	10	线下主会场+线上分会场	成都+线上	2021年4月28日
69	农业基因组研究所	双边会议	新西兰皇家植物与食品研究院（PFR）首席科学家Richard Newcomb学术报告	中国、新西兰	30	1	线下主会场+线上分会场	深圳+线上	2021年7月30日
70	农业基因组研究所	国际会议	第二届深圳国际食品谷创新论坛暨GFI首届2021全球食品科技创新峰会	中国、荷兰、比利时	300	2	线下	深圳+线上	2021年10月21—22日

中国农业科学院专家 2021 年在国际机构、知名国际期刊兼职清单

序号	单位	专家姓名	国际机构/知名国际期刊名称	担任职务	任职起止时间	备注
1	作科所	陈晓玲	The Society for Cryobiology	委员	2017 年至今	
2	作科所	程须珍	亚太地区作物育种促进会 SABRAO	理事	2016 年至今	
3	作科所	刁现民	美国谷子遗传学会	委员	2017 年至今	
4	作科所	刁现民	谷子国际协作网	主席	2014 年至今	
5	作科所	高用明	国际水稻研究所	咨询专家	2017 年至今	
6	作科所	韩龙植	韩国北方农业研究所	委员	2018—2025 年	
7	作科所	何中虎	国际小麦协调委员会	委员	2012 年至今	
8	作科所	何中虎	美国农学会	委员	2012 年至今	
9	作科所	何中虎	美国作物学会	委员	2014 年至今	
10	作科所	何中虎	澳大利亚莫道克大学	咨询专家	2010 年至今	
11	作科所	何中虎	美国谷物学会	咨询专家	2017 年至今	
12	作科所	贾继增	国际小麦基因组测序组织	委员	2013 年至今	

（续表）

序号	单位	专家姓名	国际机构/知名国际期刊名称	担任职务	任职起止时间	备注
13	作科所	贾继增	国际种质资源基因研究会议	委员	2017 年至今	
14	作科所	金秀良	IEEE 国际计算智能在遥感领域的应用会议组委会	委员	2019 年至今	
15	作科所	黎志康	国际水稻所	咨询专家	2015 年至今	
16	作科所	黎志康	AfricaSeeds	咨询专家	2017 年至今	
17	作科所	李慧慧	国际玉米小麦改良中心	咨询专家	2017 年至今	
18	作科所	李新海	亚太区域农业生物技术研讨会	咨询专家	2017 年至今	
19	作科所	刘斌	美国植物生理协会	委员	2015 年至今	
20	作科所	刘春明	中国—日本—韩国高峰论坛	理事	2016 年至今	
21	作科所	刘春明	第 19 届国际植物学大会	委员	2017 年至今	
22	作科所	刘春明	国际种业论坛	主席	2017 年至今	
23	作科所	刘录祥	国际原子能机构 RCA 核技术合作项目指导委员会	委员	2017—2021 年	
24	作科所	刘旭	国际小麦遗传大会	理事	2015 年至今	
25	作科所	鲁玉清	中国农业科技国际交流协会第六届理事会理事	理事	2019 年至今	
26	作科所	马有志	中国—日本—韩国高峰论坛	理事	2016 年至今	
27	作科所	毛龙	中国—日本—韩国高峰论坛	理事	2016 年至今	

（续表）

序号	单位	专家姓名	国际机构/知名国际期刊名称	担任职务	任职起止时间	备注
28	作科所	邱丽娟	欧盟框架计划	评审专家	2017年至今	
29	作科所	邱丽娟	美国普度大学	咨询专家	2009年至今	
30	作科所	任贵兴	国际藜麦研究中心（玻利维亚）	委员	2019年至今	
31	作科所	任贵兴	欧盟框架计划	评审专家	2010年至今	
32	作科所	任贵兴	美国化学学会	委员	2008年至今	
33	作科所	任贵兴	美国食品科技学会会员	委员	2009年至今	
34	作科所	任贵兴	*Journal of Traditional and Complementary Medicine*	委员	2011年至今	
35	作科所	孙君明	欧盟框架计划	评审专家	2017年至今	
36	作科所	万建民	第八届国际作物学会	理事长	2016年至今	
37	作科所	万建民	中国—日本—韩国高峰论坛	理事长	2016年至今	
38	作科所	万建民	第八届国际作物科学大会	主席	2016年至今	
39	作科所	王建康	国际玉米小麦改良中心	咨询专家	2015年至今	
40	作科所	夏兰琴	欧盟框架计划	评审专家	2017年至今	
41	作科所	夏兰琴	中国植物生理学与分子生物学学会植物生物技术分会	理事长	2019—2023年	
42	作科所	夏兰琴	中国遗传学会基因编辑委员会	委员	2019—2023年	
43	作科所	夏先春	小麦基因目录编委会	委员	2009年至今	

（续表）

序号	单位	专家姓名	国际机构/知名国际期刊名称	担任职务	任职起止时间	备注
44	作科所	徐云碧	国际玉米小麦改良中心	咨询专家	2010 年至今	
45	作科所	杨庆文	联合国开发计划署	委员	2005 年至今	
46	作科所	杨庆文	联合国粮食及农业组织	咨询专家	2015 年至今	
47	作科所	张卫健	世界银行	咨询专家	2016 年至今	
48	作科所	张卫健	联合国粮食及农业组织	咨询专家	2017 年至今	
49	作科所	张学勇	国际小麦协调委员会	委员	2012 年至今	
50	作科所	张宗文	国际生物多样性中心	委员	2003 年至今	
51	作科所	赵开军	第四届国际分子植物病理论坛	委员	2017 年至今	
52	作科所	周美亮	国际荞麦协会	委员	2019—2022 年	
53	作科所	周美亮	欧洲荞麦协会学术委员会	委员	2021—2023 年	
54	作科所	周美亮	欧盟玛丽居里基金委员会	评审专家	2019—2023 年	
55	作科所	郑晓明	国际水稻研究所	主席	2020 年至今	
56	作科所	刘录祥	国际农业研究磋商组织	咨询顾问	2021 年至今	
57	作科所	刘录祥	非洲联盟	委员	2021 年至今	
58	作科所	程维红	*The Crop Journal*	副主编	2017 年至今	SCI 1 区
59	作科所	何中虎	*The Crop Journal*	编委	2013 年至今	SCI 1 区
60	作科所	何中虎	*Journal of Cereal Science*	编委	2004 年至今	SCI 2 区

（续表）

序号	单位	专家姓名	国际机构/知名国际期刊名称	担任职务	任职起止时间	备注
61	作科所	何中虎	*Molecular Breeding*	编委	2018年至今	SCI 2区
62	作科所	何中虎	*Journal of Integrative Agriculture*	编委	2017年至今	SCI 3区
63	作科所	何中虎	*Plant production Science*	编委	2016年至今	SCI 3区
64	作科所	侯鹏	*Scientific Reports*	编委	2019年至今	SCI 3区
65	作科所	贾继增	*International Journal of Plant genomics*	编委	2007年至今	SCI 1区
66	作科所	贾继增	*Plant Biotechnology Journal*	编委	2007年至今	SCI 1区
67	作科所	金秀良	*Agronomy Journal*	副主编	2019年至今	SCI 2区
68	作科所	金秀良	*Remote Sensing*	编委	2017年至今	SCI 2区
69	作科所	金秀良	*Scientific Reports*	编委	2016年至今	SCI 2区
70	作科所	金秀良	*The Journal of Agricultural Science*	编委	2017年至今	SCI 3区
71	作科所	景蕊莲	*Frontiers in Plant Science*	编委	2016年至今	SCI 2区
72	作科所	景蕊莲	*Scientific Reports*	编委	2016年至今	SCI 2区
73	作科所	景蕊莲	*Journal of Integrative Agriculture*	编委	2015年至今	SCI 3区
74	作科所	黎志康	*The Plant Genome*	编委	2014年至今	SCI 2区
75	作科所	李桂英	*Bioenergy Research*	编委	2008年至今	SCI 3区
76	作科所	李洪杰	*The Crop Journal*	副主编	2017年至今	SCI 1区
77	作科所	李慧慧	*The Crop Journal*	编委	2019年至今	SCI 1区

（续表）

序号	单位	专家姓名	国际机构/知名国际期刊名称	担任职务	任职起止时间	备注
78	作科所	李慧慧	*Theoretical and Applied Genetics*	编委	2019 年至今	SCI 1 区
79	作科所	李少昆	*Journal of Integrative Agriculture*	副主编	2017 年至今	SCI 3 区
80	作科所	李新海	*Journal of Integrative Agriculture*	编委	2017 年至今	SCI 3 区
81	作科所	刘春明	*Frontiers in Plant Science*	副主编	2015 年至今	SCI 1 区
82	作科所	刘春明	*The Crop Journal*	编委	2017 年至今	SCI 1 区
83	作科所	刘春明	*Plant Molecular Biology Reporter*	副主编	2009 年至今	SCI 3 区
84	作科所	刘春明	*Food and Energy Security*	副主编	2010 年至今	SCI 2 区
85	作科所	刘录祥	*Horticulture Environment and Biotechnology*	编委	2010 年至今	SCI 3 区
86	作科所	马有志	*Journal of Integrative Agriculture*	编委	2017 年至今	SCI 3 区
87	作科所	毛龙	*Genomics，Proteomics& Bioinformatics*	编委	2011 年至今	SCI 1 区
88	作科所	毛龙	*The Crop Journal*	副主编	2017 年至今	SCI 1 区
89	作科所	邱丽娟	*The Crop Journal*	编委	2017—2023 年	SCI 1 区
90	作科所	邱丽娟	*Journal of Integrative Agriculture*	编委	2017 年至今	SCI 1 区
91	作科所	万建民	*The Crop Journal*	主编	2017 年至今	SCI 1 区
92	作科所	万建民	*Journal of Integrative Agriculture*	主编	2016 年至今	SCI 3 区
93	作科所	万建民	*Journal of Integrative Plant Biology*	编委	2009 年至今	SCI 1 区
94	作科所	王建康	*The Crop Journal*	副主编	2017 年至今	SCI 1 区

（续表）

序号	单位	专家姓名	国际机构/知名国际期刊名称	担任职务	任职起止时间	备注
95	作科所	王建康	*Theoretical and Applied Genetics*	编委	2009 年至今	SCI 1 区
96	作科所	王建康	*Euphytica*	编委	2015 年至今	SCI 3 区
97	作科所	吴传银	*The Crop Journal*	编委	2017 年至今	SCI 1 区
98	作科所	夏先春	*The Crop Journal*	副主编	2013 年至今	SCI 1 区
99	作科所	夏先春	*Theoretical and Applied Genetics*	编委	2007 年至今	SCI 1 区
100	作科所	徐云碧	*The Crop Journal*	副主编	2014 年至今	SCI 1 区
101	作科所	徐云碧	*International Journal of Plant Genomics*	副主编	2008 年至今	SCI 3 区
102	作科所	徐云碧	*Theoretical and Applied Genetics*	编委	2007 年至今	SCI 1 区
103	作科所	叶兴国	*BMC genomics*	编委	2018—2022 年	SCI 2 区
104	作科所	张卫建	*The Crop Journal*	副主编	2017 年至今	SCI 1 区
105	作科所	张学勇	*Journal of Integrative Agriculture*	副主编	2017 年至今	SCI 3 区
106	作科所	张学勇	*The Crop Journal*	编委	2017 年至今	SCI 1 区
107	作科所	赵开军	*Frontiers in Plant Science*	编委	2017 年至今	SCI 2 区
108	作科所	赵明	*Journal of Integrative Agriculture*	副主编	2010 年至今	SCI 3 区
109	作科所	赵明	*The Crop Journal*	编委	2014 年至今	SCI 1 区
110	作科所	周文彬	*The Crop Journal*	副主编	2017 年至今	SCI 1 区
111	作科所	傅彬英	*PLoS One*	编委	2014 年至今	SCI 3 区

（续表）

序号	单位	专家姓名	国际机构/知名国际期刊名称	担任职务	任职起止时间	备注
112	作科所	黎志康	*Plant Breeding*	编委	2012 年至今	SCI 3 区
113	作科所	徐建龙	*The Crop Journal*	副主编	2016 年至今	SCI 1 区
114	作科所	郑天清	*Frontiers in Statistical Genetics and Methodology*	编委	2011 年至今	SCI 2 区
115	作科所	李英慧	*Internation Journal of Molecular Science*	编委	2021 年至今	SCI 1 区
116	作科所	李英慧	*Agriculture*	编委	2021 年至今	SCI 1 区
117	作科所	任贵兴	*Foods*	编委	2021 年至今	SCI 2 区
118	作科所	杨平	*Frontiers in Microbiology*	编委	2020 年至今	SCI 1 区
119	作科所	乔卫华	*Frontiers in Plant Science*	编委	2021 年至今	SCI 2 区
120	作科所	侯鹏	*Scientific Data*	编委	2021 年至今	SCI 1 区
121	作科所	邱丽娟	*The Plant Genome*	副主编	2021 年至今	SCI 2 区
122	作科所	贾继增	*Plants*	编委	2021 年至今	SCI 3 区
123	植保所	曹坳程	联合国环境规划署甲基溴技术选择委员会	委员	2018 年至今	
124	植保所	曹坳程	联合国开发计划署硫丹项目国家技术顾问	咨询专家	2018 年至今	
125	植保所	陈万权	The European and Mediterranean Cereal Rusts Foundation	委员	2009 年至今	
126	植保所	董丰收	环太平洋国际化学大会组织委员会	委员	2019—2021 年	
127	植保所	高玉林	美国昆虫学会国际奖励委员会	委员	2013 年至今	

（续表）

序号	单位	专家姓名	国际机构/知名国际期刊名称	担任职务	任职起止时间	备注
128	植保所	高玉林	国际生物防治组织	主席	2020—2024年	
129	植保所	郭立华	国际病毒分类委员会 Hypovirus 工作组	委员	2017年至今	
130	植保所	李世访	国际病毒分类委员会 Avsunviroidae 和 Pospiviroidae 工作组	评审专家	2013年至今	
131	植保所	李世访	国际果树病毒及嫁接传播性病害学会	委员	2017年至今	
132	植保所	李香菊	亚太杂草学会	主席	2019年至今	
133	植保所	李云河	International Society for Biosafety Research	委员	2017—2021年	
134	植保所	刘万学	国际生物入侵委员会委员	委员	2017年至今	
135	植保所	刘万学	生物多样性和生态系统服务政府间科学政策平台	评审专家	2019年至今	
136	植保所	刘新刚	环太平洋国际化学大会组织委员会	委员	2019—2021年	
137	植保所	宁约瑟	美国植物病理学会分子细胞植物病理委员会	委员	2017年至今	
138	植保所	彭德良	International Federation of Nematology Societies	理事	2012年至今	
139	植保所	王桂荣	亚太国际化学生态学会	主席	2019年至今	
140	植保所	王锡锋	国际植物病理学会	理事	2008年至今	
141	植保所	王锡锋	国际病毒分类委员会黄症病毒（Luteovirdae）工作组	委员	2017年至今	
142	植保所	王振营	联合国粮农组织草地贪夜蛾行动计划技术委员会	委员	2019年至今	

（续表）

序号	单位	专家姓名	国际机构/知名国际期刊名称	担任职务	任职起止时间	备注
143	植保所	王振营	国际应用生物科学中心 Fall Armyworm Collaborative Space	委员	2020 年至今	
144	植保所	王振营	东盟草地贪夜蛾行动计划	咨询专家	2020 年至今	
145	植保所	吴孔明	东盟草地贪夜蛾行动计划咨询专家	咨询专家	2020 年至今	
146	植保所	吴孔明	联合国粮食及农业组织草地贪夜蛾防控指导委员会	主席	2020 年至今	
147	植保所	徐学农	国际生物防治组织亚太区生物防治物捕食螨工作组	委员	2014 年至今	
148	植保所	杨念婉	国际生物入侵委员会	委员	2017 年至今	
149	植保所	袁会珠	国际农业与生物工程委员会	委员	2015—2020 年	
150	植保所	袁会珠	国际精准农业航空协会	委员	2018 年至今	
151	植保所	张朝贤	Outlooks on Pest Management	咨询专家	2004 年至今	
152	植保所	张礼生	东盟草地贪夜蛾行动计划	咨询专家	2020 年至今	
153	植保所	张礼生	2nd International Congress of Biological Control	委员	2020 年至今	
154	植保所	张毅波	国际生物防治组织茄科作物害虫生物防治工作组	委员	2021 年至今	
155	植保所	周雪平	国际植物病理学会	理事	2008 年至今	
156	植保所	周雪平	国际病毒分类委员会 Tenuivirus 工作组	委员	2014 年至今	
157	植保所	周雪平	国际植物保护科学学会	理事	2015 年至今	

（续表）

序号	单位	专家姓名	国际机构/知名国际期刊名称	担任职务	任职起止时间	备注
158	植保所	周益林	Subject Matter Committee on Biotic Constraints to Food and Fiber Production	委员	2013年至今	
159	植保所	周益林	Agri-Tech in China：Newton Network+	评审专家	2017年至今	
160	植保所	陈华民	*Crop Protection*	副主编或客座主编	2020—2021年	SCI 2区
161	植保所	陈捷胤	*Phytopathology*	编委	2020—2023年	SCI 1区
162	植保所	陈捷胤	*Journal of Phytopathology*	编委	2021年至今	SCI 3区
163	植保所	陈巨莲	*Jacobs Journal of Entomology and Zoological Studies*	编委	2016年至今	SCI 3区
164	植保所	陈巨莲	*Current Trends in Entomology and Zoological Studies*	编委	2018年至今	SCI 3区
165	植保所	陈巨莲	*CABI Agriculture and Bioscience*	副主编或客座主编	2020年至今	SCI 3区
166	植保所	范佳	*Frontiers in Phisology*	编委	2020年至今	SCI 2区
167	植保所	高玉林	*Pest Management Science*	主编	2017年至今	SCI 1区
168	植保所	高玉林	*Journal of Pest Science*	编委	2016年至今	SCI 1区
169	植保所	高玉林	*Environmental Entomology*	编委	2019年至今	SCI 2区
170	植保所	高玉林	*Journal of Economic Entomology*	编委	2019年至今	SCI 2区
171	植保所	郭立华	*Frontiers in Microbiology*	编委	2020年至今	SCI 2区
172	植保所	何康来	*Scientific Reports*	编委	2017年至今	SCI 3区
173	植保所	侯茂林	*Biocontrol*	编委	2019年至今	SCI 2区

（续表）

序号	单位	专家姓名	国际机构/知名国际期刊名称	担任职务	任职起止时间	备注
174	植保所	黄文坤	*BMC Plant Biology*	编委	2020—2024 年	SCI　2 区
175	植保所	黄文坤	*Pesticide Biochemistry and Physiology*	编委	2020—2024 年	SCI　2 区
176	植保所	黄文坤	*Physiological and Molecular Plant Pathology*	编委	2020—2024 年	SCI　2 区
177	植保所	江幸福	*Plant Protection News*	编委	2014 年至今	SCI　3 区
178	植保所	李方方	*Frontiers in Microbiology*	副主编或客座主编	2020 年至今	SCI　2 区
179	植保所	李方方	*Frontiers in Genome Editing*	编委	2020 年至今	SCI　2 区
180	植保所	李世访	*Virology Journal*	编委	2017 年至今	SCI　3 区
181	植保所	李世访	*Canadian Journal of Plant Pathology*	编委	2017 年至今	SCI　3 区
182	植保所	李云河	*Plants-Basel*	编委	2020 年至今	SCI　3 区
183	植保所	李云河	*Frontiers in Plant Science*	副主编	2021 年至今	SCI　2 区
184	植保所	刘世名	*Plants*	编委	2020 年至今	SCI　3 区
185	植保所	刘万学	*Insects*	编委	2021 年至今	SCI　2 区
186	植保所	刘文德	*Advances in Crop Science and Technology*	编委	2013 年至今	SCI　3 区
187	植保所	刘文德	*aBIOTECH*	编委	2019 年至今	SCI　3 区
188	植保所	刘文文	*Frontiers in Microbiology*	编委	2020 年至今	SCI　2 区
189	植保所	马春森	*PLoS Climate*	编委	2021 年至今	SCI　1 区
190	植保所	王桂荣	*Scientific Reports*	编委	2016 年至今	SCI　3 区

（续表）

序号	单位	专家姓名	国际机构/知名国际期刊名称	担任职务	任职起止时间	备注
191	植保所	王桂荣	*Frontiers in Ecology and Evolution*	编委	2016 年至今	SCI　3 区
192	植保所	王桂荣	*Journal of Integrative Agriculture*	编委	2018 年至今	SCI　2 区
193	植保所	王国梁	*Rice*	编委	2011 年至今	SCI　1 区
194	植保所	王国梁	*Frontiers in Plant Science*	编委	2011 年至今	SCI　2 区
195	植保所	王国梁	*Molecular Plant-Microbe Interactions*	编委	2015 年至今	SCI　2 区
196	植保所	王国梁	*Journal of Integrative Agriculture*	编委	2017 年至今	SCI　2 区
197	植保所	王国梁	*Rice Science*	编委	2017 年至今	SCI　2 区
198	植保所	王国梁	*Phytopathology Research*	编委	2018 年至今	SCI　3 区
199	植保所	王国梁	*aBiotech*	编委	2019 年至今	SCI　3 区
200	植保所	王锡锋	*Scientific Reports*	编委	2015 年至今	SCI　3 区
201	植保所	王锡锋	*Plant Pathology Journal*	编委	2013 年至今	SCI　3 区
202	植保所	王锡锋	*Annals of Agricultural Sciences*	编委	2016 年至今	SCI　3 区
203	植保所	王锡锋	*Frontiers in Microbiology*	编委	2020 年至今	SCI　2 区
204	植保所	王锡锋	*Viruses*	编委	2021 年至今	SCI　2 区
205	植保所	王锡锋	*Journal of Visualized Experiments*	编委	2021 年至今	SCI　3 区
206	植保所	吴蓓蕾	*Agricultural Research & Technology：Open Access Journal*	副主编或客座主编	2020 年至今	SCI　3 区

（续表）

序号	单位	专家姓名	国际机构/知名国际期刊名称	担任职务	任职起止时间	备注
207	植保所	吴孔明	*Journal of Integrative Agriculture*	副主编或客座主编	2012 年至今	SCI　2 区
208	植保所	吴孔明	*Entomologia Experimentalis et Applicata*	编委	2013 年至今	SCI　2 区
209	植保所	吴孔明	*Entomologia Generalis*	编委	2015 年至今	SCI　2 区
210	植保所	吴孔明	*Journal of Cotton Research*	编委	2014 年至今	SCI　3 区
211	植保所	吴孔明	*Frontiers of Agricultural Science and Engineering*	编委	2016 年至今	SCI　3 区
212	植保所	杨斌	*Frontiers in Physiology*	编委	2020 年至今	SCI　2 区
213	植保所	杨念婉	*Frontiers in Genetics*	编委	2020 年至今	SCI　2 区
214	植保所	杨念婉	*Frontiers in Molecular Biosciences*	编委	2020 年至今	SCI　2 区
215	植保所	杨念婉	*CABI Agriculture and Bioscience*	编委	2020 年至今	SCI　3 区
216	植保所	杨青	*Biofuels, Bioproducts and Biorefining*	编委	2010 年至今	SCI　2 区
217	植保所	杨青	*Current Pharmaceutical Design*	副主编或客座主编	2015 年至今	SCI　3 区
218	植保所	杨秀玲	*Frontiers in Microbiology*	副主编或客座主编	2020 年至今	SCI　2 区
219	植保所	杨秀玲	*Frontiers in Genome Editing*	编委	2020 年至今	SCI　2 区
220	植保所	袁会珠	*International Journal of Precision Agricultural Aviation*	编委	2018 年至今	SCI　3 区
221	植保所	战斌慧	*Frontier in Microbiology*	编委	2020 年至今	SCI　2 区
222	植保所	张朝贤	*Crop Protection*	主编	2018 年至今	SCI　2 区

（续表）

序号	单位	专家姓名	国际机构/知名国际期刊名称	担任职务	任职起止时间	备注
223	植保所	张昊	*Tropical Plant Pathology*	编委	2017—2020 年	SCI 3 区
224	植保所	张昊	*World Mycotoxin Journal*	编委	2020 年至今	SCI 3 区
225	植保所	张杰	*Archives of Insect Biochemistry and Physiology*	编委	2018—2020 年	SCI 3 区
226	植保所	张礼生	*Frontiers in Physiology*	编委	2017 年至今	SCI 2 区
227	植保所	张毅波	*PLoS Climate*	编委	2021 年至今	
228	植保所	张志想	*Frontiers in Microbiology*	编委	2020 年至今	SCI 2 区
229	植保所	郑永权	*Journal of Integrative Agriculture*	编委	2017—2021 年	SCI 2 区
230	植保所	周焕斌	*BMC Plant Biology*	副主编或客座主编	2018 年至今	SCI 2 区
231	植保所	周焕斌	*Frontiers in genome editing*	副主编或客座主编	2019 年至今	SCI 2 区
232	植保所	周雪平	*Annual Review of Phytopathology*	编委	2016—2020 年	SCI 1 区
233	植保所	周雪平	*Frontiers in Plant-Microbe Interaction*	编委	2011 年至今	SCI 2 区
234	植保所	周雪平	*Journal of Integrative Agriculture*	编委	2017—2021 年	SCI 2 区
235	植保所	周雪平	*Journal of Zhejiang University Science B*	编委	2004 年至今	SCI 3 区
236	植保所	周雪平	*Plant Protection Science*	编委	2016 年至今	SCI 3 区
237	植保所	周雪平	*Science China Life Sciences*	编委	2018—2022 年	SCI 1 区
238	植保所	周雪平	*Virology*	编委	2013 年至今	SCI 3 区
239	植保所	周雪平	*Journal of Cotton Research*	编委	2018 年至今	SCI 3 区

（续表）

序号	单位	专家姓名	国际机构/知名国际期刊名称	担任职务	任职起止时间	备注
240	植保所	周雪平	*Phytopathology Research*	编委	2018 年至今	SCI 3 区
241	植保所	周雪平	*Stress Biology*	编委	2020 年至今	SCI 3 区
242	植保所	周雪平	*Frontiers in Microbiology*	编委	2020 年至今	SCI 2 区
243	植保所	周益林	*Plant Pathology*	编委	2019 年至今	SCI 2 区
244	植保所	周忠实	*Frontiers in Physiology*	编委	2017 年至今	SCI 2 区
245	植保所	周忠实	*Jacobs Journal of Agriculture*	编委	2014 年至今	SCI 3 区
246	蔬菜所	杨学勇	*Planta*	客座编委	2020 年至今	SCI 2 区
247	环发所	董红敏	联合国粮食及农业组织畜禽环境伙伴计划	咨询专家	2017 年至今	
248	环发所	董红敏	全球农业温室气体研究联盟粪污管理协作网	评审组长	2017 年至今	
249	环发所	高清竹	联合国山地伙伴关系	委员	2019—2023 年	
250	环发所	高清竹	政府间气候变化专门委员会评估报告	作者专家	2015 年至今	
251	环发所	李玉娥	政府间气候变化专门委员会评估报告	作者专家	2015 年至今	
252	环发所	董红敏	政府间气候变化专门委员会评估报告	组长专家	2015 年至今	
253	环发所	顾峰雪	Asia Flux Science 执行委员会	委员	2018 年至今	
254	环发所	李勇	*Agriculture Ecosystems & Environment*	主编	2018 年至今	
255	环发所	李玉娥	全球农业温室气体研究联盟	咨询专家	2011—2023 年	
256	环发所	刘硕	《联合国气候变化框架公约》适应委员会	亚太区委员	2017—2022 年	

（续表）

序号	单位	专家姓名	国际机构/知名国际期刊名称	担任职务	任职起止时间	备注
257	环发所	刘硕	《联合国气候变化框架公约》适应和损害议题	谈判专家	2014 年至今	
258	环发所	刘文科	*Agrotechnology*	执行编委	2015 年至今	
259	环发所	秦晓波	全球农业温室气体研究联盟	咨询专家	2011 年至今	
260	环发所	王耀生	*Archives of Agronomy and Soil Science*	副主编	2018 年至今	
261	环发所	王耀生	*Frontiers in Sustainable Food Systems*	编委	2017 年至今	
262	环发所	许吟隆	联合国环境规划署适应气候变化科学指导委员会	委员	2016 年至今	
263	环发所	许吟隆	亚太适应气候变化组织指导委员会	委员	2018 年至今	
264	环发所	许吟隆	UN Environment World Conservation Monitoring Centre	理事	2018—2021 年	
265	环发所	杨其长	国际园艺学会设施植物系统设计与控制工程专业委员会	主席	2018—2022 年	
266	环发所	严昌荣	国际农业塑料协会	主席	2018—2021 年	
267	环发所	张晴雯	*International Soil and Water Conservation Research*	副主编	2017 年至今	
268	牧医所	赵圣国	*Animal*	编委	2018—2021 年	SCI 4 区
269	牧医所	王加启	*Journal of Dairy Science*	编委	2017 年至今	SCI 1 区
270	牧医所	李奎	*Journal of Animal Science and Biotechnology*	编委	2015 年至今	SCI 1 区
271	牧医所	苗向阳	*BMC Veterinary Research*	副主编	2013 年至今	SCI 1 区

（续表）

序号	单位	专家姓名	国际机构/知名国际期刊名称	担任职务	任职起止时间	备注
272	牧医所	储明星	*Journal of Animal Science and Biotechnology*	编委	2018—2022 年	SCI 1 区
273	牧医所	李奎	*Journal of Integrative Agriculture*	编委	2017—2021 年	SCI 4 区
274	牧医所	熊本海	*Journal of Integrative Agriculture*	编委	2017—2021 年	SCI 4 区
275	牧医所	马月辉	*Journal of Integrative Agriculture*	编委	2017—2021 年	SCI 4 区
276	牧医所	朱鸿飞	*Journal of Integrative Agriculture*	编委	2017—2021 年	SCI 4 区
277	牧医所	杨青川	*Journal of Integrative Agriculture*	编委	2017—2021 年	SCI 4 区
278	牧医所	李奎	*BioMed Research International*	编委	2015 年至今	SCI 2 区
279	牧医所	卜登攀	*Canadian Journal of Animal Science*	副主编	2013 年至今	SCI 2 区
280	牧医所	苗向阳	*Frontiers in bioscience*	执行编委	2018—2020 年	SCI 3 区
281	牧医所	苗向阳	*Cloning & Transgenesis*	编委	2012 年至今	
282	牧医所	崔尚金	*World Journal of Virology*	编委	2008 年至今	
283	牧医所	李奎	*American Journal of Animal and Veterinary Sciences*	编委	2015 年至今	SCI 4 区
284	牧医所	李向林	国际可持续纤维联盟（SFA）	科技委员会委员	2017 年至今	
285	牧医所	何峰	国际可持续纤维联盟（SFA）	科技委员会委员	2017 年至今	
286	牧医所	马月辉	国际生物多样性计划中国委员会委员	委员	2010 年至今	
287	蜜蜂所	王凯	*Frontiers In Nutrition*	副主编	2019 年至今	SCI 1 区
288	蜜蜂所	王凯	*BMC Complementary and Alternative Medicine*	副主编	2019 年至今	SCI 1 区

（续表）

序号	单位	专家姓名	国际机构/知名国际期刊名称	担任职务	任职起止时间	备注
289	蜜蜂所	王凯	*Nutrients*	编委	2020 年至今	SCI　1 区
290	蜜蜂所	王凯	*Oxidative Medicine and Cellular Longevity*	编委	2021 年至今	SCI　2 区
291	蜜蜂所	石巍	欧盟蜜蜂消失项目	委员	永久	
292	蜜蜂所	安建东	国际自然保护联盟—熊蜂专家组东亚地区协调人（主席）	理事	2017 年至今	
293	蜜蜂所	安建东	国际植物—传粉者互作研究委员会	理事	2012 年至今	
294	蜜蜂所	李建科	亚太农业蛋白质组组织	委员	2020—2021 年	
295	蜜蜂所	吴杰	AAA 经济专委会	主席	2020 年至今	
296	蜜蜂所	吴杰	国际标准化组织食品技术委员会蜂产品分委员会	委员	2020 年至今	
297	饲料所	王建华	国际乳铁蛋白会议科学委员会	国际委员	2009 年至今	
298	饲料所	王建华	第 15 届国际乳铁蛋白会议组委会	大会主席	2019 年至今	
299	饲料所	王建华	*Front Microb*	抗菌肽专刊主编	2020 年至今	SCI　2 区
300	饲料所	王建华	*BBA Biomembranes*	编委	2020 年至今	SCI　2 区
301	饲料所	王建华	*Membranes*	编委	2020 年至今	SCI　3 区
302	饲料所	周志刚	国际鱼菌互作学术研讨会	委员	2019 年至今	
303	饲料所	周志刚	国际水产动物消化道微生物研究联盟	副主席	2018—2023 年	
304	饲料所	周志刚	中国—挪威鱼类消化道微生物联合实验室	中方主任	2015—2023 年	

（续表）

序号	单位	专家姓名	国际机构/知名国际期刊名称	担任职务	任职起止时间	备注
305	饲料所	周志刚	2019 荷兰科学研究组织 NOW	特邀评审专家	2019 年至今	
306	饲料所	周志刚	2020 美国皮尤海洋学者项目 PEW 提名专家	提名专家	2019 年至今	
307	饲料所	周志刚	*Frontier in Microbiology*	编辑	2018 年至今	SCI　2 区
308	饲料所	周志刚	*Frontier in Marine Sciences*	编辑	2018 年至今	SCI　3 区
309	饲料所	周志刚	*Aquaculture*	编委	2019—2021 年	SCI　1 区
310	饲料所	冉超	国际水产动物消化道微生物研究联盟	秘书	2018—2023 年	
311	饲料所	冉超	*Aquaculture Nutrition*	客座编辑	2021 年至今	SCI　2 区
312	饲料所	王秀敏	*Front Cell Infect Microbiol*	客座主编	2021 年至今	JCR 2 区
313	饲料所	王秀敏	*Antibiotics*	主题顾问/编辑	2021 年至今	JCR 3 区
314	饲料所	王秀敏	*Marine Drugs*	编辑	2021 年至今	JCR 2 区
315	饲料所	齐广海	*Poultry Science*	副主编	2012 年至今	3. 352/Q1 top
316	饲料所	齐广海	*Animal Nutrition*	编委	2015 年至今	6. 383/Q1 top
317	饲料所	李习龙	*Amino Acids*	编委	2021 年至今	
318	饲料所	王晶	*Frontiers in Veterinary Science*	编委	2021 年至今	3. 4123/Q1
319	饲料所	王晶	加拿大家禽科学委员会	项目评审专家	2020—2022 年	
320	饲料所	张海军	*Italian Journal of Animal Science*	编辑		2. 217/Q2

（续表）

序号	单位	专家姓名	国际机构/知名国际期刊名称	担任职务	任职起止时间	备注
321	饲料所	张海军	*International Journal of Health, Animal Science and Food Safety*	编辑	2015 年至今	
322	饲料所	蒋显仁	*International Journal of Health, Animal Science and Food Safety*	编辑	2016 年至今	
323	饲料所	薛敏	*Aquaculture Research*	编委	2020 年至今	中科院 3 区
324	饲料所	薛敏	*Frontiers in Marine Science*	编委	2020 年至今	中科院 3 区
325	加工所	王强	*Journal of Intergrate Agricutlural*	执行主编（食品栏目）	2018 年至今	SCI 1 区
326	加工所	王强	*NPJ Science of Food*	编委	2017 年至今	SCI 1 区
327	加工所	王强	*Foods*	专刊客座主编	2021 年至今	SCI 2 区
328	加工所	张德权	*Food Science and Human Wellness*	编委	2021 年至今	SCI 2 区
329	加工所	张德权	*Foods*	客座编辑	2021—2022 年	SCI 2 区
330	加工所	邢福国	*Frontiers in Microbiology*	编委	2019—2021 年	SCI 1 区
331	加工所	邢福国	*Frontiers in Nutrition*	编委	2019—2021 年	SCI 2 区
332	加工所	邢福国	*Toxins*	编委	2021 年至今	SCI 2 区
333	加工所	郭维	*Frontiers in Microbiology*	审稿编辑	2020 年至今	SCI 1 区
334	加工所	郭维	*Separations*	编委	2021 年至今	SCI 2 区
335	加工所	王琼	*Frontiers in Psychiatry*	特邀客座主编	2021—2022 年	SCI 2 区

（续表）

序号	单位	专家姓名	国际机构/知名国际期刊名称	担任职务	任职起止时间	备注
336	加工所	刘红芝	*Frontiers in Nutrition*	客座副主编	2021年至今	SCI 1区
337	加工所	石爱民	*Frontiers in Nutrition*	客座副主编	2021年至今	SCI 1区
338	加工所	石爱民	*Foods*	专刊客座主编	2021年至今	SCI 2区
339	加工所	李敏敏	*Agronomy* 特刊：*Advances in Pesticide Discovery and Application*	特刊客座主编	2021年至今	SCI 2区
340	加工所	卢聪	*Frontiers in Behavioral Neuroscience*：*Individual and Social Behaviors*	特邀客座主编	2021年至今	SCI 2区
341	生物所	王海洋	*Plant Molecular Biology*	副主编	2018年至今	SCI 2区
342	生物所	王海洋	*Plant Communications*	编委	2019年至今	新期刊，未知
343	生物所	王海洋	*aBIOTECH*	编委	2018年至今	新期刊，未知
344	生物所	路铁刚	*Frontier in Genetics*	副主编	2015年至今	SCI 2区
345	生物所	张治国	*Frontier in Genetics*	编委	2017年至今	SCI 2区
346	生物所	林浩	*Frontiers in Genome Editing*	编委	2020年至今	
347	生物所	张春义	*American Journal of Experimental Biology*	编委	2018年至今	
348	生物所	张春义	国际农业生物技术应用服务组织	中国生物技术信息中心主任	2016年至今	
349	农经所	李先德	联合国粮食及农业组织粮食安全委员会	专家	2017年至今	全球仅15名
350	资划所	何萍	国际肥料科学中心	主席	2016年至今	

（续表）

序号	单位	专家姓名	国际机构/知名国际期刊名称	担任职务	任职起止时间	备注
351	资划所	张斌	全球土壤伙伴关系秘书处开放性工作组	委员	2016 年至今	
352	资划所	张金霞	国际蘑菇学会	委员	2012 年至今	
353	资划所	高巍	国际蘑菇学会	委员	2014 年至今	
354	资划所	邵长亮	中美碳联盟	主席	2016 年至今	
355	资划所	辛晓平	中美碳联盟	委员	2016 年至今	
356	资划所	庾强	旱地网络指导委员会	委员	2017 年至今	
357	资划所	庾强	营养网络指导委员会	委员	2020 年至今	
358	资划所	金轲	联合国粮食及农业组织全球土壤伙伴关系	理事	2018 年至今	
359	资划所	吴红慧	氮磷钾干旱网	委员	2020 年至今	
360	资划所	尹昌斌	亚洲开发银行	咨询专家	2021 年至今	
361	资划所	陈仲新	联合国粮食及农业组织	委员	2019—2021 年	
362	资划所	唐华俊	*Journal of Sustainable Agriculture*	编委	2000 年至今	SCI 1 区
363	资划所	李召良	*IEEE Transactions on Geoscience and Remote Sensing*	副主编	2014 年至今	SCI 1 区
364	资划所	李召良	*Remote Sensing*	副主编	2016 年至今	SCI 2 区
365	资划所	李兆君	*International Journal of Chemistry*	编委	2011 年至今	SCI 2 区
366	资划所	李兆君	*Journal of Integrative Agriculture*	编委	2017 年至今	SCI 1 区
367	资划所	李兆君	*Science of the Total Environment*	编委	2020 年至今	SCI 1 区

（续表）

序号	单位	专家姓名	国际机构/知名国际期刊名称	担任职务	任职起止时间	备注
368	资划所	吴文斌	*Journal of Integrative Agriculture*	编委	2010 年至今	SCI　1 区
369	资划所	吴文斌	*RegionalEnvironmentalChange*	编委	2013 年至今	SCI　2 区
370	资划所	吴文斌	*CABI Agriculture and Bioscience*	主编	2020 年至今	
371	资划所	张斌	*Agronomy Journal*	副主编	2012 年至今	SCI　2 区
372	资划所	张瑞福	*Journal of Integrative Agriculture*	编委	2017 年至今	SCI　1 区
373	资划所	张瑞福	*International Biodeterioration & Biodegradation*	编委	2018 年至今	SCI　2 区
374	资划所	魏海雷	*Frontiers in Microbiology*	副主编	2016 年至今	SCI　1 区
375	资划所	魏海雷	*Frontiers in Plant Science*	副主编	2016 年至今	SCI　1 区
376	资划所	魏海雷	*Engineering*	编委	2020 年至今	SCI　1 区
377	资划所	魏海雷	*BMC Plant Biology*	副主编	2019 年至今	SCI　1 区
378	资划所	黄晨阳	*Frontiers in Microbiology*	编委	2017 年至今	SCI　1 区
379	资划所	吴庆钰	*Frontiers in Plant Science*	副主编	2018 年至今	SCI　1 区
380	资划所	何萍	*Scientific Reports*	编委	2019—2024 年	SCI　1 区
381	资划所	何萍	*Soil Science and Plant Nutrition*	编委	2019 年至今	SCI　3 区
382	资划所	梁永超	*Plant and Soil*	编委	2008 年至今	SCI　1 区
383	资划所	孙晶	*Journal of Land Use Science*	编委	2020—2023 年	SCI　2 区
384	资划所	庾强	*Climate Change Ecology*	编委	2020 年至今	

（续表）

序号	单位	专家姓名	国际机构/知名国际期刊名称	担任职务	任职起止时间	备注
385	信息所	周清波	*Journal of Integrative Agriculture*	主编	2020 年至今	SCI　2 区
386	信息所	诸叶平	*Journal of Integrative Agriculture*	编委	2017 年至今	SCI　2 区
387	信息所	柴秀娟	*Journal of Electronic Imaging*	编委	2018 年至今	SCI　4 区
388	质标所	李会	*Frontiers in Microbiology*	编委	2018 年至今	SCI　1 区
389	质标所	毛雪飞	*Atomic Spectroscopy*	编委	2020—2023 年	SCI　3 区
390	质标所	徐贞贞	*Journal of Food Processing & Preservation*	编委	2020 年至今	SCI　3 区
391	质标所	翁瑞	*Separations*	客座编辑	2021 年至今	SCI　3 区
392	营养所	王加启	*Journal of Dairy Sciences*	编辑	2018 年至今	
393	营养所	刘锐	*International Association for Cereal Chemistry*	委员	2020 年至今	
394	营养所	任广旭	塞尔维亚国家自然基金会	评审专家	2020 年至今	
395	营养所	韩娟	*Agriculture-Basel*	专刊编辑	2021 年至今	
396	营养所	李京虎	韩国农食品政策学会《韩国农业经营政策研究》杂志	编辑委员	2018 年至今	
397	营养所	李京虎	韩国农业经济学会《农业经济研究》杂志	编辑委员	2016 年至今	
398	灌溉所	齐学斌	国际灌排委员会	委员	2021 年至今	
399	水稻所	程式华	*Rice Science*	主编	现任	SCI　1 区
400	水稻所	阮刘青	*Rice Science*	副主编	现任	SCI　1 区

（续表）

序号	单位	专家姓名	国际机构/知名国际期刊名称	担任职务	任职起止时间	备注
401	水稻所	曹立勇	*Rice Science*	编委	现任	SCI　1区
402	水稻所	胡培松	*Rice Science*	编委	现任	SCI　1区
403	水稻所	钱前	*Rice Science*	编委	现任	SCI　1区
404	水稻所	王磊	*Rice Science*	编委	现任	SCI　1区
405	水稻所	杨长登	*Rice Science*	编委	现任	SCI　1区
406	水稻所	朱智伟	*Rice Science*	编委	现任	SCI　1区
407	水稻所	庄杰云	*Rice Science*	编委	现任	SCI　1区
408	水稻所	钱前	*Rice*	编委	现任	SCI　1区
409	水稻所	钱前	*Breeding Science*	编委	现任	SCI　2区
410	水稻所	王克剑	*BMC Plant Biology*	编委	2018年至今	SCI　1区
411	水稻所	郭龙彪	*Plant Growth Regulation*	编委	现任	SCI　3区
412	水稻所	庄杰云	*Crop Journal*	编委	现任	SCI　1区
413	水稻所	张健	*BMC Development Biology*	编委	现任	SCI　2区
414	水稻所	钱前	*Journal of Getitics and Genomes*	编委	现任	SCI　2区
415	水稻所	钱前	*PLoS One*	编委	现任	SCI　2区
416	水稻所	张健	*PLoS One*	编委	现任	SCI　2区
417	水稻所	王克剑	*Abiotech*	编委	现任	SCI　1区

（续表）

序号	单位	专家姓名	国际机构/知名国际期刊名称	担任职务	任职起止时间	备注
418	水稻所	张健	*Journal of Plant Research*	编委	现任	SCI 2区
419	水稻所	寇艳君	*BMC Plant Biology*	编委	现任	SCI 1区
420	水稻所	寇艳君	*BMC Microbiology*	编委	现任	SCI 2区
421	水稻所	寇艳君	*Frontiers in Plant Science*	编委	现任	SCI 1区
422	水稻所	寇艳君	*Frontiers in Microbiology*	编委	现任	SCI 1区
423	水稻所	万品俊	*Frontiers in Physiology*	编委	现任	SCI 2区
424	水稻所	胡培松	国际水稻委员会	中国代表	2019年至今	
425	水稻所	胡培松	亚洲水稻研究合作委员会	中国代表	2019年至今	
426	水稻所	胡培松	国际杂交稻联盟	专家委员会委员	现任	
427	水稻所	王丹英	国际直播稻联盟	咨询专家	2018年至今	
428	水稻所	罗炬	国际水稻委员会	中国副代表	现任	
429	水稻所	罗炬	亚洲水稻研究合作委员会	中国副代表	现任	
430	水稻所	金千瑜	国际（长沙）农田生态种养发展论坛第一届理事会	常务理事	2019—2023年	
431	棉花所	古捷	乌兹别克斯坦棉花研究所	外聘教授	终生	
432	棉花所	袁有禄	国际棉花基因组计划	共同主席	2019—2021年	
433	棉花所	叶武威	国际棉花基因组计划	共同主席	2019—2021年	

（续表）

序号	单位	专家姓名	国际机构/知名国际期刊名称	担任职务	任职起止时间	备注
434	棉花所	叶武威	*American Journal of Plant Biology*	编辑	2016—2021 年	SCI 2 区
435	棉花所	叶武威	*Plant Physiology and Biochemistry*	编辑	2020—2021 年	SCI 2 区
436	棉花所	叶武威	*Industrial Crops and Products*	编辑	2020—2022 年	SCI 2 区
437	油料所	刘胜毅	*The Crop Journal*	副主编	2014 年至今	
438	油料所	李培武	*Toxins*	编委	2016 年至今	
439	油料所	李培武	*World Mycotoxin J*	编委	2016 年至今	
440	油料所	李培武	*J Integr Agri*	编委	2017 年至今	
441	油料所	廖伯寿	*Frontiers in Plant Science*	编辑	2018 年至今	
442	油料所	王汉中	国际油菜咨询委员会	理事	2003 年至今	
443	油料所	刘胜毅	国际油菜咨询委员会	理事	2017 年至今	
444	油料所	李培武	国际油菜研究咨询委员会	理事	2008 年至今	
445	油料所	李培武	联合国粮农组织/世界卫生组织食品添加剂联合专家委员会	专家组成员	2012—2020 年	
446	油料所	廖伯寿	国际半干旱研究所国际花生青枯病工作网	技术协调员（首席专家）	1997 年至今	
447	麻类所	王玉富	粮农组织欧洲亚麻及其他韧皮纤维植物协作组织	其他	2017 年至今	
448	麻类所	粟建光	International Jute study Group（Private Sector Consultative Board）	理事	2009 年至今	

（续表）

序号	单位	专家姓名	国际机构/知名国际期刊名称	担任职务	任职起止时间	备注
449	麻类所	李德芳	Association For The Advancement of industrial Crops	委员	2016 年至今	
450	麻类所	杨永坤	国际天然组织	主席	2020 年至今	
451	麻类所	王玉富	*Journal of Natural Fibers*	编委	2017 年至今	SCI 1 区
452	麻类所	Jianping Xu①	*Fungal Diversity*	副主编	长期	SCI 1 区
453	麻类所	Jianping Xu	*Genome*	副主编	2016 年至今	SCI 3 区
454	麻类所	Jianping Xu	*Mycology*	副主编	2009 年至今	SCI 3 区
455	麻类所	Jianping Xu	*Mycopathologia*	副主编	2011 年至今	SCI 3 区
456	麻类所	Jianping Xu	*Mycoses*	副主编	2012 年至今	SCI 2 区
457	麻类所	肖建波	*Phytochemical Analysis*	副主编	2017 年至今	SCI 3 区
458	麻类所	肖建波	*International Journal of Molecular Science*	编委	2017 年至今	SCI 3 区
459	麻类所	肖建波	*Current Drug Metabolism*	编委	2017 年至今	SCI 3 区
460	麻类所	肖建波	*Phytomedicine*	编委	2017 年至今	SCI 2 区
461	麻类所	肖建波	*Industrial crops and products*	编委	2017 年至今	SCI 1 区
462	麻类所	肖建波	*Anti-Cancer Agents in Med Chemistry*	编委	2017 年至今	SCI 3 区

① 加拿大籍华人，中文姓名为徐建平。

（续表）

序号	单位	专家姓名	国际机构/知名国际期刊名称	担任职务	任职起止时间	备注
463	麻类所	谭志坚	*Molecules*	主题编辑	2020 年至今	SCI　2 区
464	郑果所	方金豹	国际园艺学会命名与登录委员会	猕猴桃属新品种的国际登录权威	2019 年至今	
465	茶叶所	韩文炎	*Frontiers in Plant Science*	副主编	2021—2023 年	JCR1，IF 5.73
466	茶叶所	李鑫	*Antioxidants*	客座主编	2021—2022 年	JCR1
467	茶叶所	李鑫	*Frontiers in Plant Science*	编委	2021 年至今	JCR1
468	茶叶所	李鑫	*BMC Plant Biology*	编委	2021—2023 年	JCR1
469	茶叶所	李鑫	*Asia Association of Plant Scientists*	执行委员会委员	2020 年至今	
470	茶叶所	尹军峰	*Food Chemistry*	客座编辑	2021 年至今	SCI　1 区
471	茶叶所	许勇泉	*Food Chemistry*	客座编辑	2021 年至今	SCI　1 区
472	茶叶所	许勇泉	*Foods*	客座编辑	2021—2022 年	SCI　2 区
473	茶叶所	韦康	*Frontiers in Plant Science*	评审编辑	2021 年至今	Q1
474	茶叶所	王璐	*Frontiers in Plant Science*	评审编辑	2021 年至今	Q1
475	茶叶所	孙晓玲	亚太地区化学生态学学会	理事	2020—2023 年	
476	茶叶所	孙晓玲	*Plants*	评审委员会委员	2021 年至今	Q1
477	茶叶所	孙晓玲	*Frontiers in Ecology and Evolution*	评审编辑	2018 年至今	Q1
478	茶叶所	王新超	*Frontiers in Plant Science*	客座副主编	2021 年	Q1

（续表）

序号	单位	专家姓名	国际机构/知名国际期刊名称	担任职务	任职起止时间	备注
479	茶叶所	王新超	*Horticulturae*	客座编辑	2021 年	Q1
480	茶叶所	郝心愿	*Horticulturae*	客座编辑	2021 年	Q1
481	茶叶所	王新超	*Tree Physiology*	评审委员会委员	2019—2021 年	Q1
482	茶叶所	陈亮	*Horticulture Research*	副主编	2020 年至今	JCR Q1，园艺学 top1
483	哈兽研	陈化兰	*Virology Journal*	主编	2018 年至今	SCI 3 区
484	哈兽研	陈化兰	*Journal of Integrative Agriculture*	主编	2017 年至今	SCI 3 区
485	哈兽研	陈化兰	*Virology*	主编	2017 年至今	SCI 3 区
486	哈兽研	陈化兰	*Science China Life Sciences*	主编	2018 年至今	SCI 3 区
487	哈兽研	王玉娥	*Archives of Virology*	编委	2020 年至今	SCI 3 区
488	哈兽研	李呈军	*Virology Journal*	副主编及客座主编	2018 年至今	SCI 3 区
489	哈兽研	李凯	*Frontiers in Microbiology*	编委	2019 年至今	SCI 2 区
490	哈兽研	蔡雪辉	*Scientific Reports*	编委	2018 年至今	SCI 3 区
491	哈兽研	张万江	*Frontiers in Cellular and Infection Microbiology*	副主编及客座主编	2020 年至今	SCI 2 区
492	哈兽研	贾洪林	*Frontiers in Cell and Developmental Biology*	编委	2020 年至今	SCI 2 区
493	兰兽研	郑亚东	*Frontiers in Veterinary Science*	编辑	2018 年至今	未定（IF2. 029）

（续表）

序号	单位	专家姓名	国际机构/知名国际期刊名称	担任职务	任职起止时间	备注
494	兰兽研	郑亚东	*Frontiers in Genetics*	编辑	2018 年至今	SCI 2 区（IF3. 517）
495	兰兽研	张念章	*Frontiers In Cellular And Infection Microbiology*	编辑	2018 年至今	SCI 2 区
496	兰兽研	付宝权	国际旋毛虫病委员会	委员	2008 年至今	
497	兰兽研	刘湘涛	世界动物卫生组织（OIE）中国国家口蹄疫参考实验室主任	主任	2008 年至今	
498	兰兽研	殷宏	世界动物卫生组织（OIE）羊泰勒虫参考实验室主任	主任	2013 年至今	
499	兰兽研	骆学农	世界动物卫生组织（OIE）囊尾蚴病（Cysticercosis）参考实验室主任	主任	2020 年至今	
500	兰牧药	张继瑜	*Frontiers in Veterinary Science*	编辑	2021—2022 年	SCI 2 区
501	兰牧药	尚小飞	*Frontiers in Veterinary Science*	副编辑	2021—2022 年	SCI 2 区
502	兰牧药	尚小飞	*BMC veterinary research*	编委	2021—2022 年	SCI 2 区
503	上兽研	龚海燕	*Frontiers In Cellular And Infection Microbiology*	客座编辑	2021—2022 年	SCI 2 区
504	上兽研	丁铲	*Frontiers in Cellular and Infection Microbiology*	编辑	2021—2023 年	SCI 1 区
505	上兽研	王少辉	*BMC Microbiology*	编委	2021 年至今	SCI 2 区
506	上兽研	王少辉	*BMC Veterinary Science*	编委	2021 年至今	SCI 1 区
507	草原所	金轲	Glinka World Soil Prize 评奖委员会	委员	2020 年至今	

（续表）

序号	单位	专家姓名	国际机构/知名国际期刊名称	担任职务	任职起止时间	备注
508	草原所	金轲	World Soil Day Award 评奖委员会	委员	2020 年至今	
509	草原所	金轲	联合国粮农组织全球土壤合作伙伴关系政府间高级专家组（ITPS）	专家	2018 年至今	
510	草原所	韩文军	*Research for Tropical Agriculture*（日文期刊）；*Tropical Agriculture and Development*（英文期刊）	编委	2014 年至今	日本热带农学会学术期刊
511	特产所	彭英华	*APSN Council Member*	理事	2014 年至今	SCI 2 区
512	特产所	许保增	*Animal Reporduction*；*Animals*	编委	2012 年至今	SCI 1 区；SCI 2 区
513	环保所	张贵龙	世界自然基金会水管理创新专家联合咨询委员会	咨询专家	长期	
514	环保所	王瑞刚	*Environmental and Experimental Botany*	编委	2018 年至今	SCI 2 区
515	环保所	李永涛	*Journal of Soils and Sediments*	编委	2017 年至今	SCI 2 区
516	环保所	翁莉萍	*Aquatic Geochemistry*	副主编	2017 年至今	SCI 3 区
517	环保所	丁永祯	*International Journal of Environmental Research and Public Health*	编委	2021 年至今	SCI 1 区
518	沼科所	刘刈	ISO 国际标准化组织沼气技术委员会	委员	长期	
519	沼科所	何明雄	*Biotechnology for Biofuels*	审稿专家	长期	
520	沼科所	龙燕	亚太沼气联盟	委员	长期	
521	农机化所	薛新宇	国际农业工程学会精准农业航空工作委员会	副主任	2013 年至今	
522	烟草所	郭永峰	Frontiers in Plant Sience	客座副主编	2020 年至今	
523	基因组所	周永锋	*Horticulture Research*	副主编	2021 年 6 月至今	SCI 1 区
524	基因组所	周永锋	*Horticulture*	编委	2021 年至今	SCI 1 区
525	基因组所	周永锋	*Frontiers of Plant Sciences*	编委	2021 年至今	SCI 1 区

（续表）

序号	单位	专家姓名	国际机构/知名国际期刊名称	担任职务	任职起止时间	备注
526	基因组所	周永锋	*Journal of Plant Sciences*	编委	2021 年至今	SCI　1 区
527	基因组所	胡冠菁	*Applications in Plant Sciences*	副主编	2021 年至今	Q3
528	基因组所	周永锋	European Society for Evolutionary Biology	委员会成员	2013 年至今	
529	基因组所	周永锋	Society for Molecular Biology and Evolution	委员会成员	2014 年至今	
530	基因组所	周永锋	欧盟科学研究基金	评委	2018 年至今	
531	基因组所	黄三文	《细胞》（*Cell*）杂志学术顾问委员会	委员	2020 年 3 月至今	Q1
532	基因组所	唐中林	*Animals*	编委	2020 年 7 月至今	JCR 农林科学 3 区
533	都市所	杨其长	国际园艺学会设施植物生产系统设计与智能化专业委员会	主席	2018—2022 年	
534	都市所	甘人友	*Frontiers in Nutrition*	副主编	2021 年至今	IF = 6.576，JCR Q1
535	都市所	甘人友	*Life*	客座编辑	2020—2021 年	IF = 3.817，JCR Q2
536	都市所	甘人友	*Antibiotics*	客座编辑	2021 年至今	IF = 4.639，JCR Q2
537	都市所	甘人友	*Frontiers in Microbiology*	编委会成员	2018 年至今	IF = 5.64，JCR Q1
538	都市所	甘人友	*Antibiotics-Basel*	编委会成员	2021 年至今	IF = 4.639，JCR Q2
539	都市所	甘人友	*Life-Basel*	编委会成员	2020 年至今	IF = 3.817，JCR Q2
540	都市所	卞中华	*MDPI Metabolites*	审稿专家	2020 年至今	JCR　Q2

中国农业科学院关于表彰
2021 年度国际合作先进单位和先进个人的通知

农科院国合〔2021〕153 号

院属各单位：

为深入贯彻落实习近平总书记致我院贺信精神，加快推进“两个一流”建设，进一步打造高素质国际合作队伍，经院主要领导批准，我院组织开展了 2021 年度国际合作先进单位和先进个人评选活动。经各部门推荐，专家组评审，共评选出院级 2021 年度国际合作先进单位 8 家、院级 2021 年度国际合作先进个人 12 名，名单详见附件。

希望获奖单位和个人继续发扬成绩、再接再厉、再创佳绩。希望院属各单位高度重视国际合作工作，积极主动谋划并落实“十四五”国际合作重点任务，持续提升农业科技国际合作水平。

附件：中国农业科学院 2021 年度国际合作先进单位和先进个人获奖名单

中国农业科学院

2021 年 12 月 17 日

附件

中国农业科学院2021年度 国际合作先进单位和先进个人获奖名单 （按研究所排名）

一、国际合作先进单位

作物科学研究所
植物保护研究所
蔬菜花卉研究所
农业环境与可持续发展研究所
蜜蜂研究所
农产品加工研究所
农业资源与农业区划研究所
农业农村部沼气科学研究所

二、国际合作先进个人

刘录祥（作物科学研究所）
李　蕾（蔬菜花卉研究所）
文　杰（北京畜牧兽医研究所）
李先德（农业经济与发展研究所）
聂凤英（农业信息研究所）
徐海泉（农业农村部食物与营养发展研究所）
汪勋清（研究生院）
冯　跃（中国水稻研究所）
王力荣（郑州果树研究所）
周希劢（茶叶研究所）
周　莉（农业农村部环境保护科研监测所）
程时锋（深圳农业基因组研究所）

中国农业科学院办公室关于印发《中国农业科学院关于加强国际合作协议管理的指导意见》的通知

农科办国合〔2021〕150 号

院机关各部门、院属各单位：

为认真贯彻落实中央巡视整改任务，推进国际合作协议落实落地，促进我院国际合作高质量发展，我院研究制定了《中国农业科学院关于加强国际合作协议管理的指导意见》，现予印发，请结合实际情况贯彻执行。

中国农业科学院办公室

2021 年 12 月 31 日

中国农业科学院关于加强国际合作协议管理的指导意见

为全面贯彻落实习近平总书记“四个面向”“两个一流”重要指示精神，认真落实中央巡视整改任务，着力推进国际合作协议落实落地，扎实推动国际合作高质量发展，现对加强中国农业科学院国际科技合作协议管理提出如下意见。

一、总体要求

（一）指导思想

坚持以习近平新时代中国特色社会主义思想为指导，全面贯彻落实党的十九大和十九届历次全会精神，贯彻落实习近平总书记贺信精神，坚持“四个面向”，聚焦“两个一流”，切实加强国际合作协议签署和落实管理，持续推进高水平开放合作，不断提升我院的国际影响力和号召力，为农业科技创新提供有力支撑。

（二）基本原则

一是需求导向，目标明确。签订合作协议要坚持通过开放合作促进科技创新，做好各方资源协同，聚焦合作共识，通过农业科技合作推进中国农业科学院农业科技高水平自立自强。

二是精准合作，提高成效。签订合作协议要以实现高质量合作为出发点，强化顶层设计，充分对接双方特色优势，将合作协议落实落地，促进互惠共赢、共同发展。

三是强化监管，落实责任。要加强统筹管理，严格审核把关，明确责任人，在协议实施过程中及时开展动态监管和推进，促进建立可持续发展的长效机制。

二、适用范围

本指导意见适用于以中国农业科学院及院属单位名义与国外合作伙伴（双方或多方）共同签署的关于在共同关注的农业科研领域开展合作的协议、谅解备忘录、合作意向书、合同、会议（会谈）纪要等文件。院级合作协议以中国农业科学院作为合作主体，统筹中国农业科学院创新资源，与外方对等合作伙伴在相关领域开展合作交流活动，由国际合作局组织协调进行落实。院属单位合作协议以院属单位作为合作主体，根据本单位工作需要进行签署并负责落实。

三、主要措施

（一）明确签署目的

国际合作协议的签订要围绕国际合作发展规划、特别是院所科研与发展的重点任务进行统筹布局，加强合作对象、合作重点、合作目标的顶层设计。对于拟签署的合作协议，事前要进行充分沟通交流，各方要达成一致意见，对落实主体、合作目标和合作计划予以明确。协议文本应符合国家法律法规及外事管理有关规定，合作目标明确、内容具体、可操作性强，合作成果应明确知识产权归属；如有需要向外界公开的有关内容，签订方应提前进行约定；协议文本商定后应由法务部门对协议内容审核把关。不应擅自以中国农业科学院名义做出对外承诺。

（二）完善签署程序

院级合作协议签署由国际合作局负责主办，对协议文本按照程序报批后，由院领导或者院领导授权签署人签署。院属单位合作协议，原则上由院属单位自行审定签订，在协议签署后 15 个工作日内应向国合局报备；涉及重大问题重大事项的合作协议，主办单位应提出建议报告，商国合局后，报请院领导审批。政府间双边农业科技合作协议、涉及敏感国家和科技领域的国际合作协议须报农业农村部审批。

协议正式签署后，主办部门、单位应将协议文本及时归档，专人管理，并严格按照保密规定和协议秘级，做好协议文本保密工作，确保协议完整、准确、安全、可查。

（三）强化监督落实

国际合作协议重在推动合作交流落实落地。要建立国际协议履约执行动态管理机制，实时掌握和推动协议的执行情况，建立相关考评机制。对于履约不及时、落实不到位的协议，应在监督过程中及时调查分析，明确原因；对于因中方原因产生的上述情况，应及时督促提醒，必要时可与绩效考核等挂钩，或通报批评；对于因外方原因产生的上述情况，应及时沟通，推进落实；如沟通无效，或判定协议无继续执行意义，应根据实际情况提出中止意见。

四、加强组织保障

（一）提高思想认识

主办部门和单位要充分树立外事无小事的理念，将国际合作协议的签署作为建立长期稳定国际合作伙伴关系的基础和保障，注重对外建立良好的国际形象和信用，积极推进务实合作，为加快推进“两个一流”建设作出积极贡献。

（二）落实工作责任

院所协同发力推进协议落实工作。国际合作局发挥监督指导和服务协调作用，加强对国际合作政策的解读，对于院属单位提交备案的合作协议文本及时予以指导；主办部门和单位承担合作协议的具体管理和落实责任，确保协议签署应建立在合作需求强烈、合作任务明确的基础上，坚决避免临时性、无实质内容的合作协议。

（三）强化支持举措

主办部门和单位要高度重视、精心部署，保证合作协议管理到位，落实到位。要通过统筹项目、人员等各类资源和途径加强对协议落地的支持，推动和引导合作各方积极争取外部资源，拓展合作渠道，促进合作的可持续发展。

（四）建立长效机制

针对合作协议落实情况自查中发现的问题要举一反三，完善常态化协调管理机制，积极履行合作责任，清单化持续化推进合作协议内容落实。以合作协议为抓手，不断提升国际合作领域的管理水平和工作实效，促进国际创新资源的有效对接，推动中国农业科学院国际合作向更宽领域、更深层次、更高水平发展。

五、人事管理与人才建设

中国农业科学院2021年人事人才工作概况

2021年，在院党组坚强领导下，中国农业科学院人事局坚持以习近平新时代中国特色社会主义思想和习近平总书记贺信精神为指导，认真践行新时代党的组织路线和中央人才工作会议精神，紧紧围绕强化国家战略科技力量、推进高水平科技自立自强，系统谋划“十四五”人才队伍发展，持续深化人才发展体制机制改革，大力推进领导班子和干部人才队伍建设，较好完成各项重点工作任务，各项工作取得新进展。

一、突出政治引领，在百年党史学习中践行使命担当

一是坚持在学习上做表率。注重将党史学习教育融入日常、抓在经常，第一时间学习习近平总书记在党史学习教育动员大会、庆祝中国共产党成立100周年大会等会议上的重要讲话，主要负责同志在院党组党史学习教育专题读书班上作交流发言，局班子成员带头结合组织工作史、党史、调研“传家宝”等讲主题党课。二是坚持将党史学习教育与业务工作紧密结合。参观中组部的部风部史展，深入了解党的建设和组织工作发展历程。深入学习党史学习指定用书及自选书目，组织分享交流学习体会。离退休党总支部赴香山革命纪念馆开展“学党史赞伟业　守初心践使命”主题党日活动。三是切实为科研人员办实事解难题。积极向人社部①争取，开通解决人才夫妻两地分居工作专门通道，共有2批34人获批，批复数量和速度均创历史新高。与海淀医院签订合作协议，开辟老同志和专家看病就医绿色通道，为院机关和院属京区单位发放“医疗服务绿卡”3 200余张。

二、强化理论武装，高质量完成中央巡视整改

一是坚持用习近平新时代中国特色社会主义思想武装头脑。全面学习贯彻党的十九届五中、六中全会精神，深入学习习近平总书记关于“三农”工作、科技创新等重要论述，全面贯彻中央人才工作会议、中央经济工作会议、中央农村工作会议精神，切实把思想和行动统一到中共中央的决策部署上。二是深入学习贯彻新时代党的组织路线。切实将习近平总书记“五个抓好”的要求贯穿到强化党的组织体系建设，局班子带头开展民主集中制学习活动，组织撰写集体和班子成员学习材料，3篇文章获院表彰。三

① 中华人民共和国人力资源和社会保障部，简称人社部。

是坚持把做好巡视整改作为首要政治任务。统筹推进中央巡视整改和选人用人专项整改，组织召开全院巡视整改通报部署会，构建院所联动、齐抓共改的工作体系。牵头中央巡视 9 项整改任务、34 条整改措施，院党组选人用人专项检查全部 18 项整改任务、54 条整改措施，均已完成或制定长效机制，牵头 7 项专项任务和组织路线组专题研究，均已形成工作方案和研究报告，以整改实效彰显政治自觉、政治担当。

三、加强统筹谋划，人才队伍建设质量持续提升

一是初步建立“十四五”期间人才队伍发展格局。成功召开院第五次人才工作会议，发布《“十四五”人才发展规划》，提出协同推进科研、管理、支撑、转化四支队伍建设的“四横”布局，构建战略科学家为核心、领军人才为中坚、青年人才为支撑、博士后和研究生为后备的“四纵”体系，打造人才队伍“雁阵”格局。二是持续深化人才发展体制机制改革。围绕“强领军、推年轻、活机制、抓管理”，形成《“农科英才”工程管理办法》等 5 项重点措施；提出“青 10 条”行动，为青年人“挑大梁、当主角”创造条件。专技岗位紧缺难题取得较大突破，获批 537 个正高级专技岗位；岗位聘用自主权进一步扩大，中国农业科学院获得二级研究员审批权限。三是高层次人才引育工作成效显著。强化精准引才，依托科技部等海外项目引进急需紧缺人才 37 名，近一半来自全球排名前 30 的高校。注重自主育才，聚焦“种子”和“耕地”两大要害问题，首次聘任院总首席科学家 2 名，新晋中国工程院院士 2 人，入选国家人才计划 29 人；新增 43 名农科英才中 80%为无“帽子”、年富力强的领军人才，目前农科英才总数达到 373 人。四是博士后人才队伍实现量质双升。在站博士后首次突破 700 人，居全国农业领域高校与科研机构首位。与全国博士后管理委员会办公室共同实施国际交流计划联合资助引进项目，引进 15 人，2/3 来自全球排名前 50 高校。基金资助取得新突破，获国家自然科学基金青年项目 52 项、面上项目 6 项，博士后基金 61 项。博士后基金资助人数同比增长 15%。五是人才服务与继续教育工作质量稳步提升。大力弘扬老院士学术思想，指导举办院士学术思想研讨会，为新当选院士颁发纪念盘。承担“西部之光”访问学者与少数民族特培学员培养任务，配合开展中组部组团访学试点，相关工作获中组部高度认可。

四、坚持事业为上，领导班子和干部队伍建设扎实有力

一是干部选拔任用制度体系初步建成。构建干部工作“四梁八柱”，出台《领导人员选拔任用工作规定》及《领导人员任职试用办法》等 4 项配套制度，健全完善“选育管用”全链条机制。二是领导班子配备持续优化。选优配强党政正职，选好用好班子副职，全年任免部、院党组管理干部 101 人次。落实“推年轻”部署，实现机关部门局长以“60 后”为主体向“70 后”为主体的代际转换，25 家院属单位实现 45 岁左

右副职配备。三是党的民主集中制学习活动圆满收官。采取多种形式确保学习活动走深走实，组织领导干部撰写理论学习论文200篇，对论文评优表彰并辑印出版，推动学习活动见真章、出实效。四是科研机构布局取得突破。推动中央编办批复中国农业科学院组建南繁育种研究中心，奠定国家南繁科研力量实体化和本地化建设基础；聚焦解决种子和耕地要害问题，推动成立国家作物种质资源库等3个非法人机构。研究起草《中国农业科学院机关有关部门职能优化调整方案》，建设符合农业科研国家队使命定位的院部机关。五是干部人才教育培训体系日益完善。研究起草《加强和改进干部人才教育培训工作的意见》，启动中国农业科学院教育培训体系，成功举办首期所局级干部任职培训班。及时更新“百名年轻干部人才挂职锻炼计划”储备库，选派近20人执行院地合作挂职任务、参与南繁研究院和苏州中心筹建。六是领导干部监督更加精准高效。研究起草《贯彻落实〈中共中央关于加强对“一把手”和领导班子监督的意见〉的实施办法》，开展首次试用期满正式任职谈话，帮助新任职所局级干部系好履新“第一粒扣子”。明确将8家院所办重点企业高管纳入个人有关事项报告范围。稳妥做好领导干部企业、社团兼职管理、经商办企业行为规范、档案专项审查等。

五、深入调查研究，院所体制机制改革持续深化

一是积极研究谋划改革推动方案。推动拟转企所回归公益性定位，以“四个一批”为改革思路，形成工作方案，向中央编办、科技部、财政部、人社部等上级部委沟通汇报，争取“一揽子”解决历史遗留问题。推动我院“三定”规定编制工作，研究起草《推动“三定”规定的工作方案》，明确思路、原则及方法路径等，及时向上级部委进行沟通汇报。深入开展国外科技改革政策、我国农业科技体制改革和中国农业科学院深化改革战略研究，为院所改革提供决策参考。二是努力提高管理队伍服务意识和水平。研究起草《加强管理队伍建设的意见》，谋划以岗位聘用为核心、以团队管理为抓手的改革举措，探索建立具有战略性、学术性、科学性和规范性的管理队伍。全力保障科研人员创新时间，研究提出“两简两优两提升”20条措施。三是谋划全院科研力量布局优化调整。按照“横向推动力量布局改革、纵向加快科研导向改革、深化运行管理机制改革”总体思路，谋划4个方面15项改革举措。围绕基础前沿、国计民生、国家战略和特色优势，研究谋划中国农业科学院学科布局和机构布局优化调整方案。

六、强化精准服务，离退休管理工作水平稳步增强

一是高标准完成老同志庆祝建党100周年系列活动。举办离退休职工庆祝建党100周年文艺汇演；采取多种形式颁发“光荣在党50年”纪念章、党务干部荣誉证书；组织创作建党百年主题征文诗词、摄影、书画作品700余件，举办书画展，编印作品集和诗词专刊，积极选推优秀作品，13篇征文、18幅书画摄影作品获农业农村部奖励。二

是扎实为离退休职工办实事解难题。牵头完成元旦、春节、“七一”和重阳节等节日走访慰问和生活困难离退休职工的特困救助，走访老领导、老专家、老党员等离退休职工近千人次。积极推进马连洼院区老干部活动站专修改造。完成院机关离退休职工及京区享受高干医疗人员体检，及时做好享受医疗照顾人员提高待遇、医疗证申办。三是积极开展增添正能量活动。协调完成院主要领导向离退休职工进行年度工作通报。充分发挥老专家作用，开展乡村振兴志愿行动、农业科技下乡讲师团活动等，组建志愿服务队 32 个，开展服务活动 216 人次。选树先进典型，开展离退休干部工作先进集体和先进个人评选表彰活动，24 人、16 部门获奖，积极向农业农村部推选先进典型，5 人及 2 个集体获表彰。

七、夯实业务基础，劳资和调配管理日益完善

一是积极推进薪酬分配机制改革。开展领导班子收入分配情况调研，研究起草《关于加强领导班子绩效工资分配管理的意见》等制度，进一步健全完善领导班子激励约束机制。积极推进科技成果转化奖励政策落地，与转化局共同推进完善科技成果转化现金收入认定与奖励分配制度。二是不断完善收入分配管理。深入落实《国务院办公厅关于改革完善中央财政科研经费管理的若干意见》（国办发〔2021〕32 号）精神，配合人社部开展工资预调查，积极争取把中国农业科学院纳入绩效工资动态调整试点范围。加强收入分配指导与监督，审核备案 3 家院属单位薪酬分配办法，指导研究所加强企业工资总额预算管理。做好职工优抚等各项福利政策落实，及时调整退休人员养老金标准，切实维护好职工的切身利益。三是稳步推进公开招聘和调配工作。积极协调为全院科技创新补充新生力量，围绕国家重大项目用人需求，单独争取京外生源专项指标近 20 个。继续探索“线上+线下”考试模式，2021 年招聘各类人员 250 名。高质量完成 2020—2021 年新入职人员岗前培训。为尽早锁定优质生源，向农业农村部预支应届生指标，提前启动 2022 年招聘工作。完成接收安置转业军官任务，协调接收军转干部 1 名。

八、强化自身建设，党建和精神文明建设亮点纷呈

一是不断强化党支部建设。组织设立党小组并增补支部委员 1 人。严格执行“三会一课”制度，召开党支部委员会会议及党支部委员扩大会议 13 次、党员大会 6 次，理论中心组学习 9 次；继续探索互联共建等活动形式，开展党日活动 12 次。二是持续加强作风建设。压实廉政建设责任，严格落实“一岗双责”，加大廉政教育力度，及时通报传达中央国家机关和部院违规违纪案例，教育党员牢固树立红线意识和底线意识，增强全面从严治党的思想自觉和行动自觉。三是营造团结向上的和谐氛围。进一步规范局内议事决策程序，制定《人事局工作规则》《人事局党支部工作规则》；持续做强学

习品牌“组工讲堂”，举办3期活动；开展读书分享活动，搭建读书心得交流平台；组织妇女节、干部荣退仪式等特色主题活动，营造和谐文化氛围。鼓励年轻同志参加各类学习交流，多人获得部院奖励。

一年来，人事局各项工作得到了上级部门和领导的支持、认可，各方面工作都取得了一定成绩，人事局获2019—2021年度院文明单位、公文质量建设先进单位称号，2篇公文分别获优秀公文一等、二等奖，人事局党支部和机关离退休党总支获得中国农业科学院先进基层党组织称号。2人获中国农业科学院优秀党务工作者称号，2人获中国农业科学院优秀党员称号。1人获中国农业科学院优秀共青团员称号。3人分获2020年度所局级干部理论学习论文一等、二等、三等奖以及党的民主集中制学习活动理论学习论文二等、三等奖。1人获优秀核稿员称号。2人获得院“提高青年职工解决实际问题能力”主题征文最佳论文奖。

2022年，人事局将在中国农业科学院党组的坚强领导下，坚持以习近平总书记贺信精神为指引，全面贯彻新时代人才工作新理念新战略新举措，为加快建设世界重要农业人才中心和创新高地，实现高水平农业科技自立自强，提供坚强的组织保证和干部人才支撑。

一是加快推进国家农业战略人才力量建设。贯彻落实中央人才工作会议部署，抓好中国农业科学院第五次人才工作会议落实，实施“农科英才”工程、高层次人才精准引育行动、博士后奖助行动，推进“青10条”专项计划落地，夯实“四横四纵”人才体系。深化职称和岗位聘用制度改革，完善人才分类评价机制，为培育关键核心领域领军人才、引进急需紧缺人才、发掘青年骨干人才建立专门通道。组织开展农科英才期满考核，建立“能上能下、能进能出”的动态管理机制。承接办好由人社部和农业农村部共同主办的专家创新大讲堂。二是着力打造高素质领导班子和干部队伍。围绕“强领军”，持续选优配强领导班子，不断优化结构，增强整体功能；聚焦“推年轻”，大力培养选拔50岁左右班子正职和45岁左右副职，实施既有“刚性”又有“温度”的领导干部任期制，健全副所级干部退休谈话制度。着眼“活机制”，积极争取机构编制备案管理试点，加快推动院部机关机构职能优化。立足“抓管理”，加强教育培训体系顶层设计，谋划举办好局级干部任职培训等重点班次。以“一把手”和领导班子监督管理为重点，加强和改进干部日常管理监督。三是稳步推进院所体制机制改革。贯彻落实国家科技体制改革三年行动方案，结合院所实际，促进政策创设和制度创新，推动相关改革政策扎实落地。加强顶层设计，统筹谋划中国农业科学院科研力量布局优化调整，厘清相关政策边界，研究提出改革路径和建议。推动放权松绑减负，建立保障科研创新活动时间机制，提升管理队伍服务意识，优化完善科技创新生态。加大改革“试验田”建设力度，加强经验总结交流，逐步扩大试点范围。深入开展调研，摸清科研一线诉求，打通改革举措落地“最后100米”。加强战略研究，做好院改革领导小组的决策支撑。四是持续优化收入分配和调配管理。大力推进高层次人才绩效工资总量单列，研究制定工作方案并深入组织实施。深入落实《国务院办公厅关于改革完善中央财政科研经费管理的若干意见》（国办发〔2021〕32号）精神，完善绩效工资动态调整机制。健全分配激励机制，推动完善领导班子收入分配管理制度。修订《中国农业科学院公开招聘暂行办法》，优化公开招聘管理系统，探索灵活选聘模式。五是扎实做好离退休老同志服务工作。扎实推动院所离退休工作制度化、规范化、信息化建设。积极开展增添正能量活动，大力传承弘扬科学家精神和农科精神。构建家庭、单位和社会“三位一体”的服务体系，关注离退休职工心理健康。加强教育培训，提升院所离退休专兼职工作人员工作能力素质。六是大力加强组工干部队伍建设。强化组织人事干部能力建设，开展全院组织人事业务培训。深化拓展“组工讲堂”品牌功能，将其打造为全院组织人事干部业务交流平台。继续做好人事人才信息化建设工作，稳步推进信息化系统上线使用。

中国农业科学院组织机构图

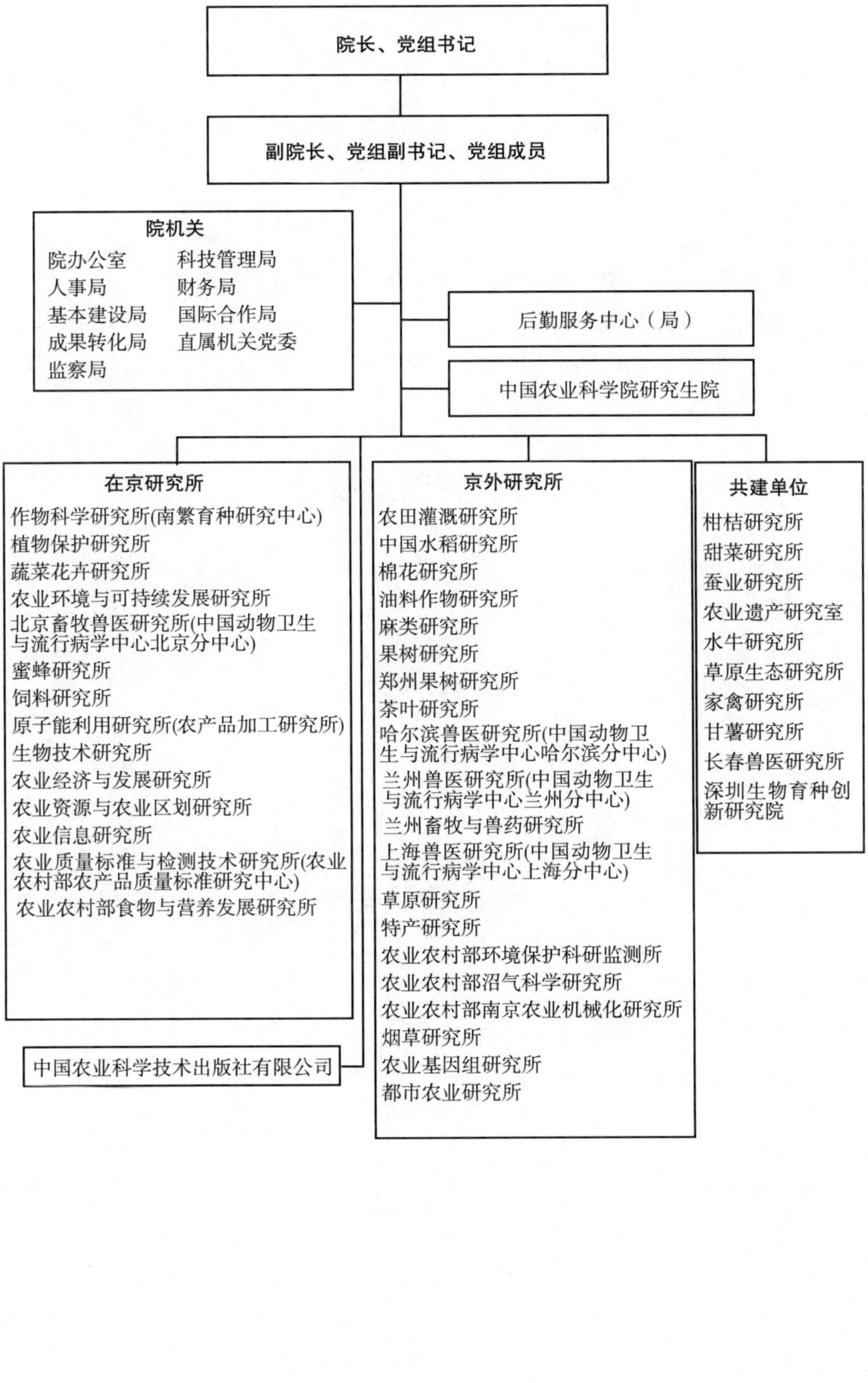

中国农业科学院及院直属单位（部门）领导人员名单

截至 2021 年 12 月底

院长、党组副书记：吴孔明
党组书记：张合成
副院长：冯忠武　王汉中　梅旭荣　孙　坦　刘现武　黄三文
纪律检查组组长：李杰人
党组成员：张合成　吴孔明　冯忠武　李杰人　王汉中　梅旭荣　孙　坦　刘现武　黄三文　陈华宁

农业农村部巡视组

组长：张逐陈（正局级）
副组长：胡　鸿（副局级）（女）

院办公室

主任：孙　研
副主任：高　雷　张庆忠

科技管理局

局长：杨　鹏
副局长：熊明民　周文彬

人事局

局长：陈华宁（兼）
副局长：吴京凯　李巨光　季　勇

财务局

局长：陈金强
副局长：韩小玲（女） 张士安

基本建设局

局长：夏耀西
副局长：王　欣（女） 于　辉

国际合作局

局长：张亚辉
副局长：郝卫平 钱　钰（女）

成果转化局

局长：赵玉林
副局长：文　学 冯艳秋（女） 王宇鸿（西老革挂职）（女）
刘　洁（女）

直属机关党委

书记：吴孔明（兼）
常务副书记：舒文华
副书记、纪委书记：柯小华（女）
副书记：韩　进

监察局

局长：姜梅林（女）
副局长：李延青 吴限忠（女）

后勤服务中心（局）

主任、党委副书记：吕春生
党委书记、副主任：孙君茂
党委副书记、纪委书记：李滋睿
副主任：王　勇　张树清

研究生院

院长：吴孔明（兼）
党委书记：贾广东
副院长：方海洋　王述民　李哲敏（女）
党委副书记、纪委书记、副院长：陈万权（正所级）

作物科学研究所

所长：钱　前
党委书记、副所长：范　静（女）
副所长：张春义（海南挂职）　刘录祥　马有志
党委副书记、纪委书记：马秀勇

植物保护研究所

所长、党委副书记：周雪平
党委书记、副所长：罗长富
副所长、党委副书记、纪委书记：陆宴辉
副所长：张　杰　沈银书　刘蓉蓉（女）

蔬菜花卉研究所

所长、党委副书记：张友军
党委书记、副所长：周　霞（女）
副所长：张圣平　张扬勇　翟研宁
副所长、纪委书记：卢林纲（女）

农业环境与可持续发展研究所

所长：赵立欣（女）
党委书记、副所长：郝志强
副所长：董红敏（女）　梁富昌　高清竹

北京畜牧兽医研究所
（中国动物卫生与流行病学中心北京分中心）

所长（主任）、党委副书记：秦玉昌
党委书记、副所长（副主任）：马　莹（女）
副所长（副主任）、党委副书记、纪委书记：文　杰
副所长（副主任）：张军民　卓俊成　李俊雅

蜜蜂研究所

所长、党委副书记：彭文君
党委书记：谢双红（女）
副所长：徐　欢　吴黎明
纪委书记：李海芬（女）

饲料研究所

所长、党委副书记：戴小枫
副所长：吴子林　杨培龙　李秀波（女）

原子能利用研究所（农产品加工研究所）

所长、党委副书记：王凤忠
党委书记、副所长：康　威
副所长：王　强　张德权　王春霞（女）
党委副书记、纪委书记：邓红亮

生物技术研究所

所长、党委副书记：李新海
党委书记、副所长：李红康（女）
副所长、党委副书记、纪委书记：路铁刚
副所长：谷晓峰　郭静利

农业经济与发展研究所

所长、党委副书记：袁龙江
党委书记、副所长：李思经（女）
副所长、纪委书记：孙东升
副所长：毛世平　朱铁辉　胡向东

农业资源与农业区划研究所

党委书记、副所长：王秀芳（女）
副所长：吴文斌（主持工作）　张继宗　张帼俊（女）

农业信息研究所

所长、党委副书记：周清波
党委书记、副所长：刘继芳
党委副书记、纪委书记：张蕙杰（女）
副所长：聂凤英（女）　赵瑞雪（女）

农业质量标准与检测技术研究所（农业农村部农产品质量标准研究中心）

所长（主任）、党委副书记：钱永忠
党委书记、副所长（副主任）：汪飞杰
副所长（副主任）：杜清海　金　芬（女）　郑床木

农业农村部食物与营养发展研究所

所长、党委副书记：王加启
党委书记、副所长：王晓举
副所长：吴胜军　王济民
副所长、纪委书记：王晓红

中国农业科学技术出版社有限公司

党委书记、执行董事、经理、社长：李祥洲（副所级）
总编辑：周　亮（副所级）
党委副书记、纪委书记、专职监事：李志平（副所级）（女）

农田灌溉研究所

所长、党委副书记：周国民
党委书记、副所长：陆建中
副所长：齐学斌
党委副书记、纪委书记：邓　祥

中国水稻研究所

所长：胡培松
党委书记、副所长：高士军
副所长：钱　前（兼）　李国荣

棉花研究所

所长、党委副书记：李付广
党委书记、副所长：潘燕荣
党委副书记、纪委书记：宋国立
副所长：张西岭　马雄风　彭　军

油料作物研究所

所长、党委副书记：黄凤洪
党委书记、副所长：赵长军
副所长、党委副书记、纪委书记：廖　星
副所长：张　毅　张银波

麻类研究所

所长、党委副书记：杨永坤
党委书记、副所长：邱化蛟
副所长：吕江南　朱爱国

果树研究所

所长、党委副书记：曹永生
党委书记、副所长：丛佩华
副所长：程存刚　王海波　仇贵生
党委副书记、纪委书记：李建才

郑州果树研究所

所长、党委副书记：方金豹
党委书记、副所长：赵红梅（女）
副所长：王力荣（女）　刘崇怀　曹　珂
党委副书记、纪委书记：高养杰

茶叶研究所

所长、党委副书记：姜仁华
党委书记、副所长、纪委书记：江用文
副所长：阮建云　王新超

哈尔滨兽医研究所
(中国动物卫生与流行病学中心哈尔滨分中心)

所长（主任)、党委副书记：步志高
党委书记、副所长（副主任)：王笑梅（女）
党委副书记、纪委书记：夏长友
副所长（副主任)：刘胜旺　冯　力　孙百明

兰州兽医研究所
(中国动物卫生与流行病学中心兰州分中心)

所长（主任)、党委副书记：郑海学
党委书记、副所长（副主任)：罗建勋
副所长（副主任)：刘湘涛　朱启运

兰州畜牧与兽药研究所

所长、党委副书记：张永光
党委书记、副所长、纪委书记：张继瑜
副所长：阎　萍（女）　李建喜
党委副书记：杨振刚

上海兽医研究所
(中国动物卫生与流行病学中心上海分中心)

所长（主任)、党委副书记：马志永
党委书记、副所长（副主任)：韩雪松
党委副书记、纪委书记：王香平（女）
副所长（副主任)：李泽君　张礼生

草原研究所

所长、党委副书记：金　轲
党委书记、副所长：张应禄
副所长：林克剑　彭　卓　王　川

特产研究所

所长、党委副书记：孙长伟
党委书记、副所长：梁　波
党委副书记、纪委书记：田　欣
副所长：孔繁涛　刘志杰

农业农村部环境保护科研监测所

所长：刘荣乐
党委书记、副所长：张国良
副所长：周其文　张克强
党委副书记、纪委书记：胡　梅（女）

农业农村部沼气科学研究所

所长、党委副书记：王登山
副所长、纪委书记：胡国全
副所长：邓　宇　王　超

农业农村部南京农业机械化研究所

所长、党委副书记：陈巧敏
党委书记、副所长：胡志超
副所长：曹光乔
党委副书记、纪委书记：肖体琼（女）

烟草研究所

所长、党委副书记：张忠锋
党委书记、副所长：严定春
党委副书记、纪委书记：吴　洁
副所长：戴培刚

农业基因组研究所

所长、党委副书记：黄三文（兼）
党委书记、副所长：崔泽民
副所长、纪委书记：饶敏杰
副所长：钱万强

都市农业研究所

所长：梅旭荣（兼）
党委书记、副所长：杨其长
副所长：孙长伟（兼） 胡永松 甘炳成
党委副书记、纪委书记：段成立

院资产经营公司

董事长：陈 昶（副所级）

中国农业科学院2021年院属各单位（部门）人员情况统计表

（单位：人）

序号	单位	从业人员	编制内职工总计	专业技术人员						管理人员							工勤技能人员					编制外职工	直属企业职工
				小计	管理岗位上工作人员	正高级	副高级	中级	初级及以下	小计	相当于副部级	正司局级	副司局级	正处级	副处级	科级及以下	小计	技工一级	技工二级	技工三级	技工四级及以下		
	全院合计	11 236	6 849	6 167	1 522	1 458	2 123	2 246	340	1 618	6	15	87	560	474	476	586	11	132	379	64	4 322	
	京内合计	4 886	2 974	2 831	804	803	995	907	126	850	6	13	44	296	237	254	97	8	46	30	13	1 847	
	京外合计	6 350	3 875	3 336	718	655	1 128	1 339	214	768		2	43	264	237	222	489	3	86	349	51	2 475	
1	院机关	185	185	183	181	45	55	76	7	183	6	9	10	62	36	60							
2	后勤中心	333	123	72	61	5	7	48	12	75			2	12	11	50	37	2	20	8	7	210	
3	研究生院	124	73	64	42	16	19	27	2	51		2	2	10	10	27						51	
4	作科所	732	370	356	65	115	135	85	21	68			2	20	29	17	11	2	4	5		362	
5	植保所	355	246	238	55	85	105	44	4	58			2	21	13	22	5	1	3	1		109	
6	蔬菜所	369	208	198	34	52	77	65	4	36			3	17	9	7	8	1	3	3	1	161	

（续表）

序号	单位	从业人员	编制内职工总计	专业技术人员						管理人员							工勤技能人员					编制外职工	直属企业职工
				小计	管理岗位上工作人员	正高级	副高级	中级	初级及以下	小计	相当于副部级	正司局级	副司局级	正处级	副处级	科级及以下	小计	技工一级	技工二级	技工三级	技工四级及以下		
7	环发所	276	190	187	30	60	61	62	4	30			2	17	10	1	3		1		2	86	
8	牧医所	392	221	214	41	61	68	78	7	43			2	16	10	15	5		3	2		171	
9	蜜蜂所	147	109	104	28	29	35	36	4	28			3	11	10	4	5	1	4			38	
10	饲料所	174	104	100	19	28	42	17	13	21			1	11	6	3	2			2		70	
11	加工所	262	178	175	50	31	45	80	19	50			2	18	11	19	3		2	1		84	
12	生物所	201	140	137	26	53	45	35	4	28			2	11	11	4	1			1		61	
13	农经所	135	123	123	32	41	45	32	5	32			2	16	8	6						12	
14	资划所	468	282	275	51	95	111	61	8	56			1	23	21	11	2			1	1	186	
15	信息所	474	304	287	49	51	89	137	10	51			3	18	27	3	15	1	6	6	2	170	
16	质标所	140	83	83	24	23	40	19	1	24			2	8	9	5						57	
17	营养所	54	35	35	16	13	16	5	1	16		2	3	5	6							19	
18	出版社	65																					65

（续表）

序号	单位	从业人员	编制内职工总计	专业技术人员						管理人员							工勤技能人员					编制外职工	直属企业职工
				小计	管理岗位上工作人员	正高级	副高级	中级	初级及以下	小计	相当于副部级	正司局级	副司局级	正处级	副处级	科级及以下	小计	技工一级	技工二级	技工三级	技工四级及以下		
19	灌溉所	264	165	143	42	21	42	72	8	50			2	11	15	22	14		2	11	1	99	
20	水稻所	548	336	253	45	60	92	93	8	50		2	2	13	24	9	78		14	64		212	
21	棉花所	746	430	330	92	55	74	139	62	94			3	27	16	48	98		7	91		316	
22	油料所	390	255	224	43	46	67	105	6	43			2	16	14	11	31	1	4	19	7	135	
23	麻类所	182	170	123	29	26	47	44	6	35			2	11	18	4	41		2	37	2	12	
24	果树所	338	178	127	46	21	37	54	15	53			2	19	15	17	44		4	38	2	160	
25	郑果所	306	190	178	52	33	61	75	9	52			2	13	14	23	12		7	4	1	116	
26	茶叶所	260	174	156	26	32	68	51	5	30			2	13	12	3	14		5	6	3	86	
27	哈兽研	599	326	288	47	70	115	95	8	47			2	21	11	13	38			38		273	
28	兰兽研	426	191	172	20	44	75	51	2	21			3	6	5	7	18		12	4	2	235	
29	兰牧药	255	158	144	30	27	57	53	7	30			2	12	13	3	14		12		2	97	
30	上兽研	146	95	93	23	35	39	19		25			3	9	10	3						51	

（续表）

序号	单位	从业人员	编制内职工总计	专业技术人员						管理人员							工勤技能人员					编制外职工	直属企业职工
				小计	管理岗位上工作人员	正高级	副高级	中级	初级及以下	小计	相当于副部级	正司局级	副司局级	正处级	副处级	科级及以下	小计	技工一级	技工二级	技工三级	技工四级及以下		
31	草原所	178	156	137	27	23	47	54	13	28			2	18	7	1	18		10	3	5	22	
32	特产所	443	281	239	44	24	60	116	39	44			3	16	10	15	42		1	17	24	162	
33	环保所	233	129	128	21	27	57	43	1	22			2	8	9	3						104	
34	沼科所	162	111	102	23	17	33	45	7	27			2	11	10	4	5		1	2	2	51	
35	农机化所	252	245	236	36	33	70	125	8	36			2	15	15	4	9	2	5	2		7	
36	烟草所	275	198	185	53	35	74	66	10	53			3	15	14	21	13			13		77	
37	基因组所	293	33	32	13	17	5	10		14			1	6	2	5						260	
38	都市所	54	54	46	6	9	8	29		14			1	4	3	6							

注：1. 从业人员包含编制内职工和编制外职工。

中国农业科学院 2021 年院属各单位（部门）专业技术人员情况统计表

（单位：人）

序号	单位	科技人员总数	职称情况				学历情况			学位情况		年龄情况						专家情况				
			正高级	副高级	中级	初级及以下	研究生	大学	大专及以下	博士	硕士	35岁及以下	36~40岁	41~45岁	46~50岁	51~54岁	55岁及以上	两院院士	国家级专家	部级专家	政府特殊津贴专家	百千万人才
	全院总计	6 167	1 458	2 123	2 246	340	4 686	1 265	216	3 263	1 784	1 632	1 404	1 030	719	544	838	19	361	209	127	69
	京内合计	2 648	758	940	831	119	2 161	426	61	1 745	545	652	605	428	326	240	397	14	249	146	89	49
	京外合计	3 336	655	1 128	1 339	214	2 401	782	153	1 468	1 147	938	759	570	375	289	405	5	112	63	38	20
	机关小计	183	45	55	76	7	124	57	2	50	92	42	40	32	18	15	36	6	25	9	8	4
1	院办公室	32	16	6	10		27	5		13	14	9	3	3	3	3	11	6	24	9	8	4
2	科技局	22	5	9	8		18	3	1	15	4	4	4	8	3	1	2		1			
3	人事局	19	3	6	10		14	5		5	10	4	9	1	2	1	2					
4	财务局	29	4	10	14	1	13	16		2	15	10	5	4	1	2	7					
5	基建局	16	3	4	7	2	10	6		2	11	4	4	4	1	1	2					
6	国合局	22	3	6	11	2	15	7		8	12	4	5	6	1	4	2					
7	转化局	18	6	5	6	1	9	8	1	2	9	2	4		5	1	6					

（续表）

序号	单位	科技人员总数	职称情况				学历情况			学位情况		年龄情况						专家情况				
			正高级	副高级	中级	初级及以下	研究生	大学	大专及以下	博士	硕士	35岁及以下	36~40岁	41~45岁	46~50岁	51~54岁	55岁及以上	两院院士	国家级专家	部级专家	政府特殊津贴专家	百千万人才
8	机关党委	12	2	5	4	1	11	1		2	10	3	2	4	1		2					
9	监察局	13	3	4	6		7	6		1	7	2	4	2	1	2	2					
10	后勤中心	72	5	7	48	12	21	36	15	7	16	16	8	5	12	21	10					
11	研究生院	64	16	19	27	2	47	16	1	20	27	15	12	12	8	6	11		1	1	1	
12	作科所	356	115	135	85	21	292	51	13	259	56	71	80	49	41	35	80	2	47	28	20	10
13	植保所	238	85	105	44	4	210	27	1	196	25	41	57	46	34	18	42		38	23	10	4
14	蔬菜所	198	52	77	65	4	150	43	5	123	37	52	37	31	34	21	23	1	28	13	11	5
15	环发所	187	60	61	62	4	165	20	2	142	29	49	51	36	15	15	21		16	8	6	5
16	牧医所	214	61	68	78	7	188	24	2	162	39	57	51	41	26	10	29	3	30	20	11	6
17	蜜蜂所	104	29	35	36	4	72	31	1	59	22	22	33	19	11	5	14		2	1	1	
18	饲料所	100	28	42	17	13	88	10	2	72	19	25	23	11	16	13	12		8	3	4	2
19	加工所	175	31	45	80	19	150	23	2	101	53	81	39	19	16	6	14		6	5	2	1
20	生物所	137	53	45	35	4	115	17	5	106	15	25	25	27	20	17	23	1	21	10	7	6
21	农经所	123	41	45	32	5	109	13	1	95	18	35	33	14	12	10	19		1		1	

（续表）

序号	单位	科技人员总数	职称情况				学历情况			学位情况		年龄情况						专家情况				
			正高级	副高级	中级	初级及以下	研究生	大学	大专及以下	博士	硕士	35岁及以下	36~40岁	41~45岁	46~50岁	51~54岁	55岁及以上	两院院士	国家级专家	部级专家	政府特殊津贴专家	百千万人才
22	资划所	275	95	111	61	8	233	39	3	197	44	39	44	63	39	34	56	1	22	19	4	5
23	信息所	287	51	89	137	10	231	49	7	138	111	98	80	35	26	21	27		1	2	1	
24	质标所	83	23	40	19	1	60	22	1	46	23	18	22	15	13	5	10		2	2	1	
25	营养所	35	13	16	5	1	30	5		22	11	8	10	5	3	3	6		1	2	1	1
26	灌溉所	143	21	42	72	8	104	28	11	57	57	53	24	22	11	11	22		1			
27	水稻所	253	60	92	93	8	184	54	15	145	55	60	53	39	30	20	51	1	12	7	3	3
28	棉花所	330	55	74	139	62	215	104	11	90	148	162	53	30	17	32	36	1	20	11	7	5
29	油料所	224	46	67	105	6	190	28	6	136	50	56	73	35	18	10	32	1	11	8	2	2
30	麻类所	123	26	47	44	6	90	29	4	58	39	42	28	22	9	4	18			2		
31	果树所	127	21	37	54	15	94	27	6	32	76	46	31	19	13	8	10		1		1	
32	郑果所	178	33	61	75	9	119	53	6	59	69	50	36	35	20	10	27		4	2	1	1
33	茶叶所	156	32	68	51	5	97	52	7	74	44	41	34	23	20	20	18	1	4	1	1	
34	哈兽研	288	70	115	95	8	223	56	9	169	54	20	72	80	59	37	20	1	19	9	5	3
35	兰兽研	172	44	75	51	2	128	36	8	110	37	20	27	37	38	20	30		4	3	2	

（续表）

序号	单位	科技人员总数	职称情况				学历情况			学位情况		年龄情况						专家情况				
			正高级	副高级	中级	初级及以下	研究生	大学	大专及以下	博士	硕士	35岁及以下	36~40岁	41~45岁	46~50岁	51~54岁	55岁及以上	两院院士	国家级专家	部级专家	政府特殊津贴专家	百千万人才
36	兰牧药	144	27	57	53	7	111	25	8	55	55	27	32	26	25	9	25		8	5	6	3
37	上兽研	93	35	39	19		65	24	4	58	16	5	25	23	15	16	9		5	5	2	1
38	草原所	137	23	47	54	13	107	28	2	76	40	45	38	25	6	7	16					
39	特产所	239	24	60	116	39	148	72	19	54	116	54	60	43	24	40	18		1		1	
40	环保所	128	27	57	43	1	105	21	2	82	24	29	45	27	10	8	9		4	2	2	
41	沼科所	102	17	33	45	7	72	26	4	33	38	36	27	12	12	6	9			2		
42	农机化所	236	33	70	125	8	146	74	16	33	146	110	40	25	23	13	25		2		2	
43	烟草所	185	35	74	66	10	134	36	15	93	64	54	39	33	21	14	24		1		1	
44	基因组所	32	17	5	10		25	7		18	11	6	11	8	1	1	5		13	4	1	1
45	都市所	46	9	8	29		44	2		36	8	22	11	6	3	3	1		2	2	1	1

注：1. 本表数据以人员统计口径为准，即具有专业技术职务的全部人员。

2. 本表数据不含出版社。

中国农业科学院 2002—2021 年全院离退休人员变化情况统计表

（单位：人）

年份	离退休人员情况							中共党员	高级专业技术职务	
	小计	离休干部	退休干部	工人	退养	退职	街道代管		正高级	副高级
2010	5 647	268	3 281	1 955	56	56	31	2 084	829	1 225
2011	5 729	250	3 359	1 969	54	62	35	2 121	839	1 249
2012	5 813	232	3 437	1 989	60	61	34	2 159	834	1 263
2013	5 970	222	3 532	2 067	53	61	35	2 183	839	1 281
2014	6 036	198	3 608	2 080	51	58	41	2 242	830	1 296
2015	6 131	177	3 690	2 117	48	55	44	2 274	859	1 306
2016	6 189	162	3 723	2 186	42	35	41	2 202	882	1 336
2017	6 298	143	3 816	2 230	37	36	36	2 235	886	1 318
2018	6 365	120	3 872	2 266	37	32	38	2 256	916	1 298
2019	6 413	98	3 904	2 310	32	32	37	2 345	926	1 270
2020	6 480	86	3 926	2 399	27	30	12	2 347	929	1 272
2021	6 469	70	3 904	2 428	25	31	11	2 290	952	1 233

中国农业科学院2021年院属各单位离退休人员情况统计表

（单位：人）

序号	单位	离退休人员情况							中共党员	高级专业技术职务	
		小计	离休干部	退休干部	工人	退养	退职	街道代管		正高级	副高级
	全院总计	6 469	70	3 904	2 428	25	31	11	2 290	952	1 233
	京内小计	2 422	44	1 855	483	25	5	10	1 075	539	617
	京外小计	4 047	26	2 049	1 945	0	26	1	1 215	413	616
1	院机关（含后勤）	467	11	304	135	12	2	3	266	54	84
2	研究生院	61	3	45	10	1	2		35	17	8
3	作科所	377	9	291	75	1		1	147	96	112
4	植保所	163	1	131	27	2		3	50	40	38
5	蔬菜所	193	5	137	50			1	86	50	43
6	环发所	88	1	84	3				38	19	30
7	牧医所	172	2	131	34	4		1	64	39	43

（续表）

序号	单位	离退休人员情况							中共党员	高级专业技术职务	
		小计	离休干部	退休干部	工人	退养	退职	街道代管		正高级	副高级
8	蜜蜂所	93		71	21			1	39	20	23
9	饲料所	25		24	1				10	9	4
10	加工所	145	2	109	33		1		71	26	45
11	生物所	37		33	7				17	10	5
12	农经所	70		67	3				36	30	19
13	资划所	214	7	188	15	4			82	56	78
14	信息所	223	3	175	44	1			96	51	69
15	质标所	30		27	3				16	11	9
16	出版社	20		19	1				10	9	3
17	灌溉所	118	2	80	36				43	19	34
18	水稻所	722	1	162	542		17		135	33	37
19	棉花所	405	3	150	252				97	24	25
20	油料所	223	3	120	100				76	28	40
21	麻类所	132		58	74				49	14	13
22	果树所	220	3	105	112				72	16	24

（续表）

序号	单位	离退休人员情况							中共党员	高级专业技术职务	
		小计	离休干部	退休干部	工人	退养	退职	街道代管		正高级	副高级
23	郑果所	170	5	100	64		1		45	21	35
24	茶叶所	121	1	78	36		6		45	24	24
25	哈兽研	348	1	174	173				88	31	45
26	兰兽研	163		113	49		1		46	34	38
27	兰牧药	179	1	140	38				75	30	49
28	上兽研	72		51	21				29	16	13
29	草原所	158		112	46				71	29	43
30	特产所	409	4	191	213			1	136	20	42
31	环保所	94	1	74	18		1		42	15	30
32	沼科所	109		96	13				59	15	32
33	农机化所	253	1	177	75				107	25	75
34	烟草所	151		68	83				0	19	17

注：营养所、基因组所、都市所无退休人员。

中国农业科学院专家/团队 2021 年获得各类奖项、荣誉称号（省部级以上）

序号	单位	姓名/团队名称	人才称号
1	牧医所	侯水生	中国工程院院士
2	资划所	周　卫	中国工程院院士
3	水稻所	胡培松	全国杰出专业技术人才
4	牧医所	饲用酶工程创新团队	全国专业技术人才先进集体
5	蔬菜所	张友军	农业农村部中华农业英才奖
6	水稻所	胡培松	农业农村部中华农业英才奖
7	蔬菜所	张友军	何梁何利基金科学与技术进步奖
8	蔬菜所	杨　鑫	自然科学基金委优秀青年基金项目获得者
9	饲料所	冉　超	自然科学基金委优秀青年基金项目获得者
10	棉花所	何守朴	自然科学基金委优秀青年基金项目获得者
11	油料所	蔡光勤	自然科学基金委优秀青年基金项目获得者
12	上兽研	孙英杰	自然科学基金委优秀青年基金项目获得者

中国农业科学院2020年度晋升高级专业技术职务任职资格人员名单

院机关（10人）

研 究 员： 张士安 刘 燕 吴限忠 张 富
副研究员： 陈华宁 薛鹏飞 庄 严 刘洪业 黄丹丹 汤承超

作物科学研究所（23人）

研 究 员： 林志珊 郑晓明 辛 霞 阎 哲（认定） 周美亮 金秀良 方 沩 晁骏毅 朱杉杉
正高级农艺师： 杨 丽
副研究员： 袁 珊 杨荣新 王景一 蒋枞璁 房静静 段凤莹 周宝元 侯 健 陈福禄 王艳杰 何娟娟 巫祥云
高级农艺师： 孙丽娟

植物保护研究所（20人）

研 究 员： 崔海兰 杨念婉 李克斌 涂雄兵 李广悦 王立霞 杨代斌
副研究员： 陈 威 杜立啸 潘兴鲁 郭井菲 卢晓红 赵梦欣 张 勇 徐 军 杨现明 王如意 吴秋琳 王泽宇 汪激扬

蔬菜花卉研究所（13人）

研 究 员： 杨树华 王海平 陈 芳 陈 洁 郭兆将
副研究员： 黄晓冬 范腾飞 刘建刚 李凌云 杨 鑫 王海敬 许晓敏 康 师

农业环境与可持续发展研究所（12人）

研 究 员： 郭 瑞 耿 兵 孙宝利 刘家磊 李红娜
副研究员： 胡国铮 马浚诚 伍 纲 刘 琪 刘 硕 夏 旭 干珠扎布

北京畜牧兽医研究所（13 人）

研 究 员：杜卫华　朱增勇　张　杰　刘冉冉　张路培
正高级畜牧师：贾亚雄
副研究员：陈　燕　马　露　仪登霞　郑姗姗　汤超华　胡文萍　杨浩萌　杨悠悠（认定）

蜜蜂研究所（9 人）

研 究 员：黄家兴　高凌宇　谢双红
副研究员：孔令杰　刘彦杰　杨慧鹏　赵柳微　黄京平　王　妙

饲料研究所（6 人）

研 究 员：王金全　徐　飞
副研究员：李秀梅　张　震　包郁明　毕研亮

农产品加工研究所（12 人）

研 究 员：刘　璇　石鹏君　黄　峰　辛凤姣
副研究员：李　侠　侯成立　金　鑫　王　盈　邓红亮　林　琼　李敏敏　李　旭

生物技术研究所（9 人）

研 究 员：梁成真　李　亮　王宝宝
副研究员：刘兴健　杨立文　崔学安　刘　莹　韩莉姐　王　辰

农业经济与发展研究所（10 人）

研 究 员：辛翔飞　钱加荣　朱铁辉　王国刚
副研究员：刘晋婧　曲　颂　刘明月　周向阳　谭光万　普冀喆

农业资源与农业区划研究所（25人）

研 究 员： 孙静文 王 迪 张瑞颖 高菊生 吴庆钰 吴红慧 孙 亮 段四波 段英华

正高级农艺师： 唐继伟

副研究员： 赵梦然 邬 磊 任 静 段玉林 李俊杰 肖 琴 黄 晶 刘培京 吴尚蓉 杜 芳 谷医林 赵红玉 姜 蓉 郭美娜 Benyamin Khoshnevisan

农业信息研究所（15人）

研 究 员： 刘升平 王永春 李干琼 张 娟

副研究员： 徐 倩 赵 华 王元杰 王玉庭 张 晶 郭秀明 翁凌云 狄艳红 张 凝 计 晗 李 锦

农业质量标准与检测技术研究所（7人）

研 究 员： 李 耘 李晓敏

副研究员： 李 会 曹 振 肖志明 张 苏 李 楠

农业农村部食物与营养发展研究所（5人）

研 究 员： 徐海泉

副研究员： 朱 宏 刘 锐 曲峻岭 李宝玉

研究生院（4人）

研 究 员： 李 虹 卢 鹿

副研究员： 张 博 卓 炯

中国农业科学技术出版社（2人）

副研究员： 刘家益

副 编 审： 金 迪

农田灌溉研究所（6 人）

研 究 员： 李　平
副研究员： 田广丽　崔丙健　李　浩　李东伟　李晓东

中国水稻研究所（14 人）

研 究 员： 应杰政　张迎信　王跃星　庞乾林　圣忠华
副研究员： 马有宁　洪永波　陈婷婷　王以锋　刘连盟　章林平　曹国强　刘　庆
高级工程师： 王建军

棉花研究所（14 人）

研 究 员： 魏恒玲　石玉真　王　智　潘燕荣
副研究员： 王香茹　李　健　默辉娟　赵　佩　马启峰　代　帅　彭　振　杨召恩　陆许可
高级农艺师： 孔德培

油料作物研究所（16 人）

研 究 员： 童超波　王　欣　万　霞　夏伏建　王秀嫔　张艳欣
副研究员： 郝青南　刘立江　唐晓倩　蔡光勤　淮东欣　王　督　李银水　汪文祥　陈文超
高级农艺师： 黎冬华

麻类研究所（8 人）

研 究 员： 高春生　胡镇修
正高级农艺师： 汤清明
副研究员： 高　钢　宋志强　张冀芳　陈小军　廖丽萍

果树研究所（8 人）

研 究 员： 王志华　贾　华　高　源

副研究员：程　杨　徐　锴　杜艳民　程少丽　任　芳

郑州果树研究所（12人）

研 究 员：张　颖　樊秀彩　张桂兰　庞荣丽　赵光伟
副研究员：孙雷明　齐希梁　苏艳丽　张　强　郭西智　于巧丽　王平勇

茶叶研究所（8人）

研 究 员：马立锋　熊兴平
副研究员：颜　鹏　杨艳芹　倪　康　郝振霞　张颖彬　王新茹

哈尔滨兽医研究所（19人）

研 究 员：胡　森　贾洪林　张万江　刘永刚　李昌文　钟功勋　陈伟业
副研究员：于长清　王淑杰　张朝霞　徐青元　胡井雷　陶启蒙　宋淑萍
张　卓　张振宇　王　翀　王广文　杨勇博

兰州兽医研究所（10人）

研 究 员：曹铁梅　郑福英　殷相平
副研究员：郭小腊　李文卉　李兆才　任巧云　赵志荀　杨顺利　刘百林

兰州畜牧与兽药研究所（8人）

研 究 员：刘建斌　尚若锋　赵朝忠
副研究员：段慧荣　包鹏甲　杨　峰　王　磊　李润林

上海兽医研究所（6人）

研 究 员：李蓓蓓　孙英杰
副研究员：童　武　祁晶晶　黄　燕　孙竹筠

草原研究所（7人）

研 究 员：吴洪新　高凤芹

副研究员：纪　磊　黄　帆　乔　江　王利清　吴　尧

特产研究所（10 人）

研 究 员：杨艳玲　苗利光

副研究员：程悦宁　关一鸣　刘宗岳　朱言柱　杨镒峰　陈建波　谭　斌　范书田

农业农村部环境保护科研监测所（11 人）

研 究 员：赵建宁　王　风　蔡彦明　林大松

副研究员：杨凤霞　陈雅丽　王常荣　杨　波　宋晓龙　赵　润　徐　艳

农业农村部沼气科学研究所（9 人）

研 究 员：谭芙蓉　龙　燕　李韶民

副研究员：郑　丹　杨　禄　王彦伟　黄钢锋　李　江　代莉蓉

农业农村部南京农业机械化研究所（13 人）

研 究 员：陈长林　刘　燕　夏春华

正高级工程师：梁苏宁

副研究员：汤　庆　杨雅婷　张　鹏　曹　蕾　黄继承　裴　亮　王　硕　吴继成

高级工程师：王　文

烟草研究所（11 人）

研 究 员：董建新　王新伟　王秀国

副研究员：赵栋霖　张义志　王晓强　袁晓龙　刘　通　吴元华　崔泽民　丁安明

农业基因组研究所（11 人）

研 究 员：闫建斌　张新岩　刘毓文　张春芝

副研究员：李　冲　郭孟博　林　强　郑建树　靳明辉　刘金栋　秦　茂

都市农业研究所（5人）

研 究 员：王　琦　胡永松
副研究员：谢秀兰　周晚来　王　森（认定）

中国法学会民主与法制社（委托评审，1人）

研 究 员：胡正塬

中共中国农业科学院党组关于印发《中国农业科学院“十四五”人才发展规划》的通知

农科院党组发〔2021〕70 号

院机关各部门、院属各单位：

为全面贯彻新时代人才工作新理念新战略新举措，深入贯彻落实习近平总书记致我院贺信精神，坚持人才强院和人才优先发展战略，不断深化人才发展体制机制改革，破除束缚人才发展的思想观念和体制机制障碍，激发人才创新创造活力，为加快实现“两个一流”建设目标提供坚强的组织保证和干部人才支撑，现将《中国农业科学院“十四五”人才发展规划》（以下简称《规划》）印发给你们，请结合实际认真贯彻落实。

推进《规划》各项任务落实是一项系统工程，要提高政治站位，坚持党对人才工作的全面领导，牢固树立人才引领发展的战略地位，切实把加强干部人才队伍建设摆在各项工作的重中之重。要加强组织领导，健全完善党组（党委）统一领导，人事部门牵头抓总，各有关部门密切配合的工作格局。要强化条件保障，建立人才分类支持政策，健全多元化人才投入机制，全方位培养用好人才。要加强平台建设，加大国家实验室等一流创新平台建设力度，持续加强重大人才引育平台建设，聚天下英才而用之。要营造良好环境，弘扬科学家精神和农科精神，持续推进放权松绑赋能行动，营造识才、爱才、敬才、用才的创新环境。

中共中国农业科学院党组

2021 年 11 月 19 日

中国农业科学院“十四五”人才发展规划

“十四五”时期是我国开启全面建设社会主义现代化国家新征程的第一个五年，也是中国农业科学院强化国家战略科技力量，实现跨越发展的重要机遇期。为深入贯彻党的十九大和十九届二中、三中、四中、五中、六中全会精神，全面贯彻新时代党的组织路线和新时代人才工作新理念新战略新举措，持续深入贯彻落实习近平总书记贺信重要指示精神，深入实施人才强院和人才优先发展战略，不断深化人才发展体制机制改革，为加快实现“两个一流”建设目标提供坚强的组织保证和干部人才支撑，按照《中华人民共和国国民经济和社会发展第十四个五年规划和2035年远景目标纲要》《关于深化人才发展体制机制改革的意见》《2019—2023年全国党政领导班子建设规划纲要》的总体部署和要求，结合我院干部人才队伍发展需要，编制本规划。

一、发展基础与形势需求

（一）成效与问题

党的十八大以来，中国农业科学院坚持“发展是第一要务、创新是第一动力、人才是第一资源”，全方位培养引进用好人才，全链条改革创新人才发展机制，人事人才工作步入了高质量跨越式发展“快车道”。特别是“十三五”期间，在习近平总书记贺信精神的指引下，中国农业科学院人事人才工作紧紧围绕全院中心工作，坚持创新引领，坚持服务大局，坚持改革发展，着力建设一支规模稳定、结构合理、素质优良的干部人才队伍，各类人才总体呈现竞相涌现、活力迸发的新局面，有力支撑了全院科技创新发展。

人才队伍结构不断优化。职工队伍规模稳中有升，青年人才队伍不断壮大，45岁以下的青年人才已超过总人数的60%，成为中国农业科学院的主力军。人才年龄和学历结构进一步改善，高级职称人员中，45岁以下人员1 766人，占比一半以上；处级干部中，45岁以下人员359人，占比43%；具有博士学位的专业技术人员占比达到64%，比2015年年底增长了40%。青年后备力量进一步夯实，院级掌握的优秀青年干部人才储备规模达到500人，是“十二五”期间的3倍多；目前在站博士后已突破600人，比2015年年底增长了50%，居全国农业领域高校和科研机构前列。

科研团队成为高效创新范式。完善9个学科集群—57个学科领域—300多个重点方向的“三级学科体系”，并据此建立由首席科学家、科研骨干和研究助理组成的300多支科研团队，构建了科研创新稳定投入机制和协同创新机制，打造了一支符合现代农业科技创新需求的、稳定的、成建制的农业科技创新队伍。以科研团队作为创新基本单元，部署了院、所、科研团队创新任务，建立聚焦国家主要需求的创新任务体系，探索形成以学科引领创新方向、科研团队为创新主体，三级任务为创新主责的新型高效农业科技创新模式。

人才特殊支持政策效果明显。一大批高层次领军人才加速涌现，“十三五”期间，中国农业科学院新增两院院士 6 人，较“十二五”增长了 50%，2019 年新当选院士 4 人，创 40 年来单年度增选数量和在院院士总人数两项新高；具有国家级人才称号的高层次人才达 288 人，比 2015 年增长了 73%。同时，农科英才较好地发挥了创新引领作用，以占全院科研人员 5%的规模，牵头取得了全院 91%的国家奖，发表 50%的 *Nature*、*Science*、*Cell*、*Pnas* 顶尖论文，获得 37%的专利，培育 25%的农作物、畜禽新品种。

人才资源开发投入力度持续增强。持续加大人才工作保障力度，为人才营造心无旁骛的创新环境。院所两级通过人才发展专项资金，自筹经费 4. 32 亿元，用于特殊支持人才岗位补助、异地交流干部生活补贴、挂职干部援派补助；统筹科技创新工程经费、基本科研业务费等各类经费共计 12. 22 亿元，实施科研稳定支持；通过租售相辅、实物配置与货币补贴相结合的方式，发放人才安家费补助近 2 500万元；投入教育培训经费近 2 亿元。“十三五”期间，院所两级累计投入各类人才经费近 19 亿元。

人才保障激励机制逐步健全。充分挖掘政策红利，加大转化奖励激励力度，提高职工收入，人均收入比 2015 年实现较大幅度增长；探索团队首席“年薪制”，使收入待遇与业绩贡献、科研团队发展更加紧密地关联起来；推出收入分配激励保障措施，实施高层次人才特殊支持和青年人才薪酬保障计划，鼓励潜心研究，激发创新活力；探索“同工同酬”机制，试行编内编外人员同考核、同分配、同报酬。

促进人才发展的体制机制不断完善。积极探索人才队伍建设新机制，构建引育并举的农科英才政策体系，试行人才分类评价和代表性成果评价；深化职称制度改革，全面下放副高评审权、拓展青年优先通道，最大限度激发人才创新活力；连续 4 年召开全院人才工作会议，围绕“强领军、推年轻、补短板、优环境”，在人才引进培养、评价激励等 12 个方面，出台促进人才发展“30 条”“新 30 条”及 17 项配套制度，院属单位出台近 340 项措施，初步构建了人才工作的制度框架，人才优先发展理念深入人心。

“十三五”期间中国农业科学院人才工作取得了一定成绩，但从整体来看，仍存在一些体制机制方面的问题。一是科研机构布局不能满足农业农村高质量发展需要。有的研究所仍然存在创新目标不聚焦、创新力量不集中、创新任务不明确等问题，围绕主产区转移科研力量不够及时，面临产业萎缩转移研究方向不够有力，学科交叉重复、同质化问题比较突出，存在“过小日子、发小文章、拿小奖励”问题。为“一农”向“三农”转变提供科技支撑不够，特别是在农村改革、乡村治理等方面研究力量不足。在农业基础前沿领域、新兴交叉学科、长期性基础性工作等方面布局力度还不够。二是人才队伍质量与“两个一流”要求存在差距。国家级领军人才数量偏少，有近 1/3 的团队首席未达到规定的国家级人才“硬条件”。人才国际化程度偏低，全院在海外获得学位或博士后经历的科研人员仅占 8%。人才布局不均衡，作物、植保、资源环境、畜牧、兽医等传统优势学科人才多，农经、信息、机械、工程等学科人才少，基因编辑、合成生物学、乡村治理等领域人才更少。优秀青年人才培养尚未形成规模效应，针对35岁以下青年人才的办法措施不多。人才与平台建设结合不紧密，通常是“边建设边找人”或者“建好再找人”。三是人才成长环境还需要进一步优化。编内与编外人员待遇差别较大，“同工不同酬”导致编外职工归属感、获得感差。分类评价机制仍不健全，人才评价考核结果运用不到位，“能下能出”的流动机制尚未建立。以绩效激励为核心的多元薪酬分配制度还不健全。人才队伍建设投入后继乏力，缺少国家专项支持，吸引社会资本投入能力不足。

（二）形势与需求

当今世界正经历百年未有之大变局，新冠疫情加剧了大变局的演变，国际环境日趋复杂，经济全球化遭遇逆流，一些国家单边主义、保护主义盛行，高科技领域竞争不断加剧，对未来我国经济社会发展带来诸多不确定性。农业作为国家的第一产业、基础产业，发挥好“压舱石”和“稳定器”的作用，对我国经济社会健康稳定发展具有全局性、战略性意义。农业的根本出路在于现代化。习近平总书记指出，“农业农村现代化关键在科技进步和创新”。在世界新一轮科技革命和产业变革同我国农业转变发展方式的历史性交汇期，我国大力实施乡村振兴战略，推动农业供给侧结构性改革和高质量发展，农业科技的支撑和引领作用不断增强，农业科技进步贡献率迈上60%的新台阶，但与国际先进水平相比，在重大原始创新、关键核心技术、颠覆性科技成果、科技体制机制等方面，仍然存在较大差距。为打造农业领域国家倚重的战略科技力量，必须勇于扛起国家赋予的职责使命，强化“改革排头兵、创新国家队、决策智囊团”的责任担当，始终坚持科技创新与机制创新双轮驱动，不断释放创新活力、增强创新能力、提高创新质量、提升创新效率，为农业农村现代化提供有力的科技支撑和人才保障。

党的十九届六中全会指出，党和人民事业发展需要一代代中国共产党人接续奋斗，必须抓好后继有人这个根本大计。要坚持用习近平新时代中国特色社会主义思想教育人，用党的理想信念凝聚人，用社会主义核心价值观培育人，用中华民族伟大复兴历史使命激励人，培养造就大批堪当时代重任的接班人。要源源不断培养选拔德才兼备、忠诚干净担当的高素质专业化干部特别是优秀年轻干部，教育引导广大党员、干部自觉做习近平新时代中国特色社会主义思想的坚定信仰者和忠实实践者，牢记“空谈误国、实干兴邦”的道理，树立不负人民的家国情怀、追求崇高的思想境界、增强过硬的担当本领。要源源不断把各方面先进分子特别是优秀青年吸收到党内来，教育引导青年党员永远以党的旗帜为旗帜、以党的方向为方向、以党的意志为意志，赓续党的红色血脉，弘扬党的优良传统，在斗争中经风雨、见世面、壮筋骨、长才干。要源源不断培养造就爱国奉献、勇于创新的优秀人才，真心爱才、悉心育才、精心用才，把各方面优秀人才集聚到党和人民的伟大奋斗中来。

“十四五”时期是中国农业科学院持续深入贯彻落实习近平总书记“四个面向”重要指示精神，全面推进“两个一流”建设，推动农业科技高水平自立自强的关键时期，对加强人才队伍建设提出了更为迫切的要求。一是抢占农业科技制高点，把握农业科技发展主动权，需要一支战略型科技人才队伍。加快推进前沿技术研究，在农业生物技术、育种技术、信息技术、新材料技术、先进制造技术、精准农业技术等方面取得一批重大自主创新成果，抢占现代农业科技制高点，必须着力推动我院农业科技创新格局由“金字塔型”向“纺锤型”转变，着力培养站得高、看得远、抓得准的战略科技人才。二是支撑乡村振兴战略，推进农业农村现代化，需要一支复合型科技人才队伍。加快农业科技进步，提高农业科技自主创新水平、成果转化水平，为农业发展拓展新空间、增添新动能，引领支撑农业转型升级和提质增效，必须强化农业科研国家队的使命担当，以人才汇聚推动和保障乡村振兴，把论文写在大地上，把成果送到百姓家。三是解决区域共性关键技术问题和“卡脖子”问题，需要一支领军型科技人才队伍。努力实现关键核心技术自主可控，把产业发展主动权牢牢掌握在自己手里，着力突破技术瓶颈，在良种培育、节本降耗、节水灌溉、农机装备、新型肥药、疫病防控等方面取得一批重大实用技术成果，必须要培养更多的善于凝聚力量、统筹协调、整合资源的科技领军人才。四是保障人民生命健康，实现人民高品质生活，需要一支专业型科技人才队伍。提高社会发展水平、改善人民生活、增强人民健康素质，进一步满足人民对美好生活的新期待，需要在营养健康、生态环境、质量加工等领域培养一批不断向科学技术广度和深度进军的高水平人才，让农业科技为人民生命健康保驾护航。

二、指导思想、基本原则和发展目标

（一）指导思想

以习近平新时代中国特色社会主义思想为指导，深入贯彻党的十九大和十九届二中、三中、四中、五中、六中全会精神，全面贯彻落实新时代党的组织路线和新时代人才工作新理念新战略新举措，以习近平总书记致我院贺信精神为指引，坚持党对人才工作的全面领导，坚持人才引领发展的战略地位，坚持“四个面向”，坚持全方位培养用好人才，坚持深化人才发展体制机制改革，坚持聚天下英才而用之，坚持营造识才爱才敬才用才的环境，坚持弘扬科学家精神，紧紧围绕“巩固、优化、拓展、提升”的方针，按照“服务发展、创新机制、注重效能、整体推进”的思路，构建科学规范、开放包容、运行高效的人才发展治理体系，不断激发人才创新创造活力，努力开创优秀人才辈出、各类人才协同发展的良好局面。

（二）基本原则

坚持党管干部、党管人才。加强党对组织工作和人才工作的全面领导，牢牢把握组织工作和人才工作的正确方向，凝聚各方力量，推动形成干部人才工作的强大合力，努力建设一支忠诚干净担当的高素质干部队伍和“懂农业、爱农村、爱农民”的农业农村科技人才队伍。

坚持第一资源、质量优先。始终坚持人才强院，确立人才作为第一资源优先发展的战略地位和发展布局，做到人才发展与科技创新工作同时部署、协同推进，切实增强人才政策的前瞻性、针对性和有效性，厚植人才质量优势，以高质量人才引领中国农业科学院科技事业高质量发展。

坚持改革创新、激发活力。加快促进人才发展政策创新和制度创设，实行更加积极、更加开放、更加有效的人才政策，扩大用人主体自主权，形成有利于人才汇聚和成长的发现机制、培养机制、使用机制和激励机制，健全人才管理服务与保障机制，最大限度激发各类人才的创新创造活力。

坚持统筹兼顾、协调发展。以提升创新能力为核心，协同推进科研、管理、支撑、转化四支队伍建设；以激发活力为关键，健全上下联动、有效衔接的人才制度体系；以均衡发展为重点，持续优化人才结构、学科布局、资源配置，构建全院“一盘棋”、统筹协调的人才工作体系。

（三）发展目标

坚持抓好“后继有人”这个根本大计，培养造就大批堪当时代重任的接班人。实行“三步走”战略，用15年时间，加快建设农业领域世界重要人才中心和创新高地，实现国家战略科技力量和高水平人才队伍位居世界前列的目标。近期目标要解决当前生产中的一批“卡脖子”问题和关键核心技术需求，打好种业翻身仗，抓住耕地质量提升这个关键，尽快解决草地贪夜蛾、非洲猪瘟等生物安全问题，培养造就一支具有国际水平的战略科技人才和科研创新团队，支撑中国农业科学院成为乡村全面振兴和建设科技强国的核心战略力量。中期目标要更多地围绕科技自立自强，在基础研究领域形成一批突破性成果，在新兴前沿交叉领域实现更高水平并跑、领跑，基本实现关键核心技术自主可控，进一步增强中国农业科学院科技创新能力、综合发展实力和国际影响力，为我国农业农村现代化取得明显进展提供人才支撑。远期目标要实现建设世界一流学科和世界一流科研院所的远景，支撑我国成为世界主要农业科学中心和人才高地，成为世界重要的农业科技发源地、原创地，国家战略科技力量和高水平人才队伍位居世界前列，为我国基本实现农业农村现代化打好人才基础。力争到2035年，培养30名战略科学家、100名世界一流领军人才、100个卓越科技创新团队和一大批青年英才。“十四五”

时期主要目标如下。

1. 科技人才队伍建设进一步加强

科技人员规模超过13 000人，其中，高层次人才总量超过 600 人，农科英才顶端人才、领军人才和青年英才分别达到 25 人、275 人和 300 人左右，支撑英才和转化英才各 30 人。在站博士后规模达到1 000人，在校研究生数量达到7 500人（表 1）。编内编外职工队伍融合发展，管理队伍服务意识明显提升，支撑队伍保障能力明显增强，转化队伍转化效能显著提高。

表 1　"十四五"人才队伍规模主要量化指标　（单位：人）

指　标		2020 年年底情况	2025 年年底目标值
1	科技人才队伍规模	9 719	13 000
	其中，高层次人才	342	660
	—农科英才顶端人才	17	25
	—农科英才领军人才	213	275
	—农科英才青年英才	102	300
	—农科英才支撑英才	5	30
	—农科英才转化英才	5	30
2	青年后备人才队伍规模	6 161	8 500
	—在站博士后	602	1 000
	—在校研究生	5 559	7 500

2. 人才队伍结构进一步优化

（1）年龄结构梯次配备合理，其中 40 岁以下青年人才保持总人数的 47%，所局级领导干部平均年龄降低到 52 岁，处级干部平均年龄降低到 47 岁，逐步实现院属单位 40 岁左右处长、35 岁左右副处长分别达到处级干部总数的 15%；高层次领军人才平均年龄降至 51 岁左右，45 岁以下团队首席占比达到 20%。

（2）人才学历结构不断优化，具备研究生学历人员占比超过 60%，其中，科研人员中具有博士学位的占比超过 60%（表 2）。

表 2 “十四五”人才队伍结构主要量化指标

指标		2020 年年底情况	2025 年年底目标值
年龄结构	高层次领军人才平均年龄	51.9 岁	51 岁
	45 岁以下团队首席占比	18%	20%
	所局级领导干部平均年龄	52.6 岁	52 岁
	处级干部平均年龄	48 岁	47 岁
	全院 40 岁以下青年人才占比	45%	47%
科研人员学历结构	博士研究生占比	51%	60%
	硕士研究生占比	28%	30%

3. 人才队伍能力素质进一步提升

建成一支爱国奉献、矢志创新，能够引领世界农业科技前沿、能够突破现代农业“卡脖子”和区域共性关键技术、能够支撑宏观战略决策的高层次科研人才队伍；建成一支信念坚定、为民服务、勤政务实、敢于担当、清正廉洁的领导干部队伍和政治过硬、业务精通、爱岗敬业、甘于奉献的管理人才队伍；建成一支掌握关键技术、核心技能、重要技艺，扎根一线、业务精湛、服务高效的支撑人才队伍；建成一支具有一定专业知识背景，熟悉市场需求，具备商业谈判和知识产权应用能力，懂经营、会管理、善协调的转化人才队伍。

4. 科研团队引领科技创新能力进一步凸显

围绕十大学科布局，构建以使命任务为牵引，创新团队布局和人才力量布局一体化设计的战略任务攻关机制，培养一支站在国际科技前沿、引领科技自主创新的国家战略人才力量。人才协同创新体系基本构建，形成 80 个左右具有全球影响力和学科引领能力的国际化卓越科技创新团队和 140 个左右在国内具有绝对优势、引领关键核心技术攻关、强力支撑农业农村高质量发展的国内领先科研团队，成为支撑我国高水平科技自立自强的重要力量。

5. 人才资源投入强度进一步加大

构建多元化人才投入方式，加大人才专项经费支持力度，院、所、团队三级经费支持力争实现 20%的增长；实施更加完善的服务保障政策，建立更加有效的沟通联络机制，强化对人才的关心关爱，在住房、医疗、养老、子女入学、配偶就业等方面给予人才更大力度的支持和帮助。

三、加快建设国家农业科技战略人才力量

（一）打造情系“三农”、勇于创新的科研人才队伍

1. 培养和引进高层次科技创新人才

面对未来农业科技竞争，着力造就一批具有深厚科学素养、长期奋战在科研第一线，视野开阔，前瞻性判断力、跨学科理解能力、大兵团作战组织领导能力强的战略科学家；充分发挥国家级创新人才培养示范基地作用，吸引凝聚培养更多的具有原始创新能力、技术革新能力，善于凝聚力量、统筹协调、整合资源的学科带头人和科技领军人才；聚焦重大使命和重点任务，着力培育一批学术引领力影响力突出、创新创造创业协同的卓越科技创新团队。依托重大科学工程、国家重点实验室等重大科研平台优势，进一步扩大与海内外高层次人才交流合作；围绕重点学科发展、重大平台建设、重大任务攻关需要，实施“高层次人才精准引进行动”，面向海内外引进一批“高精尖缺”高端人才；优化升级农科英才特殊支持政策，进一步加大对高层次人才支持力度。

专栏一：培养造就国家农业战略科技人才

“努力造就一大批能够把握世界科技大势，研判科技发展方向的战略科技人才”，是民族复兴的必要条件，更是保持国际竞争优势的关键所在。作为农业科技领域国家战略科技力量，未来五年中国农业科学院应当重点致力于培养和造就能够成为“未来发展的引领者、创新规则的制定者、国际竞争的主导者”的农业战略科技人才。一要建构坚实的人才队伍，为涵养战略科技人才厚植基础。创新人才工作思路，形成“不拘一格、唯才是用”的开放、包容、敢为先、重实绩的价值导向，持续累积人才资源。二要创新灵活的引育机制，为培育战略科技人才创设机制。促进多学科交叉、多门类汇聚、多主体对接，探索从个体到团队的引进机制；聚合资源、整合学科、重点投入，发现和培养更多具有战略科学家潜质的高层次复合型人才，形成战略科学家成长梯队；以“一人一策”的个性化政策，给予高强度的投入、高丰度的资源、高自由度的机制。三要重点培育引领未来的重大成果，为成就战略科技人才创造平台。以使命任务为牵引，依托创新工程“跃升计划”，围绕解决好种子和耕地等关键问题，实施“强种”“沃田”等一系列科技行动，委派战略科技人才担任技术总师，开展重大任务联合攻关，提高他们在国家科研战略制定、重大项目规划等领域的话语权。四要探索构建最宜创新的体制机制，为激励战略科技人才营造氛围。建立健全战略科技人才负责制，明确权责清单，赋予战略科技人才及其团队充足的技术路线决策权、科研经费支配权和科技资源调动权；改革投入和评价制度，创造有利于“十年磨剑”的宽松氛围；营造能够安心、专心、尽心于科技创新活动的人文环境。

专栏二：高层次人才精准引进行动

当前，受全球新冠疫情和国际竞争局势的影响，全球人才流动格局发生变化，海外高端人才回国意愿强烈。中央统战部①网站数据显示，2020 年以来活跃求职的归国海外留学生较 2019 年同期增加了 58. 19%。北京大学的调查显示，从中国走向海外的高端人才中近七成未来优先考虑回国就业。中国农业科学院科技创新实力正处在从量的积累迈向质的飞跃、从点的突破迈向系统能力提升的关键历史节点。要充分把握机遇，采取切实行动，加大国内外高层次人才的吸引和凝聚，聚天下英才而用之。聚焦“四个面向”，兼顾学科领域布局，依托重大工程、重点实验室、区域创新中心，强化以事业平台引进“高精尖缺”人才；加强顶层设计、统筹规划，加大高层次人才总体布局分析研判，做好人才信息需求预测和定期发布工作；设立海外引才工作站，积极宣传人才引进的方针政策，切实加强人才信息供需对接；坚持下放用人自主权，鼓励研究所自主设岗、按需引进、先行支持，院加强择优支持及后续评估；针对“卡脖子”关键核心技术领域的高层次人才，采取切实有效措施，按照“一事一议”原则建立绿色通道；开展重大使命任务联合攻关，扩大与国内外高层次人才的交流合作，强化柔性引才和智力共享。

2. 稳定和壮大中青年科技创新人才

深入实施“青年英才计划”，进一步完善院所两级人才的发现、引进和培养；实施“适度倾斜”政策，启动“青年启航计划”“青年创新专项”，加大对新入职博士研究生、从事基础研究和应用基础研究青年人员科研经费持续稳定支持力度；实施“协同培养”政策，强化平台、项目、团队在人才培养中的作用，改进科研管理的组织模式，坚持人才发展与团队建设互融互促；实施“脱颖而出”政策，改进人才考核评价，探索不拘一格，强化激励保障措施，构建多层次、多渠道的中青年人才培养发展体系，促进中国农业科学院中青年人才队伍成为农业科技创新的主力军。

3. 推动青年后备人才队伍建设实现跨越式发展

实施博士后“优农计划”和联合资助专项，改进招收方式、扩大优质博士后生源数量；实施“优秀博士后计划”，提升培养质量，完善择优留院留所机制；实施院、所、合作导师三级博士后薪酬保障措施，提升博士后群体竞争力。实施研究生教育“五大工程、三大行动”，着力培养一支理论功底扎实、创新思维活跃、创新能力突出、实践能力过硬的研究生队伍。

4. 优化科研人才学科及区域布局

围绕中国农业科学院“使命任务清单”，就保障国家粮食安全和重要农产品有效供给、解决好种子和耕地问题等重大任务，在中国农业科学院亟须发展学科、特色学科、新兴交叉学科中进行人才布局；注重原始创新，加强应用基础研究人才、关键共性技术研发人才的引进和培养；在现代生物种业、智慧农业、农机装备、农产品质量加工等关

① 中国共产党中央委员会统一战线工作部，简称中央统战部。

键领域，聚集一批优秀学术带头人和科研团队；稳定支持农业基础性、长期性科技工作人才队伍发展；对西部和偏远地区研究所、特色研究所在人才引进和培养上进行扶持，政策上予以倾斜；结合中国农业科学院科学中心和区域中心建设，吸引和培育一批创新创业人才和团队。

（二）建设讲政治、善作为的管理人才队伍

1. 加强所局级领导班子建设

深入贯彻落实新时期好干部标准，坚持德才兼备、以德为先、任人唯贤，把政治标准放在首位，突出忠诚干净担当，选优配强党政正职，突出“一把手”特质，注重选拔政治上强、能够驾驭全局、善于抓班子带队伍、经过重大斗争考验的优秀干部；科学互补搭好班子，构建全院干部资源“一盘棋”的选人用人“大格局”，推动院属单位领导班子实现来源渠道广泛、专业优势互补、整体功能提升；加强班子能力建设，强化领导班子政治属性、政治功能、政治能力，坚持所长负责制，严格执行民主集中制，严肃党内政治生活，不断提高政治领悟力、政治判断力、政治执行力，推动政治生态持续向好发展。

2. 大力发现培养选拔优秀年轻干部

加强所局级年轻干部选拔配备，坚持老中青相结合的梯次配备，用好各年龄段干部，重点抓好 50 岁以下党政正职和 45 岁以下班子副职选配；加快推进中层干部队伍年轻化，坚持抓好选配预审制度，推动院属单位持续加大中层年轻干部选配力度，对未达到年轻干部配备要求的院属单位，要求每次动议提拔干部时，须有 1/2 的岗位面向 40 岁左右处长或 35 岁左右副处长；大力提升年轻干部能力素养，实施“百名年轻干部挂职锻炼计划”，鼓励在乡村振兴一线地区经受锻炼、施展才华、练就本领；坚持分类开展专业化培训，帮助年轻干部改善知识结构，提升专业素养和专业能力。

3. 加强院属单位中层干部队伍建设

淡化科研部门行政化色彩，在打通专业技术人员担任领导干部通道基础上，探索取消研究室等研究机构处级建制，同时赋予院属单位内设科研机构调整自主权，推动以创新团队为基本业务单元的科研管理组织模式改革；探索推进职能部门管理岗位聘用制改革，管好用好取消研究室处级建制腾出的职数资源，推动院属单位管理干部队伍职业化、专业化发展，进一步提升职能部门管理服务效能，激发管理干部队伍干事创业活力。

4. 建设担当有为的院机关干部队伍

加强院部发展建设，坚持科研为本、一线为先，积极推进院机关职能深化调整，以建设“学术、效率、服务”院机关为总体目标，统筹用好现有机构、编制资源，进一步强化学术集成体系，优化党政管理布局，努力打造符合国家队使命定位的“指挥中枢、学术殿堂、政治机关、服务机关”；研究探索职务与岗位并行的新型人事管理制

度，畅通岗位晋升通道，拓展职业发展空间；加大院机关干部交流力度，强化交流导向，结合工作需要、空岗交流要求等，进一步推进院机关与院属单位、院机关部门间干部交流，打破干部部门化、干部使用内循环，激发干部队伍生机活力。

5. 强化院所企业高级管理人才队伍建设

建立院所企业领导人员分级分类管理制度，对企业正副董事长、监事长和财务负责人等关键岗位人员，按照管理权限审批或者备案同意后，由董事会决定聘任；强化企业高级管理人员合同管理，明确责任、权利、义务，推行任期制，严格任期目标考核；规范院所领导干部在院所企业兼职，按照干部管理权限审核批准。

（三）构建技术精湛、服务高效的支撑人才队伍

1. 构建支撑人才队伍发展体系

强化支撑人才队伍在中国农业科学院科技创新活动和创新体系建设中的重要基础保障地位，按照技术支撑人才和公共支撑人才分别确定发展目标，明确职业发展通道，构建定位清晰、科学完善、重点突出的分级分类培养体系；逐步壮大支撑人才队伍，合理确定科研人员和支撑人员的结构配比，打破体制和身份界限，构建编内编外一体化、灵活高效的岗位管理体系；健全非科学研究系列职称评聘机制，坚持高端引领，发挥示范作用，构建院所联动的支持保障体系。

2. 打造技能型技术支撑人才队伍

围绕学科发展和重大科研任务实施等需要，着重加强大型仪器设备运维、质量安全检测、种质资源保护利用等技术支撑人才培养。按照资源共享、协同高效原则，选育科学素养好、业务能力强、能够解决复杂问题的优秀人才，组建一批专业化、通用型技术支撑团队；发挥重大科技平台优势，促进科技资源集聚，设立技术支撑攻关专项，培养一批能够创新技术方法、升级核心部件、优化关键工艺的高技能人才；实施专业技能提升计划，扩大使用财政资金的教育培训规模，持续开展技能竞赛，打造技术支撑人才选拔培养和业绩展示的平台。

3. 打造服务型公共支撑人才队伍

围绕科技服务平台、网络信息平台等建设需要，着重加强编辑出版、文献信息和科普宣传等公共支撑人才培养。探索建立协作互助组织和对口管理模式，搭建信息交流、教育培训、咨询服务的平台，提高人才的归属感和凝聚力；加强立体化、全方位的农业科研传播和服务体系建设，树立以服务质量、业务能力、用户满意度为核心的评价导向，培养一批能够讲好农科故事、展现农科风貌的公共支撑人才；实施服务效能提升计划，加大社会化教育培训资源投入力度，引入市场化绩效管理激励机制，进一步激发人才活力。

（四）培育复合型、专业化的转化人才队伍

1. 培育聚焦产业需求的技术类转化人才队伍

围绕“三创”团队建设，探索在创新团队设立研究产业、技术、产品等需求的岗位，跟踪研判市场应用的前景和态势，搭建产研融合发展的桥梁；加大具备二次开发、技术中试、集成创新、技术孵化熟化能力的专业化人才培养，切实提高实验室成果转化为产业应用产品的效率；围绕中国农业科学院学科结构与产业链发展，培养熟悉知识产权、法律事务、转移转化等专业知识，擅长知识产权管理、运用、保护的人才；发挥企业资金、条件及渠道等资源优势，依托企业开展科技成果小试中试、生产以及市场开发，鼓励人才离岗创业和到企业兼职兼薪。

2. 建设专业、高效、敬业的推广类转化人才队伍

进一步强化具有较强专业背景的转化人才跨所、跨团队交流合作，促进不同类型科技成果集成，推动系统性、综合性成果应用；配合实施“乡村振兴示范县”行动计划，围绕区域农业发展的科技与产业需求，培养一支以科技特派员、科技副县长为代表的公益性推广人才队伍，推动科技成果的试验、示范和推广；构建一支熟悉“三农”、具有丰富专业知识、实践经验和传授技巧的“农业科技培训导师团”，创新培训形式，增强服务意识，提高沟通能力，把更多农民用得上、听得懂、学得会的技术成果送到田间地头。

3. 构建促进成果转移的经营类转化人才队伍

依托全国农业科技成果转移服务中心，强化科技成果转化能力建设，加大对产业对接、项目策划、评价筛选、谈判合作等复合型人才的培养开发；依托院所企业建立高层次企业经营人才引育基地，加大对从事企业管理、营销等的职业经理人、技术经理人的引进培养；组建专业化科技成果市场推广团队，强化技术开发、技术转让、技术咨询和技术服务；加大农业科技成果“走出去”的工作力度，拓展新产品、新技术、新工艺的海外市场应用，培养一支具有国际视野的转化人才队伍；充分发挥市场资源配给功能，强化评价激励措施。

四、强化体制机制创新

（一）引进培养机制

1. 坚持围绕创新链布局人才链

针对粮棉油、肉蛋奶等重要农产品全产业链共性关键技术和“卡脖子”技术，以及相关基础、前沿和交叉学科，调整人才引进培养方向重点，优化科研力量布局，进一步强化人才对科技创新、产业发展的支撑和引领，着力打造人才链与创新链、产业链相适应的“三链融合”机制。

专栏三：高层次人才提质工程

立足加快建设农业领域世界重要人才中心和创新高地，进一步深化人才发展体制机制改革，突出人才的引进和培养质量，着眼于破除束缚人才发展的思想观念和体制机制障碍，大力提升科技人才创新活力、创新能力和创新质量，以一流的人才队伍支撑一流学科和一流科研院所建设。坚持产业链、创新链、人才链“三链融合”，统筹资源配置，优化人才布局，充分发挥高层次人才对科技、产业“两大基石”的支撑作用；坚持“按需引进、以我为主”的原则，从单纯追求数量向更加注重质量转变，着眼“两个大局”、立足“两个循环”，吸引、稳定和凝聚一批高水平创新人才；坚持高端引领、重点支持，兼顾引进人才与自有人才，完善优化科研、支撑、转化三支队伍和顶端、领军、青年三个层级高层次人才特殊支持政策体系；坚持政治引领和政治吸纳，不断健全党管人才领导体制和工作格局，补齐人才教育培训短板，实现增“人数”与得“人心”的有机统一；坚持国际化人才建设理念，积极推送优秀人才融入全球创新网络，培养造就一批具有全球视野和国际水平的战略科技人才、科技领军人才和青年科技人才。

2. 探索建立高层次人才需求研判机制

明确国内外顶尖人才分布格局，明晰人才与农业科技动态匹配趋势，定期发布全院重点支持学科领域和方向的“高精尖缺”引才指南目录，实现按需精准引才；建立健全国际人才发现网络，坚持全职引进，同时健全完善开放包容的柔性引才和智力共享机制，吸引和凝聚海外优秀人才。

3. 实施农科英才工程

重新定位农科英才体系功能，调整支持范围，引育并举，以育为主，进一步健全有利于科研、支撑和转化队伍协调发展、梯次衔接的遴选、培养和支持机制；树立能力业绩贡献导向，健全完善退出机制，推动能进能出、能上能下；优化科技资源投入机制，切实发挥创新团队的主体作用和调控权力；探索建立国家—院—所三级衔接互补、战略科技人才—科技领军人才—优秀青年人才梯次配备的人才培养支持模式，确保人才队伍持续健康发展。

专栏四：转化英才特殊支持政策

成果转化是落实“四个面向”指示精神的重要举措，是中国农业科学院“两个一流”建设的两大基石之一，是中国农业科学院持续稳定发展的重要途径，是有效解决“有钱打仗、没钱养兵”问题的主要发力点。院党组作出“补短板”的决策部署，要求加快补齐转化队伍建设短板，实施并不断优化转化英才特殊支持政策，针对目前中国农业科学院成果转化相较科技创新整体偏弱的现状，建立院所两级转化英才支持体系，加速提升中国农业科学院成果转化能力。转化英才的遴选和培养重点是在本单位主要从事转化工作且取得显著经济效益、具有较高技术成果转移转化能力和较大培养潜力等人才。细化转化英才遴选程序，突出成果转化收益导向，通过转化收入业绩客观得分与同行专家主观评价得分相结合、规范业绩使用原则等措施，使转化英才遴选和培养重点与中国农业科学院成果转化工作发展的要求相一致，充分发挥转化英才的示范引领作用，打造一支规模适度、结构合理、业务过硬的高水平转化人才队伍，为促进科技成果转化和“三创一体”协同发展提供强有力的人才支撑。

4. 完善干部人才素质培养机制

突出抓好习近平新时代中国特色社会主义思想学习教育，增强政治引领和政治吸纳；强化干部人才知识更新和继续教育，实施“干部专业化能力提升行动”，建立团队首席科学家定期研修制度，精准开展政治建设、战略思维和专业能力培训；推进科技教育培训联盟建设，打造农科培训品牌；坚持把乡村振兴一线作为重要平台，鼓励干部人才到艰苦复杂地区和中国农业科学院战略重点发展区域，砥砺品格、增长才干。

5. 构建国际化人才培养模式

设立国际化人才培养和引进专门计划，打造具有一流国际化视野和创新意识的高层次人才队伍；将人才交流作为中国农业科学院多双边合作机制的重要内容，强化人才国际合作；鼓励在海外建立联合实验室，吸引使用当地优秀科技人才；实施农业科技外交官计划，完善驻外机构和国际组织人才培养推送机制。

（二）选拔使用机制

1. 完善优秀年轻干部人才发现机制

按照“及早发现、及时培养、优化结构、增强储备”的思路，持续开展优秀年轻干部人才专题调研工作，构建不同年龄层级优秀年轻干部人才储备库，坚持动态调整，强化跟踪培养，对条件成熟的优秀年轻干部人才大胆选拔使用，为农业科技事业发展注入新的生机活力。

2. 健全完善干部“能上能下”机制

强化领导班子和班子成员任期管理，坚持任用有期、职责明确、严格考核、到期调整原则，严格执行任期、连任限制等规定，完善任期目标责任制，形成以任期为调节点的新老正常交替机制。深入落实处级干部、中层干部聘期制，鼓励开展有针对性的轮岗交流，推动形成能者上、优者奖、庸者下、劣者汰的正确导向。

3. 构建多维度干部人才选拔使用机制

拓宽选人渠道，完善资格条件，实现专业技术人员担任领导干部、团队首席提任所级领导、处级干部提任所级领导任职年限的“三个打通”；建立健全院机关与院属单位之间年轻干部顺畅有序流动的良性工作机制，探索实施机关干部“选苗育苗工程”和机关与研究所处级干部“一对一互挂”制度；完善首席选拔使用机制，实施并推进首席接续制度。

4. 探索实施全员聘用制

统筹编内编外两种资源，打破体制壁垒，突破身份限制，构建全院科研、管理、支撑、转化各类人员“全岗位设置和聘用”新模式，强化任务目标，规范合同管理，坚持能进能出，实现同工同酬、优绩优酬，打造“小步快跑、平常晋级、重要晋职、职级互动、四类协同、薪级共用”的新型用人机制。

（三）考核评价机制

1. 树立科学评价导向

聚焦院—所—团队三级重大任务制和科研导向改革，探索建立后“破四唯”时期符合农业科研规律的人才评价机制，坚持在人才科学分类的基础上，明确评价要素，把品德作为首要内容，把在创新团队中的作用发挥作为重要内容，把深入农业农村一线解决问题的能力作为关键内容，构建充分体现创新价值、能力、贡献导向，定性和定量相结合的等效评价体系和动态调整机制，破除评价标准“一刀切”“一把尺子量到底”。

2. 建立多元评价模式

建立“专家治学制”，充分发挥学术委员会的评价主体作用，加快构建小同行专家、国际同行、服务对象、第三方机构等多渠道多元化评价方法；探索建立科研进展、代表性成果、业绩附加等相结合的多维度综合评价方式；遵循不同类型人才成长规律，科学设置评价周期，注重过程评价和结果评价、短期评价和长期评价相结合，突出中长期目标导向。

3. 完善职称评聘制度

聚焦全员聘用制改革，围绕科研、支撑、转化三类人才合理设置专业技术岗位和层级，在现有的工资总量和框架下，探索完善由身份管理向岗位管理转变的专业技术职务评聘制度，适时下放岗位设置和聘用自主权，动态调整高级岗位结构比例，建立任务目标导向，坚持优胜劣汰、能上能下。

4. 优化考核管理机制

改进年度考核，推进平时考核，构建完整的干部考核工作制度体系；突出教育培训考核，促进干部不断提升自身专业和管理水平；完善政绩考核，引导干部牢固树立正确政绩观；强化考核结果运用反馈，作为选拔任用、评先评优、问责追责重要依据，引导干部发扬成绩、改进不足。

（四）激励监督机制

1. 构建鼓励担当作为的正向激励机制

将担当作为情况作为干部人才考察考核的重要内容；以所局级领导干部“关键少数”为重点，坚持抓早抓小，防微杜渐，用好提醒、函询、诫勉等日常监督方式和组织处理等制度；加强企业监管，将企业领导班子成员纳入领导干部个人有关事项报告范围；把握“四严四宽”原则，加强对敢担当善作为干部的激励保护，建立符合农业科研特色的容错纠错机制，以正确用人导向引领干事创业导向；坚持严管和厚爱结合，关心关怀干部人才心理健康。

2. 深入推进人才工作"放管服"

坚持"简政放权、放管结合、优化服务"的原则，向用人主体授权，为人才松绑减负，强化事中、事后监督管理，增强服务意识和保障能力。围绕机制创新，激发活力，稳步推进职称评聘、内设机构调整、岗位设置和调整、人才引进管理、高级专家延退、团队研究助理聘用、人才离岗创业等一系列人事管理制度创新。

3. 优化以实绩贡献为导向的绩效工资管理

实施"个人—团队—单位"三个层次的薪酬激励计划，建立与绩效评价紧密关联的绩效工资总量核定、调整机制；设立特殊岗位津贴政策，对长期在艰苦边远地区及"急难险重"岗位工作人员给予特殊待遇；建立健全主要领导收入分配与本单位创新发展紧密关联的激励约束机制。

4. 建立开放、自主、灵活的多元薪酬管理机制

强化编内外人员"同工同酬"，自主确定绩效结构、考核办法、分配范围和分配模式，执行同一套考核和工资福利制度；实行高层次人才、急需紧缺人才年薪制、协议工资制、项目工资制等灵活多样的分配方式；探索股权、期权、分红等促进科技成果转化的中长期分配机制，规范兼职兼薪政策；改革院所企业薪酬分配制度，建立健全以市场为导向、与企业经济效益联动的工资决定和正常增长机制，加强和改进对企业工资分配的宏观指导和调控。

5. 构建充分体现知识、技术等创新要素价值的分配政策

完善绩效工资总量核定机制，实行高层次人才及急需紧缺人才绩效工资总量单列；建立绩效工资总量统筹使用机制，重点用于支持院所重大收入分配制度改革以及对重大科研任务、成果的一次性奖励等；完善职务发明成果权益分享机制，加大对作出突出贡献科研人员和创新团队的激励力度；建立工资调查比较机制，为薪酬定价与调整提供基础信息支撑。

6. 大力弘扬科学家精神，传承农科精神

引导人才牢固树立胸怀祖国、服务人民，勇攀高峰、敢为人先，追求真理、严谨治学，淡泊名利、潜心研究，集智攻关、团结协作，甘为人梯、奖掖后学的新时代科学家精神，自觉践行以"求真笃行，敬农致用"院训为核心内涵的新时代农科精神，矢志爱国奋斗，勇于创新创造。

五、组织实施

（一）提高政治站位

要切实提高政治站位，牢固树立人才引领发展的战略地位，自觉把人才工作摆到改革发展的大局中来谋划和推进，要切实发挥好用人单位主体作用，院属各单位领导班子特别是主要负责同志，要履行好人才工作第一责任人的职责，强化对院党组关于人才工作各项部署的落实，切实把加强干部人才队伍建设摆在各项工作的重中之重。

（二）加强组织领导

加强党对人才工作的全面领导，建立完善院所两级人才工作领导小组，健全完善党组（党委）统一领导，人事部门牵头抓总，科技、财务、基建、国合、转化等职能部门各司其职、密切配合的工作格局；牢固树立“一盘棋”思想，严格落实“十四五”人才发展规划实施主体责任，构建高效的人才工作组织体系；加强对院属单位“十四五”人才发展规划的统筹指导，确保有机衔接，保障目标任务落实落地。

（三）强化条件保障

统筹协调创新工程经费、院所基本科研业务费等经费，支持各研究所加大成果转化力度，为人才创新创造创业提供更加充足经费保障；健全多元化人才投入机制，稳定资金支持和保障力度，用好院农业发展基金，拓展社会、企业、个人资本投入渠道；建立人才分类支持政策，实施精准激励和重大奖励，形成定位清晰、公平透明、稳定支持的长效机制。

（四）加强平台建设

强化战略定位，加大国家实验室、重大科学工程、国家重点实验室等一流创新平台建设力度；搭建科企融合发展平台，面向企业实施科技资源全面开放、科研平台全面开放、知识产权全面开放、科技人才全面开放；持续加强国家级专业技术人员继续教育基地、国家创新人才培养示范基地、海外高层次人才引进基地等重大人才引育平台建设；以人事人才工作信息化为基础，建立多源信息的关联共享与安全机制，有序推进人事人才信息数据库及公共服务平台建设。

（五）营造良好环境

完善优化科技创新生态，加强作风和学风建设，坚守诚信底线，严惩学术不端，营造风清气正的科研环境；持续推进放权松绑赋能行动，减轻科研人员负担，保障科研人员创新活动时间，充分释放创新活力；加强与人才联系，关心其工作与生活，协调解决实际困难；选树重大先进典型，激励人才讲奉献、勇担当，营造尊重人才、尊崇创新的舆论氛围。

中共中国农业科学院党组关于印发《中国农业科学院领导人员选拔任用工作规定》的通知

农科院党组发〔2021〕41 号

院机关各部门、院属各单位：

《中国农业科学院领导人员选拔任用工作规定》已经中共中国农业科学院党组 2021 年第 12 次会议审议通过，现印发给你们，请结合实际认真遵照执行。

中国农业科学院党组

2021 年 7 月 30 日

中国农业科学院领导人员选拔任用工作规定

第一章　总　则

第一条　为了坚持和加强党的全面领导，深入贯彻新时代党的组织路线和干部工作方针政策，落实党要管党、全面从严治党特别是从严管理干部的要求，坚持新时期好干部标准，建立科学规范的领导干部选拔任用制度，树立能者上、优者奖、庸者下、劣者汰的正确导向，形成有效管用、简便易行、有利于优秀人才脱颖而出的选人用人机制，推进干部队伍革命化、年轻化、知识化、专业化，建设一支高举中国特色社会主义伟大旗帜，以马克思列宁主义、毛泽东思想、邓小平理论、“三个代表”重要思想、科学发展观、习近平新时代中国特色社会主义思想为指导，全面贯彻落实习近平总书记致我院贺信重要指示精神，适应新时代农业科技发展需要，忠诚干净担当的高素质专业化领导人员队伍，保证党的基本理论、基本路线、基本方略全面贯彻执行和新时代中国特色社会主义事业顺利发展，推进农业科技创新，全力支撑乡村振兴和农业农村现代化建设，根据《党政领导干部选拔任用工作条例》《科研事业单位领导人员管理暂行办法》等有关精神以及农业农村部有关规定，结合中国农业科学院实际，制定本规定。

第二条　选拔任用领导人员，必须坚持下列原则。

（一）党管干部、党管人才。

（二）德才兼备、以德为先，五湖四海、任人唯贤。

（三）事业为上、人岗相适、人事相宜。

（四）公道正派、注重实绩、群众公认。

（五）民主集中制。

（六）依法依规办事。

第三条　选拔任用领导人员，必须把政治标准放在首位，符合将领导班子建设成为坚持党的基本理论、基本路线、基本方略，全心全意为人民服务，具有推进新时代中国特色社会主义事业发展、推进农业科技自主创新和现代科研院所建设的能力，结构合理、团结坚强的领导集体的要求。

注重体现科研事业单位开放度高、探索性强、创新活跃等特点，公道公平公正地对待、评价和使用领导人员，充分调动积极性、主动性、创造性，促进农业科技繁荣发展。

树立注重基层和实践的导向，大力选拔敢于负责、勇于担当、善于作为、实绩突出，“懂农业、爱农村、爱农民”的干部。

注重发现和培养选拔优秀年轻干部，用好各年龄段干部。

统筹做好培养选拔女干部、少数民族干部和党外干部工作。

对不适宜担任现职的领导人员应当进行调整，推进领导人员能上能下。

第四条 本规定适用于选拔任用院机关各部门、院属各单位领导班子成员及内设机构领导人员。

第五条 院党组、院属各单位党委及其组织人事部门按照干部管理权限履行领导人员选拔任用职责，负责本规定的组织实施。

第二章 干部管理权限

第六条 农业农村部党组管理的所局级领导人员，依据农业农村部相关规定进行管理。根据工作需要，中国农业科学院党组适时提出领导人员补充配备和调整建议。

第七条 中国农业科学院各级领导人员的管理实行中国农业科学院党组统一领导下的分级负责制。

（一）院党组管理院机关各部门、院属各单位副所级领导人员。

（二）院党组授权人事局管理院机关处级以下干部、后勤服务中心处级领导人员、院属研究所所长助理。其中，院机关及后勤服务中心正处级领导人员任免前须经院党组研究同意。

（三）院党组授权院属各单位管理本单位处级以下干部。其中，人事部门处级领导人员任免前须报人事局备案；纪检监察、财务审计部门处级领导人员任免前应分别征求监察局、财务局的意见。

第八条 院党组管理的干部职务名称、院党组授权人事局管理的干部职务名称，具体由《中国农业科学院管理的干部职务名称表》明确。其中，人事局副局长在任免前须报农业农村部人事司备案；直属机关党委副书记、纪委书记任免前需征求农业农村部机关党委意见，监察局副局长任免前须征求中央纪委国家监委驻农业农村部纪检监察组意见；选拔任用院属单位纪委书记，应就拟任免人选建议听取院纪律检查组组长意见。院属京外单位领导班子原则上实行双重管理体制。

第九条 院属单位选拔任用处级领导人员，有下列情形之一者，应当在启动前向人事局报告并在作出任免决定前向人事局备案。

（一）机构变动或者主要领导成员即将离任前提拔、调整干部的。

（二）处级领导人员竞争性选拔或一次集中调整处级领导人员数量较大的，以及一定时期内频繁调整干部的。

（三）因机构改革等特殊情况暂时超职数配备干部的。

（四）个别特殊需要的干部人选，不经民主推荐由组织推荐提名作为考察对象的。

（五）破格、越级提拔干部以及专业技术人员直接提任正处级领导人员的。

（六）领导干部秘书等身边工作人员提拔任用的。

（七）新组建单位或者调整规格的单位，第一次任免的处级领导人员。

（八）提拔任用干部中，领导班子内部有重大分歧的。

（九）所局级领导人员的近亲属在领导人员本人所在单位（部门）内提拔使用的。

（十）领导人员因问责引咎辞职或者被责令辞职、免职、降职、撤职，影响期满拟重新担任领导岗位或提拔任职的。

（十一）各类高层次人才中配偶已移居国（境）外或者没有配偶但子女均已移居国（境）外人员、本人已移居国（境）外的人员（含外籍专家），因工作需要在限制性岗位任职的。

（十二）领导人员达到任职界限或退休年龄界限，需要延迟免职（退休）的。

（十三）其他应当报告并备案的事项。

全年处级领导人员的任免，应于翌年1月底前集中向人事局备案。

第十条 部、院党组管理的领导人员免职后及到龄退休后的管理工作由所在单位负责。

第三章 选拔任用条件

第十一条 领导人员必须信念坚定、为民服务、勤政务实、敢于担当、清正廉洁，具备下列基本条件。

（一）自觉坚持以马克思列宁主义、毛泽东思想、邓小平理论、“三个代表”重要思想、科学发展观、习近平新时代中国特色社会主义思想为指导，努力用马克思主义立场、观点、方法分析和解决实际问题，坚持讲学习、讲政治、讲正气，牢固树立政治意识、大局意识、核心意识、看齐意识，坚决维护习近平总书记核心地位，坚决维护党中央权威和集中统一领导，自觉在思想上政治上行动上同党中央保持高度一致，经得起各种风浪考验。

（二）具有共产主义远大理想和中国特色社会主义坚定信念，坚定道路自信、理论自信、制度自信、文化自信，坚决贯彻执行党的理论和路线方针政策，自觉践行创新科技、服务国家、造福人民的价值理念，立志改革开放，献身农业科技创新事业，树立正确政绩观，做出经得起实践、人民、历史检验的实绩。

（三）坚持解放思想，实事求是，与时俱进，求真务实，认真调查研究，尊重农业科研工作规律，尊重人才，尊重创造，弘扬科学精神，勇于开拓创新，能够把党的方针政策和部、院党组决策部署同本单位实际相结合，卓有成效地开展工作，落实“三严三实”要求，主动担当作为，真抓实干，讲实话，办实事，求实效。

（四）有强烈的革命事业心、政治责任感和历史使命感，有斗争精神和斗争本领，有实践经验，有胜任领导工作的组织能力、文化水平、专业知识和职业素养。

（五）正确行使人民赋予的权力，坚持原则，敢抓敢管，依法办事，以身作则，艰苦朴素，勤俭节约，坚持党的群众路线，密切联系群众，自觉接受党和群众的批评、监督，加强道德修养，讲党性、重品行、作表率，带头践行社会主义核心价值观，自觉遵守科研伦理道德，廉洁从业、廉洁用权、廉洁修身、廉洁齐家，做到自重自省自警自励，反对形式主义、官僚主义、享乐主义和奢靡之风，反对任何滥用职权、谋求私利的行为。

（六）坚持和维护党的民主集中制，有民主作风，有全局观念，注重沟通协调，善于团结同志，包括团结同自己有不同意见的同志一道工作。

第十二条　提拔担任领导人员的，应当具备下列基本资格。

（一）应当具有大学本科以上文化程度。

（二）一般应当具有 5 年以上工作经历和一定的多岗位锻炼经历。

（三）提任副处级岗位的，应当在七级职员岗位工作 3 年以上，或具有中级专业技术职务 4 年以上，或具有副高级以上专业技术职务。

（四）提任正处级岗位的，应当在副处级岗位工作 2 年以上，或具有副高级专业技术职务两年以上，或具有正高级专业技术职务。

（五）提任副所级岗位的，应当在正处级岗位工作 2 年以上，或具有正高级专业技术职务。

（六）专业技术人员直接提任正处级以上领导人员的，应当具有较高的专业能力、学术水平。其中，提任副所级岗位的，应当具有研究部门负责人、团队首席、党支部书记等一定的管理工作经历。

（七）应当经过党校（行政学院）、干部学院或者组织人事部门认可的其他培训机构的培训，培训时间应当达到干部教育培训的有关规定要求。确因特殊情况在提任前未达到培训要求的，应当在提任后 1 年内完成培训。

（八）具有正常履行职责的身体条件。

（九）符合有关法律规定的资格要求。担任党的领导职务的，还应当符合《中国共产党章程》等规定的党龄要求。

第十三条　从企业、社会组织、国（境）外著名高等学校和其他科研机构等单位选拔的领导人员，应当具有较高的专业水平，一般应当具有在科技研发关键岗位工作或者组织实施重大科技项目的经历。

第十四条　领导人员应当逐级提拔。特别优秀或者工作特殊需要的干部，可以破格或者越级提拔担任领导岗位，但必须严格按有关规定执行并从严掌握。

第四章　分析研判和动议

第十五条　组织人事部门应当深化对干部的日常了解，坚持知事识人，把功夫下在平时，全方位、多角度、近距离了解干部。根据日常了解情况，对领导班子和领导人员进行综合分析研判，为党组（党委）选人用人提供依据和参考。

第十六条　院党组管理的领导人员，由院党组或者人事局，根据工作需要和领导班子建设实际，结合综合分析研判情况，提出启动选拔任用工作意见。

人事局综合有关方面建议和平时了解掌握的情况，对领导班子和领导人员进行动议分析，就选拔任用的岗位、条件、范围、方式、程序和人选意向等提出初步建议。

人事局将初步建议向院党组主要领导汇报，对初步建议进行完善，在一定范围内进行沟通酝酿，形成工作方案。

第十七条 院党组授权人事局管理的领导人员，由人事局或者干部所在部门（单位）根据工作需要和干部队伍建设实际，结合综合分析研判情况，提出启动选拔任用工作意见。

干部所在部门（单位）综合有关方面建议和平时了解掌握的情况，对干部队伍进行动议分析，就选拔任用的岗位、条件、范围、方式、程序和人选意向等提出初步建议。

干部所在部门（单位）及其组织人事部门将初步建议向人事局报告，对初步建议进行完善，在一定范围内进行沟通酝酿，形成工作方案。人事局根据工作需要，在综合分析研判的基础上，也可直接提出工作方案。

第十八条 院党组授权院属单位管理的领导人员，由院属单位党委或者组织人事部门根据工作需要和干部队伍建设实际，结合综合分析研判情况，提出启动选拔任用工作意见。

院属单位组织人事部门综合有关方面建议和平时了解掌握的情况，对领导人员进行动议分析，就选拔任用的岗位、条件、范围、方式、程序和人选意向等提出初步建议。

院属单位组织人事部门将初步建议向单位主要领导汇报，对初步建议进行完善，在一定范围内进行沟通酝酿，形成工作方案。

第十九条 个人向党组织推荐领导人员人选，必须负责地写出推荐材料并署名。

第二十条 对动议的人选严格把关，根据工作需要，可以提前核查有关事项。

第二十一条 研判和动议时，根据工作需要和实际情况，如确有必要，也可以把公开选拔（聘）、竞争（聘）上岗作为产生人选的一种方式。领导岗位出现空缺且本部门、本单位没有合适人选，特别是需要补充紧缺专业人才或者配备结构需要的，可以通过公开选拔（聘）产生人选；领导岗位出现空缺，本单位本系统符合资格条件人数较多且需要进一步比选择优的，可以通过竞争（聘）上岗产生人选。

公开选拔（聘）、竞争（聘）上岗应当结合岗位特点，坚持组织把关，突出政治素质、专业素养、工作实绩和一贯表现，防止简单以分数、票数取人。

公开选拔（聘）、竞争（聘）上岗设置的资格条件突破规定的，应当事先报上级组织人事部门审核同意。

第五章　民主推荐

第二十二条 选拔任用领导人员，应当经过民主推荐。民主推荐包括谈话调研推荐和会议推荐，推荐结果作为选拔任用的重要参考，在1年内有效。

第二十三条　领导人员个别提拔任职或者进一步使用，可以按照拟任岗位进行定向推荐，也可以根据拟任岗位的具体情况进行非定向推荐；进一步使用的，可以采取听取意见的方式进行。

第二十四条　民主推荐应当经过下列程序。

（一）进行谈话调研推荐，提前向谈话对象提供谈话提纲、干部名册等相关材料，提出有关要求，提高谈话质量。

（二）综合考虑谈话调研推荐情况以及人选条件、岗位要求、班子结构等，研究提出会议推荐参考人选，参考人选应当差额提出。

（三）召开推荐会议，由本级党组织主持，考察组说明有关政策，介绍参考人选产生情况，提出有关要求，组织填写推荐表。

（四）对民主推荐情况进行综合分析。

第二十五条　个别提拔任职，或者进一步使用需要进行民主推荐的，必要时也可以先进行会议推荐，再进行谈话调研推荐。单位人数较少、参加会议推荐人员范围与谈话调研推荐人员范围基本相同，且谈话调研推荐意见集中的，根据实际情况，可以不再进行会议推荐。

根据工作需要，可以在民主推荐前对推荐岗位、条件、范围以及符合岗位要求和任职条件的人选，在人选所在单位（部门）领导班子范围内进行沟通。

第二十六条　谈话调研推荐一般由下列人员参加。

现任领导班子成员、党委委员、纪委委员、中层干部、团队首席、党支部书记、专业技术骨干人员以及职工代表等。其他需要参加的人员，可以根据知情度、关联度和代表性原则确定。

第二十七条　会议推荐参加人员范围一般按以下原则掌握。

（一）院机关及 100 人以下的单位为全体在职干部职工。

（二）100~200 人的单位，在中层以上干部和中级专业技术职务以上人员中进行。

（三）200~500 人的单位，在中层以上干部和副高级专业技术职务以上人员中进行。

（四）500 人以上的单位，在中层正职以上干部和正高级专业技术职务的人员中进行。

院属单位提拔内设机构领导人员，参加会议推荐的人员参照上列范围确定，可以适当调整，须包括第二十六条所列人员。

第二十八条　参加民主推荐的人数至少要达到确定范围人数的 2/3。

第六章　考　察

第二十九条　确定考察对象，应当根据工作需要和干部德才条件，将民主推荐与日常了解、综合分析研判以及岗位匹配度等情况综合考虑，深入分析、比较择优，防止把推荐票等同于选举票、简单以推荐票取人。

第三十条 有下列情形之一的，不得列为考察对象。

（一）违反政治纪律和政治规矩的。

（二）群众公认度不高的。

（三）上一年年度考核结果为基本合格以下等次的。

（四）有跑官、拉票等非组织行为的。

（五）除特殊岗位需要外，配偶已移居国（境）外，或者没有配偶但子女均已移居国（境）外的。

（六）因造假、剽窃、篡改等科研不端行为受到查处，在科研项目安排、经费使用等方面存在违规违纪行为受到责任追究的。

（七）受到诫勉、组织处理或者党纪政务处分等影响期未满或期满影响使用的。

（八）其他原因不宜提拔或者进一步使用的。

第三十一条 个别提拔任职或者进一步使用，按照干部管理权限，由党组（党委）、人事局研究确定考察对象。

考察对象一般应当多于拟任岗位人数，个别提拔任职或者进一步使用时意见比较集中的，也可以等额确定考察对象。

第三十二条 对确定的考察对象，按照干部管理权限，由组织人事部门进行严格考察。

双重管理领导人员的考察工作，由院党组负责组织实施，根据工作需要会同协管方进行。

第三十三条 考察领导岗位拟任人选，必须根据干部选拔任用条件和不同岗位职责要求，全面考察其德、能、勤、绩、廉，严把政治关、品行关、能力关、作风关、廉洁关。

突出政治标准，注重了解政治理论学习情况，深入考察政治忠诚、政治定力、政治担当、政治能力、政治自律等方面的情况。

深入考察道德品行，加强对工作时间之外表现的考察，注重了解社会公德、职业道德、学术道德、家庭美德、个人品德等方面的情况。

强化专业素养考察，深入了解专业知识、专业能力、专业作风、专业精神等方面的情况。

注重考察工作实绩，围绕贯彻落实中共中央重大决策部署，统筹推进“五位一体”总体布局和协调推进“四个全面”战略布局，深入了解履行岗位职责、贯彻新发展理念、推动高质量发展取得的实际成效。应当把贯彻落实习近平总书记致中国农业科学院贺信重要指示精神，贯彻落实部、院党组各项决策部署，履行党的建设职责，推动科技创新和成果转化，支撑乡村振兴和农业农村发展等作为考察评价的重要内容。

加强作风考察，深入了解为民服务、求真务实、勤勉敬业、敢于担当、奋发有为，遵守中央八项规定精神，反对形式主义、官僚主义、享乐主义和奢靡之风等情况。

强化廉政情况考察，深入了解遵守廉洁自律有关规定，保持高尚情操和健康情趣，慎独慎微，秉公用权，清正廉洁，不谋私利，严格要求亲属和身边工作人员等情况。

根据实际需要，针对不同层级、不同岗位考察对象，实行差异化考察，对党政正职人选，坚持更高标准、更严要求，突出把握政治方向、驾驭全局、抓班子带队伍等方面情况的考察。

第三十四条 考察领导岗位拟任人选，应当保证充足的考察时间，经过下列程序。

（一）制定考察工作方案。

（二）同考察对象所在部门或单位主要领导就考察工作方案沟通情况，征求意见。

（三）根据考察对象的不同情况，通过适当方式在一定范围内发布干部考察预告。

（四）采取个别谈话、发放征求意见表、民主测评、实地走访、查阅干部人事档案和工作资料等方法，广泛深入地了解情况，根据需要进行专项调查、延伸考察等，注意了解考察对象生活圈、社交圈情况。

（五）同考察对象面谈，进一步了解其政治立场、思想品质、价值取向、见识见解、适应能力、性格特点、心理素质等方面情况，以及缺点和不足，鉴别印证有关问题，深化对考察对象的研判。

（六）综合分析考察情况，与考察对象的一贯表现进行比较、相互印证，全面准确地对考察对象作出评价。

（七）向考察对象所在部门或单位主要领导反馈考察情况，并交换意见。

（八）考察组研究提出人选任用建议，向派出考察组的组织人事部门汇报，由组织人事部门研究提出任用建议方案，按照干部管理权限报告。

考察院机关部门、院属单位处级内设机构领导岗位拟任人选程序，可根据实际情况适当简化。

第三十五条 考察工作中，个别谈话和征求意见的范围一般如下。

（一）考察对象所在部门或单位领导班子成员。

（二）考察对象所在部门或单位内设机构负责人、创新团队首席。

（三）考察对象所在处室、团队人员。

（四）其他有关人员。

第三十六条 考察领导岗位拟任人选，应当听取考察对象所在单位组织人事部门、纪检监察部门和所在党组织的意见，根据需要可以听取巡视巡察机构、审计部门和其他相关部门意见。

组织人事部门必须严格审核考察对象的干部人事档案，查核个人有关事项报告，就党风廉政情况听取纪检监察部门意见，对反映问题线索具体、有可查性的信访举报进行核查。

考察对象所在单位党委（院机关部门党支部）必须就考察对象廉洁自律情况提出结论性意见，并由党委书记（党支部书记）、纪委书记（纪检委员）签字。

第三十七条 考察领导岗位拟任人选，必须形成书面考察材料，建立考察文书档案。已经任职的，考察材料归入本人干部人事档案。考察材料必须写实，评价应当全面、准确、客观，用具体事例反映考察对象的情况，包括下列内容。

（一）德、能、勤、绩、廉方面的主要表现以及主要特长、行为特征。

（二）主要缺点和不足。

（三）民主推荐、民主测评、考察谈话情况。

（四）审核干部人事档案、查核个人有关事项报告、听取纪检监察部门意见、核查信访举报等情况的结论。

第三十八条 干部考察文书档案包括以下材料。

（一）考察工作方案。

（二）民主推荐汇总表、民主测评汇总表。

（三）重要谈话记录。

（四）考察报告、考察材料、干部任免审批表。

（五）考察中重要问题的调查情况及结论。

（六）审核干部人事档案、查核个人有关事项报告、听取纪检监察部门意见、核查信访举报等情况的结论。

（七）其他相关材料。

第三十九条 考察组应由两名以上成员组成。成员应当符合下列条件和资格。

（一）中共党员。

（二）具有较高的思想政治素质，公道正派。

（三）熟悉和了解组织人事工作，严格遵守人事纪律和保密纪律。

（四）具有胜任考察工作所需的政策水平和业务知识。

（五）具有较强的综合分析能力和文字表达能力。

考察组负责人应当由思想政治素质好、具有较丰富工作经验并熟悉干部工作的人员担任，要具有一定级别的职务，与所担负的考察任务相适应。

第四十条 实行干部考察工作责任制。考察组必须坚持原则，公道正派，深入细致，如实反映考察情况和意见，对考察材料负责，履行干部选拔任用风气监督职责。

第七章 讨论决定

第四十一条 领导岗位拟任人选，在讨论决定或者决定呈报前，应当根据岗位和人选的不同情况，分别进行酝酿。院党组管理的领导人员，在院领导班子有关成员中分别进行酝酿。人事局管理的领导人员，在人事局及有关部门（单位）中分别进行酝酿。

双重管理领导人员的任免，应当征求协管方的意见。征求意见一般采用书面形式进行。

第四十二条 选拔任用领导人员，应当按照干部管理权限，由党组（党委）会议、人事局局务会议集体讨论作出任免决定。属于上级管理的，本级可以提出选拔任用建议。

第四十三条　有下列情形之一的，不得提交会议讨论。

（一）没有按照规定进行民主推荐、考察的。

（二）拟任人选所在单位党委（院机关部门党支部）对廉洁自律情况没有作出结论性意见的，或者纪检监察部门未反馈意见的，或者纪检监察部门有不同意见的。

（三）个人有关事项报告未查核或者经查核存疑尚未查清的。

（四）线索具体、有可查性的信访举报尚未调查清楚的。

（五）干部人事档案中身份、年龄、工龄、党龄、学历、经历等存疑尚未查清的。

（六）巡视巡察、审计等工作中发现重大问题尚未作出结论的。

（七）没有按照规定向上级报告或者报告后未经批复同意的领导人员任免事项。

（八）其他原因不宜提交会议讨论的。

第四十四条　讨论决定领导人员任免事项，必须有 2/3 以上成员到会，并保证与会成员有足够时间听取情况介绍、充分发表意见。与会成员对任免事项，应当逐一发表同意、不同意或者缓议等明确意见，党组（党委）主要负责人应当最后表态。在充分讨论的基础上，采取口头表决、举手表决或无记名投票等方式进行表决。意见分歧较大时，暂缓进行表决。

有关领导人员任免的决定，需要复议的，应当经超过半数成员同意后方可进行。

第四十五条　讨论决定领导人员任免事项，应当按照下列程序进行。

（一）逐个介绍拟任人选的推荐、考察和任免理由等情况，其中涉及破格提拔等需要按照要求事先向上级组织人事部门报告的选拔任用有关工作事项，应当说明具体事由和征求上级组织人事部门意见的情况。

（二）参加会议人员进行充分讨论。

（三）进行表决，以应到会成员超过半数同意形成决定。

第四十六条　需要上报审批或任前备案的领导人员，必须呈报请示并附干部任免审批表、干部考察材料、本人干部人事档案和会议纪要、讨论记录、民主推荐情况等材料。

需要报上级备案的领导人员，应当按照规定及时向上级组织人事部门备案。

第八章　任　职

第四十七条　任用领导人员实行选任制、委任制，对于专业性较强的领导岗位可以探索实行聘任制。

第四十八条　实行领导人员任职前公示制度。

提拔任用的领导人员，在讨论决定后、下发任职通知前，应当在一定范围内公示。公示内容应当真实准确，便于监督，涉及破格提拔的，还应说明破格的具体情形和理由。公示期不少于 5 个工作日。公示结果不影响任职的，办理任职手续。

第四十九条 实行领导人员任职试用期制度。

提拔任用的领导人员，试用期1年。试用期满经考核胜任现职的，正式任职，直接办理任职手续；基本胜任的，按干部管理权限报批后办理正式任职手续，正式任职前应当对其进行提醒谈话；不胜任的，按干部管理权限审批或备案后，免去试任职务。

第五十条 实行任职谈话制度。对决定任用的所局级领导人员，区别不同情况，由院长、院党组书记、分管院领导、纪律检查组组长，同本人分别进行任职谈话、政治谈话、工作谈话、廉政谈话，其中廉政谈话可采用集体谈话形式进行。实行所局级领导人员试用期满正式任职谈话制度。通过谈话，肯定成绩，指出不足，提出要求和需要注意的问题。

第五十一条 领导人员的任职时间，自集体讨论决定之日起计算。

第九章 任（聘）期制

第五十二条 严格实行院属单位领导班子和领导人员任期制，坚持任用有期、职责明确、严格考核、规范管理、到期解职的原则。

（一）院属单位领导班子和领导人员任期一般为5年。

（二）领导人员在同一岗位连续任职一般不超过10年，任职期满后，一般应当及时予以免职。工作特殊需要的，按照干部管理权限经批准后可适当延长任职年限。

（三）对达到现任岗位任职年限的优秀领导人员，可采取党政交叉任职、交流、轮岗、挂职等形式继续任职。领导人员担任同一职级领导职务累计一般不超过15年。

（四）领导人员在任期内应当保持稳定，除年龄、健康、组织调整等因素外，原则上应当任满一个任期。

第五十三条 实行院属单位领导班子和领导人员任期目标责任制。

领导班子任期目标，应当紧密围绕新发展阶段中国农业科学院的发展战略和总体部署，符合习近平总书记致中国农业科学院贺信重要指示要求，符合国家战略科技力量职能定位和单位长远发展规划，符合农业科技创新、成果转化和学科发展的自身规律，体现战略规划与科技布局、科技创新与成果产出、干部人才队伍建设、科研平台与条件建设、科技合作与成果转化、党建与创新文化建设等内容。

领导人员的任期目标，根据领导班子任期目标和岗位职责确定。

第五十四条 制定领导班子任期目标，应当充分听取学术委员会、职工代表大会或者科技人员代表等方面意见，由领导班子集体研究确定并报人事局备案，不涉密的在单位内公布。任期目标应当按照年度进行分解细化，形成可对照、可检查的具体内容。

第五十五条 对院属单位领导班子和领导人员实行任期考核。任期考核采取届中、届末考核的形式进行。届中考核在任期中间进行，届末考核在任期结束前3个月内进行。

领导班子任期考核应当以任期目标为依据，重点考核领导班子任期目标完成情况、重要工作进展情况，以及班子成员履职尽责情况，注重对科技创新和成果转化质量、贡献、绩效的考核。坚持党建工作与业务工作同步考核。

第五十六条 任期考核工作在院党组统一领导下，一般按照总结述职、民主测评、个别谈话、了解核实、实绩分析、形成考核结果等程序进行。结合院属单位实际，注意改进方法，简化程序，提高任期考核工作质量和效率，营造宽松的科研环境。

第五十七条 领导班子任期考核的评价等次，分为优秀、良好、一般、较差。领导人员任期考核的评价等次，分为优秀、合格、基本合格、不合格。

任期考核结果应当作为领导班子建设和领导人员选拔任用、培养教育、管理监督、激励约束等的重要依据。

第五十八条 健全完善领导干部退出激励保障机制。建立健全离任前谈话、离任颁发荣誉纪念牌、特约顾问、后续职业发展等制度。

第五十九条 实行院属单位处级领导人员聘期制。处级领导人员聘期原则上与单位领导班子任期同步，聘期一般为 5 年，也可根据实际需要作适当调整。

处级领导人员原则上应任满一个聘期。聘任期满，应当开展聘期考核。根据考核结果和岗位要求，进行续聘或重新选聘。

处级领导人员在同一岗位连续任职一般不超过 10 年。对达到现任岗位聘期年限的，一般应进行轮岗、交流或免职。

第十章 交流、回避

第六十条 实行领导人员交流制度。

（一）交流的对象主要是：因工作需要交流的；需要通过交流锻炼提高领导能力的；为优化领导班子结构而需要调整的；在一个单位或者内设机构工作时间较长的；按照规定需要回避的；因其他原因需要交流的。

（二）有计划地推进所局级、处级领导人员交流。特别是对财务审计、组织人事、纪检监察等部门处级干部，要结合聘期管理，积极推动交流轮岗，进一步防范化解潜在廉政风险。

（三）经历单一或者缺少基层工作经历，以及有潜力、有培养前途的年轻干部，应当有计划地派到基层、艰苦边远地区和复杂环境工作，坚决防止“镀金”思想和短期行为。

（四）加强工作统筹，加大干部交流力度。推进院机关部门之间、院属单位之间、院机关部门与院属单位之间、院系统与院外单位之间的干部交流。

（五）干部交流，按照干部管理权限组织实施。干部个人不得自行联系交流事宜，领导人员不得指定交流人选。同一干部不宜频繁交流。

（六）交流的领导人员接到任职通知后，应当在限定的时间内到任。跨地区跨单位交流的，应当同时转移行政关系、工资关系和党的组织关系。

第六十一条 实行领导人员任职回避制度。

领导人员任职回避的亲属关系为：夫妻关系、直系血亲关系、三代以内旁系血亲、近姻亲关系以及其他亲属关系。有上列亲属关系的，不得在同一部门（单位）担任双方直接隶属于同一领导人员的岗位或者有直接上下级领导关系的岗位，也不得在其中一方担任领导岗位的部门（单位）从事人事、纪检监察、审计、财务工作。

第六十二条 实行领导人员选拔任用工作回避制度。

讨论领导人员任免，涉及与会人员本人及其亲属的，本人必须回避。

干部考察组成员在干部考察工作中涉及其亲属的，本人必须回避。

第十一章 免职、辞职、降职

第六十三条 领导人员有下列情形之一的，一般应当免去现职。

（一）达到任（聘）期界限或退休年龄界限的。

（二）受到责任追究应当免职的。

（三）不适宜担任现职应当免职的。

（四）因违纪违法应当免职的。

（五）辞职或者调出的。

（六）非组织选派，个人申请离职学习期限超过 1 年的。

（七）因健康原因，无法正常履行工作职责 1 年以上的。

（八）因工作需要或其他原因应当免去现职的。

第六十四条 实行领导人员辞职制度。辞职包括因公辞职、自愿辞职、引咎辞职和责令辞职。

辞职应当符合有关规定，手续依照有关规定程序办理。

第六十五条 引咎辞职、责令辞职和因问责被免职的领导人员，1 年内不安排领导岗位，2 年内不得担任高于原任职务层次的领导岗位。同时受到党纪政务处分的，按照影响期长的规定执行。

第六十六条 实行领导人员降职制度。领导人员在年度考核中被确定为不合格的，因工作能力较弱、受到组织处理或其他原因不适宜担任现职务层次的，应当降职使用。降职使用的干部，其待遇按照新岗位的标准执行。

第六十七条 因不适宜担任现职调离岗位、免职的，1 年内不得提拔。降职使用的干部重新提拔，按照有关规定执行。

重新任职或者提拔任职，应当根据具体情形、工作需要和个人情况综合考虑，合理安排使用。

对符合有关规定给予容错的干部，应当客观公正对待。

第十二章　纪律和监督

第六十八条　选拔任用领导人员，必须严格执行本规定，并遵守下列纪律。

（一）不准超职数配备、超机构规格提拔领导人员、超审批权限设置机构配备干部，或者违反规定擅自设置职务名称、提高干部职务职级待遇。

（二）不准采取不正当手段为本人或者他人谋取职务、提高职级待遇。

（三）不准违反规定程序动议、推荐、考察、讨论决定任免干部，或者由主要领导成员个人决定任免干部。

（四）不准私自泄露研判、动议、民主推荐、民主测评、考察、酝酿、讨论决定干部等有关情况。

（五）不准在干部考察工作中隐瞒或者歪曲事实真相。

（六）不准在民主推荐、民主测评、组织考察和选举中搞拉票、助选等非组织活动。

（七）不准利用职务便利私自干预下级或者原任职单位干部选拔任用工作。

（八）不准在机构变动，主要领导成员即将达到任期界限、退休年龄界限或者已经明确即将离任时，突击提拔、调整干部。

（九）不准在干部选拔任用工作中任人唯亲、排斥异己、封官许愿，拉帮结派、搞团团伙伙，营私舞弊。

（十）不准篡改、伪造干部人事档案，或者在干部身份、年龄、工龄、党龄、学历、经历等方面弄虚作假。

第六十九条　加强干部选拔任用工作全程监督，严格执行干部选拔任用全程纪实和任前事项报告、"一报告两评议"、专项检查、立项督查、"带病提拔"问题倒查等制度。严肃查处违反组织人事纪律的行为。对违反本规定的事项，按照有关规定对单位主要领导和有关领导人员、组织人事部门有关领导人员以及其他直接责任人作出组织处理或者纪律处分；涉嫌违法犯罪的，移送有关国家机关依法处理。

对无正当理由拒不服从组织调动或者交流决定的，依规依纪予以免职或者降职使用，并视情节轻重给予处分。

第七十条　实行领导人员选拔任用工作责任追究制度。凡用人失察失误造成严重后果的，本部门本单位用人上的不正之风严重、干部群众反映强烈以及对违反组织人事纪律的行为查处不力的，应当根据具体情况，按照《干部选拔任用工作监督检查和责任追究办法》，严肃追究部门（单位）及其主要领导、有关领导人员，组织人事部门、纪检监察部门、干部考察组有关领导人员以及其他直接责任人的责任。

第七十一条　院党组及人事局对干部选拔任用工作和贯彻执行本规定的情况进行监督检查，认真受理有关干部选拔任用工作的举报、申诉，制止、纠正违反本规定的行为，并对有关责任人提出处理意见或者处理建议。

纪检监察部门、巡察机构按照有关规定，加强对干部选拔任用工作的监督检查。

第七十二条 实行干部监督工作联席会议制度，就加强领导人员选拔任用工作的监督，沟通信息，交流情况，研究问题，提出意见和建议。院联席会议由人事局召集。

第七十三条 党组（党委）及其组织人事部门在干部选拔任用工作中，必须严格执行本规定，坚持出以公心、公正用人，严格规范履职用权行为，自觉接受党内监督、社会监督、群众监督。下级机关和党员、干部、群众对干部选拔任用工作中的违规违纪行为，有权向上级党组织及其组织人事部门、纪检监察部门举报、申诉，受理部门应当按照有关规定查核处理。

第十三章 附 则

第七十四条 本规定由人事局负责解释。

第七十五条 本规定自印发之日起施行。院党组 2014 年 3 月 19 日印发的《中国农业科学院党政领导干部选拔任用工作规定》（农科院党组发〔2014〕16 号）同时废止，其他与本规定精神不符合的相关要求从本规定。

中国农业科学院管理的干部职务名称

农科院党组发〔2021〕42 号

一、中共中国农业科学院党组管理的干部职务名称

（1）中国农业科学院纪律检查组副组长

（2）中国农业科学院办公室副主任

（3）中国农业科学院科技管理局副局长

（4）中国农业科学院人事局副局长

（5）中国农业科学院财务局副局长

（6）中国农业科学院基本建设局副局长

（7）中国农业科学院国际合作局副局长

（8）中国农业科学院成果转化局副局长

（9）中国农业科学院直属机关党委副书记、纪委书记

（10）中国农业科学院监察局副局长，正、副所级纪检监察专员

（11）中国农业科学院后勤服务中心副主任、党委副书记、纪委书记

（12）中国农业科学院作物科学研究所副所长（南繁育种研究中心副主任）、党委副书记、纪委书记

（13）中国农业科学院植物保护研究所副所长、党委副书记、纪委书记

（14）中国农业科学院蔬菜花卉研究所副所长、党委副书记、纪委书记

（15）中国农业科学院农业环境与可持续发展研究所副所长、党委副书记、纪委书记

（16）中国农业科学院北京畜牧兽医研究所副所长（中国动物卫生与流行病学中心北京分中心副主任）、党委副书记、纪委书记

（17）中国农业科学院蜜蜂研究所副所长、党委副书记、纪委书记

（18）中国农业科学院饲料研究所副所长、党委副书记、纪委书记

（19）中国农业科学院原子能利用研究所（农产品加工研究所）副所长、党委副书记、纪委书记

（20）中国农业科学院生物技术研究所副所长、党委副书记、纪委书记

（21）中国农业科学院农业经济与发展研究所副所长、党委副书记、纪委书记

（22）中国农业科学院农业资源与农业区划研究所副所长、党委副书记、纪委书记

（23）中国农业科学院农业信息研究所副所长、党委副书记、纪委书记

（24）中国农业科学院农业质量标准与检测技术研究所副所长（农业农村部农产品质量标准研究中心副主任）、党委副书记、纪委书记

（25）中国农业科学技术出版社有限公司党委书记、执行董事、经理、社长、总编辑、党委副书记、纪委书记、副社长、监事

（26）中国农业科学院农田灌溉研究所副所长、党委副书记、纪委书记

（27）中国农业科学院棉花研究所副所长、党委副书记、纪委书记

（28）中国农业科学院油料作物研究所副所长、党委副书记、纪委书记

（29）中国农业科学院麻类研究所副所长、党委副书记、纪委书记

（30）中国农业科学院果树研究所副所长、党委副书记、纪委书记

（31）中国农业科学院郑州果树研究所副所长、党委副书记、纪委书记

（32）中国农业科学院茶叶研究所副所长、党委副书记、纪委书记

（33）中国农业科学院哈尔滨兽医研究所副所长（中国动物卫生与流行病学中心哈尔滨分中心副主任）、党委副书记、纪委书记

（34）中国农业科学院兰州兽医研究所副所长（中国动物卫生与流行病学中心兰州分中心副主任）、党委副书记、纪委书记

（35）中国农业科学院兰州畜牧与兽药研究所副所长、党委副书记、纪委书记

（36）中国农业科学院上海兽医研究所副所长（中国动物卫生与流行病学中心上海分中心副主任）、党委副书记、纪委书记

（37）中国农业科学院草原研究所副所长、党委副书记、纪委书记

（38）中国农业科学院特产研究所副所长、党委副书记、纪委书记

（39）农业农村部环境保护科研监测所副所长、党委副书记、纪委书记

（40）农业农村部成都沼气科学研究所副所长、党委副书记、纪委书记

（41）农业农村部南京农业机械化研究所副所长、党委副书记、纪委书记

（42）中国农业科学院烟草研究所副所长、党委副书记、纪委书记

（43）中国农业科学院农业基因组研究所副所长、党委副书记、纪委书记

（44）中国农业科学院都市农业研究所副所长、党委副书记、纪委书记

上述职务名称中，人事局副局长任免前须报农业农村部人事司备案；直属机关党委副书记、纪委书记任免前需征求农业农村部机关党委意见；监察局副局长任免前须征求中央纪委国家监委驻农业农村部纪检监察组意见。按规定，中国农业科学技术出版社有限公司党委书记、执行董事、经理、社长、监事的任免须事先征得中央宣传部[①]、财政部同意，任免后须及时报财政部。

① 中国共产党中央委员会宣传部，简称中央宣传部。

二、人事局管理的干部职务名称

（1）院机关处级以下干部

（2）后勤服务中心处级领导人员

（3）院属研究所所长助理

上述职务名称中，院机关及后勤服务中心正处级领导人员任免前须经院党组研究同意。

三、向人事局任前备案的干部职务名称

（1）院属单位人事处处长、副处长

（2）未设人事处单位负责人事工作的处级领导人员

中共中国农业科学院党组关于印发《中国农业科学院干部年度考核工作办法（试行）》的通知

农科院党组发〔2021〕43号

院机关各部门、院属各单位：

《中国农业科学院干部年度考核工作办法（试行）》已经中共中国农业科学院党组2021年第12次会议审议通过，现印发给你们，请结合实际认真遵照执行。

中国农业科学院党组

2021年7月30日

中国农业科学院干部年度考核工作办法（试行）

第一章　总　则

第一条　为科学评价干部政治素质、履职能力、工作成效、作风表现，切实加强对干部的管理监督，激励干部锐意进取、担当作为，踊跃投身农业科技创新事业，积极推进院所改革发展，根据中组部、人力资源和社会保障部、农业农村部有关规定，结合中国农业科学院实际，制定本办法。

第二条　年度考核工作以习近平新时代中国特色社会主义思想为指导，贯彻落实新时代党的组织路线，坚持把政治标准放在首位，注重把考核结果运用到干部选拔任用、教育培养、管理监督、激励关爱工作中，充分发挥干部考核指挥棒、风向标、助推器作用，推动形成能者上、优者奖、庸者下、劣者汰的正确导向，引导全院干部树立正确业绩观，推动院所事业快速发展。

第三条　年度考核工作坚持党管干部，德才兼备、以德为先，事业为上、公道正派，注重实绩、群众公认，客观全面、简便有效，考用结合、奖惩分明的原则，在部、院党组领导下，按照干部管理权限分级组织实施。

第四条　本办法适用于中国农业科学院所局级领导人员和机关处级以下干部。

第二章　考核内容和标准

第五条　以考核对象的岗位职责和所承担的工作任务为基本依据，全面考核德、能、勤、绩、廉，重点考核政治素质和工作实绩。

（一）德。全面考核干部政治品质和道德品行。考核干部的政治品质，重点了解坚定理想信念、对党忠诚、尊崇党章、遵守政治纪律和政治规矩，在思想上政治上行动上同以习近平同志为核心的党中央保持高度一致等情况。对领导班子成员特别是主要负责人，还应当把贯彻执行民主集中制、执行请示请假报告制度、发挥表率作用等作为重要内容。考核干部的道德品行，重点了解坚守忠诚老实、公道正派、实事求是、清正廉洁等价值观，遵守社会公德、职业道德、学术道德、家庭美德和个人品德等情况。

（二）能。全面考核干部履职尽责特别是应对突发事件、群体性事件过程中的政治能力、专业素养和组织领导能力等情况。重点了解贯彻党中央、农业农村部和院党组决策部署，全面落实“四个面向”、加快建设“两个一流”，深化体制机制改革、推进院所治理体系和治理能力现代化等情况。

（三）勤。全面考核干部的精神状态和工作作风，重点了解发扬革命精神、斗争精神，坚持“三严三实”，勤勉敬业、恪尽职守，认真负责、紧抓快办，锐意进取、敢于担当，艰苦奋斗、甘于奉献等情况。

（四）绩。全面考核干部坚持正确业绩观，履职尽责、完成日常工作、承担急难险重任务、处理复杂问题、应对重大考验的情况和实际成效。对领导班子成员特别是主要负责人，重点考核推动科技创新和成果转化，加强干部人才队伍建设，强化重大平台和条件建设，支撑产业发展，服务乡村振兴等工作的成效。考核各单位（部门）党组织书记的工作实绩，首先看抓党建工作的成效，考核领导班子其他党员领导人员的工作实绩应当加大抓党建工作的权重。

（五）廉。全面考核干部落实党风廉政建设“一岗双责”政治责任，遵守廉洁自律准则，落实中央八项规定及其实施细则精神，秉公用权，树立良好家风，反对“四风”和特权思想、特权现象等情况。

第六条 年度考核结果一般分为优秀、合格、基本合格、不合格 4 个等次。

优秀是指综合表现突出，出色履行岗位职责和要求，圆满地完成了年度工作任务，成绩显著。基层党建述职评议考核中，党组织书记抓基层党建工作情况综合评价等次未达到“好”的，其年度考核结果不得确定为优秀等次。选人用人“一报告两评议”中，排名靠后的单位（部门）主要负责人年度考核结果不得确定为优秀等次。研究所评价中，排名靠后的单位领导班子成员年度考核结果一般不得确定为优秀等次。

合格是指综合表现好，认真履行岗位职责和要求，较好地完成了年度工作任务。

基本合格是指综合表现勉强达到岗位职责和要求，或者在某个方面存在明显不足、有较大问题。

不合格是指综合表现达不到岗位职责和要求，或者在某个方面存在严重问题、出现重大错误。对不按要求参加或者不认真配合考核工作，经教育后仍不改正的，年度考核结果直接确定为不合格等次。

第七条 干部在履职担当、改革创新过程中出现失误错误，经综合分析给予容错的，应当客观评价，合理确定考核结果。

第八条 民主测评情况应作为确定考核等次的重要参考。

（一）优秀票率和合格票率合计在 80%以上，且优秀票率在 30%以上的，可评定为优秀等次。

（二）不合格票率在 1/5 以上，或者基本合格票率和不合格票率合计在 1/3 以上，经组织考核认定，应评定为基本合格等次。

（三）不合格票率在 1/3 以上，经组织考核认定，应评定为不合格等次。

（四）其他情况一般应评定为合格等次。

第九条 年度考核优秀等次比例按照有关规定确定。

第三章　考核程序和方法

第十条　年度考核工作一般在每年年末或者翌年年初组织开展。基本程序包括：总结述职、民主测评、确定考核等次、公示、反馈、归档等。

第十一条　总结述职。召开会议，领导班子总结报告全年工作，干部进行个人述职。述职范围与《中国农业科学院领导人员选拔任用工作规定》会议推荐参加人员范围相同。

第十二条　民主测评。

（一）院机关各部门领导班子成员（含后勤中心）、院属各单位党政主要负责人，由院领导（院长、党组书记、分管院领导）、本单位干部职工对其进行民主测评。测评结果以院领导 50%（院长 20%、党组书记 20%、分管院领导 10%）、本单位干部职工 50%的权重，分别计算获得优秀、合格、基本合格和不合格 4 个考核等次的得票率。

（二）院属单位其他领导班子成员由各单位组织进行民主测评。测评结果以本单位党政主要负责人 50%、其他干部职工 50%的权重，分别计算获得优秀、合格、基本合格、不合格 4 个考核等次的得票率。

（三）院机关各部门处级以下干部由各部门组织进行民主测评。测评结果以本部门领导班子成员 50%、其他干部 50%的权重，分别计算获得优秀、合格、基本合格、不合格 4 个考核等次的得票率。

第十三条　确定考核等次。

（一）部党组管理的所局级领导人员考核等次，由院党组提出建议，报农业农村部审定。

（二）院党组管理的所局级领导人员考核等次，由人事局根据测评结果和平时掌握情况提出建议，报院主要领导审定。其中，拟确定为基本合格和不合格等次的，以适当方式同干部本人沟通后，提交院党组会议审定。

（三）院机关各部门处级以下干部考核等次，由各部门根据测评结果和平时掌握情况提出建议，报人事局审定。

第十四条　公示。对拟定为优秀等次的人选，按照有关要求在一定范围内公示，公示时间为 5 个工作日。

第十五条　反馈。考核等次确定后，“年度考核登记表”返回考核对象本人，并由本人签署意见。

第十六条　归档。各单位应在考核工作结束后 1 个月内将“年度考核登记表”存入干部人事档案。

第四章　特殊对象的考核

第十七条　新录用的干部在试用期内参加年度考核，不确定考核等次，只写评语，作为任职、定级的依据。

担任多项职务的干部，一般在承担主要工作职责的单位进行年度考核，对兼任的其他工作以适当方式进行了解。

新提拔任职的干部，按照现任职务进行年度考核，注意了解在原任职岗位的工作情况。

交流任职的干部，在现工作单位进行年度考核，其交流任职前的有关情况由原单位提供。

援派或者挂职锻炼的干部，由当年工作半年以上的地方或者单位进行年度考核，以适当方式听取派出单位或者接收单位的意见。

由组织选派参加培训、学习的干部，由派出单位进行年度考核，培训学习期间的表现作为考核内容。

本年度病、事假累计超过半年的干部，参加年度考核，不确定等次。

第十八条　驻外干部、公派出国留学人员按照有关规定进行年度考核。

第十九条　涉嫌违纪违法被立案调查尚未结案、受处分或者组织处理的干部，其年度考核按照有关规定进行。

第五章　考核结果运用

第二十条　年度考核结果作为调整干部岗位、职务、级别、工资以及奖励、培训、解聘的依据。

第二十一条　依据考核结果，激励约束干部。

（一）年度考核结果为优秀等次的，按照有关规定给予嘉奖。

（二）年度考核结果为合格及以上等次的，按照有关规定享受年度考核奖金、增加薪级工资。

（三）年度考核结果为基本合格等次的，应当对其进行诫勉，限期改进。连续 2 年考核结果为基本合格等次的，应予以组织调整。

（四）年度考核结果为不合格等次的，按照规定程序降低一个职务级别任职。连续 2 年考核结果为不合格等次的，予以解聘。

（五）不参加年度考核、参加年度考核不确定等次或者年度考核结果为基本合格以下等次的，该年度不计算为晋升职务级别的任职年限，不能正常增加薪级工资。

（六）干部不适宜担任现职的，应当根据有关规定对其进行调整。

第六章　附　则

第二十二条　年度考核工作中违反有关规定和纪律的，视情节轻重追究责任。造成考核结果失实的，考核结果无效。

第二十三条　院属单位处级以下干部，院（所）办企业领导人员及职工年度考核工作，由各单位参照本办法制定具体实施办法。

第二十四条　本办法由人事局负责解释。

第二十五条　本办法自印发之日起施行。院党组 2006 年 12 月 13 日印发的《中国农业科学院干部年度考核工作暂行规定》（农科院党组发〔2006〕55 号）同时废止。

中共中国农业科学院党组关于印发《中国农业科学院领导人员任前公示办法》的通知

农科院党组发〔2021〕44号

院机关各部门、院属各单位：

《中国农业科学院领导人员任前公示办法》已经中共中国农业科学院党组2021年第12次会议审议通过，现印发给你们，请结合实际认真遵照执行。

中国农业科学院党组

2021年7月30日

中国农业科学院领导人员任前公示办法

第一条 根据《党政领导干部选拔任用工作条例》《关于推行党政领导干部任前公示制的意见》《农业农村部司处级干部任前公示办法》和《中国农业科学院领导人员选拔任用工作规定》等有关文件，结合中国农业科学院实际，制定本办法。

第二条 任前公示是指，对任免机关讨论决定拟提拔任用的领导人员，在下发任职通知前，将其有关情况通过一定方式在一定范围和期限内进行公布，广泛听取群众意见后再决定是否任职。

第三条 本办法适用于院党组管理的所局级领导人员，院机关部门、院属单位处级领导人员。平级转任重要职务的人选，根据实际情况，也可列入公示范围。

第四条 领导人员任前公示的有关工作，由组织人事部门负责组织实施，有关部门做好配合工作。

第五条 公示内容：拟任人选的姓名、性别、政治面貌、出生年月、学历学位、现任职务、拟任职务等自然情况及受理反映的方式、渠道。干部职工人数较多的单位，公示时应附本人照片。涉及破格提拔的还应当说明破格的具体情形和理由。

第六条 公示时间为 5 个工作日。公示期从发布公示通知的第二天起算，第二天为节假日的，以节假日后的第一个工作日起算；公示期间含节假日的，应予以扣除；公示期截止日为节假日的，同样以节假日后的第一个工作日为公示期截止日。

第七条 公示程序。

（一）在拟任人选原工作单位、拟任职单位和相关单位发布公示公告。

（二）受理群众反映的有关问题。

（三）调查核实群众反映的问题，并向署名或当面反映问题的群众反馈调查核实结果。其中，组织人事部门已经掌握的情况，不再重复调查。

（四）根据调查核实情况，提出是否任用的意见并报主管领导。

第八条 公示期满后，对拟任人选无反映的，按有关程序办理任职手续。

第九条 在公示期限内，对拟任人选有反映的，根据调查核实情况及以下原则进行处理。

（一）所反映问题不存在的，予以任用。

（二）属一般性缺点、不足，不影响提拔任用的，按预定方案任用，并在任用谈话时向干部指出存在问题，督促改正。

（三）对政治忠诚、政治定力、政治担当、政治能力、政治自律、道德品行、廉洁自律等方面存在严重问题的，按干部管理权限进行复议，一般不予任用；属于违纪违法的，移交纪检监察部门或司法机关处理。

（四）反映问题性质比较严重，一时难以查实但又不能轻易否定的，暂缓任用。暂缓任用的时间一般不应超过3个月。3个月内仍未查实的，由公示对象本人作出负责任的书面说明，经任免机关研究认为不影响任职的，可履行任职手续。如果查核时间超过3个月，任职时间从批准查核报告之日起计算。任职后如经查实发现有影响任用问题的，解除现职并依照有关规定从严处理。

第十条 在公示期限内反映拟任人选的有关问题，由组织人事部门负责受理，并及时通报纪检监察部门。对涉嫌违纪违法的重大问题，可由组织人事部门会同纪检监察部门共同进行调查。有关部门对反映人和反映内容应严格保密。

第十一条 受理问题的范围：拟任人选在政治思想、业务能力、工作作风、道德品行、廉洁自律及遵纪守法等方面存在的问题。

第十二条 反映问题的方式：传真、信函或直接到组织人事部门反映。

第十三条 反映人的责任如下。

（一）反映问题应真实客观、实事求是。对故意诬陷拟任人选的，一经查实，交有关部门严肃处理。

（二）反映的问题应具有可核查性。反映人应尽可能提供必要的调查线索（时间、地点、事件经过、证人及佐证材料等）。

（三）反映人应用真实姓名、身份并提供联系方式。

第十四条 本办法由人事局负责解释。

第十五条 本办法自印发之日起施行。院党组2006年6月28日印发的《中国农业科学院领导干部任前公示办法》（农科院党组发〔2006〕26号）同时废止。

中共中国农业科学院党组关于印发《中国农业科学院领导人员任职试用办法》的通知

农科院党组发〔2021〕45 号

院机关各部门、院属各单位：

《中国农业科学院领导人员任职试用办法》已经中共中国农业科学院党组 2021 年第 12 次会议审议通过，现印发给你们，请结合实际认真遵照执行。

中国农业科学院党组

2021 年 7 月 30 日

中国农业科学院领导人员任职试用办法

第一条 根据《党政领导干部选拔任用工作条例》《党政领导干部任职试用期暂行规定》《农业农村部司处级领导干部任职试用办法》和《中国农业科学院领导人员选拔任用工作规定》等有关文件，结合中国农业科学院实际，制定本办法。

第二条 任职试用是指，经任免机关讨论决定拟提拔任用的领导人员，先到拟任岗位工作一定时间，经考核再决定是否正式任用。

第三条 本办法适用于提拔担任院党组管理的所局级领导人员，以及院机关部门、院属单位管理的处级领导人员。

第四条 领导人员任职试用期为1年，自任职试用文件下发之日算起。

第五条 领导人员试用期间，履行所任职务的职责，享受相应职务的待遇。

第六条 领导人员试用期间，一般不调整其工作岗位。

第七条 试用期间，未经任免机关同意，试用对象在试用岗位上履行职责的时间累计不到9个月的，视其情况，经主管领导批准，试用时间相应延长；不到6个月的，按干部管理权限审定后，一般解除其试用职务，因工伤、产假等特殊原因离岗的，试用时间可适当延长。

第八条 试用期间工作出现重大失误或者犯有严重错误、不宜继续试用的，因特殊原因不宜继续试用的，按干部管理权限审批或备案后，可以提前终止试用期。

第九条 试用期满，应对试用对象进行考核。试用期满时间与年度考核时间接近的，可与年度考核结合进行。

第十条 试用期满考核一般采取个人述职、民意测验、个别谈话等方式进行。参加民意测验人员的范围，按照领导人员选拔任用民主推荐的有关规定范围执行。

第十一条 试用期满经考核胜任现职的，正式任职，直接办理任职手续；基本胜任的，按干部管理权限报批后办理正式任职手续，正式任职前由其分管领导对其进行提醒谈话；不胜任的，按干部管理权限审批或备案后，免去试任职务。考核结果的确定可参照干部年度考核有关规定。

第十二条 正式任职的，试用期计入任职时间，并填写《中国农业科学院领导人员试用期满任职审批表》，记载干部试用期间工作表现情况、考核测评、考察谈话情况和主要不足等内容。

第十三条 被解除试用职务的，一般按照试用前职级安排工作，重新核定有关待遇。

第十四条 本办法由人事局负责解释。

第十五条 本办法自印发之日起施行。院党组2006年4月28日印发的《中国农业科学院所（局）级领导干部任职试用办法》（农科院党组发〔2006〕27号）同时废止。

附件：中国农业科学院领导人员试用期满任职审批表（样表）（略）

坚持人才引领发展地位　打造国家战略科技力量 为实现高水平科技自立自强提供人才支撑

——吴孔明院长在中国农业科学院第五次人才工作会议上的讲话

2021 年 12 月 13 日

同志们：

今年是中国共产党百年华诞，也是奋力实现第二个百年奋斗目标新征程“十四五”开局之年，我们在此隆重集会，召开第五次人才工作会议，主要任务是学习贯彻十九届六中全会精神和中央人才工作会议精神，继承和发扬党的百年奋斗精神和宝贵经验，深入落实“四个面向”“两个一流”指示要求，总结前四次人才工作会议成效，以“强领军、推年轻、活机制、抓管理”为重点，统筹推进四支队伍建设，持续深化人才发展体制机制改革，努力打造国家农业战略人才力量，为实现高水平农业科技自立自强、全面推进乡村振兴提供高质量的人才支撑和坚强的组织保障。下面我讲三点意见。

一、深化认识、提高站位，准确把握新时代农业科技人才工作新形势、新任务、新愿景

2021 年 9 月 27—28 日，中央人才工作会议在北京召开，这是第一次以中央名义高规格举办的人才工作会议。此次会议的召开，彰显出以习近平同志为核心的党中央对新时代人才战略价值的深刻认识，展现出党坚定实施新时代人才强国战略的坚定决心，也释放出我国聚焦实现高水平科技自立自强，走出一条人才引领、创新驱动的民族复兴之路的强烈信号，为实施新时代人才强国战略进行了战略谋划和系统布局，在推动我国人才事业发展历程中具有里程碑式的重大意义。

国家发展靠人才，民族振兴靠人才。习近平总书记站在党和国家事业发展全局的高度，一是系统总结了新时代人才工作新理念新战略新举措。党的十八大以来，中共中央深刻回答了为什么建设人才强国、什么是人才强国、怎样建设人才强国的重大理论和实践问题，并将我国人才事业发展的规律性认识首次归纳为“八个坚持”，这是做好新时代人才工作的根本遵循，需要始终坚持并不断丰富发展。二是深刻分析了新时代人才发展面临的重大机遇。党的十八大以来，中共中央作出人才是实现民族振兴、赢得国际竞

争主动的战略资源的重大判断，作出全方位培养、引进、使用人才的重大部署，推动新时代人才工作取得历史性成就、发生历史性变革，我国人才工作已经站在一个新的历史起点上，比历史上任何时期都更加渴求人才。三是精心擘画了新时代人才强国战略的战略图景。总书记提出加快建设世界重要人才中心和创新高地的蓝图，明确了2025年、2030年、2035年三个关键时间节点任务目标。这是中共中央着眼百年未有之大变局，在人才发展领域提出的新目标、新指向，明确了我国在未来全球人才发展版图中的角色定位，表明了党对人才工作布局的战略自信和战略气魄。四是全面部署了实施新时代人才强国战略的行动纲领。习近平总书记强调，要深化人才发展体制机制改革，着力解决多年困扰、反映强烈的突出问题；要加快建设国家战略人才力量，把战略人才力量作为重中之重来抓；要全方位培养、引进、用好人才，支撑我国高水平科技自立自强。这些关乎全局性、战略性的重大举措，是新时代推进人才强国战略的动员令，增强了我们做好人才工作的责任感和使命感。

习近平总书记始终高度重视“三农”工作，对农业农村人才工作先后作出“人才振兴是乡村振兴的基础”“创新乡村人才工作体制机制，充分激发乡村现有人才活力”“造就一支懂农业、爱农村、爱农民的‘三农’工作队伍”等一系列重要论述，明确了农业农村人才工作的战略定位、目标方向、重点任务等，为新时代农业科技人才工作指明了前进方向，提供了根本遵循，我们一定要深入领会精神实质和各项要求，准确把握好新时代农业科技人才工作的新形势、新任务、新愿景，将中央人才工作会议确定的战略目标、重点任务、政策措施，转化为我院人才工作的具体思路措施，确保中央关于人才工作的各项决策部署在我院落地见效，以高质量国家战略人才力量引领“三农”事业快速发展。

（一）准确把握新时代农业科技人才工作新形势

刚刚闭幕的十九届六中全会对党的百年奋斗重大成就和历史经验进行了全面总结，全会通过的《中共中央关于党的百年奋斗重大成就和历史经验的决议》指出，党的十八大以来，党始终把解决好“三农”问题作为全党工作重中之重，实施乡村振兴战略，加快推进农业农村现代化，坚持“藏粮于地、藏粮于技”，实行最严格的耕地保护制度，推动种业科技自立自强、种源自主可控，确保把中国人的饭碗牢牢端在自己手中。党坚持实施创新驱动发展战略，把科技自立自强作为国家发展的战略支撑，健全新型举国体制，强化国家战略科技力量，加快建设创新型国家和世界科技强国。党坚持党管人才原则，实行更加积极、更加开放、更加有效的人才政策，深入实施新时代人才强国战略，加快建设世界重要人才中心和创新高地，聚天下英才而用之。当前，我国已进入实现第二个百年奋斗目标新征程，“三农”工作重心从脱贫攻坚历史性转向全面推进乡村振兴。习近平总书记强调，全面实施乡村振兴战略的深度、广度、难度都不亚于脱贫攻坚。乡村振兴战略总目标是实现农业农村现代化。目前，我国农业农村发展仍面临农业基础还不稳固、稳产保供能力仍需进一步强化、农村人居环境和产业融合发展水平亟待提升等短板，比任何时候都更加需要科技创新这个第一动力，对强化国家战略科技力量、实现农业科技自立自强、加快农业科技成果精准供给等提出了更为迫切的要求。我院作为农业科研国家队，必须胸怀“国之大者”，在乡村振兴战略全局中找准职责定位，顺应农业科技发展新规律和新特点，打造一支高水平的国家农业战略科技力量，突破重大科学问题和技术难题，在基础前沿领域占有一席之地，在关键核心技术领域自主可控，为农业农村现代化提供综合解决方案。今天下午，按照农业农村部党组的统一安排，要召开全国农业科技人才工作交流会，唐仁健部长将出席会议并作重要讲话。近期，农业农村部围绕新形势下推动农业科技人才工作进行了大量的调研，也明确了为新时代农业科技人才发展提供政策资源的支持，这是非常好的推动人才工作发展的历史性机遇。

（二）准确把握打造新时代农业战略人才力量的新任务

国家科技创新力的根本源泉在于人才。要以总书记强调的建设四类战略人才作为重中之重，坚持人才工作“四个面向”的目标方向，谋划部署当前和未来一个时期的工作。首先，面向世界科技前沿，抢高点、赢主动，迫切需要一支前沿引领型的农业战略人才力量，强化基础问题研究，聚焦农业生物组学、合成生物学、光合作用机理、生物固氮机理、植物逆境响应和动物免疫调控机制、营养代谢调控机制等领域，加快农业新兴与交叉技术创新，取得科学发现，提出科学理论；推进前沿技术研究，聚焦生物育种技术、现代信息技术、新材料技术、精准农业技术等领域，努力取得一批重大自主创新成果，把科技自主权、发展主动权牢牢掌握在自己手中。其次，面向经济主战场，促振兴、添动能，迫切需要一支产业引领型的农业战略人才力量，推动农业绿色与可持续发展，实现资源利用高效化、生产过程清洁化、农业产出绿色化；立足不同区域农业差异和产业发展布局，加强科技创新、产品创制、技术集成、模式推广，精准、高效推进区域农业现代化；开展农村人居环境治理、数字乡村治理、乡村规划、产业经济、农村改革等研究，促进乡村全面发展，推动和保障乡村振兴，把成果应用在实现农业农村现代化的伟大事业中。再次，面向国家重大需求，补短板、强弱项，迫切需要一支攻关引领型的农业战略人才力量，围绕种子和耕地“两大要害”，瞄准关键技术“卡点”、产业链“断点”、产学研“堵点”，取得一批良种培育、土壤保育、地力提升、生物安全、疫病防控、农机装备等重大实用技术成果，夯实农作物、畜禽、微生物种质资源收集保存、鉴定评价与创新利用等基础性长期性工作，实现关键核心技术自主可控，保障粮食安全与重要农产品有效供给，夯实农业产业发展基础。最后，面向人民生命健康，保安全、提品质，迫切需要一支健康引领型的农业战略人才力量，进一步满足人民对美好生活的新期待，加快农产品贮运保鲜、精深加工、质量安全等技术研发，提升商品品质、风味品质、营养品质和功能组分，推进农产品优质安全与营养健康，改善人民生活品质、增强人民健康素质，为人民生命健康保驾护航。

（三）准确把握建设新时代农业科技人才中心和创新高地的新愿景

总书记对建设世界重要人才中心和创新高地提出三步走战略，用15年时间，实现国家战略科技力量和高水平人才队伍位居世界前列的目标。具体到我院，也要明确近期、中期、远期发展目标。近期目标要解决当前生产中的一批“卡脖子”问题和关键核心技术需求，打好种业翻身仗，抓住耕地质量提升这个关键，尽快解决非洲猪瘟、草地贪夜蛾等生物安全问题，培养造就一支具有国际水平的战略科技人才和科研创新团队，支撑我院成为推动乡村全面振兴和建设科技强国的核心战略力量。中期目标要更多地围绕科技自立自强，在基础研究领域形成一批突破性成果，在新兴前沿交叉领域实现更高水平并跑、领跑，基本实现关键核心技术自主可控，进一步增强我院科技创新能力、综合发展实力和国际影响力，为我国农业农村现代化取得明显进展提供人才支撑。远期目标要实现建设世界一流学科和世界一流科研院所的远景，支撑我国成为世界主要农业科学中心和人才高地，成为世界重要的农业科技发源地、原创地，国家战略科技力量和高水平人才队伍位居世界前列，为我国基本实现农业农村现代化打好人才基础。

二、认清形势、明晰差距，增强实施新时代人才强院战略的责任感和紧迫感

四年多来，我院在贺信精神指引下，贯彻落实新时代党的组织路线，大力实施人才强院战略，着力培养、引进、用好各类人才，形成了一支规模相对适宜、结构趋于合理、作用发挥日益突出的人才队伍，为履行国家队职责提供了有力支撑。

（一）坚持党管人才，院所联动常抓不懈

坚持党对人才工作的全面领导，院党组和所党委发挥了坚强的组织保障作用。一是牵头抓总、谋篇布局。把人才队伍建设作为重中之重，2017年以来，院出台19项人才制度，研究所配套制度350余项。连续召开人才工作会议，每次会议主题突出、任务明确，院领导3次带队开展专项调研和督查，各单位落实情况总体良好，平均完成率达到92%。二是一以贯之、持续推进。为解决青年人才供给不足问题，实施青年英才计划“引进工程”，为挖掘自有人才创新潜力，实施青年英才计划“培育工程”。为促进人才梯次发展，2017年实施农科英才政策，在青年英才基础上，增设顶端人才、领军人才，这项政策已进入第5个年头。科技创新离不开科研辅助人员的有力支撑，离不开转化队伍的示范推广，院里又出台了“支撑英才”和“转化英才”政策。这些政策初步构成了我院的人才制度体系。三是立足实际、创设政策。院里抓关键少数，发挥示范带动作

用。研究所作为用人主体，近年来，采取了很多务实管用的好措施。香山人才、中稻英才、岳麓人才、“千里马”人才、珠峰计划、扬帆计划、培优计划、特研英杰等纷纷落地实施。作科所设立阿里巴巴人才基金，生物所范云六院士、郭三堆研究员个人出资设立基金、奖掖后学，体现了老一辈科学家对人才工作的关心和支持，人才优先发展理念已深入人心。

（二）坚持双轮驱动，引育并举同频共振

自筹经费实施农科英才政策，在引才和育才方面给予特殊支持。一是立足需求广聚人才。坚持高精尖缺和宁缺毋滥，采取“研究所先期引进，院里择优遴选”的方式，引才质量显著提升。近四年，26 个研究所共引进高层次人才 126 名，平均年龄 38 岁。在引进的海外人才中，50%来自世界排名前 50 位的高校和机构。基因组所引进的黄行许教授，是动物基因组学领域的知名科学家，在 *Cell*、*Nature* 上发表了 8 篇学术论文，他引5 000多次，被评为 2020 年高被引学者，今年入选了院领军 A 类人才。二是择优选拔重点培育。坚持自有人才与引进人才“一视同仁”，择优遴选给予支持，人才培养成效显著。新增 8 位两院院士，院士总量达到 19 位，创历史最高水平，学科覆盖更加全面。今年我院新增两位院士，侯水生院士从事动物育种研究，是当前中国工程院动物育种方向唯一的院士，不仅填补了我院的空白，也填补了工程院的空白；周卫院士从事植物营养和土壤学研究，是耕地领域急需的战略性科学家。年龄结构更加优化，未退休院士的平均年龄下降了 9 岁。新培养国家级人才 145 名，国家级人才总数较“十二五”末增长近 70%。今年，新遴选 34 名没有“帽子”、年富力强的领军人才，全院农科英才总数达到 381 名，农科英才群体不断壮大发展。

（三）坚持第一资源，重点支持优先保障

近年来，院所两级统筹各方资源用于发展人才。一是提供稳定的科研工作经费。为农科英才每年提供 60 万～200 万元的经费保障，研究所也不同程度地为人才提供了科研经费保障，四年多来，院所两级为人才投入科研经费近 13 亿元。高强度的资源投入也表明院里的态度，院属单位只要抓人才，就可能得到院里的资源支持。二是提供更有竞争力的收入保障。为农科英才每年提供 10 万～50 万元的岗位补助，为新入职青年人才提供薪酬托底，研究所也想方设法提高人才收入，四年多来院所两级为人才投入自有经费近 5.5 亿元。我们与大学、中国科学院相比，能提供的资源要少得多，但是通过积极统筹资源强化保障支持，结合国家战略科技力量的平台优势，稳住了一批科学家，吸引了一批科学家。以上两项政策的出台，为中国农业科学院人才队伍建设发挥了举足轻重的作用。三是优先保障研究生招生指标。研究生指标是我院最紧缺的资源，即便如此也重点向人才倾斜，农科英才平均每年招收 1.6 名研究生，是全院导师平均水平的 2 倍。

四是千方百计消除后顾之忧。住房是最大的难题，院里一直努力解决，把仅有的房源作为高层次人才周转房，改造刘素卿楼作为英才公寓，解决他们当前的住房困难；为在站博士后提供集体宿舍，自筹资金建设研究生宿舍以及为高层次人才提供安家费（已为29名引进人才提供2 500余万元安家费）。有24个所为人才提供了住房保障，油料所新建了人才公寓，兰牧药争取到地方人才住房，作科所为人才提供100万元购房补贴，植保所为农科英才提供周转房和租房补贴，茶叶所为人才提供共建房和公积金补贴。坚持为人才办实事，在人社部、农业农村部支持下，加快解决人才夫妻户口分离问题，今年已办理22人；为人才开辟就医绿色通道；协调解决人才子女入托入学问题。我院已经形成了政策支持体系。

（四）坚持面向未来，托举青年筑牢根基

年龄老化是我院人才队伍最突出的结构性问题，未来三年将迎来退休高峰期，当前，抓青年人才就是抓农科院的未来。一是实行首席接续制度。自2019年起，首席满58岁转为资深首席，首席满55岁需配备执行首席，目前已有32位首席转为资深首席，配备了146位执行首席，平均年龄42岁。自制度实施以来，首席平均年龄下降了2岁。二是设置青年绿色通道。针对优秀青年人才，设置40岁以下评研究员、35岁以下评副研究员的专门通道，已有234名40岁以下人才晋升研究员，496名35岁以下人才晋升副研究员，相比政策实施前，在年龄自然增长的情况下，研究员、副研究员平均年龄各下降1岁。三是大力培养选拔优秀年轻干部。四年多来，共提拔14名“70后”正所级、26名75后副所级干部；全院45岁以下处级干部占比达到45.6%，有6家单位已实现40岁左右的处长、35岁左右的副处长分别达到处级干部总数15%的目标。实施“百名年轻干部挂职锻炼计划”，院层面共选派122名优秀干部人才执行挂职任务，在打硬仗、扛重担中磨砺成长。四是积极发展博士后队伍。形成国家—院—所三级奖助体系，提高博士后政策吸引力，目前在站博士后688人，居全国农业高校和科研机构前列，高水平院校毕业博士进站比例已占到80%。创新生力军作用凸显，2021年，博士后主持了全院36%的国家自然基金青年项目，新增5名国家优青中，有3名是我院培养的博士后。抓博士后队伍建设的效应已经产生，已成为我院科技创新的重要力量，说明我院的政策是正确的。五是不断提高研究生培养质量。招生规模显著增长，“十三五”期间共招生8 126人，较“十二五”期间增长24%；留学生规模增长2.2倍，目前，我院留学生规模居全国培养单位前列，在农业领域排名第一，国际留学生的培养对国家“一带一路”倡议实施，对中国农业科学院人才培养和科技人才补充发挥特殊重要作用，要继续推动国际化人才的培养。联合培养博士数量居全国第二。试点“申请—考核制”，实现博士生贯通培养，显著提高了生源质量。构建了“十大育人”培养体系，形成“院—所—导师”“三全育人”格局。研究生就业率在95%以上，位居北京地区科研单位前列。

（五）坚持人才引领，提升效能服务发展

广大科研人员持续攻坚克难，取得了一系列重大科研成果，今年，7 项成果获得 2020 年度国家科技进步奖，15 项成果获“2020—2021 年度神农中华农业科技一等奖”；获国家自然科学基金资助 338 项，同比增长 7.3%，数量在全国农业高校和科研院所中居第一位，反映出我院基础研究能力的发展和竞争力不断提升。重点研发计划立项有望再创佳绩；高水平论文数量同比增长 20%。口粮和谷物高产优质技术攻关取得重大突破，白羽肉鸡等主要畜禽新品种研发取得突破性进展，国家作物种质资源库土建工程顺利竣工，生物育种研发和产业化应用加速推进，草地贪夜蛾等病虫害防控技术体系持续完善，非洲猪瘟疫苗研制多路径攻关进展良好，绿色技术集成与示范成效提档升级，“七块地”科技联合攻关初见成效，农村改厕等农村人居环境整治新技术新模式广受好评，院所体制机制改革持续深化，创新活力不断释放。农科英才引领作用突出，以仅占全院科技人员 5%的规模，主持了 51%的国家级科研项目，获得了 91%的国家奖，发表了 71%的 CNS 高水平论文，申请了 37%的专利，培育了 25%的新品种。院党组抓农科英才，就是抓住了科技创新的核心力量，抓住了关键少数，5%的规模对全院的带动作用十分突出。

我院人才工作取得的成绩，与中共中央政策方针的正确指引密不可分，与农业农村部党组的坚强领导密不可分，与人社部、科技部、中国工程院、中国科学技术协会等上级主管部门的大力支持密不可分，与全院广大职工的共同努力密不可分。在此，我谨代表中国农业科学院，向长期关心支持我院发展的各级领导、各界朋友，以及付出辛勤汗水的全院职工，表示衷心的感谢和崇高的敬意！

同志们，中共中央确立了到 2035 年跻身创新型国家前列的战略目标，作出乡村全面振兴、深入实施人才强国战略的重大部署，发出实现高水平科技自立自强的动员令。近期，唐仁健部长先后两次对我院作出明确指示，要求当好先锋队、动力源、领头羊，要求聚焦科研方向、整合资源力量、创新体制机制、加快人才培养，努力在重大基础理论、关键核心技术、成果转化应用上取得更大突破，扛牢国家战略科技力量的职责使命。与中共中央的部署和部党组的要求相比，我院的人才工作还有一定差距。一是科研机构布局还不能满足农业农村高质量发展需要。有的研究所仍然存在创新目标不聚焦、创新力量不集中、创新任务不明确等问题，围绕主产区转移科研力量不够及时，面临产业萎缩转移研究方向不够有力，学科交叉重复、同质化问题比较突出，存在“过小日子、发小文章、拿小奖励”问题。为“一农”向“三农”转变提供科技支撑不够，特别是在农村改革、乡村治理等方面研究力量不足。在农业基础前沿领域、新兴交叉学科、长期性基础性工作等方面布局力度还不够。各研究所和创新团队都要对标对表进行调整，如果不能坚持“四个面向”就不能获得国家资源和有力支撑。创新工程的作用是撬动国家资源，但有些研究所现在主要依靠创新工程经费，我们希望创新工程经费在

研究所经费比例能够缩减到一定比例以内，不能靠创新工程把淘汰的学科、淘汰的专业、淘汰的团队给养起来去过小日子。我们了解到，中国医学科学院的创新工程在经费投入上有一个内部控制的指标，创新工程给研究所投入的经费额度，不能超过从国家申请的额度。二是人才队伍质量与“两个一流”要求存在差距。国家级领军人才数量偏少，有近1/3的团队首席未达到规定的国家级人才“硬条件”。人才国际化程度偏低，全院有在海外获得学位或博士后经历的科研人员仅占8%。人才布局不均衡，作物、植保、资环、畜牧、兽医等传统优势学科人才多，农经、信息、机械、工程等学科人才少，基因编辑、合成生物学、乡村治理等领域人才更少。优秀青年人才培养尚未形成规模效应，针对35岁以下青年人才的办法措施不多。人才与平台建设结合不紧密，通常是“边建设边找人”或者“建好再找人”。三是人才成长环境还需要进一步优化。我院有聘用制人员4 400余人、企业职工4 500余人、博士后近700人，“身份限制”造成编内人员与编外人员待遇差别较大，“同工不同酬”导致编外职工归属感、获得感差，聘用制人员、企业人员与博士后近10 000人，是一支重要的科技力量，这一点基因组所做得最好，他们的编制有限，通过任务聘用现在已经达到了1 000人的规模。所以，如何在新形势下利用好新政策，调动编制外人员的积极性，是体制机制上需要解决的问题。分类评价机制仍不健全，人才评价考核结果运用不到位，“能下能出”的流动机制尚未建立。以绩效激励为核心的多元薪酬分配制度还不健全。人才队伍建设投入后继乏力，缺少国家专项支持，吸引社会资本投入能力不足。四是对领导班子和“一把手”监管还存在薄弱环节。中央巡视指出，我院落实全面从严治党“两个责任”不够扎实，对所属单位“一把手”监管乏力；对京外单位领导干部存在“看不见、管不住”问题。日常监督管理方式和手段相对单一，从制度上管人管事不够。在领导班子建设上，部分研究所民主集中制意识不强，执行不严格。有的院属单位主要领导之间存在不团结和“一言堂”。个别所班子成员不如实反映汇报情况，能拍板的事情不拍板，凡事都推向“一把手”。五是选人用人不够严格规范。从中央巡视看，一些研究所个别年龄较大的处级干部、首席科学家工作作风拖沓，在同一岗位任职时间过长，缺乏干事创业积极性，选人用人程序不够规范。从院内巡视看，有的单位没有真正发挥党组织在干部选拔任用工作中的领导和把关作用，有的单位执行干部选拔任用政策制度不够严格，规定动作不够到位，自选动作不够规范。在这里我强调一下，各单位开展干部选拔任用工作，关键是要贯彻好中共中央《党政领导干部选拔任用工作条例》以及农业农村部、中国农业科学院规定的原则、标准、程序，切实落实好规定动作，不得随意添加自选动作，确保选人用人公信力。六是部分研究所开展人才工作的主动性不强。有些研究所重视不够、思路不宽、办法不多，落实“30条”“新30条”执行进度有差距，12个研究所没有完全落实到位。8个研究所自第一次人才会以来没有引进人才，2个研究所目前没有在站博士后。有的研究所虽然引进了一些人才，也获得了院里支持，但因使用不当导致流失。

以上这些问题，既有我们运行机制不顺、主动性发挥不足的主观原因，也有所处发展阶段、政策制度制约的客观现实。机关各部门、院属各单位要高度重视，切实扛起责任，在今后的工作中着力加以解决。

三、系统布局、重点突破，加快建设世界重要农业人才中心和创新高地

当前，“三农”工作重心转向全面推进乡村振兴，加快推进农业科技创新面临前所未有的重大机遇。我们要始终牢记国家队的责任和使命，深入贯彻“八个坚持”的新理念新战略新举措，努力建设成为国家农业战略人才和科技创新“高地”，当好关键核心技术攻关的先锋队、国家农业战略科技的动力源、农业科技体制机制创新的领头羊，以人才强院支撑人才强农、人才强国战略实施，务实有力地推进高水平农业科技自立自强。下一步，要在“强化顶层设计、强化重点任务、强化农科精神、强化组织保障”方面重点着力。

（一）强化顶层设计，服务农业农村发展大局

建设世界重要农业创新高地和人才中心，必须把握战略主动，加强顶层设计，为未来一个时期我院科技创新与人才发展谋好篇、布好局。

1. 胸怀“国之大者”铭志定责

今年，我院坚持国家使命牵引和科学问题导引，围绕粮食安全、生物安全、生态安全等“三农”领域内的重大问题，以及营养健康、乡村整治、乡村建设等民生福祉，建立“使命清单制度”，统领全院各项科研任务，推动围绕产业链布局育种、种养、加工、装备、贮运、服务等环节的创新链，推动围绕创新链布局培养、引进、使用等环节的人才链，加快推进理论发现、技术突破、产品创制、转化应用的全链条创新。2021年9月16日，我院面向社会发布了十大职责使命和78项“十四五”重大任务，启动实施了“强种”科技行动。下一步，一方面，要抓紧完善“沃田”和“增粮”科技行动，力争尽快启动实施，形成以“强种”“沃田”“增粮”三大科技行动为抓手，深入落实“藏粮于地、藏粮于技”战略，助力打好种业翻身仗。另一方面，要围绕使命清单实施，统筹配置科技创新资源，统筹部署全院科研力量，构建跨所、跨团队的联合攻关机制，推进长周期持续攻关，加快创新突破。要以使命和任务为导向，一些使命任务要分解到研究所，形成所里的使命和任务，相关团队参加；有一些链条比较长、需要跨所、跨学科的使命任务，由院层面统一指挥、实施。

2. 聚焦乡村振兴优化“三农”学科布局

乡村振兴战略的实施，体现了“三农”问题的整体性和系统性，不能只考虑其中“一农”问题，必须统筹解决好“三农”问题。我院现有研究所和学科团队设置，沿革于中华人民共和国成立之初，主要服务于农业生产。现有302个重点方向中，与农村相

关的只有8个学科领域13个重点方向，农村学科布局还不充分。按照新发展阶段优先发展农业农村、全面推进乡村振兴的战略部署，亟须依托创新工程，加快学科调整和区域布局，加快“一农”向“三农”转变，构建覆盖“三农”的学科体系，聚焦乡村产业、乡村建设、乡村治理三方面，加大乡村产业技术创新与集成力度，强化乡村人居环境治理、数字乡村等技术研发和乡村规划、农村改革等政策研究，为乡村全面振兴提供理论指导、前沿引领、技术支撑、政策供给和典型样板。我院乡村振兴的学科体系要围绕着国家乡村振兴局的一些职能提供科技支撑。

3. 抢抓历史机遇构筑高地

人类历史上，科技和人才总是向发展势头好、文明程度高、创新最活跃的地方集聚。现在，我国正处于政治最稳定、经济最繁荣、创新最活跃的时期，党的坚强领导和我国社会主义制度的政治优势，为建设人才中心和创新高地创造了有利条件。要抓住中央在北京、上海、大湾区建设世界重要人才中心和创新高地的重大机遇，依托驻地研究所和中心，构筑农业战略人才集聚平台，开展人才发展体制机制综合改革，努力成为高水平人才的集中承载地和科研首选地，为国家创新高地建设提供人才保障。一是瞄准农业科技前沿基础研究、关键核心技术攻关、乡村振兴支撑3条主线，聚焦重大联合攻关任务，统筹全院300多个科研团队，集中优势力量，重点打造生物种业、生物安全、农业前沿等10个科学中心，开展重大任务攻关，努力实现基础研究和关键核心技术重大突破。二是瞄准全国农业区域战略布局，统筹研究所、创新中心、试验基地、野外台站等创新资源，联合地方政府、研究机构、科技企业，围绕支撑东北粮食生产、京津冀主要农产品供给、大湾区食品谷建设等区域农业发展重点，推进形成7个区域中心，开展区域农业关键技术和综合解决方案联合攻关，支撑区域农业农村现代化。近日，着眼解决种子和耕地两个要害问题，我院成立了国家作物种质资源库、国家畜禽种质资源库、国家耕地科学中心三大科研平台，为相关领域的人才成长提供坚实的硬件支撑。随着农科院的发展进入到新的阶段，系统化地围绕着重大任务，更好地整合我院的科技力量，从战略上来说，会弱化研究所间的竞争，全院逐步过渡到以团队为单元，根据任务需要，组织协同作战。

（二）强化重点任务，加快建设国家农业战略人才力量

立足我院当前全力打造国家农业战略人才力量的迫切需要，围绕“强领军、推年轻、活机制、抓管理”工作目标，实施“农科英才”工程，继续协同推进科研、管理、支撑、转化四支队伍建设的“四横”布局，构建以战略科学家为核心、领军人才为中坚、青年人才为支撑、博士后/研究生为后备的“四纵”体系，形成我院的学科和人才网络。院里将进一步加大对人才队伍建设的投入，每年用于人才发展的专项经费达3亿元，实行分类支持，重点用于人才激励和重大奖励。

1. 强领军，抓好战略科学家和领军人才的培养与使用

在培养战略科学家方面。首先，正确认识战略科学家。总书记为战略科学家画了像：具有深厚科学素养、长期奋战在科研第一线，视野开阔，前瞻性判断力、跨学科理解能力、大兵团作战组织领导能力强。具体到农业领域，还应具备三种预判力。一要具有对中国国情的深入理解和中国社会经济发展的预判力。不同的时间节点，国家对农业的重大需求是动态的、变化的。世界上处于不同发展阶段的国家，食物结构完全不同，也就决定了农产品生产供给的不同。这些不同发展阶段的规律就决定了我国农产品供给的调整方向。我们要按照 2035 年基本实现现代化和 2050 年实现现代化这个总目标来预判我们国家对农业科技的需求，来推动不同时期人才队伍、科研队伍和科技成果的产出，以适合于国家发展的动态需求。二要具有对中国农业农村发展演化规律和科技需求的预判力。随着社会发展，越来越多的人离开土地，土地要集中流转，农业生产最终会朝着机械化、规模化、智能化的方向发展，这就带来一系列的科技需求，这里既有一家一户几亩地的需求，也有家庭农场更大规模的需求，这些需求，不光是生产技术的，还有社会组织模式的，一系列政策的变化的需求，对这些新兴的科技需求要有前瞻意识。三要具有对农业科技发展方向和颠覆性技术的预判力。学科方向一定要紧跟社会经济的发展和国家需求变化而不断调整，只有提前在战略上做好预判、提前谋划学科建设，才能在国家发展的各个阶段及时提供有力支撑。以上三种能力与战略科学家共性能力相结合，就是对农业领域战略科学家的要求。其次，着力培养和使用战略科学家。总书记指出，“战略科学家从哪里来？归根到底要从科技创新主战场中涌现出来，从科技创新主力军中成长起来。”我院战略科学家的培养要坚持任务牵引、协同组织、一体化设计，在重大科研任务实施中发现和培养。依托创新工程“跃升计划”，构建起以国家使命为牵引、以卓越团队和科学中心为实施主体、以绩效为导向的重大任务联合攻关机制，实施“强种”“沃田”等重大科技行动，院里决定聘任万建民、周卫两位院士担任总首席，发挥牵头抓总、总协调、总把关作用，跨研究所、跨团队组织科研力量，开展重大任务联合攻关。这是一种先行先试，总结经验再进行推广。各研究所也可以考虑开展一些试点工作。实行战略科学家负责制，战略科学家对技术路线具有决定权，对人员、平台、设备等资源具有建议权，在某种程度上，也具有使用和调度权。最后，着力支持和保障战略科学家。在组织保障方面，院层面成立种质资源中心、耕地中心等非法人机构，组建中心班子，设置秘书处，负责推动各项工作落地，保障战略科学家跨所实施重大科技行动。在经费保障方面，稳定支持和竞争支持相互衔接，起步阶段由创新工程稳定支持，同时积极申请竞争性支持；当纳入国家重点计划等竞争性支持时，创新工程逐步退出。在平台保障方面，加快推进国家作物种质库运行使用，着力推进国家畜禽种质库、种业创新中心、农业基因组学研究中心、南繁作物表型设施建设；谋划和立项国家农业微生物种质资源库、农业长期观测平台等重大科研设施，为凝聚培养战略科学家提供硬件条件的高点支撑。在人员保障方面，优先从院内选拔人员参与攻关，院内无法保障的，面向国内外精准引进，其中，核心成员纳入院农科英才体系，给予重点支持，享受相应层级待遇。

在培养领军人才方面。新一轮科技革命和产业变革突飞猛进，传统的单一学科、单兵突进的科研方式难以解决复杂问题，需要更加重视团队建设，今后一段时间，院里将重点打造一批高水平的科研团队。依托科研团队建设和首席科学家岗位，培养一批一流的领军人才。一方面，打造一批卓越的科研团队。抓住“种子”和“耕地”两个要害，以“使命清单”为统领，围绕“强种”“沃田”“增粮”三大行动，深化落实“藏粮于地、藏粮于技、打好种业翻身仗”战略。一是打造“三创一体”团队，建立“三位一体”发展的创新格局，从理论创新、技术和产品创造、成果转化和产业化进行全创新链布局，提高科技成果有效供给。二是打造世界一流团队，按照世界一流学科建设目标，面向国际农业科技前沿，着重培育 80 个左右具有全球影响力和学科引领能力的国际知名科研团队。三是打造国内一流团队，按照国内一流学科建设目标，面向农业科技前沿、国家和产业重大需求，着重培育 140 个左右在国内具有绝对优势、强力支撑农业农村现代化发展的国内领先科研团队。四是打造新兴交叉团队，按照新兴交叉学科建设目标，新建 20 个左右前沿交叉学科团队，建设体现学科前沿性与学科交叉性、实体与虚体相结合的交叉学科研究平台。另一方面，实行配套支持政策。总书记提出，要对领军人才实行人才梯队配套、科研条件配套、管理机制配套的特殊政策。在这方面，院里计划：一是继续实施接续培养机制。健全“资深首席—首席—执行首席”接续机制，优化首席年龄结构，力争 2 年内，首席平均年龄下降 2 岁，达到 50 岁左右；力争 5 年内，45 岁以下首席数量不低于首席总量的 1/3，40 岁以下首席和执行首席数量不低于首席总量的 1/5。二是给予领军人才特殊支持。依托农科英才体系，对领军人才给予每年 100 万～150 万元的稳定支持，鼓励持续开展科学研究。三是实施精准引育行动。建立人才盘点机制，围绕种源中心和耕地中心等平台建设，围绕院所重大科研任务实施，依托院、所两级学术委员会，研判人才缺口和引育需求，明确引育岗位，锁定意向人选，由研究所负责点对点沟通，诚心诚意引进人才。计划 5 年内，新引进培养的领军人才增加 70 名左右。四是实施影响力提升行动。强化宣传推广，院、所两级开展立体式宣传，推介首席科学家及其科研团队最新科研成果，展示他们在推动科技创新、支撑产业发展、助力乡村振兴等方面的先进事迹。

2. 推年轻，造就一大批优秀的青年科技人才

青年人才是国家战略人才力量的源头活水，要把人才工作的重心放在青年上。下一步，我院将启动“青 10 条”专项计划，在科研工作、生活保障等方面提供支持，为青年人“挑大梁、当主角”创造条件。这里所指的青年人才，既包括已经崭露头角的青年骨干，也包括刚毕业不久的青年科研人员，还包括数量可观的博士后和研究生。一是继续实施青年英才计划。院每年计划投入5 000万元经费，遴选一批 40 岁以下、有潜质成长为领军人才的青年人才，每年给予 60 万元科研经费和 10 万元岗位补助。二是实施青年创新计划。计划近 3 年，平均每年预算3 000万元，每年遴选 30 名左右 35 岁以下的青年科研人员，支持开展前沿性、原创性、颠覆性、非共识性研究。三是实施青年启航计划。对新入职博士连续 3 年给予 5 万元科研经费，支持在创造力黄金时期自主选题开展原创研究。四是实施博士后奖助计划。实行博士后资助政策，院每年投入1 000万元，通过实行优农计划、联合资助引进项目（招收海外毕业博士进站）、评选优秀博士后等措施，对博士后进行站前、站中资助。五是实施优质研究生培养计划。持续推进培养机制改革，按学科或区域组建二级学院，构建研究生院—学院—研究所三位一体办学模式，完善兽医学院，办好深圳研究生院国际教育学院、三亚南繁学院，创办成都分院。打破研究生院与研究所“两段式”培养中的障碍，夯实院所两级研究生培养责任，强化院所两级互联互通、互融互促，实现院所一体“贯通式”培养。一方面，加强培养“软件”建设，持续争取招生指标，扩大联合培养和客座生规模，加大硕博生连读和直博生招收力度，到“十四五”末，在校生力争达到7 500人（不包括客座研究生）。加强师资队伍建设，提升教书育人能力，完善教学过程管理，严把学位授予出口关，培养严谨求实学风，打造农科特色的校园文化。另一方面，加强培养“硬件”建设，加大中关村、马连洼校区基础条件改造力度，提高住宿、教学、文体等设施质量。依托牵头研究所，稳步推进深圳校区、成都校区建设项目，积极推进昌平校区建设，鼓励京外所建造研究生宿舍。加强教育“新基建”工作，推进数字校园建设，实现信息技术与教育教学深度融合。六是实施青年绿色通道行动。对优秀青年人才可不受资历等限制，直接晋升高级职称。对引进的急需紧缺人才，可通过特设岗位，特聘高级专业技术岗位。七是实施青年引航行动。发挥知名专家传帮带作用，组建由院士、资深首席等 100 名专家组成的导师库，通过职业发展指引、重大项目合作等方式，帮助 300 名左右青年人才快速成长。八是实施国际人才培养行动。坚持“引进来”与“走出去”双向发展，完善留学生培养体系，实行“申请—审核制”和“趋同管理”，提升“留学农科”品牌影响力，到“十四五”末，留学生力争达到 600 人。每年选派不少于 30 名优秀青年人才，赴国外一流高校或机构访学交流，时间不少于 6 个月。加强“农业外交官”等外派人员培养力度，构建外派人员储备库，推荐优秀人才到驻外使馆和国际组织任职。拓展与世界一流大学和学术机构的实质性合作，探索可持续发展校际交流机制，全面提升研究生教育国际化水平。九是继续实施青年保障行动。对新入职的青年人才，进行为期 5 年的普惠性薪酬待遇保障，有效缓解生活压力。十是成立青年人才联合会。联合会面向 40 岁以下的优秀青年人才，实行会员制管理，院人才发展基金给予一定的经费保障，支持开展学术交流，促进交叉融合研究。

3. 活机制，创设促进人才发展的政策举措

唐仁健部长高度重视人才发展体制机制改革工作，在参加中央人才工作会期间作出了重要批示，强调进一步加大改革创新力度，在做好“规定动作”的同时，研究谋划“自选动作”。下一步，我院要按照中央人才工作会议和唐部长的指示要求，持续深入地开展人才发展体制机制改革，认真谋划“自选动作”，最大限度把人才的工作热情和创新活力激发出来。

优化人才政策供给。一是完善人才评价制度。我院人才评价制度改革，要坚持顶天立地，围绕主责主业，按照基础性工作、技术集成应用、高新技术创新、基础理论研究等不同科研工作进行分类评价。此外，我院各研究所之间人员、岗位、职责差异很大，每个研究所都要合理制定评价指标，切忌标准“一刀切”、一把尺子量到底。要遵循农业科研规律，科学设置评价周期，适当延长基础研究人才、青年人才考评周期。二是完善薪酬激励约束机制。探索建立所长年薪制，使收入与个人履职情况、与单位效益和长远发展紧密联系。健全领导班子工资分配和绩效考核制度，合理调控班子成员与其他人员的收入分配关系。严格按照规定制定领导班子工资分配办法，不得随意调整变更。三是强化科研工作时间保障机制。习近平总书记在今年院士大会上指出，要建立保障机制，让一线科研人员把主要精力投入科技创新和研发活动。近期，我院研究制定了“两简两优两提升”的20条措施，让科研人员从报表、报销等事务中解脱出来，从烦琐、不必要的活动中解放出来，保证从事科研活动的时间比例达到80%以上。四是健全农科特色监督体系。近几年，我院就建立以信任为前提的科研监督机制做了一些探索，取得了初步成效。下一步，要继续坚持“四严四宽”的工作思路，坚持“三个区分开来”，合理区分改革创新、探索性试验、推动发展中的无意过失与明知故犯、失职渎职、谋取私利等违纪违法行为，做到实事求是、客观公正，支持实干、激励创新，敢于担当，敢于负责。

向研究所充分授权。要根据需要和实际向院属研究所充分授权，做到“授权授到底”。一是稳步下放正高级职称评审权限。进一步强化用人单位主体地位，积极向上级部门争取，3年内将正高级职称评审权下放至条件成熟的研究所，对获得授权的单位，简化审查和备案审批程序。二是开展专业技术特设岗位试点。抢抓人才回流机遇期，试点专业技术特设岗位，努力破解高级专业技术岗位长期“紧平衡”对高层次人才引进的制约，利用特设岗位精准引进一批急需紧缺人才，加快补齐高层次人才短板。三是下放人才引进权。支持研究所自主面向国内外引进优秀人才，无须向院备案。根据引进人才层次质量，向院提出特设岗位的聘用等级建议。四是下放公开招聘权限。稳步将公告审定、笔试、面试等招聘权限下放到院属单位。院属单位按照既定方案自主发布公告和确定笔试面试。同时，各单位要落实主体责任，增强服务意识和保障能力，畅通改革“最后一公里”，确保“接权接得稳”。

为科学家持续松绑。尊重人才成长和科研规律，落实好《国务院办公厅关于改革完善中央财政科研经费管理的若干意见》（国办发〔2021〕32号）精神，真正做到“松绑松到位”。一是简化科研项目经费预算编制。继续改进创新工程预算编制管理，推行“一上”阶段由财务部门编制经费需求、“二上”阶段由科研部门牵头编制的做法，减少科研人员工作量。二是扩大首席或项目负责人经费审批权。建立基于信任的经费管理制度，进一步简化报销流程，除“三重一大”及有明确规定应研究所审批的事项外，其他一般性项目经费支出原则上由项目负责人审批。将稳定支持经费的设备费预算调剂权下放给研究所，其他直接费用预算调剂权下放给团队首席或项目负责人。三是规范科研仪器设备采购管理。针对大型设备追加采购程序复杂、用时长的问题，对院属单位申请事项实行限时办结，缩短院审核及转批时长。加强对采购需求申报和预算编制的指导，除不可预见情形以外的设备采购，力争全部纳入年度预算。

抓管理，打造专业化服务型管理队伍。管理队伍建设要立足现代院所治理需要，以岗位管理为核心，以健全发展体系、创新工作机制、优化组织模式、提升服务意识为重点，培养出一批具有战略高度、创新思维、服务意识的管理人才。一是加强管理队伍岗位管理。首先，构建管理人员发展“双通道”，探索管理部门职能型和研究型岗位“双轨并行”模式，建立两类岗位的平行晋升和切换晋升机制。完善与岗位职责、能力素质、业绩贡献挂钩的薪酬激励机制，院属单位管理队伍平均薪酬保持与本单位科研队伍平均薪酬水平相当。其次，打破编内编外身份壁垒，打通管理部门聘用编外人员通道，强化岗位管理、同工同酬，实现能上能下、能进能出。再次，畅通管理人员交流“双循环”，强化单位内及单位间管理人员流动，健全管理干部互挂互用交流机制。最后，建立“推年轻”常态化机制，不唯名校、不唯学历、不唯身份，优化本科、硕士、博士的招聘比例；职能部门正、副处长平均年龄分别保持在 45 岁和 40 岁左右。二是提升服务意识和水平。树立“科研为本、一线为先”服务理念，推行职权范围内限时办结制、牵头主责制、首问主办制、反馈回应制。引导管理人员走近科研团队、走进田间地头，深入调查研究，提供管理服务的针对性和实效性。制定管理工作流程，明确服务事项和责任人，对工作中“庸懒散木推”“当官老爷、跷二郎腿”的管理人员，要给予严厉教育或严肃问责。三是健全干部人才教育培训体系。聚焦理论学习、党性教育、专业能力和知识领域等方面，明确上级调训、任职培训、能力建设培训等重点培训项目，设置长期班、短期班、专题班等班次类型。坚持院所联动、统分结合，支持和引导各部门各单位根据需要开展自主培训，保证培训覆盖范围，增强针对性和实效性。四是进一步提升选人用人公信力。严格履行选拔任用程序、完善从严管理机制，着力解决中央巡视和选人用人专项检查、院内部巡察中发现的问题，认真梳理现行的工作流程，做到坚持原则不动摇，执行标准不走样，履行程序不变通，遵守纪律不放松，进一步提高选人用人的科学性、精准度和公信力，不断提升选人用人质量水平。五是加强对“一把手”和领导班子的监督。围绕落实主体责任、监督责任、第一责任人责任以及“一岗双责”，建立健全院属单位党政主要负责同志和领导班子监督管理长效机制，重点针对任前把关、日常监督、巡视巡察与审计、重点监督检查内容、强化考核与激励等方面不断完善举措，贯通各类监督形成合力，充分发挥纪检监督专责作用，构建一级抓一级工作格局，努力营造风清气正、干事创业良好政治生态。

（三）强化农科精神，激发开拓进取的内生动力

科学成就离不开精神支撑。中国农业科学院建院 64 年来，在党的坚强领导下，一代代农科人的接续奋斗，形成了以“求真笃行，敬农致用”为核心的农科精神。当前，要大力弘扬新时代农科精神，提升广大人才的归属感和荣誉感，汇聚为“三农”事业

不懈努力的磅礴力量。

实施“灯塔行动”，树立新时代农科精神标杆。一是开展老一辈科学家周年传承活动。为80周岁以上的著名农业科学家，举办学术思想研讨会，用先辈教育后辈，引导青年科技人才传承爱国情怀和科学精神。二是加强老一辈科学家精神研究。实施老一辈科学家学术成长资料采集工程，对已故院士的学术成长资料进行收集研究。三是选树新时代农科精神先进典型。选树一批先进典型，以身边典型引领示范身边人，营造学先进、学先锋、作表率的氛围。

实施“谱系行动”，打造新时代农科精神谱系。一是传承一批新时代农科精神。传承和深化拓展“祁阳站精神”“中棉所精神”，培育和挖掘新时代的先进典型和先进事迹，进一步丰富农科精神内涵。二是挖掘一批新时代农科精神。深入挖掘、凝练符合时代特征、独具特色的新时代农科精神典型代表，在全院以及更高层面学习宣传。三是培育一批新时代农科精神。重点关注有良好传统、出重大成果、出领军人才的科研团队，进一步提炼精神内核，为新时代农科精神谱系提供丰富的资源储备。

实施“铸魂行动”，构建新时代农科精神宣讲格局。一是开设科学家精神大讲堂。邀请老中青三代优秀科学家分享人生轨迹和感人事迹，以身边楷模影响身边人、辐射身边人、带动身边人。二是专题宣讲农科精神。把宣讲农科精神纳入全院各类培训，增强广大职工文化上的认同感和归属感。三是培养明理崇德农科学子。在研究生“思政第一课”中宣讲农科精神，教育引导广大研究生听党话、跟党走。四是强化基层党组织平台作用。院属各单位通过党课、“三会一课”、主题党日等活动讲农科人物、农科故事。五是做好国际宣传推广。用好年报和英文网站等宣传阵地，讲好中国农业科技创新故事，提高文化软实力和影响力。六是加强对科研人员的精神引领。打造“一团队一课堂、一单位一样板”模式，引导广大科研人员聚焦“国家队”使命责任，坚持把论文写在大地上、把成果送到千万家。

实施“强基行动”，建设新时代农科精神教育基地。一是建设实践基地。建设一批主题突出、特色鲜明、实用管用的实践基地，定期组织新入职人员、新晋高级职称人员、新晋研究生导师赴基地学习培训。二是打造精品力作。编辑出版“新时代农科精神”系列读本，聚焦先进人物和先进事迹创作宣传作品，多种渠道发布宣传。三是共建农科精神“大舞台”。引导全院各级群团组织编排具有农科特色的原创性节目，打造一批艺术精品，搭建弘扬新时代农科精神的鲜活舞台。

（四）强化组织保障，确保各项政策措施落地见效

院、所两级要围绕“保供固安全、振兴畅循环”工作定位和“四稳四提”的要求，聚焦米袋子、菜篮子、油瓶子等重点任务，进一步夯实工作基础，强化组织领导，加强部门协同和院所联动。院里成立了人才工作领导小组，各单位也要进一步健全机制，把人才工作主体责任落实到位。一要强化一把手责任制。院属各单位领导班子特别是主要

负责同志，要履行好人才工作第一责任人的职责，树牢人才优先发展的思想认识，更加解放思想、更加突出重点、更加敢于担当，真心爱才、悉心育才、精心用才，将院党组对人才工作各项部署落实落细落小。二要强化部门协调联动。机关各部门、院属各单位要坚持全院“一盘棋”，凝聚共识合力，共同推进学科体系建设、科研力量布局、体制机制改革、农科精神弘扬，共同破除制度制约和机制障碍，努力为人才健康发展提供良好环境。三要加强政治引领和政治吸纳。加强对人才的政治引领，坚决贯彻“四个必须”“两个确立”的要求，增强他们的政治认同感和向心力，实现增人数和得人心有机统一。做好党组—党委—党支部联系服务人才工作，政治上充分信任、工作上创造条件、生活上关心照顾，多为他们办实事、做好事、解难事。用党的重大成就和历史经验来鼓舞斗志、明确方向、凝聚力量、坚定信心。

同志们，全面建设社会主义现代化国家新征程已经开启，向第二个百年奋斗目标进军的号角已经吹响，建设世界科技强国、人才强国，中国农业科学院责无旁贷、义不容辞。让我们更加紧密地团结在以习近平同志为核心的党中央周围，在农业农村部党组的坚强领导下，主动担负起时代赋予的责任使命，深怀爱国之心、砥砺报国之志，拿出“拼”的劲头，铆足“实”的干劲，抢先布局、抢占高点、抢争人才，勇于创新、顽强拼搏、开拓进取，为实现高水平农业科技自立自强、推进乡村全面振兴，创造出无愧于时代、无愧于人民的新业绩！

张合成书记在中国农业科学院第五次人才工作会议上的总结讲话

2021 年 12 月 14 日

同志们：

刚才，中组部人才工作局有关负责同志的讲话，是一次重要的政策解读，是学习贯彻习近平总书记在中央人才工作会议上重要讲话的辅导报告，同志们要认真学习领会。下面，我讲四点意见。

一、院第五次人才工作会意义重大、成果丰硕

在全国学习贯彻十九届六中全会、中央人才工作会议、中央经济工作会议的重要时期，我院召开第五次人才工作会议，时点特殊、意义重大。会议期间，我同多名参会人员进行了交流，刚才分组讨论中大家也普遍反映，这次会议主题鲜明、内容丰富、亮点纷呈、干货多多，主要体现在七个方面。一是“时点准”。我院第一时间在全院范围集中组织学习贯彻十九届六中全会精神、中央人才工作会议精神、中央经济工作会议精神，意义非常重大。二是“规格高”。唐仁健部长出席会议，同时，把全国农业科技人才工作交流会和我院人才工作会议套开。另外，中组部、科技部、人社部、中国工程院、中国科学技术协会有关领导同志到会指导，这充分体现了上级部门对我院的关心与支持，让全院干部职工备受鼓舞、备感振奋。三是“报告实”。吴孔明院长的工作报告，总结了前四次院人才工作会议取得的显著成绩，分析了我院人才工作的差距不足，部署了下一阶段重点任务，报告系统全面、措施有力，是我院深入实施人才强院战略的行动指南。四是“拓思路”。中组部人才工作局负责同志解读了中央人才工作会议精神；深圳市委组织部负责同志分享了深圳市人才工作的先进经验；院内外单位、人才代表交流了经验体会，与会同志进行了深入研讨，提出了许多有价值的意见建议。五是“重引领”。会上，我院为两位“种子”和“耕地”重大科技行动总首席科学家颁发了聘书，这在我院历史上是第一次，标志着我院在战略科学家的培养和打造上，迈出了重要一步。会议通报了 2021 年人才获奖情况，为新当选院士颁发纪念盘，为创新工程资深首席科学家代表、新晋“农科英才”领军人才代表颁发荣誉证书，每位登台领奖的人才都精神饱满、喜气洋洋，充满了荣誉感和归属感。六是“准备足”。会前，院党组专题谋划人才工作思路，院领导带队到研究所开展调研，院机关各部门研究了 22 项重

点措施，其中，17 项形成了初步意见，还有 5 项正在研究，形成了 12 项研究报告、5 项调研报告和院属单位工作总结汇编，为此次会议的召开做了充分的思想和措施储备。七是“会风好”。同志们聚精会神听报告、争先恐后提意见、线上线下守纪律，体现了国家队的良好会风。这次会议开出了好效果，达到了预期目标。

二、把学习贯彻中央人才工作会议和唐仁健部长讲话精神抓紧抓细抓实

关于中央人才工作会议，各单位党委要召开一次理论中心组会议，学习习近平总书记重要讲话原文，学习王沪宁同志讲话原文。重点学习和把握六方面内容：一是“八个坚持”的人才思想；二是世界重要人才中心和创新高地的建设目标；三是人才体制机制改革的方向和要求；四是国家战略人才力量建设的任务；五是培养引进用好人才的重点任务；六是坚定正确政治方向的工作要求。通过深入学习，各单位要准确领会精神，思考谋划工作措施，切实把广大科学家团结在党的周围，听党话、跟党走。

关于党的十九届六中全会，要认真学习《中共中央关于党的百年奋斗重大成就和历史经验的决议》里“后继有人”根本大计、人才强国战略、创新驱动战略、乡村振兴战略四点重要内容。特别是针对“后继有人”根本大计，要对决议中提出的三个“源源不断”进行系统的学习和领会。

农业农村部党组对我院人才工作高度重视，唐仁健部长先后四次来院指导工作。2021 年 10 月 25 日在院干部大会上，唐仁健部长作了重要讲话，2021 年 11 月 16 日对我院工作作出了重要批示。昨天下午又专程出席会议，对我院工作提出了明确要求，特别是提出要拿出领头羊的气魄，带动全国农业科教系统人才一起成长进步，形成农业科技自立自强的强大合力，让大家深受鼓舞。

三、切实抓好院第五次人才工作会议精神的贯彻落实

昨天上午，吴孔明院长的工作报告部署了当前人才工作的重点任务，同志们要认真学习，抓主抓重、落细落小，从以下“五个判断标准”评价落实情况。

第一，有没有确立人才引领发展的战略定位。人才是第一资源，创新是第一动力。全院要把人才放到第一资源的位置，在争项目、争经费、争发展速度、争奖励的时候要更加注重争人才。人才引领发展的战略定位是习近平总书记提出的，是人才强国战略的重要基础。如果在单位领导班子心里，人才引领发展还未定位在战略层面，甚至没有地位，那么其他工作做得再好，也没有把握住方向。

第二，有没有建立使命任务牵引创新的机制。作为国家队，就是要坚持国家队的定位，聚焦国之大者定责，围绕“三创一体”定向，突出主责主业。我院发布了使命任务清单，建立使命任务牵引创新、牵引科研的工作机制。各单位也要建立这种工作机

制，要彻底改变“过小日子、发小文章、拿小奖励”的情况。

第三，有没有把年轻化作为领导干部特别是主要领导干部的自觉行动。昨天吴孔明院长的报告，把年轻化作为重点，提出“青10条”。年轻人刚工作，生活压力很大，很难争取到科研项目，没机会展现自己。当有了一定科研条件以后又出现了成长发展方面的焦虑。对这些在年轻人成长阶段中出现的问题要引起重视，想方设法解决。昨天，有同志提出青年人才成长发展的“黄金十年”，在这个发展的黄金阶段，能不能把金矿挖出来，关键看研究所制定的政策对不对，在年轻化方面有没有自觉的行动。目前，有的研究所副处级干部45岁，正处级干部46岁；有的全所没有一名40岁以下的职工；有些首席退休时团队没有接班人。要让年轻化成为各级主要领导干部的自觉行动，特别是要成为所领导班子的自觉行动，做到真正的年轻化，拿出真金白银来推进年轻化。

第四，有没有把管理队伍的短板弱项尽快补上。近年来，基层科技人员时有反映所里的管理团队指望不上，靠不住。各单位要正视这个问题，重视这个问题。这次吴孔明院长在报告里系统地提出了解决管理队伍建设问题的思路和方法。各单位要抓紧落实、尽快破题，真正让管理队伍树立服务科学家、服务科研一线的思想认识，而且要不断地巩固加强。从最近巡视情况来看，研究所有关处室、有关部门为科学家服务的意识总体上有所好转。同时，院长的报告提出健全完善管理队伍建设的体制机制，打破编内编外身份壁垒，让体制内外人员共同为一线科学家服务；打破职务职称“双肩挑”，防止“双肩挑”人员只为自己服务，不为大家服务；精简机构设置，不能管理机构设了很多，但真正为科学家服务的人却很少。这是一项很紧迫的任务，也是人才工作必须办好的事情。

第五，有没有营造心无旁骛的创新环境。无论是年轻科学家还是战略科学家、领军人才，都需要一个良好的创新环境。营造良好的创新环境，重点要处理好“四个关系”。一是宽与严。昨天唐仁健部长在大会上肯定了我院“四宽四严”的工作原则，这主要是在监督检查方面需要把握的原则，真正让该宽的宽，该严的严。严的主基调不能变，信任的基础不能丢，宽松的环境一定要建立起来，只有严明的纪律才能保障宽松的环境。既要严更要明，关键是明，规矩明了，大家知道底线在什么地方，也就不去猜了。另外，既要宽，还要松，不能有时候紧，有时候松。院里已经布置了农科特色监督体系的研究，要尽快出结果。二是放与管。习近平总书记在中央人才工作会议强调了“放管服”是体制机制改革的重大任务。三是松与紧。中央人才工作会议要求向科学家松绑，松与紧是相关的。各单位要完善制度措施，加强监督约束，能够保障松绑以后能接得住，确保秩序规范有序。四是唯与破。破“四唯”的关键是发挥评价指挥棒作用，引导科技人员在任务牵引下，为国家贡献，为国之大者贡献。该破的要坚决破，但该有的还是要有，高被引的科学家、高水平顶尖论文一定要有，不仅要有，还要奖励。营造心无旁骛的创新环境，这八个字的关系要进一步研究。

四、扎实做好年底重点工作

今年是“十四五”开局的收官，意义非常重大，要把年底的工作总结好，把明年的工作谋划好。有几项任务重点强调一下。一是做好党的十九届六中全会、中央人才工作会、中央经济工作会，还有马上要召开的中央农村工作会议精神的学习和贯彻。二是中央巡视整改任务的落实，今年中央巡视整改后期还有几项任务，要一抓到底，紧抓不放。三是年底的盘点，前段时间各条线已经做了安排，要认真盘点，要有鼓舞士气的结果，要对明年的工作充满信心。中央经济工作会议稳字当头、稳中求进，我院作为一个大的科研实体，要为国家稳字当头、稳中求进作贡献。四是抓好年底的安全和疫情防控工作，春节前后我院还要筹备院工作会议和从严治党会议，安全生产和疫情防控工作要紧抓不放。特别是近期北京市委市政府对疫情防控有特殊要求，希望各单位严格执行这些规定和制度。各单位要做好消防、实验室、危化品、垃圾、废弃物、驾驶等的安全生产工作，抓好安全思想方面的教育。

同志们，2021 年是极不平凡的一年，恰逢建党百年华诞，是开启第二个百年奋斗目标新征程的开局之年，也是全面实施创新驱动发展战略和乡村振兴战略、推动实现农业农村现代化的关键时期，机遇难得，使命光荣。我们要紧密团结在以习近平同志为核心的党中央周围，坚持“四个面向”“两个一流”，以改革创新的精神、求真务实的作风，扎实工作、开拓进取，奋力抓好人才这个科技创新的第一资源，以更加优异的成绩迎接党的二十大胜利召开。

六、计划财务管理与条件建设

中国农业科学院2021年财务管理工作概况

2021年，中国农业科学院各级财务部门围绕农业农村部、中国农业科学院党组中心工作，自觉遵从习近平新时代中国特色社会主义思想的指导，深入贯彻落实党的十九届五中、六中全会精神、中央人才工作会议精神和国务院办公厅《关于改革完善中央财政科研经费管理的若干意见》（国办发〔2021〕32号）精神，深化拓展党史学习教育，坚持政治引领，紧紧围绕科研中心工作，狠抓资金争取、资源统筹、科研“放管服”和风险防控，全力支撑院所重点工作，有力保障了全院“十四五”取得良好开局。

一、不折不扣做好巡视整改工作

落实巡视审计整改工作是2021年的首要政治任务。根据院党组工作部署，我院财务部门认真梳理落实中央巡视组反馈的涉及财务资产管理的整改任务，突出问题导向、责任导向和风险导向，扎实开展巡视整改工作。一是梳理36个问题清单并开展整改“回头看”。针对中央巡视指出的挤占创新工程经费、冒领专家费、违规发放劳务费、拆分合同逃避财务监管等四类问题，全面梳理2017年以来我院巡视巡察、经济责任审计、经费抽查等发现的科研经费管理使用不规范问题，列明清单、压实责任，相关单位对照问题开展整改“回头看”工作。二是开展财政经费和房屋出租出借专项检查。制定专项检查工作方案，梳理问题及风险点50余项，制定对照检查清单，在各单位自查的基础上，选取6家单位开展重点抽查。针对存在的问题，专题调研核实，查找管理薄弱环节。相关单位完善管理制度，强化管理措施，推进管理工作更加规范。三是以点带面，建立整改长效机制。坚持“治已病，防未病”，结合巡视反馈的问题，全面梳理创新工程经费管理等领域的一些苗头性、倾向性、风险性问题隐患，研究制定了进一步规范创新工程经费使用、规范专家咨询费及劳务费等报酬费用发放管理、防范“化整为零”风险、规范非预算法人试验基地财务资产管理、加强往来款清理、规范成果转化收入认定与奖励分配，以及规范房产出租出借管理等7个专项整改工作方案，明确院所两级管理职责，汇聚监管合力，推动建立规范管理长效机制。

二、对标“四个面向”，积极争取和优化资源配置

按照“四个面向”要求，紧紧围绕我院重大使命和“十四五”重点任务清单加强政策和项目谋划，积极争取财政资金支持。一是财政预算收入规模稳中有升。在中央预

算普遍压减的情况下，多次向财政部、农业农村部争取创新工程、种业等重点项目支持，2021 年全院财政预算收入 37.72 亿元，超过 2020 年 35.83 亿元的水平，其中院统筹科研经费规模达到 12 亿元，占财政拨款总规模的 31.81%。二是统筹保障院重点工作资金需求。全力落实院人才岗位补助、安家费补贴等人才经费，协调落实国家成都农业科技中心公共区域家具购置、海外农业中心、马连洼研究生宿舍科研辅助用房等建设经费和南繁研究院工作经费。三是积极帮助河南三所救灾纾困。河南三所遭受洪灾，损失严重。第一时间摸清受灾情况和救灾需求，落实河南三所抢救抢修及灾后恢复资金 2 737万元，其中上级部门财政资金支持1 687万元，统筹院自有资金、基本科研业务费和基金会经费1 050万元；统筹院自有资金和院基金会的资源，对赴河南救灾和开展“三秋”工作的科研人员给予补助和奖励。四是资产规模持续扩大。截至 2021 年 11 月底，全院资产总额 190.8 亿元，同比增加 5.4%，其中，房产账面价值 40.35 亿元，面积 180.01 万平方米，土地账面价值 1.82 亿元，面积6 803.74万平方米，为全院科技创新提供有力的条件支撑保障。

三、扎实推进预算绩效管理工作

一是认真落实全面预算绩效管理部署，做实做细日常管理工作。按照农业农村部以 5 年为周期、实现重点项目部门评价全覆盖的目标，牵头配合对创新工程、社会公益类科研机构改革专项等 5 个二级项目开展了重点评价；组织完成 2020 年预算执行审计预算绩效管理问题整改落实情况报告，对“动物疫情监测与防治经费”项目 2020 年绩效自评结果进行了抽查核验。全方位推进预算绩效管理，将预算绩效管理从财政项目扩大到自筹基建项目和非财政科研项目，从项目绩效扩大到单位整体支出绩效，2021 年起全院 518 个财政拨款项目、210 个非财政拨款项目全部纳入预算绩效自评范围，哈尔滨兽医研究所列为整体支出预算绩效管理试点单位。进一步推动绩效指标设置规范化和科学化，按照“一个单位、一个二级项目、一套绩效指标体系”的原则，配合农业农村部构建分行业、分领域、分层次、分项目的绩效指标体系，基本完成创新工程等 7 个二级项目指标体系的构建，2022 年预算“一上”阶段已试点应用“动物疫情监测与防治经费”等项目指标体系，2022 年预算“二上”将全部应用标准化绩效指标体系。二是继续落实“过紧日子”要求，进一步提高预算支出绩效。坚持按月通报预算执行进度、按季度调度落实“过紧日子”要求情况，持续强化厉行节约和预算绩效理念，引导全院上下将“过紧日子”要求自觉落实到一切工作中，严控一般性、非必要支出，精打细算花钱，将宝贵的财政资金集中到保障重点工作上，切实提高预算资金支出绩效。三是有序开展成本核算改革试点，持续夯实绩效管理基础。基因组所进一步扩大核算对象范围，对公共运转、计算平台、试验基地和对外测试、化验等科研任务开展了全成本核算，并将核算结果应用到内部结算中，增强了成本管控意识，提高了资金使用效益；其他 10 个试点所在 2020 年重点开展成本归集和基础数据测算的基础上，进行了试点核算单元成本测算和收费补偿标准制定等探索，植保所廊坊基地、水稻所富阳基地、作科所重大科学工程中心、环发所公共实验室开展了内部结算；油料所汉川基地完成了成本归集统计，资划所祁阳站和德州站完成了长期定位试验成本核算，初步掌握了其运维成本情况，为实施绩效管理和科学配置财政资金提供了数据支撑。

四、深入推进落实科研经费“放管服”

一是组织开展科研经费“放管服”情况问卷调查。全院财务、科研和管理支撑人员共1 280多人参加了调查，全面客观地反馈了落实预算调剂、经费报销、设备采购、信息化建设有关情况和建议，为进一步“松绑减负”改进管理提供了数据支撑。二是积极落实科研经费“放管服”新举措。《国务院办公厅关于改革完善中央财政科研经费管理的若干意见》（国办发〔2021〕32 号）印发以来，按照院党组部署迅速成立了专项工作组，在深入开展调研的基础上提出稳定性财政科研项目奖励经费管理的思路建议，启动了院“放管服”相关配套制度的修订和制定工作。三是稳妥推进财务信息化建设。根据院党组决策部署和院信息化工作领导小组统一安排，按照建立集团化财务管理模式的方向和“先实现核算一体化，再逐步实现报销一体化”的两步走战略整体部署，制定全院标准会计科目和辅助项目编码规则，并植入核算系统，完成了核算系统初步测试，相关功能符合管理要求，2021 年年底正式上线运行。

五、加强审计监督，全院财务风险防控能力持续增强

一是充分发挥内部审计防风险促规范的作用。转变组织方式，提升审计监督质量，由以往依托中介机构为主转为自主成立审计组开展审计为主，使内部审计更接地气、更有实效；前移监督关口，增强审计监督时效性，在做好离任审计的同时探索开展任中审计，完成对 5 家院属单位领导干部的经济责任审计，及时发现和纠正院属单位内部控制、资产管理、财务管理、对外投资、科研经费管理使用等方面存在的问题及隐患，帮助被审计单位“治已病、防未病”。二是积极推进审计整改工作。明确并压实审计整改责任，组织落实经济责任审计报告当面反馈及约谈机制；研究制定问题整改标准，督促“真整改”“改到位”，打通审计整改“肠梗阻”；建立并及时更新审计整改台账，动态跟踪整改进展，推动全面落实问题整改。三是全力配合完成国家审计。除部门预算执行审计外，审计署还对我院开展了政府财报试审、种业和黑土地保护相关资金等专项审计，审计内容扩展到项目预算绩效、政府购买服务项目等，指导院属相关单位积极配合完成现场审计，做到资料提供及时、沟通解释到位，同时加强审计问题整改，对承接政府购买服务等有关审计问题认真开展调查研究，探索规范管理的措施。

中国农业科学院2021年公共预算财政拨款收入支出决算表

（金额单位：万元）

项目		年初结转和结余	本年收入			本年支出			年末结转和结余
支出功能分类科目编码	科目名称		合计	基本支出	项目支出	合计	基本支出	项目支出	
类 款 项	合计	41 030.22	377 101.86	125 486.20	251 615.66	382 312.29	132 370.91	249 941.39	35 819.79
202	外交支出	4.64	554.00	0.00	554.00	558.64	0.00	558.64	0.00
20205	对外合作与交流	0.00	554.00	0.00	554.00	554.00	0.00	554.00	0.00
2020599	其他对外合作与交流支出	0.00	554.00	0.00	554.00	554.00	0.00	554.00	0.00
20299	其他外交支出	4.64	0.00	0.00	0.00	4.64	0.00	4.64	0.00
2029999	其他外交支出	4.64	0.00	0.00	0.00	4.64	0.00	4.64	0.00
205	教育支出	3.54	163.00	0.00	163.00	118.84	0.00	118.84	47.71
20508	进修及培训	3.54	163.00	0.00	163.00	118.84	0.00	118.84	47.71
2050803	培训支出	3.54	163.00	0.00	163.00	118.84	0.00	118.84	47.71
206	科学技术支出	18 956.15	299 050.16	89 429.60	209 620.56	302 689.89	93 944.38	208 745.51	15 316.42
20602	基础研究	4 561.15	24 532.56	609.00	23 923.56	25 190.34	743.64	24 446.70	3 903.37
2060201	机构运行	134.64	609.00	609.00	0.00	743.64	743.64	0.00	0.00

（续表）

项目		年初结转和结余	本年收入			本年支出			年末结转和结余
支出功能分类科目编码	科目名称		合计	基本支出	项目支出	合计	基本支出	项目支出	
类 款 项	合计	41 030.22	377 101.86	125 486.20	251 615.66	382 312.29	132 370.91	249 941.39	35 819.79
2060204	实验室及相关设施	4 426.51	12 584.00	0.00	12 584.00	13 112.14	0.00	13 112.14	3 898.37
2060299	其他基础研究支出	0.00	11 339.56	0.00	11 339.56	11 334.56	0.00	11 334.56	5.00
20603	应用研究	9 624.21	245 802.60	88 820.60	156 982.00	247 111.38	93 200.74	153 910.64	8 315.44
2060301	机构运行	6 686.56	88 820.60	88 820.60	0.00	93 200.74	93 200.74	0.00	2 306.42
2060302	社会公益研究	2 937.66	156 582.00	0.00	156 582.00	153 511.49	0.00	153 511.49	6 008.16
2060303	高技术研究	0.00	400.00	0.00	400.00	399.15	0.00	399.15	0.85
20605	科技条件与服务	4 738.19	25 675.00	0.00	25 675.00	28 228.52	0.00	28 228.52	2 184.67
2060503	科技条件专项	4 738.19	25 675.00	0.00	25 675.00	28 228.52	0.00	28 228.52	2 184.67
20609	科技重大项目	0.00	1 070.00	0.00	1 070.00	948.59	0.00	948.59	121.41
2060901	科技重大专项	0.00	1 070.00	0.00	1 070.00	948.59	0.00	948.59	121.41
20699	其他科学技术支出	32.60	1 970.00	0.00	1 970.00	1 211.06	0.00	1 211.06	791.54
2069999	其他科学技术支出	32.60	1 970.00	0.00	1 970.00	1 211.06	0.00	1 211.06	791.54
207	文化旅游体育与传媒支出	59.86	98.86	98.86	0.00	98.86	98.86	0.00	59.86
20701	文化和旅游	59.86	0.00	0.00	0.00	0.00	0.00	0.00	59.86
2070104	图书馆	59.86	0.00	0.00	0.00	0.00	0.00	0.00	59.86
20706	新闻出版电影	0.00	98.86	98.86	0.00	98.86	98.86	0.00	0.00

（续表）

项目		年初结转和结余	本年收入			本年支出			年末结转和结余
支出功能分类科目编码	科目名称		合计	基本支出	项目支出	合计	基本支出	项目支出	
类 款 项	合计	41 030.22	377 101.86	125 486.20	251 615.66	382 312.29	132 370.91	249 941.39	35 819.79
2070605	出版发行	0.00	98.86	98.86	0.00	98.86	98.86	0.00	0.00
208	社会保障和就业支出	4 173.25	8 071.70	8 071.70	0.00	8 918.09	8 918.09	0.00	3 326.86
20805	行政事业单位养老支出	4 173.25	8 071.70	8 071.70	0.00	8 918.09	8 918.09	0.00	3 326.86
2080502	事业单位离退休	17.60	138.37	138.37	0.00	155.97	155.97	0.00	0.00
2080505	机关事业单位基本养老保险缴费支出	3 174.09	5 288.88	5 288.88	0.00	5 988.42	5 988.42	0.00	2 474.55
2080506	机关事业单位职业年金缴费支出	981.56	2 644.45	2 644.45	0.00	2 773.70	2 773.70	0.00	852.31
211	节能环保支出	0.00	262.94	0.00	262.94	262.94	0.00	262.94	0.00
21104	自然生态保护	0.00	262.94	0.00	262.94	262.94	0.00	262.94	0.00
2110402	农村环境保护	0.00	262.94	0.00	262.94	262.94	0.00	262.94	0.00
213	农林水支出	17 579.65	49 724.38	8 709.22	41 015.16	50 446.95	10 191.50	40 255.46	16 857.07
21301	农业农村	17 579.65	49 724.38	8 709.22	41 015.16	50 446.95	10 191.50	40 255.46	16 857.07
2130102	一般行政管理事务	0.00	387.18	0.00	387.18	387.18	0.00	387.18	0.00
2130104	事业运行	1 523.73	9 116.32	7 219.97	1 896.35	10 609.76	8 707.73	1 902.03	30.29
2130106	科技转化与推广服务	3 042.73	5 274.00	0.00	5 274.00	6 079.75	0.00	6 079.75	2 236.98

（续表）

项目		年初结转和结余	本年收入			本年支出			年末结转和结余
支出功能分类科目编码	科目名称		合计	基本支出	项目支出	合计	基本支出	项目支出	
类 款 项	合计	41 030.22	377 101.86	125 486.20	251 615.66	382 312.29	132 370.91	249 941.39	35 819.79
2130108	病虫害控制	530.14	551.06	0.00	551.06	739.32	0.00	739.32	341.88
2130109	农产品质量安全	157.38	1 808.00	0.00	1 808.00	1 965.38	0.00	1 965.38	0.00
2130111	统计监测与信息服务	0.00	45.00	0.00	45.00	45.00	0.00	45.00	0.00
2130112	行业业务管理	16.62	251.87	0.00	251.87	268.49	0.00	268.49	0.00
2130114	对外交流与合作	0.00	208.50	0.00	208.50	208.50	0.00	208.50	0.00
2130122	农业生产发展	0.00	100.00	0.00	100.00	100.00	0.00	100.00	0.00
2130126	农村社会事业	0.00	80.00	0.00	80.00	80.00	0.00	80.00	0.00
2130135	农业资源保护修复与利用	7 697.63	13 424.20	0.00	13 424.20	14 520.06	0.00	14 520.06	6 601.76
2130199	其他农业农村支出	4 611.43	18 478.25	1 489.25	16 989.00	15 443.52	1 483.77	13 959.75	7 646.15
221	住房保障支出	253.13	19 176.82	19 176.82	0.00	19 218.08	19 218.08	0.00	211.87
22102	住房改革支出	253.13	19 176.82	19 176.82	0.00	19 218.08	19 218.08	0.00	211.87
2210201	住房公积金	234.48	14 706.33	14 706.33	0.00	14 781.04	14 781.04	0.00	159.78
2210202	提租补贴	15.30	615.21	615.21	0.00	603.52	603.52	0.00	26.99
2210203	购房补贴	3.34	3 855.28	3 855.28	0.00	3 833.52	3 833.52	0.00	25.10

中国农业科学院2021年项目收入支出决算表

（单位：万元）

项目		资金来源					支出金额			年末结转和结余	
支出功能分类科目编码	科目名称（项目）	合计	年初结转和结余		财政拨款	其他资金	合计	财政拨款	其他资金	合计	其中，财政拨款结转和结余
			小计	其中，财政拨款结转和结余							
类 款 项	合计	843 352.88	361 544.51	32 367.30	251 615.66	230 192.72	434 199.26	250 971.95	183 227.31	394 832.02	33 011.01
202	外交支出	558.64	4.64	4.64	554.00	0.00	558.64	558.64	0.00	0.00	0.00
20205	对外合作与交流	554.00	0.00	0.00	554.00	0.00	554.00	554.00	0.00	0.00	0.00
2020599	其他对外合作与交流支出	554.00	0.00	0.00	554.00	0.00	554.00	554.00	0.00	0.00	0.00
20299	其他外交支出	4.64	4.64	4.64	0.00	0.00	4.64	4.64	0.00	0.00	0.00
2029999	其他外交支出	4.64	4.64	4.64	0.00	0.00	4.64	4.64	0.00	0.00	0.00
205	教育支出	166.54	3.54	3.54	163.00	0.00	118.84	118.84	0.00	47.71	47.71
20508	进修及培训	166.54	3.54	3.54	163.00	0.00	118.84	118.84	0.00	47.71	47.71
2050803	培训支出	166.54	3.54	3.54	163.00	0.00	118.84	118.84	0.00	47.71	47.71

（续表）

项目		资金来源					支出金额			年末结转和结余	
支出功能分类科目编码	科目名称（项目）	合计	年初结转和结余		财政拨款	其他资金	合计	财政拨款	其他资金	合计	其中，财政拨款结转和结余
			小计	其中，财政拨款结转和结余							
类 款 项	合计	843 352.88	361 544.51	32 367.30	251 615.66	230 192.72	434 199.26	250 971.95	183 227.31	394 832.02	33 011.01
206	科学技术支出	757 403.03	327 198.57	12 134.95	209 620.56	220 583.90	382 204.43	208 745.51	173 458.92	361 081.17	13 010.00
20602	基础研究	96 824.30	49 216.14	4 426.51	23 923.56	23 684.60	47 377.66	24 446.70	22 930.96	48 126.69	3 903.37
2060203	自然科学基金	67 941.83	44 441.08	0.00	0.00	23 500.76	22 753.22	0.00	22 753.22	43 868.67	0.00
2060204	实验室及相关设施	17 013.84	4 426.51	4 426.51	12 584.00	3.34	13 115.48	13 112.14	3.34	3 898.37	3 898.37
2060299	其他基础研究支出	11 868.62	348.56	0.00	11 339.56	180.50	11 508.96	11 334.56	174.40	359.66	5.00
20603	应用研究	527 375.48	230 879.23	2 937.66	156 982.00	139 514.25	270 496.16	153 910.64	116 585.52	244 986.95	6 009.01
2060302	社会公益研究	526 975.48	230 879.23	2 937.66	156 582.00	139 514.25	270 097.01	153 511.49	116 585.52	244 986.10	6 008.16
2060303	高技术研究	400.00	0.00	0.00	400.00	0.00	399.15	399.15	0.00	0.85	0.85
20605	科技条件与服务	30 498.19	4 823.19	4 738.19	25 675.00	0.00	28 233.47	28 228.52	4.95	2 264.72	2 184.67
2060503	科技条件专项	30 413.19	4 738.19	4 738.19	25 675.00	0.00	28 228.52	28 228.52	0.00	2 184.67	2 184.67
2060599	其他科技条件与服务支出	85.00	85.00	0.00	0.00	0.00	4.95	0.00	4.95	80.05	0.00
20609	科技重大项目	100 656.50	42 201.44	0.00	1 070.00	57 385.06	34 840.11	948.59	33 891.52	64 911.27	121.41

（续表）

项目		资金来源					支出金额			年末结转和结余	
支出功能分类科目编码	科目名称（项目）	合计	年初结转和结余		财政拨款	其他资金	合计	财政拨款	其他资金	合计	其中，财政拨款结转和结余
			小计	其中，财政拨款结转和结余							
类 款 项	合计	843 352.88	361 544.51	32 367.30	251 615.66	230 192.72	434 199.26	250 971.95	183 227.31	394 832.02	33 011.01
2060901	科技重大专项	10 853.68	5 334.24	0.00	1 070.00	4 449.44	6 532.43	948.59	5 583.84	4 123.44	121.41
2060902	重点研发计划	89 802.81	36 867.20	0.00	0.00	52 935.62	28 307.68	0.00	28 307.68	60 787.83	0.00
20699	其他科学技术支出	2 048.57	78.57	32.60	1 970.00	0.00	1 257.03	1 211.06	45.97	791.54	791.54
2069999	其他科学技术支出	2 048.57	78.57	32.60	1 970.00	0.00	1 257.03	1 211.06	45.97	791.54	791.54
207	文化旅游体育与传媒支出	59.86	59.86	59.86	0.00	0.00	0.00	0.00	0.00	59.86	59.86
20701	文化和旅游	59.86	59.86	59.86	0.00	0.00	0.00	0.00	0.00	59.86	59.86
2070104	图书馆	59.86	59.86	59.86	0.00	0.00	0.00	0.00	0.00	59.86	59.86
211	节能环保支出	262.94	0.00	0.00	262.94	0.00	262.94	262.94	0.00	0.00	0.00
21104	自然生态保护	262.94	0.00	0.00	262.94	0.00	262.94	262.94	0.00	0.00	0.00
2110402	农村环境保护	262.94	0.00	0.00	262.94	0.00	262.94	262.94	0.00	0.00	0.00
213	农林水支出	68 928.49	18 376.89	15 946.27	41 015.16	9 536.44	49 783.74	40 255.46	9 528.29	18 940.57	16 705.97
21301	农业农村	68 928.49	18 376.89	15 946.27	41 015.16	9 536.44	49 783.74	40 255.46	9 528.29	18 940.57	16 705.97

（续表）

项目		资金来源					支出金额			年末结转和结余	
支出功能分类科目编码	科目名称（项目）	合计	年初结转和结余		财政拨款	其他资金	合计	财政拨款	其他资金	合计	其中，财政拨款结转和结余
			小计	其中，财政拨款结转和结余							
类 款 项	合计	843 352.88	361 544.51	32 367.30	251 615.66	230 192.72	434 199.26	250 971.95	183 227.31	394 832.02	33 011.01
2130102	一般行政管理事务	387.18	0.00	0.00	387.18	0.00	387.18	387.18	0.00	0.00	0.00
2130104	事业运行	1 902.03	5.68	5.68	1 896.35	0.00	1 902.03	1 902.03	0.00	0.00	0.00
2130106	科技转化与推广服务	8 316.73	3 042.73	3 042.73	5 274.00	0.00	6 079.75	6 079.75	0.00	2 236.98	2 236.98
2130108	病虫害控制	1 081.20	530.14	530.14	551.06	0.00	739.32	739.32	0.00	341.88	341.88
2130109	农产品质量安全	1 965.38	157.38	157.38	1 808.00	0.00	1 965.38	1 965.38	0.00	0.00	0.00
2130111	统计监测与信息服务	45.00	0.00	0.00	45.00	0.00	45.00	45.00	0.00	0.00	0.00
2130112	行业业务管理	268.49	16.62	16.62	251.87	0.00	268.49	268.49	0.00	0.00	0.00
2130114	对外交流与合作	208.50	0.00	0.00	208.50	0.00	208.50	208.50	0.00	0.00	0.00
2130122	农业生产发展	100.00	0.00	0.00	100.00	0.00	100.00	100.00	0.00	0.00	0.00
2130126	农村社会事业	80.00	0.00	0.00	80.00	0.00	80.00	80.00	0.00	0.00	0.00
2130135	农业资源保护修复与利用	21 121.83	7 697.63	7 697.63	13 424.20	0.00	14 520.06	14 520.06	0.00	6 601.76	6 601.76
2130199	其他农业农村支出	33 452.16	6 926.72	4 496.10	16 989.00	9 536.44	23 488.04	13 959.75	9 528.29	9 759.94	7 525.35

（续表）

项目		资金来源					支出金额			年末结转和结余	
支出功能分类科目编码	科目名称（项目）	合计	年初结转和结余		财政拨款	其他资金	合计	财政拨款	其他资金	合计	其中，财政拨款结转和结余
			小计	其中，财政拨款结转和结余							
类 款 项	合计	843 352.88	361 544.51	32 367.30	251 615.66	230 192.72	434 199.26	250 971.95	183 227.31	394 832.02	33 011.01
221	住房保障支出	11 755.35	11 682.97	0.00	0.00	72.38	240.10	0.00	240.10	11 515.25	0.00
22102	住房改革支出	1 955.34	1 926.28	0.00	0.00	29.06	118.03	0.00	118.03	1 837.32	0.00
2210203	购房补贴	1 955.34	1 926.28	0.00	0.00	29.06	118.03	0.00	118.03	1 837.32	0.00
22103	城乡社区住宅	9 800.01	9 756.69	0.00	0.00	43.31	122.08	0.00	122.08	9 677.93	0.00
2210399	其他城乡社区住宅支出	9 800.01	9 756.69	0.00	0.00	43.31	122.08	0.00	122.08	9 677.93	0.00
223	国有资本经营预算支出	4 218.03	4 218.03	4 218.03	0.00	0.00	1 030.56	1 030.56	0.00	3 187.47	3 187.47
22302	国有企业资本金注入	4 218.03	4 218.03	4 218.03	0.00	0.00	1 030.56	1 030.56	0.00	3 187.47	3 187.47
2230201	国有经济结构调整支出	4 218.03	4 218.03	4 218.03	0.00	0.00	1 030.56	1 030.56	0.00	3 187.47	3 187.47

中国农业科学院2021年度行政事业单位国有资产概况

根据《中国农业科学院2021年度行政事业单位国有资产报表》，全院2021年年底资产总额达到194.48亿元，其中，流动资产75.99亿元、固定资产净值73.02亿元、在建工程22.56亿元、长期投资19.76亿元、无形资产（净值）2.80亿元、其他资产0.35亿元，分别占资产总额的39.07%、37.55%、11.60%、10.16%、1.44%、0.18%（图）。全院共有25个单位资产总量超过2亿元，其中，12个单位资产总量超过5亿元（表）。全院国有资产规模持续扩大，为中国农业科学院“三个面向、两个一流”建设提供了坚实的物质基础支撑。

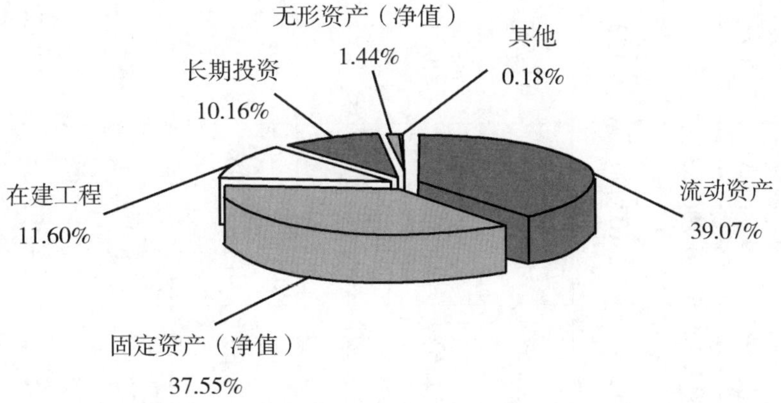

图　中国农业科学院2021年年底行政事业单位国有资产构成

（数据来源：中国农业科学院2021年度行政事业单位国有资产报表）

表　中国农业科学院2021年年底资产状况

（单位：万元）

序号	单位	资产合计期末数	流动资产期末数	固定资产净值期末数	无形资产净值期末数	长期股权投资期末数	在建工程期末数
	全院合计	1 944 826.94	759 947.65	730 215.20	27 976.32	197 590.20	225 606.91
1	中国农业科学院本级	239 677.26	60 706.33	44 399.19	2 868.53	37 244.90	92 489.49
2	农业农村部沼气科学研究所	15 342.30	6 107.90	6 133.36	579.87	593.99	1 927.18
3	农业农村部环境保护科研监测所	31 462.67	18 186.99	11 561.61	262.94	352.79	1 098.35
4	中国农业科学院研究生院	27 811.61	18 828.72	8 063.25	30.07	397.42	492.15
5	中国农业科学院农业经济与发展研究所	11 946.36	8 742.46	2 214.53	989.37	0.00	0.00
6	中国农业科学院农业质量标准与检测技术研究所	18 740.35	13 876.95	4 065.96	279.44	500.00	18.00
7	中国农业科学院农业信息研究所	98 273.53	26 056.90	46 061.60	4 922.38	278.51	20 954.14
8	中国农业科学院作物科学研究所	99 644.72	53 493.85	17 246.64	706.62	4 030.95	24 166.66
9	中国农业科学院蔬菜花卉研究所	43 137.91	23 656.61	12 140.16	34.72	4 648.45	2 657.97

（续表）

序号	单位	资产合计期末数	流动资产期末数	固定资产净值期末数	无形资产净值期末数	长期股权投资期末数	在建工程期末数
10	中国农业科学院农业环境与可持续发展研究所	40 474.94	11 188.14	13 997.39	1 531.19	534.42	13 223.80
11	中国农业科学院农业资源与农业区划研究所	65 893.41	32 956.13	17 820.06	1 349.19	868.10	12 899.92
12	中国农业科学院植物保护研究所	83 470.94	33 169.49	38 376.01	820.11	6 266.61	4 336.92
13	中国农业科学院农产品加工研究所	46 939.00	22 410.71	17 469.24	184.36	4 059.31	2 779.70
14	中国农业科学院棉花研究所	50 641.83	16 021.39	24 624.94	1 913.07	5 258.16	2 824.27
15	中国农业科学院油料作物研究所	56 097.70	13 570.92	32 228.22	3 487.94	3 198.61	3 612.02
16	中国农业科学院果树研究所	14 369.36	6 822.76	6 983.04	370.45	146.71	0.00
17	中国农业科学院郑州果树研究所	23 888.50	12 328.30	11 238.93	41.27	0.00	280.00
18	中国农业科学院茶叶研究所	33 495.64	17 282.00	11 047.01	1 685.74	2 930.92	549.97

（续表）

序号	单位	资产合计期末数	流动资产期末数	固定资产净值期末数	无形资产净值期末数	长期股权投资期末数	在建工程期末数
19	中国农业科学院烟草研究所	27 253.99	12 242.30	11 909.24	1 225.16	1 605.02	272.27
20	中国农业科学院麻类研究所	21 176.37	7 241.60	9 772.09	518.74	233.72	3 410.23
21	中国农业科学院农田灌溉研究所	10 569.29	1 677.86	8 468.71	169.42	243.30	10.00
22	中国农业科学院北京畜牧兽医研究所	91 685.98	35 520.67	52 773.42	409.48	70.90	2 880.04
23	中国农业科学院蜜蜂研究所	15 873.52	5 106.04	8 503.85	17.18	2 214.87	22.82
24	中国农业科学院哈尔滨兽医研究所	262 807.11	64 730.71	155 798.43	95.52	40 083.96	2 098.48
25	中国农业科学院兰州兽医研究所	228 086.04	114 247.43	48 870.46	453.48	64 200.35	194.73
26	中国农业科学院兰州畜牧与兽药研究所	23 646.04	8 539.21	12 930.47	27.45	149.64	1 999.28
27	中国农业科学院草原研究所	16 637.23	7 745.17	5 731.90	175.52	227.99	2 033.51
28	中国农业科学院特产研究所	54 938.31	15 809.24	22 356.53	786.37	7 489.63	8 496.54

（续表）

序号	单位	资产合计期末数	流动资产期末数	固定资产净值期末数	无形资产净值期末数	长期股权投资期末数	在建工程期末数
29	中国农业科学院上海兽医研究所	30 099. 55	13 591. 13	14 064. 38	413. 48	1 650. 97	379. 57
30	中国水稻研究所	75 790. 30	35 985. 30	24 608. 42	26. 95	3 908. 69	11 260. 94
31	农业农村部南京农业机械化研究所	21 722. 17	7 971. 77	10 787. 36	1 316. 77	1 636. 37	9. 90
32	中国农业科学院饲料研究所	14 776. 79	6 888. 76	6 073. 02	17. 82	382. 64	1 414. 56
33	中国农业科学院生物技术研究所	24 995. 06	10 760. 90	8 059. 32	168. 82	2 182. 30	3 823. 72
34	农业农村部食物与营养发展研究所	1 692. 51	1 270. 63	353. 93	67. 96	0. 00	0. 00
35	中国农业科学院农业基因组研究所	17 600. 69	13 317. 23	1 265. 06	28. 63	0. 00	2 989. 77
36	中国农业科学院都市农业研究所	4 167. 96	1 895. 17	2 217. 46	0. 33	0. 00	0. 00

数据来源：中国农业科学院 2021 年度行政事业单位国有资产报表。

中国农业科学院 2021 年度政府采购情况

根据《农业农村部计划财务司关于做好 2021 年政府采购计划和信息统计编报工作的通知》（农计财便函〔2021〕14 号）要求，中国农业科学院高度重视、组织完成了全院 2021 年度政府采购信息统计工作。除中国农业科技出版社已转企业未列入统计范围，本次共统计了 36 个预算单位 2021 年度政府采购信息，并作了相关分析，现将有关情况汇报如下。

一、2021 年政府采购工作开展情况

2021 年，中国农业科学院认真组织完成了政府采购预算、计划、执行情况和信息统计的填报，政府采购进口产品集中论证和备案工作，批量转协议供货审核等各项政府采购日常管理工作。

（一）加强政府采购进口产品集中论证，确保科研仪器设备采购顺利及时

组织完成全院 22 个院属单位 2021 年政府采购进口产品专家集中论证工作。22 个单位申报 2021 年政府采购进口产品 557 台（套），涉及金额 15 192.31 万元。通过优化院内组织和审核，全部进口产品于 5 月下旬完成备案，较往年显著提前缩短了申报和批复时限，确保各单位 6 月底前能完成进口产品采购。

（二）落实科研财政“放管服”政策，办理临时预算和政府采购预算调剂，确保重大和应急项目顺利实施

一是办理作科所种质资源库建设项目进口产品备案和临时预算申请，确保种质资源库按期建设完工。二是办理信息所、牧医所、都市所、水稻所和院本级政府采购预算调剂，确保全院信息化建设项目和种业重大应急项目顺利实施采购。

（三）加强业务培训，提升政府采购队伍能力

进一步加强政府采购队伍能力建设，中国农业科学院组织举办了政府采购业务培训

班，培训以问题为导向，重点解决各单位在政府采购实践中遇到的难点和痛点问题，内容涵盖政府采购新制度新办法解读、政府采购内部控制管理、政府采购全过程管理实务及案例分析、政府采购投诉案例分析和政府采购预算和计划编报等。全院 36 个单位和院机关近 80 名学员参加了现场培训，224 名科研财务助理等政府采购经办人员通过视频参加了培训。通过学习，学员们对政府采购的新制度理解更加全面、深刻，对实务操作的认识更加清晰。为进一步提高我院政府采购管理水平和业务能力奠定了基础。

（四）加强新制度新办法宣贯，提高经办人员政策把握水平

随着政府采购制度改革不断深化，《政府采购需求管理办法》等新制度新办法陆续印发。通过院办公自动化（OA）系统、QQ 工作群和培训班等形式，加强政策培训和宣贯，提高经办人员政策把握水平，推进新政策的实施和落地。

通过全院上下的共同努力，各单位对政府采购管理工作的重视程度不断提高，院财务局通过加强预算指标、采购计划等报表审核、宣传培训、监督检查等方式强化对院属单位的业务指导和监督，各单位进一步落实采购人主体责任，加强内控管理建设，规范采购业务流程，进一步提升政府采购管理水平，保证了全院政府采购工作依法、合规、高效开展。

二、政府采购执行情况分析

（一）政府采购预算、计划、执行总体情况

2021 年，中国农业科学院严格落实“过紧日子”和“无预算不采购、无计划不执行采购”的要求，强化预算约束，严格按程序执行政府采购，认真编制了政府采购预算、计划和执行情况报表，确保了全院计划不超预算，执行不超计划。经统计，全院 2021 年政府采购计划金额 64 276.38万元，实际采购金额 60 355.55万元，较 2020 年（63 801万元）减少 3 445.45 万元，降幅 5.4%。实际采购相对计划节约资金总额 3 920.82万元，总节约率 6.5%。

（二）按采购资金构成分析

2021 年实际采购金额中，货物类采购金额 40 626.18 万元，工程类采购金额 17 041.60万元，服务类采购金额2 687.77万元，分别占采购总金额的 67.31%、28.24% 和 4.45%。

（三）按组织形式分析

2021 年，全院实际采购金额中，集中采购金额 2 048. 41 万元，分散采购金额 58 307. 14万元，分别占总采购金额的 3. 39%和 96. 61%。

（四）按采购方式分析

2021 年全院实际采购金额中，公开招标采购金额 56 461. 24万元，竞争性谈判采购金额1 459. 29万元，竞争性磋商采购金额 742. 16 万元，单一来源 115 万元，询价采购金额 68 万元，协议供货采购金额 490. 54 万元，定点采购金额 505. 04 万元，电子卖场采购金额 514. 29 万元，分别占采购总金额的 93. 55%、2. 42%、1. 23%、2. 93%、0. 11%、0. 81%、0. 84%、0. 85%。从以上数据来看，公开招标是我院政府采购的主要采购方式，与《中华人民共和国政府采购法》的管理要求相吻合。

（五）合同授予情况

2021 年中国农业科学院实际采购金额中，授予国内厂商 40 744. 33万元，授予国外厂商19 611. 23万元，分别占总采购总额的 67. 51%和 32. 49%。其中，授予国外厂商的全部为货物类采购。

（六）按政府采购品目分析

货物类采购方面，2021 年全院共采购通用设备 2 103台（套）、金额 23 136. 09万元（含汽车 11 辆，264. 5 万元），专用设备 623 台（套）、金额 12 175. 72万元，家具用具 6 947台（套）、金额 1 374. 03万元；工程类采购金额 17 041. 60万元；服务类采购金额 2 687. 77万元。

（七）节能节水和环保产品分析

全院 2021 年实际采购节能节水产品 855. 12 万元，占同类产品采购总金额的 98. 9%。

中国农业科学院办公室关于印发《中国农业科学院本级国有资产管理暂行办法》的通知

农科办财〔2021〕80号

院机关各部门：

根据国有资产管理有关规定，结合院本级工作实际，我院组织修订了《中国农业科学院本级国有资产管理暂行办法》，并经2021年第7次院常务会审议通过，现印发给你们，请遵照执行。

中国农业科学院办公室

2021年7月20日

中国农业科学院本级国有资产管理暂行办法

（中国农业科学院 2021 年第 7 次常务会议修订）

第一章　总　则

第一条　为规范和加强院本级国有资产管理，维护国有资产的安全和完整，保障和促进各项工作顺利开展，根据有关规定，结合院本级工作实际，制定本办法。

第二条　本办法适用于院机关各部门和院后勤服务中心（以下简称各部门）。各部门下属或管理的事业法人实体，视同院本级国有资产使用部门，执行本办法。

第三条　本办法所称国有资产，是指各部门占有、使用，并依法确认为国家所有，能够以货币计量的各种经济资源的总称，包括国家划拨的资产、按照国家政策规定运用国有资产组织收入形成的资产，以及接受捐赠和其他经法律确认为国家所有的资产，其表现形式为流动资产、固定资产、无形资产和对外投资等。

第四条　国有资产管理，应坚持资产管理与预算管理、财务管理相结合，坚持所有权和使用权相分离。实行归口管理、授权使用、分工负责的管理体制，按照分级管理、责任到人、物尽其用的要求，推进国有资产动态规范管理。

第二章　职责与分工

第五条　院财务局是院本级国有资产管理部门，主要职责如下。

（一）贯彻执行国家有关法律、法规和规章制度，制定院本级国有资产管理办法并组织实施。

（二）根据有关资产配置标准等组织编报院本级资产购置预算、计划等事项；组织编报院本级国有资产决算、报表和报告等。

（三）组织院本级国有资产的清查核实、清理盘点、产权登记、绩效考评和统计汇总等，对国有资产的日常使用管理进行指导和监督检查。

（四）按规定权限审核或审批院本级国有资产出租、出借和处置事项，并监督国有资产使用收益和处置收入的上缴。

（五）组织开展院本级国有资产管理信息化工作，运用信息化手段推进优化资产配置，提高存量资产共享共用水平。

（六）接受上级主管单位（部门）监督、指导，并报告有关国有资产管理工作。

第六条　各部门是院本级国有资产使用部门。其主要职责如下。

（一）负责编报本部门资产购置相关预算、计划，后勤服务中心负责编报中心国有资产决算、报表和报告等。

（二）负责本部门固定资产和无形资产等资产购置、验收、领用、账卡管理、维护保管等日常管理，负责本部门国有资产清查核实、清理盘点、管理信息系统中的资产信息维护、资产统计和信息报告及日常监督检查等工作。

（三）负责办理本部门国有资产的出租出借、处置等事项的报批手续。

（四）负责本部门购置的不计入固定资产账的低值易耗品的管理。

第七条 各部门负责人是本部门国有资产管理的第一责任人，负有维护国有资产安全完整，发挥国有资产使用效益的责任。固定资产处置等重大事项应经部门领导班子集体研究决定。各部门应将资产管理责任落实到具体岗位和人员，并指定专人管理本部门占有、使用的资产，管理人员应相对固定。

第八条 院土地、房屋、车辆，按照职能分工由各业务主管或牵头部门作为资产使用部门。土地、房屋、车辆购置或建设部门负责办理权属证书，土地和房屋权属证书原件由院办公室统一保管，车辆权属证书原件由后勤服务中心统一保管。后勤服务中心负责院本级车辆的使用和维护管理。

院本级实施建设或修缮等项目形成的资产实际交由院属单位使用的，由相关院属单位配合项目承办部门办理无偿调拨手续。已登记在院本级实际由院属单位使用的资产，承办部门无法落实的，由院属单位作为资产管理或使用部门。

第九条 直接使用国有资产的院本级工作人员为国有资产使用人，其主要职责如下。

（一）负责本人领用的固定资产和无形资产等资产的保管与维护，避免丢失、损坏。如造成领用的资产丢失或非正常损坏，根据管理责任承担全部或部分经济损失。

（二）工作岗位发生变动时，到本部门资产管理员处办理领用资产的转移或退还手续。

（三）协助做好资产登记、盘点、清查等工作。

第三章 配置管理

第十条 资产配置是指根据履行职能的需要，按照国家有关法律、行政法规和规章制度规定的程序，通过购置、建设、调拨或调剂、租赁、接受捐赠等方式配备资产的行为。使用部门有下列情形之一的，可以配置相应资产。

（一）现有资产无法满足本部门履行职能的需要。

（二）难以与其他单位、部门共享、共用相关资产。

（三）难以通过市场购买服务方式实现，或者采取市场购买服务方式成本过高。

第十一条 院本级国有资产配置应当充分考虑履职需要、财力情况和存量资产状况，遵循节俭适用、从严控制、预算约束和政府采购的原则，优先采购国产、节能、环保产品，促进中小企业和支持贫困地区发展。能够通过调剂方式配置资产的，原则上不重新购置；列入资产配置相关预算编报范围的，须先编报相关预算，获得批复后方可配置；属于政府采购项目的，按照政府采购的规定程序执行。

第十二条　对于办公用房、车辆、办公设备和办公家具等有规定配置标准的资产，应当严格按照标准进行配置。对没有规定配置标准的，应当从严控制，防止浪费。

第十三条　院本级长期闲置、低效运转或者超标准配置的资产，原则上由使用部门提出申请，按资产处置程序办理调剂。

第十四条　拟配置车辆、办公设备、办公家具和办公软件等资产的，须按国家机关事务管理局要求编制通用资产配置计划；拟购置车辆、50 万元以上通用设备、100 万元以上专用设备，以及租用土地、房屋的，须在部门预算“一上”阶段编制新增资产配置预算；拟配置资产属于政府采购项目的，须在部门预算“二上”阶段编制政府采购预算，在采购执行前在政府采购预算批复范围内编制政府采购计划。

第十五条　通过购置、调拨、调剂、租赁和接受捐赠等方式配备的资产，由资产使用部门进行验收，验收合格应及时办理资产入账登记。通过建设或修缮项目形成的资产，须在竣工验收合格后办理资产交付手续的同时办理资产入账登记。

第十六条　院机关资产入账登记的程序：经办人提供发票、合同或竣工决算报表、交付使用资产表等有效凭证原件及复印件——使用部门资产管理员审核预算计划、采购程序后通过资产管理信息系统（以下简称系统）分类填制卡片——财务局资产管理处复核预算计划、采购程序、资产卡片等内容后完成入账登记。土地、房屋和车辆等资产，在办理资产入账登记时，应同时提交产权权属证件复印件。资产卡片一式 4 份，经资产使用人、使用部门资产管理员和财务局资产管理登记人员签章后完成资产登记，用于相关部门、人员存档及财务报销。财务局会计处根据发票和资产卡片等凭证办理财务报销。

拟登记资产已明确使用人的，不需入库；尚未明确使用人的，需入库待使用人明确后再办理领用手续。

院机关统一采购后分配的固定资产和无形资产，由统一采购牵头部门负责资产分配、提供分配清单（牵头部门和使用部门盖章）后，由使用部门持分配清单、相关凭证等材料按程序办理登记手续。

多个部门共同使用某项固定资产的，由购置或建设部门明确使用管理部门后办理登记手续。

院后勤服务中心资产入账登记流程可参照上述程序自行制定。

第十七条　院本级固定资产和无形资产应按成本入账，并按照财务管理有关规定计提累计折旧和累计摊销。通过购置以外的其他方式形成的资产，不能取得原始价值依据的，可按照同类或类似资产的市场价格确定入账价值，同类或类似资产的市场价格无法可靠取得的，按照名义价值入账。按照名义价值入账的资产不计提累计折旧或累计摊销。土地资产记入无形资产账，且不得作摊销处理。

第四章　使用管理

第十八条　国有资产使用包括单位自用、出租、出借等方式，院本级国有资产使用应首先保证院本级履职和院公共事业发展的需要。权属关系不明确或者存在权属纠纷的资产，不得用于出租、出借。

第十九条　国有资产使用管理实行“谁使用、谁保管、谁负责”的原则，配备给个人使用的资产，使用人应妥善保管和维护，防止使用中的不当损失和浪费。

第二十条　院本级建立实物资产领用交还制度。

（一）职工（含借调人员、挂职人员等，下同）领用固定资产和无形资产，应在资产卡片上签字确认。

（二）职工退休和工作变动时，应及时交还使用的资产并办理相关手续。

第二十一条　人员工作部门（单位）发生变动的，原则在调出部门领用的资产仍留归原部门使用，必须按照“接班人先到，交班人后走”的原则办理有关资产管理工作交接手续。交接过程要进行账账、账卡、账实核对，签署交接文书。确需带入调入部门（单位）的，按以下程序进行资产变动登记。

（一）人员在院机关内部调动的，由划出部门通过系统填写中央级事业单位国有资产处置申请表（附件 1），经划出部门、接收部门签章确认后，交由财务局审核签章，并由接收部门进行资产调增变动登记。

人员在院机关和后勤服务中心之间调动的，在履行上述资产变动手续的同时，需进行财务调增或调减登记。

（二）人员调离院本级的，由划出部门提出资产划转申请，按审批权限报经审批后，由划出部门办理资产、财务调减登记。资产划转需报送的申请材料包括单位申请、中央级事业单位国有资产处置申请表（需经划出部门、接收部门签章确认）、资产卡片复印件（加盖单位公章）、同意划转的领导班子决议等。

第二十二条　院本级国有资产原则上不得用于担保。

第二十三条　院本级国有资产出租出借遵循投资回报、风险控制和跟踪管理的原则，严禁违规出租出借办公用房，严禁将院本级房产出借给个人、非行政事业单位及其他组织，出租房屋等资产原则上实行公开招租，房产出租期限一般不得超过 5 年、出借期限最长不得超过 1 年。严禁违规出借资金给下属单位或关联单位使用。

第二十四条　院本级出租、出借国有资产应严格履行相应的报批手续，由事项承办部门提出申请，财务局审核并按权限进行申报。

（一）土地资产出租、出借事项，报经分管院领导审签后，报农业农村部审批。

（二）除土地资产以外的其他资产出租、出借事项，单项或批量价值（账面原值，下同）800 万元以上（含 800 万元）的，经财务局审核并报院常务会审议通过后，报农业农村部审批；单项或批量价值 800 万元以下的，报经财务局审核后，报分管院领导审批。

（三）经院常务会同意委托后勤服务中心等经营管理的院机关房产，由受托单位按委托合同约定的职责实施管理。

第二十五条　出租、出借国有资产，须报送以下材料。

（一）出租、出借申请文件。

（二）拟出租、出借资产的权属证明复印件（加盖单位公章）。

（三）能够证明拟出租、出借资产价值的有效凭证，如发票、工程决算、记账凭证、资产卡片等复印件（加盖单位公章）。

（四）出租出借的可行性分析报告，包括拟出租出借资产的使用现状、出租原因、招租方式、租期设定、租价确定方法、对承租方的限定条件等。

（五）单位法人证书复印件。

（六）同意利用国有资产出租出借的领导班子会议决议。

（七）其他需提交的材料。

第二十六条　土地资产出租收入按国家有关规定管理。其他国有资产出租、出借取得的收入应当纳入院本级预算，统一核算，统一管理。

第五章　处置管理

第二十七条　国有资产处置，是院本级对其占有、使用的国有资产进行产权转让或者注销产权的行为。处置方式包括无偿调拨（划转）、对外捐赠、出售、出让、转让、置换、报废、报损和货币性资产损失核销等。

第二十八条　可进行处置的国有资产包括以下情形。

（一）闲置或超标准配置的资产。

（二）无法使用或因技术、经济等原因并经论证无法正常使用或不能满足工作需要的资产。

（三）因机构撤销、合并、隶属关系改变等原因发生产权转移的资产。

（四）盘亏、呆账及非正常损失的资产。

（五）根据国家政策规定需要进行处置的其他情形。

已达到或超过规定使用年限，但尚可使用的资产，应当继续使用。固定资产的最低使用年限，按照《〈政府会计准则第 3 号——固定资产〉应用指南》（财会〔2017〕4 号）执行；无形资产的最低使用年限按照国家有关规定执行。

第二十九条　各部门未经批准不得自行处置资产。资产处置事项由资产使用部门提出申请，财务局审核并按如下权限履行审批手续。

（一）土地、房屋、车辆的处置以及货币性资产损失的核销，经院常务会议审议同意后，报农业农村部审批。

（二）除土地、房屋、货币性资产以外的其他资产，院机关一次性处置资产单项或批量价值50万元以下的，经财务局局务会议审议后，报分管院领导审批。后勤服务中心一次性处置资产单项或批量价值50万元以下的，授权后勤服务中心自行审批，报财务局备案。一次性处置资产单项或批量价值50万元以上（含50万元）800万元以下的，经财务局审核并报院长办公会议审议通过后，报农业农村部审批；一次性处置资产单项或批量价值800万元以上（含800万元）的事项，经院常务会议审议同意后，报农业农村部审批。

第三十条 各部门处置国有资产，应组织专家小组进行审核鉴定，提出处置意见。专家小组由熟悉相关资产行业标准，且具有副高级以上专业技术职务的人员组成，人数不少于3人且为单数。

第三十一条 各部门申请国有资产处置，须提交如下材料。

（一）资产处置申请。

（二）中央级事业单位国有资产处置申请表（附件1和附件2）、系统生成的行政事业单位国有资产处置申请表（附件3）。

（三）资产价值凭证及产权证明，如购货发票或收据、工程决算副本、记账凭证、资产卡片等复印件，以及土地、房屋、车辆等的权属证件复印件（加盖单位公章）。

（四）资产使用部门或被授权管理资产的部门同意处置资产的领导班子会议决议。

（五）土地、房屋处置事项，还须报送以下材料。

（1）土地现状及四至平面图和房产现状及实景图。

（2）院本级范围内公示情况说明。

（六）根据不同处置形式，应提交以下必要的补充材料。

（1）无偿调拨（划转）的，需提供资产的名称、数量、规格、单价等清单。

（2）对外捐赠的，须提供捐赠报告（包括捐赠事由、途径、方式、责任人、资产构成及其数额、交接程序等）、捐赠事项对本单位财务状况和业务活动影响的分析报告。

（3）出售、出让、转让的，须提供出售、出让、转让方案（包括资产的基本情况，处置的原因、方式等）和合同草案。

（4）置换的，须提供近期的财务报告，对方单位拟用于置换资产的基本情况说明、是否已被设置为担保物等，双方草签的置换协议，对方单位的法人证书或营业执照的复印件（加盖单位公章）。

（5）报废、报损的，须提供价值清单和技术鉴定意见。其中，属于非正常损失的，须提供责任事故的鉴定文件及对责任者的处理文件；属于因拆除构筑物等原因办理资产核销手续的，须提交相关职能部门的拆除批复文件、建设项目拆建立项文件、签订的拆迁补偿协议；属于申请仲裁或提起诉讼的，须提交相关法律文书。

（6）申请货币性资产损失核销的，属于债务人已被依法宣告破产、撤销、关闭，且用债务人清算财产清偿后仍不能弥补损失的，须提供宣告破产的民事裁定书以及财产清算报告、注销工商登记或吊销营业执照的证明、政府有关部门决定关闭的文件；属于债务人死亡或者依法被宣告失踪、死亡的，须提供其财产或遗产不足清偿的法律文件；涉及诉讼的，须提供判决裁定申报单位败诉的人民法院生效判决书或裁定书，或虽胜诉但因无法执行被裁定中止执行的法律文件。

第三十二条 各部门经审批后需进行报废处置的固定资产，统一交由国家机关事务管理局指定的资产处置交易机构以及依照国家法律法规规定的其他方式进行实物处置，一般不得采用产权交易机构之外的直接协议方式。其中，废弃电子产品回收处理由中国再生资源利用有限公司承担，其他专业设备、办公设备和办公家具等处置由国家机关事务管理局指定的资产处置平台等承担。

置换或被征用的土地资产，原则上应优先选择以地易地方式。

第三十三条 国有资产处置收入（不含成果转化收入），在扣除相关税费后，应按照政府非税收入管理和财政国库收缴管理的规定，上缴中央国库，实行“收支两条线”管理。

第三十四条 国有资产处置事项的批复文件，是安排有关资产配置预算项目的参考依据，财务局和资产使用部门要依据批复文件及时办理产权变动和进行账务处理。

第六章 盘点、清查与资产评估

第三十五条 每年年初，由财务局组织资产使用部门及被授权管理资产部门对院本级国有资产进行实物盘点。实物盘点应与系统资产账、资产卡片、资产处置申请表、权属证件等相关账证、账表、凭证进行逐项核对。

存在盘盈、盘亏等情形的，应及时查明原因，说明情况，按有关规定进行处理。因下列原因造成资产非正常损坏的，应追究个人责任并要求赔偿。

（一）违反操作规程，造成设备损坏。

（二）未经批准，擅自拆卸设备致损。

（三）未妥善保管领用的资产，造成资产损坏或损失。

第三十六条 发生下列情形之一的，应当按有关规定进行资产清查。

（一）根据国家专项工作要求或实际工作需要，纳入统一组织清查范围的。

（二）机构变动（分立、撤销、合并、改制及隶属关系变动）的。

（三）因重大自然灾害等不可抗力造成严重损失的。

（四）会计信息严重失真或国有资产重大流失的。

（五）会计政策发生重大变更，相关资产核算方法发生重大变更。

（六）按照国家有关规定应当进行资产清查的其他情形。

第三十七条 发生下列情况之一的，应当对相关国有资产进行评估。

（一）整体或者部分改制为企业。

（二）以非货币性资产对外投资。

（三）合并、分立、清算。

（四）资产拍卖、转让、置换。

（五）整体或者部分资产租赁给非国有单位。

（六）确定涉讼资产价值。

（七）法律、行政法规规定的其他需要进行评估的事项。

第三十八条 有下列情形之一的，可不进行资产评估。

（一）经批准整体或者部分资产无偿划转。

（二）院机关各部门之间的合并、资产划转、置换和转让。

（三）院本级将持有的科技成果转化、许可或者作价投资给国有全资企业。

（四）发生其他不影响国有资产权益的特殊产权变动行为，报经财政部确认可以不进行资产评估的。

持有的科技成果转让、许可或者作价投资给非国有全资企业的，由单位自主决定是否进行资产评估。

第三十九条 国有资产评估工作按职责分工由相应事项责任部门牵头组织，应当委托具有资产评估资质的评估机构进行。各部门应如实向资产评估机构提供有关情况和资料，并对所提供的情况和资料的客观性、真实性和合法性负责，不得以任何形式干预资产评估机构独立执业。

第七章 监督检查

第四十条 院本级国有资产监管要坚持内部控制与外部监督相结合，事前、事中、事后监督相结合，日常监管与专项检查相结合，将资产监督、管理的责任落实到具体部门、单位和个人。各部门工作人员应当依法维护国有资产安全完整，按照有关法律法规及制度规定管理和使用院本级资产，提高资产使用效益。

第四十一条 各部门及其工作人员在国有资产管理中，有下列行为之一的，依据《财政违法行为处罚处分条例》的规定进行处罚、处分、处理。

（一）擅自占有、使用和处置国有资产的。

（二）擅自提供担保的。

（三）通过串通作弊、暗箱操作等低价处置国有资产的。

（四）未按规定缴纳国有资产收益的。

第四十二条 各部门及其工作人员在国有资产配置、使用、处置等管理工作中存在违反国家有关规定，以及其他滥用职权、玩忽职守、徇私舞弊等违法违纪行为的，依照国家有关规定追究相应责任，涉嫌犯罪的，依法移送司法机关处理。

第八章 附 则

第四十三条 各部门对涉及国家安全的国有资产配置、使用、处置等管理活动，要按照国家有关保密制度的规定，做好保密工作，防止失密和泄密。

第四十四条 各部门对资产配置、使用、处置、盘点、清查和资产评估过程中形成的各种决议、合同、协议、章程、批示、批准文件及各类凭证等资料，应按照有关规定，全面、完整、及时地整理归集存档。

第四十五条 院本级国有资产对外投资及科技成果转化相关事项，执行院和院本级其他有关规定。

第四十六条 本办法由财务局负责解释。

第四十七条 本办法自发布之日起施行，《中国农业科学院院机关软件资产管理暂行办法》（农科办财〔2011〕46 号）和《中国农业科学院院机关固定资产管理暂行办法》（农科办财〔2012〕236 号）同时废止。

附件：1. 中央级事业单位国有资产处置申请表［无偿调拨（划转）、对外捐赠］（略）

2. 中央级事业单位国有资产处置申请表（资产出售、出让、转让、置换、报废报损、货币性资产核销等）（略）

3. 行政事业单位国有资产处置申请表（略）

中国农业科学院2021年基本建设工作概况

2021年，中国农业科学院基本建设局以习近平新时代中国特色社会主义思想为指导，深入学习贯彻党的十九大及十九届历次全会精神、习近平总书记致中国农业科学院贺信精神，坚持“四个面向”，强化党建引领，紧扣农业农村部和中国农业科学院中心工作，狠抓“统筹规划引领、拓展京区发展空间、推进重大平台建设，争取资金保障、规范项目管理”五个方面工作，推进党建业务融合发展，为实现高水平农业科技自立自强和中国农业科学院“两个一流”建设提供了坚强的条件支撑保障。

一、党建工作情况

加强政治建设，以开展党史学习教育为重点，强化党建业务互融互促，充分发挥党支部战斗堡垒作用，为各项工作开展提供了坚强的思想、政治保证。

（一）坚持以政治建设为统领，扎实开展党史学习教育

聚焦学党史悟思想。一方面，强化深学细悟。通过党支部“三会一课”、党史专题教育党课、读书班、学习会、网络学习班等多种形式，组织党员干部认真学习习近平总书记在党史学习教育大会和在庆祝中国共产党成立100周年大会上的重要讲话、党的十九大和十九届历次全会精神、《中国共产党简史》等指定书籍，引导党员干部将党的先进理论学深悟透、融会贯通，将理论学习成果转化为指导和推动具体工作的动力。基本建设局领导带头、全体干部职工积极撰写理论文章、心得体会，其中9篇理论文章在全院征文活动中获奖。另一方面，强化实践教育。开展“传承红色基因　激发奋进力量”主题党日活动，组织全体党员参观中国人民抗日战争纪念馆、中国共产党历史展览馆等，感悟共产党人和农科人的初心和使命。组织参观国家“十三五”科技成就展、“百年伟业　三农华章”成就展，了解感受党领导中国农业科技事业取得的伟大成就，增强了为“三农”事业努力奋斗的信心、决心，推动党史学习走深走实。

聚焦开新局办实事。坚持以人民为中心理念，立足实际，以解决群众“急难愁盼”为导向，深入调查研究，不断改进工作作风。牵头开展“改善我院研究生教育培养条件和农科英才居住条件”办实事事项。积极协调农民大学教学楼改造为农科英才公寓，解决部分青年英才居住难题；协调马连洼研究生公寓建设，缓解研究生住宿紧张问题。同时，正在积极推进马连洼院区研究生教室建设项目谋划，改善人才教育基础设施不足

问题。针对全院条件建设项目收尾难、影响新项目申报和项目运行经费申报的卡点，基本建设局主动服务、出谋划策、实现突破，助力研究所把控竣工结算主动权。完成了灌溉所新乡基地项目验收，推动口蹄疫实验室验收，为研究所申请项目运行经费扫除障碍。完成环发所 2016—2017 年度、研究生院和蔬菜所 2019—2020 年度修购项目验收，解除三个单位 2023 年项目申报限制。

（二）以巡视整改为契机，推动党建与业务深度融合

不折不扣落实巡视整改任务。按照“四个融入”要求，强化责任担当，一把手按月对巡视整改任务进行督导，班子其他成员结合分工，牵头落实分管领域整改任务。坚持立行立改和建立长效机制相结合，根据巡视整改台账清单，制定项目检查方案并开展了全院在建项目自查、院级核查，结合项目验收开展现场检查；围绕安全生产管理、建设项目环境保护等内容开展政策宣讲；印发了《中国农业科学院基本建设项目检查工作规程》，修订完成《中国农业科学院自有资金建设项目管理办法》。截至 2021 年年底，基本建设局巡视整改分工任务已全部完成。

坚持围绕中心抓好党建。一是加强顶层设计。2021 年年初，基本建设局党支部和领导班子统筹合力，凝聚思想统一认识，积极谋划条件建设发展思路，形成年度党建与业务工作要点，推动党建与业务同谋划、同推进、同落实。二是强化调查研究。为编制好“十四五”条件建设规划，党支部委员会深入作科所、油料所、研究生院等 10 余个单位调研指导，解决项目谋划、建设实施及条件发展等方面实际困难。与牧医所基建党支部开展共建活动，实地踏勘国家畜禽种质库选址现场，指导项目设计方案。三是突出主责主业。紧密围绕年度重点任务，党支部多次专题研究昌平院区规划、生物安全设施建设等重点工作；聚焦农业种质资源保存、农业农村信息化等重点领域，组织开展专家报告、现场观摩、业务交流等，提高业务素质和能力。四是强化廉政监督。发挥纪检小组作用，做好日常廉政提醒和廉政监督。结合项目监管，加强基建领域关键节点和高风险环节风险防控，全面推动党建、廉政与业务齐抓共管。

经过全体党员干部共同努力，2021 年，基本建设局党支部被评为 2017—2021 年度院先进基层党组织、2021 年度征文申报优秀组织单位；1 篇公文荣获院 2019—2021 年度优秀公文二等奖；3 名党员分别荣获院级优秀共产党员、优秀党务工作者和抗疫先进个人荣誉。按程序完成了支部委员增补和支部书记改选，发展了 1 名入党积极分子加入党组织，充实了支部力量。

二、部门职责和主要业务情况

在院党组的坚强领导下，全局同志团结奋进、攻坚克难、务实担当，条件建设取得新成就。积极落实院职能调整划转，统筹建设资金办大事，实现了中央预算内基本建设

投资和改善科研条件专项资金实质性整合。积极克服中央财政资金持续压减的不利影响，全年多渠道争取到条件建设资金 14.97 亿元；2 个重大科研设施项目立项建设。克服疫情以及年度预算下达较晚的不利影响，40 个项目开工建设，68 个项目验收投入使用，实现了“十四五”开好局起好步。

（一）高质量完成院“十四五”条件建设规划

按照“强顶层设计、重规划衔接、抓项目落实”的思路，历时 21 个月统筹推进规划编制和疫情防控。在疫情防控最吃紧的时刻，通过视频会议对规划编制进行了整体部署和按月调度，按数字农业、现代种业、重大科技基础设施等专题指导研究所凝练需求。在确保防疫安全条件下，深入南繁研究院、成都中心、西部中心、研究生院、作物所、植保所、资划所等 20 余个单位现场指导规划，赴怀柔科学城、上海张江科学城、中国科学院微生物研究所等专题调研重大科技基础设施建设。通过分管院领导沟通整体需求、院士专家咨询支撑、局领导衔接农业农村规划司与科教司等 6 个重点司局，积极承接《部直属单位条件能力建设规划》编制任务，局务会 4 次逐个梳理项目需求，派专人逐个对接行业规划，经过不懈努力，全院共有 160 余个中央投资项目纳入了相关规划支持。值得一提的是，中国农业科学院纳入农业农村部《农业科技创新能力条件建设规划》的重大设施项目占规划总数的 80%，国家农业微生物资源库等重大项目获农业农村部领导肯定性批示。

（二）拓展京区发展空间实现零的突破

为系统解决中国农业科学院京区建设用地供需矛盾、破解“等拆等建”等规划指标刚性制约、推进“十四五”规划项目落实落地，基本建设局立足实际、克服困难、寻找突破，与昌平区政府沟通对接，经过近 1 年的反复汇报沟通衔接，12 月 1 日，昌平区与中国农业科学院主要领导签署了战略合作协议，共建国家未来农业中心暨昌平院区。通过与昌平区合作，为中国农业科学院昌平院区建设提供 35 万平方米规划建筑指标，一举破解了中国农业科学院京区建设发展“瓶颈”，为中国农业科学院重大科研基础设施建设和人才住房保障提供了建设用地和指标保障。根据协议指标，按照“统筹规划、有序推进”思路，完成了《中国农业科学院昌平院区规划工作方案》编制，为打造升级版 2.0 院区和“第二个百年”院区建设提供了坚实基础。

（三）重大科研设施建设实现跨越发展

2021 年是“十四五”开局之年，基本建设局抓住国家重大战略机遇，成功立项了国家畜禽种质资源库、国家种业创新中心 2 个重大科研设施项目，同时推动了水稻、蔬菜、果园等数字农业创新分中心以及蒙古牛种质资源场等一批科研设施立项，总投资超过 15 亿元，实现了“开好局”“开门红”；国家作物种质库建成投入试运行；北方水稻研究中心基本完工；海外农业研究中心顺利完成结构封顶；国家南繁作物表型研究设施、农业基因组学研究中心开工建设。完成了国家农业微生物种质资源库、国家农产品产地环境样品库等项目的可行性研究报告的编制，其中，国家农业微生物种质资源库项目得到了唐仁健部长等 3 位农业农村部领导的批示。国家未来小麦设计、农业农村科研协同创新平台等项目初步完成可行性研究。中国农业科学院重大科研基础设施建设按照实施一批、立项一批、谋划一批高速有序推进。

（四）条件建设资金落实实现逆增长

2020 年以来，中央本级财政支出安排持续负增长，农业农村部部门自身能力建设投资规模压减近 40%。中国农业科学院加大项目谋划储备力度，夯实投资争取基础工作，强化沟通汇报，2021 年农业农村部安排中国农业科学院基建投资规模 4. 3 亿元，较 2020 年增长了 17%，占部直属单位年度基建投资总额的 56%，实现了逆势增长。积极落实改善科研条件专项资金管理职能调整工作部署，与财务局做好衔接，落实专项资金 2. 18 亿元。同时，开拓思路，积极构建并大力争取多元化条件建设资金投入，首次获得海南专项资金 3 亿元支持；统筹利用地方财政资金、社会资金、自有资金等突破 5 亿元，有力保障了全院条件建设资金需求。

（五）规范化管理年活动实现了既定目标

全面启动条件建设规范管理 2021 年行动，细化和优化了在建项目日常监管流程和要点。一是强化制度建设。参与修订《中央级科学事业单位改善科研条件专项资金管理办法》《农业农村部改善科研条件专项资金管理实施细则》，印发《中国农业科学院自有资金建设项目管理办法》《中国农业科学院 2021 年基本建设项目检查工作方案》等，进一步规范项目管理流程和管理行为。二是强化队伍建设。开设了施工组织设计培训课，开展了条件专项资金管理办法宣讲以及数字农业项目管理、科研仪器设备采购管理、工程结算和合同管理等专题培训，进一步提升全院条件建设管理队伍的政策、业务、管理和协调能力。三是强化过程监管。加强在建项目检查和督导，制定项目年度进度目标，充分利用农业建设项目管理平台、院所运行监测系统、农业农村部修购专项管理信息系统，实现动态监控，及时风险预警，分批次约谈，专人跟踪落实。四是强化关键环节研究。围绕安全生产、招标采购、工程结算等项目单位关心的问题，加强调研，组织安全生产调度会、政策宣讲会和 30 余次施工现场检查，印发《建设工程安全生产管理手册》《科研仪器设备采购管理要点》《数字农业项目建设调研报告》，为项目顺利实施提供管理技术支撑。

三、2022 年工作思路与重点任务

2022 年是党的二十大召开之年，是实施“十四五”规划承上启下之年。全院条件建设以党的十九届六中全会精神为指导，紧紧围绕“发展”与“安全”两大主题，以党建和自身能力建设为抓手，加强调查研究和沟通衔接，统筹争取、利用中央预算内基建投资和科研条件改善专项等各渠道资金，全力推进“十四五”条件建设规划落实落地，进一步规范项目执行，严守安全底线，全面推进中国农业科学院条件建设高质量发展。

（一）以党建促发展，着力强化基建队伍能力建设

加强党建引领，持续深化党史学习教育，持续推进红旗党支部建设，总结提炼条件建设社会主义核心价值观，促进党建与业务深度融合发展。针对全院条件建设队伍不足、不稳、不专等问题，不断加强人才队伍能力建设，通过增数量、提质量、强培训、严考核以及组建专业咨询委员会等方式，逐步实现建设任务与管理能力相匹配，全面提升中国农业科学院条件建设管理水平。

（二）加强调查研究，着力统筹条件资源系统配置

在“十四五”规划的基础上，系统开展研究生教育、资金渠道、人才安居、数字基建等条件体系专项研究，进一步理顺存量与增量、京内与京外、现实与长远等重要关系，统筹、分步完善条件体系；摸清全院条件资源基础数据，逐步编制专项能力建设规划，探索条件资源统筹配置机制；加强新建重大科研设施、区域中心运行机制研究，提高设施建成后交付效率和使用效能；谋划中长期条件能力建设思路。

（三）加强重大区域布局规划建设，着力推动京区建设空间拓展

统筹推进安阳试验基地整体规划布局。编制好昌平院区总体规划，系统解决中国农业科学院京区建设用地供需矛盾，布局重点建设项目，实现中国农业科学院建设战略转移，为打造升级版 2.0 院区和“第二个百年”院区建设提供坚实基础。持续推进成都中心一期交付使用和二期建设谋划。推动深圳国际食品谷、南繁研究院等区域创新中心重点项目规划建设。

（四）扎实推进项目立项与投资争取，着力重大科研设施落地建设

克服财政投资压减的困难，积极衔接，开辟渠道，争取投资，紧紧围绕种子、耕地和生物安全等关键领域，推进“十四五”规划重大项目立项谋划和投资争取。申报农业微生物资源库、农产品产地环境样品库等重大项目；完成国家植物生物安全资源保藏利用设施、大豆等油料种质定向创制重大设施可行性研究；强力推进北方水稻研究中心、成都中心一期全面交付使用，加快国家禽畜种质资源库、基因组学研究中心建设。

（五）进一步规范和加快项目执行，着力科研条件能力快速形成

压实项目建设单位主体责任和院级监督责任，继续强化建设项目流程管理和制度建设，加强廉政风险教育和安全生产教育，有效防范安全生产风险和廉政风险。建成全院条件建设信息化系统，结合农业建设项目管理平台、院所运行监测系统，实现建设项目申报、实施、验收全过程动态监测和督导，加快推进年度预算执行和项目验收，加速形成科研条件能力。

中国农业科学院 2021 年基本建设项目立项情况

2021 年批复立项的基本建设项目共 2 个，批复总投资 31 156万元，全部为中央预算内投资。

序号	项目名称	建设年限	项目单位	总投资（万元）
1	中国农业科学院北京畜牧兽医研究所内蒙古自治区乌拉盖蒙古牛种质资源场建设项目	2 年	北京畜牧兽医研究所	1 882
2	中国农业科学院北京畜牧兽医研究所国家畜禽种质资源库建设项目	3 年	北京畜牧兽医研究所	29 274

中国农业科学院 2021 年基本建设投资计划概况

2021 年中央预算内基本建设投资共下达 3 批计划，累计为 43 199万元。

中国农业科学院2021年建成项目一览表

序号	项目名称	建设单位	实际完成总投资（万元）	完成情况	产生的效益
1	中国农业科学院农田灌溉研究所新乡试验基地建设项目	农田灌溉研究所	2 929	建成智能温室及工作间1 011.08平方米，连栋温室1 957.80平方米，测桶池槽、盆栽池槽各6组，蒸渗仪系统、地中渗透仪土建工程1 210.57平方米，通量塔土建工程40米，配套移动防雨棚2 384平方米，以及场区给水、排水、供电等工程；购置安装仪器设备15台（套）	提升了农田灌溉研究所在作物高效用水理论研究与非充分灌溉技术研发方面的平台条件，为开展作物需耗水规律精准确定、农田水碳通量高精度测定、土壤水与物质循环深入研究提供了良好的基础研究条件
2	中国农业科学院郑州果树研究所雨污水管网改造项目	郑州果树研究所	994	改造雨水管网1 859.85米、污水管网1 265.1米，新建雨水检查井49座、污水检查井87座、化粪池5座、隔油池1座、一体化提升泵站1座等设施，道路破除7 261.65平方米，道路恢复12 079.27平方米	改善了所区雨污排水管网系统，恢复及完善使用功能，保证所区排污畅通，雨水及时排入市政雨污管道，避免所区污水淤积、内涝情况发生，保证建筑物及设施设备系统正常、规范、安全、有序运行，实现了雨污分离

（续表）

序号	项目名称	建设单位	实际完成总投资（万元）	完成情况	产生的效益
3	茶叶全产业链大数据建设试点项目	茶叶研究所	1 188	购置中心机房显示系统、虚拟主机集群、堡垒机等硬件设备13台（套/批），购置企业级防火墙、漏洞扫描、数据库审计等软件系统4套，开发数据采集、数据挖掘运算、茶叶大数据共享等应用软件各1套	建成了覆盖茶叶全产业链大数据采集系统、运算与分析系统、决策与服务系统的国家茶叶全产业链大数据中心，且系统运行平稳。制定了数据采集标准规范，取得等级保护三级，获得三个软件著作权，完成了系统第三方测评。系统已具备数据采集、分析和发布能力，“茶数”App作为数据采集终端，提升了数据采集的效率和质量。项目的建成提升了全国茶产业数据的汇聚能力，有助于提升产业科学决策的能力
4	油料（油菜、花生）全产业链大数据建设试点项目	油料作物研究所	1 214	购置计算机网络系统、安全支撑系统、图像接入系统等硬件设备42台（套），购置网络防病毒、服务器操作系统、数据库管理等软件系统28套，开发基础支撑、面积监测预测系统、产量监测预测系统等应用软件9套，并完成系统集成	计算机网络安全、安全支撑系统、图像接入系统、服务器等硬件设备和软件运行平稳。利用油料（油菜、花生）种植过程的监控数据，指导农业生产；厘清国内外油料（油菜、花生）生产与市场供需形势；为提前研判油料（油菜、花生）产业形势提供依据；加快实现现有数据的有效融合；进一步完善油料（油菜、花生）全产业链监测预警信息服务；提高农业企业和农民种植油菜、花生等经济作物的意愿；为油料（油菜、花生）产业发展提供及时、有效的监测预警信息服务

（续表）

序号	项目名称	建设单位	实际完成总投资（万元）	完成情况	产生的效益
5	中国农业科学院棉花研究所研究生宿舍建设项目	棉花研究所	1 989	新建研究生宿舍 5 182.32平方米（其中宿舍面积 4 796.09 平方米、餐厅面积 386.23 平方米），配套道路、管网、消防泵房、消防水池、变电站等室外工程；购置餐厨设备 6 批	宿舍已入住学生 260 人，食堂可容纳 170 人同时就餐，极大改善了研究生、留学生的住宿就餐条件，有效解决了近年来在所研究生、留学生数量不断增长与住宿、餐饮条件受限之间的矛盾问题，为棉花所科研工作开展提供了有力保障
6	中国农业科学院环境保护科研监测所湘潭试验基地建设项目	环境保护科研监测所	2 351	新建综合实验室 3 149.68平方米，食堂和宿舍（含消防水池 330 立方米和泵房 172.52 平方米）1 048.67平方米、连栋温室 835.05 平方米，连栋网室 864 平方米；建设晒场 891 平方米、土方工程 52 600立方米、场区围墙 480 米、挡土墙 409 米、道路 1 883.24平方米、绿化 10 740平方米；拆除房屋 6 240平方米；完善场区给水管道铺设，安装一体化污水处理设备 1 套、箱式变电设施 630 千伏安，安装监控系统 1 套；改造田间渠道 166.7 米，完善田间给排水、电气等设施。购置科研级自动气象站、水质在线分析仪、谷物收获机等仪器设备及农机具 26 台（套）	湘潭试验基地成为中国农业科学院科技创新体系的重要组成部分，为筛选重金属低积累水稻品种、提升重金属污染农田治理的科研创新能力，以及促进土壤重金属污染整治关联产业健康发展提供了有效保障

（续表）

序号	项目名称	建设单位	实际完成总投资（万元）	完成情况	产生的效益
7	中国农业科学院蔬菜花卉研究所国家草本花卉种质资源圃建设项目	蔬菜花卉研究所	1 400	新建日光温室 2 977 平方米、阴棚 1 120 平方米、保存槽 593 平方米，改造 8 米跨日光温室 6 278平方米，改造 10 米跨日光温室 5 500平方米，改良土壤 1 987立方米；硬化道路及地面 255 平方米；配套供暖管线 136 米、供电管线 175 米、供水管线 72 米，场区排水设施 1 项（波纹管 216 米，渗水井 12 座等）；购置仪器设备 56 台（套）	项目建成和投入使用后，初步建立了“国家草本花卉种质资源圃”平台，具备了承担保存月季、菊花、兜兰、鸢尾等草本花卉种质资源的条件，开展主要花卉作物表型测定、抗性鉴定，以及花色花香物质定性定量分析等资源鉴定评价，为草本花卉科学研究、新品种培育等提供支撑条件
8	大豆全产业链大数据建设试点项目	农业信息研究所	1 222	购置服务器、移动终端、高性能计算机等硬件设备 25 台（套），购置服务器基础支撑软件 1 套，开发大豆全产业链监测预警、大豆全产业链数据库、大豆面积监测等应用软件 19 套，并进行了集成	已经制定了大豆全产业链数据目录 1 套，标准 4 套；升级了大豆全产业链数据采集终端农信采、农情采 2 套；建成大豆全产业链数据库 5 类，数据总存储量达到 5TB 以上；建成大豆全产业链数据分析系统 4 套；建成国家大豆全产业链大数据监测预警中心 1 个，分中心 2 个，形成大豆监测预警服务体系 3 套；建成大豆全产业链产业服务体系 6 个，为中国农业展望大会、大豆分析师提供大豆产业报告 15 份

（续表）

序号	项目名称	建设单位	实际完成总投资（万元）	完成情况	产生的效益
9	中国农业科学院上海兽医研究所综合实验室建设项目	上海兽医研究所	2 952	新建综合实验室6 430.2平方米、水泵房77.7平方米，建设室外道路、停车场、给排水消防工程、电气安装工程，配套雨污水处理设施、绿化2 806平方米，购置并安装实验台400延米	每年收集、检测病原样品约10 000份，分离病毒、细菌300~500株，获得50~100株病毒、细菌的全基因序列信息；5年内研制2~3种新型疫苗、获得1~2项转基因生物安全证书，申请新兽药证书2~3项，申请专利5~10项。为创新团队研究和创新工作提供必要的科研条件；为承担并开展国家和地方动物疫病特别是新发病的诊断、检测、防治工作提供必要的实验条件和场所，为动物疫病防治提供科技支撑和技术依托
10	中国农业科学院农田灌溉研究所农田灌溉实验室建设项目	农田灌溉研究所	1 486	购置39台套仪器设备，主要包括三维白光干涉表面形貌仪、高速摄像及水流流态采集系统、高精度水力模型数字系列压力传感器等。新增购置3套（组）仪器设备，主要包括根系动态监测系统一套（含Surfer软件）、质量分析前处理设备1组（3件）、土壤理化分析前处理设备1组（4件）	有效地改善了农田节水灌溉理论和技术研究的基础条件，提升了研究所在节水灌溉水土环境、灌区生态化建设、灌溉水力学、量配水技术与设备研发的科技创新能力，为我国节水灌溉科技的发展提供有效支撑

（续表）

序号	项目名称	建设单位	实际完成总投资（万元）	完成情况	产生的效益
11	中国农业科学院农业资源与农业区划研究所祁阳试验基地建设项目	农业资源与农业区划研究所	2 821	征地 68.47 亩，新建实验室和样品库 3 619.44平方米、农机具库 151.92 平方米、旱棚 206.04 平方米、食堂 181.26 平方米、大门及值班室 17.06 平方米、渗漏池 587.02 平方米、高水位池 18 立方米、消防蓄水池 288 立方米、道路 2 099.24平方米、铁艺围墙 591 米、浆砌石挡墙 4 468.8立方米、排水沟 622.4 米，改造道路 2 611.6平方米，房屋拆除 2 480平方米，新增景观绿化面积 2 710.6平方米，土地整理 103.22 亩，池塘扩容 400 平方米，配套完善场区电、水、监控工程，购置仪器设备及农机具 8 台（套）	全面提升了祁阳试验基地的监测和研究能力，为科研人员在基地开展长期定位监测、样品收集保存、分析测试、红壤改良和利用研究等提供了基本保障
12	中国农业科学院农业资源与农业区划研究所呼伦贝尔综合试验基地建设项目	农业资源与农业区划研究所	2 948	新建实验室 3 788.46平方米、农机具库 568.49 平方米、食堂 274 平方米、消防泵房及水池 330.91 平方米，配套场区给排水、电气、道路等工程；建设网围栏 6 098.02米，田间道路 18 966.22 平方米等田间工程；购置实验台 248 米；征地 3 057.24亩	试验基地的科研基础设施条件得到明显的提升，为开展草地资源利用与保护研究等提供基本保障。草地生态遥感、牧草加工、智慧农业、农业微生物等科研团队已开展科研工作

（续表）

序号	项目名称	建设单位	实际完成总投资（万元）	完成情况	产生的效益
13	中国农业科学院生物技术研究所新疆试验基地建设项目	中国农业科学院生物技术研究所	2 444	新建综合实验室及研究生宿舍3 206.91平方米、日光温室622.37平方米、温室工作间364.21平方米、传达室56.26平方米；安装箱式变压器1座；建设场区道路4 926平方米、围墙和大门553米、室外管线1项、消防水池308.67平方米、化粪池2座62.5立方米；安装监控系统1套；修建田间道路5 405平方米、围栏2 124平方米、简易农具库26.43平方米、灌溉系统300亩、防渗渠558米；土壤改良300亩；购置小型气象站1套、大型拖拉机等农机具3台（套）；增加旱厕1个15.82平方米、实验台146.75延米、种子冷藏库80立方米、仪器设备37台（套）	成为生物所棉花分子育种研究的重要前端实验平台，为优质长绒棉种质资源收集保存、新型基因种质资源创制、高品质棉花新品种选育，以及开展国际合作与交流提供了完善的科研基础条件，对保障和支撑我国作物生物技术科研可持续发展具有重要作用

中国农业科学院2021年度修缮购置专项资金项目批复情况

序号	预算代码	单位名称	专项合计	
			数量（项）	金额（万元）
		全院合计	36	22 005.00
1	125161001	沼科所	1	1 395.00
2	125161002	环保所	1	1 110.00
3	125161003	院本级	1	300.00
4	125161004	研究生院	1	125.00
5	125161005	农经所	1	350.00
6	125161008	信息所	1	2 145.00
7	125161009	作科所	1	330.00
8	125161010	蔬菜所	1	870.00
9	125161012	环发所	1	2 180.00
10	125161013	资划所	2	375.00
11	125161015	加工所	1	225.00
12	125161016	棉花所	1	380.00
13	125161017	油料所	2	1 060.00
14	125161018	果树所	1	640.00
15	125161021	茶叶所	1	160.00
16	125161023	烟草所	1	170.00
17	125161024	麻类所	1	120.00
18	125161028	牧医所	2	615.00

（续表）

序号	预算代码	单位名称	专项合计	
			数量（项）	金额（万元）
19	125161029	蜜蜂所	1	215.00
20	125161030	哈兽研	1	1 100.00
21	125161031	兰兽研	2	2 835.00
22	125161032	兰牧药	2	460.00
23	125161033	草原所	1	645.00
24	125161034	特产所	1	305.00
25	125161035	上兽研	1	630.00
26	125161036	水稻所	2	455.00
27	125161038	饲料所	1	1 735.00
28	125161039	生物所	3	1 075.00

中国农业科学院 2021 年建成项目简介

2021 年，在院所共同努力下，全年完成 13 个项目竣工验收投入使用，包括 5 个试验基地、3 个基础设施保障、3 个数字农业、1 个重点实验室、1 个现代种业建设项目。新建、改造科研及辅助用房 2. 87 万平方米、温网室 1. 04 万平方米，购置仪器设备 253 台（套），形成固定资产 2. 59 亿元。通过项目建设，不断完善中国农业科学院试验基地科研设施条件，有效解决相关研究所科研用房及研究生宿舍不足等问题，为茶叶、油料、大豆产业大数据采集、分析和科学决策提供设施保障，为实现“三个面向”“两个一流”建设提供了有力的条件支撑。

七、研究生教育与管理

中国农业科学院“十四五”研究生教育发展规划

一、形势与需求

（一）服务中华民族伟大复兴，加快农业农村现代化，急需培养大批高层次创新人才

中国特色社会主义进入新时代，在全面建成小康社会的基础上，已经开启了全面建设社会主义现代化国家新征程，经济已由高速增长阶段转向高质量发展新阶段。农业农村经济是我国经济的重要组成部分，农业农村现代化是我国社会主义现代化的重要方面。习近平总书记在给全国涉农高校书记校长和专家代表的回信中明确指出：中国现代化离不开农业农村现代化，农业农村现代化关键在科技、在人才……继续以立德树人为根本，以强农兴农为己任，拿出更多科技成果，培养更多知农爱农新型人才。

2020 年 7 月，全国研究生教育会议成功召开。习近平总书记就研究生教育工作作出重要指示，强调中国特色社会主义进入新时代，即将在决胜全面建成小康社会、决战脱贫攻坚的基础上迈向全面建设社会主义现代化国家新征程，党和国家事业发展迫切需要培养造就大批德才兼备的高层次人才。习近平总书记的重要指示，为推动研究生教育改革发展指明了方向，开启了新时代研究生教育改革发展的新篇章。《国民经济和社会发展第十四个五年规划和 2035 年远景目标纲要》提出，要提高高等教育质量……加快培养理工农医类专业紧缺人才，加强研究生培养管理，提升研究生教育质量。

中国农业科学院研究生教育，是全国涉农研究生教育的重要一员，肩负着培养国家急需的高层次农业农村创新人才的重任，必须贯彻落实习近平总书记指示和中央关于研究生教育的总体部署，坚持与时俱进，更新教育理念，突出特色优势，农科教结合、产学研融合，培养更多高层次人才，服务“三农”及经济社会发展，助推我国农业农村科技整体跃升、农业农村现代化和乡村振兴大业，为社会主义现代化建设和中华民族伟大复兴作出应有的贡献。

（二）顺应世界发展大势，增强全球农业科技与产业竞争力，急需培养大批一流国际人才

世界正处于百年未有之大变局，新一轮科技革命和产业变革加快兴起，高精尖科技

领域竞争尤为激烈，高等教育尤其是研究生教育已成为国际人才竞争和科技竞争的重要领域。

高等农业教育是高等教育的重要组成部分，在保障人类食物安全、有效应对全球气候变化、推动资源环境永续利用等方面均具有重要作用。随着经济全球化、科学技术现代化和高等教育国际化的发展，高等农业教育的范围进一步扩大，世界各国围绕农业发展目标，积极推进农业教育改革，更加重视学生综合素质提升和职业技能发展，学科设置重视交叉学科、新兴学科发展和多学科研究中心建设，课程设置与时俱进，体现课程的系统性、时代性和国际性，同时突出前沿性，注重学科交叉、通用性和适应性，强化培养适应农业农村现代化和农业产业国际竞争力提升的高层次人才。

中国农业科学院研究生教育必须服务国家全球化发展整体部署和农业“走出去”战略，充分利用全球农业科研协作网，广辟合作渠道，扩大研究生教育国际交流与合作培养，大力增强对国际优秀留学生的吸引力，培养更多具有国际视野的高层次国际化人才，为我国农业科技发展及农业产业国际竞争力提升、实现农业大国向农业强国的转变源源不断提供国际人才和世界智力支持，并为世界粮食及食物安全、全球农业可持续发展作出贡献。

（三）坚持“四个面向”，实现“两个一流”，迫切需要大力发展研究生教育

“十四五”时期是中国农业科学院顶天立地、跨越发展的关键时期。为早日实现“一流学科”“一流科研院所”的建设目标，中国农业科学院需要拥有一支强大的创新力量，科教融合、产教融合、三创融合，面向世界农业科技前沿引领潮头、面向国家重大需求攻坚克难、面向现代农业建设主战场摧城拔寨、面向人民生命健康担当有为。

研究生是中国农业科学院科技创新队伍的重要组成部分。至“十三五”末，全院在籍研究生总规模已近 6 000人，超过在编科研人员规模，为全院科技创新工程顺利实施及重大科技任务攻关作出了重要贡献。面向“十四五”及长远发展，为积极推进“两个一流”建设，进一步凸显国家战略科技力量的作用，中国农业科学院急需培养更多的具有高素质、高能力、高水平的研究生，投身农业科研创新实践中，为中国农业科学院的跨越发展和农业科技创新作出更大贡献。

二、发展现状与问题

（一）成绩和经验

“十三五”期间，研究生教育坚持以立德树人为根本，以强农兴农为己任，秉承“立足科研、质量为本、科教兴农”的办学理念，以“院所结合、两段式培养”为特

色，各项事业全面发展，整体办学实力显著提升。

教育规模大幅增长，人才培养成果丰硕。积极落实农业农村部与教育部共建协议，研究生招生计划大幅增加。“十三五”末，博士、硕士招生计划分别较“十二五”末增长59%、91%。“十三五”期间共招收各类研究生8 126人，较“十二五”增长24%。其中，招收来华留学生729人，较“十二五”增长2.2倍，在校来华留学生来自全球59个国家，博士留学生规模位居全国农林高校第一位、全国高校第六位。“十三五”期间共授予学位5 875人，较“十二五”期间增长11%，为农业农村发展和国家现代化建设培养了一批高层次人才（图）。

图　“十三五”期间研究生招生录取数与授予学位数

培养体系更加完善，综合实力显著增强。坚持走内涵式发展道路，学科体系不断完善。“十三五”期间，新增1个博士、2个硕士一级学科，1个博士、2个硕士专业学位类别。在全国第四轮学科评估中，4个学科被评为A+、2个学科被评为A-，A+学科数与全国高校相比居于并列第十二位。师德师风建设持续加强，“四有”导师队伍不断壮大，“十三五”末导师总数2 104人，较“十二五”末增长24.4%。培养管理不断优化，课程建设持续推进，自有授课教师规模达到320余人，形成一支以本院教师为主、专兼结合、素质优良的教学师资队伍。思政教育不断强化，“十大育人”工作体系进一步完善，“研究生院—研究所—导师”共同负责的“三全育人”思想政治教育工作新格局基本形成。就业指导和服务工作成效显著，“十三五”期间毕业研究生就业率稳定在95%以上，位居北京地区科研教育单位前列。基础设施建设得到加强，办学条件进一步改善。“十三五”期间，实施9个基本建设和修购项目，累计投入中央预算内建设项目资金1.29亿元。

开放办学持续推进，办学活力显著提升。国际化办学水平全面提升，来华留学生教育实现跨越式发展，“留学农科”品牌影响力日益凸显，获得全国首批高等学校来华留学教育与管理质量认证。国际交流合作不断深化，中外合作办学博士学位教育稳步推进，与比利时列日大学合作培养博士项目顺利通过教育部主管部门的评估并获批延期，启动实施与荷兰瓦赫宁根大学合作培养博士项目。积极拓展与海外知名高校的合作，与全球五大洲 16 个国家的大学和研究机构签署合作协议或合作谅解备忘录。“十三五”期间，启动与西南大学等 5 所国内知名高校的联合培养博士生项目，联合培养项目招生规模位居全国第二。充分依托国家级专业技术人员继续教育基地，充分发挥中国农业科学院培训中心的职能，积极开展各类培训工作，形成了中组部“西部之光”访问学者培训班、人社部“三支一扶”培训班、中国农业科学院创新团队首席专家培训班等为代表的多层次、多类型培训体系，“十三五”期间累计培训学员 14 500余人次。

体制机制不断创新，教育改革持续深化。积极探索符合中国农业科学院发展实际的“学院制”改革之路。2016 年成立国际教育学院，兽医学院成功运行并不断积累经验，2020 年成立深圳研究生院。2019 年和 2020 年先后启动实施兽医学科和畜牧学科博士研究生招生“申请—考核制”试点，显著提升了博士生源质量。2020 年首次招收直博生，实现了选拔优秀本科毕业生直接进入博士阶段的贯通培养。人才分类培养持续推进，逐步形成以重点提高创新能力为导向的学术学位研究生培养模式，以重点提升实践能力为导向的专业学位研究生培养模式。三级学位管理体系逐步健全，实施三级审查和责任追究制度，确保学位论文质量。建立培养点管理机制，分学科、分类别制定学位授予标准，健全学位授予质量保证监督体系。

党的领导进一步加强，校园文化活动活泼向上。坚持把党的政治建设摆在首位，不断加强和完善党对全院研究生教育工作的领导，研究生院实行党委领导下的行政领导人负责制。扎实开展“两学一做”学习教育活动、“不忘初心、牢记使命”等主题教育活动，广大党员理想信念更加坚定、党性更加坚强。以提升组织力为重点，进一步突出政治功能，推进基层党组织设置和活动方式创新，党组织的创造力、凝聚力、战斗力进一步提高。工会、青委会、妇委会、团委等群团组织政治性、先进性、群众性进一步增强，桥梁纽带作用积极发挥。研究生思想政治教育工作全面加强，思政课程和课程思政建设进一步强化，通过打造“树人讲堂”、学术节、雷锋月、纪念“一二·九”运动大合唱比赛等校园精品活动，校园文化氛围更加浓厚。“十三五”期间，研究生院荣获“农业农村部直属机关先进基层党组织”“农业农村部直属机关五四红旗团组织”等荣誉。

总结回顾“十三五”期间研究生教育取得的发展成绩，有以下几条经验值得坚持和发扬：

一是坚持党对研究生教育工作的全面领导，为研究生教育事业发展提供坚强的政治和组织保证；二是坚持建设“一流学科”和“一流科研院所”的战略目标不动摇；三是坚持“立德树人”的根本任务，突出人才培养核心地位，推进内涵式发展；四是坚持问题导向、创新驱动，将深化教育改革作为推动事业发展的强大动力；五是坚持把举全院之力办教育和开放办学作为长期发展战略，着力提升核心竞争力和国际影响力；六是坚持科教融合、产教融合、协同创新，走农科教、产学研紧密结合的办学道路，不断突出办学特色和优势。

（二）问题与不足

在充分肯定“十三五”发展成绩的同时，必须清醒地认识到，与党和国家赋予我们的历史使命相比、与习近平总书记对研究生教育工作的重要指示和要求相比、与“两个一流”的建设目标相比、与广大师生和全社会的热切期望相比，中国农业科学院研究生教育还存在诸多短板。

一是研究生规模还不能满足新时代农业农村快速发展对高层次创新人才的需求。当前研究生教育总体规模仍然偏小，尤其是博士研究生招生规模有限，生师比矛盾突出，农业科研“国家队”的优质科教资源、人才资源未能得到充分有效利用，育人效用尚未实现最大化。同时，生源质量和培养质量有待进一步提升，研究生创新水平和实践能力尚需进一步强化。需要坚定不移地坚持内涵式发展，把握机遇，努力扩大招生规模，积极开展各类研究生的合作培养。

二是办学条件亟待改善，教育资源短缺状况依然突出。随着教育规模的相对扩大和学生类别的多样化，办学条件不足问题凸显，教学、住宿、文体等各类办学设施短缺，专职教师队伍需进一步壮大。唯有通过改革创新，优化全院资源配置，加大基础设施建设力度，积极谋划新校区建设，加强教师队伍建设，才能实现研究生教育持续健康发展。

三是学科发展不平衡，学科建设长效机制尚未完全建立。当前学科整体发展水平与世界一流相比仍有一定差距，现有学科设置还不能完全满足新时代科技创新实际需求，新兴、交叉学科以及农村领域学科的建设能力不足。需要牢牢把握新时代“新农科”建设要求，围绕支撑、服务乡村振兴战略，加强顶层设计和有序建设，打造传统优势学科与新兴、交叉学科相得益彰、互相支持、协调发展的新型学科体系。

四是现代化教育管理体系尚未完全建立，教育治理能力须进一步提升。在研究生院和研究所“两段式”培养模式下，科教融合、院所结合尚需进一步强化，管理队伍建设和全面管理服务各类学生的能力需进一步提升，尤其是对客座学生的管理相对滞后，责任落实还不到位。需要开拓思路、创新方法、建章立制，加快促进研学合一，加快提升信息化水平，将各类学生纳入统一管理，高质量做好研究生教育各项管理服务工作。

三、发展思路、基本遵循、使命责任和发展目标

（一）发展思路

以习近平新时代中国特色社会主义思想为指导，坚持社会主义办学方向，坚持和加强党对研究生教育工作的全面领导，全面贯彻党的教育方针，认真贯彻中共中央、国务

院决策部署和全国研究生教育会议精神，围绕“四个面向”“两个一流”，以立德树人为根本，以强农兴农为己任，以提升研究生教育质量为核心，遵循教育规律，服务科技创新，推动内涵发展，更加突出体制机制创新，更加突出学科专业优化调整，更加突出培养模式转变，更加突出国内外开放合作，更加突出教育现代化，把研究作为衡量研究生素质的基本指标。统筹优质科教资源，充分发挥各研究所学科、平台、基地和人才优势，举全院之力办好研究生教育，推进“中国农业科学院大学”建设，深入促进科教融合、产教融合、协同创新，着力增强研究生创新能力、实践能力，培养一大批德才兼备的高层次人才，为农业科技进步、农业农村现代化及高等教育发展作出应有贡献。

（二）基本遵循

坚持党的领导。全面加强研究生教育领域党的建设，完善党领导研究生教育工作的制度措施，坚持中国特色社会主义教育鲜明的政治方向、服务面向、育人导向，以完善人格、开发人才、培育人才为工作目标，培养德智体美劳全面发展的社会主义建设者和接班人。

坚持服务需求。围绕党和国家事业发展迫切需要，坚持“四个面向”，致力于教育现代化发展，主动服务于中华民族伟大复兴，服务于国家乡村振兴战略，服务于中国农业科学院“两个一流”建设、我国农业农村科技整体跃升和农业农村现代化。

坚持立德树人。始终坚持党的教育方针和社会主义办学方向，把立德树人作为研究生教育的根本任务，构建长效机制，实现全员全程全方位育人，着力培养以强农兴农为己任、具备“大国三农”情怀、“明理崇德”“懂农业、爱农村、爱农民”的高层次专门人才。

坚持质量为本。建设高质量研究生教育体系，把促进研究生成长成才作为出发点和落脚点，把提高质量作为研究生教育的生命线和中心任务，健全完善培养体系，注重激发内生动力，大力提升研究生的创新精神、创新能力和综合素质，推进农科研究生教育内涵式发展。

坚持统筹发展。把举全院之力办研究生教育落到实处，统筹学科和学院合理布局，统筹院所两种资源，统筹不同层次、不同类型研究生教育及乡村振兴服务协调发展，充分调动各种积极因素，大力提升研究生教育能力。

坚持科教融合。深化研究生教育体制机制、培养模式及保障机制改革，研学结合、院所结合、协同创新，强化全院作为学位授予单位的育人职责与质量保证主体责任，引导各研究所从科研机构向科教机构转变，引导科研人员向科教人员转变，全院一盘棋，科教互融互促，夯实研究生教育发展根基。

坚持开放办学。加强与国内外高校、科研机构等各有关方面的交流与合作，深化高水平人才联合培养，践行农业科研国家队使命，引领农业科技创新人才培养体系建设。营造良好的教学科研环境，提升国际竞争力，加快培养具有全球视野的高层次人才，打造国内外知名的农科研究生教育品牌。

（三）使命责任

落实立德树人根本任务。坚持德育与智育并重，德育为先，把牢意识形态主动权，加强思想政治教育，强化师德师风建设，培育和践行社会主义核心价值观，把立德树人贯穿到教育事业发展的各领域、各方面、各环节，培养德智体美劳全面发展的社会主义建设者和接班人。

培养国家急需的高层次人才。坚持以国家重大战略需求为导向，重点围绕乡村振兴战略、“藏粮于地、藏粮于技”战略、“打好种业翻身仗”重大决策部署、提高国家生物安全治理能力等，深入推进学科专业调整，加大专门人才培养力度，为强化国家战略科技力量提供人才保障。

服务农业农村现代化。坚持面向世界农业科技前沿、面向现代农业建设主战场，深化科教融合、产教融合，完善人才培养体系，强化分类培养，着力增强研究生创新能力、实践能力，培养“顶天立地”的高层次创新人才和高水平应用人才，支撑农业农村高质量发展。

支撑世界一流科研院所建设。坚持“两个一流”战略目标不动摇，健全完善研究生教育管理体系和管理机制，深化研究生教育综合改革，调动院所资源，释放发展活力，推动研究生教育与全院科技创新深度融合，为世界一流科研院所建设提供强有力的人才支撑。

（四）发展目标

到 2025 年，基本形成学科一流、科教融合、优势突出的现代农科研究生教育体系，开创本、硕、博直通教育新机制，实现内涵式高质量发展，聚力培养理论功底扎实、创新思维活跃、创新能力突出、实践能力过硬，具有“一懂两爱”情怀、勇担兴农报国使命、为实现农业农村现代化和乡村振兴矢志奋斗的新型高层次人才。

到 2035 年，研究生教育成为国内外公认的高层次、研究型、国际化、有特色的农科品牌，为农业农村现代化、中华民族伟大复兴培养一大批德才兼备的高层次人才。

基本建立一流学科体系。博士学位授权一级学科中，若干学科进入世界一流行列，更多学科进入国内一流前列，基本形成“高峰”学科突出、“高原”学科众多、新兴交叉学科引领、特色学科彰显的一流学科体系。

教育规模跨上新的台阶。在籍学生达到 7 500人，其中来华留学生 600 人；年度招生规模达到 2 600人，博士研究生占比 1/3。教师队伍达到 650 人；专兼职辅导员达到 60 人；导师队伍在现有基础上按照教育部的要求做适当调整增加。

教育质量满足高层次人才需求。“三全育人”教育理念落实落地，研究生综合素质、创新能力、实践能力显著提高，毕业生就业率、用人单位和社会满意度保持高位。

开放办学程度再创新高。与国内高校、企业建立相对完善、稳定发展的协同育人体系；国际教育布局更加优化，拓展国际合作培养伙伴 5~7 个；高质量建设国际教育学院，“留学农科”品牌影响力显著增强。

基本形成依托研究所的校区建设布局。北京中关村和马连洼校区完成现代化改造，哈尔滨、深圳校区更加完善，成都校区初步建成，推进昌平校区建设，教学条件大幅度提升，校园文化丰富多彩、欣欣向荣。

建立科教融合一体化体系。研究生院—学院—研究所“三位一体”研究生教育体系基本确立，研究所逐步从科研机构向科教机构转变，科研人员向科教人员转变，教师认同感、责任感明显增强，科研与教学能力相得益彰。

乡村振兴服务形成品牌。系统开展乡村振兴战略基础理论研究，形成独树一帜的乡村振兴研究生教育和各类人才培育体系，建成具有重要影响的乡村振兴学院，农科特色乡村振兴品牌社会彰显度大幅提升，服务农业科技创新、农业农村现代化和国家决策的作用凸显。

党的建设高质量发展。建立完善的院所研究生教育党建团学一体化工作体系，研究生党支部建设生机勃勃，党组织的凝聚力、向心力进一步增强。

四、重点任务

“十四五”期间，围绕研究生教育中心工作，重点实施“五大工程、三大行动”，全面推动研究生教育跨越发展。

（一）推进实施“五大工程”

1. 凝心铸魂工程

坚持和加强党的全面领导。以政治建设为统领，牢牢把握意识形态工作领导权，筑牢意识形态工作阵地，把增强“四个意识”、坚定“四个自信”、做到“两个维护”体现到推动“两个一流”建设的具体行动上，以习近平新时代中国特色社会主义思想铸魂育人。坚持党对研究生教育事业的领导，确保“把方向、管大局、作决策、抓班子、带队伍、保落实”作用得到充分发挥。加强基层党组织建设，坚持师生党建分类指导、齐抓共管、一体推进，研究生院党委要统筹做好研究生集中学习阶段和回所阶段的学生党建工作，突出抓好研究生党支部建设和研究生党员发展、教育、管理、服务工作，不断提升党建工作质量，充分发挥党组织的战斗堡垒作用和共产党员的先锋模范作用。落实全面从严治党主体责任，加强作风和纪律建设，重视抓早抓小，加强廉政教育，培育廉洁文化，营造风清气正、干事创业的良好政治生态，切实树立新时代新作风，强化对党员干部的纪律约束。

全面强化思想政治教育。加强思想建设，强化理论武装，大力推进习近平新时代中国特色社会主义思想进课堂、进教材、进头脑，不断提高广大师生理论水平和政治素养。贯彻落实《新时代爱国主义教育实施纲要》，创新方式方法，广泛开展爱国主义教育。充分发挥理论学习中心组示范引领作用，开展多种形式青年理论学习小组学习活动，健全师生党员教育培训机制，把培育和践行社会主义核心价值观融入育人全过程，培养学生的“大国三农”情怀及使命感、责任感。进一步推进思政课程和课程思政建设，落实思政课“八个统一”要求，积极引进名家名师等优质思政课数字教育资源，不断增强思政课程的思想性、理论性、针对性和亲和力，推动课程思政各学科全覆盖，使各类课程与思政课程同向同行，形成协同效应，实现价值塑造、知识传授与能力培养相统一。建立健全专兼职辅导员工作体系，完善院所联动思政工作机制，构建研究生院—学院—研究所—科研团队—导师共同负责、党团相衔接的思政教育体系，形成“五位一体”、专兼职结合的研究生思政教育管理工作队伍，创新工作形式和手段，增强针对性和实效性。

2. 一流学科建设工程

中国农业科学院“十四五”期间研究生教育学科布局与建设目标如表 1 所示。

表 1　中国农业科学院“十四五”期间研究生教育学科布局与建设目标

学科门类	一级学科	建设目标
农学	作物学、植物保护、畜牧学、兽医学	着力建成世界一流学科
	农业资源与环境、园艺学	努力进入国内顶尖学科行列
	草学	努力进入国内一流学科行列
理学	生物学	努力进入国内一流学科前列
	生态学	努力进入国内一流学科行列
工学	食品科学与工程	力争获得博士学位一级学科授权，进入国内一流学科行列
	农业工程	努力达到国内同类学科先进水平
管理学	农林经济管理	努力进入国内一流学科行列
交叉学科	信息技术与数字农业、区域发展、农业合成生物学、农业生物智能设计、乡村振兴理论与政策等	建设若干代表学科前沿、符合“新农科”发展方向的交叉学科，抢占一流学科未来发展制高点

集中力量打造一批学科高地。遵循研究生教育规律和农业科研规律，促进全院教育

学科与科研学科互融互促，实施教育学科建设与科研团队、科技项目、科技平台一体化发展战略，优化学科布局、突出学科特色、打造学科高地。从研究生指标和创新工程经费分配、科研条件保障等方面给予倾斜支持，持续巩固和扩大作物学、植物保护、畜牧学、兽医学学科优势，着力打造成为世界一流学科；不断夯实园艺学、农业资源与环境学科基础，努力进入国内顶尖学科行列；深入挖掘生物学等学科潜力，力争进入国内一流学科前列。主动适应现代农业农村发展对人才需求的转变，深入推进新农科建设，瞄准学科前沿，促进交叉融合，大力扶植培育农业生物智能设计、乡村振兴理论与政策等新兴交叉学科，为培养适应现代农业农村发展的高层次人才搭建优良学科平台。

稳步加强特色学院建设。持续推行学院制改革，按学科或区域组建二级学院，创新体制机制，加快构建研究生院—学院—研究所三位一体办学模式。以博士一级学科为基础，顶层设计、分步实施，健全完善兽医学院，办好深圳研究生院、国际教育学院，创办成都分院分院，根据发展需要适时筹建新的二级学院。整合一级学科所涉及的优质科教平台和人才资源，促进国内顶尖、世界知名的科研平台和专家资源更迅速直接地转化为教育资源，实现资源的优化配置和高效利用，强力推进一流学科的建设和发展。

3. 高层次人才培养工程

努力提高招生数量和质量。把握农业农村部与教育部共建中国农业科学院研究生院契机，积极争取增加全日制、“少数民族高层次骨干人才计划”研究生、科研经费专项博士研究生、海南专项研究生项目等招生指标。努力扩大各类与国内高校联合培养博士生招生规模及客座学生规模。强化招生宣传，加强与“双一流”高校、地方特色高校的交流对接，院所联动举办特色大学生夏令营活动，扩大优秀推免生接收人数，力争“十四五”末推免生中“双一流”高校生源占比达到 60%，研究生中“双一流”高校生源占比 40%。深化招考制度改革，增加硕博连读生和直博生招生人数，全面实施博士研究生招生“申请—考核制”，探索推动博士生学制改革。

健全完善高质量培养体系。进一步强化学术学位和专业学位研究生分类培养，优化培养方案与学位授予标准，突出学术学位研究生科教融合与知识创新能力培养，强化专业学位研究生产教融合与实践创新能力培养。加强学术学位研究生学术活动管理服务，建设有影响力的学术活动品牌，创造条件支持研究生参加国内外相关学术活动。加强专业学位研究生联合培养基地建设，完善校外导师选聘制度，健全研究生志愿服务体系，深入开展主题社会实践活动。进一步加强课程体系与教材体系建设，及时更新课程内容、丰富课程类型、优化课程体系，加大教材建设力度，通过基本科研业务费等专项经费支持，在“十四五”期间建成具有中国农业科学院特色的研究生核心课程体系。建立教学督导、研究生评教相结合的课程教学评价监督机制，对研究生教学全过程和教学效果进行监督和评价。坚持质量检查关口前移，强化过程管理，严格关键环节考核，切实发挥开题、中期考核等关键节点的考核筛查作用，规范考核组织流程，完善分流退出机制。完善学位论文评阅、答辩和答辩后修改等制度，严格学位授予“出口”把关。完善优秀学位论文评审机制，树立正确评价导向，发挥引领示范作用。落实院所责任，规范和加强客座学生及接收客座学生导师管理，实现在籍学生和客座学生统筹管理，促进院校科教交流合作有序健康发展。

4. 高水平师资队伍锻造工程

强化师德师风建设。以师德师风建设为引领，按照“四有好老师”和“四个相统一”要求，从教育培训、激励评价、广泛监督等多个维度建立健全师德师风建设长效机制。贯彻执行《中国农业科学院全面落实研究生导师立德树人职责实施细则》，努力造就政治素质过硬、业务能力精湛、育人水平高超的高素质师资队伍。推进课程教学工作规范制度建设，加强教学督导，深化教师考核评价制度改革，在教师选聘、优秀教师与教学名师评选中，突出师德师风考核。

突出教学育人能力提升。规范准入制度，拓宽渠道，加强高水平教师引进与培育。注重自主师资队伍培养，强化研究所承担专业课程建设的责任，加强教研室建设，突出专业特色，提升团队教学能力。推进海外农业研究中心等机构参与公共英语课程教学。加强新时代思政课教师队伍建设，配齐配强思政课教师队伍，探索院党组、直属机关党委、研究所党委等多方参与的思政课建设机制。搭建教师沟通交流平台，深入开展教学研究探索，推进教学改革创新。加强教师培训，支持国内外合作交流。强化人文关怀和激励机制，建立健全课程建设成果奖励机制。鼓励支持院士、科研团队首席及骨干、退休高水平专家等参与课程教学，加大名师进课堂力度。建立导师招生资格年审和动态调整机制，加大课程教学、课程建设、教学改革权重。充分利用首都优质教育资源，建立外聘教师动态调整机制，强化教学监督，提高教学质量。

5. 现代美丽校园建设工程

中国农业科学院“十四五”期间研究生教育校区布局与建设重点如表2所示。

表2　中国农业科学院“十四五”期间研究生教育校区布局与建设重点

校区	建设重点
北京中关村校区	学生公寓修缮维护，教学文体设施设备改造，教学实验室拓展，一卡通系统换代，网络环境升级
北京马连洼校区	学生公寓楼、食堂、浴室及文体活动场所建设，教学楼改造，教师办公场所完善，教育信息化及附属设施建设
北京昌平校区	按照教育部标准，完成独立校区标准化现代化设计、可行性研究等工作
哈尔滨校区	扩建研究生公寓、食堂、自习室、专家公寓等，新建体育馆、教学实验室、图书馆、学术报告厅
深圳校区	稳步推进基础设施建设，加快提升智能化水平，建成国际一流的高标准校区

（续表）

校区	建设重点
成都校区	在现有研究生公寓的基础上，推进新建教学楼、宿舍、运动设施等

加大校区布局与建设力度。坚持服务需求、质量为本，统筹推进研究生教育重大基础设施和重点项目建设。根据教育规模增长情况，充分利用京内外各研究生培养单位的教育条件，统筹合理安排在校生住宿。加大北京中关村、马连洼校区基础条件改造建设力度，确保住宿、教学、文体等各类设施提质增效。按照中国农业科学院关于昌平院区建设的总体部署，落实昌平校区建设。加强深圳校区、成都校区顶层设计，依托牵头研究所，积极稳步推进各类建设项目。完善哈尔滨校区建设。加强京外所研究生宿舍建设。加强教育“新基建”工作，通过互联网+教育新手段、新方式，推进数字校园建设，大力开发优质数字教育资源，建立数据共享交换平台，按照现代教育教学及管理要求，加大基础设施及智慧教室等建设力度，推进新技术与教育教学深度融合，加强网络智能化教育管理、应用与服务。

营造良好校园文化氛围。深入开展理想信念教育和“中国梦”教育，加强党史、新中国史、改革开放史、社会主义发展史、农业发展史、科技发展史、中国农业科学院史教育，引导教育学生形成正确的世界观、人生观、价值观。大力弘扬社会主义先进文化，开展礼敬中华优秀传统文化系列活动，加强耕读教育，充分挖掘全院优秀文化基因，凝聚、巩固、提升广大师生的思想共识和价值取向，不断培育体现中国农业科学院特色的校园文化，充分发挥校园文化育人功能。大力弘扬新时代科学家精神和农科精神，营造弘扬新时代“大国三农”情怀和“农科精神”的良好氛围。拓展主题党团日、志愿服务等渠道载体，打造精品党建团学活动品牌，注重研究生严谨求真精神培养，加强学风和学术道德教育，强化学术不端行为预防，加大查处力度，健全集教育、预防、监督、惩治于一体的学术诚信体系。

（二）推进实施“三大行动”

1. 国际化水平提升行动

以我为主“引进来”。积极服务新时代加快和扩大教育开放需求，依托中国农业科学院海外中心等优质资源，加强国际教育学院建设，重点面向国家科教外交重点领域和共建“一带一路”国家开展招生宣传，加强与东盟、中亚、非洲和南美等区域重点国家高层次人才培养的交流合作。构建完善留学生奖助体系，全面完善来华留学生招生“申请—审核制”，不断优化留学生生源结构、学缘结构和层次结构，着力扩大生源多样性。全面完善留学生教育管理和质量保证体系，实行留学生培养“趋同管理”，加强汉语和英语核心课程建设，引进国外优质教学资源，推进资源引进和教学培养的融合发展。健全完善留学生社团组织，丰富留学生文化社会实践活动，加强中外学生交流，强化海外校友联系，提升“留学农科”品牌的国际影响力和竞争力，培养知华、亲华、友华和具有“农科”情结的高层次国际化人才。

强强合作“走出去”。坚持在加快和扩大教育开放中育新机开新局，深化拓展与世界一流大学、学术机构和国际组织的合作与交流。优化研究生国际教育布局，在现有中外合作办学项目的基础上，多渠道拓展与世界一流大学和学术机构的实质性合作。积极探索中外联合培养新模式，全面完善中外合作办学项目招生“申请—审核制”，不断提升办学质量和管理水平。健全完善中外合作办学项目和来华留学生教育经费投入和激励机制。发展扩大中国农业科学院研究生国际交流奖助学金，鼓励支持教师、研究生“走出去”，拓展国际学术交流、短期访学与科技合作新渠道，探索可持续发展校际交流机制，全面提升研究生教育国际化水平。

2. 科教融合创新行动

研学合一科教并举。深化研究生教育体制机制改革，积极推进各研究所从科研机构向科教机构转变，积极引导科研人员向科教人员转变，加快推进研究所研学合一步伐。研究所党政主要负责人是本所研究生教育的第一责任人，学院牵头研究所党政主要负责人是学院研究生教育的第一责任人，落实各方权力和责任，调动各方积极性和主动性，释放全院研究生教育的活力。充分利用全院优质科技资源和基础条件，完善共建共享机制，大幅度提升科技资源的教育产出率和人才培养的科技成果贡献率。

院所一体贯通培养。打破研究生院与研究所“两段式”培养中的障碍，明确院所两级在研究生培养全过程的责任，强化院所两级互联互通、互融互促，实现“贯通式”培养。根据新时期党的教育方针和全院研究生教育一体化发展需要，研究生院、学院和各研究所统筹行动，健全完善研究生教育管理的制度机制，加快构建系统完备、科学规范、运行有效的现代农科研究生教育制度体系。完善优化制度操作流程和办事程序，注重征求服务对象的意见，提升服务效率。加强学习培训，推进各项规章制度落实落地，保障研究生教育事业持续健康发展。

3. 乡村振兴服务行动

办好乡村振兴学院。服务国家乡村振兴战略，充分发挥中国农业科学院优势特色，加快乡村振兴学院建设，建立健全组织机构和管理运行机制。加快构建乡村振兴教育培训体系，统筹利用全院优质资源和学科平台，建立稳定的专职教师队伍，系统开展乡村振兴战略基础理论研究，服务中央及各级政府部门战略决策，深入乡村振兴一线，建立一批科研调查基点和学生社会实践基地，形成独树一帜的乡村振兴研究生教育和各类人才培育体系，大力培育服务“三农”实践的乡村振兴人才。

做好农业科技培训。服务全院、全国科技创新及发展需要，构建农业农村技术技能人才培训平台及服务生态体系，不断提升农业科技培训的影响力。主动承接“西部之光”“少数民族特培”等培训任务，认真做好中国农业科学院技术人才继续教育等培训工作。积极开拓培训市场、培训渠道、培训项目，努力扩大培训对象覆盖面。大力加强中国农业科学院培训中心研究、培训、服务一体化建设，充实完善师资库、课程库、试题库等培训数据库内容，充分利用各类培训、试验、示范基地，线上、线下结合，推广田间课堂。积极争取农业农村领域职业技能等级认定第三方评价机构资质。

五、保障措施

（一）加强党的全面领导，强化政治保证

加强党对研究生教育工作的全面领导，为研究生教育事业发展提供坚强的政治保证。在院党组的统一领导下，充分发挥研究生教育领导小组作用，统领全院研究生教育顶层规划及设计，统筹调配全院资源加强新时代研究生教育工作。

（二）完善组织体系，强化责任落实

强化研究生院作为全院研究生教育管理“总部”建设，贯彻落实党委领导下的行政领导人负责制，统筹协调全院资源办好研究生教育。充分发挥学院、研究所职能，在研究生院领导下进一步规范和加强研究生教育管理工作。完善工作格局，明确责任分工，强化协同配合，建立高效务实的研究生院—学院—研究所三级研究生教育组织管理体系。

（三）优化内部管理，提升服务水平

健全管理服务育人体系，促进教育治理能力和治理体系现代化，营造治理有方、管理到位、风清气正、作风优良的育人环境。强化研究所研究生教育专门管理机构建设，加强教育管理培训与交流，建立一支政治素质高、业务能力强、综合素质好的研究生管理队伍，推动研究生教育管理科学化、专业化、精细化。进一步完善制度建设，规范工作程序，推进制度落实。深入一线，及时了解学生需求，为学生办实事、办好事。把研究生教育纳入研究所内部考核评价范畴，在研究所评价中健全完善研究生教育相关内容。

（四）充分利用各类资源，加强国内外合作

充分利用全院平台、渠道、项目及国家农业科技创新联盟、农业科技国际合作网络，积极争取国内外各种支持，构建高层次创新人才培育平台。科教协同，不断完善国内外教育合作机制，开放共享，合作共赢，提质增效。完善奖助体系，助力提升研究生

教育开放办学水平。

（五）争取经费投入，加强财务保障

在国家财政投入经费的基础上，积极争取教育部来华留学生奖学金经费，努力争取社会合作、社会捐赠等经费支持。落实财务管理制度，理顺财务管理关系，建立适应全院研究生教育事业发展的新型财务管理方式。积极推进全成本核算制度，实施京区研究生住宿成本均摊制度，加强财务预决算、信息公开和绩效评价。

（六）加强文化建设，营造教育生态

建好用好文化场所，充分利用图书馆、院所展览室、学生活动中心、党员活动室、教育实践基地等开展文化育人活动，突出意识形态、历史传统、红色基因等主题教育。设立名人头像雕像、名言文化墙等，加强学术文化环境建设。巩固文化传播阵地，改造升级网站、微博、微信等新媒体传播平台，扩大网络文化影响力。开展校园文化创意活动，营造良好院风学风和尊师重教氛围。

中国农业科学院 2021 年度研究生教育概况

2021 年，是中国共产党成立 100 周年，是“十四五”开局之年，研究生院坚持以习近平新时代中国特色社会主义思想为指导，深入学习贯彻十九届六中全会、中央人才工作会议和全国研究生教育会议精神，围绕“四个面向”“两个一流”的总要求，在部、院党组的坚强领导和全体教职工的共同努力下，深化教育改革，提升培养质量，圆满完成重点工作任务，推动研究生教育事业再上新台阶。

一、加强党的全面领导，为研究生教育事业提供坚强保证

（一）以党的政治建设为统领，坚决做到“两个维护”

坚持把党的政治建设摆在首位，高标准、高质量、严要求抓好中央巡视反馈意见整改落实。通过理论学习中心组（扩大）学习会、党支部“三会一课”等多种形式，不断深化政治意识教育，把政治建设落实落细，引导党员干部不断提高政治判断力、政治领悟力、政治执行力，确保把增强“四个意识”、坚定“四个自信”体现到履职尽责和日常言行上，始终将“两个维护”贯彻落实到研究生教育工作全过程。

（二）强化理论武装，认真落实意识形态工作责任制

大力推进习近平新时代中国特色社会主义思想进课堂、进教材、进头脑，不断提高广大师生理论水平和政治素养。认真落实意识形态工作责任制，建立定期向党组汇报和每月分析研判意识形态工作机制，不断完善意识形态工作格局，把责任落实到研究生教育管理工作的各个层面和各个领域。加强思想文化阵地管理，健全完善课堂教育教学管理体系，严格实行各类报告会、研讨会、讲座论坛、网站、新媒体平台、公共场所标语横幅等审批管理制度。在新生入学、导师、教师培训中强化意识形态专题辅导，牢牢把握意识形态工作的领导权、主动权和话语权。全年共召开理论中心组（扩大）学习会 5 次、党委会 52 次（其中，党委扩大会 10 次）、全体干部职工大会 7 余次、举办师生专题学习活动 15 余次，教育引导广大师生党员、青年职工深入学习习近平总书记关于“三农”、研究生教育等重要指示和党的十九届六中全会精神，学习《论中国共产党历史》等，切实用习近平新时代中国特色社会主义思想武装头脑，科学把握新发展阶段，指导工作高质量开展。

（三）多措并举，扎实开展党史学习教育活动

成立院党史学习教育领导小组，加强对党史学习教育活动的组织领导。通过举办读书班、专题学习会、辅导报告会等多种形式组织开展党史集中学习，深入学习习近平总书记在党史学习教育动员大会上的重要讲话精神和“七一”重要讲话精神，教育广大党员将学习成果转化为奋进新征程、建功新时代的实际行动。组织党员干部先后到《没有共产党就没有新中国》歌曲创作地北京房山霞云岭堂上村、香山革命纪念馆、遵义等红色教育基地开展党史学习教育，组织教职工党员集体参观农业农村部和中国农业科学院举办的主题展，从百年党史农史的学习中汲取智慧与力量。组织开展“党旗在基层一线高高飘扬——以实际行动庆祝中国共产党成立100周年”等主题突出、生动活泼的教育活动，开展党史学习教育专题组织生活会，领导班子成员讲专题党课，推动党史学习走深走实。结合研究生实际，围绕庆祝中国共产党成立100周年组织开展党史知识竞赛、“凝心聚力学党史，砥砺前行践初心”主题党日活动、“我与党史有个故事”演讲等活动，鼓励农科学子以实际行动传承红色基因，弘扬新风正气。首次面向全院研究生开展“两优一先”评选表彰工作，进一步发挥先进典型的引领示范作用。深入开展“我为群众办实事”实践活动，通过深入到培养单位实地调研、大力推进北院区建设等，紧紧围绕落实立德树人根本任务、推动解决广大师生最关心的问题，促进改革发展。

（四）坚持党管人才，加强干部和人才队伍建设

深入贯彻习近平总书记在中央人才工作会议上的重要讲话精神和院第五次人才工作会议精神，严格落实《党政领导干部选拔任用工作条例》等制度，坚持把政治标准放在首位、贯穿始终，加大处级干部选拔任用力度，选拔正处级干部3名，副处级干部2名。鼓励和支持中青年教职工参加访学培训和在职攻读学位，实施兼职班主任制度，遴选第五批班主任31名，强化年轻干部在教育一线锻炼成长，提升青年干部的综合素质和业务能力。继续积极选派干部参加上级调训和挂职锻炼，加强部门间轮岗交流，着力培养造就一批既懂业务又懂管理的领导干部，不断提升管理队伍职业化水平。

（五）加强组织建设，打造坚强战斗堡垒

严格落实党的组织生活，持续推进基层党组织建设质量提升三年行动计划。认真落实“三会一课”“主题党日”情况通报制度，抓好“红旗党支部”创建工作。积极参加中国农业科学院“两优一先”评选表彰活动，充分发挥先进示范引领作用。加强党员教育管理监督，积极参加上级组织的积极分子、预备党员、新党员、党办主任、支部

书记等的培训，有计划分层次高质量地开展党员和党务干部教育培训，提高党员教育管理质量。加大发展党员工作力度，全年新发展在职教工党员 2 名，研究生党员 86 名。落实党内关怀帮扶机制，在春节和“七一”前夕开展走访慰问中国农业科学院老党员和生活困难党员工作，向老同志送去党的关怀和温暖。

（六）坚决落实好全面从严治党责任，抓实抓细日常教育管理监督

认真贯彻中国农业科学院全面从严治党工作会议精神，制定贯彻落实方案，逐项明确牵头领导、责任处室，狠抓落实。开展警示教育，把干部选拔任用等重要节点的谈心谈话、纪律教育、思想政治教育做实做细。准确把握“四严四宽”，紧盯重要领域环节，加强对重要风险点的动态监控。开展形式主义、官僚主义问题纠治情况自查自纠，坚决反对和纠治“四风”，持续抓早抓小抓苗头，在元旦、春节、劳动节、端午节等节假日前，及时向全体党员干部发布廉政提醒，以钉钉子的精神抓牢抓实党风党纪。认真落实纪委书记上廉政党课机制和巡视整改工作。

（七）深入推进精神文明建设和群团工作，营造良好校园文化氛围

严格按程序完成工青妇组织换届选举工作，充分发挥工青妇、研究生会等群团组织在精神文明创建中的主体作用，积极参加院工青妇组织的“学党史、庆百年、迈万步”“学百年史、励复兴志、铸农科魂”“学四史　庆百年　迎国庆　展‘绳’彩”等系列活动，组织开展跳绳比赛、女职工摄影作品展等，引领广大干部职工感党恩、强体魄、提素质，以更加昂扬的姿态投身到“两个一流”建设。扎实推进文化育人，打造院所联动的党建团学工作模式，通过纪念“一二·九”运动、主题篮球赛等党建团学活动和校园文化建设多种方式，活跃校园文化生活。研究生院先后荣获中央和国家机关五四红旗团委、农业农村部直属机关五四红旗团组织、2019—2021 年度中国农业科学院文明单位。

二、深化改革创新，2021 年研究生教育事业实现稳步发展

（一）加强统筹谋划，做好“十四五”开局

抢抓海南发展机遇，助力南繁硅谷建设，成功获批“海南专项”研究生招生单位，批复指标 26 名、专项经费 2 600万元，首批研究生在海南正式入学。南繁学院正式挂牌，成为继兽医学院、深圳研究生院之后第三家实体运行的学院。正式印发《中国农业科学院“十四五”研究生教育发展规划》，谋划实施“五大工程”“三大行动”重点任务，为实现农业农村现代化和乡村振兴培养矢志奋斗的新型高层次人才。组织召开中

国农业科学院研究生教育工作会议，强化举全院之力办研究生教育的思想认识和自觉性。立足实际、谋求突破，积极与北京农学院对接，起草中国农业科学院大学建设方案，推进谋划建设大学。针对教育资源短缺现状，调研京区研究所学生住宿需求，优化配置资源，体现公平公正和成本均摊，统筹京区住宿资源管理分配。

(二) 拓宽招生渠道，招生指标稳中有增

坚持服务科研，积极争取增加招生指标，2021 年招收各类研究生 1 813人，增加 145 人，增长 8.6%，其中硕士生 1 233人（全日制硕士生 1 204人、非全日制硕士生 22 人、硕士留学生 7 人），博士生 580 人（国内博士生 479 人，留学生博士生 63 人，中外合作办学项目博士生 37 人）。较 2020 年增加全日制专业硕士指标 150 名，增加博士自有基数 50 名。2021 年在校生规模 5 877人（硕士生 3 516人，博士生 2 361人）。

(三) 不断深化改革，推动教育高质量发展

1. 压实多方责任，夯实工作基础

组织召开专题会议，研究部属科研机构办教育的特色优势及需求，形成了《中国农业科学院关于加快推动新时代研究生教育高质量发展的请示》并报农业农村部科教司。研究起草《关于推进研究生培养高质量发展的若干意见》，统筹院所资源，细化责任分工，明确研究生院及研究所两级在质量保证全过程的职责任务，推进新时期中国农业科学院研究生教育高质量发展。修订完善《中国农业科学院研究所研究生教育考核评价指标体系》，强化教育质量在研究生教育评价中的指挥棒作用。

2. 深化招生制度改革，稳步提升生源质量

加大招生宣传力度，制作发布首部招生宣传片，组织培养单位赴“双一流”高校开展招生宣讲，指导研究所举办线上、线下夏令营，吸引优秀生源报考。不断优化招生结构，连续两年扩大全日制专业学位硕士指标、减少非全日制专业硕士指标。加大推免生接收力度，接收推免生 194 名，增长 66%，“双一流”高校生源占比 41.2%，接收直博生 23 名，同比翻一番。2021 年，硕士生、博士生中“双一流”高校生源占比分别为 27.68%、42%，生源质量不断改善。

3. 持续深化教学改革，健全高质量培养体系

不断优化培养体系，启动特色核心课程、生物安全课程体系建设，首次将创新创业类课程纳入研究生课程体系。制定了生态学等 8 个学科专业直博生培养方案。完成 8 门课程项目申报立项和“乡村振兴理论与实践”等 8 门课程项目验收，出版 4 部课程教材。完成 14 门精品课程的录制，现共有 35 门次视频课程供学生自主学习。持续加强回所课程管理，16 个所集中开课 16 门，全年组织开课 253 门。强化过程管理，启动并完成京内 7 个研究所培养过程监管和抽查工作，健全高质量培养体系。

4. 加强思想政治教育，提升研究生综合素养

加强思想政治理论课程建设，守好课堂意识形态主阵地。张合成书记继续为全体博士新生讲思政第一课，形成院党组书记讲思政第一课的长效机制，落实“书记院长进思政教室”听课讲课制，班子成员走进思政课堂，强化社会主义核心价值观教育。利用“中国大学生心理健康测评系统”对全体新生开展心理筛查，并针对重点人群进行跟踪干预，及时配合研究所开展针对性的心理健康咨询与疏导，提升心理育人水平。举办树人讲堂和第四届三分钟论文演讲比赛等校园文化活动，提升研究生综合素质培养水平。坚持科研与实践育人相结合，激发和培养研究生创新实践能力与水平，组织研究生参加全国研究生创新实践系列活动，在第十八届中国研究生数据建模竞赛中，中国农业科学院喜获国家二等奖 1 项，三等奖 1 项。严格按程序公平公正完成各类奖助学金调整发放，发挥模范带头作用。

5. 强化师资队伍建设，落实立德树人职责

以“筑师德根基　担育人使命”为主题举办 2021 年导师培训班，35 个研究所以及中国水产科学研究院、中国热带农业科学院等单位的 270 名导师参加培训，提升导师履职尽责能力水平。组织开展 2021 年硕导备案工作，备案硕导 222 人，审核通过 1 559名导师招生资格。完成全院 2 100余名导师立德树人职责落实情况考核。以“课程思政”和“案例教学”为主题举办教师教学线上培训，360 余名教师（导师）参加，为历年之最，93.66%的老师表示增进了对“课程思政”的了解和认识，显著提升了教师教学能力和课程教学管理水平。现有授课教师 583 名，中国农业科学院自有教师 380 人，占比超过 65%，评选表彰优秀教师 74 名、教学名师 12 名。

6. 深入推进学科建设，打造一流学科平台

坚持研学结合、院所结合，推动学科建设发展。根据全国第五轮学科评估、专业学位水平评估参评过程中发现的薄弱环节，找差距、补短板、强特色，扎实开展改进提升工作。修订研究生教育考核评价指标体系，增加思政教育、课程建设、教材建设、学生国际交流加分项，推动学科综合竞争力提升。农业资源与环境学科、畜牧学学科 2 位研究员当选中国工程院院士，一流学科建设基础不断夯实。积极配合国务院学位办学科专业目录修订，提出二级学科设置优化建议。开展“农业生物智能设计”“乡村振兴理论与政策”2 个博士学位授权交叉学科自主设置工作，为高层次人才培养搭建学科平台。

7. 严把教育“出口关”，提升就业服务水平

组织完成学位评定委员会换届，成立中国农业科学院第十届学位评定委员会。起草完成农业硕士专业学位 7 个领域、生物与医药硕士专业学位食品工程领域学位授予标准。加强对论文评阅中存在问题学位论文的追踪审查，全年授予学位 1 413人，其中博士 329 人、硕士 1 084人。2018—2019 学年国务院教育督导委员会办公室博士学位论文抽检全部合格。顺利完成在职专业学位研究生培养收尾工作，自 2002 年举办在职人员攻读硕士专业学位工作至今，共招收 3 998名学生，为科技创新和农业生产一线培养了 2 985名高层次实用型人才。

坚持服务需求为导向，通过“24小时在线”就业服务，不断丰富线上就业指导课程，实现了线上手续办理便捷高效、岗位推送精准全面、特定帮扶措施有力，保障毕业生充分高质量就业，全年毕业生1 358人，就业率为90.2%。积极稳妥开展校友工作，与信息所、网易公司反复沟通调研，开设校友邮箱，增强校友与母校之间的联络。顺利完成中国农业科学院农业发展基金会业务交接，积极谋划基金会与校友会统筹运作方案。

8. 服务需求提质增效，国际教育质量稳步提升

主动服务国家“一带一路”倡议和农业“走出去”需求，积极争取中国政府奖学金和北京市外国留学生项目，“中非友谊”和“丝绸之路”奖学金项目经费获得新增长，2021年获得留学生奖学金经费2 849.19万元。现有在校留学生437人（博士生387人、硕士生44人、进修生7人），来自全球54个国家，其中共建“一带一路”国家留学生占57%。在国家留学基金管理委员会中国政府奖学金年度评审工作抽查中获得了95分的优秀成绩，全国超过90分以上高校仅12所。

坚持多措并举、分类施策、主动作为，做好在新冠疫情防控常态化下的留学生管理服务工作。组织召开新冠疫情防控常态条件下留学生教学培养与质量保证研讨会，组织线上线下同步开设英文授课课程12门，最大限度满足境外留学生在线课程学习需求。协助国家留学基金管理委员会组织《感知中国—智创未来》活动，组织留学生参加北京市人民政府外事办公室组织的相关活动，中国农业科学院加纳籍留学生在北京市人民政府新闻办主办的《爱上北京的100个理由》主题征文活动中荣获二等奖。与环保所共同处置了一名尼日尔籍留学生重病住院治疗并顺利回国的突发事件，得到了上级主管部门的肯定和表彰，尼日尔驻华使馆专门发来感谢信。

毕业留学生148人，其中博士126人、硕士22人。毕业留学生共计发表SCI论文223篇（生均1.51篇），论文平均影响因子3.86，单篇最高影响因子9.147。3名留学生荣获中国政府优秀来华留学生奖学金，2名校友获得联合国粮食及农业组织（FAO）和国际原子能机构（IAEA）联合授予的“卓越成就奖”。1名毕业生联合创建公司，实现了我院毕业留学生在华创业的新突破。

9. 稳步探索体制创新，学院建设取得新进展

各学院认真落实党的教育方针，执行研究生院各项管理制度，实现学院与总部协调发展。完成南繁学院首届海南专项硕士研究生秋季学期课程教学，开设课程10门。兽医学院努力克服疫情影响，推进了教研组长负责制的课程教学改革；建设了校友墙与党建墙以丰富校园文化，新建了室外田径场，确保各项工作保质保量完成；深圳研究生院积极争取各方面资源，实现在校研究生规模突破500人，顺利完成深圳研究生院首届博士生的课程教学工作，形成了基本成熟教育管理队伍和管理体系。

（四）深化国内外合作交流，不断提升办学影响

经多方争取，中国—荷兰项目第二期项目获得教育部批准并开始招生。中外合作办学项目毕业 19 人（中国—荷兰项目首批毕业生 7 人），以第一作者发表论文 104 篇，其中 SCI 论文 62 篇，人均 3.27 篇，单篇最高影响因子 9.381。首次设立列日大学让布卢农学院和瓦赫宁根大学临时班委。1 名联合培养博士生获得 2020 年“国家优秀自费留学生奖学金”。配合中国农业科学院国际合作局举办国家留学基金委项目推介会，协助申报 2022 年创新型人才国际合作培养项目。遴选推荐 8 名硕士研究生获得国家留学基金委乡村振兴人才培养专项资助出国学习。按照中国农业科学院主要领导指示，与信息所洽谈合作，积极推动国际教育学院实体化建设。

整合优化部属研究生教育资源，与中国热带农业科学院签署合作协议，其成为中国农业科学院研究生培养单位之一。参加北京市研究生教育工作会议，作为科研机构办教育代表在会上作典型发言。组织召开第三届联培博士研讨会，牵头与各联培高校共同完成联合培养“十三五”总结和 2022 年专项计划申报工作。

（五）发挥平台优势，服务乡村振兴

充分发挥全院资源优势，完善培训管理体制机制。编写建立了《农业农村农民职业技术技能提升培训课程体系标准规范》，策划完成“农业农村农民职业技术技能提升培训课程体系考评系统”，升级“互联网+现代农业”培训在线学习平台，新增录制农业专题课程 11 门、全媒体运营专题课程 40 门，累计制作课程 122 门。

扎实推进乡村振兴人才培训，大力开展“田间课堂”，助力地方“三农”事业发展。全年共完成 14 期培训项目，累计线下培训 489 人次、线上培训 4 万余人次。不断拓宽合作渠道，新增人社部“专业技术人才知识更新工程 2021 年高级研修项目”等 8 个部委及地方项目，在桂品国际贸易中心、大连大学等新设立培训基地 6 个，与中国果品流通协会、中国教育发展战略学会等建立战略合作关系。

（六）强化内部管理，服务教育大局

加强组织协调，提高管理效能。组织汇编《中国农业科学院研究生院规章制度汇编（一）》，收录新增及修订制度 25 项，大幅提升制度服务管理的水平。不断完善办公自动化系统流程，确保公文行文规范，流转准确高效，全年发文 161 件，收文 297 件。优化采购审批，普通办公用品根据各处室需求统一采购、规范领用，厉行节约。多渠道、全方位传播教育教学新气象，充实中文网站栏目内容，全年登载新闻 83 篇，中国农业科学院网站登载新闻 20 余篇，加强中国农业科学院“每日要情”内容收集、整

理、上报，力争做到每日一要情，全年登载要情 100 余条，向全院传递研究生教育动态。

优化人事管理，加强队伍建设。认真贯彻落实院第五次人才工作会精神，落实到管理队伍建设中。全年调入职工 3 人，调出 6 人，退休 3 人，招聘编外人员 8 人，现有在编职工 74 人，编外人员 51 人，总计 125 人，离退休人员 60 人。起草围绕研究生教育主责主业的职称评审实施细则，完成 2021 年度职称评审，推荐通过正高级职称 1 人，评审通过副高级职称 2 人，委托代评中级职称 3 人。按程序完成第七次分级聘用和第五次聘期考核工作。起草申请增加编制的请示，积极向上级有关部门争取编制指标。制定编外人员专业技术津贴管理办法，保障聘用人员权益，加强业务培训，提高履职能力。认真做好离退休人员服务，定期走访慰问，关注离退休人员身心健康，荣获院“离退休干部工作先进集体”。

严格财务管理，提高资金使用效率。按要求做好预决算工作，统筹安排资金使用，加快推进预算执行，总体进度 98%，在中国农业科学院位居前列。继续落实“过紧日子”的要求，持续强化厉行节约理念，严控非必要支出，提高预算资金支出绩效。不折不扣做好巡视审计整改工作，对发现的问题及时整改到位。严格执行“三重一大”实施细则及内控规程，加强事前审批，有效防控廉政风险和财务风险。加强固定资产管理。

（七）加强疫情防控与安全生产，不断完善条件建设

严格落实疫情防控常态化条件下的防范措施，制定实施新的疫情防控常态下应急预案，严格落实英语四六级、硕士入学考试等重大事项的疫情防控工作，积极推进师生新冠疫苗接种，坚持做好特殊时期师生健康监测、信息报告、公共区域消杀及人员管控等措施，确保正常教学秩序。

加强院区条件建设，改善办学环境。马连洼院区新公寓楼正式投入使用，大大缓解中国农业科学院办学条件紧张的问题。启动马连洼教学楼建设项目前期工作，收回中农研公司食堂和餐厅经营权，保障师生餐饮安全及服务，不断改善京区办学条件。完成 2021 年项目“环境生物学实验室教学设备购置”的申报实施，项目金额 125 万元。完成校园一卡通系统更新及研究生综合管理系统升级改造，积极推进院区及马连洼校区网络建设，有效提升管理及校园生活信息化水平。

加大安全生产及保密工作力度，守牢安全底线。召开专题会部署安全生产及保密工作，签订安全生产责任书，明确任务分工，层层落实责任。组织开展安全生产大检查，发现问题立行立改，隐患整改率 100%。加大生产安全专题宣传，将安全教育作为学生入学教育的重要内容，重大节假日及时印发安全生产通知，组织安全教育培训和实地演练，提升防范自救能力，加强物防技防，完成研究生公寓 2 号楼视频监控设备更新及中关村院区视频监控集成，完成易制毒、易制爆危险化学品储存库、实验危废物贮存库建

设。定期主动开展计算机保密自查，做好建党百年等关键时期信息安全及舆情监测，加强网络安全管理，提升各环节、各领域安全等级。全年实现安全生产零事故，荣获中国农业科学院第二届“消防技能大比武”团体三等奖、海淀区交通安全先进单位。

三、坚持质量为本，实现 2022 年研究生教育新突破

2022 年，研究生院将围绕“四个面向”“两个一流”，以立德树人为根本，以强农兴农为己任，以提升研究生教育质量为核心，遵循教育规律，服务科技创新，为农业科技创新和乡村振兴培养更多高层次优秀人才。

（一）加强党的全面领导，落实好党委领导下的行政领导人负责制

以习近平新时代中国特色社会主义思想为指导，坚持和加强党对研究生教育工作的全面领导，深入贯彻党的十九届六中全会、中央人才工作会议和全国研究生教育会议精神，宣传贯彻落实党的二十大精神，以政治建设为统领，抓牢抓实党委管党治党、办学治院的主体责任，落实好党委领导下的行政领导人负责制。不断深化党史学习教育活动成果，持续推动党建与研究生教育工作深度融合。继续深化作风和纪律建设，严格落实“两个责任”和“一岗双责”，增强“四个意识”，坚定“四个自信”，做到“两个维护”。

（二）深化研究生教育改革，推进体制机制创新

根据《中国农业科学院“十四五”研究生教育发展规划》和新时代教育高质量发展的若干意见，推动以质量为核心的研究生教育改革。在办好兽医学院、深圳研究生院、南繁学院的基础上，继续探索“学院制”改革，推进国际教育学院实体化建设和马连洼院区建设，探索建设成都分院。积极与北京农学院对接沟通，推动中国农业科学院大学建设，创新研究生教育管理体制。

（三）提高招生培养质量，推动教育育人能力提升

稳步扩大招生规模，优化硕士招生结构，加大博士生招生力度。创新招生宣传方式，精准定位目标群体，强化招生监管工作，提高人才选拔的科学性。完成全院研究生课程体系优化，建设中国农业科学院研究生核心课程。修订学术学位研究生培养方案，规范培养过程管理，开展培养过程督查和指导。扎实开展学科改进提升工作，调整优化中国农业科学院学科专业设置，做好学位授权点专项评估及自我评估，进一步优化学科体系。大力发展来华留学生教育，深化中外合作办学项目，提升国际教育综合实力。

（四）筑牢意识形态主阵地，加强研究生思想政治教育

坚持和完善定期向院党组汇报、每月分析研判意识形态工作机制；加强意识形态阵地管理，用好课堂教学主渠道，强化课堂教学讲授的底线意识；在新生入学、师资队伍培训中强化意识形态专题辅导。加强思政课程和课程思政，密切关注师生思想动态，探索院所联动的心理育人模式，加强思想政治教育。充分利用研究生会优势，打造院所联动的团学工作模式。大力开展院区文化建设，营造独具特色的校园文化氛围。

（五）发挥全院优质科技人才优势，服务乡村振兴

加快构建乡村振兴教育培训体系，推进“田间课堂”线上平台搭建，以“线下与线上”及“全媒体”相结合的培训模式，服务乡村振兴一线主战场。充分利用全院平台渠道，探索发展空间，拓展区域发展布局，强化继续教育和人才培训的社会合作力量，打造一系列农业人才精品项目，搭建高层次、多元化、长效化人才培养与培训服务平台。

（六）加强内部管理和条件建设，打造平安校园

促进教育治理能力和治理体系现代化，修订规章制度汇编，强化制度执行落实。积极争取编制，持续推进管理、导师、导师三支队伍建设，强化教育培训，提升队伍整体素养。积极推进马连洼教学楼项目建设，科学统筹京区研究生住宿安置，不断完善办学条件。认真做好疫情防控工作，强化健康监测和物资保障，降低疫情影响。定期开展安全生产大检查和教育培训，提高师生应对安全风险的意识和能力，及时妥善应对舆情和突发事件，建设平安校园。

农业农村部关于中国农业科学院第十届学位评定委员会组成人员名单的批复

中国农业科学院：

《中国农业科学院关于第十届学位评定委员会组成人员名单的请示》（农科院研生〔2021〕55 号）收悉。经研究，同意你院推荐的唐华俊等 37 名专家（名单见附件）为中国农业科学院第十届学位评定委员会委员。请你院第十届学位评定委员会根据《中华人民共和国学位等条例》和《中华人民共和国学位条例暂行实施办法》的规定，认真履行职责，做好学位评定工作。

特此批复。

附件：中国农业科学院第十届学位评定委员会组成人员名单

农业农村部

2021 年 6 月 25 日

附件

中国农业科学院第十届学位评定委员会组成人员名单

序号	姓名	性别	出生年月	职务	职称	学科专业	委员会职务	所在单位	是否为国务院第八届学科评议组成员	是否为本院上届学位评定委员会成员
1	唐华俊	男	1960 年 10 月	农业农村部党组成员、院长	研究员、院士	区域发展	主席	中国农业科学院	是	是
2	吴孔明	男	1964 年 7 月	副书记、副院长	研究员、院士	农业昆虫与害虫防治	副主席	中国农业科学院		是
3	万建民	男	1960 年 6 月	副院长	教授、院士	作物遗传育种	副主席	中国农业科学院	是	是
4	方海洋	男	1964 年 7 月	执行院长	教授	农业经济管理	副主席	中国农业科学院研究生院		是
5	王汉中	男	1963 年 12 月	副院长、党组成员	研究员、院士	作物遗传育种	委员	中国农业科学院		是
6	梅旭荣	男	1963 年 4 月	副院长、党组成员	研究员	农业水资源与环境	委员	中国农业科学院		是
7	孙坦	男	1970 年 9 月	副院长、党组成员	研究员	农业信息管理	委员	中国农业科学院		是

（续表）

序号	姓名	性别	出生年月	职务	职称	学科专业	委员会职务	所在单位	是否为国务院第八届学科评议组成员	是否为本院上届学位评定委员会成员
8	陈化兰	女	1969年3月	室主任、全国妇联副主席（兼职）	研究员、院士	预防兽医学	委员	中国农业科学院哈尔滨兽医研究所	是	
9	钱前	男	1962年3月	所长	研究员、院士	作物遗传育种	委员	中国农业科学院作物科学研究所		
10	方智远	男	1939年9月	无	研究员、院士	蔬菜学	委员	中国农业科学院蔬菜花卉研究所		是
11	刘旭	男	1953年12月	无	研究员、院士	作物种质资源学	委员	中国农业科学院作物科学研究所		是
12	喻树迅	男	1953年11月	无	研究员、院士	作物遗传育种	委员	中国农业科学院棉花研究所		
13	胡培松	男	1964年5月	所长	研究员、院士	作物遗传育种	委员	中国水稻研究所		
14	李培武	男	1961年11月	研究室主任	研究员、院士	农产品质量与食物安全	委员	中国农业科学院油料作物研究所		
15	姚斌	男	1967年10月	无	研究员、院士	生物化学与分子生物学	委员	中国农业科学院北京畜牧兽医研究所		

（续表）

序号	姓名	性别	出生年月	职务	职称	学科专业	委员会职务	所在单位	是否为国务院第八届学科评议组成员	是否为本院上届学位评定委员会成员
16	步志高	男	1965年6月	所长	研究员	预防兽医学	委员	中国农业科学院哈尔滨兽医研究所		是
17	戴小枫	男	1962年2月	所长	研究员	动物营养与饲料科学	委员	中国农业科学院饲料研究所		是
18	方金豹	男	1963年9月	所长	研究员	果树学	委员	中国农业科学院郑州果树研究所		
19	胡志超	男	1963年1月	党委书记	研究员	农业机械化工程	委员	农业农村部南京农业机械化研究所		是
20	黄三文	男	1971年9月	所长	研究员	生物信息学	委员	中国农业科学院农业基因组研究所		
21	李付广	男	1966年8月	所长	研究员	生物化学与分子生物学	委员	中国农业科学院棉花研究所		是
22	李新海	男	1969年8月	所长	研究员	作物遗传育种	委员	中国农业科学院生物技术研究所		
23	路铁刚	男	1964年6月	副所长	研究员	生物化学与分子生物学	委员	中国农业科学院生物技术研究所		是

（续表）

序号	姓名	性别	出生年月	职务	职称	学科专业	委员会职务	所在单位	是否为国务院第八届学科评议组成员	是否为本院上届学位评定委员会成员
24	马志永	男	1965年8月	所长	研究员	预防兽医学	委员	中国农业科学院上海兽医研究所		
25	毛世平	男	1968年9月	副所长	研究员	产业经济	委员	中国农业科学院农业经济与发展研究所		
26	秦玉昌	男	1963年10月	所长	研究员	农产品质量与食物安全	委员	中国农业科学院北京畜牧兽医研究所		
27	王凤忠	男	1972年4月	所长	研究员	食品科学/农产品加工利用	委员	中国农业科学院农产品加工研究所		
28	王述民	男	1962年10月	副院长	研究员	作物种质资源学	委员	中国农业科学院研究生院		
29	文杰	男	1963年7月	副所长	研究员	动物营养与饲料科学	委员	中国农业科学院北京畜牧兽医研究所	是	是
30	吴文斌	男	1976年12月	副所长	研究员	农业遥感	委员	中国农业科学院农业资源与农业区划研究所		

（续表）

序号	姓名	性别	出生年月	职务	职称	学科专业	委员会职务	所在单位	是否为国务院第八届学科评议组成员	是否为本院上届学位评定委员会成员
31	张圣平	男	1975 年 2 月	副所长	研究员	蔬菜学	委员	中国农业科学院蔬菜花卉研究所		
32	张友军	男	1968 年 7 月	所长	研究员	农业昆虫与害虫防治	委员	中国农业科学院蔬菜花卉研究所		
33	郑海学	男	1979 年 4 月	所长	研究员	预防兽医学	委员	中国农业科学院兰州兽医研究所		
34	周清波	男	1965 年 9 月	所长	研究员	农业遥感	委员	中国农业科学院农业信息研究所	是	是
35	周雪平	男	1965 年 7 月	所长、党委副书记	教授	植物病理学	委员	中国农业科学院植物保护研究所	是	是
36	魏琦	男	1971 年 2 月	党组书记、副院长	研究员	水产	委员	中国水产科学研究院		是
37	徐跑	男	1963 年 10 月	中心主任、党委副书记	研究员	水产	委员	中国水产科学研究院		是

农业农村部关于同意中国农业科学院调整第十届学位评定委员会主席、副主席的批复

中国农业科学院：

《中国农业科学院关于调整第十届学位评定委员会主席、副主席的请示》（农科院研生〔2021〕120 号）收悉。经研究，同意你院调整第十届学位评定委员会主席、副主席。吴孔明同志担任第十届学位评定委员会主席，梅旭荣同志担任副主席，唐华俊同志不再担任主席、委员。

特此批复。

农业农村部

2021 年 11 月 29 日

中国农业科学院关于公布第十届学位评定委员会下设学科评议组组成人员名单的通知

院属各研究生培养单位：

中国农业科学院第九届学位评定委员会下设学科评议组于2017年5月成立，四年任期已届满。为保证学位授予等工作的顺利开展，根据《中国农业科学院学位评定委员会章程》规定和工作需要，经中国农业科学院2021年第6次常务会议审议通过，成立中国农业科学院第十届学位评定委员会下设的十个学科评议组，现将组成人员名单予以公布（附件）。

请有关单位及时通知本单位委员，并对委员开展工作给予必要的保障和支持。请各位委员认真履行届期职责，积极参加学科评议组的各项工作，共同推动我院研究生教育高质量发展。

附件：中国农业科学院第十届学位评定委员会下设学科评议组组成人员名单

中国农业科学院

2021年6月18日

附件

中国农业科学院第十届学位评定委员会下设学科评议组组成人员名单

一、生物学学科评议组

序号	姓名	所在单位	学科专业	备注
1	路铁刚	生物所	生物化学与分子生物学	组长
2	黄三文	基因组所	生物信息学	副组长
3	姚斌	牧医所	生物化学与分子生物学	委员
4	陈茹梅	生物所	生物化学与分子生物学	委员
5	谷晓峰	生物所	生物化学与分子生物学	委员
6	李付广	棉花所	生物化学与分子生物学	委员
7	刘斌	作科所	生物化学与分子生物学	委员
8	魏海雷	资划所	微生物学	委员
9	燕永亮	生物所	微生物学	委员
10	杨培龙	饲料所	微生物学	委员
11	曾章华	环发所	生物物理学	委员
12	周文彬	作科所	生物化学与分子生物学	委员
13	左二伟	基因组所	生物化学与分子生物学	委员

二、食品与工程学科评议组

序号	姓名	所在单位	学科专业	备注
1	王凤忠	加工所	食品科学（农产品加工利用）	组长
2	胡志超	农机化所	农业机械化工程	副组长

（续表）

序号	姓名	所在单位	学科专业	备注
3	李培武	油料所	农产品质量与食物安全	委员
4	曹光乔	农机化所	农业机械化工程	委员
5	冯俊杰	灌溉所	农业水土工程	委员
6	黄凤洪	油料所	农产品加工利用	委员
7	金芬	质标所	食品科学 （农产品质量与食物安全）	委员
8	彭文君	蜜蜂所	农产品质量与食物安全	委员
9	钱永忠	质标所	食品科学 （农产品质量与食物安全）	委员
10	秦玉昌	牧医所	农产品质量与食物安全	委员
11	王景雷	灌溉所	农业水土工程	委员
12	王强	加工所	粮食、油脂及植物蛋白工程 （农产品加工利用）	委员
13	杨其长	都市所	农业生物环境与能源工程	委员
14	张德权	加工所	农产品加工及贮藏工程 （农产品加工利用）	委员
15	赵立欣	环发所	农业生物环境与能源工程	委员

三、作物学学科评议组

序号	姓名	所在单位	学科专业	备注
1	万建民	中国农业科学院	作物遗传育种	组长
2	钱前	作科所	作物遗传育种	副组长
3	王汉中	中国农业科学院	作物遗传育种	委员
4	胡培松	水稻所	作物遗传育种	委员
5	方福平	水稻所	作物栽培学与耕作学	委员

（续表）

序号	姓名	所在单位	学科专业	备注
6	郭永峰	烟草所	作物遗传育种	委员
7	黎裕	作科所	作物种质资源学	委员
8	李新海	生物所	作物遗传育种	委员
9	宋国立	棉花所	作物遗传育种	委员
10	王克剑	水稻所	作物种质资源学	委员
11	王林海	油料所	作物遗传育种	委员
12	王述民	研究生院	作物种质资源学	委员
13	张卫建	作科所	作物栽培学与耕作学	委员
14	张亚玉	特产所	药用植物资源学	委员
15	朱爱国	麻类所	作物遗传育种	委员

四、园艺学学科评议组

序号	姓名	所在单位	学科专业	备注
1	张圣平	蔬菜所	蔬菜学	组长
2	方金豹	郑果所	果树学	副组长
3	程存刚	果树所	果树学	委员
4	李广存	蔬菜所	蔬菜学	委员
5	阮建云	茶叶所	茶学	委员
6	王力荣	郑果所	果树学	委员
7	王晓武	蔬菜所	蔬菜学	委员
8	王新超	茶叶所	茶学	委员
9	姚明哲	茶叶所	茶学	委员
10	张秀新	蔬菜所	观赏园艺	委员

（续表）

序号	姓名	所在单位	学科专业	备注
11	张扬勇	蔬菜所	蔬菜学	委员

五、资源环境学科评议组

序号	姓名	所在单位	学科专业	备注
1	梅旭荣	中国农业科学院	农业水资源与环境	组长
2	周清波	信息所	农业遥感	副组长
3	吴文斌	资划所	农业遥感	副组长
4	邓良伟	沼科所	环境工程	委员
5	董红敏	环发所	环境工程	委员
6	高清竹	环发所	大气科学	委员
7	金轲	草原所	生态学	委员
8	刘宏斌	资划所	生态学	委员
9	刘荣乐	环保所	土壤学	委员
10	张斌	资划所	土壤学	委员
11	张克强	环保所	环境工程（农业环境学）	委员
12	张晴雯	环发所	生态学	委员
13	周卫	资划所	植物营养学	委员

六、植物保护学科评议组

序号	姓名	所在单位	学科专业	备注
1	吴孔明	中国农业科学院	农业昆虫与害虫防治	组长
2	周雪平	植保所	植物病理学	副组长

（续表）

序号	姓名	所在单位	学科专业	备注
3	崔金杰	棉花所	农业昆虫与害虫防治	委员
4	董丰收	植保所	农药学	委员
5	傅强	水稻所	农业昆虫与害虫防治	委员
6	李香菊	植保所	杂草学	委员
7	李义强	烟草所	植物病理学	委员
8	李云河	植保所	转基因生物安全学	委员
9	林克剑	草原所	农业昆虫与害虫防治	委员
10	刘万学	植保所	入侵生物学	委员
11	刘文德	植保所	植物病理学	委员
12	陆宴辉	植保所	农业昆虫与害虫防治	委员
13	张杰	植保所	生物防治学	委员
14	张友军	蔬菜所	农业昆虫与害虫防治	委员
15	周宗山	果树所	植物病理学	委员

七、畜牧与草业学科评议组

序号	姓名	所在单位	学科专业	备注
1	文杰	牧医所	动物营养与饲料科学	组长
2	戴小枫	饲料所	动物营养与饲料科学	副组长
3	安建东	蜜蜂所	特种经济动物饲养	委员
4	卜登攀	牧医所	动物营养与饲料科学	委员
5	丁勇	草原所	草学	委员
6	郭宪	兰牧药	动物遗传育种与繁殖	委员
7	李光玉	特产所	特种经济动物饲养（野生动植物保护与利用）	委员

（续表）

序号	姓名	所在单位	学科专业	备注
8	王彦芳	牧医所	动物遗传育种与繁殖	委员
9	邢秀梅	特产所	特种经济动物饲养	委员
10	杨青川	牧医所	草学	委员
11	周正奎	牧医所	动物遗传育种与繁殖	委员
12	周志刚	饲料所	动物营养与饲料科学	委员
13	朱化彬	牧医所	动物遗传育种与繁殖	委员

八、兽医学学科评议组

序号	姓名	所在单位	学科专业	备注
1	步志高	哈兽研	预防兽医学	组长
2	马志永	上兽研	预防兽医学	副组长
3	陈化兰	哈兽研	预防兽医学	委员
4	冯力	哈兽研	预防兽医学	委员
5	付宝权	兰兽研	预防兽医学	委员
6	关贵全	兰兽研	预防兽医学	委员
7	李建喜	兰牧药	临床兽医学	委员
8	李秀波	饲料所	兽药学	委员
9	李泽君	上兽研	预防兽医学	委员
10	刘胜旺	哈兽研	预防兽医学	委员
11	张继瑜	兰牧药	基础兽医学	委员
12	郑海学	兰兽研	预防兽医学	委员
13	周金林	上兽研	预防兽医学	委员

九、管理与信息学科评议组

序号	姓名	所在单位	学科专业	备注
1	孙坦	中国农业科学院	农业信息管理	组长
2	毛世平	农经所	产业经济	副组长
3	曹永生	果树所	管理科学与工程	委员
4	胡向东	农经所	产业经济	委员
5	罗其友	资划所	区域发展	委员
6	吕开宇	农经所	农业经济管理	委员
7	张学福	信息所	农业信息管理	委员
8	赵瑞雪	信息所	农业信息管理	委员
9	赵一夫	农经所	农业经济管理	委员
10	钟钰	农经所	农业经济管理	委员
11	周国民	信息所	信息技术与数字农业	委员

十、水产学科评议组

序号	姓名	所在单位	学科专业	备注
1	魏琦	中国水产科学研究院	水产	组长
2	刘英杰	中国水产科学研究院	水产	副组长
3	徐跑	中国水产科学研究院	水产	副组长
4	赵宪勇	中国水产科学研究院	水产	委员
5	方辉	中国水产科学研究院	水产	委员
6	江世贵	中国水产科学研究院	水产	委员
7	王玉梅	中国水产科学研究院	水产	委员
8	陈大庆	中国水产科学研究院	水产	委员

（续表）

序号	姓名	所在单位	学科专业	备注
9	张明富	中国水产科学研究院	水产	委员
10	徐皓	中国水产科学研究院	水产	委员
11	王新鸣	中国水产科学研究院	水产	委员

中国农业科学院研究生院研究生管理工作先进集体和先进个人评选办法

根据《教育部　国家发展改革委　财政部关于加快新时代研究生教育改革发展的意见》（教研〔2020〕9号）等文件精神，为加强中国农业科学院研究生管理工作，调动院属各研究所及研究生管理工作人员的积极性和创造性，建立健全激励机制，推进研究生教育科学规范化管理，提高研究生教育质量，结合中国农业科学院实际情况，制定本评选办法。

一、评选内容

（1）研究生管理工作先进集体

（2）研究生管理工作先进个人（含特别荣誉奖）

二、评选范围

院属各研究所及研究生管理人员。每年的1月1日至12月31日为一个评选年度。

三、评选要求

（一）研究生管理工作先进集体评选要求和比例

（1）认真贯彻研究生教育方针政策，严格执行研究生管理工作有关规定，确保本所研究生招生就业、教学培养、思政教育、党建团学、学位管理、学科建设、师资队伍等工作科学规范、措施得力、成效显著。

（2）所领导班子重视研究生教育，大力支持和参与研究生管理工作，关心研究生意识形态、安全健康、学习科研和日常生活，为本所研究生营造良好的成长成才氛围。

（3）积极主动承担或组织研究生课程集中教学任务，在研究生教育中彰显研究所专业特色。

（4）拥有健全的研究生管理制度和机制，研究生管理人员恪尽职守、管理规范，与研究生院、教师、研究生之间沟通渠道畅通、关系融洽。

（5）重视教师队伍建设，定期举办教师培训会或积极组织参与教师培训，教师师德师风优良、落实立德树人职责到位；研究生学风良好、学习勤奋、成绩突出，教师与研究生之间沟通畅通，师生关系和谐。

（6）研究生管理工作先进集体评选比例一般不超过参评单位的25%，评选依据以研究所研究生教育考核评价结果为主。

（二）研究生管理工作先进个人评选要求

热爱研究生教育事业，在研究生管理岗位上连续工作2年以上；坚持管理育人、服务育人，管理规范、尽职尽责；本年度无违纪行为；所在研究所当年未在研究生管理工作中出现责任事故；圆满完成研究生招生、培养、学位、就业及学生管理等工作；对研究生教育管理工作作出重要贡献者，工作年限可适当放宽。

1. 招生工作要求

（1）认真贯彻教育部关于招生工作的方针、政策，执行和落实研究生院的有关规定，制定本单位招生工作实施办法。

（2）能够根据实际情况，确定本单位分学科专业的招生计划需求，及时编制并按时上报本单位招生专业目录。

（3）在研究生招生、复试、录取过程中，严格把关，程序规范，按照研究生院相关规定认真审核、管理和报送招生档案和硕博连读研究生申报材料等。

（4）能够开展招生宣传和咨询工作，积极组织生源，保证本单位招生计划的顺利完成。

2. 培养管理工作要求

（1）认真组织本所相关学科研究生培养方案的制定和修订工作。

（2）严格执行研究生院研究生培养的有关规定，能够及时将研究生院的各项文件通知传达给相关研究生。

（3）积极主动做好教师承担研究生课程教学组织工作；高质量组织研究生回所课程教学工作，并按要求及时报送课程教学材料等。

（4）认真组织、检查、督促在所研究生按时完成个人课程学习计划与论文研究计划制订、开题报告、学术活动、实践训练、中期考核、科研记录、发表文章等培养环节，认真审核研究生培养环节。

3. 学位、学科及教师管理工作要求

（1）严格执行《中国农业科学院学位授予工作细则》等相关规定，认真审核本所研究生学位论文格式、答辩资格及学位申请资格，认真组织完成学位论文评阅、答辩、研究所学位会议评审等各个环节并督促落实，及时、规范提交答辩及学位申请材料。

（2）积极配合完成学科评估、专业学位水平评估、新增学位授权点申报、学位授权点合格评估及专项评估等工作。

（3）认真做好本所硕士生导师备案、博士生导师遴选、导师招生资格年度审核及在岗导师培训等工作，及时掌握本所导师履行立德树人职责情况及师生关系状况，发现问题第一时间协调解决。

4. 就业管理工作要求

（1）认真学习并深入了解就业相关的文件、政策、细则，促进本所研究生就业工作制度化、规范化。

（2）坚持以学生为本、以服务为本的就业工作思路，加强对在所研究生的就业素质教育，积极联系用人单位，为本所毕业生开拓广泛的就业渠道。

（3）熟悉就业流程，及时为毕业生发放就业推荐表、三方协议等各种就业材料。

（4）在提高就业率的同时，重视签约率及就业质量的提升，对本所就业困难的毕业生开展各种方式的就业帮扶工作。

5. 学生管理工作要求

（1）严格执行《中国农业科学院研究生院学生管理规定（试行）》，及时准确地将研究生院的各项文件通知传达给每个在所研究生，按时完成研究生学籍注册、学籍信息异动以及国家奖学金、学业奖学金、企业奖学金等相关材料报送。

（2）引导学生深入学习习近平总书记系列重要讲话精神和治国理政新理念、新思想、新战略，深入开展中国特色社会主义、中国梦宣传教育和社会主义核心价值观教育，帮助学生不断坚定中国特色社会主义道路自信、理论自信、制度自信、文化自信，牢固树立正确的世界观、人生观、价值观。掌握学生思想行为特点及思想政治状况，有针对性地帮助学生处理好思想认识、价值取向、学习生活、择业交友等方面的实际问题。

（3）开展学生骨干的遴选、培养、激励工作，开展学生入党积极分子培养教育工作，开展学生党员发展和教育管理服务工作，指导学生党支部和班团组织建设。能够定期组织本所研究生开展形式多样的文体活动，丰富研究生的业余文化生活。

（4）组织开展学生安全教育，对学生心理问题进行初步排查和疏导，培育学生理性平和、乐观向上的健康心态。

（三）特别荣誉奖评选要求

截至当年 12 月底，在研究生管理工作岗位工作 10 年以上（含），且当年被评为研究生管理工作先进个人。

四、评选程序

每年各研究所根据评选通知向研究生院按时报送本所当年研究生工作总结和研究生管理工作先进个人推荐材料，研究生院组织评选、推荐研究生管理工作先进集体、研究生管理工作先进个人、特别荣誉奖人选，提交研究生院院长办公会议、院党委会议通过后，进行表彰。

五、奖励办法

（一）授予研究生管理工作先进集体获得者相应的荣誉称号，在全院通报表扬，颁发证书。

（二）授予研究生管理工作先进个人获得者相应的荣誉称号，在全院通报表扬，颁发证书和奖金。

（三）授予特别荣誉奖获得者相应的荣誉称号，在全院通报表扬，颁发奖杯。

六、附　则

（一）本评选办法由研究生院培养处负责解释。

（二）本评选办法自公布之日起执行，之前相关办法同时废止。

中国农业科学院研究生院教师教学工作管理办法

第一章　总　则

第一条　为加强课程教学管理，规范教师教学行为，强化社会主义核心价值观引领，严肃教学纪律，保证教学质量，特制定本办法。

第二条　本办法以《中华人民共和国教育法》《中华人民共和国教师法》和《中华人民共和国高等教育法》《新时代高校教师职业行为十项准则》《高等学校教师职业道德规范》及本院教学管理相关规定为依据。

第三条　本办法适用于中国农业科学院专职、兼职教师承担的研究生课程教学工作，包括理论课、实验课、实习实践课、讨论课等课程类型，以及备课、讲授、答疑、作业批改、考核等教学环节。

第四条　授课教师（以下简称教师）分为主讲教师、组织教师（课程主持人）、非主讲教师。主讲教师指担任一门课程教学工作量50%及以上的教师。对于多位教师共同承担的模块化课程或专题类课程，应明确一位组织教师，总体负责该课程教学质量。

第二章　教师资格与聘任

第五条　模范遵守宪法、法律、法规、教师职业行为准则以及职业道德规范，具有良好的思想政治素质和职业道德，业务基础扎实。

第六条　公共课教师应具有高级职称，或获得相应学科领域博士学位，或获得硕士学位后从事助教工作两年以上；专业课教师应具有高级职称，或获得相应学科领域博士学位。专题课教师一般应具有正高级专业技术职称或处级以上职务。

第七条　公共课教师一般由研究生院或学院聘任，专业课教师一般由研究所或学院聘任，报研究生院备案。集中教学阶段兼职教师须与研究生院签订聘用协议书。

第八条　教师首次主讲课程，须由教师聘任单位组织教师在一定范围内（教研室、创新团队、研究所学位评定委员会等）进行试讲。

第三章　教师教学岗位职责

第九条　以德施教，立德树人。坚持教书和育人相统一、言传和身教相统一、潜心问道和关注社会相统一、学术自由和学术规范相统一。做学生锤炼品格、学习知识、创新思维、奉献祖国的引路人。

第十条 编写课程教学大纲。课程主讲教师或组织教师为课程教学大纲编写负责人，应根据学科领域发展及课程目标，不断优化教学大纲。研究所负责的课程教学大纲须提交研究所教研室或研究所学位评定委员会审议通过，并报研究生院备案。集中教学阶段课程教学大纲须提交研究生院教学委员会审议通过。

第十一条 按照教学大纲要求认真备课。合理制订课程教学计划、安排教学环节。在保证教学大纲基本要求的前提下，教师可对课程内容作适当调整。调整的部分不得超过大纲规定内容的20%，否则需按程序修订教学大纲后执行。实验课教师应事先预习实验过程。

第十二条 认真开展各项教学活动。按校历、课程表规定的时间、地点授课。保证教学工作的精力投入，完成教学计划和教学目标，达到教学大纲要求。

第十三条 注重教学过程管理。维持课堂秩序，加强考勤，对于缺勤超过1/3的学生，取消考试资格。实习实践课、讨论课教师应全程参与教学过程。安排必要的答疑并认真批改习题作业、实验报告、实习实践报告、课程论文等。

第十四条 积极参与教学改革。加强课程和教材建设，不断完善教学内容，促进科研成果向教学资源转化，提高科教融合水平。参加教学研究和培训，不断改进教学方法，促进师生互动，重视激发学生的学习兴趣，发掘提升学生的自主学习能力。

第十五条 深入推进课程思政。将价值塑造、知识传授和能力培养三者融为一体，寓价值观引导于知识传授和能力培养之中。注重培养学生的“大国三农”情怀，引导学生以强农兴农为己任，着力培养懂农业、爱农村、爱农民的高层次创新人才。

第十六条 完善课程考核方式。客观、公正、综合评定学生成绩。课程成绩包括平时成绩和考试成绩，一般平时成绩占比10%~50%。平时考核可采取考勤、作业、口试、课堂测验、读书报告、课堂交流和讨论、期中考试、课程论文、社会实践等多种方式进行。

第十七条 严格规范考试命题。考试命题以教学大纲为依据，与考试方式相适宜，考题难度和题量适中。闭卷、开卷考试时间一般为2小时，学位课原则上应闭卷考试。一般应在考前一周完成命题，考试试题、评分标准应严格保密。课程结束后及时与教学管理部门沟通考试事宜。

第十八条 严格监考与评卷。课程主讲（组织）教师一般应参加主讲（组织）课程的监考工作，并严格执行考场纪律。考后应按照评分标准认真评卷，在考试结束后3周内完成成绩评定，并按要求提交学生答卷及其他与评定成绩有关的材料。

第十九条 重视教学效果反馈。接受教学质量评估检查，组织讨论课程内容、教学方法，及时查阅教学评价结果，经常性了解学生学习情况，听取学生、其他教师对课程教学的意见、建议。

第四章　教师教学纪律

第二十条　在所有教育教学活动中，不得出现违反宪法法律、违背党的方针政策、诋毁社会主义核心价值观、危害国家安全、破坏民族团结等言行。严禁在教学活动中传播政治性错误观点和反动言论，严禁从事非法传教等活动。

第二十一条　按照课程表准时上课、下课，不得缺课、迟到、提前下课。

第二十二条　教学活动中，应注重个人仪表，禁止衣冠不整、在教室抽烟，不得使用手机或其他移动通信工具从事与教学无关的活动。

第二十三条　不得随意调课、停课、请人代课或更换上课地点。教师因病等特殊情况不能按教学计划上课时，须提前报教学管理部门，办理相应手续。课程每学期调停课次数一般不得超过 2 次（3 学分课程一般不得超过 3 次）。

第二十四条　不得随意变更教学内容或增减课时。

第二十五条　闭卷、开卷考试考题与上一学年试题重复率不得超过 25%，同一门课程 3 年内不得出现重复试卷。

第二十六条　对学生违反考试纪律的行为不得隐瞒不报，不得纵容违纪、作弊行为。

第二十七条　不得泄露试题或试题答案，不得出具虚假考试成绩。成绩一经发布不得修改。如教师因工作失误造成评卷错判、漏判、分数计算或登记错误等，须向教学管理部门提交文字说明材料以及更正后的课程成绩登记表等。不得以虚假理由更改学生成绩。对于学生请求改变和提高成绩的行为，教师应拒绝并报教学管理部门进一步处理，以杜绝此类不良行为。

第五章　奖　惩

第二十八条　研究生院对教学工作成绩显著的教师给予表彰和奖励，包括教学名师奖、优秀教师奖等。鼓励研究所将本所教师教学工作纳入本所招生指标分配、博士生导师资格遴选，以及人事部门年终绩效考核、职称晋升等工作中。

第二十九条　研究所可参照研究生院兼职教师讲课费管理有关办法，发放教师讲课费。

第三十条　研究生院对教学工作不认真、违反教学纪律等行为给予批评，包括：口头提醒、书面告知以及通报批评。教师教学质量评估检查不合格、多次违反教学纪律或严重违反教学纪律，解除聘约。

第三十一条　教师违反师德师风，根据研究生院相关规定处理。

第六章　附　则

第三十二条　本办法自印发之日起施行，由研究生院负责解释。

中国农业科学院研究生院外国留学生奖学金年度评审办法（试行）

第一条 为加强中国农业科学院外国留学生奖学金管理，做好奖学金年度评审工作，提高留学生培养质量，根据教育部和北京市外国留学生奖学金管理的相关规定，结合中国农业科学院留学生管理实际，特制定本办法。

第二条 年度评审是指对中国农业科学院获得奖学金资助的外国留学生（以下简称奖学金生）每年进行一次综合评价，决定其是否具有继续享受或者恢复享受奖学金的资格。

第三条 研究生院国际教育处负责中国农业科学院外国留学生奖学金年度评审的组织管理工作，每年4—5月组织评审。

第四条 年度评审的对象为在研究生院已经学习一学年以上或原定学习期限结束后申请延长学习期限的各类奖学金生。当年夏季学期毕业的受资助外国留学生可不参与年度评审。

第五条 年度评审采用定性评价和定量评价相结合的方式，原则上定量打分情况应与评审意见一致，即总分为60分及以上者视为合格。评选内容标准包括道德品行、学习成绩、学习/科研态度和参加活动情况。

（1）道德品行（满分30分）。学生遵守中国法律法规、研究生院及研究所的各项管理规章制度情况，学生被处分记录，学术道德、日常言行表现等。

（2）学习成绩（满分30分）。学生完成课程学习（含回研究所课程）的情况，以教务管理系统出具的成绩为准；对已进入论文研究阶段的学生，以开题报告、中期考核、论文研究进展、学术活动、课题研究和科技发明成果为主要依据。

（3）学习/科研态度（满分20分）。学生学习态度，课堂、考试考勤情况，完成作业和自主科研等方面的表现。

（4）参加活动情况（满分20分）。学生参与研究生院和研究所及社会组织的体育、文艺、文化等交流活动和社会实践的态度及表现。

第六条 评审合格者可继续享受下一学年奖学金资格；评审不合格者，取消或中止其下一学年的奖学金资格，同时取消其本年度申请其他各类奖项的参评资格。

第七条 有下列情况之一的，中止其下一学年奖学金资格。

（1）未按规定完成课程学习的。

（2）开题、中期考核未通过的。

（3）严重违反院规院纪，受到警告、严重警告、记过、留校察看纪律处分的。

（4）不服从学校管理，经批评教育仍不改正者。

第八条 奖学金资格被中止但计划继续学习的留学生，须本人提出书面申请，提供在华事务担保，经研究所和研究生院批准后，方可继续学习，经费自理。

第九条 被中止奖学金的留学生，自下一学年开学起停发奖学金；中止期满前，留学生本人可书面提出申请，参加当年的年度评审，评审合格的，报奖学金主管部门批准，可恢复下一年度的奖学金资格。

第十条 有下列情况之一者，取消其奖学金资格。

（1）违反中国法律法规的。

（2）受到勒令退学或者开除学籍处分的。

（3）在校学习期间累计两次未通过年度评审的。

（4）未经批准不参加年度评审的。

第十一条 年度评审按以下程序进行。

（1）奖学金生本人按要求完成年审自评，登录“研究生教育管理系统”（http：//aep. gscaas. net. cn/，以下简称系统）提交奖学金年审自评表，上传证明材料，并由导师、研究所完成审核。学生须如实填写相关内容，具体要求请见系统网页的填写说明。

（2）各研究所负责督促学生按时在系统中提交年审自评表，导师根据年度评审标准在系统中打分并填写意见，研究所及时审核后提交研究生院国际教育处审核。同时，奖学金生须按照中国农业科学院留学生培养工作暂行规定的要求，完成相关的培养环节（包括开题报告、中期考核、回所课程及学术活动）。因客观原因未按时完成培养环节的，须在年度评审中做出相应说明。

（3）研究生院国际教育处根据研究所的评审情况对奖学金生进行全面评审，填写“合格”或“不合格”的评审意见，并提出“继续提供奖学金”“中止提供奖学金”或“取消奖学金”的意见。

（4）研究生院国际教育处审核通过后，报研究生院主管领导批准通知研究所和奖学金生。奖学金生登录系统可查看评审结果，研究所可查看评审全部内容并打印奖学金生自评表和学校评审表。纸质版材料由研究所存档备查。

（5）中国政府奖学金生的年度评审意见和相关材料由研究生院统一报送国家留学基金委审批。

第十二条 奖学金生对年度评审结果有异议的，应在获知评审结果的5个工作日内向研究生院国际教育处提交复议申请，研究生院国际教育处应在5个工作日内给予解释说明并提出复议意见。

第十三条 需要转学的中国政府奖学金生，由研究生院负责其年度评审及评审材料的转送。

第十四条 申请延长奖学金期限的奖学金生，须参加年度评审。评审未通过的，奖学金期限不得延长，经批准可延期继续学习，学习经费自理。

第十五条 年度评审合格的奖学金生只能同时享有一种奖学金。

第十六条 本办法由研究生院国际教育处负责解释。

第十七条 本办法自发布之日起执行。

关于公布中国农业科学院 2021 年新增博士研究生指导教师名单的通知

院属各研究生培养单位：

根据《中国农业科学院研究生指导教师工作条例》的规定，严格按照个人申报、研究所学位评定委员会初审、研究生院资格审查、研究生院组织院外同行专家通讯评议、院学科评议组复审、院学位评定委员会终审的遴选程序，经中国农业科学院第十届学位评定委员会第二次会议审议并无记名投票表决，遴选 153 人为 2021 年新增博士研究生指导教师。新增博士研究生指导教师名单在中国农业科学院网站公示无异议，现予以公布（见附件）。博士研究生指导教师资格从 2021 年 12 月 30 日起生效。

附件：中国农业科学院 2021 年新增博士研究生指导教师名单

中国农业科学院学位评定委员会

2022 年 1 月 24 日

附件

中国农业科学院 2021 年新增博士研究生指导教师名单

（按学科专业—单位—姓名排序）

序号	单位	姓名	性别	出生年月	学科专业
1	牧医所	康俊梅	女	1972 年 7 月	草学
2	牧医所	王学敏	女	1976 年 1 月	草学
3	茶叶所	付建玉	男	1978 年 2 月	茶学
4	茶叶所	江用文	男	1965 年 11 月	茶学
5	茶叶所	韦康	男	1981 年 12 月	茶学
6	茶叶所	周利	女	1982 年 4 月	茶学
7	兰牧药	梁春年	男	1973 年 12 月	动物遗传育种与繁殖
8	牧医所	高雪	女	1976 年 7 月	动物遗传育种与繁殖
9	牧医所	刘冉冉	女	1983 年 10 月	动物遗传育种与繁殖
10	牧医所	张路培	男	1982 年 10 月	动物遗传育种与繁殖
11	牧医所	赵福平	男	1981 年 2 月	动物遗传育种与繁殖
12	牧医所	赵勇	男	1977 年 8 月	动物遗传育种与繁殖
13	果树所	高源	女	1983 年 2 月	果树学
14	果树所	张彩霞	女	1979 年 6 月	果树学
15	果树所	赵德英	女	1974 年 4 月	果树学
16	热科院	王家保	男	1974 年 6 月	果树学
17	郑果所	刘三军	男	1967 年 11 月	果树学
18	郑果所	牛良	男	1975 年 2 月	果树学
19	郑果所	周厚成	男	1974 年 6 月	果树学
20	加工所	范蓓	女	1981 年 5 月	农产品加工利用
21	加工所	胡宏海	男	1975 年 9 月	农产品加工利用

（续表）

序号	单位	姓名	性别	出生年月	学科专业
22	加工所	佟立涛	男	1982 年 11 月	农产品加工利用
23	麻类所	谭志坚	男	1985 年 9 月	农产品加工利用
24	热科院	张彦军	男	1982 年 3 月	农产品加工利用
25	郑果所	焦中高	男	1972 年 10 月	农产品加工利用
26	蜜蜂所	田文礼	男	1980 年 7 月	农产品质量与食物安全
27	蜜蜂所	周金慧	男	1977 年 11 月	农产品质量与食物安全
28	牧医所	司玮	女	1992 年 1 月	农产品质量与食物安全
29	牧医所	郑楠	女	1980 年 11 月	农产品质量与食物安全
30	水稻所	陈铭学	男	1972 年 12 月	农产品质量与食物安全
31	烟草所	窦玉青	男	1972 年 9 月	农产品质量与食物安全
32	营养所	朱大洲	男	1981 年 10 月	农产品质量与食物安全
33	油料所	毛劲	男	1983 年 10 月	农产品质量与食物安全
34	质标所	李晓敏	女	1984 年 6 月	农产品质量与食物安全
35	质标所	汤晓艳	女	1976 年 10 月	农产品质量与食物安全
36	植保所	曹立冬	男	1980 年 11 月	农药学
37	植保所	张兰	女	1978 年 11 月	农药学
38	基因组所	张春芝	女	1985 年 1 月	农业合成生物学
39	基因组所	赵程	男	1990 年 6 月	农业合成生物学
40	环保所	安毅	男	1982 年 12 月	农业环境学
41	环保所	师荣光	男	1980 年 3 月	农业环境学
42	环保所	赵玉杰	男	1976 年 7 月	农业环境学
43	环保所	周其文	男	1969 年 8 月	农业环境学
44	资划所	雷秋良	男	1975 年 9 月	农业环境学
45	农经所	王国刚	男	1984 年 3 月	农业经济管理

（续表）

序号	单位	姓名	性别	出生年月	学科专业
46	信息所	李辉尚	男	1979 年 11 月	农业经济管理
47	沼科所	张呜呜	女	1978 年 12 月	农业经济管理
48	棉花所	雒珺瑜	女	1978 年 11 月	农业昆虫与害虫防治
49	热科院	王树昌	男	1976 年 8 月	农业昆虫与害虫防治
50	蔬菜所	谢文	男	1983 年 8 月	农业昆虫与害虫防治
51	烟草所	任广伟	男	1973 年 2 月	农业昆虫与害虫防治
52	植保所	尹娇	女	1976 年 2 月	农业昆虫与害虫防治
53	植保所	张蕾	女	1977 年 11 月	农业昆虫与害虫防治
54	都市所	李清明	男	1974 年 3 月	农业生物环境与能源工程
55	环发所	王悦	女	1989 年 7 月	农业生物环境与能源工程
56	灌溉所	刘浩	男	1977 年 9 月	农业水土工程
57	信息所	寇远涛	男	1982 年 1 月	农业信息管理
58	信息所	孙巍	女	1978 年 3 月	农业信息管理
59	信息所	鲜国建	男	1982 年 3 月	农业信息管理
60	资划所	段四波	男	1983 年 5 月	农业遥感
61	资划所	李全新	男	1966 年 10 月	区域发展
62	资划所	张华	女	1970 年 2 月	区域发展
63	环发所	李红娜	女	1986 年 8 月	生态学
64	环发所	马欣	男	1980 年 12 月	生态学
65	环发所	秦晓波	男	1977 年 2 月	生态学
66	资划所	王洪媛	女	1976 年 8 月	生态学
67	资划所	闫玉春	男	1979 年 10 月	生态学
68	基因组所	李伟	男	1985 年 9 月	生物化学与分子生物学
69	基因组所	王鑫杰	男	1988 年 12 月	生物化学与分子生物学

（续表）

序号	单位	姓名	性别	出生年月	学科专业
70	加工所	逄晓阳	男	1980 年 2 月	生物化学与分子生物学
71	热科院	陈青	男	1971 年 4 月	生物化学与分子生物学
72	热科院	梅文莉	女	1974 年 4 月	生物化学与分子生物学
73	热科院	杨耀东	男	1966 年 9 月	生物化学与分子生物学
74	生物所	金芜军	男	1972 年 2 月	生物化学与分子生物学
75	生物所	梁哲	男	1982 年 8 月	生物化学与分子生物学
76	生物所	刘波	男	1977 年 8 月	生物化学与分子生物学
77	生物所	孙国清	男	1977 年 11 月	生物化学与分子生物学
78	饲料所	滕达	女	1975 年 8 月	生物化学与分子生物学
79	饲料所	杨雅麟	女	1975 年 12 月	生物化学与分子生物学
80	作科所	顿宝庆	男	1974 年 10 月	生物化学与分子生物学
81	作科所	刘学	男	1983 年 1 月	生物化学与分子生物学
82	作科所	朱杉杉	女	1983 年 7 月	生物化学与分子生物学
83	环发所	刘国强	男	1963 年 6 月	生物物理学
84	基因组所	贾耿介	男	1985 年 9 月	生物信息学
85	作科所	周鹏	男	1986 年 1 月	生物信息学
86	蔬菜所	付秋实	女	1981 年 5 月	蔬菜学
87	蔬菜所	李衍素	男	1979 年 8 月	蔬菜学
88	蔬菜所	王立浩	男	1976 年 2 月	蔬菜学
89	蔬菜所	张淑江	男	1970 年 10 月	蔬菜学
90	蜜蜂所	代平礼	男	1980 年 5 月	特种经济动物饲养
91	蜜蜂所	罗术东	男	1977 年 1 月	特种经济动物饲养
92	资划所	段英华	女	1982 年 8 月	土壤学
93	资划所	孙楠	女	1975 年 8 月	土壤学

（续表）

序号	单位	姓名	性别	出生年月	学科专业
94	资划所	尧水红	女	1978 年 12 月	土壤学
95	热科院	胡永华	男	1978 年 4 月	微生物学
96	生物所	张宇宏	男	1980 年 10 月	微生物学
97	研究生院	王海胜	男	1978 年 9 月	微生物学
98	研究生院	赵百锁	男	1974 年 5 月	微生物学
99	热科院	戴好富	男	1974 年 10 月	药用植物资源学
100	哈兽研	陈建飞	男	1974 年 11 月	预防兽医学
101	哈兽研	陈伟业	男	1980 年 4 月	预防兽医学
102	哈兽研	华荣虹	男	1976 年 8 月	预防兽医学
103	哈兽研	姜丽	女	1978 年 10 月	预防兽医学
104	哈兽研	孔晖晖	男	1987 年 7 月	预防兽医学
105	哈兽研	李慧昕	女	1978 年 11 月	预防兽医学
106	哈兽研	施建忠	男	1975 年 12 月	预防兽医学
107	哈兽研	孙元	男	1980 年 6 月	预防兽医学
108	哈兽研	温志远	男	1981 年 9 月	预防兽医学
109	哈兽研	杨焕良	男	1975 年 12 月	预防兽医学
110	兰兽研	陈阿鹏	男	1983 年 3 月	预防兽医学
111	兰兽研	蒋韬	女	1975 年 6 月	预防兽医学
112	兰兽研	李维克	男	1983 年 3 月	预防兽医学
113	兰兽研	潘丽	女	1974 年 9 月	预防兽医学
114	兰兽研	裴晶晶	女	1985 年 3 月	预防兽医学
115	兰兽研	许健	男	1986 年 12 月	预防兽医学
116	兰兽研	张克山	男	1979 年 12 月	预防兽医学
117	上兽研	单同领	男	1983 年 2 月	预防兽医学

（续表）

序号	单位	姓名	性别	出生年月	学科专业
118	上兽研	孙英杰	男	1985 年 12 月	预防兽医学
119	上兽研	王少辉	男	1983 年 8 月	预防兽医学
120	上兽研	张厚双	男	1977 年 12 月	预防兽医学
121	上兽研	郑浩	男	1977 年 6 月	预防兽医学
122	热科院	黄贵修	男	1968 年 12 月	植物病理学
123	蔬菜所	石延霞	女	1974 年 2 月	植物病理学
124	烟草所	王秀国	男	1980 年 4 月	植物病理学
125	烟草所	张成省	男	1976 年 10 月	植物病理学
126	植保所	黄文坤	男	1971 年 3 月	植物病理学
127	植保所	刘艳	女	1971 年 10 月	植物病理学
128	植保所	杨秀玲	女	1984 年 11 月	植物病理学
129	热科院	李勤奋	女	1974 年 12 月	植物营养学
130	资划所	王秀斌	男	1974 年 11 月	植物营养学
131	植保所	韩兰芝	女	1976 年 6 月	转基因生物安全学
132	甘薯所	曹清河	男	1975 年 8 月	作物遗传育种
133	棉花所	于霁雯	女	1978 年 6 月	作物遗传育种
134	热科院	张树珍	女	1965 年 1 月	作物遗传育种
135	水稻所	胡江	男	1980 年 1 月	作物遗传育种
136	水稻所	沈希宏	男	1973 年 10 月	作物遗传育种
137	水稻所	圣忠华	男	1985 年 6 月	作物遗传育种
138	水稻所	占小登	男	1976 年 8 月	作物遗传育种
139	油料所	雷永	男	1972 年 10 月	作物遗传育种
140	油料所	王欣	男	1982 年 3 月	作物遗传育种
141	油料所	晏立英	女	1971 年 4 月	作物遗传育种

（续表）

序号	单位	姓名	性别	出生年月	学科专业
142	水稻所	陈惠哲	男	1970 年 12 月	作物栽培学与耕作学
143	水稻所	张均华	女	1983 年 3 月	作物栽培学与耕作学
144	作科所	王克如	男	1968 年 1 月	作物栽培学与耕作学
145	麻类所	栾明宝	男	1978 年 12 月	作物种质资源学
146	热科院	郝朝运	男	1979 年 11 月	作物种质资源学
147	热科院	徐立	男	1975 年 2 月	作物种质资源学
148	水稻所	魏祥进	男	1981 年 10 月	作物种质资源学
149	油料所	蔡光勤	男	1984 年 8 月	作物种质资源学
150	油料所	张艳欣	女	1980 年 7 月	作物种质资源学
151	作科所	郭勇	男	1982 年 3 月	作物种质资源学
152	作科所	武晶	男	1980 年 5 月	作物种质资源学
153	作科所	张锦鹏	男	1974 年 3 月	作物种质资源学

关于授予应欣等 241 人博士学位、田辉等 1 070 人硕士学位的决定

院属各研究生培养单位：

中国农业科学院第十届学位评定委员会第一次会议于 2021 年 6 月 30 日召开，根据《中国农业科学院学位授予工作实施细则》的规定，决定授予应欣等 241 人博士学位（含留学生 66 人）；授予田辉等 1 070人硕士学位，其中，全日制学术学位硕士 451 人（含留学生 18 人），全日制专业学位硕士 307 人，非全日制专业学位硕士 296 人，同等学力硕士 1 人，在职攻读专业学位硕士 15 人，授予学位日期为 2021 年 6 月 30 日。具体名单见附件。

附件：中国农业科学院 2021 年夏季授予学位人员名单

中国农业科学院学位评定委员会

2021 年 6 月 30 日

附件

中国农业科学院2021年夏季授予学位人员名单

一、授予博士学位人员名单（241人）

应欣　张锋　刘青　伊晓云　李伟　吴培　张昊　夏木斯亚·卡坎
张鹏程　淳雁　王瑞国　许培磊　张晓佳　赵艳玲　郑娜　张红　刘凯强
韩兴　刘华淼　朱言柱　高波　林俊　马全英　郝荣增　李楠　侯璐丹
贾美玲　王开　邓晨　李妍妍　张平贤　魏雪　华玲玲　孙仁华　张蕾
李青梅　白乌云　李欢欢　李璐璐　鲁菲菲　吕婧　王骁　徐小轻　肖志明
孙丹丹　刘宇宁　涂行浩　王凤　王教领　武语笛　何国仁　武红亮　独文惠
丁蕾　范学锋　张璐　刘明浩　王美玲　吕斌娜　彭新红　张林　岳静伟
李欣　王建　吴永保　周莹　高胜涛　苏龙　陈芸　汪孟航　焉鑫
赵冉　毕彩鸿　季朝阳　李志　宫晓华　李莎莎　张向乐　王晓星　吴圣
张瑞涛　李晶莹　王振龙　田林　闫君宇　赵胜　陈虹燕　刘航玮　邱美娟
张雅婷　马欢欢　钱浩宇　田秀苓　张晶晶　姜洪真　李志远　孙晋浩　孙明铭
王奇　安怡昕　牛娟　马俊　谭冬飞　王济世　王昕璐　盈盈　王昊
姚婷　徐淑玲　曲正义　郭瑞　梁单　蔡旭　刘小萍　肖志亮　岳丽昕
汤丹丹　曹雨薇　任凤玲　王雅乐　赵萌　常单娜　黄少辉　董又铭　袁凯
李丽　刘丽媛　王晓琦　陈雅洁　崔凯　姜朵朵　许春丽　于海燕　申晓娜
田镇齐　李霜　张夏瑄　常天鹏　石雷　史良玉　王杰　夏青　熊琳
赵洪昌　陈沛　冯嘉　王卫卫　吴正可　刘国庆　祁丹丹　赵晓蒙　张然然
张振东　包旦奇　陈晓勇　任晓梅　王欢　张玉娇　尹馨　康棣　张娜
李硕　乌尼图　黄显雷　张康洁　韩成吉　袁俊林　曹景军　冯欣　罗慧
李娇　李鹏程　马红坤　叶璐　祁伟彦

Khalid Hamdan Mohamed Ibrahim
Syed Muhammad Sadiq Shah
Muhammad Khorshed Alam
Lubna Soomro
Babar Hussain
Umar Akram
Abdul Hafeez
Adil Abbas
Nazia Tahir
Yousif Mohamed Zainelabdeen Hamed
Ahmed Ibrahim Ahmed Altome
Muhammad Azeem
Madiha Fatima
Muhammad Ahmed Waqas
Asma Mohammed Saeed Saleh Al-kubati
Muhammad Nasir
Yeeyee Myint
Ahmed Ali Abdelrhman Ali

Md Arifur Rahaman
Gebremedhin G/Selassie Hidaru
Muhammad Sajjad
Fida Hussain
Joram Kiriga Waititu
Komikouma Apelike Wobuibe Neglo
Irum Raza
Abdoulaye Amadou
Ali Kamran
Shakeel Ahmad
Pallab Bhattacharjee
Naimatullah
Swapan Chakrabarty
Salah Uddin Ahmad
Sulaiman Abdulsalam
Hussam Askar Mohamedmohamed Hamad
Samina Shabbir
Tahir Mahmood
Krishna Poudel
Tsegay Teame Gidey
Salisu Bello Sadau
Abdoul Magid Abdoulsalam Issiaka
Christian Kofi Anthonio
Marcia Beatriz Moya Fernandez
Muhammad Askari
Md Shafiqul Islam
Waqar Afzal Malik
Sahibzada Waheed Abdullah
Muhammad Humza
Yusuf Ali Abdulle
Hafiz Abdul Haseeb
Nguyen Doan Phuong
Enoch Sapcy
Jalil Ahmad
Muhammad Abid
Kimberly Ponce
Sundas Saher Mehmood
Sk Mohiuddin Choudhury
Ali Raza
Nazia Baloch
Ildephonse Habinshuti
Raja Asad Ali Khan
Mahmuda Binte Monsur
George Stephen Mgendi
Joy Nyangasi Kirungu
Imane Lamraoui
Mohamed Omar Mohamed Hussein Kaseb
Muhammad Bilal

二、授予全日制学术学位硕士人员名单（451 人）

田　辉　张　茜　祁延萍　庞静漪　王子欣　杨荣全　胡姿仪　王　星　高晓丹
王　胜　高如雨　邱雪萌　李　丹　郜明强　王　晨　魏治贤　胡玉梅　罗金满
陶　姝　屠琪超　王好让　王小璐　杨　谨　张侯达　张丽雅　张玥玮　赵梦洁
朱梦圆　韩卉卉　李　婷　沈文鸾　王凯凯　庞　雨　杜丹瑶　杜卓颖　黄　赳
李树磊　李宇翔　李泽宇　李　震　李梓萱　吕　迪　阮洪强　石慧萍　孙志康
王立华　王　娜　辛志奇　徐玉俊　袁钰涵　张道磊　郑子繁　周　琴　周　宇
许国顺　赵明明　江亦然　李伟勋　张浩雯　褚　钰　刘林强　王延甲　张洪文
高馨悦　张　俊　刘盼婷　张　卡　张英杰　单丹婷　高　倩　李梦瑶　钱　坤
蔡育蓉　常芳弟　雷豪杰　王国丽　王　杰　张　宇　马立晓　郓玲玲　蔡泽宇

高文硕	纪龙龙	焦雨轩	卢鑫羽	申海洋	申梦伟	杨　猛	南　风	郭祥雨
孙嘉星	曹振玺	陈津赛	雷　媛	谢　静	余　轩	杜思琦	谷少委	李宝贵
李松旌	莫　宇	杨玉辉	路军灵	邵明杰	雷小琴	王　丽	常兴平	李　可
潘　政	张盛楠	霍明珠	赵刘清	蒋小妹	连天境	宋建超	李丹妮	唐艺玮
颜　青	陶雪莹	唐宇轩	黄　英	冯格格	潘烨灿	王北南	王天彩	王彦云
岳　宁	高雅鑫	姜小燕	刘婷玉	邱　阳	肖天真	张漫莉	李露露	王静帆
魏汝君	闫　颖	岳　颖	张　星	李　丹	杨　韬	汪文花	王　旭	房孟颖
李春情	阮俊梅	王晓丹	黄　秀	吴俊男	梁　栋	仙立国	张　娟	王　鹏
韩璐璐	怀园园	金　鑫	刘萃鹤	倪忠秋	秦　阳	陈柏志	李　弈	杨　芮
蒋艺飞	石育钦	张　毅	赵改会	王东飞	黄平亮	江　敏	康艺维	刘　畅
郭鹏诚	牛文利	王琰琰	严　冬	冀　婧	王晨瑜	范亚朋	裴欣欣	张媛媛
石亚亮	胡风越	杨　雪	海　楠	盛晓婧	刘雨露	张　宇	李红钰	李　渊
赵海悦	钱佳奇	张晶晶	赵倩倩	何闪闪	李　也	张双双	高春燕	李彩霞
刘　菊	刘岩岩	马文文	马小超	任文静	孙　笑	杨　沛	张令奎	张琦琦
章　力	武隆楷	庄团结	陈　瑶	冯　霞	毛　鹏	钱因红	李梦菡	姜长岭
李如意	林家正	毛雅琳	余　焕	梁亚博	慈惠婷	甘　颖	宋　蒙	李　鑫
宋　佳	赵　婧	李丽娟	韩贝贝	姚云柯	晁亚茹	王惠君	张雨函	白重九
丁伟丽	颜祥照	李方杰	梁晨欣	沈　洁	张　影	刘　洋	赵昱榕	蔡馥宇
陈　琳	邓　琪	杜　敏	冯润滋	江　如	姜　洁	石　雪	王敬文	王　敏
徐子妍	许铜硕	赵　霞	邢　云	田淑萍	王奥霖	房　良	向　超	杨丽娟
郝士鋆	梁晓艳	方冬珍	王聪聪	解　屹	罗健达	刘亚磊	赵璇竹	王　京
白　雪	蔡　琦	程鑫斐	李贝贝	李　妍	徐文玥	闫　冉	原明珠	李　萍
秦健辉	宿耀宗	杨露露	姚诚诚	俞佳宁	张彩虹	付　裕	牛瑞昌	张　博
马好运	王智楠	陈奕璇	程鸿燕	郭璐瑶	郭亚歌	郭志芯	王　宽	王奕婷
王娇娇	方　艳	王圣楠	葛平壮	金美林	李婧娜	梁　忙	陶　林	张　琪
郝　彤	毕瀚方	侯乃鹏	谢　宁	冯倩倩	杨可心	张彦利	王贺泽	庄一民
张晓冉	傅　岩	骆　娜	申仲健	王传龙	谢彦娇	杨语嫣	于　耀	张顺芬
赵卿尧	郭子泰	贺　越	李洪洋	王亚品	张丽娜	刘霁瑶	梁　利	于慧敏
赵明明	韩玉萍	程　峰	邱燕华	刘雪婷	于海男	乔连江	施鹏飞	龚成燕
白渊哲	黄东明	李子晨	彭听雨	阮可悦	邵　琪	王　娟	王　俊	吴　瑕
张耀东	李旭欣	耿小玲	翁文莲	夏琦琦	房敬真	何倩倩	李明慧	李为栋
李　岳	唐祎依	仲启鑫	包媛玲	边海桥	崔　露	范前进	黄昕怡	纪玉洁
李火明	宋　洁	王露露	王一涵	王雨龙	严　娅	张记宇	张亚萍	庄艺超
曹志远	高珺馨	韩　玉	刘　翔	刘艳晶	马云云	潘舒心	王欣慧	葛志毅
苏乾隆	杨金平	张晓亮	关俊勇	刘银光	张芝玮	黎洁怡	李家俊	李　显
罗盈滢	李艳萍	乔芊芊	张向阳	范玉洁	史鸿鹏	蒋学乾	刘亚男	杨习江

张家驹 刘燕丹 武丽雯 秦 朗 孙素华 王 磊 杨 珧 陈俊菡 胡明玉
李春雷 刘 航 马 浩 撒 旭 殷丽娟 郭晓真 李 悦 王成卓 岳怡然
刘吉龙 周 超 郭昕竺 曲佳佳 杨玉影 张敬毅 孙经纶 蒋 赟 李元鑫
周 娜 Benito Giovanni Reeberg Margaret Linyerera Shiraku
Jane Sadhna Jagernath Mayuri Varsha Jaggan
Dian Rizki Purba Ashmit Kumar
Belen Aurora Apolo Guarnizo Humphrey Mkumbwa
Dieudonne Mahukpego Dansou Phyo Thithi Swe
Ramdhan Dwinugroho Rutendo Happy Jonga
Theint Thinzar Aung Su Chit Wai
Arnaud Niyomwungere Martin Ndemo Sato
Weldu Tesfagaber Mengisteab Ei Thinzar Soe

三、授予全日制专业学位硕士人员名单（307 人）

潘新怡 周晓鑫 周秀清 车晶晶 范婷婷 李 洋 刘 倩 王凤艳 王广局
杨欣婷 赵国耀 钟英杰 周姵诺 贾雪婷 闫晓晶 杨媛媛 郝雲峰 范 锴
李贤松 梁润芳 吴建禹 杨云飞 耿赛攀 刘丁丁 王华杰 邢玉娴 杨 柳
吕晓彤 赵莹婕 曹建荣 黎洪霞 郑芹芹 蒋 薇 马 猛 张海棠 刘宴弟
蔡珠明 陈肖韩 丁仕豪 董丽丽 龚 俊 焦晨晨 兰兴鸽 李炯颉 李 乐
李敏杰 李荣荣 刘 桐 祁寒松 屈 亮 盛 洁 王丛丛 王鹏飞 王志浩
吴 颖 杨 娟 杨木娇 叶丹丹 张佳琦 张 帅 程六龙 何玉垒 柳 博
沈晓琳 覃潇雅 吴 宪 张玲玲 张永敬 朱书豪 袁鹏翔 沈 啸 葛 菲
梁泽毅 王 芳 陈 晨 凡 媛 何卓琳 贾希希 严 勇 杨 洁 曹钰莹
代国栋 高 瞻 郭丽莹 黄书伦 李贺海 吕照勇 秦洪涛 施 磊 史 晗
王丽娟 王燕萍 王战红 王兆贵 杨 帆 张永娥 陈文涛 刘 宁 韦秀叶
于 跃 段香媛 王全贵 尹令虹 蔡冬梅 宋美洁 肖兴英 边盈盈 陈艳红
冯 震 李憬霖 李秋琳 阮 康 孙梦玺 王文菊 杨冬杰 左志丹 柳瑞冰
徐蔚利 张职显 蒋 展 张 晋 冯新玥 高腾飞 刘 昊 刘佳妮 刘 璐
刘 梦 刘鑫硕 宋丛丛 杨婷婷 朱辉权 冯 烁 李 晶 李路瑶 李 明
马金智 邢佳伊 袁 梦 骆乾亮 吴晨溶 尼鲁帕尔·迪力夏提 彩黎干
陈永朋 关 昕 韩 洋 何 蕾 胡欣然 刘靖文 王菲菲 陈香忆 柳 晔
吴赛赛 李金娟 李 珊 宋占腾 王少雷 王源上 于立明 于文杰 喻 鹤
战俊良 赵楠楠 董校兵 李俊杰 李 旭 李亚林 罗 媛 马青云 彭晓宗
王瑾瑜 于正国 张 贺 赵丽芳 杜彦彦 邢晓语 李婷婷 刘世梦倪
方雅冰 罗 康 张 烁 郭宏元 郭 容 郭双双 胡善明 黄明月 刘 展

吕亚洁	邵 兵	施寒烨	孙大格	姚亚文	张海洋	都 阳	刘润雅	肖湘怡
黄 斌	曹文雪	柴志伟	陈露露	陈 月	高文征	高宇航	李 敏	刘婷婷
潘春阳	赵 青	郑 婧	孙清华	阎昱韬	郝 强	马玲玲	王 硕	许传祥
张安荣	张俊楠	吴 晨	金宇宁	范欢欢	刘超楠	王泽帅	谢留威	李智杰
赵永强	褚继登	何仲秋	孙 滢	杨晓宁	赵泽玉	周 康	陈 信	徐 策
臧 云	李秀琦	柳林青	杨继鑫	安谈洲	李田雨	庞星月	王儒情	许方涛
远月丽	范鹏敏	王玉乾	蔡 冲	马 飞	孙梦嘉	吴邦富	周 鑫	朱航志
代勇华	高雄辉	孙玲玲	王鸿远	杨 清	别航灵	刁卫楠	唐丽颖	王富强
洪影雪	梁智玲	张晓晴	陈 俊	陈 萍	陈萍萍	陈雅琳	付振超	郗宝强
贺 浪	李 泽	梁 瑶	刘海宁	刘雪儿	孟令贺	孟帅帅	石 鑫	王荣群
韦秋合	温 宁	徐超民	杨 雪	殷焱芳	于博驰	张梦迪	黄思琦	程一臣
杜成兴	来桂玉	刘婉宁	宋梦秋	王亚坤	杨晋宇	殷 敏	屠王满措	
陈 欣	高广奇	贾子苗	李 畅	刘阿康	刘云龙	亓 凯	王美娟	温惠文
杨鹏辉	杨子怡	郑宇涵	石晓涵	邢 宝				

四、授予非全日制专业学位硕士人员名单（296人）

孔 杰	杨昌福	张锦锦	孙 磊	张齐全	杜中原	高 铎	韩宏宇	贺婕妤
金宇航	李 森	刘天义	罗润博	马 程	田雅晴	王海龙	王 欢	徐长江
薛翔澜	尹 畅	张晋华	赵静杰	朱亚丽	马佳丽	王波波	王 超	张艳珍
李 晨	鄢海峰	陈克伟	陈林娜	陈雪明	段卫同	范婷婷	高 敏	谷昊容
韩郁茹	胡 月	李东艳	李奕欣	刘本金	刘 靖	刘文宇	栾 天	罗 丹
马官芹	宋祖晨	苏世博	王文静	文莉莉	杨时鳗	张 丽	张涛清	赵键龙
赵 静	朱金鲁	董明明	郝培桐	何 源	吉萍萍	李仲瀚	王贵云	王亚露
王智巧	吴梦莉	武晓娟	于广泉	张丹阳	陈 云	韩 梅	耿 响	侯 谦
李爱欣	李 敏	刘 丹	刘 乐	刘振东	谭书敏	谭阳春	王连顺	伍春平
张大俊	张海生	张 昆	张 璐	张 鑫	周华倩	朱国强	扶雅芬	李 铮
马永红	饶 晶	尹 明	游宗毅	谭 静	王宇豪	温小琳	张广硕	宋梓豪
安 杰	李昕阳	马常凯	陈宇楠	皇甫宁博		安 庆	陈 丽	丁晓倩
郭 建	胡斐斐	户重雪	雷彤彤	李 昂	李奕霏	刘崇歆	马有川	唐甜甜
王璐瑶	王中磊	魏起超	张业军	周童童	卞含笑	崔宇菲	寇馨月	李柠君
李 威	马俊杰	苏倩倩	唐占明	王 铎	王珂依	王艺皓	王 悦	于梦瀛
张汉超	康晨茜	李宝石	赵爱萍	王淑彬	刘 浩	郭丽丽	姚真真	翟如燕
边立丽	陈 露	陈 杨	丁维婷	范凯凯	谷慧芳	李 宁	李文瑾	练金山
吕继龙	马 龙	邵玮玮	陶冬雪	王 萌	徐用兵	喻科凡	张 帅	张怡彬
张 英	程 锐	严毅博	朱晓琳	冯新新	徐瑞阳	鲁洪威	王 环	张宗芳

钟　心　程晓蕾　蔡　硕　曹云雷　付义凯　傅欣玲　郭庆红　何晓花　李　威
刘　博　刘　飞　刘志艺　牛朋飞　潘如意　任雨琪　闫婉婉　岳永程　张佳男
张　宽　赵亚楠　周珂珂　侯清华　谢晓宇　陈子康　郑　末　孙廷珍　陈海旭
黄静静　李文科　卢甜甜　平星星　史玉滋　田毫杰　仝　娜　王瀚祥　王洪乾
张爱爱　张晨光　张盖天　张静亚　李晓菁　王　克　吴明月　胡　娟　刘　静
吴雨珊　尹　宝　郑振华　鲁海坤　刘　博　史婉婉　田雪琪　李功博　李秀春
刘少华　吴晓颖　肖　钰　熊　涛　梁　静　刘勇昌　曲潇玲　徐　翔　李　娜
李亚琪　梁军伟　管文杰　张　欢　巢成生　孙胜男　荆　丹　刘　铭　卢　倩
宋　超　陈豆豆　孟君仁　张永杰　白二俊　陈　歌　陈俊杰　黄松涛　李　飞
彭立存　阮少键　苏杰天　孙佩瑶　吴乾美　夏小双　闫多子　张　凡　赵真真
朱艳娟　鲍　婷　邓雪梅　董俊杰　龚　柯　郭　雯　贺金立　黎慧娟　马梦慧
田　彪　王慧杰　王军可　王中豪　闻　锐　吴先美　杨莹莹　赵海涵　唐彬芳
潘九月　张　岩　黄义文　李金龙　刘陶然　宋　玥　孙明月　王佰翠　王翠利
王　娟　王晓楠　邢欣欣　银学波　翟　雷　张肖逢　赵婷婷　甄彩鑫　邓　东

五、授予同等学力硕士学位人员名单（1 人）

王　娜

六、授予在职攻读专业学位硕士人员名单（15 人）

高　鋆　郝夏莉　肖　敏　蔡寿涛　刘　蜜　王　林　童　伟　王　冬　帅志强
孙　陶　王洪丽　吴学坤　朱美慧　路　璐　阿塔吾拉·铁木尔

关于授予段丽芳等 88 人博士学位、符浩东等 14 人硕士学位的决定

院属各研究生培养单位：

中国农业科学院第十届学位评定委员会第二次会议于 2021 年 12 月 30 日召开，根据《中国农业科学院学位授予工作实施细则》的规定，决定授予段丽芳等 88 人博士学位（含留学生 33 人）；授予符浩东等 14 人硕士学位，其中，全日制学术学位硕士 6 人（含留学生 3 人），全日制专业学位硕士 2 人，非全日制专业学位硕士 5 人，同等学力硕士 1 人，授予学位日期为 2021 年 12 月 30 日。具体名单见附件。

附件：中国农业科学院 2021 年冬季授予学位人员名单

中国农业科学院学位评定委员会

2021 年 12 月 30 日

附件

中国农业科学院 2021 年冬季授予学位人员名单

一、授予博士学位人员名单（88 人）

段丽芳　蔡九茂　夏　晨　董纯豪　王　芳　姜　骁　洪　凯　王春凯　闫百蔷
李向阳　赵　华　谢李楠　董慧雪　耿庆河　朱陈利　吕明杰　石　磊　陈鹏云
唐立群　李威涛　郭新磊　王晓甜　魏晓璇　沈仕洲　龚　攀　刘金萍　郭倩倩
王素艳　曲志远　张　瑞　黄莹莹　王忠宇　周成波　李　双　曹永润　卞士权
鹿京华　戚瑞敏　范玲玲　申　格　董婉莹　王丹丹　邓炎春　鲍　坤　景朝阳
李婷婷　王娜娜　王　涛　王同云　杨　亲　郭世娟　王　晶　魏　昊　许贝贝
薛鹏飞　Mohamed Ali Ahmed Shalapy　Fahad Ali
Abdul Wahaab　Riaz Muhammad Khan
Amatus Gyilbag　Yu Tamura
Marie Gorette Kampire　Muhammad Imran Safder
Muhammad Shahbaz Farooq　Ashok Biswas
Tesfay Hagos Haile　Kingsley Ochar
Muhammad Fahad Sardar　Kifle Gebreegziabiher Gebretsadik
Shadrack Isaboke Makori　Muhammad Muzammal Aslam
Javaria Tabassum　Shahid Mehmood
Raufa Batool　Su Mon Shwe
Mekonnen Daba Habtemariam　Ibraheem Olamide Olasupo
Md Shariful Islam　Faiz Ur Rahman
Teame Gereziher Mehari　Mukesh Kumar
Sani Ibrahim　Ebenezer Ola Falade
Mekonnen Tilahun Meselu　Adama Traore
Samy Abdelaziz Elnady Elsaadawy　Abdul Raheem
Abdul Razzaq

二、授予全日制学术学位硕士人员名单（6 人）

符浩东　曹　浩　安昭丽　Mouhamed Fall
Jefferson Gonlayen Degon　Ratna Nurmalita Sari

三、授予全日制专业学位硕士人员名单（2人）

赵馨馨　熊　铃

四、授予非全日制专业学位硕士人员名单（5人）

李紫薇　侯巍巍　苗少华　安　全　王秋霖

五、授予同等学力硕士学位人员名单（1人）

孙丹丹

关于准予张锋等 1 362 名研究生 2021 年夏季毕业的决定

院属各研究生培养单位：

根据《中国农业科学院研究生院学生管理规定》（2017 年 7 月修订）第四十一条“学生在学校规定最长学习年限内，修完培养计划规定内容，成绩合格，德、智、体、美达到毕业要求，完成毕业论文且通过答辩者，准予毕业，学校发给毕业证书”的规定，2021 年 7 月 1 日研究生院召开院长办公会议，对我院 36 个研究生培养单位的 1 362 名研究生进行了毕业资格审查。经会议审议，张锋等 302 名博士研究生具备博士毕业资格，其中，具有中国国籍的博士研究生 236 人，来华留学博士研究生 66 人，准予毕业，颁发博士研究生毕业证书；田辉等 1 060名硕士研究生具备硕士毕业资格，其中，具有中国国籍的硕士研究生1 038人，来华留学硕士研究生 22 人，准予毕业，颁发硕士研究生毕业证书。毕业时间为 2021 年 6 月 30 日（国内联合培养博士研究生毕业时间以联培高校为准）。

附件：中国农业科学院研究生院 2021 年夏季毕业生名单

中国农业科学院研究生院

2021 年 7 月 2 日

附件

中国农业科学院研究生院 2021 年夏季毕业生名单

一、授予博士学位人员名单（302 人）

张 锋	伊晓云	李 伟	刘 峙	童丹丹	吴 培	胡尊瑞	王雄雅	徐广春
张 昊	张鹏程	袁会兰	淳 雁	姜 骁	闫百蕾	王瑞国	许培磊	张晓佳
赵艳玲	郑 娜	赵立萍	张 红	刘凯强	韩 兴	刘华淼	林 俊	马全英
郝荣增	李 楠	王倩倩	纪 磊	吴焕焕	李淑艳	张 蒙	郭 健	何冠华
董 虎	侯潞丹	贾美玲	王 开	邓 晨	李妍妍	张平贤	魏 雪	吕明杰
华玲玲	孙仁华	张 蕾	李青梅	白乌云	李欢欢	李璐璐	石 磊	唐立群
鲁菲菲	吕 婧	王 骁	徐小轻	肖志明	孙丹丹	刘宇宁	涂行浩	王 凤
王教领	贺飞燕	武语笛	许愿超	何国仁	武红亮	独文惠	丁 蕾	范学锋
龚 攀	张 璐	刘明浩	俞咪娜	王美玲	吕斌娜	彭新红	岳静伟	李 欣
王 建	吴永保	周 莹	高胜涛	苏 龙	郭倩倩	曹智刚	管 祥	许榜丰
陈 芸	汪孟航	王素艳	焉 鑫	毕彩鸿	崔莹莹	季朝阳	曲志远	李 志
宫晓华	李莎莎	张向乐	王晓星	吴 圣	张瑞涛	杜庆国	崔青青	韩天富
李 塑	闫大琦	阎维巍	王振花	彭争科	何莉梅	徐 磊	李彦品	曹素梅
苏传友	李 爽	李志永	李光彦	栗战帅	牛小军	丁体玉	袁平丽	刘世超
温云杰	孙菲菲	王攀林	刘 娜	谨 瑾	冯亚言	张 会	李晶莹	王振龙
田 林	闫君宇	赵 胜	陈虹燕	刘航玮	邱美娟	张雅婷	马欢欢	钱浩宇
田秀苓	张晶晶	姜洪真	李志远	孙晋浩	孙明铭	王 奇	安怡昕	牛 娟
马 俊	谭冬飞	王济世	王昕璐	盈 盈	王 昊	姚 婷	徐淑玲	曲正义
郭 瑞	梁 单	蔡 旭	刘小萍	鹿京华	肖志亮	岳丽昕	汤丹丹	曹雨薇
任凤玲	王雅乐	赵 萌	常单娜	黄少辉	董又铭	袁 凯	李 丽	刘丽媛
王晓琦	陈雅洁	崔 凯	姜朵朵	许春丽	于海燕	申晓娜	田镇齐	李 霜
张夏瑄	常天鹏	石 雷	史良玉	王 杰	夏 青	熊 琳	赵洪昌	陈 沛
冯 嘉	王卫卫	吴正可	刘国庆	祁丹丹	赵晓蒙	张然然	张振东	包旦奇
陈晓勇	任晓梅	王 欢	张玉娇	景朝阳	李婷婷	孟 飞	尹 馨	康 棣
张 娜	李 硕	乌尼图	黄显雷	张康洁	韩成吉	袁俊林	曹景军	冯 欣
罗 慧	李 娇	李鹏程	马红坤	叶 璐	祁伟彦	靳丁沙	王志涛	张 贺
徐乾坤	张亚真	Muhammad Ahmed Waqas						

Umar Akram　　Md Mostofa Uddin Helal

Siffat Ullah Khan　　Ayeaye Myat

Yeeyee Myint
Md Arifur Rahaman
Muhammad Askari
Md Shafiqul Islam
Waqar Afzal Malik
Marie Gorette Kampire
Sahibzada Waheed Abdullah
Joram Kiriga Waititu
Md Jamal Uddin
Hafiz Abdul Haseeb
S M Shamim Ahmed Tuhin
Ali Kamran
Shakeel Ahmad
Shiva Parsiaaref
Muhammad Abid
Kimberly Ponce
Sundas Saher Mehmood
Sk Mohiuddin Choudhury
Imran Khan
Hussam Askar Mohamedmohamed Hamad
Saqib Rahman
Francis Nosakhare Imade
Tahir Mahmood
Krishna Poudel
Tsegay Teame Gidey
Salisu Bello Sadau
Md Shahariar Jaman
Abdoul Magid Abdoulsalam Issiaka
Christian Kofi Anthonio
Marcia Beatriz Moya Fernandez
Nazia Tahir
Amatus Gyilbag
Gebremedhin G/Selassie Hidaru
Muhammad Sajjad
Sehrish Sarfraz
Fida Hussain
Gokul Uttamgir Gosavi
Komikouma Apelike Wobuibe Neglo
Irum Raza
Abdoulaye Amadou
Nguyen Doan Phuong
Enoch Sapey
Jalil Ahmad
Pallab Bhattacharjee
Naimatullah
Swapan Chakrabarty
Salah Uddin Ahmad
Sulaiman Abdulsalam
Ali Raza
Nazia Baloch
Samina Shabbir
Ildephonse Habinshuti
Raja Asad Ali Khan
Mahmuda Binte Monsur
George Stephen Mgendi
Joy Nyangasi Kirungu
Eddy Hope Kabasele Bambe
Imane Lamraoui
Mohamed Omar Mohamed Hussein Kaseb
Muhammad Bilal
Mohamed Shafey Abdelwahed Moustafa Elsharkawy

二、授予硕士学位人员名单（1 060 人）

田　辉　张　茜　祁延萍　黄　斌　杨云飞　黄思琦　张　岩　孙廷珍　冯倩倩
程晓蕾　庞静漪　王子欣　杨荣全　胡姿仪　王　星　高晓丹　王　胜　高如雨

邱雪萌　李　丹　郜明强　王　晨　魏治贤　胡玉梅　罗金满　陶　姝　屠琪超
王好让　王小璐　杨　谨　张侯达　张丽雅　张玥玮　赵梦洁　朱梦圆　韩卉卉
李　婷　沈文鸾　王凯凯　庞　雨　杜丹瑶　杜卓颖　黄　赳　李树磊　李宇翔
李泽宇　李　震　李梓萱　吕　迪　阮洪强　石慧萍　孙志康　王立华　王　娜
辛志奇　徐玉俊　袁钰涵　张道磊　郑子繁　周　琴　周　宇　许国顺　赵明明
符浩东　江亦然　李伟勋　张浩雯　褚　钰　刘林强　王延甲　张洪文　高馨悦
张　俊　刘盼婷　张　卡　张英杰　单丹婷　高　倩　李梦瑶　钱　坤　蔡育蓉
常芳弟　雷豪杰　王国丽　王　杰　张　宇　马立晓　郓玲玲　蔡泽宇　高文硕
纪龙龙　焦雨轩　卢鑫羽　申海洋　申梦伟　杨　猛　南　风　郭祥雨　孙嘉星
曹振玺　陈津赛　雷　媛　谢　静　余　轩　杜思琦　谷少委　李宝贵　李松旌
莫　宇　杨玉辉　路军灵　邵明杰　雷小琴　王　丽　常兴平　李　可　潘　政
张盛楠　霍明珠　赵刘清　蒋小妹　连天境　宋建超　李丹妮　唐艺玮　颜　青
陶雪莹　唐宇轩　黄　英　冯格格　潘烨灿　王北南　王天彩　王彦云　岳　宁
高雅鑫　姜小燕　刘婷玉　邱　阳　肖天真　张漫莉　李露露　王静帆　魏汝君
闫　颖　岳　颖　张　星　李　丹　杨　韬　汪文花　王　旭　房孟颖　李春情
阮俊梅　王晓丹　黄　秀　吴俊男　梁　栋　仙立国　张　娟　王　鹏　韩璐璐
怀园园　金　鑫　刘萃鹤　倪忠秋　秦　阳　陈柏志　李　弈　杨　芮　蒋艺飞
石育钦　张　毅　赵改会　王东飞　黄平亮　江　敏　康艺维　刘　畅　郭鹏诚
牛文利　王琰琰　严　冬　冀　婧　王晨瑜　范亚朋　裴欣欣　张媛媛　石亚亮
胡风越　杨　雪　海　楠　盛晓婧　刘雨露　张　宇　李红钰　李　渊　赵海悦
钱佳奇　张晶晶　赵倩倩　何闪闪　李　也　张双双　高春燕　李彩霞　刘　菊
刘岩岩　马文文　马小超　任文静　孙　笑　杨　沛　张令奎　张琦琦　章　力
武隆楷　庄团结　陈　瑶　冯　霞　毛　鹏　钱因红　李梦菡　姜长岭　李如意
林家正　毛雅琳　余　焕　梁亚博　慈惠婷　甘　颖　宋　蒙　李　鑫　宋　佳
赵　婧　李丽娟　韩贝贝　姚云柯　晁亚茹　王惠君　张雨函　白重九　丁伟丽
颜祥照　李方杰　梁晨欣　沈　洁　张　影　刘　洋　赵昱榕　蔡馥宇　陈　琳
邓　琪　杜　敏　冯润滋　江　如　姜　洁　石　雪　王敬文　王　敏　徐子妍
许铜硕　赵　霞　邢　云　田淑萍　王奥霖　房　良　向　超　杨丽娟　郝士鋆
梁晓艳　方冬珍　王聪聪　解　屹　罗健达　刘亚磊　赵璇竹　王　京　白　雪
蔡　琦　程鑫斐　李贝贝　李　妍　徐文玥　闫　冉　原明珠　李　萍　秦健辉
宿耀宗　杨露露　姚诚诚　俞佳宁　张彩虹　付　裕　牛瑞昌　张　博　马好运
王智楠　陈奕璇　程鸿燕　郭璐瑶　郭亚歌　郭志芯　王　宽　王奕婷　王娇娇
方　艳　王圣楠　葛平壮　金美林　李婧娜　梁　忙　陶　林　张　琪　郝　彤
毕瀚方　侯乃鹏　谢　宁　冯倩倩　杨可心　张彦利　王贺泽　庄一民　张晓冉
傅　岩　骆　娜　申仲健　王传龙　谢彦娇　杨语嫣　于　耀　张顺芬　赵卿尧
郭子泰　贺　越　李洪洋　王亚品　张丽娜　刘霁瑶　梁　利　于慧敏　赵明明

韩玉萍　程　峰　邱燕华　刘雪婷　于海男　乔连江　施鹏飞　龚成燕　白渊哲
黄东明　李子晨　彭听雨　阮可悦　邵　琪　王　娟　王　俊　吴　瑕　张耀东
李旭欣　耿小玲　翁文莲　夏琦琦　房敬真　何倩倩　李明慧　李为栋　李　岳
唐祎依　仲启鑫　包媛玲　边海桥　崔　露　范前进　黄昕怡　纪玉洁　李火明
宋　洁　王露露　王一涵　王雨龙　严　娅　张记宇　张亚萍　庄艺超　曹志远
高珺馨　韩　玉　刘　翔　刘艳晶　马云云　潘舒心　王欣慧　葛志毅　苏乾隆
杨金平　张晓亮　关俊勇　刘银光　张芝玮　黎洁怡　李家俊　李　显　罗盈滢
李艳萍　乔芊芊　张向阳　范玉洁　史鸿鹏　蒋学乾　刘亚男　杨习江　张家驹
刘燕丹　武丽雯　秦　朗　孙素华　王　磊　杨　珧　陈俊蒿　胡明玉　李春雷
刘　航　马　浩　撒　旭　殷丽娟　郭晓真　李　悦　王成卓　岳怡然　刘吉龙
周　超　郭昕竺　曲佳佳　杨玉影　张敬毅　孙经纶　蒋　赟　李元鑫　周　娜
陈　欣　高广奇　贾子苗　李　畅　刘阿康　刘云龙　亓　凯　王美娟　温惠文
杨鹏辉　杨子怡　郑宇涵　曹文雪　柴志伟　陈露露　陈　月　高文征　高宇航
李　敏　刘婷婷　潘春阳　赵　青　郑　婧　潘新怡　周晓鑫　别航灵　刁卫楠
唐丽颖　王富强　边盈盈　陈艳红　冯　震　李憬霖　李秋琳　阮　康　孙梦玺
王文菊　杨冬杰　左志丹　安谈洲　李田雨　庞星月　王儒倩　许方涛　远月丽
陈文涛　刘　宁　韦秀叶　于　跃　程一臣　杜成兴　来桂玉　刘婉宁　宋梦秋
王亚坤　杨晋宇　殷　敏　耿赛攀　刘丁丁　王华杰　邢玉娴　杨　柳　褚继登
何仲秋　孙　滢　杨晓宁　赵泽玉　周　康　吴　晨　金宇宁　张海棠　范　锴
李贤松　梁润芳　吴建禹　蒋　薇　马　猛　石晓涵　董校兵　李俊杰　李　旭
李亚林　罗　媛　马青云　彭晓宗　王瑾瑜　于正国　张　贺　赵丽芳　冯　烁
李　晶　李路瑶　李　明　马金智　邢佳伊　袁　梦　孙清华　阎昱韬　陈　俊
陈　萍　陈萍萍　陈雅琳　付振超　郝宝强　贺　浪　李　泽　梁　瑶　刘海宁
刘雪儿　孟令贺　孟帅帅　石　鑫　王荣群　韦秋合　温　宁　徐超民　杨　雪
殷淼芳　于博驰　张梦迪　程六龙　何玉垒　柳　博　沈晓琳　覃潇雅　吴　宪
张玲玲　张永敬　朱书豪　洪影雪　梁智玲　柳瑞冰　徐蔚利　张职显　范鹏敏
王玉乾　吕晓彤　赵莹婕　代勇华　高雄辉　孙玲玲　王鸿远　杨　清　陈　信
徐　策　臧　云　刘宴弟　郝　强　马玲玲　王　硕　许传祥　张安荣　张俊楠
周秀清　车晶晶　范婷婷　李　洋　刘　倩　王凤艳　王广局　杨欣婷　赵国耀
钟英杰　周姵诺　段香媛　王全贵　尹令虹　袁鹏翔　范欢欢　刘超楠　王泽帅
谢留威　葛　菲　梁泽毅　邢　宝　李金娟　李　珊　宋占腾　王少雷　王源上
于立明　于文杰　喻　鹤　战俊良　赵楠楠　贾雪婷　闫晓晶　杨媛媛　冯新玥
高腾飞　刘　昊　刘佳妮　刘　璐　刘　梦　刘鑫硕　宋丛丛　杨婷婷　朱辉权
蔡冬梅　宋美洁　肖兴英　张晓晴　蔡　冲　马　飞　孙梦嘉　吴邦富　周　鑫
朱航志　屠王满措　曹建荣　黎洪霞　郑芹芹　李秀琦　柳林青　杨继鑫
王　芳　都　阳　沈　啸　杜彦彦　邢晓语　骆乾亮　吴晨溶　蒋　展　张　晋

李婷婷　刘世梦倪　尼鲁帕尔·迪力夏提　陈香忆　柳晔　吴赛赛
刘润雅　肖湘怡　方雅冰　罗康　张烁　彩黎干　陈永朋　关昕　韩洋
何蕾　胡欣然　刘靖文　王菲菲　郝雲峰　李智杰　赵永强　郭宏元　郭容
郭双双　胡善明　黄明月　刘展　吕亚洁　邵兵　施寒烨　孙大格　姚亚文
张海洋　蔡珠明　陈肖韩　丁仕豪　董丽丽　龚俊　焦晨晨　兰兴鸽　李炯颉
李乐　李敏杰　李荣荣　刘桐　祁寒松　屈亮　盛洁　王丛丛　王鹏飞
王志浩　吴颖　杨娟　杨木娇　叶丹丹　张佳琦　张帅　曹钰莹　代国栋
高瞻　郭丽莹　黄书伦　李贺海　吕照勇　秦洪涛　施磊　史晗　王丽娟
王燕萍　王战红　王兆贵　杨帆　张永娥　陈晨　凡媛　何卓琳　贾希希
严勇　杨洁　黄义文　李金龙　刘陶然　宋玥　孙明月　王佰翠　王翠利
王娟　王晓楠　邢欣欣　银学波　翟雷　张肖逢　赵婷婷　甄彩鑫　陈海旭
黄静静　李文科　卢甜甜　平星星　史玉滋　田毫杰　仝娜　王瀚祥　王洪乾
张爱爱　张晨光　张盖天　张静亚　孔杰　杨昌福　张锦锦　陈豆豆　孟君仁
张永杰　安杰　李昕阳　马常凯　管文杰　张欢　扶雅芬　李铮　马永红
饶晶　尹明　游宗毅　鲍婷　邓雪梅　董俊杰　龚柯　郭雯　贺金立
黎慧娟　马梦慧　田彪　王慧杰　王军可　王中豪　闻锐　吴先美　杨莹莹
赵海涵　李功博　李秀春　刘少华　吴晓颖　肖钰　熊涛　鲁海坤　王波波
王超　张艳珍　邓东　边立丽　陈露　陈杨　丁维婷　范凯凯　谷慧芳
李宁　李文瑾　练金山　吕继龙　马龙　邵玮玮　陶冬雪　王萌　徐用兵
喻科凡　张帅　张怡彬　张英　卞含笑　崔宇菲　寇馨月　李柠君　李威
马俊杰　苏倩倩　唐占明　王铎　王珂依　王艺皓　王悦　于梦瀛　张汉超
李晓菁　王克　吴明月　陈歌　陈俊杰　黄松涛　李飞　彭立存　阮少键
苏杰天　孙佩瑶　吴乾美　夏小双　闫多子　张凡　赵真真　朱艳娟　董明明
郝培桐　何源　吉萍萍　李仲瀚　王贵云　王亚露　王智巧　吴梦莉　武晓娟
于广泉　张丹阳　白二俊　陈宇楠　皇甫宁博　巢成生　孙胜男　唐彬芳
刘铭　卢倩　宋超　梁静　刘勇昌　曲潇玲　徐翔　李晨　鄢海峰
胡娟　刘静　孙磊　吴雨珊　尹宝　张齐全　郑振华　杜中原　高铎
韩宏宇　贺婕妤　金宇航　李森　刘天义　罗润博　马程　田雅晴　王海龙
王欢　徐长江　薛翔澜　尹畅　张晋华　谭静　王宇豪　温小琳　张广硕
陈云　刘博　史婉婉　田雪琪　韩梅　郭丽丽　姚真真　翟如燕　安庆
陈丽　丁晓倩　郭建　胡斐斐　户重雪　雷彤彤　李昂　李奕霏　刘崇歆
马有川　唐甜甜　王璐瑶　王中磊　魏起超　张业军　周童童　宋梓豪　荆丹
潘九月　马佳丽　李娜　李亚琪　梁军伟　侯清华　谢晓宇　程锐　严毅博
朱晓琳　康晨茜　李宝石　赵爱萍　冯新新　徐瑞阳　刘浩　鲁洪威　王环
张宗芳　钟心　王淑彬　陈子康　郑末　赵静杰　朱亚丽　蔡硕　曹云雷
付义凯　傅欣玲　郭庆红　何晓花　李威　刘博　刘飞　刘志艺　牛朋飞

潘如意	任雨琪	闫婉婉	岳永程	张佳男	张　宽	赵亚楠	周珂珂	陈克伟
陈林娜	陈雪明	段卫同	范婷婷	高　敏	谷昊容	韩郁茹	胡　月	李东艳
李奕欣	刘本金	刘　靖	刘文宇	栾　天	罗　丹	马官芹	宋祖晨	苏世博
王文静	文莉莉	杨时鳗	张　丽	张涛清	赵键龙	赵　静	朱金鲁	侯　谦
李爱欣	李　敏	刘　丹	刘　乐	刘振东	谭书敏	谭阳春	王连顺	伍春平
张大俊	张海生	张　昆	张　璐	张　鑫	周华倩	朱国强	耿　响	

Benito Giovanni Reeberg
Jane Sadhna Jagernath
Edgar Mugizi Ankwasa
Mouhamed Fall
Belen Aurora Apolo Guarnizo
Humphrey Mkumbwa
Phyo Thithi Swe
Ratna Nurmalita Sari
Theint Thinzar Aung
Arnaud Niyomwungere
Weldu Tesfagaber Mengisteab
Margaret Linyerera Shiraku
Mayuri Varsha Jaggan
Dian Rizki Purba
Ashmit Kumar
Jefferson Gonlayen Degon
Dieudonne Mahukpego Dansou
Ramdhan Dwi Nugroho
Rutendo Happy Jonga
Su Chit Wai
Martin Ndemo Sato
Ei Thinzar Soe

关于表彰中国农业科学院2020年度研究生管理工作先进集体和先进个人的决定

院属各研究生培养单位：

按照《关于评选中国农业科学院2020年度研究生管理工作先进集体和先进个人的通知》（农科研生〔2021〕14号）文件精神，在各研究生培养单位申报的基础上，根据《中国农业科学院研究生院研究生管理工作先进集体和先进个人评选办法》（农科研生〔2021〕12号），并结合2020年度中国农业科学院各研究所研究生教育指标体系考核评价结果，经研究生院2021年3月24日党委会研究决定，表彰北京畜牧兽医研究所等10个研究所为2020年度研究生管理工作先进集体（附件1）；表彰王皓宇等28位同志为2020年度研究生管理工作先进个人（附件2）；授予在研究生管理工作岗位工作10年以上的孙逸钊、姜昊和王艳3位同志研究生管理工作特别荣誉奖。

附件：1. 中国农业科学院2020年度研究生管理工作先进集体名单
　　　2. 中国农业科学院2020年度研究生管理工作先进个人名单

中国农业科学院研究生院
2021年3月26日

附件 1

中国农业科学院 2020 年度
研究生管理工作先进集体名单

北京畜牧兽医研究所
哈尔滨兽医研究所
农产品加工研究所
烟草研究所
蜜蜂研究所
郑州果树研究所
农业资源与农业区划研究所
饲料研究所
农业质量标准与检测技术研究所
中国水稻研究所

附件 2

中国农业科学院 2020 年度
研究生管理工作先进个人名单

王皓宇　北京畜牧兽医研究所
高友兰　哈尔滨兽医研究所
孙婧嫒　烟草研究所
杨　磊　蜜蜂研究所
罗淑萍　植物保护研究所
徐倩倩　郑州果树研究所
姜　昊　农业资源与农业区划研究所
吴万灵　饲料研究所
戚亚梅　农业质量标准与检测技术研究所
华　玉　中国水稻研究所
彭慧珍　农业环境与可持续发展研究所
顾惠明　上海兽医研究所
张　娟　兰州兽医研究所
袁　嫒　棉花研究所
周　磊　兰州畜牧与兽药研究所
周其文　环境保护科研监测所
孟　培　作物科学研究所
李小杰　农业基因组研究所
孙逸钊　茶叶研究所
霍伶艳　蔬菜花卉研究所
王　艳　农业经济与发展研究所
许怡然　农业信息研究所
吕　拓　麻类研究所
邱　坤　沼气科学研究所
彭　睿　油料作物研究所
张　萌　南京农业机械化研究所
陈　曦　特产研究所
刘益民　兽医学院

关于表彰 2020—2021 学年教学名师的决定

院属各研究生培养单位：

为加强我院教师队伍建设，提高教学质量，表彰在我院教学工作中做出突出成绩的优秀教师，进一步发挥优秀教师的表率作用，按照《中国农业科学院关于深化研究生教育改革的若干意见》（农科研生〔2012〕103 号）的精神，根据课程教学质量评估结果和教师履行聘用协议情况，经研究决定，授予张礼生等 12 名教师 2020—2021 学年“教学名师”称号，颁发荣誉证书，并按照《中国农业科学院研究生院兼职教师教学津贴暂行规定》（农科研生〔2013〕132 号）给予奖励，以资鼓励。

希望全院教师以他们为榜样，深入开展教学改革，坚持立德树人，全面提高研究生教学质量，为培养“一懂两爱”的高层次创新型、应用型、复合型、国际型农业科技人才作出更大的贡献。

附件：2020—2021 学年教学名师名单

中国农业科学院研究生院

2021 年 9 月 6 日

附件

2020—2021学年教学名师名单

序号	授课教师	职称	工作单位	主讲课程	教师最高评估得分	讲授学时
1	张礼生	研究员	植物保护研究所	昆虫生理学	100.00	34学时
2	诸叶平	研究员	农业信息研究所	农业信息技术概论	100.00	36学时
3	罗静初	教授	北京大学	实用生物信息技术	99.62	254学时
4	鲁显生	教授	军事医学科学院	硕士生英语	99.26	120学时
5	蔡典雄	研究员	农业资源与农业区划研究所	土壤物理学、现代土壤耕作学	99.22	96学时
6	王孟卿	副研究员	植物保护研究所	昆虫分类学	98.93	24学时
7	张勤	教授	中国农业大学	数量遗传学（动物）	98.91	36学时
8	闫艳春	教授	研究生院	分子生物学、硕士生专业外语（生物类）	98.64	86学时
9	杨正礼	研究员	农业环境与可持续发展研究所	高级农业生态学	98.51	28学时
10	辛凤姣	研究员	农产品加工研究所	食品营养组学与生物制造	98.32	27学时
11	胡英考	教授	首都师范大学	细胞遗传学	98.08	52学时
12	陈世宝	研究员	农业资源与农业区划研究所	环境化学、农产品安全生产技术与应用	98.00	48学时

关于表彰 2020—2021 学年优秀教师的决定

院属各研究生培养单位：

为加强我院教师队伍建设，提高研究生课程教学质量和水平，表彰爱岗敬业、为人师表、无私奉献的专（兼）职教师，按照《中国农业科学院研究生院优秀教师评选及奖励办法》（农科研生〔2008〕16 号）的规定，根据教学质量评估情况，经 2021 年第 33 次院长办公会议研究决定，授予孙忠富等 74 名教师 2020—2021 学年“优秀教师”称号，颁发荣誉证书，以资鼓励。

附件：2020—2021 学年优秀教师名单

中国农业科学院研究生院

2021 年 10 月 8 日

附件

2020—2021学年优秀教师名单

序号	授课教师	职称	工作单位	主讲课程
1	孙忠富	研究员	农业环境与可持续发展研究所	生物环境测试与控制技术
2	王海胜	研究员	研究生院	发酵工程、微生物代谢与调控
3	肖阳	研究员	研究生院	应用数理统计、运筹学、应用多元统计分析
4	郑大玮	教授	中国农业大学	高级生物气象学
5	陈秧分	研究员	农业经济与发展研究所	现代农业创新与乡村振兴战略
6	崔海信	研究员	农业环境与可持续发展研究所	纳米生物技术概论
7	孙景生	研究员	农田灌溉研究所	灌溉原理与技术
8	张学福	研究员	农业信息研究所	图书情报学理论与方法、图书情报行业发展前沿
9	李向林	研究员	北京畜牧兽医研究所	放牧管理学
10	武雪萍	研究员	农业资源与农业区划研究所	农业水资源利用学
11	鲜国建	研究员	农业信息研究所	数据库原理与应用、图书情报行业发展前沿
12	李久生	研究员	中国水利水电科学研究院	灌溉原理与技术
13	罗其友	研究员	农业资源与农业区划研究所	农业区域发展专题
14	贾伟	研究员	农业经济与发展研究所	现代农业创新与乡村振兴战略

（续表）

序号	授课教师	职称	工作单位	主讲课程
15	王桦	副研究员	研究生院	硕士生英语
16	吴升扣	副教授	中国人民大学	健身运动
17	高洪文	研究员	北京畜牧兽医研究所	草地资源学
18	明军	研究员	蔬菜花卉研究所	高级观赏植物育种学
19	卢鹿	研究员	研究生院	硕士生英语、博士生英语
20	宋建农	教授	中国农业大学	高等农业机械学
21	贾文学	讲师	中国矿业大学（北京）	硕士生英语
22	齐孟文	副教授	中国农业大学	同位素示踪技术
23	陈雨松	副教授	中央财经大学	硕士生英语、博士生英语
24	赵福平	研究员	北京畜牧兽医研究所	高级动物育种学
25	王铁利	教授	中国社会科学院	博士生英语
26	赵铁洁	副研究员	研究生院	硕士生英语
27	王明利	研究员	农业经济与发展研究所	产业经济学
28	方放	副研究员	研究生院	中国传统书画鉴赏与实践
29	周忠实	研究员	植物保护研究所	昆虫生态学、农业资源及有害生物调查与评价
30	李少昆	研究员	作物科学研究所	作物栽培学与耕作学专题
31	赵百锁	研究员	研究生院	分子微生物学实验理论与操作技术、环境微生物学
32	吕加平	研究员	农产品加工研究所	食品微生物学
33	刘禹	讲师	中国社会科学院	博士生英语、硕士生英语

（续表）

序号	授课教师	职称	工作单位	主讲课程
34	庄家煜	副研究员	农业信息研究所	农业信息分析学
35	张佳一	讲师	北京师范大学	硕士生英语
36	程瑞锋	研究员	农业环境与可持续发展研究所	农业工程与信息技术案例
37	蒋建科	高级记者	人民日报社	农业科技新闻写作
38	毛晓霞	研究员	研究生院	硕士生英语、博士生英语
39	郑行	教授	中国农业大学	高级动物生殖生理学
40	徐凌洋	研究员	北京畜牧兽医研究所	高级动物育种学
41	徐玉泉	研究员	生物技术研究所	微生物学专题
42	李聪	研究员	北京畜牧兽医研究所	牧草、草坪草育种学
43	许雷	研究员	研究生院	生物化学实验理论与操作技术
44	许世卫	研究员	农业信息研究所	农业信息分析学
45	刘敏娟	副研究员	农业信息研究所	信息资源建设、信息组织
46	李菊梅	研究员	农业资源与农业区划研究所	土壤学研究进展
47	张学杰	副研究员	蔬菜花卉研究所	农产品贮藏专题
48	董丰收	研究员	植物保护研究所	农药残留与毒理学
49	戎晓燕	讲师	首都师范大学	硕士生英语
50	柴秀娟	研究员	农业信息研究所	多媒体与虚拟农业技术
51	高会江	研究员	北京畜牧兽医研究所	高级动物育种学
52	冀文涛	副教授	北京经济管理学院	硕士生英语
53	姚艳敏	研究员	农业资源与农业区划研究所	农业遥感原理与应用

（续表）

序号	授课教师	职称	工作单位	主讲课程
54	浦善宾	译审	中国电力科学研究院研究生部	博士生英语
55	高慧	讲师	首都师范大学	硕士生英语
56	任林静	副教授	中国人民大学	硕士生英语
57	于向鸿	副研究员	研究生院	统计分析与SAS软件、高级试验设计与统计
58	李广悦	研究员	植物保护研究所	生物防治原理与实践
59	娄辛悦	副教授	首都师范大学	硕士生英语
60	李婉君		北京心舟咨询有限公司	社会心理学、民族文化博览
61	刘彬	副教授	中国农业大学	工程伦理
62	马士奎	教授	中央民族大学	硕士生英语
63	吴小梅	讲师	研究生院	初级综合汉语、综合汉语
64	吴东来	研究员	哈尔滨兽医研究所	生物安全
65	张交儿	副研究员	哈尔滨兽医研究所	临床兽医学
66	何希君	研究员	哈尔滨兽医研究所	兽医病理学
67	王玉娥	研究员	哈尔滨兽医研究所	分子生物学实验与技术
68	刘怀然	副研究员	哈尔滨兽医研究所	动物实验技术
69	田志军	研究员	哈尔滨兽医研究所	兽医研究专题
70	杨玉菊	教授	哈尔滨学院	高级细菌学
71	蔡雪辉	研究员	哈尔滨兽医研究所	兽医学研究进展
72	郑世军	教授	中国农业大学	高级免疫学
73	韩军	教授	中国农业大学	高级病毒学
74	常梅	教授	哈尔滨工业大学	硕士生英语

关于公布中国农业科学院 2021 年度优秀学位论文名单的通知

院属各研究生培养单位：

根据《中国农业科学院优秀学位论文评选及奖励办法》的规定，严格按照个人申请、研究所学位评定委员会推荐、研究生院资格审查、院学科评议组初审、院学位评定委员会审议确定候选论文、候选论文院外同行专家通讯评议、院学科评议组复审、院学位评定委员会终审的评选程序，经中国农业科学院第十届学位评定委员会第二次会议审议并无记名投票表决，评选出中国农业科学院 2021 年度优秀博士学位论文 7 篇、优秀硕士学位论文 17 篇。优秀学位论文名单在中国农业科学院网站公示无异议，现予以公布（附件 1 和附件 2）。表彰事宜另行通知。

附件：1. 中国农业科学院 2021 年度优秀博士学位论文名单
2. 中国农业科学院 2021 年度优秀硕士学位论文名单

中国农业科学院学位评定委员会
2022 年 2 月 17 日

附件 1

中国农业科学院 2021 年度优秀博士学位论文名单
（按专业代码—培养单位—姓名排序）

序号	姓名	学位类别	培养单位	专业代码及名称	导师	学位论文题目
1	张平贤	理学博士	生物所	071010 生物化学与分子生物学	谷晓峰	表观修饰因子 DRW1 调控水稻生长发育的机制研究及表观数据库的构建
2	钱浩宇	农学博士	作科所	090101 作物栽培学与耕作学	张卫建	大气二氧化碳与主要农艺措施对水稻生长及稻田甲烷排放的综合效应
3	蔡旭	农学博士	蔬菜所	090202 蔬菜学	王晓武	白菜泛基因组研究
4	董又铭	农学博士	环保所	090302 植物营养学	宋正国	微塑料对环境中砷生物有效性的影响机制
5	龚攀	农学博士	植保所	090401 植物病理学	周雪平	TYLCV 编码的 V3 功能鉴定及 TuMV 编码蛋白与 AtRIN13 互作的机制研究
6	邓炎春	农学博士	蜜蜂所	090504 特种经济动物饲养	刁青云	蜜蜂抗以色列急性麻痹病毒（IAPV）相关基因鉴定及免疫应答机制研究
7	尹馨	农学博士	哈兽研	090602 预防兽医学	陈化兰	H7N9 亚型禽流感病毒的进化监测及关键生物表型的分子机制研究

附件 2

中国农业科学院 2021 年度优秀硕士学位论文名单
（按专业代码—培养单位—姓名排序）

序号	姓名	学位类别	培养单位	专业代码及名称	导师	学位论文题目
1	韩卉卉	理学硕士	饲料所	071010 生物化学与分子生物学	王秀敏	海洋肽 N6NH2 及其衍生肽对迟缓爱德华氏菌的杀灭作用研究
2	罗金满	理学硕士	作科所	071010 生物化学与分子生物学	夏兰琴	CRISPR/Cas9 系统介导的小麦多基因编辑
3	连天境	工学硕士	环发所	083002 环境工程	董红敏	物料配比对猪粪混合发酵产乳酸特性研究
4	魏汝君	工学硕士	加工所	083201 食品科学	郑金铠	柑橘果胶稳定橘油混合乳液的消化机理研究
5	徐子妍	农学硕士	植保所	090401 植物病理学	周雪平	基于 CRISPR/SpRY 系统的水稻碱基编辑技术的优化与应用
6	程鸿燕	农学硕士	植保所	090403 农药学	曹坳程	1,3-二氯丙烯熏蒸后土壤活化对土壤微生物群落结构及番茄生长的影响
7	王亚品	农学硕士	牧医所	090502 动物营养与饲料科学	熊本海	过瘤胃葡萄糖对泌乳早期奶牛胃肠道功能及机体代谢的影响
8	李火明	农学硕士	哈兽研	090602 预防兽医学	李干武	布鲁氏菌胞质外 σ 因子 bcrS 系统调控抗氧化和毒力基因的机制及在致病过程中的作用

（续表）

序号	姓名	学位类别	培养单位	专业代码及名称	导师	学位论文题目
9	张记宇	农学硕士	哈兽研	090602 预防兽医学	冯力	猪急性腹泻综合征冠状病毒诱导宿主细胞凋亡的分子机制
10	王华杰	农业硕士	茶叶所	095131 农艺与种业	江用文	杀青工艺对绿茶栗香形成及关键成分与其前体成分衍变规律的影响
11	高宇航	农业硕士	蔬菜所	095131 农艺与种业	徐东辉	多维碳纳米/COFs 杂化材料的制备及其有机磷农药吸附性能和识别机理研究
12	殷敏	农业硕士	水稻所	095131 农艺与种业	陈松	长江中下游双季晚粳稻生理生态适应性研究
13	郑宇涵	农业硕士	作科所	095131 农艺与种业	王春连	水稻抗白叶枯病基因 *x*349 的精细定位和两个类病斑早衰突变体基因的图位克隆
14	张帅	农业硕士	资划所	095132 资源利用与植物保护	王秀斌	生物炭施用对潮土团聚体碳氮及微生物特性的影响
15	温小琳	农业硕士	蜜蜂所	095133 畜牧	罗术东	油菜花粉和花蜜中的农残调查以及三种农药对意大利蜜蜂的风险评估
16	马飞	农业硕士	油料所	095135 食品加工与安全	喻理	植物油中黄曲霉毒素 B_1 和玉米赤霉烯酮吸附材料的研制与应用
17	凡媛	兽医硕士	兰牧药	095200 兽医	尚若锋	截短侧耳素类衍生物 C-14 位侧链结构改造及其衍生物的抑菌活性研究

关于表彰 2021 年度优秀毕业生的决定

院属各研究生培养单位：

为表彰在校期间表现突出，德智体美劳全面发展的学生，根据《中国农业科学院研究生院学生奖励条例》的有关规定，经各研究生培养单位初审，研究生院评审领导小组复审及公示，确定董又铭等 74 名研究生为 2021 年度优秀毕业生，其中博士研究生 27 人（含来华留学生 10 人），硕士研究生 47 人（含来华留学生 1 人）。经 2021 年 7 月 1 日研究生院院长办公会审议通过，授予董又铭等 74 名研究生 2021 年度优秀毕业生荣誉称号，以上中国籍毕业生同时获得北京市优秀毕业生荣誉称号。

特此通报表彰，并颁发荣誉证书。

附件：中国农业科学院 2021 年度优秀毕业生名单

中国农业科学院研究生院

2021 年 7 月 1 日

附件

中国农业科学院 2021 年度优秀毕业生名单

序号	姓名	培养单位	专业名称	培养层次
1	董又铭	环境保护科研监测所	植物营养学	博士
2	李爽	北京畜牧兽医研究所	动物营养与饲料科学	博士
3	张振东	兰州畜牧与兽药研究所	基础兽医学	博士
4	李莎莎	兰州兽医研究所	预防兽医学	博士
5	张娜	兰州兽医研究所	预防兽医学	博士
6	赵晓蒙	蜜蜂研究所	特种经济动物饲养（含蚕、蜂等）	博士
7	靳丁沙	棉花研究所	作物栽培学与耕作学	博士
8	黄显雷	农业资源与农业区划研究所	农业经济管理	博士
9	任晓梅	上海兽医研究所	预防兽医学	博士
10	张平贤	生物技术研究所	生物化学与分子生物学	博士
11	肖志亮	蔬菜花卉研究所	蔬菜学	博士
12	吴正可	饲料研究所	动物营养与饲料科学	博士
13	徐淑玲	油料作物研究所	农产品质量与食物安全	博士
14	郭健	郑州果树研究所	果树学	博士
15	许春丽	植物保护研究所	农药学	博士
16	鲁菲菲	中国水稻研究所	作物遗传育种	博士
17	李晶莹	作物科学研究所	生物化学与分子生物学	博士
18	葛平壮	北京畜牧兽医研究所	动物遗传育种与繁殖	硕士
19	陶林	北京畜牧兽医研究所	动物遗传育种与繁殖	硕士
20	王传龙	北京畜牧兽医研究所	动物营养与饲料科学	硕士
21	王欢	北京畜牧兽医研究所	畜牧	硕士

（续表）

序号	姓名	培养单位	专业名称	培养层次
22	姜长岭	茶叶研究所	茶学	硕士
23	黎洪霞	茶叶研究所	食品加工与安全	硕士
24	赵璇竹	果树研究所	植物病理学	硕士
25	李岳	哈尔滨兽医研究所	预防兽医学	硕士
26	祁寒松	哈尔滨兽医研究所	兽医	硕士
27	王鹏飞	哈尔滨兽医研究所	兽医	硕士
28	张记宇	哈尔滨兽医研究所	预防兽医学	硕士
29	张亚萍	哈尔滨兽医研究所	预防兽医学	硕士
30	吴宪	环境保护科研监测所	资源利用与植物保护	硕士
31	杨帆	兰州兽医研究所	兽医	硕士
32	裴欣欣	棉花研究所	作物种质资源学	硕士
33	杨猛	南京农业机械化研究所	农业机械化工程	硕士
34	高雅鑫	农产品加工研究所	食品科学	硕士
35	李伟勋	农产品加工研究所	生物化学与分子生物学	硕士
36	岳颖	农产品加工研究所	食品科学	硕士
37	李丽娟	农业环境与可持续发展研究所	土壤学	硕士
38	连天境	农业环境与可持续发展研究所	环境工程	硕士
39	岳宁	农业质量标准与检测技术研究所	食品科学	硕士
40	雷豪杰	农业资源与农业区划研究所	生态学	硕士
41	马青云	农业资源与农业区划研究所	资源利用与植物保护	硕士
42	王国丽	农业资源与农业区划研究所	生态学	硕士

（续表）

序号	姓名	培养单位	专业名称	培养层次
43	郭宏元	上海兽医研究所	兽医	硕士
44	邵琪	上海兽医研究所	预防兽医学	硕士
45	李宇翔	生物技术研究所	生物化学与分子生物学	硕士
46	陈子康	食物与营养发展研究所	农村发展	硕士
47	高宇航	蔬菜花卉研究所	农艺与种业	硕士
48	任文静	蔬菜花卉研究所	蔬菜学	硕士
49	李婷	饲料研究所	生物化学与分子生物学	硕士
50	李秀琦	烟草研究所	食品加工与安全	硕士
51	刘亚磊	烟草研究所	植物病理学	硕士
52	张英杰	研究生院	生物化学与分子生物学	硕士
53	张洪文	油料作物研究所	生物化学与分子生物学	硕士
54	杨清	沼气科学研究所	资源利用与植物保护	硕士
55	程鸿燕	植物保护研究所	农药学	硕士
56	韦秋合	植物保护研究所	资源利用与植物保护	硕士
57	向超	植物保护研究所	植物病理学	硕士
58	徐子妍	植物保护研究所	植物病理学	硕士
59	杨露露	植物保护研究所	农业昆虫与害虫防治	硕士
60	胡风越	中国水稻研究所	作物种质资源学	硕士
61	高广奇	作物科学研究所	农艺与种业	硕士
62	银学波	作物科学研究所	农艺与种业	硕士
63	赵梦洁	作物科学研究所	生物化学与分子生物学	硕士
64	Md Shafiqul Islam	环境保护科研监测所	农业环境学	博士

（续表）

序号	姓名	培养单位	专业名称	培养层次
65	Abdoul Magid Abdoulsalam Issiaka	环境保护科研监测所	土壤学	博士
66	Mughees Aizaz Alvi	兰州兽医研究所	预防兽医学	博士
67	Joy Nyangasi Kirungu	棉花研究所	作物种质资源学	博士
68	Ildephonse Habinshuti	农产品加工研究所	农产品加工利用	博士
69	Muhammad Ahmed Waqas	农业环境与可持续发展研究所	农业气象与气候变化	博士
70	Adnan Mustafa	农业资源与农业区划研究所	土壤学	博士
71	Raja Asad Ali Khan	蔬菜花卉研究所	植物病理学	博士
72	Ali Raza	油料作物研究所	作物遗传育种	博士
73	Muhammad Jawad Umer	郑州果树研究所	蔬菜学	博士
74	Dieudonne Mahukpego Dansou	北京畜牧兽医研究所	农产品质量与食物安全	硕士

关于表彰 2021 年“优秀推免生”的决定

院属各研究生培养单位：

为加大优秀生源选拔力度，进一步提高生源质量，根据《中国农业科学院接收优秀应届本科毕业生免试攻读研究生（含直博生）工作管理办法》规定，并经研究生院招生工作领导小组会议讨论通过，决定对 2021 年我院录取的 128 名推免生（含 12 名直博生）通报表彰，并给予免除第一年学费的奖励；对田冰等 6 名“优秀推免生”颁发证书并给予免除 3 年学费的奖励，名单附后。

附件：2021 年“优秀推免生”表彰名单

中国农业科学院研究生院

2021 年 9 月 3 日

附件

2021年“优秀推免生”表彰名单

序号	姓名	性别	录取研究所	录取专业代码	录取专业	毕业院校
1	田冰	女	作物科学所	071010	生物化学与分子生物学	华中农业大学
2	周奕扬	男	作物科学所	071010	生物化学与分子生物学	南京农业大学
3	林俐群	女	基因组所	0710Z1	生物信息学	华中农业大学
4	赵聪	男	作物科学所	090102	作物遗传育种	中国农业大学
5	张倩倩	女	资源区划所	090302	植物营养学	华中农业大学
6	常彤	男	哈尔滨兽医所	090602	预防兽医学	华中农业大学

关于表彰和奖励 2021 届夏季西部地区、艰苦边远地区和基层单位就业毕业生的决定

院属各研究生培养单位：

为了进一步做好我院研究生就业工作，鼓励和引导我院毕业生面向西部地区、艰苦边远地区和基层单位就业，到祖国最需要的地方建功立业，根据《中国农业科学院研究生院关于对西部地区、艰苦边远地区和基层单位就业毕业生的奖励办法》的规定，决定对葛志毅等 17 名志愿到西部地区、艰苦边远地区和基层单位就业的 2021 届夏季毕业生同学给予表彰和奖励，名单见附件。

附件：2021 届夏季西部地区、艰苦边远地区和基层单位就业毕业生名单

中国农业科学院研究生院

2021 年 7 月 6 日

附件

2021届夏季西部地区、艰苦边远地区和基层单位就业毕业生名单

序号	学号	姓名	性别	专业	学历	就业单位名称	生源地	奖励金额	就业单位类型
1	82101182440	葛志毅	男	预防兽医学	硕士生毕业	塔里木大学	甘肃省	2 000元	西部就业
2	82101182052	孙志康	男	生物化学与分子生物学	硕士生毕业	内蒙古昆明卷烟有限责任公司	河北省	2 000元	西部就业
3	82101182109	谢静	女	农业水土工程	硕士生毕业	云南省水利水电勘测设计院	江西省	2 000元	西部就业
4	82101182369	傅岩	女	动物营养与饲料科学	硕士生毕业	重庆市荣昌区昌州街道农业服务中心	重庆市	2 000元	西部就业
5	82101182471	胡明玉	女	管理科学与工程	硕士生毕业	中国联合网络通信有限公司重庆市分公司	湖北省	2 000元	西部就业
6	82101185142	代勇华	男	资源利用与植物保护	硕士生毕业	利尔化学股份有限公司	四川省	2 000元	西部就业
7	82101186070	熊涛	男	农艺与种业	硕士生毕业	湖北省烟草公司恩施州公司	河南省	2 000元	西部就业
8	82101186180	谭静	女	畜牧	硕士生毕业	忠县畜牧兽医服务中心	重庆市	2 000元	西部就业
9	82101186296	刘丹	女	兽医	硕士生毕业	杨凌金海生物技术有限公司	内蒙古	2 000元	西部就业

（续表）

序号	学号	姓名	性别	专业	学历	就业单位名称	生源地	奖励金额	就业单位类型
10	82101186297	刘乐	女	兽医	硕士生毕业	杨凌金海生物技术有限公司	河南省	2 000 元	西部就业
11	82101186032	杨昌福	男	农艺与种业	硕士生毕业	中国共产党遂宁市委员会组织部	贵州省	2 000 元	基层就业
12	82101182390	刘雪婷	女	预防兽医学	硕士生毕业	中国共产党唐山市委员会组织部	河北省	2 000 元	基层就业
13	82101182489	张敬毅	女	农业经济管理	硕士生毕业	中共邯郸市委组织部	河南省	2 000 元	基层就业
14	82101182494	周娜	女	产业经济	硕士生毕业	中国共产党保定市委员会组织部	河北省	2 000 元	基层就业
15	82101185140	吕晓彤	女	资源利用与植物保护	硕士生毕业	中国共产党枣庄市委员会组织部	山东省	2 000 元	基层就业
16	82101185170	尹令虹	男	畜牧	硕士生毕业	中国共产党淄博市委员会组织部	山东省	2 000 元	基层就业
17	82101185258	邵兵	女	兽医	硕士生毕业	中共鹤壁市委组织部	河南省	2 000 元	基层就业

关于表彰2021年度“三仪最佳论文奖”获得者的决定

院属各研究生培养单位：

根据《中国农业科学院研究生院“三仪奖学金”评选办法》的有关规定，在个人申请的基础上，经研究生培养单位推荐、研究生院资格审查、专家评审、研究生奖助工作领导小组会议审议和公示等环节，最终评选出董慧雪等10人获得2021年度“三仪最佳论文奖”。

特此通报表彰，并颁发荣誉证书和奖金3 000元/人。

附件：2021年度“三仪最佳论文奖”获奖名单

中国农业科学院研究生院

2021年12月20日

附件

2021 年度“三仪最佳论文奖”获奖名单

序号	学号	姓名	培养单位
1	82101171007	董慧雪	作物科学研究所
2	82101181147	戚瑞敏	农业环境与可持续发展研究所
3	82101189306	汪悦	北京畜牧兽医研究所
4	82101192494	陈雪	农业经济与发展研究所
5	82101192251	梁爽	茶叶研究所
6	82101171097	谢华里	油料作物研究所
7	82101181236	王同云	哈尔滨兽医研究所
8	82101191230	龚亚彬	上海兽医研究所
9	82101191147	杨婷婷	环境保护科研监测所
10	82101192301	房宽	烟草研究所

关于表彰2021年度“三仪优秀学生干部标兵奖”获得者的决定

院属各研究生培养单位：

根据《中国农业科学院研究生院“三仪奖学金”评选办法》的有关规定，在个人申请的基础上，经研究生培养单位推荐、研究生院资格审查、专家评审、研究生奖助工作领导小组会议审议和公示等环节，最终评选出嵇玉洁等15人获得2021年度“三仪优秀学生干部标兵奖”。

特此通报表彰，并颁发荣誉证书和奖金1 000元/人。

附件：2021年度“三仪优秀学生干部标兵奖”获奖名单

中国农业科学院研究生院

2021年12月20日

附件

2021年度“三仪优秀学生干部标兵奖”获奖名单

序号	学号	姓名	培养单位
1	82101201151	嵇玉洁	研究生院
2	82101191137	唐玉超	蔬菜花卉研究所
3	82101202270	李令仪	农业环境与可持续发展研究所
4	82101192368	和俊豪	北京畜牧兽医研究所
5	82101192474	李路华	农业信息研究所
6	82101195273	苗艺源	食物与营养发展研究所
7	82101192203	梁敏敏	中国水稻研究所
8	82101196205	全双	油料作物研究所
9	82101205383	陈薛颖	麻类研究所
10	82101195143	苏恒	郑州果树研究所
11	82101202426	张奕杰	哈尔滨兽医研究所
12	82101196300	许凡	兰州兽医研究所
13	82101192397	徐娟	上海兽医研究所
14	82101195104	马昊然	环境保护科研监测所
15	82101201642	褚德朋	烟草研究所

关于发放 2021 年度勤学励志助学金的决定

院属各研究生培养单位：

根据《中国农业科学院研究生勤学励志助学金管理办法（试行）》的有关规定，经个人申请、培养单位初审推荐、研究生院资格审核、专家评审、研究生院奖助工作领导小组审议并公示无异议，最终确定张晓星等 5 人获一等勤学励志助学金，郭潇阳等 75 人获二等勤学励志助学金。

希望获得资助的同学努力学习、奋发进取，争做德智体美劳全面发展的社会主义建设者和接班人。

附件：2021 年度勤学励志助学金获奖人员名单

中国农业科学院研究生院

2021 年 12 月 20 日

附件

2021 年度勤学励志助学金获奖人员名单

序号	姓名	学号	培养单位	资助类别
1	张晓星	82101179103	作物科学研究所	一等
2	黄秉娜	82101195117	农业环境与可持续发展研究所	一等
3	龚颖	82101201505	北京市畜牧兽医研究所	一等
4	李梅	82101195333	兰州兽医研究所	一等
5	秦铭洋	82101212124	南京农业机械化研究所	一等
6	郭潇阳	82101191080	作物科学研究所	二等
7	任蒙蒙	82101181055	作物科学研究所	二等
8	田冰	82101212030	作物科学研究所	二等
9	王琪琪	82101205025	作物科学研究所	二等
10	王天浩	82101202199	作物科学研究所	二等
11	张丽雅	82101211012	作物科学研究所	二等
12	李婧	82101205211	植物保护研究所	二等
13	马晓宇	82101192283	植物保护研究所	二等
14	王娜娜	82101192288	植物保护研究所	二等
15	张毅	82101211641	植物保护研究所	二等
16	宁杰	82101212316	蔬菜花卉研究所	二等
17	孙凯悦	82101212317	蔬菜花卉研究所	二等
18	夏星	82101191143	农业环境与可持续发展研究所	二等
19	王晓庆	82101202350	北京畜牧兽医研究所	二等
20	王园美	82101191205	北京畜牧兽医研究所	二等
21	王子微	82101192142	北京畜牧兽医研究所	二等
22	张文静	82101211027	北京畜牧兽医研究所	二等

（续表）

序号	姓名	学号	培养单位	资助类别
23	赵莹	82101209123	北京畜牧兽医研究所	二等
24	柯俐	82101191222	蜜蜂研究所	二等
25	马贝贝	82101202378	蜜蜂研究所	二等
26	张文文	82101191102	蜜蜂研究所	二等
27	蔡龙	82101211211	饲料研究所	二等
28	戴东	82101201179	饲料研究所	二等
29	何悦	82101202177	农产品加工研究所	二等
30	黑雪	82101215004	农产品加工研究所	二等
31	胡佳星	82101192133	农产品加工研究所	二等
32	李闪闪	82101215007	农产品加工研究所	二等
33	刘格格	82101212171	农产品加工研究所	二等
34	刘浩栋	82101202179	农产品加工研究所	二等
35	邵之晓	82101192145	农产品加工研究所	二等
36	武广玉	82101202185	农产品加工研究所	二等
37	尚玉婷	82101192016	生物技术研究所	二等
38	曹子建	82101205443	农业经济与发展研究所	二等
39	熊学振	82101195266	农业经济与发展研究所	二等
40	李格	82101191141	农业资源与农业区划研究所	二等
41	刘浩	82101211327	农业信息研究所	二等
42	贺琳娟	82101192154	农业质量标准与检测技术研究所	二等
43	田桂林	82101192107	农田灌溉研究所	二等
44	崔元江	82101191089	中国水稻研究所	二等
45	黄荔德	82101212094	中国水稻研究所	二等
46	钟宜科	82101219208	棉花研究所	二等

（续表）

序号	姓名	学号	培养单位	资助类别
47	杨丹丹	82101205382	油料作物研究所	二等
48	关双	82101215409	麻类研究所	二等
49	李玉梅	82101195091	果树研究所	二等
50	吴志勇	82101195086	郑州果树研究所	二等
51	乐婷	82101192250	茶叶研究所	二等
52	刘庆帅	82101192245	茶叶研究所	二等
53	张慧桐	82101196283	哈尔滨兽医研究所	二等
54	张文英	82101205518	哈尔滨兽医研究所	二等
55	张媛	82101192412	哈尔滨兽医研究所	二等
56	邓欣雨	82101202428	兰州兽医研究所	二等
57	李国秀	82101209506	兰州兽医研究所	二等
58	李康丽	82101211648	兰州兽医研究所	二等
59	李茜	82101209507	兰州兽医研究所	二等
60	刘婷丽	82101191271	兰州兽医研究所	二等
61	穆素雨	82101201232	兰州兽医研究所	二等
62	滕志东	82101181248	兰州兽医研究所	二等
63	王立群	82101201249	兰州兽医研究所	二等
64	王莉	82101192418	兰州兽医研究所	二等
65	殷娟斌	82101195342	兰州兽医研究所	二等
66	张志雄	82101191262	兰州兽医研究所	二等
67	陈博雯	82101211208	兰州畜牧与兽药研究所	二等
68	王曼茱	82101159299	上海兽医研究所	二等
69	于家荣	82101201203	上海兽医研究所	二等
70	丁武汉	82101201035	环境保护科研监测所	二等

（续表）

序号	姓名	学号	培养单位	资助类别
71	田佩宁	82101205248	环境保护科研监测所	二等
72	郑雨迪	82101202082	沼气科学研究所	二等
73	李飞	82101205432	南京农业机械化研究所	二等
74	李玉珠	82101215557	南京农业机械化研究所	二等
75	刘岗微	82101192096	南京农业机械化研究所	二等
76	杨友夫	82101215527	南京农业机械化研究所	二等
77	周迎港	82101205405	都市农业研究所	二等
78	安丽	82101215696	家禽研究所	二等
79	翁宗宽	82101215209	甘薯研究所	二等
80	乐燕	82101202451	中国水产科学研究院	二等

中国农业科学院唐华俊院长在 2021 届研究生毕业典礼上的讲话

2021 年 7 月 6 日

尊敬的各位来宾、各位老师、亲爱的同学们：

大家上午好！今天，我们在这里隆重举行 2021 届中国农业科学院研究生毕业典礼暨学位授予仪式，我代表全院师生员工，向圆满完成学业的 236 名博士研究生、1 038名硕士研究生和 88 名留学生表示最衷心的祝贺，向悉心教导你们的老师、辛勤抚育你们的父母、默默支持你们的亲朋好友致以最崇高的敬意和衷心的感谢！

同学们，在学期间相信你们一定经历过科学研究的艰辛磨练，有过课题钻研的通宵达旦，甚至探索路上的曲折蜿蜒；当然，你们肯定也有过柳暗花明、豁然开朗的兴奋，有过百折不挠、攻克难题后的激动。现在，你们在这里享受辛勤劳动、丰收硕果的喜悦，学校、师长无时无刻不在见证你们的成长。今天，我祝贺你们终于“学有所成”，也坚信在这个伟大的时代你们一定会“学有所用”。我为中国农业科学院能向国家输送一批像你们这样优秀的人才感到骄傲和自豪！

今年是中国共产党成立 100 周年，百年征程波澜壮阔，百年初心历久弥坚。回顾百年辉煌历程，中国共产党带领中华民族实现了从站起来、富起来到强起来的伟大飞跃。习近平总书记讲，“为实现中华民族伟大复兴的中国梦而奋斗，是我们人生难得的机遇。每个青年都应该珍惜这个伟大时代，做新时代的奋斗者。”同学们于建党百年之际毕业，是时代赋予你们的光荣印记。临别之际，我代表中国农业科学院向你们完成学业并即将踏上新的征途送上美好的祝福！同时，我想与你们分享三点感悟，希望能为你们成长成才提供一些思考和借鉴。

一是树立报效祖国的远大志向，做胸怀家国的奋进者。

天下兴亡，匹夫有责。家国情怀是中华民族最壮美的积淀，是五千年历史绵延最深沉的力量，是个人生命体验与国家、民族紧密相连的心灵底色。站在“两个一百年”的历史交汇点，我国开启了全面建设社会主义现代化国家新征程，党和国家事业发展对高等教育的需要，对科学知识和优秀人才的需要，比以往任何时候都显得更为迫切。前不久，习近平总书记在清华大学 110 周年校庆前夕考察时指出，“当代中国青年是与新时代同向同行、共同前进的一代，生逢盛世、肩负重任。广大青年要爱国爱民，从党史学习中激发信仰、获得启发、汲取力量，不断坚定‘四个自信’，不断增强做中国人的志气、骨气、底气。”同学们，在祖国广袤的天地里，处处是你们成就事业的热土，处处是你们施展才华的舞台，基层边远地区需要你们去贡献才智，科研攻关前沿阵地呼唤你们去攻坚克难，创新创业伟大事业需要你们去开拓奋进，社会服务的各个领域都等待你们去大展身手。我欣慰地看到，今年我院又有一批毕业生志愿去西部艰苦地区和基层工作，从你们身上我看到青春在祖国最需要的地方闪光，看到了农科学子的责任与担当！青春因奉献而厚重，青春因奋斗而精彩！希望你们把“小我”融入“大我”，把个人前途命运与国家、民族前途命运同频共振，与时代同步伐、与祖国共命运、与人民齐奋斗，永葆爱党爱国之心，树立报国为民之志，在实现中华民族伟大复兴的时代洪流中创造自己的精彩人生。

二是培育永攀高峰的创新精神，做心中有光的逐梦者。

胜人者力，自胜者强。当今世界正处在百年未有之大变局，科学技术越来越成为推动经济社会发展的主要力量和国家间综合国力竞争的焦点。创新是推动我国经济社会持续健康发展的动力源泉，加快推进农业农村现代化的关键在科技进步和创新。2017 年 5 月 26 日，习近平总书记给我院建院 60 周年发来贺信，充分肯定我院对国家作出的重要贡献，系统提出尊重农业科研规律、把握科技进步主动权的战略要求，明确指示我院“国家队”定位、“三个面向”任务目标、“两个一流”发展要求。4 年来，我院将贺信精神作为新时期全院改革发展的总方向、总目标、总任务、总要求、总抓手，夯实科研与转化“两大基石”，加大创新力度，全院改革发展发生了历史性的变化，农业科技创新取得了历史性成就：口粮与谷物高产优质技术攻关取得重大突破，生猪等畜禽育种关键技术研究取得显著成效，草地贪夜蛾、非洲猪瘟等重大动植物疫病综合防治技术取得重大进展，现代农机装备研发应用加快“机械换人”进程……这些成绩的取得离不开广大农业科技工作者创新精神的支撑与滋养，更离不开总书记贺信精神的指引和鼓舞。同学们，不管你们即将奔向何处，希望你们保持勇于创新、敢为人先的勇气以及刻苦钻研、永不放弃的信念，不断增强创新意识，提高创新能力，在实现民族复兴的伟大征程中奉献自我、发展自我。

三是保持永不懈怠的人生态度，做知难而进的自强者。

艰难困苦，玉汝于成。奋斗的过程从来就不是一帆风顺的，最可贵的，是愈难愈进的勇气和坚持。不惧艰辛、攻坚克难，向来都是中国农业科学院的光荣传统。卢良恕院士年轻时便立下“效仿后稷济万家”的志向，耄耋之年时仍奔波在神州大地；刘更另院士远离首都北京和亲人故友，在湖南祁阳实验站坚守奋斗了 28 年，在他病倒的当天仍在基地田间不辞辛劳地忙碌；郭予元院士为了揭示害虫活动和迁飞规律，长期蹲守棉田，科研足迹遍布祖国大江南北……一代代农科人身体力行为我们做出了最好的榜样。还有很多科技创新和立德树人的故事，在此不再一一列举。人生之路漫长，在成长历程中既有鲜花、也会有挫折，既有成功、也会经历失败，希望你们保持一种积极向上、永不懈怠的进取精神，将艰苦奋斗、奋发图强的优良传统融入人生的奋斗历程中，以无畏之果敢，砥砺人生之锋芒。

同学们，你们就要离开母校了，或将进行进一步深造，或将奔赴新的工作岗位，开始你们新的人生征程，拉开人生舞台新的序幕。临别之际，我祝福你们在今后漫长的人生道路上，安康幸福；相信你们在这个伟大的时代，能够施展才华、报效祖国；并期待着你们作出成绩、取得成就的好消息！母校将永远站在你们身后，最无私地支持你们，最诚挚地期待你们，最深切地祝福你们！

谢谢大家！

中国农业科学院唐华俊院长在2021级研究生开学典礼上的讲话

2021年9月10日

各位来宾、各位老师、同学们：

大家上午好！今天，我们通过线上线下相结合的方式举行2021级研究生开学典礼。由于疫情原因，少数同学暂时还不能来到校园，但无论身在何处，你们都同步开启了农科学子的人生新篇章。首先，我代表中国农业科学院全体教职工，向2021级479名博士研究生、1 214名硕士研究生表示热烈的欢迎！

中国农业科学院成立于1957年，是全国规模最大、学科最全、综合研究实力最强的国家级综合性农业科研机构，担负着全国农业重大基础与应用基础研究、应用研究和高新技术研发的任务，致力于解决全国农业及农村经济发展中基础性、方向性、全局性、关键性的重大科技问题。60多年来，我院始终以解决我国农业发展重大科技问题为己任，在创造先进科研原创成果、培育农业科技领军人才，保障国家粮食安全、推动农业科技进步、服务农民增收和促进农业农村经济发展等事业中发挥着重要作用。我院现有两院院士17人，国家高层次人才入选者82人，国家杰青和国家优青40人，“百千万人才工程”国家级人选、创新人才推进计划、享受政府特贴专家、农业产业技术体系首席、农业科研杰出人才等高层次人才320余人，专业技术人员6 000余人，研究生导师2 104人，其中博士生导师803人。他们活跃在农业科技最前沿，引领着中国农业科技；他们将成为同学们人生路上的引路人，指导同学们在中国农业科研的最高殿堂成长成才。我院现有三级三类科技平台534个，其中国家级42个、部级323个、院级169个；建有全球最大的大动物P4实验室单体设施，对非洲猪瘟和高致病性禽流感防控、新型冠状病毒动物感染模型等研究起到了关键支撑作用；建有2个国家重大科技基础设施、6个国家重点实验室、5个国家工程技术研究中心、5个国家工程实验室、2个国家工程研究中心；建有世界上单体最大、原生资源最多的国家作物种质库，拥有农业专业书刊馆藏亚洲第一、世界第三的国家农业图书馆。这些顶尖的科研平台和优质的学习资源将为研究生培养提供强有力的支撑。同学们，成为“农科人”，是你们值得骄傲一生、奋斗一生、铭记一生的共同身份标识。今天，2021级研究生以“农科人”这个崭新的身份，站在中国农业科研实践的开端，站上青春主场的起点，在此我想向即将开启“农科人”新征程的你们提三点期望。

一是希望你们勇担使命，做胸怀家国的奋斗者。

今年是中国共产党成立100周年，百年征程波澜壮阔，百年初心历久弥坚。回顾百年辉煌历程，中国共产党带领中华民族实现了从站起来、富起来到强起来的伟大飞跃。回溯 1921 年建党之时，13 名平均年龄只有 28 岁的年轻人，成立了中国共产党，正是依靠那一代青年的爱国与担当，改变了中华民族的命运。经过几代人接续奋斗，我们迎来了中华民族伟大复兴的光明前景。强国伟业呼唤青春担当，伟大理想需要接续奋斗。在全面建成小康社会、实现第一个百年奋斗目标之后，我们要乘势而上开启全面建设社会主义现代化国家新征程、向第二个百年奋斗目标进军。习近平总书记指出：广大青年要肩负历史使命，坚定前进信心，立大志、明大德、成大才、担大任，努力成为堪当民族复兴重任的时代新人，让青春在为祖国、为民族、为人民、为人类的不懈奋斗中绽放绚丽之花。志不求易者成，事不避难者进。同学们在第二个百年奋斗目标开启之年进入中国农业科学院学习，你们处在中华民族发展的最好时期，也处在实现中华民族伟大复兴的关键时期，既面临着难得的建功立业的人生际遇，也面临着“天将降大任于斯人”的时代使命。希望同学们将爱国情怀化作积极投身农业科研事业的强大动力，坚守“三农”使命，肩负起时代赋予的责任，在农业农村现代化建设主战场寻找推进“三个面向”的原动力，做怀揣家国情怀的奋斗者。

二是希望你们不惧艰辛，做攻坚克难的开拓者。

2017 年 5 月，在我院建院 60 年之际，习近平总书记致信祝贺，强调中国农业科学院要面向世界农业科技前沿、面向国家重大需求、面向现代农业建设主战场，加快建设世界一流学科和一流科研院所，勇攀高峰，率先跨越，推动我国农业科技整体跃升，为实现“两个一百年”奋斗目标、实现中华民族伟大复兴的中国梦作出更大贡献的目标任务。4 年来，我院加大创新力度，全院改革发展发生了历史性的变化，农业科技创新取得了历史性成就：口粮与谷物高产优质技术攻关取得重大突破，生猪等畜禽育种关键技术研究取得显著成效，草地贪夜蛾、非洲猪瘟等重大动植物疫病综合防治技术取得重大进展，现代农机装备研发应用加快了“机械换人”进程……这些成绩的取得离不开广大农业科技工作者攻坚克难的辛劳与汗水，更离不开总书记贺信精神的指引和鼓舞。不惧艰辛、攻坚克难历来是“农科人”的优良传统：庄巧生院士不为清寒所困，不因荣辱扰心，用尽毕生心智呵护最爱的麦田，用自己的坚持为祖国广袤的田野编织了一幅丰收的金色画卷；郭予元院士为了揭示害虫的活动和迁飞规律，长期蹲守棉田，仔细观察害虫的一举一动，足迹遍布祖国的大江南北；范云六院士几十年执着奋斗，为我国农业生物技术的发展作出了重要贡献，她在耄耋之年设立“范云六院士青年科技创新奖”，无私培养青年科研人员成长。希望同学们勇于跳出“舒适圈”，传承老一辈农业科学家精神，在磨砺中积累自信，做攻坚克难的开拓者。

三是希望你们锤炼品格，做德才兼备的自强者。

人无德不立，品德是为人之本。止于至善，是中华民族始终不变的人格追求。同学们，没有一代人的青春是容易的，在未来的学习生涯中，踏着晨曦而来，披着月光而去的日子可能会成为你们生活的常态；导师的严格教诲、实验的推倒重来、科研成果的要求和家人的殷殷期待都会在无形之中给你们带来种种压力。中国特色社会主义进入新时代，即将在决胜全面建成小康社会、决战脱贫攻坚的基础上迈向全面建设社会主义现代化国家新征程，党和国家事业发展迫切需要培养造就大批德才兼备的高层次人才，德才兼备是新时代人才培养的重要标准。同学们，希望你们把正确的道德认知、自觉的品格养成、积极的品行实践紧密结合起来，努力修炼品格，学会沟通、包容与合作，坚守内心深处的纯真与善良，既有拼搏进取的锐气，又有直面挫败的勇气，做德才兼备的自强者。

同学们，目标不会自行抵达，奔跑才能到达远方。希望正值青春年华的你们，尽情挥洒智慧的汗水，在农科沃土上茁壮成长，在实现中华民族伟大复兴中国梦的征程中实现个人理想和人生价值，不负时代，不负年华！中国农业科学院将作为你们坚实的后盾，陪伴你们迎接新的机遇与挑战，书写新的人生篇章！衷心祝愿同学们在中国农业科学院学业顺利，学有所成！最后，在第 37 个教师节即将来临之际，向辛勤工作在教学、科研第一线的教师们致以诚挚的问候和崇高的敬意！

加快建设高质量研究生教育体系 为农业农村现代化和乡村振兴 源源不断提供人才支撑

——唐华俊院长在研究生教育工作会上的讲话

2021 年 1 月 20 日

同志们：

在全国上下深入学习贯彻落实党的十九届五中全会精神、中央农村工作会议精神，系统谋划“十四五”发展规划之际，我们召开全院研究生教育工作会议。参加会议的有全体院领导、各所党政一把手，这是近年来的第一次，充分体现了院党组对研究生教育的高度重视。这次会议的主要任务：深入贯彻落实党的十九届五中全会精神，进一步学习领会习近平总书记关于研究生教育的重要指示精神和全国研究生教育会议、全国教育工作会议精神，深刻把握新时代研究生教育发展的新形势新要求和改革发展的关键点，全面总结我院“十三五”研究生教育发展成效，谋划“十四五”研究生教育内涵式高质量发展，为加快农业农村现代化和乡村振兴培养更多高层次人才。下面，我讲四点意见。

一、“十三五”期间研究生教育取得历史性成就，为新时代农业科技创新和农业农村发展培养了大批高层次人才

“十三五”期间，特别是 2017 年习近平总书记致我院建院 60 周年贺信以来，研究生教育紧紧围绕“一流学科”和“一流研究生院”建设目标，坚持以立德树人为根本，以强农兴农为己任，秉承“立足科研、质量为本、科教兴农”的办学理念，院所结合，研究生教育事业全面发展，整体办学实力显著提升。

（一）教育规模大幅增长，人才培养成果丰硕

积极落实农业农村部与教育部共建协议，研究生招生计划大幅增加。“十三五”末，博士招生计划较“十二五”末增长近 60%，硕士招生计划同比增长 91%。“十三五”期间共招收各类研究生 8 126人，同比增长 24%。来华留学生招收 729 人，同比增长 2.2 倍，博士留学生规模位居全国农林高校第一位、全国高校第六位。“十三五”期间共授予学位 5 875人，同比增长近 12%，为农业科技创新和农业农村发展培养了大批高层次人才。

（二）培养体系更加完善，学科水平跃居前列

坚持走内涵式发展道路，不断加强学科建设，新增 1 个博士、2 个硕士一级学科，1 个博士、2 个硕士专业学位类别。在全国第四轮学科评估中，4 个学科被评为 A+、2 个学科被评为 A-，A+学科数与全国高校相比居于并列第十二位。师德师风建设持续加强，“四有”导师队伍不断壮大，导师总数达到 2 104人，较“十二五”末增长 24.4%。自有授课教师规模达到 340 人，占到 63.8%，形成一支以本院教师为主、专兼结合、数量充足、素质优良的教学师资队伍。思政教育不断强化，“十大育人”工作体系进一步完善，基本形成了“研究生院—研究所—导师”共同负责的“三全育人”思想政治教育工作新格局。毕业生受到社会广泛欢迎，就业率总体稳定在 95%以上，位居北京地区科研教育单位前列。

（三）开放办学持续推进，办学活力显著提升

来华留学生教育获得全国首批高等学校来华留学教育与管理质量认证。中外合作办学博士学位教育稳步推进，与比利时列日大学合作培养博士项目顺利通过教育部主管部门的评估并获批延期，与荷兰瓦赫宁根大学合作培养博士项目实现招生。积极拓展与海外高水平大学的合作，与全球五大洲多个国家的大学和研究机构签署合作协议或合作谅解备忘录。启动实施与西南大学等 5 所国内知名高校联合培养博士生项目，联合培养项目招生规模位居全国第二。

（四）体制机制不断创新，教育改革持续深化

积极探索符合科研单位办研究生教育的改革之路。兽医学院成功运行并不断积累经验，先后成立了国际教育学院和深圳研究生院，2020 年深圳研究生院首批新生顺利入学。启动实施兽医学科和畜牧学科博士研究生招生“申请—考核制”试点，显著提升了博士生生源质量。2020 年首次招收直博生，实现了选拔本科毕业生直接进入博士阶段的贯通培养。人才分类培养持续推进，逐步形成以重点提高创新能力为导向的学术学位研究生培养模式，以重点提升实践能力为导向的专业学位研究生培养模式。逐步健全三级学位管理体系，实施三级审查和责任追究制度，确保学位管理质量。

（五）党的领导进一步加强，校园文化活动活泼向上

坚持把政治建设摆在首位，进一步强化党委管党治党、办学治院主体责任，将党委领导下的行政领导人负责制落到实处。以提升组织力为重点，进一步突出政治功能，推

进基层党组织设置和活动方式创新，党组织的创造力、凝聚力、战斗力进一步提高。研究生思想政治教育工作全面加强，思政课程和课程思政建设进一步强化，通过打造“树人讲堂”、学术节、纪念“一二·九”运动大合唱比赛等校园精品活动，独具农科特色的校园文化氛围更加浓厚。

上述成绩的取得，为进一步增强我院乃至全国农业科技创新能力提供了强有力的人才支撑，也为“十四五”发展奠定了坚实的基础。在充分肯定“十三五”期间发展成绩的同时，我们必须清醒地认识到，我院研究生教育还存在诸多短板和不足。

一是研究生规模还不能满足新时代农业农村快速发展对高层次创新人才的需求。当前研究生规模尤其是博士生招生规模仍然偏小，生师比矛盾突出，农业科研“国家队”的优质科教资源、人才资源未能得到充分有效利用。2020 年，我院有正高级职称人员 1 296人，副高级职称人员 1 965人，但研究生招生指标仅为 1 668个。我院有一大批优秀的高水平人才，有一大批高层次科研项目，有一大批条件优良的科技平台，但尚未转化成研究生教育的资源优势。

二是办学条件亟待改善，教育资源短缺状况依然突出。随着教育规模的相对扩大和学生类别的多样化，办学条件不足问题凸显，教学、住宿、文体等各类办学设施短缺，以我院为主的授课教师队伍须进一步壮大。

三是现代化教育管理体系尚未完全建立，教育治理能力需进一步提升。在研究生院和研究所“两段式”培养模式下，科教融合、院所结合还需要进一步强化，管理队伍建设和服务各类学生的能力还需要进一步提升，尤其是客座学生的管理相对滞后，责任落实还不到位。

同志们，作为目前国内规模最大的科研机构办教育单位，面对上述问题，我院要站在农业农村现代化、乡村振兴、社会主义现代化强国建设和中华民族伟大复兴的高度，不忘教育初心，牢记育人使命，聚焦重点难点，加大改革创新力度，尽最大努力，力争早日解决。

二、准确把握新形势、新任务，深刻认识加快培养高层次人才的极端重要性

研究生教育肩负着高层次人才培养和创新创造的重要使命。2020 年 7 月，在全国研究生教育会议召开之际，习近平总书记就研究生教育工作作出重要指示，要求我们要坚持“四为”方针，加快培养造就大批德才兼备的高层次人才，为坚持和发展中国特色社会主义、实现中华民族伟大复兴的中国梦作出贡献。习近平总书记的重要指示，为新时代加快研究生教育强国建设指明了方向，为我国大力发展研究生教育吹响了号角。

（一）加快推进农业农村现代化，急需培养大批高层次创新人才

农业农村经济是我国经济的重要组成部分，农业农村现代化是我国社会主义现代化

的重要方面。在前不久闭幕的中央农村工作会议上，习近平总书记强调，在向第二个百年奋斗目标迈进的历史关口，巩固和拓展脱贫攻坚成果，全面推进乡村振兴，加快农业农村现代化，是关系全局的重大问题。

中国农业科学院研究生教育是全国涉农研究生教育的重要一员，肩负着培养国家急需的高层次农业农村创新人才的重任，必须贯彻落实习近平总书记重要指示和中央关于研究生教育的总体部署，坚持与时俱进，更新教育理念，突出特色优势，农科教结合、产学研融合，培养更多高层次人才，服务“三农”及经济社会发展。

（二）增强全球农业科技与产业竞争力，急需培养大批一流国际人才

当今世界正处于百年未有之大变局，新一轮科技革命和产业变革加快兴起，高精尖科技领域竞争尤为激烈，高等教育尤其是研究生教育已成为国际人才竞争和科技竞争的重要领域。高等农业教育是高等教育的重要组成部分，随着经济全球化和高等教育国际化的发展，世界各国围绕农业发展目标，积极推进农业教育改革，更加重视学生综合素质提升和职业技能发展，更加突出前沿性，注重学科交叉、通用性和适应性，强化培养适应农业农村现代化和农业产业国际竞争力提升的高层次人才。

新一轮科技革命与我国加快转变经济发展方式形成历史性交汇，我们要准确判断研究生教育所处的历史方位，牢牢把握战略机遇，全面深化研究生教育改革，主动对接国家重大战略需求，聚焦关键核心技术突破和解决高新技术产业发展“卡脖子”问题，加快培养具有国际视野的引领技术创新和产业升级的领军人才。

（三）坚持“四个面向”，实现“两个一流”，迫切需要大力发展研究生教育

“十四五”时期是中国农业科学院顶天立地、跨越发展的关键时期。为早日实现“一流学科”“一流科研院所”的建设目标，中国农业科学院必须拥有一支强大的创新力量。研究生是中国农业科学院科技创新队伍的重要组成部分，“十三五”末，全院在籍研究生总规模已近6 000人，为我院科技创新工程顺利实施及重大科技任务攻关作出了重要贡献。面向“十四五”及长远发展，为积极推进“两个一流”建设，进一步凸显国家战略科技力量的作用，我院急需培养更多的具有高素质、高能力、高水平的研究生，投身农业科研创新实践中，为中国农业科学院的跨越发展和农业科技创新作出更大贡献。

三、立足新发展阶段，加快推动“十四五”期间研究生教育高质量发展

我院研究生教育“十四五”期间的发展，要以习近平新时代中国特色社会主义思

想为指导，坚持社会主义办学方向，坚持“四为”方针，认真贯彻中共中央、国务院决策部署和全国研究生教育会议精神，围绕“四个面向”“两个一流”，以立德树人为根本，以强农兴农为己任，以提升研究生教育质量为核心，遵循教育规律，服务科技创新，推动内涵发展，更加突出体制机制创新，更加突出学科专业优化调整，更加突出培养模式转变，更加突出国内外开放合作，更加突出教育现代化，把研究作为衡量研究生素质的基本指标，统筹优质科教资源，充分发挥各研究所学科、平台、基地和人才优势，举全院之力办好研究生教育，深入促进科教融合、产教融合、协同创新，着力增强研究生创新能力、实践能力，培养一大批德才兼备的高层次人才，为农业科技进步、农业农村现代化及高等教育发展作出应有贡献。

我院研究生教育“十四五”期间的发展，要遵循六个“坚持”。

坚持服务需求。围绕党和国家事业发展迫切需要，坚持“四个面向”，致力于教育现代化发展，主动服务于中华民族伟大复兴，服务于国家乡村振兴战略，服务于中国农业科学院“两个一流”建设、我国农业农村科技整体跃升和农业农村现代化。

坚持立德树人。始终坚持党的教育方针和社会主义办学方向，把立德树人作为研究生教育的根本任务，构建长效机制，实现全员全程全方位育人，着力培养以强农兴农为己任、具备“大国三农”情怀、“懂农业、爱农村、爱农民”、德智体美劳全面发展的高层次专门人才。

坚持质量为本。建设高质量研究生教育体系，把促进研究生成长成才作为出发点和落脚点，把提高质量作为研究生教育的生命线和中心任务，健全完善培养体系，注重激发内生动力，大力提升研究生的创新精神、创新能力和综合素质，推进农科研究生教育内涵式发展。

坚持统筹发展。把举全院之力把研究生教育落到实处，统筹学科和学院合理布局，统筹院所两种资源，统筹不同层次、不同类型研究生教育及乡村振兴服务协调发展，充分调动各种积极因素，大力提升研究生教育能力。

坚持科教融合。深化研究生教育体制机制、培养模式及保障机制改革，研学结合、院所结合、协同创新，引导各研究所从科研机构向科教机构转变，引导科研人员向科教人员转变，全院一盘棋，科教互融互促，夯实研究生教育发展根基。

坚持开放办学。加强与国内外高校、科研机构等各有关方面的交流与合作，深化高水平人才联合培养，营造良好的教学科研环境，提升国际竞争力，加快培养具有全球视野的高层次人才，打造国内外知名的农科研究生教育品牌。

我院研究生教育“十四五”期间的发展，要重点做好以下七个方面的工作。

第一，凝心铸魂，加强意识形态工作。以政治建设为统领，坚持社会主义办学方向，牢牢把握意识形态工作领导权。研究生院和各研究所要加强基层党组织建设，坚持师生党建分类指导、齐抓共管、一体推进，突出抓好研究生党支部建设和研究生党员发展、教育、管理、服务工作。大力推进习近平新时代中国特色社会主义思想进课堂、进教材、进头脑，进一步加强思政课程和课程思政建设，构建“研究生院—研究所—科研团队—导师”共同负责的思政教育工作体系。贯彻落实《新时代爱国主义教育实施纲要》，把培育和践行社会主义核心价值观融入育人全过程。

第二，统筹谋划，布局一流学科建设。遵循研究生教育规律和农业科研规律，促进全院教育学科与科研学科互融互促，实施教育学科建设与科研团队、科技项目、科技平台一体化发展战略，集中力量打造一批学科高地。从研究生指标、创新工程经费分配、科研条件保障等方面给予倾斜支持，持续巩固和扩大作物学、植物保护、畜牧学、兽医学学科优势，不断夯实生物学、农业资源与环境学科基础，深入挖掘园艺学等学科潜力。大力扶植、培育新兴、交叉学科，深入推进“新农科”建设。以博士一级学科为基础，分步实施，健全完善兽医学院，办好深圳研究生院，谋划创办成都分院、三亚分院。

第三，多管齐下，推动高层次人才培养。充分把握农业农村部与教育部共建中国农业科学院研究生院契机，积极争取增加博士生招生指标。扩大推免生、硕博连读生、直博生数量，提升生源质量。进一步深化招考制度改革，全面推行博士生招生“申请—考核制”。强化分类培养，突出学术学位研究生科教融合，提高知识创新能力；突出专业学位研究生产教融合，提高实践创新能力。进一步深化教育教学改革，优化课程体系，加强课程建设与教材建设。健全研究生教育质量保证和监督体系，强化过程管理，严格出口把关。

第四，立德树人，打造高水平师资队伍。加强高水平师资队伍引进与培养，建立健全课程建设成果奖励机制，鼓励支持院士、团队首席、导师、退休高级专家等参与课程教学。进一步强化导师育人职责，加强导师岗位选聘、管理及培训，完善导师招生资格年审和动态调整机制。强化师德师风建设，按照“四有好老师”和“四个相统一”要求，多维度建立健全师德师风建设长效机制，努力造就政治素质过硬、师德师风高尚、业务能力精湛、育人水平高超的高素质师资队伍。

第五，开放合作，树立国际教育品牌。全面完善来华留学生招生“申请—审核制”，不断优化留学生生源结构、学缘结构和层次结构，着力扩大生源多样性。全面完善留学生教育管理和质量保障体系，实行留学生教学、科研培养“趋同管理”。提升“留学农科”品牌的国际影响力和竞争力，培养知华、亲华、友华和具有“农科”情结的高层次国际化人才。深化拓展与世界一流大学、学术机构和国际组织的合作与交流，积极探索中外联合培养新模式。发展扩大中国农业科学院研究生国际交流奖学金，鼓励、支持教师、学生“走出去”。

第六，深化改革，推进研究生教育健康发展。打破“两段式”培养过程中的障碍，明确院所两级在研究生培养全过程的责任，强化互联互通、互融互促，实现“贯通式”培养。进一步深化研究生教育体制机制改革，加快推进研究所研学合一步伐。研究所党政主要负责人是本所研究生教育的第一责任人。要认真落实各方权利和责任，调动各方积极性和主动性，释放全院研究生教育的活力。

第七，多措并举，完善校园条件和文化建设。加大北京中关村、马连洼校区基础条件改造建设力度。进一步加强哈尔滨、深圳、成都、三亚等校区规划设计，积极稳步推进各类建设项目。紧紧把握首都功能区布局建设契机，争取雄安校区立项建设。按照现代教育教学及管理要求，加强智慧校园建设，着力提升教育信息化水平。加强学风和学术道德教育，健全学术诚信体系，大力弘扬社会主义先进文化，加强耕读教育，培育独具中国农业科学院特色的校园文化。

四、扎实做好 2021 年工作，为“十四五”开好局，起好步

2021 年是“十四五”开局之年，要进一步深入学习领会习近平新时代中国特色社会主义思想，全面贯彻落实中央有关精神及教育部、农业农村部的安排，强化意识形态工作，巩固拓展疫情防控和教育改革发展成果，为建设高质量研究生教育体系立柱架梁，推进全院研究生教育治理体系和治理能力现代化，为胜利实现“十四五”发展目标开好局、起好步，以优异成绩迎接建党 100 周年。

（一）加强党的建设，强化思想政治教育

进一步深入学习领会习近平新时代中国特色社会主义思想和党的十九届五中全会精神，认真贯彻落实习近平总书记对研究生教育的重要批示精神、对我院的贺信精神、给全国涉农高校书记校长和专家代表的回信精神等。全面加强党的领导，全面加强思政教育，树牢“四个意识”，坚定“四个自信”，做到“两个维护”。研究生院及各研究所要抓牢抓实党委管党治党、办学治院的主体责任。

（二）强化顶层设计，谋划“十四五”研究生教育发展

统一思想、凝聚共识，认真编制好《中国农业科学院“十四五”研究生教育发展规划》，明确“十四五”研究生教育发展目标和重点任务，强化规划的实施和监督。中国农业科学院各有关“十四五”发展规划、各研究所“十四五”发展规划，也要给予研究生教育足够的重视，切实加强研究生教育相关内容及落实工作，共同推动研究生教育事业跨越发展。

（三）推进招生改革，全面实施博士生“申请—考核制”

2021 年，我院全面实行博士生招生“申请—考核制”，这是提高培养质量、实现研究生教育内涵式发展的有效途径。要建立健全院所两级全程监督机制，确保程序规范透明，同时也要有效保障导师的招生自主权；要完善选拔评价标准，科学判断考生学术潜质和科研能力，充分发挥招生考核组作用，强化集体决策，确保生源质量；要明晰研究生院和各

研究所的责任，院所联动，共同做好招生各环节的工作，切实维护科学规范、公平公正。完善机制，加大工作力度，继续扩大推免生、硕博连读生、直博生招收数量。

（四）补齐教育短板，着力增强学科综合竞争力

坚持内涵式发展，充分利用第五轮学科评估的契机，深入推进一流学科建设。对标第五轮学科评估的新要求、新特点、新变化、新趋势，针对学科评估参评工作中发现的思政教育、教材编写、学生国际交流等薄弱环节，扎实开展改进提升工作。要加强思政教育，健全“十大育人”体系；要加强教材及教师队伍建设，积极申报教育部门各类教育奖项；要加强与国内外高水平大学和科研机构合作，完善制度保障，拓宽经费渠道，为研究生出国交流学习创造有利条件，营造良好氛围。

（五）深化交流合作，进一步提升国内外影响力

加强与浙江大学等“双一流”建设高校的研究生联合培养，深化与瓦赫宁根大学等国外知名高校的实质性合作，积极探索中外合作办学和联合培养的新方式、新内容。加强宣传，尽快完善留学生招生、培养、资助体系，提高留学生培养质量。要把研究生教育国内外合作与我院院地合作、国际合作紧密结合，服务我院新时期“两个一流”发展战略。

（六）强化院所协同，做好研究生管理和校区建设

抓好《中国农业科学院关于进一步加强研究生教育管理工作的若干意见》《关于加强新时代研究生党员教育管理工作的意见》和《中国农业科学院客座学生管理办法》的落实。各研究所要尽快按要求成立专门研究生管理机构，配齐配强专职管理人员，提高研究生教育管理专业化水平。进一步探索完善教育教学管理机制，推进兽医学院、深圳研究生院建设提质增效。加快推进马连洼研究生公寓楼建设，确保按期投入使用。加强成都校区、三亚校区谋划规划设计，服务科技创新，完善研究生教育区域布局。

同志们，党的十九届五中全会开启了全面建设社会主义现代化国家的新征程。新时代农科研究生教育，责任重大，使命光荣。让我们紧密团结在以习近平同志为核心的党中央周围，开拓进取，为农业农村现代化和乡村振兴高层次人才的培养作出新的更大的贡献。

谢谢大家！

张合成书记在研究生教育工作会上的讲话

2021 年 1 月 20 日

这次研究生教育工作会议，是一次十分重要的会议，是继第四次人才工作会议、科研工作会议、成果转化工作会议之后，我院近期召开的又一个重要的专题会议。特别是在 2021 年度中国农业科学院工作会议期间套开，院领导悉数出席，更加凸显了重要性。这次会议总结我院研究生教育“十三五”成就，谋划“十四五”发展，部署 2021 年重点工作，准备充分、安排紧凑、主题明确、重点突出，为做好今年和今后一个时期研究生教育工作、着力构建高质量教育体系、加快“两个一流”建设、努力开创研究生教育发展新局面，进一步凝聚了共识、明确了方向、增添了信心和决心，达到了会议预期的目的。下面，我从三个方面对本次会议进行总结。

一、统一思想，圆满完成会议各项任务

（一）总结了“十三五”研究生教育取得的重要成就

刚才，唐华俊院长的报告系统总结了“十三五”研究生教育取得的一系列不凡业绩：教育规模大幅增长、人才培养成果丰硕，培养体系更加完善、学科水平跃居前列，开放办学持续推进、办学活力显著提升，体制机制不断创新、教育改革持续深化，充分发挥了党在研究生教育工作中的领导作用，牢牢掌握意识形态工作领导权，为农业科技创新和农业农村现代化建设培养了大批高层次人才。

（二）明确了“十四五”研究生教育的基本遵循

习近平总书记关于研究生教育工作的重要指示和 2020 年 7 月召开的全国研究生教育工作会议，为我院研究生教育工作指明了方向。党的十九届五中全会对高等教育、农业科技、“三农”工作作出了明确部署。根据总书记的指示和中共中央的决策部署，唐华俊院长的报告明确提出，我院研究生教育“十四五”的发展，要遵循“六个必须坚持”：坚持服务需求、坚持立德树人、坚持质量为本、坚持统筹发展、坚持科教融合、坚持开放办学。

（三）聚焦了新时期研究生教育的重点任务

唐华俊院长的报告对标习近平总书记关于研究生教育、高校思想政治工作等系列重要指示精神和党的十九届五中全会精神要求，从加强意识形态工作、布局一流学科建设、推动高层次人才培养、打造高水平师资队伍、开放合作办学、深化教育改革、完善校园条件和文化建设七个方面提出了“十四五”时期我院研究生教育的重点任务，对2021年重点工作作出部署，目标明确、任务具体，为我院推进新时期研究生教育工作提供了行动指南。

（四）交流了各培养单位的好做法好经验

本次会议提供的书面交流材料，非常有借鉴和参考价值。刚才，7个研究生培养单位的发言，都是非常生动的典型。蔬菜所对客座学生的管理，措施到位，决心很大；环发所介绍回所课程的组织开设和教师队伍建设，非常透彻；牧医所注重研究生管理及教学质量提升，很深入，尤其是特别重视提高生源质量；哈兽研分享兽医学院的创办历程，先行先试，投入了大量人力物力财力，创造了很好的经验，而且还在不断创造好经验，开设了生物安全这样一些非常重要的前沿课程；兰兽研留学生教育特色鲜明，因所制宜，擦亮了“留学农科”品牌；环保所抓党建、促教育，2020年有7名学生入党，抓得好；基因组所抓前沿交叉学科进课堂，聚焦信息技术、生物技术等前沿领域，抓得对、抓得准，应该大力支持；此外，还有作科所开展大学生暑期夏令营活动，提高了对优秀学生的吸引力。这些都是非常好的经验，大家要认真研究、借鉴。

二、突出重点，抓好会议精神的贯彻落实

抓好本次会议精神的贯彻落实，首先要落实好唐华俊院长的报告，落实好“十四五”期间的七大任务和2021年的六项重点工作。要把7个交流发言单位的好经验、好做法转化成本单位的做法。为落实好这次会议精神，我再强调六个方面。

（一）一定要重视生源质量

目前，各研究所都高度重视研究生招生数量，努力想多争取几个招生指标。今天的会议上，研究生培养质量谈得不多。要提高研究生培养质量，首先要重视生源质量。刚才，牧医所发言中提到了质量，有三组数据：一是硕士推免生比例，目前是30%，目标争取达到50%。我很赞赏这种提法，牧医所推免生来自“211”高校的学生现在占到1/3，能否达到1/2？二是学生报录比，硕士报录比现在达到了4∶1，在全院各研究所

中这个比例已经很高了，将来能否把比例再提高一点？博士报录比是 7∶1，下一步能否再提高一点？三是招收博士生中毕业于“211”高校的比例，现在已经达到了 50%，下一步能否把目标定到 70%~80%？生源质量衡量指标要清晰、要有目标，各研究所要仔细测算。我院的“产品”除了论文、专利等科研成果之外，就是培养的人才，“产品”的竞争力就是我院的核心竞争力。研究生是活跃在我院科技创新一线的人才，他们素质的高低与我院的核心竞争力密切相关。没有高水平的生源，就难有高水平的研究生和“两个一流”的中国农业科学院。要通过以下几个措施进一步加强：一是学习借鉴作科所的做法，邀请高水平大学的本科生、硕士生走进研究所，了解我院的科研实力、辉煌成就和卓越贡献。二是研究生院和各研究所要积极“走出去”，到高水平大学开展招生宣传，把中国农业科学院的“无价之宝”介绍给国内外名牌大学。三是以提高生源质量为出发点推进招考制度改革。博士生招生“申请—考核制”是生源质量提升的一个核心措施，各研究所一定要执行好。

（二）一定要提升教学质量

提高教学质量在高校是核心工作，在我院也是核心工作。教学跟科研、转化同等重要，都是头等大事。一是课程建设。牧医所承担了 10 门集中教学课程以及 11 门回所课程，门门抓得都很紧。各单位要加大课程建设力度，把每一门课都作为精品课程对待，争取建设一批全国特色课程。在教学实践过程中，要把我院的高端科研资源优势转化成教学优势，让研究生一定能够感受到在我院课程学习与课题研究的特色。二是学术活动。我院研究生参与学术活动程度不高，发言不够踊跃。各研究所、导师要大力支持研究生参加学术活动，引导他们在学术活动中积极讨论问题，营造良好学术氛围。三是课程体系。要根据现代农业与学科发展趋向，及时更新完善与之相适应的课程体系。基因组所已经在生物学前沿交叉领域作出了教学安排，兽医学院已开设了“生物安全”这门重要课程。其他学科相关重要的课程也要尽快开起来。四是教材建设。每一门课程都要有教材或讲义作基础，不能只有 PPT。要组织编写精品教材，建立具有中国农业科学院特色的教材体系，做成我院的品牌。

（三）一定要提高师资质量

一是与学生密切相关的导师、教师、辅导员、管理员四支队伍都要管起来。凡是涉及引导学生、教育学生、管理学生及跟学生的成长培养密切相关的人员都要统一管理、统一要求，学生事无小事。二是要把师德师风放在首位。2020 年导师培训班上，我对新任导师进行集体政治谈话时强调了三点：教书育人、立德树人、为人师表。各研究所要进一步加强日常管理和教育，党政主要负责人要切实落实好师德师风建设第一责任人责任。三是要引进培育一批名师。刚才有研究所提到了名师进课堂，不仅我院的科学家要进课堂，还要邀请院外知名专家学者进课堂。同时，我们也要自主培养一批名师，予以表扬表彰，发挥示范引领作用。

（四）一定要加强管理效能

明确并认真落实院所两级在研究生培养全过程的责任，在研究生教育管理上一定要各司其职、尽职尽责，结合各自特点把“两段式”培养的优势充分发挥出来。重点做好以下几方面工作。一是研究生院要敢抓、敢管、敢担责。为了加强研究生教育工作，我院专门成立了研究生教育工作领导小组，办公室设在研究生院。这是院党组给研究生院的授权，各研究所要积极配合研究生院开展好各项工作。二是研究所要做到有人抓、有人管、管到人。唐华俊院长的讲话已就各研究所成立研究生管理机构、配备工作人员提出了要求，院里也出台了相关文件。刚才，牧医所讲到成立了研究生工作处、配备了处级干部，做得很好。通过健全机构、配备工作人员，把在校生、客座学生、短期实习生三类学生都管起来。三是要加强全方位管理。研究生管理不仅要管学习、管科研、管生活，更要管思想，既要管党员，也要管非党员。学生的意识形态和思想政治工作不仅是针对党员，非党员也要同样重视。四是要加强优秀毕业生表彰和校友服务。每年要评选一批品学兼优的毕业生，在院级层面宣传、表彰和奖励，这是我院研究生教育的优秀“产品”。同时，加强校友联络，每年邀请若干优秀杰出校友返校，展示校友风采，增强母校情怀。

（五）一定要完善教育体系

一是研究生院院部的建设重点抓好两件事。第一件事是教学生活设施的改善；第二件事是干部职工队伍能力水平的提升，研究生院相当于一个大学的总部，要从这个角度来提升认识。二是学院建设和各研究所机构建设。各研究所研究生管理机构的建设，牧医所已经做了样板。关于学院的建设，要认真学习借鉴兽医学院的经验。要重点加强马连洼院区的规划和设计，尽快出台方案。深圳、成都、三亚几个分院的建设，要跟上节奏。三是高起点、战略性谋划中国农业科学院大学建设。中国农业科学院大学建设不是为了要一个大学的牌子，而是为了从根本上解决我院的研究生生源质量问题。为国家培养一流人才，这是建大学最根本的初心，这个初心任何时候都不能丢。四是打造国内外教育合作品牌。把来华留学生教育、联合培养和国际交流这三件大事做好，进一步扩大“留学农科”品牌影响力，加强与国内外高水平大学的交流与合作，做大做强国内外联合培养，形成品牌效应。

（六）一定要加强意识形态工作

这次中央巡视专门提及研究生意识形态工作，为加强学生的意识形态工作，研究生院和各所党委要齐抓共管几件事。一是三个“第一课”要尽快上好。要上好院情、所情教育的第一课，加强农科情怀教育。中国农业科学院的研究生要知所情、知院情，爱所爱院。要上好“三农”情怀的第一课，打好“一懂两爱”的基础，学农科的学生，不爱农，就学不好。要上好“四个自信”的第一课，我已经走进课堂，开始讲课了。同志们要把这一课讲起来。二是科学理论武装和意识形态的课程要必修。这些课程不是可有可无、可上可不上的，也不是谁讲都可以的。主讲教师、教学方式、授课内容，这些都要有明确的要求。三是意识形态的教育要常抓不懈。特别是涉及意识形态的规则，不能被潜规则所替代，不能被“高级黑”和“低级红”所替代。四是各所的党委书记要专题研究学生思想政治工作。要把研究生思想政治工作纳入重要议事日程。

三、加强领导，真正把各项工作落细落小

（一）全面加强党的领导

学生工作，教育工作，一定是坚持党的领导。研究生院一定要把党委领导落实好。研究生院院长由唐华俊院长兼任，经请示农业农村部党组同意研究生院正式设立了执行院长，由常务副院长或法定代表人主持行政工作，称谓为执行院长，履行院长日常工作职责。党委领导和执行院长负责这两件事都要落地、落实到位。各研究所也要加强党对研究生教育的领导。

（二）全院上下形成合力

研究生院和各研究所要密切协作、形成合力，根据“院所结合、两段式培养”的办学实际，健全完善院所联动、分工明确、责任明晰的研究生教育管理工作机制，使全院形成一盘棋，拧成一股绳，汇成一股气，更好地举全院之力办好研究生教育。各位院领导、党组成员和院机关各部门要全力支持研究生院开展工作，及时解决研究生教育过程中的困难和问题。

（三）务实工作抓落实

各单位要落实建设高质量教育体系的政策导向和重点要求，准确把握“十四五”时期教育改革发展的宏观形势，锚定我院“十四五”研究生教育的发展目标，进一步

解放思想、改革创新、担当实干，一步一个脚印踏实走，一棒接着一棒往前冲，在推动我院研究生教育高质量发展中实现更大作为、取得更大成就。

（四）加强宣传工作

要树立大宣传的工作理念，积极适应新媒体环境对新闻宣传的新要求，善于用互联网思维来加强新闻宣传工作，把握好宣传的方向，加强宣传的力度，拓宽宣传的渠道，紧紧围绕我院研究生教育改革发展取得的成绩，开展多层次、宽领域、全方位的宣传工作，使一批有分量、有深度、有影响的报道见诸媒体，扩大我院研究生教育的知名度和影响力。院办公室要高度关注、共同加强研究生教育宣传工作。

同志们，“十四五”是开启全面建设社会主义现代化国家新征程的第一个五年，是全面实施创新驱动发展战略和乡村振兴战略，推动实现农业农村现代化的关键时期。作为农业科研国家队办好研究生教育，为党和国家事业发展培养造就大批德才兼备的高层次人才，我们责无旁贷、使命光荣。我们要紧密地团结在以习近平同志为核心的党中央周围，坚持“四个面向”“两个一流”，凝聚共识，主动作为，抢抓机遇，乘势而上，努力开创“十四五”我院研究生教育新局面，为农业科技创新、农业农村现代化和乡村振兴作出新的更大贡献，以优异成绩献礼中国共产党成立100周年！

八、综合政务管理

唐华俊院长在2021年第1次中国农业科学院党组理论学习中心组（扩大）学习会上的讲话

2021年1月11日

同志们：

这次院党组中心组学习的主题是，认真学习领会中央经济工作会议、中央农村工作会议和全国农业农村厅局长会议精神，切实把思想和行动统一到会议精神和中央决策部署上来，进一步研究谋划我院“十四五”发展战略和2021年重点工作任务，大力推进农业科技创新，为支撑引领乡村振兴取得新进展、推动农业农村现代化迈上新台阶，提供坚强有力的科技战略支撑。

结合学习领会中央有关精神，以及农业农村部关于做好“三农”工作的部署要求，我谈三点认识和体会。

一、提高政治站位，深刻领会和把握总书记关于“三农”工作重要论述

中央农村工作会议和全国农业农村厅局长会议对2021年“三农”重点工作和“十四五”任务举措做了部署安排。习近平总书记出席中央农村工作会议并作了重要讲话。习近平总书记的讲话立足中华民族伟大复兴战略全局和世界百年未有之大变局，深刻阐述了一系列事关新发展阶段农业农村改革发展的重大理论和实践问题，释放了新发展阶段持续重农强农的明确信号，发出了新政策全面推进乡村振兴的总动员令，对巩固拓展脱贫攻坚成果、全面推进乡村振兴、加快农业农村现代化提出了明确要求。我们要把学习领会习近平总书记重要讲话精神作为当前和今后一个时期的重大政治任务，全面理解核心要义和精神实质，准确把握、真抓实干。

牢牢把住粮食安全主动权是稳住农业基本盘的重中之重。习近平总书记强调，从世界百年未有之大变局看，稳住农业基本盘、守好“三农”基础是应变局、开新局的“压舱石”，要牢牢把住粮食安全主动权，粮食生产年年要抓紧。民为国基，谷为民命。党的十八大以来，我国农业综合生产能力上了新台阶，粮食产量连续6年稳定在1.3万亿斤以上，粮库里的稻米、小麦两大口粮够14亿中国人吃一年以上。但是在这样的好形势下，我们仍然不能放松神经。粮食不是一般商品，而是关系到每一个人基本生活的特殊商品，这从2020年以来全球流行的新冠疫情中可见一斑——新冠疫情期间有18个国家限制粮食出口，全球供应链受冲击后一度引发恐慌；而我国粮食和重要农产品供给

充裕，民生安稳。当前国际环境日趋复杂，不稳定性和不确定性日益增加，经济全球化遭遇逆流。如果过多依靠用人家的地、吃人家的粮，终究会在吃饭问题上被“卡脖子”。对于人口大国来说，饭碗必须牢牢端在自己手里，要夯实粮食安全根基，坚持质量兴农、绿色兴农，不断满足人民对美好生活的新期待。

全面推进乡村振兴是“三农”工作重心的历史性转移。2021 年是“两个一百年”奋斗目标交汇点，是从脱贫攻坚转向全面推进乡村振兴的关键时点，国内外发展环境发生深刻复杂变化，风险挑战明显增多。习近平总书记在中央农村工作会议上深刻指出，脱贫攻坚取得胜利后，要全面推进乡村振兴，这是“三农”工作重心的历史性转移，要求举全党全社会之力推动乡村振兴，促进农业高质高效、乡村宜居宜业、农民富裕富足。民族要复兴，乡村必振兴。打好脱贫攻坚战是实施乡村振兴战略的优先任务。现在，我们的使命就是全面推进乡村振兴，做好从脱贫攻坚到乡村振兴的有效衔接与转型，做好从全面建成小康社会到全面实现现代化的有效衔接与转型，这两大衔接与转型先后接续相继，是中国经济社会发展的大转型。

解决好种子和耕地的问题是支撑服务“三农”发展的重点任务。习近平总书记强调，要坚持农业科技自立自强，加快推进农业关键核心技术攻关。把住粮食安全的主动权，一是靠种子，二是靠耕地。一粒种子可以改变一个世界。种业是科技创新能力的重要体现。目前我国自主选育品种面积占比超过 95%，但部分农作物品种单产仍与国外有较大差距。许多作物、畜禽的核心种源对外依存度偏高。种子问题不解决，农业生产就有面临被“卡脖子”的风险。习近平总书记指出，“要严防死守 18 亿亩耕地红线，采取‘长牙齿’的硬措施，落实最严格的耕地保护制度。要建设高标准农田，真正实现旱涝保收、高产稳产。要把黑土地保护作为一件大事来抓，把黑土地用好养好。”东北黑土地是世界三大黑土带之一，面积 103 万平方千米，是我国农业生产规模化、机械化程度最高的区域。但受自然和人文因素的双重作用，黑土地自然肥力及生态机能有逐年退化趋势，在粮食产量硬约束下，保护黑土地依然任重而道远。

二、聚焦保供给，集中力量为解决种子和耕地“两个要害”问题提供强有力的科技支撑

中央农村工作会议和农业农村厅局长会议已经明确了今年和未来一段时期我国“三农”工作的重点任务。种子上，要坚持把科技自立自强摆上农业农村现代化的突出位置，集中资源、集中力量、集中攻关、集中突破。在保护资源、自主创新、做强企业、建好基地和管控风险上下功夫，坚决打好种业翻身仗，实现重要农产品的种源自主可控。耕地上，要稳数量、提质量，守住粮食安全生产的命根子。严防死守 18 亿亩耕地红线，坚决遏制耕地“非农化”、防止“非粮化”，加强高标准农田建设，切实保护好东北黑土地。

中央农村工作会议对农业科技也提出新要求。当前，以生物技术和信息技术为特征

的新一轮农业科技革命正在孕育大的突破，作为一个农业大国，我国更应当加快推进农业关键核心技术攻关。科研机构要拿出攻破“卡脖子”技术的干劲，早日实现粮食等重要农产品的种源自主可控；种业企业要积极朝着技术创新主体地位努力，早日形成能够和国际种业巨头同台竞技的实力。

一是围绕种业创新，打好种业翻身仗。种子是农业的“芯片”，我国种业近年来有了一些的进步，但与国际先进水平还有很大的差距。反观我国半导体行业，这两年进步特别大，从材料、设备到加工制造环节，几乎每隔段时间都有新的突破，目前基本解决了 28 纳米以下制程的“卡脖子”问题。事实证明，只要系统谋划、集中力量，就一定能办好大事。但是我国种业一直没有太大进步，主要原因，还是我们没能下定决心，没有很好地系统布局这件工作。对于中国农业科学院而言，这是一次重大机会。要做好农作物和畜禽良种培育重大项目部署安排。在上游，要布局好种业创新的基础设施，要推进作物种质资源库建设、畜禽种质库立项和农业微生物库规划工作，牵头做好第三次种质资源普查工作，深入推进种质资源的保存鉴定和挖掘利用工作。在中游科研攻关环节，要布局“卡脖子”关键技术突破，比如作物高光效、育种工具、基因编辑、合成生物学、表型组学等重大基础理论或育种方法研究。在下游，要牵头推动优质品种的推广和配套技术的集成示范，努力填补科学试验和生产实践的单产“鸿沟”。

二是围绕重大动植物疫病防控，确保农业生物安全。动植物疫情防控事关国家生物安全和公共卫生安全，事关农业健康发展和人民生命健康安全。我国陆地边境线和海岸线漫长，接壤国家多，与各国人员货物往来日益频繁。加强动植物疫情防控体系建设，对于保障国家种植业和养殖业生产安全、公共卫生安全乃至国家总体安全都具有不可替代的重要作用。对于我院而言，一方面要加大对动物防疫体系基础设施、农作物病虫害监测预报基础设施的谋划与建设力度；另一方面要加大科技支撑力度，为草地贪夜蛾、小麦条锈病等植物病虫害的防灾减灾和非洲猪瘟等动物疫病的防控提供科学有效的技术支撑。

三是围绕农业投入品研制，促进农业高质量发展。农业发展质量一方面体现在农产品的质量上。多年来，我国农业在实现产量快速增长、供给日益丰富的同时，也面临着产品质量不高、结构不优等问题。人们对农产品的要求已经由“吃得饱”向“吃得好”“吃得放心”转变，对农产品安全质量和品质提出了更高要求。农业发展质量还体现在农业对环境的影响上。长期以来，由于一些地区在农药、化肥、农膜等化学投入品上存在过度和不合理使用的情况，对农业环境造成了一定程度的污染；一些地区对地下水的过度开采，造成了较为严重的水资源环境危机。这些问题的存在，不仅制约着农业自身的健康可持续发展，而且还对农村生态环境质量产生了不容小觑的负面影响。农业要实现高质量发展，必须依靠科技创新突破资源环境约束，依靠科技创新提高农业发展质量和效益。对于中国农业科学院而言，要加大肥料、农药、兽药、饲料及饲料添加剂的研发力度，努力提供绿色高效农业投入品，提高农业生产能力的同时增加农产品产量、提升质量。

四是围绕“藏粮于地”，强化科技支撑。习近平总书记多次对黑土地保护提出重要指示，要求坚持用养结合、综合施策，确保黑土地不减少、不退化，保护好黑土地这一“耕地中的大熊猫”。我院自 2015 年以来，启动实施了“东北黑土地保护协同创新行动”，提出适合东北典型生态类型区的黑土地保护关键技术与规范，初步构建黑土地保护工程技术与支撑保障体系，但是阻止黑土地退化任务依然艰巨。要认真总结现有经验，统筹衔接东北黑土地保护利用、东北黑土地保护性耕作、农作物秸秆综合利用、畜禽粪污资源化利用、高标准农田建设以及现代农机装备等方面的研究力量和项目，积极探索更多黑土地保护和高标准农田建设模式。要充分发挥中国农业科学院土壤、植物营养、农业遥感、农业节水等多学科优势力量，加快耕地质量提升、农田污染防治、旱作农业、节水灌溉、农业废弃物综合利用等科技创新，集中突破西北盐碱地综合治理、南方红黄壤酸化改良、华北农田耕层保持与水分养分管理、高标准农田建设等科技瓶颈，推动我国耕地地力的整体提升，为国家粮食安全夯实基础支撑。

三、围绕重点任务，做好下一阶段工作

“十四五”是我院加快建设“两个一流”现代院所的战略机遇期。中国农业科学院作为农业科研国家队，要认真贯彻落实党的十九届五中全会、中央农村工作会和全国农业农村厅局长会议精神，提高政治执行力，以服务国家战略需求为导向，加强推进农业科技创新。下一阶段要围绕一个重点，就是加强国家战略科技力量建设。

一是围绕国家使命，组织实施一批重点科研任务。聚焦粮食安全与重要农产品有效供给、农产品优质化高质化品牌化、耕地保护与质量提升、重大动植物疫病防控、农业绿色可持续发展、农业机械化智能化、农业生物技术、农业大数据与人工智能、乡村振兴与区域发展、农业基础性长期性工作等重大使命，制定中国农业科学院科研使命清单，凝练提出“十四五”重点科研任务清单，进一步检视我院的学科设置和科研任务布局，做到“有所为有所不为”，集中资源、集中力量、集中攻关、集中突破，加快取得一批重大科学发现，破解一批产业“卡脖子”技术，创制一批重大科技产品，更好支撑农业稳产保供和农业农村高质量发展。

二是加快构建高水平科技平台体系。党的十九届五中全会《中共中央关于制定国民经济和社会发展第十四个五年规划和 2035 年远景目标的建议》指出，要强化国家战略科技力量，推进国家实验室建设，重组国家重点实验室体系。高标准建设国家实验室、系统优化国家重点实验室体系布局是强化国家战略科技力量的重要抓手，也是我院作为农业科研国家队主动适应国家发展战略、对接国家重大需求、担负新时代国家战略科技力量使命的现实要求。我院要从解决事关国家安全、国计民生等根本性问题的战略高度出发，建设种业国家实验室，实现重要农产品的种源自主可控，保障国家粮食安全；要从孕育重大原始创新、突破一批关键核心技术的角度出发，建设作物基因资源、蔬菜生物学、油料作物生物学、农业资源高效利用等国家重点实验室，建设农作物基因

改良、农业生物安全等国家研究中心，推动农业绿色安全高质量发展，形成代表国家水平、在国际上拥有话语权的科技创新实力；要从夯实农业科技发展基础、提升科技创新水平的角度出发，在农作物有害生物监控、农业资源高效利用等国家野外科学观测研究站，建设一批国家科技资源共享服务平台，大力提升基因种质、信息数据、设施装备等创新资源供给质量和效率，全面提升科技条件保障能力。

三是加强人才队伍建设。突出用人主责，按照第四次人才工作会议部署，各部门、各单位要坚持久久为功抓落实，保证各项任务落地落实。强化顶层设计，科学谋划“十四五”人才规划，确保规划能用、管用、好用，提高院所人才工作的计划性。坚持质量为先，实施高层次人才精准引进行动，强化与重大任务攻关、重大平台建设的紧密融合，切实提高人才队伍质量，打造一支为国家所倚重的科技战略力量。优化创新环境，持续推进人才机制改革，健全以创新能力、质量、实效、贡献为导向的人才评价体系，推行开放、高效、灵活的聘用制度，提高事业留人的吸引力，激发各类人才创新活力。重视精神激励，大力弘扬新时代科学家精神，营造严谨治学、担当作为的优良学风，营造基于信任的管理文化，引导人才致力科技自立自强。

张合成书记在 2021 年第 1 次中国农业科学院党组理论学习中心组（扩大）学习会上的讲话

2021 年 1 月 11 日

同志们：

今天我们召开院党组理论学习中心组（扩大）学习会，主要任务就是深入学习领会习近平总书记重要讲话精神，学习贯彻党的十九届五中全会、中央经济工作会议、中央农村工作会议以及全国农业农村厅局长会议精神，贯彻落实部党组关于“十四五”和 2021 年农业农村工作的部署要求，切实把思想和行动统一到党中央以及部党组的决策部署上来，进一步研究谋划我院“十四五”发展战略和 2021 年重点工作任务。这次中心组学习会，我们专门安排了传达学习环节，并且把范围扩大到各部门各单位的领导班子成员、处级干部、支部书记，以及创新团队首席专家，重点就是传达精神、集体学习、凝聚共识、统一行动。

这次中心组学习，我们用了整整一天的时间，开展了学习交流，进行了深入研讨。全体院领导、院机关各部门和承担全院性专题工作机构的主要负责同志都作了交流发言，大家准备很充分、学习很认真、交流很深入、思考很到位、主题很聚焦，对照中共中央、农业农村部党组关于“十四五”和 2021 年做好农业农村工作的目标要求，找准了工作定位，谋划了发展思路，提出了奋斗目标，研讨了主要任务，会议取得了丰硕成果。刚刚唐华俊同志的讲话，基于参加中央农村工作会和全国农业农村厅局长会议、以及农业农村部党组专题会议的亲身经历，对会议精神进行了再传达、再学习，非常重要。唐华俊院长对我院深入贯彻落实会议精神和部党组要求做出了明确部署，强调要加强国家战略科技力量建设，聚焦保供给，集中力量为解决种子和耕地“两个要害”问题提供强有力的科技支撑，我们要认真学习领会，抓好贯彻落实。下面，结合本人学习思考，从四个方面谈一下学习体会，也是传达会议精神，提出贯彻落实的要求。

一、认真学习领会中央农村工作会议主要精神

中央农村工作会议 12 月 28—29 日在北京举行。习近平总书记出席会议并发表重要讲话。李克强总理主持会议。中央政治局常委全部出席会议。会议规格之高、规模之大，多年未有，令人振奋。这次会议是继 2013 年、2017 年之后，习近平总书记第三次出席中央农村工作会议并作重要讲话。习近平总书记特别指出，这次是主动提出来到会讲一讲，在“两个一百年”奋斗目标的交汇点，在从脱贫攻坚转向全面推进乡村振兴

的关键时点，面对国内外发展环境深刻复杂变化和风险挑战明显增多的严峻形势，习近平总书记全面部署新阶段新征程“三农”工作，充分体现了以习近平同志为核心的党中央对“三农”工作一以贯之的高度重视，意义非同寻常、影响极为深远。学习贯彻习近平总书记重要讲话精神，重点要领会和把握五项要求。

第一，要真抓实干做好新阶段“三农”工作。会议强调，领导干部要胸怀党和国家工作大局。一方面，从中华民族伟大复兴战略全局看，民族要复兴，乡村必振兴。我们党成立以后，充分认识到中国革命的基本问题是农民问题，把为广大农民谋幸福作为重要使命。改革开放以来，我们党领导农民率先拉开改革大幕。党的十八大以来，中共中央坚持把解决好“三农”问题作为全党工作的重中之重，把脱贫攻坚作为全面建成小康社会的标志性工程，组织推进人类历史上规模空前、力度最大、惠及人口最多的脱贫攻坚战，启动实施乡村振兴战略，推动农业农村取得历史性成就、发生历史性变革。要坚持用大历史观来看待农业、农村、农民问题，只有深刻理解了“三农”问题，才能更好理解我们的党、国家和民族。另一方面，从世界百年未有之大变局看，稳住农业基本盘、守好“三农”基础是应变局、开新局的“压舱石”。务必充分认识新发展阶段做好“三农”工作的重要性和紧迫性，坚持把解决好“三农”问题作为全党工作重中之重，举全党全社会之力推动乡村振兴，促进农业高质高效、乡村宜居宜业、农民富裕富足。

第二，要巩固拓展脱贫攻坚成果。会议指出，脱贫攻坚取得胜利后，要全面推进乡村振兴，这是“三农”工作重心的历史性转移。要坚决守住脱贫攻坚成果，做好巩固拓展脱贫攻坚成果同乡村振兴有效衔接，工作不留空档，政策不留空白。对脱贫地区产业帮扶还要继续，补上技术、设施、营销等短板，促进产业提档升级。中共中央决定，脱贫攻坚目标任务完成后，对摆脱贫困的县，从脱贫之日起设立5年过渡期。过渡期内要保持主要帮扶政策总体稳定。对现有帮扶政策逐项分类优化调整，合理把握调整节奏、力度、时限，逐步实现由集中资源支持脱贫攻坚向全面推进乡村振兴平稳过渡。

第三，要牢牢把住粮食安全主动权。会议强调，要严防死守18亿亩耕地红线。保耕地，不仅要保数量，还要提质量。要把黑土地保护作为一件大事来抓，把黑土地用好养好。要采取“长牙齿”的硬措施，落实最严格的耕地保护制度。会议进一步强调，稳产增产根本出路在科技。这一点也是我院作为农业科研国家队的基本定位和核心使命，要坚持农业科技自立自强，加快推进农业关键核心技术攻关。会议明确指出，要调动农民种粮积极性，要求地方各级党委和政府要扛起粮食安全的政治责任。要实行党政同责，“米袋子”省长要负责，书记也要负责。要深入推进农业供给侧结构性改革，推动品种培优、品质提升、品牌打造和标准化生产。要继续抓好生猪生产恢复，促进产业稳定发展。要坚持不懈制止餐饮浪费。

关于保障粮食安全，不仅这次中央农村工作会议作为重点进行全面部署，在此前召开的中央经济工作会议上，对保障粮食安全也进行了专章部署。中央经济工作会议明确，要解决好种子和耕地问题。保障粮食安全，关键在于落实藏粮于地、藏粮于技战略，要害是种子和耕地。要加强种质资源保护和利用，加强种子库建设。要尊重科学、严格监管，有序推进生物育种产业化应用。要开展种源“卡脖子”技术攻关，立志打一场种业翻身仗。要牢牢守住 18 亿亩耕地红线，坚决遏制耕地“非农化”、防止“非粮化”。要规范耕地占补平衡，要建设国家粮食安全产业带，加强高标准农田建设，加强农田水利建设，实施国家黑土地保护工程。要提高粮食和重要农副产品供给保障能力。要加强农业面源污染治理。

第四，要全面推进乡村振兴落地见效。会议强调，全面实施乡村振兴战略的深度、广度、难度都不亚于脱贫攻坚，必须加强顶层设计，以更有力的举措、汇聚更强大的力量来推进。要加快发展乡村产业，顺应产业发展规律，立足当地特色资源，推动乡村产业发展壮大。要优化产业布局，完善利益联结机制，让农民更多分享产业增值收益。要加强社会主义精神文明建设。加强农村思想道德建设，弘扬和践行社会主义核心价值观，普及科学知识，推进农村移风易俗，推动形成文明乡风、良好家风、淳朴民风。要加强农村生态文明建设。保持战略定力，以“钉钉子”精神推进农业面源污染防治，加强土壤污染、地下水超采、水土流失等治理和修复。要深化农村改革。加快推进农村重点领域和关键环节改革，激发农村资源要素活力。完善农业支持保护制度。尊重基层和群众创造，推动改革不断取得新突破。要实施乡村建设行动。继续把公共基础设施建设的重点放在农村，在推进城乡基本公共服务均等化上持续发力，注重加强普惠性、兜底性、基础性民生建设。接续推进农村人居环境整治提升行动，重点抓好改厕和污水、垃圾处理。合理确定村庄布局分类，注重保护传统村落和乡村特色风貌，加强分类指导。要推动城乡融合发展见实效。强化以工补农、以城带乡，加快形成工农互促、城乡互补、协调发展、共同繁荣的新型工农城乡关系。健全城乡融合发展体制机制，促进农业转移人口市民化。把县域作为城乡融合发展的重要切入点，赋予县级更多资源整合使用的自主权，强化县城综合服务能力。要加强和改进乡村治理。加快构建党组织领导的乡村治理体系。深入推进平安乡村建设。用好现代信息技术，创新乡村治理方式，提高乡村善治水平。

第五，要加强党对“三农”工作的全面领导。会议要求，各级党委要扛起政治责任，落实农业农村优先发展的方针，以更大力度推动乡村振兴。县委书记要把主要精力放在“三农”工作上，当好乡村振兴的“一线总指挥”。要选优配强乡镇领导班子、村“两委”成员特别是村党支部书记。要突出抓基层、强基础、固基本的工作导向，推动各类资源向基层下沉，为基层干事创业创造更好条件。要建设一支政治过硬、本领过硬、作风过硬的乡村振兴干部队伍，选派一批优秀干部到乡村振兴一线岗位，把乡村振兴作为培养锻炼干部的广阔舞台。要吸引各类人才在乡村振兴中建功立业，激发广大农民群众积极性、主动性、创造性。

李克强总理在主持会议时指出，习近平总书记的重要讲话，全面总结了党的十八大以来我国农业农村发展取得的历史性成就、发生的历史性变革，从全面建设社会主义现代化国家的全局出发，深刻阐释了全面推进乡村振兴、加快农业农村现代化的重大意义、指导思想、总体要求，科学回答了在新发展阶段做好“三农”工作的一系列重大理论和实践问题。这对进一步统一思想、凝聚力量，做好新时代“三农”工作，具有十分重要的指导意义。要认真学习领会，坚持以习近平新时代中国特色社会主义思想为指导，结合工作实际，围绕优先发展农业农村，全面推进乡村振兴，加快农业农村现代化，做好明年及“十四五”时期“三农”工作，把党中央决策部署贯彻落实好。

胡春华副总理在总结讲话要求，要深入学习贯彻落实习近平总书记重要讲话精神，抓紧谋划全面推进乡村振兴，做好巩固拓展脱贫攻坚成果同乡村振兴有效衔接，抓好粮食和重要农副产品生产供给，加快发展乡村产业，夯实现代农业发展基础支撑，坚决打好种业翻身仗，全面启动乡村建设行动，推进县域内城乡融合发展，加强和改进乡村治理，强化组织领导，确保实现“十四五”良好开局。

二、认真学习掌握全国农业农村厅局长会议精神

2020 年 12 月 30 日，中央农村工作会议刚刚闭幕，全国农业农村厅局长会议随即召开，会议深入学习贯彻习近平总书记重要讲话精神，贯彻落实党的十九届五中全会和中央经济工作会议、中央农村工作会议精神，总结了 2020 年和“十三五”农业农村工作，安排了“十四五”任务举措，部署了 2021 年重点工作。中央农办主任，农业农村部党组书记、部长唐仁健在会上强调，全国农业农村系统要进一步增强责任感使命感紧迫感，自觉把思想和行动统一到习近平总书记重要讲话精神上来，坚定信心、咬定目标、真抓实干，全力做好新发展阶段“三农”工作，促进农业高质高效、乡村宜居宜业、农民富裕富足。全国农业农村厅局长会议精神重点要从五个方面来学习领会。

第一，要从讲政治的高度做好新发展阶段“三农”工作。唐仁健部长强调，要坚持从讲政治的高度来看“三农”、抓“三农”，不断提高政治判断力、政治领悟力、政治执行力。提高政治领悟力，就是要务必学深悟透习近平总书记关于“三农”工作重要论述。对“国之大者”要了然于胸，对“三农”工作要找准坐标、找准方位、找准靶心，不断提高发现、分析和解决“三农”实际问题的能力水平。提高政治判断力，就是务必加深“三农”工作本身就具有很强政治性和政策性的认识。要坚持以国家政治安全为大、以人民为重、以坚持和发展中国特色社会主义为本，坚持用大历史观来看待“三农”问题。提高政治执行力，就是务必不折不扣抓好习近平总书记重要指示和中央决策部署的贯彻落实。要紧紧围绕国之大者抓主抓重，紧紧围绕中央部署落细落小，把讲政治的要求落实到农业农村工作各方面和全过程。要体现到认真贯彻落实习近平总书记重要指示批示上，要体现到原原本本执行党中央“三农”大政方针上，要体现在日常工作和生活言行中。

第二，充分肯定 2020 年和“十三五”农业农村工作。唐仁健部长指出，2020 年是新中国历史上极不平凡的一年，各级农业农村部门认真贯彻落实中共中央、国务院决策部署，全力以赴保供给、攻脱贫、促振兴，巩固发展了农业农村持续向好势头，为

"十三五"画上圆满句号，推动农业农村发展取得历史性成就。"十三五"是我国粮食安全形势最好的时期，粮食产量稳定在 1.3 万亿斤以上；是农民收入增加最多的时期，提前一年实现比 2010 年翻番目标，农民收入增速连续高于城镇居民；是脱贫攻坚取得决定性胜利的时期，现行标准下农村贫困人口全部脱贫，832 个贫困县全部摘帽，创造了人类减贫史上的奇迹；是农业创新驱动、绿色发展实现关键转折的时期，农业科技进步贡献率超过 60%，农作物良种覆盖率稳定在 96%以上，耕种收综合机械化率达到 71%，畜禽粪污综合利用率超过 75%，农作物化肥农药施用量连续 4 年负增长；是农村生活条件改善最为明显的时期，基本实现村村通电、通硬化路、通客车和光纤 4G 网络，卫生厕所普及率超过 68%，城乡居民基本医疗、养老保险基本全覆盖；是"三农"政策法规体系加快完善的时期，农村改革"四梁八柱"基本搭建完成，涉农政策法规体系更加健全，乡村治理制度框架初步形成。

第三，准确把握"十四五"加快农业农村现代化的重点任务。会议强调，"十四五"时期是开启全面建设社会主义现代化国家新征程的第一个五年，也是全面推进乡村振兴、加快农业农村现代化的关键五年，农业农村工作任务更重、责任更大、使命更光荣。"十四五"农业农村工作在经济社会发展全局中的定位，就是"保供固安全，振兴畅循环"。这主要着眼于"三农"和大局的关系。围绕这个定位，"十四五"农业农村工作的基本思路，重点就是把握好 6 个关键词，"保供、衔接、禁渔、建设、要害、改革"，其中前 4 个方面是目标任务，后 2 个方面是支撑保障。保供，就是确保国家粮食安全和重要农副产品有效供给。衔接，就是巩固拓展脱贫攻坚成果同乡村振兴有效衔接。禁渔，就是坚持不懈抓好长江十年禁渔。建设，就是实施乡村建设行动。要害，就是解决好种子和耕地两个要害问题。种子上，要坚持把科技自立自强摆上农业农村现代化的突出位置，集中资源、集中力量、集中攻关、集中突破。重点在保护资源、自主创新、做强企业、建好基地和管控风险等方面下功夫，坚决打好种业翻身仗。耕地上，要稳数量、提质量，守住粮食生产的命根子。同时，要推进创新驱动、科教兴农、人才强农，提高农业机械化信息化水平，支撑国家粮食安全和现代农业发展。改革，就是围绕推动小农户与现代农业有机衔接，深化新一轮农村改革，着力激发农业农村发展动力和活力。

第四，2021 年要着力抓好 10 项重点任务。唐仁健部长指出，2021 年农业农村工作总的考虑是，坚持稳中求进工作总基调，立足新发展阶段、贯彻新发展理念、构建新发展格局，坚持创新驱动发展，深化农业供给侧结构性改革，全力保障国家粮食安全和重要农副产品有效供给，巩固拓展脱贫攻坚成果，全面推进乡村振兴，加快农业农村现代化，为全面建设现代化国家开好局、起好步提供有力支撑。在工作重心上，重点是围绕"三个两"，即两个确保、两个要害、两个开好局起好步，落细落小，扎实推进。两个确保，就是确保粮食产量保持在 1.3 万亿斤以上，确保不出现规模性返贫；两个要害，就是解决好种子和耕地问题；两个开好局起好步，就是全面推进乡村振兴和加快农业农村现代化开好局起好步。在工作导向上，要牢固树立系统观念，更加注重统筹协调，统筹发展与安全，统筹结构与规模，统筹生产与建设。2021 年要着力抓好 10 项重点任务：一是奋力夺取粮食丰收。二是稳定生猪生产恢复势头。三是打好种业翻身仗要迈出坚实步伐。四是切实加强耕地保护建设。五是提升乡村产业链供应链现代化水平。六是强化农业关键核心技术装备创新。七是扎实推进农业产地环境治理和农产品质量安全。八是推进农村人居环境整治提升五年行动。九是启动实施乡村建设行动。十是推进农村重点领域改革和农业对外开放。

第五，要切实加强自身建设，以良好精神状态投身新发展阶段“三农”工作。唐仁健部长强调，新征程、新阶段、新任务，全国农业农村系统的思想意识、治理能力、思路办法、作风状态都要相应提高。要提高政治站位，从讲政治的高度来看“三农”抓“三农”。要增强工作本领，加快补齐知识技能短板，全面提升综合素质水平。要讲求工作方法，既要坚持沉到水底“摸活鱼”，及时总结基层创造，也要浮出水面“探龙头”，以点带面、重点突破。要加强队伍建设，确保事有人抓、活有人干、责有人负。要持续加强作风建设，严守政治纪律和政治规矩，旗帜鲜明反对形式主义、官僚主义。

三、坚决贯彻落实农业农村部党组部署要求

中央农村工作会议和全国农业农村厅局长会议胜利闭幕后，2021 年上班第一天，唐仁健部长就主持召开农业农村部党组会议，学习习近平总书记 2021 年新年贺词，学习中央农村工作会议精神，研究部署 2021 年农业农村重点工作。2021 年 1 月 5 日，农业农村部召开干部大会，再次深入学习习近平总书记在中央经济工作会议、中央农村工作会议上的重要讲话精神和新年贺词，总结 2020 年工作，部署 2021 年和“十四五”农业农村工作。这两次会议进一步明确了“十四五”农业农村工作根本定位和基本思路，细化了 2021 年的重点工作任务，提出了工作要求。

第一，充分肯定 2020 年取得的不凡成绩。唐仁健部长指出，在 2020 年这个特殊年份、非常之时，农业农村部系统广大党员干部勇担非常之责，采取非常之举，建了非常之功，突出表现为 4 个标志性成效：一是抗疫之年确保了重要农产品供应稳定，二是多灾之年确保了粮食和农业丰收，三是小康之年确保了农民脱贫增收，四是收官之年确保了“十三五”规划目标任务圆满完成。

第二，系统部署“十四五”和 2021 年工作。唐仁健部长强调，对于做好农业农村工作的思路和方向，“十四五”重点要把握好“一个总定位”“六个关键词”。“一个总定位”，就是“保供固安全、振兴畅循环”，这是着眼于“三农”和经济社会发展全局的关系提出来的，是“十四五”时期的工作定位。“六个关键词”，就是“保供、衔接、禁渔、建设、要害、改革”，这是“十四五”农业农村工作的基本思路。2021 年则要把握好“三个两”的要求和“十项重点工作”。唐仁健部长提出了“五抓”的工作方法：抓实施方案，抓资金落实，抓指导服务，抓调查研究，抓实绩考核。

第三，新发展阶段五项总要求。唐仁健部长指出，做好新发展阶段“三农”工作，

推进乡村全面振兴，面对的矛盾更复杂、要解决的问题更艰巨、需要投入的资源力量也更多，重点是“两个紧紧围绕”和“五项工作要求”。“两个紧紧围绕”，就是今后必须坚持的工作方向。一个是要紧紧围绕国之大者抓主抓重，另一个是要紧紧围绕中央部署落细落小。“五项工作要求”，就是做好新发展阶段农业农村工作必须练就的基本功。一要讲政治，不断提高政治判断力、政治领悟力、政治执行力。二要干实事，做到谋事要务实、工作要抓实、做人要真实，廉洁自律，洁身自好，既干活又干净。三要抓要害，善于突出重点，抓住关键，逐一细化分工，明确责任到岗到人。四要善协调，部内部外都要加强沟通协调，尽最大可能争取支持。五要盯督查，对粮食安全党政同责等最重要最必要的督查事项，要加大力度严格进行，有力有序推动工作开展。

第四，推动全面从严治党向纵深发展。唐仁健部长强调，要持续深化全面从严治党，驰而不息推进作风建设，以好的作风、好的状态提供强有力的政治保障。

四、中国农业科学院要迅速学习贯彻落实

学习贯彻党的十九届五中全会、中央经济工作会议、中央农村工作会议以及全国农业农村厅局长会议精神，特别是学习领会习近平总书记重要讲话精神，是当前和今后一个时期全院的首要政治任务。全院各部门、各单位、各级党组织、各级党员领导干部，包括科技创新团队首席专家、科研骨干，要全面深入学习习近平总书记讲话以及中央农村工作会议、全国农业农村厅局长会议精神，在学懂弄通的基础上，不折不扣落实到谋划“十四五”农业科技创新工作和推进院所改革发展的各项工作中去。

（一）学深吃透总书记讲话和会议精神

习近平总书记的重要讲话，让大家体会最深的是，通篇从政治高度看“三农”问题，用政治观点、政治逻辑来研究解决“三农”问题，为我们立足政治看“三农”抓“三农”指明了方向。讲话体现了着眼两个大局重农强农的政治，彰显了坚持人民至上维护农民根本利益的政治立场，昭示了立足共同富裕让农民更好分享发展成果的政治方向，强调了夯实执政根基建强农村基层党组织的政治要求。中央农村工作会议和全国农业农村厅局长会议闭幕的第二天，院党组就召开专题会议，传达学习习近平总书记重要讲话精神，贯彻落实中共中央以及农业农村部党组的决策部署。今天，又召开院党组理论学习中心组（扩大）学习会，集体学习习近平总书记讲话以及两个会议的重要精神。会后，各部门各单位党组织要组织开展大学习，原原本本学习讲话和会议精神，中心组集中交流范围要扩大到副处、副研以上，党支部也要开展党员集体学习活动，推动全院广大党员干部和科研人员真正理解核心要义和精神实质，进一步增强责任感使命感紧迫感，全力以赴贯彻落实中共中央关于“三农”各项决策部署，以实际行动做到“两个维护”。

(二) 把中共中央和农业农村部党组部署落实到我院“十四五”规划中

目前，我院总体规划和各专项规划已经过数轮专家论证和修改完善，基本已经成型成熟。下一步，要按照中共中央以及农业农村部党组的部署要求，全面对标对焦五中全会、中央经济工作会、中央农村工作会以及全国农业农村厅局长会议的目标任务和措施安排，明确职责，找准定位，抓主抓重，落细落小。党的十九届五中全会闭幕后，中国农业科学院党组安排了10项专题研究：一是国家战略科技力量研究，二是新型举国体制研究，三是“揭榜挂帅”组织方式研究，四是企业创新主体地位研究，五是共性技术平台建设研究，六是科技人才评价体系研究，七是职务发明成果权益分享机制研究，八是金融支持创新体系研究，九是基础前沿研究投入支持机制研究，十是科技创新能力开放合作机制研究，形成了16个分专题研究报告，这些研究成果要体现到各项规划中去。科技局正在组织编制中国农业科学院“十四五”的使命清单和任务清单。各个研究所都要围绕“保供固安全、振兴畅循环”这个总定位，对接全院的使命清单和任务清单，研究编制自己的使命和任务清单，要明确目标任务、人员团队、工作机制和保障措施。关于我院“十四五”农业科技创新的基本定位，必须落实习近平总书记贺信，以“抢占制高点、把握主动权、引领现代化”为核心定位，“十四五”工作思路和目标任务简而言之就是“五越五好”。

一要迅速突破基础前沿，越多越好。一是抓紧谋划和系统布局农业基础理论和前沿领域的方向和任务，制定任务清单，建设高水平基础研究人才队伍，鼓励探索重大科学发现，予以长期稳定支持；二是大力推进学科交叉融合，凝练一批前沿交叉学科，突出关键共性技术、前沿引领技术和颠覆性技术创新，部署一批跨学科联合攻关力量，鼓励挑战最前沿的科学问题，努力率先实现突破；三是大力推进科研基础设施建设，力争2021年实现作物种质资源新库投入使用、畜禽库开工建设、农业微生物库立项的目标，大力构建基础性长期性观测体系，建设长期稳定试验用地、自主产权大动物种群、具有气候模拟功能的品种实验室，布局建设农业大数据平台。

二要尽快解决“卡脖子”，越快越好。一是聚焦稳粮保供，开展产业技术攻关。要以高产、优质、抗逆和国产化为主要目标，明确粮、棉、油、糖、肉等主要品种的研发目标和任务，抓紧制定完善清单；二是聚焦高质量发展，开展耕地质量提升、节水增效、化肥农药减施增效、抗生素减量，以及秸秆、畜禽粪污和农膜资源化利用等方面绿色发展核心技术攻关；三是聚焦人民生命健康，重点布局生物安全、质量安全、动植物疫病防控等科研领域；四是聚焦农业重大设施装备，重点加大烘干仓储、冷链保鲜、农业机械核心元器件等现代农业物质装备的自主创新。

三要大力提高转化率，越高越好。一是在创新链上下功夫，打造更多创新、创造、创业协同发展的“三创”团队，推动更多研究所建设成为“三创”研究所，提高技术就绪度；二是在产业链上下功夫，开展全产业链高产高效技术集成研究与示范应用，供给集成配套的全产业链技术，提高产业适配度；三是在科产融合机制上下功夫，与涉农企业深度融合发展，组建创新联合体，实现互利共赢，带动涉农企业早日成为技术创新主体。在发展基础好、合作意愿强的地方政府支持下，建立新型研发机构，建设一批中试熟化平台，部署一批成果孵化任务，提高成果转化率。

四要积极服务主战场，越深入越好。一是接续实施科技扶贫，坚持“摘帽不摘科技，脱贫不脱帮扶”，持续帮扶农业农村部 5 个定点县，联系帮扶“三区三州”89 个深度贫困县，努力共建一批乡村振兴示范县；二是打造服务样板，重点打造科技支撑农业绿色发展、高质量发展和创新驱动发展的高端产业样板，持续实施绿色技术集成与示范应用提档升级；三是抓好体系建设，探索完善乡村振兴科技支撑体系，大力推行“田间课堂”科技助农新模式，不断创新科学家送技术、出主意、做指导、做示范的新机制。

五要全面激发创新活力，越早越好。一是深化自主权改革，不断扩大研究所和领军人才自主权，充分调动积极性创造性；二是深入推进“放管服”改革，最大限度减少对研究所和创新团队内部事务的直接干预，提供好条件、创造好环境、营造好氛围；三是坚定不移破除“四唯”导向，牢固树立“实践导向”“应用导向”，让真正为企业和生产一线提供好成果、好技术、好产品的科学家名利双收。

（三）2021 年要围绕解决种子和耕地问题定任务目标

中央经济工作会议闭幕后，中国农业科学院党组聚焦科技创新和农业农村工作的部署要求，组织相关部门和研究所，开展了 16 项专题研究，目前已经基本形成专题报告，这是我院谋划安排 2021 年重点工作任务的重要科学依据。在 2021 年 12 月 31 日的院党组专题会议上，院党组从全力支撑农业农村部党组“十四五”时期 6 个关键词要求和 2021 年 10 项重点任务出发，抓好 10 项科研创新支撑：一是强化稳粮保供的科技支撑，特别是做好粮食和生猪良种培育；二是紧跟生物育种产业化；三是梯次推进作物、畜禽和农业微生物种质资源库建设工作；四是提升耕地质量技术研发工作；五是加大基础研究和共性技术研发力度；六是加快补上现代农业装备短板；七是加强动植物疫病防控技术研发；八是加强农业农村现代化战略研究；九是大力推进科企融合和技术转化；十是推进实施乡村振兴科技行动和专家行动。对于 2021 年的重点工作任务，关键就是要围绕解决好种子和耕地“两个要害”问题，特别是要紧跟生物育种产业化，提供强有力的科技支撑；要围绕强化战略科技力量的要求，系统谋划改革发展；要围绕提升成果转化率，大力推进“三创一体”团队建设，探索科企融合新发展模式；要围绕全面推进乡村振兴，进一步提升服务主战场的能力，建立健全科技支撑乡村振兴的工作机制。

（四）全面加强政治建设，担起国家队落实责任

唐仁健部长强调，农业农村部系统全体干部职工要坚持“紧紧围绕国之大者抓主抓重，紧紧围绕中央部署落细落小”的工作方向，练就五项基本功。一是讲政治。习近平总书记强调，中国革命的基本问题是农民问题，要坚持用大历史观来看待“三农”问题。我们要认真学习领会，坚持从讲政治的高度来看“三农”抓“三农”，不断提高政治判断力、政治领悟力、政治执行力。二是干实事。干好工作基本要求就是干活和干净。干活，就是干实实在在的活，关键是谋事要务实、工作要抓实、做人要真实。干净，就是廉洁。底线是不出事。三是抓要害。要围绕中心找重点，细化部署抓落实。中央经济工作会议上，习近平总书记指出抓好粮食安全的两个要害，就是解决好种子和耕地问题。这就要求我们要集中力量、集中资源、集中攻关。四是善协调。要把协调工作摆上更加重要的位置，进一步加大统筹协调的力度。身段要放低一些，要主动上门协调沟通，尽最大可能争取支持。五是盯督查。对于最重要最必要的督查事项，就加大力度严格进行。其他督查事项，要本着为基层减负的原则，通过督导调研等方式，建设性指导推动工作有力有序开展。

（五）加强党的建设，提升管理水平

唐仁健部长强调，要持续深化全面从严治党，驰而不息推进作风建设，为做好新发展阶段农业农村工作提供强有力的政治保障。院机关要带头抓好贯彻落实。

一要把政治建设摆在各项工作的首位。牢固树立政治机关意识，破除“中梗阻”现象，打通“最后一公里”。强化理论武装，组织开展习近平总书记“三农”重要论述大学习。强化政治监督，形成真抓、真管、真练、真干的良好氛围。

二要着力建设模范机关。坚持党建和业务工作同谋划、同部署、同推进、同检查，推动党建和业务工作互融互促。大力开展对党忠诚教育和纪律教育，督促党员干部始终对党忠诚老实，自觉规范政治言行，时刻保持清正廉洁的政治本色，涵养风清气正的政治生态。牢固树立大抓基层的导向，着力打造坚强的战斗堡垒。

三要狠抓党风廉政建设。当前，个别单位在执行中央八项规定精神等方面，仍存在有规不依、执行不力的情况，要警钟长鸣、引以为戒。春节期间一定要严格落实好中央八项规定精神，严防“四风”反弹，严格纪律要求，杜绝“节日腐败”。要把严的主基调长期坚持下去，不触“红线”、不踩“底线”。要坚持“严管就是厚爱”，严格党员干部日常教育管理，经常咬耳扯袖，防微杜渐。

四要加强院部发展建设。中国农业科学院党组每年都召开院机关工作会议专题研究部署年度重点工作，每年都组织开展重大活动来加强作风建设、提升工作效率和管理效益，有了很大改善。要持续改进机关工作作风，坚持标准不降、力度不减，促进高效规

范运行，持续减轻基层研究所负担。同时，要尽快把院部整体的发展和建设问题提到重要的议事日程上来。把院部功能短板补上，重点强化专业管理、战略研究等功能；把院部队伍建设短板补上，既要加强教育培训，也要建立“能进能出、能上能下”的用人机制；把院部激励机制短板补上，打造一支“敢打硬仗、能打胜仗”的专业化管理队伍。

（六）加强疫情防控，安排好岁末年初工作

元旦刚过、春节将至，近段时间各项工作非常多，下周我们要召开全院的年度工作会议，各单位各部门也要召开年度工作会议，做好年度工作总结，还有巡视反馈整改、民主生活会、组织生活会、考核述职、全面从严治党工作会等，要求都很高、任务非常重，主责部门和各单位要系统谋划、精心部署，认真细致地完成好各项工作。目前，中央巡视已基本结束，即将反馈巡视意见。对于巡视明确提出的问题，院党组要带头主动对照检查，针对普遍性问题，要深入查找原因，全面堵塞漏洞，举一反三建立健全长效机制。

同志们，全面推进乡村振兴、加快农业农村现代化的号角已经吹响，让我们更加紧密地团结在以习近平同志为核心的党中央周围，锐意进取、真抓实干，扎实做好 2021 年和“十四五”农业农村工作，为全面建设社会主义现代化国家开好局、起好步作出新的更大贡献，以优异成绩庆祝建党 100 周年！

唐华俊院长在2021年第3次中国农业科学院党组理论学习中心组（扩大）学习会上的讲话

2021年6月8日

今天我们学习的主题是“学党史、讲农史、谈科技兴国史”。百年党史，也是一部工农联盟史。回顾党史、农史、科技史，对于深化对历史发展规律的认识和理解，准确把握农业农村现代化的方向和路径，加快推动新时代农业科技创新发展，实现农业科技自立自强和支撑乡村全面振兴，具有十分重要的意义。

一、回顾党领导农业科技事业的辉煌历程，坚定矢志为农服务的理想信念

中国共产党长期与广大农民同呼吸、共命运，在革命、建设、改革各个历史时期，都高度重视“三农”事业和农业科技进步，领导我国农业科技事业创造了辉煌成就。

新民主主义革命时期，初步构建了由党领导的农业科技体系。我们党在抗日战争时期创办的第一所高等科技教育机构——延安自然科学院在1941年成立了生物系，后改名为农业系，培养了一批农业科技人才。1942年，毛泽东同志的《经济问题与财政问题》把提高农业技术列为党的一项重要农业政策，在《关于发展农业》报告中要求边区政府从当时的实际条件出发，开展可能办到的科学研究。抗日战争和解放战争期间，党领导的根据地和解放区在“自己动手、丰衣足食”号召下，建立了农业试验场，开展了以农业大生产运动为重要方式的农业科技推广工作。在艰苦岁月里，不仅保障了粮食供给，也初步构建了由党领导的农业科技体系，为创建新中国农业科技体制奠立了思想基础和建设经验。

社会主义革命和建设时期，在全国范围内掀起了农业技术革命的热潮。新中国成立之初，相继在华北、华中、华南、西南和西北地区建立了大区级的农业科学研究所。毛泽东同志系统提出了“土、肥、水、种、密、保、管、工”的“八字宪法”。中共中央制定颁布了《1956—1967年科学技术发展远景规划》，将“农业机械化、电气化和农业机械的制造问题”“提高农作物单位面积产量”“提高畜牧业、水产业和养蚕业的产量和质量问题”等农业科技任务纳入其中，对推动我国农业科学技术发展起到重要作用，也对农业科研机构布局、高等农业院校建设和农业科技队伍培养以及农业科技体制的形成起到了关键作用。在此期间，粮食稳定供给是经济工作和农业农村工作的头等大事，

恢复和发展粮食生产是农业科技工作的中心任务，农业科技和政策体系随着中央人民政府农业部门科技职能的确立而逐步完善。

改革开放新时期，将农业科技作为驱动农业农村发展的重要动力。党的十一届三中全会后，农业科技事业掀开了新篇章。1982 年中央一号文件明确“恢复和健全各级农业技术推广机构”，之后连续 4 年中央一号文件中强调发展农业科学技术，改善农业生产条件。2004—2011 年，连续 8 年以“三农”为主题出台中央一号文件，将农业科技作为驱动农业农村发展的重要动力予以强调。基本形成了“布局合理、分工明确、专业配套、相互协调”的部省两级管理的农业科研体系、“五级一员一户”的农技推广体系，为农业技术普及应用和农业稳定发展发挥了重要作用。这一时期，农业科技投入力度也持续加大，中共中央出台一系列科技和农业科技政策及专项规划，重点聚焦重新认识农业科技的地位、作用和影响，进一步明确了农业科技优先发展领域，强调农业科技成果转化为农业生产力，指明了农业科技改革和发展方向。

党的十八大以来，突出强调农业现代化关键是农业科技现代化。在以习近平同志为核心的党中央坚强领导下，科技创新被摆在国家发展全局的核心位置。党的十九大对创新型国家、乡村振兴战略等重大战略进行了部署，为我国农业农村科技工作指引了方向、提出了要求。党的十九届五中全会提出“把科技自立自强作为国家发展的战略支撑”，并摆在各项规划任务的首位进行专章部署。习近平总书记在不同场合、多次强调科技对农业现代化建设的基础性、引领性和决定性作用，提出了“农业现代化关键在科技进步和创新”“一粒种子可以改变一个世界，一项技术能够创造一个奇迹”“让农业插上科技的翅膀”“加快农业技术创新步伐，走一条集约、高效、安全、持续的现代农业发展道路”“科研人员要把论文写在大地上，让农民用最好的技术种出最好的粮食”等一系列重要论断和重要指示，为我们做好农业科技工作明确了目标方向，提供了根本遵循。

纵览百年历程，我国现代农业科技在党的领导下，实现了从无到有、从小到大、从弱到强的发展和转变，整体实力显著跃升，在关键技术领域由跟跑为主，逐渐转变为跟跑、并跑、领跑并行的态势，跻身世界前列。2020 年我国农业科技贡献率达到 60%，取得了历史性成就。一是保障稳产增产，解决了十几亿中国人的吃饭问题。主要农作物良种实现全覆盖，动植物病虫害防控技术体系的建立，为端牢中国人的饭碗奠定了坚实基础。二是支撑结构调整，促进了农业产业链延伸和功能拓展。适应饮食消费从“吃得饱”向“吃得好”“吃得安全”“吃得营养”转变的需求，农业科技在农产品生产结构调整、产业布局优化、市场需求扩展等方面发挥了积极的引领作用。三是革新生产手段，转变了农业发展方式。农业生产实现了向以机械化、设施化、信息化为主要特征的现代农业的历史性转变。四是助力环境改善，提升了美丽宜居乡村建设水平。有力支撑了农业清洁生产、农村能源替代、农村环境整治，促进农村生态环境发生了根本性改变。五是强化国际合作，融入了全球农业科技创新网络。通过农业技术“引进来”“走出去”，我国农业科技的国际影响力和竞争力日趋提升。这些都充分说明，农业科技创新已经成为新时期乡村振兴战略和农业可持续发展的核心竞争力和驱动力。

二、站在“两个一百年”奋斗目标的历史交汇点，凝聚奋进力量

习近平总书记在2021年的两院院士大会上，对开启全面建设社会主义现代化国家新征程，推进我国科技创新发展提出了更高要求。

要深刻理解和把握国际科技创新竞争态势。习近平总书记指出，当前世界百年未有之大变局加速演进，国际环境错综复杂，不稳定性不确定性明显增加，新冠疫情影响广泛深远。与此同时，全球科技创新进入空前密集活跃的时期，新一轮科技革命和产业变革正在重塑全球创新版图和经济结构。科技创新成为国际战略博弈的主要战场，围绕科技制高点的竞争空前激烈。我们作为国家战略科技力量，必须充分理解和把握国际农业科技创新竞争格局态势，努力抢占农业科技制高点、牢牢把握农业发展主动权，引领支撑我国“十四五”乃至今后很长一个时期农业农村现代化进程。

要深刻理解和把握加强原创性、引领性科技攻关的极端重要性。习近平总书记指出，科技立则民族立，科技强则国家强，“关键核心技术是要不来、买不来、讨不来的”。我国发展到现在这个阶段，不仅从别人那里拿到关键核心技术不可能，就是想拿到一般的高技术也是很难的。因此，只有加强原创性、引领性科技攻关，实现科技自立自强，才能打破高技术垄断，改变关键核心技术受制于人的不利局面，才能建立与大国地位相符的完整科技创新体系。作为农业科研国家队，我们必须深刻认识到加强原创性、引领性科技攻关的极端重要性，切实做到“国家队”“国家人”要心系“国家事”、肩扛“国家责”，作出国家期待的大事业、大贡献。

要深刻理解和把握党领导科技事业的制度优势。习近平总书记强调，我们坚持党对科技事业的全面领导，观大势、谋全局、抓根本，形成高效的组织动员体系和统筹协调的科技资源配置模式。从20世纪70年代的全国杂交水稻科研协作、80年代的黄淮海平原综合治理，到近年来禽流感、非洲猪瘟和草地贪夜蛾等农业重大突发疫情的应对上，无不体现了集中力量、集团作战的制度优势。在新的历史时期，我们必须充分发挥党领导下的中国特色社会主义制度集中力量办大事的传统优势，优化配置优势资源，推动重要领域关键核心技术攻关。充分发挥党领导下的国家科研机构人才济济、组织有序的传统优势，深化科技管理体制改革，构建高效协同的创新生态系统和院所治理体系，打造国家战略科技力量。充分发挥党领导下的各级各部门以人民为中心、攻坚克难、爱国奋斗的传统优势，弘扬优良传统，坚定创新自信，直面问题、迎难而上，勇于攀登科技高峰，牢固树立创新科技、服务国家、造福人民的思想，把科技成果应用在实现国家农业农村现代化的伟大事业中，把人生理想融入为实现中华民族伟大复兴的中国梦的奋斗中。

三、勇担农业科研国家队科技报国的崇高使命，接续奋斗开创新局面

从清末创办农事试验场，到成立中央农业实验所，到解放区建立光华农场，农业科研机构的变迁与农业科技发展紧密相连，也是推动我国农业科技创新发展的基础力量。这次两院院士大会，习近平总书记明确了国家战略科技力量的构成，中国农业科学院作为农业科研国家队，是国家战略科技力量重要组成。站在“两个一百年”奋斗目标的历史交汇点，农业科技工作的历史使命，也从解决人民群众“吃饱饭、吃好饭”问题，拓展到支撑引领乡村全面振兴。中国农业科学院要把党史学习教育与贯彻落实习近平总书记贺信精神、党的十九届五中全会精神和中央重要决策部署结合起来，自觉履行高水平科技自立自强的使命担当，聚焦“坚持创新驱动发展，全面塑造发展新优势”“优先发展农业农村，全面推进乡村振兴”两大战略任务，努力实现高水平农业科技自立自强，为实现农业农村现代化提供强有力支撑。

加强原创性、引领性科技攻关，打赢关键核心技术攻坚战。习近平总书记指出“加强基础研究是科技自立自强的必然要求，是我们从未知到已知、从不确定性到确定性的必然选择”，在科技攻关最紧急、最紧迫的问题中，专门点到了农作物种子、生物育种。要实现农业科技自立自强，需要在重大基础问题、前沿共性技术等方面实现自主可控。今后一段时期，我们要重点聚焦作物高光效、农业固氮、无融合生殖、动物疫病致病与传播机制、农业面源污染迁移转化等基础问题开展持续研究，聚焦作物基因编辑、农业合成生物、生物质高效高值转化、农业遥感与动态监测评估、昆虫雷达地空监测预警等前沿共性技术开展持续攻关，力争通过 5~10 年攻关，在一批基础研究领域进入国际领跑或并跑。

强化产学研融合，推进农业科技成果转化。习近平总书记在前不久召开的中央深改委①第十九次会议上强调，要完善科技成果评价机制，加快推动科技成果转化应用，鼓励广大科技工作者把论文写在祖国大地上。要加快推动创新链和产业链融合，提高科技成果转移转化成效。一是巩固拓展脱贫攻坚成效，做好与乡村振兴衔接。重点做好农业农村部 5 个定点县和我院 11 个乡村振兴示范县建设工作，持续联系“三区三州”89 个脱贫县，做好科技帮扶工作。二是在产业上布局“区域技术中心”。搭建创新平台，汇聚起政产学研金用等创新资源，把科研力量拉伸到产业一线，开展试验示范，孵化转化科技成果，围绕当地需求开展技术研发，培养乡村振兴人才，引领产业发展。三是在区域发展中发挥科技支撑作用。进一步深化与省、市等地方政府全面科技合作，建立一个战略协议加多个具体项目合同的“1+N”机制，务实推进院地科技合作。四是深化与大企业科技合作。发挥企业出题者、出资者作用，我院做好答题工作，近期重点抓好当前

① 中国共产党中央全面深化改革委员会，简称中央深改委。

与中国农业发展集团、大北农集团、中海油集团已签战略合作协议落地。五是做好成果转移转化服务。做好知识产权收集、整理、转化工作。监管和发展并重，做好院所办企业公共服务。办好全国农业科技成果转化大会，力争2021年全院成果转化收入取得新突破。六是面向人民生命健康，用好全院35家国家级、部级质检中心资源，加强推广、宣传、统筹使用，协同地方政府、企业打造一批优质农产品品牌，满足人民日益增长的美好生活需要。

深入实施人才强院战略，建设一支高水平的人才队伍。农业要实现高水平科技自立自强，必须要依靠高水平的创新人才。中国农业科学院要始终把人才第一资源建设作为重中之重，在已有工作基础上，要进一步加强人才队伍的系统性建设，按照农业科技人才成长规律，构筑更加健全的人才发展体系，着力推动科研、管理、支撑、转化四支队伍统筹发展，让各类人才在各自岗位上都能人尽其才、尽展其能。要进一步提高人才队伍质量，实施更加精准有效的人才引进、培养、使用、激励等制度措施，不断扩大领军人才队伍规模，着力培养高质量的优秀青年人才，努力建成世界农业科技人才高地。要进一步加强人才服务保障，建立党组—党委—党支部三级联系人才的工作机制，关心人才成长、关注人才发展，让科研人员从纷繁复杂的事务性工作中解脱出来，使他们能够集中精力开展科技创新和研发活动，为推动农业农村现代化多出创新成果、出高质量的成果。

加强国际交流与合作，积极融入全球创新网络。近年来，世界大变局加速向纵深发展，国际环境更趋复杂多变，中共中央做出了“国际科技合作是大趋势”的形势判断，并明确提出“以全球视野谋划和推动创新”“构建开放创新生态，参与全球科技治理”的要求，这是深刻把握新发展阶段和新发展格局基础上的全局性谋划，是重塑我国国际合作和科技竞争新优势的战略选择。深入推进农业科技融入全球创新网络，要求我们始终坚持“全球观”“开放观”“共享观”，在开放合作中提升自身科技创新能力，为解决世界性难题提供“中国智慧”。“十四五”时期，我院要进一步优化国际合作布局，深度融入全球创新网络，使我院成为全球农业科技开放合作的广阔舞台。要大力培养国际化人才，特别是培育一批能够引领重大基础与前沿科学问题研究、关键核心技术攻关以及推动农业科技“走出去”的国际化人才队伍。要着力提升国际协同创新能力，助推基础研究和关键核心技术的联合攻关，促进解决“种子”和“耕地”问题。要加快优势农业科技“走出去”，强化对“一带一路”农业合作的科技支撑，助力保障粮食安全、产业安全和生物安全。要积极参与和引领多边合作，进一步提升我院在国际农业科技领域的话语权和影响力。要加强农业科技国际合作战略研究，科学谋划和抢占事关长远和全局的农业科技制高点。

加强体制机制创新，激发创新活力。我党始终把推进农业科技体制机制改革创新作为促进农业科技创新发展的保障。习近平总书记在两院院士大会讲话中，明确指出要推进科技体制改革，形成支持全面创新的基础制度。中央深改委第十九次会议同样指出，我国分类的科技成果评价体系尚未建立，指标单一化、标准定量化、结果功利化问题还不同程度存在。下一阶段，我们要坚持问题导向和需求导向，完善科技创新体制机制。要优化科研力量和科技资源配置，加强学科、平台和机构布局的战略性调整。要健全鼓励支持基础研究、原始创新机制，完善促进科技成果转移转化机制。要创新科研项目管理，在院级主导的攻关专项中，探索推行“揭榜挂帅”等制度。要深入实施人才分类评价，避免“一把尺子量到底”，健全完善符合人才发展规律，以质量、绩效、贡献为核心的人才评价体系，引导科研人员把论文写在祖国大地上。要加快推进全员聘用制改革，建立“以岗位管理为核心的聘用制”和“以绩效管理为核心的分配机制”，激发人才创新创造活力。要深入推进科研“放管服”，给予研究所更多自主权，赋予科学家更大技术路线决定权和经费使用权。要建立让科研人员把主要精力放在科研上的保障机制，让科研人员从繁琐、不必要的体制机制束缚中解放出来。要加强信息化管理平台建设，大力弘扬科学家精神，营造良好科技创新生态，构建全力支持创新、全面释放活力的现代科研院所治理体系。

张合成书记在2021年第3次中国农业科学院党组理论学习中心组（扩大）学习会上的讲话

2021年6月8日

同志们：

开展党史学习教育，是中共中央立足党的百年历史新起点、统筹中华民族伟大复兴战略全局和世界百年未有之大变局、为动员全党全国满怀信心投身全面建设社会主义现代化国家而作出的重大决策。中国农业科学院党组高度重视党史学习教育，认真贯彻中央部署和农业农村部党组要求，制定实施方案，成立工作机构，召开部署动员大会，开展系列活动，组织巡回督导，推动高标准高质量开展学习教育，全力保障农业科技创新。活动开展以来，根据统一部署，全体党员认真学习了《论中国共产党历史》《毛泽东、邓小平、江泽民、胡锦涛关于中国共产党历史论述摘编》《中国共产党简史》《习近平新时代中国特色社会主义思想学习问答》等书目，院领导带头学习了部里编发的《习近平总书记关于“三农”工作重要讲话汇编》和《习近平关于“三农”工作重要论述摘编（内部续编）》，对党的百年奋斗历程和伟大成就有了更加深入的认识。我以“学党史　讲政治　跟党走”和“学党史　讲政治　作表率”为题分别在“五四”青年节主题活动和院机关主题党日活动两次为全院党员干部、青年职工以及院机关全体党员干部讲党课。我们邀请全国政协委员、国家行政学院原副院长杨克勤作《中国共产党的初心使命与奋斗历程》专题辅导报告，邀请中国科学院原党组副书记方新作《加强领导干部队伍和领导班子建设的几点思考》辅导报告。院领导参加了农业农村部系统党史学习教育专题培训班，全院干部职工参加了农业农村部举办的党史学习教育宣讲报告会和“百名红色讲解员讲百年党史”宣讲报告会。通过学习回顾我党成立100年来的光辉历程，大家更加深刻领会到中国共产党始终不渝为人民的初心宗旨，深刻感悟到中国共产党为国家、为人民、为民族、为世界作出的伟大贡献，深刻铭记在长期奋斗中铸就的伟大精神和成功推进革命、建设、改革的宝贵经验，学习成效明显。

今天，我们召开2021年第3次院党组理论学习中心组（扩大）学习会，主题是“学党史、讲农史、谈科技兴国史”，重点是深刻学习领会习近平总书记在党史学习教育动员大会上的重要讲话精神，围绕“学党史、悟思想、办实事、开新局”的部署要求，全面系统学习党的百年奋斗史，深刻认识新民主主义革命时期、社会主义革命和建设时期、改革开放和社会主义现代化建设新时期以及中国特色社会主义新时代四个历史时期的重大意义，深刻领会党领导亿万农民推进农业农村改革发展的成就与经验，为全面推进乡村振兴、加快农业农村现代化凝聚力量，以优异成绩迎接建党 100 周年。

下面，结合本人学习思考，与大家分享学党史，特别是学习党领导“三农”发展历史的体会和认识。

党对农民问题的认识是马克思主义中国化成果的重要内容。中国共产党人在中国革命、建设、改革实践中，独创性地发展了马克思主义的农民理论。土地革命战争时期则是中国共产党农民理论的初创阶段。大革命失败后，以毛泽东同志为主要代表的中国共产党人，逐步把党的工作重点由城市转入农村，在农村建立根据地，开展土地革命，建立革命武装和工农政权，开创了一条把农民作为革命的主要力量，农村包围城市的中国革命新道路。这个时期，毛泽东主持农民运动讲习所，发表《中国社会各阶级的分析》《湖南农民运动考察报告》，标志着毛泽东思想的萌芽，也代表着中国共产党对农民问题开始深入研究和探索。新中国成立后和改革开放以来的 40 多年，特别是党的十八大以来，以“小康不小康，关键看老乡”“民族要复兴，乡村必振兴”为代表的重要思想，形成了独创性的实践和经验。

一、党的农民理论在革命战争中诞生

十月革命一声炮响，给中国带来了马克思主义。100 年来，在马克思主义思想光辉照耀下，中国共产党取得一个又一个伟大胜利，马克思主义与中国实践相结合取得一个又一个伟大理论成果。通过党在各个历史时期对农民问题的认识、农民角色定位、革命道路选择、农民利益保障等方面的理论建设的学习研究，分析、理解、掌握马克思主义中国化历史进程中的创新点，领悟中国特色革命道路的基点源于对农民问题正确认识的伟大意义。

（一）对农民革命性认识的中国化——从先天缺陷的革命性到极具反抗性

马克思在《黑格尔法哲学批判导言》中说，“德国无产阶级只是通过兴起的工业运动才开始形成，因为组成无产阶级的不是自然形成的，而是人为造成的贫民，不是在社会的重担下机械地压出来的，而是由于社会的急剧解体、特别是由于中间等级的解体而产生的群众，虽然不言而喻，自然形成的贫民和基督教日耳曼的农奴也正在逐渐跨入无产阶级的行列。”马克思和恩格斯在《德意志意识形态》中说，“逃亡农奴只是想自由地发展他们已有的生存条件，并让它们发挥作用，因而归根结底只达到了自由劳动；而无产者，为了实现自己的个性，就应当消灭他们迄今面临的生存条件，消灭这个同时也是整个迄今为止的社会的生存条件，即消灭劳动。”基于 19 世纪欧洲资本主义与工业化的迅速发展，马克思与恩格斯早期经典著作中，对农民的革命性描述为保守和具有先天缺陷，认为落后的小农经济方式使农民不可能成为先进生产力的代表，农民将随着大工业的发展而趋于灭亡。断定农民起来斗争，只是为了保留他们自己的一小块土地，以免于灭亡。

1926年，毛泽东在广州主持农民运动讲习所，讲授中国农民问题，出版我国第一部用马克思主义观点研究农民的历史文献《农民问题丛刊》。同年，毛泽东撰写了《国民革命与农民运动》，提出“农民问题乃国民革命的中心问题，农民不起来参加并拥护国民革命，国民革命不会成功”。他号召从事农民运动的同志，“跑到你熟悉的或不熟悉的乡村中间去，夏天晒着酷热的太阳，冬天冒着严寒的风雪，搀着农民的手，问他们痛苦些什么，问他们要些什么。从他们的痛苦与需要中，引导他们组织起来，引导他们向土豪劣绅争斗；引导他们与城市工人学生等革命力量合作，建立起联合战线；引导他们参与反帝国主义军阀的国民运动”。1926年年底，毛泽东做了32天调查，并撰写了《湖南农民运动考察报告》，作出了“没有贫农，便没有革命。若否认他们，便是否认革命。若打击他们，便是打击革命”的科学论断。因此，中国共产党科学地认为，中国农民在反帝反封建的民主革命中极具革命性。农民占人口多数是中国的重要国情，在半殖民地半封建社会条件下，中国农民受到了帝国主义、军阀、地主阶级三种剥削，其困苦达于极点，自求解放之心十分迫切，需要一个改变现状的革命。因而，他们具有强烈的革命意识和反抗意识，有极大的革命性。他们不摧毁整个旧社会的大厦，就不能得到彻底解放。他们意识到了自己的地位，并在自觉地开展广泛的政治、经济斗争。

(二) 关于农民阶级地位认识的中国化——农民从革命的配角到主力军

马克思、恩格斯在指出小块土地所有制和独立的、自由的、商品化的小农阶级的形成为建立现代民主政治奠定了经济社会基础的同时，不忘提醒人们，应当辩证地看待农民在实现民主政治目标中的作用。他们指出，单靠农民阶级本身无法实现民主政治目标，“近600年来，城市总是一切进步运动的策源地，农民在独立民主运动中总是反动的，而且总是被镇压下去。城市工业无产阶级成了现代一切民主运动的核心；小资产者，尤其是农民，总是跟在他们后面。”“农业人口特别是小农阶级本身由于自身的生产方式和生活方式而固有的分散性、闭塞性、隔绝性和缺乏主动性、组织性而容易成为现代社会中最稳定、最保守的因素，小农的政治影响表现为行政权支配社会。”“在农民仍然占人口多数的国家中，市民社会力量弱小难以制约国家，国家政权在社会生活中处于支配地位，这是因为小农阶级不能代表自己，一定要别人来代表他们。”几篇主要著作中，多次指出了农民的分散性、落后性、保守性和愚昧无知。正是由于农民身上所潜在的分散性、落后性、保守性甚至反动性，马克思和恩格斯认为农民绝不是革命的动力，他们在革命中至多只是革命的配角。

有关资料显示，陈独秀在中共三大上所作的报告中只字未提农民运动。在讨论中，陈独秀夸大了中国农民的缺点与弱点。他认为“中国农民更是宗法观念、反动思想、神权帝王迷信、散漫不集中的‘四不像’”，又认为“农民居住散漫势力不集中，文化低下，生活欲望简单，易于趋于保守；中国土地广大易于迁徙，畏难苟安，这三种环境是造成农民难以加入革命运动的原因”。

毛泽东从革命时期开始就十分重视农民的革命运动。毛泽东针对陈独秀的上述错误观点，强调农民革命的重要性，进而指出中央不应只看到偏处广州一隅的国民党，而应重视全国广大的农民。他指出：“任何革命，农民问题都是最重要的。”“很短的时间内，将有几万万农民从中国中部、南部和北部各省起来，其势如暴风骤雨，迅猛异常，无论什么大的力量都将压抑不住。他们将冲决一切束缚他们的罗网，朝着解放的路上迅跑。一切帝国主义、军阀、贪官污吏、土豪劣绅，都将被他们葬入坟墓。”1940 年，毛泽东在《新民主主义论》中指出“中国的革命实质上是农民革命”，“农民问题，就成了中国革命的基本问题，农民的力量，是中国革命的主要力量”。中国共产党把农民革命与无产阶级领导的民主革命紧密地联系起来，把农民看成革命的主要力量，抓住了中国革命的实质和中心。

（三）关于革命道路问题的中国化——从发动城市工人武装起义到动员农民农村包围城市

在马克思主义运动史上，革命是以城市为中心的，比如法国巴黎公社、俄国十月革命，都是从中心城市爆发武装起义，直接夺取政权。因此，共产国际一再强调中国革命也要走以城市为中心的道路。马克思、恩格斯认为，在一定的历史阶段，由于社会分工和商品经济的发展而产生了工商业劳动同农业劳动的分离，从而也引起城市和乡村的分离和城乡利益的对立。在近代以前的农业社会中，城乡对立主要表现为乡村统治着城市，这是因为农业是社会决定性的生产部门，同时农业生产率高于手工工业，因为在工业中“自然力还几乎完全由人力代替”，而在农业中自然则是作为“机器和有机体参与人的劳动的”。但近代以后，随着工业化在城市和工业部门率先展开，出现了农业落后于工业和农村落后于城市而形成的城市统治乡村的新现象。城市工人工资收入高于农民和农业工人，工商业的收益高于农业，城市居民的文明程度高于农村居民，城乡居民出现了收入落差和文明程度落差，从而形成了以城乡利益差别为基础的城乡二元结构。恩格斯指出：“农民由于乡村居民所特有的分散性，不能成为有组织的反对力量。他们对政府的全部要求就是，自己活也让别人活。”

经过艰难的探索，中国共产党人逐步开辟了一条以农村包围城市、武装夺取政权的道路。毛泽东认为，之所以走这条道路是由中国的国情决定的。大革命失败之后，国民党在全国建立了比较稳固的统治，牢固地控制了各个中心城市。在这种情况下，再以城市为中心，举行武装起义，就行不通了。一是中国不是一个完全独立的国家，内部没有民主制度，无议会可以利用，因此，革命力量没有合法存在的空间，必须以武装斗争求生存。二是中国革命的敌人异常强大，控制着政治、经济、交通、文化等枢纽和命脉，长期占据着城市特别是中心城市。三是中国共产党领导的军队弱小，武器装备差，物质供给困难，所依托的根据地经济文化条件落后，根据地政权分散且地处孤立的山地或僻地。四是中国是一个农业国，农民占人口的绝大多数，中国革命的基本内容是铲除封建土地制度。这样的国情决定了中国共产党人探索出一条不同于俄国十月革命模式的"农村包围城市"的道路：中国革命以农村为中心，依靠和发动农民开展土地革命、武装斗争、根据地建设，先占领农村，后包围城市，最终夺取全国政权。

（四）关于土地制度的中国化——从土地国有化到农地农有制度

马克思、恩格斯、列宁的著作中设计的土地应该国有化，土地国有化是最进步最彻底的土地政策，按劳动力分配土地是生产力发展的要求。中国是一个小农国家，农民的土地私有观念很重，他们世世代代梦寐以求并为之奋斗的就是能获得一块属于自己的土地，因而土地国有化不符合中国国情。而按劳动力分配土地，也不符合中国农民自古以来就有的平均、体恤孤寡老弱等习惯和要求。

马克思和恩格斯认为，农业中的小块土地所有制和小生产将会导致土地肥力递减，而且妨碍现代方法在农业中的广泛运用，因此他们赞同大规模的耕作比小块分散的土地耕作远为优越的观点。马克思主张采用全国规模的耕作和由国家控制土地的耕作，认为这样可以避免滥用地力，并能有效地利用现代科学知识和耕作技术，从而更有力地推动生产。这种规模经营是通过变革土地所有制完成的，同时也排除了商品经济而实行计划生产。马克思指出："小土地所有制的前提是：人口的最大多数生活在农村，占统治地位的，不是社会劳动，而是孤立劳动；在这种情况下，财富和再生产的发展，无论是再生产的物质条件还是精神条件的发展，都是不可能的，因而也不可能具有合理耕作的条件。在另一个方面，大土地所有制使农业人口减少到一个不断下降的最低限量，而同他们相对立，又造成一个不断增长的拥挤在大城市中的工业人口。"列宁认为："使劳动者摆脱这种苦役生活的第一个步骤，就是没收地主土地，实行工人监督，把银行收归国有。以下的步骤便是把工厂收归国有，使全体居民一律加入消费合作社，以及专由国家经营粮食和其他必需品的贸易。"

中国共产党认为，中国革命的中心问题是农民问题，而农民问题的核心是土地问题。落后的封建土地所有制是造成农民长期受压迫剥削、生活困苦的根源。只有解决农民的土地问题，才能消灭封建主义，解放农民，扫除中国社会发展的严重障碍。正由于革命的对象、任务、动力、前途等问题，都与土地问题紧密相关，因此中国共产党在大革命失败后一直把解决农民的土地问题作为基本政治战略来抓。由土地革命产生武装斗争的目标，打倒封建地主阶级；由土地革命产生组建军队的兵源，使农民为保卫自己的土地而战；由土地革命来建立革命的大后方——农村根据地；由土地革命解放生产力、发展农业生产，解决武装斗争和根据地建设的财政来源。由此，毛泽东指出："如果我们能够普遍地彻底地解决土地问题，我们就获得了足以战胜一切敌人的最基本的条件。"同时，中国共产党又把解决农民的土地问题作为发动农民参加革命的策略和手段。要使农民的力量汇入革命洪流之中，就必须发动农民，唤起民众。要做到这一点，最有效的手段就是给农民以看得见的物质利益——土地。“不使农民得到土地，农民将不能拥护革命至于最后之成功。”党在实践中逐步探索出解决农民土地问题的方案，形成了“依靠贫农，团结中农，有步骤地、有分别地消灭封建剥削制度，发展农业生产”的土地改革总路线及其一系列方针，并采取了一些不同于马列主义创始人设想的和苏联做法的、有中国特色的解决农民土地问题的政策：在土地所有权上，实行土地农有的政策，即没收地主土地和富农多余的土地分配给农民，农民对土地既有使用权，也有所有权；在土地分配上，采取了基本以乡（村）为单位、按人口平分土地等方法；在土地改革的原则上，满足贫雇农的要求，保护中农的利益，限制富农经济，等等。中国共产党实行的土地农有和平分土地等政策和办法，受到农民的欢迎。代表农民利益要求的土地政策和其他一系列政策的实施，极大地调动了农民的革命积极性和生产积极性，使党赢得了广泛的群众基础，革命战争有源源不断的兵员和经济支撑，为中国革命胜利和经济发展奠定了基础。

二、党的农民理论在改革发展新时代独创性发展

如何解决好农民问题，在马克思和恩格斯的著作上找不到现成答案。也正是在马克思主义基本原理指导下，我党在实践中艰苦探索，在革命时期选择农民，在建设时期依靠农民，在改革时期支持农民，在新时代富裕农民，我们党对马克思主义农民理论进行了独创性发展。今天，我们跟着当过农民、当过村支部书记的领袖追逐中国梦，必须读懂领会习近平总书记“小康不小康，关键看老乡”“民族要复兴，乡村必振兴”重要思想，让“老乡”“乡村”作为主体同步迈入现代化。

（一）中国的改革从农村开始——改革极大调动了农民积极性

1978 年后，中国的改革从农村开始，从解决好农民自身利益和农村问题开始。邓小平同志反复说过，“改革首先从农村开始”“中国社会是不是安定，中国经济能不能发展，首先要看农村能不能发展，农民生活是不是好起来”。中共中央支持在不改变农村土地集体性质前提下实行家庭联产承包责任制，这是我国农村生产关系的重大调整，极大地调动了农民积极性，大大促进了农业生产，不到 5 年时间就解决了新中国成立 30 年未解决的农村温饱问题。2006 年 1 月 1 日起废止《农业税条例》，全面取消农业税，在我国延续了2 000多年的农业税宣告终结，这既使农民负担重的状况得到根本性扭转，也意味着我国工业反哺农业进程提速。随着农村改革进入新阶段，正确处理农民与土地问题也进入新时代。2016 年《关于完善农村土地所有权承包权经营权分置办法的意见》，对“三权”分置作出系统全面安排，在保持土地性质不变前提下，“三权”可以依规依法进行流转，这就充分整合利用了有限的土地资源，进一步调动了农业生产

者和经营者的积极性。农村改革的成功对经济、政治、教育、科技等方面的改革也起到了极大的示范和推动作用。

（二）小康不小康，关键看老乡——创造了彪炳史册的人间脱贫奇迹

2013年4月9日习近平总书记在三亚博后村考察时阐发了“小康不小康，关键看老乡”这一重要论述。全面建成小康社会，基础在农业，难点在农村，关键在农民，没有农民的小康，就没有全国人民的小康。党的十八大以来，中共中央把脱贫攻坚作为全面建成小康社会的标志性工程，组织推进人类历史上规模空前、力度最大、惠及人口最多的脱贫攻坚战。截至2020年年底，现行标准下9 899万名农村贫困人口全部脱贫，832个贫困县全部摘帽，12.8万个贫困村全部出列，区域性整体贫困得到解决，完成了消除绝对贫困的艰巨任务，创造了又一个彪炳史册的人间奇迹。

（三）农业农村农民问题是事关国计民生的根本性问题——坚持农业农村优先发展总方针

党的十八大提出，解决好农业农村农民问题是全党工作重中之重。党的十九大进一步明确农业农村农民问题是事关国计民生的根本性问题，坚持农业农村优先发展的总方针，把农业农村工作由基础支撑保障地位调整为优先发展，这是中国特色社会主义“三农”理论的重大创新，既体现了21世纪以来中央强农惠农富农思想的一脉相承，又是现代农业发展观的一次重大创新，是城乡、工农关系的重大调整。坚持农业农村优先发展，就是要在干部配备上优先考虑、在要素配置上优先满足、在资金投入上优先保障、在公共服务上优先安排，彻底打破“重工轻农、重城轻乡”的精神枷锁，彻底打破阻碍城乡融合发展的制度藩篱，实施城乡发展一体设计、统筹布局、融合促进，建立农业农村平等享有与工业和城镇一样的资源配置、要素交换、公共服务的市场机制和调控制度，让亿万农民共同分享改革发展成果，不断提升农民的获得感、幸福感、安全感。

（四）民族要复兴，乡村必振兴——没有乡村的振兴，就没有中华民族伟大复兴

“中国要强，农业必须强；中国要美，农村必须美；中国要富，农民必须富。”习近平总书记在2013年中央农村工作会议上，以“三个必须”擘画出我国“三农”问题在现代化建设中的地位。“从中华民族伟大复兴战略全局看，民族要复兴，乡村必振兴。”这是在向第二个百年奋斗目标迈进的历史关口，在我国即将进入“十四五”时期、开启全面建设社会主义现代化国家新征程的重要历史交汇点上，习近平总书记作出的新的重要论断。今年4月，习近平总书记在广西视察时再次指出：“全面推进乡村振兴的深度、广度、

难度都不亚于脱贫攻坚，决不能有任何喘口气、歇歇脚的想法，要在新起点上接续奋斗，推动全体人民共同富裕取得更为明显的实质性进展。”全面建成小康社会后，“三农”工作重心发生历史性转移，摆在我们面前的历史使命和艰巨任务就是要全面推进乡村振兴，到2050年乡村全面振兴，农业强、农村美、农民富将全面实现。

2018年9月23日，农历戊戌秋分，是一个载入史册的日子，首个中国农民丰收节隆盛而至。经中共中央批准、国务院批复，每年的秋分日这一天被确定为中国农民丰收节。在国家层面专门为亿万农民设立一个法定节日，上下五千年，亘古开先河，具有划时代的里程碑意义。中国农民丰收节之设立，传承弘扬了丰富而多彩的祈盼丰收、欢庆丰收的中华优秀农耕文化传统，是提升民族精神的价值认同、礼赞亿万农民的卓著贡献、凝聚乡村振兴的磅礴伟力、扎牢“两个一百年”奋斗目标的新时代新民俗。“农民丰收节”蕴含着最鲜明的核心价值内涵，镌刻着最鲜活的“三农”情怀印记，更是我党新时代农民理论创新发展最具时代意义的伟大实践。

三、关于进一步抓好党史学习教育的意见

同志们，今天我们集体参观了“中华农业文明陈列”，系统了解了中华农业文明的演进发展，重点学习了新中国成立后，我国农业农村发生的重大变化，党领导“三农”发展的伟大成就。吴宏耀同志给我们作了专题讲座，使我们更加深刻地认识和理解了党领导农业农村改革发展的成就和经验。唐华俊院长和我也都结合个人的学习思考，从不同的角度与大家一起“学党史、讲农史、谈科技兴国史”。关于进一步抓好党史学习教育，我谈四点意见。

（一）扎实组织开展党史学习教育各项活动

中国农业科学院党组高度重视党史学习教育，院党组、各单位各部门党组织以及党员领导干部带头学习、聆听辅导报告、参加专题培训，各项工作安排进展顺利、成效明显。下一步，要把工作重点放在抓好支部学习和交流、抓好党员学习和交流、抓好为群众办实事上，把党史学习教育各项活动策划好、组织好，确保取得实实在在的成效。

（二）要认真组织开展“四史”宣传教育

近日，中共中央办公厅印发《关于在全社会开展党史、新中国史、改革开放史、社会主义发展史宣传教育的通知》，对在中国共产党成立100周年之际在全社会开展“四史”宣传教育作出安排部署。农业农村部印发了专门通知，要求组织开展6类活动，即读书学史活动、学习体验活动、致敬革命先烈活动、学习先进模范活动、红色家风传承活动和群众性文化活动。各单位各部门党组织要把准正确导向，丰富活动载体，

加强统筹协调，严格执行中央八项规定及其实施细则精神，加强安全管理，确保宣传教育各项工作既安全有序又取得实效。

（三）要认真学习贯彻唐仁健部长重要讲话精神

2021年5月31日，唐仁健部长主持召开部党组理论学习中心组（扩大）学习会，专题学习新民主主义革命、社会主义革命和建设、改革开放、党的十八大以来四个时期的历史。唐仁健部长强调，要从党领导中国革命、建设、改革的辉煌历程中，深刻认识中国共产党为什么“能”，感悟我们党矢志不渝为人民谋幸福、为民族谋复兴的初心使命，“革命理想大于天”的坚定信念和勇于自我革命的鲜明品格。从中华民族站起来到富起来再到强起来的伟大飞跃中，深刻理解马克思主义为什么“行”，领会马克思主义同中国具体实践相结合产生的巨大真理力量。从改革开放、全面建成小康社会的生动实践和对世界各国发展趋势的比较鉴别中，深刻感悟中国特色社会主义为什么“好”，体会中国特色社会主义制度优势，进一步坚定“四个自信”。唐仁健部长强调，要坚持以习近平新时代中国特色社会主义思想武装头脑、指导实践、推动工作，在学史知史中加强党性锤炼，做到对党绝对忠诚，坚决维护习近平总书记的核心地位。要把学习教育成果落实到实践中，体现到工作成效上，紧紧围绕“保供固安全，振兴畅循环”，扎实做好农业农村各项重点工作，首要是确保粮食产量稳定在1.3万亿斤以上，确保不发生规模性返贫。唐仁健部长要求，要把学习党领导“三农”发展历史作为重要内容，编好用好百年农史讲义，讲好专题党课，教育引导广大党员干部学好讲好百年党史、百年农史。我们一定要认真学习领会，抓好贯彻落实。

（四）要认真抓好“我为群众办实事”实践活动

“我为群众办实事”是开展党史学习教育的工作载体，是践行全心全意为人民服务根本宗旨的重要途径。2021年5月初，院里制定印发了“我为群众办实事”实践活动方案，提出开展“农业科技促增收”“结对帮扶助振兴”“服务科研畅通道”“暖心解忧传党恩”“新时代新农科新生活”5项行动，明确了任务措施，作出了工作安排。院党组以上率下，结合中央巡视整改开展调研，初步制定了为分管领域办11件实事的任务清单，正在研究提出为联系研究所办实事的事项任务；院机关各部门、院属各单位也围绕职工群众的“急难愁盼”，研究制定了200多件“办实事”清单。这些事不能仅挂在清单上，要真正见行动，要真办实事，让全院316个创新团队、全体科技人员感受到我们在这次党史学习教育活动中，院党组是在真办实事，确保取得实实在在的效果；各部门各单位也要想方设法、尽心尽力解决职工群众最关心、最直接、最现实的利益问题，确保职工群众满意。要实行台账管理，加强检查督查，接受群众监督，以群众满意度作为检验“办实事”活动成效的标准。

深刻把握农业科技创新历史使命
为乡村全面振兴提供强大科技支撑

——唐华俊院长在 2021 年第 4 次中国农业科学院党组理论学习中心组（扩大）学习会上的讲话

习近平总书记在党史学习教育动员大会上讲话指出，“我们党的一百年，是矢志践行初心使命的一百年，是筚路蓝缕奠基立业的一百年，是创造辉煌开辟未来的一百年。”党的十八大以来，我们开启了中国特色社会主义新征程，“三农”工作取得一系列伟大成就，农业科技创新也面临新的历史使命。结合工作实际，汇报三个方面学习体会。

一、回顾党的十八大以来农业科技创新的历史性成就，汲取我们党领导农业科技事业改革发展的宝贵经验

党的十八大以来，中共中央把“三农”问题作为全党工作的重中之重，坚持农业农村优先发展，大力实施乡村振兴战略，加快推进农业农村高质量发展，取得了历史性成就。其中，农业科技进步功不可没，2020 年农业科技进步贡献率达到 60%，意味着科技进步对农业增长的贡献率大幅超过其他所有要素的总和，科技已经成为农业农村发展的核心驱动力。回顾新时代农业科技发展历程和经验，对于深化对农业科技发展规律的认识，加快农业科技创新发展，具有重要意义。

一是始终坚持党对农业科技工作的全面领导。习近平总书记提出了一系列关于农业科技创新的新理念新思想新论述，提出了“农业现代化关键在科技进步和创新”“为农业插上科技的翅膀”等重要论断，2012 年中央一号文件把推进农业科技创新作为“三农”工作重点，党的十九大对创新型国家、乡村振兴战略等重大战略进行了部署，为我国农业农村科技工作指引了方向、提出了要求。

二是始终坚持走中国特色农业科技创新道路。充分发挥社会主义集中力量办大事的制度优势，不断提高农业科技领域的顶层设计和统筹规划，先后制定了一系列重大发展规划，出台了一系列促进农业科技创新与成果转化的重大政策措施，部署了一系列重大科技计划、项目、工程，组建了国家农业科技创新联盟，组织全国农业科研、教学机构和涉农企业开展大联合、大协作、大攻关。

三是始终坚持遵循农业和农业科技发展规律。遵循农业和农业科技创新周期相对较

长、成果产出相对较慢、风险挑战相对较大的整体规律，加大对事关长远的基础研究、应用基础研究的长期稳定投入，深化科技体制机制改革、科技计划项目改革、成果收益分配改革，推动农业科研项目评审、人才评价和机构评估等改革，促进科学研究、实验开发与推广应用有机衔接，切实发挥了科技支撑农业发展的最大效用。

四是始终坚持把人才作为科技创新的第一资源。实施各类科技人才计划，加强高层次人才引进和自主培养，造就了一大批具有全球视野和国际水平的战略科技人才、科技领军人才、青年科技人才和高水平创新团队，涌现出包括两院院士在内的一批高层次创新人才。通过职称评聘、收入分配、绩效评价等制度改革，不断优化人才发展环境，营造有利于人才自由流动、创新活力竞相迸发的创新氛围。

党的十八大以来，我国农业科技在党的领导下，整体水平实现了加速提升，农业基础研究和战略高技术获突破性进展，在农作物遗传发育与抗性机理、园艺作物基因组学、动物免疫调控、重要种质资源收集评价、土壤质量演替规律等方面创新了一批基础前沿成果，攻克了一批产业共性关键技术，畜禽品种良种化、国产化比重逐年提升，在主要粮食作物、主要生产环节初步实现了“机器换人”，许多关键技术领域由跟跑为主，逐渐转变为并跑、领跑的态势，跻身世界前列，农业科技的国际影响力和竞争力日趋提升。

二、深刻领会习近平总书记农业科技重要论述，把握新时期农业科技创新的战略任务

党的十八大以来，习近平总书记从时代发展前沿和国家战略高度，就“三农”工作、农业科技创新作出一系列重要论述。这些重要论述是习近平新时代中国特色社会主义思想的重要组成部分，是实施创新驱动发展战略、建设创新型国家和农业强国的根本遵循和行动指南。学习领会习近平总书记的重要论述，我理解需要重点把握四个方面。

一是准确把握科技创新是农业农村现代化的第一动力。习近平总书记在致中国农业科学院建院60周年贺信中提出“农业现代化关键在科技进步和创新”，这是习近平总书记立足世情国情农情、把握经济社会发展规律做出的重大判断。实践证明，农业现代化水平的持续提高，农民生活和农村发展方式的巨大变革，与种子、化肥、农药、农业机械等技术的不断突破，新能源新材料新技术的创新应用是密不可分的，我们必须把科技放到更加突出的位置。

二是准确把握“四个面向”是农业科技创新的根本方向。习近平总书记在科学家座谈会上指出，广大科技工作者要“坚持面向世界科技前沿、面向经济主战场、面向国家重大需求、面向人民生命健康”。对于农业科技，就是要面向世界科技前沿，夯实创新的根基；面向国家重大需求，推动农业供给侧结构性改革和农业绿色发展、高质量发展；面向现代农业建设主战场，在乡村振兴战略实施中发挥更大作用；面向人民生命健康，保障农产品质量安全，确保群众舌尖上的安全。

三是准确把握支撑农业稳产保供是科技创新首要任务。习近平总书记指出，解决好吃饭问题始终是治国理政的头等大事。把住粮食安全的主动权，一是靠种子，二是靠耕地。我们必须把解决好种子和耕地问题作为创新重点，提高科技对单产的保障能力、对抵御灾害的支撑能力、对转变生产方式的引领能力，破解包括粮食安全、食品安全、生态安全、农民增收等矛盾和问题在内的农业发展“瓶颈”，带动农业科技全局创新，为稳住“三农”基本盘提供强力支撑。

四是准确把握引领乡村振兴是农业科技的历史使命。习近平总书记在吉林考察时强调，要加强农业与科技融合，加强农业科技创新，科研人员要把论文写在大地上。进入新发展阶段，“三农”工作的重心已经转移到全面推进乡村振兴。我们必须围绕乡村振兴的科技需求，构建从科研立项、成果产出、集成转化到生产实践全过程紧密衔接的工作机制，打通从“科技强”到“产业兴”的通道，为推进乡村全面振兴注入强大的科技动力。

三、牢记农业科研国家队的初心使命，为全面推进乡村振兴提供强力科技支撑

习近平总书记在 2021 年两院院士大会上明确指出，国家科研机构是国家战略科技力量的重要组成部分，要自觉履行高水平科技自立自强的使命担当。中国农业科学院作为农业科研国家队，要将党史学习教育与贯彻落实总书记贺信精神结合起来，自觉履行使命担当，努力实现高水平农业科技自立自强，为乡村振兴和农业农村现代化提供强有力支撑。

一是强化原创性科技攻关，增加乡村振兴科技供给。抓住种业和耕地两个要害，聚焦农业生物重要性状形成机制、作物高光效、农业固氮、动物疫病致病与传播机制、农业面源污染迁移转化等基础问题持续研究；围绕作物基因编辑、农业合成生物、生物质高效高值转化、农业遥感与动态监测评估等共性技术持续攻关；实施“种业翻身仗”科技行动，推进粮食作物高产优质与自主可控、主要畜禽种源国产化，强化非洲猪瘟疫苗和草地贪夜蛾等监测防控技术研发；积极新建作物基因资源、蔬菜生物学、油料作物生物学等国家重点实验室以及农作物基因改良、农业生物安全等国家研究中心。

二是强化产学研融合，打造乡村振兴示范样板。推进科企科产融合，采取技术转让、合作研发、共建实验室、科技人员兼职等方式，打造企业“出题出资”、中国农业科学院“答题攻关”的协同创新机制。发挥好全国农业科技成果转移服务中心等平台作用，加强重大科技成果示范推广，构建高质量发展、绿色发展的综合技术模式。巩固拓展脱贫攻坚成效，做好与乡村振兴衔接，抓好农业农村部 5 个定点县、中国农业科学院 11 个乡村振兴示范县建设，探索整建制推进模式，促进县乡经济和社会全面、协调、可持续发展，为乡村全面振兴提供有益经验和模式借鉴。

三是强化农业科技人才培养，激发乡村振兴内生动力。始终把人才这个第一资源建

设作为重中之重，遵循农业科技人才的成长规律，构筑更加健全的人才发展培育体系，着力推动科研、管理、支撑、转化四支队伍统筹发展，让各类人才在各自岗位上都能人尽其才、尽展其能。实施更加精准有效的人才引进、培养、使用、激励等制度措施，不断扩大领军人才队伍规模，着力培养高质量的优秀青年人才，健全以质量、绩效、贡献为核心的人才评价体系，引导科研人员把论文写在祖国大地上。

四是强化政策理论研究，打造乡村振兴高端智库。以中国农业科学院战略研究中心建设为抓手，加强乡村振兴战略重大问题研究，重点在农业农村优先发展、质量兴农、城乡融合、绿色发展、科技与人才支撑保障等方面抓好战略研究、政策研究和制度创设，形成一批支撑乡村振兴的政策制度、技术标准和行业基准，建立战略研究成果报告定期发布机制，加快建成国家倚重、社会信赖、专业权威的国家农业科技高端智库，更好地服务党和国家“三农”工作大局。

继承“支部建在连上”优良传统
夯实党领导科研工作的组织基础

——张合成书记在 2021 年第 4 次中国农业科学院党组理论学习中心组（扩大）学习会上的讲话

1927 年，毛泽东同志率领秋收起义部队到达江西省永新县三湾村，改编部队时首次提出了“支部建在连上”的建党建军基本原则。学史明理，深刻体会“支部建在连上”的重大创造性与重要实践价值，对农业科研单位的基层组织建设有很强的指导意义。

一、三湾改编的时代背景、主要内容和重要意义

由于战斗失利，秋收起义部队中弥漫着一种悲观情绪，不时有人“掉队”，甚至整班、整排成建制地不辞而别。当时，部队面临着建制凌乱、成分复杂，缺乏领导核心、意志无法统一，革命动机不纯、军心涣散，有军阀习气、官兵待遇不平等问题。面对严峻的形势，毛泽东一直在思考，也发现了一些积极因素：只要连队里有着一定数量的党员，这个连队的精神面貌就好，作战就勇猛，长官也可以得到较为有效的民主监督。在第一团何挺颖担任指导员的连队中，没有一个逃兵，整个连队军纪严明、士气高昂。在如何带兵的问题上，何挺颖认为，军队连续吃了些败仗，军事力量骤降并不致命，致命的是这支部队失去中国共产党的领导。因为当时军队中党组织很少，中共党员人数也很少，这样就难以抓住士兵，就难以抓住部队。何挺颖的回答使毛泽东得到了启发，也进一步坚定了进行部队改编的决心。

1927 年 9 月 29 日，毛泽东在永新三湾村的泰和祥杂货铺主持召开了中共中央前委扩大会议，针对部队在思想、作风、组织、生活等各方面存在的问题，对部队进行了整顿和改编，这就是人民军队建军史上著名的三湾改编。

一是建立“支部建在连上”的组织制度，在部队中建立党的各级组织。大革命时期，中国共产党在军队中的党组织都是设到团一级，营、连以下均没有设立党的组织，党的政治主张难以到达普通党员和基层士兵。通过三湾改编，在部队各级都设立党的组织，团、营以上层级设立党委，连一级设立党支部，排设立党小组，班上有党员，这是一个重大创造。从此，党对军队的领导有了组织上、体制上的坚强保障。

二是实行党代表制度。连以上设立党代表，担任党组织书记，专做思想政治工作，重大决策由前委会以及各级党代表拍板，确保了军队抓在党的手里。

三是在连以上设立各级士兵委员会，实行民主制度。士兵委员会由全体士兵民主选举产生，有很大的权力，包括经济管理权、监督权、建议权等。士兵参加部队经济等方面的管理；军官要接受士兵委员会的监督；士兵委员会在党支部指导下进行宣传、组织群众的工作；维护部队纪律，组织士兵的文化娱乐生活。

四是在建制上进行改编。将部队由 1 个师缩编为 1 个团，采取“愿留则留、愿走则走”的自愿原则。改编后，部队只剩下 700 余人，人员虽然变少了，但绝大多数是经过自愿选择留下来的精英，彻底改变了雇佣军的性质。

三湾改编给部队注入了新的灵魂，解决了“为谁扛枪、为谁打仗”的方向问题，使部队从濒于溃散到空前团结，凝聚力和战斗力得到极大提高。

二、“支部建在连上”的重大意义

“支部建在连上”，使党支部成为确保党的决策部署贯彻落实的基础，成为落实党赋予“最后一公里”任务的执行者，为把党的路线方针政策真正落到实处指明了路径，党支部成为连队的核心和堡垒，党员争当先锋模范的表率作用得到充分发挥。

一是确立了党指挥枪的根本原则。“支部建在连上”，确保党对军队的领导，铸造了一支新型的人民军队，塑造了今天中国人民解放军的军魂：党指挥枪。初步解决了“如何把以农民及旧军人为主要成分的革命军队，建设成为一支无产阶级新型人民军队”的问题，奠定了政治建军的基础。明确了共产党对军队的绝对领导，是军队实行政治建军的核心，也是建军治军的根本原则。2014 年 10 月，习近平总书记回顾三湾改编所创建的“支部建在连上”及其系列制度时，认为党领导军队的一整套制度，越是在重大考验面前越能显现作用。

二是开创了中国共产党组织基层化先河。三湾改编确立了党代表制度和实行“支部建在连上”的组织制度，首次在部队班排建立党小组、连队建立党支部，这使得党的政治主张能够通过基层组织加以贯彻执行。在军队各级建立党的组织，目的就在于夯实党的基础，使一个个独立的个体，通过一个远大的理想集聚起来，铸就强大的战斗力和凝聚力。同时，在连以上各级设立党代表，实行同级党的书记兼任同级党代表的党代表制度，实现了党的政治主张执行和第一线实际情况反馈的闭环运行，解决了信息不对称问题。毛泽东给中央提交报告，指出“党的组织，现分连支部、营委、团委、军委四级。连有支部，班有小组。红军之所以艰难奋战而不溃散，‘支部建在连上’是一个重要原因”。这是自古以来军队从未有过的基层建党体系和原则，也是一项前所未有的创举，至今仍是全党基层组织建设的重要原则。

三是红军重大任务中有了战斗堡垒。“支部建在连上”的根本目的是通过强化党的领导，巩固和提高部队战斗力，确保完成作战任务。毛泽东曾经做过一个比喻：“一个人活着要有心脏，党支部就是连队的心脏，把连队党支部建好，让连队的心脏坚强地跳动起来，才能使党的血液流贯我们这支部队的全身。”三湾改编时，毛泽东及时总结经验教训，使党支部成为一线指挥部和一线战斗堡垒。“支部是党的政治达到群众的枢纽，支部生活是无产阶级党的基础”，所以把“支部建在连上”，就是要抓基层，抓基础，建阵地，充分发挥基层党组织的战斗堡垒作用。

四是党员先锋模范作用在士兵中得到体现。三湾改编之后，党员争当先锋模范的表率作用得到充分发挥，主要体现于吃苦在前、奉献在前、牺牲在前、敢于斗争、勇于胜利。这说明，一支军队的战斗力、凝聚力还必须要靠模范的先锋力量来支撑和引领，“支部建在连上”有利于充分发挥共产党员的先锋模范引领带头作用，有利于凝聚群众，有利于夯实党对军队绝对领导的基础，同时也确保了战之能胜这个目标的实现。

三、“支部建在创新团队”的实践与探索

科研工作是科学家的脑力劳动的过程。脑力劳动又常常具有高度的个体性和独立性。传统的科研组织方式是课题组。为了提升科学家协同作战能力，2013 年起中国农业科学院探索实行了创新团队机制，彻底取消了课题组这种单打独斗的科研工作组织方式。支部则由几个团队、几个部门联合组成，其任务也仅限于三会一课、传达学习、发展党员等，组织活动与科研业务关系不大，不少机构有党员没组织。为了实现中心工作开展到哪里，党的建设就跟进到哪里，科技创新力量布局到哪里，党的工作就跟进到哪里的目标，我们探索开展了“支部建在创新团队”。

一个创新团队建立一个党支部，党组织就在身边，党的领导深入基层。一个创新团队建立一个党支部，党支部书记原则上由党员团队首席科学家担任，根据工作需要选配副书记协助做好党务工作。支部更加突出打造“信念过硬、政治过硬、责任过硬、能力过硬、作风过硬”的基层党组织。哈尔滨兽医研究所动物流感创新团队超过 100 人，团队首席陈化兰院士是党外人士，配备了党支部书记。团队支部在科技攻关和防控一线发挥党员先锋模范作用，2020 年知识产权转化近亿元，为阻击禽流感疫情、促进养禽业发展、保障人民健康作出了重要贡献。

支委会围绕重点任务开展工作，科研党建拧成一股绳、使出一股劲。支部建在创新团队后，进一步强化支部议事决策功能，为团队把好科研方向，党建业务深度融合、相互促进，显著提升科研攻关效率。农业资源与农业区划研究所科研十二党支部，建在智慧农业创新团队上，团队首席和支部书记吴文斌，带领团队突破天空地一体化智慧农业核心技术和装备研发，推进全国农田建设综合监管信息化平台、全国农村宅基地管理信息化平台建设，为乡村振兴贡献“数字力量”。

党员科学家走在前做表率，提升团队的凝聚力战斗力。党员就在身边，党员亮明身份，发挥先锋模范作用，彰显党组织优势。贯彻落实党的群众路线，了解群众所思所想，解决群众所困所忧，提升组织、宣传、凝聚、服务群众能力，也有效接受群众的全方位监督。方智远院士年逾 80 岁，支部活动从不缺席，多个实验基地每年走一遍。作科所作物耕作与生态创新团队首席和支部书记张卫建，带领团队与黑龙江桦川县双兴村

党支部联学共建，党员科学家开设“田间课堂”，2019—2020 年培训 2 万余人次，疫情期间组织云课堂直播课，受众达 10 万余人次。蔬菜所金黎平被评选为 2019 年全国脱贫攻坚先进个人。资划所张金霞获颁 2020 年全国脱贫攻坚奖创新奖。

四、建设“红旗党支部”，推进基层党组织标准化规范化

早在 1926 年，中国共产党就提出“一切工作归支部”的工作原则。针对科研单位基层党建工作中存在的重形式轻内容、重过程轻结果、重数量轻质量，以及看起来热热闹闹，实际效果却不佳，甚至与中心工作“两张皮”等问题，我院开展了“红旗党支部”创建。

一是全面加强创新团队党建工作。推动首席任支部书记比例不低于 50%，进一步强化支委会职能作用，切实加强党组织对重大问题重要事项的政治把关，推动政治和业务深度融合，把握政治方向、科研方向、选题方向，全面提升基层组织组织力，带领党员、团结群众，围绕国之大者和中心任务树目标、定任务、保落实，切实打通基层党建“最后一公里”，努力打造落实“四个面向”成绩突出的红旗党支部。

二是实现各类型机构党组织全覆盖。加强科研、管理、学生、离退休等党支部的分类指导，强化院所办企业、社团、期刊、试验基地、聘用人员、客座研究生等薄弱环节党组织设置和党建工作，大力解决短板弱项和新领域党建工作存在的“弱化”“虚化”“边缘化”问题，实现党的领导到边到角、党的组织和党的工作全覆盖。

三是推动党支部标准化规范化提质升级。以开展“红旗党支部”星级评定为抓手，按照“支部设置科学合理、支部班子坚强有力、支部职责履行到位、组织生活严肃认真、支部活动方式创新、支部工作成效显著”的要求，从党组织设置、支委会建设、组织生活、队伍建设、制度机制、功能作用 6 方面，制定实施详细的评定项目和评定标准，不断完善考评指标，把党的建设抓实抓细。质标所农业化学污染物残留检测与行为研究创新团队，建立了“党员值班党日活动”，将主题党日放在合作社、温室大棚，在产业一线提供咨询和服务，推动产业链和创新链相结合，获国家技术发明奖二等奖和中国专利奖优秀奖，快速检测技术专利转让费达 5 000万元，得到了市场的高度认可，为加强我国农产品质量安全风险监测与管控作出了重要贡献。

秋收起义部队在转移途中，一路战斗频繁，生活艰苦、疟疾流行，伤病员不断增加，少数官兵公开离队、自谋出路，有的团营出现官多兵少、枪多人少的现象，到达三湾村时已不足千人。三湾改编把支部设在连上，实行“战士问题不出班排、党员问题不出党小组、干部问题不出党支部”，极大地增强了基层连队自建能力。习近平总书记指出，“基层党组织是党执政大厦的地基，地基固则大厦坚，地基松则大厦倾。”学史力行，中国农业科学院基层党组织组织能力强不强，抓种子和耕地重大科研任务落实是试金石，也是磨刀石。我深信，中国农业科学院的基层党组织，将在解决耕地和种子两大要害，打赢种业翻身仗，全面实现农业科技高水平自立自强的伟大斗争中，发挥当之无愧的战斗堡垒作用。

吴孔明院长在中国农业科学院党组理论学习中心组生物安全专题（扩大）学习会上的讲话

2021 年 10 月 27 日

同志们：

近期，大家集中学习了习近平总书记关于国家生物安全系列重要论述。刚刚，院属相关研究所、科技局主要负责同志汇报了学习体会，忠武、杰人、汉中、现武作了重点发言，结合分管工作交流了学习思考和工作思路，大家对保障国家农业生物安全的使命任务都有准确的把握，对推进农业生物安全领域的高水平科技自立自强都有深刻的思考，我都赞同。下面，就进一步落实中央关于生物安全的重大决策部署、支撑国家生物安全风险应对，结合个人的学习体会，我谈三点认识。

一、从贯彻国家总体安全战略高度，充分认识加强生物安全领域科技创新的重要性

党的十八大以来，习近平总书记多次强调，要一以贯之地增强忧患意识、防范风险挑战，深刻指出重大传染病和生物安全风险是事关国家安全和发展、事关社会大局稳定的重大风险挑战。中国农业科学院作为农业科研国家队，应从党和国家事业发展全局高度，深刻认识新形势下加强生物安全建设的重要性。

（一）要从保障国家安全的高度，认识和把握做好生物安全工作的重要性

以习近平同志为核心的党中央，审时势、察世情，坚持系统性、科学性地统筹把握国家总体安全。2014 年 4 月 15 日，习近平总书记在中央国家安全委员会第一次会议上提出总体国家安全观，明确了开放发展的系统性架构，即“构建集政治安全、国土安全、军事安全、经济安全、文化安全、社会安全、科技安全、信息安全、生态安全、资源安全、核安全等于一体的国家安全体系”。党的十九大报告指出，“统筹发展和安全，增强忧患意识……统筹外部安全和内部安全、国土安全和国民安全、传统安全和非传统安全、自身安全和共同安全。”2020 年 2 月 14 日，习近平总书记在中央全面深化改革委员会第十二次会议上强调：“要从保护人民健康、保障国家安全、维护国家长治久安

的高度，把生物安全纳入国家安全体系，系统规划国家生物安全风险防控和治理体系建设，全面提高国家生物安全治理能力。”发展是安全的基础，安全是发展的条件，坚持底线思维，贯彻总体国家安全观已成为我国各地区、各领域安全发展的基本理念和工作指引。我们一定要深刻理解、准确把握中共中央关于国家安全工作的精神实质，从统筹发展和国家安全的战略高度，深刻认识并牢固树立做好生物安全工作的紧迫感责任感。

（二）要从维护法律权威的高度，认识和把握做好生物安全工作的重要性

《中华人民共和国生物安全法》已经于 2021 年 4 月 15 日正式实施。以《中华人民共和国生物安全法》为基础性、综合性、系统性、统领性法律，以《中华人民共和国动物防疫法》《农作物病虫害防治条例》《农业转基因生物安全管理条例》为配套法律法规的生物安全制度体系日趋完善，标志着我国生物安全进入依法治理的新阶段。我们要深刻认识生物安全法颁布的里程碑意义，统筹各方面科研力量，全力为生物安全依法治理提供科技支撑。《中华人民共和国生物安全法》梳理、明确了国家生物安全共涉及八大领域。其中，防控重大新发突发动植物疫情，生物技术研究、开发与应用，病原微生物实验室生物安全管理，生物资源安全管理，防范外来物种入侵与保护生物多样性，应对微生物耐药，是我们最初认为的农业生物安全的领域范围。除此之外，按照习近平总书记近期强调的“人病兽防”理念，以及当前全球新发传染病中有 75.4%属于人兽共患病的现实情况，在防控重大新发突发传染病上，动物传染病和人兽共患病的控制是重要一环。生物恐怖袭击与生物武器，虽然是一种军事手段，但相关战剂的来源有很大一部分属于动植物致病微生物及其毒素等，也属于农业生物安全的范畴。由此来看，生物安全各领域均与农业生物安全有关。我院作为农业科研国家队，理应在支撑国家生物安全治理能力提升上发挥不可替代性作用。

（三）要从强化战略科技力量的高度，认识和把握做好生物安全工作的重要性

科学技术是保障生物安全的锐利武器。2020 年 3 月 2 日，习近平总书记在北京考察新冠疫情防控科研攻关工作时强调，生命安全和生物安全领域的重大科技成果也是国之重器。生物安全法提出“推动生物安全核心关键技术和重大防御产品的成果产出与转化应用，提高生物安全的科技保障能力”。习近平总书记在中共中央政治局第三十三次集体学习时再次强调，“要加快推进生物科技创新和产业化应用，推进生物安全领域科技自立自强，打造国家生物安全战略科技力量。”贯彻落实中共中央的决策部署，中国农业科学院要主动入位、担当作为，助力农业生物安全领域科技自立自强，注重运用科学技术维护国家农业生物安全，牢牢掌握维护国家农业生物安全的战略主动权。

二、聚焦国家生物安全战略需求，明确农业生物安全科技创新的任务方向

近年来，新冠病毒流行、非洲猪瘟暴发、草地贪夜蛾入侵、沙漠蝗迫近国门等事件频发，对我国生物安全提出了多维度、全方位的挑战。我院应以满足国家农业生物安全战略需求为导向，全力为农业生物安全治理体系完善和治理能力建设提供科技支撑，努力抢占农业生物安全领域的国际科技竞争制高点。

（一）支撑国家农业生物安全治理决策

《中华人民共和国生物安全法》明确了国家生物安全管控的领域范围、体制机制、基本制度，国家生物安全工作将系统完善、推进，生物安全战略研究、政策制定及实施的咨询、评估、论证工作任务随之增加。我院作为农业科研国家队，亟待抢抓机遇、主动入位，高度重视、认真谋划、积极参与国家生物安全决策的科技支撑工作。

（二）支撑国家农业生物安全风险防控

当前我国生物安全治理面临一系列风险挑战。重大新发突发动植物疫情、外来生物入侵生物防范面临本底复杂、灭除压力大，外部环境复杂、外防输入难等问题。生物资源面临保护不力和被国外窃取的风险；有害生物治理面临绿色可持续治理模式应用不足、防范耐药压力大等现状。我院要面向农业生物安全问题的复杂性、过程性，坚持系统思维，打造风险评估、监测预警、应急处置和持续治理等全链条防控的系统化科技支撑能力，为农业生物安全威胁提供科学应对方案。

（三）抢占农业生物安全科技竞争制高点

落实中共中央关于推进生物安全领域科技自立自强的部署要求，针对我国当前生物技术研发应用等领域面临自主知识产权掌握不足等短板，我院亟待加快打造农业国家生物安全战略科技力量，强化生物技术自主创新，支撑推进有序推进生物育种、生物制药等领域产业化应用，创制并推广生防与绿色防控技术模式，抢占农业生物安全科技竞争制高点，牢牢掌握国家农业生物安全发展主动权。

三、进一步优化科技资源配置，推进农业生物安全科技自立自强

多年来，中国农业科学院积极谋划、前瞻部署，不断健全农业生物安全运行管理体系，在应对国家农业生物安全威胁中发挥着不可替代的作用。我们全力打造生物安全三级、四级实验室，国家农业生物安全科学中心等农业生物安全科技创新平台，有力支撑保障草地贪夜蛾、禽流感等国家生物安全防控工作，在支撑保障国家生物安全上已经具备坚实基础。我们要认真学习领会习近平总书记在中共中央政治局第三十三次集体学习时，对生物安全治理提出的系统治理、全链条防控、盯牢抓紧重点风险、推进生物科技创新和产业化应用、参与全球生物安全治理等要求，进一步将思想和行动统一到中共中央的系列决策部署上来，切实为应对农业领域生物安全风险挑战赢得主动。

（一）明确发展思路

生物安全各领域都与农业息息相关。我院要主动入位、积极担当，更新理念、转变思路、强化使命、提升能力，系统支撑国家生物安全治理、努力实现生物安全领域科技自立自强。在更新理念上，要树立人与动物、人与自然的命运共同体观念，主动做好人病兽防、关注有害生物耐药对人类健康的威胁、推广生态友好型生物安全治理模式；要树立地球生命共同体理念，深刻认识生物安全没有国界的现实情况，坚持关口前移，对未入境风险做好储备研究。在转变思路上，要积极将防控思路由应急防控向治早治小、持续治理上转变。在强化使命上，要按照生物安全法界定的领域范围，全领域、全链条地打造系统治理的科技支撑能力，全面做好风险评估、监测预警、应急处置和持续治理；还要积极参与国家生物安全标准制修订、名录制定、风险评估、监督检查等任务，着力为国家生物安全战略研究、政策制定及实施提供决策咨询。在提升能力上，要加快创制生物防治、减抗替抗等绿色治理等重点技术，加快破解生物技术自主知识产权掌握不足等短板，强化生物安全领域科技自主创新，在应对生物安全风险挑战上抢占发展先机、赢得发展主动。

（二）坚持系统布局

按照系统治理、全链条防控的要求，我院农业生物安全创新能力建设风险评估、监测预警、应急保障等方向还存在布局薄弱、对农业生物安全治理和政府决策的支撑作用发挥不足等问题，亟待以农业生物安全风险评估、监测预警、应急保障和持续防控为重点，加大资源配置力度，全面强化支撑农业生物安全风险应对的科技创新体系；以生物安全战略和政策研究为重点，着力强化国家农业生物安全治理与监管的决策支撑能力。

从学科布局、平台建设、任务谋划、人才培育等方面，全面推进我院农业生物安全创新布局的完善和科技支撑能力的提升。

（三）推进协同作战

充分发挥生物安全研究机构的资源整合和牵头协调作用，破解农业生物安全创新力量布局分散、支撑国家决策作用有待加强等问题，统筹院内优势创新力量、联合全国相关领域力量，强化农业生物安全风险全领域、全链条治理的科技支撑能力，做好应对未知生物安全风险挑战的前瞻储备研究，支撑我国生物安全领域科技竞争力提升。一要强化基础和前沿研究。强化生物安全技术的自主创新，建立具有自主知识产权的前沿生物技术体系。二要强化应用基础和关键技术创新。按照系统治理、全链条防控的要求，在持续夯实重大动植物疫病防控等传统优势领域创新能力基础上，加快实现农业生物安全风险评估、监测预警、风险控制、应急保障等薄弱领域研究。推动绿色治理模式应用，构建新型抗菌制剂、生物防治制品等为代表的生物安全绿色控制技术体系。三要强化基础性工作。按照关口前移要求，强化动植物病虫害、外来入侵物种基础性和长期性的监测与预警、疆域普查与定点排查。

（四）完善平台条件

联合优势科研力量提出建设生物安全国家实验室的动议和建议，加紧补齐生物安全三级、四级实验室等保障条件短板，谋划构建农业生物安全科学预警与监测网络，完善建设农业资源保藏与利用平台体系，谋划建设农业生物技术安全评价与风险防控创新平台，系统夯实农业生物安全领域的条件保障能力。

（五）开展国际合作

要从全球视野、崛起大国的角度出发，同国际社会携手应对日益严峻的生物安全挑战。谋划发起农业生物安全国际科学计划，加快布局中外联合实验室等相关研究平台，通过安全合法方式开展生物资源交流，对尚未进入我国但对我国具有一定潜在威胁的外来疫病进行监测预警、风险评估和防控技术储备研究，增强生物安全风险防控的前瞻性和主动性。同时积极主导和参与国际生物安全标准制定，组织开展重大动植物疫病防控的援外工作，推动疫苗、农兽药等重大产品“走出去”，推动转基因作物在国外应用转化，提升我国农业生物安全国际治理能力与话语权。

(六)强化内控管理

全院要坚持筑牢底线思维，严格执行国家、部门的生物安全法律法规，严控生物安全风险。保证生物技术研发、应用安全，杜绝生物技术谬用。保证生物技术实验室安全运行，健全规范化管理体系。保证重点领域风险可控，严格高致病性病原微生物、转基因生物、基因编辑生物相关科研活动和资源进出境管理等。保证科研伦理严格监管，杜绝科研伦理事件。

同志们，生物安全关乎人民生命健康，关乎国家长治久安，关乎中华民族永续发展。我们要深刻认识新时期强化生物安全建设的极端重要性，持续加强生物安全内控管理，准确把握保障国家农业生物安全的使命任务，为农业生物安全科技自立自强提供强大支撑。

谢谢大家！

张合成书记在中国农业科学院党组理论学习中心组生物安全专题（扩大）学习会上的讲话

2021 年 10 月 27 日

同志们：

今天，我们召开院党组理论学习中心组生物安全建设专题学习会，主题是深入学习贯彻习近平总书记关于国家生物安全系列重要论述，特别是在中共中央政治局第三十三次集体学习时的重要讲话精神，围绕国家生物安全风险防控和治理体系建设、生物安全治理能力提升等重大问题，把握国家农业生物安全战略需求，履行农业科研国家队职责使命，强化生物安全科研攻关和内控体系建设，突出找问题、防风险、强举措，以更大工作力度、更严内控管理、更多创新成果，全面支撑农业生物安全风险评估、监测预警、应急保障和持续防控，助力农业生物安全领域科技自立自强，筑牢国家生物安全屏障。

国庆节后上班第一天，院党组就第一时间召开专题（扩大）会议，传达学习了习近平总书记在中共中央政治局第三十三次集体学习时关于加强生物安全建设的重要讲话精神，部署了学习贯彻工作。今天再次召开中心组专题学习会，就是要对总书记生物安全思想进行再学习、再部署、再落实，就是进一步彰显院党组打造国家生物安全战略科技力量、推进科技自立自强的政治担当和信心决心。院属各单位要深刻认识农业生物安全与国家安全的关系，深刻认识生物安全与农业科研工作的关系，深刻认识生物安全与法治建设的关系，抢抓机遇、主动入位，将科技创新统一到中共中央关于国家整体安全、生物安全的重大决策部署上来。

吴孔明院长的讲话，从国家总体安全战略的高度阐述了新形势下加强生物安全领域科技创新的重要性，聚焦国家重大需求分析了强化科技支撑的重点领域，就进一步优化科技资源配置，推进生物安全领域科技自立自强提出了明确要求，我们要认真学习领会、抓好贯彻落实。中国农业科学院作为农业科研国家队，应从党和国家事业发展全局高度，深刻认识新形势下加强生物安全建设的重要性，强化生物安全科技创新，是我院义不容辞的使命担当，是我院快速发展的重大机遇，是我院安全生存的最后底线。结合个人学习体会，就贯彻落实吴孔明院长讲话要求，推进生物安全领域科技自立自强，我再强调几点，重点是强化六种意识。

一、强化责任意识，落实生物安全主体责任

习近平总书记指出，“各级党委（党组）和政府要切实把思想认识和行动统一到党中央决策部署上来，把生物安全工作责任落到实处，做到守土有责、守土尽责。”院属各单位党政“一把手”对本单位生物安全工作负总责，要带头亲自抓，把工作落实、落细。要加强学习部署，积极组织学习习近平总书记关于生物安全的系列重要讲话精神，学习《中华人民共和国生物安全法》等法律法规，确保学习活动深入到各团队、各科研人员。要主动担当作为，在学科建设、力量强化、平台建设、任务布局、成果应用、国际交流、内控管理等方面要亲自带头谋划，走在前、作表率，切实为应对农业领域生物安全风险挑战赢得主动。近些年来，我院在生物安全方面出现过一些问题，有不少教训。特产所个别实验室对布鲁氏菌这种会导致人畜共患病的危险病菌管理不严，造成了严重后果；还因为实验室管理问题被环保部门罚过款。这些重大失误，给院党组、给地方政府造成了很大麻烦。前不久，我去所里调研，发现一些所科研废弃物没有按规定分类，竟然按普通废弃物处理；发现一些所的实验室卫生非常不好，实验设备落了很厚一层灰。出现这些问题，说明我们有的研究所还是没有从思想上高度重视生物安全工作，还没有在行动中扎扎实实把生物安全管理规定落实到位。

二、强化大局意识，提升生物安全科技创新能力

习近平总书记强调，“要加快推进生物科技创新和产业化应用，推进生物安全领域科技自立自强，打造国家生物安全战略科技力量。”院所两级要积极将生物安全科研创新统一到中共中央关于生物安全的重大决策部署上来，聚焦国家农业生物安全重大需求，立足风险评估、监测预警、技术标准、应急保障等工作，围绕生物安全学科体系、项目任务、研究机构、人才团队、科技平台、重大设施、科研组织机制等方面，整合生物安全优势科技力量，优化生物安全领域学科布局，完善农业生物安全创新体系建设，形成院所两级生物安全创新架构，系统加强生物安全相关基础科学研究、关键风险防御防控技术水平提升与管控技术产品研发能力。

三、强化创新意识，牵头实施农业生物安全科技创新任务

习近平总书记强调，要“健全生物安全科研攻关机制”。要开展生物安全系统研究，围绕重大动植物疫情、外来入侵生物，以及新型生物技术安全评价等方面，凝练支撑保障国家生物安全的战略研究任务，研究提出中国农业科学院创新工程重大研究任务，组织提出农业农村部创新任务和科技部重点研发计划项目选题建议。要集中优势科技力量，组织开展农业生物安全重点领域、关键环节科学问题的协同攻关。要通过创新

工程等长期稳定支持，推进基础科学研究人才和专业技术人才培养，打造一支具有国际领先水平的国家农业生物安全战略性科技创新力量，抢占农业生物安全全球科技制高点，引领生物安全科技发展方向，保障国家农业生物安全和支撑服务国家经济社会的健康发展。

四、强化战略意识，服务国家生物安全治理

习近平总书记强调，“要完善国家生物安全治理体系，加强战略性、前瞻性研究谋划，完善国家生物安全战略”。院所两级要立足中央提高生物安全治理能力的总体部署，坚持国家需求导向，抢抓机遇、主动入位，立足农业生物安全风险评估、监测预警、技术标准、应急保障和科技决策体系建设，积极为生物安全标准制修订、生物安全风险评估、生物安全监督检查等工作提供科技支撑，为保障国家生物安全作出应有贡献。联合优势科技力量，谋划推动建设生物安全国家实验室。聚焦新发突发烈性动植物疫病和高危人兽共患病防控、外来生物入侵、生物技术领域生物安全等共性理论和共性技术科学问题，申请建设农业农村部农业生物安全重点实验室。加快补齐院属相关研究所生物安全实验室的建设短板，推动兰兽研等建设生物安全四级实验室，推动上兽研等建设生物安全三级实验室，标准化生物安全二级实验室及设施。积极构建覆盖沿边沿海阻截带、内陆高风险区等重点地区的疫情监测网络。争取建设国内规模最大、保存植物保护资源种类最多、研发体系最完整的农作物病虫害资源保藏与利用中心。谋划建设新型农业生物技术产品的分子特征解析、风险识别、安全评价、产品溯源等关键功能一体化的基础设施平台。

五、强化统筹意识，建设生物安全研究专门机构

充分发挥中国农业科学院生物安全科学委员会作用，加强对全院生物安全工作的指导、咨询，委员会办公室挂靠在科技局，上兽研要切实履行好技术支撑职责。建立健全“1+4”生物安全研究体系，要组建专家智库开展生物安全战略研究，定期会商推进生物安全创新任务和创新能力建设的谋划和实施，为国家生物安全标准制修订、生物安全名录制定、生物安全风险监测评估与防控、生物安全监督检查等工作提供支撑。加快推进南繁研究院建设，积极谋划提出建设生物安全国家实验室的建议。

六、强化底线意识，完善生物安全内控体系

中央巡视反馈意见指出，我院生物安全隐患依然存在。随着生物安全形势日趋严峻，院属相关单位要高度重视生物安全内控管理，要清晰、全面认知生物安全风险危害与防控要求，根据《中华人民共和国生物安全法》全方位评估生物安全风险，统筹组

织架构、制度规程、监督机制、条件保障等方面要素，全面完善院所两级生物安全内控体系。要及时制修订本单位生物安全管理制度，强化生物安全培训、审核审批、跟踪检查、安全保卫等各环节，强化生物安全重要设备和生物因子的过程管理和追溯管理。要更加严格生物安全监督检查，定期对有关生物安全规定的落实情况进行检查，确保全院生物安全活动合法合规。要强化生物安全应急能力建设，完善院所风险防控计划和生物安全事件应急预案，加强应急物资储备，健全生物安全事件的条件保障。

2021 年年底，全院要部署开展一次全面深入彻底的生物安全大检查，重点对各研究所落实国家以及部门生物安全法律法规情况以及科研废弃物、危化品等实验室和质检中心安全管理情况进行集中检查，发现问题隐患，督促整改落实。各研究所要切实提升生物安全应急管理能力，完善风险防控措施和生物安全事件应急预案，强化安全管理设施条件保障，确保把科研废弃物分类管理、危化品妥善安置、实验室整洁卫生等要求落实到位。生物安全研究中心要尽快研究提出农业生物安全风险清单，包括实验室安全的风险点，作为强化农业生物安全管理，加强实验室和质检中心管理的重要依据。

吴孔明院长在中国农业科学院党组理论学习中心组人才工作专题（扩大）学习会上的讲话

2021 年 10 月 29 日

同志们：

这次院党组中心组学习的主题是，认真学习领会习近平总书记在中央人才工作会议上的重要讲话精神，研究当前和下一阶段我院人才工作的指导思想、战略目标、重点任务、政策举措，加强顶层设计、政策创设与体制机制改革，以更大的力度促进人才发展、推进科技创新、履行职责使命。结合学习习近平总书记重要讲话精神，以及唐仁健部长 2021 年 10 月 25 日在我院干部大会上的讲话要求，我谈三点认识和体会。

一、深入学习、领会实质，把思想和行动统一到中央和农业农村部党组重大决策部署上来

中央人才工作会议是在“两个一百年”奋斗目标历史交汇点召开的一次十分重要的会议，主题重大、时点特殊、意义深远，是我国人才事业发展进程中具有深远意义的大事。习近平总书记出席会议并发表重要讲话，农业农村部唐仁健部长和廖西元党组成员全程参加了此次会议，总书记从统筹“两个大局”的战略高度，深刻阐述了新时代人才工作新理念新战略新举措，科学回答了新时代人才工作一系列重大理论和实践问题，高屋建瓴、视野宏大，既有顶层设计层面的战略谋划，又有方法论层面的科学指导，更有贯彻落实层面的具体要求，是新时代推进人才强国战略的动员令，是指导新时代人才工作的纲领性文献。

为深入贯彻落实习近平总书记重要讲话精神，根据农业农村部党组的统一部署，2021 年 10 月 22 日，农业农村部在我院召开部系统有关单位座谈会，围绕建强国家农业战略科技力量、打造人才中心和创新高地、深化体制机制改革等方面交流经验做法，就下一步重点工作听取各方面意见。会上，廖西元同志传达了农业农村部党组会议和唐仁健部长就贯彻落实中央人才工作会议精神提出的要求。2021 年 9 月 30 日农业农村部党组会议提出，要深入学习领会习近平总书记重要讲话精神，进一步增强做好新阶段人才工作的责任感紧迫感。全心全意而不是半心半意，系统深入而不是浮皮潦草，把会议精神贯彻措施精准落实到具体工作当中，推动中央关于新时代人才工作各项决策部署在“三农”领域落地生效。要找准重点做实抓手，加快推动新阶段农业农村人才队伍建设

上台阶、提水平。以习近平总书记强调的4类战略人才为重中之重，抓紧研究制定农业农村领域落实意见和规划，系统谋划部署当前和未来一个时期工作。要创新机制完善制度，全方位培养、引进、用好农业农村人才。既要做好“规定动作”，也要谋划“自选动作”，研究出台特殊性政策、突破性举措，着力解决长期反映而没有得到解决的突出问题，为农业农村人才发展提供政策和制度保障。唐仁健部长对贯彻落实会议精神作了批示，指出：农业科技自立自强、农业关键核心技术攻关对人才更渴求，但短板、弱项也更明显的状况决定了我们对人才发展体制机制改革创新的要求和力度也应更强更大。中央人才工作会议发言交流的情况表明，这方面改革的空间潜力是很大的，有些大的方向和原则虽需国家明确“规定动作”，但“自选动作”这些地方、部门和单位也出台了不少。我们农业农村系统要学习这种精神和做法，全心全意而不是半心半意，系统深入而不是浮皮潦草地研究制定对农业领域三类主体、十种人才，特别是科技人才的支持政策。

当前，我国已开启第二个百年奋斗目标新征程，“三农”工作重心历史性转向全面推进乡村振兴，保障粮食安全、提高农业质量效益竞争力、推动农村一二三产融合发展、实现种业振兴，比任何时候都更加需要科技创新这个第一动力。如何胸怀“国之大者”，在加快农业农村现代化中牢固树立我院作为农业科研国家队的战略地位，发挥科技人才引领“三农”事业发展的战略作用，破除人才总量不足、质量不高、结构性矛盾突出的困境，有效破解引才难、留才难、作用发挥不充分等体制机制障碍，是重大任务，也是历史使命。习近平总书记的重要讲话，为做好新阶段农业科技人才工作指明了方向，我们一定要认真学习、反复学习、深入学习，将习近平总书记重要讲话精神、农业农村部党组和唐仁健部长的要求，不折不扣地贯彻到谋划和加快农业科技人才队伍建设发展全过程中，不折不扣地贯彻到推进高水平农业科技自立自强全过程中，确保中央关于新时代人才工作各项决策部署在我院落地生效。

二、把握关键、抓主抓重，以高质量国家战略人才支撑高水平农业科技自立自强

习近平总书记在讲话中提出要加快建设国家战略人才力量的战略部署和重大举措，这是中共中央在更高起点、更高层次、更高目标对加快建设人才强国作出的顶层设计和战略谋划，我们要准确理解实质，做到三个“切实把握好”，推进新阶段农业科技人才队伍建设迈上新台阶。

一要切实把握好国家农业战略人才力量的“新坐标”。习近平总书记强调，“战略人才站在国际科技前沿、引领科技自主创新、承担国家战略科技任务，是支撑我国高水平科技自立自强的重要力量。”加快建设国家战略人才力量，要“大力培养使用战略科学家”“打造大批一流科技领军人才和创新团队”“造就规模宏大的青年科技人才队伍”“培养大批卓越工程师”“要把建设战略人才力量作为重中之重来抓”。习近平总书记的

指示明确了人才工作方向，战略科学家、科技领军人才和创新团队、青年科技人才、卓越工程师组成了人才金字塔体系，我们要对标对表，结合我院实际情况，把整个体系落实落地。在面向世界科技前沿，抢高点、赢主动方面，推进前沿技术研究，聚焦生物育种技术、信息技术、新材料技术、精准农业技术等领域，建强国家农业战略人才力量，努力取得一批重大自主创新成果，把科技自主权、发展主动权牢牢掌握在自己手中。所以，对于面向世界科技前沿，对战略性人才的需求具有共同性，在全球范围内是统一的。在面向经济主战场，促振兴、添动能方面，加快推进农业科技进步，围绕提高自主创新、成果转化水平，引领支撑农业转型升级和提质增效，为保证乡村振兴提供人才和科技支撑。在面向国家重大需求，补短板、强弱项方面，瞄准关键技术“卡点”、产业链“断点”、产学研“堵点”，建强国家农业战略人才力量，取得一批良种培育、节本降耗、节水灌溉、农机装备、疫病防控等重大实用技术成果，实现关键核心技术自主可控，夯实农业产业发展基础。在面向人民生命健康，保安全、提品质方面，进一步满足人民对美好生活的新期待，加强国家战略科技力量，加强人病兽防、农产品质量安全、营养健康等研究，改善人民生活品质，增强人民健康素质，为人民生命健康保驾护航。我认为“四个面向”要求在中国农业科学院人才队伍建设中是实实在在的，既有符合全球标准的前沿人才培养，也有体现中国特色的人才培养，这也表明了人才分类培育的重要性。

二要切实把握好国家农业战略人才力量的“新愿景”。习近平总书记明确提出三阶段战略目标：到 2025 年，“在关键核心技术领域拥有一大批战略科技人才、一流科技领军人才和创新团队”；到 2030 年，“在主要科技领域有一批领跑者，在新兴前沿交叉领域有一批开拓者”；到 2035 年，“国家战略科技力量和高水平人才队伍位居世界前列”。

具体到我院，近期目标就是要解决当前生产中的一批“卡脖子”问题和关键核心技术需求，例如非洲猪瘟、草地贪夜蛾等问题，牢牢掌握我国农业科技发展主动权。中期目标就是要更多地围绕科技自立自强，在新兴前沿交叉领域实现更高水平并跑、领跑，为巩固脱贫攻坚成果、全面推进乡村振兴提供人才支撑。远期目标就是要形成战略高地，将新的农业科学技术发源地、原创地，由西方发达国家转到中国，形成我国在诸多领域人才竞争比较优势，国家战略科技力量和高水平人才队伍位居世界前列，为我国由农业大国走向农业强国打好人才基础。

三要切实把握好国家农业战略人才力量的“新要求”。习近平总书记强调，大力培养使用战略科学家，要坚持实践标准，在国家重大科技任务担纲领衔者中发现具有深厚科学素养，长期奋战在科研第一线，视野开阔，前瞻性判断力、跨学科理解能力、大兵团作战组织领导能力强的科学家；要坚持长远眼光，有意识地发现和培养更多具有战略科学家潜质的高层次复合型人才，形成战略科学家成长梯队。打造大批一流科技领军人才和创新团队，要发挥国家实验室、国家科研机构、高水平研究型大学、科技领军企业的国家队作用，围绕国家重点领域、重点产业，组织产学研协同攻关；要优化领军人才发现机制和项目团队遴选机制，对领军人才实行人才梯队配套、科研条件配套、管理机制配套的特殊政策。造就规模宏大的青年科技人才队伍，把培育国家战略人才力量的政策重心放在青年科技人才上，给予青年人才更多的信任、更好的帮助、更有力的支持，支持青年人才挑大梁、当主角。

近年来，我院人才工作取得明显成效，为实现农业科技自立自强、决胜脱贫攻坚、推进乡村振兴提供了强有力的人才支撑。但与此次中央人才工作会议的要求相比，与实现高水平农业科技自立自强、助力乡村全面振兴的历史使命相比，还有一定差距，亟须进一步提水平、上台阶。要聚焦核心领域，抓好战略科学家的引进培育以及战略科学家成长梯队的搭建。战略科学家是心系“国之大者”、担纲“国之重器”的帅才，既是科学领域的战略家，也是战略层面的科学家，更是实现高水平科技自立自强的“关键因子”和“最大增量”。关于什么样的人才是战略科学家，刚才有的同志提出了具有战略性视野、国家和人民情怀、领导和管理能力三方面标准。聚焦到农业领域，我认为还应具备三种预判能力。一是对中国国情的深入理解和中国社会经济发展整体的预判能力。中共中央明确提出，2035 年基本实现现代化，2050 年全面实现现代化。不同的时间节点，国家对农业的重大需求是动态变化的。可以看到，世界上处于不同发展阶段的国家，食物结构完全不同，食物结构的构成不同也决定了农产品供给生产的不同。例如，欧美一些发达国家的食物结构以肉蛋奶为主，年人均粮食消耗量在 800~900 千克，我国随着社会经济发展，下一代也会更多摄入肉蛋奶，这些不同发展阶段的规律就决定了我国农产品供给的调整方向。二是对中国农业农村发展演化规律和科技需求的预判能力。随着社会发展，越来越多的人离开土地，土地要集中流转，农业生产最终会朝着机械化、规模化、智能化的方向发展，这会带来一系列的科技需求，对这些新兴的科技需求要有前瞻意识。三是对农业科技发展方向和颠覆性技术的预判能力。各单位的学科方向一定要紧跟社会经济的发展和国家需求变化不断进行调整，只有提前在战略上做好预判、提前谋划学科建设，才能在国家发展的各个阶段及时提供有力支撑。以上三种能力与战略科学家共性的能力相结合，就是对农业科技领域战略科学家的要求。要强化协同攻关，抓好一流科技领军人才和创新团队建设。农业科技创新是系统工程，单一环节、单一领域的研究很难取得显著的应用效果，要注重加强跨学科融合、跨领域合作，提供一体化、系统化的综合技术解决方案。要更加重视团队建设，以领军人才为龙头，以骨干科研力量为重点，打造一批人才梯次合理、学科搭配科学、具备国际一流水平的农业科技创新团队。我院 300 多个创新团队，每个团队要有 1~2 名在全国有影响力、竞争力的人才。要敢于给位压担，抓好青年科技人才队伍战略储备。青年人才是国家战略人才力量的源头活水。打造国家农业战略人才力量，必须从青年抓起。中国农业科学院的青年科技人才队伍还应包括博士后和研究生，要努力把青年人才的基数做大做强，不断扩充人才战略储备库。要把队伍建设的精力更多地放到青年人才队伍的建设上来，围绕重点学科和领域，有计划地开展青年人才的培养和储备。要加强精准培育，出真招、实招，为青年人才成长搭建平台，重视解决他们面临的“急难愁盼”问题，让青年人才安身、安心、安业。对崭露头角、潜力巨大的青年人才要敢于信任、敢于放手、敢于压担，支持青年人才打破定式思维和守成束缚，提出新观点、开辟新途径、创立新学说，不断夯实后备人才基础。

三、系统布局、重点突破，推进我院战略人才力量建设工作走深走细走实

当前，中共中央围绕科技创新出台了一系列重大战略、重大政策、重大举措，加快推进农业科技创新面临前所未有的重大机遇。我们要始终牢记打造国家农业战略科技力量的责任和使命，以此次中央人才工作会议为契机，努力建设成为国家农业战略人才和科技创新“高地”，切实当好关键核心技术攻关的先锋队，当好国家农业战略科技的动力源，当好农业科技体制机制创新的领头羊，务实有力地推进高水平农业科技自立自强。下一步，要重点集中在四个方面，抓顶层谋划、抓力量打造、抓制度改革、抓农科精神。

第一，抓顶层谋划。落实习近平总书记关于“加快建设世界重要人才中心和创新高地，必须把握战略主动，做好顶层设计和战略谋划”的要求，全力做好未来一个时期我院人才队伍建设谋篇布局工作。系统谋划学科机构布局。要围绕农业学科体系，打造战略人才力量。适应“一农”向“三农”转变的需要，形成农业和农村两套完整的科技创新学科体系。按照“前瞻规划、科学布局、突出重点、稳步推进”原则，系统研究学科和科研机构布局的优化调整，加快构建符合农业科技创新规律和我院发展实际，有利于提升科技创新能力、有利于促进重大成果产出的农业科技战略布局和现代科研院所治理体系。编制出台“十四五”人才队伍发展规划。坚持“四个面向”，明确指导思想和战略目标，聚焦科研、管理、转化、支撑四支队伍建设，着力创建平台、创新机制、创设抓手，分类施策、分层推进、分工协作，构建促进人才队伍建设和发展的制度框架和政策体系。在研究所层面，要按照“四个面向”的要求，明确研究所的职责使命，根据职责使命建立创新团队、培养人才队伍、优化学科布局。谋划科技人才和创新高地战略布局。抓住中共中央在北京、上海、粤港澳大湾区建设世界重要人才中心和创新高地的重大机遇，在优势学科领域选择若干个发展基础好的研究所或区域中心，集中力量和资源打造农业战略人才集聚平台，开展人才发展体制机制综合改革，力争在重大科学理论发现上抢占先机，在关键核心技术攻关上率先突破，努力成为国家战略人才力量集中承载地和科研首选地，为国家创新高地建设提供源头支撑和人才保障。

第二，抓力量打造。落实习近平总书记关于“加快建设国家战略人才力量”“全方位培养、引进、用好人才”“支撑我国高水平科技自立自强”的要求，全力打造国家农业战略人才力量，推动科技人才队伍结构性、系统性战略转型。要根据各单位的研究方向精准施策，对于从事基础性、前沿性、世界性农业科技研究与生产应用结合紧密、实践性较强的两类研究所，要分别形成一套稳定的保障机制，保障研究所始终能够面向科技前沿，始终面向国家重大需求或生产实践重大问题发挥重要作用。构建“农科英才

2.0版”。将升级新时期我院“农科英才”体系作为进一步建强国家农业战略人才力量的重要抓手，努力打造人才培育引进体系和战略人才供给体系，形成以战略科学家为引领、领军人才为核心、青年科技人才为支撑的“雁阵”格局。精准寻聘全球顶尖人才。抓住海外引才机遇期窗口期，继续实施人才精准引进行动，实行更加开放、更加便利的人才引进政策，积极引进高层次人才、拔尖人才和创新团队，特别是青年才俊，切实做到需求精准、措施精准、支持精准、保护精准，聚天下英才而用之。夯实人才金字塔“塔基”。强化稳定支持，鼓励一批优秀青年科技人才开展探索性、前瞻性和颠覆性项目攻关，助力健康成长。拓宽国际视野，支持青年人才到海外顶尖大学、科研机构进行深造。加强一线锻炼，我院重大科研项目参加人中，要求40岁以下、35岁以下青年人才不少于一定比例。助力脱颖而出，继续实施青年人才职称评审“绿色通道”，落实好执行首席、青年首席等团队接续制度。

第三，抓制度改革。落实总书记关于“深化人才发展体制机制改革”的要求，在体制机制改革方面大胆试大胆闯，着力解决多年困扰、反映强烈的突出问题。进一步优化政策供给。在继续落实好新、老“30条”的基础上，坚持问题导向，充分借鉴先进地区和部门经验做法，进一步深化人才工作体制机制改革，重点研究制定人才和项目评价机制、岗位聘用管理机制、薪酬激励保障机制、稳定的多元投入机制、新型的科研攻关机制等政策举措，为加快推进人才发展提供更多的政策支持和制度保障。向研究所充分授权。人才怎样用得好，研究所最有发言权，要根据需要和实际向院属研究所充分授权。积极推动部人事司将正高级职称评审权下放至我院条件成熟的研究所，推动开展“特设岗位”试点，推动落实绩效工资总量动态调整、纳入高层次人才绩效总量单列试点等工作，努力放开职称评审权限、放宽岗位管理空间、放活收入分配管理，进一步扩大法人治所自主权，切实做到“授权授到底”。切实为人才松绑。尊重人才成长和科研规律，落实好《国务院办公厅关于改革完善中央财政科研经费管理的若干意见》（国办发〔2021〕32号）文件精神，进一步完善人才管理制度，在收益分配上、兼职兼薪上、在经费管理上、在条件建设上真正做到“松绑松到位”，让人才静心做学问、搞研究，多出成果、出好成果。同时，研究所要发挥主观能动性，增强服务意识和保障能力，畅通改革“最后一公里”，以“钉钉子”精神抓好政策落地见效，确保“接权接得稳”。结合习近平总书记、农业农村部党组的明确要求，院所两级都要进行调研，找出制度中需要改进的短板和问题，把优化政策供给、向研究所授权、为人才松绑等制度梳理清楚。能够解决的要尽快解决，解决不了的请农业农村部帮助解决，现在解决不了的，要等条件成熟或创造条件去解决。

第四，抓农科精神。落实习近平总书记关于“大力弘扬科学家精神”的要求，激发科学家创新活力，要坚持精神、物质“两手抓”。要带头做科学家精神的践行者。大力弘扬以“爱国、创新、求实、奉献、协同、育人”为内涵的科学家精神，广泛宣传科技工作者勇于探索、献身科学的生动事迹，营造精神励人的创新氛围，激励引导广大科研工作者矢志报国、服务“三农”。要带头做纯正学风的守护者。倡导严谨治学、淡泊名利、求实诚信的风气，营造风清气正的科研环境，引导科研人员潜心学术研究，把实验做在田野中，把论文写在大地上，以扎实的作风为农业农村改革发展注入新动能。要带头做农科精神的传承者。传承好农科精神和文化，继承和发扬祁阳站精神、中棉所精神，践行“求真、笃行、敬农、致用”的新时代农科精神，提升我院科学家群体的归属感和荣誉感，激励广大科研人员不惧困难挑战，肩负起使命重任，为国家的“三农”事业发展努力创造无愧于时代、无愧于人民的新业绩！

借这个机会，谈三点认识和体会，谢谢大家！

张合成书记在中国农业科学院党组理论学习中心组人才工作专题（扩大）学习会上的讲话

2021 年 10 月 29 日

同志们：

今天的院党组理论学习中心组扩大会，深入学习习近平总书记在中央人才工作会议上的重要讲话精神，学习习近平总书记关于人才工作的重要论述，再次学习习近平总书记在两次院士大会上的讲话精神和党的十九届五中全会关于文化强国、教育强国、人才强国内容以及新时代科学家精神。刚才，吴孔明院长对我院学习贯彻中央人才工作会议精神作出了全面部署，提出了系统要求，阐述了当前我院人才队伍建设的形势要求和目标方向，我们要认真学习、坚决落实。下面，就落实此次会议精神，我讲三点意见。

一、认真学习领会中央人才工作会议精神

2021 年 9 月 27—28 日，中央召开人才工作会议，习近平总书记出席会议并发表重要讲话，李克强总理主持会议，王沪宁做总结讲话。这次会议，是党的十八大以来召开的第一次人才工作会议，习近平总书记站在统筹“两个大局”的战略高度，科学回答了新时代人才工作的一系列重大理论和实践问题，深刻阐述了深入实施新时代人才强国战略的指导思想、战略目标、重点任务、政策举措。我多次学习习近平总书记的讲话原文，深感讲话高屋建瓴、视野宏大、思想深刻，有很强的前瞻性、引领性和指导性。通过学习，主要有以下六方面认识。

第一，会议给予人才工作很高定位。党的十九届五中全会给予了科技创新很高定位，明确科技创新在我国现代化建设全局中具有核心地位，把科技自立自强作为国家发展的战略支撑。这次中央人才工作会议指出，国家发展靠人才，民族振兴靠人才，当前比历史任何时期都更加渴求人才，综合国力竞争说到底是人才竞争。

第二，习近平总书记人才思想全面深刻。“八个坚持”内涵丰富，系统概括了新时代人才工作的根本保证、重大战略、目标方向、重点任务、重要保障、基本要求、社会条件、精神引领和思想保证，深化了对我国人才事业发展规律性认识，是习近平新时代中国特色社会主义思想的重要组成部分。

第三，“三步走”战略目标清晰明确。习近平总书记纵览人类历史发展指出，要加快

建设世界重要人才中心和创新高地，必须把握战略主动，做好顶层设计和战略谋划，五年一台阶、步步走扎实，到 2035 年，国家战略科技力量和高水平人才队伍位居世界前列。

第四，依靠改革释放人才发展活力。习近平总书记在部署人才工作时首谈改革，要求“破”“立”并举、共同齐发力，要求坚持问题导向，着力解决困扰多年、反映强烈的突出问题，重点是向用人主体放权、为人才真正松绑、完善人才评价机制。

第五，抓主抓重建设战略人才力量。各行各业都需要人才，但习近平总书记准确把握主要矛盾，旗帜鲜明地指出把战略人才作为重中之重。习近平总书记准确把握人才成长规律，从青年人才到领军人才再到战略科学家，对不同人才发展阶段都作了重要部署。习近平总书记准确把握质变量变规律，强调青年科技人才要“规模宏大”，领军人才和创新团队要“大批”和“一流”，战略人才金字塔，首先要底座厚，其次是中段硬，最后自然是塔尖高。通读习近平总书记讲话深刻体会到，建设战略人才力量要始终坚持实践标准，战略科学家是“从科技创新主战场涌现出来，从科技创新主力军中成长起来”，领军人才要在重大科学研任务中培养，青年人才要“挑大梁”“当主角”。

第六，深刻阐述人才强国方法路径。首先，要走自主培养之路，造就规模庞大的人才队伍，关键是靠自己，这是主基调；其次，要用好世界资源，千方百计引进为我所用的顶尖人才，这是必选项。最后，要用好用活人才，用人是门艺术，人尽其才关键是把人用在合适的位置，这是真本领。

二、全面思考谋划当前人才工作重点举措

中央人才工作会议立足国家中长期发展，确立了未来 15 年的人才强国目标。中国农业科学院各级党组织要立足事业长远发展，认真研究谋划人才队伍建设问题。习近平总书记的讲话以人才为主题，但处处体现大手笔、大格局、大魄力，包括体制机制改革、学科力量布局、科技资源配置、科研平台建设、科研任务凝练、科研项目实施、产学研融合发展等各方面，同志们在思考人才工作时，要立足创新和转化“两大基石”，人才和条件“两大支撑”、改革和党建“两大保障”统筹考虑、系统谋划，要以人才成就事业、事业激励人才为出发点和落脚点，要以强领军、推年轻、活机制、抓管理为工作目标，具体做到“五个强化”。

（一）强化资源集聚，培养战略科学家

一是凝练重大科研任务。强化创新资源统筹，依托国家稳定支持，立足基础前沿领域和国家重大需求，凝练需要多学科、多团队网格式布局，具备基础性、前瞻性、非共识性、应急性、长周期特点的重大科研任务。二是构建新型任务承担机制。优化调整创新力量布局，采取研究所+中心组织模式，跨部门、跨地区、跨行业、跨体制、跨学科组建协同攻关团队，实行揭榜挂帅、赛马和军令状等任务承担机制，开展战区式、集团

式的大兵团协同攻关。三是选拔具有战略潜质的人才挂帅。培养战略科学家要有长远眼光，防止揠苗助长，要选拔长期身处科研一线、视野开阔、思维宏观，组织力、领导力、创新力强的复合型人才担任重大任务负责人。四是赋予充分的技术和资源决定权。疑人不用、用人不疑。重大科研任务攻关实行首席科学家负责制，赋予首席科学家绝对的技术路线决定权和人、财、物调配权，凡属学术范畴事务，组织上不予干预。

（二）强化任务牵引，打造一流领军人才

一是鼓励领军人才担任务、带队伍。我院领军人才的范围主要集中在重大科研任务负责人和创新团队建设较好的首席科学家，培养领军人才要坚持重大任务牵引，鼓励首席科学家申报、主持国家级竞争性项目，院级统筹项目重点选拔干事劲头足、创新力组织力强的科研人员承担，要设置一定比例的项目由年富力强的青年领军人才承担。二是加强对领军人才的配套支持。实行人才梯队配套，支持领军人才招聘人才、聘用助手、招收博士后和研究生。实行科研条件配套，在实验室、试验基地、仪器设备等方面支持领军人才，实行订单式配套、一站式兑现。三是加强创新团队建设。以本次全面推进期考评为契机，进一步加强创新团队建设，创新团队要以国家队定位、国之大者定责、三创一体定向、协同创新定机制，加强团队认知、明确核心职责、健全组织方式、强化文化建设，夯实团队首席负责制，着力解决使命模糊、组织松散、任务发散、战斗力弱等问题。

（三）强化岗位历练，支持青年人才成长

一是搭建干事平台。要继续推行首席继续机制，这项工作科技局抓得实，目前已有33位首席转为资深首席，已经配备了146位执行首席，我们要在第五次人才会上为这些资深首席颁发证书。今明两年，还要调整83名首席，配备36名执行首席，要优先从年富力强的领军人才和青年英才中选拔。要优化创新团队年龄结构，航天领域的嫦娥团队、神舟团队平均年龄是33岁，北斗团队平均年龄是35岁，我院创新团队平均年龄46岁，除去学科差别，平均年龄还是太大了，对此要进行制度性安排，规定团队40岁以下人员、35岁以下人员比例，力争用3~5年时间，把平均年龄稳步降下来。在国家级、院级项目中，也要规定参加人员的年龄比例。二是拓展成长通道。继续实施青年英才计划、优秀青年职称通道制度，进一步加大选拔力度。要考虑设置面向35岁以下科研人员的专项计划，我了解科技局、人事局不谋而合、都在策划，两者要结合起来，对青年人才要给任务、给待遇、给条件。三是消除后顾之忧。青年处于工作压力和生活压力交织集聚的阶段，要继续想办法帮助他们安身、安心、安业，院所两级要盘存量、争增量，在子女入学入托、住房保障、夫妻分居等方面想办法、出实招、真发力，切实解决几件青年人才关心、在意、分神的问题。

（四）强化机制创新，激发干事创业活力

唐仁健部长在批示中强调，人才发展体制机制改革的空间潜力很大，农业农村系统要全心全意而不是半心半意，系统深入而不是浮皮潦草地研究制定人才政策。我们要立足发展实际，持续深化改革。一是向用人主体授权。放权于所、还权于所，机关各部门都要在人、财、物上梳理放权清单。做到真放权，不能名放实不放，务必放到位，不能选择性放权，应放尽放。二是为科学家松绑。中国农业科学院自 2018 年以来推进“放管服”，调研中发现还是存在束缚科研人员的做法，落实这项工作首先要换位思考，站在科学家的角度考虑哪些做法捆住了手脚、耽误了时间、制造了麻烦，院所两级要从工作流程着手，制定松绑清单，征求科研人员意见。三是健全人才评价体系。一要反“四唯”，垃圾论文、垃圾专利、垃圾成果都要排除在外；二要把评价权交给研究所，突出法人治理作用，积极争取并稳步下放正高评审权；三要坚持分类导向，做到干什么、评什么，引导广大职工聚焦主责主业；四要评价轻简化，强化代表作评价，鼓励一作成名。

（五）强化服务意识，建设专业化管理队伍

聚焦管理队伍不稳定、不专业、不服务等突出问题，克服局长所长指挥不动、科研人员指望不上的不良现象。一是健全管理队伍制度。规范机构设置、明确岗位职责、强化待遇保障、拓宽发展出路，增强管理岗位吸引力。二是增强服务科研意识。夯实以研为本导向，急科研人员之所急，想科研人员之所想，对科研人员门难进、脸难看、事难办、跷二郎腿的，坚决清除管理队伍。三是加强教育培训。院所加强联动，着力提高管理干部政治判断力、政治领悟力、政治执行力，不该说的话不说、不该做的事不做；提高调查研究和科学决策能力，擅于为领导班子谋篇布局提供决策依据；提高改革攻坚和抓落实能力，不讲条件、不折不扣把院党组、所党委的各项部署落实落地。

三、齐心协力推动贯彻落实工作做实做细

贯彻落实中央人才工作会议精神和部党组部署要求，要不断深化对总书记重要讲话精神的学习，掌握精神实质，加强思想储备和措施储备，抓好当前人才工作重点任务。习近平总书记的重要讲话要求通报至地师级，同志们要认真学习、反复学习；院机关各部门、院属各单位在今天会后一周内，要召开理论中心组学习会，专题学习习近平总书记重要讲话精神，机关各部门主要负责同志，研究所所长、书记要在班子内部领学、研讨，读懂字面意思、掌握精神实质、形成工作思路、提出工作措施。

（一）加强深化学习，强化思想储备

要持续深化学习习近平总书记重要讲话精神，习近平总书记的讲话高屋建瓴、博大精深，很多新举措新思想新部署，我们才刚刚开始学习，任务还很艰巨，要通过深化学习来加强思想储备。重点学习领会人才引领发展地位、“八个坚持”人才思想、“三步走”战略目标、建设世界重要人才中心和创新高地、建设国家战略人才力量等内容。一是形成10篇研究报告。针对上述重点内容，院党组的各位同志要持续地学习研究，机关各部门要进行全方位地学习研究，特别是机关各部门领导班子要对这些重大问题进行学习，每个局在第五次人才工作会前要提供一篇研究报告。二是聚焦两大主题专题研究。由战略中心牵头，围绕习近平“八个坚持”和“建设世界重要人才中心和创新高地”两大主题，在第五次人才工作会前，发出中国农业科学院的声音，在两个方面提出研究报告。

（二）以“四抓”为重点，谋划新时代人才强院的措施储备

按照吴孔明院长讲的“四抓”要求，加强落实措施储备，组织一次全院大调研，重点围绕建设任务、基础强化、改革措施、条件保障、农科精神五个专题开展调研，由人事局和院办公室负责组织实施，每个调研组要有院领导参加，相关局协同配合开展专题调研。这次调研在时间进度上是跨第五次人才工作会的，届时根据中央各部门后续政策的出台情况，争取在明年上半年组织一次务虚会，对五大专题的调研进展进行深入讨论。

（三）近期要办好的几件事

一是按照中央的要求，率先加强和形成人才工作的领导体制机制，明确领导责任。二是抓好持续深化学习和思想储备，院机关各部门、院属各单位要召开理论中心组专题学习会，读懂字面意思、掌握精神实质、形成工作思路、提出工作措施。三是抓好五大专题调研，这次是战略性调研，既要见战略见长远，也要见措施见落地。四是开好第五次人才工作会，会议计划在2021年11月中下旬召开。围绕这次会议已经做了几次研讨，会议的主要任务是学习贯彻中央人才工作会议精神，对前四次人才会进行回顾和梳理，以“强领军、推年轻、活机制、抓管理”为工作目标，着力解决当前存在的突出问题。针对这次人才工作会，院里梳理了20项措施清单，这些措施将在人才工作会议讨论，机关各部门要提前做好准备、算好基数、储备好政策，支持20项措施的出台。院党组近期研究，要在农科英才和青年人才队伍建设上持续加大支持力度，请财务局、科技局一起研究具体支持措施。五是支撑上级部门对人才工作的相关保障，近期，农业农村部党组在体制机制上要进行超强度的研究，院里要选派有思路、能干事的人参与部里工作。院党组要通过“10+2”和五个专题的研究提供思想引领，在部属单位中争做贯彻落实中央人才工作会议精神和部党组部署要求的表率。

吴孔明院长在中国农业科学院 2021 年综合政务工作会议上的讲话

2021 年 10 月 10 日

同志们：

在“十四五”开局的重要节点上，召开全院综合政务工作会议，主要目的是全面总结近年来综合政务工作成效与经验，全面分析新时期政务工作新情况新要求，全面部署当前和今后一段时期重点任务，全面提升我院综合政务工作科学化规范化水平，以更高效率、更优服务、更严作风，支撑服务一流科研院所建设。院党组高度重视综合政务工作，唐华俊院长、张合成书记专门作出批示，各部门各单位要认真贯彻落实。刚才，会议通报表彰了公文质量建设先进单位、优秀公文、优秀核稿员，6 个部门和单位作了典型交流，讲得都很好。后面还安排了专家辅导和分组研讨，希望大家认真学习，加强交流。下面，我围绕会议主题，讲三点意见。

一、深入学习贯彻习近平总书记重要指示精神，增强做好办公室工作的责任感和使命感

习近平总书记历来重视办公室工作，在不同时期对办公室工作作出了一系列重要指示，提出许多新思想新观点新论断。在福建宁德，撰文《秘书工作的风范——与地县办公室干部谈心》，对办公室工作作了全面系统阐述；在福州，指导提炼了市委办公厅机关精神；在浙江，对省委办公厅提出了 28 字要求；在上海，强调办公厅要服从服务好工作大局，用坚强的党性确保中央政令畅通。特别是 2014 年 5 月，习近平总书记在视察中办座谈会上，提出“五个坚持”，即坚持绝对忠诚的政治品格、坚持高度自觉的大局意识、坚持极端负责的工作作风、坚持无怨无悔的奉献精神、坚持廉洁自律的道德操守。习近平总书记关于办公室工作的重要论述，立意高远、思想深邃、内涵丰富，具有重要的理论和实践指导意义，为做好新形势下办公室工作提供了根本遵循。今天在座的是各单位分管政务工作的班子成员，办公室主任、综合处处长以及负责具体政务工作的同志，是全院政务干部队伍的骨干力量，做好我们的本职工作，关键是要把习近平总书记关于办公室工作的重要论述精神学习贯彻好，做到学深、悟透、做实。

习近平总书记强调，“办公室，是一个单位、一个系统、一个机构的关键部门。”“办公室工作做好了，各项工作的顺利开展也就有了可靠保证。”办公室作为单位的中枢，是服务最直接、联系最广泛、保障最关键的部门，其重要性表现在三个方面：

一是参谋助手作用。办公室是一个单位的“决策的参谋部”，参谋工作水平高，能推进党的方针、政策的顺利贯彻实施；水平低，就会影响全局工作，甚至造成严重后果。二是沟通协调作用。办公室承上启下、沟通内外、联系左右，要能让上级领导了解下级部门的情况，下级部门明确上级的指示和精神，以此做好并开展全面工作。三是窗口作用。基层群众对单位、对领导班子印象如何，很大程度上同办公室的工作相联系。办公室的思想作风、管理水平、工作态度、工作效率和工作质量等，直接展现一个单位的精神面貌。目前我院办公室系统的干部，有的能认真当好参谋助手，结合中央方针政策和院所实际情况，为领导提供有思想性的工作思路和建议方案；有的能够兢兢业业，做好上传下达，基本保证单位工作运转；也有的工作积极性不够，效率不高，甚至影响了院所正常运转和发展。现阶段，我们对综合政务干部的要求更高，不但要具备一定的科研知识背景，还要具备对宏观政策把握和运用的能力，这是新时代对综合管理干部选拔任用考量的一个重要方面。希望各部门各单位特别是主要负责同志予以重视，切实把新时期办公室系统的干部队伍建设、能力提升以及综合政务工作抓好。

作为办公室干部，要时刻牢记肩负光荣使命，主动践行“五个坚持”。“五个坚持”是习近平总书记对做好办公室工作的精辟论述，其中“绝对”“高度”“极端”这些词集中到一点，就是为办公室干部画了一张标准像：心中装着忠诚，眼睛盯着大局，肩上扛着责任，手中擎着奉献，脚下不踩红线。

一是政治要强。就是要坚持绝对忠诚的政治品格。对党绝对忠诚，既是对党员干部行为的个人要求，更是对办公室工作的根本要求。院办公室、机关各局综合处和研究所办公室尽管具体工作各有不同，但基本职能、根本任务是共同的，就是要推动中央、部院党组精神贯彻落实，确保政令畅通、决策落地。必须始终牢记办公室首先是政治机关这一根本属性，把对党绝对忠诚作为首要政治原则，把牢政治方向，自觉内化于心、外践于行，真正做到旗帜鲜明讲政治。要紧跟党中央、习近平总书记关注的重要问题，结合实际工作，在办公室工作中有所体现。如近期的生物安全和人才工作问题，都和我院有着直接密切的关系，我们要深入思考，探索如何把中央决策贯彻好、落实好，推动院所发展再上新台阶。

二是格局要大。就是要坚持高度自觉的大局意识。办公室的工作就是为大局服务。中国农业科学院的大局，就是中央以及部院党组关于农业科技创新的部署要求，就是国家队的职责使命，就是院所发展的目标任务。要切实做到了解大局、服务大局、推动大局，要围绕部院党组关注的问题、单位发展的主要任务，把院所发展放到国家的大局中考虑，找到农业科技创新的突破点、服务保障科研工作的着力点，才能提供更加优质高效的服务。要聚焦“四个面向、两个一流”目标任务，抓好队伍建设、科研工作等，把业务工作与国家发展需求紧密结合起来，站在更高角度上看问题，及时调整思路，而不是只盯着个人的、眼前的一点工作。

三是作风要硬。就是要坚持极端负责的工作作风。综合政务工作无小事，常常是大事要事交织、急事难事叠加，任何思想上的麻痹松懈、行为上的偏差纰漏，都可能影响工作运转，甚至影响全盘。要树立强烈的工作责任感、严谨细致的工作态度，以服务意识强、责任意识强、争先意识强为导向，敢于担当、勇于负责，真抓实干、务求高效，日常工作稳扎稳打、步步为营，关键时刻顶得住困难、经得住考验，攻坚克难，敢打硬仗。

四是心态要平。就是要坚持无怨无悔的奉献精神。习近平总书记曾用“重、苦、杂、难”来形容办公室工作。办公室事务繁多，加班加点是常态。出成绩时可能是无名英雄，遇到问题时可能成为矛盾的焦点，甚至有时候还得代人受过。凡遇急难杂重的工作，办公室肯定冲在最前面，可以说全院每项工作都凝结着办公室同志的心血。办公室干部一定要有奉献意识，正确认识得失，甘当绿叶，工作面前抢一抢、利益面前让一让，急群众之所急，办工作之所需，全心全意服务发展、服务决策、服务落实。

五是底线要牢。就是要坚持廉洁自律的道德操守。要坚持把纪律和规矩挺在前面，作为不可逾越的底线、不可践踏的红线、不可触碰的高压线，带头尊崇和维护党纪国法，严以修身、严于律己、防微杜渐、洁身自好，自觉净化社交圈、生活圈、朋友圈。要筑牢思想防线，时刻绷紧廉洁自律这根弦，慎独、慎初、慎微、慎友，不断强化自我修炼、自我约束、自我塑造。

二、近年来我院综合政务工作成效显著，值得充分肯定

近年来，在习近平总书记贺信精神指引下，在院党组坚强领导下，全院综合政务工作紧紧围绕科技支撑乡村全面振兴和农业农村现代化发展的总要求，坚持以党的政治建设为统领，以支撑决策、推动落实、促进发展为主线，全力抓好决策服务、政务运转、信息宣传、安全管理等重点任务，着力提升服务全院广大科研人员、服务职工群众的能力和质量，取得了积极进展和显著成效。

（一）政治建设不断加强

深入贯彻落实习近平总书记关于牢固树立政治机关意识的重要指示精神，切实将讲政治作为政务工作的第一要求。一是高质量做好院党组中心组学习组织服务。围绕“四个面向”“两个一流”、种子与耕地、绿色发展、脱贫攻坚与乡村振兴等主题，通过集中学习、专家辅导、现场教学、专题读书班等多种形式，策划组织院党组理论中心组学习、党组专题学习活动，学习习近平总书记重要讲话和中央重要会议精神，引领带动全院党员干部不断提高理论学习的自觉性、主动性，将中央决策部署落实到农业科技创新和院所改革发展的思路与举措。二是高质量组织贺信精神再学习再总结再部署再落实。围绕习近平总书记贺信精神“再学习”、工作成效“再总结”、“十四五”战略

“再部署”、年度任务“再落实”，突出重点、聚焦主题、院所联动，持续开展一系列标志性的主题活动，在全院将学习贯彻贺信精神不断引向深入，激发全院科研人员的创新活力，向社会展示农业科研国家队的使命担当，确保抢占世界农业科技制高点、把握农业创新发展主动权、引领农业农村现代化落实落地见效。三是高质量配合完成中央巡视协调任务。把接受中央巡视作为重要政治任务，落实院党组部署要求，统筹推动综合协调、前方联络、文件资料、信访维稳、舆情监测、后勤保障等工作，协调各部门各单位各方面力量，严格按巡视组要求做好工作，确保思想认识到位、协调配合到位、服务保障到位，有关工作得到中央巡视组的高度肯定。四是高质量协调院所班子调查研究。把理论学习与实践调研相结合，协调安排院领导班子成员分赴院属研究所和院所办企业开展全覆盖调研，深入实验室、试验基地和田间地头，与科研生产一线人员、农民群众座谈交流，形成一系列高质量的调研报告并在全院交流，各部门各单位领导班子成员也主动深入调查研究，把农业生产中的科技需求转化为农业科研攻关、技术集成转化的重点方向和现实动力，推动解决农业科技创新发展中的难点热点问题。

（二）决策参谋更加精准

全院政务部门不断强化战略研究，发挥参谋助手作用，提升决策参谋能力，为院所发展提供决策支撑。一是建立章程管理制度。根据中央有关要求，组织开展院所章程编制工作，按照“一院一章程、一所一章程”探索实行章程管理，遵循科研规律，保障学术自由，体现科研特色，把党的领导、党的建设贯穿章程制定全过程，推动建立职责明确、评价科学、开放有序、管理规范的现代科研院所制度。二是加强综合管理制度建设。制修订《中国农业科学院工作规则》《中国农业科学院党组工作规则》以及院属单位领导班子工作制度，保障落实院所长负责制，充分发挥党组把方向、管大局、保落实的重要作用，完善“三重一大”决策制度；制定实施《中国农业科学院党组重大事项请示报告实施办法》，规范了院所两级重大事项请示报告工作；研究制定《中国农业科学院领导同志落实“一岗双责”的若干规定》，全面落实管党治党政治责任。三是组织“十四五”规划编制。立足新发展阶段、新发展理念、新发展格局，聚焦强化国家战略科技力量、实现高水平农业科技自立自强、支撑乡村全面振兴，组织开展前瞻性、系统性研究，牵头组织院“十四五”发展总规划和 9 个专题规划，以及各研究所发展规划编制工作，明确院所两级“十四五”创新发展的指导思想、基本原则、目标要求、重点任务和保障措施。四是建立健全评价与监测工作。不断优化完善研究所评价体系，有效发挥了激发动力、鼓励创新、促进发展、支撑决策的作用。6 个研究所被列为中央级农业科研机构绩效评价改革试点，探索建立更加突出“研究创新度、产业关联度、发展贡献度”的评价体系。抓好院机关绩效考评，全面提高服务中心工作的能力水平，突出对农业农村全局工作的支撑保障。谋划启动院所运行监测，力求掌握实情、预警风险、推动发展，为有效防范化解重大风险、支撑重大决策部署发挥了积极作用。五是探索科研导向改革。以“国家需求主导、协同融合创新、全流程管理、自主分类评价”为原则，探索建立“重大任务制、创新团队制、进展报告制、绩效评价制”，充分发挥科研导向的指挥棒作用，努力提高创新活力、质量、绩效和贡献。

（三）政务运转更加高效

坚持从提质增效出发，全面推进流程再造、规范运行，确保了全院政务运转的协调有序、顺畅高效、保障有力。一是规范组织重要会议活动。通过院中心组学习谋划思路、院工作会议总结部署、院机关工作会议细化落实、院常务会院党组会决策把关、半年总结会议推动进度，构建了完整的综合政务会议体系。围绕全院重点工作、重大平台、重大成果，策划组织系列活动，圆满完成国务院副总理胡春华，以及中央部委、京外单位属地的一大批省部级领导调研考察接待，全方位展现国家队实力。二是持续推动基层减负走深走实。精简会议活动，严控会期和人员规模，推行视频会议方式，会议数量同比减少10%，会议质量和效率大幅提升。严把公文审核关，组织开展评比活动，推动提升公文质量。充分发挥信息化平台优势，上线“数字农科院 2. 0”系统，实现数据直接抓取，最大限度降低科研人员填报负担。三是强力推动决策部署落实落地。加强与优化督办工作，聚焦年度重点任务、会议议定事项、院领导重要批示和专项工作任务，实行分类、分级督办，确保第一时间将各项决策部署贯彻到工作中。会议议定事项和院领导重要批示件的平均办结时间缩减45%，办理效率大幅提升，实现“事事有落实、件件有回音”，形成了抓落实、重落实、求实效的良好风气。四是接续开展重大活动改进机关作风。主动谋划开展了管理效益年、作风建设年和效率建设行动，按照“指挥中枢、服务机关、学术殿堂”定位，以推动重大决策部署落实落地为中心任务，以“马上就办、由我来办”为基本要求，以流程再造、高效运行、能力提升为重点措施，着力解决“推、拖、等”问题，推动建立政令畅通、管理规范、运行高效、服务优质、纪律严明的服务型机关。五是探索形成属地协调合作新机制。充分发挥国家战略科技力量优势，协调推动与北京市以及海淀、平谷、昌平等区合作，组织实施服务海淀区“11 项重点任务”，及时总结提炼创新案例、典型模式及成熟经验，带动区县特色产业提质增效，全力助推北京“四个中心”建设。强化京外单位与属地政府的对接联系，建立沟通协调、合作保障机制，磋商解决存在问题，积极服务当地农业农村发展。

（四）社会影响持续扩大

以习近平总书记在全国宣传思想工作会议上重要指示及贺信精神为指引，统一思想、凝聚力量，发出农业科技最强音。一是围绕中心工作全方位宣传。聚焦全院重点工作、重大活动、重大成果，联合中央主流媒体深度策划，研究专题宣传方案，几年来共形成中央媒体报道4 000余篇，获得中央媒体、社会团体及院所领导、有关部门的好评，在全社会营造关注科技、支持创新的良好氛围，展现了农业科技创新实力。二是打造“农科开放日”科普品牌。全院各单位在院办策划下同期开展科普解读、实验室参观、动手实验等丰富多元的活动，以公益形式联合中央媒体开展线上直播、线下体验互动，三届活动受到了社会各界的普遍欢迎和称赞，共吸引近900万公众。三是做强信息报送工作。围绕保粮稳猪、绿色发展、脱贫攻坚、种子、耕地等重大选题方向，不断完善主要领导签名专报、《农科专报》《农科动态》等报送形式，打造了高质量专家库和稿源库。开设《每日要情》，发布重要工作进展，传达重大工作部署，畅通信息报送渠道，累计编发330期、发送信息3 900条。近日，我院被中央办公厅列为信息直报点，未来信息报送工作将能发挥更重要的建言咨询作用。四是构建“网+报+新媒体矩阵”传播平台。多举措提升院级媒体传播力，完成院网站升级改版，及时推介科研进展及成果，院网资讯得到了中央媒体的高度关注；《中国农业科学院报》信息量更大、可读性更强，面向中央部委及涉农单位扩大了我院影响力；紧跟全媒体发展趋势，创建一系列微信公众号、央视频等新媒体矩阵账号，开拓了宣传新渠道，多维度展现农业科技传播效果。五是提升院属期刊办刊能力。通过年度核验、社会效益评价、严格审校流程、风险评估与整改落实等举措，加强期刊管理，全院期刊保持较强发展活力，多种期刊荣获“中国百强科技期刊”“中国最具国际影响力学术期刊”“百种中国杰出学术期刊”等称号，其中英文版《中国农业科学》获得“跨越计划”资助，总资助额达690万元。从当前信息宣传工作的内容看，很多稿件来源于各个研究所的综合办公室，从中可以看出，有单位报送稿件能紧跟中央决策部署和部院党组工作要求，体现了贯彻落实的工作成效，方向清、思路明，也有的单位只是报送发表了哪些文章。以后我们要从思想高度、理论深度上着重把关，年中要对新闻稿件进行一个汇总、研究，对其质量做出更为深刻的评价。

（五）安全应急管理更加严密

进一步增强忧患意识、风险意识，坚持问题导向和底线思维，构建了更严密的安全管理体系。一是毫不松懈抓好新冠疫情防控。院里成立指挥部、指挥办和5个工作组，各单位成立相应机构，各部门分工协作，第一时间打响疫情防控阻击战，突出常态化防控与精准处置相结合，围绕重点区域、重点部位、重点人群、重点环节，制定28项院级防疫制度和各级各类具体方案，因时因势调整防疫政策，抓好人员管控、疫苗接种、核酸检测等关键举措，实行群防群控、联防联控、严防严控，科学有序复工复产，实现“四个零感染”、疫情防控和科研业务“两不误”。二是从严从实抓好安全生产。针对危化品安全、实验室安全、生物安全等重点领域，建立日常巡查检查与有计划统一检查相结合的监督检查管理机制，加大隐患排查力度，推动管理更严格、更规范，抓早、抓小、抓苗头，把安全隐患消灭在萌芽状态。组织开展安全生产月活动、“消防安全年”“消防大比武”等安全教育与培训，为我院科研工作筑牢了安全屏障。三是严格落实保密管理。健全各级保密工作领导体系，印发党政领导干部保密工作责任制实施办法，全面压实保密责任，加强保密培训与警示教育，强化涉密人员、涉密载体、涉农敏感信息等管理，强化重点人群、重要领域的安全保护，严格保密管理和技术防护措施，形成常态化督查机制，营造知保密、懂保密、会保密的良好氛围。四是加快推进法务工作。筹建院级法律事务管理部门，建立院所联动的法务工作机制，全院 30 家单位根据实际需求聘请了法律顾问，对研究所重要决策进行合法性审查、风险把关，21 个研究所制定《合同管理办法》，院所法律风险防控意识整体强化，妥善解决一批涉法的历史遗留问题。五是全力做好应急管理。建立院所两级应急管理体系，不断完善应急预案编制、应急值守、信息报送等工作，确保信息第一时间掌握、部署第一时间传达、问题第一时间处置，有效提高了各级干部的应急工作能力，积极稳妥处置了兰州布鲁氏菌抗体阳性事件、河南洪涝灾害等重大危机事件。妥善办理一批信访问题，积极回应群众诉求，确保安全稳定。

近年来，全院综合政务工作取得突出业绩。绩效管理工作连续 3 年被农业农村部评为优秀，获得“绩效管理优秀单位”称号；安全生产工作连续多年获得农业农村部“平安建设先进单位”称号；新冠疫情防控中，哈兽研 P4 实验室团队、油料所王新发研究员分别被评为全国农业农村系统抗击新冠疫情先进集体和先进个人；还有一批单位和个人获得所在地党委、政府的各级表彰。以上这些成绩，是在习近平总书记贺信精神指引下，在农业农村部等上级部门的关心支持下，在院党组的坚强领导下，全院综合政务工作人员以及广大职工共同努力的结果。在此，我代表院党组，向付出辛勤汗水的综合政务部门、在座各位同志以及全院广大干部职工，表示衷心的感谢和诚挚的问候！

三、紧紧围绕中心、高效服务大局，着力推进政务工作再上新台阶

党的十九届五中全会提出，把科技自立自强作为国家发展的战略支撑，强化国家战略科技力量。中央农村工作会议指出，要坚持农业科技自立自强，加快推进农业关键核心技术攻关。可以说，国家事业发展中的重大问题，都是向科技要答案。在中央政治局第三十三次集体学习时，习近平总书记就强调，要加快推进生物科技创新和产业化应用，推进生物安全领域科技自立自强，打造国家生物安全战略科技力量，科技的重要性不言而喻。特别是今后一个时期，我们还将面对更多逆风逆水的外部环境，必须在新一轮科技革命和产业变革蓄势待发的大背景下，采取强有力的举措，推进科技自立自强。中国农业科学院作为农业科研国家队，承担着保障粮食安全、推进绿色发展、支撑引领乡村振兴的历史使命，要立足当前、着眼长远，作出重要战略布局。综合办公室作为院所的枢纽，要在这个过程中切实发挥好为科技保驾护航的作用，更好地服务决策就要当好指挥中枢，更好地服务科研就要建好服务机关，更好地服务发展就要打造学术殿堂。

尽管我院政务工作取得了很好成效，但与党中央赋予的职责使命相比，与“两个一流”建设目标相比，仍然存在差距。特别是对照中央巡视反馈意见要求，在政治建设、作风建设、队伍建设、风险防控等方面还存在一些薄弱环节，需要不断改进提高。做好当前和今后一个时期的综合政务工作，要坚持以习近平新时代中国特色社会主义思想为指导，深入贯彻落实习近平总书记贺信精神，进一步统一思想、提高认识、明确重点，拓展工作内容、完善工作制度、创新工作方式、转变工作作风、提高工作效率，全力支撑决策、推动落实、促进发展，为筑牢创新与转化“两大基石”、支撑“十四五”农业科技创新开好局、起好步，提供坚强保证。

（一）讲政治，在遵规守纪上带好头

要在全院带头扛起“两个维护”的政治责任，把政治建设摆在一切工作的首位。一要提升政治素养。深入学习贯彻总书记贺信精神和关于办公室工作重要论述，不断提升政治能力、战略眼光、专业水平，增强政治判断力、政治领悟力和政治执行力，在学思践悟中履行好使命职责。二要落实政治责任。各单位领导班子特别是主要负责同志，要履行好政务工作第一责任人的职责，提高对综合政务工作的思想认识，切实把政务工作摆在重要位置，抓好院党组政务工作各项部署的落实。三要严守政治纪律。坚决做到“四个服从”，带头落实“五个必须”。这里要重点强调一下，要落实好重大事项请示报告制度，院党组专门出台了规章制度，明确了报告范围与程序，凡属重大问题、重点事项、重要工作进展，都要及时请示报告。一方面，院属各单位的重大事项，要主动及时向院党组报告；另一方面，院层级的重大事项，机关各部门要按照分工，及时办理向部党组汇报事项。各单位办公室（综合处）要随时掌握各方面重要事项，向单位主要负责同志提出请示报告的建议。

（二）善参谋，在服务决策上用心思

要发挥参谋助手作用，更好服务决策，既要做到参政有方，又要讲究谋政有度。一要加强系统学习。加强政治理论学习，重点学习习近平总书记关于“三农”工作、关于科技创新的重要论述，特别是致我院贺信精神，坚持读原著、学原文、悟原理。加强专业知识学习，重点学习“三农”和科技创新的新政策新部署，学习政务工作和科研管理的新规范新要求，要把中央以及部里、院里的重要文件、重要讲话精神吃透。加强新知识、新文化、新技能学习，重点学习科技新进展、社会新变化，说内行话、做内行事。二要加强调查研究。要经常深入科研一线、深入职工群众，获取第一手资料，了解基层工作和科研进展，在调研中加强思考、开展系统研究，这样得出的结论、理出的思路、提出的意见，才能真正体现时代性、实践性，出谋划策才能使组织的决策更加精准、更贴近实际、更有可操作性。三要全面掌握实情。要胸怀全局、了解全貌，用好院

所运行监测这个重要平台，全面掌握科研、转化、平台、财务、企业等运行发展状况，做到底数清、情况明，推动重点任务落地见效，及时发现和预警重大风险，为决策提供有力支撑。四要重视文稿工作。重大文稿是制定政策和推动工作的重要载体。文稿起草过程，就是总结工作、发现问题、提出解决方案的过程。要准确把握“三农”和科技发展形势，熟悉中央大政方针和部院党组决策要求，掌握基础资料数据，提出切实可行的意见建议，确保方向正确、思路明确、数据准确、文法有据。

（三）抓落实，在提升效率上动脑筋

要确保上传下达，协调各方，政令畅通。一要抓综合协调统筹落实。对院党组决策部署、重大工作举措，办公室要牵头协调，把握重点，形成方案，层层落实责任，强化协调配合，特别是注重调动与发挥各方面积极性，形成齐抓共管的局面。二要抓办文办会部署落实。完善公文管理制度，通过健全审核机制抓公文质量，通过优化运转流程抓运转效率，加强定期培训，发挥优秀公文评比的正向激励作用。要召开高质量高效率的会，做到主题明确、宣传到位、保障有力，切实精简会议、压缩会议时间、改进会议形式，让科研人员将更多时间和精力集中到科研任务上。三要抓制度建设保障落实。梳理全院各级各类重大规章制度，根据形势发展需求，有针对性地进行废、改、立，构建完备的政务工作制度体系，确保科研单位管理运行有章可循。四要抓督查督办跟踪落实。把督查督办贯穿于综合政务工作的全过程，研究决策时提出督办要求、部署工作时明确督办事项、决策实施后检查落实情况，实现流程式工作规范、无缝式责任分工、目标式跟踪落实，形成常态化督办工作机制，推动院党组重大决策落实落地。

（四）守底线，在保障安全上下功夫

新形势下，必须统筹发展和安全，为科研工作营造更加安全的环境。一要严抓疫情防控不放松。当前国际疫情形势依然严峻复杂，国内局部地方疫情时有发生，随时可能出现反复，大家要绷紧弦、不放松，坚持“疫情就是命令、防控就是责任”，按照中央和属地要求，严格落实好防控措施。二要强化安全生产观念。落实“党政同责、一岗双责、齐抓共管、失职追责”，以及“谁主管、谁负责”要求，突出在建工地、实验室、菌毒种保藏库、地下空间、出租房屋、消防设施和人员密集场所等重点风险点，以及电水气、交通等领域，防范重大安全事故发生。三要切实抓好保密管理。聚焦农业农村工作领域敏感信息、工作秘密，加强制度建设，补齐短板弱项，强化督促检查，及时消除风险，抓好规范定密、网络保密和涉密人员“三大管理”，切实提高保密意识，全面提升保密管理水平。四要加强法务能力建设。立足各单位实际，依法履行管理和服务职能，紧盯资产管理、劳动关系、科企合作和知识产权保护等问题易发的重点领域，开展普法宣传教育，在研究所内培育办事依法、遇事找法、解决问题用法、化解矛盾靠法

的法治环境。

（五）强队伍，在增强能力上求实效

做好综合政务工作，离不开一支让组织放心、让群众满意的干部队伍。习近平总书记在地方主政时曾指出，办公室干部存在“难选、难调、难提”的现象，突出表现在政治水平高、综合能力强的干部难找，物色好的同志难调过来，各方面表现出色的干部难以提拔。这些问题在院属各单位也普遍存在，迫切需要加强政务干部队伍建设。一要选优配强政务干部。院所两级要加大管理人才选拔，遴选政治水平高、大局意识强、业务水平优的干部充实到综合政务部门。要加大年轻干部选拔培养力度，充分利用重大政策研究、重要任务落实、重要文稿起草、重大应急处置等契机，及时发现、充分锻炼、认真培养一批优秀的综合政务干部。二要加强干部能力培养。要为干部能力提升创造有利条件，把政务培训固定化常态化，选拔干部参加各类政务培训班，通过各种方式加强学习、开阔眼界，全面提升管理素质、专业素质和综合素质，加快补齐能力短板。三要加强关心关怀。单位主要领导和分管领导，要及时了解掌握办公室同志在工作和生活中遇到的问题和困难，及时回应诉求，帮助解决困难，完善福利待遇，加强谈心谈话和正面引导，营造心齐气顺的工作环境，让同志们切实感受到组织的温暖，充分调动干事创业的积极性、主动性、创造性。

同志们，2021 年是“十四五”开局之年，做好综合政务工作，保障支撑院所中心工作，任务重，要求高。我们要坚持以习近平总书记贺信精神为指导，以“五个坚持”为遵循，围绕促进农业科技自立自强、支撑乡村全面振兴、推进院所改革发展等院所重点任务，旗帜鲜明讲政治，真抓实干作表率，统筹协调抓落实，为建设一流院所、强化国家战略科技力量、引领农业农村现代化保驾护航，共同书写中国农业科学院高质量发展的新篇章。

中国农业科学院关于调整中国农业科学院保密委员会及其办公室组成人员的通知

农科院办〔2021〕12 号

院机关各部门、院属各单位：

为统筹规划全院保密工作，进一步加强组织领导，明确工作职责，根据工作需要和人事变动情况，经报院主要领导同意，现将中国农业科学院保密委员会及其办公室成员进行调整，具体人员名单如下。

一、中国农业科学院保密委员会

主　任： 张合成　院党组书记

副主任： 李杰人　院纪检组组长、党组成员

陈华宁　院党组成员、人事局局长

王晓举　院办公室主任

委　员： 高　雷　院办公室副主任

任天志　科技管理局局长

陈金强　财务局局长

夏耀西　基本建设局副局长

张亚辉　国际合作局局长

王述民　成果转化局局长

姜梅林　直属机关党委常务副书记

舒文华　监察局局长

孙君茂　后勤服务中心党委书记

方　军　研究生院党委书记

范　静　作科所党委书记、副所长

罗长富　植保所党委书记、副所长

周　霞　蔬菜所党委书记、副所长

郝志强　环发所党委书记、副所长

马　莹　牧医所党委书记、副所长

严定春　蜜蜂所党委副书记、纪委书记
项伯纯　饲料所党委副书记、纪委书记
康　威　加工所党委书记、副所长
李红康　生物所党委书记、副所长
李思经　农经所党委书记、副所长
郭同军　资划所党委书记、副所长
刘继芳　信息所党委书记、副所长
汪飞杰　质标所党委书记、副所长
柳　正　营养所党委书记、副所长
李祥洲　出版社社长、党委书记

二、中国农业科学院保密委员会办公室

主　任：高　雷　院办公室副主任
副主任：左　旭　院办公室综合处（秘书处）机要秘书（正处长级）
委　员：苗水清　科技管理局综合处处长
肖碧林　人事局综合处处长
李　宁　财务局综合处处长
于　辉　基本建设局副局长
黄丹丹　国际合作局综合处处长
王启现　成果转化局综合处副处长
佟继旭　直属机关党委办公室主任
钟　娟　监察局综合处处长
李海芬　后勤服务中心办公室主任
王仕龙　研究生院办公室副主任
杨　灿　院办公室综合处（秘书处）干部

中国农业科学院
2021 年 1 月 25 日

中国农业科学院关于推进田间课堂行动的通知

农科院办〔2021〕27 号

院属各单位：

中国农业科学院是农业科研国家队，始终牢记姓农属农为农的初心使命，全面贯彻落实中共中央、国务院关于“三农”与科技工作的方针政策，面向世界农业科技前沿、面向国家重大需求、面向现代农业建设主战场、面向人民生命健康，切实增强科技服务“三农”的使命感、责任感、紧迫感、荣誉感。长期以来，中国农业科学院广大科研工作者扎根基层服务“三农”，做了大量艰苦卓绝的工作，为当地农村变美、农业增效、农民增收作出了贡献。

2020 年 8 月 16 日，中国农业科学院田间课堂在黑龙江省佳木斯市桦川县正式启动，这标志着中国农业科学院服务“三农”助力脱贫攻坚和乡村振兴进入了新的阶段。为扎实推进田间课堂行动，打造乡村振兴知名品牌，现就有关要求通知如下。

一、深刻认识推进田间课堂行动的重要意义

习近平总书记指出“时代课题是理论创新的驱动力”。要建设一流学科、一流科研院所，重大科研选题必须要从国际科技前沿中来、从实践中来，田间课堂就是理论与实践相结合的重要活动形式。因此，开展田间课堂意义重大。

田间课堂是我院贯彻落实习近平总书记“四个面向”指示要求、主动面向现代农业建设主战场的新模式，是服务“三农”事业发展的重要行动载体之一，是中国农业科学院助力脱贫攻坚和乡村振兴战略的田间作战场。

田间课堂是新时代中国农业科学院广大科研人员在生产实践活动中发现科学问题的重要途径之一，是理论与实践相结合的田间试验场。

广大科研人员投身农村广阔天地，田间课堂也成为党建与业务融合的最佳平台，是锤炼一支“一懂两爱”“三农”科研工作者队伍的田间练兵场。

二、准确把握田间课堂行动的内容与要求

（一）田间课堂行动的目标

全院服务乡村一线主战场的研究所和科研团队打造有自身特点的“田间课堂”，努力实现相关研究所都有自己的田间集成示范点，相关科研团队创办各自的田间课堂，形成“一所一样板、一团队一课堂”。乡村生产生活生态和实施乡村振兴的丰富实践是科研选题的“富矿”，赠人玫瑰，手留余香，田间课堂要形成助农强所的良性循环，帮人渡己，做到“服务乡村有成效，锻炼队伍有提升，回馈科研有收获”。使田间课堂成为中国农业科学院服务乡村振兴的又一张亮丽名片。

（二）田间课堂行动的原则

坚持党的领导。各研究所和院培训中心要充分认识田间课堂的重要意义，要与不忘初心、牢记使命的制度结合起来。田间课堂要坚持正确的政治导向，宣讲习近平新时代中国特色社会主义思想，宣扬新发展理念，服务国家粮食安全和乡村振兴战略。

坚持自下而上和自上而下相结合。各研究所要准确把握田间课堂行动的要求，精心谋划组织、积极宣传动员，同时要充分发挥科研团队和科研人员的积极性、主动性和创造性，注意总结提炼“群众的智慧”。

坚持求真务实。田间课堂要接地气，真心助农为农，不搞花架子，不做空头文章，力戒形式主义。各研究所和院培训中心要结合自己的实际，量力而行、尽力而为，立足当前、兼顾长远。

（三）田间课堂行动的要求

长期性：专家住乡村，地头当课堂。中国农业科学院“不脱贫不松劲，脱了贫不脱钩”，通过田间课堂这种创新举措和模式，主动面向现代农业建设主战场，助力脱贫攻坚和乡村振兴有效衔接，将专家田间写论文变成长期持续“接地气”的自觉行动。广大科研人员长期扎根乡村、服务乡村，与农民直接面对面，建立日常联系，随时帮助农民解决生产、生活上的实际问题，专家将论文写在田间，农民课堂得效益。同时将生产问题转化为科学问题，推动更多的科研产出。

丰富性：春夏秋冬季季讲，粮油瓜菜样样学。结合当地产业技术需求，全年均设有田间课堂，课堂活动内容丰富多样。在每个生产环节，及时传授农民田间生产技术、养殖技术、农产品加工技术、农业农村废弃物处理技术等。培训内容包罗万象，既包括实用技术，也包括高大上的前沿技术和成果普及；既有党建业务交流，也有乡村规划培

训等。

示范性：专家讲给能人听，大户做给农民看。田间课堂可以直接面向农民，也可以面向新型农业经营主体；可以亲自示范，也可以教给当地大户，大户示范带头，企业跟进。通过“田间课堂”，专家更好地将品种和技术在田间进行展示，更好地把效果示范给农民，创造了服务农户的新机制，带动农户学习新技术、采用新成果。例如，桦川田间课堂通过编写和制作主要作物绿色高产高效栽培技术、植保技术等推广手册和模式图，把严谨的科学知识通俗化、简单化，让农民一看就懂、一听就明、一学就会、一用就灵，农民知道什么时候应该干什么、怎么干，提高科学种田的技术水平。

三、认真谋划精心组织打造研究所特色品牌

（一）认真调研对接地方需求制定行动方案

有关研究所和院培训中心要结合实际制定田间课堂行动方案，认真调研对接地方需求，充分调动所内、院内两种资源，既要注重继承已有的经验，又要注重创新，突出时代需求和新发展理念，服务新阶段我国“三农”事业发展和乡村振兴战略。

（二）稳步实施有序推动田间课堂落地见实效

要成为“一懂两爱”的“三农”科技工作者队伍，“懂”是能力水平，“爱”是感情基础。服务“三农”要献真情、谋实事、出实效。科研团队要扎根基层，既要虚心做好学生，又要热心做好老师，善于发现农民生产生活中的科技问题，耐心传授农民急需的知识和技术。研究所要掌握科研团队在基层的工作情况，协调调动各种资源，主动做好服务保障工作。培训中心要积极谋划协调组织地方急需领域的专家到县乡村三级授课，把课堂送到田间地头。

（三）深入挖掘典型模式加强宣传报道

各研究所要将田间课堂行动的宣传工作纳入全所重点宣传任务中，并认真组织开展好宣传工作。要以典型模式、典型事例为示范引领，及时总结并宣传推广。按照“一所一样板、一团队一课堂”的要求，提炼总结田间课堂行动的研究所特色和团队模式，以及经验做法、取得的成效等。

四、实施步骤

田间课堂是一项长期行动，有关研究所和院培训中心要认真谋划，积极行动。2021

年5月31日前完成实施方案并报院成果转化局，同时根据2021年田间课堂工作进展，及时总结一批典型模式和经验做法并开展宣传报道。

五、加强组织保障

田间课堂行动要纳入所党委工作议事日程，真投入，抓实效，要有党政一把手牵头负责。院成果转化局、科技局要统筹协调全院科技资源为研究所做好技术支撑工作；院成果转化局会同各研究所总结提炼典型模式、经验做法、取得的成效和相关意见建议；院办公室要挖掘、发现新闻亮点和先进典型事例，邀请中央有关媒体，组织系列报道活动。

中国农业科学院

2021年3月25日

中国农业科学院办公室关于进一步加强和规范院重大会议活动组织管理的通知

农科办办〔2021〕92 号

院机关各部门、院属各单位：

院重大会议活动是传达贯彻上级精神、统一思想认识、研究部署工作的重要载体，是加强交流合作、展示科研成果的重要平台，是推动自主创新能力提升、促进院所改革发展的重要抓手，其组织管理水平事关中国农业科学院整体形象，体现院所机关工作作风，是院所一流建设成效的重要标志。为深入贯彻落实中央八项规定精神，进一步加强和规范院重大会议活动组织管理，优化工作流程，确保质量效率，根据院领导有关要求，现通知如下。

一、明确院重大会议活动范围

院机关各部门或院属各单位主办传达学习中央或农业农村部重要决策精神的全院性会议、院内涉及全局性战略性工作安排的重要会议、上级单位重要领导调研考察活动、地方或有关单位重要领导来访活动，全院性重大庆典、重要论坛、重要培训，以及其他需要院主要领导参加的重要政务活动，均作为院重大会议活动管理。各有关部门和单位应切实提高政治站位，增强大局意识、责任意识，按照要求做好组织管理工作，确保会议活动质量与效率。

二、强化院重大会议活动工作责任

院重大会议活动主办部门或单位承担会议活动组织的主体责任，主要负责同志作为第一责任人，要带头抓好组织协调，做到方案亲自谋划、流程亲自审核、场地亲自查看、材料亲自把关。院办公室负责院重大会议活动的统筹协调，对方案、文稿等审核把关，协助主办部门或单位做好会议活动组织。院属单位主办的涉及专项业务的重大会议活动，一般应由相关业务主管部门先行审核把关。其他相关部门或单位要按分工积极配合。

三、强化院重大会议活动筹备管理

院重大会议活动主办部门或单位应精心谋划，制定详细方案，拟定主题、时间地点、参加人员、全部流程、宣传安排等，确保主题明确，内容完善，程序规范。对于常规性或非正式会议接待活动，由主办部门起草或主办单位起草经业务部门审核的工作方案、参阅材料等，一般应提前3个工作日提交院办公室；正式会议活动的工作方案、领导讲话稿、宣传稿等，应提前1周提交；面向各部门各单位部署工作的重大会议活动有关材料，应提前2周提交；突发性或临时性会议接待活动，主办部门或单位应及早制定方案、及时提交。院办公室审核把关后，将有关材料报分管院领导并院主要领导审批。会议活动筹备中，若遇特殊情况需要更改已定方案的，主办部门应及时报告院主要领导、分管院领导，并商院办公室研究方案重新报审。

四、强化院重大会议活动组织管理

主办部门或单位负责按照院主要领导审定的工作方案组织会议活动，包括材料报送及印发、人员组织、场地布置、影像拍摄、媒体沟通、现场管控等。院办公室负责牵头协调沟通部、院领导行程安排并做好服务，在重点环节安排、重要区域布置、重大材料印发以及跨部门工作等方面，加强统筹协调，根据需要协调落实交通保障、安全保卫、疫情防控等工作。相关部门或单位负责对口联系上级单位领导、院外单位参会人员，并做好全程保障与服务。院属单位主办涉及专项业务的会议活动，有关业务主管部门做好指导协调并参与活动组织。

五、强化院重大会议活动后续管理

加强会议活动的新闻信息发布工作。主办部门或单位应提前起草新闻通稿，会议活动结束后半日内报送要情和新闻稿。院办公室按新闻宣传有关流程和要求进行审核、报批并发布。对于会议活动中上级单位领导、院领导有关工作要求，或会议决定事项，责任部门或单位应主动认领、认真落实、及时报告、确保实效，需要长时间研究落实的要第一时间报告落实工作安排，接续报告工作进展。院办公室根据情况开展督办工作，有关部门做好院属单位落实工作的督促指导和情况报送，确保“事事有着落、件件有回音”。

六、确保院重大会议活动规范安全

主办部门或单位要严格落实疫情常态化防控要求，按规定控制会议活动人员数量，不安排涉疫人员参与现场活动，落实现场防疫措施，倡导以视频形式或视频与现场相结合举办会议活动。严格控制活动经费，不得超预算支出，不得安排与会议活动无关的支出。不安排超标准接待，不接受研究所或地方单位超标准接待。严格落实意识形态和信息保密规定，落实消防安全管理措施。重要接待要妥善规划交通路线，强化安全保障。

中国农业科学院办公室
2021 年 8 月 24 日

中国农业科学院办公室关于印发《中国农业科学院机关合同管理办法（试行）》的通知

农科办办〔2021〕73 号

院机关各部门、院属各单位：

《中国农业科学院机关合同管理办法（试行）》已经 6 月 21 日第七次院常务会审议通过，现予印发，请遵照执行。

中国农业科学院办公室

2021 年 7 月 9 日

中国农业科学院机关合同管理办法（试行）

第一章　总　则

第一条　为加强中国农业科学院机关（以下简称院机关）合同管理工作，防范合同法律风险，维护我院合法权益，根据《中华人民共和国民法典》等相关法律法规，结合院机关实际，制定本办法。

第二条　本办法适用于院机关。

第三条　本办法所称合同，是指以中国农业科学院为一方当事人，与自然人、法人或者非法人组织等平等主体之间设立、变更和终止民事权利义务关系的协议。科研专项任务书按照相关管理办法另行管理。

第四条　院机关合同实行统一指导监督、分类归口管理制度。

第五条　本办法所称合同管理包括合同准备、审批、签订、履行、变更和解除、争议解决及登记归档等环节。

第六条　合同管理遵循“谁主办、谁负责”的基本原则，严格落实主办责任，确保依法签订、切实履行合同。

第二章　合同管理机构以及职责

第七条　院办公室是合同事务的综合管理部门，主要职责如下。

（一）制订院机关合同管理的基本规章制度。

（二）协调法律顾问对合同开展合法性审查。

（三）院机关合同专用章的日常管理和使用。

（四）协助合同归口管理部门拟定合同标准文本。

（五）督促归口管理部门合同归档和移交。

（六）指导、监督、检查院机关合同管理工作。

第八条　院机关各部门是合同事务的归口管理部门，负责主办本部门职责范围内的合同，分工如下。

（一）科技管理局负责院级、中央级科研合同的管理和承办。

（二）人事局负责院机关与工作人员的聘用合同的管理和承办。

（三）基本建设局负责院本级建设项目合同的管理，根据项目实际运行确定具体承办部门。

（四）国际合作局负责涉外活动合同的管理和承办。

（五）成果转化局负责院地、院企间成果转化和科技推广等合同的管理和承办。

（六）其他各部门负责职责范围内合同的管理和承办。

（七）合同内容涉及两个或两个以上部门业务的，以合同性质确定归口管理部门。

第九条 合同归口管理部门的工作职责如下。

（一）职责范围内的合同管理具体工作由该部门综合处承担，主要包括：

（1）合同业务审核；

（2）合同档案管理和移交；

（3）涉及合同管理的其他事项。

（二）职责范围内的合同承办具体工作由履行合同的业务处室承担，主要包括：

（1）合同前期准备、谈判、拟定、签订和履行；

（2）妥善保管合同文本及附件、合同谈判记录、来往信函等合同相关资料，并及时提交部门综合处留档备案；

（3）牵头处置合同纠纷；

（4）业务范围内的其他事项。

第十条 院机关合同应指定具体承办人，承办人应为在编在岗职工。承办人在合同洽谈、签订、履行及纠纷处理过程中发生工作变动的，应及时确定新的承办人，并做好移交工作。

第三章 合同准备

第十一条 签订合同前，归口管理部门应就合同事项与合同相对方进行充分谈判、协商，并对合同相对方的主体资格、委托代理权限、经营范围、履约能力、经济实力、社会信誉进行详细调查。对于影响重大或法律关系复杂的合同，可以组织法律、技术、财务等专业人员参与谈判。

第十二条 归口管理部门应针对常用合同制定标准文本并优先使用。没有标准文本的，应争取由我院草拟文本，主导合同的谈判和订立，确保最大限度实现我院权益；确有必要由对方草拟的，应严格审查合同内容。

第十三条 合同文本中签订方的名称/姓名和住所、标的、数量、质量、价款或者报酬、履行期限、履行地点和方式、违约责任、不可抗力、解决争议的方法等条款，应表述清晰、规范准确。

第十四条 合同事项涉及保密、安全、技术、环保等内容的，应有相关条款或者附专项协议，明确保密等事项要求以及法律责任。

第四章　合同的审批

第十五条　院机关对合同实施分级审批。合同标的额为 10 万元以上（含 10 万元）或性质重要的合同为重大合同。重大合同以外的其他合同为一般合同。

第十六条　对于一般合同，由归口管理部门承办处室发起，经综合处审核、主要负责人审批同意后签订；归口管理部门认为需要合法性审查的，可提交院办公室（法务）进行审查。

第十七条　重大合同的审批权限如下。

（一）10 万元以上（含 10 万元）30 万以下（不含 30 万元）的合同，经归口管理部门承办处室发起，综合处审核、院办公室（法务）审查、归口管理部门主要负责人审批后签订。

（二）30 万~50 万元（不含 50 万元）的合同，经归口管理部门局务会研究通过，承办处室发起、综合处审核、院办公室（法务）审查、归口管理部门主要负责人审批并报分管院领导同意后签订。

（三）性质重要的合同，归口管理部门认为需要合法性审查的，按照本条第（二）项规定流程办理。

第十八条　凡涉及“三重一大”事项的合同，须依据《中国农业科学院“三重一大”决策制度实施办法》履行相应决策程序后，按本办法第十七条第（二）项、第（三）项规定流程报审。

涉及国有资产管理、政府采购和招投标的各类合同，应按照相关法律及管理规定履行程序后，按本办法规定报审。

第十九条　合同约定的履行期限原则上不超过 5 年。如有特殊情况，或国家法律法规另有规定的，按照本办法第十七条第（二）项的流程报审。

第二十条　合同内容涉及多个部门职责的，归口管理部门应组织相关部门对所涉内容进行审核。

第二十一条　按照法律、法规、规章和上级部门规定，需要经外部专门机构批准或者登记备案的合同，应按规定办理相关手续。

第二十二条　院机关合同审批流程嵌入信息化管理系统，除涉密事项外，实行智慧农科 OA 系统电子审批。

第五章　合同签订

第二十三条　以中国农业科学院名义对外订立合同，应由中国农业科学院法定代表人或者委托代理人签订。院机关各部门及其管理的非独立法人机构不得以部门、机构的名义对外签订合同。

第二十四条 代理人签订合同的，应由中国农业科学院法定代表人签署“授权委托书”，可以采用年度授权或“一事一申请”形式。

“授权委托书”应加盖中国农业科学院公章并明确授权对象、范围和期限。

第二十五条 代理人代表中国农业科学院签订合同，须在授权范围及期限内行使代理权，禁止越权代理。代理人不得将授权事项转委托。

代理人调离工作岗位或者有其他不宜继续代理的情况，不得继续代理签订合同，并应及时通知合同相对方。

第二十六条 合同经法定代表人或代理人签署后，须加盖中国农业科学院合同专用章或院公章。

签订合同原则上使用院合同专用章，特殊情况需要使用院公章的，按照《中国农业科学院印章管理办法》相关规定执行。

涉外合作协议履行审批程序后，遵循国际惯例由法定代表人或代理人签署后可不加盖章印。

第二十七条 合同盖章时应使用原件，不得在有空白未填写内容的纸张上盖章。两页以上的合同须加盖骑缝章。

第六章 合同履行

第二十八条 合同生效后，归口管理部门应按照内部控制要求跟踪合同的具体履行情况，敦促对方履行合同义务，确保合同得到全面有效履行。

第二十九条 院财务局应配合归口管理部门办理价款结算等财务手续，并采取有效措施确保资金收付符合财务制度规定和合同约定。

第三十条 合同履行中出现下列情形的，归口管理部门应主动采取措施，防止和避免损失扩大。

（一）合同相对方不履行或者不全面、不适当履行的，应及时在合同约定期限内向对方催告或者提出书面异议，并保存相关证据材料。

（二）院机关负有合同先履行义务的，应在履行前充分考察合同相对方经营状况，对有证据证明出现丧失商业信誉、转移财产等法定情形的，应及时行使不安抗辩权，并保存相关证据。

（三）遇不可抗力影响合同履行时，应以书面形式及时通知对方，并保存相关证据。

（四）其他需要及时处理的情形。

第三十一条 合同标的物交付、服务履行完成和工程完工后，归口管理部门应在法定或者约定的期限内组织验收。验收不合格或者标的物与合同约定不符的，应按法律规定或者合同约定时间向对方提出书面异议并留存证据。

第三十二条 合同履行过程中，凡与合同相关的技术资料、验收资料、来往文书、会议文件、信函等凭证均应作为履约证据留存并妥善保管。

第七章　合同变更、解除与争议解决

第三十三条　合同订立后，如发现有情势变更、显失公平、重大误解或者欺诈等情况，归口管理部门应及时与相对方协商变更或者解除合同。

第三十四条　合同的变更、解除应采用书面形式，并按照原合同审批程序重新审批。变更、解除合同的相关文本应妥善保存并作为合同组成部分留档备查。

第三十五条　合同主权利义务终止后，应根据诚实信用原则与交易习惯继续履行好通知、协助、保密等附属义务。

第三十六条　合同履行发生违约等纠纷事项的，归口管理部门应积极与相对方协商解决争议。协商不成的，可通过仲裁或诉讼程序妥善解决。

第八章　合同登记和档案管理

第三十七条　院机关各部门综合处应设立专（兼）职人员对归口合同档案进行统一管理，并于第二年上半年将整理好的前年度合同卷宗移交院办公室。

第三十八条　院机关合同通过智慧农科 OA 系统登记后，自动生成台账，包含下列信息：合同事由、编号、签订方姓名或名称、标的、标的额、履行期限、签订日期、承办处室和承办人等。合同台账应根据实际履行进度由承办处室及时更新。

第三十九条　合同档案资料应齐全完整，包括以下资料。

（一）合同台账清单。

（二）合同文本及附件。

（三）合同相关图纸、技术资料、验收材料等。

（四）协商记录、往来函件、传真。

（五）变更、解除和终止等证据资料。

（六）其他与合同相关的资料。

第四十条　上级单位布置的有关合同执行情况的统计、分析、调查等任务，需要多部门协作完成的，原则上根据上级单位主办司局性质确定对应任务牵头部门。

第九章　合同管理的监督检查及责任追究

第四十一条　院办公室对院机关合同管理工作进行监督检查，被检查部门应积极配合工作。检查监督部门根据实际情况确定检查方式和范围，根据结果提出整改意见并推动落实。

第四十二条　合同监督检查一般包括以下内容。

（一）合同相对方资信了解情况。

（二）合同审批情况。

（三）合同签订、履行、变更、解除情况。

（四）合同台账、档案管理情况。

第四十三条 院机关各部门应认真履行合同管理职责，因滥用职权、玩忽职守造成我院利益重大损失的，依规依纪严肃处理；涉嫌犯罪的移送司法机关追究法律责任。

第十章 附 则

第四十四条 院属各单位应参照本办法，建立健全本单位合同管理制度，并报院办公室备案。

第四十五条 本办法由院办公室负责解释和修订。

第四十六条 本办法自印发之日起执行。

九、党的建设、思想政治和党风廉政工作

中国农业科学院2021年党建工作要点

2021年中国农业科学院党建工作的总体要求是：以习近平新时代中国特色社会主义思想为指导，认真贯彻党的十九大和十九届二中、三中、四中、五中全会以及十九届中央纪委五次全会精神，按照新时代党的建设总要求和党的组织路线，持续贯彻习近平总书记致我院贺信精神，以政治建设为统领，全面推进党的政治、思想、组织、作风、纪律建设。组织开展好庆祝中国共产党成立100周年系列活动，扎实推进党史学习教育，突出学党史、悟思想、办实事、开新局，做到学史明理、学史增信、学史崇德、学史力行，全力抓好中央巡视反馈问题整改，持续推动党建与科技创新深度融合，层层压实工作责任，以高质量党建推动高质量发展，为扎实落实习近平总书记"四个面向""两个一流"重要指示要求、科技支撑乡村振兴战略实施、打造国家战略科技力量、加快农业农村现代化开好局起好步提供坚强保障。

一、以政治建设为统领，着力提高党员干部政治判断力、政治领悟力、政治执行力

一是带头做到"两个维护"。坚持把党的政治建设摆在首位，深化政治机关意识教育，推动向基层延伸，引导党员干部把讲政治的要求从外部要求转化为内在主动，自觉从讲政治高度看"三农"、抓"三农"，完整准确全面理解和贯彻新发展理念，切实将"两个维护"贯彻落实到科技创新工作各方面和全过程，体现到履职尽责和日常言行上。立足中华民族伟大复兴战略全局、世界百年未有之大变局以及"三农"事业发展大局，将提高政治能力作为党员干部学习教育培训的重要内容，加强对党员干部的思想淬炼、政治历练、实践锻炼、专业训练，不断提高政治判断力、政治领悟力、政治执行力，增强斗争意识和斗争本领。

二是落实中央巡视整改政治任务。坚持院党组以上率下抓整改，院长、党组书记扛起第一责任人责任，负总责、负首责。院领导带头抓落实，督促指导联系单位的巡视整改，把到联系单位做调研、讲党课、干部任职谈话、批评提醒谈话、与班子成员谈心谈话等制度落实落细，形成"一岗双责"长效机制。坚持院所联动齐抓共改，形成整体合力。各级党组织认真对照中央巡视反馈意见，把巡视整改作为重要政治任务，作为履行职责使命、推进全面从严治党的重要抓手，融入日常工作、融入深化改革、融入班子和队伍建设、融入全面从严治党。坚持与制定实施"十四五"规划紧密结合，与深化科技体制机制改革紧密结合，与班子和队伍建设紧密结合，与全面从严治党紧密结合，

促进标本兼治。

三是推动党中央决策部署落地见效。围绕“十四五”开好局、起好步和农业科技创新工作，积极探索“党建+全面推进乡村振兴”工作模式，充分发挥引领保障作用，教育引导党员干部不折不扣贯彻落实党中央各项决策部署和习近平总书记重要指示批示精神，有效发挥基层党组织和党员在全面推进乡村振兴工作中的战斗堡垒作用和先锋模范作用。加强乡村振兴示范县建设和援疆援藏工作，积极开展技术服务，持续开展基层党组织结对帮扶、联学共建等，推动抓党建促脱贫攻坚向抓党建促乡村振兴转变。

四是深化模范机关创建。深入落实《农业农村部直属机关创建“让党中央放心、让人民群众满意的模范机关”实施意见》，结合自身实际，坚持把创建模范机关融入党建和科研工作，与破解党建和业务难题、巡视整改结合起来，与贯彻群众路线、践行宗旨意识、联系基层改进作风结合起来，与谋划“十四五”规划、推动中央决策部署落实落地结合起来，以创促改、以创促建，确保创建实效。以精神文明建设带动模范机关建设，修订《中国农业科学院文明单位创建管理办法》，开展 2019—2021 年度文明单位评选表彰。

五是严格党内政治生活。严格执行《关于新形势下党内政治生活的若干准则》，认真贯彻《中央和国家机关严格党的组织生活制度的若干规定（试行）》，严格落实“三会一课”、民主评议党员、谈心谈话、党员领导干部双重组织生活等组织生活制度，开展经常性政治体检，用好批评和自我批评武器，进一步提高民主生活会、组织生活会质量。落实《中央和国家机关党员工作时间之外政治言行若干规定（试行）》，督促党员干部严守政治纪律和政治规矩，自觉规范工作时间之外的政治言行。组织理论学习中心组、党支部集体学习党章，自觉遵守党章、维护党章。利用部、院光荣历史和教育基地，把对党忠诚教育纳入家庭家教家风建设，弘扬优良家风，传承红色基因。坚持和完善重温入党誓词以及党员过“政治生日”等政治仪式，开展党性教育，增强党员意识。

二、深化理论武装，持续推动习近平新时代中国特色社会主义思想走深走实

一是坚持用习近平新时代中国特色社会主义思想和习近平关于“三农”工作的重要论述武装头脑、指导实践、推动工作。巩固深化“不忘初心、牢记使命”主题教育成果，持续认真读原著、学原文、悟原理，深入学习贯彻习近平总书记关于“三农”、科技创新、乡村振兴和全面从严治党的重要论述及致中国农业科学院贺信精神，及时跟进学习习近平总书记最新重要讲话和指示精神，把广大党员干部的思想和行动统一到贯彻落实党中央的决策部署上来。将《摆脱贫困》《之江新语》等列为理论学习的重要内容。把党的十九届五中、六中全会和习近平总书记在省部级主要领导干部学习贯彻党的十九届五中全会精神专题研讨班、中央农村工作会上的重要讲话精神作为理论学习中心组、党支部、青年理论学习小组学习的重点内容，作为党员教育培训的必修课程，加强

处级以上党员领导干部培训轮训。积极参加学习习近平新时代中国特色社会主义思想、习近平总书记关于“三农”工作重要论述经验交流会和专题报告会。

二是突出抓好理论学习质量效果。完善院党组“两个第一”和“思想引领、学习在先”机制，严格落实《中共中国农业科学院党组贯彻落实〈中国共产党党委（党组）理论学习中心组学习规则〉实施细则》，继续坚持在完成理论学习中心组学习规定次数的前提下，突出“不求数量多，但求质量高”的鲜明导向。加强对院属单位理论学习中心组学习的督导，着力提高学习质量和效果，充分发挥领学促学作用。继续组织开展所局级干部理论文章征集评选。突出科研单位特点，加强专家群体学习教育，严格党支部书记和团队首席学习要求，强化高级职称人员、高层次人才、研究生导师和党外领导干部学习教育。推动院、所、基层党支部三级党组织围绕落实“四个面向”、推动农业科技创新和院所改革发展进行研讨，把解决实际问题和解决思想问题相结合。注重对青年群体尤其是青年骨干和科技人才的思想引领，持续实施青年理论学习提升工程，建强青年理论学习小组，着重在培养学习兴趣、探索学习方法、增强学习效果上下功夫。

三是落细落实意识形态工作责任制，牢牢把握领导权和主动权。按照《中共中国农业科学院党组落实意识形态工作责任制工作方案》要求，开展意识形态工作责任制调研分析工作。结合调研成果和院所实际研究制定《中共中国农业科学院党组落实意识形态工作责任制实施细则》，严格抓好院机关各部门、院属各单位党组织意识形态工作责任制和各级党政干部的主体责任。围绕重要时间节点，认真分析研判意识形态领域情况，旗帜鲜明反对历史虚无主义等错误思潮。严格落实“谁主管谁负责”和“属地管理”原则，加强对网站、期刊、新媒体、会议、论坛、图书馆、学会协会、院所办企业、出版物等各类意识形态阵地的建设和管理。围绕中共中央和部院党组决策部署、社会热点敏感问题，开展干部职工思想状况调研，有针对性地加强对科研人员、青年干部和研究生等群体的思想政治工作。

三、精心组织开展庆祝中国共产党成立100周年系列活动和党史学习教育，将爱党爱国的巨大热情转化成干事创业的强大动力

一是组织开展系列庆祝活动。按照中共中央和部院党组统一部署，认真做好中国共产党成立100周年庆祝活动各项工作。组织观看庆祝大会，参加农业农村部职工歌咏大会、职工书画摄影展、征文演讲、参观大型主题展览等活动。结合农业科研院所实际，围绕庆祝中国共产党成立100周年的主题，院工会组织开展“学党史、庆百年、迈万步”活动，院青工委、团委组织开展“学百年史、励复兴志、铸农科魂”主题活动，院妇工委开展“我把初心献给党——庆祝‘三八妇女节’表彰大会”。教育、激励、引导广大干部职工更加积极投身院所改革发展，为推动科技创新及助力乡村振兴凝聚人

心、贡献力量。

二是开展党史学习教育。按照中共中央统一要求，认真组织开展党史学习教育。深入开展党史专题学习研讨，组织党员领导干部、党支部书记、先进典型讲专题党课。党支部采取“三会一课”等形式，组织开展“党旗在基层一线高高飘扬——以实际行动庆祝中国共产党成立 100 周年”活动，广泛开展入党宣誓、主题党日、优秀党课报告征集等主题突出、生动活泼的群众性宣传教育活动，引导党员干部树立正确的党史观。以“学党史、感党恩、强党性”为主题，召开严肃认真的专题民主生活会、组织生活会，开展党性分析，交流学习体会。对处级以上领导干部和广大党员干部组织开展教育培训，围绕党史、科技创新和“三农”工作邀请有关专家作专题辅导报告，开展学习体会、读书笔记等征集评选。充分用好红色资源开展红色教育，组织党员、干部瞻仰参观革命遗址遗迹、革命博物馆、纪念场馆。发挥线上学习培训优势，运用新媒体平台开发微课堂网课，深化对党史内容的学习掌握。组织参加“党在我心中”青年党史知识竞赛、“强素质 · 做表率”读书活动等。深入践行党的宗旨和群众路线，积极开展“我为群众办实事”实践活动，认真开展调研了解干部职工“急难愁盼”，提出具体实事清单，全力帮助解决。

四、夯实组织基础，推动基层党组织全面进步全面过硬

一是加强基层组织建设。深入落实《中国共产党党和国家机关基层组织工作条例》《中国共产党支部工作条例（试行）》《中央和国家机关党小组工作规则（试行）》等，持续推进基层党组织建设质量提升三年行动计划并做好总结评估工作。深化“灯下黑”问题专项整治，以巡视整改为契机，进一步解决换届不及时、在科研骨干中发展党员不足等问题。深化全面推进党支部标准化规范化建设工作，加强支委业务能力建设，强化支委会职能作用，提升组织力。结合庆祝中国共产党成立 100 周年，评选表彰一批优秀共产党员、优秀党务工作者和先进基层党组织。积极探索信息化条件下“互联网+党建”模式。

二是加强党员教育管理监督。认真落实《中国共产党党员教育管理工作条例》，提高党员教育管理质量。贯彻《中国共产党党员权利保障条例》，开展党员义务和权利教育。落实《2019—2023 年全国党员教育培训工作规划》，继续有计划分层次高质量地开展党员教育培训，做好对积极分子、预备党员、新党员等的培训。加强对党员干部日常监督，充分发挥党支部在选人用人中的监督作用，推动落实“党员干部选拔任用、评优评先应听取所在党支部意见”等要求。严格发展党员标准，加大在科研骨干和青年职工中发展党员的工作力度。落实党内关怀帮扶机制，做好党员走访慰问等工作。

三是加强分类指导。认真落实《关于加强中央和国家机关所属事业单位党的建设的意见》，进一步完善党的领导体制机制。院机关和各单位管理部门，要持续践行服务一线、服务科研人员的宗旨，进一步改进工作作风、提升工作效率、主动担当作为。认

真落实《中国共产党国有企业基层组织工作条例（试行）》，以企业改革发展成果检验党建成效。完善各类型基层党组织管理方式，加强科研、管理、学生、离退休等党支部的分类指导，强化企业、社团、(学会/协会)、期刊、试验基地的党组织建设和聘用人员、研究生党员的管理，推动党的组织和党建工作有效覆盖。

五、强化作风养成和教育监督，持之以恒正风肃纪反腐

一是严格落实“两个责任”。贯彻落实《党委（党组）落实全面从严治党主体责任规定》《中国农业科学院党组织党建工作责任清单》《中国农业科学院纪检组织监督责任清单》，进一步压实主体责任和监督责任，强化党组织书记全面从严治党第一责任人职责，强化班子成员“一岗双责”落实。各级党组织通过党委会、支委会、理论学习中心组学习等形式，定期研究分析责任落实情况，及时安排推进。持续开展基层党组织书记述职评议考核，将中央巡视反馈问题整改及党建重点任务作为考核的重要内容，强化结果运用。

二是持续改进作风。认真贯彻习近平总书记重要指示批示精神和加强作风建设有关要求，坚持不懈贯彻中央八项规定及其实施细则精神，按照中央办公厅《关于巩固深化“不忘初心、牢记使命”主题教育成果的意见》要求，认真组织开展形式主义、官僚主义问题纠治情况自查自纠，巩固治理文山会海、制止公款吃喝和餐饮浪费等成果，特别是加强对落实中央决策部署工作中形式主义、官僚主义问题的监督，坚决反对和纠治“四风”。加大对发现问题的通报曝光力度，持续抓早抓小抓苗头，营造风清气正的政治生态。

三是抓实抓细日常教育管理监督。积极开展农科特色纪律教育，围绕《科研人员重点纪律红线》组织形式多样的警示教育，把领导干部提拔、科研人员职称晋升、入学、入职、新任导师任职等重要节点的谈心谈话、纪律教育、思想政治教育做实做细。加强对院属单位领导班子特别是一把手的监督管理。坚持和完善民主集中制，深入组织开展党的民主集中制学习活动，加强督导检查，聚焦问题整改，做到举一反三。完善“三重一大”决策制度和程序，不断提高领导班子决策能力和决策水平。严格落实《农业农村部领导干部插手干预重大事项记录报告有关规定（试行）》《中央单位规范领导干部配偶、子女及其配偶经商办企业行为规定》、重大事项请示报告、个人有关事项报告，以及提醒、函询、诫勉等制度规定，推动从严管理监督常态化。坚持完善抓早抓小机制，聚焦风险领域强化日常监督。加强科研经费使用监督检查，堵塞漏洞。继续强化企业监管，压实院所两级监管职责和出资人职责，深入推进企业党风廉政建设和纪律红线教育。常用善用“第一种形态”，准确把握“四严四宽”，经常红脸出汗，对小毛病、小问题、小缺点早发现、早提醒、早管住。

四是严格执纪问责。严格落实《中国共产党纪律检查机关监督执纪工作规则》《纪检监察机关处理检举控告工作规则》，依规依纪做好信访举报工作。坚持严的主基调，

对违反政治纪律、政治规矩和中央八项规定精神，学术不端、师德失范、假公济私等违纪行为“零容忍”，发现一起、查处一起、通报曝光一起。在项目申报、评奖评优、职务晋升、职称评审、年度考核、招生资格等方面实行联合惩戒，努力营造纪律严明、环境宽松的创新氛围和风清气正、朝气蓬勃的政治生态。严格要求处级及以下被谈话函询或受到党纪处分的党员干部在组织生活会上就有关问题进行说明，综合发挥惩治震慑、惩戒挽救、教育警醒的功效。做好与巡视、审计等工作的有机衔接，以及受处分干部跟踪回访工作。认真贯彻落实《中国共产党问责条例》，强化责任追究。

六、牢固树立融合发展理念，着力推动党建和科研工作深度融合、相互促进

一是强化党建与业务工作融合发展。建立健全党建和科研工作一起谋划、一起部署、一起落实、一起检查的运行机制。认真贯彻《关于破解“两张皮”问题推动中央和国家机关党建和业务工作深度融合的意见》，以开展“红旗党支部”评星定级为抓手，深入持续推进“四强”党支部创建，探索总结符合农业科研特色的“三会一课”和主题党日活动有效方式，推动基层党组织工作和活动方式创新。注重发现先进典型，总结先进经验，形成若干模式，提炼“党支部工作法”，凝练“党小组工作法”。继续推广“田间课堂”等党建和科研工作融合发展的典型。加快推进中国农业科学院科学技术协会实体化运行，逐步建立健全工作机构和工作机制，稳步推进成立若干专业委员会，在期刊提质、学术研讨、交流合作、评选表彰、服务咨询等方面积极开展工作，带领科研人员更好地服务农业农村主战场，把党建优势转化为推动中心工作的成效。

二是加强领导班子和干部队伍建设。研究制定《领导人员选拔任用工作规定》等干部工作制度，探索构建农科特色选人用人机制。坚持把政治标准放在第一位、贯穿全过程，推动班子建设提质与干部工作提速相结合，着力选优配强党政正职，注重选好用好班子副职，重点抓好 50 岁左右党政正职和 45 岁左右班子副职选配。继续深入开展好党的民主集中制学习活动，确保学习好、落实好、见到好效果。启动实施“干部专业化能力提升行动”，系统设计分级分类的干部教育培训体系，着力培养造就一批既懂业务又懂管理的领导干部。落实中央巡视整改要求，坚持抓早抓小抓预防，加强所局级领导干部特别是党政“一把手”监管，严格落实领导干部个人有关事项报告、干部人事档案、规范领导干部配偶、子女及其配偶经商办企业等制度规定，管好关键人、管在关键时、管住关键事。探索建立健全岗位晋升、聘期管理、考核评价、轮岗交流、教育培训五大机制，不断提升管理队伍职业化水平。

三是努力打造与国家农业战略科技力量相匹配的创新人才队伍。践行新时代党的组织路线，围绕“推年轻、强领军”的要求，坚持引育结合，围绕创新链部署人才链，优化农科英才体系。围绕重点学科发展、重大平台建设、重大任务攻关需要，开展“急需紧缺”人才精准引进。认真做好院士增选服务保障工作，加大各类高层次人才推

荐力度。继续推进“资深首席—首席—执行首席”接续机制，聘用一批45岁和40岁以下中青年人才担任首席或执行首席，强化重要岗位历练。聚焦扩大规模和提升质量两项主要任务，着力推进博士后队伍建设。积极推荐并组织到艰苦复杂地区和中国农业科学院战略布局区域砥砺品格、增长才干，在乡村振兴一线经受锻炼、施展才华、练就本领，打造一支高质量农业科技人才队伍。

四是坚持党建带群建。加强党对群团工作的领导，不断增强群团组织的政治性、先进性、群众性，充分发挥桥梁纽带作用，动员全院职工积极投身科技创新和院所改革发展。组织参加部“奋进新征程、岗位作贡献”技能竞赛、巾帼建功、“根在基层”调研实践、健步走、乒乓球比赛、广播体操、工间操云比赛和篮球比赛等活动，持续深化“书香农科”建设和“恒爱行动—百万家庭亲情一线牵”活动。工会组织坚持引导广大干部职工听党话、跟党走，立足岗位建功立业，维护职工合法权益，切实提升职工群众的获得感和幸福感。青年组织和团组织要充分发挥作用，抓紧抓实青年组织学习，不断增强团员青年能力素质。妇女组织加强家庭家教家风建设，推动社会主义核心价值观落细落小落实。充分发挥职工文体俱乐部作用，组织开展积极健康、形式多样的群众文化体育活动，活跃职工文化生活，增加正能量，增强凝聚力。落实《中国共产党统一战线工作条例》，强化各项统战工作制度执行。引导党外人士回顾同中国共产党团结合作的奋斗历程，发扬光荣传统，坚守合作初心，加强自身建设。支持党外人士围绕乡村振兴、农业农村现代化等开展调研、建言献策。

五是锻造新时代农科精神。研究制定《中共中国农业科学院党组关于进一步弘扬新时代农科精神的实施意见》，组织召开全院传承弘扬新时代农科精神工作会议，建成中国农业科学院展厅、新乡科学家精神展览馆和丁颖、金善宝人物塑像。开展“老一辈科学家入党志愿书和实验记录展示联播”活动，打造一批扎根“三农”、扎根科研的宣传力作，通过“三微一端”、宣传栏、新媒体平台等多种方式进行大力宣传，营造传承践行新时代农科精神的浓厚氛围。

七、突出制度执行和能力建设，全面提升党建工作质量

一是严格党建制度执行。认真学习贯彻《中央和国家机关党员干部应知应会党内法规文件选编》等，提高党员干部制度意识和执行能力。强化制度刚性执行，加大对制度落实情况的监督检查力度，形成用制度管人、管事、管权的良好局面。紧跟中央出台或修订的法规制度，建立健全相关配套实施办法。尊重基层首创，总结提炼基层实践经验，把实践证明切实可行的做法提炼固化为制度成果，构建务实管用、符合农科特点的基层党建工作制度体系。结合巡视、党建督查，加强对党建制度执行情况的监督检查，进一步推动党建制度落实落地。

二是加强党务干部队伍建设。把党务工作岗位作为培养锻炼干部的重要平台，注重选拔政治强、业务精、作风好的干部从事党务工作，落实好将专兼职党务工作经历纳入

干部履历的要求，有计划地安排业务骨干、优秀年轻干部从事党务工作。加大党务干部培训力度，提高培训质量和效果，增强党务干部工作本领，着力建设高素质专业化党务干部队伍。努力使党务干部成为政治上的明白人、党建工作的内行人、干部职工的贴心人。

三是深化党建研究。以开展党史学习教育为契机，围绕党对农业科技工作的领导、农业科技史、院（所）史等主题，突出问题导向，结合中国农业科学院党建工作的重点和难点，开展有针对性的党建课题研究。认真总结实践中的宝贵经验，努力推出一批有分量有价值的调研成果，注重成果运用，更好地指导实践，为加强中国农业科学院党的建设、提升党建工作质量提供理论和实践支撑。

中国农业科学院直属机关党委 2021 年工作总结和 2022 年工作计划

在中国农业科学院党组和农业农村部直属机关党委的坚强领导下，直属机关党委全面贯彻习近平新时代中国特色社会主义思想，认真落实新时代党的建设总要求和党的组织路线，认真贯彻党的十九大及历次全会精神，坚持以政治建设为统领，全面推进党的政治、思想、组织、作风、纪律建设，扎实推进党史学习教育，为农业科技高水平自立自强提供坚强保证。

一、2021 年重点工作完成情况

（一）坚持以政治建设为统领，着力提高党员干部政治判断力、政治领悟力、政治执行力

一是深化政治意识教育。突出政治建设的统领地位，落实《中共中央关于加强党的政治建设的意见》《关于加强和改进中央和国家机关党的建设的意见》，制定印发我院《“十四五”党建工作规划》《2021 年党建工作要点》，修订《院属单位党委工作规则》，强化各级各类党组织的政治属性和政治功能，教育引导干部职工以科技创新实际行动捍卫“两个确立”、践行“两个维护”。注重发挥领导干部表率作用，院党组书记张合成同志以“学党史　讲政治　作表率”为主题讲专题党课，引导全院干部职工切实肩负起高水平农业科技自立自强的历史使命。二是认真落实“两个第一”学习机制。坚持把学习贯彻习近平总书记重要指示批示精神和落实中央重大决策部署作为重要政治任务，15 次为党组会议准备 103 篇习近平总书记重要讲话和中共中央重要决策部署文件，同时，组织院属单位同步学习，确保第一时间学习领会、贯彻落实。三是严肃认真落实巡视整改政治任务。把巡视整改作为检验“四个意识”的试金石，与推动党建高质量发展有机融合、同步推进。针对党建方面 3 个专题 16 项整改任务，制定方案，狠抓落实，基本完成 11 项，长期坚持 5 项。扎实开好 2020 年度暨巡视整改专题民主生活会，制定加强理论学习中心组学习、加强意识形态工作、加强政治把关、解决党建和科研工作“两张皮”问题 4 项重点工作方案，建立巡视整改长效机制。

（二）精心组织党史学习教育，将爱党爱国的巨大热情转化成干事创业的强大动力

一是精心组织庆祝中国共产党成立 100 周年系列活动。组织全院党员干部职工在 37 个会场共同观看庆祝建党 100 周年大会实况直播，认真组织学习习近平总书记“七一”重要讲话，隆重召开庆祝大会、举行升旗仪式，向全院 534 名党员颁发纪念章，筹措近 30 万元组织慰问老党员、困难党员 162 人，进一步坚定干部职工向第二个百年目标奋进的信心决心。二是抓好组织动员。发挥党史学习教育领导小组办公室协调组织作用，组织召开部署动员大会，制定 3 项工作规则或工作方案，坚持院所同步联动，一体推动全院 39 个党委、600 多个党支部、9 000多名党员有序有效开展党史学习教育。三是坚持以上率下。院党组先学一步、学深一层，带头学习原著、带头研讨交流，组织 4 次专题读书班，时任院长唐华俊讲述中国农业科技发展史，院党组书记张合成以“从土地革命看马克思主义中国化”为题交流党史学习体会，将学习党史与学习“三农”发展史、农业科技发展史相结合，不断增强用党的创新理论武装头脑的政治自觉。四是充分利用红色资源。制定《关于用好红色资源开展党史学习教育的意见》，全院各级党组织到中国共产党历史展览馆、北大红楼等地开展特色鲜明的主题党日活动，深刻领会伟大建党精神，汲取农业科技创新力量。五是组织召开专题组织生活会。全院党支部严肃认真召开专题组织生活会。院党组成员作为普通党员参加所在支部组织生活会，征求意见、对照检查，针对会上党员提出的 28 条意见，制订整改措施，抓好整改落实。六是积极开展“我为群众办实事”活动。准确把握新发展阶段农业科技创新使命任务，提出农业科技促增收、结对帮扶助振兴、服务科研畅通道、暖心解忧传党恩、新时代新农科新生活五大行动，聚焦干部职工和人民群众“急难愁盼”，帮助科研生产一线和基层职工群众解决实际问题。院党组成员带头办实事 16 件，46 个党组织确定办实事清单 370 项，已完成 158 件，正在推进 212 件。七是加强学习交流和宣传报道。印发学习文件 31 个，编发“党史学习教育简报”44 期，指导学习教育工作、交流学习教育成果。及时策划“救灾一线急先锋”“农科卫士保‘三秋’”专题组稿 18 篇，持续讲好“农科故事”，发出“农科声音”。八是协助接待党史学习教育中央第二十五指导组调研活动。通过实地考察、专家座谈，增进了中央指导组和科技部对科研“放管服”政策落实情况的了解，促进了全院“我为群众办实事”实践活动走深走实。

（三）深化理论武装，推动习近平新时代中国特色社会主义思想走深走实

一是强化中心组学习“风向标”和“排头兵”作用。坚持思想引领、学习在先、院所同步、学以致用，2021 年度院属各单位共组织 260 余次理论学习中心组学习。强

化“三会一课”、青年理论学习小组的指导，深入学习贯彻习近平总书记关于“三农”、科技创新、乡村振兴重要论述。举办高水平农科讲坛，先后邀请陈锡文、牛盾、林毅夫等领导和专家作形势报告，不断提升干部职工牢记“国之大者”的思想自觉和行动自觉。二是学习宣传贯彻党的十九届五中、六中全会精神。组织相关研究所围绕落实五中全会、中央经济工作会议和中央农村工作会议精神，按照院党组部署的15个专题开展调研，形成32份专题研究报告，供制定院所“十四五”规划、促进现代院所改革发展借鉴参考。认真学习落实党的十九届六中全会精神，起草《中国农业科学院党组关于学习宣传贯彻党的十九届六中全会精神的通知》、制定工作方案，提出16项措施，将学习党的十九届六中全会精神与扎实推进党史学习教育融汇贯通起来，深化“我为群众办实事”实践活动，教育引导干部职工强化“两个确立”“两个维护”的政治意识。三是做细做实思想政治工作和意识形态工作。加强意识形态工作。调研、分析、深入研究全院干部职工思想状况和意识形态工作，制定《中国农业科学院系统党组织意识形态工作责任制实施细则》及工作方案，压实意识形态工作责任。举办加强干部职工思想政治工作研讨会，传达学习中共中央、国务院《关于新时代加强和改进思想政治工作的意见》、唐仁健部长对干部职工思想政治工作的指示精神，交流思想政治工作经验，部署全院干部职工思想政治工作。

（四）大力加强基层党组织建设，发挥党组织战斗堡垒作用

1. 推动基层党组织全面进步全面过硬

一是推进支部建在创新团队。发扬“支部建在连上”光荣传统，一个团队建立一个党支部，从创新团队基本单元上加强党的领导。目前335个科研党支部中，一对一建在创新团队的党支部312个，占比93%。二是深化党支部标准化规范化建设。调度京区236个党支部，全面了解支部组织设置、组织生活、队伍建设等24项具体情况，分析存在问题，及时指导整改。三是开展“红旗党支部”创建活动。制定星级评定方案，提出6个方面25项73条评定标准，进一步落实党组织建设质量提升三年行动计划，建设“四强”党支部。四是开展基层党支部联学共建、结对帮扶。持续推进成果转化局党支部与河北阜平白家峪村党支部、蜜蜂所科研一党支部与北京密云郝家台村党支部的结对帮扶；作科所党委“田间课堂”案例获全国第三届党建创新成果展示交流活动“服务群众组”十佳案例银奖。五是认真做好2020年度基层党组织书记抓党建工作述职评议考核工作。18个单位的党组织书记在院现场述职会上述职并逐一接受点评，京区238名基层党支部书记参加述职评议考核。

2. 推动党的组织和党建工作有效覆盖

一是加强党建工作调研。赴农业农村部规划设计研究院、中国水产科学研究院、中国热带农业科学院及中国农业科学院研究所开展党建工作专题调研，形成调研报告和工作建议，完成农业农村部党组《关于加强和改进新时代部属科研院所党的建设工作的

意见》起草工作。二是开展流动党员和社会组织党建调研。为农业农村部出台有针对性的工作措施提出意见建议。三是对南繁研究院和院属研究所南繁试验基地进行调研。加强南繁研究院和南繁基地党建工作。

3. 从严从实抓好党员队伍建设

一是加强党员教育管理监督。制定《中国农业科学院党组关于加强党员教育培训工作的实施意见》，组织直属党组织开展《2019—2023 年全国党员教育培训工作规划》实施情况中期评估，努力建设政治合格、纪律合格、品德合格、发挥作用合格的党员队伍。二是扎实做好党员发展工作。督促各级党组织认真落实党员发展计划，加大在科研人员中发展党员的力度，全年发展党员 197 名，为党员队伍注入新鲜血液。三是强化党务干部培训。组织 35 名党支部书记参加部直属机关党支部书记培训班，举办党办主任培训班和京区单位在职党支部书记培训班，210 名党务干部接受培训，吴孔明院长、张合成书记分别为学员讲授开班第一课。

（五）落实直属机关纪委监督责任，涵养良好政治生态

一是强化重点领域和关键环节的监督。制定落实"强监督、促守纪"的工作措施，强化对中共中央决策部署落实情况，对形式主义、官僚主义问题纠治，强化对科研经费管理使用等重点领域、关键环节的监督，提升监督执纪能力。二是强化警示教育和日常监督。依托北京市廉政教育基地等开展警示教育活动，结合元旦、春节、"五一"、端午、中秋、"十一"等重要节点，通过邮件、微信群等及时发送廉洁过节通知、通报典型案例，实行节日期间值班和报告制度，加大日常教育监督力度。三是强化执纪能力和队伍建设。认真落实《关于加强中央和国家机关部门机关纪委建设的意见》，制定《中国农业科学院纪检组织监督责任清单》《关于讨论和决定中止和恢复党员权利的工作流程（试行）》，强化执纪工作职责。督促纪委书记带头讲廉政党课，落实监督责任。制定印发《关于开展"学党史、纠'四风'、树新风"专项工作实施方案》，重点围绕"慵、散、慢、浮、粗、拖、奢"7 个方面开展专项整治，进一步深化作风建设。

（六）传承弘扬新时代农科精神，为打造国家战略科技力量提供精神支撑

一是大力推进弘扬科学家精神工作。制定印发《中国农业科学院党组关于弘扬新时代农科精神的实施意见》。加强院所史和老一辈农业科学家精神研究，发布《信仰的力量——老一辈科学家入党志愿书和科研记录档案联播》微视频和 H5，在院展厅建成丁颖先生、金善宝先生塑像，大力宣传老一辈科学家的坚定信念和农科精神。举办袁隆平同志先进事迹报告会，培养造就自觉践行新时代农科精神的农业科技事业接班人。起草《中国农业科学院弘扬新时代农科精神实施方案（2021—2025 年）》《关于大力弘

扬科学家精神 锻造新时代农科精神的研究报告》，作为院第五次人才工作会议材料印发。“强化农科精神”举措成为加快建设世界重要农业人才中心和创新高地的重要布局之一、重点突破内容。二是建设新时代农科精神教育实践基地。大力推进中国农业科学院新乡精神展馆建设，将其作为全院第一个农科精神教育实践基地。深入挖掘中国农业科学院精神积淀，协助建成“农筑国本 科铸粮安”院展厅。在新种质库周边设计19块宣传展板，传承“求真笃行 敬农致用”院训和新时代农科精神。三是牵头中关村院区优美环境建设工作。制定《中关村院区环境风貌概念性规划》，美化院区环境，提升文化品位。

（七）加强党对群团工作的领导，切实发挥桥梁纽带作用

一是增强群团组织政治性、先进性、群众性。院工会把党史学习教育融入群众活动中，开展“学党史”“庆百年”健步走等12个系列主题活动，参加农业农村部“永远跟党走”歌咏大会，节目被选入“学习强国”平台展播。坚持做细做实“送温暖”活动，春节慰问困难党员、职工61人，发放慰问补助金87.7万元，为1名去世青年职工家属送上20万元特困补助，解决职工急难愁盼。院团委开展“忆百年史 励复兴志 铸农科魂”主题活动，播发系列视频15期，发出《组建“青年突击队”的行动倡议》，号召广大青年围绕基础研究和乡村振兴两大任务，发挥生力军作用。院妇工委举办“我把初心献给党”主题实践活动，邀请三代女性党员科学家交流发言，促进广大女性干部职工在农业科技创新领域奋发有为。二是积极推进院科协工作。加强同中国科学技术协会联系，推荐8名专家参加中国科学技术协会组织的调研培训等活动，承办召开中国科学技术协会学习党的十九届六中全会精神科学家座谈会，中国科学技术协会党组书记张玉卓等领导以及国家最高科技技术奖获得者钱七虎等院士专家参会。三是加强统战工作。支持党外人士围绕乡村振兴、农业农村现代化等开展调研、建言献策，推荐重点统战人士到更高平台发挥作用。1名党外人士增补为北京市政协委员。2名党外人士当选海淀区民主党派组织主要负责人。2名党外人士当选海淀区政协委员。2名党外人士当选海淀区人大代表。四是圆满完成人大代表换届选举任务。刘现武副院长高票当选海淀区人大代表，中国农业科学院被授予“人大代表选举工作先进单位”。

（八）积极推荐先进典型，创先争优成果丰硕

方智远院士获评“全国优秀共产党员”，吴文斌获中央和国家机关优秀党务工作者，蔬菜所第二党支部获中央和国家机关先进党组织。作科所小麦大麦优异种质资源发掘与创新利用创新团队荣获“全国工人先锋号”称号，周卫获中央和国家机关“五一劳动奖章”。植保所土壤有害生物防控创新团队荣获“全国巾帼文明岗”。饲料所李秀波当选“全国巾帼建功标兵”。研究生院团委荣获中央和国家机关“五四红旗团组织”。

兰牧药民盟盟员牛春娥和蔬菜所无党派人士金黎平分别荣获为全面建成小康社会作贡献“先进个人”称号和“社会服务优秀成果”奖励。32 个组织或个人荣获农业农村部表彰。200 个组织或个人当选院“两优一先”。15 个单位获评院文明单位。

（九）加强自身队伍建设，建设模范政治机关

一是在党史学习教育中发挥表率作用。严格按照要求开展党史学习教育，扎实开展专题组织生活会，领导干部讲党课 5 次，其中，吴孔明院长讲授“微党课”2 次。理论中心组学习 7 次。二是积极开展“红旗党支部”创建。严格“三会一课”制度，全年召开党员大会 13 次，支委会 12 次，主题党日活动 12 次，参观学习 4 次，主题党日“有干货、有收获”。机关党委党支部被评为院先进基层党组织。2 位同志荣获院“两优一先”表彰。三是加强机关作风建设。严格落实“牵头主责、首问主办”原则，坚持服务基层、服务科研。直属机关党委荣获农业农村部先进基层党组织。获院公文质量建设先进单位，1 位干部评为院优秀核稿员。1 项研究成果荣获全国党建研究会科研院所专委会表彰。

二、存在的主要问题

2021 年中国农业科学院党建工作取得了一定成绩，但对照新时代党建工作的新要求，还存在一些不容忽视的问题，主要是在加强理论武装、学懂弄通做实上有差距，在党史学习教育统筹指导上有差距，在严肃党内政治生活上有差距，在党建业务深度融合上有差距，在新时代思想政治工作上有差距，在干部队伍能力建设上有差距，需要在今后工作中高度重视、认真研究、不断改进。

三、2022 年重点工作思路

（一）以党的政治建设为统领，进一步加强干部职工理论武装

深入推进十九届六中全会精神的学习贯彻，把全院党员干部的思想和行动统一到全会决策部署上来，深刻认识“两个确立”的重大意义，更加紧密团结在以习近平同志为核心的党中央周围。加强理论学习中心组的制度建设，强化监督检查，发挥好中心组学习的带动作用。持续开展“我为群众办实事”活动，巩固党史学习教育成果，更好地促进农业科技自立自强。切实负起政治责任，精心组织好党的二十大代表推荐工作。

（二）以落实《中国农业科学院“十四五”党建工作规划》为要求，进一步压紧压实“两个责任”

持续推进政治能力提升行动、理论武装深化行动、基层党建质量提升行动、深度融合促进行动、“农科精神”铸魂行动，着力构建符合农科特点的党建工作体系，把党组织的政治优势、组织优势转化为推动科技自立自强的创新优势。

（三）以创建红旗党支部为抓手，进一步加强基层党组织建设

开展“红旗党支部”评星定级活动，深化推进党支部标准化规范化建设，加强“三会一课”的监督检查，严肃认真开好组织生活会、民主生活会，落实民主集中制制度，提高党组织战斗力、凝聚力、向心力。全面推动支部建在创新团队，党员首席专家担任支部书记，为科技创新提供组织保证。

（四）以落实“四个面向”为指引，进一步推进党建业务深度融合

强化党支部政治功能，发挥好党建政治引领作用，确保“四个面向”科研方向，在科研和转化中发挥支部战斗堡垒作用、党员先锋模范作用。大力开展党组织联学共建、结对帮扶，推广“田间课堂”模式，引导广大党员、科技人员服务人民，建功立业。

（五）以落实《关于新时代加强和改进思想政治工作的意见》为指导，进一步加强干部职工思想政治工作

密切党同人民群众的血肉联系，切实加强和改进新时代干部职工思想政治工作。加强精神文明建设和创新文化建设，充分发挥工青妇组织桥梁纽带作用，丰富干部职工文化生活。关注干部职工的柴米油盐、琴棋书画，积极开展送温暖活动，用情用力解决群众“急难愁盼”问题。加强对干部职工的人文关怀和心理疏导，把思想政治工作做细做实。发挥科协作用，做好知识分子工作，引导各类人才听党话、感党恩、跟党走。

（六）以弘扬新时代农科精神为契机，进一步凝聚科技创新磅礴力量

大力弘扬以“求真笃行　敬农致用”为核心内涵的新时代农科精神，通过开展“灯塔行动”“谱系行动”“铸魂行动”“强基行动”，打造具有稳定性、传承性、创新性的新时代农科精神谱系，发挥新乡精神展览馆示范作用，加强科技助力“稳产保

供”、乡村振兴等科研生产一线先进事迹的宣传，加强“田间课堂”“研究所样板”等党建业务深度融合事例的宣传，为科技创新提供文化引领和精神支撑。

（七）以强化作风建设为重点，进一步加强机关党委干部队伍建设

加强红旗党支部建设，努力打造“政治强、业务精、作风好、纪律强”的高素质专业化党务工作队伍。加强能力建设，改进工作作风，提高政治“三力”，努力打造“政治机关”“服务机关”“学术机关”，立足本职，扎实工作，强化党建工作责任，以优异成绩迎接党的二十大胜利召开。

中国农业科学院“十四五”党建工作规划

“十四五”时期是我国在全面建成小康社会、实现第一个百年奋斗目标之后，乘势而上开启全面建设社会主义现代化国家征程、向第二个百年奋斗目标进军的第一个五年，是实现巩固拓展脱贫攻坚成果同乡村振兴有效衔接、加快推进农业农村现代化，实现乡村全面振兴和创新型国家战略目标的关键时期，也是中国农业科学院立足“四个面向”“两个一流”，加快推进科技创新工程跨越发展、建设国家战略科技力量的重要阶段，加强党的领导、发挥党建作用十分重要。面对世情国情党情变化，结合中国农业科学院实际，为进一步明确“十四五”时期全院党的建设工作思路，制定本规划。

一、当前工作现状

（一）“十三五”期间的工作成效

截至“十三五”末，中国农业科学院下设各级党组织635个，包含党委39个（含直属机关党委），党总支6个，党支部590个，党员8 979名。

2016年以来，院党组和全院各级党组织以习近平新时代中国特色社会主义思想为指导，深入学习贯彻习近平总书记贺信精神，全面贯彻落实新时代党的建设总要求和新时代党的组织路线，坚持以政治建设为统领，全面推进党的政治、思想、组织、作风和纪律建设，团结带领全院干部职工扎实推进创新工程，主动参战脱贫攻坚，大力实施乡村振兴科技支撑行动，坚决打赢新冠疫情防控阻击战，以进取的精神、务实的作风、有效的措施，确保习近平总书记贺信精神落地落实，为科技支撑农业农村现代化作出了重要贡献。

一是坚持把党的政治建设摆在首位落到实处，增强了讲政治的思想自觉和行动自觉。深入贯彻落实习近平总书记对推进中央和国家机关党的政治建设重要指示精神，坚决贯彻落实党中央各项决策部署，认真组织学习党的重大会议、重大决定和重要文件精神，组织开展党的政治建设专项督查，引导全院广大党员干部树牢“四个意识”，坚定“四个自信”，坚决维护习近平总书记党中央核心、全党的核心地位，坚决维护党中央权威和集中统一领导，确保党中央决策部署第一时间传达贯彻、久久为功、落到实处，确保上级党组织工作要求第一时间得到迅速执行、见人见事见效。把落实习近平总书记贺信精神作为全院最大的政治任务，通过请进来讲解、分学科研修、干部职工轮训、科研团队梳理，组织对习近平总书记贺信精神持续再学习、再思考、再落实，以贺信精神引领全院党员干部思想行动。

二是深入学习贯彻习近平新时代中国特色社会主义思想，提高了知信行合一能力。紧密联系科研单位实际，精心组织开展“两学一做”学习教育、“不忘初心、牢记使命”主题教育，把学习贯彻习近平新时代中国特色社会主义思想作为主线，重点学习贯彻习近平总书记关于“三农”工作、科技创新、加强党的领导和党的政治建设的重要论述等。创新学习方式、丰富学习载体，利用理论学习中心组学习会、专题辅导报告会、专题培训研讨、专题征文活动、所局级领导干部撰写理论文章、新媒体平台推广等多种方式，切实把理论武装工作抓紧抓好。全院干部职工运用党的创新理论武装头脑、指导实践、推动工作的本领不断增强。

三是全面推进支部建在创新团队，强化了组织体系建设。严格落实基层党组织任期制度，建立健全按期换届提醒机制，加大对各单位党委班子换届和增补委员的督促指导力度。扎实开展“红旗党支部”创建行动，全面推进支部建在创新团队，突出支委会职能作用，从严抓好“三会一课”等党内组织生活制度落实，党支部标准化、规范化建设初见成效。按照有关规定和要求统筹设立党务、纪检等相关机构，注重选优配强党务干部，加强锻炼培养、开展党务培训，党务干部队伍建设水平明显提升。制定实施《中国农业科学院基层党建述职评议考核实施办法（试行）》，按照现场和书面相结合、每 3 年轮述一遍的原则，组织基层党组织书记进行年度党建述职，基层党建工作责任持续夯实。

四是抓细抓常抓长作风纪律建设，涵养了良好的政治生态。严格贯彻落实中央八项规定精神和院党组有关实施办法，着力整治重点和突出问题，培育积极健康的党内政治文化，弘扬和践行忠诚老实、公道正派、实事求是、清正廉洁等价值观，营造风清气正的良好政治生态。深入开展党的政治纪律和政治规矩学习教育，引导党员干部强化政治责任，提高政治站位，紧盯年节假期等重要时间节点，及时提醒党员干部廉洁过节，坚决杜绝“节日腐败”。组织学习贯彻《中国共产党纪律处分条例》和《中国共产党问责条例》，采取集中辅导、集体约谈、测试测验、廉政党课、廉政诗文等形式，教育引导党员干部严守纪律和规矩，坚决防止“七个有之”，切实做到“五个必须”。认真落实全面从严治党主体责任和监督责任，构建起一级抓一级、层层抓落实的责任体系。

五是深化群众性精神文明和创新文化建设，营造了团结进取的良好氛围。深入贯彻落实党中央关于群团改革的部署要求，指导院工会、团委、妇工委和直属机关党委青年工作委员会完成换届，成立中国农业科学院科学技术协会，指导群团、群众组织依法依章创造性开展工作。围绕“三八”“五一”“五四”“七一”“十一”等重大纪念日和节日，以及改革开放 40 周年、中华人民共和国成立 70 周年等重要时间节点，组织红色教育、征文演讲、巾帼建功等系列主题实践活动，教育、激励、引导广大干部职工立足岗位、建功立业，为科技创新和院所改革发展凝聚力量。把加强创新文化建设作为提升全院软实力的重要举措，深入贯彻落实《关于进一步弘扬科学家精神加强作风和学风建设的意见》，大力弘扬丁颖、金善宝等老一辈科学家的精神，拓展深化“祁阳站精神”“中棉所精神”等文化资源，选树一批爱党爱国、无私奉献、业绩卓著的先进典型，践行“求真笃行　敬农致用”的院训，锻造“新时代农科精神”。把加强精神文明建设作为推动院所发展的重要载体，加强正面宣传和组织领导，创新完善工作机制，积极开展文明单位创建活动，全院新增2家“全国文明单位”。持续开展“书香农科”建设，举办“农科讲坛”学习活动，大力营造崇尚学术、激励创新的良好氛围。加强对党外知识分子的政治引领和团结引导，不断提升参政议政、民主监督能力。

(二) 形势与需求

“十四五”时期，中国共产党将迎来建党100周年，开启全面建设社会主义现代化国家的新征程，党在各领域、各环节的全面领导将进一步加强，党的理论创新成果将更为丰富，全面从严治党持续深入，党内法规制度体系将更加完善。高质量发展的主题将贯穿经济社会发展全过程，创新将摆在国家发展全局的核心位置，农业农村现代化将加快推进，农业农村发展方式将加快转变。确保国家粮食安全、全面推进乡村振兴，迫切需要创新驱动、科技支撑。“十四五”时期党的工作，必须坚持以政治建设为统领，牢牢把握农业科技创新的方向，深化对科技创新和发展规律的认识，全面推进政治、思想、组织、作风、纪律建设，着力构建符合农科特点的党建工作体系，把党组织的政治优势、组织优势转化为推动科技自立自强的创新优势，为打造国家战略科技力量、支撑农业农村现代化提供强有力的思想政治组织保证。

在坚持党的领导方面。加强党中央集中统一领导，是“十四五”时期经济社会发展的首要原则和根本要求。“十四五”时期我国经济社会发展面临更加复杂的国际形势，面临更加繁重的攻坚任务，面临更加严峻的风险挑战，越是这样，就越是要坚持正确的前进方向、保持坚强的政治定力、形成强大的发展合力，也就越是要坚持党的全面领导、加强党中央集中统一领导。坚持党的领导，主要是坚持党的政治领导。习近平总书记多次强调、反复重申讲政治的要求，要求善于用政治眼光观察和分析经济社会问题，真抓实干把党中央决策部署贯彻到经济工作各方面；要求不断提高政治判断力、政治领悟力、政治执行力。中国农业科学院作为农业科研国家队，必须从讲政治的高度来看“三农”、抓“三农”，必须加强完善党对农业科研工作的领导，确保农业科研国家队的政治方向，把树牢“四个意识”、坚定“四个自信”、带头做到“两个维护”体现在坚决贯彻党中央决策部署的行动上，体现在履职尽责、做好本职工作的实效上，体现在党员、干部的日常言行上，确保全院党员干部职工在思想上、政治上、行动上同党中央保持高度一致。

在强化理论武装方面。习近平新时代中国特色社会主义思想是当代中国马克思主义、21世纪马克思主义，是党和国家各项事业、各项工作必须长期坚持的指导思想。必须以坚定理想信念宗旨为根基，把学习贯彻习近平新时代中国特色社会主义思想作为重要政治任务，健全推动党中央决策部署和习近平总书记重要指示批示精神贯彻落实的工作机制，努力做到学思用贯通、知信行统一。推动广大党员、干部在学懂弄通做实上下功夫，把握理论体系，悟透精髓要义，掌握基本立场观点方法，将党的创新理论转化为坚定的政治信仰、正确的政治立场、过硬的工作本领、有效的政策举措，防止和克服只知其表不知其里，知其然而不知其所以然。

在健全组织体系方面。党的力量来自组织，党的全面领导、党的全部工作要靠党的坚强组织体系去实现。组织建设是党的建设的重要基础。党的十九届五中全会提出要"完善上下贯通、执行有力的严密组织体系，确保党中央部署有效落实"。进入新阶段，开启新征程，必须更加注重党的组织体系建设，不断增强党的政治领导力、思想引领力、群众组织力、社会号召力，把党员组织起来，把人才凝聚起来，把群众动员起来，为实现"十四五"各项目标任务和 2035 年远景目标团结奋斗。具体到中国农业科学院，完善组织体系，必须坚持固根基、扬优势、补短板、强弱项，推进支部建在创新团队，严格党内政治生活，有效解决企业、研究生、社团（学会/协会）、聘用人员、期刊、基地等领域党的建设"弱化、虚化、边缘化"的问题，形成业务工作开展到哪里，党的组织和党的工作就覆盖到哪里的工作机制。

在全面从严治党方面。习近平总书记指出，党的十八大以来，我们以前所未有的勇气和定力推进全面从严治党，推动新时代全面从严治党取得了历史性、开创性成就，产生了全方位、深层次影响。坚持以正风肃纪反腐凝聚党心军心民心，坚决惩治腐败、纠治不正之风，坚决清除影响党的先进性和纯洁性的消极因素，健全为人民执政、靠人民执政的各项制度；探索出一条长期执政条件下解决自身问题、跳出历史周期律的成功道路，这条道路、这项制度必须长期坚持并不断巩固发展。中国农业科学院必须以抓好中央巡视整改为契机，必须一以贯之全面从严治党，深刻把握党风廉政建设规律，一体推进不敢腐、不能腐、不想腐。既要把"严"的主基调长期坚持下去，又要善于做到"三个区分开来"；既要纪律严明、也要环境宽松，充分运用"四种形态"，坚持无禁区、全覆盖、零容忍，实现政治效果、纪法效果的有机统一。

（三）存在主要问题

从当前情况来看，中国农业科学院党对农业科研工作的领导机制还不够完善，在某些领域党的建设仍存在"弱化、虚化、边缘化"的问题，党建工作和科技创新深度融合不够，党建与业务"两张皮"还一定程度存在，管党治党还存在宽松软的现象，主要体现如下。

一是在党的领导上，落细落小不够。贯彻落实民主集中制还有差距，"三重一大"研究决策机制有待健全；对意识形态工作的重要性认识不足，意识形态工作责任制落实还不够。抓"四个面向"落地的能力有待进一步增强，从科研转化上发挥党组织和党员的作用还不够充分。有的党务干部直面问题、直面矛盾的政治担当和勇气不足，发现问题、抓早抓小、风险防控的意识和能力还比较薄弱。

二是在理论武装上，学懂弄通做实不够。学习贯彻习近平新时代中国特色社会主义思想和习近平总书记贺信精神落实落细不够。读原著、学原文、悟原理还存在不够系统全面，联系工作实际不够的问题，学习方式方法有待创新。党委统一领导、党政齐抓共管、宣传部门组织协调、各部门履职尽责、工青妇等群团组织共同参与的大宣讲工作格局有待进一步完善。对弘扬新时代科学家精神政治引领不够，有针对性的教育手段不多。

三是在组织体系上，基层组织建设还存在薄弱环节。一定程度上主体责任压得还不够实，“一岗双责”、监督责任落实还不够到位。院所办企业等领域的党建工作还存在薄弱环节；把科研骨干培养成党员、把党员培养成科研骨干的力度有待加强。

四是在党建和业务深度融合上，推动科研和转化工作的措施不够。基层党组织战斗堡垒作用发挥不够到位，仍存在党建和业务工作“两张皮”的问题。党组织政治引领作用、党支部战斗堡垒作用和党员先锋模范作用，在科研和转化中发挥不充分。推进支部建在创新团队还没有完全落实，支部参与团队科研方向、选题设置的讨论不够；组织生活的质量有待提升，仍存在就政治谈政治多、政治与业务结合少的问题。党建与科研工作一起谋划、一起部署、一起落实、一起考核的机制还没有完全建立起来。

五是在全面从严治党上，“两个责任”的意识有待进一步提高。全面从严治党的主体责任和监督责任有待进一步压实，党组织书记落实第一责任人责任仍需进一步强化，班子成员落实“一岗双责”还不够到位。政治监督、日常监督有待进一步压实，防范化解重大风险的能力有待提高。纪检组织深化“三转”不到位，履行执纪职责存在差距。

二、指导思想和工作目标

（一）指导思想

以习近平新时代中国特色社会主义思想为指导，全面贯彻党的十九大及十九届二中、三中、四中、五中全会精神，深入学习贯彻习近平总书记贺信精神，全面贯彻落实新时代党的建设总要求和新时代党的组织路线，坚定不移的加强党的全面领导和推动全面从严治党，以党的政治建设为统领，以坚定理想信念宗旨为根基，以推动党的建设高质量发展为主题，以党的建设与科研工作深度融合为主线，以创新文化和“新时代农科精神”为动力，健全党对农业科研工作的领导机制，系统构建符合农业科研规律的党建工作体系，为扎实落实习近平总书记“四个面向”“两个一流”重要指示要求、科技支撑乡村振兴战略、推进科技创新工程跨越发展、打造国家战略科技力量提供坚强保证。

（二）工作目标

党的全面领导更加坚强有力。全面加强党在各领域、各环节的领导，推动全院在增强“四个意识”、坚定“四个自信”、做到“两个维护”上重行重效，在贯彻党中央决策部署上落实落细。第一时间、第一议题学习贯彻习近平总书记最新指示精神和传达部署党中央国务院重大决策，确保全院党员干部职工在思想上、政治上、行动上同以习近平总书记为核心的党中央保持高度一致，讲政治的意识更加深入人心、抓落实的行动更加自觉主动。

党的创新理论更加入脑入心。充分发挥好党组（党委）理论学习中心组学习示范带动作用，把习近平新时代中国特色社会主义思想作为首要内容，抓好“关键少数”、科技人员、青年干部等的学习，推动学习往深里走、往心里走、往实里走，学出对党忠诚、学出坚定自信、学出使命担当、学出能力水平，夯实信仰之基、补足精神之钙，党员、干部运用党的创新理论指导实践、推动工作的能力大幅提高。

党的组织体系更加系统完备。全面贯彻落实新时代党的建设总要求和新时代党的组织路线，以提升组织力为重点，突出政治功能，不断加强和改进基层党组织建设，完善党建和科研工作融合发展机制，推动基层党组织全面进步、全面过硬。发展党员质量、深化学习教育实践活动质量、党内政治生活质量、党的制度建设质量持续提高，服务保障科研转化更为有力，党组织和党员在科技支撑乡村振兴、农业农村现代化建设的战斗堡垒、先锋模范作用更为彰显。到“十四五”末，实现团队首席任支部书记的比例不低于50%，发展党员中科研骨干占比不低于60%，在职党员比例不低于70%，科研骨干党员比例不低于80%，院部党员比例达到90%，100%在职党支部达到四星以上“红旗党支部”标准。

全面从严治党更加向纵深发展。把“严”的主基调长期坚持下去，不断巩固和拓展“不忘初心、牢记使命”主题教育和整治“四风”成果，锲而不舍落实中央八项规定及实施细则精神，持续纠治形式主义、官僚主义，切实为基层松绑减负。严格落实全面从严治党主体责任、监督责任，构建宽严相济、信任激励与监督保障相统一的机制，实现“放管服”与严明纪律一体推进；坚持无禁区、全覆盖、零容忍，一体推进不敢腐、不能腐、不想腐，良好政治生态持续向好。

符合农业科研规律的党建体系更加成熟定型。结合科研工作灵感瞬间性、方式随意性、路径不确定性和农业行业生命长周期、与人健康密切相关等特点，着力打造具有农科特色的理论学习品牌，贴近科研实际开展思想宣讲、理论宣讲、信念宣讲、纪律宣讲等，推动习近平新时代中国特色社会主义思想和党的创新理论进研究所、进创新团队、进实验室、进基地、进课堂、进教材。构建“新时代农科精神”体系并完善整体格局，“新时代农科精神”得以稳定传承与弘扬，建立以价值理念、使命责任与精神风范为核心的创新文化价值系统，形成中国农业科学院创新文化特质。贯通院所监督体系与一体推进“不敢腐、不能腐、不想腐”机制，院、所、团队/支部三级责任体系进一步压实压紧。创建符合农业科研院所实际的基层党建制度，制度的系统性、整体性、协同性明显增强，制度的执行力明显提升。

三、重点工作任务

按照新时代党的建设总要求和党的组织路线，在充分衔接全院“十四五”发展规划目标、任务的基础上，按照“强化领导、坚定信念、建强体系、融合发展、涵养生态”工作主基调，明确5个方面27项重点工作任务。

（一）强化党对农业科研工作的领导，认真贯彻落实习近平总书记贺信精神和党中央各项决策部署

持续深入贯彻落实习近平总书记贺信精神，切实提高政治站位和履职能力，把党的领导落实落细、抓出成效。

突出政治建设的统领地位。把党的政治建设落实到院所工作各个领域、每个环节，切实增强“四个意识”、坚定“四个自信”、坚决做到“两个维护”。深化政治机关意识教育，将政治标准和政治要求贯穿到院所改革发展的全过程，把党的领导、党的建设写入院所章程，把政治建设纳入领导班子和领导干部绩效考核体系，把坚持党对农业科研工作领导的部署细化到制度办法中，切实加强党组织对重大问题重要事项的政治把关。

持续贯彻落实习近平总书记贺信精神。每年5月26日前后组织开展系列重大活动，对贺信精神再学习、贯彻落实再部署、发展成效再总结、改革创新再出发，持之以恒抓好贺信精神落地见效。围绕落实好“四个面向”“两个一流”指标体系，团队党支部与所在团队共同建立科研任务清单，推动团队研究方向和科研选题进一步聚焦国家队使命定位，切实将“四个面向”“两个一流”落实落细到科研团队任务中。

推动党中央决策部署落地见效。充分发挥各级党组织政治引领作用，教育引导党员干部不折不扣贯彻落实党中央各项决策部署和习近平总书记最新指示批示精神，有效发挥基层党组织和党员在加快科技创新、全面推进乡村振兴工作中的战斗堡垒和先锋模范作用。

坚持党的民主集中制原则。加强院所民主集中制建设，严格执行领导班子成员联系点、“三重一大”决策制度。健全落实党组、党委工作规则，完善议事决策机制，严格执行重大工作、重大成果、重要科研进展报告制度。

强化压实党建责任。党政主要领导履行第一责任人职责，主体责任、监督责任一起抓，班子成员落实“一岗双责”，管人、管事、管党建、管监督一体化。强化党对科研、转化工作的领导，把好工作方向、抓好工作落实。健全院、所、团队/支部三级责

任体系，组织开展党委书记、纪委书记述职考核，层层传导压力。

落实意识形态工作责任制。建立健全意识形态工作责任制度，将意识形态工作纳入党建工作责任制、纳入领导班子目标管理、纳入党组重要议事日程，坚持党对意识形态工作的领导权和话语权。建设好思想、组织、宣传舆论文化“三个阵地”，管理好会议论坛、期刊等，坚持正确的政治方向和舆论导向。聚焦“关键少数”、科技人员、青年干部、研究生等重点人群，不断提升防范意识形态领域风险能力。

（二）深化理论武装，推动习近平新时代中国特色社会主义思想入脑入心

加强思想引领，坚持不懈抓好重大政策理论和重点人群的理论武装，注重思想建设和理论学习方式方法的多样性和创新性，形成“思想引领、学习在先”机制，增强学习教育的吸引力、针对性和有效性。

完善“两个第一”学习机制。对习近平总书记重要讲话、指示批示精神和党中央决策部署，对农业农村部党组部署安排，加强和完善“第一时间”“第一议题”学习贯彻落实制度，坚持党组带头、院所同步，突出对“关键少数”、科技人员、青年干部等的学习教育，坚决落到位、抓到底、见实效。扎实开展习近平新时代中国特色社会主义思想学习，特别要持续深入学习习近平总书记关于科技创新、“三农”工作重要论述以及致中国农业科学院贺信精神，坚持读原著、学原文、悟原理，抓实“学”“做”“改”。每年安排《中国共产党章程》学习，完善重温入党誓词、党员过“政治生日”等政治仪式，持续推进“两学一做”学习教育常态化制度化，把“不忘初心、牢记使命”作为加强党的建设的永恒课题以及全体党员、干部的终身课题常抓不懈，巩固深化主题教育成果，组织开展党史学习教育。

加强和改进理论学习中心组学习。严格按照理论学习中心组学习有关要求，保证学习时间、学习质量、学习效果。所局级领导干部按要求撰写理论学习论文。加强对理论学习中心组学习的指导和督促，加强对理论学习中心组学习组长和秘书的业务指导和专题培训。综合运用理论学习、专题研讨、工作交流、调查研究等方式，创新理论学习中心组学习方式，建立符合农业科研特色的重大专题理论学习中心组学习机制，解决学习方式方法单一、学习动力不足、理论与实践脱节的问题，使理论学习中心组的学习真正成为统一思想、研究问题、服务决策的智库，成为提高领导班子思想政治素质、领导水平和工作能力的重要载体。

加强对科技人员的教育引导。突出科研单位特点，进一步严格对党支部书记和团队首席的学习要求，根据学习内容把重点领域负责人、重大项目主持人和高层次人才等纳入理论学习中心组（扩大）学习会议成员范围，鼓励党支部以支部（扩大）学习会的形式强化对高级职称人员、高层次人才、研究生导师和党外人士的学习教育，推动各级组织、各类群体聚焦政治学习定位，围绕落实“四个面向”、推动农业科技创新和院所

改革发展进行研讨，把个人自学与集体研讨、理论学习与专题调研、解决思想问题与解决实际问题相结合，确保学习任务落实到位。

加强对青年干部的思想引领。围绕年轻干部理想信念宗旨教育计划，开展青年理论学习提升行动，提升青年理论学习质量，选树青年学习标兵，青年理论学习小组覆盖到全院40周岁以下青年。综合运用所长书记讲党课、新入职职工培训、研究生思想政治教育等方式，加强对青年干部尤其是青年骨干和科技人才的思想引领。充分运用团委、青工委、青年理论学习小组等组织形式，创新开展主题演讲、学术沙龙、论坛讲座等活动，增进青年干部的学习交流和相互启迪，培养理论素养和理想信念。综合运用基层调研、挂职锻炼、回乡调研、志愿服务等方式，推动年轻干部走基层、接地气，在投身乡村振兴一线中建功立业。

加强宣传阵地建设。建立以党建信息员、单位通讯员、支部宣传员等为主体的信息宣传工作队伍，聚焦增强脚力、眼力、脑力、笔力“四力”，着力提升宣传工作队伍整体素质。持续用好“农科讲坛”，精心策划年度选题，做强特色学习品牌。组织开展庆祝建党100周年系列活动，做好主题宣传工作。加强与中央媒体的协调沟通，充分利用院网、宣传栏、“三微一端”，以及各单位网站、信息栏和图书室（职工书屋）等平台，丰富宣传教育载体，积极探索运用新媒体进行宣传的方法途径。聚焦思想引领，围绕贯彻落实“四个面向”、统筹科研和转化两大基石、助力乡村振兴、推进党建科研互融互促、弘扬新时代科学家精神、推进全面从严治党等重点工作，讲好“农科故事”，发出“农科声音”。结合农业科研单位实际和党员干部需求，综合运用“请进来讲”“走出去学”等方式，探索建立中国农业科学院党校。用好学习强国、支部工作App等学习平台，提升学习效果。以野外台站、试验基地等为平台，建设富有农科特色的党员主题教育基地或培训点。探索符合农科特色的“党校”阵地。

加强党建研究。围绕热点难点问题，积极谋划开展党建研究工作，将年度重点课题和长期研究课题相结合，把党建研究同党中央重大决策部署、院党组的中心任务紧密结合，形成系列回答院所党建理论和实践问题的课题成果，从而更好地推动实际工作。建立特聘党建研究员制度，培养凝聚一批具有党建实践经验和深厚理论功底的同志担任特聘党建研究员，推动构建党建研究工作体系。

（三）推进“红旗党支部”创建，推动基层党组织建设高质量发展

以提升组织力为重点，加强基层党组织建设，健全基层组织，优化组织设置，理顺隶属关系，扩大基层党的组织覆盖和工作覆盖，推动基层党组织全面进步、全面过硬。

全面推进支部建在创新团队。认真贯彻《中国共产党支部工作条例（试行）》《中国共产党党和国家机关基层组织工作条例》等要求，全面推进支部建在创新团队。推动党员团队首席担任支部书记，首席任支部书记比例不低于50%。进一步明确支委会职能作用，参与团队科研方向和选题设置的讨论，确保符合“四个面向”指示要求；

参与团队岗位设置方案、人员聘用条件、绩效分配原则、评优推荐人选的讨论，确保正确选人用人导向，营造良好团队文化氛围；参与团队科研经费支出审核和使用情况监督，加强纪律宣传教育，营造心无旁骛的创新环境。以支部建在创新团队和“红旗党支部”建设为抓手，深化“灯下黑”问题整治，扎实推进党支部标准化规范化建设。

完善各类型基层党组织管理方式。加强科研、管理、学生、离退休等党支部的分类指导，强化院所办企业、社团（学会/协会）、期刊杂志、试验基地、聘用人员、客座研究生等薄弱环节党组织设置和党建工作，按期解决院所办企业党建工作存在的“边缘化、弱化、虚化”问题；认真落实加强和改进研究生党员教育管理的制度，确保对在籍和客座研究生党员学习教育监督的全覆盖，充分发挥学生党支部、学生党员的特点和优势，做好对学生群体的思想引领和服务带动。针对短板弱项和新领域的党建工作开展专题调研，夯实组织体系，强化工作力量，实现党的领导到边到角。加强院部党组织的管理，强化政治机关意识，把创建模范机关、走好第一方阵的要求融入到日常工作中，以实际行动作践行“两个维护”的表率。

创新组织生活有效方式。积极鼓励引导支持创新团队党支部围绕科研中心工作，探索、实践、总结符合农业科研特色党支部的“三会一课”和主题党日活动有效方式。通过优秀主题党日典型案例评选表彰等方式，总结提炼“党支部工作法”，凝练“党小组工作法”。对基层党组织工作进行全面评估，发现先进典型、总结先进经验，研究鼓励支持科技人员到乡村振兴主战场的工作机制和政策措施，推广“田间课堂”，形成“一所一样本、一团队/支部一课堂”的模式，为服务乡村振兴作贡献。充分有效利用“互联网+”等新媒体工具，增强支部工作的时代感、生动性、感召力。

做好发展党员工作。按照控制总量、优化结构、提高质量、发挥作用的总要求，坚持把政治标准放在首位，有领导、有计划地做好党员发展工作。纳入党建工作责任制，作为党建工作述职、评议、考核和党务公开的重要内容。注重在科研骨干中发展党员，每年发展科研骨干入党数量不低于职工入党总数的 60%。加强对新发展党员的教育培训，充分发挥先锋模范作用。

强化党建制度建设。把制度建设作为促进院所治理能力提升的内在要求，推动各级党员干部学习《中国共产党章程》和党内法规制度，抓好已有制度的贯彻落实。强化制度刚性执行，加大对制度落实情况的监督检查力度，形成用制度管人、管事、管权的良好局面。紧跟中央出台或修订的法规制度，建立健全相关配套实施办法，抓好党建工作制度的立改废释工作。尊重基层首创，总结提炼基层实践经验，把实践证明切实可行的做法提炼固化为制度成果，构建务实管用、符合农科特点的基层党建工作制度体系。

加强党务工作部门建设。严格按照有关规定和要求统筹设立党务、纪检等相关机构。把党务工作岗位作为培养锻炼干部的重要平台，落实好将专兼职党务工作经历纳入干部履历的要求，有计划地安排业务骨干、优秀年轻干部从事党务工作。加强党务干部的业务培训和锻炼培养，促进党务和业务能力双提升，确保党建工作有人抓、有人干、能干好，努力使党务干部成为政治上的明白人、党建工作的内行人、干部职工的贴心人。

(四) 推动党建与科研转化工作深度融合，破解党建与业务工作“两张皮”问题

坚持围绕中心、建设队伍、服务群众，不断增强党建与业务深度融合的自觉性，坚持党的建设和科研工作一起谋划、一起部署、一起落实、一起检查，使党的建设和科研工作深度融合、相互促进。

在科研工作中谋划和推进党建工作。健全党建和科研工作一起谋划、一起部署、一起落实、一起检查的运行机制，形成党建、科研“一盘棋”。基层党组织要紧贴所在团队研究方向、职责任务推进党建工作，把抓科研工作完成、重大任务落实作为检验党组织组织力的试金石。加强典型引路，继续推广“桦川模式”“田间课堂”等党建和科研工作融合发展的典型，营造对标先进、学习先进、争当先进的浓厚氛围。积极探索“党建+全面推进乡村振兴”工作模式，找实找准党建业务工作切入点，推动党建与业务融合发展。

发挥群团组织桥梁纽带作用。加强党对群团工作的领导，不断增强群团组织的政治性、先进性、群众性，充分发挥桥梁纽带作用，动员全院职工积极投身科技创新和院所改革发展。围绕重大节日、纪念日和全院重大任务，积极开展“农科人心向党、新时代立新功”主题实践活动，为推动科技创新、助力乡村振兴凝聚人心、贡献力量。充分发挥职工文体俱乐部作用，组织开展积极健康、形式多样的群众文化体育活动，活跃职工文化生活，增加正能量，增强凝聚力。充分发挥中国农业科学院科学技术协会引导汇聚作用，在交流合作、评选表彰、服务咨询、教育培训、行业自律、权益保障等方面积极开展工作，组织引导全院科技工作者落实“四个面向”，加快建设“两个一流”，推动我国农业科技整体跃升。

团结凝聚党外知识分子。充分发挥中国农业科学院民主党派人员多、层次高等优势，引导并支持开展符合自身特色的活动。认真落实统战制度，加强对党外知识分子的培养，积极做好举荐工作，鼓励党外人士积极参政议政和建言献策。成立归国留学人员联谊会，发挥留学归国人员服务改革发展的重要作用。

(五) 传承弘扬“新时代农科精神”，锻造对党忠诚、造福人民的农业科研国家队

以传承弘扬“新时代农科精神”为抓手，深化科研作风学风建设和创新文化建设，发挥精神塑造人、文化鼓舞人的重要作用，锻造对党忠诚、造福人民的农业科研国家队。

深化创新文化和精神文明建设。从理念文化、行为规范、制度建设等方面打造院所文化特质，进一步加强创新文化建设。牢记为了谁、依靠谁、我是谁，引导广大科技人

员树立科技创新自立自强、敢闯无人区、做人民科学家的价值理念，塑造创新创造、引领发展、服务“三农”、造福人民的行为规范，推动形成有利于科技创新的制度体系，进一步激发科技人员创新创造活力。贯彻落实《新时代爱国主义教育实施纲要》，践行社会主义核心价值观，深化拓展群众性精神文明创建活动，组织开展年度文明单位评选，不断提升干部职工精神风貌。

深化科研作风学风建设。巩固中国农业科学院科研诚信治理的格局，形成以人为本的治理体系、开放包容的学术生态、注重诚信的科研风尚。广泛开展学术活动，鼓励高层次专家发挥传帮带作用，发现、培养青年科技人员，引领优良学术风气。坚持崇尚学术，坚守诚信底线，反对浮夸浮躁、投机取巧、“圈子”文化，对于科研学术领域的苗头性、倾向性问题，做到早发现、早提醒、早纠正，防患于未然。加强科技人员的科研诚信与学术道德教育，加强导师的师德师风教育，大力倡导严谨求实的学风、脚踏实地的作风，发挥“国家队”的表率作用。

进一步弘扬“新时代农科精神”。加强院（所）史和老一辈农业科学家精神研究，大力开展档案、照片、资料、实物等收集整理基础性工作。开展老一辈科学家学术思想研讨会，加强对其学术成长经历的收集、整理、宣传、展示。每年推出 1~2 名重大先进典型对接中央重点宣传项目和重大评选奖项。以中国农业科学院展厅、新乡基地科学家精神展览馆为示范，建设一批主题突出、特色鲜明、实用管用的“新时代农科精神”教育实践基地。加强宣传阵地建设，通过打造一批扎根“三农”、科研建功的宣传力作发布，打造一批以德服人、以文化人的艺术精品，利用重要节点进行展演。构建“院士—院领导—所长书记—亲历者”讲农科精神、讲农科故事的多层级、多方位、多角度的宣讲格局。在海外引才、海外引智的渠道和机制中开展中国农业科学院院情宣传和老一辈科学家典范教育，发挥吸引、汇聚、凝聚人才的作用。

大兴调查研究之风。健全领导干部带头改进作风、深入基层调研的机制。围绕贯彻落实党中央“三农”决策部署和“四个面向”重要指示、科研转化过程中存在的突出问题、农业农村发展重大产业科技问题、单位发展存在的突出问题、职工群众反应强烈的热点难点问题和基层党建面临的紧迫问题等，领导干部带头深入联系点、农业科研一线、农业农村基层等进行调研，深入查找问题，分析原因，提出破解难题和推动改进工作的思路措施。完善和落实党委联系服务专家、党员干部联系群众等制度，鼓励广大党员到农业农村生产一线、乡村振兴主战场贡献力量。

持续深化纠治“四风”。坚持不懈贯彻中央八项规定及其实施细则精神，坚决贯彻习近平总书记关于“四风”问题的重要批示精神，紧盯和防止隐形变异“四风”问题，对顶风违纪行为从严查处、通报曝光，防止不良风气反弹回潮。在反对形式主义、官僚主义上下更大功夫，每年开展形式主义、官僚主义问题纠治情况自查，坚决防止科技支撑乡村振兴中的形式主义，确保科技人员接地气、科技成果见实效、农民听得懂、成果用得上。

严明党的纪律规矩。紧盯中心工作、重点领域，紧盯年节假日、苗头倾向，紧盯巡视反馈、问题整改，以“严”的主基调，推动全面从严治党持续深入。更加注重政治监督，聚焦贯彻新发展理念、构建新发展格局、推动高质量发展等决策部署加强监督，聚焦“四个面向”“两个一流”重要指示批示精神落地落实加强监督，聚焦重点领域和“关键少数”加强监督，坚决整治贯彻中共中央、习近平总书记决策指示和部院党组工作部署中有令不行、敷衍塞责、履职不力等形式主义官僚主义问题，严查严防违反政治纪律政治规矩问题。抓实做强日常监督，充分运用“四种形态”，特别是用好“第一种形态”，让红脸出汗成常态，抓早抓小，防于未病。严格执行《党委（党组）落实全面从严治党主体责任规定》《中国共产党问责条例》和部院两级纪检组织“监督责任清单”，以责任落实推动工作落实。

四、保障措施

（一）提高认识，加强领导

院机关各部门、院属各单位要高度重视，充分认识“十四五”时期加强全院党建工作的重要性，切实增强责任感和紧迫感，进一步加强对党的建设的领导。要健全党建工作责任制，形成党委主要领导亲自抓、分管领导直接抓、班子成员参与抓，一级抓一级、一级带一级、层层抓落实的党建工作格局。进一步完善党建述职评议考核办法，将党政主要负责人党建工作业绩作为其考核、任职和晋升的重要依据，及时检查督促。

（二）拓展平台，强化宣传

拓展宣传平台，充分利用中国农业科学院各级各类媒体，多渠道传播信息、引导舆论。丰富培训平台，在办好现有党务干部培训的基础上，积极开展群团干部学习培训，以规划落地落实为重要内容，拓展培训载体、丰富培训内容，以讲座、必修课、案例教学等形式，加强党建工作学习培训。要围绕规划的落实，精心设计年度主题，实施好相关主题行动，突出活动亮点，形成品牌效应，体现院所特色。

（三）加大投入，提供保障

院机关各部门、院属各单位要为基层党组织开展工作创造必要条件、提供有力支持。加大对党建工作的人财物保障。要充实人员，挑选在科研和行政岗位上表现优秀、有培养潜力的同志到党务工作岗位上交流任职，补充年轻同志到党务工作岗位上学习锻炼，保持党务干部队伍活力。要保障活动经费，安排党建专项经费，将党建工作计划列入年度预算，保证重大活动必需经费。

关于 2021 年度组织生活会和民主评议党员工作情况的报告

农业农村部直属机关党委：

根据上级党组织关于召开 2021 年度基层党组织组织生活会和开展民主评议党员的通知要求，中国农业科学院直属机关党委高度重视，结合工作实际作出具体安排。截至 2021 年 3 月中旬，京区党支部全部认真有序开展了民主评议党员工作。现将有关情况报告如下。

一、主要做法

一是科学部署安排，扎实有序推进。接到通知后，中国农业科学院直属机关党委第一时间向各直属党委、总支、支部印发了《关于召开 2021 年度基层党组织组织生活会和开展民主评议党员的通知》（直党字〔2021〕64 号），指导各直属党组织做好有关工作。各党支部按照规定制定具体实施方案，合理安排时间，有序开展组织生活会和民主评议党员工作。为确保组织生活全覆盖，对落实常态化疫情防控要求或者党员流动外出、身体原因等不能集中组织参加的，党支部结合实际作出灵活安排，确保相关要求传达到位、党员意见表达充分、民主权利得到保障。

二是筑牢思想基础，提高政治站位。在开展民主评议党员前，各党支部普遍采取适当方式组织党员自学、集中学习、交流研讨，结合工作实际，深入学习习近平总书记“七一”重要讲话及关于“三农”工作重要论述和重要指示批示精神等，学习党的十九届六中全会精神特别是《中共中央关于党的百年奋斗重大成就和历史经验的决议》等文件和辅导材料，学习《中国共产党章程》和《中国共产党组织工作条例》等党内法规。通过原原本本学、全面系统学、深入思考学、联系实际学、融会贯通学，广大党员深化了对习近平新时代中国特色社会主义思想的学习领会，深化了对党百年奋斗的重大成就、历史意义、历史经验的把握，加深了对新时代党的创新理论的理解，进一步提高了政治站位，明确了党支部职责和合格党员标准，为开好组织生活会和开展民主评议党员打牢了思想基础。

三是广泛征求意见，深入自查自纠。为开展好党员民主评议工作，充分查摆存在问题和不足，进一步解放思想、凝聚共识，党支部委员之间、支委和党员之间、党员和党员之间结合工作实际广泛开展谈心谈话，听取党员群众对支部工作和支委的意见建议。谈心谈话关注重点人群，有针对性地做好思想政治工作。支委会对照《中国共产党章程》《中国共产党支部工作条例（试行）》《中国共产党党和国家机关基层组织工作条例》《中国共产党国有企业基层组织工作条例（试行）》《关于加强中央和国家机关所属事业单位党的建设的意见》等规定的职责任务，对照贯彻落实上级党组织的部署要求，对照职工群众的期待，深入查摆存在问题和不足，形成对照检查材料。

四是实事求是互评，认真剖析不足。各党支部严格按照程序要求，召开党员大会和党小组会，组织开展民主评议党员工作。会上，开诚布公、实事求是，采取个人自评、党员互评的方式开展批评和自我批评。支部委员带头查找差距、指出不足。党员深入查摆剖析在思想、作风、工作、纪律等方面存在的问题和不足。院长吴孔明同志、院党组书记张合成同志以及其他院党组成员均以普通党员身份参加了所在党支部的组织生活会和党员民主评议，各直属单位党员领导干部也参加了所在党支部的民主评议党员等工作。

五是客观公正评定，突出结果运用。各党支部根据民主评议情况和党员日常表现，经支委会研究，按照“优秀”“合格”“基本合格”“不合格”四个等次对每名党员提出评定意见。中国农业科学院京区共4 046名党员参加民主评议，其中，1 200名党员被评定为“优秀”，占比29. 66%；2 668名党员被评定为“合格”，占比65. 94%；另有4名同志分别因离职、出国及身体原因等未参加民主评议，占比0. 10%；173名预备党员及1名因涉嫌违纪正在立案审查的正式党员，参加了民主评议，未评定等次，占比4. 30%。没有党员被评定为“基本合格”或“不合格”等次。党委（支部）对评定结果以适当方式进行了公示，并报上级党组织进行备案。民主评议评出的优秀党员，党委（支部）将作为推荐评选“两优一先”等的重要依据。

六是层层督查指导，抓好整改落实。在开展民主评议党员工作中，院直属机关党委派员对直属党支部进行了列席指导，要求各直属党委派人列席党支部组织生活会，掌握党支部和党员民主评议情况，加强对院所办企业、学生党支部等的分类指导，防止和纠正形式主义官僚主义，切实保证民主评议工作质量。各党组织根据查摆出的问题和党员群众的意见建议，加强对自身建设存在薄弱环节的管理，将整改清单和整改承诺在一定范围内公示，接受党员群众监督，明确党支部书记是支委会整改第一责任人，进一步改进工作。党员认真梳理问题，作出整改承诺，切实抓好整改落实。

二、取得成效

一是党组织政治功能得到强化。各级党组织普遍深刻认识到加强党员思想政治教育，对于宣传党的主张、贯彻党的决定、团结动员群众具有重要意义。针对基层党员思想认识上存在的疑虑困惑，党组织突出政治功能、强化政治引领，教育引导广大党员干部持续用习近平新时代中国特色社会主义思想武装头脑，增强“四个意识”，坚定“四个自信”，做到“两个维护”，不断提升政治判断力、政治领悟力、政治执行力，切实发挥基层党组织的战斗堡垒作用。

二是支部班子组织力得到提升。支部班子通过查摆自身问题、征求党员群众意见建议、通报上一年度整改情况、开展党内关怀帮扶等，团结带领党员群众共同推进科研和各项业务工作，有效调动党员和职工群众的积极性、主动性、创造性，切实改进工作作风、提升支部凝聚力，发挥党员先锋模范作用，使党支部成为群众的“主心骨”，让群众切身感受到党的温暖和党组织的力量。

三是党员干部队伍得到锤炼。通过广泛开展谈心谈话、深入开展民主评议，对照党章党规、对照党员标准、对照入党誓词、对照“四个面向”要求、对照贯彻落实部、院党组部署和巡视巡察整改要求，广大党员结合岗位职责进一步找准了自身存在的问题，明确了今后努力的方向，增强了推进高水平农业科技自立自强的紧迫感和使命感。

三、存在不足及努力方向

在本次民主评议党员工作中，各党支部按要求认真开展评议、客观公正评定，有序做好各环节工作。但还存在有的党支部对民主评议的作用认识不到位，有的支委对业务知识的熟悉程度不足、灵活运用程度不够，少数党员自我检视剖析不够深刻、对批评环节“心存顾虑”、以希望建议代替批评等情况，这也为持续提升组织生活会质量、改进民主评议党员工作，持续夯实基层组织战斗堡垒提出了新的更高要求。

开好组织生活会、开展好民主评议党员工作是严肃党内政治生活的重要内容，也是提升基层党的建设质量的重要手段。下一步，中国农业科学院直属机关党委将指导各直属党组织持续深化学习教育，结合学习贯彻党的二十大精神，进一步创新学习形式、提升学习效果。以“红旗党支部”建设为抓手，深入推进“四强”党支部创建，不断提升“三会一课”质量，巩固拓展党史学习教育成果；进一步提升支委履职能力，严肃党内政治生活，强化党员政治素养，激发基层党支部创新活力；促进党建和业务工作深度融合，聚焦“国之大者”强化使命担当，把工作做深做细做实，为全面推进乡村振兴提供有力的科技支撑。

中国农业科学院直属机关党委

中国农业科学院院属单位党委工作规则

第一章 总 则

第一条 为贯彻落实新时代党的建设总要求和党的组织路线，进一步加强中国农业科学院党的领导和党的建设，充分发挥院属各单位党委作用，根据《中国共产党章程》《中国共产党党和国家机关基层组织工作条例》《关于加强中央和国家机关所属事业单位党的建设的意见》《中共农业部党组关于加强和改进部属科研院所党的建设工作的意见》等有关规定，结合中国农业科学院实际，制定本规则。

第二条 院属单位党委工作原则：坚持和加强党的全面领导，旗帜鲜明讲政治，不断增强政治判断力、政治领悟力、政治执行力，把政治标准、政治要求贯穿到工作全过程和事业发展各方面；坚持党要管党、全面从严治党，抓住“关键少数”、管好“绝大多数”，始终保持党的先进性和纯洁性；坚持围绕院所中心任务，建设队伍、服务群众，推动党建工作与业务工作深度融合、相互促进；坚持以上率下，发挥领导干部示范引领作用；坚持继承和创新相结合，增强党建工作实效。

第三条 实行所长（行政领导人）负责制的院属单位，党委按照参与决策、推动发展、监督保障的要求，发挥政治引领作用，加强对重大问题重要事项的政治把关，与行政领导班子共同做好本单位工作。

实行党委领导下的行政领导人负责制的院属单位，党委发挥把方向、管大局、作决策、促改革、保落实的领导作用。重大问题由党委集体讨论，作出决定；支持行政主要领导人依法依规独立负责地行使职权。

第二章 基本职责

第四条 党委的基本职责

（一）宣传和执行党的路线、方针、政策，宣传和执行党中央的决议、上级组织和本组织的决议，充分发挥党支部战斗堡垒作用和党员的先锋模范作用，积极创先争优，团结、组织党内外干部和群众，努力完成本单位担负的任务。

（二）组织党员认真学习马克思列宁主义、毛泽东思想、邓小平理论、“三个代表”重要思想、科学发展观、习近平新时代中国特色社会主义思想，推进“两学一做”学习教育常态化制度化，把不忘初心、牢记使命作为加强党的建设的永恒课题和全体党员、干部的终身课题。组织党员学习党的基本知识，学习党章、党规、党纪和国家法律法规，学习党史、新中国史、改革开放史、社会主义发展史、农业科技史、院（所）史，学习业务和经济、政治、文化、社会、生态文明等各方面知识。

（三）坚持党管干部、党管人才原则，在选人用人中发挥主导作用。按照干部管理权限切实履行把握用人条件、提出推荐人选、做好组织考察、加强管理监督、培养后备人才等职责。加强对人才的政治引领，做好联系服务人才工作，实现增人数和得人心有机统一。

（四）坚持民主集中制，加强党内基层民主建设。

（五）对党员进行教育、管理、监督和服务，进一步坚定理想信念，增强党性意识，提高能力素质。严格党的组织生活，维护和执行党的纪律，监督党员切实履行义务，保障党员权利不受侵犯。加强和改进流动党员管理。

（六）密切联系职工群众，担负好组织群众、宣传群众、凝聚群众、服务群众的职责，经常了解职工群众对党员、党的工作的批评、意见和建议，了解职工群众诉求，维护职工群众正当权利。

（七）对要求入党的积极分子进行教育和培养，做好经常性发展党员工作。

（八）做好思想政治工作和意识形态工作，弘扬科学家精神、新时代农科精神，推进社会主义精神文明建设，培育和践行社会主义核心价值观。

（九）教育党员和群众自觉抵制不良倾向，坚决同各种违纪违法行为作斗争。

（十）领导科协、工会、共青团、妇女组织、青年组织等群团组织，支持依照各自章程独立负责地开展工作。

（十一）贯彻统一战线方针政策，充分发挥党外人士建言献策、参政议政、民主监督作用，巩固和发展最广泛的爱国统一战线。

第五条　纪委的基本职责

（一）维护《中国共产党章程》和其他党内法规，经常对党员进行遵守纪律的教育，作出关于维护党纪的决定。

（二）检查党组织和党员贯彻执行党的路线、方针、政策和决议的情况，对党组织和党员领导干部履行职责、行使权力进行监督。

（三）协助党委推进全面从严治党、加强党风廉政建设和组织协调反腐败工作。

（四）受理处置党员群众检举举报，开展谈话提醒、约谈函询。

（五）按照有关规定，检查、处理党组织和党员违反党章与其他党内法规的案件，决定或者取消对党员的处分；进行问责或者提出责任追究的建议。

（六）受理党员控告和申诉；保障党员权利。

第三章　议事决策

第六条　属于党委决策的事项，按照集体领导、民主集中、个别酝酿、会议决定的原则，实行科学决策、民主决策、依法依规决策。

第七条 党委议事内容

（一）传达贯彻执行党中央的各项方针、政策和决议，学习落实农业农村部党组和院党组的各项部署以及院直属机关党委和属地上级党组织的工作要求。

（二）需要向上级党组织请示报告的重要事项，下级党组织请示报告需研究决定的重要事项。

（三）涉及本单位改革发展稳定和事关职工群众切身利益的重大决策、重要人事任免、重大项目安排、大额度资金使用事项（“三重一大”）。

（四）严格按照《党政领导干部选拔任用工作条例》和《科研事业单位领导人员管理暂行办法》，决定干部任免事项。

（五）基层党组织建设和党员队伍建设等方面的重要事项。

（六）意识形态工作、思想政治工作、精神文明建设、统战工作和群团工作等方面的重要事项。

（七）党风廉政建设和反腐败工作方面的重要事项。

（八）其他应当由党委讨论和决定的重大问题。

第八条 党委议事决策一般采取党委会形式。党委会一般一个月召开一次，遇有重要情况可以随时召开。党委会议题由党委书记提出，或者由其他党委委员提出建议、党委书记综合考虑后确定。

实行所长（行政领导人）负责制的院属单位，“三重一大”事项决策前，党政主要领导对决策议题要充分酝酿、沟通协调，党委要及时召开会议研究讨论，形成集体意见后，再提交行政会议研究决定；决策时，参加行政会议的党委委员要认真履行职责，保证党委的意见得到充分表达和体现；决策后，党委要发动党员团结带领职工保证决策顺利实施。

实行党委领导下的行政领导人负责制的院属单位，党委会议研究和决定单位重大问题。

不得以党政联席会代替党委会。

第九条 党委会由党委书记主持，或由主持党委工作的副书记主持，亦可由受党委书记委托的副书记主持。

党委会应当有半数以上党委委员到会方可召开，讨论决定干部任免事项必须有2/3以上党委委员到会。党委委员因故不能参加会议的应当在会前请假，对会议议题的重要意见可以用书面形式表达。党委会议题涉及本人或者其亲属以及存在其他需要回避情形的，有关党委委员应当回避。

根据工作需要，召开党委会可以请不是党委委员的本单位领导班子成员列席，并可以根据议题指定有关人员列席会议。

第十条 党委会议题提交表决前，应当进行充分讨论。

表决可以采用口头、举手、无记名投票或者记名投票等方式进行，赞成票超过应到会党委委员半数为通过。未到会党委委员的书面意见不得计入票数。表决实行主持人末位表态制。会议研究决定多个事项的，应当逐项进行表决。

党委会由专门人员如实记录，会议纪要由书记或主持会议的副书记签发，纪要不能代替原始记录，并按照规定存档备查。

第十一条　党委决策的事项一经作出，应当坚决执行。党委委员对党委决策有不同意见的，可以保留或者向上级党组织反映，但在党委决策改变前应当坚决执行。党委应当建立有效的督查和反馈机制，确保本单位各项决策落实。

第四章　党员的教育管理监督和服务

第十二条　贯彻落实《中国共产党党员教育管理工作条例》，以坚定理想信念、增强党性、提高素质为目标，建立和完善党员轮训制度，拓宽党员培训渠道，加强对党员的党性教育和业务培训，并对党员参加学习教育情况进行严格考核。党员每年参加集中培训和集体学习时间一般不少于32学时，基层党组织书记和班子成员每年参加集中培训和集体学习时间不少于56学时，至少参加1次集中培训。党员领导干部除执行干部教育培训有关规定外，要带头参加所在单位的党员教育培训。落实党员领导干部讲党课制度。

第十三条　严格落实《院党组贯彻落实〈中国共产党党委（党组）理论学习中心组学习规则〉实施细则》，充分发挥中心组学习的示范作用，坚持每季度集中学习研讨不少于1次，年度学习研讨时间不少于12天，每次学习研讨至少有2名以上理论学习中心组成员作重点发言，每位理论学习中心组成员每年重点发言不少于2次，每次重点发言均要提交书面材料；每年至少举办1期读书班，列举专题，集中学习研讨。

第十四条　组织开展创先争优、主题实践等活动，结合农业科研院所实际找准服务的着力点，精心设计贴近实际、特色鲜明的主题和形式多样、务实管用的载体，推动党建和业务工作深度融合、互相促进。充分发挥党支部的战斗堡垒作用和党员的先锋模范作用，带动全体职工在推动科技创新、促进改革发展、服务乡村振兴中作出积极贡献。

第十五条　严格执行党的组织生活制度，确保党的组织生活经常、认真、严肃。开好民主生活会和组织生活会，认真开展批评和自我批评。提高“三会一课”质量，落实谈心谈话、民主评议党员和主题党日等制度，完善重温入党誓词、入党志愿书等活动。党员领导干部自觉参加双重组织生活。深入开展“红旗党支部”创建，建设政治功能强、支部班子强、党员队伍强、作用发挥强的“四强”党支部。

第十六条　坚持把政治标准放在首位，按照控制总量、优化结构、提高质量、发挥作用的总要求和有关规定发展党员，严格发展程序，严肃工作纪律，提高发展质量，加强在高知识群体特别是科研骨干和青年职工中党员发展工作。

第十七条　切实推进党内民主，充分发挥基层党组织和广大党员的积极性、主动性、创造性，坚决维护党的集中统一。

第十八条 落实《中国共产党党员权利保障条例》，尊重和保护党员享有的党章规定的各项权利。推进党务公开，健全党内情况通报制度、情况反映制度，畅通党员参与讨论党内事务的途径，拓宽党员表达意见渠道。党委讨论决定重要事项前，应当充分听取党员的意见。

第十九条 加强对党员特别是党员领导干部的日常监督，保证党员严格遵守党章党规党纪、严格遵守和执行民主生活会等制度、做到忠诚干净担当。

第二十条 做好党员服务工作，建立健全党内关怀帮扶长效机制。关心党员思想、学习、工作和生活，了解党员需求，及时反映涉及党员切身利益的重要情况。认真做好离退休干部职工党员、学生党员、流动党员的服务工作，为生活困难党员提供帮助。

第五章 党务干部队伍建设

第二十一条 院属各单位应选优配强党务干部，坚持把党务工作岗位作为培养锻炼干部的重要平台，注重选拔政治强、业务精、作风好的干部从事党务工作，建设一支高素质、专业化的党务工作人员队伍。

第二十二条 党员人数在 200 人（含）以下的单位，一般设 5~7 名党委委员、3~5 名纪委委员；党员人数在 200 人以上的单位，一般设 7~9 名党委委员、5~7 名纪委委员。院属京外单位党委、纪委的委员职数根据属地管理原则，按上级党组织要求设置。

党委委员因工作调离、组织关系转出本单位的，委员职务自动终止。因单位领导班子调整，出现不适宜继续担任委员情况的，院属单位党委应在 1 个月内研究提出意见，并按照规定要求进行补选。院属京外单位党委还应按照所在地方上级党组织规定和要求，履行相关审批报告程序。

第二十三条 职工人数在 200 人以上的院属单位，一般应当设置独立的党务工作机构。专职党务工作人员一般按照不低于职工总数 1%的比例配备。每年的党建工作经费要列入单位年度经费预算。

第二十四条 加强对党务干部特别是新任党支部书记的培训。党支部书记每年至少参加 1 次集中轮训，新任党支部书记应当在半年内完成岗位任职培训。

第二十五条 有计划地安排专职党务工作人员与行政、业务工作人员之间的双向交流。注重选拔使用有党务工作经历的干部，将专兼职党务工作经历纳入干部履历，及时发现、表彰和宣传党务工作人员中的先进典型。把党务工作人员开展党务工作情况作为干部年度考核和评优评先的重要参考。

第六章 全面从严治党

第二十六条 贯彻落实中共中央办公厅印发的《党委（党组）落实全面从严治党主体责任规定》。加强对党风廉政建设和反腐败工作统一领导，推进改革创新，加强制度保障。

第二十七条　严格落实中央八项规定及其实施细则精神，大力整治形式主义、官僚主义，推动形成求真务实、清正廉洁的新风正气。

第二十八条　加强党的纪律教育，坚持把纪律规矩挺在前面，加强日常监督，抓早抓小，引导党员、干部筑牢拒腐防变的思想道德防线。

第二十九条　防范化解廉政风险，认真排查廉政风险点，健全防控机制。严肃查处各类违规违纪问题，加强监督检查、巡视巡察。

第三十条　落实党风廉政建设责任制，党委负主体责任，纪委负监督责任，严格执行《中国农业科学院党组织党建工作责任清单》《中国农业科学院纪检组织监督责任清单》。

第七章　附　则

第三十一条　院属各单位要将党委决策或参与重大问题决策的内容和程序具体化、制度化。

第三十二条　院所办企业党组织结合《中国共产党国有企业基层组织工作条例（试行）》等规章制度制定工作规则。

第三十三条　本规则自印发之日起生效，由中国农业科学院党建工作领导小组办公室（直属机关党委）负责解释。

第三十四条　本规则生效后，原《中国农业科学院院属单位党委工作规则》（农科院党组发〔2016〕51 号）同时废止。

中共中国农业科学院党组关于印发《中共中国农业科学院党组关于开展“学党史、纠‘四风’、树新风”专项工作实施方案》的通知

农科院党组发〔2021〕30号

院机关各部门、院属各单位：

根据《中共农业农村部党组关于开展“学党史、纠‘四风’、树新风”专项工作的通知》（农党组发〔2021〕29号）精神，我院结合工作实际，研究制定了《中共中国农业科学院党组关于开展“学党史、纠‘四风’、树新风”专项工作实施方案》，现予印发，请认真贯彻落实。

中共中国农业科学院党组

2021年5月20日

中共中国农业科学院党组关于开展“学党史、纠‘四风’、树新风”专项工作实施方案

作风问题本质上是党性问题，关系党的生死存亡，作风建设永远在路上。为认真贯彻落实习近平总书记关于作风建设一系列重要论述和党中央关于开展党史学习教育的部署安排，以及农业农村部党组的通知要求，进一步深化作风建设，院党组决定在全院范围内开展“学党史、纠‘四风’、树新风”专项工作，现制定方案如下。

一、总体要求

坚持以习近平新时代中国特色社会主义思想为指导，深入学习贯彻习近平总书记关于作风建设一系列重要论述，巩固深化“不忘初心、牢记使命”主题教育成果，扎实开展党史学习教育，提高政治判断力、政治领悟力、政治执行力，充分认识不正之风的政治本质、政治危害，毫不松懈纠治“四风”（形式主义、官僚主义、享乐主义、奢靡之风）问题，坚持严的主基调，系统施治、标本兼治，压紧压实责任，完善长效机制，树立“严”“实”标准，大力弘扬新时代农科精神，为落实“四个面向”，加快“两个一流”建设，扎实推进乡村全面振兴提供坚强保证。

二、工作原则

（一）坚持问题导向

深入细致摸清底数实情，掌握“四风”新动向、新情况，从干部群众反映强烈的作风问题入手，从本单位本领域存在的突出问题抓起，认真查摆、精准发力，有针对性加以纠治。

（二）坚持突出重点

把抓“关键少数”和管“绝大多数”结合起来，一级带着一级干，一级做给一级看，突出科研经费管理使用、科技成果转化奖励、院所办企业、科研诚信与学风建设，整治“推、拖、等”不良倾向和厉行节约、反对浪费等重点领域、关键环节和重要方面，促进作风全面好转。

（三）坚持立破并举

把纠“四风”和树新风紧密结合起来，既要坚决整治不正之风、解决突出问题，又要结合党史学习教育，大力倡导新风正气，继承发扬党的光荣传统和优良作风。

（四）坚持标本兼治

针对“四风”方面存在的问题，把一体推进“不敢、不能、不想”的理念、思路和方法贯穿专项工作全过程，对反复出现、普遍发生的问题，深入分析、找准症结，健全制度、堵塞漏洞，完善作风建设长效机制。

三、工作重点

结合党史学习教育，重点围绕治“慵”强能力、治“散”促担当、治“慢”提效率、治“浮”推落实、治“粗”抓精细、治“拖”优服务、治“奢”行节俭等方面开展专项整治，切实改进思想、工作和生活作风，努力营造求真务实、担当尽责、干事创业、清正廉洁的好风气。

（一）找准找实问题

各部门、各单位党组织重点围绕“慵、散、慢、浮、粗、拖、奢”7个方面（附件1），结合巡视、审计、督查等发现的问题，对“四风”问题进行对照查摆。同时，通过走访、座谈、书面征求意见等多种形式，广泛征求广大干部职工特别是一线科研人员对本部门、本单位和党员领导干部作风方面的意见建议，努力把问题找准找实。(5月)

（二）真改实改问题

各部门、各单位党组织对查摆和征集到的作风方面问题，认真进行梳理汇总，建立问题清单，逐项制定整改措施和目标，整改完成一个、销号一个，确保真改实改，改出实效。请于2021年6月4日前填写“四风”问题清单及整改情况一览表（附件2），将电子版（除整改情况及成效以外）发送至邮箱 qgc@ caas. cn。

（三）建立长效机制

各部门、各单位党组织要全面深入总结“学党史、纠‘四风’、树新风”专项工作情况，剖析作风问题发生的特点规律，从思想观念、体制机制等方面追根溯源，在整治问题的同时，注重总结经验，完善制度体系，努力从源头上铲除“四风”问题滋生的土壤。

四、保障措施及相关要求

（一）加强组织领导

各部门、各单位党组织要自觉扛起作风建设主体责任，把开展“学党史、纠‘四风’、树新风”专项工作作为持之以恒贯彻中央八项规定精神、纠治“四风”的重要抓手，制定实施方案，明确目标任务，细化工作措施。党组织书记作为“第一责任人”，既要挂帅又要出征，做到重要任务亲自部署、关键环节亲自把关、落实情况亲自督查。领导班子成员要发挥“头雁效应”，带头查摆问题，带头征集意见建议，带头整改到位。

（二）加强督促检查

各部门、各单位纪检组织要履行好监督和协助职责，加强督促指导，强化日常监督，推动专项工作部署要求落到实处。院直属机关党委会同院办公室、人事局、监察局等，通过院内巡视、督查、考核等，加强对专项工作的督促检查。院党史学习教育领导小组办公室及巡回指导组将把专项工作纳入督导评估内容。

（三）扎实开展调查调研

结合开展“学党史、纠‘四风’、树新风”专项工作，由院直属机关党委牵头，院党史学习教育指导协调组配合，通过召开座谈会、实地调研、问卷调查等形式，深入了解全院作风建设有关情况。

（四）加强总结宣传

各部门、各单位党组织要及时总结专项工作好经验好做法，选树先进典型，加大宣传力度，营造纠“四风”、树新风的良好氛围。请于 2021 年 12 月 15 日前形成书面总结报告、完成“四风”问题清单及整改情况一览表，一并报送院直属机关党委。

联系部门：院直属机关党委纪委办公室

附件：1. 对照查摆重点问题清单（略）
2. “四风”问题清单及整改情况一览表（略）

中共中国农业科学院党组关于印发《中共中国农业科学院党组关于加强党员教育培训工作的实施意见》的通知

农科院党组发〔2021〕37 号

院机关各部门、院属各单位：

《中共中国农业科学院党组关于加强党员教育培训工作的实施意见》已经院党组 2021 年第 10 次会议审议通过，现印发给你们，请结合实际认真贯彻执行。

中共中国农业科学院党组

2021 年 7 月 15 日

中共中国农业科学院党组关于加强党员教育培训工作的实施意见

为深入学习贯彻习近平新时代中国特色社会主义思想和党的十九大精神，切实提高中国农业科学院党员教育培训工作质量，推进马克思主义学习型政党建设，不断提高党员队伍素质能力，根据《中国共产党党员教育管理工作条例》《2019—2023 年全国党员教育培训工作规划》和农业农村部直属机关党委的有关要求，结合中国农业科学院实际，现提出如下实施意见。

一、总体要求和工作目标

以马克思列宁主义、毛泽东思想、邓小平理论、“三个代表”重要思想、科学发展观、习近平新时代中国特色社会主义思想为指导，认真落实新时代党的建设总要求，把学习贯彻习近平新时代中国特色社会主义思想作为首要政治任务。以坚定信仰、增强党性、提高素质为重点，坚持思想建党、理论强党、从严治党，坚持围绕中心、服务大局，坚持分类指导、按需施教，坚持联系实际、继承创新，坚持简便易行、务实管用，引导全院党员增强“四个意识”、坚定“四个自信”、做到“两个维护”，努力建设政治合格、执行纪律合格、品德合格、发挥作用合格的党员队伍。

“十四五”期间有计划、分层次、高质量开展党员教育培训工作，并实现以下工作目标。

习近平新时代中国特色社会主义思想主题教育更加扎实深入，党的创新理论更加入脑入心。广大党员自觉践行新思想、适应新时代、展现新作为，在习近平总书记致中国农业科学院 60 周年贺信精神指引下，统一思想、坚定意志、协调行动、步调一致向前进。

教育培训效果更加显著。广大党员干部理想信念进一步坚定、党性观念进一步增强、宗旨意识进一步强化、能力素质进一步提升、纪律作风进一步过硬、先锋模范作用进一步发挥，为提升科技创新能力和成果转化水平、推动院所改革发展建功立业。

新时代党员教育培训体系更加健全。结合农业科研实际和党员干部需求，坚持集中教育和经常性教育相结合，集中培训逐步常态化，日常教育更加规范化、制度化，推动形成教育和管理、监督、服务紧密结合的党员队伍建设工作链条，广大党员运用科学理论认识问题、分析问题、解决问题的能力明显提高。

二、全面深化习近平新时代中国特色社会主义思想教育培训

（一）学深悟透思想精髓

全院各级党组织要把学习贯彻习近平新时代中国特色社会主义思想作为首要政治任务。院党组、院机关各部门和院部企业党支部、院属各单位党委每年制定学习计划，列出必读书目和篇目，明确学习要求。院属各单位党委直属党支部要结合党员日常教育管理认真抓好落实。广大党员要把习近平新时代中国特色社会主义思想作为必修课，读原著、学原文、悟原理，深刻理解习近平新时代中国特色社会主义思想的重大意义、科学体系、丰富内涵、精神实质、实践要求，掌握贯穿其中的马克思主义立场观点方法，增强政治自觉、理论自信、情感融入，做到真学、真懂、真信、真用。

（二）建立健全长效机制

以习近平新时代中国特色社会主义思想为中心内容，通过培训班、专题讲座、报告会、学习论坛等多种形式进行深入浅出的解读阐述。领导干部要结合分管领域、分管工作带头宣讲。充分运用好支部工作 App、“学习强国”等开展学习教育。落实“三会一课”等制度，对党员开展经常性教育。健全理论学习考核评估制度，采取有效措施激发党员学习热情，推动学习教育往深里走、往心里走、往实里走。

（三）真信笃行推动发展

深入学习贯彻习近平总书记“四个面向”“两个一流”重要指示精神，紧密结合实施创新工程、院所改革发展，切实统一全院党员的思想和行动，更好推动院所创新驱动发展。引导党员结合本职岗位，深入学习领会习近平总书记关于“三农”工作、科技创新和全面从严治党等重要论述以及致中国农业科学院建院 60 周年贺信精神，重点突出政治建设、创新强国、乡村振兴、脱贫攻坚、高质量发展、绿色发展等重大战略的教育培训，坚守初心使命，敢于担当作为，为实施乡村振兴战略、加快推进农业农村现代化提供强有力的科技支撑。大力选树和宣传学懂弄通做实的先进典型，引导党员自觉用习近平新时代中国特色社会主义思想武装头脑、指导实践、推动工作。党员领导干部要坚持更高标准、更严要求，全面学、系统学、贯通学、深入学、跟进学，发挥示范带头作用。

三、党员教育培训主要内容

（一）聚焦《中国共产党党员教育管理工作条例》基本任务

加强政治理论教育，突出党的创新理论学习；突出政治教育和政治训练，严格党内政治生活锻炼，教育党员严守政治纪律和政治规矩；强化党章党规党纪教育，引导党员牢记入党誓词，坚持合格党员标准，尊法学法守法用法；加强党的宗旨教育，引导党员践行全心全意为人民服务的根本宗旨，密切联系服务群众；进行革命传统教育，引导党员铭记党的奋斗历程，传承红色基因；开展形势政策教育，引导党员正确认识形势，把思想和行动统一到党中央要求上来；注意知识技能教育，帮助党员提高综合素质和履职能力，增强服务本领。

（二）学习贯彻党中央重大决策部署和战略布局

着眼统筹推进“五位一体”总体布局和协调推进“四个全面”战略布局，紧扣“十四五”党和国家重大决策部署、重要会议活动、重要时间节点，有针对性地开展党员学习教育。巩固“不忘初心、牢记使命”主题教育成果，落实“不忘初心、牢记使命”相关制度，重点加强党的创新理论、理想信念、政治纪律和政治规矩等教育培训；围绕贯彻落实新发展理念、实施七大战略、打好三大攻坚战等，重点加强党的路线方针政策、世情国情党情、总体国家安全观等教育培训；聚焦全面建设社会主义现代化国家、中国共产党成立100周年，重点加强党史、新中国史、改革开放史、社会主义发展史，党的优良传统、中华优秀传统文化，社会主义核心价值观、爱国主义等教育培训，引导党员把思想和行动统一到党中央决策部署上来，始终保持奋斗精神和革命精神，敢于斗争、善于斗争，在新时代中建功立业。

（三）深入学习贯彻习近平总书记“四个面向”重要指示精神

习近平总书记“四个面向”重要指示精神是中国农业科学院科技创新的总方向、总目标、总任务、总要求、总抓手。结合院所实际，明确“四个面向”的学习目标，基于中国农业科学院“建设世界一流学科和世界一流科研院所”发展战略，围绕世界农业科技前沿、趋势和进展，重点加强世界农业科技的基础研究和战略高技术发展，以及生命、信息、材料、能源等领域前沿研究等教育培训；围绕现代农业主战场，重点加强现代农业各经营主体的具体技术需求、关键共性技术、前沿引领技术、现代工程技术、颠覆性技术创新、科技成果转化和产业化，以及新技术、新产业、新业态、新模式的融合创新和跨界发展等教育培训；围绕国家重大需求，重点加强新发展理念、推进农业供给侧结构性改革，以及“藏粮于地、藏粮于技”战略、充分发挥科技应对风险作用等教育培训；围绕人民生命健康，重点聚焦保障粮食安全以及人民关心的重大疾病防控、食品质量安全、绿色发展等重大民生问题，依靠农业科技创新为人民提供充足食物和满足营养需要等教育培训。把“四个面向”重要指示精神扎根在每位党员心中，强化落实“四个面向”的政治意识，进一步增强农业科研国家队的使命感、紧迫感和责任感。

（四）构建新时代农科精神弘扬体系

着力学习弘扬践行科学家精神，围绕锻造新时代农科精神，传承老一辈农业科学家的优良传统，培育选树、学习宣传中国农业科学院新时代重大先进典型，引导全院党员深刻领会以“求真笃行，敬农致用”的院训为核心内涵的新时代农科精神，以及拓展外延形成的“祁阳站精神”和“中棉所精神”实质内涵，积极营造良好科研生态和舆论氛围，引导广大党员秉承优良传统、凝聚最大共识，争做重大科研成果的创造者、建设科技强国的奉献者、崇高思想品格的践行者、良好社会风尚的引领者，为实现“四个面向”“两个一流”建设战略目标和农业科技自立自强提供强大的文化引领和精神支撑。

四、开展重点人员的教育培训

（一）严抓“关键少数”的教育培训

重点开展党的创新理论、党的民主集中制、院所治理等教育培训，不断提升党员领导干部把握改革发展方向、参与重要决策、服务人才成长、促进事业发展的能力。通过党组（党委）会、专题学习会等方式，建立健全第一时间第一议题学习传达习近平总书记重要讲话重要指示批示精神的“两个第一”学习贯彻落实制度，抓好党中央重要会议、文件精神和重大决策部署学习宣传贯彻，确保农业科研国家队的政治方向。除按规定参加干部教育培训外，党员领导干部要带头参加所在单位的党员教育培训，坚持更高标准、更严要求，锤炼忠诚干净担当的政治品格，提升专业能力。充分发挥理论学习中心组学习带头作用，采取领学、邀请讲学、结合重大任务落实谈体会等多种方式开展集中学习研讨。党员领导班子成员要带头讲党课，把在本单位、本部门、本支部经常性讲党课作为履职尽责的重要内容，讲思想、讲作风、讲党性、讲纪律，将党课教案研修作为强化理论武装的有效方式。严格落实党员领导干部双重组织生活制度，带头以普通党员身份参加所在党支部或党小组的组织生活。

（二）推进科技工作者的教育培训

重点开展加强党的全面领导、党的政治建设、“三农”工作、科技创新、弘扬新时代农科精神等教育培训。各级党组织负责人要做科技工作者的朋友，深入研究创新发展规律、科技管理规律、人才成长规律，加强科研诚信和作风学风建设，引导正确价值取向。围绕中心工作打造学习科学理论的大众平台，加强理论宣传阐释，在通俗化、大众化上下功夫，把理论话语转化成科技界话语，把大道理讲成小故事，采用科技工作者和职工喜闻乐见的载体形式，广泛开展面向科技工作者的思想宣讲、理论宣讲、信念宣讲、纪律宣讲，贴近他们思想实际和科研实际，方式方法更接地气、更有活力、更有温度，推动习近平新时代中国特色社会主义思想和党的创新理论进研究所、进支部、进实验室、进基地。

（三）强化青年干部的教育培训

重点开展理想信念教育、院（所）史教育、系统理论教育和严格党性锻炼，引导他们传承红色基因、践行农科精神、练就过硬本领。发挥青年理论学习小组作用，通过举办入职培训、青年干部读书交流会、评选青年学习标兵，引导青年干部深入学习习近平新时代中国特色社会主义思想。进一步加强思想政治教育，建立“书记谈心日”制度，定期开展青年干部的针对性思想政治状况调查分析。在广大研究生中要讲好思政课，重点围绕坚持马克思主义指导地位、落实立德树人根本任务、培养农业科技创新事业接班人开展党员教育培训。

（四）抓好不同类型党员的教育培训

对新党员，重点开展党的基本知识、党性党风党纪、党的优良传统等教育培训，强化思想入党，提升他们的政治觉悟和理论素养。对离退休党员，重点开展党的创新理论、形势政策等教育培训，引导他们保持革命本色、发挥传帮带作用。对流动党员，重点开展党员意识、组织观念、纪律规矩等教育培训，引导他们主动接受党组织的教育管理，自觉参加组织生活，充分发挥作用。

五、教育培训指标要求

党支部书记每年至少参加 1 次上级党组织举办的集中轮训，对新任党支部书记一般应在半年内进行任职培训；预备党员在预备期内和转正后 1 年内一般要各参加 1 次由上级党组织组织的集中培训。在培训安排中，党的理论教育和党性教育课程的比重不低于总课时的 70%。落实学时制度，党员每年参加集中培训和集体学习时间一般不少于 32 学时，党委（党支部）书记和党委委员、支部委员每年参加集中培训和集体学习时间不少于 56 学时、至少参加 1 次集中培训。

（一）上级组织和院级示范重点培训

根据上级组织部门和党组织的培训要求，组织中国农业科学院党务干部、新党员、入党积极分子等不同类型群体参加上级党组织的示范培训班。院机关将结合工作实际和需求，针对党务干部、党支部书记、群团干部等群体开展重点培训，力争“十四五”期间实现重点培训对象轮训一遍。

（二）院属各单位党委普遍兜底培训

院属各单位党委结合实际要对本单位党支部书记、支部委员进行普遍培训，定期安排党员、新党员、入党积极分子普遍培训。对因事未参训、年老体弱、行动不便等未参训党员，由党委采取专题讲座、网络课堂、谈心谈话等开展兜底培训，确保党员教育培训全覆盖。

（三）党支部日常教育

严格执行“三会一课”、主题党日、民主生活会和组织生活会、民主评议党员、谈心谈话等组织生活制度。每月至少组织 1 次主题党日，每年组织 1 次党章专题学习交流，组织党员集中学习、过组织生活、进行民主议事等，让党的组织生活真正起到教育提高党员的作用。党支部书记要针对党员思想和工作实际，定期为党员讲党课。充分利用党员活动室等载体抓好教育培训，引导党员利用业余时间开展自学。通过设岗定责、承诺践诺，引导党员立足岗位、创先争优，鼓励和引导党员参与结对帮扶、志愿服务等，为党员搭建实践锻炼平台。鼓励各党支部积极用好本领域的资源，采取“请进来、送出去”的方式开展党员教育培训。支持不同领域、不同类型党支部之间开展“结对”工作，在共建共享中抓好党员教育培训。

六、教育培训方式方法

（一）丰富实践教学方式

灵活运用讲授式、研讨式、模拟式、互动式、观摩式、体验式等教学方法，探索“课堂+基地”实训模式，走出院所，走出实验室，走进田间地头，走进乡村农户，通过开展“田间课堂”等多种形式，增强教育培训的吸引力感染力。加强案例培训，选好用好农业科技创新领域的生动鲜活案例。开展典型教育，引导党员学习先进典型和身边榜样，运用反面教材加强警示教育。组织党员就近就便到红色基地学习、重温入党誓词、过“政治生日”，充分发挥“新时代农科精神”教育实践基地的培训作用。

（二）创新运用信息化手段

坚持线上线下相结合，探索适应信息化发展趋势和受众特点的教育培训有效方式。发挥“三微一端”等新媒体优势，不断提升支部工作 App 和“学习强国”的学习效果，充分利用各级党校（行政学院）网络课堂资源开展教育培训。推动党员教育信息化平台建设，完善学用功能，构建更为便捷高效的网络学习阵地，精准推送教育内容，引导党员主动学网用网，统筹推进远程教育、网络新媒体平台教育，提高党员教育培训现代化水平。

（三）健全培训制度

完善需求调研制度，通过问卷调查、谈心谈话、走访调研、大数据分析等方式，精准掌握党员学习需求和参训意愿。坚持集中轮训制度，各部门各单位党组织严格按照教育培训指标和集中培训要求，每年就党员集中轮训工作作出安排，分期分批组织实施。

七、组织领导和基础保障

（一）落实工作责任

全院各级党组织要认真履行党建主体责任，党组织书记要履行第一责任人职责，加强对党员教育培训工作的组织领导。党支部要落实抓党员日常教育工作的直接责任。在院党组的领导下，院党的建设领导小组要发挥牵头抓总作用，院机关各部门、院属各单位党组织要密切配合，形成工作合力。

（二）强化基础保障

各级党组织要为党员推荐学习书目，提供学习资料。严格按照《中国共产党党员教育管理工作条例》有关规定，将党员教育管理工作经费列入财政预算并按财务规定使用，确保落实党员教育培训经费，保证工作需要。可结合实际，主动联系各级党校（行政学院）组织党员进行集中培训。

（三）加强学风建设

各级党组织要认真落实党中央关于加强学风建设的要求，加强指导和监督，严肃工作纪律，力戒形式主义、官僚主义，防止教育培训表面化、程式化、庸俗化，防止学用脱节、空洞说教，防止不分层次对象“一刀切”“一锅煮”，防止多头调训、重复培训、长期不训。党员要端正学习态度，严守培训纪律。党员领导干部要先学一步、学深一层，发挥示范表率作用。

（四）严格考核评估

要将党员教育培训工作作为党委（党组）书记抓基层党建工作述职评议考核的重要内容。结合组织生活会、民主评议党员等，组织党员述学评学，把党员教育培训考核结果作为党组织和党员评先评优的重要依据。院党的建设领导小组办公室（直属机关党委）将调度各部门各单位党组织抓党员教育培训的年度工作情况，并开展中期和 5 年总结评估。

关于印发《中国农业科学院党组织党建工作责任清单》《中国农业科学院纪检组织监督责任清单》的通知

院机关各部门、院属各单位党组织：

《中国农业科学院党组织党建工作责任清单》《中国农业科学院纪检组织监督责任清单》已经2021年第4次院党组会议审议通过。现印发给你们，请结合实际，认真贯彻执行。

中共中国农业科学院直属机关委员会

2021年2月4日

中国农业科学院党组织党建工作责任清单

根据《中国共产党章程》《中国共产党党和国家机关基层组织工作条例》《党委（党组）落实全面从严治党主体责任规定》等党内法规以及《农业农村部直属党组织党建工作责任清单》，结合中国农业科学院党建工作实际，制定本清单。

一、院属各单位党委党建工作责任

（1）坚持把党的政治建设摆在首位，强化政治意识，坚决落实党中央决策部署和习近平总书记重要指示批示特别是致中国农业科学院建院 60 周年贺信精神，以及上级党组织和本单位党组织的决议，按规定向上级党组织请示报告重大事项，做到“两个维护”，当好“三个表率”。坚持围绕中心抓党建，做到党建与业务工作同谋划、同部署、同检查、同考核，充分发挥党组织和党员作用，积极创先争优，促进本单位中心任务完成。

（2）推进“两学一做”学习教育常态化制度化，组织党员深入学习习近平新时代中国特色社会主义思想，学习党的路线方针政策和决议，学习党章党规党纪，学习党史、新中国史、改革开放史、院史所史、农业发展史、科技发展史，学习科学、文化、法律和业务知识，引导党员不忘初心、牢记使命，坚定理想信念，践行党的宗旨。定期组织开展理论学习中心组学习，结合本单位实际，制订年度学习计划，明确学习主题和内容，每季度不少于 1 次，每年至少举办 1 期读书班，每年安排 1 次党章集体学习，保证集体学习研讨的时间和质量，保证学习与推进中心任务相结合，按要求上报学习情况。抓好青年理论学习小组学习。

（3）履行全面从严治党主体责任，每半年至少召开 1 次会议专题研究全面从严治党工作，每年年初制定年度全面从严治党任务安排，向上级党组织报告上一年度落实全面从严治党主体责任情况。开展经常性的全面从严治党宣传教育。将责任落实情况作为年度民主生活会对照检查内容，加强对下一级党组织主体责任落实情况的监督检查。通过会议、文件等形式通报本单位落实全面从严治党主体责任情况。领导和支持本单位纪检组织履行监督职责。

（4）严格落实民主生活会和组织生活会等制度，组织开展民主评议党员、党建述职评议考核等工作。经纪律检查、巡视、专项检查等发现重要问题的，以及发生违纪违法案件等情况的，应当专门召开民主生活会或组织生活会，及时剖析整改。

（5）深入贯彻落实中央八项规定及其实施细则精神，密切联系群众，持续整治“四风”特别是形式主义、官僚主义，经常开展纪律教育和警示教育，营造风清气正的政治生态。

（6）对党员进行教育、管理、监督和服务，维护和执行党的纪律，监督党员切实履行义务，保障党员权利不受侵犯。按照权限对违纪党员处分事项进行审议。

（7）对要求入党的积极分子进行教育、培养和考察，做好发展党员特别是在科研骨干、青年职工和优秀学生中发展党员的工作。

（8）按照党组织的隶属关系，领导所属部门党的工作。每年至少专题研究1次党支部建设工作，听取下一级党组织工作情况报告。扎实推进“红旗党支部”创建行动。

（9）按照职责，管理所属基层党组织和群团组织的干部。

（10）做好本单位思想政治和意识形态工作，推进社会主义精神文明建设和创新文化建设，大力弘扬新时代科学家精神和农科精神，培育和践行社会主义核心价值观。

（11）坚持党建带群建，领导本单位科协、工、青、妇等群团组织，支持这些组织依照相关章程独立负责地开展工作，每年至少专题研究1次群团工作。加强对统一战线的领导、协调、支持和服务。

（12）根据规定，编制本级及本单位内设机构党组织党务公开目录，报上一级党组织备案，并在党内或者向社会公开。

（13）加强自身建设，设置工作机构，配备必要的工作人员。认真贯彻民主集中制，严格落实党组织按期换届和增补委员的督促提醒机制。加强党务工作人员培养锻炼和教育培训，有计划地安排党务工作人员与行政、业务工作人员之间的双向交流。健全完善党建制度，严格制度执行。强化党建和群团工作经费保障。

（14）实行行政领导人负责制的单位，党委按照参与决策、推动发展、监督保障的要求，根据有关规定参与讨论和决定重大问题、重要事项，加强政治把关。实行党委领导下的行政领导人负责制的单位，党委发挥把方向、管大局、作决策、促改革、保落实的领导作用，按照规定讨论和决定重大问题、重要事项。坚持党管干部原则，在选人用人中发挥党组织的主导作用。

二、院机关各部门及院部企业党支部党建工作责任

（1）突出政治功能，提升组织力，坚决贯彻落实党中央决策部署和习近平总书记重要指示批示特别是致中国农业科学院建院60周年贺信精神，以及上级党组织、本党支部的决议。参与决定本部门重要事项，按规定向上级党组织请示报告重大事项，做到“两个维护”，当好“三个表率”。充分发挥战斗堡垒作用和党员先锋模范作用，促进中心任务完成，做到党建与业务工作同谋划、同部署、同检查、同考核。院机关各部门党支部积极参与创建让党中央放心、让人民群众满意的模范机关。院部企业党支部切实发挥作用，为做强做优做大企业提供坚强组织保证。

（2）组织党员认真学习贯彻党的理论和路线方针政策，认真学习贯彻习近平新时代中国特色社会主义思想，推进“两学一做”学习教育常态化制度化，引导党员不忘初心、牢记使命，坚定理想信念，践行党的宗旨。定期开展理论学习中心组学习，结合

本单位实际，制订年度学习计划，明确学习主题和内容，每季度不少于 1 次，每年至少举办 1 期读书班，每年安排 1 次党章集体学习，保证集体学习研讨的时间和质量，按要求上报学习情况。抓好青年理论学习小组学习。

（3）严格落实“三会一课”、民主生活会、组织生活会、党员领导干部双重组织生活、民主评议党员、主题党日等制度，每年至少召开 1 次民主生活会和组织生活会，开展 1 次民主评议党员，每月相对固定 1 天开展主题党日。定期通报“三会一课”制度落实情况。经纪律检查、巡视等发现重要问题的，以及发生违纪违法案件等情况的，应当专门召开民主生活会或组织生活会，及时剖析整改。

（4）履行全面从严治党主体责任，每半年至少召开 1 次会议专题研究全面从严治党工作，根据院党组纪检组全面从严治党分工意见要求，落实年度全面从严治党任务安排，向上级党组织报告上一年度落实全面从严治党主体责任情况。开展经常性的全面从严治党宣传教育。将责任落实情况作为年度民主生活会对照检查内容。通过会议、文件等形式通报本部门落实全面从严治党主体责任情况。领导和支持本部门纪检小组履行监督职责。

（5）对党员进行教育、管理、监督和服务，维护和执行党的纪律，开展经常性纪律教育和警示教育，监督党员切实履行义务，保障党员的权利不受侵犯。加强和改进流动党员管理。关怀帮扶生活困难党员和老党员。做好党费收缴、使用和管理工作。依规稳妥处置不合格党员。按照权限对违纪党员处分事项进行讨论。

（6）对要求入党的积极分子进行教育和培养，做好经常性发展党员工作，把政治标准放在首位，严格程序、严肃纪律，发展政治品质纯洁的党员。发现、培养和推荐党员、群众中间的优秀人才。

（7）以扎实推进“红旗党支部”创建为抓手，加强党支部标准化规范化建设，创建政治功能强、支部班子强、党员队伍强、作用发挥强的“四强”党支部。规范党小组建设，设党小组的党支部每年年底组织听取党小组报告年度工作。

（8）密切联系群众，向群众宣传党的政策，经常了解群众对党员、党的工作的批评和意见，了解群众诉求，维护群众的正当权利。按照规定，向党员、群众通报党的工作情况。

（9）做好思想政治工作和意识形态工作，推进本部门社会主义精神文明和创新文化建设，大力弘扬新时代科学家精神和农科精神，培育和践行社会主义核心价值观。加强和改进机关作风建设，严格执行限时办结制、牵头主责制、首问主办制、反馈回应制、归档追溯制。

（10）领导部门工、青、妇等群团组织，每年至少专题研究 1 次群团工作。加强对统战工作的领导、协调、支持和服务。

（11）实事求是对党的建设、党的工作提出意见建议。发挥在选人用人中的监督作用，在党员、干部选拔任用、评优评先中认真负责地提出意见建议。

（12）根据规定，编制本支部党务公开目录，报上一级党组织备案，并在党内或者向社会公开。

(13) 加强自身建设，按期进行换届，及时增补委员。安排专人从事党务工作，加强党务工作人员培养锻炼和教育培训。健全完善党建制度，严格制度执行。

三、直属党支部书记及院属各单位党委书记党建工作责任

(1) 带头做到“两个维护”，深入学习贯彻习近平新时代中国特色社会主义思想，带头落实党的路线方针政策和党中央、上级党组织、本单位本部门党组织的决策部署，以及习近平总书记致中国农业科学院建院60周年贺信精神，推进党建与业务工作深度融合、互相促进。按规定向所属党组织请示报告重大事项，自觉接受党组织、党员和群众监督，发挥示范表率作用。带头参加集体学习和党建业务培训。

(2) 牵头研究谋划本单位、本部门党建重点工作、重大事项、重要制度，认真组织实施，做到重要工作亲自部署、重大问题亲自过问、重点环节亲自协调、重要案件亲自督办。听取基层党组织工作情况汇报，向上级党组织以及本单位、本部门党组织报告党建工作情况。每年至少召开1次党员干部大会，通报党建工作情况。

(3) 带头执行“三会一课”、党员领导干部双重组织生活、谈心谈话、民主生活会、组织生活会和民主评议党员等制度，每年至少讲1次专题党课。密切联系群众，带头建立党建工作联系点，每年到基层党组织调研指导、开展谈心谈话至少1次，及时了解党建工作推进情况和党员、群众思想状况，听取基层意见建议。

(4) 落实党建工作述职评议考核制度，认真述职并接受评议考核。牵头组织开展本单位、本部门述职评议考核工作。

(5) 抓好本单位、本部门党组织自身建设，贯彻民主集中制，支持、指导和督促其他委员及下一级党组织书记履行职责、发挥作用、形成合力。

(6) 带头遵守执行全面从严治党各项规定，对本单位、本部门党员干部从严进行教育管理监督。将全面从严治党第一责任人落实情况作为年度民主生活会对照检查内容。对其他委员、下一级党组织主要负责人，发现存在政治、思想、工作、生活、作风、纪律等方面苗头性问题，及时提醒谈话，督促落实责任。

四、班子成员党建工作责任

(1) 带头做到“两个维护”，深入学习贯彻习近平新时代中国特色社会主义思想，带头落实党的路线方针政策和党中央、上级党组织、本单位本部门党组织的决策部署，以及习近平总书记致中国农业科学院建院60周年贺信精神。按规定向所属党组织请示报告重大事项，自觉接受党组织、党员和群众监督，发挥示范带头作用。积极参加集体学习和党建业务培训。

(2) 参与谋划本单位、本部门党建重点工作，抓好职责范围内的党建工作，对分

管部门、处室业务工作和党建工作同谋划、同部署、同检查、同考核。每年至少 1 次听取分管部门和处室党建工作情况汇报，全面及时了解分管部门和处室党建情况，加强领导、检查、督促。向本单位、本部门党组织报告党建工作情况。

（3）带头执行“三会一课”、党员领导干部双重组织生活、谈心谈话、民主生活会、组织生活会和民主评议党员等制度，在分管部门和处室建立 1 个党建工作联系点，每年至少为分管部门和处室党员讲 1 次专题党课，每年到分管部门和处室基层党组织调研指导、开展谈心谈话至少 1 次，及时了解党建工作推进情况和党员、群众思想状况，听取基层意见建议。

（4）带头遵守执行全面从严治党各项规定，抓好职责范围内的全面从严治党工作，对分管部门和处室党员干部从严进行教育管理监督。将全面从严治党主体责任情况作为年度民主生活会对照检查内容。对分管部门和处室党组织主要负责人，发现存在政治、思想、工作、生活、作风、纪律等方面苗头性问题，及时提醒谈话，督促落实责任。

中国农业科学院纪检组织监督责任清单

根据《中国共产党章程》《中国共产党党和国家机关基层组织工作条例》《党委(党组)落实全面从严治党主体责任规定》等党内法规以及《农业农村部直属纪检组织监督责任清单》,结合中国农业科学院纪检工作实际,制定本清单。

一、纪检组织监督责任

(1)督促践行“两个维护”。重点督促党组织和党员干部以习近平新时代中国特色社会主义思想为指导,认真贯彻落实党中央决策部署和习近平总书记重要指示批示特别是致中国农业科学院建院60周年贺信精神,以及中央和国家机关工委、部院党组要求,牢固树立“四个意识”,坚定“四个自信”,把践行“两个维护”体现在坚决贯彻党中央决策部署的行动上,体现在履职尽责、做好本职工作的实效上,体现在党员干部的日常言行上。

(2)督促严守政治纪律和政治规矩。督促党组织认真贯彻《关于新形势下党内政治生活的若干准则》,落实“三会一课”、民主生活会和组织生活会等制度,严格执行《中国共产党重大事项请示报告条例》及重要科研进展报告制度。督促党员干部严格遵守政治纪律和政治规矩,坚决防范“七个有之”问题,自觉规范政治言行,营造风清气正的良好政治生态。

(3)督促贯彻落实党内法规制度。加强对党章党规党纪等制度执行情况的监督检查,防范和纠正有规不依、落实不力等问题。督促党组织认真贯彻民主集中制原则,加强对重大事项、重要干部任免、重要项目安排和大额资金使用集体决策情况的监督,确保党内政治生活各项制度执行到位。

(4)协助党组织落实全面从严治党主体责任。通过重大事项请示报告、工作约谈、党组织每半年至少1次专题研究、提出意见建议、健全落实制度、监督推动党组织决策落实等方式,推动主体责任和监督责任贯通联动、一体落实。督促党组织按照要求对巡视、审计、专项检查等反馈问题进行整改,并及时报告整改情况。通过督查、检查、调研等,加强对下级党组织和纪检组织履行管党治党政治责任情况的监督,推动全面从严治党向基层延伸。

(5)督促持续纠治“四风”特别是形式主义、官僚主义。督促贯彻落实中央办公厅《关于解决形式主义突出问题为基层减负的通知》,进一步查找文风会风、调查研究、审批监管、落实科研“放管服”政策等方面问题表现,深化治理贯彻党中央决策部署只表态不落实、维护群众利益不担当不作为、困扰基层的形式主义等突出问题。督促党员干部特别是领导干部经常对照查摆形式主义、官僚主义问题表现,结合自身和工作实际，认真对照检查，扎实整改到位。协助党组织针对“四风”问题开展自查自纠。坚持纠“四风”和树新风并举，教育引导党员干部真抓实干、转变作风，坚持深入基层、深入实际、深入群众，大兴调查研究之风。

(6) 督促落实中央八项规定及其实施细则精神。紧盯重要节点，聚焦公车私用、私车公养、接受管理服务对象宴请和礼品礼金、利用名贵特产类特殊资源谋取私利等问题，加强监督检查，严肃查处违规违纪行为，通报曝光典型案例，强化纪律底线、红线和高压线意识。督促教育党员干部贯彻落实习近平总书记关于构建“亲”“清”新型政商关系的重要指示精神，对关键岗位的从业人员加强警示教育和遵纪守法教育，加强廉政风险防控和监督，建立健全管理制度。协助党组织对贯彻落实中央八项规定及其实施细则精神情况开展自查自纠。

(7) 开展经常性纪律教育。认真学习贯彻《中国共产党纪律处分条例》《中国共产党廉洁自律准则》，开展经常性纪律教育、政德教育、家风教育。创新教育方式方法，正面教育与警示教育相结合，充分发挥先进典型示范引领作用，强化反面教材警示教育作用，以宣传《科研人员重点纪律红线》为重点，充分利用《党风廉政警示教育案例选编》，及时通报违纪典型案例，引导党员干部筑牢拒腐防变的思想道德防线。凡是查结的党员干部违纪案件，都要开展警示教育，以案为鉴，以案促改。

(8) 强化日常监督。强化对基层党组织和党员干部的日常监督，紧盯权力集中、资金密集、资源富集的重点单位、部门、企业和关键岗位，创新监督方式方法，做实做细日常监督，抓住新提拔交流干部任职、晋升高级职称、研究生导师任职、新职工入职、新生入学、出国（境）、重要节日到来、重点工程项目启动、重点专项资金使用、重点物资设备采购、重大科技成果转化等重要时机，采取廉政党课、集体谈话、个别提醒等多种形式，深化纪律教育效果。督促围绕权力运行各个环节，及时梳理廉政风险点，完善风险防控制度，强化制度执行和监督检查。

(9) 规范处置问题线索。认真贯彻落实《中国共产党纪律检查机关监督执纪工作规则》《农业农村部直属机关纪检组织监督执纪工作实施细则》，拓宽纪检信访举报渠道，加强问题线索统一管理，严格规范处置，按规定报告处置情况和纪律审查信息，确保件件有着落、事事有回音。发生党员干部因违反法律涉嫌犯罪受到司法机关处理的，应及时报告。

(10) 有效运用“四种形态”。对苗头性倾向性问题和轻微违纪行为，在用好监督执纪第一种形态上下功夫，积极采用谈话函询、约谈提醒、批评教育、诫勉谈话、组织处理等，多做红脸出汗、咬耳扯袖的工作，防止小毛病酿成大错误。督促被谈话函询或受到党纪处分的处级及以下党员干部，在组织生活会上就有关问题进行说明，存在违纪问题的要进行自我批评。督促所在单位党组织负责人在签字背书以及收到采信告知函件以后，及时与当事人谈话，更好发挥教育警示作用。对如实说明的予以采信反馈，对欺瞒组织的严肃处理，为受到诬告的澄清正名，并加大谈话函询结果抽查核实力度。

(11) 严查违规违纪行为。按照干部管理权限，在上级纪检组织的监督指导下，严格查处党员干部违纪违法案件，特别是对党的十八大以来不收敛、不收手的，从严查处。按照上级党组织和纪检组织的要求，做好受处分党员干部执纪工作。协助党组织掌握了解受处分党员干部改正错误情况，对其做好思想教育和回访工作。

（12）强化追责问责。认真贯彻落实《中国共产党问责条例》，坚持“一案双查”制度，对不履行或者不正确履行职责的，依规依纪实施问责。

（13）把好党风廉政意见回复关。严把选人用人、推优评先政治关、廉洁关，认真做好党风廉政意见回复。按规定建立健全党员廉政档案并动态更新。

（14）按规定请示报告重大事项。纪检组织要带头贯彻《中国共产党重大事项请示报告条例》，严格落实下级党组织向上级党组织，党员、领导干部向党组织请示报告重大事项的规定，对重要情况、重大问题、重点工作，该请示的及时请示，该报告的如实报告，该处置的稳妥规范处置。总结半年和年度履行监督责任情况，按规定报告上级纪检组织。

（15）加强纪检组织建设。在党组织的领导下，选优配强纪检组织组成人员。带头把学习贯彻习近平新时代中国特色社会主义思想作为重大政治任务，巩固深化“不忘初心、牢记使命”主题教育成果，开展有针对性的教育培训，引导教育纪检干部把自己、把纪检工作、把职责摆进去，不断提升履行监督执纪问责职责的能力，努力践行忠诚干净担当。

（16）自觉接受各方面监督。拓宽监督渠道，主动接受党组织的监督，自觉接受社会监督和舆论监督，虚心接受群众监督，完善并落实知情、沟通、反馈、落实等机制。严格执行纪律检查相关党内法规、工作规则等制度规定，明确职责流程，健全内控机制，加强对纪检组织成员的监督制约，严防发生“灯下黑”问题。

二、纪检组织主要负责人监督责任

（1）贯彻落实上级决策部署。深入学习贯彻习近平新时代中国特色社会主义思想，贯彻落实党中央和部院党组关于全面从严治党决策部署，落实上级纪检监察组织要求，协助党组织推进全面从严治党、加强党风廉政建设和组织协调反腐败工作。

（2）加强纪检工作的领导。落实所在党组织全面从严治党工作要求，组织提出加强党风廉政建设和反腐败工作的意见建议，制定纪检工作计划，并负责抓好落实。加强纪检组织自身建设，带头严肃党内政治生活，指导督促纪检干部履行职责、发挥作用。加强纪检干部业务培训和纪检工作研究，强化纪检组织和纪检干部能力建设。带领纪检干部模范遵守党章党规党纪和法律法规，严格落实中央八项规定及其实施细则精神，自觉接受各方面监督。

（3）指导督促下级党组织和纪检组织履行责任。采取约谈、调研、检查等方式，指导督促下一级党组织和纪检组织落实全面从严治党主体责任、监督责任，发现问题及时提醒纠正，对履责不力的按规定实施问责。

（4）开展职责范围内党员干部的教育监督。开展经常性纪律教育，加强警示教育，对党员干部行使权力情况进行监督，督促党员干部遵规守纪。按要求对新任领导干部进行任前廉政谈话。

（5）组织处理违规违纪问题。把握运用监督执纪“四种形态”，督促所在纪检组织规范处置问题线索，组织实施纪律审查工作，研究提出对违纪党员党纪处分的意见建议。按规定请示报告线索处置、纪律审查等事项，及时办理所在党组织受处分党员干部执纪的具体工作。

（6）按规定进行述职报告。落实向上级纪检组织报告半年和年度履行监督责任情况要求。提交年度书面述职报告。

关于持续深入开展学习贯彻习近平新时代中国特色社会主义思想的通知

院机关各部门、院属各单位党组织：

为贯彻落实党中央决策部署以及农业农村部党组、中国农业科学院党组的有关要求，推动全院各级党组织持续深入学习贯彻习近平新时代中国特色社会主义思想，特别是习近平总书记关于“三农”工作和科技创新的重要论述，根据农业农村部直属机关党委《关于持续深入开展学习贯彻习近平新时代中国特色社会主义思想的通知》（农党委〔2021〕1号）要求，结合中国农业科学院实际，现将有关工作通知如下。

一、目标任务

坚持把学习贯彻习近平新时代中国特色社会主义思想作为首要政治任务，全面深刻准确学习领会习近平新时代中国特色社会主义思想的核心要义和精神实质，引导全院广大党员干部在常学常新中加强理论修养，在真学真信中坚定理想信念，在学思践悟中牢记初心使命，在细照笃行中不断修炼自我，在知行合一中主动担当作为。学深悟透习近平总书记关于“三农”工作和科技创新的重要论述，加强对“国之大者”的理解把握，进一步找准农业科技创新的工作坐标、方位、靶心，力争突破一批基础理论和“卡脖子”技术问题，为落实“四个面向”、建设“两个一流”，打造国家农业战略科技力量提供坚强保证。

各级党组织和广大党员干部要坚持读原著、学原文、悟原理，重点系统学习《习近平谈治国理政》《习近平关于“三农”工作论述摘编》等，深入学习习近平总书记在党的十九届五中全会、中央经济工作会、中央农村工作会、科学家座谈会上的重要讲话精神以及致中国农业科学院建院60周年贺信精神，跟进学习习近平总书记有关重要讲话和重要指示批示，突出抓好领导干部、科研人员、青年干部和研究生四类重点人群，多形式、全覆盖，不断将学习贯彻习近平新时代中国特色社会主义思想引向深入，以高质量的学习引领院所高质量发展，推动全面实施乡村振兴战略和科技支撑农业农村现代化。

二、学习方式

（一）高质量开展理论学习中心组学习

将习近平新时代中国特色社会主义思想，特别是习近平总书记关于“三农”工作和科技创新的重要论述、致中国农业科学院建院 60 周年贺信精神，作为院党组、院机关各部门和院属各单位党组织理论学习中心组学习的重点主题，严格贯彻落实《中共中国农业科学院党组贯彻落实〈中国共产党党委（党组）理论学习中心组学习规则〉实施细则》要求，加强监督指导，提高学习质量效果。建立健全第一时间第一议题学习传达习近平总书记重要讲话重要指示批示精神的“两个第一”学习贯彻落实制度，党员领导干部要自觉学习、带头学习、带头研讨交流，充分发挥“关键少数”的示范表率作用，切实在理论学习和推动学习成果转化上走在前、做表率。

（二）扎实推进农业科技工作者理论学习

围绕农业科技创新工作打造学习科学理论的大众平台，加强习近平新时代中国特色社会主义思想的宣传阐释，在通俗化、大众化上下功夫，把理论话语转化成科技界话语，把大道理讲成小故事，采用科技工作者和职工喜闻乐见的载体形式，广泛开展面向科技工作者的思想宣讲、理论宣讲、信念宣讲、纪律宣讲，贴近他们思想实际和科研实际，方式方法更接地气、更有活力、更有温度，推动习近平新时代中国特色社会主义思想进研究所、进团队、进支部、进实验室、进基地。

（三）抓紧抓实青年理论学习

进一步强化青年理论武装，以青年理论学习小组为主要抓手，以集体学习研讨为重点，加强政治引领，精心组织推动，不断推动青年干部学习习近平新时代中国特色社会主义思想走深走心走实。参加农业农村部组织的青年理论学习示范小组、学习标兵和优秀案例评选，推选出一批工作扎实且成果丰硕具有示范效应的学习小组、能在广大青年中形成鲜明导向作用的先进个人和具有鲜明时代特征可复制可推广的优秀案例，切实发挥示范带动作用。

（四）组织和参加学习习近平新时代中国特色社会主义思想专题报告会与交流会

结合党的十九届五中全会要求以及党中央关于庆祝建党 100 周年有关部署安排，邀请党史专家，高等院校、国家部委或科研院所有关领导专家，以及院内专家学者作专题报告，深度解读习近平新时代中国特色社会主义思想及习近平总书记关于“三农”工作和科技创新的重要论述。组织参加农业农村部深入学习贯彻习近平新时代中国特色社会主义思想经验交流会，交流各级党组织和青年理论小组开展理论学习的好经验好做法。

（五）组织所局级干部撰写专题理论文章

组织所局级干部重点围绕学习贯彻习近平总书记关于“三农”工作和科技创新的重要论述以及致中国农业科学院建院60周年贺信精神，认真研究撰写理论文章（含调研报告）。开展理论文章评选，将优秀理论文章进行汇编交流。不定期在院网和《学习动态》上择优刊发或摘录领导干部理论学习心得体会，并向党建重点刊物推荐。

（六）强化党支部“三会一课”和党员教育培训

党员领导班子成员要带头讲党课，把在本单位、本部门、本支部经常性讲党课作为“一岗双责”的重要内容，讲思想、讲作风、讲党性、讲纪律，将党课教案研修作为强化理论武装的有效方式。党支部“三会一课”要聚焦习近平新时代中国特色社会主义思想，特别是习近平总书记关于“三农”工作和科技创新的重要论述，以及致中国农业科学院建院60周年贺信精神，扎实开展学习研讨交流，建设“四强”党支部。认真贯彻落实《2019—2023年全国党员教育培训工作规划》，研究制定中国农业科学院“十四五”期间关于党员教育培训的实施意见，将学习习近平新时代中国特色社会主义思想列为党员教育培训重要内容，按规划分期分批对全体党员进行轮训。

（七）深入开展调研实践

将理论学习与推进农业科技创新重点工作紧密结合，坚持所局级干部基层联系点制度，继续参加农业农村部青年干部“根在基层”调研实践活动等，深入开展调查研究，坚持问题导向，广泛听取科研人员、职工群众、市场主体、服务对象等意见，不断推动党员干部把理论学习成果应用到实践中去，学以致用，推动工作。

三、相关要求

（一）切实加强组织领导

要切实加强对持续深入学习贯彻习近平新时代中国特色社会主义思想的组织领导，党组织主要负责同志要亲自部署、亲自动员、亲自督促，确保学习贯彻组织有力、扎实推进。要不断加强对学习贯彻活动的督促检查，务求真学真懂、真信真用，确保入脑入心、取得实效，切忌走过场、搞形式主义。

（二）对标对表抓好落实

要根据院党组要求及上级党组织的有关部署，结合理论学习中心组、青年理论学习小组等学习计划和工作实际，认真抓好学习宣传贯彻工作。中国农业科学院要把组织学习贯彻情况纳入党建述职评议考核、巡视、党建综合督查的重要内容。

（三）创新学习方式方法

要创新拓展学习形式和渠道，增强学习质量效果和吸引力，使之生动活泼、有声有色。适应“互联网+”、疫情常态化防控要求，统筹用好线上线下两种方式、两个平台，广泛开展党员干部喜闻乐见、便捷高效的学习活动。

（四）报送学习贯彻情况

各级党组织要反馈有关学习贯彻情况，通过党建信息等方式报送机关党委。同时，通过院网、院报以及微信工作群等媒体平台，大力宣传各级党组织有特色、有亮点、有创新的学习活动，互相交流、学习借鉴。

关于表彰中国农业科学院优秀共产党员 优秀党务工作者先进基层党组织的决定

院机关各部门、院属各单位党组织：

2021年是中国共产党成立100周年，也是“十四五”开局之年，为充分发挥先进典型的示范引领作用，进一步振奋人心、鼓舞士气，引领各级党组织和广大党员在开好局、起好步中充分发挥战斗堡垒和先锋模范作用，营造庆祝党的百年华诞的良好氛围，根据院“两优一先”评选表彰工作总体安排，在各单位申报、评委会评审的基础上，经直属机关党委常委会研究，院党建工作领导小组审议并报院党组同意，决定授予80名同志“优秀共产党员”荣誉称号、60名同志“优秀党务工作者”荣誉称号、60个基层党组织“先进基层党组织”荣誉称号。

这些受表彰的先进集体和个人，是深入学习贯彻习近平新时代中国特色社会主义思想，全面贯彻落实习近平总书记贺信精神，围绕“四个面向、两个一流”目标要求，立足岗位建功立业、具有鲜明时代特征的优秀代表；是各级党组织和广大党员充分发挥战斗堡垒作用和先锋模范作用的集中展示；是深入推进创新工程、服务支撑脱贫攻坚和乡村振兴，扎实开展“不忘初心、牢记使命”主题教育，在落实重大科研任务及农业农村硬任务、全面打赢脱贫攻坚战和服务乡村振兴中涌现出的一批优秀共产党员、优秀党务工作者和先进基层党组织。

全院各级党组织、广大共产党员和党务工作者要向受表彰的组织和个人学习，以此次评选表彰为契机，持续深入学习贯彻习近平新时代中国特色社会主义思想、党的十九大精神和十九届二中、三中、四中、五中全会精神，不断增强“四个意识”、坚定“四个自信”、做到“两个维护”，不忘初心、牢记使命，建设让党中央放心、让人民群众满意的科研院所，为实现乡村全面振兴、夺取新时代中国特色社会主义伟大胜利、实现中华民族伟大复兴的中国梦不懈奋斗。

附件：1. 中国农业科学院优秀共产党员名单
　　　2. 中国农业科学院优秀党务工作者名单
　　　3. 中国农业科学院先进基层党组织名单

中共中国农业科学院直属机关委员会

2021年6月22日

附件 1

中国农业科学院优秀共产党员名单
（80 名）

后勤服务中心　吕春生
研究生院　陈黎明
作物科学研究所　何中虎　李少昆　刘录祥
植物保护研究所　王振营　周雪平　陆宴辉　王桂荣
蔬菜花卉研究所　方智远　张秀新
农业环境与可持续发展研究所　严昌荣　张万钦
北京畜牧兽医研究所　秦玉昌　赵桂苹
蜜蜂研究所　薛晓锋
饲料研究所　闻治国
农产品加工研究所　王凤忠　张春晖
生物技术研究所　王宝宝
农业经济与发展研究所　陈秧分　胡向东
农业资源与农业区划研究所　王秀芳　尹昌斌　翟丽梅
农业信息研究所　刘继芳　张学福
农业质量标准与检测技术研究所　吴　伟　陈　松
中国农业科学技术出版社　周　亮
农田灌溉研究所　刘　源　乔冬梅
中国水稻研究所　王克剑　王跃星　张均华
棉花研究所　杜雄明　邢朝柱　李俊文
油料作物研究所　单志慧　郑明明
麻类研究所　谢纯良　廖勇凤
果树研究所　姜淑苓　王海波
郑州果树研究所　曹　珂　张留燕
茶叶研究所　王新超　李　强
哈尔滨兽医研究所　施建忠　李昌文　郭兴福
兰州兽医研究所　鲁炳义
兰州畜牧与兽药研究所　阎　萍
上海兽医研究所　陈鸿军　刘芹防
草原研究所　李　平　渠　晖
特产研究所　孙德水　苌群红

农业农村部环境保护科研监测所 叶　飞　刘潇威

农业农村部沼气科学研究所 王　兰　徐彦胜

农业农村部南京农业机械化研究所 薛新宇　谢焕雄

烟草研究所 王树声　张洪博

农业基因组研究所 钱万强　商连光

都市农业研究所 杨其长

院机关 赵春雷　李紫陌　赵锡海　孙　聪　刘洪业　张　爽　赵令卓　吴限忠　谢志强　闫长青

附件 2

中国农业科学院优秀党务工作者名单（60 名）

后勤服务中心　高　毅
研究生院　温　洋
作物科学研究所　范　静　郭刚刚
植物保护研究所　王秋霞
蔬菜花卉研究所　顾兴芳
农业环境与可持续发展研究所　姬军红
北京畜牧兽医研究所　马　莹　储明星
蜜蜂研究所　张　婷
饲料研究所　项伯纯
农产品加工研究所　康　威　范　蓓
生物技术研究所　平淑珍　张　伟
农业经济与发展研究所　李思经
农业资源与农业区划研究所　吴文斌　王　芳
农业信息研究所　张蕙杰　郑火国
农业质量标准与检测技术研究所　郭春潮
农业农村部食物与营养发展研究所　王秀丽
中国农业科学技术出版社　李祥洲
农田灌溉研究所　宗　洁
中国水稻研究所　俞其明　陈铭学
棉花研究所　蔡忠民
油料作物研究所　赵长军　杨　湄
麻类研究所　粟建光　王真栋
果树研究所　毋永龙　杨振锋
郑州果树研究所　冯希荣
茶叶研究所　林修竹　翁　蔚
哈尔滨兽医研究所　张晓鹏　田国彬
兰州兽医研究所　杨　敏
兰州畜牧与兽药研究所　荔　霞
上海兽医研究所　王少辉
草原研究所　夏　燕

特产研究所 马海琴 耿明生

农业农村部环境保护科研监测所 宋晓龙

农业农村部沼气科学研究所 何明雄 王文国

农业农村部南京农业机械化研究所 江 帆

烟草研究所 崔泽民 李义强

农业基因组研究所 饶敏杰 闫建斌

都市农业研究所 林 伟

院机关 孔凡丕 解 沛 李巨光 于 辉 赵红梅 钟 娟 申拥军

附件 3

中国农业科学院先进基层党组织名单（60 个）

农业经济与发展研究所党委
农业资源与农业区划研究所党委
中国水稻研究所党委
郑州果树研究所党委
茶叶研究所党委
上海兽医研究所党委
烟草研究所党委
农业基因组研究所党委
后勤服务中心京区物业管理中心党支部
研究生院教工第三党支部
作物科学研究所作物耕作与生态创新团队党支部
作物科学研究所特色农作物优异种质资源发掘与创新利用团队党支部
作物科学研究所水稻分子设计技术与应用创新团队党支部
植物保护研究所科研第三党支部
植物保护研究所职能第一党支部
植物保护研究所科研第七党支部
蔬菜花卉研究所第二党支部
蔬菜花卉研究所第五党支部
农业环境与可持续发展研究所生物节水与旱作农业创新团队党支部
北京畜牧兽医研究所第十五党支部
蜜蜂研究所科研第一党支部
农产品加工研究所科研第二党支部
生物技术研究所第七党支部
生物技术研究所第五党支部
农业经济与发展研究所第二党支部
农业资源与农业区划研究所科研第十三党支部
农业信息研究所第三党支部
农业质量标准与检测技术研究所科研第二党支部
农田灌溉研究所综合管理与服务党支部
中国水稻研究所稻米质量安全评估创新团队党支部

中国水稻研究所杭州退休职工第二党支部
棉花研究所科研第一党支部
棉花研究所科研第二党支部
油料作物研究所质量标准与食品安全研究室党支部
油料作物研究所油菜遗传育种研究室党支部
麻类研究所生物加工研究室党支部
果树研究所科研第四党支部
郑州果树研究所第三党支部
茶叶研究所培训中心党支部
哈尔滨兽医研究所国家动物疾病防控高级别生物安全实验室党支部
哈尔滨兽医研究所动物流感创新团队党支部
哈尔滨兽医研究所维科生物技术有限公司禽流感生产车间党支部
兰州兽医研究所口蹄疫与新发病流行病学团队党支部
兰州畜牧与兽药研究所牦牛资源与育种创新团队党支部
上海兽医研究所第二党支部
草原研究所第四党支部
特产研究所第一科研党支部
农业农村部环境保护科研监测所养殖业污染防治创新团队党支部
农业农村部环境保护科研监测所期刊出版与信息服务中心党支部
农业农村部沼气科学研究所农村生物质能源与人居环境发展战略与政策创新团队党支部
烟草研究所第五党支部
农业基因组研究所经济作物的全基因组设计育种创新团队党支部
院办公室党支部
科技管理局党支部
人事局党支部
财务局党支部
基本建设局党支部
成果转化局党支部
机关党委机关党支部
院机关离退休党总支

唐华俊院长在中国农业科学院党史学习教育动员部署大会上的讲话

2021 年 3 月 5 日

同志们：

2021 年是中国共产党成立 100 周年，党中央决定在全党开展党史学习教育。2021 年 2 月 20 日，中共中央召开党史学习教育动员大会，习近平总书记出席会议并发表重要讲话。3 月 3 日，农业农村部召开党史学习教育动员部署大会，正式启动并全面部署农业农村部学习教育各项工作。今天会议的主要目的是：认真学习贯彻中央党史学习教育动员大会和农业农村部党史学习教育动员部署大会的会议精神，全面启动部署我院党史学习教育各项工作。

刚才，张合成同志结合我院实际，深刻阐释了开展党史学习教育的重大意义，对我院党史学习教育作了全面部署，提出了明确要求。全院各级党组织要精心组织、扎实推进，带领广大党员干部以优良的作风学风确保学习教育取得实效。

下面，我就开展好我院党史学习教育，提四点要求。

一要聚焦目标任务开展好学习教育。全院各级党组织和广大党员干部要深入学习领会习近平总书记重要讲话精神，深刻铭记我们党走过的光辉奋斗历程，深刻认识我们党为国家和民族作出的伟大贡献，深刻感悟中国共产党始终不渝为人民的初心宗旨，系统掌握党推进马克思主义中国化形成的重大理论成果，传承弘扬中国共产党在长期奋斗中铸就的伟大精神，深刻领会党成功推进革命、建设、改革的宝贵经验。要按照农业农村部党组和中国农业科学院党组的各项部署，结合院所实际，进一步明确目标任务，切实做到学史明理、学史增信、学史崇德、学史力行，教育引导党员干部学党史、悟思想、办实事、开新局，为我院凝聚科技创新的强大力量。

二要聚焦压实责任开展好学习教育。院党组成员要以上率下，走在前、作表率，各部门各单位党组织主要负责同志要把主体责任扛起来，把党史学习教育作为一项贯穿全年的重要政治任务，进一步提高思想站位，充分发挥“关键少数”作用，加强组织领导、树立正确党史观、切实为群众办实事解难题。要注重方式方法创新，坚决克服形式主义、官僚主义，经请示农业农村部同意，对各部门各单位召开动员部署大会不做硬性要求，但要对学习教育作出具体部署和安排，制定工作方案，细化学习教育任务，确保高标准高质量完成学习教育各项任务。

三要聚焦初心使命开展好学习教育。全院各级党组织和广大党员干部要把党史学习教育融入农业科技创新，坚持“四个面向”，增强作为“国家队”必须肩扛“国家责”

的思想自觉、政治自觉和行动自觉。要牢记农业科技创新的初心和使命，担起农业科技自立自强的责任担当，追忆永不褪色历史，传承农科精神血脉，激发自主创新动力，引领农科人接续奋斗，以昂扬姿态全力开启“十四五”新征程。

四要聚焦全年工作开展好学习教育。全院各级党组织和广大党员干部要把学习教育成果转化为开好局、起好步的强大动力，以落实中央巡视整改为契机，充分发挥科技“保供给、破要害、开新局”的战略作用，大力强化创新和转化“两大基石”、人才和条件“两大支撑”、改革和党建“两大保障”，扎实做好院工作会议上提出的七项重点任务，以更加优异的成绩庆祝建党100周年。

张合成书记在中国农业科学院党史学习教育动员部署大会上的讲话

2021 年 3 月 5 日

同志们：

今年是中国共产党成立 100 周年。中共中央决定，在全党开展党史学习教育。近日，中共中央印发了《关于在全党开展党史学习教育的通知》（以下简称《通知》）。2021 年 2 月 20 日，习近平总书记出席党史学习教育动员大会并发表重要讲话，对学习教育工作进行了全面动员部署。3 月 3 日，农业农村部召开党史学习教育动员部署大会，对部系统开展党史学习教育进行全面动员部署，提出明确要求。

今天，我们召开中国农业科学院党史学习教育动员部署大会，主要任务是认真学习贯彻习近平总书记重要讲话精神，落实中共中央《通知》要求，正式启动和全面部署我院开展党史学习教育各项工作，推动党史学习教育扎实有序开展。刚才，吴孔明同志传达了习近平总书记在党史学习教育动员大会上的重要讲话精神、农业农村部党史学习教育动员部署大会的情况以及唐仁健部长的讲话精神，全院各级党组织和广大党员要认真学习领会、系统部署安排、自觉贯彻落实。唐华俊同志还要对学习教育提出要求，请各单位认真抓好落实。下面，我就落实中共中央《通知》和习近平总书记重要讲话精神以及农业农村部党组部署讲四点意见。

一、深刻认识开展党史学习教育的重大意义，迅速把思想和行动统一到中央决策部署上来

习近平总书记在党史学习教育动员大会上的重要讲话深刻阐述开展党史学习教育的重大意义和工作要求，系统回答了“为什么学、学什么、如何学”等重要问题，对党史学习教育进行了全面动员和部署。动员大会后，中国农业科学院党组第一时间、第一议题对习近平总书记的重要讲话进行了传达学习，对我院学习活动提出了要求。全院各级党组织和广大党员干部要自觉把思想和行动统一到中央决策部署上来，从做到“两个维护”的政治高度，切实增强开展好党史学习教育的自觉性、主动性。

第一，充分认识开展党史学习教育是坚定初心使命的重要源泉。我们党的百年历史，就是一部践行党的初心使命的历史，就是一部党与人民心连心、同呼吸、共命运的历史。习近平总书记讲，江山就是人民，人民就是江山。通过党史学习教育，要深刻认识党的性质宗旨，始终坚持以人民为中心的发展思想，充分发挥农业科研国家队的作

用，突出服务“三农”，促进农业高质高效、乡村宜居宜业、农民富裕富足，让广大人民群众从农业科技创新中感受到更多的获得感、幸福感和安全感。

第二，充分认识开展党史学习教育是提高执政能力的根本途径。我们党一步步走过来，很重要的一条就是不断总结经验、提高本领，不断提高应对风险、迎接挑战、化险为夷的能力水平。通过党史学习教育，更好的总结历史经验、把握历史规律、掌握历史主动，对于着力提升解决新阶段农业科技创新发展现实问题、提升农业科技自主创新的能力和水平具有重要意义。

第三，充分认识开展党史学习教育是凝聚奋进力量的强大动力。在我们党100年的非凡奋斗历程中，有黄继光、邱少云这样一大批视死如归的革命烈士和顽强奋斗的英雄人物，构筑起了中国共产党人的精神谱系，为我们立党兴党强党提供了丰厚的滋养。在科学家党员中，钱学森、华罗庚、李四光等，以及我院的丁颖、金善宝等老一辈科学家们，为国家科技事业作出了重要贡献。通过党史学习教育，传承红色基因，发扬老一辈科学家的光荣传统和优良作风，赓续共产党人精神血脉，对于激发起坚守农业科技自立自强、强化国家农业战略科技力量的精气神具有重要意义。

第四，充分认识开展党史学习教育是中国特色农业科技创新道路的政治保证。习近平总书记指出，在全党开展党史学习教育，是坚定信仰信念、在新时代坚持和发展中国特色社会主义的必然要求。中国农业科学院64年的发展历程，就是党领导中国农业科技的发展史。在党的坚强领导下，我院始终以服务“三农”为己任，努力抢占世界农业科技制高点，努力把握农业科技发展主动权，努力引领农业农村现代化，为保障国家粮食安全、促进农民增收、消灭贫困与饥饿作出了重要贡献。前两天，湖南卫视“党史上的今天”专题讲述了1957年3月1日，中国农业科学院成立，在全院干部职工的微信群和朋友圈里引发良好反响，激发了全体农科人特别是我院科技人员和干部职工强烈的自豪感。通过开展党史学习教育，坚持从讲政治的高度抓农业科技创新，深入贯彻落实“四个面向”、加快“两个一流”建设、打造国家农业科技战略力量，具有非常重要的深远意义和现实意义。

二、准确把握党史学习教育的目标任务，科学筹划、逐项落实好党史学习教育部署安排

中共中央要求突出学党史、悟思想、办实事、开新局，要求注重融入日常、抓在经常。学习主体是面向全体党员，以县处级以上干部为重点。结合我院实际，全院各级党组织和广大党员干部要在党史学习教育中明确目标任务，创新方式方法，不折不扣落实好、执行好中央的规定和要求。

一是牢牢把握党史学习教育的目标要求。中共中央对党史学习教育提出明确要求，我们要结合农业科研实际，引导党员干部坚持学习党史与学习新中国史、改革开放史、社会主义发展史相贯通，学习党史与学习“三农”发展史、农业科技发展史以及院史、

所史相结合，深刻认识中国农业科学院作为农业科研国家队的使命担当，深刻领会加快实现科技自立自强的精髓要义，深刻理解“四个面向”的价值意蕴，做到学史明理、学史增信、学史崇德、学史力行四个目标要求。坚持学史明理，就是要通过学习教育，牢固树立唯物史观，强化理论思维、历史思维，深入理解把握马克思主义中国化成果特别是习近平新时代中国特色社会主义思想的科学性真理性，全面领会习近平总书记关于“三农”工作、科技创新重要论述的精神实质和丰富内涵，系统掌握贯穿其中的马克思主义立场观点方法，提高党员干部的思想理论水平。坚持学史增信，就是要通过学习教育，增强历史自觉，保持战略定力，筑牢信仰之基，深刻认识红色政权来之不易、“三农”发展和科技创新好形势好局面来之不易，坚定对马克思主义的信仰，对社会主义、共产主义的信念，对实现中华民族伟大复兴中国梦的信心，增强中国农业科学院作为“国家队”，心系“国家事”、肩扛“国家责”的政治自觉和行动自觉。坚持学史崇德，就是要通过学习教育，弘扬优良传统，传承红色基因，增强党的意识、党员意识，自觉践行社会主义核心价值观，大力弘扬以爱国主义为核心的民族精神和以改革创新为核心的时代精神，传承科学家精神，立政德、明大德、守公德、严私德，永葆对党的忠诚之心、对农民群众的赤子之心，永葆党的先进性和纯洁性。坚持学史力行，就是要通过学习教育，加强党性锤炼，砥砺政治品格，践履知行合一，不断提高把握大局大势、应对风险挑战、推进科技创新和实际工作的能力水平，在进行伟大斗争、建设伟大工程、推进伟大事业、实现伟大梦想中增长才干、建立新功。

二是精准聚焦学习内容。中国共产党的历史是一部丰富生动的教科书。开展党史学习教育，学习内容非常丰富，我们要精心研读、反复体会、深入思考。首先，要深刻铭记中国共产党百年奋斗的光辉历程。深刻认识党的领导、中国特色社会主义道路是历史的选择、人民的选择，增强继往开来走好新时代长征路、实现科技自立自强、全面推进乡村振兴、加快农业农村现代化的自觉性和坚定性。其次，要深刻认识中国共产党为国家和民族作出的伟大贡献。没有中国共产党就没有新中国，就没有中国特色社会主义，就没有中华民族的伟大复兴；没有中国共产党就没有农业科技创新的历史性成就，就没有农业农村改革发展和亿万农民群众摆脱贫困、全面实现小康的光辉变革。再次，要深刻感悟中国共产党始终不渝为人民的初心宗旨。始终牢记为了谁、依靠谁、我是谁，永远和人民群众同呼吸、共命运、心连心，坚定不移为农业谋发展、乡村谋振兴、农民谋幸福。从次，要系统掌握中国共产党推进马克思主义中国化形成的重大理论成果。深刻认识马克思主义是立党立国之本，在当代中国坚持和发展习近平新时代中国特色社会主义思想，就是坚持和发展马克思主义，必须坚持不懈用习近平总书记关于“三农”工作、科技创新重要论述等党的创新理论武装头脑、指导实践、推动工作。然后，要学习传承中国共产党在长期奋斗中铸就的伟大精神。自觉继承革命传统、传承红色基因、补足精神之钙，在具有许多新的历史特点的伟大斗争中，不断书写中国共产党人新的精神史诗。大力发扬“孺子牛、拓荒牛、老黄牛”精神、脱贫攻坚精神、科学家精神及新时代农科精神等，同时，在党史学习中擦亮我院“祁阳站精神”“中棉所精神”等特有的精神谱系，凝聚奋进新时代的精气神，不断为农业科技创新增添新的精神动力。最后，要深刻领会中国共产党成功推进革命、建设、改革的宝贵经验。充分认识中国共产党为什么"能"、马克思主义为什么"行"、中国特色社会主义为什么"好"，深刻领会我们党在推进农业农村改革发展、农业科技创新历史进程中形成的宝贵经验，认清形势，把握规律，抓住机遇，应对挑战，在实现第二个百年奋斗目标中接续奋斗。

三是精心组织开展专题学习培训。首先，要落实指定学习内容，针对领导干部、普通党员、学生党员、离退休党员的不同特点，确定学习重点内容，认真学习《论中国共产党历史》《毛泽东、邓小平、江泽民、胡锦涛关于中国共产党历史论述摘编》《习近平新时代中国特色社会主义思想学习问答》《中国共产党简史》4部指定材料，以及《中国共产党的100年》《中华人民共和国简史》《改革开放简史》《社会主义发展简史》《摆脱贫困》《之江新语》等重要参考材料，做到读原著、学原文、悟原理。其次，要丰富学习形式，各级党组织要在党员干部自学为主的基础上，采取理论学习中心组学习、青年理论学习小组学习、举办读书班等形式，分专题开展学习研讨。院党组成员、领导干部要坚持以上率下，在学习上有更高标准、更高要求，在学党史、讲党史、懂党史、用党史方面发挥示范带动作用，提升学习质量效果。最后，要组织专题培训，各级党组织要组织党员领导干部、党支部书记、先进典型讲专题党课，构建分级分类的教育培训体系，对处级以上干部和广大党员干部组织开展教育培训。党支部采取"三会一课"等形式，广泛开展入党宣誓、主题党日、优秀党课报告征集等主题突出、生动活泼的群众性、宣传性、教育性强的活动，切实增强培训实效。

四是全面加强政治引领。首先，要强化理论武装，以党史学习教育为重点，组织党员干部撰写理论文章、开展课题研究，组织参加上级部门开展的学习习近平新时代中国特色社会主义思想经验交流会，推动党史学习走深走实。其次，要强化实践教育，最核心的是要为农民服务，保障创新和转化"两大基石"，促进创新发展。要组织参观主题展览，结合"书香农科"建设，组织开展推荐一本党史好书或一部党史佳片活动，组织参加部系统职工歌咏大会、职工书画摄影展等，组织开展好有我院特色特点的学习活动，推动学习入脑入心。京外研究所在参加地方党委组织的活动中要认真积极组织好，展现出中国农业科学院的特色。最后，要强化典型引领，评选表彰一批优秀共产党员、优秀党务工作者和先进基层党组织；开展"老一辈科学家入党志愿书和科研记录档案联播"宣传活动，讲好讲活老一辈党员科学家的故事；以建成中国农业科学院展厅和新乡基地科学家精神展览馆为契机，总结中国农业科学院对国家经济社会发展作出的重大成果和突出贡献，大力宣传和弘扬老一辈科学家的"三农"情怀和高尚品格，在新时代农业科技创新伟大实践中不断书写新的精神史诗。

五是扎实开展"我为群众办实事"实践活动。深入践行党的宗旨和群众路线，积极开展"我为群众办实事"实践活动。院党组成员要以上率下开展调研、解决问题。院党组、院部和院属各单位要围绕职工群众的"急难愁盼"，推动解决职工群众最关心、最直接、最现实的利益问题，提出办实事清单，让职工群众感受到党史学习教育的成效。“七一”前夕，组织走访慰问我院生活困难党员、老党员、老干部和烈士遗属、因公殉职党员、干部家属活动，帮助解决实际问题。

六是严肃认真召开专题民主生活会和组织生活会。各级党组织要以学习百年党史为主题，围绕“学党史、感党恩、强党性”，召开专题民主生活会、组织生活会，开展党性分析，交流学习体会。党员领导干部要认真参加专题民主生活会，严格执行双重组织生活会制度。

三、聚焦主题，突出特色，以党史学习教育显著成效推动农业科技创新

我院开展党史学习教育要与贯彻落实习近平总书记关于“三农”工作和科技创新的重要论述以及致我院贺信精神结合起来，与党领导农业科技事业发展的历史、中国农业科学院60多年发展历程紧密结合起来，与落实中央巡视整改要求结合起来，践行“求真笃行、敬农致用”的院训，增强我院作为农业科研国家队走在前、做表率的思想自觉、政治自觉和行动自觉。

一要增强贯彻落实习近平总书记重要指示批示的坚定性。旗帜鲜明讲政治、保证党的团结和集中统一是我党成为百年大党、创造世纪伟业的关键所在。通过党史教育活动，要充分挖掘和利用“三农”发展史、农业科技发展史、院史、所史等科研教育资源，认真学习党领导中国农业科技事业发展的伟大历程和光辉成就，系统总结党领导农业科技事业的成功经验，不断增强贯彻落实习近平总书记“四个面向”指示精神和致我院贺信精神的坚定性。

二要恪守我院作为农业科研国家队的初心使命。党的百年历史是一部与人民心连心、同呼吸、共命运，践行初心使命的历史。在 1957 年 3 月 1 日中国农业科学院成立大会上，我院首任院长丁颖在报告中指出，“中国农业科学院是我国农业科学技术的领导中心。其基本任务是，根据国家农业生产的计划、农业生产时间中的客观需要和世界农业科学的发展趋势，组织领导全国农业科学家进行有关农业生产技术和农业科学理论的研究，以新的科学研究成果，保证我国社会主义农业生产和农业科学的不断提高和发展。”这就是党赋予中国农业科学院的职责和任务，也是中国农业科学院的初心和使命。

三要打造政治硬、作风强、业务精的国家战略科技力量。回顾走过的路，不忘来时的路，才能走好前行的路。通过党史学习教育，我们要坚定信仰、信念、信心，凝聚干事创业合力。要紧紧围绕“国之大者”抓主抓重，紧紧围绕中共中央决策部署落细落小，把支撑农业稳产保供作为首要任务，把解决好种子和耕地问题作为创新重点，把打造国家战略科技力量作为重大使命，把机制创新作为根本动力。

四、精心组织，压实责任，确保我院党史学习教育质量高、成效实

一要压紧压实责任。党史学习教育在院党组领导下开展。成立党史学习教育领导小组，院长和我担任组长；各位院领导坚持“一岗双责”，对分管部门、单位的学习教育加强指导和督促；发挥领导小组成员部门职能作用，形成齐抓共管合力。院党史学习教育领导小组办公室设在机关党委，负责日常工作。院各级党组织要精心组织，成立相应领导机构和工作机构，抓好落实部署。

二要把握正确导向。坚持马克思主义历史观，牢牢把握党的历史发展的主题和主线、主流和本质，以两个历史决议等中央文件精神为依据，正确认识党史上的重大事件、重要人物、重要会议等，旗帜鲜明反对历史虚无主义，坚决抵制歪曲和丑化党的历史的错误倾向，引导干部群众树立正确的历史观、民族观、国家观、文化观。

三要创新方式方法。坚持分类指导，切实增强学习教育的针对性和实效性。在规定动作的基础上，针对农业科研实际开展自选动作，广泛开展特色鲜明、形式多样的学习教育活动。运用新媒体等手段，通过喜闻乐见的形式，创新学习载体和抓手，推动党史学习教育入脑入心。要加强宣传报道，及时反映学习教育情况，营造浓厚氛围。

四要确保务求实效。要把党史学习教育同学习贯彻总书记“三农”工作和科技创新的重要论述以及致我院贺信精神结合起来，同中央巡视反馈意见的整改结合起来，同做好农业科技创新工作结合起来，要沉下心来学、静下心来悟、安下心来干，力求理论武装取得新进步、工作推动取得新进展、巡视整改取得新成效，坚决防止学习和工作“两张皮”，真正把学习教育成果转化为“十四五”开好局、起好步的强大动力，转化为实现第二个百年奋斗目标的活力源泉。

同志们，开展党史学习教育，意义重大、影响深远。让我们更加紧密地团结在以习近平同志为核心的党中央周围，精心组织、周密安排，扎扎实实开展好党史学习教育，为做好新时代农业科技创新工作、扎实推进乡村振兴、加快建设科技强国提供强有力支撑，以学百年党史的优异学习成绩迎接建党100周年。

百年农科历程　坚守初心使命
肩负科技支撑乡村振兴的时代重任

——唐华俊院长在中国农业科学院庆祝中国共产党成立 100 周年大会上的党课报告

2021 年 6 月 28 日

同志们：

开展党史学习教育，是党的政治生活中的一件大事，是加强党的政治建设的重要举措。根据中共中央部署要求以及我院党史学习教育有关安排，今天我讲党史学习专题党课，与大家一起回顾百年党史中的农业科技发展历程，重温农业科技的初心使命，坚定实现高水平科技自立自强的信念信心。

100 年来，党领导人民群众在革命、改革与建设的历程中，也领导我国农业科技事业创造了辉煌成就。回顾百年农业科技历程，对于深化对历史发展规律的认识和理解，准确把握农业农村现代化的方向和路径，加快推动新时代农业科技创新发展，实现农业科技自立自强和乡村全面振兴，具有十分重要的意义。

一、回顾党领导农业科技事业的辉煌历程，坚定矢志为农服务的理想信念

（一）新民主主义革命时期，初步构建了由党领导的农业科技体系

中国近代农业科研体系的建立始于清末，中国第一个农事试验机构为上海育蚕试验场。1902 年创办直隶农事试验场，分桑蚕、森林、园艺、工艺四科，这是我国最早成立的农业科研机构雏形。1906 年，清政府在西直门外设立农业试验场，定名为农工商部农事试验场（1916 年改名为农商部中央农事试验场）。至 1911 年，全国各地已有农事试验场等农业试验机构 100 多处。20 世纪 30 年代，为研究解决全国的农业问题，南京国民政府设立全国最高农业研究机构——中央农业实验所，使全国的农业科研具有了一定的规划性。后来一批政府办的农业学术研究机构陆续成立，分别是实业部中央种畜场、中央水工试验所、中央棉产改进所和全国稻麦改进所等。抗日战争时期，我们党创办的第一所高等科技教育机构——延安自然科学院在 1941 年成立了生物系，后改名为

农业系，培养了一批农业科技人才。1942 年，毛泽东同志的《经济问题与财政问题》把提高农业技术列为党的一项重要农业政策，在《关于发展农业》报告中要求边区政府从实际条件出发，开展可能办到的科学研究。抗日战争和解放战争期间，党领导的根据地和解放区在“自己动手、丰衣足食”号召下，建立了农业试验场，开展了以农业大生产运动为重要方式的农业科技推广工作。在艰苦岁月里，不仅保障了粮食供给，还初步构建了由党领导的农业科技体系，为创建新中国农业科技体制奠立了思想基础和建设经验。

自晚清西方近代农业科技传入中国，到 1949 年中华人民共和国成立，是西学东鉴、传统农业与近代农业初步结合的一个时期。这一时期，尽管我国对农业科技有所探索，但由于整个社会环境极度动荡，使中国近代农业科技无论是研究规模还是研究水平都处于初步发展阶段，与当时发达国家相比有相当大的差距。

但即使是在抗日战争和解放战争的艰苦年代里，农业科技人员依然坚持开展科教工作，对发展革命根据地的农业生产作出了重要贡献。各根据地先后引进推广了燕京 72 号、燕京 181 号、曲阳 2 号小麦，抗谷螟产量高的狼尾谷、燕京 811 号、燕京 15 号谷子，高产金皇后玉米，早熟高产白皮马铃薯，国光、黄元帅苹果，茄子、番茄的杂交第一代等优良品种，显著提升了革命根据地农作物产量。在这个时期，我院首任院长丁颖先生在日本留学。毕业前，恰逢国内爆发“五四运动”，东京中国留学生为声援祖国的学生运动上街游行示威，受到日本军警的血腥镇压，丁颖气愤之余，毅然回国；回国后，他潜心科研，提出我国是栽培稻种的原产地之一的论证，首次用野生稻与农家种杂交育成了中山 1 号等优良新品种，推广历时 50 年不衰，为提高我国水稻产量和品质作出了巨大的贡献。第二任院长金善宝先生引进育成南大 2419 等优良品种，最高推广面积每年达7 000万亩，为当时小麦增产增收作出了重大贡献，1942 年他得知延安正开展大生产运动，立即从多年搜集的小麦品种中整理、鉴定筛选出最好的品种，包装好送到新华日报社转交延安。半个月后，邓颖超同志告诉金善宝：“延安收到了你送去的种子，同志们感谢您。”我院首任分党组书记陈凤桐先生于 20 世纪 40 年代在抗日民主根据地组织科学工作者开展小麦、水稻、玉米、小米良种选育和改进，家畜良种繁育，护林和造林等农业科学研究工作，为开创新中国农业科学技术事业作出了突出贡献。

（二）社会主义革命和建设时期，在全国范围内掀起了农业技术革命的热潮

新中国成立之初，党和政府就十分重视农业科学研究事业。在接管原有农业科研机构的基础上，分别成立东北、华北、西北、中南、西南、华东、华南 7 个大区一级综合农业科研机构。毛泽东同志系统提出了“土、肥、水、种、密、保、管、工”的“八字宪法”。中共中央制定颁布了《1956—1967 年科学技术发展远景规划》，将“农业机械化、电气化和农业机械的制造问题”“提高农作物单位面积产量”“提高畜牧业、水产业和养蚕业的产量和质量问题”等农业科技任务纳入其中，对推动我国农业科学技

术发展起到重要作用，也对农业科研机构布局、高等农业院校建设、农业科技队伍培养及农业科技体制的形成起到了关键作用。在此期间，粮食稳定供给是经济工作和农业农村工作的头等大事，恢复和发展粮食生产是农业科技工作的中心任务，农业科技和政策体系随着中央人民政府农业部门科技职能的确立而逐步完善。

1957 年，为适应社会主义经济建设需要，统一全国农业科学研究工作的领导，中国农业科学院正式成立。中国农业科学院的成立是我国农业科学事业发展中的一件大事，标志着我国农业科学事业新的开始。建院初期，中国农业科学院就把“理论联系实际，科学为生产服务”作为科研工作的基本方针，致力于“成为全国农业科学的领导中心和重点的研究中心，并围绕这个中心把各农业科学研究机构和高等农业院校组成一个全国农业科学工作网”。在此期间，我院参与了十二年科学技术发展规划编制，在农业部的领导下制定了《1956—1967 年农业科学研究方案》；科研工作处于初步发展阶段，在农业基础研究和应用基础研究的一些领域取得重要进展和突出成果；组织科技人员“下楼出院”深入农村蹲点，搞样板田，例如，在湖南省祁阳改造中低产田的实践中作出了显著成绩，受到表彰和奖励。

“文革”期间，国务院决定撤销中国农业科学院的建制，与林科院合并，成立中国农林科学院，组成 35 个科技服务组（队），奔赴革命圣地和“红旗点”，实行“三同”(同吃、同住、同劳动)，接受贫下中农“再教育”。这种拆散专业研究机构的做法波及全国农业科研机构，导致农业科学研究停顿下来。但我院科研人员利用专业所长，结合当地农业生产发展需要，开展科学试验和技术资讯服务，服务农业农村农民没有间断。其中，大寨科技服务队总结大寨培肥土壤的理论与实践，把“三跑田”变成“三保田”；延安科技服务队创造性地解决平川地不能种麦难题，为当地“小麦下川”、促进农业增产、农民增收作出了贡献。《习近平的七年知青岁月》提到我院服务“三农”事迹，受访者雷平生（与习近平一起分在梁家河村插队）谈到：“近平当了村支书后，他真正发自内心地想要带领村民改变梁家河的面貌。近平给中国农业科学院某个研究所写过信，希望他们在粮种、菜种方面给予一些帮助。农科院的人还真不错，给寄来一大包蔬菜种子，有西红柿、黄瓜、小油菜。近平收到种子后，专门拨出一块地来试验种植。那些菜产量还可以，村里人分过几次，大家都吃得很好。”“文革”期间尽管遭遇了挫折与损失，但在周恩来总理等国家领导人的支持下，中国农林科学院的基础研究和应用基础研究得到恢复，在作物遗传育种、主要病虫害发生规律和畜禽疫病防控等方面取得多项科研成果。

这一时期最具代表性的重大科技成果是 20 世纪 70 年代中国农林科学院牵头组织开展了全国科研大协作实现杂交水稻“三系”配套，成功研究出杂交水稻，在很大程度上解决了中国人的粮食和吃饭问题。我院哈尔滨兽医研究所 1951 年创制的山羊兔化牛瘟弱毒疫苗，历史上第一次在中国消灭了牛瘟。70 年代末，哈尔滨兽医研究所在世界上首创马传贫疫苗，突破了慢病毒免疫预防的禁区，有效控制了马传染性贫血。经过全国科研人员的不懈努力，一些长期严重危害畜牧业生产和人民健康的动物传染病得到较好的控制。我院北京牧医所张子仪院士自 20 世纪 60 年代起牵头逐步系统开展饲料营养价值评定方法研究，于 70 年代末期首次完成《中国饲料成分及营养价值表》，并连续 20 年持续发布更新，助推我国饲料工业从无到有，至目前的总产量世界第一。

（三）改革开放新时期，将农业科技作为驱动农业农村发展的重要动力

党的十一届三中全会后，农业科技事业掀开了新篇章。1982 年中央一号文件明确规定“恢复和健全各级农业技术推广机构”，之后连续 4 年的中央一号文件都强调发展农业科学技术，改善农业生产条件。2004—2011 年，连续 8 年以“三农”为主题出台中央一号文件，将农业科技作为驱动农业农村发展的重要动力予以强调，基本形成了“布局合理、分工明确、专业配套、相互协调”的部省两级管理的农业科研体系、“五级一员一户”的农技推广体系，为农业技术普及应用和农业稳定发展发挥了重要作用。这一时期，农业科技投入力度持续加大，中共中央出台一系列科技和农业科技政策及专项规划，重点聚焦重新认识农业科技的地位、作用和影响，进一步明确了农业科技优先发展领域，强调农业科技成果转化为农业生产力，指明了农业科技改革和发展方向。

1978 年，经邓小平等中央领导同意，中国农业科学院恢复建制。1979 年，新建了研究生院，成为我国首批博士学位与硕士学位授予单位。1982 年，中国农业科学院确立了新的发展战略，即“中国农业科学院是全国性、综合性农业科研机构，应建成全国农业科学研究中心、学术中心”。在此期间，中国农业科学院紧紧围绕“四个服务”（为农业生产服务、为农业科学发展服务、为国家宏观决策服务、为各农业科研院所服务），参加制定科技发展规划，还参与编制了行业、学科规划，对农业科技发展有重要指导意义；根据国家重大方针政策和社会需要调整科技工作战略布局，组织重点科技攻关，加强农业研究和开发研究，为发展我国现代农业和农业科技作出积极的贡献；积极探索和持续深化科技体制改革，开展科研工作大检查，注重人才队伍建设与研究生教育，鼓励与支持广大科技人员投身社会主义农业现代化建设，多出成果，快出人才；从敞开国际科技交流大门到迎来国际合作与交流新发展，在“走出去”“请进来”，国际科技合作与交流工作方面取得了新进展、新成果，不断推动中国农业科学院走向国际、走向世界。中国农业科学院成为我国农业科技进步的排头兵、重大农业科技研发的生力军、“三农”问题研究的学术重镇、农业发展重要的人才摇篮。

这一时期，我院取得一批具有代表性、标志性的重大科技成果。原土肥所作为主要完成单位之一，参与“黄淮海平原中低产地区综合治理的研究与开发”这一国家项目，历经 20 多年，先后建立了 12 个先导型农业综合实验区，为大规模综合治理与开发提供了先进、实用的配套技术。20 世纪 90 年代初，老院长卢良恕院士牵头起草了《90 年代中国食物结构改革与发展纲要》，并于 1993 年由国务院正式颁布实施。这是我国食物发展史上的第一部纲要，指导了我国实现由温饱向小康生活的食物结构。同一时期，我院先后创制拥有自主知识产权的单价、双价抗虫基因，与全国棉花领域科研人员一起培育

出了一大批转基因抗虫棉新品种，支撑我国成为全球第二个独立自主研制成功具有知识产权抗虫棉的国家，累计推广面积超过 5.8 亿亩，占我国抗虫棉总面积由 5%上升到 97%以上。

21 世纪以来，我院科研人员深入揭示了新发、突发病原变异与传播机制，不断创新重大疫病快速诊断技术。特别是我院哈尔滨兽医研究所禽流感疫苗的成功创制，帮助我国在短短 50 天时间里，控制住了禽流感疫情的蔓延和扩散。

（四）党的十八大以来，突出强调农业现代化关键是农业科技现代化

在以习近平同志为核心的党中央坚强领导下，科技创新被摆在国家发展全局的核心位置。2012 年中央一号文件突出强调部署农业科技创新，把推进农业科技创新作为“三农”工作的重点。以中央一号文件的形式统一全党意志大力推进农业科技改革发展，在我国的农业发展历程中是首次，在科技发展进程中也是首次。党的十九大对创新型国家、乡村振兴战略等重大战略进行了部署，为我国农业农村科技工作指引了方向、提出了要求。党的十九届五中全会提出“把科技自立自强作为国家发展的战略支撑”，并摆在各项规划任务的首位进行专章部署。习近平总书记在不同场合、多次强调科技对农业现代化建设的基础性、引领性和决定性作用，提出了“农业现代化关键在科技进步和创新”“一粒种子可以改变一个世界，一项技术能够创造一个奇迹”“让农业插上科技的翅膀”“加快农业技术创新步伐，走一条集约、高效、安全、持续的现代农业发展道路”“科研人员要把论文写在大地上，让农民用最好的技术种出最好的粮食”等一系列重要论断和重要指示，为做好农业科技工作明确了目标方向，提供了根本遵循。

在国家加快农业科技创新与深化科技体制改革的新形势下，中国农业科学院谋划“跨越发展”的新思路、新举措，提出“建设世界一流农业科研院所”的战略目标，启动实施“中国农业科学院科技创新工程”，牵头国家农业科技创新联盟建设，大力开展科技创新，重大科研成果不断涌现。开展种业权益改革试点，加快全院科技成果转化应用，提升全院产业开发水平。启动实施农产品绿色增产增效模式研究示范行动，构建一系列可复制可推广的技术生产模式，不断提升我国农产品的国际竞争力。大力开展科技兴农活动，服务地方经济发展。启动实施“青年英才计划”“中国农业科学院青年人才工程”，深化干部人事与职称评审制度改革，开辟优秀青年人才职称晋升“绿色通道”。研究生与博士后教育实现规模、质量双提升。国际合作与交流服务于国家外交战略和“一带一路”倡议，积极实施农业科技全球战略布局，实现了从强化国际科技创新能力建设到全方位融入国际农业科技圈的过渡，国际影响力和声誉不断持续提升。

党的十八大以来，我国农业科技整体水平加速提升，基础研究和战略高技术获突破性进展，取得大量居世界先进水平的重大创新成果，在农作物遗传发育与抗性机理、园艺作物基因组学、动物免疫调控、重要种质资源收集评价、土壤质量演替规律等方面创新了一批基础前沿成果，攻克了一批产业共性关键技术，畜禽品种良种化、国产化比重

逐年提升，农业机械化技术不断创新，我国农作物耕种收综合机械化率达到70%，基本实现了机械化。中国农业科学院深入学习贯彻落实习近平总书记致我院60周年贺信精神，努力抢占全球农业科技制高点，聚力突破农业“卡脖子”技术，大力推动产学研深度融合。实现杂交稻种子克隆理论突破，破解二倍体马铃薯自交不亲和与自交衰退机制。第一时间掌握草地贪夜蛾入侵信息，明确了草地贪夜蛾成灾规律，研发出一批监测预警和综合防控的技术与产品，全面支撑了“虫口夺粮”阻击战。及时组织开展非洲猪瘟联合攻关，全球首次解析非洲猪瘟病毒三维结构，疫苗研制加紧推进。广适高产优质大豆品种中黄13累计推广超过1亿亩，为国产大豆振兴提供了可靠的品种保障。小麦条锈病菌源基地综合治理技术体系，每年挽回小麦损失20亿千克以上。

同志们，纵览百年历程，我国农业科技在党的领导下，实现了从无到有、从小到大、从弱到强的发展和转变，整体实力显著跃升，在关键技术领域由跟跑为主，逐渐转变为跟跑、并跑、领跑并行的态势，跻身世界前列。2020年我国农业科技贡献率达到60%，取得了历史性成就。

一是保障稳产增产，解决了十几亿中国人的吃饭问题。主要农作物良种实现全覆盖，籼型杂交水稻、节水抗旱小麦等新品种，黄淮海平原中低产地区综合治理、无人机精准施药、农业遥感等关键技术，禽流感、口蹄疫疫苗等重要产品的应用，小麦条锈病、稻飞虱、棉铃虫等动植物病虫害防控技术体系的建立，为端牢中国人的饭碗奠定了坚实基础。

二是支撑结构调整，促进了农业产业链延伸和功能拓展。适应饮食消费从“吃得饱”向“吃得好”“吃得安全”“吃得营养”转变的需求，单一、低端的产品结构向多元化、高值化、功能化转变，农业科技在农产品生产结构调整、产业布局优化、市场需求扩展等方面发挥了积极的引领作用。

三是革新生产手段，转变了农业发展方式。农业生产实现了向以机械化、设施化、信息化为主要特征的现代农业的历史性转变。在主要粮食作物、主要生产环节初步实现了“机器换人”，农作物耕种收综合机械化率超过70%，设施农业面积位居世界第一，农业生产智能化、经营网络化、管理数据化、服务便捷化等进展显著。

四是助力环境改善，提升了美丽宜居乡村建设水平。研发创制了一批绿色投入品，示范推广了一批绿色技术和模式，化肥、农药利用率显著提升并实现施用负增长，形成了农村生活污水和垃圾处理的不同技术路线，有力支撑了清洁生产、农村能源替代、农村环境整治，促进农村生态环境发生了根本性改变。

五是强化国际合作，融入了全球农业科技创新网络。特别是改革开放以来，通过农业技术“引进来”“走出去”、国际协作平台共建等方式，我国农业科技的国际影响力和竞争力日趋提升。这些充分说明，农业科技创新已经成为新时期乡村振兴战略和农业可持续发展的核心竞争力和驱动力。

二、汲取农业科技创新事业改革发展的宝贵经验，凝聚奋进力量

回顾百年奋斗历程，中国共产党在领导和推进农业科技工作和事业进程中，结合中国国情、社情和农情，传承、发扬和积累了一系列宝贵的好经验、好做法。

一是始终把以人民为中心作为做好农业科技工作的根本宗旨。针对不同阶段面临的不同问题、人民群众的不同需要，提出了符合时代要求的科技发展路线、方针和政策。在抗日战争和解放战争时期，围绕打破敌人封锁、“自己动手，丰衣足食”发展生产，确保根据地和解放区人民不饿肚子打胜仗、闹革命。新中国成立后，将粮食稳定供给作为全党工作的重中之重，有效解决人民群众“吃不饱、穿不暖”等问题。改革发展阶段，围绕重要农产品有效供给等问题开展工作，为现代农业建设奠定了基础。党的十八大以来，围绕新时代广大人民群众日益变化的美好生活需要，把科技作为支撑引领现代农业发展的根本性、决定性力量。

二是始终把遵循农业和农业科技发展的自身规律作为制定农业科技政策的首要原则。遵循农业和农业科技创新周期相对较长、成果产出相对较慢、风险挑战相对较大的整体规律，在农产品稳产增效、质量提档升级、环境保护改良、疫病预防控制等事关农业农村全局的科技领域持续加大投入力度，尤其加大对事关长远的基础研究、应用基础研究的长期稳定投入。针对农业从生产到消费、从加工到流通的链条较长、环节较多等客观现实，始终注重不同领域、不同环节、不同层级间的密切联系和有效衔接，强化重点突破与整体推进，真正发挥了科技支撑农业发展的最大效用。

三是始终把走中国特色自主创新道路作为提升农业科技竞争力的基本策略。坚信先进农业技术是买不来的，把提高自主创新能力摆在突出位置，走出了一条具有中国特色的农业科技自主创新道路。立足提升农业科技重点领域、短板环节创新能力的战略需求，先后组织实施了科技攻关计划、丰收计划、跨越计划、“948”计划、“863”计划、“973”计划等一批重大科研项目，以及主要作物育种、土壤改良保育、农业面源污染、旱作节水、化肥农药减施等一批聚焦产业发展和生态环保的重点专项，带动关键领域跨越式发展，取得了一批具有自主知识产权的成果，大大缩小了与发达国家的差距。

四是始终把体制机制改革作为促进农业科技创新发展的强大保障。党的十一届三中全会以后，农业研究机构得到了及时恢复和整顿，科研条件、队伍素质和研究水平得到迅速提高。1985 年，开启了以财政拨款制度为突破口的科技体制改革，申报项目引入竞争机制，探索科技与经济有机结合的运行机制。2000 年，开启了农业科研机构分类改革。党的十八大以来，全面开启新一轮科技体制改革，整合国家科技项目，放活科研机构、放活科技成果、放活科技人才的政策取得了重大历史性突破，农业科技迎来又一个春天。

五是始终把集中力量办大事作为农业科技攻坚克难的重要法宝。通过跨区域、跨学科、跨部门的协同攻关，有效解决了不同时期制约农业发展的重大技术难题。20 世纪

70年代由中国农业科学院、湖南省农业科学院等几十家农业科研教学单位参与的全国杂交水稻科研协作组，推动了我国粮食生产水平的飞跃；80年代由农业部、中国科学院、中国农业科学院等政府部门与事业单位，联合120多家科研单位开展的黄淮海平原综合治理，大幅提升了粮食生产能力。近年来，在禽流感防控、非洲猪瘟疫苗研发和草地贪夜蛾预警防治等农业重大突发疫情上，无不体现了集中力量、集团作战的制度优势。依托国家农业科技创新联盟，构建了全国协同“一盘棋”、上中下游协作“一体化”、科企合作“一条龙”的农业科技协同创新格局。

三、勇担农业科研国家队科技报国的崇高使命，接续奋斗开创新局面

2017年5月26日，习近平总书记在致中国农业科学院贺信中指出，中国农业科学院建院60年来，以解决我国农业发展重大科技问题为己任，取得一大批具有国际先进水平的重大原创成果，培养造就了一大批农业科技领军人才，为我国“三农”事业发展作出重要贡献，并提出了“三个面向”“两个一流”的重要指示，要求立足我国国情，努力抢占世界农业科技制高点，牢牢掌握农业科技发展主动权，为我国由农业大国走向农业强国提供坚实科技支撑。

当前，中国特色社会主义进入了新时代，这是我国发展新的历史方位。农业科技工作的历史使命，也从解决人民群众“吃饱饭、吃好饭”问题，拓展到支撑引领乡村全面振兴。作为农业科研国家队，中国农业科学院将把党史学习教育与贯彻落实总书记贺信精神、党的十九届五中全会精神和中央部署重要决策部署结合起来，聚焦“坚持创新驱动发展，全面塑造发展新优势”“优先发展农业农村，全面推进乡村振兴”两大战略任务，对标党的十九大提出的分两个阶段实现第二个百年奋斗目标的战略安排，对标“到2035年左右进入创新型国家前列，乡村振兴取得决定性进展”“到2050年成为世界科技强国，乡村全面振兴”的目标任务，力争到2035年一半以上学科领域达到世界一流学科水平、2050年全面建成世界一流学科和一流院所，重点突破一批基础前沿技术，攻克一批关键核心技术，转化一批科技创新成果，集成一批农业绿色发展模式，打造一批乡村振兴科技示范县，引领带动农业科技整体跃升，为实现农业农村现代化提供强有力支撑。

一是打造国家战略科技力量，促进农业科技自立自强。落实“藏粮于地、藏粮于技”战略，把支撑农业稳产保供作为首要任务，抓住种业和耕地两个要害，加大基础研究与前沿学科部署力度，加强作物畜禽及微生物种质资源库、高等级安全生物实验室等重大科技平台建设，加快产业和区域科学问题研究，加强关键共性技术、前沿引领技术、现代工程技术、颠覆性技术攻关，不断增强乡村全面振兴的科技供给能力。首先，加强原创性、引领性科技攻关。习近平总书记在两院院士大会、中国科学技术协会第十次全国代表大会上讲话指出，“加强基础研究是科技自立自强的必然要求，是我们从未

知到已知、从不确定性到确定性的必然选择。”“科技攻关要坚持问题导向，奔着最紧急、最紧迫的问题去。”“要从国家急迫需要和长远需求出发。”我院研究制定《中国农业科学院加强基础与前沿研究工作方案（2021—2030）》，重点聚焦农业生物重要性状形成机制、作物高光效、农业固氮、杂种优势固定、作物有害生物为害机制、动物疫病致病与传播机制、农业面源污染迁移转化等基础问题开展持续研究，聚焦作物基因编辑技术、农业合成生物技术、全基因组选择技术、农业生物组学数据算法技术、生物质高效高值转化技术、农业先进智能材料与纳米制造技术、农业遥感与动态监测评估技术、昆虫雷达地空监测预警技术等前沿共性技术开展持续攻关，力争通过 5 ~ 10 年研究攻关，使一批基础研究领域进入国际领跑，一批基础研究领域实现国际并跑，深度开发一批知识产权自主可控的创新性技术。其次，加快实施“藏粮于技、藏粮于技”“种业翻身仗”科技行动。统筹实施创新工程院级重大任务、所级重点任务和团队学科任务，强化资源配置和力量统筹，重点突破粮食作物高产优质与自主可控、主要畜禽种源国产化与养殖健康化、主要经济作物优质高产高效关键核心技术，加快突破不同类型土壤可持续高效利用和高标准农田建设等科技瓶颈，加快非洲猪瘟疫苗研发进度，加大草地贪夜蛾等病虫害监测防控，切实维护国家粮食安全。最后，加强重大科技平台建设。将国家作物种质库新库打造成优质工程和精品工程，适时向习近平总书记汇报建设成效。加快国家畜禽种质资源库批复立项，全力谋划建设国家种业实验室，积极新建作物基因资源、蔬菜生物学、油料作物生物学等国家重点实验室，建设农作物基因改良、农业生物安全等国家研究中心。推进国家耕地质量科学研究中心重大设施谋划、农业资源高效利用国家重点实验室建设，为“藏粮于地”战略实施提供硬核支撑。

二是强化产学研融合，推进农业科技成果转化。我院要多措并举，加强创新链和产业链融合，提高科技成果转移转化成效。巩固拓展脱贫攻坚成效，做好与乡村振兴衔接。重点做好农业农村部 5 个定点县和我院 11 个乡村振兴示范县建设工作，持续联系“三区三州” 89 个脱贫县，做好科技帮扶工作。加强重大科技成果示范推广，围绕产业兴旺、生态宜居和共同富裕的重大需求和瓶颈制约，坚持市场需求和产业导向，发挥好全国农业科技成果转移服务中心等平台作用，重点在关系到国家粮食安全的新品种新技术新产品，绿色高产高效、重大病虫害绿色防控、重大动物疫病防控、农机农艺结合等关键技术，以及高质量发展、绿色发展的综合技术模式上持续发力，强有力支撑产业增效、农民增收和乡村生态振兴。在产业上布局“区域技术中心”，搭建创新平台，汇聚起政产学研金用等创新资源，把科研力量拉伸到产业一线，开展试验示范，孵化转化科技成果，围绕当地需求开展技术研发，培养乡村振兴人才，引领产业发展。在区域发展中发挥科技支撑作用，进一步深化与福建省、贵州省、苏州市等地方政府的全面科技合作，建立一个战略协议加多个具体项目合同的“1+N”机制，加快支持华东农业科技中心（苏州）等一批共建项目，务实推进院地科技合作。深化与大企业科技合作，发挥企业出题者、出资者作用，我院做好答题工作，近期重点抓好当前与中国农业发展集团、北京大北农科技集团、中国海洋石油集团已签战略合作协议落地。做好成果转移转化服务，做好知识产权收集、整理、转化工作；监管和发展并重，做好院所办企业公共服务；办好全国农业科技成果转化大会，力争2021年全院成果转化收入取得新突破。服务支撑人民生命健康，用好全院35家国家、部级质检中心资源，加强推广、宣传、统筹使用，协同地方政府、企业打造一批优质农产品品牌，满足人民日益增长的美好生活需要。

三是加强政策理论研究，强化乡村振兴的示范引领。我院高度重视政策理论研究，充分发挥学科门类齐全、科技人才聚集的优势，形成了独具特色的自然科学和社会科学相结合的战略研究学科体系，为中共中央、国务院和有关部门科学决策提供了智力支撑。“十四五”我院要加强乡村振兴战略重大问题研究，加快打造国家农业高端智库，重点在农业农村优先发展、质量兴农、城乡融合、绿色发展、科技与人才支撑保障等方面抓好战略研究、政策研究和制度创设，形成一批支撑乡村振兴的政策制度、技术标准和行业基准。首先，要以中国农业科学院战略研究中心建设为抓手，统筹协调院属各研究所，加快建设国家倚重的农业高端智库，更好地服务党和国家工作大局，为实现中华民族伟大复兴的中国梦提供智力支撑。其次，要加强战略研究体系建设，强化重点任务统筹，持续开展国家农业农村发展战略研究、研究所发展战略研究、学科发展战略研究、产业发展战略研究、乡村振兴理论研究、农业科研体制机制改革研究、国家重大工程项目效益评估等战略研究工作，为国家农业农村发展提供咨询建议，为院所发展方向、战略重点、项目遴选等决策提供基础和依据，加快建设成为国家倚重、社会信赖、专业权威的国家农业科技高端智库。最后，要建立战略研究成果报告交流发布制度，加强与国家相关部门的联系和沟通，加强对国家重大科技任务的追踪分析，定期向有关领导和部门报告工作情况。建立战略研究成果考评制度，定期通报战略研究进展，将战略研究情况纳入研究所评价体系，引导和激励各方面战略研究力量持续深入研究。建立战略研究成果发布机制，依托中国农业农村科技发展高峰论坛等平台，定期发布战略研究重大成果。

四是加强农业科技人才培养，增强乡村振兴的内生动力。习近平总书记在两院院士大会、中国科学技术协会第十次全国代表大会上讲话指出，我国要实现高水平科技自立自强，归根结底要靠高水平创新人才。要更加重视青年人才培养，努力造就一批具有世界影响力的顶尖科技人才，稳定支持一批创新团队。农业要实现高水平科技自立自强，必须要依靠高水平的创新人才。首先，中国农业科学院要始终把人才第一资源建设作为重中之重，在已有工作基础上，要进一步加强人才队伍的系统性建设，按照农业科技人才成长规律，构筑更加健全的人才发展体系，着力推动科研、管理、支撑、转化四支队伍统筹发展，让各类人才在各自岗位上都能人尽其才、尽展其能。其次，要实施更加精准有效的人才引进、培养、使用、激励等制度措施，立足原创性、引领性科技攻关和“两个一流”建设的需要，突出精准引育和定向支持，着力培养和引进高层次领军人才，不断扩大领军人才规模；着力培养和引进高质量优秀青年人才，夯实后备人才基础；着力培养和引进新兴交叉学科人才，培育学科增长点，促进多学科交叉融合。强化院所协同，着力打造一支高水平、创新型科研人才队伍，努力建成世界农业科技人才高地。最后，要联合涉农高校打造一批适应农业农村现代化建设需要的涉农专业，让专家到大学里讲课，把学生请进来实习或参与科研，共同培养实用型、复合型专业人才。充分利用科研试验和示范展示基地，加强技术培训和技术服务，培育家庭农场、合作社带头人等新型经营主体和高素质农民，提高农民掌握运用新技术新设备的能力，为全面推进乡村振兴提供坚实的人才支撑。要进一步加强人才服务保障，建立党组—党委—党支部三级联系人才的工作机制，关心人才成长、关注人才发展，让科研人员从纷繁复杂的事务性工作中解脱出来，使他们能够集中精力开展科技创新和研发活动，为推动农业农村现代化多出创新成果、出高质量的成果。

五是弘扬新时代农科精神，加快培育促进农业科技创新的精神动力。2020 年 9 月，习近平总书记在科学家座谈会上指出，“科学成就离不开精神支撑。”中国农业科学院自建院以来，一代又一代农科人满怀“三农”情怀，在为国家富强、民族振兴、人民幸福的长期科学实践中积淀形成了以“求真笃行　敬农致用”院训为核心、以“祁阳站精神”和“中棉所精神”为典型代表的农科精神谱系。为大力弘扬科学家精神，锻造新时代农科精神，首先，我院要持续打造具有稳定性、传承性、创新性的新时代农科精神谱系，基本形成与“四个面向”“两个一流”战略目标相适应的制度机制和价值体系。要通过进一步弘扬和践行新时代农科精神，内化于心、外化于行，形成一个履职尽责、担当作为、潜心研究的科研生态。其次，要造就一批传承农科精神的农业科技创新人才队伍，极大调动和充分尊重科技工作者的创造精神，激发各类人才的创新活力和潜力，使之成为弘扬科学精神和创新精神的推动者和实践者。最后，要构建一个创新主体、基础条件、运行机制有效支撑的创新环境，推动我院自主创新、协同创新能力显著增加，创新生态系统得以不断优化，在国家农业科技创新体系文化建设中的骨干引领作用大为增强。

同志们，中国农业科学院已走过了 64 年的历程，64 年只是我国 5 000 年文明史长河的一瞬间，却是中国迈向农业农村现代化进程的一大步。作为我国农业科学技术最高学术机构和全国农业科学研究中心，中国农业科学院始终与党同心同德、与祖国同心同向、与人民同心同行，不断向农业科技的广度和深度进军。在全面建设社会主义现代化国家的新征程上，让我们紧密团结在以习近平同志为核心的党中央周围，以习近平新时代中国特色社会主义思想为指导，增强“四个意识”，坚定“四个自信”，做到“两个维护”，迎难而上，开拓进取，为实现第二个百年奋斗目标、为实现中华民族伟大复兴的中国梦而不懈奋斗！

学党史 讲政治 跟党走

——张合成书记在中国农业科学院党史学习教育专题党课上的报告

同志们：

2021年年初，中共中央印发了《关于在全党开展党史学习教育的通知》，对这项工作作出了系统部署。今天我就学党史，特别是学党史的内容和要求，和大家做一些学习体会方面的交流。“学党史”和“讲政治”是一体的，出发点和落脚点都是“听党话、跟党走”。通过学习党史，全体党员干部要切实提高政治站位，不断提高政治判断力、政治领悟力、政治执行力，做到对党忠诚、紧跟党走。

一、把握党史学习内容，做到明理、增信、崇德、力行

中共中央对党史学习教育工作提出了明确要求，总的来说就是要做到学史明理、学史增信、学史崇德、学史力行。学史明理，就是要通过学习，深刻理解中国共产党为什么“能”、马克思主义为什么“行”、中国特色社会主义为什么“好”。学史增信，就是要通过学习，坚定中国特色社会主义的道路自信、理论自信、制度自信、文化自信。学史崇德，就是要通过学习教育，崇尚对党忠诚的大德、为民造福的公德、严于律己的私德。学史力行，就是要通过学习，践行全心全意为人民服务的宗旨，为群众办实事。

（一）深刻铭记中国共产党百年奋斗的光辉历程

从建党的开天辟地，到新中国成立的改天换地，到改革开放的翻天覆地，再到党的十九大以来党和国家事业取得历史性成就、发生历史性变革，中国共产党带领中国人民砥砺奋进、从胜利走向胜利。通过学习，深刻铭记中国共产党走过的光辉历程、付出的巨大牺牲、展现的巨大勇气、彰显的巨大力量，深刻认识中国共产党领导、中国特色社会主义道路是历史的选择、人民的选择。

习近平总书记强调，我们的历史视野中，要有5 000多年中华文明史，要有500多年世界社会主义史，要有中国人民近代以来180多年斗争史，要有中国共产党100年奋斗史，要有中华人民共和国70多年发展史，要有改革开放40多年实践史，要有新时代中国特色社会主义取得的历史性成就、发生的历史性变革。今天的党课主要以19次党代会为脉络梳理中国共产党的辉煌历程，重点掌握主要时间、主要事件、主要人物。

1917 年，俄国十月革命一声炮响，给中国送来了马克思列宁主义。中国先进知识分子从马克思列宁主义的科学真理中看到了解决中国问题的出路。在中国共产党早期组织的筹建中，陈独秀和李大钊起到了主要的领导作用，成为最早的马克思主义者。1919 年，受新文化运动和十月革命影响，“五四”爱国运动爆发，孕育了以“爱国、进步、民主、科学”为主要内容的“五四精神”。

1921 年 7 月，党的一大在上海召开，后转移至浙江嘉兴南湖一艘游船上。大会通过了《中国共产党第一个纲领》，宣告了中国共产党的成立，这是开天辟地的大事变。陈独秀当选为中央局书记，毛泽东出席会议。

1922 年 7 月，党的二大在上海召开。会上通过的《中国共产党章程》是党的历史上第一部党章，确定了党的革命纲领。自此，中国共产党作为一种鲜明的革命力量日益活跃在中国的政治舞台上，中国革命的面目为之焕然一新。陈独秀为中央局书记，毛泽东未出席会议。

1923 年 6 月，党的三大在广州召开。会议的中心议题是讨论与国民党合作、建立革命统一战线的问题，决定共产党员以个人身份加入国民党。陈独秀为中央执行委员会委员长，毛泽东为中央委员、中央局秘书。在中国共产党的积极参与和努力下，大革命风暴迅速席卷全国。

1925 年 1 月，党的四大在上海召开。会议最重要的贡献是第一次明确提出了无产阶级在民主革命中的领导权和工农联盟问题，为大革命高潮的到来作了政治上、思想上和组织上的准备。陈独秀任中央总书记，毛泽东未出席会议。1927 年 4 月 12 日，蒋介石在上海发动反革命政变，成为大革命从高潮走向失败的转折点。

1927 年 4—5 月，党的五大在武汉召开。大会对陈独秀在大革命中的右倾错误进行了批评，强调同资产阶级争夺领导权的重要性，但没有回答无产阶级如何争取领导权等重大问题。陈独秀任中央总书记。党的五大前夕，毛泽东主持农民运动讲习所，发表《中国社会各阶级的分析》《湖南农民运动考察报告》，标志着毛泽东思想的萌芽。1927 年 8 月，八七会议上，毛泽东提出“枪杆子里出政权”的著名论断。同年 9 月，毛泽东领导起义军进行了三湾改编，将党支部建在连上。南昌起义、秋收起义、广州起义相继发动，并在井冈山建立了第一个农村革命根据地，提出了“工农武装割据”的思想。

1928 年 6—7 月，党的六大在莫斯科秘密召开。六大对中国革命根本问题作了基本正确的回答，纠正了大革命失败后一度出现的“左”倾盲动错误，但没有认识到中国革命的长期性和复杂性。毛泽东当选为中央委员。向忠发、王明、博古、张闻天先后担任党的最高领导人。

1929 年 12 月的古田会议，确立了思想建党、政治建军原则，提出要把党建设成无产阶级先锋队、把军队建设成一支无产阶级领导的人民军队，“党指挥枪”的原则正式形成，是党和人民军队建设历史上的里程碑。1931 年，日本发动“九一八事变”，中日民族矛盾逐渐上升为主要矛盾，抗日救亡运动在全国迅速兴起。11 月，中华苏维埃第一次全国代表大会在江西瑞金召开，选举产生中华苏维埃共和国中央执行委员会，宣布成立中华苏维埃共和国临时中央政府，毛泽东当选为中央执行委员会主席和中央执行委员会人民委员会主席。5次反“围剿”后，红军开始长征。

1935年1月的遵义会议是党历史上生死攸关的转折点。会议取消了博古、李德等人的最高指挥权，并通过了“毛泽东同志选为常委”等4项决定，确立了毛泽东的领导地位。会后，又成立了由毛泽东、周恩来、王稼祥组成的“三人军事指挥小组”，统一了红军指挥权。1935年9月12日，中央政治局会议反对张国焘分裂中央。1936年10月，红军长征胜利到达陕北。

1937年7月7日，“卢沟桥事变”发生，抗日战争全面爆发。8月22—25日，洛川会议通过了《抗日救国十大纲领》，标志着党的全面抗战路线正式形成。1938年，毛泽东发表《论持久战》，指明了抗战胜利的前景。1940年8月，八路军发动百团大战，沉重打击了日军。同时，东北抗日联军顽强抗日。

1941年，延安整风运动使实事求是的马克思主义思想路线在全党深入人心。1944年5月至1945年4月召开党的扩大的六届七中全会，原则通过了《关于若干历史问题的决议》，肯定了确立毛泽东在全党的领导地位的重大意义。

1945年4—6月，党的七大在延安召开。大会将毛泽东思想确定为党的指导思想并写入党章，选举毛泽东、朱德、刘少奇、周恩来、任弼时为中央书记处书记，毛泽东为中央委员会主席、中央政治局主席、中央书记处主席。

1945年8月，抗日战争胜利。随后，毛泽东亲赴重庆谈判，共商和平建国大计。1947年，开始解放战争，目标是打倒蒋介石，解放全中国。

1949年3月，中共中央在西柏坡召开党的七届二中全会；10月1日，中华人民共和国成立。新中国成立后，相继开展改革土地制度、镇压反革命、抗美援朝、“三反”“五反”运动等。1953年，开始执行第一个五年计划。1954年，第一届全国人民代表大会召开，通过了中华人民共和国第一部宪法。1956年4月，毛泽东发表《论十大关系》，对适合中国的社会主义建设道路进行了初步探索。

1956年9月，党的八大召开，大会正确分析国内外形势和国内主要矛盾的变化。1969年4月召开的九大使“文化大革命”的理论和实践进一步系统化、合法化。1973年8月召开的十大继续肯定九大的政治路线和组织路线。1977年8月举行的党的十一大，宣告历时十年的“文化大革命”结束。从新中国成立到“文化大革命”结束，是我们党领导人民艰辛探索社会主义革命和建设道路的历史时期。我国在经济社会、科技进步等方面取得了一定的成就，如第一个五年计划超额完成、“两弹一星”试制成功、石油实现全部自给。

1978年12月，党的十一届三中全会召开，重新确立马克思主义的思想路线、政治路线、组织路线，开启了改革开放和社会主义现代化的伟大征程。1979年，邓小平提出四项基本原则。

1981年6月，党的十一届六中全会召开，通过了《关于建国以来党的若干历史问题的决议》，分清了是非，统一了全党全国人民的思想。

1982 年 9 月，党的十二大召开，明确提出“建设有中国特色的社会主义”的重大命题，回答了进入改革开放新时期后中国走什么样的道路这一重大问题，成为指引新时期改革开放和社会主义现代化建设的伟大旗帜。

1987 年 10 月，党的十三大召开，系统阐述了社会主义初级阶段的理论，明确概括了党在社会主义初级阶段的基本路线。

1992 年 1 月 18 日至 2 月 21 日，邓小平先后到武昌、深圳、珠海、上海等地视察，发表了一系列重要谈话。邓小平南方谈话阐发的一系列全新的思想，从理论上深刻回答了长期困扰和束缚人们思想的许多重大问题，对我国整个社会主义现代化建设事业产生重大而深远的意义。1992 年 10 月，党的十四大作出了三项具有深远意义的重大决策：一是抓住机遇，加快发展，集中精力把经济建设搞上去；二是明确我国经济体制改革的目标是建立社会主义市场经济体制；三是确立邓小平建设有中国特色社会主义理论在全党的指导地位。

1997 年 9 月，党的十五大召开。大会首次使用“邓小平理论”这个概念，旗帜鲜明指出“在跨越世纪的新征途上，一定要高举邓小平理论的伟大旗帜”。2001 年，中国加入世界贸易组织。

2002 年 11 月，党的十六大报告全面阐述了“三个代表”重要思想的科学内涵和根本要求，大会通过的《中国共产党章程（修正案）》把“三个代表”重要思想作为党必须长期坚持的指导思想写入党章。这一时期，我国先后战胜非典、取消农业税、提出“建设创新型国家”战略等。

2007 年 10 月，党的十七大首次对中国特色社会主义理论体系作了概括，对科学发展观作了全面系统的阐述，大会通过的《中国共产党章程（修正案）》将科学发展观作为党必须长期坚持的指导思想写入党章。2008 年，夺取汶川抗震救灾胜利、成功举办北京奥运会。2010 年中国成为世界第二大经济体。

2012 年 11 月 8—14 日，党的十八大召开。大会确定全面建成小康社会和全面深化改革开放的新目标，选举产生了新一届中央委员会。2016 年 10 月 24—27 日中央委员会以举手表决的方式，一致通过了党的十八届六中全会公报，正式提出——“以习近平同志为核心的党中央”。党的十八大以来，经济建设取得重大成就，全面深化改革取得重大突破，民主法治建设迈出重大步伐，思想文化建设取得重大进展，人民生活不断改善，生态文明建设成效显著，强军兴军开创新局面，港澳台工作取得新进展，全方位外交布局深入展开，全面从严治党成效卓著，取得了改革开放和社会主义现代化建设的历史性成就，推动党和国家事业发生历史性变革。

2017 年 10 月 18—24 日，党的十九大召开。报告指出，“经过长期努力，中国特色社会主义进入了新时代，这是我国发展新的历史方位。”把习近平新时代中国特色社会主义思想确立为党的指导思想，提出实施乡村振兴战略和强化战略科技力量的要求。党的十九届五中全会审议通过了《中共中央关于制定国民经济和社会发展第十四个五年规划和 2035 年远景目标的建议》，提出“坚持创新在我国现代化建设全局中的核心地位，把科技自立自强作为国家发展的战略支撑”。

（二）深刻认识中国共产党为国家和民族作出的伟大贡献

中国共产党的100年，是矢志践行初心使命的100年，是筚路蓝缕奠基立业的100年，是创造辉煌开辟未来的100年，为国家、为人民、为民族、为世界作出了伟大贡献。通过学习，深刻认识中国共产党是中国人民和中华民族的主心骨，没有中国共产党就没有新中国，就没有中国特色社会主义，就没有中华民族的伟大复兴。

中国共产党对国家的伟大贡献，体现在彻底改变了近代以后100多年中国积贫积弱、受人欺凌的悲惨命运，中华民族走上了实现伟大复兴的壮阔道路。中国共产党对中国人民的伟大贡献，体现在使人民翻身解放、当家作主，真正成为国家、社会和自己命运的主人，促进人的全面发展和社会全面进步，使全体人民朝着共同富裕的目标不断迈进。中国共产党对中华民族的伟大贡献，体现在实现了中华民族从东亚病夫到站起来、富起来、强起来的伟大飞跃。中国共产党对世界的伟大贡献，体现在实现了中国从落后于时代到赶上时代、引领时代，从近代以来对人类进步事业贡献较小到贡献较大的历史性转变。

（三）深刻感悟中国共产党始终不渝为人民的初心宗旨

习近平总书记指出，“我们所做的一切都是为人民谋幸福，为民族谋复兴，为世界谋大同。”通过学习，始终牢记为了谁、依靠谁、我是谁，牢记人民是真正的英雄，是中国共产党执政的最大底气。

为人民谋幸福，体现在党的七大到党的十九大，《中国共产党章程》都把“全心全意为人民服务”写入总纲，作为中国共产党的根本宗旨。中国共产党团结带领全国各族人民创造了世所罕见的经济快速发展和社会长期稳定“两大奇迹”，中华民族迎来了从站起来、富起来到强起来的伟大飞跃，中国人民的生活水平从温饱不足迈向小康富裕。为民族谋复兴，体现在中国共产党领导的革命、建设、改革伟大实践，是一个接续奋斗的历史过程，是一项救国、兴国、强国，进而实现中华民族伟大复兴的完整事业。为世界谋大同，体现在中国共产党传承着中华民族追求天下大同的优秀文化传统，肩负起为世界谋大同的神圣使命。

（四）系统掌握中国共产党推进马克思主义中国化形成的重大理论成果

中国共产党不断开辟马克思主义新境界，产生了毛泽东思想、邓小平理论、“三个代表”重要思想、科学发展观，产生了习近平新时代中国特色社会主义思想，为党和人民事业发展提供了科学理论指导。通过学习，深刻认识马克思主义是我们立党立国之本，在当代中国坚持和发展习近平新时代中国特色社会主义思想，就是真正坚持和发展马克思主义。

以毛泽东同志为主要代表的中国共产党人，把马克思列宁主义的基本原理同中国革命的具体实践结合起来，创立了毛泽东思想。以邓小平同志为主要代表的中国共产党人，阐明了在中国建设社会主义、巩固和发展社会主义的基本问题，创立了邓小平理论。以江泽民同志为主要代表的中国共产党人，加深了对什么是社会主义、怎样建设社会主义和建设什么样的党、怎样建设党的认识，形成了“三个代表”重要思想。以胡锦涛同志为主要代表的中国共产党人，深刻认识和回答了新形势下实现什么样的发展、怎样发展等重大问题，形成了以人为本、全面协调可持续发展的科学发展观。以习近平同志为主要代表的中国共产党人，顺应时代发展，从理论和实践结合上系统回答了新时代坚持和发展什么样的中国特色社会主义、怎样坚持和发展中国特色社会主义这个重大时代课题，创立了习近平新时代中国特色社会主义思想。习近平新时代中国特色社会主义思想是新时代中国共产党坚持和发展马克思主义的最新理论成果，以一系列原创性战略性重大思想观点丰富和发展了马克思主义，是当代中国马克思主义、21 世纪马克思主义。

（五）学习传承中国共产党在长期奋斗中铸就的伟大精神

一代又一代中国共产党人顽强拼搏、不懈奋斗，形成了井冈山精神、长征精神、遵义会议精神、延安精神、西柏坡精神、红岩精神、抗美援朝精神、“两弹一星”精神、特区精神、抗洪精神、抗震救灾精神、抗疫精神等伟大精神，构筑起了中国共产党人的精神谱系。通过学习，始终牢记革命理想高于天，崇高精神永不过时，高度珍视精神财富，自觉传承红色基因，不断书写新的精神史诗。

要深入学习伟大长征精神、科技界形成的“两弹一星”精神、伟大抗疫精神等宝贵精神财富，深刻领会精神实质、把握精神内涵，传承和弘扬好中国共产党人的精神谱系。要传承弘扬以“执着奋斗、求实创新、情系‘三农’、服务人民”的“祁阳站精神”和“艰苦奋斗、甘于奉献、勤于实践、勇于创新”的“中棉所精神”为主要代表的农科精神。要向先进典型学习，如全国先进工作者方智远院士、中国青年五四奖章获得者陆宴辉，我院“青年文明号”（北京畜牧兽医研究所反刍动物营养研究室、农业资源与农业区划研究所呼伦贝尔草原生态系统国家野外科学观测研究站）等，不断开创新的成就。

（六）深刻领会中国共产党成功推进革命、建设、改革的宝贵经验

中国共产党一步步走过来，很重要的一条就是不断总结经验、提高本领，不断提高应对风险、迎接挑战、化险为夷的能力水平。我们必须从历史中获得启迪，从历史经验

中提炼出克敌制胜的法宝。通过学习，充分认识中国共产党为什么“能”、马克思主义为什么“行”、中国特色社会主义为什么“好”，深刻汲取我们党坚持真理、修正错误的经验教训，为实现第二个百年奋斗目标而接续奋斗。

这些宝贵经验包括：必须坚持党对一切工作的领导；必须坚持马克思主义的指导地位；必须坚持走中国特色社会主义道路；必须坚持以人民为中心；必须坚持把发展作为党执政兴国的第一要务；必须坚持深化改革开放；必须坚持民主集中制；必须坚持科学执政、民主执政、依法执政；必须坚持社会主义意识形态；必须坚持党对人民军队的绝对领导；必须坚持巩固和发展最广泛的爱国统一战线；必须坚持推进人类和平与发展的崇高事业；必须坚持全面从严治党。

纵观党史中的许多重大事件、重要会议、重要任务，处处可见青年的奋斗印记，可以说，青年与党同心、跟党奋斗的历史，就是践行党的初心使命、为党团结凝聚青年的历史，是党史“青年篇”的主要部分。在这里，我带领大家重温一下中国农业科学院老一辈科学家在青年时期留下的印记和作出的贡献。

我院首任院长丁颖先生早在青年时期就立志要以科学救国为此生夙愿。20世纪初，他在中学毕业时掷地有声地说：“诸君！当今之血性青年，当为农夫温饱尽责尽力，我决意报考农科。”1919年在日本留学毕业前，恰逢国内爆发“五四运动”，东京的中国留学生为声援祖国的学生运动上街游行示威，受到日本军警的血腥镇压。丁颖气愤之余，毅然回国。

首任党组书记陈凤桐先生，在“五四运动”时期被推举为班代表，带领同学们积极呼应北平学生运动，组织游行、讲演，和军警展开面对面斗争。他还积极参加陈独秀、李大钊、蔡元培等学者的演讲会，如饥似渴阅读《新青年》等进步刊物，逐渐成长为有报国热情的共产党人。

第二任院长金善宝先生，抗战时期仰慕共产党、八路军奋勇抗日，多次到八路军重庆办事处捐款捐物。他说，“我的心在延安，在八路军将士身上。”后来，得知延安正开展大生产运动，立即筛选出最好的小麦种子并辗转送到延安。邓颖超同志告诉他说，“延安收到了你送去的种子，同志们感谢您。”

抗日救亡时期，青年学生组织开展了“一二九运动”。此时，新中国首位畜牧兽医学部委员、中国农业科学院兰州畜牧与兽药研究所的奠基人——盛彤笙先生在大学期间掩护过中共地下党员，留学德国期间在柏林加入了党的外围组织反帝大联盟，还经常用节省下来的学费资助中国共产党在巴黎出版的《救国时报》。

解放战争期间，我院董玉琛、刘更另两位先生都积极参加了“第二条战线”斗争。董玉琛先生积极参加反甄审运动，并于1945年12月加入中国共产党。刘更另先生积极参加反饥饿、争温饱的学生运动以及武汉大学的“保校保产”运动，直到武汉解放，并于1948年12月加入中国新民主主义青年联盟，1949年3月加入中国共产党。

1949年，新中国即将诞生之际，我院的冯泽芳先生、戴松恩先生毅然留在祖国大陆，迎接新中国的诞生。新中国百废待兴，邱式邦先生、李竞雄先生、徐冠仁先生、鲍文奎先生、张子仪先生等一批优秀农业科学家，放弃国外优渥的学习生活环境和工作条件，辗转回到祖国，积极投身社会主义建设。

1950—1953 年，朝鲜战争爆发，中国青年自发加入志愿军参加抗美援朝战争。我院郭予元先生为没能参军到朝鲜前线而遗憾，在毕业志愿表上写下“到祖国最需要的地方去”，义无反顾奔赴当时交通不便、贫穷落后的宁夏，一待就是近 30 年。

1954 年 1 月，当北京展览馆的建设工程进入冬季施工最紧张的时候，18 名青年团员自发地成立“胡耀林木工青年突击队”，创造了以 181 个工完成原计划 478 个工的任务，这就是新中国第一个青年突击队。从 20 世纪 50 年代起，青年突击队在“急、难、险、重、新”的工作中发挥了独特作用，激励着一代青年踊跃投身社会主义建设。我院也有一些青年突击队的典型，2019 年烟草所“海洋农业”青年突击队被评为青岛市先进青年集体。

改革开放以来，共青团组织了“新长征突击手”“青年文明号”“青年创业行动”等一系列丰富的青年活动。我院的青年同志积极参加这些活动，诞生了“全国青年文明号”获得者北京畜牧兽医研究所反刍动物营养研究室、农业资源与农业区划研究所呼伦贝尔草原生态系统国家野外科学观测研究站，中国青年五四奖章获得者陆宴辉等，为我院的建设和发展作出重要贡献。

二、争做讲政治、跟党走的新时代农业科学家

什么是讲政治？党的政治建设解决的是政治方向、政治立场、政治路线、政治原则等党的建设的根本性问题。对于党员干部来说，“讲政治”首要的就是要坚决做到“两个维护”，做到党中央提倡的坚决响应，党中央决定的坚决照办，党中央禁止的坚决杜绝，对全院科研人员来讲，就是“听党话，跟党走”。

讲政治是中国共产党的优秀传统。毛泽东同志指出，“没有坚定正确的政治方向，就不能激发艰苦奋斗的工作作风；没有艰苦奋斗的工作作风，也就不能执行坚定正确的政治方向。”邓小平同志强调，“不能设想，离开政治的大局，不研究政治的大局，不估计革命斗争的实际发展，能成为一个马克思主义的思想家、理论家。”江泽民同志指出，“一定要讲政治。这里所说的政治，包括政治方向、政治立场、政治观点、政治纪律、政治鉴别力、政治敏锐性。在政治问题上，一定要头脑清醒。”胡锦涛同志要求，“做讲政治的表率，就要在全面、正确、积极地贯彻执行党的基本路线和各项方针政策，切实提高工作质量和效率上下功夫。”习近平总书记强调，“我们党要始终做到不忘初心、牢记使命，把党和人民事业长长久久推进下去，必须增强政治意识，善于从政治上看问题，善于把握政治大局，不断提高政治判断力、政治领悟力、政治执行力。”

《中国共产党廉洁自律准则》提出讲政治的高线，即党员干部要做到：坚持公私分明，先公后私，克己奉公；坚持崇廉拒腐，清白做人，干净做事；坚持尚俭戒奢，艰苦朴素，勤俭节约；坚持吃苦在前，享受在后，甘于奉献。除了以上四条，党员领导干部

还要做到廉洁从政，自觉保持人民公仆本色；廉洁用权，自觉维护人民根本利益；廉洁修身，自觉提升思想道德境界；廉洁齐家，自觉带头树立良好家风。同时，还要明确讲政治的底线。《关于加强党的政治建设的意见》指出，“一些同志忽视政治、淡化政治的问题还比较突出。有的‘四个意识’不强，有的将党的领导仅仅停留在口头上，有的对错误言行缺乏政治敏锐性、政治鉴别力和斗争精神，有的依然我行我素、无视党的政治纪律和政治规矩，有的仍然奉行潜规则、把商品交换原则运用到党内，等等。加强党的政治建设任重道远，必须常抓不懈。”《中国共产党纪律处分条例》第六章“对违反政治纪律行为的处分”中指出，违反政治纪律政治规矩的七种主要表现有：一是言辞论调与党中央不一致，行为活动危害党的领导；二是搞非组织政治活动，团团伙伙、结党营私、拉帮结派、培植私人势力；三是损害中央权威、妨碍党和国家方针政策实施，不与党中央保持一致；四是对党不忠诚、不老实；五是在全面从严管党治党方面不作为，搞无原则一团和气；六是违反党和国家民族政策及宗教政策的行为；七是在涉外活动中造成恶劣政治影响，损害党和国家尊严、利益的言行。

加强党的政治建设极端重要。党的十九大明确提出党的政治建设这个重大命题，强调党的政治建设是党的根本性建设，要把党的政治建设摆在首位，以党的政治建设为统领全面推进党的各项建设。2018 年 6 月 29 日，习近平总书记在中央政治局第六次集体学习时发表重要讲话，专门就加强党的政治建设进行深刻阐述，明确提出要把准政治方向、坚持党的政治领导、夯实政治根基、涵养政治生态、防范政治风险、永葆政治本色、提高政治能力等要求。2019 年 1 月，中共中央出台《关于加强党的政治建设的意见》（以下简称《意见》），明确了坚定政治信仰，强化政治领导，提高政治能力，净化政治生态，实现全党团结统一、行动一致的目标要求。《意见》共 6 章 20 条，主要内容包括加强党的政治建设的总体要求、坚定政治信仰、坚持党的政治领导、提高政治能力、净化政治生态、强化组织实施。

（一）坚定政治信仰

加强党的政治建设，必须坚持马克思主义指导地位，坚持用习近平新时代中国特色社会主义思想武装全党、教育人民，夯实思想根基，牢记初心使命，凝聚同心共筑中国梦的磅礴力量。

1. 坚持用党的科学理论武装头脑

加强理论武装，就是要学习马克思主义。马克思主义是我们立党立国的根本指导思想。马克思主义是关于无产阶级和人类解放的科学，是认识世界和改造世界的思想武器，揭示了人类社会历史发展的规律。辩证唯物主义和历史唯物主义，是马克思主义最根本的世界观和方法论。马克思主义主要由哲学、政治经济学、科学社会主义三大组成部分构成。习近平新时代中国特色社会主义思想坚持马克思主义立场观点方法，坚持科学社会主义基本原则，科学总结世界社会主义运动经验教训，根据时代和时间发展变化，以崭新的思想内容丰富和发展了马克思主义的系统科学，是马克思主义中国化的最新成果。

加强理论武装，就是要学习《共产党宣言》。马克思和恩格斯在《共产党宣言》中系统、集中阐述了实现共产主义的途径，即“消灭私有制”“推翻资产阶级的统治，由无产阶级夺取政权”，然后“一步一步地夺取资产阶级的全部资本，把一切生产工具集中在国家即组织成为统治阶级的无产阶级手里，并且尽可能快地增加生产力的总量”；而且，“共产党人不屑隐瞒自己的观点和意图，他们公开宣布，他们的目的只有用暴力推翻全部现存的社会制度才能达到。”《共产党宣言》庄严宣告，“过去的一切运动都是少数人的，或者为少数人谋利益的运动。无产阶级的运动是绝大多数人的，为绝大多数人谋利益的独立的运动。”“两个少数”和“两个绝大多数”的鲜明对比，深刻说明了马克思主义政党最根本的立场是人民立场，正是“以人民为中心”发展理念的源泉。

加强理论武装，就是要学习《中国共产党章程》。《中国共产党章程》规定了我们党的性质：“中国共产党是中国工人阶级的先锋队，同时是中国人民和中华民族的先锋队，是中国特色社会主义事业的领导核心，代表中国先进生产力的发展要求、代表中国先进文化的前进方向、代表中国最广大人民的根本利益。党的最高理想和最终目标是实现共产主义。”中国共产党以马克思列宁主义、毛泽东思想、邓小平理论、“三个代表”重要思想、科学发展观、习近平新时代中国特色社会主义思想作为自己的行动指南。中国共产党党员是中国工人阶级的有共产主义觉悟的先锋战士。中国共产党党员必须全心全意为人民服务，不惜牺牲个人的一切，为实现共产主义奋斗终生。中国共产党党员永远是劳动人民的普通一员。除了法律和政策规定范围内的个人利益和工作职权以外，所有共产党员都不得谋求任何私利和特权。

加强理论武装，就是要学习入党誓词——“我志愿加入中国共产党，拥护党的纲领，遵守党的章程，履行党员义务，执行党的决定，严守党的纪律，保守党的秘密，对党忠诚，积极工作，为共产主义奋斗终生，随时准备为党和人民牺牲一切，永不叛党。”

加强理论武装，最重要的是要学习习近平新时代中国特色社会主义思想。习近平新时代中国特色社会主义思想是当代中国马克思主义、21 世纪马克思主义，是全党全国人民为实现中华民族伟大复兴而奋斗的行动指南，是经过实践检验、富有实践伟力的强大思想武器，必须长期坚持并不断发展。习近平新时代中国特色社会主义思想的核心要义包括以下内容。

八个明确：明确坚持和发展中国特色社会主义，总任务是实现社会主义现代化和中华民族伟大复兴，在全面建成小康社会的基础上，分两步走在本世纪中叶建成富强民主文明和谐美丽的社会主义现代化强国；明确新时代我国社会主要矛盾是人民日益增长的美好生活需要和不平衡不充分的发展之间的矛盾，必须坚持以人民为中心的发展思想，不断促进人的全面发展、全体人民共同富裕；明确中国特色社会主义事业总体布局是“五位一体”（全面推进经济建设、政治建设、文化建设、社会建设、生态文明建设）、战略布局是“四个全面”［全面建成小康社会（现为全面建设社会主义现代化国家）、全面深化改革、全面依法治国、全面从严治党]，强调坚定道路自信、理论自信、制度自信、文化自信；明确全面深化改革总目标是完善和发展中国特色社会主义制度、推进国家治理体系和治理能力现代化；明确全面推进依法治国总目标是建设中国特色社会主义法治体系、建设社会主义法治国家；明确党在新时代的强军目标是建设一支听党指挥、能打胜仗、作风优良的人民军队，把人民军队建设成为世界一流军队；明确中国特色大国外交要推动构建新型国际关系，推动构建人类命运共同体；明确中国特色社会主义最本质的特征是中国共产党领导，中国特色社会主义制度的最大优势是中国共产党领导，党是最高政治领导力量，提出新时代党的建设总要求，突出政治建设在党的建设中的重要地位。

十四个坚持：坚持党对一切工作的领导；坚持以人民为中心；坚持全面深化改革；坚持新发展理念（创新、协调、绿色、开放、共享）；坚持人民当家作主；坚持全面依法治国；坚持社会主义核心价值体系［倡导富强、民主、文明、和谐（国家层面），倡导自由、平等、公正、法治（社会层面），倡导爱国、敬业、诚信、友善（公民层面）的社会主义核心价值观］；坚持在发展中保障和改善民生；坚持人与自然和谐共生；坚持总体国家安全观；坚持党对人民军队的绝对领导；坚持“一国两制”和推进祖国统一；坚持推动构建人类命运共同体；坚持全面从严治党。

如何在我院做好理论武装工作？一是要坚持学原著、读原文、悟原理，扎实开展习近平新时代中国特色社会主义思想学习，继续深入学习习近平总书记关于“三农”、科技创新工作重要论述以及致我院建院60周年贺信精神。二是要坚持并完善“第一时间、第一议题”学习贯彻落实制度，及时传达学习习近平总书记最新重要讲话论述、重要指示批示精神以及党中央最新决策部署和重大安排，对需要抓紧贯彻落实的重要精神第一时间作出部署安排。三是要突出教育重点，坚持党组带头、院所同步，突出对关键少数、专家群体特别是团队首席，以及青年骨干的学习教育。

2. 坚定执行党的政治路线

党在社会主义初级阶段的基本路线作为党的政治路线，即“一个中心，两个基本点”：以经济建设为中心，坚持四项基本原则（坚持社会主义道路，坚持人民民主专政，坚持中国共产党的领导，坚持马克思列宁主义毛泽东思想），坚持改革开放，自力更生，艰苦创业，为把我国建设成为富强民主文明和谐美丽的社会主义现代化强国而奋斗。

坚持党的政治路线，必须全面贯彻实施新时代中国特色社会主义基本方略，统筹推进“五位一体”总体布局和协调推进“四个全面”战略布局，为实现“两个一百年”奋斗目标不懈努力。

3. 坚决站稳政治立场

政治立场事关根本。全党必须始终坚定马克思主义立场，坚持党性和人民性相统一，坚决站稳党性立场和人民立场。党性立场是指坚持以党的旗帜为旗帜、以党的方向为方向、以党的意志为意志，始终做到在党言党、在党忧党、在党为党，任何时候都要同党同心同德。人民立场是指坚持以人民为中心，立党为公、执政为民，践行全心全意为人民服务的根本宗旨，树立真挚的人民情怀，把人民对美好生活的向往作为奋斗目标。

（二）坚持党的政治领导

党是最高政治领导力量，党的领导是中国特色社会主义最本质的特征，是中国特色社会主义制度的最大优势。加强党的政治建设，必须坚持和加强党的全面领导，完善党的领导体制，改进党的领导方式，承担起执政兴国的政治责任。

1. 坚决做到“两个维护”

事在四方，要在中央。坚持和加强党的全面领导，最重要的是坚决维护习近平总书记党中央的核心、全党的核心地位，坚决维护党中央权威和集中统一领导。

如何做到“两个维护”？要教育引导党员干部从历史和现实、理论和实践、国内和国际的结合上深刻认识、强化认同，不断增强拥护核心、跟随核心、捍卫核心的思想自觉政治自觉行动自觉，始终同以习近平同志为核心的党中央保持高度一致，做到党中央提倡的坚决响应、党中央决定的坚决执行、党中央禁止的坚决不做。讲政治是具体的不是抽象的，“两个维护”要体现在坚决贯彻党中央决策部署的行动上，体现在履职尽责、做好本职工作的实效上，体现在党员干部日常言行上，具体要做到“发表言论守底线”“网络行为须谨慎”“表里如一见忠诚”“参加活动讲规矩”。

2. 完善党的领导体制

东西南北中，党是领导一切的。坚持党总揽全局、协调各方，建立健全坚持和加强党的全面领导的制度体系，为把党的领导落实到各领域各方面各环节提供坚实制度保障。

如何完善党的领导体制？要明确党内法规和领导机制，研究制定党领导经济社会各方面重要工作的党内法规，健全党中央集中统一领导重大工作的体制机制，完善地方党委、党组、党的工作机关实施党的领导的体制机制，建立健全国有企业党委（党组）和农村、事业单位、街道社区等的基层党组织发挥领导作用的制度规定。要明确党领导工作的法律地位，坚持党的全面领导的要求入法入章，健全党对人民代表大会、政府、法院、检察院、政协、民主党派、工商联、人民团体、国有企业、高等学校、有关社会组织等实施领导的制度规定。

3. 改进党的领导方式

着眼于党把方向、谋大局、定政策、促改革，强化战略思维、创新思维、辩证思维、法治思维、底线思维，正确制定和坚决执行党的路线方针政策，不断增强党的政治领导力、思想引领力、群众组织力、社会号召力。要坚持民主集中制这一根本领导制度，善于运用民主的办法汇集意见、科学决策，善于通过协商的方式增进共识、凝聚力量，同时善于集中、敢于担责，防止议而不决、决而不行。要坚持依法执政这一基本领导方式，注重运用法治思维和法治方式治国理政，善于使党的主张通过法定程序成为国家意志、转化为法律法规，自觉把党的领导活动纳入制度轨道。

（三）提高政治能力

加强党的政治建设，关键是要提高各级各类组织和党员干部的政治能力。必须进一步增强党组织政治功能，彰显国家机关政治属性，发挥群团组织政治作用，强化国有企事业单位政治导向，不断提高党员干部特别是领导干部政治本领。

1. 增强党组织政治功能

党的力量来自组织。政治属性是党组织的根本属性，政治功能是党组织的基本功能，要认真贯彻落实新时代党的组织路线，不断强化党中央、党的基层组织、党支部各级各类党组织的政治属性和政治功能。党中央是党的最高领导机关，是党的组织体系的大脑和中枢，对党和国家事业发展重大工作实行集中统一领导，涉及全党全国性的重大方针政策问题只能由党中央作出决定和解释。地方党委要在党中央和上级党委领导下，全面领导本地区经济社会发展，全面负责本地区党的建设，坚决纠正党的领导弱化、党的建设缺失、全面从严治党不力问题。党的基层组织要着力提升组织力，突出政治功能、强化政治引领，下大气力解决软弱涣散问题。党支部要担负起直接教育党员、管理党员、监督党员，以及组织群众、宣传群众、凝聚群众、服务群众的职责，发挥好战斗堡垒作用。党组要在批准其设立的党组织领导下，在本部门本单位发挥好把方向、管大局、保落实的重要作用，确保党中央和上级党组织决策部署在本部门本单位贯彻落实。党的各级纪委要进一步强化党内监督专责机关的职能定位，全面监督执纪问责，坚决维护党章党规党纪的严肃性和权威性。党的工作机关要更好发挥党委参谋助手作用，提高履职尽责的政治性和有效性，力求参当其时、谋当其用，更好服务党委决策、抓好决策落实。党员要强化党的意识和组织观念，自觉做到思想上认同组织、政治上依靠组织、工作上服从组织、感情上信赖组织。所有党组织和全体党员都必须牢固树立一盘棋意识，在党中央集中统一领导下齐心协力、步调一致开展工作，形成党的组织体系整体合力。

2. 彰显国家机关政治属性

要始终坚持在党的领导下依法实施经济社会管理活动，坚决贯彻落实党的基本理论、基本路线、基本方略，积极主动将党的领导主张和重大决策部署转化为法律法规和政策政令，转化为对经济社会管理的部署安排和工作活动，转化为领导体制、工作机制和管理方式方法创新，转化为推动经济社会发展的实际效果。国家机关履行职责、开展工作，要提高政治站位，把准政治方向，注重政治效果，考虑政治影响，坚决防止和纠正把政治与业务割裂开来、对立起来的错误认识和做法，确保政治和业务融为一体、高度统一。

3. 发挥群团组织政治作用

工会、共青团、妇联、科协等群团组织是党领导下的政治组织，政治性是群团组织的灵魂。各群团组织要认真履行政治职责，充分发挥联系人民群众的桥梁和纽带作用，加大政治动员、政治引领、政治教育工作力度，更好承担起引导群众听党话、跟党走的政治任务，把自己联系的群众最广泛最紧密地团结在党的周围。要坚定不移坚持党的领导，坚定不移走中国特色社会主义群团发展道路，不折不扣落实党中央关于群团改革的决策部署，切实增强群团组织的政治性、先进性、群众性。

共青团是党领导下的青年政治组织，要大力传承“党有号召，团有行动”的优良传统，坚持把“党旗所指就是团旗所指”作为一切工作的逻辑起点，引导更多团员萌生和坚定“做一名共产党员”的愿望，更加自觉地向党组织靠拢，履行好为党育人、贡献大局的主责主业。要落实每年对青年进行一次职工思想状况调查，经常与青年谈话谈心，重点了解青年干部的所思所想，切实做好青年人的引导和服务工作，帮助他们厚植爱党、爱国、爱社会主义的情感，更加心向党、热爱党。

4. 强化国有企事业单位政治导向

国有企事业单位必须始终坚持党的领导，坚决贯彻执行党的路线方针政策，认真落实中共中央关于推进国有企事业单位改革发展的决策部署，切实加强本单位党的建设工作，充分发挥党组织重要作用，保证本单位工作坚持正确政治方向、取得良好政治效果。对于科研单位来说，全面从严治党没有禁区，科研院所也绝非法外之地。要把“严”的主基调长期坚持下去，对于公开招聘、职称评聘、学术交流等重大事项，党组织应当把好政治关。研究所所长要强化组织观念和纪律意识，支持党委书记工作，依靠党组织和职工群众做好各项工作。

5. 提高党员干部政治本领

党员干部特别是领导干部要加强政治能力训练和政治实践历练，切实提高把握方向、把握大势、把握全局的能力和辨别政治是非、保持政治定力、驾驭政治局面、防范政治风险的能力。要在大是大非面前态度鲜明、立场坚定，始终在政治立场、政治方向、政治原则、政治道路上同以习近平同志为核心的党中央保持高度一致。要善于从政治上研判形势、分析问题，自觉在党和国家工作大局下想问题、做工作，做到一切服从大局、一切服务大局。要强化忧患意识、风险意识，增强政治敏锐性和政治鉴别力，对容易诱发政治问题特别是重大突发事件的敏感因素、苗头性倾向性问题，对意识形态领域各种错误思潮、模糊认识、不良现象，保持高度警惕，做到眼睛亮、见事早、行动快。要提高风险处置能力，及时阻断不同领域风险转换通道，防止非公共性风险扩大为公共性风险、非政治性风险演变为政治风险。要增强斗争精神，强化政治担当，敢于亮剑、善于斗争，发现违反政治纪律、危害政治安全的行为坚决抵制，做勇于斗争的“战士”，不做爱惜羽毛的“绅士”，严防对挑战政治底线的错误言论和不良风气听之任之、逃避责任、失职失察。

（四）净化政治生态

加强党的政治建设，必须把营造风清气正的政治生态作为基础性、经常性工作，浚其源、涵其林，养正气、固根本，锲而不舍、久久为功，实现正气充盈、政治清明。

1. 严肃党内政治生活

营造良好政治生态，必须严格执行《关于新形势下党内政治生活的若干准则》，着力提高党内政治生活质量，努力在全党形成又有集中又有民主、又有纪律又有自由、又有统一意志又有个人心情舒畅，生动活泼的政治局面。

严肃党内政治生活，要着力增强“四性”。一是增强政治性，强化政治教育和政治引领，让党员干部经常接受政治体检，打扫政治灰尘，净化政治灵魂，增强政治免疫力，坚决防止和克服党内政治生活忽视政治、淡化政治、不讲政治的倾向。二是增强时代性，主动适应信息时代新形势和党员队伍新变化，积极运用互联网、大数据等新兴技术，创新党组织活动内容方式，推进“智慧党建”，使党内政治生活始终充满活力，坚决防止和克服党内政治生活不讲创新、不讲活力、照搬照套的倾向。三是增强原则性，坚持按原则开展党的工作和活动，按原则处理党内各种关系，按原则解决党内矛盾和问题，严格执行党的组织生活制度，认真召开民主生活会和组织生活会，提高“三会一课”质量，落实谈心谈话、民主评议党员和主题党日等制度，坚持和完善重温入党誓词、党员过“政治生日”等政治仪式，使党内生活庄重、严肃、规范，坚决防止和克服党内政治生活不讲原则、平淡化庸俗化随意化的倾向。四是增强战斗性，坚持以整风精神开展批评和自我批评，勇于思想交锋、揭短亮丑，旗帜鲜明坚持真理、修正错误，统一意志、增进团结，建立健全民主生活会列席指导、及时叫停、责令重开、整改通报等制度，坚决防止和克服党内政治生活一团和气、评功摆好、明哲保身的倾向。

2. 严明党的政治纪律和政治规矩

政治纪律是党最根本、最重要的纪律，是净化政治生态的重要保证。要把坚决做到“两个维护”作为首要政治纪律，在全党持续深入开展忠诚教育，开展“守纪律、讲规矩”模范机关创建和先进个人评选活动，教育督促党员干部始终对党忠诚老实，决不允许在重大政治原则问题上、大是大非问题上同党中央唱反调，搞自由主义。严格执行《中国共产党纪律处分条例》，严肃查处违反政治纪律的行为，通过严明政治纪律带动党的其他纪律严起来。坚持“五个必须”，必须维护党中央权威，决不允许背离党中央要求另搞一套；必须维护党的团结，决不允许在党内培植个人势力；必须遵循组织程序，决不允许擅作主张、我行我素；必须服从组织决定，决不允许搞非组织活动；必须管好领导干部亲属和身边工作人员，决不允许他们擅权干政、谋取私利。严肃查处“七个有之”问题，把政治上蜕变的两面人及时辨别出来、清除出去，坚决防止党内形成利益集团攫取政治权力、改变党的性质，坚决防止山头主义和宗派主义危害党的团结、破坏党的集中统一。

3. 发展积极健康的党内政治文化

营造良好政治生态，离不开党内政治文化的浸润滋养。坚持“三严三实”，大力弘扬忠诚老实、公道正派、实事求是、清正廉洁等价值观，充分利用各类爱国主义教育基地和党性教育基地对广大党员干部进行教育和熏陶，增强党员干部的政治定力、纪律定力、道德定力、拒腐定力。大力倡导清清爽爽的同志关系、规规矩矩的上下级关系、干干净净的政商关系，弘扬正气、树立新风。推动中华优秀传统文化创造性转化、创新性发展，培育党员干部政治气节、政治风骨。发扬革命文化，传承红色基因，弘扬革命精神，教育党员干部正确处理公和私、义和利、是和非、正和邪、苦和乐的关系。弘扬社会主义先进文化，推进社会主义核心价值观宣传教育，引导党员干部带头做社会主义核心价值观的坚定信仰者、积极传播者、模范践行者。坚决抵制庸俗腐朽的政治文化，自觉抵制商品交换原则对党内生活的侵蚀，狠刹权权交易、权钱交易、权色交易等不正之风，破除关系学、厚黑学、官场术等封建糟粕，坚决防止和反对个人主义、分散主义、自由主义、本位主义、好人主义，坚决防止和反对宗派主义、圈子文化、码头文化。

4. 突出政治标准选人用人

选人用人是政治生态的风向标。习近平总书记提出新时期“20 字”好干部标准，即信念坚定、为民服务、勤政务实、敢于担当、清正廉洁。习近平总书记在中央政治局第二十一次集体学习时强调，要推动形成能者上、优者奖、庸者下、劣者汰的正确导向。新时代党的组织路线提出，坚持德才兼备、以德为先、任人唯贤的方针。《党政领导干部选拔任用工作条例》强调，必须把政治标准放在首位，大力选拔敢于负责、勇于担当、善于作为、实绩突出的干部。《党政领导干部考核工作条例》强调，要强化对干部政治忠诚、政治定力、政治担当、政治能力、政治自律等方面的深入考察考核，坚决把政治上的两面人挡在门外。

5. 永葆清正廉洁的政治本色

坚决反对腐败，建设廉洁政治，是涵养政治生态的必要条件和重要任务。强化不敢腐的震慑，坚持反腐败无禁区、全覆盖、零容忍，坚持重遏制、强高压、长震慑，运用监督执纪“四种形态”，重点查处党的十八大以来不收敛、不收手，问题线索反映集中、群众反映强烈，政治问题和经济问题交织的腐败案件，严肃查处违反中央八项规定精神的问题，持续保持反腐败高压态势。扎紧不能腐的笼子，健全党和国家监督体系，加强对权力运行的制约和监督，通过改革和制度创新切断利益输送链条。特别要针对管人管钱管物管项目的单位和岗位，查找廉政风险点，通过科学管理、严格监督和发挥巡视利剑作用，切实管住权力，坚决反对特权行为和特权现象，让人民群众真正感受到清正干部、清廉政府、清明政治就在身边。增强不想腐的自觉，领导干部特别是高级干部要带头加强党性修养，知敬畏、存戒惧、守底线，坚决防范被利益集团“围猎”，持之以恒锤炼政德，明大德、守公德、严私德，带头遵守《中国共产党廉洁自律准则》，注重家庭家教家风，自觉做廉洁自律、廉洁用权、廉洁齐家的模范。此外，还要落实领导责任，按照“一岗双责”要求，抓好分管部门和领域党的政治建设，将全面从严治党的要求和责任传递到团队首席和支部书记，实现“一岗双责”的全覆盖，无死角。抓住“关键少数”，要发挥领导干部的表率作用，一级做给一级看、一级带着一级干，营造一种风气、提倡一种追求、引导一种方向，形成上行下效的正向效应。强化制度保障，加强监督问责，深化政治巡视，着力发现和纠正政治偏差，坚持失责必问、问责必严。

（五）强化组织实施

加强党的政治建设是一项重大艰巨的政治任务。全院要进一步增强推进党的政治建设的自觉性坚定性，把思想和行动统一到党中央部署要求上来，加强组织领导、强化责任担当，确保《关于加强党的政治建设的意见》提出的各项举措落到实处，确保党的政治建设取得成效。

1. 落实领导责任

建立健全推进党的政治建设工作责任制，院机关各部门、院属各单位党组织要切实负起本部门本单位党的政治建设工作主体责任，将其纳入本部门本单位工作总体布局，摆在首要位置来抓，认真研究部署、大力推进落实。党组织书记要认真履行第一责任人职责，对党的政治建设重要工作亲自部署、重要问题亲自过问、重大事件亲自处置。其他成员要根据职责分工，按照“一岗双责”要求，抓好分管部门和领域党的政治建设工作。各级党的建设工作领导小组要发挥统筹协调的职能作用，各级纪检监察机关和有关部门要各司其职、各负其责，履行推进党的政治建设工作相关职责。要在推进党的政治建设上带好头、作示范，在深入学习贯彻习近平新时代中国特色社会主义思想上作表率，在始终同党中央保持高度一致上作表率，在坚决贯彻落实党中央决策部署上作表率，建设让党中央放心、让人民群众满意的模范机关。

2. 抓住“关键少数”

加强党的政治建设，要坚持抓“关键少数”和管“绝大多数”相结合，重点是抓住领导机关和领导干部，发挥其示范引领作用。各级领导干部特别是高级干部要深刻认识自己在加强党的政治建设中的特殊重要性和肩负的重大责任，职位越高越要自觉严格要求自己，注重加强政治历练、积累政治经验、增进政治智慧，做到信念如磐、意志如铁，政治坚定、绝对忠诚，清正廉洁、担当负责，坚决做到“两个维护”，成为坚定的马克思主义者。

3. 强化制度保障

加强党的政治建设，要把建章立制贯穿全过程各方面，建立健全长效机制，形成系统完备、有效管用的政治规范体系，真正实现党的政治建设有章可循、有据可依。坚持集成联动，遵循党内法规制度体系有关制度和国家法律体系有关规定，在各类章程中明确提出有关要求，做到相辅相成、有机统一。坚持明确标准，既提出政治高线，激励党员干部向往践行，又划出政治底线，防止党员干部逾矩失范。坚持执规必严，加大宣传教育和执行力度，督促党员干部把党的政治规范刻印在心上、落实在行动上，坚决维护制度权威。

4. 加强监督问责

各部门各单位要加强对党的政治建设工作的监督检查，将其作为巡视巡察和督查检查的重要内容，深化政治巡视，强化政治监督，着力发现和纠正政治偏差。探索建立本部门本单位政治生态评价体系。把党的政治建设工作情况纳入党组织书记抓党建述职评议和党建考核评价体系，并突出其权重。坚持失责必问、问责必严，对落实党的政治建设责任不到位、推进党的政治建设工作不力以及违反党的政治纪律和政治规矩的行为严肃追责问责。

（六）加强党的政治建设的总要求

加强党的政治建设，目的是坚定政治信仰，强化政治领导，提高政治能力，净化政治生态，实现全党团结统一、行动一致。要以党章为根本遵循，把党章明确的党的性质和宗旨、指导思想和奋斗目标、路线和纲领落到实处。要做到旗帜鲜明讲政治、弘扬讲政治的传统、高举中国特色社会主义伟大旗帜，全党要做到团结统一、行动一致。

我院加强党的政治建设，最重要的就是全面贯彻落实好总书记贺信精神，把落实总书记贺信精神作为新时期全院改革发展的总方向、总目标、总任务、总要求、总抓手。

当前，我院的重点工作是要抓好以下六个方面：一是抓巡视整改，对中央巡视整改工作要求进行再学习、再动员、再部署，尤其要常态化学习习近平总书记在听取中央巡视综合情况汇报时的重要讲话精神，统一思想、统一认识、统一行动。二是抓党史学习教育，要把党史学习教育作为一项重要政治任务抓实抓细抓好，突出抓好“六大重点内容”的学习教育，学出坚强党性，学出信仰担当，真正做到学党史、悟思想、办实事、开新局。三是抓科技创新，打赢种业翻身仗，解决好耕地和种子两大要害问题。四是抓成果转化，解决农业技术的卡脖子问题，突出把握农业科技进步的主动权。五是抓人才条件，以干部年轻化为重点，加强高层次高素质人才队伍建设。六是抓改革党建，把“强党建，抓改革，促发展”有机统一起来，以党的政治建设为统领，展现良好精神风貌，有奉献精神，有严谨的工作作风，发挥模范带头作用，有廉洁自律的道德操守。

在当前形势下，我总结了“5 个越”“5 个好”，即迅速突破基础前沿，越多越好；尽快解决“卡脖子”问题，越快越好；大力提高转化率，越高越好；积极服务主战场，越深越好；全面激发创新活力，越早越好。我们努力的方向，就是打造实施“两藏”（藏粮于地、藏粮于技）战略的国家队；打赢种业翻身仗的主力军；确保粮食年产量 1.3 万亿斤以上的先锋队；成为农业科技自立自强的顶梁柱。

最后，我用习近平总书记这段话，与党员同志、青年同志、青年科学家共勉。“不论过去、现在还是将来，党的光荣传统和优良作风都是激励我们不畏艰难、勇往直前的宝贵精神财富。我们要通过党史学习教育，坚定做党的光荣传统和优良作风的忠实传人，不断增强意志力、坚忍力、自制力，在新时代全面建设社会主义现代化国家新征程中奋勇争先、建功立业，努力创造无愧于党、无愧于人民、无愧于时代的业绩!”

关于印发《中国农业科学院加强干部职工思想政治工作的工作方案》的通知

为深入贯彻落实《中共中央　国务院关于新时代加强和改进思想政治工作的意见》《中央和国家机关干部职工思想动态分析报告办法》以及农业农村部直属机关党委《关于进一步做细做实部系统干部职工思想政治工作的通知》（以下简称《通知》）有关精神，按照农业农村部党组、中国农业科学院党组部署要求，制定本方案。

一、总体要求

全院各级党组织要充分认识加强和改进干部职工思想政治工作的极端重要性紧迫性，把这项工作作为一项重大政治任务和经常性、基础性工作切实抓紧抓好，坚持和加强党对农业科研工作的全面领导，把思想政治工作贯穿党的建设和院所治理各领域、各方面、各环节，牢牢掌握工作的领导权主动权，强信心、聚民心、暖人心、筑同心，为强化国家战略科技力量、支撑引领乡村振兴、加快农业农村现代化提供有力的政治和思想保障。

二、重点任务

（一）当前重点工作任务

（1）召开加强干部职工思想政治工作研讨会，传达学习《中共中央　国务院关于新时代加强和改进思想政治工作的意见》、唐仁健部长对干部职工思想政治工作的指示精神以及农业农村部直属机关党委《通知》要求，研究中国农业科学院贯彻落实举措。(机关党委)

（2）制定印发《关于加强和改进中国农业科学院思想政治工作的实施意见》，对全院各级党组织加强和改进干部职工思想政治工作作出全面部署安排。(机关党委)

（二）建立健全长效机制

（1）强化思想引领。加强政治引领和思想教育，组织深入学习贯彻党的十九届六中全会精神和习近平新时代中国特色社会主义思想，扎实开展党史学习教育，强化理想信念教育、党章党规党纪和形势政策教育，引导干部职工加强思想淬炼、政治历练、实践锻炼、专业训练，解决好世界观人生观价值观这个“总开关”问题，增强“四个意识”，坚定“四个自信”，做到“两个维护”，不断锤炼党性修养，保持昂扬状态，严守规矩底线，自觉把个人奋斗融入党和国家各项事业中，在实现农业科技高水平自立自强的生动实践中实现人生价值。（机关党委，院机关各部门、院属各单位党组织）

（2）增强针对性实效性。要着眼做好各类人群思想政治工作，针对编制内职工、编制外职工、院所企业员工、离退休职工、博士后、研究生以及联合培养的研究生等不同人群的思想特点，坚持靶向治疗，坚持“一把钥匙开一把锁”的方法，点对点做好思想政治工作，做到思想政治工作全覆盖，把干部职工团结起来、凝聚起来。在开展思想政治工作中，要在科学化、精细化上花力气、求实效，防止简单化、套路化、程序化；要坚持用心用情用力、因地因事因人开展思想政治工作，防止走心不足、温度不高、时机不对；要把理论宣传教育与思想交流互动相结合，把思想政治工作与实际工作相结合，把解决思想问题与解决实际问题相结合，防止只讲思想、不做工作。（院机关各部门、院属各单位党组织）

（3）及时分析研判。院机关各部门、院属各单位党组织要深入细致开展干部职工思想状况调查，及时发现普遍性苗头性倾向性问题，深入分析问题的来龙去脉和症结所在，对调查中发现的重要问题、重点人员，要及时采取措施，并与相关部门（单位）、社区、家庭积极对接，确保思想稳定，客观理性对待。每年召开1次专题会议，分析研判干部职工思想动态，聚焦突出问题，健全工作机制，落实工作措施，切实增强思想政治工作的针对性和实效性。（机关党委，院机关各部门、院属各单位党组织）

（4）深入谈心谈话。要结合年度工作总结、民主生活会、组织生活会等，院领导与分管部门和单位主要负责同志，各部门各单位主要负责同志与领导班子成员、班子成员与分管部门负责人、单位部门主要负责人与组成人员层层开展谈心谈话，做到不漏一人。平时要落实好“四必谈”制度，做到岗位变动必谈、组织处置必谈、发生家庭变故必谈、发现苗头性问题必谈。领导干部要带头谈，并接受干部职工访谈，认真听取干部职工对本单位工作意见建议和在工作、学习生活，以及个人成长发展、身心健康等方面的诉求，积极作出回应。通过谈心交心，疏导思想，理顺情绪，化解矛盾，解疑释惑。（院领导，院机关各部门、院属各单位党组织）

（5）重视“急难愁盼”诉求。要关心干部职工“柴米油盐”困难，持续深入开展办实事活动，从群众最迫切的需求入手，从最突出的问题抓起，从最直接的利益出发，用心用情用力帮助干部职工解决实际问题。要畅通职工利益诉求渠道，广开言路听民意，切实维护干部职工合法正当权益。要积极做好对困难职工的帮扶工作，开展经常性“送温暖”活动，重点关注大病特困职工、失独家庭、残疾子女家庭等特殊群体，协助解决子女入托入学等问题，不断增强干部职工的获得感、幸福感、安全感。（机关党委，院机关各部门、院属各单位党组织）

（6）重视“琴棋书画”需求。要充分发挥工青妇等群团组织和院科学技术协会的桥梁纽带作用，大力开展精神文明建设活动，弘扬社会主义核心价值观。在做好疫情防控工作的同时，组织开展形式多样的文体活动，丰富业余文化生活，活跃单位气氛，引导干部职工锻炼好身体，保持好心态，有效舒缓压力。鼓励干部职工积极参加学雷锋、献爱心等志愿服务活动，进一步增强社会责任感，培育文明风尚。要结合实际、因地制宜，加强文体活动场所和设施建设，为干部职工经常性开展文体活动创造有利条件。（机关党委、后勤中心，院机关各部门、院属各单位党组织）

（7）加强人文关怀。要坚持以人民为中心的发展思想，关心关注干部职工的工作和生活状况，通过“群众接待日”等方式，及时听取干部职工在工作、学习、生活等方面的正当合理诉求，能解决的及时解决；一时解决不了的，要耐心说明情况，提出解决思路和办法。要做好心理疏导，利用社会专业健康咨询等资源，举办健康讲座等活动，积极开展日常保健、心理健康等方面的辅导；结合本部门本单位实际，开展职工心理健康筛查，为干部职工提供长期的身心健康咨询服务。（机关党委，院机关各部门、院属各单位党组织）

（8）加强研究生思想政治教育。要坚持社会主义办学方向，落实立德树人根本任务，建立全员、全程、全方位育人体制机制，通过各类党建团学活动，加强对研究生的思想政治教育。要配齐建强思政课教师队伍，统筹研究生思政教育一体化建设，推动党的创新理论进教材、进课堂、进师生头脑，构建“研究生院—研究所—科研团队—导师—研究生党团组织”共同负责的思政教育工作体系。要认真落实《中国农业科学院全面落实研究生导师立德树人职责实施细则》，加强导师、教师在聘用、考核评审中的政治立场考察，把好政治关、师德关，打造政治素质过硬、师德师风高尚、业务能力精湛、育人水平高超的高素质师资队伍。（研究生院，院属各单位党组织）

三、保障措施

（一）强化责任落实

院机关各部门、院属各单位党组织主要负责同志要强化第一责任、亲力亲为，把思想政治工作当成大事要事来抓，班子成员要按照“一岗双责”要求抓好分管部门的思想政治工作。各创新团队、党支部、党小组要充分发挥“一线”和“触角”作用，利用熟悉人头的优势，密切关注、及时了解干部职工思想动态，深入细致地做好思想政治工作。工会、共青团、妇工委等群团组织要充分发挥桥梁纽带作用，更好地引导干部职工听党话、感党恩、跟党走。

（二）及时汇报情况

院机关各部门、院属各单位党组织要建立完善监测、研判、回应机制，定期分析研判思想政治情况，坚持关口前移，注重抓早抓小，把涉及本部门本单位管辖范围的重大事件、重要情况、重要社情民意中的倾向性苗头性问题，主动纳入到重大事项报告中来，及时向院党组和上级党组织报告并提出建设性意见。

（三）加强督促指导

要把干部职工思想政治工作纳入落实党建主体责任情况监督检查和巡视巡察内容，纳入党组织书记述职考核、研究所党建工作评价体系指标，作为党政领导班子、领导干部综合考核评价的重要依据，把“软指标”变为“硬约束”。每年1月初，各部门各单位党组织要向院党建工作领导小组办公室（机关党委）报告上年度干部职工思想动态。

中共中国农业科学院党组关于表彰 2019—2021 年度中国农业科学院文明单位的决定

2019 年以来，院机关各部门、院属各单位深入贯彻落实习近平新时代中国特色社会主义思想，坚持培育和践行社会主义核心价值观，大力推进公民思想道德建设，积极开展群众性精神文明创建活动，弘扬中华传统美德和科学家精神，锻造新时代农科精神，培育社会良好风尚，科技创新各项事业全面发展，涌现出一批组织领导有力、道德风尚良好、管理科学规范、工作实绩明显、文化建设突出、社会责任落实、精神文明建设成绩突出的文明单位。通过各部门各单位申报、院精神文明建设协调领导小组初审、评选委员会评选、公示等程序，院党组决定授予院办公室等 15 个单位（部门）“2019—2021 年度中国农业科学院文明单位”称号。

希望受表彰的单位（部门）珍惜荣誉、再接再厉，积极发挥典型示范作用，进一步为院所改革发展营造良好氛围，带动全院精神文明建设再上新台阶。各部门、各单位要向文明单位学习，坚持把精神文明建设与“两个一流”建设结合起来，把创建过程与党的建设结合起来，与落实全院“十四五”规划、发挥国家战略科技力量作用结合起来，以评促建、评建结合、重在建设，为科技支撑乡村全面振兴，加快农业农村现代化建设提供强大的精神动力。

附件：2019—2021 年度中国农业科学院文明单位名单

附件

2019—2021 年度中国农业科学院文明单位名单
（15 个，排名不分先后）

院办公室
科技管理局
人事局
研究生院
蔬菜花卉研究所
北京畜牧兽医研究所
生物技术研究所
农业经济与发展研究所
中国水稻研究所
棉花研究所
油料作物研究所
郑州果树研究所
茶叶研究所
兰州畜牧与兽药研究所
上海兽医研究所

中国农业科学院获得全国优秀共产党员、中央和国家机关“两优一先”、农业农村部“两优一先”“第三届党建创新成果展示交流活动”十佳案例银奖表彰名单

蔬菜所方智远同志荣获全国优秀共产党员荣誉称号。

资划所吴文斌同志荣获中央和国家机关优秀党务工作者荣誉称号。

蔬菜所第二党支部荣获中央和国家机关先进基层党组织荣誉称号。

作科所何中虎、植保所王振营、作科所李少昆、牧医所秦玉昌、环发所严昌荣、资划所尹昌斌、植保所王桂荣、加工所王凤忠、蔬菜所张秀新、质标所陈松、财务局孙聪、院机关退休干部闫长青、饲料所闻治国、生物所王宝宝 14 名同志荣获农业农村部直属机关优秀共产党员荣誉称号。

信息所郑火国、牧医所马莹、后勤中心高毅、植保所王秋霞、蔬菜所顾兴芳 5 名同志荣获农业农村部直属机关优秀党务工作者荣誉称号。

院直属机关党委、质标所科研第二党支部、作科所作物耕作与生态创新团队党支部、资划所党委、院办公室党支部、院机关离退休党总支 6 个集体荣获农业农村部直属机关先进基层党组织荣誉称号。

作科所党委《面对面做示范　接地气解难题——“田间课堂”打造助力乡村产业振兴新模式》党建创新案例荣获“第三届党建创新成果展示交流活动”十佳案例银奖。

中共中国农业科学院党组关于印发《中共中国农业科学院党组关于弘扬新时代农科精神的实施意见》的通知

农科院党组发〔2021〕46号

院机关各部门、院属各单位：

《中共中国农业科学院党组关于弘扬新时代农科精神的实施意见》已经中共中国农业科学院党组2021年第12次会议审议通过，现印发给你们，请结合实际认真贯彻执行。

中共中国农业科学院党组

2021年8月13日

中共中国农业科学院党组关于弘扬新时代农科精神的实施意见

为深入贯彻落实习近平总书记在庆祝中国共产党成立 100 周年大会上的重要讲话精神和关于科学家精神的重要论述，树立全院广泛认可、共同遵循的价值理念，激励和引导全院广大干部职工追求真理、勇攀高峰，自觉践行新时代农科精神，加快培育促进农业科技创新事业健康发展的强大精神动力，根据中央办公厅、国务院办公厅《关于进一步弘扬科学家精神　加强作风和学风建设的意见》，结合中国农业科学院实际，现就弘扬新时代农科精神提出如下实施意见。

一、充分认识弘扬新时代农科精神的重要性紧迫性

中国农业科学院自建院以来，一代又一代农科人满怀“三农”情怀，在为国家富强、民族振兴、人民幸福的奋斗中积淀形成了富有特色的“农科精神”，突出体现为院训提出的治院理念和治学精神，即“求真笃行 敬农致用”，并拓展外延形成具有代表性和典型性的“祁阳站精神”“中棉所精神”。

中国农业科学院党组高度重视创新文化建设和农科精神弘扬，始终坚持围绕不同时期农业科技创新事业发展需要，在全院开展创新文化建设，传承优良传统，弘扬科学精神，形成好经验、好做法，取得丰硕成果。但与新形势、新任务的要求相比，中国农业科学院在弘扬新时代农科精神方面仍然存在农科精神总结梳理不够、历史积累不足，弘扬宣传的载体手段不多、形式不丰富等问题。培养造就一代又一代自觉践行新时代农科精神的农业科技事业接班人，对于保障科技创新出成果、出人才、出思想，推动新时代农业科技整体跃升、院所改革跨越发展十分重要和必要。

弘扬新时代农科精神是贯彻落实好习近平总书记致中国农业科学院 60 周年贺信精神和提高自主创新能力的重要举措。党的十八大以来，中共中央坚持把创新作为引领发展的第一动力，我国科技事业取得历史性成就、发生历史性变革。全面贯彻落实习近平总书记致中国农业科学院 60 周年贺信要求以及“四个面向”重要指示精神，以科技创新引领农业高质量发展，实现从跟跑到并跑到领跑的飞跃，迫切需要科技创新提供动力源泉和强大支撑，迫切需要用新时代农科精神武装农业科技创新队伍，提升创新的自信与勇气，不断夯实农业科技创新的思想基石。

弘扬新时代农科精神是加快培养新时代农业科技创新人才的动力源泉。创新驱动发展成为现代农业发展新阶段的必然要求，农业科学家群体是我国农业从大到强发展的核心中坚力量，其数量、质量和能否充分发挥作用是农业科技整体跃升、院所事业跨越发

展的关键。农业科技具有显著的公共性、基础性、社会性的特点，越是面向科技前沿和突破关键核心技术，取得原创性成果，越需要有“勇闯无人区”的勇气和“甘坐冷板凳”的耐心。要让新时代农科精神成为中国农业科学院创新人才的基础素养和首要特征，成为全院干部职工共同遵循的价值理念，引领农业科技创新人才建功新时代。

弘扬新时代农科精神是实现“两个一流”建设和率先跨越的有力支撑。当前，世界处于百年未有之大变局，中华民族站在了实现“两个一百年”奋斗目标的历史交汇点。党的十九届五中全会提出“坚持创新在我国现代化建设全局中的核心地位，把科技自立自强作为国家发展的战略支撑”的重要论断；《中华人民共和国国民经济和社会发展第十四个五年规划和 2035 年远景目标纲要》明确提出，坚持农业农村优先发展，全面推进乡村振兴；中国农业科学院的事业发展也进入“两个一流”建设、实现率先跨越的新的历史时期。这些变化势必需要现有的制度、理念、文化与之相契合，对深化创新文化建设、构建新时代农科精神体系提出新要求。新时代进一步弘扬农科精神，激发人的创新力、促进人的全面发展，有效激发全院的创新意识、创新自信和创新追求，是农业科技创新发展的基本前提，也是创新文化建设的应有之义。

全院各级党组织、广大干部职工要站在战略和全局的高度，充分认识进一步弘扬新时代农科精神的重要性和必要性，紧紧围绕“四个面向”“两个一流”，把培根铸魂新时代农科精神作为我院党的宣传思想工作和创新文化建设的最优先任务，以更长远的眼光、更开阔的视野、更有力的举措推动农科精神不断丰富、不断传承、不断弘扬，使中国农业科学院在加快建设创新型国家和世界科技强国的道路上行稳致远。

二、弘扬新时代农科精神的总体要求

（一）指导思想

以习近平新时代中国特色社会主义思想为指导，以伟大建党精神滋养新时代农科精神，传承老一辈农业科学家的优良传统，积极营造良好科研生态和舆论氛围，引导广大干部职工秉承优良传统、忠诚履职尽责，争做重大科研成果的创造者、建设科技强国的奉献者、崇高思想品格的践行者、良好社会风尚的引领者，为实现“四个面向”“两个一流”和农业科技创新事业发展提供强大的文化引领和精神支撑。

（二）根本任务

大力弘扬以“求真笃行，敬农致用”的院训为核心内涵的新时代农科精神，自觉践行“胸怀祖国、服务人民的爱国精神，勇攀高峰、敢为人先的创新精神，追求真理、严谨治学的求实精神，淡泊名利、潜心研究的奉献精神，集智攻关、团结协作的协同精神，甘为人梯、奖掖后学的育人精神”的新时代科学家精神，尊崇农耕文明、热爱

“三农”事业、矢志科技创新，汇聚起农业领域国家战略科技力量努力抢占制高点、把握主动权、引领现代化的自立自强的强大信心和磅礴力量。

（三）基本原则

坚持党的领导。提高政治站位，强化政治担当，引导广大干部职工牢固树立“四个意识”，坚定“四个自信”，做到“两个维护”，不断提高政治判断力、政治领悟力、政治执行力，在践行新时代农科精神中走在前列，筑牢共同思想基础。

坚持价值引领。把握主基调，唱响主旋律，把“满足人民对美好生活的向往”作为奋斗目标，以春风化雨、渗透内化的教育方式，引导广大干部职工恪守科学价值准则和科学精神的道德品质。

坚持传承创新。既要深入发掘和充分继承全院长期以来形成的一系列优良传统和宝贵精神文化成果，夯实底蕴、厚植根基；又要立足新发展阶段、贯彻新发展理念、构建新发展格局，运用新理念、新方法大力拓展新时代农科精神的内涵精髓，不断培育、彰显新时代农科精神的特色与亮点。

坚持统筹协同。弘扬新时代农科精神是一项全局性、系统性工程，贯穿院所改革发展的全部维度和层面，要在健全优化制度基础上，进行全方位的科学规划和联动推进。要整合协调院内院外、院所之间各方资源和力量，明确目标定位，结合院所实际，突破重点，分步实施，在实践中持续深入开展和完善。

坚持久久为功。弘扬践行新时代农科精神不是无区别地强求一律，而是有方向地启发引领；不图快餐式的立竿见影，而要长期性的润物无声。使广大农业科技工作者从内心深刻认同，从行动矢志践行，激励肯担当、善担当、真担当的精气神，坚定农科人的文化自信。

（四）主要目标

紧密围绕“四个面向”“两个一流”的总体部署，分阶段、分步骤全面启动和实施弘扬新时代农科精神的各项措施，到 2025 年，力争弘扬新时代农科精神并完善整体格局，全面形成精神文化因子快速协调发展、活力竞相迸发、成果不断涌现的生动局面，显著提升新时代农科精神在全院的凝聚力和感召力，显著提升中国农业科学院的影响力和传播力，显著提升底蕴深厚的农科精神与时代精神相结合的创造力和引导力，使新时代农科精神成为出重大成果、出重大产出、出领军人才的重要载体和环境底色，成为提高我院创新能力和综合实力的关键要素，成为“两个一流”建设的鲜明标志和永续前行的澎湃动力。

打造具有稳定性、传承性、创新性的新时代农科精神谱系。充分调动全院积极性和创造力，进一步丰富内涵、扩展外延，基本形成与“四个面向”“两个一流”战略目标相适应的制度机制和价值体系，使新时代农科精神永续传承、发扬光大。

形成一个履职尽责、担当作为、潜心研究的科研生态。通过进一步弘扬、践行新时代农科精神，内化于心、外化于行，融塑兼备科学精神和人文精神的农业科技工作者，科技创新生态不断优化，学术道德建设得到显著加强。

造就一批传承农科精神的农业科技创新人才队伍。极大调动和充分尊重科技工作者的创造精神，激发各类人才的创新活力和潜力，使之成为弘扬科学精神和创新精神的推动者和实践者。

构建一个创新主体、基础条件、运行机制有效支撑的创新环境。推动中国农业科学院自主创新、协同创新能力显著增加，创新生态系统得以不断优化，在国家农业科技创新体系文化建设中的骨干引领作用大为增强。

三、弘扬新时代农科精神的主要任务

（一）加强院（所）史和老一辈农业科学家精神研究

大力开展档案、照片、资料、实物等收集整理基础性工作，以重要周年时间节点为契机，启动实施“院史与老一辈科学家学术成长资料征集和采集研究工程”，续编出版《中国农业科学院志》等。建立一支由院机关各部门和院属各单位共同组成、专兼结合的研究队伍，深入挖掘典型人物和先进事迹，推进文献考证研究和口述材料的搜集整理。

（二）开展老一辈科学家周年传承活动

针对已退休且80周岁以上的著名农业科学家，加强对其学术成长经历进行收集、整理、宣传、展示，举办学术思想研讨会、出版学术专著或文集。针对已逝世的著名农业科学家，举办追思或纪念学术思想研讨会，对其文化遗存、文物遗产和各类纪念物进行普查和集中收集，在有关教育基地或办公场所设立塑像。探索建设农科精神、著名农业科学家文化遗存等管理系统，实现科学保护和利用。

（三）选树认定重大先进典型

每年选树1~2个重大先进典型（个人或集体），通过对接中央宣传部、报送内参、统战系统等渠道，推荐参与中央重点宣传项目和重大评选奖项；构建新时代农科精神谱系，深化拓展“祁阳站精神”“中棉所精神”，赋予新时代的先进典型和事迹，进一步丰富内涵和精神实质；院属各单位深入挖掘、梳理凝练符合时代特征、独具各自特点的新时代农科精神典型代表，以身边典型引领示范身边人，不断提升新时代农科精神的影响力和感召力。

（四）建设新时代农科精神教育实践基地

以院展厅、中国农业科学院新乡精神展览馆为示范，深入挖掘中国农业科学院科技积淀，整合利用院所资源，建设一批主题突出、特色鲜明、实用管用的新时代农科精神教育实践基地，为广大干部职工提供坚定理想信念、学习科学家精神的实践平台，成为中国农业科学院弘扬新时代科学家精神的重要载体。

（五）加强宣传阵地建设

打造一批扎根“三农”、扎根科研的宣传力作，并通过多种渠道发布，在日常宣传、重大纪念活动和主题活动等节点进行展示，推送到全院每个支部、每位党员和职工学习交流；不断完善院网“光荣榜”栏目，编辑出版“新时代农科精神”系列读本，全面展现精神内涵和农科故事。院属各单位要加强农科精神专题宣传的平台建设，增强宣传效果、扩大传播范围。

（六）构建联动高质量宣讲体系

构建“院士—院领导—所长书记—亲历者—青年”讲农科精神、讲农科故事的多层级、多方位、多角度的宣讲格局，特别是针对新入职职工、新入学研究生、新提拔领导干部、新晋升职称科研人员、党委委员、中层干部、支部委员、农科英才、团队首席等进行宣讲。全院统一组织开展以“院士讲农科精神”为系列的“农科讲坛”，邀请院士结合自身成长经历与全院科技工作者分享人生轨迹与经验。开展“院领导讲农科精神”专题，纳入全院各类培训和研究生教育，开设相应课程。院属各单位所长、书记、亲历者和青年干部要作为本单位的宣讲人，通过党课、“三会一课”、主题党日、青年理论小组或在重要时间节点讲农科精神、讲农科故事。

（七）开展新时代农科精神的艺术创作活动

加强对全院各级群团组织和艺术类俱乐部等团体的领导，从场所、经费、活动指导等给予支持，努力提高艺术水平和活动质量，引导组织各俱乐部和群团组织用演讲、诗歌、情景剧、舞蹈、摄影、绘画、书法等多种艺术形式进一步弘扬新时代农科精神。院属各单位要引导激发广大干部职工、离退休职工的艺术创作热情，吸引更多中青年职工参与，编排具有农科特色的原创性节目，打造一批以德服人、以文化人的艺术精品，通过重要纪念活动、联欢会、文艺汇演等进行展演，打造弘扬新时代农科精神的鲜活舞台。

（八）营建多元共享的国际交流环境

面向海内外人才，拓展社会资源，组织开展国际交流联谊活动，有针对性地开展中国农业科学院院情宣传和老一辈科学家典范教育，促进新时代农科精神的宣传推广，在海外引才、海外引智的渠道和机制中发挥凝聚人才的作用；面向国际，利用主流外文媒体和院英文网站，展现真实、立体、全面发展的中国农业科学院和新时代农科精神，不断提高文化软实力和影响力。

四、弘扬新时代农科精神的保障措施

（一）健全组织领导和工作机制

弘扬新时代农科精神在院党组领导下，由院党的建设工作领导小组负责推进，具体工作由院党的建设工作领导小组办公室牵头、院机关各部门配合，将其纳入年度党建工作要点，为深入推进工作提供组织保证。院属各单位在党委领导下开展工作，所长和党委书记是第一责任人，组织制定弘扬新时代农科精神的实施方案，安排专人负责，各职能部门和群团组织齐抓共管、全体干部职工积极参与。强化考核评价机制，把此项工作纳入研究所考核、党组织书记述职考核等重要指标。

（二）建立资源投入和保障机制

院部设立弘扬新时代农科精神工作专项经费，每年年初列入预算。主要用于表彰重大先进典型，支持院级“新时代农科精神教育实践基地”建设，有关采集研究和遗存文化梳理，宣传及编辑出版系列读本等工作。院属各单位要保证弘扬新时代农科精神的资源投入，在本单位经费预算的前提下可积极争取企业和社会赞助等合规合法渠道，确保工作顺利开展。

（三）明确工作责任要求

院党的建设工作领导小组每年年初确定本年度的工作任务，分解细化工作，提出完成时限，年中对落实情况加强跟踪问效，年底进行督办和总结评估，确保各项措施落到实处。院属各单位党委（党组织）要结合实际每年确定工作任务，扎实推进工作。院各级群团组织要按照职责分工，在各级党组织领导下牵头负责落实。

（四）表彰奖励工作突出集体（个人）

在党组织“两优一先”、院级文明单位、院群团组织先进集体和个人等各类评选表彰中，加大对弘扬新时代农科精神工作成效显著、表现突出的单位（集体）和个人的表彰力度，根据工作实际，可设立新的表彰形式。鼓励基层根据实际设立有关奖项进行表彰。

附件：中国农业科学院关于“新时代农科精神”教育实践基地管理办法（试行）

附件

中国农业科学院关于“新时代农科精神”教育实践基地管理办法（试行）

第一章　总　则

第一条　为深入贯彻落实习近平总书记关于大力弘扬科学家精神的一系列重要指示精神，弘扬新时代农科精神，深入挖掘中国农业科学院科技积淀，充分发挥新时代先进榜样典型示范带动作用，整合利用院所文化资源，为广大干部职工提供坚定理想信念、学习爱国奋斗创新精神的实践平台，结合中国农业科学院实际，制定本办法。

第二条　本办法中的“新时代农科精神”教育实践基地（以下简称基地）是指由院属各单位建设，经院党组认定的、以弘扬新时代农科精神为主题的展览馆（厅、室）等。

第三条　基地建设要强化政治功能、政治属性和主题特色，遵循“主题突出、特色鲜明、实用管用”的目标，兼具党员干部教育、普及科技知识等功能和作用，在全院文化建设中发挥示范带动作用。

第四条　基地实行动态管理，鼓励多个研究所、研究所与地方联合共建基地。

第二章　建设标准

第五条　基地建设要充分利用已有所史馆、展览室和现有培训资源，整合现有相关展览展品资源，开发一批高质量反映科学家精神的展项，深入挖掘和突出反映其中所蕴含的精神内涵，不断拓展功能和内容、创新传播教育方式。建设过程中要厉行勤俭节约，严禁铺张浪费。

第六条　基地应当符合下列基本条件。

（一）特色主题。申报单位要根据历史传承、现有基础、受众定位、区域特征、优势特色等确定基地特色主题。

（二）基础设施。申报单位要有现场体验教学场所，有展览陈列场所，有较为丰富的展品资源，有视频、图文等宣传材料，充分利用新媒体技术。

（三）教育内容。教育内容需包含一些固定模块，如党建专题展、科学家事迹专题展、科普专题展等，鼓励基地根据自身主题定位和实际情况开发特色内容模块。

（四）运行机制。申报单位要制定日常管理运行办法，做到内部管理规范，设施维护到位，展陈内容适时更新，人员、经费保障有力。

（五）功能发挥。申报单位要围绕基地设计特色教育活动方案，围绕中共中央要求和院党组部署，围绕重大主题、重要时间节点，针对不同类型群体，每年精心组织开展 1~2 次特色宣传教育活动。

（六）宣传推介。建设网上基地宣传页面，有条件的单位可建设网上虚拟展馆。要善于运用多种方式加大基地宣传力度。

第三章　申报认定

第七条　基地申报坚持自下而上的原则，申报单位填写《中国农业科学院“新时代农科精神”教育实践基地申报表》，报院党的建设工作领导小组办公室。

第八条　院党的建设工作领导小组办公室对申报单位的特色主题、基础设施、教育内容、运行机制等进行综合评审，必要时组织现场考察。

第九条　评审通过后，报院党组会审定，并予以经费资助。院党的建设工作领导小组办公室负责对基地进行指导，并组织授牌活动。

第四章　运行管理

第十条　经认定挂牌的基地对全院免费开放，也可接受院外单位参观学习。院机关各部门、院属各单位要充分利用基地开展教育培训工作。

第十一条　基地所属单位党委负责基地的日常管理、运行、维护、安全等工作，对基地的建设和日常运行管理承担主体责任，对展陈材料进行审核把关，并积极开展宣传教育活动。

第五章　考核评价

第十二条　基地的运行与管理纳入所在单位年度党组织书记工作考核内容。每年年底将年度运行管理情况报院党建工作领导小组办公室备案。年度运行情况包括年度新增建设项目、规定动作及特色模块、日常运行、主题活动、宣传推广、社会影响等内容。

第十三条　院党建工作领导小组办公室不定期对全院的教育实践基地进行考核。考核不合格的基地限期整改，连续两次考核不合格或基地出现保障不充分、管理不规范或存在重大安全隐患等情况，报院党组会审定后，不再纳入全院基地序列管理。

第六章　附　则

第十四条　本办法由院党建工作领导小组办公室（直属机关党委）负责解释。

第十五条　本办法自发布之日起实施。

中共中国农业科学院党组关于印发《弘扬新时代农科精神实施方案（2021—2025年）》的通知

农科院党组发〔2022〕4号

院机关各部门、院属各单位：

《弘扬新时代农科精神实施方案（2021—2025年）》已经中共中国农业科学院党组2021年第19次会议审议通过，现印发给你们，请结合实际认真贯彻执行。

中共中国农业科学院党组

2022年1月6日

弘扬新时代农科精神实施方案
（2021—2025 年）

习近平总书记在出席中央人才工作会议时强调，做好人才工作必须坚持正确的政治方向，不断加强和改进知识分子工作，大力弘扬科学家精神。为贯彻落实习近平总书记的重要指示精神，扎实推进《中共中国农业科学院党组关于弘扬新时代农科精神的实施意见》落地见效，促进农业科技人才健康成长，成为高水平农业科技自立自强的坚强力量，制定实施方案如下。

一、指导思想

坚持以习近平新时代中国特色社会主义思想为指导，以伟大建党精神和科学家精神滋养新时代农科精神，传承老一辈农业科学家的优良传统，积极营造良好科研生态和环境氛围，引导广大人才肩扛使命担当、忠诚履职尽责，争做重大科研成果的创造者、建设科技强国的奉献者、崇高思想品格的践行者、良好社会风尚的引领者，为实现“四个面向”“两个一流”和高水平农业科技自立自强提供强大的文化引领和精神支撑。

二、总体要求

大力弘扬以“求真笃行，敬农致用”为核心内涵的新时代农科精神，深化拓展具有代表性和典型性的“祁阳站精神”“中棉所精神”，培养造就一代又一代自觉践行新时代农科精神的农业科技事业接班人，保障科技创新出成果、出人才、出理论，推动新时代农业科技整体跃升、院所改革跨越发展，汇聚起努力抢占制高点、把握主动权、引领现代化的磅礴力量。

三、主要目标

紧密围绕“四个面向”“两个一流”的总体部署，按照“一年开好头、三年打基础、五年见成效”的实践路径，通过开展“灯塔行动”“谱系行动”“铸魂行动”“强基行动”，实施弘扬新时代农科精神的各项措施，力争造就一支传承农科精神的人才队伍，打造具有稳定性、传承性、创新性的新时代农科精神谱系，形成一个履职尽责、担当作为、潜心研究的科研生态，构建一个创新主体、基础条件、运行机制有效支撑的创新环境，使新时代农科精神成为出重大成果、出重大产出、出领军人才的环境底色，成为提高中国农业科学院创新能力和综合实力的关键要素，成为“两个一流”建设的鲜明标志和永续前行的澎湃动力。

四、重点任务

（一）实施“灯塔行动”，树立新时代农科精神标杆

1. 开展老一辈科学家精神周年传承活动

针对80周岁以上的著名农业科学家，对其学术成长经历进行收集、整理、宣传、展示，举办学术思想研讨会、出版学术专著或文集；针对已逝世的著名农业科学家，举办追思或纪念学术思想研讨会，对其文化遗存、文物遗产和各类纪念物进行普查和集中收集，在有关教育基地或办公场所设立塑像。

责任部门：人事局、机关党委、院办公室，院属各单位党组织

实施时间：每年根据实际情况推进

2. 加强院（所）史和老一辈科学家精神研究

开展收集整理老一辈科学家档案、照片、实物等基础性工作，以重要周年时间节点（如五周年、十周年等）为契机，续编出版所志等；实施老一辈科学家学术成长资料征集和采集研究工程，依托有关研究所党委，对已故院士的学术成长资料开展收集和采集工作，汇编成册印发给各级党组织和党员干部学习，同时对接中国科学技术协会“老科学家学术成长资料采集工程”，积极向上级组织推荐。

责任部门：机关党委，院属有关单位党组织

实施时间：每年至少完成1位老一辈科学家的资料收集

3. 选树新时代农科精神重大先进典型

积极选树重大先进典型（个人或集体），推荐参评陈嘉庚青年科学奖、全国创新争先奖章、全国优秀科技工作者、全国农业先进工作者、全国先进工作者、全国五一劳动奖章、中国青年五四奖章、全国三八红旗手、全国巾帼文明岗以及农业农村部先进集体、先进个人等。加大对重大先进典型的宣传力度，以身边典型引领示范身边人，教育引导广大科技工作者听党话、感党恩、跟党走，树立正确的世界观、人生观、价值观，学先进、争先锋、做表率，在科技支撑乡村振兴和农业农村现代化的浪潮中勇攀高峰、勇立潮头。

责任部门：院机关各部门、院属各单位党组织

实施时间：每年根据上级组织评选表彰部署推进

（二）实施“谱系行动”，打造新时代农科精神谱系

1. 传承一批新时代农科精神

分别制定实施传承和深化拓展“祁阳站精神”“中棉所精神”行动方案，培育和挖掘新时代的先进典型和先进事迹，进一步丰富内涵和精神实质，使农科精神在新时代闪耀出新光芒。

责任部门：机关党委，资划所、棉花所党委

实施时间：2021—2025 年

2. 挖掘一批新时代农科精神

深入挖掘、梳理凝练符合时代特征、独具各自特点的新时代农科精神典型代表（如“新乡精神”“宁陵精神”“哈兽研精神”“那曲精神”“寿阳站精神”等），形成宣传推广方案。院党建领导小组办公室（机关党委）收集汇总院属各单位的农科精神典型代表，提交院党组认定后纳入新时代农科精神谱系，在全院以及更高层面学习宣传，适时向上级党组织和部门推荐。

责任部门：机关党委，院属各单位党组织

实施时间：2021—2025 年

3. 培育一批新时代农科精神

重点关注各单位内有良好传统、出重大成果、出重大产出、出领军人才的科研团队，总结好经验好做法，进一步提炼出最具凝聚力、战斗力、向心力的精神内核，为新时代农科精神谱系提供丰富资源。

责任部门：院机关各部门、院属各单位党组织

实施时间：2021—2025 年

（三）实施“铸魂行动”，构建新时代农科精神宣讲格局

1. 利用“农科讲坛”宣讲新时代农科精神

在农科讲坛中设立“院士、专家讲科学家精神”专题，邀请老中青三代优秀科学家与广大职工干部特别是科技工作者分享他们的人生轨迹与经验，以亲身经历和实际案例影响身边人、带动身边人。

责任部门：机关党委，院属有关单位党组织

实施时间：每年设 1~2 期纳入“农科讲坛”年度方案

2. 开展院领导宣讲新时代农科精神专题

将“院领导讲农科精神”专题纳入全院各类培训中，开设相应课程，针对全院新入职职工、新提拔领导干部、新晋升高级职称人员、党委委员、中层干部、支部委员、农科英才、团队首席，开展院（所）史和新时代农科精神教育培训，增强文化上的认

同感和归属感。

责任部门：人事局、机关党委

实施时间：每年按照各类培训班推进

3. 加强研究生新时代农科精神教育

在研究生“思政第一课”中加入宣讲新时代农科精神的内容，培养“明理崇德、一懂两爱”新时代农科学子，教育引导广大研究生听党话、跟党走，自觉践行和弘扬新时代科学家精神以及新时代农科精神，努力在实现中国梦的伟大实践中凝聚青春力量、展现青年担当、创造精彩人生。

责任部门：研究生院、机关党委

实施时间：每年按照研究生教育工作推进

4. 强化基层党组织新时代农科精神宣讲平台

院属各单位所长、书记、亲历者和青年干部要作为本单位的宣讲人，通过党课、“三会一课”、主题党日、青年理论小组或在重要时间节点讲农科人物、讲农科故事，在全院掀起弘扬新时代农科精神的热潮。

责任部门：院属各单位党组织

实施时间：结合党员领导干部讲党课等工作开展

5. 做好新时代农科精神国际宣传推广

面向海内外人才，组织国际交流推介活动，开展中国农业科学院院情和农科精神宣传，促进新时代农科精神发挥吸引凝聚海外人才的作用。面向国际，用好年报和院英文网站等宣传阵地，展现真实、立体、全面发展的中国农业科学院和新时代农科精神，促进主流外文媒体加强对中国农业科学院的正面报道，讲好中国农业科技创新故事，不断提高文化软实力和影响力。

责任部门：国际合作局

实施时间：在国际合作交流中融入推进

6. 加强对农业科技工作者的精神引领

通过打造“一团队一课堂、一单位一样板”模式，引导广大农业科技工作者弘扬和践行新时代农科精神，聚焦中国农业科学院作为“国家队”的使命责任，围绕中国农业科学院重大使命与“十四五”重点任务清单，组织重大科研攻关，开展基础研究和应用研究，持续以“田间课堂”、科技帮扶等模式服务“三农”，坚持把论文写在大地上、把成果送到千万家。

责任部门：科技局、转化局，院属各单位党组织

实施时间：2021—2025 年

（四）实施“强基行动”，加强新时代农科精神阵地建设

1. 建设农科精神教育实践基地

发挥院展厅重要作用，建成院新乡精神展览馆，深入挖掘中国农业科学院历史积淀，整合利用院所资源，建设一批主题突出、特色鲜明、实用管用的农科精神教育实践基地，为广大干部职工提供坚定理想信念、学习科学家精神的实践平台。

责任部门：机关党委，院属各单位党组织

实施时间：到 2025 年至少建成 2~3 个院级农科精神教育实践基地

2. 打造新时代农科精神精品力作

陆续编辑出版“新时代农科精神”系列读本（祁阳站精神、中棉所精神、新乡精神等），全面展现新时代农科精神谱系内涵和农科故事。不断完善院网“光荣榜”栏目，打造“农科精神故事汇”宣传品牌，聚焦科技工作者扎根科研、扎根“三农”的先进人物和先进事迹，打造图文并茂、音视齐全的宣传作品，通过多种渠道发布，在日常宣传、重大会议或主题活动等节点进行展示，推送到全院每个支部、每位党员和职工学习交流。

责任部门：机关党委，院属各单位党组织

实施时间：每年出版 1 册读本，每年至少制作发布 1 部弘扬新时代农科精神的精品力作

3. 共建新时代农科精神“大舞台”

加强对全院各级群团组织和艺术类俱乐部等团体的领导，从场所、经费、活动指导等给予支持，努力提高艺术水平和活动质量，引导组织各俱乐部和群团组织用演讲、诗歌、情景剧、舞蹈、摄影、绘画、书法等多种艺术形式进一步弘扬新时代农科精神。院属各单位要引导激发广大干部职工、离退休职工的艺术创作热情，编排具有农科特色的原创性节目，打造一批以德服人、以文化人的艺术精品，在重要纪念活动、联欢会、文艺汇演等进行展演，搭建弘扬新时代农科精神的鲜活舞台。

责任部门：院工会、团委、妇工委，院属各单位工青妇组织

实施时间：2021—2025 年

五、保障措施

（一）强化党委主体责任

院属各单位在党委领导下开展弘扬新时代农科精神工作，所长和党委书记是第一责任人，组织制定实施方案，安排专人负责，各职能部门和群团组织齐抓共管、全体干部职工积极参与。强化考核评价机制，把此项工作纳入研究所考核、党组织书记述职考核

等重要指标。

（二）抓好团队文化建设

进一步加强党对农业科研工作的全面领导，坚持中心工作开展到哪里，党的建设就跟进到哪里，建立支部建在团队上的基层党建机制，切实把党的领导落实到创新团队，把弘扬科学家精神和农科精神落实到创新团队。

（三）统筹安排积极推进

院属各单位党组织每年年初提交年度工作安排，梳理本年度弘扬新时代农科精神的重点工作任务，由院党建工作领导小组办公室汇总，统筹安排全院重点工作事项；年中对落实情况加强跟踪问效，年底进行督办和总结评估，适时进行表彰，确保各项措施落到实处。

中国农业科学院工会关于印发《中国农业科学院工会经费收缴使用管理办法（试行）》的通知

农科工会〔2021〕21 号

院机关工会、院属京区各单位工会：

《中国农业科学院工会经费收缴　使用管理办法（试行）》已经中国农业科学院工会 2021 年第五次常委会审议通过，现印发给你们，请认真贯彻执行。

中国农业科学院工会

2021 年 12 月 21 日

中国农业科学院工会经费收缴 使用管理办法（试行）

为加强工会经费收缴管理和使用，规范工会经费审核程序，提高工会经费管理质量和效率，根据《中华人民共和国工会法》《中国工会章程》，以及《关于加大对乡镇（街道）、开发区（工业园区）工会和基层工会经费支持力度的若干规定》（总工办发〔2016〕18 号）、《中央和国家机关基层工会经费收支管理实施细则（试行）》（中机关工会发〔2019〕5 号）、《农业农村部系统工会组织工作规则（试行）》（农工发〔2020〕14 号）精神，结合中国农业科学院实际，制定本办法。

一、总 则

第一条 本办法作为工会经费收缴、使用管理的依据。

第二条 工会经费收缴、使用管理是工会组织的一项重要基础工作，必须切实加强组织领导、落实责任，做到及时收缴、规范使用，统筹兼顾、服务会员。

二、经费收缴

第三条 建立工会组织的单位按全部职工工资总额 2%，依法向工会拨缴经费。

第四条 工会会员依照规定按本人工资收入的 0.5%向所在基层工会缴纳会费。

第五条 各单位工会主席作为第一责任人，要积极协调和督促工会经费收缴工作。工会分管领导要支持工会主席履职尽责，及时做好工会经费收缴工作。

三、经费上缴

第六条 各单位向上级工会上缴的比例：本单位计提工会经费（按职工工资总额 2%部分）的 40%，其中，30%上缴农业农村部直属机关工会，10%留存院工会。

第七条 各单位工会经费上缴采取按季度预缴、年末清缴的办法。

季度预缴：各单位工会每季度结束后 10 个工作日内，按季度工资总额的 2%计提工会经费，并将其中 40%向院工会上缴。

年末清缴：年末按本单位上报统计局“从业人员及工资总额”表核定的工资总额减前三季度工资总额之差的 2%计提工会经费，并将其中 40%向院工会上缴。

四、经费管理

第八条　严格执行预决算管理制度，各单位工会应当编制工会经费年度预算，编报工会经费年度财务决算，并依法履行必要程序。

第九条　按照独立核算的要求，具备社团法人资格的基层工会应单独开设工会银行账户，实行独立核算。根据统筹兼顾、量入为出、厉行节约、收支平衡的原则，经费主要用于开展工会活动和为职工服务，包括职工活动支出、维权支出、业务支出、资本性支出、事业支出和其他支出。各项支出必须严格按照中华全国总工会、中央和国家机关工会联合会、农业农村部直属机关工会关于基层工会经费支出管理的规定执行。

第十条　各单位工会积极争取单位行政加大对工会工作的支持力度，根据《中华人民共和国工会法》有关规定，按照一事一申请的原则，每年向本单位申请一定的经费补贴，以弥补工会经费的不足。为鼓励各单位工会积极参加上级工会组织的活动，牵头做好各文体俱乐部活动，以及主动开展各类活动，院工会将视实际情况，适时给予活动经费补助和奖励。

第十一条　各单位工会经费审查委员会对本级工会的经费收支和资产管理实行审查监督，并定期向会员代表大会（或会员大会）报告。

五、经费审批

第十二条　院工会经费支出由经办人签字，直属机关党委负责院工会工作的干部初步审核，院工会副主席（直属机关党委分管院工会工作的副书记）复核，院工会常务副主席（负责院工会的直属机关党委常务副书记）审批。具体经办为基层工会的，基层工会负责人及具体经办人须在原始票据上签字确认。院工会报销事项原则上由院机关在职职工办理。

第十三条　院机关工会经费由院工会代管，纳入院工会账套统一管理，分别核算。支出时由经办人申请，院机关工会副主席初审，院机关工会常务副主席复审，院机关工会主席（直属机关党委常务副书记）审批报销。

基层工会可根据本单位实际参照执行。

六、附　则

第十四条　本办法由院工会负责解释。

第十五条　本办法自颁布之日起实行，原有办法同时废止。

中国农业科学院获得中央和国家机关五四红旗团组织、青年文明号和农业农村部直属机关青年文明号、优秀共青团员表彰名单

研究生院团委被评为中央和国家机关五四红旗团委。

农产品加工研究所食品营养与功能因子利用创新团队被评为2019—2020年度中央和国家机关青年文明号、农业农村部直属机关青年文明号。

后勤服务中心徐勤政被评为2019—2020年度农业农村部直属机关优秀共青团员。

关于同意中国农业科学院妇女工作委员会组成情况的批复

农妇组〔2021〕4 号

中国农业科学院妇女工作委员会：

2021 年 1 月 21 日的报告收悉。经研究，同意马莹、王静、王力荣、王吉峰、王秀芳、申红芳、刘蓉蓉、汤承超、李蕾、李红康、李志平、李哲敏、李海芬、吴限忠、张婷、陆美芳、范蓓、范静、赵立欣、赵红梅、胡梅、姜娜、阎萍、韩娟、魏赛（按姓氏笔画排序）25 名同志为妇工委委员；同意马莹、王静、汤承超、李红康、范静、赵立欣、赵红梅（按姓氏笔画排序）7 名同志为常委；同意赵红梅同志为主任，李红康、赵立欣、王静同志为副主任。请按规定程序宣布。

特此批复。

农业农村部直属机关妇工委

2021 年 2 月 23 日

关于表彰2019—2020年度中国农业科学院巾帼文明岗　巾帼建功标兵　先进基层妇女组织优秀妇女工作干部　五好文明家庭和妇女之友的决定

农科妇工委〔2021〕3号

2019年以来，中国农业科学院各级妇女组织和广大女职工在院党组、院直属机关党委和各级党组织的领导下，根据上级妇女组织的工作部署，以习近平新时代中国特色社会主义思想为指导，牢固树立“四个意识”，坚定“四个自信”，做到“两个维护”，扎实推进新时代妇女工作创新发展，不断加强基层妇女组织建设，提升妇女职工综合素质，在推动贯彻落实“四个面向”重要指示、全面建设“两个一流”，实施乡村振兴科技支撑行动和脱贫攻坚工作中作出了积极贡献，涌现出一批爱岗敬业、团结奉献、开拓创新、锐意进取的先进集体和优秀个人。为表彰先进、树立典型、激励创新，由各单位申报，经院妇工委评选，报院直属机关党委批准，公示无异议后，决定授予院办公室宣传信息处等10个集体为2019—2020年度中国农业科学院“巾帼文明岗”称号，授予王彦芳等10名同志为2019—2020年度中国农业科学院“巾帼建功标兵”称号，授予院机关妇女委员会等9个妇女组织为2019—2020年度中国农业科学院“先进基层妇女组织”称号，授予王莹等10名同志为2019—2020年度中国农业科学院“优秀妇女工作干部”称号，授予刁现民家庭等10个家庭为2019—2020年度中国农业科学院“五好文明家庭”称号，授予马志永等35名同志为2019—2020年度中国农业科学院“妇女之友”称号。

希望受到表彰的先进集体和优秀个人把荣誉作为新起点，谦虚谨慎、再接再厉，充分发挥示范引领作用，扬帆新征程，建功新时代；希望院各级妇女组织要向受到表彰的先进基层妇女组织学习，结合农业科研特点，不断创新工作思路，团结带领广大女干部职工投身到“农科巾帼心向党、科研建功新时代”实践中，最广泛地为党的事业团结凝聚妇女力量，为党做好新时代妇女工作；希望全院广大女干部职工要以受到表彰的先进集体和优秀个人为榜样，继续发扬奋斗精神，不断掌握新知识、熟悉新领域、开拓新视野、磨砺新本领，以锲而不舍、驰而不息的决心和毅力，在全面落实“四个面向”“两个一流”奋斗目标中书写精彩人生，以优异的成绩迎接建党100周年。

附件：2019—2020 年度中国农业科学院巾帼文明岗　巾帼建功标兵　先进基层妇女组织 优秀妇女工作干部　五好文明家庭 妇女之友名单

中国农业科学院妇女工作委员会
2021 年 1 月 26 日

附件

2019—2020年度中国农业科学院 巾帼文明岗 巾帼建功标兵 先进基层妇女组织 优秀妇女工作干部 五好文明家庭 妇女之友名单

一、巾帼文明岗（10个，排名不分先后）

院办公室宣传信息处
植物保护研究所土壤有害生物防控创新团队
蔬菜花卉研究所品质分子改良团队
北京畜牧兽医研究所鸡遗传育种创新团队
蜜蜂研究所蜜蜂病虫害生物学团队
农业资源与农业区划研究所财资处
农业信息研究所大数据与知识服务创新团队
郑州果树研究所果树瓜类信息研究中心
特产研究所特种动物疫病防控创新团队
烟草研究所烟草发育生物学学科团队

二、巾帼建功标兵（10名，按姓氏笔画排列）

王彦芳　北京畜牧兽医研究所研究员
王笑梅　哈尔滨兽医所党委书记、副所长、研究员
牛春娥　兰州畜牧与兽药研究所高级实验师
齐秀娟　郑州果树研究所研究员
李方方　植物保护研究所研究员
李秀波　饲料研究所研究员
张秀新　蔬菜花卉研究所研究员
姜爱芹　茶叶研究所研究员
姜淑苓　果树研究所党委办公室主任、研究员
谢瑞芝　作物科学研究所研究员

三、先进基层妇女组织（9 个，排名不分先后）

院机关妇女委员会
作物科学研究所妇女委员会
农产品加工研究所妇女委员会
农业经济与发展研究所妇女委员会
中国农业科学技术出版社妇女委员会
油料作物研究所女职工委员会
麻类研究所妇女委员会
兰州畜牧与兽药研究所女职工委员会
农业农村部南京农业机械化研究所女职工委员会

四、优秀妇女工作干部（10 名，按姓氏笔画排列）

王　莹　后勤服务中心妇委会委员
王霄旸　上海兽医研究所妇委会委员
石建梅　兰州兽医研究所女工委主任
申红芳　中国水稻研究所女工委委员
乔冬梅　农田灌溉研究所妇委会主任
汤承超　中国农业科学院妇工委常委
杨　波　环境保护科研监测所妇委会委员
张　兰　生物技术研究所妇委会委员
姜　娜　农业农村部沼气科学研究所工会副主席
董红敏　农业环境与可持续发展研究所妇委会主任

五、五好文明家庭（10 名，按姓氏笔画排列）

刁现民家庭　作物科学研究所
马小艳家庭　棉花研究所
王　丹家庭　农业信息研究所
文柳璎家庭　烟草研究所
张蓉斌家庭　研究生院
郎志宏家庭　生物技术研究所
秦亚芝家庭　深圳农业基因组研究所
徐丽君家庭　农业资源与农业区划研究所

章剑扬家庭　茶叶研究所
熊本海家庭　北京畜牧兽医研究所

六、妇女之友（35名，按姓氏笔画排列）

马志永　上海兽医研究所所长、党委副书记
王　超　农业农村部沼气科学研究所副所长、工会主席
王凤忠　农产品加工所所长、党委副书记
方金豹　郑州果树研究所所长、党委副书记
邓　祥　农田灌溉研究所党委副书记、纪委书记
丛佩华　果树研究所党委书记、副所长
吕春生　后勤服务中心主任、党委副书记
刘继芳　农业信息研究所党委书记、副所长
李祥洲　中国农业科学技术出版社社长、党委书记
李新海　生物技术研究所所长、党委副书记
杨建仓　作物科学研究所党委委员、办公室主任
邱化蛟　麻类研究所党委书记、副所长
汪飞杰　农业质量标准与检测技术研究所党委书记、副所长
宋国立　棉花研究所党委副书记、纪委书记
张友军　蔬菜花卉研究所所长、党委副书记
张永光　兰州畜牧与兽药研究所所长、党委副书记
张亚辉　国际合作局局长、党支部书记
陈永生　农业农村部南京农业机械化研究所党委委员、农业资源开发与设施农业工程技术研究中心主任
陈华宁　院党组成员、人事局局长、党支部书记
林克剑　草原研究所副所长、工会主席
项伯纯　饲料研究所党委副书记、纪委书记
郝志强　农业环境与可持续发展研究所党委书记、副所长
饶敏杰　深圳农业基因组研究所副所长、纪委书记
姜仁华　茶叶研究所所长、党委书记
秦玉昌　北京畜牧兽医研究所所长、党委副书记
袁龙江　农业经济与发展研究所所长、党委副书记
袁会珠　植物保护研究所党委委员、办公室主任、工会副主席
殷　宏　兰州兽医研究所原所长、正所级
高士军　中国水稻研究所党委书记、副所长
郭同军　农业资源与农业区划研究所党委书记、副所长

崔泽民　烟草研究所党委书记、副所长
梁　波　特产研究所党委书记、副所长
彭文君　蜜蜂研究所所长、党委副书记
舒文华　监察局局长、党支部书记
廖　星　油料作物研究所副所长、党委副书记、纪委书记

唐华俊院长在中国农业科学院2021年度全面从严治党暨深化中央巡视整改工作推进会上的讲话

同志们：

按照中国农业科学院党组落实中央巡视整改工作统一部署，2021年4月底完成集中整改任务后，巡视整改工作进入深化落实和巩固拓展阶段，重点是推动巡视整改落细落实，进一步巩固拓展巡视整改成果。2021年3月我院召开了2021年全面从严治党暨巡视整改工作会议，明确把坚决落实中央巡视整改作为推进今年全面从严治党工作的首要任务来抓。今天，我们组织召开工作推进会，进一步深入分析问题，推动深化整改，表明了院党组落实中央巡视整改和持续推进全面从严治党的力度和决心。巡视整改首先是政治任务，是中共中央对我们提出的明确要求，是检验“四个意识”的试金石；也是我们履行职责使命的有力抓手，是中国农业科学院创新发展的重大机遇，是促进我院各项事业高质量发展的重要契机。大家一定要切实提高思想认识，高度重视、严肃对待，把巡视整改各项决策部署坚决落实到位，不断提高把握新发展阶段、贯彻新发展理念、构建新发展格局的政治能力、战略眼光、专业水平，确保全院“十四五”发展开好局、起好步。我讲三点意见。

一、以强烈的政治担当答好中央巡视整改的“考卷”

中央巡视反馈后，院党组认真学习贯彻习近平总书记重要指示精神，根据巡视反馈意见，坚持以政治建设为统领，按照“总体设计、系统部署、梯次推进、重点突破”的工作思路，将整改与院“十四五”规划编制、关键核心技术攻关、体制机制改革、全面从严治党结合起来，以对党忠诚、对人民负责的态度抓好整改落实。

院党组坚决扛起巡视整改主体责任，扎实梳理分析问题，建立4个清单，凝练五大目标，细化制定了48项巡视整改任务。院党组抓住落实中央巡视整改重要契机，以更严的要求、更高的标准、更长远的考虑，着力解决制约中国农业科学院创新发展的重大问题，研究制定了深化整改的44项重点工作行动方案，推动整改工作长期推进，确保取得长效。为强化巡视整改监督，专门组织4个审核组和4个督查组，对各单位整改方案认真审核、严格把关，督促指导落实巡视整改任务。

二、把巡视整改成效转化为农业科技创新发展的成果

从阶段性进展来看，我院巡视整改的组织落实严肃认真、工作扎实，整改任务及各项措施稳步推进，推动农业科技创新发展取得了明显成效。

一是认真学习贯彻习近平总书记关于“三农”和科技创新工作重要论述，聚焦“四个面向”，谋划“十四五”发展。院党组坚持第一时间、第一议题及时跟进学习贯彻习近平总书记重要讲话精神和中共中央决策部署，联系实际抓好贯彻落实。组织开展4次院党组理论中心组学习，围绕学党史、讲农史、谈科技兴国史，学习领会习近平总书记系列重要讲话和治国理政新理念新思想新战略，学习贯彻中央农村工作会议和全国“两会”等重要会议精神、习近平总书记“七一”重要讲话精神。组织开展学习贯彻十九届五中全会精神10个专题研究，形成16篇研究报告供决策参考。研究制定《习近平总书记贺信精神再学习再总结再部署再落实工作方案》，组织开展系列活动，深入贯彻落实总书记贺信精神。组织专班研究制定《“两个一流”建设指标体系研究工作方案》，结合院学科结构和发展特征，初步制定了一流科研机构和一流学科评价指标体系。研究制定《创新工程全面推进期期满考评方案》，对创新工程5年期实施成效开展系统评估，确保全面聚焦“四个面向”“两个一流”的发展要求。

二是大力推进落实“藏粮于地、藏粮于技”战略。研究制定《深化落实“藏粮于技”战略行动方案》和《深化落实“藏粮于地”战略行动方案》，分析研判形势、存在问题和科技需求，凝练提出近中期目标任务，明确时间表、路线图、具体行动举措，以及保障措施和政策建议。研究制定《种子与耕地科研任务清单》，围绕种质资源保护利用、种业自主创新、耕地保护与质量提升、农业基础前沿与共性技术攻关等组织实施重点科研任务。对所级重点任务进行再凝练、再聚焦，细化形成“十四五”所级重点任务及项目清单。统筹实施“藏粮于技”“主要畜禽良种化”“主要经济作物育种”等25项院级重大科研任务，强化任务实施管理，推动尽快取得突破和实效。

三是开展种源等关键核心技术联合攻关。研究制定《“打好种业翻身仗”科技行动方案》，谋划实施农业种质资源保护和利用行动、种源“卡脖子”技术攻关行动、良种联合攻关行动、种业企业研发能力提升行动。对“有重大育种价值的关键基因”等15项关键核心技术问题进行梳理，明确国内外研究进展和趋势，提出攻关目标以及支持措施。

四是加强优化学科、研究所和区域力量布局的顶层设计。研究制定《深化改革优化力量布局工作方案》，按照“横向推动力量布局改革、纵向加快科研导向改革、深化运行管理机制改革”的总体思路，谋划了4个方面15项改革举措。制定国家实验室研究报告与筹建方案并向有关部门沟通汇报，编制我院国家重点实验室重组与新建方案；组建南繁育种研究中心，推动成立“中国农业科学院碳达峰碳中和研究中心”，等等。

在推进落实整改任务中，院党组坚持严的主基调，将全面从严治党“两个责任”落实落细，进一步强化了农业科研国家队的使命意识和政治担当。坚持“四个融入”，把巡视整改与制定实施“十四五”规划、深化科技体制改革、领导班子和干部队伍建设、全面从严治党有机结合起来，统筹用好巡视整改成果，提高了中国农业科学院治理能力和治理水平。

三、巩固扩大巡视整改成果，坚决防止问题反弹回潮

在巡视整改督查中发现，有些研究所在巡视整改中仍然存在一些问题，有的问题驻部纪检监察组也向院里进行了反馈。例如，有的研究所在打造国家战略科技力量、人才队伍建设等方面的整改还不够扎实，党建、业务共同谋划部署推进不够，对拟转企、人员编制等重点难点问题的整改还缺乏有效措施，科研重心从“一农”转向“三农”的落实还有待推进，“过小日子、发小文章、拿小奖励”等问题还没有根本解决。有的研究所认为中央巡视的对象是院党组，指出的问题是院党组的，整改任务都是院机关各部门牵头的，和院属单位没有太大关系，在巡视整改中提困难多、解决问题少，没有把自己摆进去。出现这些问题，究其原因，就是有些党员领导干部政治站位不高，没有自觉把思想和行动统一到习近平总书记重要讲话精神和党中央决策部署上来，担当意识不强，缺乏自我革命的勇气和动真碰硬的决心。巡视整改问题和全面从严治党中存在的问题稍后还要进行专门通报，这里我就不展开讲了。各单位要进一步强化政治担当，认真贯彻落实总书记指示要求，持续抓好整改方案落实，确保各项整改措施落地见效。关于下一步整改工作，我提三点要求。

（一）坚决扛起巡视整改的政治责任，确保整改不留死角

一是坚持以上率下，自觉把整改作为推进全面从严治党的重要抓手。巡视是党内监督的战略性制度安排，是把“严”的主基调长期坚持下去、推进全面从严治党向纵深发展的重要举措。各单位要切实提高认识，强化思想整改。要把巡视整改作为一项严肃的政治任务，坚决摒弃只求“过得去”，只想“守摊子”的工作惰性和固化思维。要以巡视整改为切入点，进一步落实全面从严治党主体责任，努力营造风清气正的政治生态。

二是坚持融会贯通，形成整改监督合力。巡视发现的问题有些是不适应新形势、新要求的问题，有些是多年遗留下来的老问题。各单位要在前期整改的基础上找准症结，靶向治疗，提高整改的针对性、有效性。要统筹抓好选人用人等问题的整改，把解决巡视发现的问题，与加强班子队伍建设结合起来，与干部考核评价使用结合起来，形成有序衔接、互为补充、协调一致的整改链条。要把压力转化为内生动力，真正实现问题改了、病因除了、漏洞堵了、风气好了，让职工群众感受到实实在在的效果。

三是奋力攻坚克难，确保整改措施落实落地。9 月马上就要过去了，距离完成 2021 年的任务目标只剩 3 个月的时间，机关各部门和院属各单位要严格按照规定的时间节点，倒排工期、统筹推进，见真章、动真格、求实效，确保各项问题整改到位。整改办要强化统筹协调，按期调度进展，持续跟踪督办，确保整改措施到位、工作到位、进度到位，取得实实在在的效果。

（二）聚焦重点任务，坚持标本兼治，扎实做好巡视“后半篇文章”

巡视整改不是一时一事，不是交了整改报告就大功告成，必须持续跟进、精准发力。既要立行立改，即知即改，更要深化改革，补齐短板，完善制度，建立健全整改长效机制。

一是聚焦重点任务狠抓整改落实。目前，院党组 17 项重点整改任务中还有 10 项尚未完全整改到位，正在按计划推进，例如，科技创新布局的问题，拟转企所定位等机构改革的问题，对院属单位“一把手”监督的问题，人才队伍建设的问题。这些问题大都是涉及体制机制、历史遗留问题解决等，是整改工作的重点和难点，是要花大力气啃的“硬骨头”。各部门、各单位也要再检视、再落实、再整改，坚持整改落实不放松，不解决问题绝不放手，推动重点问题整改落实到位。

二是编制实施 44 项长效工作方案，巩固巡视整改成果。目前院党组《落实中央巡视整改任务 44 项专项工作方案清单》中有 17 项工作方案已经完成，其余要在 2021 年 9—10 月上会研究，各牵头部门要按照要求，尽快完善方案、报请审议，并做好方案发布与组织落实。院整改办要会同院办公室持续加强跟踪督办，确保 44 项方案 2021 年年底前全部出台实施，进一步巩固和拓展巡视整改工作成果。

（三）落实“四个融入”要求，聚焦主责主业，综合运用好巡视成果

要深刻认识以巡视整改为契机推动院所高质量发展的重要意义。持续深入贯彻总书记贺信精神，主动适应外部形势环境的急剧变化，抢抓新一轮科技革命和产业变革加速演进的重要机遇，加快机制创新，释放要素活力，扛稳粮食安全、食品安全和生态安全的历史重任。

一要紧紧围绕“国之大者”抓住抓重。牢牢把握农业农村工作“保供固安全、振兴畅循环”的基本定位，坚决贯彻落实“保供、衔接、禁渔、建设、要害、改革”6 个关键词的工作思路，全力以赴抢占世界农业科技制高点，把握农业科技进步的主动权，引领农业农村现代化，落实好支撑稳产保供、解决种子和耕地的科技问题、服务乡村振兴、深化院所管理体制机制改革、夯实国家战略科技力量 5 项重点任务。2021 年是“十四五”开局之年，年初院党组明确了 7 个方面重点工作，现在时间已经过去大半，各部门各单位要全面梳理各项工作完成情况，找出工作短板，深挖潜在问题，对重

点、堵点、难点问题，明确措施、逐项销号。要抓紧推进作物种质资源库建设、畜禽种质库设计和农业微生物库谋划工作，积极推进我院国家重点实验室重组与新建，集中力量攻关关键核心技术，牵头推动优质品种推广和配套技术集成示范，大力开展“七块地”科技联合攻关，努力在高水平自立自强上下功夫、求突破。

二要持续改进院所两级机关作风，深入推进科研“放管服”。《关于改革完善中央财政科研经费管理的若干意见》出台后，对科研单位管理提出了更高的要求，院所两级要进一步提升管理效率和服务水平，进一步减轻科研人员负担，为科研人员提供更加优质的服务，充分释放改革创新活力。要设计好科研绩效管理方案，特别是关于科技创新工程考核评估和科研人员激励机制，要组织开展全面深入的系统研究。

三要持续扩大党史学习教育成果。要把党史学习教育与贯彻落实总书记贺信精神、党的十九届五中全会精神和中央巡视整改要求结合起来，不断提高运用党的创新理论指导实践、推动工作的能力。要围绕建党 100 周年继续组织开展系列活动，鼓励广大科研人员自觉践行和弘扬新时代科学家精神，继承和发扬农科精神，将爱党爱国、爱农爱院的巨大热情转化成创新创业的强大动力。

同志们，中国农业科学院肩负着抢占世界农业科技制高点、把握农业创新发展主动权、引领农业农村现代化的重大使命，任务艰巨、责无旁贷。我们要持续深入学习贯彻习近平新时代中国特色社会主义思想，以巡视整改推动改革发展，落实“四个面向”总要求、加快“两个一流”建设步伐，为实现高水平农业科技自立自强，支撑引领乡村全面振兴和加快农业农村现代化作出更大贡献。

以钉钉子精神抓好巡视整改　纵深推进全面从严治党　为“十四五”开好局起好步提供坚强政治保证

——张合成书记在 2021 年中国农业科学院全面从严治党暨巡视整改工作会议上的讲话

2021 年 3 月 5 日

同志们：

今天，我们召开院 2021 年全面从严治党暨巡视整改工作会议，主要任务是深入学习贯彻习近平总书记关于全面从严治党重要讲话精神，特别是认真学习贯彻习近平总书记关于巡视工作重要讲话、中央纪委五次全会和农业农村部全面从严治党工作会议精神，总结 2020 年全面从严治党工作，查摆分析问题，部署中央巡视整改和全面从严治党重点任务，为全院“十四五”开好局、起好步提供根本保证。

在 2021 年 1 月 22 日召开的十九届中央纪委五次全会上，习近平总书记发表了重要讲话，充分肯定 2020 年全面从严治党取得的新的重大成果，深刻阐述全面从严治党面临的新形势新任务，对进一步做好全面从严治党工作提出明确要求。3 月 3 日，农业农村部党组召开全面从严治党工作会，唐仁健部长强调要坚持所有工作围绕开好局、起好步来展开的定位，牢牢把握首先要从政治上看的要求，准确把握党风廉政建设永远在路上的判断，以严作风、硬招数、实措施，扎实推进全面从严治党不断取得新成效。

2021 年 2 月 4 日，中央第九巡视组向中国农业科学院党组和我本人反馈了巡视意见。院党组对中央巡视反馈意见全盘接受、坚决整改，迅速做出部署安排。2 月 19 日，唐仁健部长听取了院党组巡视整改汇报，要求坚决落实习近平总书记的重要指示和巡视反馈意见，切实扛起保障粮食安全和重要农副产品供给、破种子和耕地要害的政治责任。2 月 24 日，胡春华副总理专题听取院党组巡视整改汇报并作出重要指示，强调要认真学习贯彻习近平总书记重要指示批示精神，以高度的政治责任感抓好中央巡视整改，要求中国农业科学院把自身工作放在“两个大局”中思考、谋划和推进，紧紧抓住耕地和种子两个要害，加快推进生物育种、重大动植物疫病防控、农业面源污染防治、建设高标准农田等影响粮食安全的关键核心技术科研攻关，为促进农业科技自立自强、全面实施乡村振兴战略提供坚强支撑。3 月 1 日，驻部纪检监察组组长吴清海同志专程到院里指导做好巡视整改工作，要求我们严格对照中央反馈意见，切实抓好整改落实。

刚才，书面传达了十九届中央纪委五次全会精神、十九届中央第六轮巡视反馈有关精神以及农业农村部全面从严治党工作会议精神，吴孔明同志对院党组落实中央巡视整改方案（讨论稿）主要内容做了说明，李杰人同志通报了党风廉政典型案例和问题。驻部纪检监察组吴清海组长做了重要讲话，我们要认真学习领会，抓好贯彻落实。

下面，我讲三点意见。

一、充分认识抓好中央巡视整改和持续推进全面从严治党工作的重要性

2021 年既是实施“十四五”规划、开启全面建设社会主义现代化国家新征程的第一年，也是我院深入贯彻落实中央巡视整改意见的关键一年。要深入学习贯彻习近平总书记重要指示，以强烈的政治责任感和历史使命感不折不扣完成好巡视整改工作，推动全面从严治党向纵深发展，扎实落实“藏粮于地、藏粮于技”战略，抢占世界农业科技制高点、把握农业创新发展主动权、引领农业农村现代化，为全面实施乡村振兴战略作出更大贡献。

第一，要牢牢把握习近平总书记关于全面从严治党最新指示要求。在十九届中央纪委五次全会上，习近平总书记强调，全面从严治党首先要从政治上看，要不断提高政治判断力、政治领悟力、政治执行力，一刻不停推进党风廉政建设和反腐败斗争，充分发挥全面从严治党的引领保障作用，以强有力的政治监督，确保“十四五”时期目标任务落到实处。中国农业科学院要坚决做到善于从讲政治的高度来认识“三农”、抓好农业科技、支撑服务“三农”工作，切实履行农业科研国家队职责使命，努力打造实施“藏粮于地、藏粮于技”战略的国家队，努力打造打赢种业翻身仗的主力军，努力打造确保粮食年产量 1.3 万亿斤以上的先锋队，努力打造农业科技自立自强的顶梁柱。

第二，要深刻认识中央巡视我院的重要意义。巡视是党内监督的战略性制度安排。中央对我院巡视，是对中国农业科学院严肃的政治洗礼和全面的政治体检，是中共中央“坚持创新在现代化建设全局中核心地位，把科技自立自强作为国家发展战略支撑”以及“粮食稳产增产根本出路在科技”的重大部署，充分体现了中央对国家战略科技力量建设的高度重视。中央巡视组提出的整改意见建议对加强党对农业科技事业的领导，促进农业科技自立自强，强化我院一流学科、一流院所建设，具有很强的针对性和指导性，抓好巡视整改工作是中国农业科学院改革发展的重大机遇。

第三，要充分认识巡视整改是检验“四个意识”的试金石。习近平总书记多次强调，巡视发现问题的目的是解决问题，发现问题不解决比不巡视的效果还坏。全院各级党组织都要把巡视整改作为重要政治任务，作为推进全面从严治党的重要抓手，要大力加强党的领导，补上防范化解风险的短板，夯实全面从严治党责任落实的薄弱环节，以改革发展成果检验巡视整改成效，推动院所治理能力和治理水平进一步提升。

二、我院 2020 年全面从严治党工作取得显著成效

2020 年，在中共中央及农业农村部党组坚强领导下，在驻部纪检监察组坚强监督和关心指导下，中国农业科学院党组深入学习贯彻习近平新时代中国特色社会主义思想，认真贯彻落实中央及农业农村部党组各项决策部署，积极配合做好中央巡视，坚定不移深化全面从严治党，为推进农业科技创新和院所改革发展发挥了重要的引领保障作用。

第一，党对科研工作的领导更加坚强有力。院党组坚持第一时间第一议题学习传达贯彻习近平总书记重要讲话精神和中央重要会议精神。认真组织开展习近平总书记贺信三周年主题活动，结合编制“十四五”规划，持续深入推动贺信精神落实落地。制定《中国农业科学院党组重大事项请示报告实施办法》。以“从科研转化看党组织和党员作用发挥”为主题，对 8 个研究所开展系统调研，促进党建与科研深度融合。

第二，政治监督成效更加彰显。各级党组织坚守防疫一线战场，纪检组织深入监督，确保疫情防控和科技创新“两手抓、两不误”。对脱贫攻坚、藏粮于技、非洲猪瘟防控、草地贪夜蛾防控等院级重大科研任务跟踪督查，对院人才工作会重点任务落实开展专项督查。以开展“党的民主集中制学习活动”为抓手，着力补齐研究所领导班子建设短板。

第三，纠“四风”、树新风抓细抓常。坚持把中央八项规定精神挺在前面，紧盯公务用车、加油卡管理、公款吃喝等严格监管，坚决制止餐饮浪费，自觉过紧日子。开展机关效率建设行动，紧盯“推、拖、等”不良作风倾向，上线“数字农科 2.0”，着力构建运行高效的工作机制。制订“科研诚信建设分工落实方案”，明确责任主体，对 2020 年新任导师进行集体政治谈话，召开研究生党建工作汇报会，加强研究生党员教育管理。

第四，重点领域风险防控持续补短板、建制度。紧盯领导干部关键少数监督不放松，严格审核拟提任干部廉政情况，做好个人事项报告和廉政档案工作，严格执行领导干部请假报告制度。多措并举补上企业监管短板，召开企业监管专题生活会，严肃通报中农威特公司违纪违法案件，出台《推进企业发展、加强企业监管指导意见》。完善“三大重点领域 17 个方面风险防控指南”，补充生物安全、成果转化、学生管理等方面内容。召开生物安全党组专题会，建立健全院所两级生物安全体系。通报科研经费管理十大问题，出台科研副产品管理办法，开展内控机制体检。

第五，农业科研特色监督体系建设日趋完善。制定“院党组落实全面从严治党主体责任清单”，院长、书记发挥头雁效应，院领导管人、管事、管党建、管监督相统一。对新晋升高级职称专家、新提任所局级领导干部开展集体廉政谈话，系好“第一粒扣子”。给博士新生讲授思政第一课，以科学理论滋养初心，坚守“一懂两爱”农科情怀。用好监督执纪“四种形态”，谈话函询 7 人次，诫勉 4 人，谈话提醒 4 人，批评

教育7人，发出监察建议书5件，对1名涉嫌违纪违法党员立案审查。组织开展“李宁案”启示研讨活动，加强《科研人员重点纪律红线》宣传贯彻，筑牢加强思想防线。

第六，政治巡视利剑作用充分发挥。全力以赴配合支持中央巡视，主动查找问题，对巡视移交信访件迅速办理，为中央巡视营造良好的政治生态和工作环境。对8个单位开展常规巡视和巡视“回头看”，督促落实整改，强化成果运用。对巡视发现的突出问题强化调查核实，发挥监督合力，强化利剑震慑。对2016年中央专项巡视整改工作再检视、再梳理、再部署、再落实。认真落实部巡视整改工作，实现院巡视工作与部巡视工作同频共振。

三、坚持问题导向，以巡视整改为重点推动全面从严治党向纵深发展

中央巡视组在给院党组的反馈意见中指出了四个方面48个问题。

第一，贯彻落实党的路线方针政策和党中央重大决策部署不够深入，发挥农业科研国家队作用不充分。主要表现：一是学习贯彻习近平新时代中国特色社会主义思想和习近平总书记贺信精神落实落细不够。对习近平总书记关于“三农”和科技创新工作重要论述学用结合、融会贯通有差距。全面深入学习习近平总书记关于农业科技的重要讲话和指示批示精神不够，结合实际贯彻不到位；对落实习近平总书记贺信精神战略谋划和具体指导不足，落实习近平总书记关于实施“藏粮于地、藏粮于技”战略不够有力、进展缓慢，重大科研任务凝练不足。政治建设存在不足，对弘扬新时代科学家精神政治引领不够，有针对性的教育手段不多，一些研究所存在“推、拖、等”“过小日子、发小文章、拿小奖励”问题。二是履行科技支撑职能责任不到位。基础和前沿技术研究薄弱，推动科技成果转化力度不够，优化调整科研力量滞后。三是深化科研体制机制改革进展缓慢。科研评价机制改革仍然未落地。以国家需求和能力、业绩、贡献为导向的科研绩效评价体系尚未有效构建，“四唯”问题没有真正破题，科研人员难以潜心开展科技创新。“放管服”改革不到位。四是防范化解重大风险工作存在短板。实验室危化品管理存在漏洞。落实意识形态工作责任制不到位。

第二，落实全面从严治党“两个责任”不够扎实，坚持“严”的主基调有差距。主要表现：一是主体责任压得不实。对所属单位一把手监管乏力，对京外直属单位领导人员存在“看不见、管不住”问题。二是落实监督责任存在薄弱环节，重点领域和关键环节廉洁问题多有发生。挤占挪用甚至骗取科研经费，科研经费管理不严，挤占创新工程经费、冒领专家费、违规发放劳务费、拆分合同逃避财务监管等问题屡禁不止。以科技成果转化名义变相发放奖励，院所企业廉洁问题防控不力。三是作风建设持续发力不足。形式主义、官僚主义问题依然存在，违反中央八项规定精神问题禁而未止，科研学风问题时有发生。

**第三，贯彻新时代党的组织路线不够有力，领导班子、干部人才队伍和基层组织建

设有短板。主要表现：一是领导班子自身建设存在薄弱环节。改革创新的魄力不够，对解决拟转企等历史遗留问题存在畏难情绪。对一些单位党政主要领导不团结的问题调整处理不及时。二是干部人才队伍建设力度不够，抓院属单位领导干部队伍建设存在不足。一些单位主要领导民主集中制意识不够，沟通能力不足；不少单位领军人才数量偏少、队伍老化；干部监督、考察、选拔等方面还有差距。三是落实党建工作责任不到位。基层党组织战斗堡垒作用发挥不到位，仍存在党建和业务工作“两张皮”等问题。

第四，整改落实持续用力不足，长效机制尚未建立。主要表现：党组落实整改主体责任缺乏力度，解决历史遗留问题办法不多。举一反三、完善制度不够，科研用房违规出租等问题边改边犯。

此外，在 2021 年 3 月 3 日农业农村部全面从严治党工作会议上，以及刚刚吴清海组长的讲话中，我院有 6 人被通报，还指出了我院存在的 11 个问题，特别是房屋出租出借管理、兼职取酬、选人用人等方面问题还比较突出。2020 年以来，院内巡视、院内审计及院纪检监察系统也发现了一些重要问题，这些问题已经与院属单位进行了深入沟通，刚才李杰人同志通报了一些查实的问题，还有一些问题在查实后也要严肃通报。对于上述问题，院党组、各级党组织及纪检组织要坚决整改，举一反三、标本兼治，把严的主基调长期坚持下去，以问题整改促进院所治理水平提升。

做好 2021 年全面从严治党工作，要坚持以习近平新时代中国特色社会主义思想为指导，认真贯彻落实中央纪委五次全会部署要求，持续贯彻落实习近平总书记贺信精神，以落实中央巡视反馈意见为主要抓手，把巡视整改作为检验“四个意识”的试金石，作为我院首要政治任务，进一步提高政治判断力、政治领悟力、政治执行力，增强“四个意识”、坚定“四个自信”、做到“两个维护”，标本兼治推进全面从严治党，充分发挥引领保障作用，为“十四五”农业科技创新开好局、起好步提供坚强政治保证。2021 年要重点做好以下五个方面工作。

第一，坚决贯彻落实中央纪委五次全会精神，所有工作都要围绕开好局起好步展开。一是认真学习习近平总书记关于“三农”和科技创新工作重要论述，在学用结合、融会贯通上下功夫。扎实开展习近平新时代中国特色社会主义思想学习，深入学习习近平总书记关于“三农”工作、科技创新工作重要论述以及致我院贺信精神，不断提高把握新发展阶段、贯彻新发展理念、构建新发展格局的政治能力、战略眼光、专业水平，从讲政治的高度做好农业科技工作。坚持完善院党组会议“第一时间”“第一议题”学习制度，建立重大专题中心组（扩大）学习机制，使理论学习中心组成为研究问题、服务决策的智库，成为提高政治素质、领导水平和工作能力的重要平台。二是坚持以习近平总书记贺信精神为指引，切实将“四个面向”“两个一流”落实落细。深入开展“两个一流”对标研究，建立“四个面向”“两个一流”指标体系。围绕“四个面向”“两个一流”开展创新工程考评，优化调整研究方向及任务选题，聚焦国家队使命定位。三是围绕履行国家队职责使命谋划实施重大战略任务。按照“保供给、破要害、开新局”的总思路，围绕稳定粮食生产、生猪稳产保供、农业绿色发展、保障和改善民生等国家重大需求，发挥好科技战略支撑作用。凝练落实好使命清单和重大任务清单，抓好联合攻关，努力实现尽快突破“卡脖子”技术，推动产出重大科技成果，解决好科研和产业“两张皮”的突出问题。

第二，坚决落实中央巡视整改，以实际行动践行“两个维护”。一是坚持党组以上率下抓整改，增强内生动力。唐华俊院长和我扛第一责任人责任，负总责、负首责，对17个重点问题进行重点整改，抓在手上、扛在肩上，既挂帅、也出征，率先突破，带动整改任务全面落实。院领导带头抓落实，做到梳理问题清单不漏，厘清任务清单不等，扛起责任清单不推，执行工期清单不拖，绝不能以简单问责下级代替整改、以问责代替负责、“新官不理旧账”、层层推卸责任、用下级整改代替本级整改。院领导要督促指导联系单位的巡视整改，把到联系单位做调研、讲党课、干部任职谈话、批评提醒谈话、与班子成员谈心谈话等制度落实落细，形成“一岗双责”长效机制。二是坚持院所联动齐抓共改，形成整体合力。各单位各部门党组织要认真对照中央巡视反馈意见，把班子摆进去、把自己摆进去、把职责摆进去，突出问题导向，主动对表对标，查找班子和自身存在问题，结合工作实际，制定整改方案，明确问题清单、任务清单、责任清单、工期清单。院机关要率先学习领会、率先提高认识、率先动员部署、率先启动整改。院属各单位党政主要负责人要履行第一责任人责任，党委书记要站在前面，主动扛责，班子成员要落实“一岗双责”，狠抓整改落实，确保高质量完成巡视整改任务。三是坚持“四个融入”要求，促进标本兼治。坚决落实把巡视整改融入日常工作、融入深化改革、融入班子和队伍建设、融入全面从严治党的政治要求，重点做到“四个紧密结合”：与制定实施“十四五”规划紧密结合，与深化科技体制机制改革紧密结合，与班子和队伍建设紧密结合，与全面从严治党紧密结合。

第三，落实全面从严治党“两个责任”，坚持严的主基调。一是深入推动“两个责任”贯通联动落实。各级党组织要始终履行好主体责任，所长、书记要扛牢抓实第一责任人责任，管好班子、带好队伍，突出政治责任，从严教育管理，及时约谈提醒。班子成员要自觉扛起“一岗双责”，加强对分管领域全面从严治党工作的领导、检查、督促。党支部、党小组要切实担起教育管理监督责任，看好自己的门，管好自己的人，当好“政治安全员”“纪律宣传员”“作风监督员”。二是加强对院属单位领导班子特别是一把手的监督管理。坚持和完善民主集中制，深入组织开展党的民主集中制学习活动，加强督导检查，聚焦问题整改，做到举一反三。完善“三重一大”决策制度和程序，不断提高领导班子决策能力和决策水平。严格落实重大事项请示报告、个人有关事项报告以及提醒、函询、诫勉等制度规定，推动从严管理监督常态化。三是坚持完善抓早抓小机制，聚焦风险领域强化日常监督。常用善用“第一种形态”，准确把握“四严四宽”，经常红脸出汗，对小毛病、小问题、小缺点早发现、早提醒、早管住。把领导干部提拔、科研人员职称晋升、入学、入职、新任导师任职等重要节点的谈心谈话、纪律教育、思想政治教育做实做细。加强科研经费使用监督检查，堵塞漏洞。继续强化企业监管，压实院所两级监管职责和出资人职责，深入推进企业党风廉政建设和纪律红线教育。四是高质量开展政治巡视，强化监督合力。围绕落实“四个面向、两个一流”、落实“藏粮于地、藏粮于技”战略、加强科技对乡村振兴的支撑引领等重大决策部署，强化政治监督。加强巡视整改监督，针对有关单位整改不到位、责任不落实、纸面整改等问题严肃问责。五是从严从实加强自身建设，提升履职能力。加强纪检和巡视干部队伍建设，通过业务培训、选调借调、加强交流等多种途径，切实提升专业能力和工作水平。推动纪检机构落实“三转”要求，聚焦主责主业。

第四，以落实八项规定精神为重点，持之以恒纠治“四风”。一是持续落实中央八项规定精神。保持高压态势，坚守重要节点，紧盯违规吃喝、公车私用、餐饮浪费、违规收送礼品礼金、违规发放津补贴、酒驾醉驾、疫情防控常态化措施落实不到位等问题，露头就打，反复敲打。对巡视、信访举报、日常监督发现的违反中央八项规定精神问题从严处理。加大典型案件通报曝光力度，用身边人身边事强化警示教育。坚决落实好领导干部配偶、子女及其配偶经商办企业行为规定。二是持续改进院所机关作风。坚决反对形式主义、官僚主义，改进调查研究，完善院领导联系研究所、联系科研一线制度，落实好院党组成员抓党建联系点工作。继续采取有力措施，精简会议、文件，压缩各类不必要的开支、检查、评审，提升信息化办公效能。持续治理“推拖等”问题，坚决落实牵头主责制、首问主办制。三是持续推动科研“放管服”改革。牢固树立“服务研究所、服务科研人员、服务职工群众”的理念，深入开展“放管服”落实情况调研，加强“放管服”政策宣讲，加强对研究所指导监督。加强管理队伍建设，全面提升包括领导班子成员在内的院所管理团队政治素质、专业素质和综合素质，加快补齐管理知识和领导艺术的短板。建立“能进能出、能上能下”的用人机制，坚决推进任期管理制，完善管理队伍的激励机制，打造“敢打硬仗、能打胜仗”的专业化管理队伍。四是持续加强科研诚信和学风建设。落实各级党组织管理职责，强化团队首席监管责任，完善科研诚信管理机制和责任体系，加强科研活动全过程诚信管理。针对有关国际期刊撤稿论文调查和日常监督发现的问题，严肃查处，举一反三，对学术不端坚决“零容忍”，涉及的研究所主要领导与团队首席要承担相应责任。

第五，强化党对科研工作领导，大力加强基层组织建设。一是强化研究所党委、基层党支部政治功能。围绕服务保障科技创新和成果转化“两大基石”，充分发挥参与决策、推动发展、监督保障的作用。二是加强政治引领弘扬科学家精神。积极推广“田间课堂”等党建和科研融合发展的典型，引导科学家到一线服务，为农民服务。结合开展党史学习教育活动，继承和发扬老一辈农业科学家优良传统，学史明理、学史增信、学史崇德、学史力行，锻造新时代的农科精神。三是加强党对意识形态工作的领导。抓紧研究制定《中国农业科学院党组（党委）意识形态工作责任制实施细则》，落实落细意识形态工作责任制，加强对网站、期刊、新媒体、会议、论坛、社团、出版物、研究生教育等各类意识形态阵地的监管。四是充分发挥基层党支部战斗堡垒作用。全面推进党支部建在创新团队上，加大在科研骨干和青年职工中发展党员工作力度。推进党的建设全覆盖，将院所办企业、试验基地、学会协会、期刊、聘用人员等领域的党建工作纳入全院党建工作统一部署，补齐短板弱项。

同志们，让我们更加紧密团结在以习近平同志为核心的党中央周围，深入学习贯彻习近平新时代中国特色社会主义思想，心怀“国之大者”，坚定初心如磐、担当使命在肩，牢牢把握旗帜鲜明讲政治根本要求，坚定不移推动我院全面从严治党和党风廉政建设向纵深发展，为促进科技自立自强，支撑乡村振兴，促进农业农村现代化、夺取全面建设社会主义现代化国家新胜利作出新的贡献，以优异成绩庆祝建党100周年！

中国农业科学院2021年
全面从严治党工作要点及分工意见

为全面贯彻落实党的十九届五中全会和中央纪委五次全会精神以及2021年农业农村部全面从严治党工作会议、中国农业科学院全面从严治党暨巡视整改工作会议的部署，结合落实《农业农村部2021年全面从严治党工作任务分工意见》、农业农村部直属机关纪委《2021年重点工作安排》《关于开展“强监督、促守纪”工作的实施方案》，根据党风廉政建设责任制的规定，结合中国农业科学院实际，制定2021年全面从严治党工作要点及分工意见（以下简称《分工意见》）如下。

一、工作要点及工作分工

（一）坚决落实中央巡视整改，以实际行动践行“两个维护”

（1）坚持把巡视整改作为检验“四个意识”的试金石。把中央巡视整改作为重要政治任务，按照《中共中国农业科学院党组落实中央巡视反馈意见整改方案》（以下简称《整改方案》）“总体设计、系统部署、梯次推进、重点突破”的工作思路，党组以上率下抓整改，院所联动齐抓共改，院机关率先学习领会、率先提高认识、率先动员部署、率先启动整改；院属各单位党政主要负责人履行第一责任人责任，党委书记、所长要站在前面，主动扛责，班子成员要落实“一岗双责”，狠抓整改落实，确保高质量完成巡视整改任务。(各部门按照《整改方案》分工负责，各单位党组织、纪检组织按照《整改方案》要求具体负责)

（2）以钉钉子精神落实巡视整改各项任务。各部门各单位党组织要认真对照中央巡视反馈意见，把班子摆进去、把自己摆进去、把职责摆进去，突出问题导向，主动对表对标，查找班子和自身存在问题。要按照《整改方案》关于学习领会、对照检查、动员部署、集中整改、深化落实、巩固拓展六个阶段的工作部署，结合工作实际，明确问题清单、任务清单、责任清单、工期清单，进一步细化整改措施，制定本部门本单位整改方案，建立整改台账，积极推进整改任务落实。(各部门按照《整改方案》分工负责，各单位党组织、纪检组织按照《整改方案》要求具体负责)

（3）坚持重点问题重点整改。根据中央巡视反馈意见，突出八个方面17个重点问题重点整改。院长、党组书记亲自挂帅，加强调研、认真研究，涉及的有关重点研究所先行先干，重点问题率先付诸行动，以重点问题的突破带动巡视整改任务的全面落实。

院机关各部门，院属各单位要按照院党组统一安排，进一步明确本单位、本部门巡视整改的重点，增强整改工作的针对性、有效性。（各部门按照《整改方案》分工负责，各单位党组织、纪检组织按照《整改方案》要求具体负责）

（4）建立健全巡视整改长效机制。既要拿出“当下改”的举措，集中解决巡视发现的主要矛盾、突出问题，又要透过现象看本质，举一反三、深化改革、补齐短板、完善制度，形成“长久立”的机制。对需要长期整改的任务，分阶段拿出时间表、施工图，常态化推进，锲而不舍、久久为功，以钉钉子精神抓好落实。（各部门按照《整改方案》分工负责，各单位党组织、纪检组织按照《整改方案》要求具体负责）

（二）以政治建设为统领，强化国家队职责使命

（1）把党的政治建设摆在首位，坚决把中央各项决策部署落到实处。深入学习贯彻党的十九大精神和十九届五中全会、中纪委五次全会、中央经济工作会议、中央农村工作会议精神，树牢“四个意识”，坚定“四个自信”，做到“两个维护”。把党的领导贯穿到科技工作全过程，开展政治机关意识教育，将提高政治判断力、政治领悟力、政治执行力纳入党员领导干部教育培训的重要内容。以更高标准、更实举措推进政治建设，不折不扣贯彻落实中央及部院党组决策部署，确保党中央决策部署第一时间传达贯彻、久久为功、落到实处，确保部院党组工作部署第一时间迅速执行、见人见事见效。（院办公室主要牵头负责，人事局、直属机关党委按照职责牵头负责，各单位党组织、纪检组织具体负责）

（2）认真学习习近平总书记关于“三农”和科技创新工作重要论述，在学用结合、融会贯通上下功夫。坚持用习近平新时代中国特色社会主义思想武装头脑，深入学习习近平总书记关于“三农”工作、科技创新工作重要论述以及致中国农业科学院贺信精神，不断提高把握新发展阶段、贯彻新发展理念、构建新发展格局的政治能力、战略眼光、专业水平，从讲政治的高度做好农业科技工作。坚持完善院党组会议以及各级党组织“第一时间”“第一议题”学习制度，以上率下推动建立重大专题理论学习中心组（扩大）学习机制，使中心组学习成为严肃党内政治生活、强化党性修养的重要内容，成为提高领导干部执政能力和领导水平的重要途径。突出抓好科研人员和青年理论学习，推进理论武装走深走实。（直属机关党委主要牵头负责，院办公室按照职责牵头负责，各单位党组织、纪检组织具体负责）

（3）坚持以习近平总书记贺信精神为指引，切实将“四个面向”“两个一流”落实落细。深入开展“两个一流”对标研究，建立“两个一流”指标体系。围绕“四个面向”“两个一流”开展创新工程考评，优化调整研究方向及任务选题，聚焦国家队使命定位。（院办公室、科技局、国际合作局按照职责牵头负责，各单位党组织、纪检组织具体负责）

（4）围绕履行国家队职责使命谋划实施重大战略任务。按照“保供给、破要害、

开新局”的总思路，围绕稳定粮食生产、生猪稳产保供、农业绿色发展、保障和改善民生等国家重大需求，发挥好科技战略支撑作用。凝练落实好使命清单和重大任务清单，抓好联合攻关，尽快突破“卡脖子”技术，推动产出重大科技成果，解决好科研和产业“两张皮”的突出问题。（科技局、成果转化局按照职责牵头负责，各单位党组织、纪检组织具体负责）

（5）制定出台“十四五”规划。按照党的十九届五中全会、中央经济工作会、中央农村工作会以及部、院党组要求，推动全院“十四五”规划落地。（各部门按照职责牵头负责，各单位党组织、纪检组织具体负责）

（三）落实全面从严治党“两个责任”，坚持严的主基调

（1）深入推动“两个责任”贯通联动落实。贯彻落实《党委（党组）落实全面从严治党主体责任规定》《中国农业科学院党组织党建工作责任清单》《中国农业科学院纪检组织监督责任清单》。各级党组织要始终履行好主体责任，所长、书记要扛牢抓实第一责任人责任，管好班子、带好队伍，突出政治责任，从严教育管理，及时约谈提醒，推动责任落实。班子成员要自觉扛起“一岗双责”，加强对分管领域全面从严治党工作的领导、检查、督促。党支部、党小组要切实担起教育管理监督责任，看好自己的门，管好自己的人，当好“政治安全员”“纪律宣传员”“作风监督员”。（直属机关党委主要牵头负责，监察局按照职责牵头负责，各单位党组织、纪检组织具体负责）

（2）落实新时代党的组织路线，加强选人用人和干部监督。严格贯彻执行《党政领导干部选拔任用工作条例》，落实党管干部原则，切实加强党组织领导和把关作用，确保选人用人正确导向。选优配强领导班子，重点抓好“一把手”选拔配备。充分发挥干部监督工作联席会议作用，加强选人用人监督，突出政治标准，坚持事业为上，着力建设政治过硬、具备领导现代化建设能力的干部队伍。（人事局主要牵头负责，直属机关党委、监察局按照职责牵头负责，各单位党组织、纪检组织具体负责）

（3）加强对院属单位领导班子特别是一把手的监督管理。坚持和完善民主集中制，深入组织开展党的民主集中制学习活动，加强督导检查，聚焦问题整改，做到举一反三。完善“三重一大”决策制度和程序，不断提高领导班子决策能力和决策水平。严格落实重大事项请示报告、个人有关事项报告以及提醒、函询、诫勉等制度规定，推动从严管理监督常态化。（人事局、院办公室、直属机关党委、监察局按照职责牵头负责，各单位党组织、纪检组织具体负责）

（4）加强对处级及以下人员的监督。围绕政治、思想、作风、纪律等方面，强化处级及以下党员干部的教育监督，督促处级及以下被谈话函询或受到党纪处分的党员干部，在组织生活会上就有关问题进行说明，存在违规违纪问题的要进行自我批评。（监察局主要牵头负责，直属机关纪委按照职责牵头负责，各单位党组织、纪检组织具体负责）

（5）坚持完善抓早抓小机制，做实日常监督。把领导干部提拔、科研人员职称晋

升、入学、入职、新任导师任职等重要节点的谈心谈话、纪律教育、思想政治教育做实做细。落实好干部选拔、评优评先廉政回复制度，完善廉政档案制度。（监察局、人事局、研究生院按照职责牵头负责，各单位党组织、纪检组织具体负责）

（6）加强经常性纪律教育。抓好党章党规党纪和《中央和国家机关党员工作时间之外政治言行若干规定（试行）》的学习教育，持续宣贯《中国农业科学院科研人员重点纪律红线》。坚持年节假期等重要时间节点提醒监督，利用《党风廉政警示教育案例选编》、廉政党课开展警示教育，发挥先进典型示范引领作用，引导党员干部增强遵规守纪意识，坚守廉洁底线，让科研人员知红线、守底线、远离高压线，安安全全、心无旁骛搞科研。（直属机关纪委、监察局按照职责牵头负责，各单位党组织、纪检组织具体负责）

（7）贯通运用党组织全面监督、纪检组织专责监督、基层党组织日常监督。深化运用监督执纪“四种形态”，常用善用“第一种形态”。经常咬耳扯袖、红脸出汗，对小毛病、小问题、小缺点早发现、早提醒、早管住，防止小毛病变成大毛病、小问题变成大问题。落实被谈话函询对象在民主生活会或组织生活会说明情况制度。同时，坚持“二三四种形态”不放松，对违反政治纪律政治规矩和中央八项规定精神、学术不端、师德失范、假公济私等行为，发现一起、查处一起，把“严”字一贯到底。（监察局牵头负责，各单位党组织、纪检组织具体负责）

（8）加大执纪效果，做好查办案件“后半篇文章”。对院系统发生的违规违纪典型案例及时通报曝光，落实“一案双查”，用好“纪检监督意见”，切实做到以案明责、以案为鉴，以案促改。（监察局牵头负责，各单位党组织、纪检组织具体负责）

（9）聚焦重点领域加强风险防控，加强对重点领域、关键环节的监督。以《三大领域十七个方面风险防控指南》为基本遵循，不断强化风险防控工作中院、所、团队三级责任机制，加强工作调度，实化监管措施，推动院属单位不断健全完善风险防控管理制度，形成长效机制。（监察局主要牵头负责，各部门按照职责牵头负责，各单位党组织、纪检组织具体负责）

（10）加强对院属单位科研经费使用及资产管理的监管。组织开展财政经费管理使用和房屋出租出借管理专项检查，针对挤占挪用甚至骗取科研经费、以科技成果转化名义变相发放奖励、科研用房违规出租等边改边犯问题以及内部巡视审计中发现的检测中心成本分摊不合理、与所办企业资金及业务往来不规范、违规超范围列支科研经费等突出问题，加大自查自纠和抽查监督力度，切实强化各单位依规依纪管好用好科研经费和国有资产的意识。（财务局牵头负责，各单位党组织、纪检组织具体负责）

（11）继续强化企业监管。认真落实院“推进企业发展、加强企业监管指导意见”，压实院所两级企业监管职责和出资人职责，落实院所办企业党的领导体制，深入推进企业党风廉政建设和纪律红线教育。研究所所长、书记强化第一责任人意识，扛牢抓实加强企业监管的主体责任。（成果转化局主要牵头负责，人事局、财务局、直属机关党委、监察局按照职责牵头负责，各单位党组织、纪检组织具体负责）

（12）高质量开展政治巡视，强化政治监督。坚持政治巡视定位，发挥政治巡视利剑作用，围绕落实“四个面向、两个一流”、落实“藏粮于地、藏粮于技”战略、加强科技对乡村振兴的支撑引领等重大决策部署，强化政治监督。加强巡视整改监督和审计整改监督，针对有关单位整改不到位、责任不落实、纸面整改等问题严肃问责。（监察局主要牵头负责，财务局按照职责牵头负责，各单位党组织、纪检组织具体负责）

（13）构建符合农业科研特色的监督体系。把党纪的刚性和农业科研的特性密切协调统一起来，建立以信任为基础的监督体系。在对党员领导干部坚持严紧硬、防止宽松软的基础上，落实好“三个区分开来”，把握“四严四宽”，即对私要严、对公要宽，对党员领导干部要严、对专家学者要宽，作风建设要严、学术氛围要宽，对重点人重点事上要严、对一般性工作要宽，做到实事求是、客观公正，激励干部担当作为，构建为干事者担当的保障机制。（监察局、直属机关党委、人事局、财务局按照职责牵头负责，各单位党组织、纪检组织具体负责）

（14）从严从实加强自身建设，强化监督执纪能力提升。认真落实《加强中央和国家机关部门机关纪委建设的意见》和农业农村部《关于进一步加强部系统纪律检查工作的意见》，扎实做好与党组织专题研究全面从严治党工作，选优配强纪检组织组成人员，加强纪检和巡视干部队伍建设。通过业务培训、选调借调、加强交流等多种途径，切实提升专业能力和工作水平；推动纪检机构落实“三转”要求，聚焦主责主业。加强对纪检组织的监督管理，持续开展纪委书记述职考核，发挥纪检监察小组作用，督促纪检干部把自己摆进去、把工作摆进去、把职责摆进去，认真履职尽责，严防“灯下黑”。（监察局主要牵头负责，人事局、直属机关纪委按照职责牵头负责，各单位党组织、纪检组织具体负责）

（四）以落实八项规定精神为重点，持之以恒纠治“四风”

（1）持续落实中央八项规定精神。保持高压态势，坚守重要节点，紧盯违规吃喝、公车私用、餐饮浪费、违规收送礼品礼金、违规发放津补贴、酒驾醉驾、疫情防控常态化措施落实不到位等问题，露头就打，反复敲打。重点纠治在落实决策部署过程中做选择、搞变通、打折扣等形式主义、官僚主义问题，加强对形式主义、官僚主义问题纠治的监督，对巡视、信访举报、日常监督发现的违反中央八项规定精神问题从严处理。加大典型案件通报曝光力度，用身边人身边事强化警示教育。坚决落实好领导干部配偶、子女及其配偶经商办企业行为规定。（监察局主要牵头负责，直属机关纪委、院办公室、人事局按照职责牵头负责，各单位党组织、纪检组织具体负责）

（2）持续改进院所机关作风。按照中办《关于巩固深化“不忘初心、牢记使命”主题教育成果的意见》要求，力戒形式主义、官僚主义，改进调查研究，完善院领导联系研究所、联系科研一线制度，落实好院党组成员抓党建联系点工作。继续采取有力措施，精简会议、文件、培训，压缩各类不必要的开支、检查、评审，提升信息化办公效能。持续治理“推拖等”问题，坚决落实牵头主责制、首问主办制。（院办公室主要牵头负责，人事局、直属机关党委、财务局、科技局、监察局按照职责牵头负责，各单位党组织、纪检组织具体负责）

（3）持续推动科研“放管服”改革。牢固树立“服务研究所、服务科研人员、服务职工群众”的理念，深入开展“放管服”落实情况调研，积极开展“松绑减负”行动，加强“放管服”政策宣讲，加强对研究所指导监督，强化放管结合。（人事局主要牵头负责，院办公室、科技局、财务局、基建局、国际合作局、成果转化局、直属机关党委、监察局、后勤服务中心、研究生院按照职责牵头负责，各单位党组织、纪检组织具体负责）

（4）持续加强科研诚信和学风建设。落实各级党组织管理职责，强化团队首席监管责任，完善科研诚信管理机制和责任体系，加强科研活动全过程诚信管理。针对有关国际期刊撤稿论文调查和日常监督发现的问题，严肃查处，举一反三，对学术不端坚决“零容忍”，涉及的研究所主要领导与团队首席要承担相应责任。（科技局主要牵头负责，监察局按照职责牵头负责，各单位党组织、纪检组织具体负责）

（5）加强师德师风建设和研究生教育管理。认真落实《中国农业科学院全面落实研究生导师立德树人职责实施细则》，强化导师禁行行为“红十三条”的宣传教育，加强导师日常教育管理，加强研究生思想政治工作和日常教育管理，加大督查力度，构建立德树人长效机制。（研究生院牵头负责，各单位党组织、纪检组织具体负责）

（五）强化党对科研工作领导，大力加强基层组织建设

（1）强化研究所党委、基层党支部政治功能，充分发挥党组织的战斗堡垒作用和党员的先锋模范作用。围绕服务保障科技创新和成果转化“两大基石”，研究所党委按照参与决策、推动发展、监督保障的要求强化政治引领，推动党建和业务工作深度融合，着力防范和纠正“两张皮”的问题，实实在在把党的领导落实到科研创新事业中。（直属机关党委牵头负责，各单位党组织、纪检组织具体负责）

（2）推进党的建设全覆盖。加大在科研骨干和优秀青年中发展党员工作力度，将院所办企业、试验基地、学会协会、期刊、聘用人员等领域的党建工作纳入全院党建工作统一部署，补齐短板弱项。（直属机关党委牵头负责，各单位党组织、纪检组织具体负责）

（3）加强政治引领弘扬科学家精神。积极推广“田间课堂”等党建和科研融合发展的典型，引导科学家到一线服务，为农民服务。以庆祝中国共产党成立100周年为契机，开展系列主题活动，引领我院广大科研工作者传承老一辈科学家优良传统，弘扬科学家精神，锻造新时代“农科精神”，为全面实施乡村振兴战略、促进农业农村现代化作出贡献。（直属机关党委牵头负责，各单位党组织、纪检组织具体负责）

（4）加强党对意识形态工作的领导。制定院党组落实意识形态工作责任制实施细

则，落实落细意识形态工作责任制，严格落实“谁主管谁负责”和“属地管理”的原则。加强对网站、期刊、新媒体、会议、论坛、社团、出版物、研究生教育等各类意识形态阵地的建设和监管。（直属机关党委主要牵头负责，院办公室、人事局、研究生院按照职责牵头负责，各单位党组织、纪检组织具体负责）

（六）认真开展党史学习教育，以优异的成绩庆祝建党100周年

（1）扎实开展党史学习教育活动。认真贯彻落实《中共中央关于在全党开展党史学习教育的通知》精神，深刻认识党史学习教育的重大意义，高度重视、精心组织、加强督导，面向全体党员，以处级以上领导干部为重点开展党史学习教育实践活动，开展专题学习，组织专题培训，召开专题民主生活会和组织生活会，确保学习教育取得扎实成效。（直属机关党委牵头负责，各单位党组织、纪检组织具体负责）

（2）加强政治引领，做到学史明理、学史增信、学史崇德、学史力行。深入学习领会习近平总书记关于党史的重要论述，紧紧围绕学懂弄通做实党的创新理论，广泛开展党史、新中国史、改革开放史、社会主义发展史的宣传教育，把学党史与学“三农”发展史、农业科技发展史及院所史相结合，讲好党的故事，讲好农科故事，大力弘扬科学家精神，锻造新时代农科精神，引导全院广大职工树立正确的党史观，发扬“孺子牛、拓荒牛、老黄牛”精神，凝聚奋进新时代精气神，强化实现科技自立自强的政治自觉，不断为农业科技创新增添新的精神动力。（直属机关党委牵头负责，各单位党组织、纪检组织具体负责）

（3）扎实开展“我为群众办实事”主题实践活动，突出学党史、悟思想、办实事、开新局。注重融入日常、抓在经常，将党史学习教育同学习贯彻习近平总书记关于“三农”工作、科技创新的重要论述结合起来，同中央巡视反馈意见整改结合起来，同推进中国农业科学院2021年重点工作任务结合起来，深入践行党的宗旨和群众路线，推动解决职工群众“急难愁盼”，展示新时代共产党人的良好风貌。（直属机关党委牵头负责，各单位党组织、纪检组织具体负责）

二、工作要求

（一）切实加强学习

各部门各单位要深入学习党的十九届五中全会、中央纪委五次全会精神、农业农村部全面从严治党工作会议精神，认真贯彻落实我院全面从严治党暨巡视整改工作会议部署，认真贯彻落实《整改方案》及《分工意见》，力戒形式主义、官僚主义，高质量推进我院党的建设，长期坚持严的总基调，推动全面从严治党向纵深发展。

（二）加强组织领导

各部门要对主要牵头负责和按照职责分工负责的任务开展调查研究，与中央巡视整改任务落实一体研究推进，制定工作方案，明确分管领导、责任处室、时限进度和措施要求，强化组织协调和督促指导，并于2021年5月15日前将工作方案报院党风廉政建设工作领导小组办公室（监察局）。各单位党组织和纪检组织要狠抓任务落实，保质保量按时完成全年重点任务。

（三）压实主体责任

各部门各单位领导班子要扛牢抓实全面从严治党主体责任，各部门主要负责人、各单位党政一把手切实履行第一责任人职责；分管领导严格落实“一岗双责”，在分管领域做到管人、管事、管党建、管监督一体；各单位纪委要履职尽责，强化担当，协助党委落实全面从严治党任务，抓好职责范围内工作；团队首席、支部书记、纪检小组切实负起责任，确保全面从严治党工作任务在基层组织贯彻落实。

（四）强化督促检查

院办公室、人事局、监察局、直属机关党委要通过绩效考核、巡视、监督检查等，对任务分工落实情况加强督促检查，扎实推动院系统全面从严治党各项任务落地见效。

（五）及时总结报告

各部门分别于2021年6月15日前、12月15日前，将半年、全年任务完成情况形成书面报告，报院党风廉政建设工作领导小组办公室（监察局），由领导小组办公室形成全院党风廉政建设工作报告上报农业农村部直属机关党委。

各单位纪委根据《分工意见》落实纪委年度工作计划，上报纪委年度述职报告。

中共中国农业科学院党组关于贯彻《落实农业农村部党组与驻部纪检监察组共同研究全面从严治党工作专题会精神任务分工方案》的通知

农科院党组发〔2021〕74 号

院机关各部门、院属各单位党组织、纪检组织：

为贯彻农业农村部党组与中央纪委国家监委驻农业农村部纪检监察组全面从严治党工作专题会议部署要求，深入学习贯彻党的十九届中央纪委五次全会和习近平总书记重要讲话精神，农业农村部党组制定印发了《落实农业农村部党组与驻部纪检监察组共同研究全面从严治党工作专题会精神任务分工方案》（农党组发〔2021〕26 号）（以下简称《方案》），重点对进一步加强年轻干部教育管理监督作出部署。为抓好贯彻落实，提出工作要求如下。

一、认真学习领会

《方案》体现了部党组和驻部纪检监察组对年轻干部教育管理监督工作的高度重视。各部门各单位党组织、纪检组织要认真学习，精心组织，通过理论学习中心组、党支部“三会一课”、党小组专题学习等多种方式，对《方案》进行学习研讨，并明确工作职责、任务内容、方式方法、监督重点，确保《方案》各项部署取得实效。

二、抓好工作落实

各部门各单位党组织、纪检组织要严格对照《方案》部署，明确职责，细化任务。一要创新思想教育方式，拧紧理想信念“总开关”。通过深学细悟习近平新时代中国特色社会主义思想、学习“三农”领域典型事例、开展党史学习教育等方式，突出初任培训和任职培训等关键节点，讲好党的光荣传统、优良作风和廉政建设，筑牢年轻干部的理想信念。二要全环节强化监督管理，做到不留死角。注重年轻干部日常管理和重要节点的监督，管好工作圈、净化社交圈，建立负面清单。扎好制度笼子，加强内控机制建设，堵塞管理漏洞。三要分类指导精准施策，抓早抓小抓苗头。以党支部、党小组为基本单元，通过块状管理形成面上合力，突出对年轻干部政治言行、廉洁纪律、师德师风、生活作风等方面的要求，对财会、人事、项目、保密等重点岗位的严格管理。进一步完善推广“四严四宽”管理机制。四要坚持严管和厚爱相结合，激励年轻干部担当作为。大胆使用有潜质、表现好的优秀年轻干部，树立实干实绩导向，鼓励年轻干部到基层和一线岗位锻炼。在年轻干部职务晋升、轮岗交流、住房保障、子女教育等方面营造良好环境，激励年轻干部担当作为。五要落细落小工作责任，形成监督管理合力。落实“两个责任”和“一岗双责”。有效运用谈心谈话制度、建立优秀年轻干部监督信息档案、严格个人事项报告制度、开展警示教育等方式，形成监督管理合力。教育提醒年轻干部转变工作作风。发现并查处违规违纪行为，强化不敢腐的震慑。

三、及时总结报告

院机关相关部门根据《方案》的内容及分工，结合自身工作职责，发挥好牵头抓总的作用。各部门各单位要将贯彻落实《方案》情况作为履行全面从严治党“两个责任”年度报告的重要内容，保障年轻干部教育管理监督各项工作落实见效。

附件：落实农业农村部党组与驻部纪检监察组共同研究全面从严治党工作专题会精神任务分工方案（略）

中共中国农业科学院党组

2021 年 12 月 23 日

十、人物介绍

脚踏实地三十载　科技沃田再出发

——记中国工程院院士周卫

习近平总书记指出，新时代是奋斗者的时代，只有奋斗的人生才称得上幸福的人生。中国工程院院士、中国农业科学院农业资源与农业区划所周卫研究员就是这样一位奋斗者。“耰锄不惮勤，常恐地力瘦。”土壤是农业生产的基础，“如何才能让土壤更肥沃”是周卫长期钻研的课题。30多年来，他带领团队以土壤养分资源高效利用为核心，成功攻克作物硫素和钙素缺乏、低产稻田改良、养分资源高效利用关键技术等难题，为落实“藏粮于地、藏粮于技”战略，解决“耕地”要害提供了坚强的科技支撑。

聚智攻关　服务国家重大需求

在多年的科研生涯中，周卫主持过9个国家自然科学基金，也是国家自然科学基金委员会的评审专家，他最看重的就是一项研究的意义。“只有符合国家需求的研究才是最有意义的，只有有意义的研究才能说服自己全身心地投入，才能得到同行们的支持。”周卫介绍说。2010年，周卫作为国家农业行业专项首席专家，组织实施了“南方低产水稻土改良技术研究”的科研专项，组织全国12个优势单位，围绕理论、技术、产品及模式在10个省份开展科技攻关。

“北麦南稻”是我国粮食种植的主要格局，南方常年种植水稻面积高达3.76亿亩，占全国水稻总面积的82.7%，但其中约1/3为低产水稻土，产量不足高产田的一半。通过长期的观测试验，周卫带领专家们把低产田分为5个类型，分别是黄泥田、白土、潜育化水稻土、反酸田、冷泥田，对应的特点分别是瘦、板、烂、酸、冷。“黄泥田‘瘦’，有机质低，团聚体稳定性也低；白土‘板’，耕层浅薄，表土层黏粒含量低；潜育化水稻土‘烂’，因其氧化还原电位低；反酸田顾名思义是‘酸’，微生物活性差；冷泥田的‘冷’则多源自长期淹水引起的金属离子毒害。”周卫如数家珍地介绍说，“根据不同类型土壤的低产原因，我们创建了涵盖土壤酶、微生物等生物肥力指标的质量评价指标体系，并发现西南稻区土壤大面积缺磷，东南稻区土壤酸化明显，速效钾和有效硅含量低。”

为了组织众多科研单位协同攻关，周卫不仅承担大量的顶层设计工作，还要安排大量的时间赴全国的示范基地考察会商。多年的科研历练使周卫养成了言简意赅、雷厉风行的工作风格。“周卫做事喜欢亲力亲为，任务重的时候通宵达旦是常有的事，办公室就放着折叠床和洗漱用品，他的工作质量和工作效率都很高，考虑事情很全面，我们都很钦佩。”周卫多年的同事及好友梁国庆介绍说，“周卫白天公务多，想要找他最好的时间是晚上 9—10 时，只要不出差都在办公室里。”

经过多年的努力，周卫带领团队创建了涵盖生物肥力的质量评价体系，为不同类型水稻土肥力评价提供关键参数，并组织兄弟单位开发了一系列有针对性的低产水稻土改良关键技术：黄泥田有机熟化，白土厚沃耕层，潜育化水稻土排水氧化，反酸田/酸性田酸性消减，冷泥田厢垄除障等。有了这些技术的保障，经过示范应用显示，农田地力在 3 年里至少提升了 1 个等级，水稻平均增产超过 100 千克/亩，比改良前节约氮、磷和钾肥 10%～15%。研究成果在南方 11 省规模化应用，大幅度提升了低产水稻土的地力水平，产生了良好的经济效益与社会效益。2016 年，周卫主持的这项“南方低产水稻土改良与地力提升关键技术”成果荣获国家科技进步奖二等奖。

聚焦前沿　超前谋划突破瓶颈

土壤培肥、化肥减施，是耕地保护的两大技术难题。作为植物营养学领域的领军专家，周卫习惯站在更宏观的战略角度去思考问题，熟悉周卫的同事都认为他是一位战略型科学家。早在博士研究生时期，周卫就勇于挑战具有超前性的创新难题。“博士开题的时候，我有两个选择，一是基础雄厚的长期定位施肥研究，二是国内刚刚起步的中量营养元素研究。当时我选择在老师的指导下开展花生的钙营养研究，后来证明这个大胆的选择是正确的。”

“肥料利用率”从 20 世纪 80 年代开始成为一个让专家和农民都面临重大压力的问题，周卫很早就将自己的研究聚焦到这一问题。“养分资源高效利用直接关系到我国粮食安全和生态环境安全。与发达国家环境优先相比，我国高投入、高产出的集约化生产体系要协同高产、高效、环境保护等多重目标，因此，这一命题在我国更具特殊性和挑战性。”周卫的同事何萍研究员介绍说。

通过多年的定位试验，周卫带领团队用大量数据证明长期配施有机肥能够修复施用化肥所改变的微生物群落结构，并通过数据分析建立了一套针对水稻、小麦和玉米的“推荐施肥”新方法，特别是有效解决了农民在不具备土壤测试条件下，难以确定氮肥施用量的重大难题。这项研究成果已在全国 7 个省份推广应用，在保证产量前提下可减少水稻、小麦、玉米等主要农作物的化学氮肥用量 10%～30%，提高氮素利用率 10 个百分点以上。这项研究于 2020 年荣获国家科学技术进步二等奖，这也是周卫收获的第三个国家科技进步奖二等奖。

“目前我们正在全力做好‘养分专家’系统的推广和使用，农民通过我们这个小程序，只需要提供往年产量、施肥量等，就可以免费获得科学的施肥建议，目前这个技术已经入选农业农村部主推技术。”周卫介绍说。“几年来，这套系统已经在 14 个省份得到广泛应用，有效提高了肥料利用率，为我国土壤有机质提升、测土配方施肥及化肥零增长等重大行动计划提供了有力支撑。”

笃行不怠　传承精神锻造团队

“60年前，毛泽东同志提出了农业八字宪法，其中把‘土’和‘肥’排在前两位，所以当年我对土壤学很感兴趣。”1983年，周卫以优异成绩考入江西农业大学农学系学习。1992年，已经获得土壤学硕士学位的周卫考入中国农业科学院，师从我国植物营养与肥料领域的权威专家林葆研究员攻读博士学位。“周卫是我们博士点的第一个博士，是大家的宝贝疙瘩，得到老中青三代专家的悉心指导，他也确实没有辜负大家的期望。”研究所退休研究员金继运介绍说。周卫在前辈的言传身教下，逐渐爱上了这项“化作春泥更护花”的事业，一干就是一辈子。

“林葆先生长期从事土壤肥料研究，曾布置了我国首批肥料长期定位试验，他为人低调、严谨，注重解决生产实际问题，从不计较名利。”周卫深情回忆自己的恩师，“那时候工作条件比较差，但先生对我们的要求很高，大家都干劲十足，不怕吃苦。”

除了科研上的追求，周卫始终致力于打造一支高水平的科研团队，通过做示范、压担子锻造青年人员的科研能力。“我们团队有个不成文的传统，每位新进的研究生第一次下田时，周老师都要全程陪同，亲自讲解田间试验的技术细节，与学生同去同回、同吃同住。”团队青年助理首席艾超介绍说。“周老师业务精湛，又非常平易近人，他对于团队的要求首先自己先做到，以身作则，对我们是一种引领和鞭策。”多年来，周卫凭借自己的身先士卒、勤奋敬业，高度凝聚老中青科研人员的力量，带领团队先后培养博士后、博士和硕士研究生104人，打造了一支攻坚克难、勇于创新的精英团队。

“我是一名共产党员，也是一个农民的儿子，我个人的点滴进步都是党和国家培养的，是团队协作取得的。奋斗没有终点，任何时候都可以作为一个起点。”从热血青年到著名专家，周卫始终不忘科研报国的初心，始终以奋斗者的姿态迎接新的挑战。“人不负耕地，耕地定不负人。土壤的保护和利用是新时代“三农”工作中最为重要的课题之一。”2021年，中国农业科学院启动了“沃田科技行动”，作为中国农业科学院耕地科技创新总首席科学家，周卫又开启了新的征程，全身心投入一场新的耕地科技创新大会战……

传承科研创新　情系水禽产业三十载

——记中国工程院院士侯水生

侯水生，长期从事北京鸭品种培育与养殖技术研究，中国工程院院士，中国农业科学院水禽育种与营养科技创新团队首席科学家，国家水禽产业技术体系首席科学家，农业农村部动物遗传育种与繁殖（家禽）重点实验室主任，首届全国创新争先奖获得者。

卅载坚守　结缘水禽硕果累累

1999 年，已有近 30 年历史的牧医所北京鸭育种课题组人才断代，研究经费极其紧张。牧医所从行业使命出发，动员侯水生研究员成立科研团队，带领课题组振兴鸭产业技术研发，当时的困境不言而喻。侯水生勇于担当，开始了他的鸭子研究生涯，从此便与水禽结下了不解之缘。他带领团队经过多年艰苦卓绝的奋斗，不仅研究基地的鸭场整体面貌焕然一新，而且还填补了全部亏损。

面对我国缺乏肉鸭饲养标准、鸭生长迟缓和饲料资源浪费等行业“卡脖子”问题，侯水生充分发挥动物营养专业优势，率领团队系统研究了不同生理阶段肉鸭和种鸭的能量、蛋白质、钙、磷、多种氨基酸与维生素需要量等数据，制定了我国第一部科学性与实用性兼备的《肉鸭饲养标准》。多家大型鸭饲料和养殖企业每年依据该标准生产鸭配合饲料超过 1 000万吨，效益显著。

在肉鸭育种研究上，主攻动物营养学专业的他面临育种的难题时，保持着坚韧坚定的学习，凭着对鸭子的热爱和对事业的情怀，在育种技术创新方面，率领团队系统研究了北京鸭重要经济性状的遗传特性，在北京鸭育种技术、主要经济性状的遗传机制研究方面取得了突破性进展，创建了肉鸭“剩余饲料采食量”选择技术，显著降低了选育群体肉鸭的剩余采食量（RFI）和皮脂率；创建了抗鸭甲肝病毒北京鸭新品种的选育技术，成功培育了抗甲肝病毒 3 型肉鸭新品系，为我国肉鸭产业发展提供了科技支撑。2017 年，为表彰他在水禽领域作出的突出贡献，被授予首届“全国创新争先奖”。

十年磨砺　开创院企联合育种

肉鸭是我国重要的传统畜禽产业之一。一直以来，国内肉鸭品种被英国樱桃谷公司所垄断，购买种鸭的高额费用给我国肉鸭养殖企业带来巨大的引种压力。为打破这一困境，侯水生整合企业力量，建立了“院企联合”育种模式，成功培育 23 个具有不同生产性能特点的北京鸭专门化品系，并以这些品系为素材育成极具市场竞争力的新品种——Z 型北京鸭。该品种的使用权在 2012 年同时转让给国内 2 家肉鸭养殖大型企业，转让收益超过 4 000万元。目前，培育的北京鸭新品种已经推广到山东、江苏、内蒙古、辽宁、黑龙江等省区，2019 年推广量达到 12. 11 亿只，约占全国市场的 35%，现在侯水生常常自豪地拍着胸脯说："中国市场的鸭子，每三只就有我们培育的一只。"中国肉鸭实现了从无到有的突破，彻底打破了国外品种垄断，极大地提高了产业的国际竞争力。

侯水生在与企业合作育种过程中，一直非常关心脱贫攻坚工作，"只有农民真正富起来了，我们的国家才能更强大，我们做农业科研工作才有意义。"这是侯水生经常挂在嘴边的一句话。他带领团队长期与地处贫困县的内蒙古赤峰市宁城县塞飞亚集团合作，针对当地肉鸭产业化优势明显的特点，指导塞飞亚集团采取"科研单位+国家级龙头企业+农户"肉鸭全产业链扶贫模式，累计带动 3 万多户贫困户发展产业。目前，有 148 户贫困户 400 多人从事肉鸭养殖，63 名贫困户在企业务工。另外，他还长期在深度贫困县河北省沧州市献县推广养殖免填型 Z 型北京鸭，年推广量达 5 000万只。为提高当地肉鸭产业生产技术水平，打造优势特色品牌，拓宽经营销售渠道，提升产品价值，探索出了产业扶贫的帮扶新模式。

春华秋实　率领水禽体系创辉煌

耕耘必有收获。2009 年，侯水生被推荐为现代农业产业水禽体系第一任首席科学家，牵头组建由 19 个岗位、25 个试验站团队组成的国家水禽产业技术体系。在他带领下，体系在水禽遗传育种、饲料营养、饲养技术、疾病防控方面取得巨大成就，先后获得国家科技进步奖二等奖和国家技术发明奖二等奖各 1 项，省部级一等奖 5 项、二等奖 9 项，国家新品种证书 2 项。目前，该体系已成为我国水禽科研主力军，引领了产业科技的发展方向。

侯水生注重对年轻后学的培养，他对科学事业的执着深深地影响了团队中的每一个人。制定的"十荣十耻"成为团队的核心理念，在他的培养下，团队骨干周正奎研究员入选国家青年拔尖人才，谢明副研究员获得美国家禽协会鸭研究奖。团队研究生自 2016 年起，每年均获得国家奖学金。团队成果入选中国农业科学院"2018 年十大科技进展"并获"高水平论文"奖，已成为农业科学研究"顶天立地"的典范。他领导的创新队伍是一支团结友爱、和谐奋进、成绩卓越的模范团队。该团队 2018 年获优秀科研团队，2019 年获中国农业科学院脱贫攻坚与乡村振兴先进集体。

时光荏苒，三十年的岁月已将青丝染成白发，可侯水生心中一直坚定的振兴中国水禽产业的梦想却没有丝毫磨灭。他始终坚信，依靠科技创新，中国水禽产业将不断腾飞并创造新的辉煌。

破解适水种植世界难题　变被动抗旱为主动避旱

——记国家科学技术进步奖二等奖获得者梅旭荣

我国旱地农业主要分布在秦岭淮河以北地区，包括干旱、半干旱偏旱、半干旱、半湿润偏旱和半湿润区等主要类型区，占全国耕地面积的51%，是我国主要粮食生产功能区和重要农产品生产保护区，也是生态脆弱区和贫困人口聚集区。受全球气候变化影响，北方旱农区频旱多变环境叠加水土资源过度利用，农田生产稳定性下降，危及国家粮食安全、生态安全和稳定脱贫。因此，推动旱地农业由对抗型向应变型转变，创新抗旱适水型种植技术和模式，是急需解决的重大科学问题和技术难题。

坚定心中梦想　执守旱农创新

1984 年，刚到中国农业科学院农业气象研究所学习的梅旭荣心中就有一个梦想："如果建立一种能适应干旱变化的种植制度，并匹配相应的抗旱适水栽培技术，该多好。这样可以保证作物不受天气变化的影响而减产，农民有个好收成不饿肚子。"带着这样的想法，他开始了研究生学习和旱作节水农业研究。1991 年以来，他带领团队在北方旱农区开展了旱地水分平衡、降水生产潜力开发和旱地秸秆还田与有机培肥等系列长期定位试验研究，进行农田降水高效转化机制、主要旱地作物水分生态适应性和降水生产力提升等方面的研究，系统查明了我国北方旱地降水利用状况，揭示了我国北方旱地农田水分动态平衡规律，突破了旱地适水种植的应用基础理论和抗旱节水的关键技术与产品，集成了典型旱地高效用水的种植模式及配套技术体系，形成了寿阳旱地农业综合发展模式，并在北方旱地农业区规模化应用，取得了显著的经济效益、社会效益和生态效益。

注重定位试验　破解世界难题

梅旭荣研究员带领团队长期扎根黄土高原东部寿阳旱作农业试验站，定位观测农田降水高效转化过程，创新旱地农田抗旱适水种植的基础理论、关键技术和主推技术模式。自 2001 年以来，团队联合了辽宁省农业科学院、甘肃省农业科学院、山西省农业科学院、青岛农业大学和全国农业技术推广服务中心等国内优势单位协同攻关，开展了北方旱地农业多点长期定位试验，摸清了主要旱地作物干旱发生规律和适水种植优先序，阐明了旱地碳氮高效转化机制，攻克了土壤增碳扩容、地表覆盖抑蒸等关键技术，从而破解了旱地作物适水种植世界性难题。该项目获发明专利 10 项；制定行业和地方标准 12 件；出版专著 4 部，发表论文 163 篇，被引用 4 834次；获省部级一等奖 4 项。项目整体水平达到国际领先水平。该项成果实现了旱地农业由对抗型向应变型转变，为实施全国旱作节水农业发展规划和旱作农业节水示范提供了重要科学依据与关键技术支撑。

发现了新规律。揭示了北方旱地作物水分供需变化规律，首次确定了抗旱适水种植的技术适宜性和作物优先序。研究发现，30 年间北方旱地主要作物种植北移西扩 1~2 个经纬度，作物种植、生育期变化与降水减少、干旱频发重发多因素互作，作物降水满足率降低超过 5 个百分点。旱地地表覆盖、秸秆还田、深松耕等技术提高水分利用效率程度与降水密切相关，提升效应最优的降水区间为年降水量 450~550 毫米的旱农区。项目创建综合多目标的随机水文年型适水种植诊断模型，发现多种作物配置能显著增强旱地农田系统稳定性和水分生产力，据此明确了玉米、小麦、谷子、花生、大豆、马铃薯等作物在不同旱地类型区的适水配置优先序。这些结果为科学布局种植结构并匹配适宜的节水栽培技术提供了理论依据。

建立了新理论新方法。探明了土壤增碳扩容、地表覆盖抑蒸、冠层塑型提效的作用机理，建立了北方旱地土壤—地表—冠层协同调控的抗旱适水种植理论和方法。研究发现，褐土和黑垆土连续全量秸秆还田，耕层土壤有机碳每增加 1 克/千克，生育期棵间蒸发减少 4.7 毫米，0~30 厘米土壤蓄水增加 5.2 毫米。产量、水氮利用和碳足迹综合效益最优时褐土和黑垆土有机碳水平为 13.7 克/千克和 12.0 克/千克，据此建模和试验提出了 4 种“高蓄积低损耗”土壤理想构型。春玉米高留茬、秸秆覆盖和冬小麦夏闲期生物覆盖调控地表，0~50 厘米土壤蓄水增加 13.5~24.5 毫米，土壤蒸发减少 5%~8%。高秆与矮秆作物间作调控冠层，高冠层光和降水截获比矮冠层分别增加 34%~45%和 45%~69%，玉米大豆、谷子花生间作水分利用效率当量比 1.13~1.19；在 300~550 毫米降水条件下“适水定密”，每毫米降水可承载覆膜春玉米 9.9 株。这些新理论新方法整体解决了旱地土壤—植物—大气系统协同提升降水利用效率的科学问题。

创新了主导技术。创建了北方主要类型旱地抗旱适水种植主导技术，研制了配套技术产品并实现了技术标准化。综合集成集雨覆盖抗旱、秸秆还田、适水种植等关键技术，配套研制了专用肥、保水剂、作业机具等技术产品，建立了东北风沙半干旱区立体调控种植、西北半湿润偏旱区覆盖集雨抗旱、华北丘陵半湿润偏旱区秸秆适水还田、华北平原东部半湿润区旱地小麦“早、深、平”和华北平原中部半湿润偏旱节水压采区半旱地等主导技术，农田降水利用率最高达 75%，旱地春玉米水分利用效率最高达到 3.64 千克/(毫米·亩)，产量波动下降 3~4 个百分点。这些主导技术有力地支撑了当地旱地农业的持续稳定发展，为粮食安全和农民脱贫提供了保障。

新起点再出发　旱农科技当自强

我国建设现代化国家的号角已吹响，旱地农业创新急需解决新的挑战和问题，在稳定旱作区粮食安全的同时，不断提升农产品品质和水土资源利用效率，加速旱作农业生产生态化转型。响应习近平总书记“四个面向”的号召，梅旭荣研究员满怀信心带领团队站在新的起点，秉承“振兴科技、治旱兴农”的优良传统，继续创新旱作农业节水提质增效的新理论、新方法，突破气候智慧型旱作节水新技术新装备新模式，促进新时期我国旱地农业高质量发展和旱作区生态化转型。

创制系列新兽药　守护奶牛健康为奶业

——记国家科学技术进步奖二等奖获得者李秀波

奶业是健康中国、强壮民族不可或缺的产业，是食品安全的代表性产业，是农业现代化的标志性产业和一二三产业协调发展的战略性产业，受到党和政府高度重视。然而，长期以来，我国奶牛疾病，如奶牛乳房炎、子宫内膜炎等发病率高、危害严重，存在病原不清、药物制备工艺落后，高效药物品种和精准施药技术匮乏等问题，严重制约了我国奶业健康发展。

精准定位　面向国家重大需求

作为中国农业科学院领军人才团队首席科学家，李秀波研究员深知自己的使命担当，深感责任重大。“国家重大需要就是我们的使命和责任”，这是李秀波常跟团队成员讲的话。她是这样说的，也是这样做的。20多年来，李秀波带领团队面对国家重大需求，围绕奶牛高发病防治系列新兽药创制与应用，开展科技攻关。她不辞辛苦带领团队成员开展了奶牛重要细菌病的病原菌本底调查，足迹遍布祖国各地，采集样品10万余份，分离鉴定病原菌35种。建立了国际最大的奶牛重要细菌性病原库及病原信息数据库，目前保存病原菌已达7万余株，全面摸清了引起我国奶牛乳房炎、子宫内膜炎、呼吸系统疾病的主要致病菌流行现状，为奶牛细菌性疾病防治和药物创制提供了重要的研究基础和科学依据。

勇于开拓　创新国际领先技术

在明晰了奶牛高发病主要致病菌的基础上，以开发奶牛专用安全高效新兽药为目标，李秀波研究员率领团队一干就是20年。这20年，是在为创制具有我国自主知识产权的奶牛新兽药而坚守，是在为解决奶牛高发病反复发作、迁延不愈的世界性难题而坚守。自1997年以来，团队创制了31种安全高效新兽药，获国家新兽药证书25项，其中一类药证书12项，制定兽药国家标准25项，发表论文128篇，授权专利16项，成果达到了国际领先水平。实现了从理论创新、技术创新、方法创新到产品创新的全面突破，填补了多项技术空白，打破国外进口药物垄断，为我国奶牛安全生产与奶业可持续发展提供了强有力的技术保障。

理论创新——创建病原菌库，探明药物新靶标。创建了国际最大的奶牛病原菌库，摸清了奶牛乳房炎、子宫内膜炎等高发病病原种属及分布规律，发现了IGPD等药物作用新靶标，为新药研发奠定了理论基础。

技术创新——原料合成技术，制剂制备工艺。创新了国际领先的药物制备“共性和差异化”关键技术，研制的产品实现了“两高一低”：硫酸头孢喹肟乳房注入剂（干乳期）等达到“零弃奶”，药物安全性高；创新了盐酸沃尼妙林均相合成工艺，其对支原体的抗菌活性是泰妙菌素的30倍，药物活性高；发明了氟苯尼考低温催化等关键生产技术，药物成本大幅降低。多项产品通过欧盟EDQM认证，国际竞争力优势显著。

产品创新——开发了系列安全高效新兽药。创制了安全高效系列新兽药31种，并实现了新兽药成果转化率和产业化率“双100%”。创制的新兽药品种齐全，填补了多项空白，实现了“犊牛—育成牛—青年牛—成乳牛”奶牛养殖产业链“全覆盖”。

服务产业　示范推广硕果累累

为了让新技术、新产品快速惠及广大养殖者，李秀波带领团队经常深入基层，针对不同季节、重点环节和重点顽疾开展有针对性的精细指导和精准施策，坚持有求必应、有问必答、有需必到、有难必帮。2012年7月21日，北京遭受了百年不遇的暴雨灾害，牛场损失巨大。大灾之后有大疫，为了防止疫情发生，李秀波带领团队第一时间奔赴牛场指导生产并赠送防治药品。在“京津冀精准服务牧场行”活动中，一个月时间奔赴京郊6区、天津武清、河北廊坊等地的80多家牧场开展精准化的技术指导，受她指导的牧场奶牛发病率大幅下降，养殖者都亲切称她为“奶牛保姆”。

近年来，李秀波带领团队创制的奶牛高发病防治系列新兽药已在河北、黑龙江、内蒙古等地大规模推广应用，产品远销德国、日本、巴西等国家。2018—2020年累计覆盖牛群达1 260万头次，为本行业培训相关技术人员52万人次，新增经济效益32.6亿元，为奶业健康可持续发展作出了重要贡献。

科技筑牢安全基础　引领奶业高质量优质发展

——记国家科学技术进步奖二等奖获得者王加启

安全是奶业的生命线，质量是奶业的核心竞争力。2008 年三鹿奶粉事件之前，奶业发展一直存在重数量、重速度，轻安全、轻质量的问题，奶业质量安全科技支撑十分缺乏。一是奶业基础数据缺失，导致家底不清，风险不明，被动应急。二是安全控制技术薄弱。2008 年卫生部门公布的牛奶中 5 类违法添加物黑名单，4 类没有检测标准。同时，生产过程安全控制标准尚未建立。三是质量提升技术落后，导致核心竞争力偏低。为了民族奶业振兴，王加启带领团队瞄准国家关键需求，组织开展集智攻关。

十五年坚守　建立奶业安全支撑关键技术

自 2005 年起，王加启主持复原乳、生鲜乳、风险评估及牛奶品质等项目，82 家科研单位参与，历时 15 年，覆盖 31 个省份，积累有效数据 232 万条，成功构建奶产品风险因子与品质因子评价数据库，解决了家底不清的重大难题，运用大数据分析与多标准排序模型，准确锁定 2008—2016 年我国奶及奶制品中最主要的 4 类风险因子是违法添加物、真菌毒素、兽药残留和重金属污染。研究制定牛奶中 4 类违法添加物检测标准，农业农村部直接采用，实现全国 4 241个奶站和 5 280辆奶车全覆盖，为打击非法添加行为发挥了决定性技术支撑作用。研发出 14 种真菌毒素、61 种兽药和 22 种重金属三个系列同步检测技术，被农业农村部列为指定方法，解决了奶产品风险因子检测效率低和成本高的技术难题。培训一线检测技术骨干人员 5 000余人次，使具备生鲜乳检测资质的省级质检机构增加到 43 个，实现除港澳台外 31 个省份全覆盖，显著推动整个行业检测技术进步。制定 21 项安全控制标准，推广应用后，生乳中黄曲霉毒素 M_1、兽药残留、重金属污染、菌落总数和体细胞数等主要风险因子显著降低，达到欧美发达国家与地区的标准。

十年磨一剑　建立复原乳鉴定技术

复原乳鉴定技术是一项世界难题。自 2000 年起，企业用廉价进口奶粉违规生产复原乳，成为导致我国反复出现倒奶杀牛、市场混乱的重要原因。2005 年国务院文件明确指出，复原乳影响我国奶业健康发展。但是，由于标准缺失，监管极为困难，屡禁不止。王加启临危受命，牵头攻关复原乳鉴定技术，历经 20 余次模拟试验和对全国奶制品的普查，制定发布《巴氏杀菌乳和 UHT 灭菌乳中复原乳的鉴定》行业标准，可准确鉴定以奶粉为原料加工的奶制品和以生乳为原料加工的奶制品，为复原乳监管提供了技术方法支撑。但是，乳品加工技术与设备不断变化，过热加工的奶制品对复原乳的鉴定形成干扰。王加启坚持 10 年对这一干扰问题进行攻关研究，甘于寂寞、勤于探索，一次一次试验，大量数据不断积累，最终揭示了添加复原乳导致乳果糖与糠氨酸比值呈相反变化的特征，攻克过热干扰复原乳鉴定的技术难题。监管部门认为，这一成果从根本上解决了长期制约复原乳监管的关键技术难题。

坚守初心　引领奶业高质量优质发展

王加启研究员的奶业创新团队，宗旨是“学以致用，奉献奶业，健康中国”，这一宗旨时刻提醒着全体团队成员，所做的科学研究成果要能为产业所用，生产出高质量的奶业产品。针对质量提升技术落后的难题，团队研究攻克优质生乳、绿色工艺、品质评价 3 项瓶颈技术，显著提升国产奶核心竞争力。首次揭示了热应激改变奶牛代谢通路，导致氨基酸氧化供能增加，乳蛋白合成减少。发明缓解奶牛热应激饲料及其调控方法。缓解热应激技术在光明乳业 5.3 万头奶牛上应用，攻克了长期存在的热应激降低生乳质量技术的难题，乳脂肪、乳蛋白和乳铁蛋白均达到优质标准。研究创新乳品绿色加工工艺，取消闪蒸等设备，杀菌温度由 105℃下降到 75℃，扭转牛奶热加工乱象。揭示了过热导致牛奶活性蛋白功能下降，阐明了碱性磷酸酶、乳铁蛋白、糠氨酸与品质的定量关系，创建了优质乳品质评价模型和标准，牢牢掌握住了乳品市场品质评价话语权。集成创新“优质生乳—绿色工艺—品质评价”一体化质量提升技术，充分挖掘本土奶的鲜活优势，优质巴氏杀菌乳中乳铁蛋白和 β-乳球蛋白含量是进口产品的 8 倍，引领牛奶消费从温饱营养向健康营养升级。

以示范企业光明乳业为例。2016 年前，光明乳业的产品受到进口产品严重打压。2017—2018 年光明乳业全面实施以质量提升技术为核心的优质乳工程。2019 年，乳铁蛋白含量从 15 毫克/升提高到 42 毫克/升，开发出“优倍 75 度鲜活力”新产品，成为中国市场上第一款标识乳铁蛋白等 3 种活性因子的牛奶，2019 年销售额 19 亿元，核心竞争力明显提升，成为国产奶实现技术引领—标准引领—品质引领的成功典范。全国 25 个省份的 51 家乳品企业，年产优质巴氏杀菌乳 48 万吨，市场份额从 2016 年不足 1%增至 2019 年 90%。进口液态奶由年增长率在 2018 年首次出现负数，国内奶产量稳步增长，出现生产与消费双增长的良好局面。

面向生命健康 用科技保障饲料质量安全

——记国家科学技术进步奖二等奖获得者秦玉昌

饲料安全关系食品安全。饲料是畜牧业生产的主要投入品，其质量安全是畜产品质量安全的基石，是支撑食品安全和健康中国的保障。在中华民族悠久的历史中，畜牧业始终占有非常重要的地位。改革开放以来我国饲料业快速发展，已成为全球第一饲料生产大国，为推动畜牧业发展、保障居民肉蛋奶供应，发挥了极为关键的作用。然而，21世纪初，瘦肉精、三聚氰胺等畜产品安全事件的发生，直接危及畜产品安全和人民身体健康。

中国农业科学院北京畜牧兽医研究所秦玉昌研究员以保障饲料质量安全为己任，从非法添加和生物污染两大饲料安全问题入手，带领研究团队勇挑重担、攻坚克难，在饲料非法添加物阈值与限量、有害微生物检测与控制、加工过程营养保真与清洁生产、质量安全预警与追溯等关键技术方面开展了长期、系统的研究，构建了“原料检测、加工控制和产品溯源”的全产业链饲料质量安全控制技术体系，为保障饲料和畜产品质量安全发挥了重要作用，有力推动了我国饲料工业和畜牧业的持续健康发展。

临危受命 制定三聚氰胺限量标准

制定饲料中三聚氰胺限量标准是打击非法添加的依据和准绳。2008 年三鹿奶粉事件发生后，三聚氰胺成为影响奶产品安全的罪魁祸首，但由于其环境本底不清，代谢残留规律不明，致使打击非法添加无从下手。在此非常时刻，秦玉昌研究员临危受命、迎难而上，以科学严谨的工作态度，认真负责的工作作风，怀着强烈的使命感和紧迫感，主持了饲料中三聚氰胺限量制定工作。他迅速组织动物营养、毒理学、检测与追溯技术、风险评估等相关专业的专家，成立专项工作组，并组织研究团队经过半年多的连续奋战，解析了饲料原料及环境中三聚氰胺本底值，揭示了其在牛羊等动物体内的代谢残留规律，建立了基于“环境迁移—畜产品蓄积—人群暴露”为核心的饲料中三聚氰胺风险评估方法，在国际上首次制定出饲料三聚氰胺限量标准。该标准被我国政府、联合国食品法典委员会和世界卫生组织采纳，解决了饲料中三聚氰胺环境本底和非法添加并存的监管难题，为及时控制三聚氰胺在畜产品生产中的违法添加发挥了关键性作用，并为有环境本底的非法添加物风险评估奠定了方法学基础。

攻坚克难　创建有害物质检测技术体系

建立有害物质检测技术体系是保障饲料质量安全的先决条件，缺乏检测标准，难以实现有效检控，质量安全就无从谈起。秦玉昌研究员团队从非法添加物、有害微生物和真菌毒素等有害物质检测控制入手，研究莱克多巴胺等违禁添加物在牛羊尿液、毛发、组织器官中的残留规律，创建了以毛发为靶标的检测新技术，实现了反刍动物“瘦肉精”快速无损检测；利用纳米金和石墨烯新型材料，创制了“瘦肉精”分子印迹表面等离子共振特异性检测芯片；建立了饲料中 20 多种主要有害微生物的检测方法，制定了沙门氏菌、李斯特氏菌、葡萄球菌、志贺氏菌等检测方法标准，其中 3 项填补了国内空白，保障了《饲料卫生标准》的实施，为我国饲料有害微生物预警监测工作提供了有力支撑；采用免疫亲和柱净化—反相 HPLC 柱分离技术，创新饲料中真菌毒素检测方法，制定了玉米赤霉烯酮检测方法国家标准。上述成果形成的检测技术已在全国各级饲料质检机构和生产企业全面推广应用，为提升我国饲料质量安全水平发挥了重要支撑作用。

革故鼎新　破解有害因子消减与营养成分保真两兼顾难题

秦玉昌研究员团队从饲料原料抗营养物质消减、生产过程交叉污染防控、热敏性营养素保真等方面入手，系统研究饲料原料中主要抗营养物质的含量分布规律，创建了针对不同原料差异化的最佳预处理挤压膨化工艺技术，使大豆中胰蛋白酶抑制因子和大豆球蛋白、棉籽粕中游离棉酚、菜籽粕中硫甙等主要抗营养物质含量显著降低，突破了非常规蛋白原料使用量受限的瓶颈；研究揭示了有害真菌、大肠杆菌等在饲料加工过程中的消减规律，提出了有效杀灭有害微生物的工艺技术，引领了我国清洁饲料生产工艺的发展；研究确定了药物添加剂交叉污染控制上限值，制定《饲料加工设备交叉污染防控规范》国家标准，为饲料产品交叉污染防控提供综合解决技术方案；系统研究了维生素、酶制剂等热敏性物质在不同热加工条件下的损失率，发明了将粉料高温调质熟化、杀菌处理、再添加热敏性物质低温制粒的畜禽饲料生产新工艺，实现了有害物质消减与营养成分保真的高效协同，破解了高温灭菌与营养保真难兼顾的技术难题；构建了以颗粒饲料加工质量、饲料营养价值、动物生产性能为指标的饲料加工工艺参数综合评价模式，建立了肉鸡、蛋鸡、断奶仔猪、生长育肥猪配合饲料最佳加工工艺参数，实现饲料产品营养保真和精准加工。上述成果形成的加工保障技术改善了饲料产品品质、提高了转化效率、保障了质量安全，实现了饲料的清洁生产和提质增效。

凝心聚力　实现饲料质量安全风险预警与可追溯

针对饲料生产全过程信息化程度低、追溯难，质量安全预警监测基础数据分散、分析方法落后的问题，秦玉昌研究员团队创新了饲料加工过程质量安全可追溯管理技术，研发了基于条形码的饲料质量安全管理系统，实现了“原料—加工—产品”生产全过程的信息化和可追溯；创建了涵盖饲料危害因子、原料加工特性、加工工艺参数的饲料质量安全数据库，为饲料产品配方精准设计、加工工艺优化、饲料品质控制提供了重要基础数据；建立了全国唯一的饲料质量安全预警监测平台，实现了饲料质量安全动态分析与预警监测，为开展饲料质量安全风险预警和日常监管提供了强有力的技术支撑。

乘风破浪扬帆起，春华秋实二十载。秦玉昌研究员团队经过多年的潜心研究和创新攻关，紧紧围绕饲料质量安全的关键问题，外防非法添加，内控污染风险，突破检测控制、加工保障等多项关键技术难关，集成构建了覆盖饲料生产全过程、满足“产”和“管”两方面需求的质量安全控制技术体系，为保障畜产品质量安全、满足人民对美好生活的向往提供了有力的科技支撑。

发掘优异玉米种质资源　夯实种业振兴基础

——记国家科学技术进步奖二等奖获得者王天宇

玉米是我国重要的粮饲兼用作物，种植区域广泛，生产条件复杂多样。病害和干旱是阻碍玉米产业发展的主要因素，培育抗病、抗旱新品种是解决这一问题最经济、最有效的途径，而加强种质资源发掘与创新是培育抗病抗旱新品种和驱动种业发展的根本。种质资源的研究与利用是一项系统工程，具有基础性、复杂性、长期性和公益性的特点，不能一蹴而就。中国农业科学院作物科学研究所王天宇研究员以国家科技攻关等项目为纽带组建攻关团队，针对我国玉米种质资源多样性匮乏、育种所利用的优异种质遗传基础狭窄及研用衔接不紧密等突出问题，围绕东北、黄淮海和西南三大主产区玉米育种和产业发展需求，20 多年来，在拓展我国玉米种质资源基础上，以抗病、抗旱、配合力等重要育种性状为抓手，攻克规模化鉴定评价技术难题，实现抗病抗旱性状的规模化鉴定发掘，并在创新利用等方面取得突破，产生了显著的社会效益、经济效益和生态效益。

夯实玉米种质资源基础　增加玉米研发战略储备

巧妇难为无米之炊，我国不是玉米起源国，种质资源多样性匮乏由来已久。为了丰富我国玉米种质资源的多样性，王天宇与同事们共同努力，不辞辛苦地到玉米种质资源“富集区”“特色点”考察收集不同类型种质资源；针对有价值的玉米种质资源收集困难的局面，还建立了“项目带动入库”“荣誉证书”“瑞士银行制”等措施，在全国范围内征集代表性材料；与此同时，克服重重困难与壁垒，想方设法结合国际合作项目从美洲、欧洲、东南亚等地区新引进不同类型玉米种质资源。经过长时间的努力、积累，使库存资源数量增加了 110%，地方品种种族增加到 146 个，国外种质资源占比从 12% 提高到 28%，极大地丰富了我国库存玉米种质资源，实现了量与质的同步提升，不仅为我国玉米育种与产业可持续发展扩充了战略储备，也为优异种质资源发掘及育种利用奠定了扎实的材料基础。

攻克玉米种质资源鉴定关键技术　规模化发掘优异资源

针对育种上急需抗病、抗旱、高配合力种质资源的重大需求，王天宇团队协同创新抗病、抗旱精准鉴定技术 6 项，极大地提升了鉴定结果的准确性。组织建立“病窝子”

自然发病初鉴和人工精准评价相结合的玉米主要病害规模化鉴定技术配套，使抗病鉴定能力提高了12倍，在新疆、甘肃、内蒙古搭建的玉米抗旱鉴定平台年鉴定能力较2000年前后提升了约20倍。创建杂种优势类群分子划分新技术，使获得鉴定资源类群结果时间由1年缩短至15天，搭建玉米杂种优势类群划分和配合力规模化鉴定平台，填补了11 137份资源的杂种优势类群信息空白。玉米种质资源的鉴定筛选是漫长而艰辛的，玉米生长表现的关键时节往往是一年中最炎热的时候，王天宇研究员带头在密不透风的玉米田中观察、记载、标记目标性状，一站就是一天，吃住田间是常态。“功夫不负有心人”，项目组励精图治，从13 875份资源中规模化发掘出杂种优势类群明确的抗病抗旱资源186份，为育种利用奠定了坚实的基础。

构建高效种质创新技术体系　创新玉米育种利用新材料

为了尽快将筛选出的优异资源应用于育种实践，王天宇带领团队开展重要性状的遗传解析和分子标记开发。利用自主构建和引进的巢式关联分析群体，应用简化基因组测序方法进行基因型鉴定，构建了玉米超高密度遗传图谱（Bin Map），从筛选出优异资源。挖掘产量、抗旱和抗病等相关主效QTLs/分子标记78个，克隆基因7个，发掘杂种优势类群特征分子标记308个。综合应用筛选出的优异资源、研制的技术和分子检测信息等，构建抗旱抗病种质穿梭改良、导入系种质创新、多亲本复合杂交、分子标记辅助选择等方法融合的高效种质创新技术体系，创制出杂种优势类群明确、目标性状突出的新种质46份。进行玉米规模化导入选择和抗病抗旱穿梭改良是项目组在玉米上提出并实施的新方法，实践证明效果显著。以筛选出的优异资源为供体、骨干自交系为轮回亲本，获得含供体12.5%和25%的导入系6 200个，通过在新疆、甘肃、北京、海南等地高强度胁迫，筛选出抗旱、抗病导入系13份，经分发共享，以此为基础材料育成品种16个；经抗病抗旱穿梭育成的XP6群体抗旱性强，且兼抗小斑病和茎腐病，以其为基础已育成品种6个。创新种质为可持续育种提供了优良的亲本来源。

创建玉米种质资源共享利用体系　推动我国玉米学科整体进步

为了提高玉米种质资源的利用效率，王天宇创建“技术、材料、信息三位一体”的玉米种质资源高效共享利用体系，让优异种质资源为全国同行所知所用。自2005年开始，王天宇带领课题组率先举办全国性的优异玉米种质资源田间展示，让育种家“看得见、摸得着、可追溯”，得到业内普遍认可。迄今已无偿向全国科研育种教学单位及种子企业等分发共享玉米种质资源3万份次以上，在提供育种利用的同时，还支撑科研、教学等单位完成国家自然科学基金、“973”计划等各类项目、发表学术论文，以及培养硕士与博士高水平人才，辐射带动作用大，取得显著社会效益，推动玉米学科整体进步。这种不计名利、一心为公的奉献精神受到广泛称赞。

培育抗病抗旱新品种　积极推动玉米绿色发展

丰富种质资源多样性基础，鉴定发掘与创新优异玉米种质资源，其终极目标是解决生产中存在的关键问题，推动种业科技进步，使我国粮食安全、生态安全得到保障。为此，王天宇构建了定向组配和定向选择相结合的玉米生态育种模式，开展类群间定向组配和目标性状定向选择，利用创新种质育成抗病抗旱高产新品种 22 个，其中 18 个品种抗病性突出、8 个抗旱性强，17 个区试产量超对照 8%以上，3 个被选为区试对照。截至 2016 年，王天宇团队内培育品种已应用 1. 9 亿亩。另据不完全统计，团队外单位利用项目组提供的优异种质资源育成新品种 94 个，累计应用 3. 8 亿亩。这些抗病抗旱高产新品种在生产中的利用，节约了农药和水资源用量，在推动玉米绿色发展中迈出了可喜的一步，取得显著经济效益、社会效益和生态效益。

近年来，王天宇研究员作为国家玉米良种重大科研联合攻关专家委员会秘书长，不计个人得失、兢兢业业为全国同行服务，积极参与玉米攻关工作的顶层设计，加大了鉴定筛选符合绿色、高效发展要求优异种质资源的力度，拓建了国家机收籽粒玉米品种测评体系和玉米绿色品种指标体系，促进我国实现玉米高效、绿色发展，为全面提升我国玉米生产的国际竞争力作出了积极贡献。

十一、大事记

中国农业科学院2021年大事记

1月

1月4日 中国农业科学院党组在海南省三亚市崖州湾召开南繁研究院干部大会，宣布成立南繁研究院筹建工作专班。会议通报了院党组关于成立南繁研究院筹建领导小组和工作专班的有关情况，宣布万建民兼任名誉院长，彭军兼任院长，周文彬、李国荣等兼任副院长。作科所、生物所、水稻所、棉花所各选派一名处级干部常驻参与筹建。会议强调，南繁研究院是贯彻落实习近平总书记“南繁硅谷”的重大决策和部署。工作专班要重点协助崖州湾科技城把表型鉴定设施高质量建设好，与国家种业创新有机结合，多方协调推进南繁研究院实体化运营。

1月6日 中央农办主任、农业农村部部长唐仁健在位于中国农业科学院的国家作物种质资源库调研时强调，要深入学习贯彻习近平总书记在中央经济工作会议上的重要讲话精神，把解决好种子问题作为保障国家粮食安全的要害来抓，加强农业种质资源保护利用，加快推进关键核心技术攻关，坚决打赢种业翻身仗，确保中国碗主要装中国粮、中国粮主要用中国种。

1月6日 深圳市科学技术奖励大会召开，中国农业科学院深圳农业基因组研究所所长黄三文研究员荣获2020年度市长奖。

1月11日 中国农业科学院党组召开2021年第1次理论学习中心组（扩大）学习会。会议强调，要深入学习贯彻习近平总书记重要讲话精神以及党的十九届五中全会、中央经济工作会议、中央农村工作会议和全国农业农村厅局长会议精神，落实落细部党组关于“十四五”和2021年农业农村工作的部署要求。农业农村部党组成员、中国农业科学院院长唐华俊出席会议并讲话，院党组书记张合成主持会议并作总结讲话。

1月12日 中共中央政治局委员、国务院副总理胡春华调研畜禽种源保护与利用工作并出席专家座谈会。他强调，要深入贯彻习近平总书记重要指示精神，认真落实中央经济工作会议、中央农村工作会议部署，大力开展种业“卡脖子”技术攻关，坚决打好种业翻身仗。

1月12日 特质农品全国技术中心工作启动会暨专家委员会第一次会议在京召开。中国工程院院士任发政、俞梦孙，欧亚科学院院士杜冠华，农业农村部农产品质量安全中心主任金发忠，中国农业科学院副院长孙坦等出席会议。

1月13日 中国农业科学院妇女工作委员会换届工作会议在京举行。会议总结了第三届妇工委工作，宣布产生了第四届妇工委。中国农业科学院党组副书记、副院长、直属机关党委书记吴孔明，农业农村部种植业管理司副司长，农业农村部妇工委副主任刘莉华出席会议并讲话。

1 月 13 日　中国农业科学院党组书记张合成一行赴海南省考察国家南繁硅谷建设情况，就加快推进南繁硅谷建设与海南省委常委、三亚市委书记周红波，海南省副省长王路、刘平治进行深入交流。

1 月 15 日　全国政协常委、全国政协农业和农村委员会主任罗志军一行到中国农业科学院调研种子和耕地科技创新工作。农业农村部党组成员、中国农业科学院院长唐华俊，院党组书记张合成陪同调研。

1 月 15 日　中国农业科学院战略研究中心、农业经济与发展研究所共同主办“农经观察”第十七期会商，就新发展格局下“三农”发展重点问题——乡村建设行动进行深入交流和探讨。中国农业科学院党组书记张合成出席会议并参与研讨，副院长梅旭荣主持会议。

1 月 16 日　中国农业科学院与苏州市人民政府签署共建中国农业科学院华东农业科技中心（苏州）合作协议。农业农村部党组成员、中国农业科学院院长唐华俊，江苏省委常委、苏州市委书记许昆林出席签约仪式并共同为中心揭牌。

1 月 19 日　中国农业科学院 2021 年工作会议在京召开，中央农办主任，农业农村部党组书记、部长唐仁健出席会议并讲话。会议强调，要深入学习习近平总书记关于农业科技创新的重要讲话和指示批示精神，贯彻落实党的十九届五中全会、中央经济工作会议、中央农村工作会议精神，准确把握新发展阶段农业科技创新的新形势新要求，把农业科技自立自强摆上更加突出位置，坚持科技引领、创新驱动，加快农业科技创新步伐，发挥好科技创新这个关键变量作用，为全面推进乡村振兴、加快农业农村现代化提供强力支撑。

1 月 19 日　中国农业科学院与北京大北农科技集团股份有限公司战略合作框架协议签约仪式在北京举行。农业农村部党组成员、中国农业科学院院长唐华俊，中国农业科学院党组书记张合成和北京大北农科技集团股份有限公司董事长邵根伙见证签约，中国农业科学院副院长刘现武与北京大北农科技集团股份有限公司董事、常务副总裁宋维平代表双方签署协议。

1 月 19 日　北京市副市长卢彦一行到国家农业科技创新园实地查看项目建设情况，该项目是中国农业科学院支持首都农业绿色发展，在设施农业领域与北京市合作的重点项目。农业农村部党组成员、中国农业科学院院长唐华俊，院党组书记张合成，副院长刘现武等陪同调研。

1 月 20 日　中国常驻联合国粮食及农业组织（FAO）代表广德福大使来中国农业科学院调研国际合作工作，农业农村部党组成员、中国农业科学院院长唐华俊，院党组书记张合成，副院长刘现武出席座谈，双方就农业科技国际合作以及我院进一步参与 FAO 等国际粮农机构合作事宜交换了意见。

1月28日 中国农业科学院召开疫情防控与安全生产工作部署会，传达农业农村部安全生产工作部署会议精神，通报表彰2020年度平安建设先进单位及先进个人，部署春节前后安全生产及疫情防控工作。中国农业科学院党组副书记、副院长吴孔明主持会议。副院长冯忠武，院纪检组组长、院安委会主任李杰人，院党组成员、人事局局长陈华宁出席会议。

2月

2月3日 中央巡视工作领导小组召开十九届中央第六轮巡视反馈会议，传达学习习近平总书记听取巡视综合情况汇报时的重要讲话精神，对抓好巡视整改和整改日常监督进行集中部署、提出明确要求。组长吴瀚飞分别向中国农业科学院党组书记张合成和中国农业科学院党组领导班子反馈了巡视情况，并传达中央巡视工作领导小组关于巡视整改的工作要求。农业农村部党组成员、中国农业科学院院长唐华俊主持向领导班子反馈会议，张合成就做好巡视整改工作讲话。

2月4日 中国农业科学院副院长梅旭荣应邀出席了由法国农业与环境研究院（INRAE）、法国国际农业发展研究中心（CIRAD）、国际农业研究磋商组织（CGIAR）等8家单位联合举办的“科学与政策对话：加速粮食体系转型”线上会议。会议围绕科学洞悉、粮食体系、科学与政策对话三个主题展开讨论，旨在为2021年联合国粮食体系峰会做好支撑。

2月5日 中国农业科学院与中国海洋石油集团有限公司召开科企融合发展座谈会。中国农业科学院党组书记张合成，中国海洋石油集团有限公司党组成员、副总经理陈壁出席座谈会。

2月7日 为落实习近平总书记在中央农村工作会议上的重要讲话精神，坚持把解决好“三农”问题作为全党工作重中之重，牢牢把住粮食安全主动权，科技部党组书记、部长王志刚一行到中国农业科学院调研种业科技创新工作。座谈会由中国农业科学院张合成书记主持，唐华俊院长汇报落实习近平总书记贺信指示的主要成果，介绍了种业科技创新总体部署和工作打算。有关专家围绕种业科技创新介绍了情况，提出了建议。

2月10日 农业农村部党组成员、中国农业科学院院长唐华俊，院党组书记张合成，院党组副书记、副院长吴孔明，副院长冯忠武等一行看望慰问春节期间坚守工作岗位的一线职工，向大家致以新春的祝福和问候。

2月19日 广东省委书记李希到中国农业科学院深圳农业基因组研究所调研农业前沿科技创新工作。李希一行实地考察基因组所综合试验基地，听取小麦、马铃薯、番茄等农作物新品种培育工作进展以及“谷豆计划”“优薯计划”“良猪计划”“美味番茄”等科技计划实施进展的汇报，充分肯定基因组所各项工作取得的成效。李希强调基因组所要充分发挥新型研发机构体制机制优势，充分调动科研积极性，培育更多高产优质新品种，为保障粮食安全、推动农业高质量发展作出更大贡献。

2月22日　中国农业科学院党组召开2020年度暨巡视整改专题民主生活会，对照中央巡视反馈意见，深入进行对照检查与党性分析，严肃开展批评和自我批评，进一步统一思想，明确努力方向和整改举措。

2月25日　中国农业科学院召开2021年院机关工作会议，会议主题是院机关要率先学习领会、率先提高思想认识、率先动员部署、率先启动整改工作，贯彻“四个融入”要求，研究安排2021年院机关重点工作。农业农村部党组成员、中国农业科学院院长唐华俊，院党组书记张合成出席会议并讲话。院党组副书记、副院长吴孔明部署院机关巡视整改工作并主持会议。

3月

3月2日　中国农业科学院党组书记张合成到生物技术研究所调研，实地了解农业微生物学研究中心的科研成果、科研方向及未来的工作布局，听取有关院创新工程重大科研任务“高效固氮生物学基础与农业应用”的工作汇报，要求任务承担单位要抓住机遇，加强生物固氮“从0到1”的基础理论研究，突破新一代固氮微生物产品创制的关键技术，为实施“藏粮于地、藏粮于技”国家战略，保障粮食安全提供科技支撑。院办公室、生物所主要负责同志和相关科研团队负责人参加调研。

3月4日　为贯彻落实《国务院办公厅关于加强农业种质资源保护与利用的意见》以及中央经济工作会议精神，农业农村部种业管理司司长张兴旺、科技教育司司长周云龙、种业管理司副司长孙好勤一行到中国农业科学院农业资源与农业区划研究所调研农业微生物种质资源工作。中国农业科学院副院长刘现武参加调研。

3月5日　中国农业科学院召开党史学习教育动员部署大会，认真学习习近平总书记在党史学习教育动员大会上的重要讲话精神和农业农村部党史学习教育动员部署大会要求，正式启动并全面部署党史学习教育各项工作。

3月5日　中国农业科学院召开2021年全面从严治党暨巡视整改工作会议，深入学习贯彻十九届中央纪委五次全会精神、十九届中央第六轮巡视反馈会议精神和农业农村部全面从严治党工作会议精神，传达院党组落实中央巡视整改方案（讨论稿）主要内容，通报党风廉政建设典型案例和典型问题。中央纪委国家监委驻农业农村部纪检监察组组长、农业农村部党组成员吴清海出席会议并讲话。农业农村部党组成员、中国农业科学院院长唐华俊主持会议。中国农业科学院党组书记张合成作工作报告。

3月8日　中国农业科学院举办“我把初心献给党”——纪念“三八”国际妇女节表彰大会。全国妇联妇女发展部副部长郎烈虹，农业农村部妇工委副主任、中央农业广播电视学校党委副书记、纪委书记张广卿应邀出席会议，中国农业科学院党组书记张合成，院党组副书记、副院长吴孔明，院党组成员、人事局局长陈华宁等出席会议。农业农村部党组成员、中国农业科学院院长唐华俊以音频形式为全院妇女职工送上了节日祝福。

3月10日 国际农业科学计划任务推进研讨会在中国农业科学院召开。会议分析了国际农业科学计划任务推进中国际合作交流所面临的问题与挑战，研究提升合作成效和影响力，并提出针对性工作建议。中国农业科学院副院长孙坦出席会议。

3月16日 农业农村部党组成员、中国农业科学院院长唐华俊到中国农业科学技术出版社有限公司调研。唐华俊要求，出版社要切实提高站位讲政治，始终坚持正确的政治方向和出版导向，全面落实意识形态工作责任制，紧紧围绕“四个面向”做好选题策划，严格把控图书出版质量。院党组成员、副院长刘现武，院党组成员、人事局局长陈华宁参加调研。

3月16日 中国农业科学院战略研究中心、农业信息研究所、农业经济与发展研究所共同主办的“农经观察”第十八期会商，就新发展格局“三农”发展重点问题——“农业科技自立自强”进行深入交流与探讨。中国农业科学院党组书记张合成出席会议并参与研讨。中央农办秘书局副局长罗丹、科技部农村科技司副司长蒋丹平、中国农村技术开发中心主任邓小明等应邀出席会议并点评指导。中国农业科学院副院长梅旭荣主持会议。

3月17日 中国农业科学院党组书记张合成到特产研究所调研改革和“拟转企”情况。副院长孙坦，院党组成员、人事局局长陈华宁参加调研。张合成强调，要不断加强党的领导和基层党组织建设，牢固树立“四个意识”，充分发挥“三个作用”，以党建为引领，推动研究所各项工作顺利开展。

3月18日 中国农业科学院党组书记张合成到中国农业科学院果树研究所调研改革发展情况。张合成要求，果树所要进一步强化科研、转化能力的提升，要不断拓展科技服务辽宁、服务葫芦岛的深度和广度，要在体制、机制上探索出一条可复制的方法、途径，要落实好巡视整改这一首要的政治任务。院党组成员、副院长孙坦，院党组成员、人事局局长陈华宁参加调研。

3月19日 农业农村部党组成员、中国农业科学院院长唐华俊到农业质量标准与检测技术研究所调研。唐华俊强调，质标所要进一步提高政治站位，深入学习贯彻习近平总书记贺信精神，对标“四个面向”，系统梳理谋划研究所研究方向，聚焦研究重点。院党组副书记、副院长吴孔明参加调研。

3月20日 农业农村部副部长张桃林调研三亚中国农业科学院国家南繁研究院筹建工作进展情况。张桃林对国家南繁研究院围绕国家战略，推动“南繁硅谷”及海南自由贸易港建设，保障国家粮食安全作出的贡献给予了充分肯定，要求高质量、高标准、高效率推进项目建设，为打赢种业翻身仗作出更大贡献。

3月24日 中国农业科学院“科技创新引领农产品加工业高质量发展”新闻发布会暨科学传播沙龙在北京举办。中国农业科学院副院长孙坦、中国工程院院士姚斌出席发布会。

3月25日 农业农村部党组成员、中国农业科学院院长唐华俊到草原研究所调研改革和创新发展情况。唐华俊强调，要把讲政治摆在首位，深入学习贯彻习近平总书记致中国农业科学院贺信精神和在内蒙古调研时的重要讲话精神，继承老一辈科学家矢志报国的科研情怀，服务于内蒙古经济社会发展。副院长孙坦参加调研。

3 月 29 日 中国农业科学院党组书记张合成赴海淀区四季青镇、中环易达设施园艺有限公司考察调研，并与海淀区人民政府及四季青镇党委、政府负责同志座谈交流，深入落实中国农业科学院与海淀区人民政府签署的框架协议，进一步深化与海淀区的合作交流。院党组副书记、副院长吴孔明陪同调研。

3 月 30 日 中国农业科学院与欧盟驻华代表团联合举办了“中国农业科学院与欧盟农业科技创新研讨会”。双方就国际农业科学计划、欧盟“地平线欧洲”科技创新计划、中国农业科学院与欧盟及其成员合作重点和机制等进行了深入交流。副院长孙坦出席研讨会。

3 月 31 日 中国农业科学院党组书记张合成会见海南省农业科学院党委书记、院长周燕华一行，双方就共建“南繁硅谷”，深化两院战略合作进行座谈交流。副院长孙坦主持会议。院党组成员、人事局局长陈华宁出席会议。

3 月 31 日 中国农业科学院与北京大学第三医院海淀院区正式签署共建合作协议书。中国农业科学院党组书记张合成出席会见。院党组成员、人事局局长陈华宁与海淀医院院长张福春代表双方签署共建协议，北京大学医学部副主任肖渊、北京大学第三医院副院长王健全见证签约。

4 月

4 月 7 日 中国农业科学院党组召开院属单位巡视整改工作推进会，专题听取 8 个研究所巡视整改工作汇报，推动全院巡视整改工作落实落细。

4 月 8 日 第 13 届农业农村部—国际应用生物科学中心（CABI）联合实验室指导委员会年会暨农业农村部—CABI 高层交流会在线召开。双方就“中国—CABI 伙伴关系”战略问题与发展方向进行了深入探讨，并对联合实验室未来发展进行了部署。

4 月 9 日 中国农业科学院与西北农林科技大学、杨凌示范区管委会、陕西土地工程建设集团公司在陕西杨凌签署战略合作协议，四方将聚焦耕地保护与质量提升、高标准农田建设等国家重大需求，共同建设“中国杨凌耕地保护与质量提升创新中心”，充分利用各自优势共同为保障国家粮食安全提供科技支撑。农业农村部党组成员、中国农业科学院院长唐华俊和陕西省副省长魏建锋共同为中心揭牌，副院长王汉中代表中国农业科学院签署战略合作协议。

4 月 12 日 河南省副省长武国定一行到中国农业科学院郑州果树研究所灵宝苹果试验站品种选育基地考察调研。

4 月 12 日 中国农业科学院副院长孙坦会见了联合国粮食及农业组织（FAO）新任驻华代表文康农（Carlos Watson）一行，双方就进一步加强合作，特别是加快落实

"FAO—中国农业科学院区域创新中心"进行了深入交流。

4月14日 全国人大农业与农村委员会主任委员陈锡文一行到中国农业科学院调研种业和耕地保护科技创新工作。农业农村部副部长张桃林出席座谈会。农业农村部党组成员、中国农业科学院院长唐华俊，院党组书记张合成陪同调研。

4月15日 由中国农业发展战略研究院、中国农业科学院战略研究中心主办，中国农业科学院农业经济与发展研究所承办的第十九期"农经观察"在北京召开。本期以"打赢种业翻身仗"为主题进行会商。中国农业科学院副院长梅旭荣出席会议并参与研讨。

4月19日 农业农村部沼气科学研究所和阿根廷国家农业科学院"中国—阿根廷沼气发展与合作中心建设"项目启动会在成都召开。农业农村部党组成员、中国农业科学院院长唐华俊出席会议并致辞。

4月20日 2021中国农业展望大会在中国农业科学院召开。大会主题为"稳预期固安全"，发布了《中国农业展望报告（2021—2030）》，对未来10年中国主要农产品生产、消费、贸易形势进行预测分析。农业农村部副部长于康震出席会议并讲话。农业农村部党组成员、中国农业科学院院长唐华俊出席会议并致辞。中国农业科学院党组书记张合成主持开幕式。联合国粮食及农业组织驻华代表文康农，美国农业部首席经济学家塞斯·迈尔，吉林省农业农村厅厅长张凤春参加会议并发言。

4月21日 科技部副部长黄卫一行考察调研三亚中国农业科学院国家南繁研究院，要求抓住"南繁硅谷"建设机遇，充分利用海南的资源优势，开展种源"卡脖子"技术攻关，积极为打赢种业翻身仗提供科技支撑。海南省副省长王路，中国工程院院士、中国农业科学院副院长万建民，中国科学院院士、中国农业科学院作物科学研究所所长钱前陪同调研。

4月22日 吉林省政协主席江泽林一行到中国农业科学院调研玉米和水稻种业科研发展情况，农业农村部党组成员、中国农业科学院院长唐华俊陪同调研并出席座谈会。院党组书记张合成会见了江泽林一行。院党组副书记、副院长吴孔明参加调研。

4月26日 由农业农村部主办、中国农业科学院承办的"国家粮食安全与可持续发展对话会"在北京召开。农业农村部副部长张桃林出席会议并讲话。农业农村部党组成员、中国农业科学院院长唐华俊出席会议并作主旨演讲。2021年世界粮食系统峰会特使艾格尼丝·卡里巴塔出席会议并致辞。

4月30日 中国农业科学院直属机关党委、院青工委、院团委共同举办"忆百年史 励复兴志 铸农科魂"五四青年节主题活动。活动聚焦庆祝中国共产党成立100周年，以党史学习教育为重点，通过回顾党的光辉历程，引导广大青年职工紧紧围绕院所重大任务担当进取，为实现科技自立自强和全面推进乡村振兴贡献力量。农业农村部党组成员、中国农业科学院院长唐华俊，院党组书记张合成，院纪检组组长李杰人，副院长梅旭荣出席活动，副院长冯忠武主持活动。

5 月

5 月 6 日　湖北省副省长柯俊到中国农业科学院油料作物研究所调研油料科技创新工作，对油料所深入贯彻落实习近平总书记“四个面向”重要指示精神，加快推进“两个一流”建设，积极服务湖北经济社会发展作出的突出贡献给予了充分肯定。

5 月 8 日　中央农办主任、农业农村部党组书记、部长唐仁健一行到中国农业科学院作物科学研究所三亚南繁基地调研，考察野生稻种质资源圃。

5 月 8 日　中国农业科学院党组书记张合成一行赴唐山调研科技服务唐山农业农村现代化工作，并与河北省委常委、唐山市委书记张古江进行座谈交流。

5 月 10 日　中央农办主任，农业农村部党组书记、部长唐仁健一行到中国农业科学院哈尔滨兽医研究所调研非洲猪瘟疫苗实验进展情况。中国农业科学院党组书记张合成，农业农村部总经济师、办公厅主任魏百刚等参加调研。

5 月 13 日　农业农村部党组成员、中国农业科学院院长唐华俊在寿光蔬菜研发中心调研，强调要深入贯彻落实习近平总书记“四个面向”重要指示精神，立足蔬菜产业发展主战场，不断提升创新能力，支撑产业发展和农业农村现代化。

5 月 13 日　2021 年中国蔬菜产业大会在山东寿光开幕。农业农村部党组成员、中国农业科学院院长唐华俊出席大会并讲话。他强调要认真贯彻落实中央决策部署，持续强化科技支撑，推进蔬菜产业高质量发展，助力乡村振兴战略实施。中国蔬菜协会会长薛亮主持开幕式。

5 月 13 日　中国农业科学院党组首次召开所局级干部试用期满正式任职集体谈话会议，肯定干部成绩、指出存在不足、提出希望要求。

5 月 14 日　中国农业科学院机关开展主题党日活动。院党组书记张合成以“学党史　讲政治　作表率”为题讲党课，就党史学习教育进行辅导和领学，解析了学习要求，结合中国农业科学院实际明确了学习目标任务要求。院党组副书记、副院长吴孔明，副院长刘现武出席活动，院党组成员、人事局局长陈华宁主持活动。

5 月 18 日　农业农村部党组成员、中国农业科学院院长唐华俊赴海南基地调研，强调南繁研究院要坚持高标准、严要求，全力以赴推进国家南繁作物表型研究设施项目建设。院党组成员、副院长刘现武，院党组成员、人事局局长陈华宁等陪同。

5 月 18 日　国家食物与营养咨询委员会召开年度工作会议，聚焦新纲要、研讨新发展，构建新格局，提振新冠疫情后的食物营养改善。国家食物与营养咨询委员会主任陈萌山介绍了《中国食物与营养发展纲要（2021—2035 年）》总体定位和框架内容，农业农村部原副部长万宝瑞，中国农业科学院原院长翟虎渠，中国农业科学院副院长梅旭荣出席会议。

5 月 19 日　中国农业科学院南繁育种研究中心揭牌仪式暨加快南繁硅谷建设推动种业创新发展研讨会在三亚举行。农业农村部党组成员、中国农业科学院院长唐华俊出席会议并讲话，海南省委常委、三亚市委书记周红波出席揭牌仪式。

5月21日 中国农业科学院举办党史学习教育辅导报告。活动邀请全国政协委员、国家行政学院原副院长杨克勤作了题为《中国共产党的初心使命与奋斗历程》的辅导报告。中国农业科学院党组副书记、副院长吴孔明主持会议。院纪检组组长李杰人，副院长刘现武，院党组成员、人事局局长陈华宁参加会议。

5月25日 中国农业科学院和国际食物政策研究所（IFPRI）在北京联合举办“2021中国和全球农业政策论坛暨《中国农业产业发展报告》和《全球粮食政策报告》发布会”。农业农村部党组成员、中国农业科学院院长唐华俊出席会议并致辞。国际食物政策研究所所长约翰·思文视频致辞。

5月26日 在习近平总书记致中国农业科学院贺信四周年到来之际，国家作物种质库土建工程顺利完工，中国农业科学院在项目建设现场举办了植树活动。中国农业科学院领导班子全体成员，中国农业科学院原副院长刘旭院士，作科所所长钱前院士出席活动。

6月

6月1日 中国农业科学院与河北省唐山市院地合作座谈会在北京召开。中国农业科学院党组书记张合成会见唐山市副市长张月仙一行，副院长刘现武出席座谈会。

6月1日 由中国科学技术部与法国高等教育、研究与创新部主办，中国农业科学院与法国农业、食品与环境研究院（INRAE）承办的“中法农业科技合作研讨会”在北京召开。此次研讨会是落实中法两国元首共识和中法科技合作联委会第14届会议决议的重要行动之一。

6月4日 中国科学院院士、北京大学现代农学院名誉院长、北京大学前校长许智宏到中国农业科学院蔬菜花卉研究所调研。中国农业科学院方智远院士出席活动。

6月8日 中国农业科学院党组2021年第3次理论学习中心组（扩大）学习会在中国农业博物馆召开。会议邀请农业农村部党组成员、中央农办秘书局局长吴宏耀作题为《从短缺走向温饱 从贫困走向小康》的专题报告。农业农村部党组成员、中国农业科学院院长唐华俊出席会议。讲座由院党组书记张合成主持。

6月8日 中国农业科学院作物科学研究所、阿里巴巴公益基金会、中国农业科学院农业发展基金会、阿里巴巴达摩院共同签署“智慧育种公益项目”合作协议，共同推动建立生物技术（BT）、信息技术（IT）与智能技术（AT）深度融合的“智慧育种”平台，打造和培养一支专业化的智慧育种人才队伍，为加快培育作物新品种提供重要技术支撑，助力国家打赢“种业翻身仗”。中国工程院院士、中国工程院原副院长刘旭，农业农村部科技教育司司长周云龙、种业管理司副司长孙好勤，中国农业科学院副院长梅旭荣，中国科学院院士、作科所所长钱前等出席签约仪式。

6月9日 中国农业科学院组织召开“藏粮于地、藏粮于技、种业翻身仗科技行动方案”咨询论证会，邀请农业农村部科技教育司副司长张振华、种业管理司二级巡视员谢焱，中国农业大学戴景瑞院士、张福锁院士等对中国农业科学院深化落实“藏粮于地、藏粮于技”战略“打好种业翻身仗”3 个科技行动方案和“重大使命与十四五重点任务清单”进行咨询论证。

6 月 15 日　中国农业科学院党组书记张合成一行到兰州兽医研究所调研改革发展情况。副院长冯忠武参加调研。

6 月 16 日　兰州大学与中国农业科学院兰州兽医研究所合作共建的动物医学与生物安全学院揭牌成立。中国农业科学院党组书记张合成出席揭牌仪式并致辞。兰州大学党委书记马小洁，中国科学院院士、兰州大学校长严纯华，中国工程院院士、兰州大学副校长王锐，中国科学院院士、武汉大学副校长舒红兵出席揭牌仪式。

6 月 18 日　中国农业科学院农经观察大讲堂正式启动。全国政协经济委员会副主任，中央农村工作领导小组原副组长兼办公室主任，农业农村部原党组书记、部长韩长赋同志以《学懂弄通习近平总书记“三农”工作重要论述》为题作首场报告。中国农业科学院农经观察大讲堂由乡村振兴学院、中国农业发展战略研究院和中国农业科学院战略研究中心主办。

6 月 18 日　中国农业科学院乡村振兴学院揭牌仪式在京举行，标志着乡村振兴学院正式成立。中央农办主任、农业农村部党组书记、部长唐仁健专门听取了中国农业科学院关于筹建乡村振兴学院的工作汇报，对中国农业科学院筹建乡村振兴学院以来开展的各项工作给予充分肯定。6 月 17 日，唐仁健部长在中国农业科学院报送的《关于成立中国农业科学院乡村振兴学院的情况报告》上作出批示。

6 月 23 日　中国农业科学院谋划申报的国家种业创新实验室重大项目在海南省政府大力支持下获批立项。项目选址海南省三亚市崖州湾科技城，占地 40.5 亩，新建种质资源全景组学、遗传与环境应答、工程育种技术、品种精准创制、良种繁育、生物信息与智能决策等各类用房 5.4 万平方米，总投资约 6.5 亿元。

6 月 23 日　重庆市副市长李明清率队到中国农业科学院调研。农业农村部党组成员、中国农业科学院院长唐华俊会见李明清一行。院党组书记张合成出席座谈会并讲话。副院长王汉中，院党组成员、人事局局长陈华宁出席座谈会。

6 月 28 日　中国农业科学院召开庆祝中国共产党成立 100 周年大会暨专题党课报告会。全体院领导为老党员代表颁发“光荣在党 50 年”纪念章，全院共有 534 名党员获得纪念章，其中，京内 277 名、京外 257 名，年龄最大的 98 岁、最小的 68 岁，党龄最长的 80 年。会议通报了中国农业科学院获全国优秀共产党员、全国工人先锋号，中央和国家机关“两优一先”“五一劳动奖章”、五四红旗团组织，农业农村部直属机关“两优一先”名单，表彰了中国农业科学院“两优一先”和党的民主集中制学习活动获奖论文并为获奖代表颁奖。农业农村部党组成员、中国农业科学院院长唐华俊以《百年农科历程　坚守初心使命　肩负科技支撑乡村振兴的时代重任》为题，为全院干部职工讲了一堂生动的党史学习教育专题党课。

6月30日 内蒙古自治区党委副书记、自治区主席布小林到中国农业科学院草原研究所沙尔沁农牧交错试验示范基地调研，强调要深入贯彻落实习近平总书记对内蒙古工作的重要指示批示精神，着力突破草品种选育、草种生产、草牧业绿色发展等关键技术难关和瓶颈，为自治区草牧业高质量发展提供科技支撑。

7月

7月1日 中国农业科学院举行丁颖、金善宝铜像和老一辈杰出科学家画像揭幕仪式，院领导班子集体向为中国农业科学院改革创新发展和我国农业科技事业作出重要贡献的老一辈科学家致敬。农业农村部党组成员、中国农业科学院院长唐华俊，院党组书记张合成出席并为铜像揭幕。

7月1日 在全国人民共同庆祝中国共产党百年华诞的重大时刻，中国农业科学院展厅落成开展。农业农村部党组成员、中国农业科学院院长唐华俊，院党组书记张合成等院领导班子全体成员，翟虎渠、薛亮、陈萌山、刘旭、钱前等在京老领导和院士代表，以及院机关各部门、院属京区各单位主要负责同志等现场参观。张合成主持启动仪式。

7月3—4日 由中国农业科学院农业环境与可持续发展研究所主办的“旱作农业科技创新与发展暨寿阳旱作农业试验站建站30年总结交流”学术研讨会在山西省晋中市寿阳县召开，相关领域专家围绕旱作农业科技创新发展进行深入探讨交流。中国农业科学院副院长梅旭荣出席会议并作报告。

7月6日 内蒙古自治区副主席黄志强到中国农业科学院草原研究所调研草原草业科技创新情况。他指出，要认真贯彻落实党中央、国务院以及自治区党委、政府有关决策部署，加快草原草业科技创新，为推进自治区农牧业转型升级，走好以“生态优先、绿色发展”为导向的高质量发展新路子提供科技支撑。

7月6—7日 国家农业生物安全科学中心华东分中心成立揭牌仪式在福建省农业科学院举行。农业农村部党组成员、中国农业科学院院长唐华俊，中国农业科学院副院长吴孔明，中国水稻研究所所长胡培松院士，福建省农业科学院院长翁启勇、谢华安院士，福建省科学技术厅副厅长游建胜等共同为中心揭牌。

7月8日 海南省委常委、三亚市委书记周红波一行到中国农业科学院调研。农业农村部党组成员、中国农业科学院院长唐华俊出席座谈交流，院党组书记张合成会见调研组。座谈会由副院长孙坦主持。副院长刘现武，院党组成员、人事局局长陈华宁出席座谈会。

7月16日 全国人大农业农村委员会副主任委员刘振伟一行到中国农业科学院调研《中华人民共和国种子法》修改工作。农业农村部党组成员、中国农业科学院院长唐华俊出席座谈会并讲话，副院长王汉中主持会议。

7月19日 内蒙古自治区副主席黄志强带领12个盟（市）主要领导，有关部门、高校及科研院所主要领导，以及企业高管等 123 名代表，专程前往中国农业科学院草原研究所沙尔沁农牧交错区试验示范基地进行现场观摩。

7 月 25 日 农业农村部副部长张桃林一行到中国农业科学院棉花研究所检查指导防汛救灾工作，并代表农业农村部向棉花所职工表示慰问。

7 月 27 日 中国农业科学院党组召开会议，集中学习中共中央、国务院印发的《关于新时代加强和改进思想政治工作的意见》。会议强调，要抓好贯彻落实，以高质量的思想政治工作推动农业科技创新再上新台阶。

7 月 29 日 中国农业科学院召开 2021 年上半年工作总结交流会议。农业农村部党组成员、中国农业科学院院长唐华俊出席会议并讲话。院党组书记张合成主持会议。会议指出，上半年各部门紧紧围绕中心工作，认真落实院工作会议部署，聚焦创新和转化“两大基石”、人才和条件“两大支撑”、改革与党建“两大保障”，有序推进各项重点工作，取得显著进展。会议强调，要以党史学习教育成果推动完成全年目标任务，为全面推进乡村振兴开好局、起好步提供强大科技支撑，确保做到“六个务必”。

8 月

8 月 5 日 中国农业科学院召开院疫情防控指挥部调度会议，传达贯彻中央和农业农村部关于疫情防控工作部署要求，对当前中国农业科学院疫情防控工作予以进一步部署强调。

8 月 6 日 中国农业科学院组织召开视频会，交流总结支援河南灾后复产工作取得的经验与成效，明确下一阶段目标任务。为贯彻落实习近平总书记关于防汛救灾的重要指示精神，根据农业农村部党组成员、副部长刘焕鑫的指示要求，中国农业科学院第一时间组织动员，从 14 个研究所抽调精干力量，组建了 24 个专家组、3 个技术指导组，60 余位专家自 2021 年 7 月 26 日起驰援河南，为 24 个严重受灾县抗灾复产夺丰收提供技术指导。在复产夺丰收一线，专家组克服灾情、疫情和酷暑等困难，认真践行国家队职责使命，急百姓之急、想百姓之想，以忘我精神投入工作，为受灾县恢复生产提供了专业的技术指导，支援工作取得阶段性成效，得到受灾县普遍认可。

8 月 18 日 农业农村部党组成员、中国农业科学院院长唐华俊，院党组书记张合成，会见了北京市平谷区委书记唐海龙、区长吴小杰一行。双方就加快推进农业科技战略合作、合力打造平谷“农业中关村”进行座谈。副院长刘现武主持座谈会，副院长孙坦、平谷区副区长刘建华参加会议。

8 月 31 日 按照农业农村部党组统一部署，中国农业科学院召开 2021 年巡视巡察工作动员部署会，正式启动 2021 年巡视巡察工作。院党组书记、院巡视工作领导小组组长张合成出席会议并作动员讲话，院党组副书记、副院长吴孔明宣布巡察组长授权。

9月

9月2日 中央农办副主任、农业农村部党组副书记、副部长刘焕鑫，内蒙古自治区副主席李秉荣到中国农业科学院草原研究所沙尔沁试验示范基地调研。调研组重点考察了国家种质多年生牧草圃（库)、放牧型人工草地草畜平衡试验区、呼和浩特现代农牧业科技创新园区、沙尔沁国家草原自然公园等平台基地建设和科技成果示范进展情况。

9月4日 科技部部长王志刚一行调研海南省崖州湾种子实验室科研平台，考察了中国农业科学院国家南繁研究院承担建设的作物表型研究中心、野生稻资源展示区和南繁作物表型鉴定平台。海南省委书记、省人大常委会主任沈晓明，海南省委副书记、省长冯飞，科技部副部长黄卫，中国工程院院士万建民参加调研。

9月9日 中国农业科学院党组书记张合成到草原所调研改革发展和科技创新进展情况。副院长孙坦，院党组成员、人事局局长陈华宁参加调研。

9月13日 中国农业科学院农产品加工研究所与益海嘉里集团签约仪式在北京举行。农业农村部党组成员、中国农业科学院院长唐华俊，益海嘉里集团董事长郭孔丰出席签约仪式。仪式由副院长孙坦主持。

9月13日 中国农业科学院党组书记张合成走进研究生院“中国马克思主义与当代”课堂，以《做“明理崇德、一懂两爱”的新时代农科学子》为题，通过线上线下结合方式，为2021级博士新生讲授了思想政治理论第一课。

9月14日 全国政协经济委员会副主任、农业农村部原部长韩长赋担任主讲人的农经观察大讲堂第二讲开讲。中国农业科学院党组书记张合成主持。院党组副书记、副院长吴孔明，院纪检组组长李杰人，副院长王汉中、孙坦、刘现武，院党组成员、人事局局长陈华宁参加报告会。大讲堂由中国农业科学院乡村振兴学院主办。

9月15日 由中国农业科学院与先正达集团中国共同主办的联合国粮食系统峰会独立对话会在京召开。中国农业科学院副院长孙坦、联合国粮食系统峰会特使艾格尼丝·卡里巴塔、先正达集团首席执行官傅文德出席会议并致辞。

9月16日 中国农业科学院使命任务清单发布会在京举行。会议发布了中国农业科学院重大使命与“十四五”重点任务清单，宣布启动实施使命清单制度，以使命清单为统领，积极争取多方投入，长周期持续攻关，大力强化国家战略科技力量，推动农业科技高水平自立自强，为乡村振兴战略实施提供有力科技支撑。

9月16日 中国农业科学院与中海石油炼化有限责任公司在京举行科企融合发展座谈会。中国农业科学院副院长梅旭荣、中海石油炼化有限责任公司副总经理梁庆智、中海油气（泰州）石化有限公司总经理高宇出席会议。

9月23日 由中国农业科学院与阿联酋大学共同主办的“中国—阿联酋农业科技合作研讨会”线上线下同步召开。双方围绕食品安全、都市农业、兽医等重点领域开展学术交流，并签署首份合作谅解备忘录，建立中国—阿联酋农业科技合作机制。中国驻阿联酋大使倪坚，阿联酋驻华大使阿里·扎希里，中国农业科学院副院长孙坦，阿联酋大学副校长默哈迈德·哈桑·阿里出席会议并致辞。

9 月 24 日　全国人大常委会副委员长、九三学社中央主席、中国科学院院士武维华率全国人大常委会调研组到中国农业科学院麻类研究所调研种质资源保护和育种创新工作。全国人大常委会委员、农业与农村委员会副主任委员刘振伟，全国人大常委会委员、农业与农村委员会委员王超英，湖南省人大常委会副主任杨维刚，中国工程院院士万建民，中国科学院院士钱前等陪同调研。中国农业科学院副院长黄三文参加活动。

9 月 26 日　中国农业科学院"强种科技行动"发布会在海南三亚"南繁硅谷"举行。会议发布了"强种科技行动"中长期发展目标与重点任务，这是中国农业科学院实施"使命清单制度"后，开展的第一项重大科技行动，将为实现"种业科技自立自强、种源自主可控"和打好"种业翻身仗"提供有力支撑。中国农业科学院党组书记张合成出席发布会并讲话，中国工程院院士万建民作解读，副院长孙坦主持会议。

9 月 26 日　中国农业科学院研究生院南繁学院揭牌仪式在海南三亚崖州湾科技城举行，这标志着中国农业科学院研究生教育事业服务国家战略进入新的历史阶段。中国农业科学院党组书记张合成，中国农业科学研究生院党委书记贾广东，海南省科技厅厅长谢京，海南省农业农村厅党组书记、厅长人选何琼妹，海南省教育厅副厅长陶洪建，三亚市人民政府党组成员、副市长人选罗东共同为学院揭牌。中国农业科学院副院长孙坦主持揭牌仪式。

9 月 27 日　中国农业科学院党组书记张合成到茶叶研究所调研创新团队建设情况，看望陈宗懋院士并参观陈院士的实验室，与创新团队首席、职能部门负责人、党支部书记等 40 余人进行座谈交流。

9 月 28 日　中国水稻研究所在富阳基地举办建所 40 周年成就展暨学术交流和新成果转化展示会。十二届全国人大常委会副委员长张宝文专门为大会召开发来贺信。农业农村部党组成员、中国农业科学院院长唐华俊，浙江省副省长徐文光，中国农业科学院党组书记张合成出席会议。

9 月 29 日　中国农业科学院农业农村碳达峰碳中和研究中心正式揭牌成立。中国农业科学院副院长、中心主任梅旭荣出席会议并讲话。

9 月 29 日　中国农业科学院举行纪念邱式邦院士诞辰 110 周年暨铜像揭幕仪式和学术报告会，深切缅怀邱式邦院士的科学贡献，继承和发扬他的崇高精神和科学事业。中国农业科学院党组书记张合成、副院长王汉中、原副院长王韧出席活动并为邱式邦院士铜像揭幕。

10 月

10 月 11—12 日　中国农业科学院党组书记张合成带领调研组到郑州果树研究所调

研创新团队和人才队伍建设情况，副院长孙坦参加调研。

10月10—12日 中国农业科学院在京召开2021年综合政务工作会议，学习贯彻习近平总书记关于做好办公室工作重要论述精神，全面总结近年来综合政务工作成效与经验，分析新时期政务工作新情况、新要求，部署当前和今后一段时期重点任务，提升中国农业科学院综合政务工作科学化规范化水平，以更高效率、更优服务、更严作风，支撑服务一流科研院所建设。会议传达了农业农村部党组成员、中国农业科学院院长唐华俊，院党组书记张合成关于做好全院综合政务工作的有关要求。院党组副书记、副院长吴孔明出席会议并讲话，院党组成员、纪检组组长李杰人出席会议。

10月12日 中国农业科学院党组副书记、副院长吴孔明在北京会见新乡市委书记李卫东一行。双方回顾了中国农业科学院与新乡市互帮互促、协同发展的70年历程，就下一步深度合作进行沟通，并就河南神农种业实验室、中原农谷建设以及研究所科研用地、新乡基地管理机制等问题交换了意见。

10月12—13日 中国农业科学院党组书记张合成在农田灌溉研究所调研时强调，要始终把握国家队定位、“国之大者”定责，提升领导班子战斗力，在“两个一流”建设上持续发力，不断推动研究所跨越发展。副院长刘现武参加调研。

10月13日 中国农业科学院与杭州市人民政府举行高质量推进乡村振兴促进城乡共富全面战略合作签约仪式。农业农村部党组成员、中国农业科学院院长唐华俊与杭州市市长刘忻共同为“中国农业科学院杭州市人民政府城乡共富研究院”揭牌。中国农业科学院副院长王汉中和杭州市政府党组成员王宏代表双方签署院市战略合作协议。

10月14日 由中国农业科学院与丹麦驻华大使馆、哥本哈根大学共同举办的“中国—丹麦‘同一健康’学术研讨会”在京召开。联合国粮食及农业组织驻华代表文康农、世界卫生组织驻华代表高力、世界动物卫生组织驻亚太区域代表钉田博文出席会议并致辞。中国农业科学院副院长孙坦与丹麦驻华大使马磊共同见证兽医和食品安全领域合作意向书签字仪式。

10月12—15日 中国农业科学院举办2021年党办主任培训班。院党组副书记、副院长，直属机关党委书记吴孔明出席开班式并围绕学习习近平总书记“七一”重要讲话精神，扎实推进党史学习教育，做合格的党务干部等方面与学员交流。

10月16—18日 由中国农业科学院农业资源与农业区划研究所主办，河北农林科学院农业资源环境研究所承办的第十三届全国农科院土壤肥料研究所管理与发展研讨会在河北正定召开。农业农村部原党组副书记、副部长、中国农业绿色发展研究会理事长余欣荣，中国农业科学院副院长刘现武出席会议。

10月17日 由农业农村部指导，天津市人民政府主办的中国天津种业振兴大会在天津市召开。农业农村部党组副书记、副部长刘焕鑫出席开幕式并致辞。中国农业科学院党组书记张合成应邀作《锁定“六强目标”抢占种业科技制高点》专题报告。

10月18日 浙江省委副书记黄建发调研中国农业科学院茶叶研究所，考察农业农村部茶叶质量监督检验测试中心、陈宗懋院士实验室、国家种质杭州茶树圃、龙冠茶产业展厅等，同与会人员共议浙江省茶产业高质量发展大计。

10 月 19 日 由中国农业科学院与韩国农村振兴厅共同主办，日本东京大学协办的“首届中韩日智慧农业研讨会”在南京采用线下线上相结合的方式同步召开。中国农业科学院副院长孙坦，韩国农村振兴厅次长金斗镐、韩国驻华使馆农业参赞禹万洙，日本东京大学农业与生命科学学院院长堤伸浩、日本驻华使馆农业参赞三上善之出席会议并致辞。

10 月 19 日 由农业农村部、国家乡村振兴局、中国农业科学院主办，农业农村部社会事业促进司、国家乡村振兴局开发指导司、中国农业科学院农业环境与可持续发展研究所承办的“乡村发展与农村人居环境治理论坛”在京举行。国家乡村振兴局副局长夏更生出席会议并作主旨演讲。论坛由农业农村部社会事业促进司司长李伟国、中国农业科学院副院长梅旭荣主持。

10 月 19 日 中国农业科学院举办 2021 年第 3 期专题农科讲坛，邀请全国政协常委、经济委员会副主任，北京大学新结构经济学研究院院长林毅夫教授作“百年未有之大变局下中国未来的发展和民族的伟大复兴”专题报告。农业农村部党组成员、中国农业科学院院长唐华俊，院党组书记张合成，院党组副书记、副院长吴孔明，院纪检组组长、党组成员李杰人参加会议，院党组成员、副院长刘现武主持会议。

10 月 22 日 全国畜牧渔业工作会议在重庆召开。中共中央政治局常委、国务院总理李克强对全国畜牧渔业工作会议作出重要批示，中共中央政治局委员、国务院副总理胡春华出席会议并讲话。中国农业科学院副院长冯忠武现场参加了会议，在 10 月 25 日中国农业科学院召开的第 13 次院常务会上，冯忠武传达了李克强总理的批示和胡春华副总理讲话精神。

10 月 23 日 由河南省委、省政府，欧美同学会（中国留学人员联谊会）、中国博士后科学基金会共同主办的第四届中国 · 河南招才引智创新发展大会在郑州市召开。全国人大常委会副委员长、欧美同学会（中国留学人员联谊会）会长丁仲礼发表视频致辞。人力资源和社会保障部部长张纪南，河南省委书记楼阳生、省长王凯，中国农业科学院党组书记张合成出席开幕式并致辞。

10 月 25 日 中国农业科学院召开干部大会，中央组织部干部四局主要负责同志出席会议并宣布中央决定，吴孔明同志任农业农村部党组成员、中国农业科学院院长（副部长级）；唐华俊同志不再担任农业农村部党组成员、中国农业科学院院长。中央农办主任，农业农村部党组书记、部长唐仁健出席会议并讲话，吴孔明、唐华俊作表态讲话。会议由中国农业科学院党组书记张合成主持。

10 月 28 日 第六届全国杰出专业技术人才表彰大会在京召开，中共中央政治局委员、国务院副总理胡春华出席会议并讲话。此次大会共表彰了 93 名全国杰出专业技术人才和 97 个专业技术人才先进集体。中国农业科学院水稻所胡培松院士荣获“全国杰出专业技术人才”；牧医所饲用酶工程创新团队荣获“专业技术人才先进集体”，团队负责人姚斌院士在现场参会并接受表彰。

11月

11月3日 中国农业科学院党组书记张合成赴大北农集团调研，与大北农集团董事长邵根伙座谈交流。双方回顾了近30年的合作基础，梳理一年来工作进展，明确下一步重点任务。中国农业科学院副院长刘现武参加调研。

11月5日 中国农业科学院作为选区组长单位，顺利组织完成海淀区第十七届人大代表换届选举北下关街道第一选区25家单位的选民投票各项工作。农业农村部党组成员、中国农业科学院院长吴孔明，院党组书记张合成等院领导到投票点现场投票。海淀区政协主席刘勇现场指导选举工作。

11月9日 内蒙古自治区副主席李秉荣一行到中国农业科学院草原研究所调研草种业科技创新情况。李秉荣强调，要充分认识新阶段推进种业振兴的重要性和紧迫性，着力突破草种业关键技术和瓶颈问题。自治区将加大对草种业的支持，加快构建"产学研推"深度融合的技术创新体系，加快突破一批重大新品种，打好种业翻身仗，实现种业科技自立自强、种源自主可控。

11月10日 中国农业科学院党组、中国农业大学党委和湖南省农业科学院党委联合举办袁隆平精神学习交流会，弘扬袁隆平同志的高贵品质和崇高风范，践行传承科学家精神。农业农村部党组成员、中国农业科学院院长吴孔明，中国农业大学校长孙其信，中国农业科学院党组书记张合成，湖南省农业科学院党委书记柏连阳出席会议并讲话。

11月10日 中国农业科学院党组书记张合成一行到农业信息研究所专题调研，研究加强农业展望制度科研工作。农业农村部市场司副司长王平，中国农业科学院副院长梅旭荣，院党组成员、人事局局长陈华宁出席座谈会。

11月11日 农业农村部党组成员、中国农业科学院院长吴孔明，院党组书记张合成会见了中国农业发展集团董事长曹江林一行，双方举行座谈会，回顾了战略合作协议签署以来的工作进展，重点围绕科技创新、人才培养、成果转化、产学研融合等方面深入交流。中国农业科学院党组成员、副院长冯忠武主持会议。

11月11—12日 河南省副省长武国定先后赴安阳、新乡和郑州，分别前往中国农业科学院棉花研究所、农田灌溉研究所和郑州果树研究所，宣讲省第十一次党代会精神，调研农业科技和省院战略合作工作。

11月12日 农业农村部党组成员、中国农业科学院院长吴孔明到农业资源与农业区划研究所调研指导工作，听取研究所情况汇报，并与创新团队、管理团队座谈。副院长刘现武主持座谈会。院党组成员、人事局局长陈华宁参加调研。

11月15日 由中国农业科学院海外农业研究中心、国际合作局主办的"第五届海外农业研究大会"在北京召开。农业农村部党组成员、中国农业科学院院长吴孔明，农业农村部首席兽医师（官）李金祥出席会议并致辞，联合国粮食及农业组织驻华代表文康农视频致辞。中国农业科学院副院长孙坦主持开幕式。

11月16日　中国农业发展战略研究院、中国农业科学院战略研究中心、中国农业科学院乡村振兴学院主办，农业农村部食物与营养发展研究所承办的“农经观察”第25期会商会议在中国农业科学院举办。农业农村部原副部长、农经观察学术指导余欣荣，中国农业科学院党组书记张合成，副院长王汉中院士，中国工程院院士李培武出席会议。副院长梅旭荣主持会议。

11月18日　中国工程院公布2021年院士增选名单，中国农业科学院农业资源与农业区划研究所周卫研究员和北京畜牧兽医研究所侯水生研究员光荣当选。

11月18日　农业农村部党组成员、中国农业科学院院长吴孔明，院党组书记张合成会见了北京市委农工委书记、市农业农村局局长付兆庚一行。双方围绕农业农村部与北京市签署的合作框架协议、全面推进北京市乡村振兴、加快农业农村现代化、以科技创新引领都市现代农业高质量发展等方面进行交流座谈，中国农业科学院副院长孙坦和北京市农业农村局副局长、一级巡视员马荣才代表双方签署战略合作协议。中国农业科学院副院长刘现武，北京市委农工委委员、北京市农业农村局副局长张士功参加活动。

11月18日　农业农村部党组成员、中国农业科学院院长吴孔明到中国农业科学院作物科学研究所调研，听取了研究所在科技创新、成果转化、平台基地、国际合作、人才团队、党的建设等方面的汇报，并与科研人员座谈，征求对院所管理机制、科研创新发展的意见建议。副院长王汉中主持座谈会。院党组成员、人事局局长陈华宁参加调研。

11月19日　“2021全国农业大数据与监测预警学术研讨会”在京召开，中国农业科学院党组书记张合成出席会议，并以《对标世界前沿，打造中国特色农业展望制度》为题作特邀专题报告。农业农村部市场与信息化司司长唐珂、中国农学会副秘书长莫广刚出席会议并致辞。

11月19日　2021中国农业农村科技发展高峰论坛发布会在北京举办。农业农村部副部长张桃林出席会议并讲话。农业农村部党组成员、中国农业科学院院长吴孔明，中国农业科学院党组书记张合成，副院长梅旭荣、孙坦，院党组成员、人事局局长陈华宁出席会议。农业农村部科技教育司长周云龙主持会议。

11月23日　农业农村部党组成员、中国农业科学院院长吴孔明在京出席“第一届中巴（西）生物技术、农业与可持续发展在线论坛”，并就中巴农业生物技术合作发表演讲。会议由中国—巴西企业家委员会（CEBC）主办，中国驻巴西大使杨万明，中巴企业家委员会主席、巴西前驻华大使卡斯特罗·内维斯，巴西农业部副部长费尔南多·卡马戈，巴西农牧业研究院（Embrapa）院长赛尔索·莫莱提等出席会议。

11月24日　全国种业企业扶优工作推进会在京召开，中央农办主任，农业农村部党组书记、部长唐仁健出席会议并讲话。农业农村部副部长张桃林主持会议并发布农作物种业企业阵型。中国农业科学院党组书记张合成出席会议并作交流发言。

11月24日　中国科学技术协会学习贯彻党的十九届六中全会精神科学家座谈会在中国农业科学院举办。中国科学技术协会党组书记、分管日常工作副主席、书记处第一书记张玉卓主持会议并讲话。农业农村部党组成员、中国农业科学院院长、中国科学技术协会第十届常委吴孔明出席活动并重点发言，中国农业科学院副院长王汉中，院党组成员、人事局局长陈华宁出席有关活动。

11 月 25—26 日 由中国农业科学院茶叶研究所和中国茶叶学会联合主办的 2021 年国际茶叶大会暨第三届国际茶学院所长会议在杭州召开。中国农业科学院副院长孙坦视频出席开幕式并致辞。中国工程院院士陈宗懋作《水溶性化学污染物对饮料作物消费安全的关键影响》报告。

11 月 29 日 农业农村部党组成员、中国农业科学院院长吴孔明，院党组书记张合成会见了商丘市委书记李国胜、市长摆向阳一行，双方就进一步贯彻落实中国农业科学院与河南省战略合作协议，建立长效合作机制、开展关键核心技术攻关等进行深入交流，达成合作共识。中国农业科学院副院长孙坦主持座谈会。

12 月

12 月 1 日 中国农业科学院与北京市昌平区人民政府举行共建国家未来农业中心战略合作框架协议签约仪式。农业农村部党组成员、中国农业科学院院长吴孔明，院党组书记张合成，副院长王汉中、刘现武，昌平区委书记甘靖中，区委副书记、代区长支现伟，副区长杨仁全、郭清尧参加活动。刘现武和杨仁全代表双方在协议上签字。

12 月 2 日 《中国农业科学院“十四五”科学技术发展规划》发布，规划提出了中国农业科学院“十四五”发展目标和科技创新重点，并从学科力量布局、科研任务组织、科技平台支撑、体制机制创新、规划实施保障等方面作出具体安排。

12 月 2 日 农业农村部党组成员、中国农业科学院院长吴孔明到农产品加工研究所调研，并与科研人员座谈，听取大家对院所管理和科研创新等方面的意见建议。副院长孙坦参加调研并主持座谈会。

12 月 3 日 农业农村部党组成员、中国农业科学院院长吴孔明与河南省安阳市市长高永一行在京举行座谈会，双方就进一步落实中国农业科学院与河南省战略合作协议、建立长效合作机制、共建综合研发试验平台、科技助力安阳现代农业农村发展等进行深入交流，达成广泛共识。中国农业科学院副院长王汉中主持座谈会。

12 月 7 日 吉林省长春市副市长汪学军一行到中国农业科学院调研座谈，双方围绕促进科企深度融合，科技支撑长春国家农高区建设，推动当地特色产业提档升级进行深入交流。中国农业科学院副院长孙坦主持座谈会。

12 月 8 日 农业农村部党组成员、中国农业科学院院长吴孔明与河南农业大学党委书记魏蒙关、校长介晓磊一行进行座谈，双方就进一步落实中国农业科学院与河南省战略合作协议，推进“双一流”学科及重大科研平台建设，加强国家重大科研专项合作，协同创新服务乡村振兴，联合培养高层次人才等进行深入交流。中国农业科学院副院长孙坦主持座谈会。

12 月 8 日　以“种业振兴新征程　白羽肉鸡新使命”为主题的广明 2 号白羽肉鸡新品种发布会在中国农业科学院和广东省农业农村厅联合召开，会议正式发布了我国自主培育的白羽肉鸡新品种广明 2 号。中国农业科学院党组书记张合成，科技部农村科技司副司长蒋丹平，全国畜牧总站站长王宗礼，中国农业科学院副院长冯忠武，中国工程院院士、中国农业科学院副院长王汉中，中国工程院院士李德发，中国工程院院士姚斌，中国工程院院士侯水生等出席发布会。

12 月 9 日　湖北省副省长张文兵调研中国农业科学院油料作物研究所，参观油菜新品种培育基地、农业农村部油料加工中试车间、农业农村部油料及制品质量监督检验测试中心和所史馆，并与油料作物研究所领导专家进行了座谈。湖北省农业农村厅、粮食局相关负责同志，以及油料作物研究所领导、中国工程院院士李培武等参加调研。

12 月 13 日　全国农业科技人才工作交流会暨中国农业科学院第五次人才工作会议在京召开，中央农办主任，农业农村部党组书记、部长唐仁健出席会议并讲话。会议强调，要深入学习贯彻习近平总书记重要指示精神和党的十九届六中全会、中央人才工作会议、中央经济工作会议精神，深刻认识加快培育农业科技人才的极端重要性，聚焦保障国家粮食安全和重要农产品有效供给这个首要任务，加快建设农业科技战略人才力量，构建梯次合理的农业科技人才队伍，更好支撑农业科技自立自强，为全面推进乡村振兴、加快农业农村现代化提供保障。

12 月 14 日　全国人大宪法和法律委员会主任委员李飞一行到中国农业科学院就《中华人民共和国种子法》修改进行调研座谈。农业农村部副部长张桃林出席座谈会，中国农业科学院党组书记张合成陪同调研并主持座谈。

12 月 15 日　中国农业科学院“沃田科技行动”发布会在北京举行，发布并解读了“沃田科技行动”方案。农业农村部党组成员、中国农业科学院院长吴孔明，中国工程院院士唐华俊，院党组成员、人事局局长陈华宁出席发布会，院耕地科技创新总首席科学家、中国工程院院士周卫作解读。副院长王汉中主持会议。

12 月 21—22 日　中国农业科学院举办 2021 年纪检干部培训班。院纪检组组长李杰人出席培训并讲话，农业农村部直属机关纪委办公室主任刘青作专题授课。培训围绕如何做好政治监督与日常监督、问题线索处置和党纪处分流程等作专题讲解，12 个单位的纪委书记作述职交流。

12 月 23 日　中国农业科学院在北京发布《中国农村人居环境发展报告（2021）》绿皮书。中央农办副主任，农业农村部党组成员，国家乡村振兴局党组书记、局长刘焕鑫，农业农村部党组成员、中国农业科学院院长吴孔明出席发布会并讲话。

12 月 28 日　中国农业科学院饲料研究所在京举办“十四五”与中长期发展规划研讨会暨建所三十周年学术活动。活动上举行了饲料科学奠基人之一霍启光研究员铜像落成仪式。相关负责同志作了研究所“十四五”与中长期发展规划的专题汇报。农业农村部原副部长高鸿宾、中国农业科学院原党组书记薛亮、农业农村部原总畜牧师王智才、中国农业科学院副院长刘现武等出席活动。

十二、附　　录

中国农业科学院科技期刊及报纸一览表

序号	刊物名称	主办单位	主管单位	创刊年份	类别	学科	主编	编辑部主任	电话	刊号	联系人	联系人电话	电子邮件	网址	刊期
1	中国农业科学	中国农业科学院（信息所承办）	农业农村部	1960	学术类	综合	万建民	孙雷心	010-82109808	CN 11-1328/S ISSN 0578-1752	孙雷心	010-82109808	sunleixin@ caas. cn	www.ChinaAgriSci. com	半月
2	*Journal of Integrative Agriculture*	中国农业科学院（信息所承办）	农业农村部	2002	学术类	综合	万建民	张以民	010-82105098	CN 10-1039/S ISSN 2095-3119	张以民	010-82105098	zhangyimin@ caas. cn	www.ChinaAgriSci. com	月
3	农产品质量与安全	中国农业科学院（质标所承办）	农业农村部	2003	学术类	质量安全与加工	翟虎渠	钱永忠	010-82106522	CN 11-5896/S ISSN 1674-8255	李 艳	010-82106522	aqs@ caas. cn	www.iqstap.com/ sites/iqt/	双月
4	农业科技通讯	中国农业科学院（信息所承办）	农业农村部	1972	技术类	综合	侯连德	刘 东	010-82109664	CN 11-2395/S ISSN 1000-6400	刘 东	010-82109664	tongxun@ caas. cn tongxuna@ 126. com	aii. caas. net. cn	月
5	中国食物与营养	中国农业科学院/国家食物与营养咨询委员会（信息所承办）	农业农村部	1995	技术类	质量安全与加工	许世卫	刘 宏	010-82109761	CN 11-3716/TS ISSN 1006-9577	刘 宏	010-82109761	foodandn@ 263. net	aii. caas. cn	月
6	作物学报	中国作物学会/作科所	中国科协	1950	学术类	作物	万建民	程维红	010-82108548	CN 11-1809/S	程维红	010-82108548	chengweihong@ caas. cn	zwxb. chinacrops. org/	月
7	*The Crop Journal*	中国作物学会/作科所/中国科技出版传媒股份有限公司	中国科协	2013	学术类	作物	万建民	程维红	010-82108548	CN 10-1112/S	程维红	010-82108548	chengweihong@ caas. cn	www.journals. elsevier.com/ the-crop-journal/	双月

（续表）

序号	刊物名称	主办单位	主管单位	创刊年份	类别	学科	主编	编辑部主任	电话	刊号	联系人	联系人电话	电子邮件	网址	刊期
8	作物杂志	中国作物学会/作科所	中国科协	1985	技术类	作物	赵　明	姚　杰	010-82108790	CN 11-1808/S	姚　杰	13681491781	yaojie@caas.cn	zwzz.cbpt.cnki.net zwzz.chinacrops.org/magas.asp?menuid=22	双月
9	中国种业	作科所/中国种子协会	农业农村部	1982	技术类	作物	王述民	陈丽娟	010-82109494	CN 11-4413/S ISSN 1671-895X	陈丽娟	13683272938	chenlijuan@caas.cn	www.chinaseedqks.cn	月
10	植物遗传资源学报	作科所/中国农学会	农业农村部	2000	学术类	作物	刘　旭	陈丽娟	010-82109494	CN 11-4996/S ISSN 1672-1810	陈丽娟	13683272938	chenlijuan@caas.cn	www.zwyczyxb.cn	双月
11	植物保护	中国植物保护学会/植保所	中国科协	1963	学术类	植物保护	陈万全	王　音	010-62819059	CN 11-1982/S ISSN 0529-1542	王　音	13581952263	zwbh1963@263.net	www.plantprotection.ac.cn	双月
12	中国蔬菜	蔬菜所	农业农村部	1981	技术类	园艺	孙日飞	龚一帆	010-82109550	CN 11-2326/S ISSN 1000-6346	龚一帆	13718787897	zgsc@caas.cn	www.cnveg.org	月
13	园艺学报	中国园艺学会/蔬菜所	中国科协	1962	学术类	园艺	杜永臣	赵　华	010-62192388	CN 11-1924/S ISSN 0513-353X	陈　洁	010-62192388	yuanyixuebao@126.com	http://www.ahs.ac.cn	月
14	*Horticultural Plant Journal*	中国园艺学会/蔬菜所/中国农业科学技术出版社	中国科协	2015	学术类	园艺	王晓武	赵　华	010-62192388	CN 10-1305/S ISSN 2095-9885	陈　洁	010-82109523	ivfyyxb@caas.cn	网站正在建设中	双月
15	中国生物防治学报	植保所/中国植物保护学会	农业农村部	1985	学术类	植物保护	张　杰	张　莹	010-62815625	CN 11-5973/S ISSN 2095-039X	张　莹	010-62815625	bj_zhangying@163.com	www.zgswfz.com.cn	双月
16	中国农业气象	环发所	农业农村部	1979	学术类	资源与环境	梅旭荣	雷水玲	010-82109774	CN 11-1999/S ISSN 1000-6362	雷水玲 高志平	010-82109774 010-82109772	leishl@ieda.org.cn gaozhiping@ieda.org.cn	zgnyqx.ieda.org.cn	双月

（续表）

序号	刊物名称	主办单位	主管单位	创刊年份	类别	学科	主编	编辑部主任	电话	刊号	联系人	联系人电话	电子邮件	网址	刊期
17	畜牧兽医学报	中国畜牧兽医学会	中国科协	1956	学术类	畜牧、兽医	文　杰	任　鹏	010-62815987	CN 11-1985/S ISSN 0366-6964	任　鹏	010-62815987	xmsyxb@ 263.net	www.xmsyxb.com	月
18	中国畜牧兽医	畜牧所	农业农村部	1974	技术类	畜牧、兽医	李　琍	晋大鹏	010-62816020	CN 11-4843/S ISSN 1671-7236	李　琍	010-62811226	zgxmsy@ caas.cn	www.chvm.net	月
19	中国蜂业	蜜蜂所/中国养蜂学会	农业农村部	1934	综合类	畜牧	方兵兵		010-62598244	CN 11-5358/S ISSN 0412-4367	刘世丽	010-62595931	zgyf2008@ 126.com	www.bee1934.org	月
20	中国农业科技导报	中国农村技术开发中心（生物所承办）	科技部	1999	学术类	综合	范云六	蔡晶晶	010-82109845	CN 11-3900/S ISSN 1008-0864	温小杰	010-82109848	nykjdb@ 163.com comnkdb@ caas.cn	www.nkdb.net	月
21	核农学报	中国原子能学会/原子能所	农业农村部	1987	学术类	作物	刘录祥	杨　洋	010-62811654	CN 11-2265/S	杨　洋	010-62811654	hnxb5109@ 126.com	www.hnxb.org	月
22	农业经济问题	中国农业经济学会/农经所	农业农村部	1980	学术类	信息与经济	王东阳	李玉勤	010-82108705	CN 11-1323/F	张宁宁	010-82109789	zhangningning@ caas.cn	www.iaecn.cn	月
23	农业技术经济	中国农业技术经济研究会/农经所	农业农村部	1982	学术类	信息与经济	王济民	李玉勤	010-82108705	CN 11-1883/S	张宁宁	010-82109789	zhangningning@ caas.cn	www.iaecn.cn	月
24	中国土壤与肥料	资划所/中国植物营养与肥料学会	农业农村部	1964	学术类	资源与环境	徐明岗	张　华	010-82109637	CN 11-5498/S ISSN 1673-6257	单秀枝	010-82108656	trfl@ caas.cn	chinatrfl.alljournal.net.cn	双月
25	植物营养与肥料学报	中国植物营养与肥料学会	农业农村部	1994	学术类	资源与环境	白由路	张　华	010-82109637	CN 11-3996/S ISSN 1008-505X	徐晓芹	010-82108653	zwyf@ caas.ac.cn zwyf@ chinajournal.net.cn	www.plantnutrifert.org	双月
26	中国农业资源与区划	资划所/全国农业资源区划办公室	农业农村部	1980	学术类	资源与环境	唐华俊	张　华	010-82109637	CN 11-3513/S ISSN 1005-9121	李　刚	010-82109628	quhuabjb@ caas.cn	www.cjarrp.com	月

（续表）

序号	刊物名称	主办单位	主管单位	创刊年份	类别	学科	主编	编辑部主任	电话	刊号	联系人	联系人电话	电子邮件	网址	刊期
27	中国农业信息	资划所	农业农村部	1989	技术类	信息与经济	王道龙	张　华	010-82109637	CN 11-4922/S ISSN 1672-0423	李　刚	010-82109628	zgnyxx001@ 126. com nyxxbjb@ caas.cn	www.cjarrp.com	半月
28	农业图书情报学刊	信息所	农业农村部	1984	学术类	信息与经济	贾善刚	刘　东	010-82109667	CN 11-2711/G2	孔晔晗	010-82109667	xuekan@ caas.cn	nytsqb.caas.cn	月
29	中国乳业	信息所	农业农村部	2002	技术类	畜牧	冯艳秋	赵京颐	010-82109890	CN 11-4768/S ISSN 1671-4393	聂迎利	010-82109890	zhgry@ caas.cn	www.ryzxw.com	月
30	生物技术通报	信息所	农业农村部	1985	学术类	综合	路铁刚	李　楠	010-82109903	CN 11-2396/Q ISSN 1002-5464	李　楠	010-82109903	biotech@ caas.cn linan@ caas.cn	biotech.caas.cn	月
31	农业网络信息	信息所	农业农村部	1986	技术类	信息与经济	刘世洪	赵京颐	010-82109657	CN 11-5065/TP ISSN 1672-6251	陈晓明	010-82109657	nywlxx@ caas.cn	aii.caas.net.cn/	月
32	农业展望	信息所	农业农村部	2005	技术类	信息与经济	许世卫	潘月红	010-82109913	CN 11-5343/S ISSN 1673-3908	潘月红	010-82109913	nyzy@ caas.cn	aii.caas.net.cn/	月
33	中国园艺文摘	信息所	农业农村部	1985	技术类	园艺	赵瑞雪	李文炬	010-82109897	CN 11-4921/S	李文炬	010-82109897	zgyywz@ caas.cn	aii.caas.net.cn/	月
34	中国猪业	信息所	农业农村部	2006	技术类	畜牧	冯艳秋	赵京颐 彭　华	010-82106275	CN 11-5435/S	彭　华	010-82106275	zhuye@ caas.cn	aii.caas.net.cn/	月
35	中国畜牧兽医文摘	信息所	农业农村部	1985	技术类	畜牧 兽医	刘继芳	刘　斌	010-82109897	CN 11-4919/S ISSN 1672-0857	刘　斌	010-82109924	zgxmsywz@ 126. com	zxwa. cbpt. cnki. net/WKD/Web-Publication/index. aspx? mid=zxwa	月
36	中国畜禽种业	信息所	农业农村部	2005	技术类	畜牧	孟宪学	杨　碚	010-82106255	CN 11-5342/S	张跃武	010-82106255	zgxq010@ 126. com	aii.caas.cn	月
37	农业科研经济管理	中国农学会	中国科协	1993	学术类	信息与经济	史志国	张　华	010-82109637	CN 11-3801/S ISSN 2095-3577	李　刚	010-82109628	nykygl@ 126.com	www.cjarrp.com	季

（续表）

序号	刊物名称	主办单位	主管单位	创刊年份	类别	学科	主编	编辑部主任	电话	刊号	联系人	联系人电话	电子邮件	网址	刊期
38	灌溉排水学报	灌溉所	水利部/农业农村部	1982	学术类	工程与机械	段爱旺	乔冬梅	0373-3393346	CN 41-1337/S ISSN 1672-3317	刘春成	0373-3393346	gfid@ sina.com	ggps.cbpt.cnki.net	双月
39	中国水稻科学	水稻所	农业农村部	1986	学术类	作物	程式华	阮刘青	0571-63370480	CN 33-1146/S ISSN 1001-7216	夏小东	0571-63370278	cjrs@ 263.net ruanlq@ 163.com	www.ricesci.cn	双月
40	*Rice Science*［水稻科学（英文版）］	水稻所	农业农村部	1990	学术类	作物	程式华	阮刘青	0571-63370480	CN 33-1317/S ISSN 1672-6308	李　冠	0571-63371017	li@ ricescience.org	www.ricescience.org	双月
41	中国稻米	水稻所	农业农村部	1995	技术类	作物	钱　前	庞乾林	0571-63370368	CN 33-1201/S	庞乾林	13388608073	zgdm@ 163.com	www.zgdm.net	双月
42	中国棉花	棉花所	农业农村部	1958	技术类	作物	李付广	刘全义	0372-2525362	CN 41-1451/S ISSN 2096-5044 eISSN 2523-3254	曾志平	0372-2525369	journal@ cricaas.com.cn cottonsci@ gmail.com	journal.cricaas.com.cn	月
43	棉花研究（英文）	棉花所/中国农学会	农业农村部	2017	学术类	作物	李付广	刘全义	0372-2525362	CN 41-1451/S ISSN 2096-5044 eISSN 2523-3254	曾志平	0372-2525369	journal@ cricaas.com.cn cottonsci@ gmail.com	journal.cricaas.com.cn	季
44	棉花学报	中国农学会	中国科协	1989	学术类	作物	李付广	刘全义	0372-2525362	CN 41-1163/S ISSN 1002-7807	曾志平	0372-2525369	journal@ cricaas.com.cn cottonsci@ gmail.com	journal.cricaas.com.cn	双月
45	中国油料作物学报	油料所	油料所	1979	学术类	作物	廖伯寿	肖唐华	027-86813823	CN 42-1429/S ISSN 1007-9084	吴克力	13147160655	ylxb@ oilcrops.cn	www.jouroilcrops.cn	双月
46	中国油料作物学报（英文）	油料所	油料所	2014	学术类	作物	廖伯寿	肖唐华	027-86813823	CN 42-1861/S	董彩华	18907148250	ocs@ oilcrops.cn		季

（续表）

序号	刊物名称	主办单位	主管单位	创刊年份	类别	学科	主编	编辑部主任	电话	刊号	联系人	联系人电话	电子邮件	网址	刊期
47	中国麻业科学	麻类所	农业农村部	1979	学术类	作物	熊和平		0731-88998521	CN 43-1467/S ISSN 1671-3532	黎　宇	18900710623	csibfc@ sina.com	www.chinaibfc.com/zyzz/&i=46&comContentId=46.html	双月
48	中国果树	果树所	农业农村部	1959	技术类	果树	赵进春		0429-3598131	CN 21-1165/S ISSN 1000-8047	郝红梅	0429-3598131	zggsbjb@ vip.163.com	www.zggskj.com	双月
49	果树实用技术与信息	果树所	农业农村部	1994	科普类	果树	赵进春		0429-3598131	CN 21-1342/S	郝红梅	0429-3598131	gsjsxx@ 126.com	www.zggskj.com	月
50	果树学报	郑果所	农业农村部	1984	学术类	园艺	王志强	陈新平	0371-65330928	CN 41-1308/S ISSN 1009-9980	王　珂	0371-65330927	chinagsxb@ 163.com	gskk. cbpt. cnki.net/WKA/Web-Publication/index.aspx? mid=gskk	双月
51	中国瓜菜	郑果所	农业农村部	1988	技术类	园艺	刘君璞	陈新平	0371-65330928	CN 41-1374/S	代　军	0371-65330927	zggc@ 163.com	www.zzgss.cn/Qk/QkDefault.aspx?tid=3	双月
52	果农之友	郑果所	农业农村部	2000	技术类	园艺	陈新平	陈新平	0371-65330928	CN 41-1343/S	李艳萍	0371-65330949	gnzy@ 163.com	www.zzgss.cn/Qk/QkDefault.aspx?tid=1	月
53	中国茶叶	茶叶所	农业农村部	1979	学术类	园艺	黄　飞		0571-86650375	CN 33-1117/S	黄　飞	0571-86650375	zjf@ mail.tricaas.com	http：//www.caayee.com/	月
54	茶叶科学	中国茶叶学会	中国科协	1964	学术类	园艺	朱永兴	朱永兴	0571-86651902	CN 33-1115/S	朱永兴	0571-86651902	cykx@ vip.163.com	www.tea-science.com	双月
55	生物技术进展	茶叶所/生物所	农业农村部	2011	学术类	生物	林　敏	蔡晶晶	010-82109845	CN 33-1375/Q ISSN 2095-2341	刘　莹	010-82106118-802	curr _ biotech @ 163.com prog _ biotech @ caas.cn	www.swjsjz.cn	双月
56	中国预防兽医学报	哈兽研	农业农村部	1979	学术类	兽医	步志高	赵晓岩	18946066140	CN 23-1417/S ISSN 1008-0589	赵晓岩	18946066140	zhaoxiaoyan2080@ aliyun.com	www.zgyfsyxb.com	月

（续表）

序号	刊物名称	主办单位	主管单位	创刊年份	类别	学科	主编	编辑部主任	电话	刊号	联系人	联系人电话	电子邮件	网址	刊期
57	畜牧兽医科技信息	哈兽研	农业农村部	2002	技术类	畜牧、兽医	王笑梅	秦红丽	0451-51997179	CN 23-1501/S ISSN 1671-6027	秦红丽	0451-51997179	Xmsykjxx2004@sohu.com		月
58	中国兽医科学	兰兽研	农业农村部	1971	学术类	兽医	殷　宏	张文举	0931-8342195	CN 62-1192/S ISSN 1673-4696	张文举	13919450537	zgsykx@zgsykx.com	www.zgsykx.com	月
59	中国草食动物科学	兰牧药	农业农村部	1981	学术类	畜牧	阎　萍	魏云霞	0931-2115279	CN 62-1206/Q ISSN 2095-3887	肖玉萍	0931-2115279	xumuchj@163.com	zgcsdw.periodicals.net.cn/	双月
60	中兽医医药杂志	中兽医所	农业农村部	1982	学术类	兽医	杨志强	赵四喜	0931-2115280	CN 62-1063/R ISSN 1000-6354	王华东	0931-2115280	zsyyyzz@periodicals.net.cn zhaosixi@sina.com		双月
61	中国动物传染病学报	上兽研	农业农村部	1993	学术类	兽医	童光志		021-34293142	CN 31-2031/S ISSN 1674-6422	郑海红	021-34293142	bianjibu@shvri.ac.cn	www. shvri. ac. cn/zazhi/	双月
62	中国草地学报	草原所	农业农村部	1979	学术类	作物	侯向阳	刘天明	0471-4926880	CN 15-1344/S ISSN 1673-5021	刘天明	0471-4926880	zgcdxb@126.com	www.gricaas.net/web/news.asp?nc=13.80	双月
63	特产研究	特产所/中国农学会特产学会	农业农村部	1962	技术类	综合	杨福合	刘艳环	0431-81919588	CN 22-1154/S ISSN 1001-4721		13804326623	tcyjbjb@126.com		季
64	特种经济动植物	特产所	农业农村部	1982	技术类	综合	杨福合	周淑荣	0431-81919599	CN 22-1155/S ISSN 1001-4713		15943088623	tzjjdzw@126.com		月
65	农业资源与环境学报	环保所/中国农业生态环境保护协会	农业农村部	1984	学术类	资源与环境	任天志	李无双	022-23611149	CN 12-1437/S ISSN 2095-6819	肖　洁	022-23611102	caed@vip.163.com	www.aed.org.cn	双月
66	农业环境科学学报	环保所/中国农业生态环境保护协会	农业农村部	1982	学术类	资源与环境	李文华	李无双	022-23674336	CN 12-1347/S ISSN 1672-2043	潘淑君	022-23674336	caep@vip.163.com	www.aes.org.cn	月

（续表）

序号	刊物名称	主办单位	主管单位	创刊年份	类别	学科	主编	编辑部主任	电话	刊号	联系人	联系人电话	电子邮件	网址	刊期
67	中国沼气	沼科所/中国沼气学会	农业农村部	1983	学术类	工程与机械	张凤桐	任晓斌	028-85230681	CN 51-1206/S ISSN 1000-1166	杨雅涵	13880092462	zhongguozhaoqi1983@ vip.163.com		双月
68	中国农机化学报	农机化所	农业农村部	1957	学术类	工程与机械	陈巧敏		025-84346296	CN 32-1123/S ISSN 1006-7205	凌小燕	025-84346270	jcam@ vip.163.com		双月
69	农业开发与装备	农机化所	农业农村部	1995	学术类	工程与机械	陈巧敏	胡进鑫	025-84346221	CN 32-1779/TH ISSN 1673-9205	胡进鑫	025-84346221	njjzy2189@ sina.com	www.nriam.com/njjzy	月
70	中国烟草科学	烟草所	农业农村部	1979	学术类	作物	王树声	梁晓芳	0532-88703238	CN 37-1277/S ISSN 1007-5119	梁晓芳	13515327122	liangxiaofang@caas.cn	www.zgyckx.com.cn	双月

中国农业科学院通信录

单位名称	通信地址	邮编	区号	电话	传真
院办公室	北京市海淀区中关村南大街12号	100081	010	82105101	82103005
科技管理局	北京市海淀区中关村南大街12号	100081	010	82109427	82105534
人事局	北京市海淀区中关村南大街12号	100081	010	82109437	82109431
财务局	北京市海淀区中关村南大街12号	100081	010	82105658	82105668
基本建设局	北京市海淀区中关村南大街12号	100081	010	82105586	82105581
国际合作局	北京市海淀区中关村南大街12号	100081	010	82106756	62174060
成果转化局	北京市海淀区中关村南大街12号	100081	010	82105192	82105540
直属机关党委	北京市海淀区中关村南大街12号	100081	010	82105707	82105707
监察局	北京市海淀区中关村南大街12号	100081	010	82105096	82109502
后勤服务中心	北京市海淀区中关村南大街12号	100081	010	82109668	82109668
研究生院	北京市海淀区中关村南大街12号	100081	010	82109689	82106609
作物科学研究所	北京市海淀区中关村南大街12号	100081	010	82109715	82105819
植物保护研究所	北京市海淀区圆明园西路2号	100193	010	62815905	62895365

（续表）

单位名称	通信地址	邮编	区号	电话	传真
蔬菜花卉研究所	北京市海淀区中关村南大街 12 号	100081	010	82109520	62146160
农业环境与可持续发展研究所	北京市海淀区中关村南大街 12 号	100081	010	82109567	82109567
北京畜牧兽医研究所	北京海淀区圆明园西路 2 号	100193	010	62815851	62895372
蜜蜂研究所	北京市海淀区香山北沟 1 号	100093	010	62596028	62596122
饲料研究所	北京市海淀区中关村南大街 12 号	100081	010	82109812	82106054
农产品加工研究所	北京市海淀区圆明园西路 2 号	100193	010	62815836	62895382
生物技术研究所	北京市海淀区中关村南大街 12 号	100081	010	82106405	82106405
农业经济与发展研究所	北京市海淀区中关村南大街 12 号	100081	010	82109801	62187545
农业资源与农业区划研究所	北京市海淀区中关村南大街 12 号	100081	010	82109640	82106225
农业信息研究所	北京市海淀区中关村南大街 12 号	100081	010	82109915	82103127
农业质量标准与检测技术研究所	北京市海淀区中关村南大街 12 号	100081	010	82106515	82106500
农业农村部食物与营养发展研究所	北京市海淀区中关村南大街 12 号	100081	010	82105179	82105184
中国农业科学技术出版社	北京市海淀区中关村南大街 12 号	100081	010	82109700	82109700
农田灌溉研究所	河南省新乡市牧野区宏力大道（东）380 号	453002	0373	3393354	3393344

（续表）

单位名称	通信地址	邮编	区号	电话	传真
中国水稻研究所	浙江省杭州市富阳区新桥水稻所28号	310006	0571	63370235	63370989
棉花研究所	河南省安阳市黄河大道西段38号	455000	0372	2562200	2562256
油料作物研究所	湖北省武汉市武昌区徐东二路2号	430062	027	86811837	86816451
麻类研究所	湖南省长沙市岳麓区咸嘉湖西路348号	410205	0731	88998505	88998528
果树研究所	辽宁省兴城市兴海南街98号	125100	0429	3598299	3598288
郑州果树研究所	河南省郑州市未来路南端	450009	0371	65330901	65330987
茶叶研究所	浙江省杭州市梅灵南路9号	310008	0571	86650115	86650056
哈尔滨兽医研究所	黑龙江省哈尔滨市香坊区哈平路678号	150069	0451	51997177	51997166
兰州兽医研究所	甘肃省兰州市城关区盐场堡徐家坪1号	730046	0931	8342489	8340977
兰州畜牧与兽药研究所	甘肃省兰州市七里河区硷沟沿335号	730050	0931	2164180	2115191
上海兽医研究所	上海市闵行区紫月路518号	200241	021	54082828	54081818
草原研究所	内蒙古呼和浩特市新城区乌兰察布东街120号	010010	0471	4961330	4961330
特产研究所	吉林省长春市净月经济开发区聚业大街4899号	130112	0431	81919856	81919800
环境保护科研监测所	天津市南开区复康路31号	300191	022	23613820	23613820
沼气科学研究所	四川省成都市人民南路四段13号	610041	028	85230685	85230685

（续表）

单位名称	通信地址	邮编	区号	电话	传真
南京农业机械化研究所	江苏省南京市玄武区中山门外柳营 100 号	210014	025	84346267	84432672
烟草研究所	山东省青岛市崂山区科苑经四路 11 号	266101	0532	88701806	88702056
深圳农业基因组研究所	广东省深圳市大鹏新区鹏飞路 7 号	518120	0755	23250160	23251430
都市农业研究所	四川省成都市天府新区科学城湖畔西路 99 号天府青蓉 D 区 B1 栋 2 楼	610213	028	80203183	80203191
家禽研究所	江苏省扬州市邗江区仓颉路 58 号	225125	0514	85599000	85599010
柑橘研究所	重庆市北碚区歇马镇柑橘村 15 号	400712	023	68349709	68349709
农业遗产研究室	江苏省南京市卫岗 1 号南京农业大学院内	210095	025	84396771	84396771
水牛研究所	广西南宁市邕武路 24－1 号	530001	0771	3338589	3338814
草原生态研究所	甘肃省兰州市嘉峪关西路 768 号	730020	0931	8913074	8913074
甘薯研究所	江苏省徐州市经济技术开发区徐海路高铁站北	221131	0516	82189208	82189209
蚕业研究所	江苏省镇江市四摆渡	212018	0511	85616572	85628183
军事兽医研究所	吉林省长春市净月经济开发区柳莺西路 666 号	130122	0431	86985807	86985889
中国农业科学院资产经营公司	北京市海淀区中关村南大街 12 号	100081	010	62189180	62189189
甜菜研究所	黑龙江省哈尔滨市南岗区学府路 74 号	150080	0451	86609312	86609312

各省、自治区、直辖市农（牧、林）业科学院通信录

单位名称	通信地址	邮编	区号	电话	传真
北京市农林科学院	北京市海淀区曙光中路 11 号	100097	010	51503241	51503300
天津市农业科学院	天津市南开区白堤路 268 号	300192	022	23678666	23678667
河北省农林科学院	河北省石家庄市和平西路 598 号	050051	0311	87652019	87066140
山西省农业科学院	山西省太原市龙城大街 81 号	030031	0351	7073032	7040092
内蒙古自治区农牧业科学院	内蒙古呼和浩特市玉泉区昭君路 22 号	010031	0471	5295455	5295644
辽宁省农业科学院	辽宁省沈阳市沈河区东陵路 84 号	110161	024	31027396 31023112 （一楼大厅收发室）	31027397
吉林省农业科学院	吉林省长春市生态大街 1363 号	130033	0431	87063015 87063030	87063028
黑龙江省农业科学院	黑龙江省哈尔滨市南岗区学府路 368 号	150080	0451	86662295	86662295
黑龙江省农垦科学院	黑龙江省哈尔滨市香坊区香福路 101 号	154007	0451	55399306	55399306
上海市农业科学院	上海市奉贤区金齐路 1000 号	201403	021	62200183	62201221
江苏省农业科学院	江苏省南京市孝陵卫钟灵街 50 号	210014	025	84390012	84392233

（续表）

单位名称	通信地址	邮编	区号	电话	传真
浙江省农业科学院	浙江省杭州市德胜中路 298 号	310021	0571	86404011	86400481
安徽省农业科学院	安徽省合肥市庐阳区农科南路 40 号	230031	0551	65160537	62160337
福建省农业科学院	福建省福州市五四路 247 号	350003	0591	87884606	87884262
江西省农业科学院	江西省南昌市南昌县莲塘北大道 1738 号	330200	0791	87090310	87090001
山东省农业科学院	山东省济南市工业北路 202 号	250100	0531	83179224	88604644
河南省农业科学院	河南省郑州市花园路 116 号	450002	0371	65729140 65723784	65711374
湖北省农业科学院	湖北省武汉市洪山区狮子山街南湖大道 29 号	430064	027	87389499	87389499
湖南省农业科学院	湖南省长沙市芙蓉区远大二路 892 号	410125	0731	84691212 84691327	84691624
广东省农业科学院	广东省广州市天河区金颖路 29 号	510640	020	85516501 87511099	87503358
广西壮族自治区农业科学院	广西南宁市大学东路 174 号	530007	0771	3243866 3248710	3244521
海南省农业科学院	海南省海口市兴丹路 14 号	571100	0898	65369365 65231208	65314539
四川省农业科学院	四川省成都市锦江区静居寺路 20 号	610066	028	84504011	84504198
重庆市农业科学院	重庆市九龙坡区白市驿镇农科大道	401329	023	65705208	65703532
贵州省农业科学院	贵州省贵阳市花溪区金欣社区	550006	0851	83761026	83761504

（续表）

单位名称	通信地址	邮编	区号	电话	传真
云南省农业科学院	云南省昆明市北京路2238号	650200	0871	65136637	65136633
西藏自治区农牧科学院	西藏拉萨市金珠西路130号	850000	0891	6862174	6862174
西北农林科技大学（陕西省农业科学院）	陕西省杨凌示范区	712100	029	87082809 87080678	87082810
甘肃省农业科学院	甘肃省兰州市安宁区农科院新村1号	730070	0931	7616187	7616187
青海省农林科学院	青海省西宁市城北区宁大路253号	810016	0971	5311151	5311192
宁夏农林科学院	宁夏银川市黄河东路590号	750002	0951	6886710	6886712
新疆农业科学院	新疆乌鲁木齐市南昌路403号	830091	0991	4502057 4500711	4516057
新疆畜牧科学院	新疆乌鲁木齐市经济技术开发区阿里山街468号	830011	0991	3075180	3075183
中国热带农业科学院（华南热带农业大学）	海南省海口市城西学院路4号	571101	0898	66962965 66968965	66962904

农业农村部有关司局及直属单位电话号码

单位	电话	单位	电话	单位	电话
办公厅值班室	010-59192316	渔业渔政管理局	010-59192936	中国农业电影电视中心	010-82101700
中央农办秘书局	010-59191884	农垦局	010-59192648	农民日报社	010-85834842
人事司	010-59192510	种业管理司	010-59192813	中国农业出版社	010-59195133
法规司	010-59192730	农业机械化管理司	010-59192822	中国农村杂志社	010-68250953
政策与改革司	010-59193108	农田建设管理司	010-59191293	中国农民体育协会	010-59194391
发展规划司	010-59192532	机关党委	010-59192416	管理干部学院、党校、中央农业干部教育培训中心	010-81706299 010-81708543
计划财务司	010-59191178	驻部纪检监察组	010-59192480	人力资源开发中心（农学会）	010-59194203
乡村产业发展司	010-59191899	离退休干部局	010-59192411	农村经济研究中心	010-66115901
农村社会事业促进司	010-59192668	长江流域渔政监督管理办公室	010-59193091	农产品质量安全中心	010-59198500
农村合作经济指导司	010-59193160	机关服务局	010-59192225	中国绿色食品发展中心	010-62122266
市场与信息化司	010-59193146	农业农村部信息中心	010-59192709	规划设计研究院	010-59196868

（续表）

单位	电话	单位	电话	单位	电话
国际合作司	010-59192440	农业农村部国际交流服务中心	010-59191510	工程建设服务中心	010-59193925
科技教育司	010-59193024	农林水利审计局	010-59192601	财会服务中心、中华农业科教基金会	010-59194361
农产品质量安全监管司	010-59193168	中国水产科学研究院	010-68673938	对外经济合作中心	010-59194805
种植业管理司	010-59192806	中国热带农业科学院	0898-66962965	农业贸易促进中心	010-59194627
畜牧兽医局	010-59191873	全国农业展览馆	010-65919095	中央农业广播电视学校	010-59196013
科技发展中心	010-59199373	农业机械化技术开发推广总站	010-59198610	农村社会事业发展中心	010-59199656
农业生态与资源保护总站	010-59196397	全国畜牧总站、中国饲料工业协会	010-59194609	全国水产技术推广总站	010-59195075
全国农业技术推广服务中心	010-59194544	中国动物疫病预防控制中心	010-59194743	中国水产学会	010-59199606
农药检定所	010-59194067	中国兽医药品监察所	010-62160625	华龙实业发展有限责任公司	010-59194432
农业机械试验鉴定总站	010-59199017	中国农垦经济发展中心	010-59199506		

有关单位通信录

单位	通信地址	邮编	区号	电话	电子邮件
科学技术部	北京市复兴路乙15号	100862	010	58881800	
国家发展和改革委员会	北京市西城区月坛南街38号	100824	010	68502000	bgt@ ndrc. gov. cn
国家机关事务管理局	北京市西城区西安门大街22号	100017	010	66036447	webmaster@ ggj. gov. cn
中国农业大学	北京市海淀区圆明园西路2号	100094	010	62736673	xbglq@ cau. edu. cn
中国农学会	北京市朝阳区麦子店街22号	100125	010	59194203	
中国科学技术协会	北京市海淀区复兴路3号	100863	010	68571878	